Unfallverhütung: Sicherheitszeichen

DIN 4844, T.1/5.80 VBG 125/4.89 [1)]

Verbotszeichen

 Rauchen verboten	 Feuer, offenes Licht und Rauchen verboten	 Für Fußgänge… boten		
 Berühren verboten	 Für Flurförderfahrzeuge verboten	 Mitführen von Tieren verboten	 Abstellen und Lagern verboten	 Zutritt für Unbefugte verboten

Warnzeichen

 Warnung vor feuergefährlichen Stoffen	 Warnung vor explosionsgefährlichen Stoffen	 Warnung vor giftigen Stoffen	 Warnung vor ätzenden Stoffen	 Warnung vor radioaktiven Stoffen
 Warnung vor schwebender Last	 Warnung vor Flurförderfahrzeugen	 Warnung vor gefährl. elektrischer Spannung	 Warnung vor einer Gefahrenstelle	 Warnung vor Laserstrahl

Gebotszeichen

 Augenschutz tragen	 Schutzhelm tragen	 Gehörschutz tragen	 Atemschutz tragen	 Schutzschuhe tragen	 Schutzhandschuhe tragen

Rettungszeichen

 Richtungsangabe für Rettung	 Erste Hilfe	 Krankentrage	 Augenspüleinrichtung	 Arzt

 Rettungsweg, links	 Rettungsweg, rechts aufwärts	 Rettungsweg durch Ausgang	 Notausgang

1) Vorschriften der Berufsgenossenschaften

Vorwort zur 10. Auflage

In dieser vollständig überarbeiteten 10. Auflage der Bautechnik-Tabellen wurde dem Wunsch vieler Nutzer entsprochen, eine größere und besser lesbare Schrift zu verwenden.
Infolge des dadurch notwendigen Neusatzes ergab sich die Möglichkeit, notwendige Erweiterungen, z. B. beim Wärmeschutz, beim Mauerwerk und beim Bauzeichnen vorzunehmen. Normen-Neuausgaben, z. B. von DIN 1053 (Mauerwerk) und DIN 4102 (Brandschutz) konnten berücksichtigt werden.
In allen Fällen wurde eine strenge Auswahl aus den sehr umfangreichen Normentexten getroffen. Für den hier angesprochenen Benutzerkreis, bauhandwerkliche Praktiker und Lernende, dürfte die getroffene Auswahl jedoch zum Planen einfacher Wohn- und Gebäudearten sowie zum Lösen praxisgemäßer Aufgaben an Berufs- und Fachschulen ausreichen.
Für höhere Ansprüche wird auf die entsprechenden Originalnormen verwiesen.

Bei der Neubearbeitung konnte ich mich z. T. noch auf die Grundlagen stützen, die der verstorbene »Vater« dieses Tabellenbuches, Herr Prof. G. Staufenbiel, gelegt hat, und auf die Hilfe bewährter

Mitarbeiter:
Dipl.-Ing. H. Eckardt, Isernhagen (Ziegelmauerwerk),
Dipl.-Ing. I. Edeler, Hannover (Gerüste),
Dipl.-Ing. G. Flassenberg, Wiesbaden (Porenbeton),
OSt. R. Christa Karczmarczyk, Laatzen (Bauzeichnen),
Ass., Wiss. MA H. Niebuhr, Hannover (Anstrichstoffe),
Dr. B. Oppermann, Köln (Baukalk, Putz),
Dr.-Ing. M. Prepens, Hannover (Kalksandsteine),
Dipl.-Ing., Akad. O.R. H. Rich, Hannover (Holz, Holzschutz),
Dipl.-Ing. R. Soller, Hannover (Beton und Stahlbeton),
St.-Dir. G. Tiedt, Wunstorf (Stahlbau),
St.-Dir. J. Wiemann, Wolfenbüttel (Dachdeckung und Abdichtungen),
Akad. Rat. J. Wolff, Hannover (Holzwerkstoffe und Holzbau).

Ihnen und allen hier nicht genannten Kritikern und Mahnern danke ich.
Solche Hilfe wird auch künftig begrüßt und so weit wie möglich auch berücksichtigt.

J. Wessig

10. Auflage	Druck	5	4	3	2
Herstellungsjahr	2001	2000		1999	

Alle Drucke dieser Auflage können im Unterricht parallel verwendet werden.

Verlagslektorat: Dr. Steffen Decker, Gisela Kühn
Satz, Zeichnung, Layout: Fa. LITHOS, Braunschweig
Herstellung und Layoutkonzeption: Herbert Heinemann
Druck und Bindung: westermann druck GmbH, Braunschweig

ISBN 3-14-**22 5034**-4

Bautechnik
Tabellen

St.-Dir. a. D. Josef Wessig, Salzgitter-Bad

Stefan Wacker
Am Dorfbrunnen 3
64823 Groß-Umstadt

westermann

Die Baunormen werden
auf folgenden Seiten zugrunde gelegt:

Die Maßordnung im Hochbau
gilt für Bauteile auf folgenden Seiten:

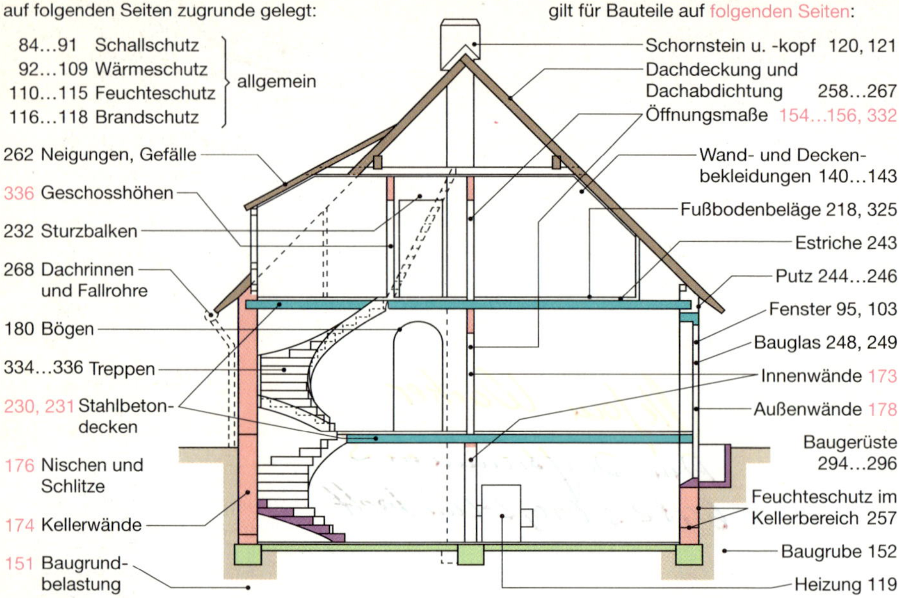

Baunormen

Die Baunormen enthalten:

a) eine vernünftige Auswahl von Formen und Größen der Baueinzelteile,

b) Angaben über die Mindestgüte von Baustoffen und Baufertigteilen, über deren Kennzeichnung und Prüfung,

c) technisch einwandfreie Lösungen häufig wiederkehrender Bauaufgaben,

d) bewährte Berechnungsverfahren

Die Baunormen gelten als die „allgemein anerkannten Regeln der Baukunst". Sie entstehen in der freiwilligen Zusammenarbeit von Vertretern der Bauwirtschaft, der Baustoffindustrie, der Architektenschaft, der Wissenschaft und der Baubehörden. Ihr Inhalt wird im **N**ormen**a**usschuß **Bau**wesen, **NABau**, eingehend beraten. Dabei werden die Erfahrungen der Baupraxis und die Ergebnisse der Bauforschung berücksichtigt. Der NABau gibt ein Verzeichnis **„Normen und Normentwürfe für das Bauwesen"** heraus, das vom Beuth-Verlag bezogen werden kann. Der NABau ist ein Teil des **DIN**, des **D**eutschen **I**nstituts für **N**ormung. Beide sind erreichbar über das „Deutsche Informationszentrum für technische Regeln", Burggrafenstraße 4 ·· 10, Postfach 1107, 10772 Berlin.

Einheitliche Technische Baubestimmungen, ETB, sind jene Baunormen, die für die Sicherheit der Bauwerke, ihre Güte und Dauerhaftigkeit und für die Gesundheit der Bewohner maßgebend sind. Sie gelten als Richtlinien und Hinweise für die Bauaufsichtsbehörden. Nach ihnen werden die Baugesuche geprüft, → S. 360 ·· 367. Dass die ETB-Normen sich praxisgerecht entwickeln und mit ihren Vorstufen, den **„Allgemeinen bauaufsichtlichen Zulassungen"** und den **„Prüfzeichen"** günstig zusammenwirken, dafür sorgt das **Institut für Bautechnik**, Reichpietschufer 72 ·· 76, 10785 Berlin. In seinen **„Mitteilungen"** werden die Verzeichnisse der Prüfzeichen, Zulassungen, zugelassenen Prüfinstitute, ETB-Normen-Änderungen u. -Einführungen regelmäßig veröffentlicht.

Wenn Baustoffhersteller, Architekt, Meister, Polier und Facharbeiter sich bei ihrer Arbeit nach den Baunormen richten, ergeben sich folgende **Vorteile:**

a) Herstellen, Lagern, Befördern und Zusammenbauen der Baueinzelteile werden vereinfacht, die Ersatzbeschaffung wird beschleunigt.

b) Unproduktive Zurichte-, Hack- und Stemmarbeit wird eingespart.

c) Viele Baufehler werden vermieden, der Gebrauchswert der Gebäude wird gesteigert.

d) Berechnung der Bauwerke, Aufmaß und Abrechnung der Bauarbeiten werden vereinfacht.

Mit der Entwicklung der Bautechnik haben Zahl und Umfang der Baunormen zugenommen. Zur Zeit gelten etwa 500 Baunormenblätter im engeren Sinne. Außerdem sind etwa 300 allgemeine Normen und solche aus anderen Wirtschaftszweigen für die Bautechnik wichtig. Es fällt schwer, das Baunormenwerk zu überblicken. Deshalb ist in den Bau-Tabellen versucht worden, den **Zusammenhang** zwischen den Baunormen möglichst deutlich darzustellen. Zugunsten der Übersichtlichkeit ist scharf ausgelesen u. der Text knapp gefasst worden. Jedoch sind die Teile der DIN, welche für die **Arbeit auf der Baustelle** wichtig sind, ausführlich wiedergegeben und erläutert.

Die anstehende europäische Normung im Rahmen des CEN (Europäisches Komitee für Normung) konnte für diese Ausgabe nicht abgewartet werden. Die bisherigen nationalen Normen, z. B. DIN, werden auch nach dem Erscheinen der europäischen Normen (EN) noch für eine längere Übergangszeit weitgehend gültig bleiben.
Die Jahreszahlen im DIN-Verzeichnis (S. 360 ·· 367) nennen die hier berücksichtigten Ausgaben. Verbindlich ist jedoch die jeweils neueste Ausgabe; siehe dazu die monatlich im Beuth-Verlag erscheinenden **DIN-Mitteilungen**.

Den Alleinverkauf der DIN-Normen hat die Beuth-Verlag GmbH, Burggrafenstraße 6, 10787 Berlin.

Inhalt

Inhaltsverzeichnis

1. Mathematik

2. Mechanik

3. Bauphysik

4. Stoffe und Strukturen

5. Mauerwerk

6. Mörtel, Beton, Stahlbeton

7. Bekleiden, Abdichten, Ableiten

8. Metallbau und Gerüste

9. Holzbau, Innenausbau

10. Bauzeichnen

Formelzeichen I[1]

1. Allgemeine Grundzeichen

DIN 1304 u. 1080, T. 1 u. 2 [2]

1.1 Raum und Zeit

Griechische Buchstaben → Seite 12

A	Fläche (area)	
a	Jahr (annus)	
b, B	Breite	
d, D	Durchmesser	
d	Dicke	
e	Ausmitte (Exzentrizität)	
f	Durchbiegung; Pfeilhöhe	
h, H	Höhe, h_L lichte Höhe	
I	Flächenmoment 2. Grades	cm^4
i	Trägheitsradius	
k	Kernweite, Krümmung	
l, L	Länge	
O	Oberfläche	
r, R	Halbmesser (Radius)	
s	Systemlänge, Weglänge (spatium)	
S	Flächenmoment 3. Grades	cm^3
t	Dicke dünner Teile	
u, U	Umfang	
V	Rauminhalt (Volumen)	
W	Widerstandsmoment	cm^3
x, y, z	Koordinaten	
α, β, γ	feste Winkel	
ε	Dehnung [3]	
λ	Schlankheitsgrad; Wellenlänge	
ζ, η	Koordinaten (→ Seite 59)	
τ, φ	Winkel	
t	Zeit, Zeitdauer (time) [4]	s
n	Drehzahl	1/s
f	Frequenz (in Hz = Hertz)	1/s
v	Geschwindigkeit	m/s
c	Ausbreitungsgeschwindigkeit einer Welle	m/s
a	Beschleunigung	m/s^2
g	Fallbeschleunigung	m/s^2
n	Drehzahl	1/s, (1/min)
w	Winkelgeschwindigkeit	rad/s
α	Winkelbeschleunigung	rad/s^2
c_0	Lichtgeschwindigkeit im Vakuum	m/s (km/s)
Q	Volumenstrom (→ S. 269)	

1.2 Mechanik

D	Druckkraft
E	Energie, Elastizitätsmodul
F	Erdlast
e	Erdlast je m oder m^2
F	Kraft allgemein (force)
G	Eigenlast; Schubmodul
g	Eigenlast je m oder m^2
H	Horizontallast
M	Moment, Last- u. Schnittmoment
M	Biegemoment, Drehmoment
m	Masse
N	Längskraft
P	Verkehrslast; Leistung (power)
p	Verkehrslast je m oder m^2
p	Druck = $F \cdot A$ (pressure)
Q	Querkraft
q	Querkraft je m
q	Summe aus $g + p$
q	Staudruck
R	Resultierende Kraft
S	Schneelast
s	Schneelast je m oder m^2
V	Vertikallast; Vorspannkraft
W	Arbeit (work)
W	Windlast
w	Windlast je m oder m^2
X, Y, Z	Kraftkomponenten
Z	Zugkraft
α	Dehnzahl (Dehnkoeffizient) [5]
β	Festigkeit β_D, β_Z, β_B
β_S	Festigkeit a. d. Streckgrenze
γ	Wichte (Kraft durch Volumen)
γ	Sicherheitsbeiwert
δ	Bruchdehnung
δ	Wandreibungswinkel
ε	$-\varepsilon$ Dehnung; $+\varepsilon$ Stauchung
ε_L	Lastdehnung, -stauchung
ε_L	Schwinden, Quellen
η	Viskosität (Zähigkeit)
η	Sicherheitsbeiwert; Wirkungsgrad
μ	Reibungszahl
ϱ	Dichte (Masse durch Volumen)
σ	Spannung σ_D, σ_Z, σ_B
τ	Schubspannung
φ	Winkel der inneren Reibung
φ	Kriechzahl, Schwingbeiwert

1.3 Wärme (vergleiche S. 92)

ϑ, t	Celsius-Temperatur [4]	°C
$\Delta\vartheta$	Temperaturdifferenz	K
T	absolute Temperatur	K
Q	Wärmemenge	Ws = J, kWs = kJ
Q	Wärmekapazität	J, kJ
c	Wärmekapazität, massebezogen	kJ//kg·K)
C	Wärmekapazität, volumenbezogen	$kJ/(m^3 \cdot K)$
α_ϑ	Temperatur-Dehnzahl	mm/(m·K)
Φ, Q	Wärmestrom	W
q	Wärmestromdichte	W/m^2
λ	Wärmeleitfähigkeit	W/(m·K)
α_i	Wärmeübergangszahl innen [5]	$W/(m^2 \cdot K)$
α_a	Wärmeübergangszahl außen	$W/(m^2 \cdot K)$
Λ	Wärmedurchlasszahl	$W/(m^2 \cdot K)$
k	Wärmedurchgangszahl	$W/(m^2 \cdot K)$
H	temperaturspezifischer Wärmeverlust	W/K
H_0	spezifischer Brennwert	Ws/kg
H_u	spezifischer Heizwert	Ws/kg
μ	Diffusionswiderstandszahl	1
s_d	Diffusionsbremswert = $\mu \cdot s$	m

1.4 Elektrizität

I	elektrische Stromstärke	A
R	elektrischer Widerstand	Ω
U	elektrische Spannung	V
P	elektrische Leistung (power)	W
W	elektr. Energie	Ws, kWh
q	spezif. elektr. Widerstand	

1.5 Licht

c	Lichtgeschwindigkeit	km/s
I_e	Lichtstärke	cd
Φ	Lichtstrom	lm
Q	Lichtmenge	lm · s
E_e	Beleuchtungsstärke	lux
f	Brennweite	m
n	Brechzahl	
Q_e	Strahlungsenergie	Ws = J
P_e	Strahlungsleistung	W
E_e	Bestrahlungsstärke	W/m^2
H_e	Bestrahlung	Ws/m^2
S_F	Koeff. f. solare Wärmegewinne	
g	Gesamtenergiedurchflussgrad	
a	Absorptionsgrad	
ρ	Reflexionsgrad	
τ	Transmissionsgrad	

[1] Siehe auch andere Abschnitte, z. B. Stahlbau. Bevorzugt wurden Zeichen aus den Normen ausgewählt, die in den Bautabellen Anwendung finden. In ( ) ist in einigen Fällen das dem Formelzeichen zugrunde liegende englische oder lateinische Wort genannt. Sind zwei Zeichen nebeneinander angegeben, ist das zuerstgenannte zu bevorzugen.

[2] Einige Zeichen stammen aus anderen DIN-Normen.

[3] ε aus DIN 66 161

[4] Nach DIN 1304 ist außer ϑ auch t für Temperaturangaben zulässig. Der Eindeutigkeit wegen wird hier jedoch nur ϑ verwendet, weil das Zeichen t ausschließlich für Zeitangaben vorgesehen ist.

[5] DIN 5485 unterscheidet zwischen „Zahl" u. „Koeffizient" (Vorzahl). In den Bautabellen werden zur Vereinfachung jedoch beide „Zahl" genannt.

Formelzeichen II

1.6 Schall

c	Schallgeschwindigkeit	m/s
f	Frequenz	Hz
L	Schallpegel [6]	dB
L_A	bewerteter Schallpegel	dB
L_n	Norm-Trittschallpegel	dB
$L_{n,w}$	bewerteter Norm-Trittschallpegel [7]	dB
L_I	Schallintensitätspegel [6]	
p	Schalldruck	N/m^2
R	Schalldämm-Maß (Laborw.)	dB
R_W, R'_W	bewertetes Schalldämm-Maß	dB
α	Schall-Absorptionsgrad	
ϱ	Schall-Reflexionsgrad	
λ	Schall-Wellenlänge	m

2. Besondere Grundzeichen

2.1 Beton-, Stahlbeton- und Mauerwerksbau DIN 1080

a	lichter Abstand zwischen Bewehrungsstäben
d	Balken oder Plattendicke
h	Nutzhöhe eines Querschnittes
L	Verankerungslänge
l	Stützweite
s	Achsabstand zwischen Stäben
v	Versatzmaß
w	Rissbreite
x	Abstand der Nulllinie vom gedrückten Rand
μ	geometrisches Bewehrungsverhältnis

Kenngrößen von Baustoffen

f	Zusatzstoffgehalt (je Volumeneinheit)
g	Zuschlagstoffgeh. (je Volumeneinheit)
k	Mehlkorngehalt (je Volumeneinheit)
p	Luftgehalt (je Volumeneinheit)
w	Wassergehalt (je Volumeneinheit)
z	Zementgehalt (je Volumeneinheit)
n	Verhältnis der E-Moduln
ω	Wasser-Zement-Wert

Nebenzeichen (Fußzeiger)

BZ	Biegezug
C	Zylinder (bei Druckfestigkeit)
H	Haftung
P	Prisma (bei Druckfestigkeit)
R	Roh (-dichte, -wichte)
S	Schütt (-dichte)
W	Würfel (bei Druckfestigkeit)
br	Biegerolle (beim Ø)
bü	Bügel (beim Biege-Ø)
d	(luft-) trocken (dry); Dauerlast
f	fließen, Zusatzstoff
g	Zuschlag
q	Quellen
s	Schrägbewehrung
sb	Stabbügel
ü	Übergreifen
v	Vorspannung

2.2 Holzbau DIN 1080 T. 5

Δ_A	Fehlfläche
A_n	nutzbare Querschnittsfläche
$b_{Dü}$	Dübelbreite (rechteckige Dü.)
b_S	Stegdicke
d_{Bo}	Bolzendurchmesser
$d_{Dü}$	Außen-Ø runder Dübel
d_{Na}	Nagel-Durchmesser
d_{Sr}	Schrauben-Durchmesser
$d_{SDü}$	Stabdübel-Durchmesser
$e_{Dü\parallel}$	Dübel-Mittenabst. ∥ z. Faser
$e_{Dü\perp}$	Dübel-Mittenabst. ⊥ z. Faser
h_G	Höhe eines Gurtstabes
h_S	Steghöhe
l_{Bo}, $l_{Dü}$, l_{Na}	Längen
l_{Sr}	Schraubenlänge
l_V	Vorholzlänge
t_g	Einschraubtiefe des Gewindeteiles einer Holzschraube
s_o	Länge des Sparrens oberhalb vom Kehlbalkenanschluss
s_u	Länge, dito, unterhalb
$t_{Dü}$	Einschnitt-Tiefe bei Dübeln
$t_{PDü}$	Plattendicke metall. Dübel
t_{Na}	Nageleinschlagtiefe
t_{Sr}	Einschraubtiefe
t_V	Einschnitt-Tiefe b. Versatz senkrecht zur Außenfläche
$ü$	Überstand

Kraftgrößen

K	Stützen-Einzellast
F_{Na}	Kraft je Nagel (F_{Sr}, F_{Bo}, $F_{Dü}$, $F_{SDü}$ Kraft je Verb.-Mittel)
S	Stabkraft
$\mathit{eff}\,t$	bezogene Schubkraft
$\sigma_{D\parallel}$, $\sigma_{D\perp}$, $\sigma_{D\sphericalangle}$	Druckspannungen
$\sigma_{Z\parallel}$, $\sigma_{Z\perp}$, $\sigma_{Z\sphericalangle}$	Zugspannungen ∥, ⊥, ∢ zur Faserrichtung
σ_L	Leibungsspannung am Holz
$\tau_{\parallel}$	Schubspannung ∥ zur Faser
τ_a	Abscherspannung
τ_T	Torsionsspannung
ε_l, ε_r, ε_t	Schwind- o. Quellmaße

3. Nebenzeichen (Indexe, Fußzeiger)

A	Anprall, Anfahren
a	Abscheren
B	Biegen; Bremsen [9]
b	Beton
D	Druck, d Druckseite
d	darrtrocken, Diffusion
E	Elastizitätsgrenze; Erddruck
F	Kraft
G	Eigenlast
g	Eigenlast je m oder m^2
H	Hauptlast; Horizontallast
h	horizontal (waagerecht)
K	Knicken; Kippen
k	kennzeichnend; kriechen; Kern
L	Lastgröße (Kraftgröße)
l	längs; links; Leistung
M	Moment
m	Mittelwert, bezogen auf den mittleren Bereich; maßgebend
N	Längskraft; Nennwert
n	netto; normal (rechtwinklig)
0	Null; Ausgangszustand
o	oben
P	Verkehrslast
p	Verkehrslast je m oder m^2
Q	Querkraft
q	quer; Querkraft je m
R	Reibung, Rechenwert [8]
r	rechts; Rand; Riss; radial
S	Schnittgröße (Kraft, Moment); Sonderlast; Seitenkraft; Schneelast; Streckgrenze
s	Schwinden; Sättigung; Schub; Schneelast je m oder m^2; Betonstahl
st	Baustahl
T	Temperatur; Torsion
t	Zeitspanne, -punkt; tangential
u	unten; Versagensgrenze
V	Vertikallast; Vorspannkraft
v	vertikal; Volumen; Spannglied
W	Windlast
w	Windlast je m oder m^2; Wasser
x, y, z	Koordinaten; Achsen
Z	Zug, Zusatzlast
z	Zugseite

4. Vorsätze DIN 1080 T. 1

Sie werden in normaler Schriftgr. den Hauptzeichen vorangestellt.

abs	absolut
calc	rechnerisch (calculated) oft durch Index R ersetzt
const	konstant
crit	kritisch
eff	wirksam (effective)
ela	elastisch
erf	erforderlich
ind	aufgewendet (indiziert)
lim	Grenzwert (limit)
max	Größtwert (maximal)
min	Kleinstwert (minimal)
pl	plastisch
red	gemindert (reduziert)
rel	bezogen (relativ)
tot	gesamt (total), in dieser Ausgabe der Bautabellen wird meist „ges" geschrieben
var	veränderlich (variabel)
vorh	vorhanden
zul	zulässig

6) Nach DIN 1332
7) Nach DIN 45 630
8) Rechenwert nach DIN 1045
9) Siehe auch besondere Nebenzeichen im Abschnitt 2.1

Maßeinheiten

DIN 1301 DIN 1304

Vorsätze vor Kurzzeichen und Namen der Maßeinheiten

für Vielfache der Einheiten

da	Deka-	$\cdot 10^1$	Zehn-
h	Hekto-	$\cdot 10^2$	Hundert-
k	Kilo-	$\cdot 10^3$	Tausend-
M	Mega-	$\cdot 10^6$	Million-
G	Giga-	$\cdot 10^9$	Milliarde-
T	Tera-	$\cdot 10^{12}$	Billion-

für Teile der Einheiten

d	Dezi-	$\cdot 10^{-1}$	Zehntel-
c	Zenti-	$\cdot 10^{-2}$	Hundertstel-
m	Milli-	$\cdot 10^{-3}$	Tausendstel-
µ	Mikro-	$\cdot 10^{-6}$	Millionstel-
n	Nano-	$\cdot 10^{-9}$	Milliardstel-
p	Pico-	$\cdot 10^{-12}$	Billionstel-

Länge

nm	Nanometer	1 nm = 0,001 µm
µm	Mikrometer	1 µm = 0,001 mm
mm	Millimeter	1 mm = 0,001 m
cm	Zentimeter	1 cm = 0,01 m
dm	Dezimeter	1 dm = 0,1 m
m	Meter	1 m = 1000 mm
km	Kilometer	1 km = 1000 m

Zeit, Geschwindigkeit → S. 76

h	Stunde	1 h = 60 min
min, m	Minute	1 min = 60 sec
sec, s	Sekunde	
d	Tag (dies)	= 24 h = 1440 min = 86400 sec
Wo	Woche	= 7 d
Mo	Monat	= 30 d
a	Jahr (annus)	= 360 d
m/s	Meter je Sekunde	1 m/s = 3,6 km/h
km/h	Kilometer je Stunde	
1/s	Eine je Sekunde (Drehzahl)	
Hz	Hertz	1 Hz = 1/s

Masse → S. 12

g	Gramm	1 g = 0,001 kg
kg	Kilogramm	1 kg = 0,001 t
t	Tonne	
kg/m	Masse je Länge (t/m)	
kg/m^2	Masse je Fläche (t/m^2)	

Dichte → S. 12

Dichte = Masse : Volumen

kg/m^3 Kilogramm je Kubikmeter
$1\ g/cm^3 = 1\ kg/dm^3 = 1\ t/m^3$

Arbeit, Energie, Wärmemenge

Ws	Wattsekunde	
kWh	Kilowattstunde	
MWs	Megawattsekunde	
J	Joule (sprich dschul)	
kJ	Kilojoule	
MJ	Megajoule	1 Ws = 1 J = 1 Nm → S. 77, 92

Leistung

Leistung = Energie : Zeit

W	Watt	→ S. 81 u. 99
kW	Kilowatt	
MW	Megawatt	
J/s	Joule je Sekunde	
MJ/s	Megajoule je Sekunde	1 Ws = 1 J/s = 1 Nm/s → S. 12, 77

Fläche

mm^2	Quadrat-mm	$1\ mm^2 = 0{,}01\ cm^2$
cm^2	Quadrat-cm	$1\ cm^2 = 0{,}01\ dm^2$
dm^2	Quadrat-dm	$1\ dm^2 = 0{,}01\ m^2$
m^2	Quadratmeter	
a	Ar	$1\ a = 100\ m^2$
ha	Hektar	1 ha = 100 a
km^2	Quadrat-km	$1\ km^2 = 100$ ha

Kraft, Last [2)] → S. 12, 56

N	Newton (sprich njuten)	
kn	Kilonewton	1 kN = 1000 N
MN	Meganewton	1 MN = 1000 kN
Nm	Newtonmeter (Moment)	
kNm	Kilonewtonmeter (Moment)	
N/m	Newton je m (Oberflächenspannung)	
kn/m	Kilonewton je m (Last je m)	

Druck, Spannung → S. 65, 66

Druck, Spannung = Kraft : Fläche

N/m^2	Newton je m^2	
N/mm^2	Newton je mm^2	
MN/m^2	Meganewton je m^2	
Pa	Pascal	$1\ Pa = 1\ N/m^2$
hPa	Hekto-pascal	dPa = Dezipa.
MPa	Megapascal	
bar	Bar	1 bar = 10 mWs
mbar	Millibar	1 mbar = 1 hPa
cm Ws	Zentimeter Wassersäule → s. auch Schalldruck	

Raum, Rauminhalt, Volumen

mm^3	Kubik-mm	$1\ mm^3 = 0{,}001\ cm^3$
cm^3	Kubik-cm	$1\ cm^3 = 0{,}001\ dm^3$
dm^3	Kubik-dm	$1\ dm^3 = 0{,}001\ m^3$
m^3	Kubikmeter	
ml	Milliliter	$1\ ml = 0{,}001\ l \mathrel{\hat=} 1\ cm^3$
cl	Zentiliter	$1\ cl = 0{,}01\ l$
l	Liter	$1\ l \mathrel{\hat=} 1\ dm^3$
hl	Hektoliter	$1\ hl = 100\ l$

1 mm Ws = 1 mm Wassersäulenhöhe = 1 Liter je m^2 Fläche

zu Winkel → S. 23; zu Elektrik → S. 81; zu Schall → S. 84; zu Licht → S. 95

Mathematische Zeichen

DIN 1302

+	plus, und	=	gleich	≤	kleiner gleich, höchstens
−	minus, weniger	≠	ungleich	≥	größer gleich, mindestens
±	plus/minus	≙	entspricht	…	bis
· x	mal	≈	nahezu gleich, rund	∞	unendlich
: / –	geteilt durch; je, pro	~	ähnlich, proportional	Σ	Summe von
1^2	zweite Potenz von „eins"	≅	kongruent, deckungsgleich	‖	parallel
$\sqrt{1}$	Quadratwurzel aus „eins"	>	kleiner als	⊥	rechtwinklig zu
lg	Zehner-Lograrithmus von	<	größer als	Δ	Differenz
				∢	Winkel

Römische Zahlzeichen → Seite 12

Griechische Buchstaben → Seite 12

Gehalt an Stoff in Gemischen

1. **Massengehalt** (früher Gewichtsteile und -%)

Mt	= Massenanteile	in	g (kg) / g (kg)
M %	= Massenprozent	in	g (kg) / 100 g (kg)
M ‰	= Massenpromille	in	g (kg) / 1000 g (kg)
ppm	= partes per million	in	mg (g) / kg (t)

2. **Volumengehalt** (früher Raumteile und -%)

Vt	= Volumenteile	in	l (m^3) / l (m^3)
V %	= Volumenprozent	in	l / 100 l (hl)
V ‰	= Volumenpromille	in	l / 1000 l (m^3)

Umrechnungstabellen I

1 Veranschaulichung von Druckspannungen

$$1\ \text{MPa (Megapascal)} = \frac{1\ \text{MN}}{1\ \text{m}^2}$$

entspricht etwa der Spannung, die eine 40 m hohe Stahlbetonsäule auf 1 m^2 Fläche ausübt:
40 m · 2,5 t/m^3 = 100 t/m^2 ≙ 1 MN/m^2.

(→ nächste Seite 1)

Gleich groß ist aber auch die Spannung zwischen der stumpfen Spitze eines Bleistiftes (1 mm^2) und einem darauf liegenden Apfel (5 cm Ø) von 100 g, der 1 N ausübt.

$$\frac{1\ \text{N}}{1\ \text{mm}^2} = \frac{1\,000\,000\ \text{N}}{1\,000\,000\ \text{mm}^2} = \frac{1\ \text{MN}}{1\ \text{m}^2}$$

2 Vergleich von Druckspannungsmaßen (WS = Wassersäule)

	1 kN/cm^2				≈	1000	m WS
1 MN/m^2 =	**1 kN/10 cm^2** =	**1 N/mm^2**		= 1 MPa	≈	100	m WS
	1 kN/dm^2		= 1 bar		≈	10	m WS
		1 N/cm^2			≈	1	m WS
	1 kN/m^2			= 1 kPa	≈	10	cm WS
		1 N/dm^2 =	1 mbar	= 1 hPa	=	1	cm WS
				1 daPa	=	1	mm WS
		1 N/m^2		= 1 Pa	=	0,1	mm WS

3 Aus britischen und USA-Maßeinheiten in deutsche Maßeinheiten und umgekehrt

multiplizieren mit: (aus → in)	in	aus	multiplizieren mit: (in ← aus)
2,54	cm	inch (in)	0,394
30,48	cm	foot (ft)	0,0328
0,914	m	yards (yd)	1,094
1,609	km	statue-mile	0,621
6,45	cm^2	square-inch	0,155
0,0929	m^2	square-foot	10,764
0,836	m^2	square-yard	1,196
0,405	ha	acre	2,471
2,59	km^2	square-mile	0,386
16,39	cm^3	cubic-inch	0,0610
0,0283	m^3	cubic-foot	35,315
0,765	m^3	cubic-yard	1,308
4,55	*l*	gallon (brit)	0,220
1,14	*l*	quart(brit)	0,877
1,590	hl	barrel (US)	0,629
28,35	g	ounce (oz)	0,0353
0,454	kg	pound (lb)	2,205
0,907	t	short-ton	1,102
1,016	t	long-ton	0,984
27,68	kg/l	lb/in^3	0,0361
16,02	kg/m^3	lb/ft^3	0,0624

multiplizieren mit: (aus → in)	in	aus		multiplizieren mit: (in ← aus)
0,1389	N	poundal	pdl	7,233
4,448	N	poundweight	lbf	0,2248
9,807	N	kg-force	kgf	0,102
47,88	N/m^2	pound/foot^2	lbf/ft^2	0,0209
0,0689	bar	pound/inch^2	lbf/in^2	14,50
249,1	N/m^2	Zoll Wassersäule	in H_2O	$4{,}01 \cdot 10^{-3}$
0,03386	bar	Zoll Quecksilbersäule	in Hg	29,53
0,04214	J	foot pound	ft · pdl	23,73
1,356	J	foot pound	ft · lbf	0,7376
4,187	J	calorie	cal	0,2388
1,0551	kJ	British thermal unit	Btu	0,9478
2685,6	kJ	horsepower-heur	hp · h	$3{,}72 \cdot 10^{-4}$
2,324	kJ/kg	Btu/pound	Btu/lb	0,4304
37,30	kJ/m3	Btu/cubic-foot	Btu/ft^3	0,0268
745,7	W	horsepower	hp	0,00134
1,356	W	foot pound/second	ftlb/s	0,7376
0,293	W	Btu/hour	Btu/h	3,412
1,731	W/m · K	Btu/ft p. hour p. F°		0,5779
5,675	W/m^2 · K	Btu/ft^2 p. hour p. F°		0,1762
0,3048	m/s	foot/second	ft/s	3,281
1,609	km/h	mile/hour	mile/h	0,6214

Zoll → cm		Zoll → cm		cm → Zoll	
$^1/_{16}$"	0,1587	1"	2,540	1	0,394"
$^1/_8$"	0,3175	2"	5,080	2	0,787"
$^3/_{16}$"	0,4761	3"	7,620	3	1,181"
$^1/_4$"	0,6350	4"	10,160	4	1,575"
$^3/_8$"	0,9525	5"	12,700	5	1,968"
$^1/_2$"	1,2700	6"	15,240	6	2,362"
$^5/_8$"	1,5875	7"	17,780	7	2,756"
$^3/_4$"	1,9050	8"	20,320	8	3,194"
$^7/_8$"	2,2225	9"	22,860	9	3,543"

inch = in = " = englischer oder amerikanischer Zoll. In der Technik gelten beide = 2,54 cm (DIN 4890).

Beispiele:

26 $^3/_4$" = ? **cm**

20 " = 50,800 cm
6 " = 15,240 cm
$^3/_4$" = 1,905 cm

26 $^3/_4$" = 67,945 cm

33,5 cm = ? **Zoll**

30 cm = 11,810"
3 cm = 1,181"
0,5 cm = 0,197"

33,5 cm = 13,188"

Umrechnungstabellen II

1 Masse, Kraft, Last

Eine **Masse von 1 kg** übt in Meereshöhe auf seine Unterlage eine **Kraft von 9,81 N** aus. In der Bautechnik ist es in den meisten Fällen erlaubt, auf **10 N** aufzurunden. Deshalb kann so wie nebenstehend umgerechnet werden. In der Bautechnik ist **Last eine Kraft**. Bei Fahrzeugen und Kränen wird die Belastbarkeit oft noch in Masseneinheiten (kg oder t) angegeben.

100 g	≙	**1 N**	
1 kg	≙	**10 N**	
10 kg	≙	**100 N**	
100 kg	≙	**1000 N**	**= 1 kN = 10^3 N**
1000 kg (1 t)	≙	**10 kN**	
10 t	≙	**100 kN**	
100 t	≙	**1000 kN**	**= 1 MN = 10^6 N**

2 Druck, Spannung, Festigkeit

gegebene Maßeinheiten \ geforderte Maßeinheiten	Pa N/m^2	mbar N/dm^2	kPa kN/m^2	bar kN/dm^2	MPa MN/m^2 N/mm^2
1 Pa = 1 N/m^2 =	**1**	10^{-2}	10^{-3}	10^{-5}	10^{-6}
1 mbar = 1 N/dm^2 =	10^2	**1**	0,1	10^{-3}	10^{-4}
1 kPa = 1 kN/m^2 =	10^3	10	**1**	0,1	10^{-3}
1 bar = 1 kN/dm^2 =	10^5	10^3	10^2	**1**	0,1
1 MPa = 1 N/mm^2 =	10^6	10^4	10^3	10	**1**
1 kN/cm^2 =	10^7	10^5	10^4	10^2	10

3 Arbeit, Energie, Wärmemenge

gegebene Maßeinheiten \ geforderte Maßeinheiten	Ws = J = Nm	kWs = kJ = kNm	MWs = MJ = MNm	kWh	veraltete Einheit: kcal
1 Ws = 1 J = 1 Nm =	**1**	0,001	10^{-6}	$2{,}78 \cdot 10^{-7}$	$2{,}4 \cdot 10^{-4}$
1 kWs = 1 kJ = 1 kNm =	1000	**1**	10^{-3}	$2{,}78 \cdot 10^{-4}$	0,24
1 MWs = 1 MJ = 1 MNm =	10^6	10^3	**1**	0,278	238
1 kWh =	$3{,}6 \cdot 10^6$	3600	3,6	**1**	862
veraltete Einheit: 1 kcal =	4187	4,2	$4{,}2 \cdot 10^{-3}$	$1{,}16 \cdot 10^{-3}$	**1**

4 Leistung, Wärme- (Energie-)strom

gegebene Maßeinheiten \ geforderte Maßeinheiten	W = J/s = Nm/s	kW = kJ/s = kNm/s	MW = MJ/s = MNm/s	veraltete Einheit: PS	veraltete Einheit: kcal/h
1 W = 1 J/s = 1 Nm/s =	**1**	10^{-3}	10^{-6}	$1{,}36 \cdot 10^{-3}$	0,86
1 kW = 1 kJ/s = 1 kNm/s =	10^3	**1**	10^{-3}	1,36	862
1 MW = 1 MJ/s = 1 MNm/s =	10^6	10^3	**1**	$1{,}36 \cdot 10^3$	$8{,}6 \cdot 10^5$
veraltete Einheiten: 1 PS =	736	0,736	$0{,}736 \cdot 10^{-3}$	**1**	634
1 kcal/h =	1,16	$1{,}16 \cdot 10^{-3}$	$1{,}16 \cdot 10^{-6}$	$1{,}58 \cdot 10^{-3}$	**1**

Griechisches Alphabet

DIN ISO 3098, T. 2/08.87

α Α Alpha	ε Ε Epsilon	ι Ι Jota	ν Ν Ny	ϱ Ρ Rho	φ Φ Phi
β Β Beta	ζ Ζ Zeta	ϰ Κ Kappa	ξ Ξ Ksi	σ Σ Sigma	χ Χ Chi
γ Γ Gamma	η Η Eta	λ Λ Lambda	ο Ο Omikron	τ Τ Tau	ψ Ψ Psi
δ Δ Delta	ϑ Θ Theta	μ Μ My	π Π Pi	υ Υ Ypsilon	ω Ω Omega

Römische Zahlen

I = 1	II = 2	III = 3	IV = 4	V = 5	VI = 6	VII = 7	VIII = 8	IX = 9	X = 10
X = 10	XX = 20	XXX = 30	XL = 40	L = 50	LX = 60	LXX = 70	LXXX = 80	XC = 90	C = 100
C = 100	CC = 200	CCC = 300	CD = 400	D = 500	DC = 600	DCC = 700	DCCC = 800	CM = 900	M = 1000
MC = 1100	MCC = 1200	MCCC = 1300	MCD = 1400	MD = 1500	MDC = 1600	MDCC = 1700	MDCCC = 1800	MCM = 1900	MM = 2000

Umrechnungen und Maße

Ergänzung zu „Maßeinheiten" auf Seite 10

Winkel
(→ auch S. 23)

1 Vollwinkel = 360° = 6,28 rad = 400 gon

1 Radiant (1 rad) = 57,3° (Kreisbogen = Radius)

1 gon (früher „Neugrad") = 0,9° (100 gon = 90°)
Teilung in cgon = 1/100 gon u. mgon = 1/1000 gon

1 Winkelgrad = 1° = 1,11 gon = 60' (Winkelminuten)

1 Winkelminute = 1' = 60'' (Winkelsekunden)

In der Vermessungstechnik wird wegen der dezimalen Teilbarkeit bevorzugt die Einheit **gon** verwendet.

In der Bautechnik ist dagegen die Einheit ° **(Grad)** gebräuchlich, weil die meisten Tabellen der Winkelfunktionen darauf aufbauen (→ S. 36)

5 Arbeit und Leistung

Arbeit : Zeit = Leistung	Leistung · Zeit = Arbeit
Nm : s = Nm/s	Nm/s · s = Nm
J : s = J/s	J/s · s = J
kWh : h = kW	kW · h = kWh
MWs : s = MW	MW · s = MWs

Umrechnen mit Zehnerpotenzen

Bei sehr großen (über 1000) und sehr kleinen (unter 0,01) Zahlenwerten empfiehlt es sich, **Zehnerpotenzen** zu verwenden (→ S. 19 u. 20):

Bei Zahlen **über 1** mit **positiven Hochzahlen** wird das **Komma** um soviel Stellen **nach links** gerückt, wie die Hochzahl angibt,

z. B.: 34850 m = $3{,}485 \cdot 10^4$ m.

Bei Zahlen **unter 1** mit **negativen Hochzahlen** wird das **Komma** um soviel Stellen **nach rechts** gerückt, wie die Hochzahl angibt,

z. B.: 0,0025 m = $2{,}5 \cdot 10^{-3}$ m.

Beispiel:
Wieviel *l* eines lösemittelfreien Zweikomponenten-Beschichtungsstoffes werden benötigt, wenn dieser 50 µm dick auf 88 m² Oberfläche aufgetragen werden soll?

$d = 50\ \mu m = 0{,}00005\ m = 5 \cdot 10^{-5}\ m,\ A = 88\ m^2$

$V = A \cdot d = 88\ m^2 \cdot 5 \cdot 10^{-5}\ m = 440 \cdot 10^{-5}\ m^3$

$= 4{,}4 \cdot 10^2 \cdot 10^{-5} = 4{,}4 \cdot 10^{2-5} = 4{,}4 \cdot 10^{-3}\ m^3$

$= \underline{\underline{4{,}4\ l}}$, weil $1\ l = 1\ dm^3 = 0{,}001\ m^3 = 10^{-3}\ m^3$

6 Überholte und geltende Wärme-Maßeinheiten[1)]

Diese Tabelle ist vor allem zum Umrechnen von Angaben aus älterer Fachliteratur von Nutzen.

Zeichen	Größe	Alte Einheit	Umrechnung	Geltende Einheit
Q	Wärmemenge, Energiemenge → S. 92	1 kcal	= 4,19 kWs	kJ
		1 erg	= 10^{-7} Ws	J
c	Wärmekapazität, massebezogen spezifische Wärmekapazität → S. 92	1 kcal/(kg · K)	= 4,19 kWs/(kg · K)	kJ/(kg · K)
C	Wärmekapazität, volumenbezogen Wärmespeicherzahl → S. 92	1 kcal/(m³ · K)	= 4,19 kWs/(m³ · K)	kJ/(m³ · K)
H	Heizwert → S. 119	1 kcal/kg	= 4,19 kWs/kg	kJ/kg
$\dot{Q}$ $\dot{Q}$ Φ	Wärmebedarf → S. 107 Wärmeverlust Wärmestrom, Heizleistung	1 kcal/h	= 1,16 W	J/s
		1 erg/s	= 10^{-7} W	J/s
q	Wärmestromdichte	1 kcal/(m² · h)	= 1,16 W/m²	J/(m² · s)
λ	Wärmeleitzahl → S. 96, 97	1 kcal/(m · h · K)	= 1,16 W/(m · K)	J/(m · s · K)
Λ α k	Wärmedurchlasszahl Wärmeübergangszahl Wärmedurchgangszahl	1 kcal/(m² · h · K)	= 1,16 W/(m² · K)	J/(m² · s · K)
$1/\Lambda$ $1/\alpha$ $1/k$	Wärmedämmzahl[2)] → S. 100 Wärmeübergangswiderstand Wärmedurchgangswiderstand	1 m² · h · K/kcal	= 0,86 m² · K/W	m² · s · K/J

1) Siehe auch Seite 12.

2) Die „Wärmedämmzahl" heißt in der DIN 4108 „Wärmedurchlasswiderstand".

Grundrechenarten

Rechenart	Regeln	Beispiele
Addition (Zusammenzählung) Summand + Summand = Summe a + b = c	Nur gleichbenannte Zahlen können addiert werden. Gleichbenannte Zahlen (Terme) werden addiert, indem man die Vorzahlen (Koeffizienten) addiert und die Benennung beibehält. Summanden können vertauscht werden.	12 + 29 + 4 = 45 1 m + 3,5 m = 4,5 m 5 x + 6 x + x = 12 x 25 N + 92 N = 117 N a + b = b + a
Subtraktion (Verminderung) Minuend – Subtrahend = Differenz d – e = f	Nur gleichbenannte Zahlen können subtrahiert werden. Gleichbenannte Zahlen (Terme) werden subtrahiert, indem man die Vorzahlen (Koeffizienten) subtrahiert und die Benennung beibehält. Minuend und Subtrahend dürfen nicht vertauscht werden.	27 – 14 – 6 = 7 8 a – a – 9 a = – 2 a 4 a – b – 3 a = a – b 9 m – 4,8 m = 4,2 m d – e ≠ e – d
Multiplikation (Vervielfachung) Faktor · Faktor = Produkt g · h = i	Gleichbenannte und ungleichbenannte Zahlen (Terme) können miteinander multipliziert werden. Die Faktoren können in beliebiger Reihenfolge miteinander multipliziert werden. Das Produkt zweier Zahlen mit gleichen Vorzeichen ist positiv, mit ungleichen Vorzeichen negativ.	3 · 4 = 12 2 · 1 m = 2 m g · h = h · g 6 m · 3 N = 18 Nm (+ 1) · (+ 1) = + 1 (– 1) · (– 1) = + 1 (+ 1) · (– 1) = – 1 (– 1) · (+ 1) = – 1
Division (Teilung) Dividend : Divisor = Quotient k : r = m	Gleichbenannte und ungleichbenannte Zahlen (Terme) können dividiert werden. Dividend und Divisor dürfen nicht vertauscht werden. Das Divisionszeichen kann durch einen Bruchstrich ersetzt werden. Division durch Null ist nicht zulässig. Der Quotient zweier Zahlen mit gleichen Vorzeichen ist positiv, mit ungleichen Vorzeichen negativ.	$75\ \text{km} : 3\ \text{h} = 25\,\frac{\text{km}}{\text{h}}$ k : r ≠ r : k $125 : 5 = \frac{125}{5}$ a : 0 nicht zulässig (+ 1) : (+ 1) = + 1 (– 1) : (– 1) = + 1 (+ 1) : (– 1) = – 1 (– 1) : (+ 1) = – 1

Klammerrechnen I

Rechenart	Regeln	Beispiele
Addition von Klammerausdrücken	Steht vor einer Klammer ein Plus-Zeichen, so bleiben bei Auflösung der Klammer alle Vorzeichen dieses Klammerausdrucks unverändert.	25 + (8 + 6) = 25 + 8 + 6 47 + (9 – 7) = 47 + 9 – 7 d + (e – f) = d + e – f
Subtraktion von Klammerausdrücken	Steht vor einer Klammer ein Minus-Zeichen, so ändern sich bei Auflösung der Klammer alle Vorzeichen des Klammerausdrucks.	47 – (9 – 7) = 47 – 9 + 7 d – (e – f) = d – e + f
Multiplikation von Klammerausdrücken	Summen oder Differenzen werden mit einem Faktor multipliziert, indem jedes Glied des Klammerausdrucks mit dem Faktor multipliziert wird. Summen oder Differenzen werden mit Summen oder Differenzen multipliziert, indem jedes Glied der ersten Klammer mit jedem Glied der zweiten Klammer multipliziert wird.	3 · (25 + 7) = 3 · 25 + 3 · 7 5 · (13 – 9) = 5 · 13 – 5 · 9 d · (e – f) = de – df (8 + 5) · (7 + 4) = 8 · 7 + 8 · 4 + 5 · 7 + 5 · 4

Klammerrechnen II

Rechenart	Regeln	Beispiele
Division von Klammerausdrücken	Summen oder Differenzen werden durch einen Divisor dividiert, indem jedes Glied des Klammerausdrucks durch den Divisor dividiert wird.	$(36 + 10) : 4 = \frac{36}{4} + \frac{10}{4}$ $(a - b) : c = \frac{a}{c} - \frac{b}{c}$
	Summen oder Differenzen werden durch Summen oder Differenzen dividiert, indem jedes Glied der ersten Klammer durch den Klammerausdruck dividiert wird.	$(36 + 10) : (9 - 5) = \frac{36}{9-5} + \frac{10}{9-5}$ $(a - b) : (c + d) = \frac{a}{c+d} - \frac{b}{c+d}$
Ausklammern	Ein gemeinsamer Faktor oder Divisor innerhalb von Summen oder Differenzen kann ausgeklammert werden.	$6 \cdot 5 + 6 \cdot 3 = 6 \cdot (5 + 3)$ $\frac{a+b}{c} + \frac{d-e}{c} = \frac{1}{c}(a + b - d + e)$

Bruchrechnen I

Rechenart	Regeln	Beispiele
Erweitern	Zähler und Nenner werden mit derselben Zahl multipliziert. Der Wert des Bruches wird dadurch nicht verändert.	$\frac{3}{4} = \frac{3 \cdot 5}{4 \cdot 5} = \frac{15}{20} = \frac{3}{4}$
Kürzen	Zähler und Nenner werden durch dieselbe Zahl dividiert. Der Wert des Bruches wird dadurch nicht verändert.	$\frac{6}{9} = \frac{6:3}{9:3} = \frac{2}{3} = \frac{6}{9}$
	Sind Zähler und/oder Nenner Summen oder Differenzen, so kann man nur kürzen, wenn ein gemeinsamer Faktor ausgeklammert werden kann.	$\frac{ab + ac}{ad - af} = \frac{a(b + c)}{a(d - f)} = \frac{b + c}{d - f}$
	Aus Summen oder Differenzen darf nicht gekürzt werden.	
Gleichnamig machen Hauptnenner suchen	Der Hauptnenner ist das kleinste gemeinsame Vielfache (kgV) aller Nenner.	$\frac{1}{4} + \frac{1}{6} + \frac{1}{9} + \frac{1}{15} = ?$
	Die Nenner werden in Primfaktoren zerlegt (Primzahl: eine nur durch 1 und sich selbst ohne Rest teilbare Zahl). Von jedem Primfaktor wird die größte vorkommende Gruppe berücksichtigt zur Bildung des Hauptnenners. Der Hauptnenner ist das Produkt der größten vorkommenden Gruppen von Primfaktoren.	$4 = 2 \cdot 2$ $6 = 2 \cdot 3$ $9 = 3 \cdot 3$ $15 = 3 \cdot 5$ $HN = 2 \cdot 2 \cdot 3 \cdot 3 \cdot 5 = 180$
	Haben die Nenner keine gemeinsamen Primfaktoren, so ist der Hauptnenner gleich dem Produkt der Nenner.	$\frac{1 \cdot 45}{4 \cdot 45} + \frac{1 \cdot 30}{6 \cdot 30} + \frac{1 \cdot 20}{9 \cdot 20} + \frac{1 \cdot 12}{15 \cdot 12} =$ $\frac{45}{180} + \frac{30}{180} + \frac{20}{180} + \frac{12}{180} = \frac{107}{180}$
Addition; Subtraktion	Gleichnamige Brüche werden addiert bzw. subtrahiert, indem man die Zähler addiert bzw. subtrahiert und den Nenner beibehält.	$\frac{3}{13} + \frac{5}{13} + \frac{2}{13} = \frac{3 + 5 + 2}{13} = \frac{10}{13}$ $\frac{5}{3a + b} - \frac{3c}{3a + b} = \frac{5 - 3c}{3a + b}$
	Ungleichnamige Brüche werden zuerst gleichnamig gemacht und dann wie gleichnamige Brüche addiert bzw. subtrahiert.	$\frac{1}{3} + \frac{1}{4} = \frac{1 \cdot 4}{3 \cdot 4} + \frac{1 \cdot 3}{4 \cdot 3} = \frac{7}{12}$

Bruchrechnen II

Rechenart	Regeln	Beispiele
Multiplikation Bruch mit Bruch	Brüche werden multipliziert, indem man die Zähler und die Nenner miteinander multipliziert. Die Produkte sind, wenn möglich, zu kürzen.	$\frac{3}{5} \cdot \frac{2}{3} = \frac{3 \cdot 2}{5 \cdot 3} = \frac{6}{15} = \frac{2}{5}$
Ganze Zahl mit Bruch	Ganze Zahlen werden wie Scheinbrüche mit dem Nenner 1 behandelt.	$3 \cdot \frac{7}{8} = \frac{3 \cdot 7}{1 \cdot 8} = \frac{21}{8} = 2\frac{5}{8}$
Division Bruch durch Bruch	Ein Bruch wird durch einen Bruch dividiert, indem man den ersten Bruch mit dem Kehrwert des zweiten Bruchs multipliziert.	$\frac{3}{5} : \frac{2}{3} = \frac{3}{5} \cdot \frac{3}{2} = \frac{3 \cdot 3}{5 \cdot 2} = \frac{9}{10}$
Bruch durch ganze Zahl	Ganze Zahlen werden wie Scheinbrüche mit dem Nenner 1 behandelt.	$\frac{3}{4} : 2 = \frac{3}{4} : \frac{2}{1} = \frac{3 \cdot 1}{4 \cdot 2} = \frac{3}{8}$
Ganze Zahl durch Bruch	Die ganze Zahl wird mit dem Kehrwert des Bruchs multipliziert.	$3 : \frac{5}{7} = 3 \cdot \frac{7}{5} = \frac{3 \cdot 7}{1 \cdot 5} = \frac{21}{5} = 4\frac{1}{5}$
Umwandlung Bruch in Dezimalzahl	Man wandelt einen Bruch in eine Dezimalzahl um, indem man den Zähler durch den Nenner dividiert.	$\frac{7}{8} = 7 : 8 = 0{,}875$
Dezimalzahl in Bruch	Man wandelt eine Dezimalzahl in einen Bruch um, indem man aus der Dezimalzahl einen Scheinbruch macht und mit einem Vielfachen von 10 erweitert.	$0{,}719 = \frac{0{,}719}{1} = \frac{0{,}719 \cdot 1000}{1 \cdot 1000}$ $0{,}719 = \frac{719}{1000}$

Potenzen I

Rechenart	Regeln	Beispiele
$a^n = b$ a : Basis n : Exponent b : Potenzwert	Ein Produkt aus gleichen Faktoren kann in verkürzter Schreibweise als Potenz (Stufenzahl) geschrieben werden. Ein Faktor ist die Basis (Grundzahl). Der Exponent (Hochzahl) gibt an, wie oft die Basis als Faktor gesetzt wird. Der Potenzwert ist positiv, wenn die Basis positiv ist oder wenn der Exponent geradzahlig ist. Der Potenzwert ist negativ, wenn die Basis negativ und der Exponent ungerade ist.	$5 \cdot 5 \cdot 5 \cdot 5 = 5^4$ $4 \cdot x \cdot x \cdot x = 4x^3$ $(+a)^n = +a^n$ $(\pm a)^{2n} = +a^{2n}$ $(-a)^{2n-1} = -a^{2n-1}$
Addition; Subtraktion	Nur Potenzen mit gleicher Basis und gleichem Exponenten können addiert bzw. subtrahiert werden.	$9x^3 + 12x^3 - 5x^3 = 16x^3$
Multiplikation; Division	Potenzen mit gleicher Basis werden multipliziert bzw. dividiert, indem man die Exponenten addiert bzw. subtrahiert und die Basis beibehält.	$3^3 \cdot 3^2 = (3 \cdot 3 \cdot 3) \cdot (3 \cdot 3) = 3^5$ $7^3 : 7^2 = (7 \cdot 7 \cdot 7) : (7 \cdot 7) = 7^1 = 7$
Potenzieren	Potenzen werden potenziert, indem man die Exponenten multipliziert und die Basis beibehält.	$(3^2)^2 = (3 \cdot 3)^2 = (3 \cdot 3) \cdot (3 \cdot 3) = 3^4$

Potenzen II

Rechenart	Regeln	Beispiele
Potenzieren von Summen und Differenzen	Summen oder Differenzen potenziert man, indem man Potenzen in Produkte umwandelt und nach den Regeln des Klammerrechnens multipliziert.	$(a + b)^2 = (a + b) \cdot (a + b)$ $= a^2 + ab + ab + b^2 = a^2 + 2ab + b^2$ $(a - b)^2 = (a - b) \cdot (a - b)$ $= a^2 - ab - ab + b^2 = a^2 - 2ab + b^2$
Potenzen mit dem Exponenten Null	Jede Potenz mit dem Exponenten Null hat den Potenzwert 1 (Basis ≠ 0).	$5^0 = 1 \quad a^0 = 1 \quad (a + b)^0 = 1$
Potenzen mit gebrochenen Exponenten	Potenzen mit einem Bruch als Exponent (gebrochener Exponent) können als Wurzel geschrieben werden.	$8^{\frac{1}{3}} = \sqrt[3]{8} = 2$
Potenzen mit negativen Exponenten	Eine Potenz mit negativem Exponenten kann als Kehrwert der Potenz mit positivem Exponenten geschrieben werden.	$3^{-2} = \frac{1}{3^2} = \frac{1}{9}$
Zehnerpotenzen	Zahlen können als ein Vielfaches von Zehnerpotenzen (Potenzen mit der Basis 10) geschrieben werden: Zahlen > 1 haben positive Exponenten. Zahlen < 1 haben negative Exponenten.	$25\,300 = 2{,}53 \cdot 10\,000 = 2{,}53 \cdot 10^4$ $0{,}005 = 5 : 1\,000 = 5 \cdot 10^{-3}$

Wurzeln

Rechenart	Regeln	Beispiele
$\sqrt[n]{a} = b$ n : Wurzelexponent a : Radikand b : Wurzelwert	Wurzelrechnung ist die Umkehrung der Potenzrechnung. Hierbei wird eine Zahl (Radikand) in eine Anzahl n (Wurzelexponent) gleicher Faktoren zerlegt. Der Wurzelexponent 2 wird meist nicht geschrieben. Der Wurzelwert ist positiv oder negativ, wenn der Wurzelexponent gerade und der Radikand positiv ist. Der Wurzelwert hat das Vorzeichen des Radikanden, wenn der Wurzelexponent ungerade ist.	$\sqrt[2]{16} = \sqrt{16} = \sqrt{4 \cdot 4} = 4$ $\sqrt[3]{125} = \sqrt[3]{5 \cdot 5 \cdot 5} = 5$ $\sqrt{25} = \pm 5 \quad \sqrt[2n]{a} = \pm a$ $\sqrt[3]{27} = +3 \quad \sqrt[3]{-27} = -3$ $\sqrt[2n-1]{a} = +b \quad \sqrt[2n-1]{-a} = -b$
Addition; Subtraktion	Nur Wurzeln mit gleichen Wurzelexponenten und Radikanden können addiert bzw. subtrahiert werden.	$2 \cdot \sqrt[3]{64} + 3 \cdot \sqrt[3]{64} = 5 \cdot \sqrt[3]{64} = 5 \cdot 4$
Multiplikation; Division	Wurzeln mit gleichen Exponenten werden multipliziert bzw. dividiert, indem man das Produkt bzw. den Quotienten der Radikanden radiziert.	$\sqrt{9} \cdot \sqrt{16} = \sqrt{9 \cdot 16} = \sqrt{144} = 12$ $\sqrt[3]{54} : \sqrt[3]{2} = \sqrt[3]{\frac{54}{2}} = \sqrt[3]{27} = 3$
Potenzieren	Wurzeln werden potenziert, indem man den Radikanden potenziert und aus dieser Potenz die Wurzel zieht.	$(\sqrt{4})^3 = \sqrt{4^3} = \sqrt{64} = 8$
Radizieren	Wurzeln werden radiziert, indem man die Wurzelexponenten multipliziert und mit diesem Produkt aus dem Radikanden die Wurzel zieht.	$\sqrt[3]{\sqrt{64}} = \sqrt[6]{64} = 2$
Potenzschreibweise	Wurzeln können als Potenzen mit gebrochenen Exponenten geschrieben werden.	$\sqrt[3]{8} = 8^{\frac{1}{3}}$

Logarithmen

Rechenart	Regeln	Beispiele
$a^n = b$ $n = \log_a b$ n : Logarithmus a : Basis b : Numerus lg : dekadischer Logarithmus ln : natürlicher Logarithmus lb : binärer Logarithmus	Logarithmieren ist die 2. Umkehrung der Potenzrechnung. Hierbei wird der Potenzexponent (Logarithmus) gesucht, mit dem eine Basis potenziert werden muss, um einen bestimmten Potenzwert (Numerus) zu erhalten. Als Basis kann jede Zahl (außer 0 oder 1) genommen werden. Logarithmen zur Basis 10 heißen dekadische Logarithmen (lg). Logarithmen zur Basis e (e = 2,718281…) heißen natürliche Logarithmen (ln). Logarithmen zur Basis 2 heißen binäre Logarithmen (lb).	$\log_2 32 = 5 \quad 2^5 = 32$ $\log_{10} 100 = 2 \quad 10^2 = 100$ $\log_{10} 1000 = 3 \quad 10^3 = 1000$ $\log_{10} x = \lg x$ $\log_e x = \ln x$ $\log_2 x = \mathrm{lb}\, x$

Gleichungen I

Rechenart	Regeln	Beispiele
	Gleichungen sind Verknüpfungen gleichartiger mathematischer Terme durch Gleichheitszeichen.	linke Seite = rechte Seite $3 + 6 = 9$
Seitentausch	Eine Gleichung bleibt gleich, wenn die beiden Seiten miteinander vertauscht werden.	$4 + 7 = 11$ $11 = 4 + 7$
Seitenveränderung durch Addition und Subtraktion	Eine Gleichung bleibt gleich, wenn auf beiden Seiten der gleiche Summand (Subtrahend) addiert (subtrahiert) wird.	$5 + 8 = 13$ $5 + 8 + 3 = 13 + 3$ $14 - 9 = 5$ $14 - 9 - 2 = 5 - 2$
Seitenveränderung durch Multiplikation und Division	Eine Gleichung bleibt gleich, wenn auf beiden Seiten mit dem gleichen Faktor multipliziert oder durch den gleichen Divisor dividiert wird.	$4 \cdot 9 = 36$ $4 \cdot 9 \cdot 2 = 36 \cdot 2$ $\frac{4 \cdot 9}{3} = \frac{36}{3}$
Seitenveränderung durch Bildung des Kehrwerts	Eine Gleichung bleibt gleich, wenn auf beiden Seiten der Kehrwert gebildet wird.	$3 + 4 = 7$ $\frac{1}{3 + 4} = \frac{1}{7}$
Seitenveränderung durch Potenzieren und Radizieren	Eine Gleichung bleibt gleich, wenn auf beiden Seiten mit dem gleichen Exponenten potenziert oder dem gleichen Wurzelexponenten radiziert wird.	$6 + 7 = 13$ $(6 + 7)^2 = 13^2$ $\sqrt{6 + 7} = \sqrt{13}$
Seitenwechsel	Bringt man ein positives Glied einer Gleichung auf die andere Seite der Gleichung, so wird es negativ. Bringt man ein negatives Glied einer Gleichung auf die andere Seite der Gleichung, so wird es positiv. Bringt man einen Faktor einer Gleichung auf die andere Seite der Gleichung, so wird daraus ein Divisor. Bringt man einen Divisor einer Gleichung auf die andere Seite der Gleichung, so wird daraus ein Faktor.	$x + 3 = 12$ $x = 12 - 3$ $x - 5 = 8$ $x = 8 + 5$ $x \cdot 4 = 32$ $x = \frac{32}{4}$ $\frac{x}{6} = 7$ $x = 7 \cdot 6$

Gleichungen II

Rechenart	Regeln	Beispiele
Proportionen (Verhältnisgleichungen)	Haben zwei Verhältnisse den gleichen Wert, können sie gleichgesetzt und wie Gleichungen behandelt werden. Eine Proportion kann auch als Bruchgleichung geschrieben werden.	$a : b = c$ $x : y = c$ $a : b = x : y$
	Bei einer Proportion ist das Produkt der Außenglieder gleich dem Produkt der Innenglieder.	$a : b = x : y$ $a \cdot y = b \cdot x$
	Bei einer Proportion können die Außenglieder miteinander vertauscht werden.	$a : b = x : y$ $y : b = x : a$
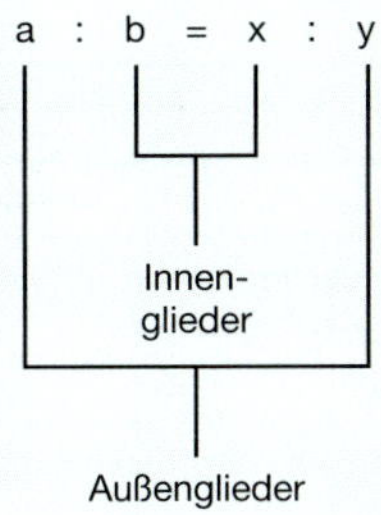	Bei einer Proportion können die Innenglieder miteinander vertauscht werden.	$a : b = x : y$ $a . x = b . y$
	Bei einer Proportion können zusammengehörige Innen- und Außenglieder miteinander vertauscht werden.	$a : b = x : y$ $b : a = y : x$
	Zwei Verhältnisse heißen direkt proportional, wenn sie im gleichen (geraden) Verhältnis zueinander stehen (z. B. Kraft und Druck: je größer die Kraft, desto größer der Druck).	$p_1 : F_1 = p_2 : F_2$ $\frac{p_1}{p_2} = \frac{F_1}{F_2}$
	Zwei Verhältnisse heißen indirekt proportional, wenn sie im umgekehrten (ungeraden) Verhältnis zueinander stehen (z. B. Fläche und Druck: je größer die Fläche, desto kleiner der Druck).	$p_1 : \frac{1}{A_1} = p_2 : \frac{1}{A_2}$ $\frac{p_1}{p_2} = \frac{A_2}{A_1}$

Lösen von Gleichungen 1. Grades mit 2 Unbekannten im Einsetzverfahren

Um die Unbekannten x und y berechnen zu können, sind **zwei voneinander unabhängige Gleichungen** erforderlich.

Im Einsetzverfahren wird eine der beiden Unbekannten in einer der beiden Gleichungen ausgedrückt und in die andere Gleichung eingesetzt.

Beispiel: Wieviel Liter Zement (x) und wieviel Liter Sand (y) werden benötigt, um 1 m³ Mörtel 1 : 4 Vt zu mischen, wenn sich das Volumen durch Einmischen und Verlust um 1/3 vermindert?

$(x + y) \cdot 2/3 = 1000$ (1)

$x : y = 1 : 4$ (2)

Nach Gleichung (2) ist:

$\mathbf{x = y/4}$ (3)

(3) in (1) eingesetzt:

$(y/4 + y) \cdot 2/3 = 1000$

$y/4 + y = 1000 \cdot 3/2$

$5/4 \cdot y = 1500$

$y = 1500 \cdot 4/5$

$\mathbf{y = 1200}$

Einsetzen in Gleichung (2):

$x : 1200 = 1 : 4$

$\mathbf{x = 300}$

Rechnen mit Zehnerpotenzen I

Regeln	Beispiele
Mit **sehr großen** und **sehr kleinen Zahlen** kann sicherer gerechnet werden, wenn sie als Produkt aus **Vorzahl · Zehnerpotenz** geschrieben werden (→ S. 17). Dazu verschiebt man das Komma (bei ganzen Zahlen ein gedachtes) um so viele Stellen nach rechts oder links, bis nur noch **eine Stelle vor dem Komma** steht.	$10000 = 1 \cdot 10^4$ $1000 = 1 \cdot 10^3$ $100 = 1 \cdot 10^2$ $10 = 1 \cdot 10^1$ $1 = 1 \cdot 10^0$ $0{,}1 = 1 \cdot 10^{-1}$ $0{,}01 = 1 \cdot 10^{-2}$ $0{,}001 = 1 \cdot 10^{-3}$ $0{,}0001 = 1 \cdot 10^{-4}$
Muss es bei sehr großen Zahlen **nach links** verschoben werden, dann ist die **Hochzahl positiv**, z. B.: $43\,500 = 4{,}35 \cdot 10^4$. Muss es bei sehr kleinen Zahlen **nach rechts** verschoben werden, dann ist die **Hochzahl negativ**, z. B.: $0{,}0035 = 3{,}5 \cdot 19^{-3}$.	$\frac{10^{-n}}{1} = \frac{1}{10^n}$ $\frac{1}{10^{-n}} = \frac{10^n}{1}$

Rechnen mit Zehnerpotenzen II

Beispiel für die Anwendung bei einer **Durchbiegungsberechnung** (→ S. 62, Fall 10)

Wieviel cm biegt sich ein Stahlträger IPE 200 bei 5 m Stützweite durch, wenn er mit 30 kN/m gleichmäßig belastet ist? (MN und m als Maßeinheiten verwenden).

$l = 5\text{ m}\ ,\ l^4 = (5\text{ m})^4 = 5^4 \cdot \text{m}^4 = 625\text{ m}^4$

$q = 30\text{ kN/m} = 0{,}03\text{ MN/m} = 3 \cdot 10^{-2}\text{ MN/m}$

$E = 210\,000\text{ N/mm}^2\,(\text{MN/m}^2) = 2{,}1 \cdot 10^5\text{ MN/m}^2$

$J_y = 1940\text{ cm}^4 = 1940 \cdot 10^{-2}\text{ m}^4 = 1{,}94 \cdot 10^{-5}\text{ m}^4$ (→ S. 19)

$$f = \frac{q \cdot l^4}{76{,}8 \cdot E \cdot J} = \frac{3 \cdot 10^{-2}\text{ MN/m} \cdot 625\text{ m}^4}{76{,}8 \cdot 2{,}1 \cdot 10^5\text{ MN/m}^2 \cdot 1{,}94 \cdot 10^{-5}\text{ m}^4}$$

$$= \frac{3 \cdot 625}{76{,}8 \cdot 2{,}1 \cdot 1{,}94} = \frac{1875}{312{,}88} = 5{,}993 \cdot 10^{-2}\text{ m} \approx \mathbf{6\text{ cm}}$$

Nebenrechnung für Einheiten:

$$\frac{\text{MN/m} \cdot \text{m}^4}{\text{MN/m}^2 \cdot \text{m}^4} = \frac{\text{MN} \cdot \text{m}^2 \cdot \text{m}^4}{\text{m} \cdot \text{MN} \cdot \text{m}^4} = \frac{\text{m}}{1}$$

Nebenrechnung für Zehnerpotenzen (→ S. 16):

$$\frac{10^{-2}}{10^5 \cdot 10^{-5}} = \frac{10^{-2}}{10^0} = 10^{-2}$$

Prozent-, Promille-, Zinsrechnung

Rechenart	Regeln	Beispiele
Prozentrechnung $1\,\% = \frac{1}{100}$ p : Prozentsatz P : Prozentwert G : Grundwert	Die Prozentrechnung ist eine Rechnung mit Proportionen, bei der alle Größen auf 100 Teile bezogen werden. Der Prozentsatz verhält sich zu 100 % wie der Prozentwert zum Grundwert. $\frac{p}{100\,\%} = \frac{P}{G}$	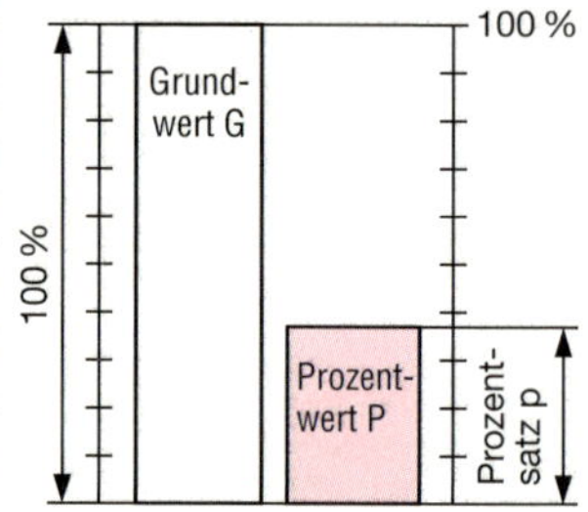
Promillerechnung $1\,‰ = \frac{1}{100}$ p*: Promillesatz P*: Promillewert G : Grundwert	Die Promillerechnung ist eine Rechnung mit Proportionen, bei der alle Größen auf 1000 Teile bezogen werden. Der Promillesatz verhält sich zu 1000 ‰ wie der Promillewert zum Grundwert. $\frac{p^*}{1000\,‰} = \frac{P^*}{G}$	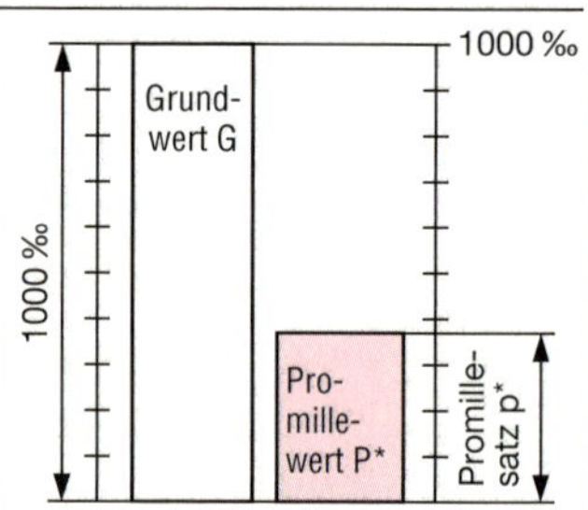
Zinsrechnung p : Jahres-zinssatz Z : Zinsen K : Kapital i_T : Zinszeitraum in Tagen i_M : Zinszeitraum in Monaten	Die Zinsrechnung ist eine besondere Art der Prozentrechnung. Der Jahreszinssatz verhält sich zu 100 % wie die Zinsen (Zinswert) zum eingesetzten Kapital (Grundwert). $\frac{p}{100\,\%} = \frac{Z}{K}$ Für eine bestimmte Anzahl von Tagen i_T wird die Höhe der Zinsen: $Z = K \cdot \frac{p}{100\,\%} \cdot \frac{i_T}{360}$ Für eine bestimmte Anzahl von Monaten i_M wird die Höhe der Zinsen: $Z = K \cdot \frac{p}{100\,\%} \cdot \frac{i_M}{12}$	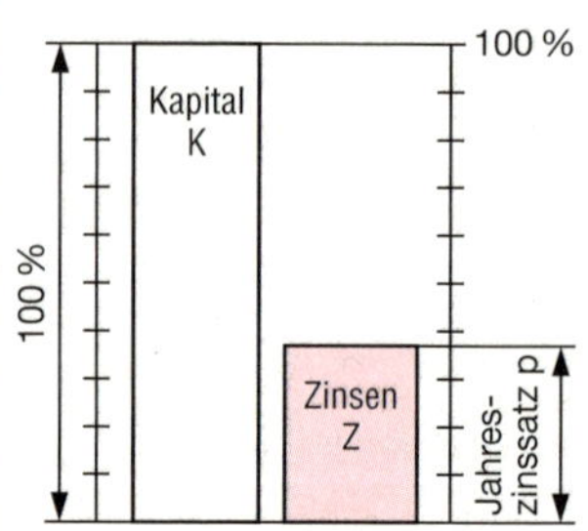

Rechenhilfen

Taschen- und Tischrechner

Taste	Bedeutung
ON EIN I	Einschalten
OFF AUS 0	Ausschalten
C	Gesamtlöschtaste
CE CI	Löschung der zuletzt angezeigten Zahl
C	Löschung der zuletzt angezeigten Zahl
AC	Gesamtlöschtaste
•	Dezimalpunkttaste
+/– ± CS CHS	Vorzeichenwechsel
+	Addition
−	Subtraktion
X	Multiplikation
÷	Division
=	Ergebnistaste
EE EXP	Exponentialeingabe
INV	Umkehrung einer Funktion
Y^x X^y X^n a^x	Potenzieren
$\sqrt[x]{y}$	Radizieren

Taste	Bedeutung
$1/x$ F 2nd	Kehrwert
x^2	Quadrieren
$\sqrt{x}$	Quadratwurzel
log lgx 10^x	Dekadische Logarithmen
ln lnx e^x	Natürliche Logarithmen
( )	Klammern
%	Prozenttaste
D/R D·R d↔r $\alpha°\rightarrow$rad rad$\rightarrow\alpha°$	Altgrad in Radiant und umgekehrt
sin cos tan	Ermittlung des Funktionswertes von Winkeln
$\sin^{-1}$ $\cos^{-1}$ $\tan^{-1}$ arc INV	Ermittlung des Winkels aus dem Funktionswert
M M+ M± STO x→M	Speicherablage
MR RM M^R_C RCL M→x	Speicherrückruf
MC CM M^R_C	Speicher löschen
EXC M↔x	Speicheraustausch
CN CH·N	Löschen von Exponenten

Ab- und Aufrunden DIN 1313

Aufgerundet wird, wenn die **nächste** Stelle eine **5** oder mehr,

abgerundet wird, wenn die **nächste** Stelle eine **4** oder noch weniger ist.

373,845 ≈ 373,85	**auf**gerundet auf Hundertstel
373,845 ≈ 373,8	**ab**gerundet auf Zehntel
373,845 ≈ 374	**auf**gerundet auf Ganze
373,845 ≈ 370	**ab**gerundet auf Zehner

Geltungsbereich von Zahlen

4	gilt für 3,5	bis 4,4
4,0	gilt für 3,95	bis 4,04
4,00	gilt für 3,995	bis 4,004

Zahlentafeln und Rechenstäbe

Zahlentafeln und Rechenstäbe haben als Rechenhilfen keine Bedeutung mehr, sie wurden durch elektronische Taschen- und Tischrechner verdrängt. Die meist unnötig vielen Stellen in der Anzeige verwirren aber oft und machen das Ergebnis unübersichtlich. Nur wenige Rechner besitzen jedoch eine gute Rundungsautomatik, weshalb hier die geltenden **Rundungsregeln** wiedergegeben werden.

Rechnen mit Zehnerpotenzen

Das Rechnen mit Zehnerpotenzen kann die Sicherheit, besonders beim Rechnen mit sehr kleinen und sehr großen Zahlen, erheblich verbessern. Da jedoch nicht alle Rechner die dafür erforderlichen Tasten besitzen, ist das Beachten der Hinweise und des Rechenbeispieles auf S. 19 zu empfehlen.

Sätze am rechtwinkligen Dreieck

Lehrsatz des Pythagoras

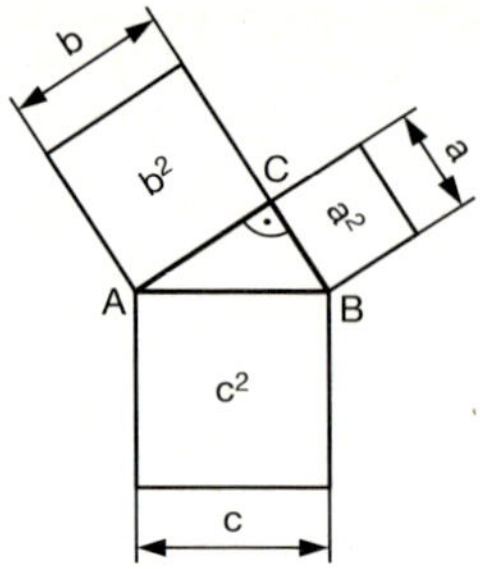

Im rechtwinkligen Dreieck ist das aus der Hypotenuse gebildete Quadrat flächengleich mit der Summe der beiden Quadrate, die aus den Katheten gebildet werden können.

a: Kathete
b: Kathete
c: Hypotenuse

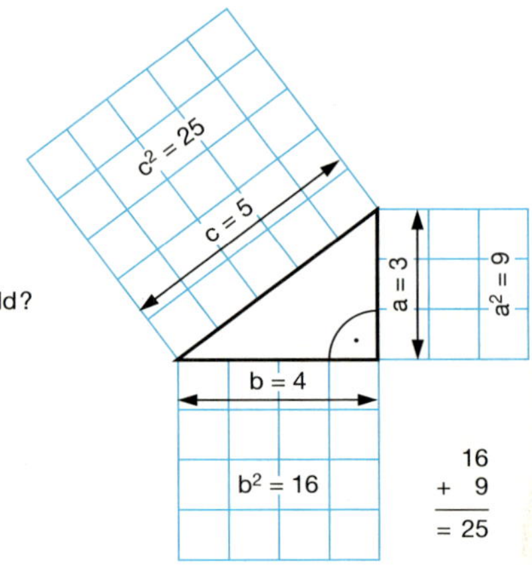

16
+ 9
= 25

$c^2 = a^2 + b^2$ $\quad a^2 = c^2 - b^2$ $\quad b^2 = c^2 - a^2$

$c = \sqrt{a^2 + b^2}$ $\quad a = \sqrt{c^2 - b^2}$ $\quad b = \sqrt{c^2 - a^2}$

Beispiel: Wie lang sind die Sparren des Satteldaches im Bild?

Lösung: a = Dachhöhe = 6,48 m,
b = Sparrengrundmaß = 5,62 m : 2 = 2,81 m

$c = \sqrt{a^2 + b^2}$

$c = \sqrt{(6{,}48\ \text{m})^2 + (2{,}81\ \text{m})^2}$

$c = \sqrt{41{,}9904\ \text{m}^2 + 7{,}8961\ \text{m}^2}$

$c = \sqrt{49{,}8865\ \text{m}^2}$

$\mathbf{c = 7{,}06\ m}$

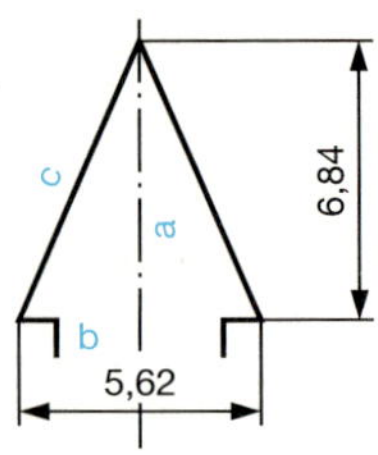

Kathetensatz

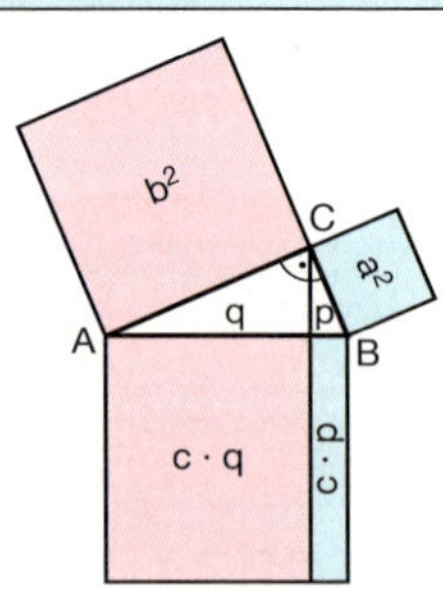

Im rechtwinkligen Dreieck ist das Kathetenquadrat flächengleich mit dem Rechteck, das aus der Hypotenuse und dem anliegenden Hypotenusenabschnitt gebildet werden kann.

$$\mathbf{a^2 = c \cdot p}$$
$$\mathbf{b^2 = c \cdot q}$$

a² : Kathetenquadrat
b² : Kathetenquadrat
c : Hypotenuse
p : Hypotenusenabschnitt
q : Hypotenusenabschnitt

Höhensatz

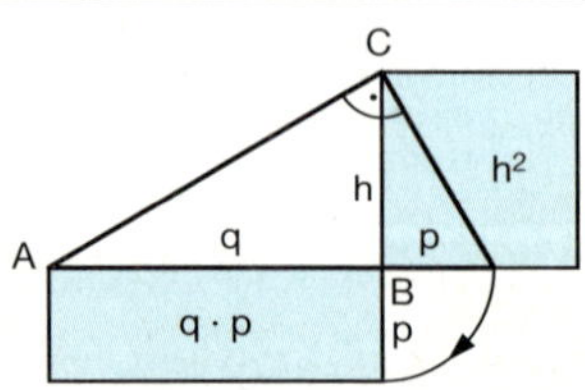

Im rechtwinkligen Dreieck ist das aus der Höhe gebildete Quadrat flächengleich mit dem Rechteck, das aus den beiden Hypotenusenabschnitten gebildet werden kann.

$$\mathbf{h^2 = q \cdot p}$$

h² : Hypotenusenquadrat
q : Hypotenusenabschnitt
p : Hypotenusenabschnitt

Gebrauch der Winkeltafeln I

Anleitung und Anwendungsbeispiele

Gesucht:	Bekannt:	Lies ab:	Rechne:
a a	b und $\sphericalangle\,\alpha$ c und $\sphericalangle\,\alpha$	tan α sin α	$b \cdot \tan\alpha$ $c \cdot \sin\alpha$
b b	a und $\sphericalangle\,\alpha$ c und $\sphericalangle\,\alpha$	cot α cos α	$a \cdot \cot\alpha$ $c \cdot \cos\alpha$
c c	a und $\sphericalangle\,\alpha$ b und $\sphericalangle\,\alpha$	sin α cos α	$a : \sin\alpha$ $c : \cos\alpha$

Gesucht:	Bekannt:	Rechne:	Lies ab:
$\sphericalangle\,\alpha$	a und c	$a : c$	sin α
$\sphericalangle\,\alpha$	b und c	$b : c$	cos α
$\sphericalangle\,\alpha$	a und b	$a : b$	tan α

Für das Ermitteln eines Winkels in Grad aus gegebener Winkelfunktion, z. B. cos, sind die meisten Taschenrechner nicht geeignet.

Für jedes **recht**winklige Dreieck gilt:

1. Aus **einer** Seite und **einem** Winkel (außer dem rechten) kann man jede der anderen Seiten berechnen.
2. Aus **zwei** Seiten kann man jeden der beiden spitzen Winkel berechnen.

Bringe vor dem Rechnen das Dreieck in Gedanken in die untengezeichnete Lage, so dass der rechte Winkel rechts und der bekannte Winkel (beziehungsweise der gesuchte Winkel) links liegen (hier stets α genannt). Das schützt vor Verwechslungen.

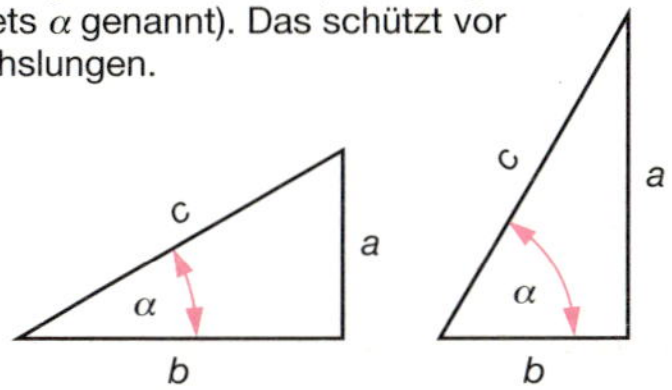

a) Wieviel Winkelgrad beträgt die **Dachneigung**?

Lösung: An der Sparrenunterkante 1,00 m von A nach B abtragen. Von B aus mit dem Lot Punkt C finden. Strecke AC messen, hier 66,3 cm. $\sphericalangle\,\alpha$ mit Hilfe der cos-Tabelle ermitteln:

$$b : c = 0{,}663\text{ m} : 1{,}00\text{ m} = 0{,}663 = \cos\alpha$$

$$\begin{aligned} \cos 48° &= 0{,}6691 \\ \cos\alpha &= 0{,}6630 \\ \cos 49° &= 0{,}6561 \end{aligned} \quad \begin{aligned} &> 0{,}0061 \\ &> 0{,}0069 \end{aligned}$$

Das Dach hat eine Neigung von etwa 48° 30'.

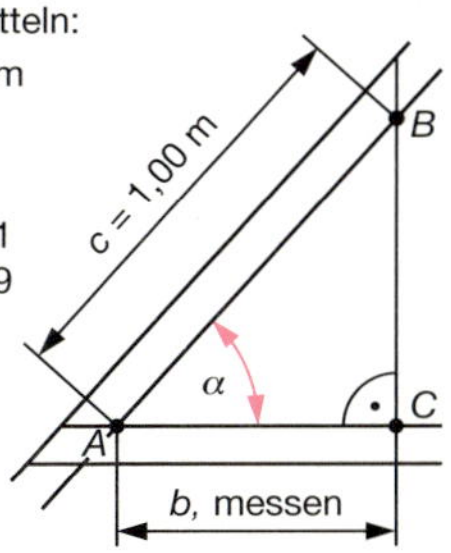

b) Wie groß ist $\sphericalangle\,\beta$ der **stumpfwinkligen Ecke** eines Gebäudes?

Lösung: Fluchtschnur in Verlängerung der Bauflucht des Gebäudes spannen und daran die 1,00 m lange Strecke AB abtragen.
In Punkt C mit Hilfe eines Bauwinkels das Lot BC errichten und die Strecke AC messen.

Wenn AC = 87 cm, dann ist $\cos\alpha = 0{,}87$.

$$\begin{aligned} \cos 29° &= 0{,}8746 \\ \cos\alpha &= 0{,}8700 \\ \cos 30° &= 0{,}8660 \end{aligned} \quad \begin{aligned} &> 0{,}0046 \\ &> 0{,}0040 \end{aligned}$$

$\sphericalangle\,\alpha \approx 29°\,30'$
$\sphericalangle\,\beta \approx 180° - 29°\,30'$
$\approx 150°\,30'$

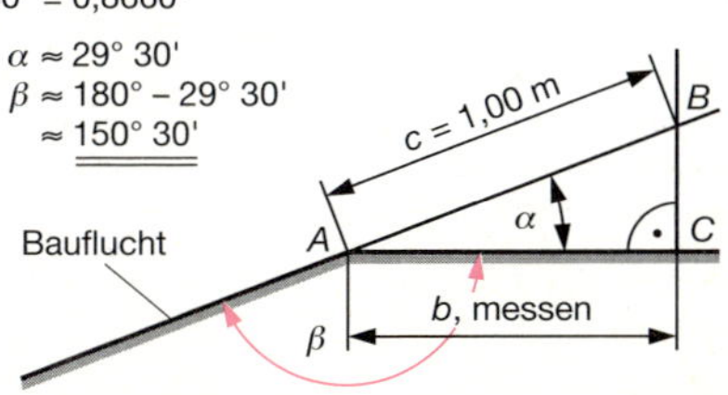

c) Auf dem Schnürboden oder einem Zeichenblatt soll ein **Winkel** von 48° **angerissen** werden.

Lösung: Die Grundlinie AC wird auf dem Schnürboden mit 1,00 m, auf dem Blatt mit 10 cm (0,10 m) angerissen. In C wird das Lot errichtet.

$BC = \tan 48° = 1{,}11$ m (auf dem Blatt 11,1 cm)
$AB = AC : \cos\alpha = 1 : 0{,}6691 = 1{,}4945$
$\approx 1{,}495$ m ($\approx$ 15 cm)

1,11 m (11,1 cm) wird auf dem Lot abgetragen. Zur Kontrolle wird mit dem Zirkel ein Kreisbogen mit r = 1,495 m (15 cm) um A geschlagen. Der Schnittpunkt mit dem Lot ergibt den Punkt B. Eine höhere Genauigkeit ist in der Praxis nicht nötig.

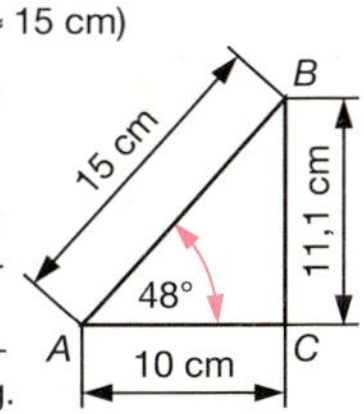

d) Ein **Pultdach** hat 4 m Tiefe und 1 m Höhe (→ Bild). Wie groß ist die Dachneigung in ° und in %?

Lösung: $\cot\alpha = 4 : 1 = 4{,}00$; $\alpha = 14°$
4 m ≙ 100 %,
1 m ≙ 100 : 4 = 25 %

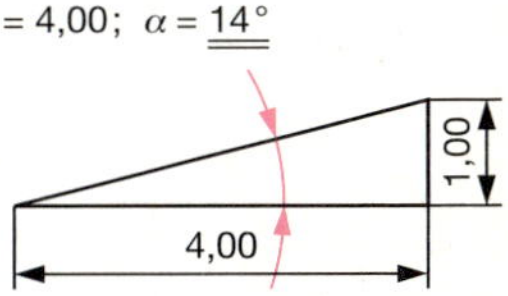

e) Wie groß ist die **Fläche eines Walmdaches** über einem Hausgrundriss von 10 m · 12 m bei allseitig 50 cm Dachüberstand und 40° Dachneigung?

Bei gleicher Neigung aller Dachflächen gilt:

Dachfläche = Grundfläche : cos Dachneigung

Lösung:
Grundfläche $= (10 + 2 \cdot 0{,}50) \cdot (12 + 2 \cdot 0{,}50) = 11 \cdot 13 = 143\text{ m}^2$
cos 40° $= 0{,}766$
Dachfläche $= 143\text{ m}^2 : 0{,}766 = 186{,}68\text{ m}^2$

Gebrauch der Winkeltafeln II

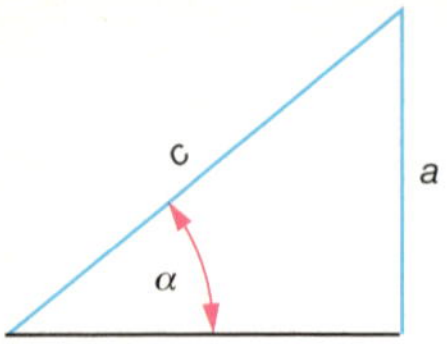

$\sin \alpha = \frac{a}{c}$

Gesucht: *a*
Bekannt: *c* und ∢ α

$a = c \cdot \sin \alpha$

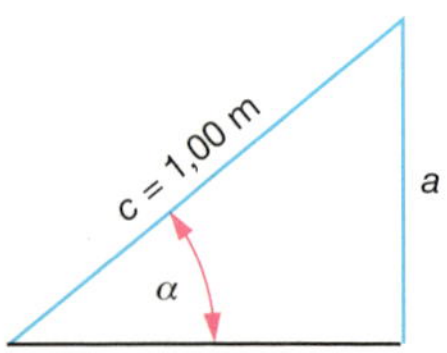

a: siehe Tabellenwert

Für 1,00 m Schräge (*c*) ist die Höhe (*a*) so viel m lang, wie die Sinustabelle angibt.

Für *x* m Schräge (*c*) ist die Höhe *a* = *x* m · Tabellenwert.

Beispiel:
Wie groß ist die Windlast je m² Dachfläche, wenn das Gebäude 7,00 m hoch ist?

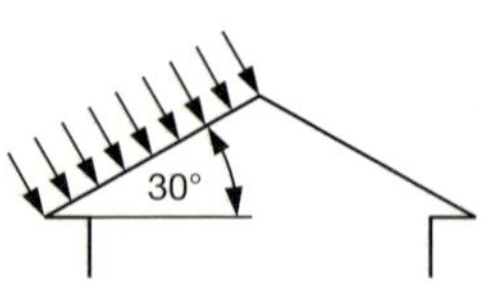

Nach Tafel S. 53 ist zu rechnen:

$w = \sin \alpha \cdot 6$ hPa
$\sin 30° = 0{,}5$
$w = 0{,}5 \cdot 6$ hPa
$w = \underline{\underline{3 \text{ hPa}}}$

	Sinus 0°…45°			Sinus 45°…90°	∢ α
0	0,0000	90	45	0,7071	45
1	0,0175	89	46	0,7193	44
2	0,0349	88	47	0,7314	43
3	0,0523	87	48	0,7431	42
4	0,0698	86	49	0,7547	41
5	0,0872	85	50	0,7660	40
6	0,1045	84	51	0,7771	39
7	0,1219	83	52	0,7880	38
8	0,1392	82	53	0,7986	37
9	0,1564	81	54	0,8090	36
10	0,1736	80	55	0,8192	35
11	0,1908	79	56	0,8290	34
12	0,2079	78	57	0,8387	33
13	0,2250	77	58	0,8480	32
14	0,2419	76	59	0,8572	31
15	0,2588	75	60	0,8660	30
16	0,2756	74	61	0,8746	29
17	0,2924	73	62	0,8829	28
18	0,3090	72	63	0,8910	27
19	0,3256	71	64	0,8988	26
20	0,3420	70	65	0,9063	25
21	0,3584	69	66	0,9135	24
22	0,3746	68	67	0,9205	23
23	0,3907	67	68	0,9272	22
24	0,4067	66	69	0,9336	21
25	0,4226	65	70	0,9397	20
26	0,4384	64	71	0,9455	19
27	0,4540	63	72	0,9511	18
28	0,4695	62	73	0,9563	17
29	0,4848	61	74	0,9613	16
30	0,5000	60	75	0,9659	15
31	0,5150	59	76	0,9703	14
32	0,5299	58	77	0,9744	13
33	0,5446	57	78	0,9781	12
34	0,5592	56	79	0,9816	11
35	0,5736	55	80	0,9848	10
36	0,5878	54	81	0,9877	9
37	0,6018	53	82	0,9903	8
38	0,6157	52	83	0,9925	7
39	0,6293	51	84	0,9945	6
40	0,6428	50	85	0,9962	5
41	0,6561	49	86	0,9976	4
42	0,6691	48	87	0,9986	3
43	0,6820	47	88	0,9994	2
44	0,6947	46	89	0,99985	1
45	0,7071	45	90	1,0000	0
∢ α	Cosinus 45°…90°			Cosinus 0°…45°	

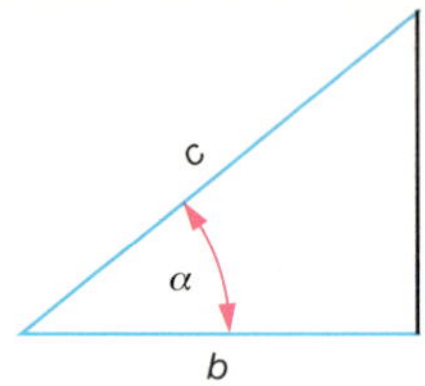

$\cos \alpha = \frac{b}{c}$

Gesucht: *b*
Bekannt: *c* und ∢ α

$b = c \cdot \cos \alpha$

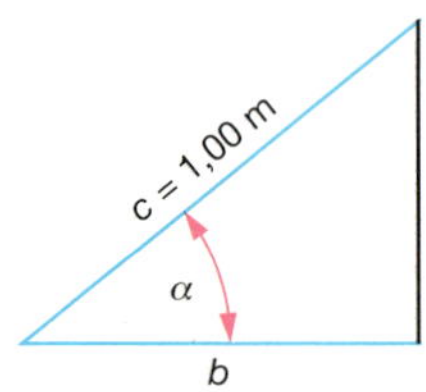

b: siehe Tabellenwert

Für 1,00 m Schräge (*c*) ist die Grundlinie (*b*) so viel m lang, wie die Cosinustabelle angibt.

Für *x* m Schräge (*c*) ist die Grundlinie *b* = *x* m · Tabellenwert.

Beispiel:
Wie lang ist das Grundmaß *b* des Sparrens?

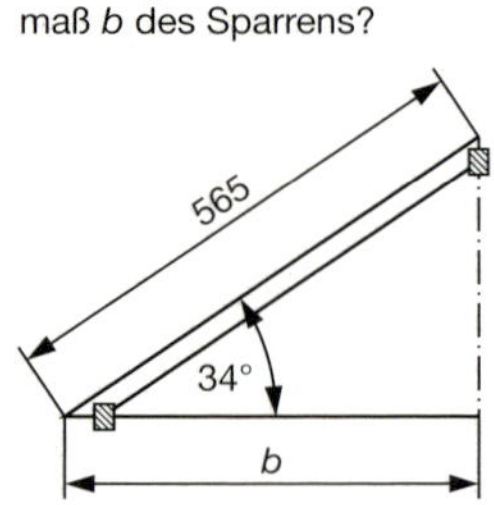

Gesucht ist *b*
Bekannt sind *c* und ∢ α
Geeignet ist Cosinustabelle

$\cos 34° = 0{,}8290$
$b = c \cdot \cos \alpha$
$b = 5{,}65 \text{ m} \cdot 0{,}8290$
$b = 4{,}68385 \text{ m}$
$b = \underline{\underline{4{,}684 \text{ m}}}$

Gebrauch der Winkeltafeln III

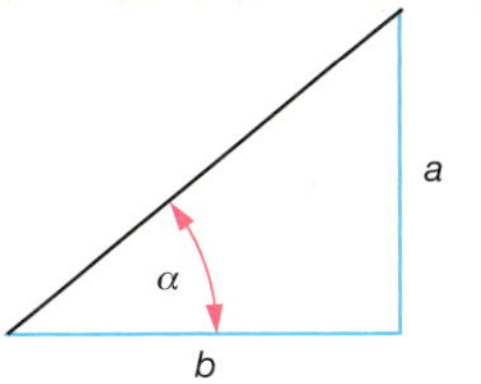

$\tan \alpha = \frac{a}{b}$

Gesucht: *a*
Bekannt: *b* und ∢ α

$a = b \cdot \tan \alpha$

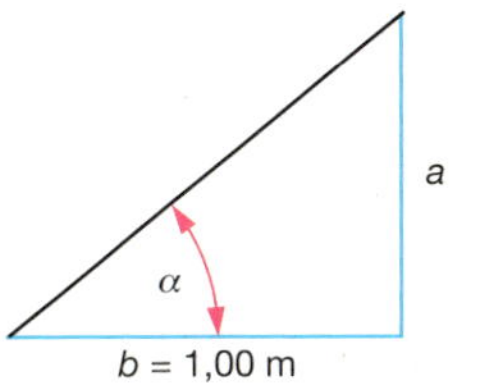

a: siehe Tabellenwert

Für 1,00 m Grundlinie (*b*) ist die Höhe (*a*) so viel m lang, wie die Tangenstabelle angibt.

Für *x* m Grundlinie (*b*) ist die Höhe *a* = *x* m · Tabellenwert.

Beispiel:
Wie hoch ist das Dach?

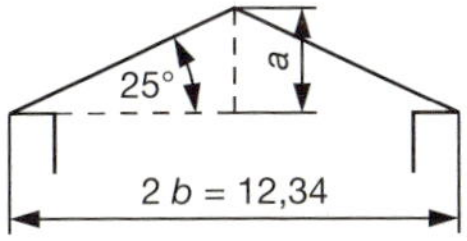

Gesucht ist *a*.
Bekannt sind *b* und ∢ α.
Geeignet ist Tangenstabelle
tan 25° = 0,4663

$a = b \cdot \tan \alpha$
$a = 6{,}17 \text{ m} \cdot 0{,}4663$
$a = 2{,}8770 \text{ m}$
$a = \underline{\underline{2{,}877 \text{ m}}}$

Tangens 0°…45°			Tangens 45°…90°		∢ α
0	0,0000	90	45	1,0000	45
1	0,0175	89	46	1,0355	44
2	0,0349	88	47	1,0724	43
3	0,0524	87	48	1,1106	42
4	0,0699	86	49	1,1504	41
5	0,0875	85	50	1,1918	40
6	0,1051	84	51	1,2349	39
7	0,1228	83	52	1,2799	38
8	0,1405	82	53	1,3270	37
9	0,1584	81	54	1,3764	36
10	0,1763	80	55	1,4281	35
11	0,1944	79	56	1,4826	34
12	0,2126	78	57	1,5399	33
13	0,2309	77	58	1,6003	32
14	0,2493	76	59	1,6643	31
15	0,2679	75	60	1,7321	30
16	0,2867	74	61	1,8041	29
17	0,3057	73	62	1,8807	28
18	0,3249	72	63	1,9626	27
19	0,3443	71	64	2,0503	26
20	0,3640	70	65	2,1445	25
21	0,3839	69	66	2,2460	24
22	0,4040	68	67	2,3559	23
23	0,4245	67	68	2,4751	22
24	0,4452	66	69	2,6051	21
25	0,4663	65	70	2,7475	20
26	0,4877	64	71	2,9042	19
27	0,5095	63	72	3,0777	18
28	0,5317	62	73	3,2709	17
29	0,5543	61	74	3,4874	16
30	0,5774	60	75	3,7321	15
31	0,6009	59	76	4,0108	14
32	0,6249	58	77	4,3315	13
33	0,6494	57	78	4,7046	12
34	0,6745	56	79	5,1446	11
35	0,7002	55	80	5,6713	10
36	0,7265	54	81	6,3138	9
37	0,7536	53	82	7,1154	8
38	0,7813	52	83	8,1444	7
39	0,8098	51	84	9,5144	6
40	0,8391	50	85	11,4301	5
41	0,8693	49	86	14,3007	4
42	0,9004	48	87	19,0811	3
43	0,9325	47	88	28,6363	2
44	0,9657	46	89	57,2900	1
45	1,0000	45	90	∞	0
∢ α	Cotangens 45°…90°			Cotangens 0°…45°	

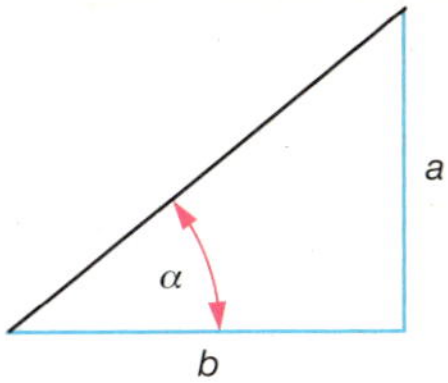

$\cot \alpha = \frac{b}{a}$

Gesucht: *b*
Bekannt: *a* und ∢ α

$b = a \cdot \cot \alpha$

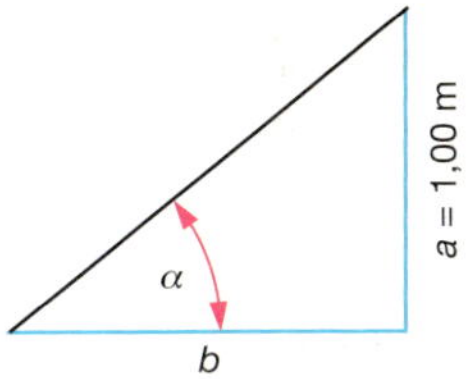

b: siehe Tabellenwert

Für 1,00 m Höhe (*a*) ist die Grundlinie (*b*) so viel m lang, wie die Cotangenstabelle angibt.

Für *x* m Höhe (*a*) ist die Grundlinie *b* = *x* m · Tabellenwert.

Beispiel:
Wie groß ist der Grundabstand des Anfallpunktes?

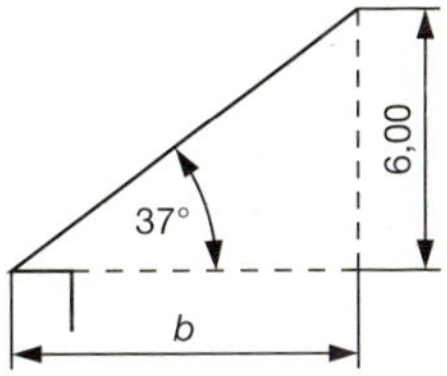

Gesucht ist *b*.
Bekannt sind *a* und ∢ α.
Geeignet ist Cotangenstabelle
cot 37° = 1,3270

$b = a \cdot \cot \alpha$
$b = 6{,}00 \text{ m} \cdot 1{,}327$
$b = \underline{\underline{7{,}926 \text{ m}}}$

Lehrsätze der Geometrie I

1. Linien, geometrische Örter

1.1 Die **gerade Linie** ist die kürzeste Strecke zwischen zwei Punkten.

1.2 Das **Lot** ist die kürzeste Strecke zwischen einem Punkt und einer geraden Linie.

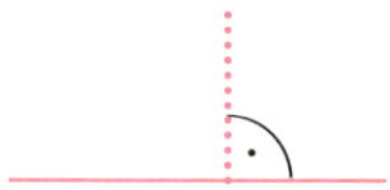

1.3 Der **Kreis** mit dem Radius *r* ist der geometrische Ort für alle Punkte, die von einem Punkt *A* aus die Entfernung *r* haben.

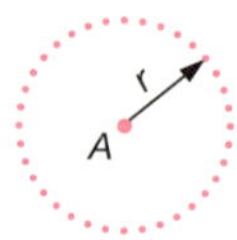

1.4 Die **Parallele** mit dem Abstand *a* ist der geometrische Ort für alle Punkte, die von einer Geraden *AB* die Entfernung *a* haben.

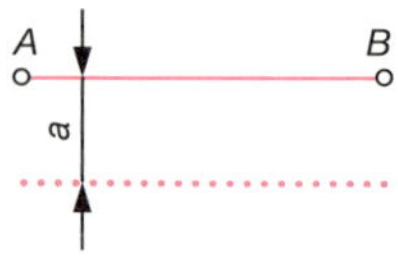

1.5 Das **Mittel-Lot** einer Strecke *AB* ist geometrischer Ort für alle Punkte, die von den Endpunkten einer Strecke gleich weit entfernt sind.

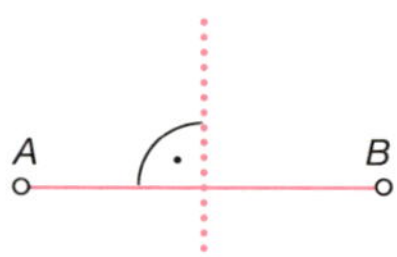

1.6 Die **Winkelhalbierende** ist geometrischer Ort für alle Punkte, die von den Schenkeln eines Winkels gleich weit entfernt sind.

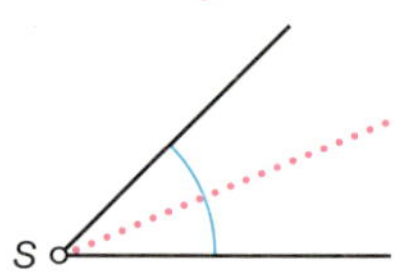

2. Winkel

2.1 **Nebenwinkel** sind zusammen zwei rechte Winkel groß.

$\sphericalangle\, \alpha + \sphericalangle\, \beta = 2\,\text{R}$

2.2 **Scheitelwinkel** sind einander gleich.

$\sphericalangle\, \alpha = \sphericalangle\, \delta$

2.3 **Gegenwinkel** an II sind einander gleich.

$\sphericalangle\, \alpha = \sphericalangle\, \varepsilon$

2.4 **Wechselwinkel** an II sind einander gleich.

$\sphericalangle\, \alpha = \sphericalangle\, \eta \qquad \sphericalangle\, \varepsilon = \sphericalangle\, \delta$

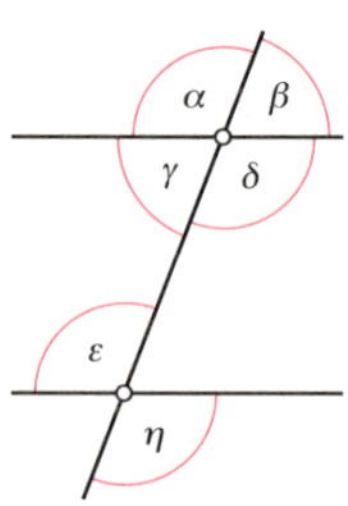

2.5 **Entgegengesetzte Winkel** sind zusammen zwei Rechte.

$\sphericalangle\, \beta + \sphericalangle\, \eta = 2\,\text{R}$

2.6 **Winkel um einen Punkt** betragen zusammen vier Rechte.

$\sphericalangle\, \alpha + \sphericalangle\, \beta + \sphericalangle\, \gamma + \sphericalangle\, \delta = 4\,\text{R}$

3. Dreiecke

3.1 Die **Winkelsumme** des △ ist 2 R.

$\sphericalangle\, \alpha + \sphericalangle\, \beta + \sphericalangle\, \gamma = 2\,\text{R}$

3.2 Der **Außenwinkel** eines △ ist gleich der Summe der beiden nicht anliegenden Innenwinkel.

$\sphericalangle\, \delta = \sphericalangle\, \beta + \sphericalangle\, \gamma$

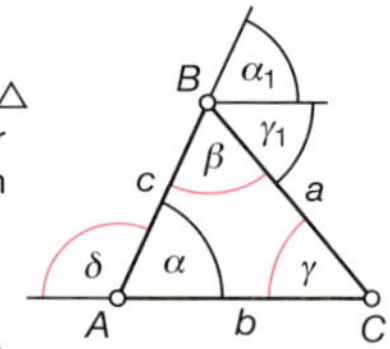

3.3 Im **gleichschenkligen** △ sind die Basiswinkel gleich.

$\sphericalangle\, \alpha = \sphericalangle\, \gamma$

3.4 Die Halbierungslinie des △ an der Spitze halbiert die Basis und steht senkrecht auf ihr.

3.5 Das Lot von der Spitze auf die Basis halbiert diese und den ∢ an der Spitze.

3.6 Die Mittelsenkrechte auf der Basis ist der geometrische Ort für die Spitzen aller gleichschenkligen △ über der gleichen Basis.

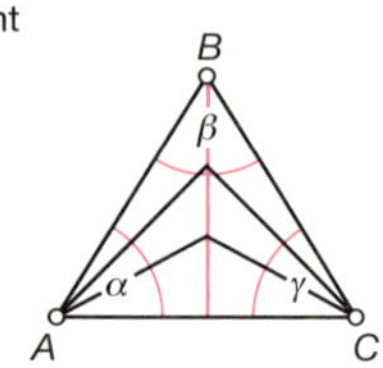

3.7 Dreiecke mit gleicher Grundlinie und gleicher Höhe sind **inhaltsgleich**. Die Parallele zur Grundlinie ist der geometrische Ort für die Spitzen aller Dreiecke gleichen Inhalts.

3.8 Im **gleichseitigen Dreieck** ist jeder Winkel 60° groß. 1/3 von 180° (2 R).

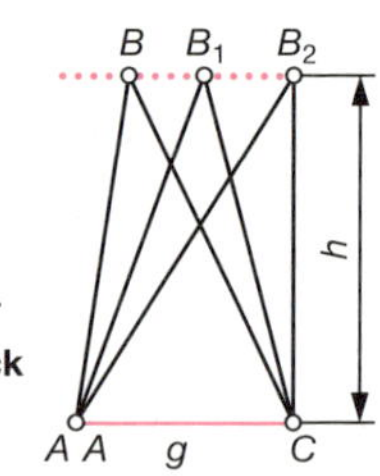

4a. Kongruenz von Dreiecken

4.1 Zwei △ sind **kongruent** (d. h. deckungsgleich ≅), wenn sie übereinstimmen:

I. in einer Seite und zwei gleichliegenden Winkeln,

II. in zwei Seiten und dem eingeschlossenen Winkel,

III. in allen drei Seiten,

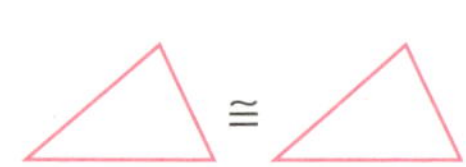

IV. in zwei Seiten und dem Gegenwinkel der größeren.

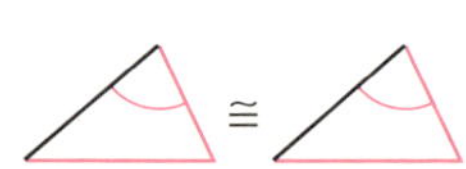

Lehrsätze der Geometrie II

4b. Ähnlichkeit von Dreiecken

4.2 Zwei △ sind **ähnlich**:

I. wenn zwei Seitenverhältnisse und die eingeschlossenen ∢ gleich sind:

$AB : AC = A_1B_1 : A_1C_1$

$\sphericalangle \alpha = \sphericalangle \alpha_1$

II. wenn zwei gleichliegende ∢ gleich sind:

$\sphericalangle \alpha = \sphericalangle \alpha_1$

$\sphericalangle \gamma = \sphericalangle \gamma_1$

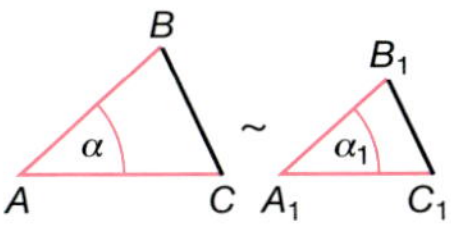

III. wenn zwei Seitenverhältnisse und die Gegenwinkel der größeren gleich sind:

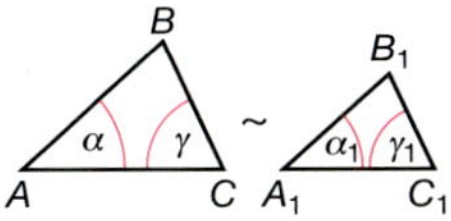

$AC : CB = A_1C_1 : C_1B_1$

$\sphericalangle \beta = \sphericalangle \beta_1$

IV. wenn alle Seitenverhältnisse gleich sind:

$AB : AC = A_1B_1 : A_1C_1$

$AB : BC = A_1B_1 : B_1C_1$

dann ist auch:

$AC : BC = A_1C_1 : B_1C_1$

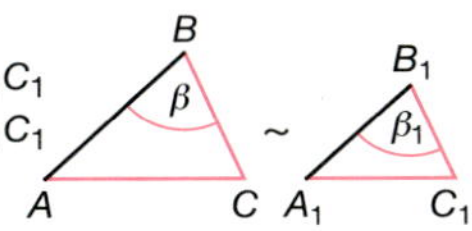

4.3 **In ähnlichen △ sind gleichliegende ∢ gleich, gleichliegende Seiten verhältnisgleich.**

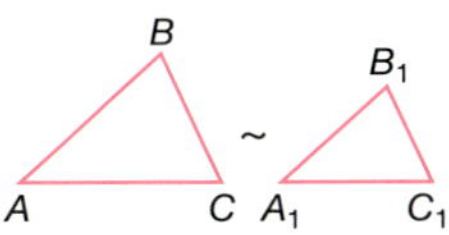

4.4 Eine **Parallele** zu einer Seite eines △ schneidet ein ähnliches △ ab.

$\triangle ABC \sim \triangle DBE$

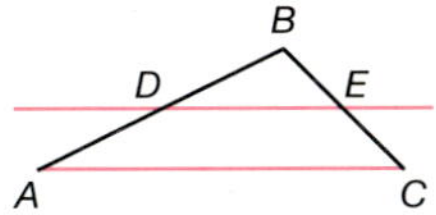

4.5 Die **Winkelhalbierende** teilt die gegenüberliegende Seite in einem △ im Verhältnis der anderen beiden Seiten:

$BD : DC = AB : AC$

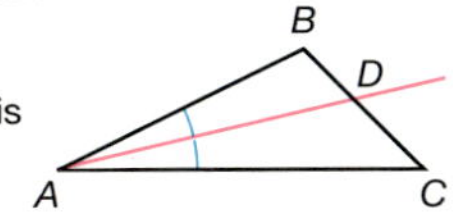

5. Wichtige Punkte im Dreieck

In jedem △ schneiden sich in einem Punkte:	**Die vier wichtigen Punkte des Dreiecks:**
die 3 Winkelhalbierenden....	Mittelpunkt des Inkreises,
die 3 Mittelsenkrechten.......	Mittelpunkt des Umkreises,
die 3 Seitenhalbierenden.....	Schwerpunkt,
die 3 Höhen.........................	Höhenschnittpunkt.

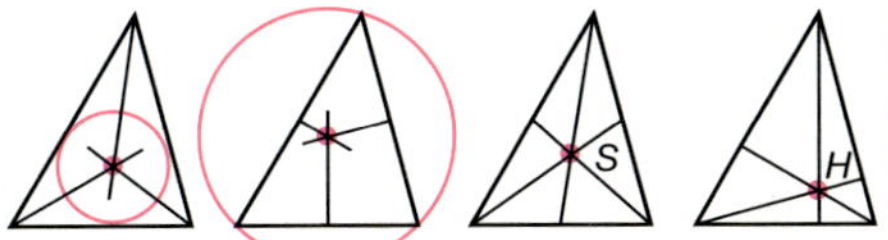

Der **Schwerpunkt** teilt jede Seitenhalbierende im Längenverhältnis 1 : 2. Der Eckabschnitt ist 2/3, der Seitenabschnitt 1/3 lang.

6. Parallelogramm

6.1 Im P. sind die **Gegenseiten** einander parallel.

$a \parallel c$, $b \parallel d$

6.2 Im P. sind die **Gegenseiten** gleich.

$a = c$, $b = d$

Im P. sind die gegenüberliegenden **Winkel** gleich. $\sphericalangle \alpha = \sphericalangle \gamma$, $\sphericalangle \beta = \sphericalangle \delta$

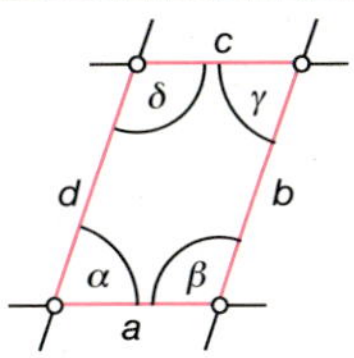

6.3 Im P. halbieren sich die **Diagonalen** gegenseitig.

6.4 Ein **Viereck** ist ein P., wenn es eines der Kennzeichen 6.1 … 6.3 zeigt.

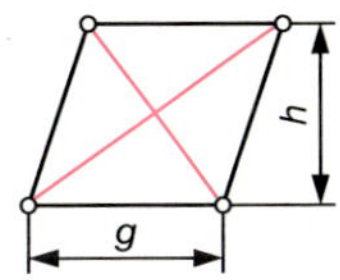

6.5 Die **Winkelsumme** im Viereck ist 4 Rechte.

$\sphericalangle \alpha + \sphericalangle \beta + \sphericalangle \gamma + \sphericalangle \delta = 4\,R$

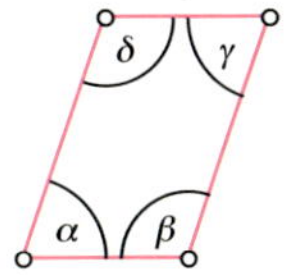

6.6 Jede **Diagonale** zerlegt das P. in 2 ≅ △. Jedes △ ist die Hälfte eines P. mit gleicher Grundlinie und gleicher Höhe.

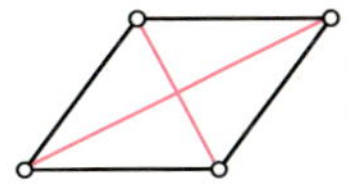

6.7 Im Rechteck sind die **Diagonalen** gleich. Im Quadrat und im Rhombus stehen die Diagonalen aufeinander senkrecht und halbieren die Winkel.

6.8 P. mit gleicher Grundlinie und gleicher Höhe sind inhaltsgleich.

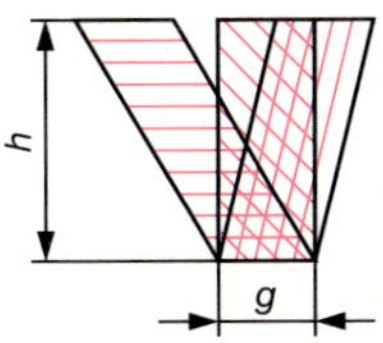

Lehrsätze der Geometrie III

7. n-Ecke

7.1 Die **Winkelsumme** im n-Eck beträgt $(2\,n - 4)$ Rechte.

$\sphericalangle\,\alpha + \sphericalangle\,\beta + \sphericalangle\,\gamma + \sphericalangle\,\delta + \sphericalangle\,\varepsilon = 6\,\text{R}$

7.2 Von jeder Ecke eines n-Eck gehen $n - 3$ **Diagonalen** aus. Anzahl aller Diagonalen:

$\frac{n \cdot (n-3)}{2}$

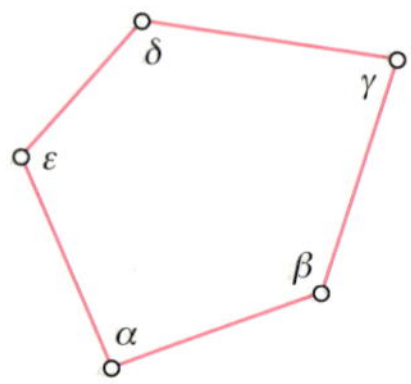

7.3 **Eckwinkel** im regelmäßigen n-Eck $= \frac{2\,n - 4}{n}$ Rechte.

8. Körper

Die Rauminhalte von Walze, Halbkugel und Kegel über der gleichen Grundfläche verhalten sich wie 3 : 2 : 1 zueinander.

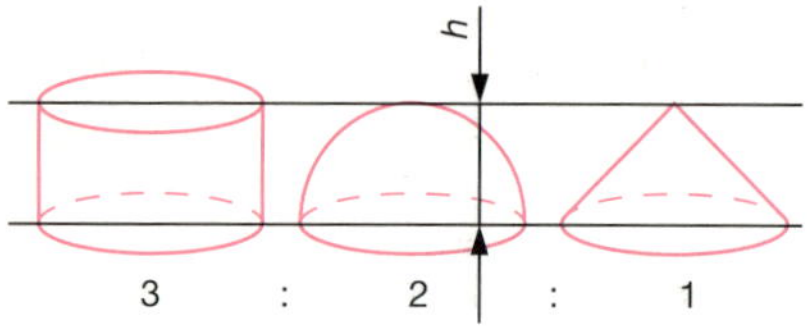

9. Kreise

9.1 Das Lot vom Mittelpunkt auf die **Sehne** halbiert diese, den zugehörigen Zentriwinkel und den zugehörigen Bogen. Die Halbierungslinie eines Zentriwinkels halbiert die Sehne und steht senkrecht auf ihr. Die Mittelsenkrechte der Sehne geht durch den Mittelpunkt.
Sehne = mittlerer Abschnitt der **Sekante** (der Schneidenden).

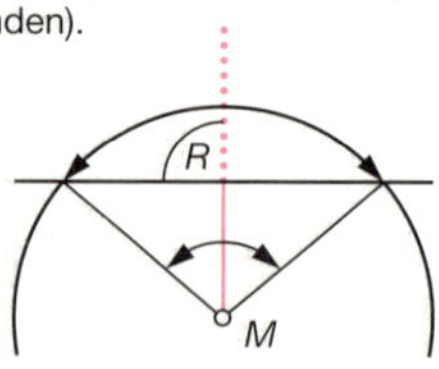

9.2 Der Radius steht im Berührungspunkt senkrecht auf der **Tangente**. Die im Berührungspunkt errichtete Senkrechte geht durch den Mittelpunkt.

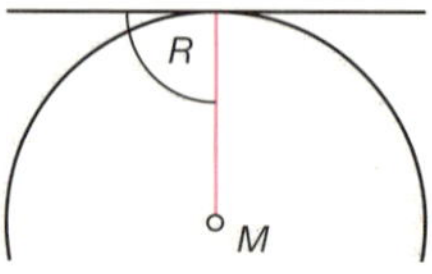

9.3 Im gleichen Kreis gehören zu gleichen **Sehnen** auch gleiche Bogen, gleiche Zentriwinkel, gleiche Peripheriewinkel, kongruente Kreisabschnitte (Segmente) und kongruente Kreisausschnitte (Sektoren).

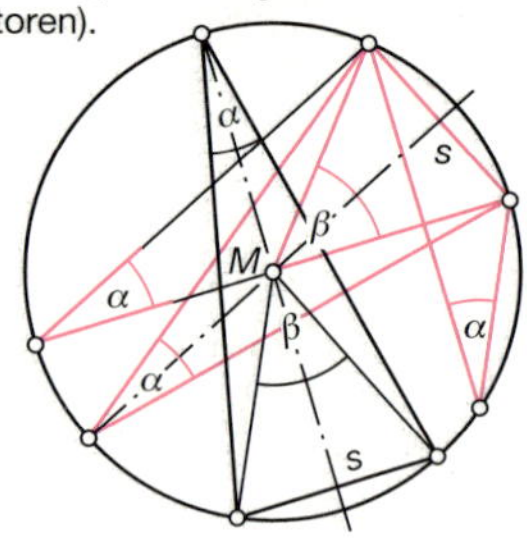

9.4 Der **Peripheriewinkel** ist die Hälfte des zugehörigen Zentriwinkels.
Satz des Thales: Der Peripheriewinkel über dem Durchmesser ist ein Rechter (die Hälfte eines gestreckten Winkels = 2 R → Abb. 9.3). Der Halbkreis über der Hypotenuse ist der geometrische Ort für die Spitzen aller rechtwinkligen △ über der gleichen Hypotenuse.

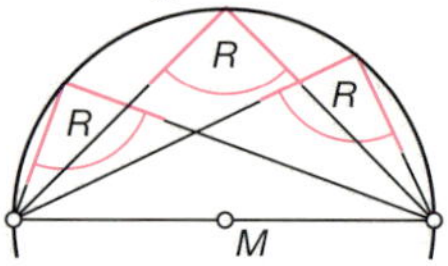

9.5 Schneiden sich zwei **Tangenten**, dann sind die Tangentenabschnitte gleich.
Tangentenwinkel + Zentriwinkel = 2 R.

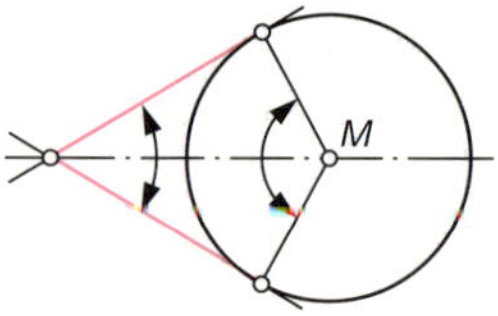

9.6 Um jedes Quadrat, Rechteck, Dreieck und regelmäßige Vieleck lässt sich ein **Umkreis** beschreiben.

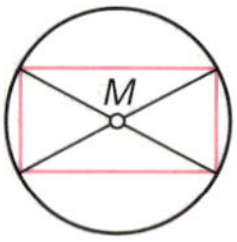

9.7 In jedes Quadrat, Rhombus, Dreieck und regelmäßige Vieleck lässt sich ein **Inkreis** einzeichnen. (→ 5.)

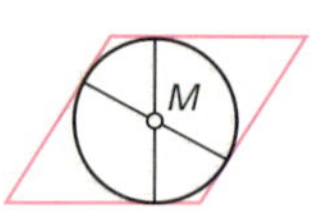

9.8 **Tangentensatz**:
Das Produkt aus ganzer Sekante c und deren äußerem Abschnitt a ist gleich dem Quadrat über der zugehörigen Tangente b.

$a \cdot c = b^2 \qquad a : b = b : c$

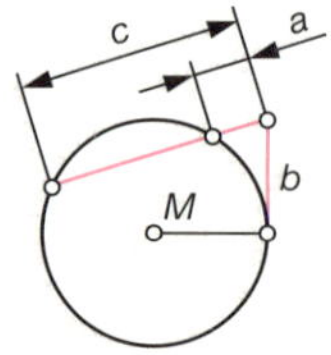

Geometrische Konstruktionen I

In (…) die Nummern der auf S. 26 ·· 28 stehenden Lehrsätze, die der jeweiligen Konstruktion zugrunde liegen.

a) Auf der Geraden in einem Punkt *P* eine Senkrechte errichten:

1. Kreisbogen um *P* mit gleichem Radius nach rechts und links schlagen.
2. Kreisbogen mit größerem *r* um *A* und *B* schlagen.
3. Schnittpunkt *C* mit *P* verbinden (→ Lehrsätze 3.4)

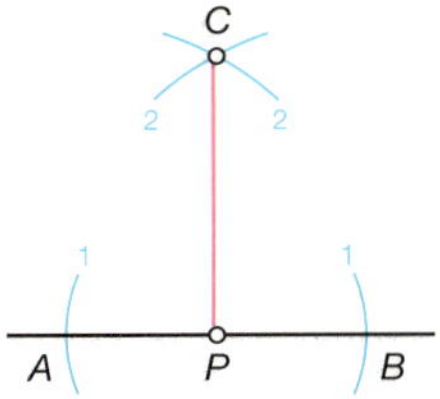

b) Von einem Punkt *P* aus auf eine Gerade ein Lot fällen (→ 3.4, 9.1):

1. Kreisbogen mit beliebigem *r* um *P* schlagen.
2. Kreisbögen mit einander gleichen Radien um *A* und *B* schlagen.
3. Schnittpunkt *C* mit *P* verbinden.

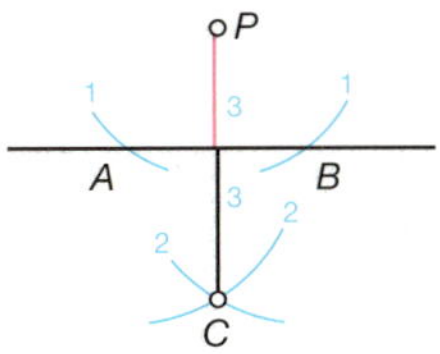

c) Strecke *AB* halbieren (→ 6.4):

1. Kreisbögen mit einander gleichen Radien um *A* und *B* schlagen.
2. Schnittpunkte *C* und *D* verbinden.
$AE = EB$, $CE \perp AB$

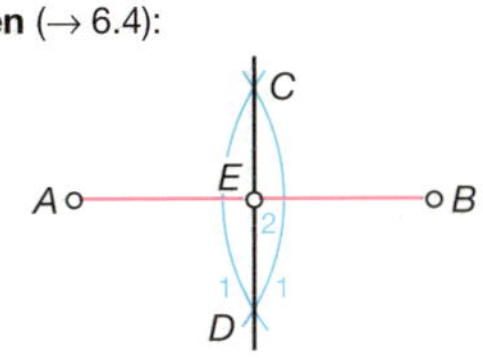

d) Im Endpunkt einer Geraden eine Senkrechte errichten (→ 3.2, 3.8):

1. Kreisbogen mit beliebigem *r* um *P* schlagen.
2. Kreisbögen mit einander gleichem *r* um *A* und dann um *B* schlagen.
3. *A* mit *B* verbinden und bis zum Schnittpunkt *C* verlängern $CP \perp AP$.

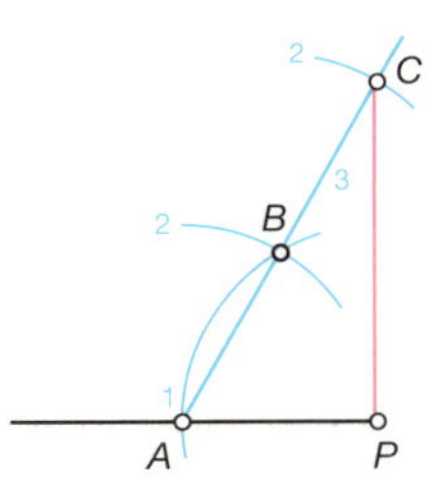

e) Einen Winkel halbieren (→ 3.3, 6.7):

1. Um *S* mit beliebigem *r* Kreisbogen schlagen.
2. Um *A* und *B* mit gleichem *r* Kreisbögen schlagen.
3. Schnittpunkt *C* mit *S* verbinden.

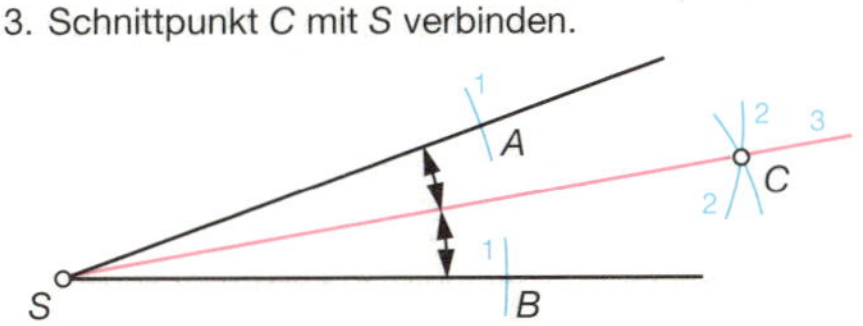

f) Einen rechten Winkel dritteln (→ 3.8):

1. Um *S* mit beliebigem *r* einen Kreisbogen schlagen.
2. Um *A* und *B* mit gleichem *r* Kreisbögen schlagen.
3. *S* mit *C* und *D* verbinden.

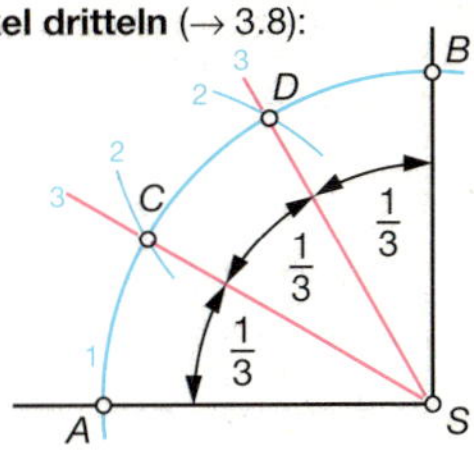

g) Eine Strecke in 5 (*n*) gleiche Teile teilen (→ 4.3, 4.4):

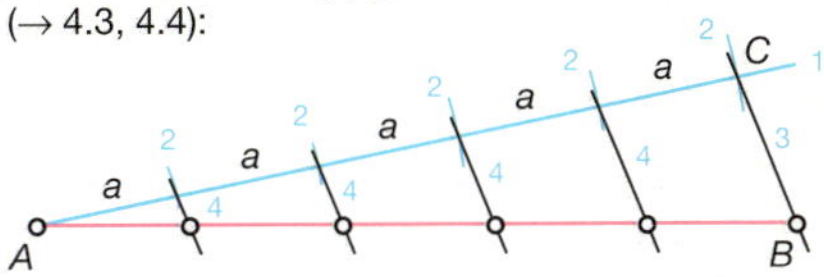

1. Unter beliebigem ∢ eine Gerade von *A* (oder von *B*) aus ziehen.
2. Eine beliebige Strecke *a* 5-mal (*n*-mal) auf 1 abtragen.
3. *C* mit *B* verbinden.
4. Parallele Linien zu 3 durch die Teilpunkte ziehen.

h) Zu einer Geraden durch einen gegebenen Punkt eine Parallele ziehen (→ 6.1, 6.2):

1. Durch *P* beliebige Linie ziehen, welche die gegebene Gerade schneidet.
2. Auf der Geraden beliebig fern von Punkt *A* Punkt *B* annehmen.
3. Mit *AP* um *B* und mit *AB* um *P* Kreisbögen schlagen.
4. *C* mit *B* verbinden.

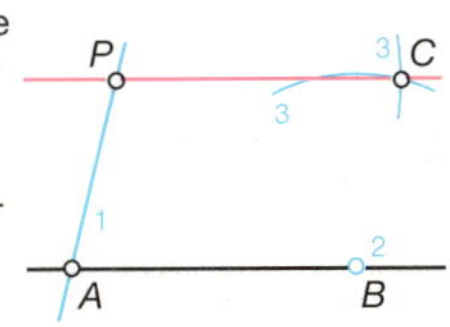

(Wenn statt des Punktes *P* der Abstand der Parallelen gegeben ist, wird zunächst eine Senkrechte errichtet (→ **a)**), der Abstand auf dieser abgetragen und dann die Parallele nach **h)** konstruiert).

i) Mittelpunkt des umschriebenen Kreises eines Dreiecks suchen (→ 5 und **c)**).
Mittelpunkt des einbeschriebenen Kreises eines Dreiecks suchen (→ 5 und **e)**),
ein regelmäßiges Sechseck mit gegebener Seitenlänge *s* konstruieren:

1. Mit *s* als Radius einen Kreis schlagen.
2. *s* auf dem Kreis 6-mal abtragen.
3. Ein gleichseitiges Dreieck in einen gegebenen Kreis eintragen.

Lösung: → Zeichnung.
$a = 1{,}737 \cdot s$, $s = 0{,}577 \cdot a$

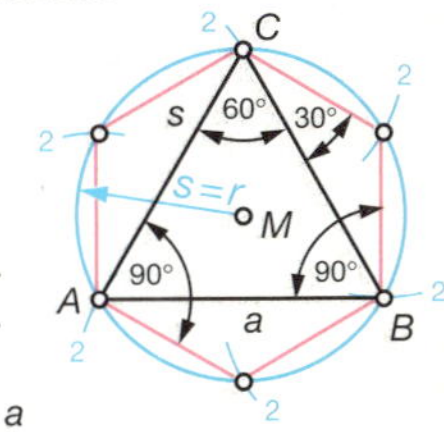

Geometrische Konstruktionen II

j) Ein Quadrat in einen gegebenen Kreis einzeichnen:

1. Zwei senkrecht aufeinander stehende Durchmesser eintragen (→ **a)**).
2. Die benachbarten Schnittpunkte auf der Peripherie verbinden.

Ein regelmäßiges Achteck in einen gegebenen Kreis bzw. um ein gegebenes Quadrat zeichnen:

1. Wie **j)** 1.
2. Zwei der rechten Zentriwinkel halbieren (→ **e)**) und die winkelhalbierenden Durchmesser einzeichnen
3. Wie **j)** 2.

$a = 1{,}848 \cdot s$, $s = 0{,}541 \cdot a$

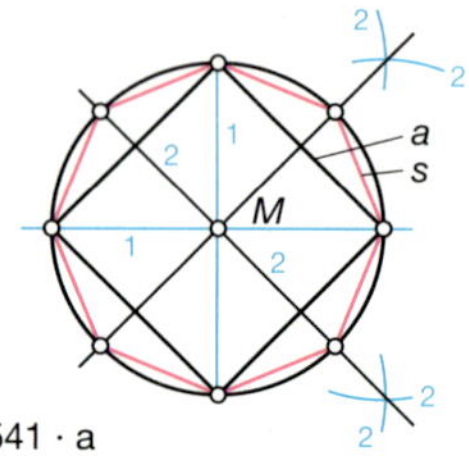

Regelmäßiges Achteck in Quadrat zeichnen:

1. Diagonalen des Quadrats zeichnen.
2. Mit der halben Diagonale um *A*, *B*, *C* und *D* Kreisbögen schlagen.

$a = 2{,}41 \cdot s$
$s = 0{,}414 \cdot a$
$x = 0{,}293 \cdot a$

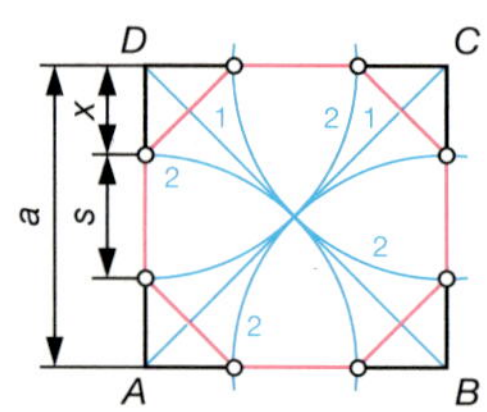

k) Regelmäßiges 9-Eck (*n*-Eck) in gegebenen Kreis zeichnen:

1. Seite des 9-Ecks mittels Tafel S. 38 berechnen und auf der Peripherie abtragen.
2. Fehler ausgleichen, Eckpunkte verbinden.

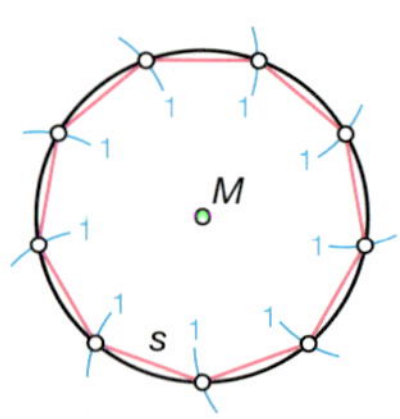

l) Eine Ecke beliebigen Winkels mit gegebenem Radius abrunden:

1. Im Abstand des gegebenen *r* zwei Parallele ziehen (→ **h)**), die sich in *M* schneiden.
2. Von *M* aus auf die Schenkel des abzurundenden ∢ Lote fällen.

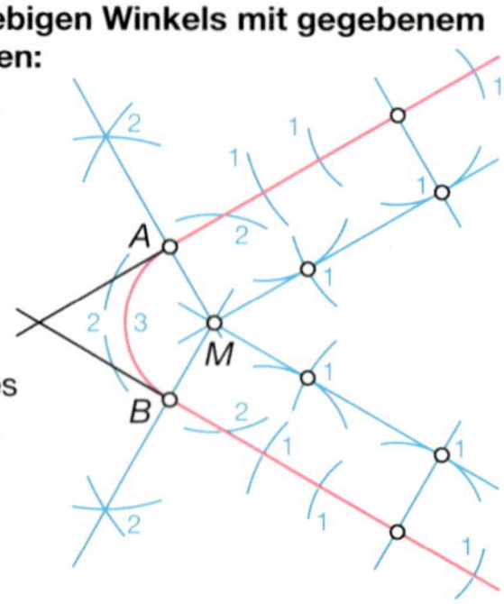

Bei unzugänglichem Mittelpunkt → Tab. S. 33, 34.

m) Übergangsbogen mit doppelten *r* des Hauptbogens zeichnen, gegebene Gerade durch *A* und Hauptbogen M_2 mit *r*:

1. Parallele im Abstand 2 *r* ziehen (→ **h)**).
2. Schnittpunkt der Parallele 1 mit dem Hauptkreisbogen mit M_1 verbinden und bis Übergangsbogenende *E* verlängern. Lot von M_2 auf die gegebene Gerade gibt Bogenanfang *A*.
3. Zwischen *A* und *E* um M_2 mit 2 *r* Kreisbogen schlagen.

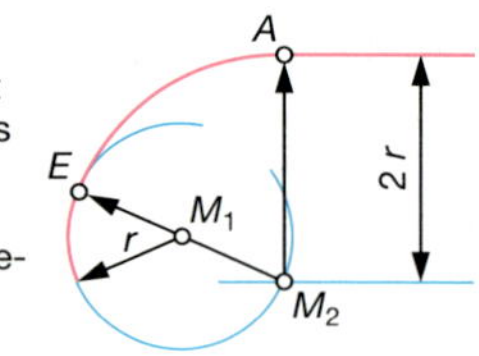

n) Segmentbogen aus Spannweite *s* und Stich *h* zeichnen (→ S. 34):

1. Mittelsenkrechte auf *AB* errichten (→ **c)**).
2. Höhe *h* von *D* aus abtragen, *C* mit *A* verbinden.
3. Mittelsenkrechte auf *AC* errichten und bis Schnittpunkt *M* verlängern. *M* ist Kreismittelpunkt.

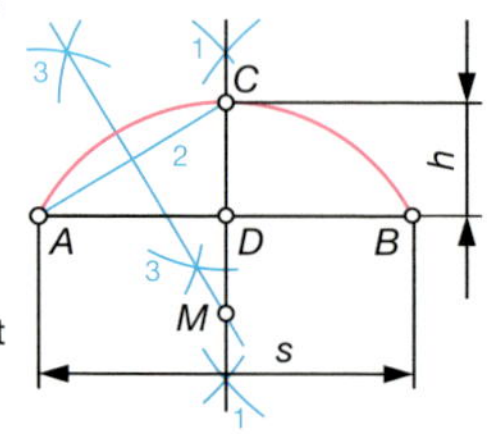

o) Elliptische Bögen (auch steigende) durch Vergatterung eines Halbkreises konstruieren:

Die drei grundsätzlichen Möglichkeiten zeigen die Bögen 1, 2 und 3. Bogen 3 a ist eine Vereinigung der Bögen 1 und 3.

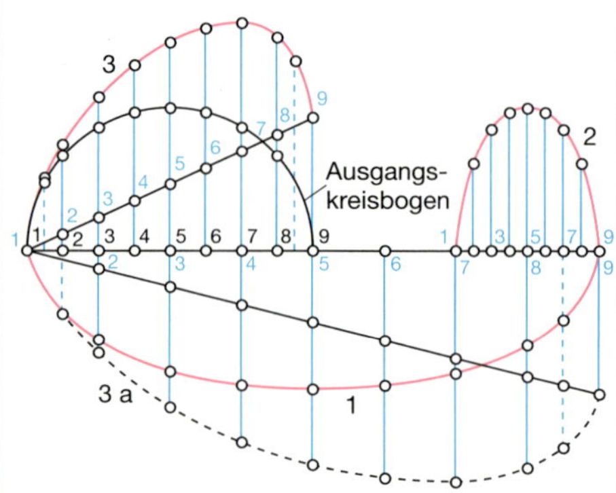

Auch geeignet, um die Linie von Bögen an bestehenden Gebäuden aufzunehmen, z. B. für Ausbesserungsarbeiten.

Geometrische Konstruktionen III

p) Ellipse (halbe Ellipse) aus Spannweite und Bogenhöhe mittels Schnur aus den Brennpunkten:

1. Mittelsenkrechte auf $AC = s$ errichten (→ **c)**) und Höhe h darauf abtragen.
2. Mit Strecke $AD = s/2$ um E Kreisbogen schlagen.
3. In die beiden Ellipsen-Brennpunkte B_1 und B_2 und in E Nägel schlagen und mit Schnur der Länge B_1-E-B_2 verbinden.
4. Nagel E entfernen, durch Schreibstift ersetzen und Bogen ziehen.

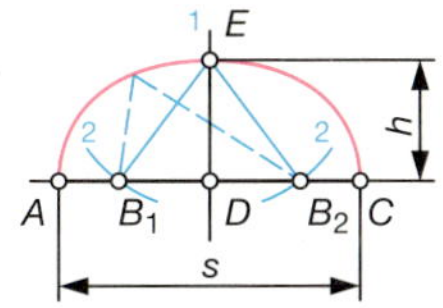

q) Hoher Korbbogen aus 3 Mittelpunkten bei gegebener Spannweite und Bogenhöhe:

1. Mittelsenkrechte auf $AC = s$ errichten (→ **a)**) und Höhe h von D aus darauf abtragen.
2. Mit $h = DE$ um D Kreisbogen schlagen und AF halbieren, ergibt Konstruktionsmaß a.
3. Von D aus die Strecken 3 a und 4 a abtragen, gibt die Punkte M_1, M_2 und M_3.

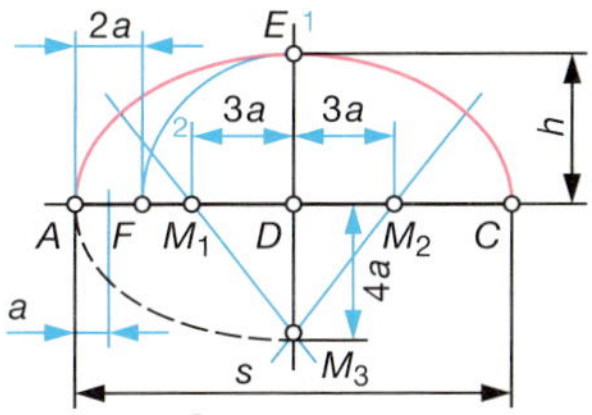

r) Flacher Korbbogen aus 5 Mittelpunkten bei gegebener Spannweite und Bogenhöhe:

1. Wie **q)** 1.
2. Mit $h = DE$ um D Kreisbogen schlagen.
3. E mit F verbinden und über F hinaus verlängern gibt das Konstruktionsmaß a.
4. Maß a von D aus abtragen, M_1 und M_2 mit G verbinden. GM_1 u. GM_2 halbieren, ergibt M_3 und M_4.

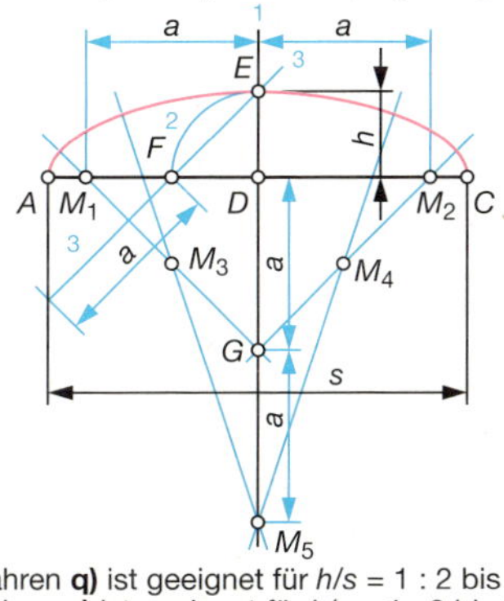

Verfahren **q)** ist geeignet für $h/s = 1 : 2$ bis $1 : 3$, Verfahren **r)** ist geeignet für $h/s = 1 : 3$ bis $1 : 5$. Verfahren, die nicht von gegebener Spannweite u. Bogenhöhe ausgehen, f. d. Baupraxis untauglich.

s) Hoher steigender Bogen aus 2 Mittelpunkten bei gegebener Spannweite s_1, Steigung t und Bogenhöhe h:

1. Steigungslinie AC aus Spannweite s und Steigung t zeichnen.
2. Parallele zu AC im Abstand h ziehen.
3. Linke senkrechte Bogenbegrenzung über A hinaus verlängern bis zum Schnittpunkt D.
4. AD auf der Parallelen abtragen und in E Senkrechte errichten: M_1 (→ **a)**).
5. Waagerechte durch C ziehen und den großen Radius M_1A darauf von C aus abtragen ergibt F.
6. Mittelsenkrechte auf FM_1 ergibt M_2 (→ **c)**).

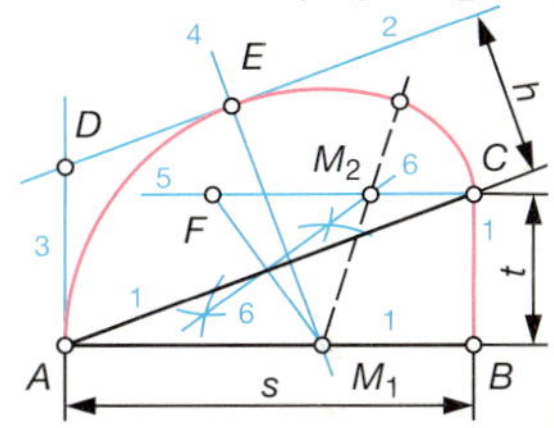

t) Flacher steigender Bogen aus 3 Mittelpunkten bei gegebener Spannweite, Steigung und Bogenhöhe:

1. und 2. wie bei **s)**.
3. Auf ED Mittelsenkrechte errichten und M_2 so annehmen, dass der Kreisbogen um M_2 durch AE und DC geht.
4. Den großen Radius M_2F von C bis G und von A bis H abtragen und H mit M_2 verbinden.
5. Mittelsenkrechte auf GM_2 gibt M_3.
6. Mittelsenkrechte auf HM_2 gibt M_1.

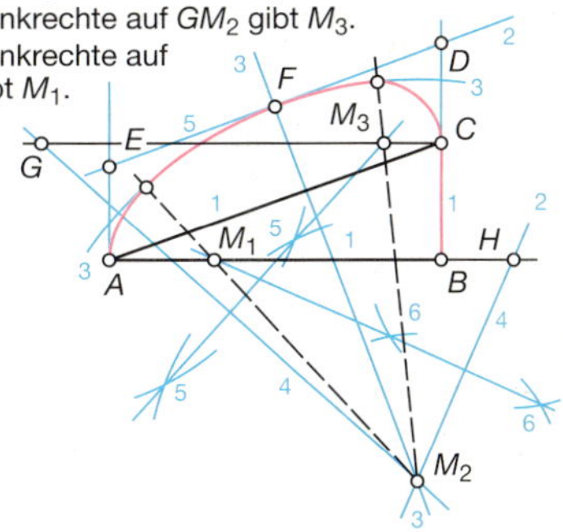

u) Spitzbogen aus Spannweite und Höhe:

1. Spannweite $s = AB$ halbieren und in C die Höhe h errichten (→ **a)**).
2. A mit D verbinden und die Mittelsenkrechte darauf errichten.
3. CM_1 links von C abtragen.

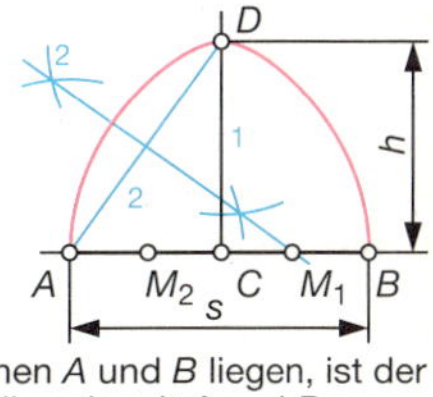

Wenn M_1 und M_2 zwischen A und B liegen, ist der Spitzbogen gedrückt, fallen sie mit A und B zusammen, ist er normal, liegen sie außerhalb von A und B, ist der Bogen überhöht.

Geometrische Konstruktionen IV

v) Normaler Normannischer Bogen (Tudorbogen) aus Spannweite *s*:

1. $AB = s$ dritteln.
2. Um M_1 und M_2 Kreisbogen schlagen.
3. E mit M_1 und M_2 verbinden und um M_1 und M_2 mit M_2A Kreisbogen schlagen.
4. Kreisbogen um M_3 u. M_4.

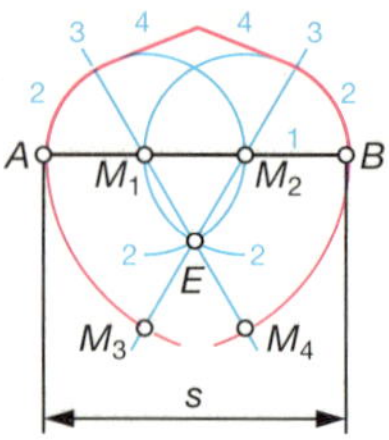

w_a) Oval (Korbbogen) aus der großen Achse *s* ($r \approx 0{,}3 \cdot s$):

Das Verfahren ist aus der Zeichnung zu ersehen.

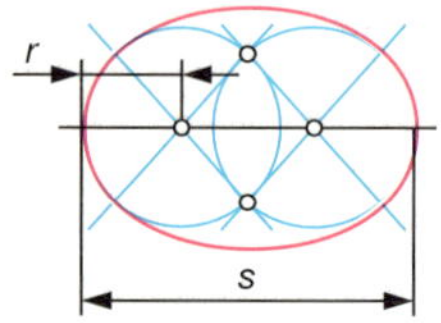

w_b) Oval (Korbbogen) aus kleiner Achse:

Die halbe kleine Achse dritteln und mit dem Zweidrittelteil um A Kreisbogen schlagen.

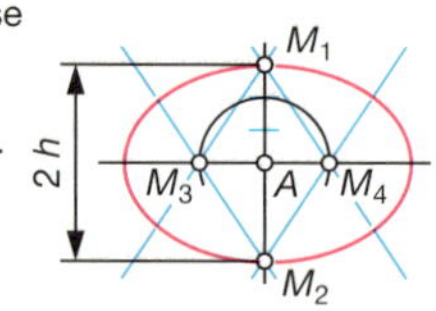

w_c) Überhöhtes Eirund aus der Höhe *h* zeichnen:

1. Senkrechte zeichnen, h abtragen und CD dritteln. Waagerechte durch den oberen Drittelpunkt M_1 ziehen.
2. $r_2 = 1/6\ h$ von D aus abmessen, ergibt M_2.
3. Kreisbogen mit $r_1 = 1/3\ h$ um M_1 schlagen und von A und B aus $R = h$ auf der waagerechten Achse abtragen: M_3 und M_4.

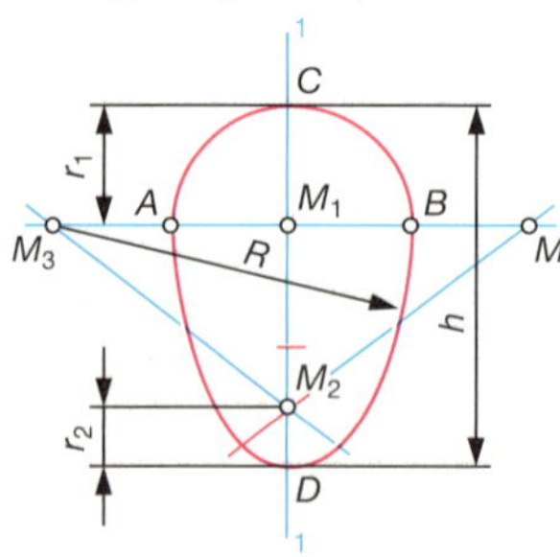

Die Konstruktion entspricht DIN 4051. Gemauerte Eikanäle und DIN 4032, Betonrohre.

x) Bogen der Fledermausgaupe (Karniesbogen)[1]:

1. Spannweite $s = AB$ halbieren (→ **c)**) und in A, B und D Senkrechte errichten (→ **d)**).
2. Von D aus h abtragen (hier 1/5 s) ergibt DC.
3. CB halbieren und auf EB Mittelsenkrechte errichten, ergibt M_1.
4. $M_1B = r$ über A und unter C abtragen, ergibt M_2 und M_3.

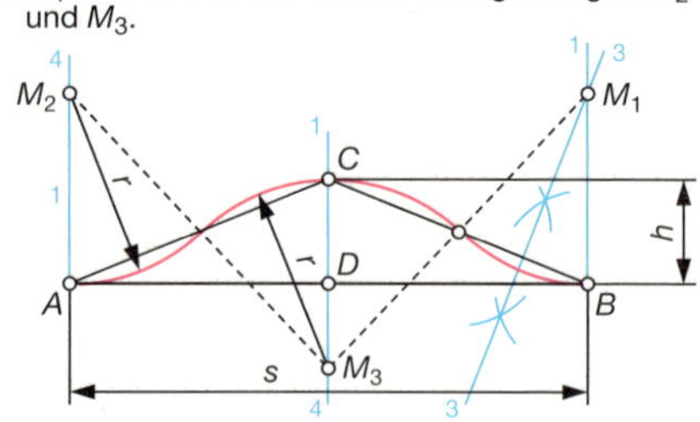

y) Spirale aus Quadrat mit Viertelkreisen[2]:

1. Quadrat $A\ B\ C\ D$ festlegen.
2. Viertelkreis 1 von A aus, 2 von B aus, 3 von C aus, 4 von D aus usw. ziehen.

Abstand: $a = 4 \cdot AB$.

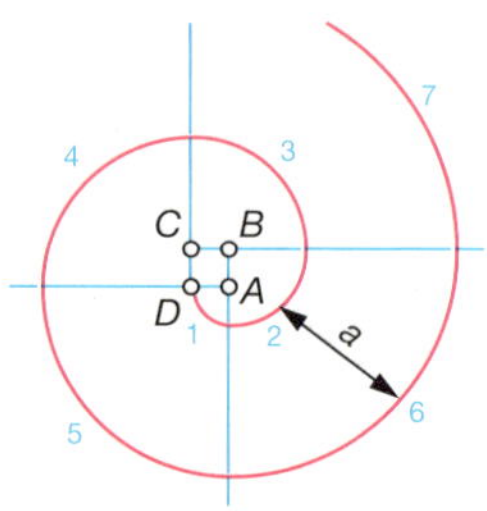

z) Parabel konstruieren: Gegeben: Scheitelpunkt, Scheiteltangente und ein Punkt auf der Parabel.

1. Von P aus das Lot PA auf die Tangente fällen (→ **b)**).
2. SA und PA in die gleiche Anzahl Abschnitte teilen (→ **g)**).
3. Von den Punkten auf der Strecke AS aus Waagerechte, von den Punkten auf der Strecke PA Linien nach S ziehen.
4. Die Kreuzungspunkte miteinander zur Parabel verbinden.

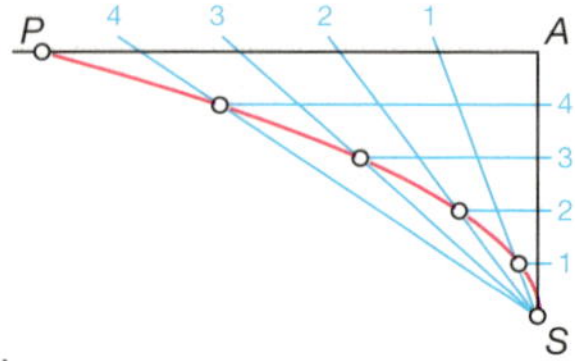

Hinweis:
Bei kleinen Parabeln Kurvenlineal verwenden, bei sehr großen entsprechend viele Zwischenpunkte ansetzen.

[1] Das gezeichnete Beispiel mit $h : s = 1 : 5$ hat die steilste für Biberschwanz- und Schieferdeckung gestattete Neigung. Für Pfannendeckung ist nur $h : s = 1 : 8$ gestattet. r ist dann gleich AC. An Gesimsen kommen Karniesbögen bis $h : s = 1 : 2$ vor.

[2] Die Spirale aus 2 Mittelpunkten mit Halbkreisen erscheint dagegen dem Auge zu wenig gerundet.

Anlegen von Kreisbögen bei unzugänglichem Mittelpunkt

Für Kreisbögen mit den Radien *r* in m[1]														Abstand ***x*** auf der Bauflucht in m[1]
3	**3,5**	**4**	**4,5**	**5**	**6**	**7**	**8**	**9**	**10**	**12**	**14**	**16**	**18**	
sind die Abstände ***y*** auf der Senkrechten zur Bauflucht in m														
0,04	0,04	0,03	0,03	0,03	0,02	0,02	0,02	0,02	0,01	0,01	0,01	0,01	0,01	0,50
0,17	0,15	0,13	0,11	0,10	0,08	0,07	0,06	0,06	0,05	0,04	0,04	0,03	0,03	1,00
0,40	0,34	0,29	0,26	0,23	0,19	0,16	0,14	0,13	0,11	0,09	0,08	0,07	0,06	1,50
0,76	0,63	0,54	0,47	0,42	0,34	0,29	0,25	0,21	0,20	0,17	0,14	0,13	0,11	2,00
1,34	1,05	0,88	0,76	0,67	0,55	0,46	0,40	0,35	0,32	0,26	0,23	0,20	0,18	2,50
	1,70	1,35	1,15	1,00	0,80	0,68	0,58	0,52	0,46	0,38	0,33	0,28	0,25	3,00
		2,06	1,67	1,43	1,13	0,94	0,81	0,71	0,63	0,52	0,45	0,39	0,34	3,50
			2,44	2,00	1,53	1,26	1,07	0,94	0,84	0,68	0,58	0,51	0,45	4,00
				2,82	2,03	1,64	1,39	1,21	1,07	0,88	0,74	0,65	0,57	4,50
					2,68	2,10	1,76	1,52	1,34	1,09	0,92	0,80	0,71	5,00
						2,67	2,19	1,88	1,65	1,34	1,13	0,98	0,86	5,50
						3,39	2,71	2,29	2,00	1,61	1,35	1,17	1,03	6,00
						4,40	3,34	2,78	2,40	1,91	1,60	1,38	1,22	6,50
							4,13	3,34	2,86	2,25	1,88	1,61	1,42	7,00
							5,22	4,03	3,39	2,63	2,18	1,88	1,64	7,50
								4,88	4,00	3,06	2,51	2,14	1,88	8,00
									5,64	4,06	3,28	2,77	2,41	9,00
										5,37	4,20	3,51	3,03	10,00
											6,79	5,42	4,65	12,00
												8,25	6,72	14,00
													9,83	16,00

Zunächst sind die Bogenanfangspunkte *A* und *B* zu bestimmen. Schneiden sich die Baufluchten im rechten Winkel, dann wird der Bogenradius *r* von *S* aus abgetragen. (→ Abb. ❶)
Für ∢ *α* spitz oder stumpf zeigen ❷ und ❸ die Hilfskonstruktion, die zu den Bogenanfangspunkten *A* und *B* führt.

❶

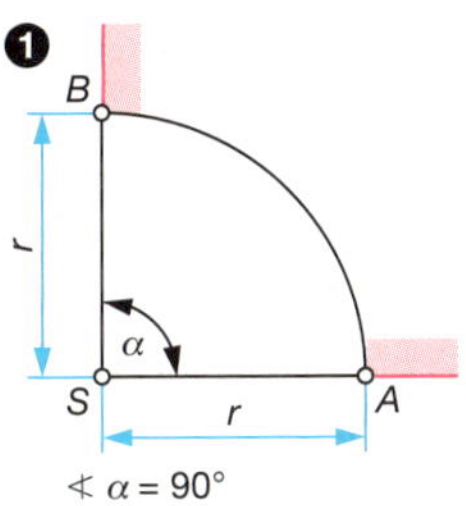

∢ *α* = 90°

❷

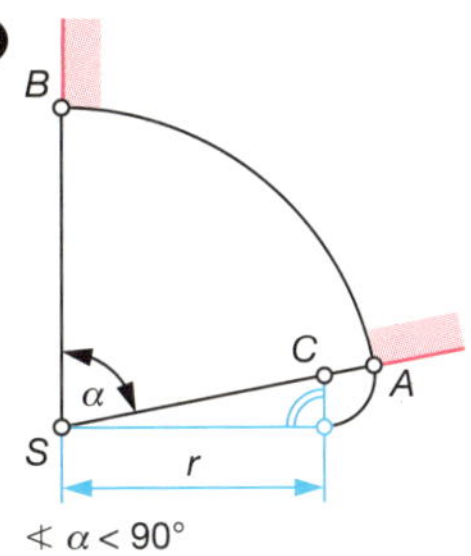

∢ *α* < 90°

❸

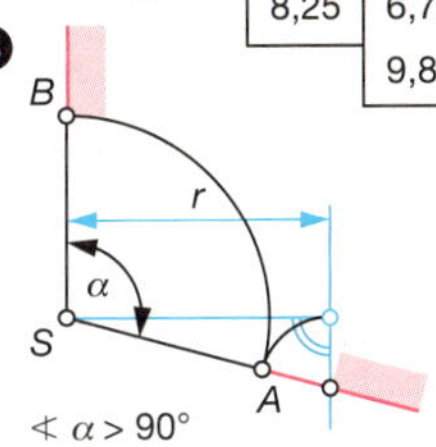

∢ *α* > 90°

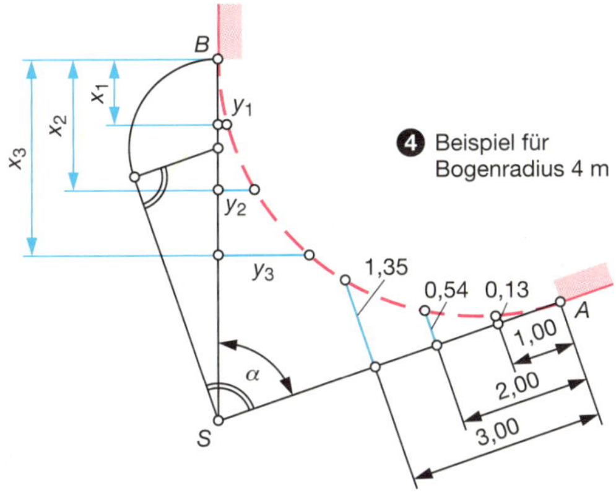

❹ Beispiel für Bogenradius 4 m

Gebrauch der Tafel: Von den Bogenanfangspunkten *A* und *B* aus auf den Baufluchten die Abstände *x* abtragen, an deren Endpunkten, rechtwinklig zu den Baufluchten, die Abstände *y*. Die gefundenen Punkte der Bogenlinie verbinden. (→ Abb. ❹)

Zeichnen von Rundungsbögen bei **zugänglichem** Mittelpunkt. (→ S. 30, 31)

[1] Für das Abstecken von Kreisbögen mit *r* = 30 m bis 180 m werden die Tafelwerte für *r*, *x*, *y* **mit 10 malgenommen**, für Bögen mit *r* = 30 cm bis 1,8 m werden die Tafelwerte für *r*, *x*, *y* **durch 10 geteilt**.

Segmentbögen und Rundungsbögen

Rechnerische Konstruktionen

Zur Tabelle: Für $r = 1$ m geben die Spalten s, h und b die Längen in m an. Für $s = 1$ m gibt Spalte r die Radien in m an. Die Spalte s/h sagt, wieviel mal größer die Spannweite als die Stichhöhe ist. Die den üblichen Stichhöhen 1/10, 1/8, 1/6 usw. nächstgelegenen Werte sind hervorgehoben, die Abweichungen sind belanglos. Für $s/h = 1/10$ ist z. B. der Wert 10,06 zu wählen.

Beispiel 1:
Ein Segmentbogen mit Spannweite $s = 3$ m und 1/8 Stich ist zu berechnen.

Es ergeben sich folgende Maße:

$\boldsymbol{s}$ = **3,00 m**

$\boldsymbol{h}$ = 300 cm : 8 = 37,5 cm

$\boldsymbol{r}$ = 3,00 m · 1,065 = 3,195 m ≈ 3,20 m

$\boldsymbol{b}$ = 3,20 m · 0,977 = 3,13 m

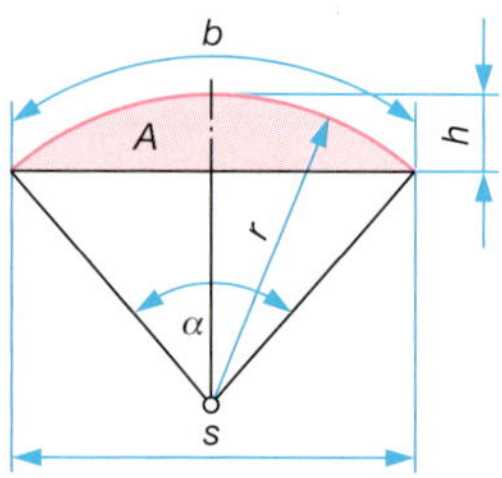

Beispiel 2:
Zwei Mauerfluchten stoßen im ∢ von 55° zusammen und sollen durch einen Mauerbogen mit $r = 2,50$ m verbunden werden. Wie ist er zu berechnen?

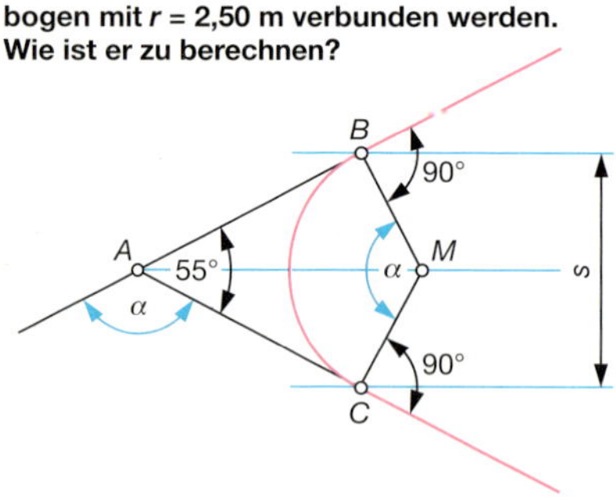

∢ α = 180° – 55° = **125°** (→ Tabelle Zeile 125°)

$\boldsymbol{s}$ = 2,50 m · 1,774 = **4,44 m**

Von A aus Winkelhalbierende ziehen und Parallelen zu ihr im Abstand von 2,22 m. Deren Schnittpunkte mit den Mauerfluchten sind die Anfangspunkte des Rundungsbogens. Um B und C mit $r = 2,50$ m Bögen schlagen, in deren Kreuzungspunkt liegt Mittelpunkt M.

Die zeichnerische Lösung (→ S. 30, **I**)

Der Radius der Segmentbögen wird aus Spannweite s und Stichhöhe h errechnet nach:

$$r = \frac{\left(\frac{s}{2}\right)^2 + h^2}{2h}, \text{ vereinfacht } r = \frac{s^2}{8h} + \frac{h}{2}$$

Daraus leiten sich folgende **Gedächtnisregeln** ab:

Für Stich:	ist der Radius =
1/4	Spannweite minus (1,5 · Stichhöhe)
1/6	Spannweite minus (1 · Stichhöhe)
1/8	Spannweite plus (0,5 · Stichhöhe)
1/10	Spannweite plus (3 · Stichhöhe)
1/12	Spannweite plus (6,5 · Stichhöhe)

Bogenradien, Bogenlängen, Bogenhöhen und Sehnenlängen

für s = 1	∢	s	für den Radius 1		
r	α in °	h	s	h	b
5,737	**10**	**45,81**	0,174	0,0038	0,175
4,782	**12**	**38,16**	0,209	0,0055	0,209
4,103	**14**	**32,69**	0,244	0,0075	0,244
3,593	**16**	**28,56**	0,278	0,0097	0,279
3,196	**18**	**25,41**	0,313	0,0123	0,314
2,879	**20**	**22,87**	0,347	0,0152	0,349
2,619	**22**	**20,77**	0,382	0,0184	0,384
2,405	**24**	**19,03**	0,416	0,0219	0,419
2,223	**26**	**17,56**	0,450	0,0256	0,454
2,067	**28**	**16,29**	0,484	0,0297	0,489
1,932	**30**	**15,19**	0,518	0,0341	0,524
1,871	**31**	**14,70**	0,535	0,0364	0,541
1,814	**32**	**14,24**	0,551	0,0387	0,559
1,761	**33**	**13,79**	0,568	0,0412	0,576
1,710	**34**	**13,38**	0,585	0,0437	0,593
1,663	**35**	**13,00**	0,601	0,0463	0,611
1,618	**36**	**12,63**	0,618	0,0489	0,628
1,576	**37**	**12,28**	0,635	0,0517	0,646
1,536	**38**	**11,95**	0,651	0,0545	0,663
1,498	**39**	**11,64**	0,668	0,0574	0,681
1,462	**40**	**11,34**	0,684	0,0603	0,698
1,428	**41**	**11,06**	0,700	0,0633	0,716
1,395	**42**	**10,79**	0,717	0,0664	0,733
1,364	**43**	**10,53**	0,733	0,0696	0,750
1,335	**44**	**10,29**	0,749	0,0728	0,768
1,307	**45**	**10,06**	0,765	0,0761	0,785
1,279	**46**	**9,83**	0,782	0,0795	0,803
1,254	**47**	**9,62**	0,798	0,0829	0,820
1,229	**48**	**9,41**	0,814	0,0865	0,838
1,206	**49**	**9,21**	0,829	0,0900	0,855
1,183	**50**	**9,02**	0,845	0,0937	0,873
1,161	**51**	**8,84**	0,861	0,0974	0,890
1,140	**52**	**8,66**	0,877	0,101	0,908
1,121	**53**	**8,49**	0,892	0,105	0,925
1,101	**54**	**8,33**	0,908	0,109	0,942
1,083	**55**	**8,17**	0,924	0,113	0,960

Bogenradien, Bogenlängen, Bogenhöhen und Sehnenlängen

für $s = 1$	∢		für den Radius 1		
r	α in °	$\frac{s}{h}$	s	h	b
1,065	**56**	**8,02**	0,939	0,117	0,977
1,048	**57**	**7,87**	0,954	0,121	0,995
1,031	**58**	**7,73**	0,970	0,125	1,012
1,015	**59**	**7,60**	0,985	0,130	1,030
1,000	**60**	**7,46**	1,000	0,134	1,047
0,985	**61**	**7,33**	1,015	0,138	1,065
0,971	**62**	**7,21**	1,030	0,143	1,082
0,957	**63**	**7,09**	1,045	0,147	1,100
0,943	**64**	**6,97**	1,060	0,152	1,117
0,930	**65**	**6,86**	1,075	0,157	1,134
0,918	**66**	**6,75**	1,089	0,161	1,152
0,906	**67**	**6,64**	1,104	0,166	1,169
0,894	**68**	**6,54**	1,118	0,171	1,187
0,883	**69**	**6,45**	1,133	0,176	1,204
0,872	**70**	**6,34**	1,147	0,181	1,222
0,861	**71**	**6,25**	1,161	0,186	1,239
0,850	**72**	**6,15**	1,176	0,191	1,257
0,840	**73**	**6,06**	1,190	0,196	1,274
0,831	**74**	**5,98**	1,204	0,201	1,292
0,821	**75**	**5,89**	1,218	0,207	1,309
0,812	**76**	**5,81**	1,231	0,212	1,326
0,803	**77**	**5,74**	1,245	0,217	1,344
0,794	**78**	**5,65**	1,259	0,223	1,361
0,786	**79**	**5,57**	1,272	0,228	1,379
0,778	**80**	**5,49**	1,286	0,234	1,396
0,770	**81**	**5,42**	1,299	0,240	1,414
0,762	**82**	**5,35**	1,312	0,245	1,431
0,755	**83**	**5,28**	1,325	0,251	1,449
0,747	**84**	**5,21**	1,338	0,257	1,466
0,740	**85**	**5,14**	1,351	0,263	1,484
0,733	**86**	**5,08**	1,364	0,269	1,501
0,726	**87**	**5,01**	1,377	0,275	1,518
0,720	**88**	**4,95**	1,389	0,281	1,536
0,713	**89**	**4,89**	1,402	0,287	1,553
0,707	**90**	**4,83**	1,414	0,293	1,571
0,701	**91**	**4,77**	1,427	0,299	1,588
0,695	**92**	**4,71**	1,439	0,305	1,606
0,689	**93**	**4,65**	1,451	0,312	1,623
0,683	**94**	**4,60**	1,463	0,318	1,641
0,678	**95**	**4,54**	1,475	0,324	1,658
0,673	**96**	**4,49**	1,486	0,331	1,676
0,668	**97**	**4,44**	1,498	0,337	1,693
0,663	**98**	**4,39**	1,509	0,344	1,710
0,657	**99**	**4,34**	1,521	0,351	1,728
0,653	**100**	**4,29**	1,532	0,357	1,745
0,648	**101**	**4,24**	1,543	0,364	1,763
0,643	**102**	**4,19**	1,554	0,371	1,780
0,639	**103**	**4,15**	1,565	0,378	1,798
0,634	**104**	**4,10**	1,576	0,384	1,815
0,630	**105**	**4,05**	1,587	0,391	1,833
0,626	**106**	**4,01**	1,597	0,398	1,850
0,622	**107**	**3,97**	1,608	0,405	1,868
0,618	**108**	**3,93**	1,618	0,412	1,885
0,614	**109**	**3,88**	1,628	0,419	1,902
0,611	**110**	**3,84**	1,638	0,426	1,920

für $s = 1$	∢		für den Radius 1		
r	α in °	$\frac{s}{h}$	s	h	b
0,607	**111**	**3,80**	1,648	0,434	1,937
0,603	**112**	**3,76**	1,658	0,441	1,955
0,599	**113**	**3,72**	1,668	0,448	1,972
0,596	**114**	**3,68**	1,677	0,455	1,990
0,593	**115**	**3,65**	1,687	0,463	2,007
0,590	**116**	**3,61**	1,696	0,470	2.025
0,587	**117**	**3,57**	1,705	0,478	2,042
0,583	**118**	**3,53**	1,714	0,485	2,059
0,580	**119**	**3,50**	1,723	0,493	2,077
0,577	**120**	**3,46**	1,732	0,500	2,094
0,574	**121**	**3,43**	1,741	0,508	2,112
0,572	**122**	**3,40**	1,749	0,515	2,129
0,569	**123**	**3,36**	1,758	0,523	2,147
0,566	**124**	**3,33**	1,766	0,531	2,164
0,564	**125**	**3,30**	1,774	0,538	2,182
0,561	**126**	**3,26**	1,782	0,546	2,199
0,559	**127**	**3,23**	1,790	0,554	2,217
0,556	**128**	**3,20**	1,798	0,562	2,234
0,554	**129**	**3,17**	1,805	0,570	2,251
0,552	**130**	**3,14**	1,813	0,577	2,269
0,549	**131**	**3,11**	1,820	0,585	2,286
0,547	**132**	**3,08**	1,827	0,593	2,304
0,545	**133**	**3,05**	1,834	0,601	2,321
0,543	**134**	**3,02**	1,841	0,609	2,339
0,541	**135**	**3,00**	1,848	0,617	2,356
0,539	**136**	**2,97**	1,854	0,625	2,374
0,537	**137**	**2,94**	1,861	0,634	2,391
0,536	**138**	**2,91**	1,867	0,642	2,409
0,534	**139**	**2,89**	1,873	0,650	2,426
0,532	**140**	**2,86**	1,879	0,658	2,443
0,531	**141**	**2,83**	1,885	0,666	2,461
0,529	**142**	**2,80**	1,891	0,674	2,478
0,527	**143**	**2,78**	1,897	0,683	2,496
0,526	**144**	**2,75**	1,902	0,691	2,513
0,524	**145**	**2,73**	1,907	0,699	2,531
0,523	**146**	**2,70**	1,913	0,708	2,548
0,521	**147**	**2,68**	1,918	0,716	2,566
0,520	**148**	**2,65**	1,923	0,724	2,583
0,519	**149**	**2,63**	1,927	0,733	2,601
0,518	**150**	**2,61**	1,932	0,741	2,618
0,517	**151**	**2,58**	1,936	0,750	2,635
0,515	**152**	**2,56**	1,941	0,758	2,653
0,514	**153**	**2,54**	1,945	0,767	2,670
0,513	**154**	**2,51**	1,949	0,775	2,688
0,512	**155**	**2,49**	1,953	0,784	2,705
0,511	**156**	**2,47**	1,956	0,792	2,723
0,510	**157**	**2,45**	1,960	0,801	2,740
0,509	**158**	**2,43**	1,963	0,809	2,758
0,508	**159**	**2,40**	1,967	0,818	2,775
0,508	**160**	**2,38**	1,970	0,826	2,793
0,506	**162**	**2,34**	1,975	0,844	2,827
0,505	**164**	**2,30**	1,981	0,861	2,862
0,503	**167**	**2,24**	1,987	0,887	2,915
0,502	**170**	**2,18**	1,992	0,913	2,967
0,500	**180**	**2,00**	2,000	1,000	3,142

Korbbögen

Rechnerische Konstruktionen

Beispiel:
Korbbogen aus $s = 4$ m und $h = 1$ m zeichnen.

$\frac{h}{s} = \frac{1\ \text{m}}{4\ \text{m}} = 0{,}25$

Lösung:

$r = 0{,}17 \cdot 4\ \text{m} = 0{,}68\ \text{m}$

$R = 0{,}89 \cdot 4\ \text{m} = 3{,}56\ \text{m}$

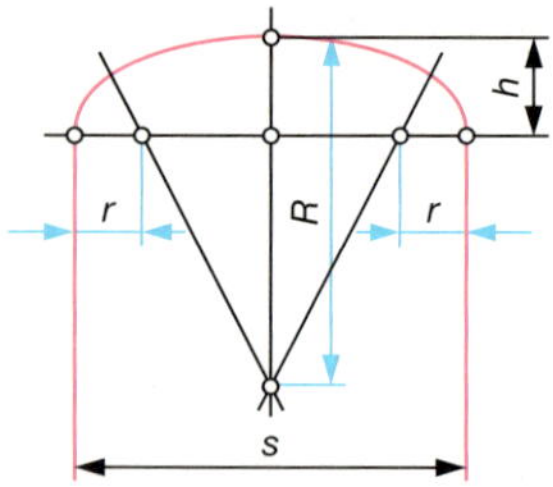

s = Spannweite, h = Stichhöhe

$\frac{h}{s}$	$\frac{s}{h}$	R = Spannweite s mal	r = Spannweite s mal
0,5	2	0,500	0,500
0,45	2,23	0,540	0,419
0,4	2,5	0,595	0,346
0,35	2,86	0,660	0,280
0,3	3,33	0,755	0,222
0,25	4	0,890	0,170
0,2	5	1,095	0,125
0,15	6,66	1,445	0,085
0,1	10	2,150	0,0515

Winkelmaße

Umrechnungen Grad → Gon

Grad	Minuten 0'	10'	20'	30'	40'	50'
0°	0,0000	0,1852	0,3704	0,5556	0,7407	0,9259
1°	1,1111	1,2963	1,4815	1,6667	1,8519	2,0370
2°	2,2222	2,4074	2,5926	2,7778	2,9630	3,1481
3°	3,3333	3,5185	3,7037	3,8889	4,0741	4,2593
4°	4,4444	4,6296	4,8148	5,0000	5,1852	5,3704
5°	5,5556	5,7407	5,9259	6,1111	6,2963	6,4815
6°	6,6667	6,8519	7,0370	7,2222	7,4074	7,5926
7°	7,7778	7,9630	8,1481	8,3333	8,5185	8,7037
8°	8,8889	9,0741	9,2593	9,4444	9,6296	9,8148
9°	10,0000	10,1852	10,3704	10,5556	10,7407	10,9259

Beispiel:
115° = ? gon
115° = 90° + 2 · 9° + 7°

Lösung:
90° = 100 gon
18° = 20 gon
7° = 7,7778 gon
115° = 127,7778 gon

Umrechnungen Gon → Grad

Gon	Minuten ,0	,20	,40	,60	,80
0	0° 0'	10' 48"	21' 36"	32' 24"	43' 12"
1	0° 54'	1° 4' 48"	1° 15' 36"	1° 26' 24"	1° 37' 12"
2	1° 48'	1° 58' 48"	2° 9' 36"	2° 20' 24"	2° 31' 12"
3	2° 42'	2° 52' 48"	3° 3' 36"	3° 14' 24"	3° 25' 12"
4	3° 36'	3° 46' 48"	3° 57' 36"	4° 8' 24"	4° 19' 12"
5	4° 30'	4° 40' 48"	4° 51' 36"	5° 2' 24"	5° 13' 12"
6	5° 24'	5° 34' 48"	5° 45' 36"	5° 26' 24"	6° 7' 12"
7	6° 18'	6° 28' 48"	6° 39' 36"	6° 50' 24"	7° 1' 12"
8	7° 12'	7° 22' 48"	7° 33' 36"	7° 44' 24"	7° 55' 12"
9	8° 6'	8° 16' 48"	8° 27' 36"	8° 38' 24"	8° 49' 12"
10	9°	9° 10' 48"	9° 21' 36"	9° 32' 24"	9° 43' 12"

Beispiel:
115 gon = ? Grad

Lösung:
100 gon = 90°
10 gon = 9°
5 gon = 4° 30'
115 gon = 103° 30'

Einen Winkel mit einem biegsamen Meterstock anreißen

Voller Kreis = 4 R = 360°
Kreis mit r = 57,3 cm
hat Umfang = 360 cm

Beispiel: ∢ 27° anreißen

1. Von S aus eine Gerade ziehen.
2. Mit r = 57,3 cm einen Kreisbogen anreißen.
3. Auf dem Bogen 27 cm messen, A mit S verbinden.

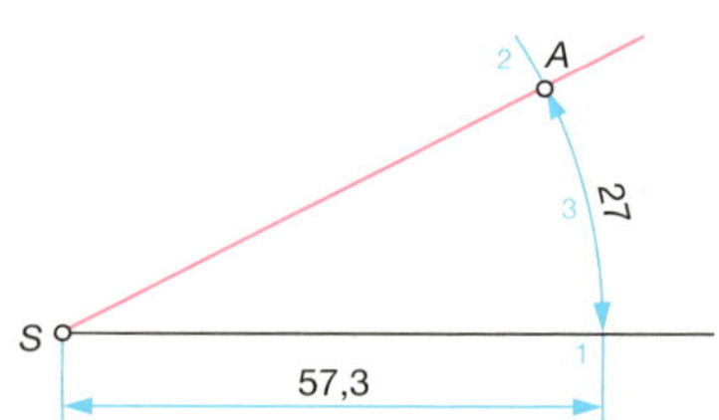

Grundflächen und Rauminhalte von Hochbauten

Grundflächen

in lotrechter Projektion auf eine waagerechte Ebene in m^2.

Fläche des Baugrundstückes: **FBG = BF + UBF**

Bebaute Fläche: **BF**

Von Hochbauten bedeckt

Unbebaute Fläche: **UBF**

Brutto-Grundrissfläche: **BGF = KF + NGF**

Summe aller Grundrissebenen (Stockwerke), in den äußeren Abmessungen jeweils in Fußbodenhöhe, wobei Flächen für Raumteile < 1,50 m Höhe getrennt ausgewiesen werden müssen. Konstruktive und gestalterische Vor- und Rücksprünge bleiben unberücksichtigt.

Konstruktionsfläche: **KF**

Summe aller begrenzenden Bauteile (Wände, einschließlich Fenster- und Türöffnungen), Nischen, Pfeiler, Stützen, Lichtschächte, Schornsteine usw.

Netto-Grundrissfläche: **NGF = VF + FF + NF**

Nutzbare Grundfläche zwischen den begrenzenden Flächen (meist Wänden), errechnet aus den lichten Fertigmaßen in Fußbodenhöhe, wobei Sockel-, Fuß- und Scheuerleisten oder ähnliches unberücksichtigt bleiben. Getrennt ermittelt werden (auch bei BGF):

a) GF, allseitig umschlossen und überdeckt.
b) GF, nicht allseitig in voller Höhe umschlossen, aber überdeckt (Freisitze).
c) GF, von Geländer, Brüstung oder Attika umschlossen, nicht überdeckt (z. T. Balkone).

Verkehrsflächen: **VF**

z. B. Treppenräume, Dielen, Flure, Rampen, Aufzugschächte, Rolltreppen und ähnliches.

Funktionsflächen: **FF**

z. B. Heizungs-, Lüftungs-, Wasserversorgungs- und Entsorgungsanlagen.

Nutzflächen: **NF = NNF + HNF**

die der Zweckbestimmung und Nutzung des Bauwerkes entsprechen.

Nebennutzflächen: **NNF**

z. B. Keller-, Lager- und Abstellräume.

Hauptnutzflächen: **HNF**

z. B. Wohn-, Büro-, Geschäfts-, Labor- oder Werkstattflächen.

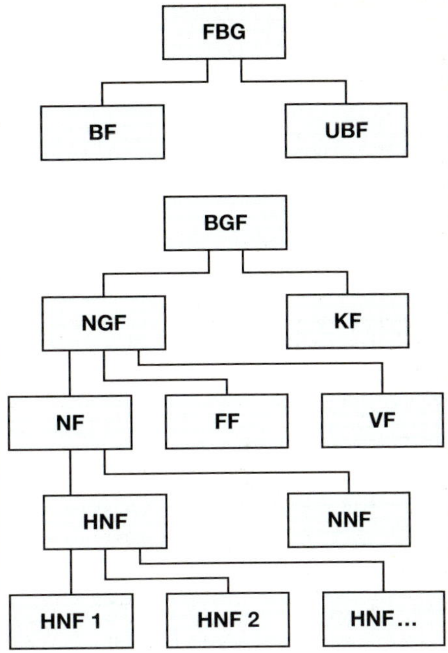

Rauminhalte

Sie werden in m^3 angegeben und aus den Grundflächen und den zugehörigen Höhen errechnet.
Wie bei den Grundflächen sind Räume mit unterschiedlicher Umschließung und Überdeckung getrennt zu erfassen.
Als anzunehmende Höhe gilt beim untersten Geschoss (z. B. beim Keller) die Raumhöhe plus Bodenplatte und Decke. Bei den übrigen Geschossen gilt Raumhöhe plus Decke.

Brutto-Rauminhalt: **BRI**

Er wird vor allem zum Schätzen der Baukosten benötigt.
Konstruktive und gestalterische Vor- und Rücksprünge sowie untergeordnete Bauteile wie z. B. Kellerlichtschächte, Außentreppen, Dachüberstände, Dachgauben und Lichtkuppeln, bleiben unberücksichtigt.

Netto-Rauminhalt: **NRI**

Er wird aus den Lichtmaßen zwischen den inneren Begrenzungsflächen errechnet und dient vor allem zur Beurteilung der Nutzbarkeit des Gebäudes.
Er gilt jedoch nicht für die Ermittlung des Heizwärmebedarfs nach der Wärmeschutzverordnung.

Es wurden nur die wichtigsten **Begriffe** und ihre **Kurzzeichen** vorgestellt, für weitere Informationen benutzen Sie die Normen **DIN 277** und **DIN 283** sowie Fachbücher zur Kalkulation.

Aufreißen und Berechnen von regelmäßigen Vielecken

n-Eck	∢ α in °	A = s^2 mal	A = R^2 mal	A = r^2 mal	s = R mal	s = r mal	r = R mal	r = s mal	R = s mal	R = r mal
3-Eck	60	0,433	1,299	5,196	1,732	3,464	0,500	0,289	0,577	2,000
4-Eck	90	1,000	2,000	4,000	1,414	2,000	0,707	0,500	0,707	1,414
5-Eck	108	1,721	2,378	3,633	1,176	1,453	0,809	3,688	0,851	1,236
6-Eck	120	2,598	2,598	3,464	1.000	1,155	0,866	0,866	1,000	1,155
7-Eck	128,6	3,634	2,736	3,385	0,868	0,963	0,901	1,039	1,152	1,111
8-Eck	135	4,828	2,828	3,314	0,765	0,828	0,924	1,207	1,307	1,082
9-Eck	140	6,182	2,893	3,285	0,684	0,738	0,938	1,356	1,462	1,078
10-Eck	144	7,694	2,939	3,249	0,618	0,650	0,951	1,539	1,618	1,051
12-Eck	150	11,196	3,000	3,215	0,518	0,536	0,966	1,866	1,932	1,035
16-Eck	157,5	20,109	3,062	3,183	0,390	0,398	0,981	2,515	2,563	1,020

Berechnungsgröße	wenn bekannt sind
A	s oder R oder r
s	R oder r
r	s oder R
R	s oder r

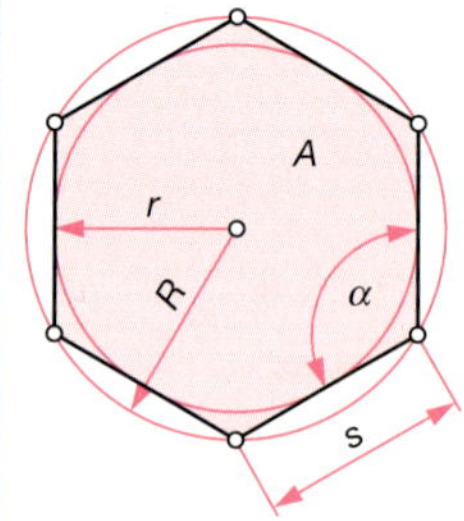

Flächenberechnungen I

Quadrat

$A = l \cdot h = b \cdot b = b^2$

$U = 4 \cdot b$

$d = \sqrt{2} \cdot b = 1{,}414 \cdot b$

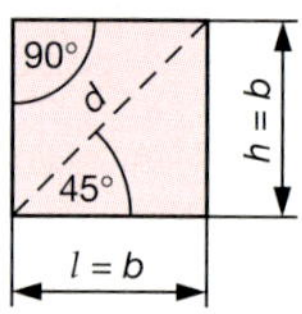

Dreieck

$A = \frac{l \cdot h}{2}$

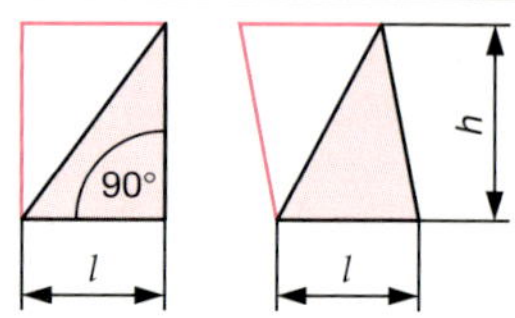

Rechteck

$A = l \cdot h = l \cdot b$

$U = 2 \cdot (l + b)$

$d = \sqrt{l^2 + b^2}$

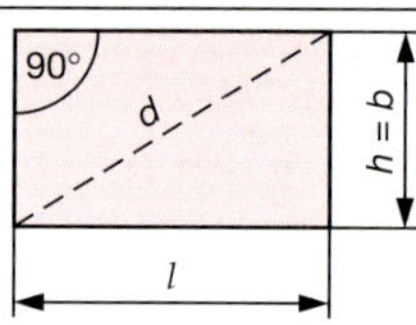

Trapez

$A = \frac{L + l}{2} \cdot h = l_m \cdot h$

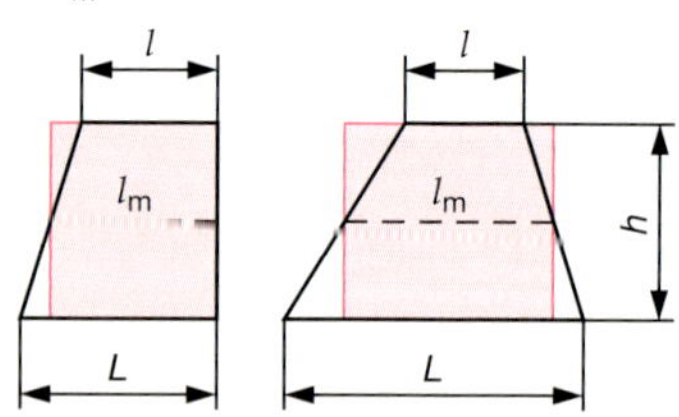

Rhombus = Raute

$A = l \cdot h$

$U = 4 \cdot l$

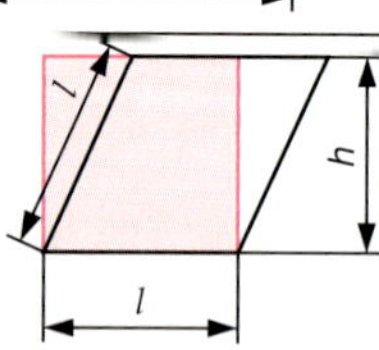

Unregelmäßiges Vieleck

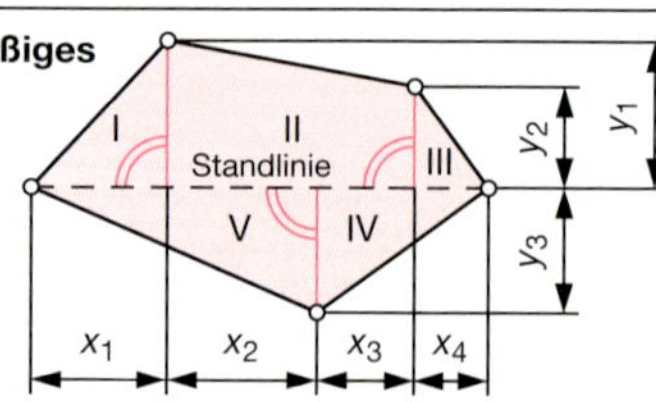

Durch Standlinie und Lote auf sie in Drei- und Vierecke teilen. Entfernung der Fußpunkte der Lote auf der Standlinie messen. Länge der Lote messen.

$A = AI + AII + AIII + AIV + AV$

Rhomboid = Schiefeck

$A = l \cdot h$

$U = 2 \cdot (l + s)$

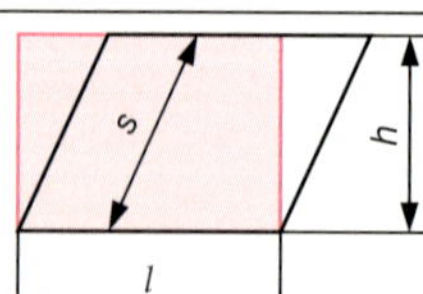

Parallelogramm

Zusammenfassende Bezeichnung für Quadrat, Rechteck, Raute und Schiefeck. $F = l \cdot h$

A = Fläche
U = Umfang
b = Breite
h = Flächenhöhe
s = Seite, Sehne
B = Bogenlinie
l, L = Länge der Grundlinie
d, D = Durchmesser bzw. Diagonale
r, R = Halbmesser = Radius

Flächenberechnungen II

Kreis

$$A = \frac{\pi \cdot d^2}{4} = 0{,}785 \cdot d^2$$

$$A = \pi \cdot r^2 = 3{,}14 \cdot r^2$$

$$U = \pi \cdot d = 3{,}14 \cdot d = 6{,}28 \cdot r$$

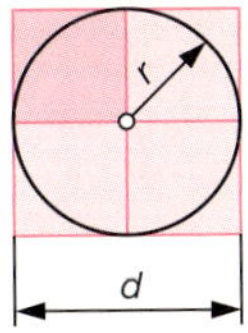

Halbkreis

$$A = \frac{\pi \cdot d^2}{8} = 0{,}393 \cdot d^2$$

$$A = \frac{\pi \cdot r^2}{2} = 1{,}57 \cdot r^2$$

$$B = \pi \cdot r = 3{,}14 \cdot r = 1{,}57 \cdot d$$

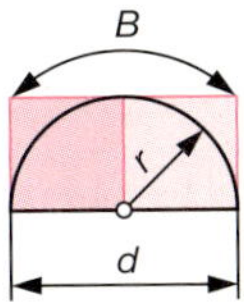

Viertelkreis

$$A = \frac{\pi \cdot r^2}{4} = 0{,}785 \cdot r^2$$

$$A_1 = 0{,}215 \cdot r^2$$

$$B = \frac{\pi \cdot r}{2} = 1{,}57 \cdot r$$

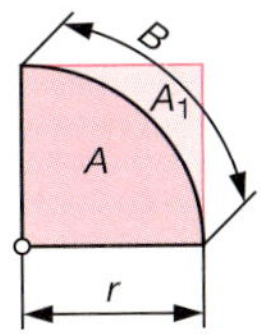

Kreisring

$$d_m = \frac{D + d}{2} = d + a$$

$$A = \pi \cdot d_m \cdot a = \frac{\pi \cdot D^2}{4} - \frac{\pi \cdot d^2}{4}$$

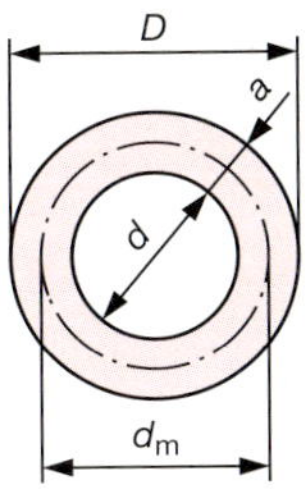

Kreisausschnitt = Sektor

$$A = \frac{\pi \cdot d^2}{4} \cdot \frac{\alpha^0}{360°} = \frac{0{,}785 \cdot r^2 \cdot \alpha^0}{90°} = B \cdot r \cdot 0{,}5$$

$$B = \pi \cdot d \cdot \frac{\alpha^0}{360°} = \frac{1{,}57 \cdot r \cdot \alpha^0}{90°}$$

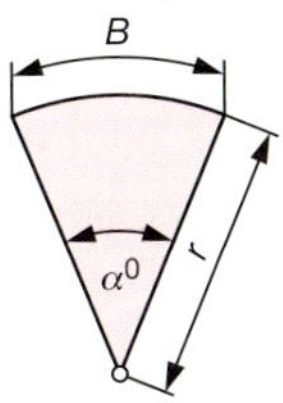

Kreisabschnitt = Segment
(→ Tafel S. 34)

Regelmäßiges Vieleck (n-Eck)

$$A = \frac{s \cdot h}{2} \cdot n$$

$$U = s \cdot n$$

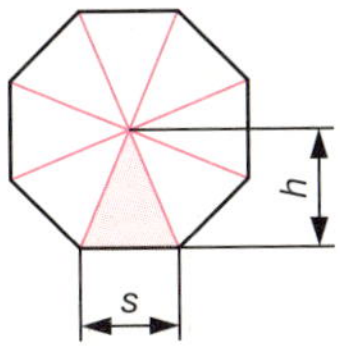

Ellipse

$$A = \frac{\pi \cdot d \cdot D}{4} = 0{,}785 \cdot d \cdot D$$

$$U = D \cdot \mathbf{k}$$

(**k** = unbenannte Zahl)

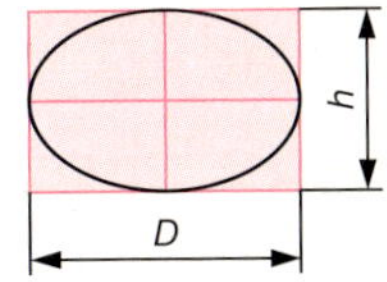

d/D	**k**	d/D	**k**	d/D	**k**
0,3	2,193	0,5	2,422	0,7	2,691
0,4	2,301	0,6	2,553	0,8	2,836

Halbe Ellipse und Korbbogen
(Näherungswerte)

$$A = 0{,}785 \cdot s \cdot h$$

$$B = \frac{s}{2} \cdot \mathbf{k}$$

(**k** = siehe oben)

$\frac{2\,h}{s}$ statt $\frac{d}{D}$

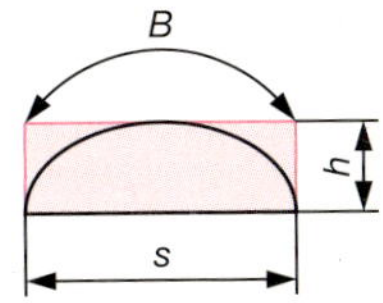

Spitzbogen

A = Segment über $2\,h$
(→ S. 52)

$$A \approx 2/3 \cdot s \cdot h$$

$$r = \frac{h^2}{s} + \frac{s}{4}$$

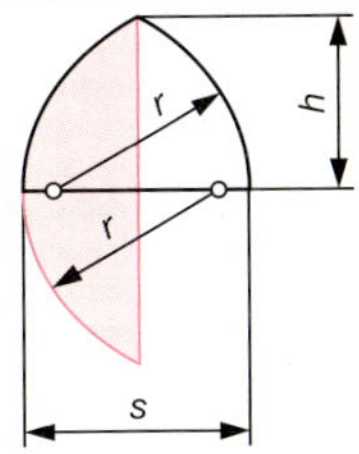

Steigender Bogen

$$A = 2/3 \cdot s \cdot h$$

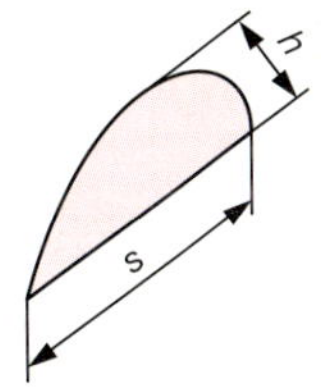

Parabelabschnitt

$$A = 4/3 \cdot x \cdot y$$

$$A_1 = 1/3 \cdot x \cdot y$$

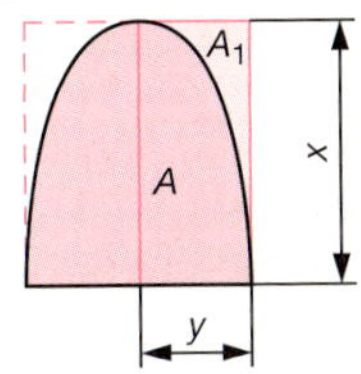

π = **3,14159 … ≈ 3,14 ≈ 3 1/7**

$\pi/2$ = 1,5708	$\pi/32$ = 0,0982	$\sqrt[3]{\pi}$ = 1,4646
$\pi/4$ = 0,7854	$2\,\pi$ = 6,2832	$1/\pi$ = 0,3183
$\pi/8$ = 0,3927	$\frac{4\,\pi}{3}$ = 4,1888	$\frac{\pi^2}{4}$ = 2,4674
$\pi/3$ = 1,0472		
$\pi/6$ = 0,5236	π^2 = 9,8696	
$\pi/12$ = 0,2618	$\sqrt{\pi}$ = 1,7725	

Körperberechnungen I

Würfel = Kubus

$V = A \cdot H = b \cdot b \cdot b = b^3$

$M = 4 \cdot b^2$

$O = 6 \cdot b^2$

$\delta = \sqrt{3 \cdot b^2} = 1{,}73 \cdot b$

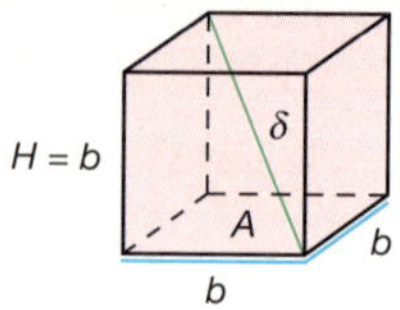

Quader = Prisma mit Grundfläche □ oder ▭

$V = A \cdot H = l \cdot b \cdot H$

$M = U \cdot H = (2\,l + 2\,b) \cdot H$

$O = M + 2\,A$

$\delta = \sqrt{l^2 + b^2 + H^2}$

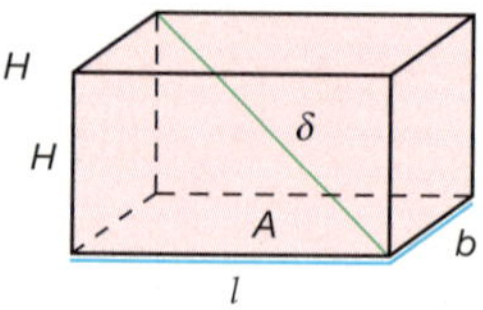

Prisma, Säule, Pfeiler, Zylinder, Hohlzylinder

$V = A \cdot H$

$M = U \cdot H$

$O = M + 2\,A$

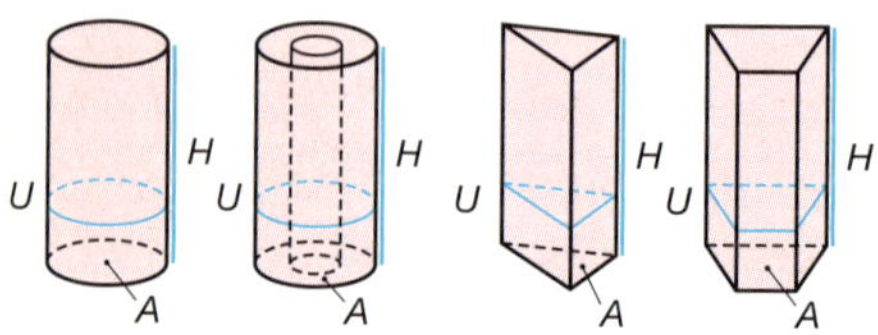

Pyramide, Kegel

$V = \frac{A \cdot H}{3}$

$M = \frac{U \cdot h}{2}$

gilt nur für quadratische und kreisrunde Grundflächen

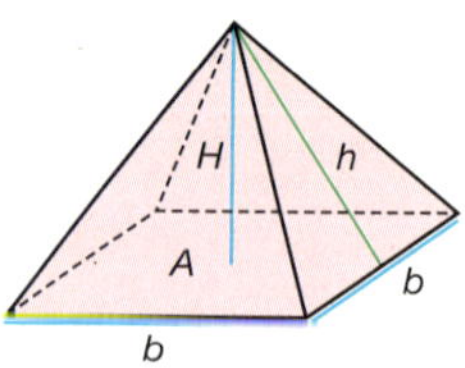

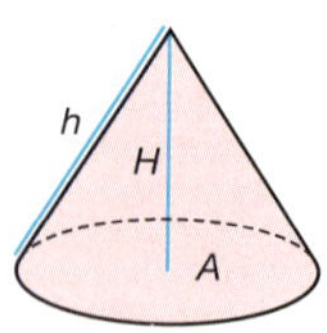

$M = l \cdot h_l + b \cdot h_b$

gilt für rechteckige Grundflächen

$O = M + A$

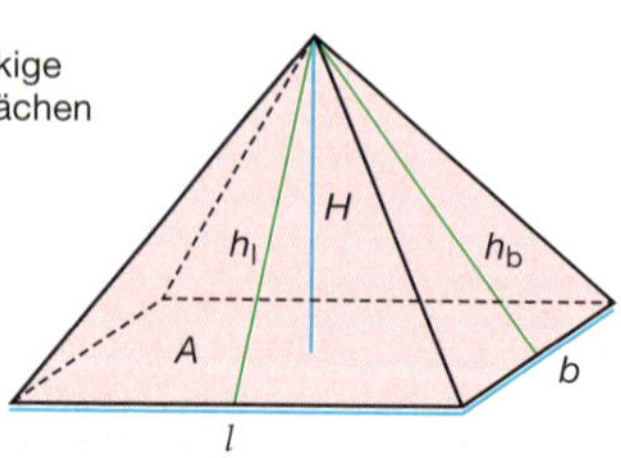

Walmdach, Schüttung
(mit gleicher Neigung der Seitenflächen)

$V = \frac{H}{6} \cdot b \cdot (2\,l + l_1)$

$M = h \cdot (l + l_1 + b)$

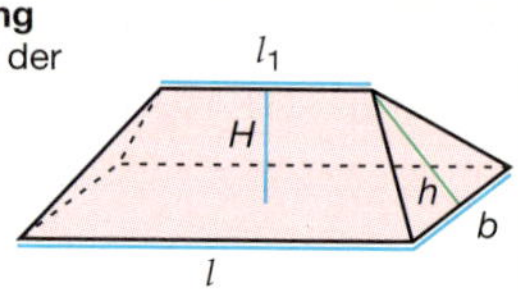

Pyramidenstumpf

$V = \frac{H}{3} \cdot \left(A + a + \sqrt{A \cdot a}\right)$

$M = \frac{U + u}{2} \cdot h$

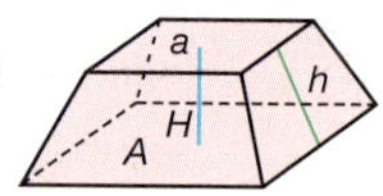

gilt nur für quadratische Grundflächen

Schüttung, umgedreht: **Baugrube**

Näherungsformeln:

$V \approx \frac{l + l_1}{2} \cdot \frac{b + b_1}{2} \cdot H$

(*V* etwas zu klein)

$V \approx \frac{A + a}{2} \cdot H$

(*V* deutlich zu groß)

$V = \frac{H}{6} \cdot [l \cdot (2\,b + b_1) + l_1 \cdot (b + 2\,b_1)]$ (genaues *V*)

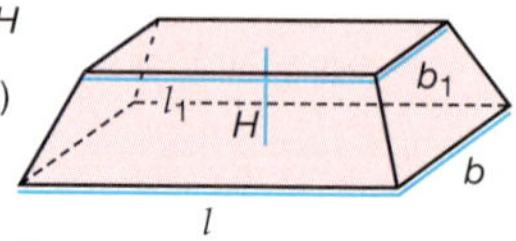

Kegelstumpf (z. B. Kübel)

$V = 0{,}262 \cdot (D^2 + d^2 + D \cdot d) \cdot H$

$M = 1{,}57 \cdot (D + d) \cdot h$

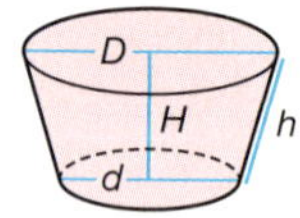

Elliptischer Kübel

$V = 0{,}524 \cdot [d \cdot (2\,D + D_1) + d_1 \cdot (2\,D_1 + D)] \cdot H$

$M = 0{,}785 \cdot (D + D_1 + d + d_1) \cdot h$

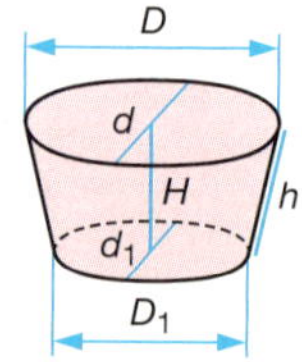

Simpsonsche Regel

Zum näherungsweisen Finden des Volumens aller regelmäßig geformten Körper:

$V = \frac{h}{6} \cdot (A + a + 4 \cdot A_m)$

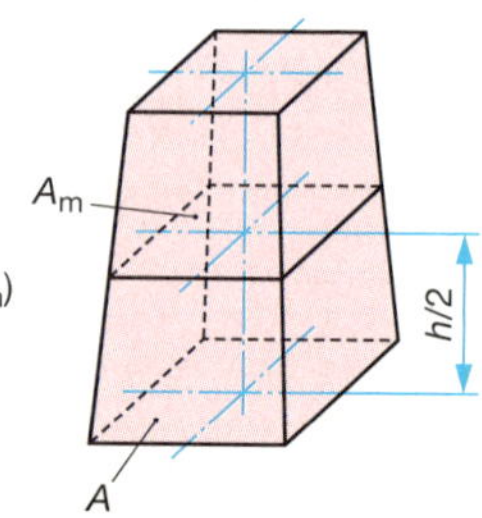

Körperberechnungen II

Kugel

$V = \frac{\pi}{6} \cdot d^3 = 0{,}524 \cdot d^3$

$O = \pi \cdot d^2 = 3{,}14 \cdot d^2$

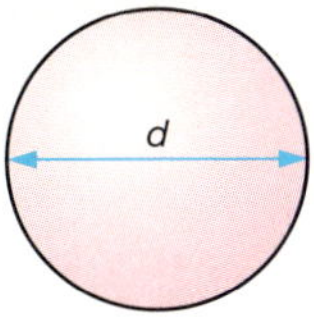

Halbkugel (-kuppel)

M = Kuppelfläche

$M = \frac{\pi}{2} \cdot d^2 = 1{,}57 \cdot d^2$

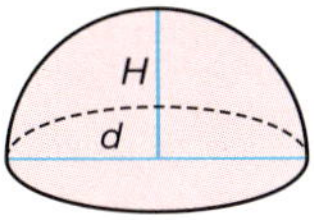

Elliptische Kuppel

$M = 3{,}14 \cdot \frac{D + d}{2} \cdot H$

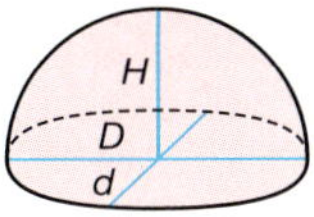

Kugelabschnitt (Kalotte)

$V = \pi \cdot H^2 \cdot (r - 0{,}333\,H) = 0{,}525\,H \cdot (0{,}75\,s^2 + H^2)$

$M = 6{,}28 \cdot r \cdot H = 3{,}14 \cdot \left(\frac{s^2}{4} + H^2\right)$

$r = \frac{s^2}{8\,H} + \frac{H}{2}$

$s = 2 \cdot \sqrt{H \cdot (2\,r - H)}$

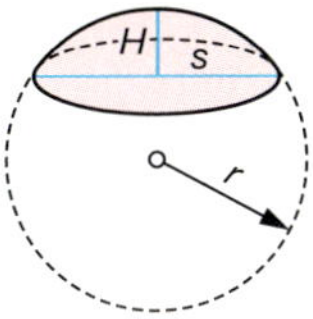

Fass (Tonne)

Näherungsformeln, die etwas zu kleines V liefern.

Bei kreisrunden Böden:

$V \approx 0{,}86 \cdot \left(\frac{D + d}{2}\right)^2 \cdot H$

Bei elliptischen Böden:

$V \approx 0{,}24 \cdot (D + d) \cdot (D_1 + d_1) \cdot H$

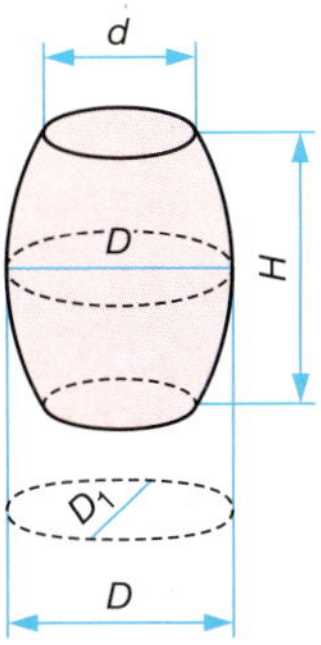

Drehkörper

Körper, die durch Drehung einer Fläche um eine Drehachse (x – · – · – x) entstehen.

V = erzeugende Fläche · Schwerpunktsweg

M = erzeugende Kante · Schwerpunktsweg

Beispiel: Ring

$V = A \cdot d \cdot \pi = b \cdot H \cdot d \cdot \pi$

$M = \pi \cdot D \cdot H$

$O = (2\,b + 2\,H) \cdot d \cdot \pi$

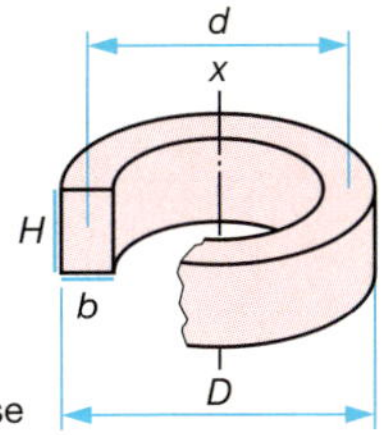

x = Drehachse

Geschweifte Pyramide

M = Summe aller Teilflächen A_1 bis A_7

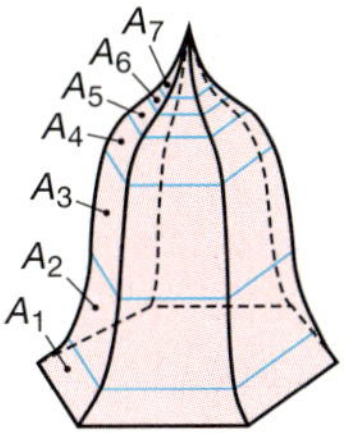

Geschweifter Kegel

$M = 2\,\pi \cdot r \cdot l = 6{,}28 \cdot r \cdot l$

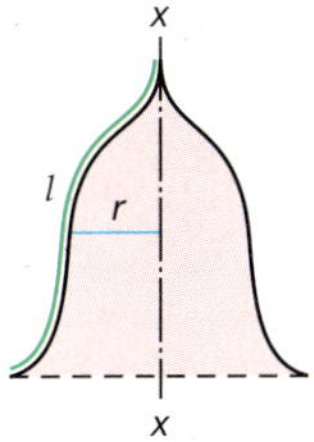

Rampe

gegen eine senkrechte Wand gelehnt:

$V = \frac{H^2}{6} \cdot (3\,b + 2\,H \cdot p) \cdot m$

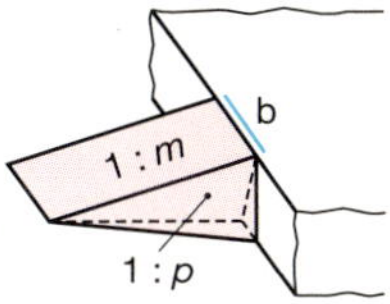

gegen eine schräge Wand (z. B. Böschung) gelehnt:

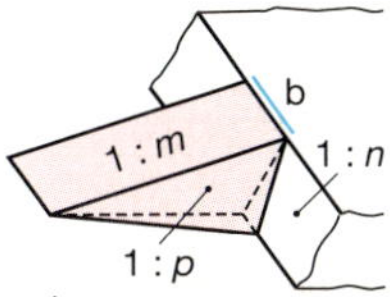

$V = \frac{H^2}{6} \cdot \left(3\,b + 2\,H \cdot p \cdot \frac{m - n}{m}\right) \cdot (m - n)$

A, a = große und kleine Grundfläche, M = Mantelfläche, O = Oberfläche, V = Volumen (Rauminhalt)

waagerecht gemessen:

l = Länge — D, d = großer u. kleiner Durchmesser
b = Breite — U, u = großer u. kleiner Umfang
r = Radius — s = Sehne = d der Grundfläche

senkrecht gemessen:

H = Körperhöhe

schräg gemessen:

h = Flächenhöhe
δ = Körperdiagonale

Lastannahmen – Eigenlasten I

Nach **DIN 1055, T.1** sind für das Berechnen der Standsicherheit von Bauten nachstehende **Rechenwerte** festgelegt, die jedoch nicht für den Schallschutz gelten.
Sind untere und obere Werte genannt, sollen diese stets so in die Rechnung eingesetzt werden, dass sie sich auf das Rechenergebnis ungünstig auswirken (.. v .. bedeutet oder).
Für Stoffe, die in diesem Auszug aus der Norm fehlen, sind die Werte der DIN 1055 zu entnehmen. Fehlen sie auch dort, sind sie durch das Prüfzeugnis einer anerkannten Materialprüfanstalt zu bestätigen. Die in der Norm genannten Reibungswinkel für lose Stoffe sind hier nicht aufgeführt.
Zur Erhöhung der Übersichtlichkeit wurden die Rechenwerte je nach Einheit mit den folgenden Farben hinterlegt:

- Rechenwert in kN/m³ des Stoffes
- Rechenwert in kN/m² je cm Dicke eines Bauteils
- Rechenwert in kN/m² für die ganze Dicke des Bauteils, z.B. der Decke oder des Estrichs

Die Nummerierung entspricht nicht DIN 1055.
Rohdichten sind in kg/dm³ oder t/m³ angegeben.

1. Baustoff-Lagerstoffe

	kN/m³
Blähton, Blähschiefer und Gips, gemahlen	15
Glas in Tafeln	25
Drahtglas	26
Acrylglas	12
Hochofen u. Kesselschlacke, granuliert	11
Hüttenbims, erdfeucht, Naturbims	9
Luftkalkhydrate, trocken gelöscht	6
Hydraulische Kalke gebrannt, gemahlen	13
Kies u. Sand, trocken oder erdfeucht	18
Kies u. Sand, bei nasser Schüttung	20
Trass, gemahlen	15
Zement gemahlen	16

2. Metalle

	kN/m³
Aluminium, Alu-Legierungen	27,28
Blei	114
Gusseisen	72,5
Kupfer	89
Messing	85
Stahl u. Schmiedeeisen	78,5

3. Holz und Holzwerkstoffe

gegen Feuchte geschützt

	kN/m³
Nadelholz, allgemein	4 v 6
Brettschichtholz im Leimbau	4 v 5
Laubholz (aus Übersee: Nachweis erforderlich)	6 v 8
Spanplatten n. DIN 68 761 u. DIN 68 763	5 v 7,5
Furnierplatten n. DIN 68 705, T.3	4,5 v 8
Tischlerplatten n. DIN 68 705, T.4	4,5 v 6,5
Hartfaserplatten n. DIN 68 754, T.1	9 v 11
mittelharte Faserplatten n. DIN 68 754, T.1	6 v 8,5
Dämmplatten nach DIN 68 750	2,5 v 4

4. Beton und Mörtel

Rechenwerte gelten auch für die Betonfertigteile. Für Frischbeton die Werte um 1 kN/m³ erhöhen! Stark abweichende Beton-Last durch Probe-Körper nachweisen. Werte gelten nicht für den Schalungsdruck.

		kN/m³
Normalbeton mit geschlossenem Gefüge n. DIN 104	bis B10	23
	ab B15	24
Stahlbeton		25

Porenbeton bewehrt, DIN 4223

Rohdichteklasse in t/m³	0,5	0,6	0,7	0,8
Rechenwert kN/m³	6,2	7,2	8,4	9,5

Leichtbeton mit geschlossenem Gefüge

Rohdichteklasse in t/m³	1,0	1,2	1,4	1,6	1,8
Rechenwert kN/m³	10,5	12,5	14,5	16,5	18,5

Stahl-Leichtbeton mit geschlossenem Gefüge

Rohdichteklasse in t/m³	1,0	1,2	1,4	1,6	1,8
Rechenwert kN/m³	11,5	13,5	15,5	17,5	19,5

Leichtbeton m. haufwerkporigem Gefüge n. DIN 4232

Rohdichteklasse in t/m³	1,0	1,2	1,4	1,6	1,8
Rechenwert kN/m³	10,0	12,0	15,0	16,0	18,0

Mauer- und Putzmörtel	kN/m³
Gipsmörtel ohne Sandzusatz	12
Kalk-, Gipssand-, Anhydritmörtel	18
Kalkzement-, Kalktrass-, Lehmmörtel	20
Zement-, Putz- u. Mauerbindermörtel	21

5. Mauerwerk

5.1 Mauerwerk aus natürlichen Steinen

unverputzt, Gewichte von Fugenmörtel und übliche Feuchte enthalten

	kN/m³
Erstarrungsgesteine: Basalt, Melaphyr, Diorit, Gabbro	30
Basaltlava	24
Diabas	29
Granit, Syenit, Porphyr	28
Trachit	26
Schichtgesteine: Grauwacke, Sandstein, Nagelfluh	27
Muschelkalk, auch Marmor	28
sonst. Kalksteine, Travertin	26
Vulkanischer Tuffstein	20
Umwandlungsgestein: Schiefer,	28
Gneis, Granulit	30
Serpentin	27

5.2 Mauerwerk aus künstlichen Steinen

unverputzt, mit Fugmörtel bei üblicher Feuchte, mit Leichtmauermörtel 1 kN/m³ weniger.

Rohdichteklasse in t/m³	0,4	0,5	0,6	0,7	0,8	0,9	1,0
Rechenwert kN/m³	6	7	8	9	10	11	12

Rohdichteklasse in t/m³	1,2	1,4	1,6	1,8	2,0	2,1	2,2
Rechenwert kN/m³	14	15	17	18	20	21	22

Lastannahmen – Eigenlasten II

6. Geschoss- und Dachdecken

6.1 Stahlbetondecken DIN 1045

	kN/m²
(einschließlich Stahleinlagen, ohne etwaige Stahlträger) **Stahlbetonplatten** pro cm Dicke	0,25

Stahlsteindecken aus Deckenziegeln

a) für teilvermörtelte Stoßfugen nach DIN 4159, Steinlänge: 25 cm

Rohdichte der Ziegel	kg/dm³	0,6	0,8	1,0	1,2	
bei einer Decken-dicke in cm	11,5	1,25	1,45	1,65	1,85	kN/m² (ganze Dicke)
	14	1,5	1,75	2,0	2,25	
	16,5	1,9	2,15	2,4	2,75	
	19	2,15	2,45	2,8	3,15	
	21,5	2,45	2,8	3,15	3,55	
	24	2,75	3,1	3,5	3,95	
	26,5	3,05	3,45	3,9	4,3	
	29	3,35	3,8	4,25	4,7	

b) für vollvermörtelte Stoßfugen nach DIN 4159, Steinlänge: 25 cm

Rohdichte der Ziegel	kg/dm³	0,6	0,8	1,0	1,2	
bei einer Decken-dicke in cm	11,5	1,45	1,6	1,85	2,0	kN/m² (ganze Dicke)
	14	1,8	1,95	2,2	2,45	
	16,5	2,2	2,4	2,65	2,95	
	19	2,55	2,8	3,05	3,4	
	21,5	2,9	3,15	3,45	3,85	
	24	3,2	3,55	3,9	4,3	
	26,5	3,7	4,1	4,45	4,8	
	29	4,05	4,45	4,85	5,25	

Stahlbeton-Balkendecken mit statisch **nicht** mitwirkenden Zwischenbauteilen aus Beton mit Balken-Achsabstand **62,5 cm** nach DIN 4158

Betonrohdichte der Zwischenbauteile	kg/dm³	1,4	2,3	
bei einer Decken-dicke in cm	16	2,13	2,85	kN/m² (ganze Dicke)
	20	2,28	2,95	
	24	2,48	3,18	
b. **75 cm** Balken-Achsabstand und 20 cm Deckendicke		2,13	2,85	

Einachsig gespannte Stahlbeton-Rippendecken

a) mit statisch **nicht** mitwirkenden Zwischenbauteilen aus Beton u. **5 cm Betondruckplatte**.

Betonrohdichte der Zwischenbauteile		kg/dm³	1,4	2,3	
Rippen-Achs-abstand: **50 cm**	Gesamt-decken-dicke in cm	17	2,95	3,85	kN/m² (ganze Dicke)
		19	3,14	3,75	
		21	3,71	4,38	
		23	3,79	4,48	
		25	3,87	4,55	
		27	4,00	4,71	
		29	4,11	4,83	
		33	5,04	6,15	

Rippenachsabstand **62,5 cm** s. DIN 1055

b) mit statisch **nicht** mitwirkenden **Deckenziegeln** n. DIN 4160 m. **5 cm Betondruckplatte**.

Ziegelrohdichte		kg/dm³	0,6	0,9	
Rippen-Achs-abstand: **50 cm**	Gesamt-decken-dicke in cm	19	2,55	2,95	kN/m² (ganze Dicke)
		21,5	2,80	3,25	
		24	3,05	3,55	
		26,5	3,40	4,00	
		29	3,65	4,30	
		31,5	3,90	4,65	
		34	4,15	4,95	
		36,5	4,65	5,45	

Einachsig gespannte Stahlbeton-Rippendecken mit statisch **mitwirkenden** Zwischenbauteilen aus **Beton** n. DIN 4158. Rechenwerte → Herstellerangaben. Für Überschlagsrechnungen können die Deckengewichte nach den Angaben in der linken Spalte geschätzt werden. Bei zweiachsig gespannten Decken zusätzliche Rippen hinzurechnen.

Wie vor, mit statisch **mitwirkenden** Zwischenbauteilen aus **Ziegeln** nach DIN 4159, **ohne Aufbeton**.

Rohdichte kg/dm³			0,6	0,8	1,0	1,2	
a) Rippen-achs-abstand **50 cm**	Ges.-deckendicke in cm	11,5	1,19	1,39	1,59	1,79	kN/m² (ganze Dicke)
		14	1,43	1,68	1,92	2,17	
		16,5	1,67	1,96	2,25	2,55	
		19	1,92	2,25	2,58	2,92	
		21,5	2,24	2,61	2,98	3,36	
		24	2,50	2,91	3,32	3,74	
		26,5	2,81	3,26	3,71	4,17	
		29	3,07	3,56	4,05	4,56	
		31,5	3,32	3,85	4,40	4,95	
		34	3,58	4,16	4,74	5,33	
b) Rippen-achs-abstand **62,5 cm**	Ges.-deckendicke in cm	11,5	1,13	1,33	1,54	1,75	kN/m² (ganze Dicke)
		14	1,35	1,60	1,85	2,11	
		16,5	1,58	1,88	2,18	2,48	
		19	1,81	2,15	2,50	2,85	
		21,5	2,11	2,49	2,87	3,27	
		24	2,39	2,77	3,20	3,64	
		26,5	2,64	3,11	3,58	4,06	
		29	2,88	3,39	3,91	4,43	
		31,5	3,13	3,68	4,24	4,81	
		34	3,37	3,96	4,57	5,19	

Stahlbeton-Hohldielen nach DIN 1045:

Dicke in cm	5	6	7	8	9	
Normalbeton	0,85	1,00	1,15	1,30	1,50	kN/m²
Leichtbeton	0,55	0,60	0,65	0,72	0,80	
Dicke in cm	**10**	**11**	**12**	**14**	**16**	
Normalbeton	1,65	1,85	2,01	–	–	kN/m²
Leichtbeton	0,88	0,95	1,00	1,17	1,35	

6.2 Decken aus dampfgehärteten Poren- (Gas-) betonplatten pro cm DIN 4223

Bet.-Rohdichte in kg/dm³	0,5	0,6	0,7	0,8
Rechenwert in kN/m²	0,062	0,072	0,084	0,095

Rippendecken ohne Füllkörper: Eigenlasten sind nach der Form der Rippen zu ermitteln.

Lastannahmen – Eigenlasten III

6.3 Decken aus Voll- und Lochsteinen

11,5 cm dick, nach DIN 105, 106, 398 und 18152, Steinfestigkeit ≥ 15 N/mm²

	Stein-Rohdichte in kg/dm³	kN/m² (ganze Dicke)
Vollziegel, KS-Vollsteine	1,8	2,20
Hochlochklinker, LB-Vollsteine	1,6	2,05
Loch- und Porensteine	1,4	1,90
Loch- und Porensteine	1,2	1,70

6.4 Gewölbte Decken ohne Trägergew.

Kappengewölbe, Stützweite ≤ 2 m einschließlich Hintermauerung

	Gesamtdicke	kN/m²
a) aus Vollsteinen nach DIN 105, 106 u. 398	11,5 cm	2,75
	24 cm	5,40

		Stein-Rohdichte in kg/dm³ 1,2	1,4	
b) aus LB-Vollsteinen, Leichtziegeln, KSL	11,5 cm	1,80	2,25	kN/m²
	24 cm	3,60	4,50	

6.5 Decken aus Glas-Stahlbeton DIN 1045

Betongläser n. DIN 4243 (→ S. 249)

	kN/m²
mit Massivgläsern:	
a) Rippen: 8 cm hoch, 3 cm breit	1,00
b) 6 cm hoch, Rippen: 12 cm hoch, 5 cm breit	1,95
mit Hohlgläsern:	
c) Rippen: 10 cm hoch, 3 cm breit	1,40

7. Wände aus Platten und Glasbausteinen

Rechenwerte f. unverputzte Wände einschl. Fugmörtel. Gerippewände aus den Einzelbauteilen berechnen.

	Rohdichte in kg/dm³	Platten voll	Platten hohl	
(Voll-)**Wandbauplatten aus Leichtbeton** nach DIN 18162 und **Hohlwandplatten aus Leichtbeton** nach DIN 18148	0,6	0,08	–	kN/m²
	0,7	0,09	–	
	0,8	0,10	0,09	
	0,9	0,11	0,10	
	1,0	0,12	0,11	
	1,2	0,14	0,13	
	1,4	0,15	0,15	

	kg/m³	Fugendicke: normal	Fugendicke: dünn	bewehrte Platten	
Porenbeton-platten, dampfgehärtet, DIN 4166 u. 4223	0,5	0,06	0,055	0,062	kN/m²
	0,6	0,07	0,056	0,072	
	0,7	0,08	0,075	0,084	
	0,8	0,09	0,085	0,095	

Wandbauplatten aus Gips	kg/dm³	kN/m²
Porengipsplatten n. DIN 18163	0,7	0,07
Gips-Wandbauplatten n. DIN 18163	0,9	0,09
Gipskartonplatten n. DIN 18180	–	0,11

Holzspanbeton-Schalungssteine
Rohdichte des Spanbetons: 0,6 kg/dm³,
Rohdichte des Füllbetons: 2,3 kg/dm³

Wanddicke in cm	17,5	20	4,0	30
Rechenwert in kN/m²	2,8	3,2	24	4,9

Leichtbeton-Schalungssteine

Rohdichteklasse in kg/dm³		1,0	1,2	1,4	1,6	
Wanddicke	17,5 cm	3,2	3,3	3,4	3,6	kN/m² (ganze Dicke)
	20 cm	3,7	3,8	4,0	4,1	
	24 cm	4,5	4,7	4,8	5,0	
	30 cm	5,5	5,8	6,0	6,2	

	kN/m²
Trennwände aus Gipskartonplatten nach DIN 18183 als Ständerwände mit	
Mineralwolle-ausfachung – einfache Beplankung	0,35
Mineralwolle-ausfachung – doppelte Beplankung	0,50
Trennwände aus Gipsstuck-Bauplatten auf horizontalen Metallriegeln mit	
Mineralwolle-ausfachung – mit Abspachtelung	0,50
Mineralwolle-ausfachung – mit Trockenputz	0,70
Trennw. aus Gips-Zwischenwandplatten	
a) einfache Wände: 60 mm dick	0,55
80 mm dick	0,75
100 mm dick	0,90
b) Doppelw. m. 40 mm Min. W. 200 mm dick	1,50
c) Doppelwand m. Mineralwolleausfachung einschl. 2 x 50 mm Holzwolle-Leichtbauplatten u. 20 mm Luftschicht, 280 mm d.	1,80
Glasbaustein-Wände n. DIN 4242	
Glasbausteine nach 18175 – 80 mm dick	1,00
Glasbausteine nach 18175 – 100 mm dick	1,25
Sprossenlose Verglasung als Trenn- oder Lichtwand mit Profilbauglas – einschalig	0,27
Sprossenlose Verglasung als Trenn- oder Lichtwand mit Profilbauglas – zweischalig	0,54

8. Putze

Draht- (Rabitz-) **putz**, 30 mm Mörteldicke		
mit Gipsmörtel		0,50
mit Kalk-, Gipskalk oder Gipssandmörtel		0,00
mit Zementmörtel		0,80
Gipskalkputz auf Baustahlmatten, Ziegelgewebe o. Streckmetall, 30 mm Mö.-dicke		0,50
G.K.-Pu. 20 mm dick, auf 15 mm Holzwolle Leichtbaupl.		0,35
G.K.-Pu. 20 mm dick, auf 20 mm Holzwolle Leichtbaupl.		0,45
G.K.-Pu. 8 mm dick, auf 9,5 mm Gipskarton-Putzträgerpl.		0,23
G.K.-Pu. 20 mm dick, auf doppeltem Rohrgewebe einschließlich Rohr und Latten und auf Faserplatten		0,40
Rohrputz wie vor, aber auf Schalung		0,50
Andere Putze:		
Gipsputz	15 mm dick	0,18
Kalkmörtel	20 mm dick	0,35
Kalkzementmörtel	20 mm dick	0,40
Luftporenputz	20 mm dick	0,25
Putz- und Mauerbindermörtel	20 mm dick	0,40
Rohrdeckenputz (Gips)	20 mm dick	0,30
Vorgehängte Fassade m. mineral. Putz 95 mm dick, bestehend aus: Z-Schienen, 40 mm Dämmplatte mit Putzträger 25 mm Edelputz		0,50

Lastannahmen – Eigenlasten IV

8. Putze (Fortsetzung)

	kN/m²
Wärmedämmputz, 50 mm, bestehend aus: 35 mm Dämmputz und 15 mm Luftporenputz	0,40
Wärmedämmverkleidung, bestehend aus:	
– 35 mm Holzwolle-Leichtbauplatten, 20 mm Kalkzementputz auf Rabitzgew.	0,55
– 35 mm Schaumkunststoff n. DIN 18164, 10 mm Kleber und Putzschichten	0,03
Zementmörtel, 20 mm dick	0,42

9. Fußboden und Wandbeläge

je cm Dicke	kN/m²
Asphaltbeläge; Asphaltbeton	0,24
Asphaltmastix	0,18
Gussasphalt	0,23
Stampfasphalt als Platten	0,22
Betonwerksteinplatten (auch Terrazzo)	0,24
Estriche: Anhydritestrich	0,22
Gipsestrich	0,20
Gussasphaltestrich	0,23
Hartstoffestrich	0,24
Kunstharzestrich	0,22
Magnesiaestrich nach DIN 272:	
begehbare Nutzschicht in ein- oder mehrschichtigem Estrich	0,22
Unterschicht in Mehrschichtestrich	0,12
Zementestrich	0,22
Glasplatten, -wandplatten, -fliesen, -mosaik	0,25
Gummibeläge	0,15
Keramische Wandfliesen (Steingut) einschließlich Verlegemörtel	0,19
Keramische Bodenfliesen (Steinzeug u. Spanplatten) einschließlich Verlegemörtel	0,22
Kunststoff-Fußböden	0,15
Linoleum	0,13
Natursteinplatten, einschl. Verlegemörtel	0,30
Teppichböden	0,03
Sportböden: Elastikböden inkl. Oberbelag	0,12[1]
Schwingböden	0,30[1]
Parkett aus Laubholz[2]: Stabparkett	0,064
Mosaikparkett	0,064
Fertigparkett	0,060

10. Sperr-, Dämm- und Füllstoffe

Lose Stoffe	
(Asbestfaser) nicht mehr zulässig	0,06
Bimskies, geschüttet	0,07
Blähglimmer, geschüttet	0,015
Blähschiefer, Blähton, geschüttet	0,15
Blähperlit	0,01

1) Der Rechenwert gilt für alle Schichten.
2) Nicht in der Norm, Werte aus der Informationsschrift der Arbeitsgemeinschaft Holz e.V.

Faserdämmstoffe nach DIN 18165: je cm	kN/m²
Glas-, Schlacken- oder Steinfaser	0,01
Faserstoffe bituminiert, als Schüttung	0,02
Gummischnitzel	0,03
Hanfscheben, bituminiert	0,02
Hochofen-Schaumschlacke (Hüttenbims), Steinkohlenschlacke, Koksasche	0,14
Hochofenschlackensand	0,10
Kieselgur	0,025
Korkschrot, geschüttet	0,02
Magnesia, gebrannt	0,10
Schaumkunststoffe	0,005

Platten, Matten und Bahnen	
Faser- (Asbest-) pappe	0,12
Faser- (Asbest-) platten	0,22
Faserdämmstoffe nach DIN 18165 in Bahnen, Filz, Matten oder Platten	0,01
Harnstoff-Formaldehydharz als Ortsch.	0,002
Holzfaserplatten (→ S. 323) hart	0,10
mittelhart	0,08
weich	0,04
Holzwolle-Leichtbauplatten, 15 mm dick	0,06
100 mm dick	0,04
Kieselgurplatten	0,025
Korkschrotplatten aus imprägniertem Kork, bituminiert oder geteert	0,02
Mehrschicht-Leichtbauplatten[1]	
Zweischichtplatten	0,045
Dreischichtplatten	0,09
Korkschrotplatten aus Backkork	0,012
Perliteplatten	0,02
Polyurethan-Ortschaum:	0,004 bis 0,01
Schaumglas (Rohdichte 0,07 kg/dm³) 40 bis 60 mm dick, m. Pappe kaschiert	0,01
Schaumkunststoffplatten	0,004

Sperren gegen Feuchtigkeit (ohne Bindemittel)	kN/m² je Lage
Bitumendachbahnen mit beidseitiger Bitumen-Deckschicht	0,03
Bitumen-Dachdichtungsbahnen mit Rohfilzpappeneinlage	0,04
Bituminöse Schweißbahnen	0,07
Dichtungsbahnen f. Bauwerksabdichtung	0,04
Glasvlies-Bitumen-Dachbahnen, besandet	0,02
bekiest	0,05
Kunststoffbahnen	0,02
Nackte Bitumen- und Teerpappen	0,02
Teerdachpappen, beidseitig besandet	0,03
Teersonder- u. Teerbitumen-Dachpappen	0,03

11. Dachdeckungen

Die Rechenwerte gelten für 1 m² Dachfläche ohne Sparren, Pfetten und Dachbinder. Für Dachziegel, Betondachsteine und Glasdachsteine gelten sie, soweit nicht angegeben, ohne Vermörtelung, aber einschließlich der Latten.
Bei Vermörtelung: 0,1 kN/m² zuschlagen!

11. Dachdeckungen (Fortsetzung)

(→ Bemerkungen S. 45)

Deckung aus Dachziegeln, Beton- und Glasdachsteinen	kN/m^2 (ganze Dicke)
Betondachsteine m. mehrfacher Fußverrippung u. hochliegend. Längsfalz ≤ 10 St./m^2	0,50
> 10 St./m^2	0,55
wie vor, tiefliegender Längsfalz ≤ 10 St./m^2	0,60
> 10 St./m^2	0,65
Biberschwanzziegel 155/375 u. 180/380 und Biberschwanz-Betondachsteine als Spließdach (einschließlich Schindeln)	0,60
als Doppeldach und Kronendach	0,75
Falzziegel, Reformpfannen, Falzpfannen und Flachdachpfannen	0,55
Glasdachsteine in den zuvor genannten Deckungsarten mit der gleichen Last wie die jeweiligen Decksteine	
Großformatige Pfannen ≤ 10 Stück/m^2	0,50
Kleinformat-Biberschwanzziegel (Turmbiber)	0,95
Krempziegel, Hohlpfannen	0,45
wie vor, in Pappdocken verlegt	0,55
Mönch und Nonne, mit Vermörtelung	0,90
Strangfalzziegel	0,60
Schieferdeckung	
Altdeutsche Schieferdeckung u. Deutsche Schuppenschablonen-Deckung auf 22 mm Schalung einschließlich Pappunterlage und Schalung: einfach	0,50
in doppelter Deckung	0,60
Rechteckschablonendeckung (englische (Schieferdeckung): doppelt, mit Lattung	0,45
auf 22 mm Schalung, einschließlich Lattung und Schalung	0,55
Metalldeckung	
Aluminiumdach (Alu 0,7 mm) mit 22 mm Schalung	0,25
Doppelstehfalzdach (verzinkte Stahlbleche 0,63 mm dick) einschließlich Pappunterlagen und 22 mm Schalung	0,30
Kupferdach mit doppelter Falzung (Kupferblech 0,6 mm) einschl. 22 mm Schalung	0,30
Stahlpfannendach (verzinkte Pfannenbleche nach DIN 59 231), einschließlich Latten,	0,15
auf Pappe und 22 mm Schalung	0,30
Stahlprofil-Blechdach aus Trapez-Stegsicken oder Doppelstegsickenprofil (Profilhöhe: / Blechdicke:)	
26 mm / 0,75 mm	0,075
26 mm / 1,00 mm	0,10
26 mm / 1,50 mm	0,15
70 mm / 0,75 mm	0,11
70 mm / 1,00 mm	0,145
70 mm / 1,50 mm	0,22
121 mm / 0,75 mm	0,12
121 mm / 1,00 mm	0,16
121 mm / 1,50 mm	0,24
Wellblechdach (verzinktes Stahlblech n. DIN 59231), einschließlich Befestigung	0,25
Zinkdach mit Leistendeckung, einschließlich 22 mm Schalung	0,30

Dachdichtung und Dachdeckung mit bituminösen Dachbahnen und Kunststoffbahnen für Flachdächer	kN/m^2 je Schicht
Ausgleichsschicht:	
lose verlegt	0,03
einschließlich Klebemasse	0,04
Dachabdichtung:	
3 lagig, einschließlich Klebemasse	0,17
2 lagig, einschließlich Klebemasse	0,13
1 lagig, Kunststoffbahn, lose verlegt	0,02
Dachdeckung, 2 lagig, inkl. Klebemasse	0,15
Dampfausgleichsschicht:	
lose verlegt	0,02
einschließlich Klebemasse	0,04
Dampfsperre:	
einschließlich Klebemasse	0,07
aus Kunststoffbahn, lose	0,02
Oberflächenschutz: 5 cm Kiesschüttung einschließlich Deckaufstrich	1,00
Mehrgewicht für jeden weiteren cm	0,19
Bekiesung (Kiespressung), einschließlich Kieseinbettungsmasse	0,20
Besplittung, einschließlich Deckaufstrich	0,05
Schutzbahn, einschließlich Klebemasse	0,08
Wärmedämmschicht, → 10., für Klebemasse	0,015

Deckung mit ebenen Faserzement-Dachplatten nach DIN 274	kN/m^2 (ganze Dicke)
Deutsche Deckung, einschließlich Lattung und 22 mm Schalung	0,40
Doppeldeckung, einschließlich Lattung	0,38
Waagerechte Deckung, einschl. Lattung	0,25
Deckung mit Faserzement-Wellplatten, m. Befestigungsmaterial, ohne Pfetten	
Faserzement-Kurzwellplatten (Wohnhaus-Platten) Rohdichte 1,6 kg/dm^3	0,24
Faserzement-Wellplatten n. DIN 274, 1··3	0,20
Sonstige Deckungen	
Deckung mit Kunststoffwellplatten (Profil wie DIN 274), einschließlich Befestigungsmaterial, ohne Pfetten:	
Aus glasfaserverstärkten Polyesterharzen (Rohdichte 1,4 kg/dm^3), 1 mm dick	0,03
wie vor, jedoch mit Deckkappen	0,04
aus Plexiglas (Rohd. 1,2 kg/dm^3) 3 mm d.	0,08
PVC-beschichtetes Polyestergewebe ohne Tragwerk:	
Typ I (Reißfestigkeit 3,0 kN/5 cm Breite)	0,0075
Typ II (Reißfestigkeit 4,7 kN/5 cm Breite)	0,0085
Typ III (Reißfestigkeit 6,0 kN/5 cm Breite)	0,01
Rohr- und Strohdach, einschließlich Latten	0,70
Schindeldach, einschließlich Latten	0,25
Sprossenlose Verglasung:	
Profilbauglas, einschalig	0,27
Profilbauglas, zweischalig	0,54
Zeltleinwand, ohne Tragwerk	0,03

Lastannahmen – Bodenkenngrößen I

Auszug aus DIN 1055, Teil 2

Die hier festgelegten **Bodenkenngrößen** gelten für die Berechnung der Standsicherheit und der Abmessungen von Bauten, die durch die Eigenlast des Bodens oder durch Erddruck belastet werden.
In schwierigen Fällen wird die Mitwirkung eines in Grundbau und Bodenmechanik erfahrenen Sachverständigen notwendig.

Wenn sich der anstehende **Boden nach Art und Beschaffenheit** (ermittelt in Feldversuchen → S. 150) in den Spalten 1 und 2 der Tabellen **4** und **5** einordnen lässt, dann darf mit den Rechenwerten „cal" (kalkulierte Werte) gerechnet werden.

cal γ = **Wichte** des erdfeuchten Bodens (Wichte = Last durch Volumen).

cal γ_r = Wichte des wassergesättigten Bodens.

cal γ' = Wichte des Bodens unter Auftrieb = um 10 kN/m^2 (Auftrieb) kleiner als cal γ_r.

cal φ' = innerer **Reibungswinkel** des Bodens, bei bindigen Böden des dränierten (entwässerten) gewachsenen Bodens.

cal φ_u = Reibungswinkel des geschütteten (nicht konsolidierten) Bodens.

Der **Wandreibungswinkel** δ zwischen angreifender Erddrucklast E_a und der Flächennormalen auf die belastete Bauwerkfläche; er hängt von der Rauigkeit der Wandfläche ab.

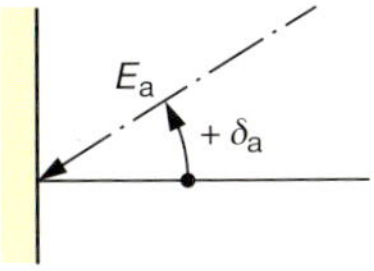

cal c = **Kohäsion** des entwässerten Bodens (→ **5**).

cal c_u = Kohäsion des nichtentwässerten Bodens.

Erdruhedruck:
Größter, im ungestörten, gewachsenen Boden auf eine lotrechte Fläche wirkender Erddruck. Er stellt sich nur an sehr biegesteifen Bauteilen ein, die so starr sind, dass sie sich in Erddruckrichtung nicht bewegen können (→ ❶).

Aktiver Erddruck:
Kleinster Erddruck, der sich hinter einer Wand einstellt, wenn sie vor dem Erddruck zurückweicht (→ ❷).
Die Resultierende des Erddrucks wird als **Erddrucklast** bezeichnet.

Erhöhter (aktiver) Erddruck:
Praktisch sich ergebender Erddruck, der wegen nicht ausreichender Wandbewegung größer ist als der aktive Erddruck, aber kleiner als der Erdruhedruck (→ ❸).

Verdichtungs-Erddruck:
Erddruck, der sich hinter einer Wand einstellt, wenn nichtbindiger oder bindiger Boden lagenweise geschüttet und verdichtet wird. Bei guter Verdichtung entspricht er dem Erdruhedruck. Bei sehr guter Verdichtung kann er höher als der Erddruck sein.

❶ In der Regel für Erdruhedruck zu bemessende Bauwerke

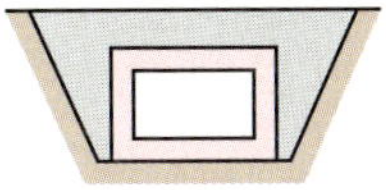

a) Tunnelbauwerk in abgeböschter Baugrube

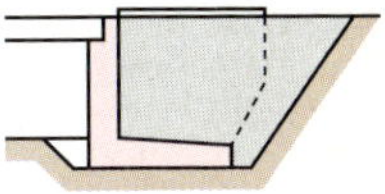

b) Widerlagerbauwerk

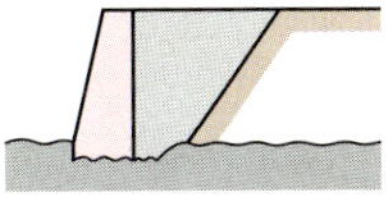

c) Stützmauer auf Fels

❷ In der Regel für aktiven Erddruck zu bemessende Bauwerke

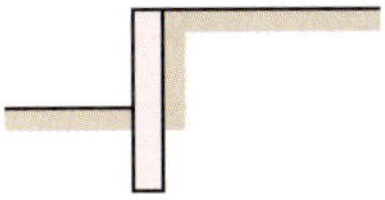

a) Im Boden eingespannte Spundwand, Ortbetonwand

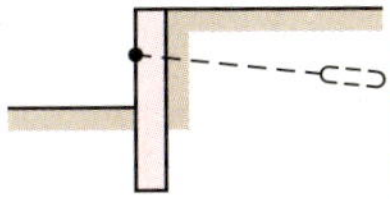

b) Rückverankerte Spundwand, Ortbetonwand

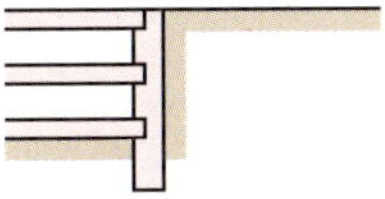

c) In ein Bauwerk einbezogene Spundwand, Ortbetonwand

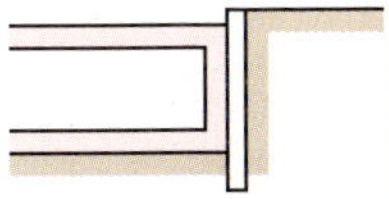

d) Gegen eine Baugrubenwand betoniertes Bauwerk

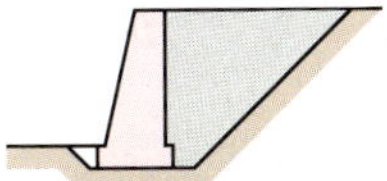

e) Schwergewichtsmauer

f) Winkelstützmauer

❸ In der Regel für erhöhten Erddruck zu bemessen

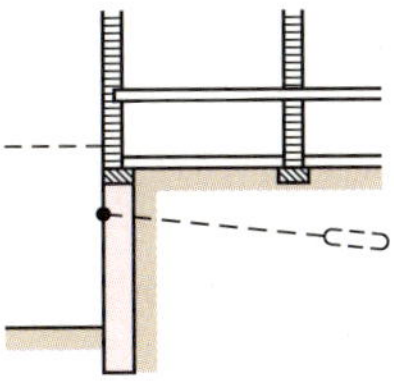

a) Unterfangungswand

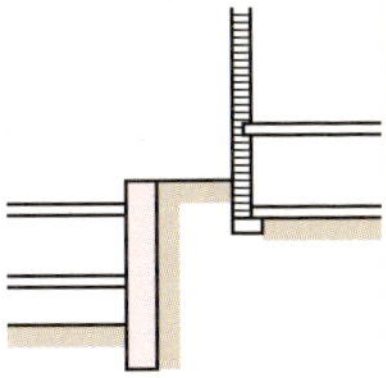

b) Spundwand, Ortbetonwand

Lastannahmen – Bodenkenngrößen II

Auszug aus DIN 1055, Teil 2

4 Rechenwerte für nichtbindige Böden

Bodenart und Lagerung: l = locker, m = mitteldicht, d = dicht		Wichte kN/m³ erdfeucht [1] cal γ	wassersatt cal γ_r	unter Wasser cal γ'	**Reibungswinkel** cal φ'
Steile Sieblinie, enger Korngrößenbereich:					
1. **Sand**, nur wenig Schluff, „einkörnig", Dünensand	l	17,0	19,0	9,0	30°
	m	18,0	20,0	10,0	32,5°
	d	19,0	21,0	11,0	35°
1. **Kies**, nur wenig Sand, Geröll, Steine	l	17,0	19,0	9,0	32,5°
	m	18,0	20,0	10,0	35°
	d	19,0	21,0	11,0	37,5°
Flache Sieblinie, weiter Korngrößenbereich:					
3. **Kies-Sand**, ohne Schluff [2]	l	18,0	20,0	10,0	30°
	m	19,0	21,0	11,0	32,5°
	d	20,0	22,0	12,0	35°
4. **Kies-Sand**, mit Schluff [2]	l	18,0	20,0	10,0	30°
	m	20,0	22,0	12,0	32,5°
	d	22,0	24,0	14,0	35°

4 ist gültig für gewachsene und geschüttete, auch für verdichtete Böden. Wenn die Lagerungsdichte unbekannt ist, dann für Berechnen des Erddrucks und der Auftriebssicherheit **lockere** Lagerung annehmen, für Ermitteln der Auflast und der Scherfestigkeit **mitteldichte** Lagerung.

Zahlenwerte für cal φ' in den Abschnitten 1 bis 3 dürfen um 2,5° erhöht werden, wenn kantige Körner überwiegen. – Um Sicherheit gegen Auftrieb oder Abheben nachzuweisen, sind die Wichten cal γ (erdfeucht) um 2 kN/m³ und die Wichten cal γ_r und cal γ' um 1 kN/m³ zu vermindern.

5 Rechenwerte

a) für anorganische bindige Böden

Bodenart u. Zustand: w = weich, s = steif, h = halbfest		**Wichte kN/m³** über Wasser [1] cal γ	unter Wasser cal γ'	**Reibungswinkel** cal φ'	**Kohäsion kN/m²** cal c'	cal c_u
hochplastisch	w	18,0	8,0	17,5°	0	15
	s	19,0	9,0	17,5°	10	35
	h	20,0	10,0	17,5°	25	75
mittelplastisch	w	19,0	9,0	22,5°	0	5
	s	19,5	9,5	22,5°	5	25
	h	20,5	10,5	22,5°	10	60
noch plastisch	w	20,0	10,0	27,5°	0	0
	s	20,5	10,5	27,5°	2	15
	h	21,0	11,5	27,5°	5	40
b) für organische Böden						
Org. Ton,	w	14,0	4,0	15°	0	10
" Schluff	s	17,0	7,0	15°	0	20
Torf ohne Vorbelastung		11,0	1,0	15°	2	10
Torf unter mäßiger Vorbelastung		13,0	3,0	15°	5	20

5 ist gültig für gewachsene, ruhig lagernde, bindige Böden, auch für geschüttete bindige Böden, die bis zu ≧ 95 % der einfachen Proktordichte verdichtet sind. Die **Kohäsion** ist für geschüttete Böden $c' = c_u = 0$ zu setzen. Für sehr gemischtkörnige Böden (Ton + Sand + Kies) sind die Wichten um 1 kN/m³ zu erhöhen. Um Sicherheit gegen Auftrieb oder Abheben nachzuweisen, sind die Wichten für Böden über dem Grundwasserspiegel um 2 kN/m³, unter Wasser um 1 kN/m³ zu vermindern. Bei der Ermittlung des Erddrucks eines undränierten bindigen Bodens darf an Stelle einer Wandreibung eine Adhäsion $c_a = 1/2 \cdot c_u$ angesetzt werden.

Lastannahmen für Bauten: Verkehrslasten I

DIN 1055, Teil 3

1. Ständige Last

g = Summe der unveränderlichen Lasten = Gewicht der tragenden oder stützenden Bauteile + unveränderliche, von den tragenden Bauteilen dauernd aufzunehmende Lasten (z. B. Auffüllungen, Putz, Fußbodenbeläge).

2. Verkehrslast

p = veränderliche oder bewegliche Belastung des Bauteiles (z. B. Personen, Einrichtungsstücke, Lagerstoffe, Riemenantriebe, Kranlasten, Wind, Schnee).

Als **„vorwiegend ruhend"** gelten die Verkehrslasten nach 6. und 7. mit Ausnahme von 6.3 bis 6.5 und 7.3 bis 7.6. Für **„nicht vorwiegend ruhende"** Verkehrslasten (→ S. 63, Abschnitt 8).

Gesamtlast $q = g + p$

[1] cal = kalkulierte Werte = Rechenwerte (→ S. 47).

[2] Boden bei 4. ist gemischterkörnig als Boden bei 3., auch Ausfallkörnung (fehlendes Mittelkorn) möglich.

Lastannahmen – Verkehrslasten II

3. Bekanntmachung der zulässigen Verkehrslast

In Werkstätten, Fabriken und Lagerräumen ist die der Berechnung zugrunde gelegte Verkehrslast; in Garagen, in Durchfahrten und an befahrbaren Hofkellerdecken sind die zulässigen Fahrzeuggewichte dauerhaft und leicht erkennbar für die Benutzer anzuschreiben.

4. Berücksichtigung unbelasteter leichter Trennwände

Statt genauen Nachweises darf ihr Gewicht durch einen gleichmäßig verteilten Zuschlag zur Verkehrslast berücksichtigt werden. **Ausgenommen** sind Wände > 1 kN/m², die parallel zu den Balken von Decken ohne ausreichende Querverteilung stehen. Der **Zuschlag** beträgt bei Wänden, die einschließlich Putz ≤ **1 kN/m²** schwer sind, **mindestens 0,75 kN/m²**, bei Wänden, die **> 1 ≤ 1,5 kN/m²** wiegen, **mindestens 1,25 kN/m²**.
Bei Verkehrslasten von 5 kN/m² und mehr ist ein gleichmäßig verteilter Zuschlag zur Verkehrslast nicht nötig.

5. Berücksichtigung besonderer Lasten

Die Angaben in 6.11 bis 14a gelten für die Belastung durch Personen, Möbel, Geräte, **unbeträchtliche** Warenmengen und dergleichen.
Kommen in einzelnen Räumen besondere Belastungen durch Akten, Bücher, Warenvorräte, leichte Maschinen usw. vor, so ist ein genauer Nachweis für diese Belastungen nicht erforderlich, wenn zu den für diese Räume angenommenen Verkehrslasten ein Zuschlag von 3 kN/m² eingeführt wird.
Nicht zusätzlich nachzuweisen ist, ob die Decken 6.12 u. 6.13 mit elektrischen Speicherheizgeräten, Tresoren o. ä. belastet werden dürfen, wenn:
a) das Gerät die Decke mit ≦ 3 kN belastet,
b) das Gerät die Decke mit ≦ 5 kN belastet, aber am Deckenauflager und quer zur Spannrichtung der Decke steht.

6. Lotrechte Verkehrslasten

6.1 Gleichmäßig verteilte Verkehrslasten

für **Dächer** (waagerecht oder bis 1:20 (5 %) geneigt), **Decken** und **Treppen** (auch Treppenabsätze und Zugänge).

		p in kN/m²
6.1.1	**Dächer** bei zeitweiligem Aufenthalt von Personen.	2,0
6.1.2	Zugängliche **Dächer** von Terrassenhäusern u. Dachgärten, wenn hierfür nicht höhere Lasten in Frage kommen.	3,5
6.1.3	Hubschrauber-Landeplätze	5,0
6.1.4	**Decken unter Spitzböden**, die nur bedingt begehbar sind und **Fertigteildecken** mit geringerer Tragfähigkeit während des Einbauzustandes, die mit Transportgefäßen für Beton bis zu 100 l befahren werden.	1,0
6.1.5	**Decken unter Wohnräumen** mit ausreichender Querverteilung der Lasten z. B. nach DIN 1045 und **Fertigteildecken** so wie in 3.1.4, Betongefäß bis zu 150 l.	1,5
6.1.6	**Decken unter Wohnräumen** ohne ausreichende Querverteilung der Lasten, z. B. nach DIN 1045 und **Holzbalkendecken**	2,0
	(Für d. Einbauzustand ist eine Einzellast von 1 kN in ungünstiger Stellung in Rechnung zu stellen, wenn nicht die Verkehrslast von 2 kN/m² ungünstiger ist.) Verteilungsbreite der Einzellast ist gleich Plattenbreite, wenn diese ≥ 0,5 m, ist Einzellast-Nachweis nur bei Stützweiten bis 2,0 m erforderlich. Für die Weiterleitung der Verkehrslast auf stützende Bauteile darf mit Verkehrslast = 1,5 kN/m² gerechnet werden.	
	Decken unter Büroräumen, Verkaufsräumen ≤ 50 m² in Wohnhäusern, Fluren u. Dachböden in Wohn- u. Bürogebäuden, Krankenzimmern und Aufenthaltsräumen in Krankenhäusern; Kleinviehstallungen.	2,0
	Fertigteildecken, mit geringerer Tragfähigkeit während des Einbauzustandes so wie in 6.14, Betongefäß bis zu 200 l.	2,0
6.1.7	**Balkone und Laubengänge** über 10 m²; Haushaltskeller; Hörsäle, Klassenzimmer; Behandlungsräume, Küchen und Flure in Krankenhäusern.	3,5
	Decken in Garagen u. Parkhäusern, von PkW u. ä. bis 2,5 t Gesamtgewicht befahren, für Stützweiten $l \geq l_o$ mit l_o = 3 m bei Platten und l_o = 5 m bei Balken.	3,5
	Für Stützweiten $l < l_o$ ist p = 3,5 kN/m² mit dem Faktor l_o/l zu multiplizieren, wobei dieser Wert nicht größer als 1,43 anzusetzen ist. Dieser Faktor braucht nicht für die Weiterleitung der Verkehrslast auf Stützen oder Wände berücksichtigt zu werden.	
6.1.8	**Balkone, Laubengänge** und offene, gegen Innenräume abgeschlossene Hauslauben bis 10 m² Grundfläche; Keller bersonderer Art, z. B. f. Kohlen.	5,0
	Zufahrten und Rampen zu Garagen usw., wie in 6.1.7, für die Weiterleitung auf Stützen und Wände ist der Rechenwert auf 3,5 kN/m² abzumindern.	5,0

Lastannahmen – Verkehrslasten III

	p in kN/m²
6.1.9 **Tribünen** ohne feste Sitzplätze; **Werkstätten und Fabriken** sowie Lagerräume, wenn nicht höhere Belastungen nach 6.1.10 in Frage kommen.	7,5
6.1.10 **Werkstätten und Fabriken** sowie Lagerräume mit schwerem Betrieb, z. B. durch Gabelstapler. Die Verkehrslast ist in jedem Einzelfall zu bestimmen. Kommen hierfür gleichmäßig verteilte Verkehrslasten in Betracht, so empfiehlt es sich, nebenstehende Stufung zu wählen. Dient diese Verkehrslast im wesentlichen als Ersatzlast für schwere Einzellasten (wie z. B. schwere Maschinen), so darf sie mit Zustimmung der Bauaufsichtsbehörde für Hauptträger und Stützen stufenweise abgemindert werden, wenn die Ersatzlast, die sich für die gesamte Lastfläche des Bauteils errechnet, wesentlich größer ist als die Last, die tatsächlich auf die Fläche wirkt.	10 12,5 15 20 25 30
6.1.11 **Treppen,** einschließlich Treppenabsätze u. Zugänge in Wohngebäuden.	3,5 [1)]
6.1.12 **Treppen,** in öffentlichen Gebäuden.	5 [1)]

6.2 Lotrechte Verkehrslasten für Dächer

6.2.1 **Einzelne Tragglieder,** (z. B. Sparren, Platten, Fachwerkstäbe), die unmittelbar von der Dachhaut belastet werden, sind mittig mit $F = 1$ kN (Personenlast) zu belasten, wenn die auf das Tragteil entfallende Schnee- und Windlast kleiner als 2 kN ist.

6.2.2 **Dachhaut,** wenn begehbar, gilt 6.2.1. Verteilungsbreite: 2 Platten, höchstens 1 m. Stahlbeton-Hohldielen siehe DIN 4028. Beim Verlegen nur mit Laufbohlen betreten!

6.2.3 **Dachlatten:** Als Belastung sind zwei Einzellasten in den äußeren Viertelpunkten anzunehmen. Kein Nachweis nötig bei Dachlatten:
40/60 mm mit einem Sparrenabstand < 1,0 m,
30/50 mm mit einem Sparrenabstand < 0,8 m,
24/48 mm mit einem Sparrenabstand < 0,7 m.

6.3 Lotrechte Verkehrslasten für befahrene Decken

6.3.1 **Hofkellerdecken** usw., die nach 6.1 von Kraftfahrzeugen befahren werden, sind nach DIN 1072 für die Brückenklasse 6/6 zu berechnen.
Muss mit schweren Kraftfahrzeugen, z. B. der Feuerwehr, gerechnet werden, gelten die Brückenklassen 12/12 und 20/20.

Schwingbeiwerte nach Abschnitt 8 ansetzen.

6.3.2 **Von Gabelstaplern befahrene Decken:**
Zwei Lastfälle sind zu unterscheiden:
1. Ungünstigste Laststellung nach Spalte 3 d. Tabelle (m. Schwingbeiwerten n. Abschn. 8). Zusätzlich ist ringsherum eine Verkehrslast p nach Spalte 7 anzusetzen.
2. Ungünstigste Laststellung bei Vollbelastung einzelner Felder mit p nach Spalte 7 (ohne Schwingbeiwerte), sofern die für die Lagerflächen anzusetzende Verkehrslast nicht größer ist.

Gabelstapler-Regelfahrzeuge:

1 zul. Gesamtgewicht t	2 Nenntragfähigkeit t	3 stat. Achslast (Regell.) kN	4 mittl. Spurweite a m	5 Gesamtbreite b m	6 Gesamtlänge l m	7 Verkehrslast p (Regellast) kN/m²
2,5	0,6	20	0,8	1,0	2,4	10
3,5	1,0	30	0,8	1,0	2,8	12,5
7	2,5	65	1,0	1,2	3,4	15
13	5,0	120	1,2	1,5	3,6	25

6.4 Hubschrauber-Landeplätze auf Dachdecken

Die Regellasten sind nach der Tabelle und mit Schwingbeiwerten n. Abschnitt 8 und quadratischen Aufstandsflächen in ungünstigster Stellung anzusetzen. Außerdem ist der Lastfall Vollbelastung der einzelnen Felder mit $p = 5$ kN/m² in ungünstigster Laststellung zu untersuchen.

Hubschrauber-Regellasten:

Höchstzulässiges Abfluggewicht in t	2	6
Hubschrauber-Regellast in kN	20	60
Seitenlänge e. Aufstandsfläche in m	0,2	0,3

6.5 Lotrechte Pendelkräfte

bei Sportgeräten in Turnhallen, z. B. bei Schaukelringen, Klettertauen usw. für jeden Anschlusspunkt 2 kN (ohne einen Schwingbeiwert nach 8.)

1) Verkehrslasten für **Treppen** genügen für die Bemessung der einzelnen Stufen nur, wenn die Treppenkonstruktion ausreichende Lastverteilung gewährleistet, z. B. durch Setzstufen verbunden oder auf eingespannter Platte liegend.
Wenn nicht, ist für die Stufen in 6.1.11 eine Einzellast von 1,5 kN, in 6.1.12 von 2 kN in ungünstigster Laststellung anzunehmen.
Für Kragstufen ist nachzuweisen, dass sie in Wänden oder in der Wange wirklich voll eingespannt sind. An Stellen, wo die erforderliche Auflast fehlt, z. B. unter Treppenhausfenstern, muss die Einspannung der Kragstufen, z. B. durch Randträger gesichert werden. In Treppen, bei denen mit besonders großen Einzellasten zu rechnen ist, z. B. in Fabrikgebäuden und Warenhäusern, sind Stufen ohne hinreichende Lastverteilung unzulässig.

Lastannahmen – Verkehrslasten IV

7. Waagerechte Verkehrslasten

7.1 Horizontallast an Brüstungen und Geländern in Holmhöhe, in jeder Richtung

7.1.1 bei **Treppen** nach 6.1.11 sowie bei **Balkonen** und offenen Hauslauben 0,5 kN/m

7.1.2 in Versammlungsräumen, Kirchen, Schulen, Theater- und Lichtspielsälen, Vergnügungsstätten, Sportbauten und Tribünen; Treppen nach Abschnitt 6.1.12 1 kN/m

7.2 Horizontallasten zur Erzielung ausreichender Längs- und Quersteifigkeit

Zu diesem Zwecke sind (neben der vorgeschriebenen Windlast und anderen waagerecht wirkenden Lasten) folgende beliebig gerichtete Horizontallasten zu berücksichtigen:

7.2.1 bei **Tribünenbauten** und ähnlichen Sitz- und Steheinrichtungen eine in Fußbodenhöhe angreifende waagerechte **Horizontallast** von **1/20** der lotrechten Verkehrslast. Bei Gefahr einer Belastung durch rhythmische Bewegungen ist als Horizontallast für fliegende Bauten 1/10 der lotrechten Verkehrslast anzunehmen.

7.2.2 bei **Gerüsten** ist eine in Schalungshöhe angreifende waagerechte **Horizontallast** von **1/100** der Gesamtlast aller lotrechten Lasten in Rechnung zu stellen.

7.2.3 bei **kippgefährdeten Einbauten** innerhalb geschlossener Gebäude, z. B. bei eingebauten freistehenden Silos, ist eine **Horizontallast** von **1/100** der Gesamtlast in Höhe des Schwerpunktes anzunehmen.

7.3 Bremskräfte und waagerechte Seitenkräfte

von Kranen sind nach DIN 15018 und DIN 4132 in Rechnung zu stellen.

7.4 Horizontalstöße auf Stützen und Wände

7.4.1 auf **tragende** Stützen und Wände:

7.4.1.1 An **Straßen** innerhalb geschlossener Ortschaften ist für stützende Bauteile, < 1 m von der Bodenschwelle entfernt, in 1,2 m Höhe über Gelände eine Horizontallast (getrennt je einmal in Richtung der Längs- u. Querachse des stützenden Bauteils) anzunehmen:
An ausspringenden Gebäudeecken . **500 kN**,
bei anderen stützenden Gebäudeteilen . . . . **250 kN**,
sofern nicht nachgewiesen werden kann, dass bei Ausfall der stützenden Bauteile, die Standsicherheit des Gebäudes nicht gefährdet ist.
Das gilt auch für Tankstellen nach 7.4.1.2.
Bei der Berechnung der Fundamente braucht diese Anpralllast nicht berücksichtigt zu werden.

7.4.1.2 Für stützende Bauteile von **Tankstellendächern**, nicht am fließenden Verkehr gelegen (auch wenn sie durch Bordschwellen geschützt sind) ist in 1,20 m Höhe über Gelände eine **Horizontallast** von **100 kN** anzunehmen.

7.4.1.3 In **Garagen, Werkstätten, Lagerräumen** u. dergleichen ist erforderlichenfalls für den Anprall von LKW in 1,2 m Höhe eine **Horizontallast** von **100 kN**, Gabelstaplern in 0,75 m Höhe eine Horizontallast von 100 kN, 5 x Gesamtgewicht anzunehmen. Falls die Horizontallasten nicht von einem Bauteil allein aufgenommen werden können, sind ausreichend verformbare Schutzvorrichtungen aus Stahl (analog den Leitplanken im Strassenbau) anzuordnen.

7.4.2 auf **nichttragende**, umschließende Bauteile; in Großgaragen und anderen mehrgeschossigen Gebäuden mit KFZ-Verkehr ist für den Anprall gegen Wände und Brüstungen eine nach außen wirkende Streckenlast für:
PKW von 2 kN/m in 0,5 m Höhe über Fußboden,
LKW von 5 kN/m in 1,2 m Höhe über Fußboden
anzubringen:
zusätzlich sind Bordschwellen, Riegel oder ähnliche Bauteile ≥ 0,2 m hoch vorzusehen.

7.4.3 **Zulässige Spannungen** für Nachweise in 7.4: Beton, Stahlbeton DIN 1045: Sicherheits-Beiwert $v = 1$, Mauerwerk DIN 1053: 2-fache zulässige Spannungen, Stahlbauteile, Verbindungsmittel, Niete, Schrauben, Schweißnähte DIN 1050: 1,7-fache zulässige Spannungen für die Summe der Hauptlasten.

7.5 Waagerechte Pendelkräfte

zu jedem Fall nach 6.5
(Bedingungen wie in 6.5): . . . . 0,9 kN

8. Schwingbeiwerte-Stoßzahlen

Verkehrslasten, die Stöße oder Schwingungen verursachen, sind von Fall zu Fall mit einer **Stoßzahl** φ zu vervielfachen. Diese beträgt für befahrbare Decken nach 6.3.1 und 6.3.2: $\varphi = \mathbf{1{,}4}$.
Bei überschütteten Bauwerken: $\varphi = \mathbf{1{,}4 - 0{,}1 \cdot} h_{ü}$.
($h_{ü}$ = Überschüttungshöhe in m).
Bei Maschinen mit freien Massenkräften sind die dynamischen Einflüsse rechnerisch zu untersuchen.

9. Verminderung der Verkehrslasten

Bei Bemessung von Bauteilen, die die Lasten von mehr als 3 Geschossen aufnehmen, wie Stützen, Unterzüge, Wandpfeiler, Grundmauern und dergleichen und bei der Ermittlung der Bodenpressungen darf durch Zusammenzählen der Verkehrlasten der einzelnen Geschosse sich ergebende Gesamt-Verkehrslast nach folgenden **Regeln** ermäßigt werden. Bei Speichern, Lagerräumen und Werkstätten mit schwerem Betrieb ist eine solche **Lastminderung unzulässig**.

Lastannahmen – Verkehrslasten V

9. Verminderung der Verkehrslasten (Fortsetzung)

Die Verkehrslasten der drei den Bauteil am stärksten belastenden Geschosse sind voll einzusetzen; dagegen darf von den auf diesen Bauteil wirkenden Verkehrslasten der anderen Geschosse (bei ungleichen Lasten in absteigender Folge) ein um einen bestimmten Bruchteil wachsender Betrag abgezogen werden.
Dieser Bruchteil ist:

9.1 bei Wohn-, Büro- und Geschäftshäusern **20 %**
bis zum Höchstbetrag von **80 %**

9.2 bei Werkstätten mit leichtem Betrieb und Waren- (Kauf-) häusern und bei Gebäuden, die als Werkstätten oder Warenhäuser dienen, **10 %**
bis zum Höchstbetrag von **40 %**

Die Verminderung der gesamten, auf einem solchen Bauteil ruhenden Verkehrslast darf aber
bei Gebäuden nach 9.1 40 %,
bei Gebäuden nach 9.2 20 %
nicht überschreiten.

Bei gleicher Verkehrslast in allen Vollgeschossen kann die Summe aller in Frage kommenden Verkehrslasten mit den in den Zeilen 2 und 4 angegebenen Minderungsfaktoren α multipliziert werden:

Geschoß-zahl	1…3	4	5	6	7	8
für Wohngebäude nach 9.1:						
1. Abzüge	0	20	40	60	80	80 %
2. Faktor α	1	0,95	0,88	0,8	0,71	0,65
für Werkstätten usw. nach 9.2:						
3. Abzüge	0	10	20	30	40	40 %
4. Faktor α	1	0,98	0,94	0,9	0,86	0,83

Werte für 9 bis 12 Geschosse → DIN 1055, Teil 3

Bei Berechnung von Bauteilen, welche die Lasten von mehr als 3 Geschossen aufnehmen, darf für die Weiterleitung der Verkehrslast von **Balkonen und Laubengängen** diese (für alle Geschosse einheitlich) von **3,5 kN/m²** (→ 6.1.7) bzw. von **5 kN/m²** (→ 6.1.8) auf **1,5 kN/m² abgemindert** werden.

Der **Zuschlag f. leichte Trennwände** nach 4 (S. 49) dient nur der Vereinfachung von Deckenberechnungen und ist nicht **verminderungsfähig**.

Lastannahmen – Windlasten I

DIN 1055, Teil 4

Die DIN 1055, Teil 4, die hier nur in einem sehr kurzen Auszug vorgestellt wird, gilt nur für **nicht schwingungsanfällige Bauteile**.
Ohne besonderen Nachweis dürfen in der Regel Wohn-, Büro- und Industriegebäude mit einer Höhe bis zu 40 m und ihnen in Form und Konstruktion ähnliche Gebäude als nicht schwingungsanfällig angesehen werden.
Das gilt im allgemeinen auch für Krantragwerke im Zustand „außer Betrieb".

Aerodynamischer Kraftbeiwert c_f; wird durch Kraftmessung nach: $c_f = F_{wind} : q' \cdot A'$ ermittelt.

F_{wind} = gemessene Windkraftresultierende aller Druck- u. Reibungskräfte am Bauwerk in kN,
q' = der gemessene Staudruck in kN/m²,
A' = festgelegte Bezugsfläche am Baukörper in m².

Berücksichtigung der Windwirkung:
Die Bauwerke sind auf Windlast im allgemeinen in Richtung der Hauptachsen zu untersuchen.
Bei Bauwerken, die durch genügend steife Wände und Decken hinreichend ausgesteift sind, brauchen in der Regel die Windbeanspruchungen nicht nachgewiesen werden (siehe z. B. nach DIN 1053, T.1 ausgesteifte Geschossbauten, → S. 169)

Rechenwert der Windlast W in kN;
er ist unabhängig von der Himmelsrichtung mit dem vollen Staudruck anzusetzen.
Die resultierende Windlast setzt sich aus Druck-, Sog- und Reibungswirkungen zusammen.

$$W = c_f \cdot q \cdot A$$

q = Staudruck des Windes nach Tabelle **1** in kN/m².
c_f = aerodynamischer Kraftbeiwert, abhängig von Form und Anströmrichtung, → **2** und **3**.
A = Bezugsfläche in m², → **2** und **3**.

Aerodynamischer Druckbeiwert c_p,
ermittelt durch Druckmessung nach: $c_p = \Delta p_i : q'$
Δp = Druckdifferenz an der Körperoberfläche zwischen gemessenem örtlichen Druck und gemessenem statischen Druck, → **4** und **5**.

Rechenwert des Winddrucks w, der ⊥ auf die Bauwerksoberfläche wirkt:

$$w = c_p \cdot q \quad \text{in kN/m}^2$$

q = Staudruck des Windes in kN/m², → **1**.
c_p = aerodynamischer Druckbeiwert, → **4** und **5**.

Die Druck- bzw. Sogbeiwerte sind **Mittelwerte**, deshalb sind **für einzelne Tragglieder**, z. B. Sparren, Platten, Wandstiele usw. die Werte für Druck um 25 % zu erhöhen. „Einzeln" ist ein Bauglied, wenn seine Einzugsfläche < 15 % der Fläche beträgt, über die gemittelt wurde. Für unmittelbar durch Wind belastete Einzelbauteile gelten, z. B. an den Schnittkanten von Dach und Wand, **für Sogspitzen erhöhte c_p-Beiwerte**, → **6**.

Lastannahmen – Windlasten II

1 Staudruck q des Windes:

Höhe über Gelände, m	Windgeschwindigkeit v in m/s	v in km/h	Staudruck q in kN/m²
> 0 8	28,3	102	0,5
> 8 20	35,8	129	0,8
> 20 100	42,0	151	1,1
> 100	45,6	164	1,3

Es gilt: $q = 1/2 \cdot \varrho \cdot v^2$ = auch v : 1600 in kN/m²
ϱ = Luftdichte : 1,25 kg/m³; v in m/s; Für Bauwerke auf einer Anhöhe, die das Gelände steil und hoch überragt, ist $q \geq 1{,}1$ kN/m² anzusetzen.

2 Windlast-Beiwerte c_f

Baukörper Bild	gültig für	Wind $\sphericalangle \beta$	Beiwerte c_{fy}	c_{fz}	Bezugsfläche A
Grundriss → 3 Rechteck	$h/b \leq 5$	0°	1,3	0	$b \cdot h$
	$h/a \leq 5$	90°	0	1,3	$a \cdot h$
Quadrat $a = b$	$h/b \leq 5$	45°	0,8	0,8	$a \cdot h$
Zylinder, stehend → 3	$l/d \leq \infty$	90° zur Achse	$c_{fo} = 1{,}2$ $c_f = c_{fo} \cdot \psi$		$l \cdot d$

ψ = Abminderungsfaktor, für Völligkeitsgrad $\varphi = 1$.
Die Beiwerte gelten nur für geschlossene Bauten.

3 Einfluss von Form und Anströmrichtung auf den Windlast-Beiwert

Grundriss: Rechteck

$W_y = c_{fy} \cdot q \cdot A$

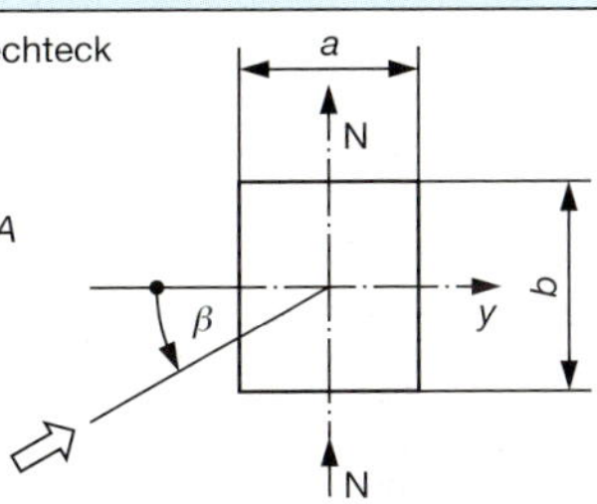

$W_z = c_{fz} \cdot q \cdot A$

Ansicht: Zylinder, stehend

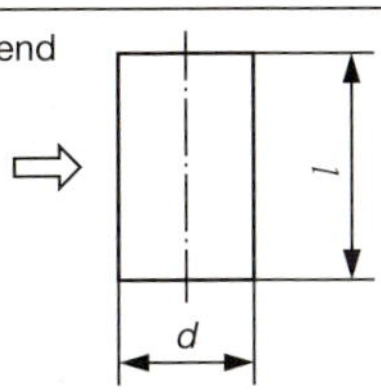

Grundriss: liegend (Ansicht in Richtung Körperachse)

4 Aerodynamische Druckbeiwerte in Abhängigkeit von der Dachneigung

Dachneigung α	– 80°	– 80 ≤ α ≤ + 25°
Druckbeiwert c_p	– 0,5	– 0,6

weitere Beispiele:

α	+ 25°	+ 30°	+ 35°	+ 40°	+ 45°	+ 50°	α ≤ 50°
c_p	+ 0,3	+ 0,4	+ 0,5	+ 0,6	+ 0,7	+ 0,8	+ 0,8
	– 0,6						

5 Die α/c_p-Abhängigkeit im Schaubild

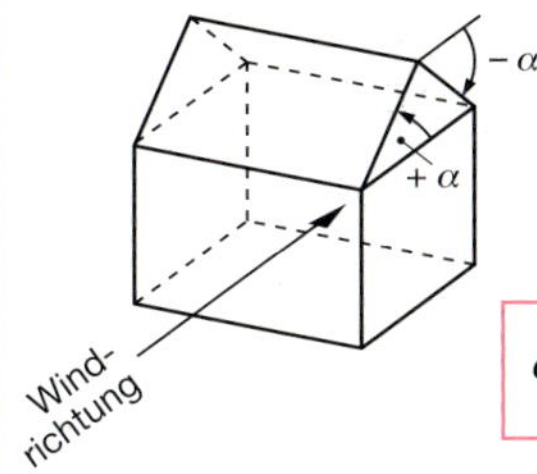

$$c_p = \frac{1}{50} \cdot \alpha_{Luv} - 0{,}2$$

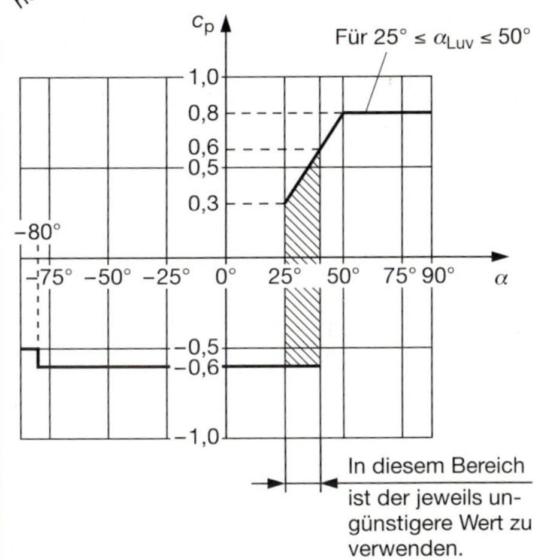

6 Sogspitzen von Dächern beliebiger Neigung

Dachneigungswinkel α	Beiwert c_p im Eckbereich	im Randbereich
≤ 25°	– 3,2	– 1,8
25° ≤ α ≤ 35°	– 1,8	– 1,1
> 35°	keine „Sogspitzen"	

Hier konnten nur die wichtigsten Begriffe vorgestellt und erklärt werden. Für genauere Berechnungen müssen die DIN 1055, T.4 und/oder ein Fachbuch herangezogen werden.

Lastannahmen – Schnee- und Eislasten

nach DIN 1055, T. 5

1. Schneelast

Gleichmäßig verteilt auf die Grundrissprojektion der Dachfläche:

$s = s_0 \cdot k_s$ in kN/m²

s_0 = Regelschneelast, → **1**
k_s = Beiwert f. Dachneigung → **3**

1 Regelschneelast s_0 in kN/m²

für die Geländehöhe des Bauwerk-Standortes über

Normal-Null (NN)	Schneelastzone n. 2 I	II	III	IV
≤ 200 m	0,75	0,75	0,75	1,00
300 m	0,75	0,75	0,75	1,15
400 m	0,75	0,75	1,00	1,55
500 m	0,75	0,90	1,25	2,10
600 m	0,85	1,15	1,60	2,60
700 m	1,05	1,50	2,00	3,25
800 m	1,25	1,85	2,55	3,90
900 m	–	2,30	3,10	4,65
1000 m	–	–	3,80	5,50
>1000 m	zuständige Baubehörde			

3 Beiwerte k_s f. Dachneigung α

0 bis 30°............1,00

∢ α	30°	40°	50°	60°
+ 0°	1,00	0,75	0,50	0,25
+ 1°	0,97	0,72	0,47	0,22
+ 2°	0,95	0,70	0,45	0,20
+ 3°	0,92	0,67	0,42	0,17
+ 4°	0,90	0,65	0,40	0,15
+ 5°	0,87	0,62	0,37	0,12
+ 6°	0,85	0,60	0,35	0,10
+ 7°	0,82	0,57	0,32	0,07
+ 8°	0,80	0,55	0,30	0,05
+ 9°	0,77	0,52	0,27	0,02

Schneeanhäufungen sind zu berücksichtigen, desgleichen einseitig verminderte Schneelasten:
Einseitig $s/2$ ansetzen, auf der restlichen Dachfläche $s = 0$.
Auf Wetterschutzhallen u. ä. darf $s = 0{,}25$ kN/m² gerechnet werden, wenn der Schnee laufend vom Dach geräumt wird. Gleiches gilt für fliegende Bauten, die im Winter betrieben werden.

2 Schneelastzonen:

Schneelastzonen: Zone I, Zone II, Zone III, Zone IV

2. Schnee- und Windlast gleichzeitig

Für Dächer, die bis 45° geneigt sind, wenn gerechnet wird:

$s + w/2$ oder $w + s/2$

s = Schneelast, w = Windlast

Der ungünstigere der beiden Lastfälle ist maßgebend!

3. Eislast

Vereisung ist Eisansatz durch Raureif, sie entsteht vornehmlich im Gebirge, im Bereich feuchter Aufwinde, an großen Gewässern, in Küstennähe und an Flussläufen. Allgemeingültiges lässt sich nicht angeben. Bei der Planung ist vom Bauherrn und der Bauaufsichtsbehörde festzulegen, ob und wie der Eisansatz zu berücksichtigen ist. Ist mit ihm zu rechnen und liegen keine genauen Werte vor, so darf in nicht besonders gefährdeten Lagen bis zur Geländehöhe 400 m über NN mit allseitigem 3 cm dickem Eisansatz gerechnet werden.
Dabei ist eine Eis-Rohwichte von 7 kN/m³ anzusetzen.

Die **größere Windlast** wird durch die vergrößerte Fläche mit 75 % des Staudrucks berücksichtigt. Bei Fachwerken sind die Formbeiwerte dem durch die Vereisung veränderten Völligkeitsgrad entsprechend anzusetzen.

Lastannahmen – Fliegende Bauten

Auszug aus DIN 4112

1. „**Fliegende Bauten**" werden wiederholt aufgestellt und zerlegt, dazu gehören z. B. Verkaufsstände, Festzelte, Karussels usw.

2. Als **Ständige Lasten** sind anzunehmen die Lastannahmen für Baustoffe und Bauteile nach DIN 1055, Teil 1.

3. **Lotrechte Verkehrslasten:**
Hier nicht genannte, sind nach S. 42 bis S. 46 anzunehmen.

Einzelpersonen:	
ein Kind	0,5 kN
eine erwachsene Person	0,75 kN
Fußböden:	
allgemein zugängliche Treppen, Treppenabsätze, Rampen, Zu- und Abgänge	3,5 kN/m^2
desgleichen bei besonders großem Menschengedränge, stets in Zirkussen und Tribünen mit festen Sitzen	5 kN/m^2
Tribünen:	
ohne feste Sitzplätze und alle Tribünentreppen	7,5 kN/m^2
desgleichen, aber nicht allgemein zugänglich im Fahrgastwechselbereich von Karussels:	1 kN/m^2
Personenzahl = Sitzplätze · 2 oder	2 kN/m^2
Sitzbretter:	
von Sitzreihen und Fußboden zwischen festen Sitzreihen	1,5 kN/m^2
Waagerechte Verkehrslasten:	
Hier nicht genannte, sind nach S. 47 u. 48 anzunehmen.	
Holmhöhe (≈ 1 m):	
bei Brüstungen und Geländern	0,5 kN/m
desgleichen bei besonders großem Menschengedränge	1 kN/m
Zwischenholme (≈ 0,5 m Höhe):	0,1 kN/m
bei Bedienungstreppen und Laufstegen in Holmhöhe	0,15 kN/m

Bei **Tribünen** und dergleichen ist außer der Windlast eine in Fußbodenhöhe angreifende, waagerecht wirkende **Seitenkraft** in jeweils ungünstigster Richtung in Rechnung zu stellen, die zu 1/10 der jeweiligen Personenlast entspricht.

Antriebs- und Bremskräfte langsam laufender Fahrzeuge und Drehwerke ($v \leq 3$ m/s) sind mit 1/15 der bewegten Lasten p und q anzunehmen, andernfalls sind sie rechnerisch zu ermitteln und in dieser Größe anzusetzen.

Schwingungen direkt befahrener Bauteile, (z. B. in Achterbahnschienen) sind durch einen Schwingungsbeiwert $\varphi = 1{,}2$ zu berücksichtigen.

Anprall ist an der ungünstigsten Stelle in Größe der Last des vollbesetzten Fahrzeugs ($1{,}0 \cdot Q$) anzusetzen.
Anprall unter $\alpha < 90°$ ist mit $Q \cdot \sin\alpha \geq 0{,}3 \cdot Q$ anzunehmen. Anprall braucht nur bei den unmittelbar betroffenen Bauteilen und Verankerungen berücksichtigt zu werden.

Stoßkräfte:
Bei Auftreten während der Fahrbewegung sind die in Betracht kommenden bewegten Lasten mit einer Stoßzahl $\varphi = 1{,}2$ zu vervielfachen. Bei stärkeren Stoßkräften ist φ zu erhöhen. Auch aus Schienenstößen und Abnutzung können sich Stoßkräfte ergeben.

Windlasten:
Es gilt auch hier DIN 1055, Teil 4 (→ S. 52, 53). Abweichend hiervon darf der Staudruck mit $q = 0{,}5$ kN/m^2 für Bauten bis zu 8 m Höhe und $q = 0{,}8$ kN/m^2 für Bauten zwischen 8 und 20 m Höhe angenommen werden. Näheres siehe in DIN 4112.

Bei **Zelten** herkömmlicher Bauart sind die Windlasten mit den aerodynamischen Beiwerten des unten stehenden Bildes zu berechnen:

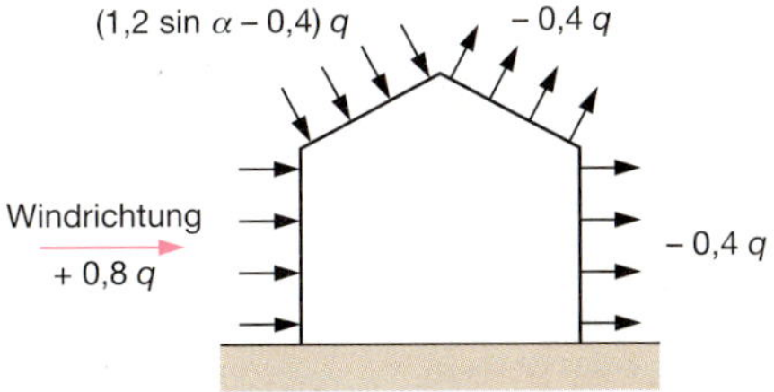

Bis zur Höhe von 5,00 m über Erdboden darf der Staudruck mit $q = 0{,}3$ kN/m^2 angenommen werden, jedoch nicht bei Zelten, die > 5,00 m hoch oder > 10,00 m breit oder rund mit einem Durchmesser > 15,00 m sind.

Bei Fliegenden Bauten im Betriebszustand darf bis 5,00 m über Erdboden mit $q = 0{,}15$ kN/m^2 und darüber hinaus mit $q = 0{,}25$ kN/m^2 gerechnet werden, wenn der Betrieb bei Windstärke 8 (20 m/s oder ≈ 75 km/h) eingestellt wird.

Beispiel zu Lastannahmen

Wie hoch ist die **Gesamt-Flächenlast pro m²** bei nachstehender **Decke unter einem Wohnraum**?

a) Eigenlasten:

Bodenfliesen	0,5 cm	· 0,22 $kN/m^2 \cdot cm$	= 0,11 kN/m^2
Zementestrich	4,5 cm	· 0,22 $kN/m^2 \cdot cm$	= 0,99 kN/m^2
Dämmplatten	4,0 cm	· 0,01 $kN/m^2 \cdot cm$	= 0,04 kN/m^2
Stahlbetonpl.	16 cm	· 0,25 $kN/m^2 \cdot cm$	= 4,00 kN/m^2
Deckenputz	1,5 cm	· 0,20 $kN/m^2 \cdot cm$	= 0,30 kN/m^2
		Summe der Eigenlasten	**g = 5,44 kN/m^2**

b) Verkehrslasten:

(ausreichende Quervert.) 1,50 kN/m^2
Trennwandzuschlag 1,25 kN/m^2

p = 2,75 kN/m^2

c) Gesamt-Flächenlast ($g + p$) **q = 8,19 kN/m^2**

Statik – Kräfte I

Statik = Lehre vom (in Ruhe) Stehenden/Lehre vom Gleichgewicht der Kräfte

1.1 Eine Kraft *F* ist bestimmt durch ihre Wirkungslinie, ihre Richtung und ihre Größe.

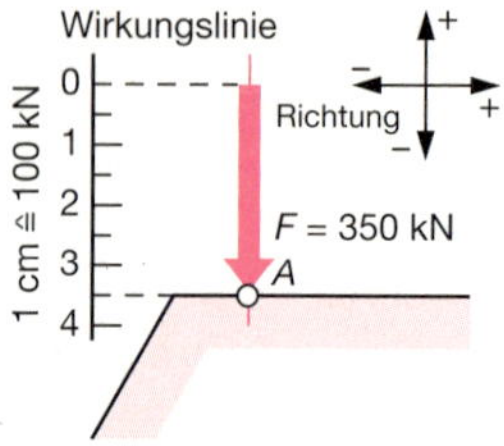

1.2 Der Angriffspunkt *A* einer Kraft ist der Punkt auf der Wirkungslinie, in dem die Kraft an einem Körper angreift. Die Größe der Kraft wird meist in kN oder MN gemessen und zeichnerisch durch die Länge des Kraftpfeiles in einem Kraftmaßstab dargestellt (→ s. Abb).

2. Die Last (Gewichtskraft, Schwerkraft) ***G*** ist eine lotrecht nach unten gerichtete Kraft, die von Massen, verursacht durch die Erdanziehung, auf alle Moleküle eines Stoffes ausgeübt wird.

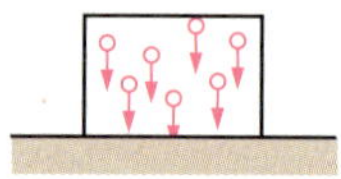

G = Summe aller ♀

Meist wird die Last *G* als eine gleichmäßig verteilte **Flächenlast *g*** in kN/m² in die statische Berechnung eingesetzt.

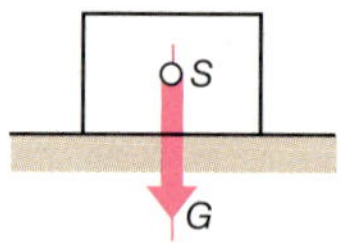

In starren Körpern kann die Last *G* aber auch als eine **Einzelkraft** betrachtet werden, die am **Schwerpunkt *S*** angreift, der bei einem frei aufgehängten Körper senkrecht unter dem Aufhängepunkt *A* liegt.
(Zur Ermittlung von *G* → S. 59 u. S. 60).

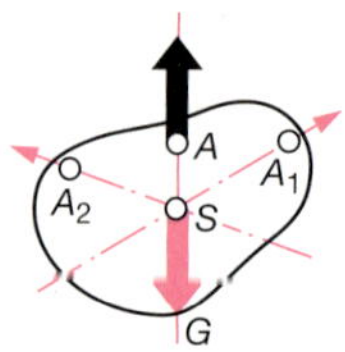

3. Die Auflagerkräfte, die von den Lasten ausgeübt werden, bewirken gleich große aber entgegengerichtete **Auflagerwiderstände**, hier als *A* und *B* bezeichnet.

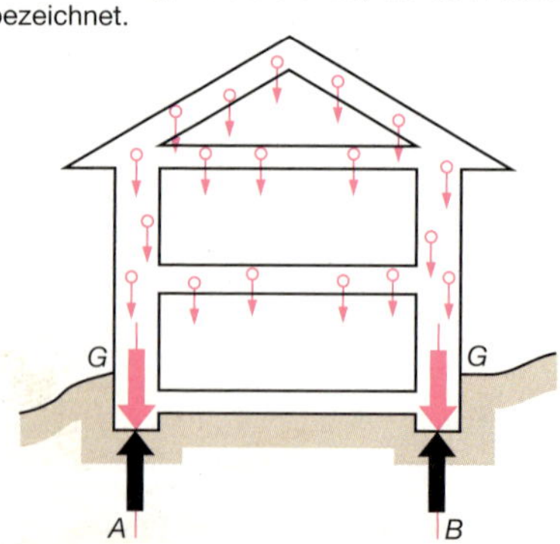

4. Zerlegen einer Kraft in 2 Teilkräfte (auch Komponenten genannt):

Zeichnerisch, mittels Kräftedreieck, das zu einem Kräfteparallelogramm ergänzt werden kann. Die Kräfte werden mit Hilfe eines Kräftemaßstabes abgegriffen.

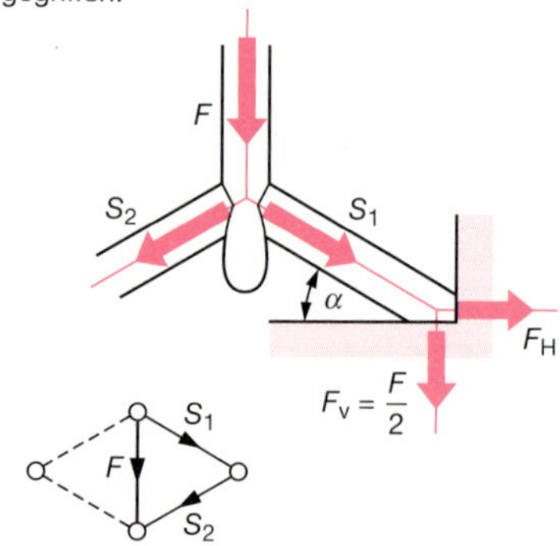

Rechnerisch, nach nebenstehender Skizze (*F* aus obiger Skizze).

$S_1 = \frac{F}{2} : \sin\alpha$

$F_V = S_1 \cdot \sin\alpha = \frac{F}{2}$

$F_H = S_1 \cdot \cos\alpha$

F_V = Vertikalkomponente

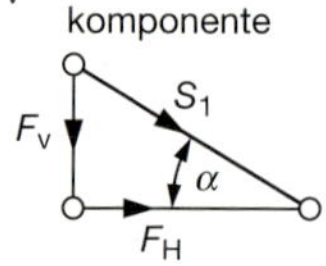

F_H = Horizontalkomponente

5. Zusammensetzen von Kräften zu einer Mittelkraft *R* (Resultierenden):

Zeichnerisch, mittels Kräftepolygon nach untenstehender Skizze.

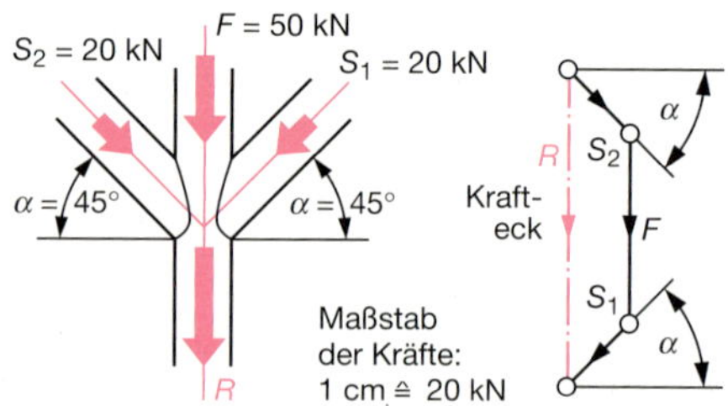

Rechnerisch, (mit den Kräften aus obiger Skizze).

$R = S_1 \cdot \sin\alpha + S_2 \cdot \sin\alpha + F$

$R = 20{,}0\ \text{kN} \cdot 0{,}707 + 20{,}0\ \text{kN} \cdot 0{,}707 + 50{,}0\ \text{kN}$

$R = 14{,}12\ \text{kN} + 14{,}12\ \text{kN} + 50{,}0\ \text{kN}$

$R = \underline{\underline{78{,}24\ \text{kN}}}$

Statik – Kräfte II

6. Zusammensetzen von Kräften mittels Polfigur und Seileck:

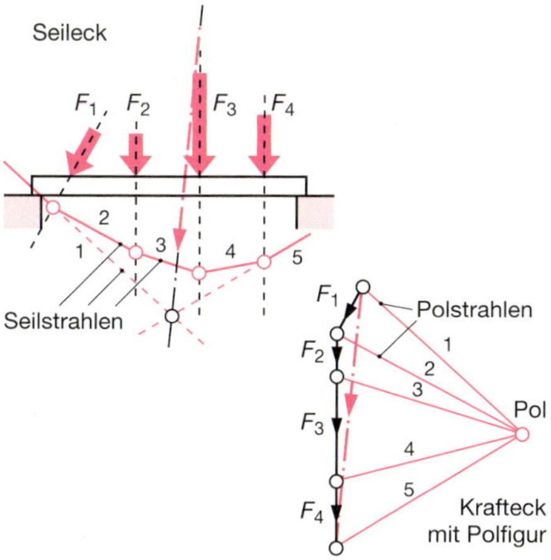

7. Gleichgewichtsarten:
(gültig nur für starre Körper)

a) sicheres = stabiles Gleichgewicht, weil *S* bei einer Bewegung ansteigt und der Körper dadurch selbsttätig in seine Ausgangslage zurückkehrt.

Diese Forderung muss bei allen üblichen Bauten erfüllt sein.

S = Schwerpunkt
A = Auflagenfläche, Auflagerlinie oder Auflagerpunkt

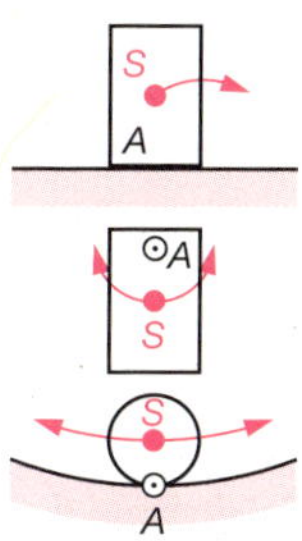

b) unsicheres = labiles Gleichgewicht, weil *S* bei jeder Bewegung in eine tiefere Lage kommt und der Körper deshalb nicht mehr selbsttätig in seine Ausgangslage zurückkehrt.

Bei solchen Bauten muss das Kippen durch eine sichere Verankerung gewährleistet sein.

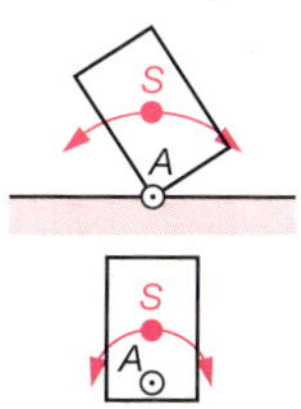

Kugel oder Walze

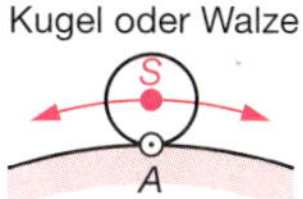

c) beständiges = indifferentes Gleichgewicht, weil *S* bei Bewegungen weder steigt noch fällt.

Der Körper kann deshalb nicht aus dem Gleichgewicht gebracht werden.

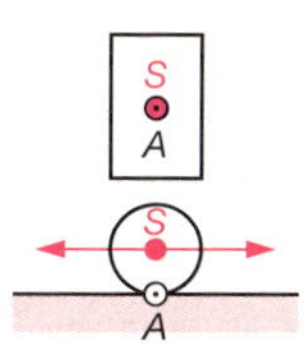

8. Art und Beweglichkeit der Auflager:

punktförmig : zweidimensional beweglich
schneidenförmig : eindimensional beweglich
flächig unterstützt : keine Bewegungsfreiheit

Bauwerke sind flächig unterstützt und befinden sich im stabilen Gleichgewicht.

9. Moment = Drehmoment = statisches Moment = **Kraft x Hebelarm**

$$\boldsymbol{M = F \cdot l}$$

kNm = kN · m

Hebelarm l ist der winkelrechte Abstand des Drehpunktes von der Wirkungslinie der Kraft.

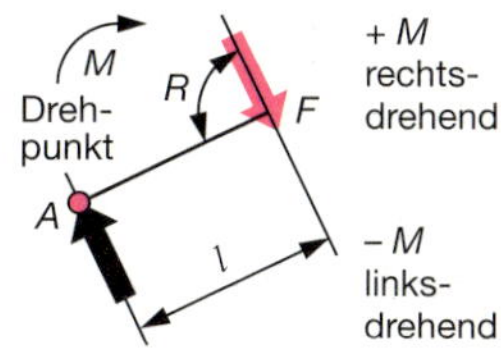

10. Kräftepaar:

2 gleich große, entgegengesetzt gerichtete Kräfte mit parallelen Wirkungslinien. Sie ergeben ein Drehmoment. Das Moment ist das Produkt aus einer der beiden Kräfte mal ihrem Abstand l.

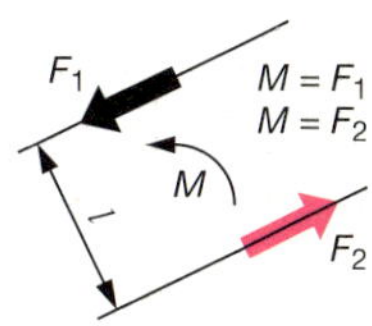

11. Hebelarten:

gleicharmige → a)
ungleicharmige → b), d)
beidseitge → a), b)
einseitige → c)

gerade Hebel → a), b), c)
Winkelhebel → d)

Wesentliche Teile:
Drehpunkt ● – Kraftarm – Lastarm

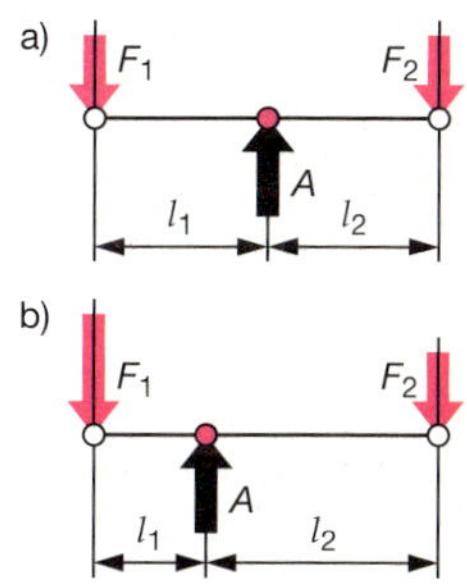

12. Gleichgewicht am Hebel, wenn:

$$\boldsymbol{F_1 : F_2 = l_2 : l_1}$$

$$\boldsymbol{F_1 \cdot l_1 = F_2 \cdot l_2}$$

Summe aller linksdrehenden Momente = Summe aller rechtsdrehenden Momente.

Krafteck und Seileck zu d) (→ S. 58)

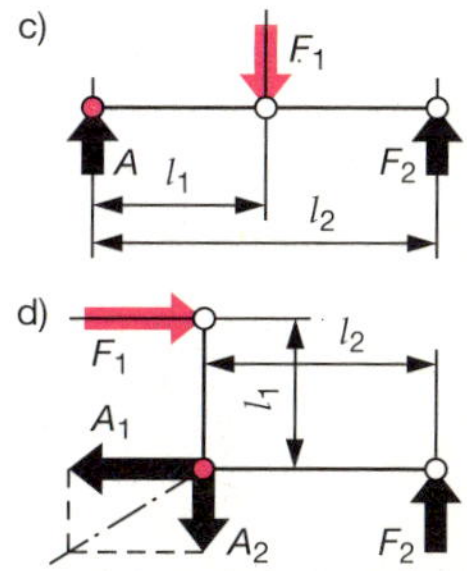

Statik – Kräfte III

Krafteck und Seileck
(Fortsetzung zu 12. d), S. 57):

Krafteck mit Polfigur:
0 = Pol
1, 2, 3, 4 = Polstrahlen

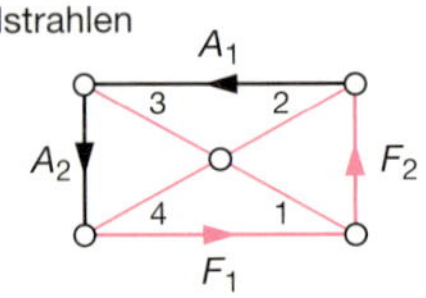

Seileck:
1, 2, 3, 4 = Seilstrahlen

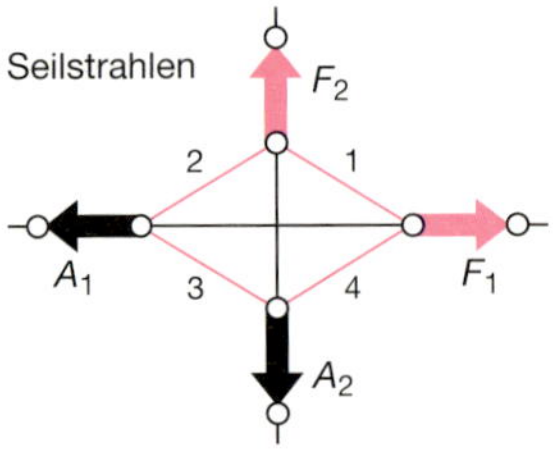

13. Mehrere Kräfte in einer Ebene sind im Gleichgewicht, wenn die rechnerische Untersuchung (→ 12.) ergibt, dass gleich Null sind:

a) die Summe aller Vertikalkräfte $\boldsymbol{\Sigma V = 0}$

b) die Summe aller Horizontalkräfte $\boldsymbol{\Sigma H = 0}$

c) die Summe aller Momente $\boldsymbol{\Sigma M = 0}$

Die Forderung ist erfüllt, wenn bei der zeichnerischen Untersuchung das **Krafteck** bei stetigem Umfahrungssinn **geschlossen** ist und auch das **Seileck geschlossen** ist.

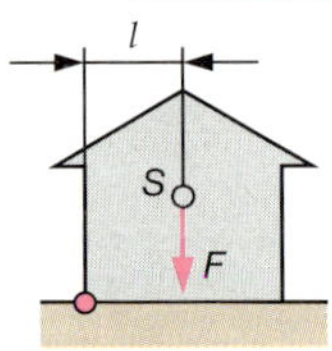

14. Standmoment $F \cdot l$
ist das Moment, welches das stabile Gleichgewicht aufrechterhält.
(→ 7. a), S. 57)

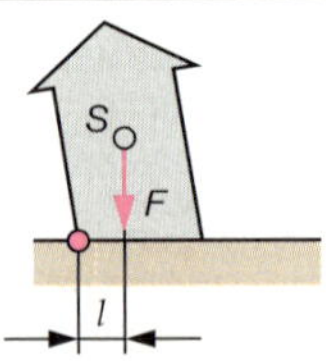

15. Kippmoment ist das Moment, das den Körper zum Kippen bringen könnte, hier bewirkt durch den horizontalen Erddruck E: $M_K = E \cdot l_2$
(Standmoment:
$M_S = G \cdot l_1$).
(→ 16.)

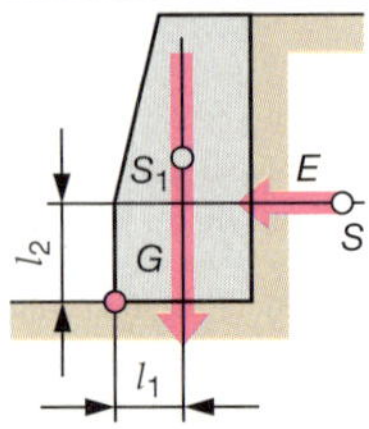

Stützmauer

16. Standsicherheit ist die Sicherheit gegen Umkippen des Bauwerkes oder Gerätes:

$$\text{Kippsicherheit} = \frac{\text{Standmoment}}{\text{Kippmoment}}$$

$$\eta_K = \frac{M_S}{M_K}$$

Im Hochhaus: $\eta_K \geq 1{,}5$

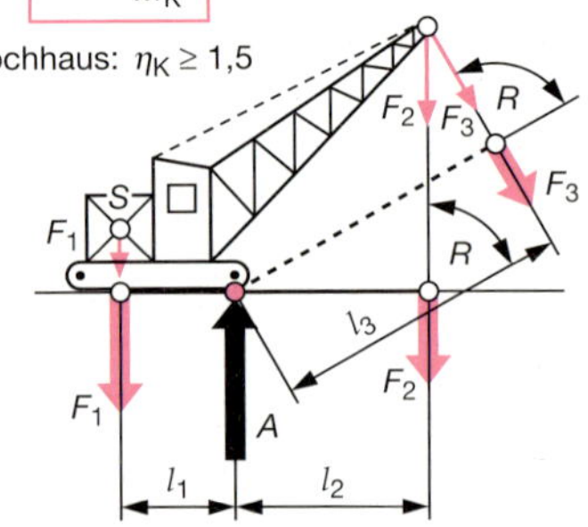

Das linksdrehende Standmoment aus d. Eigenlast F_1 und dem Hebelarm l_1 muss größer sein als das rechtsdrehende Kippmoment aus der Last F_2 und dem Hebelarm l_2, bzw. aus dem Schrägzug F_3 und l_3.

17. a) Die Balkenwaage:

Ihr Prinzip ist der zweiarmige Hebel im stabilen Gleichgewicht (→ 7. a), S. 57).
Der Angriffspunkt A liegt über dem Schwerpunkt S. Je näher A an S liegt, desto empfindlicher ist die Waage.

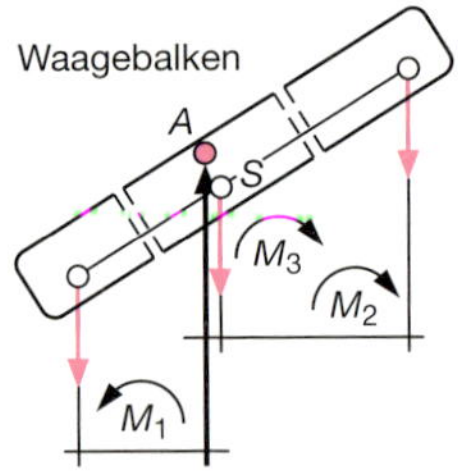

17. b) Die Dezimalwaage:

Ihr Konstruktionsprinzip ist: Die Lastplatte bleibt bei Bewegungen immer waagerecht, der Angriffspunkt der Last darf auf der Lastplatte beliebig verschoben werden.

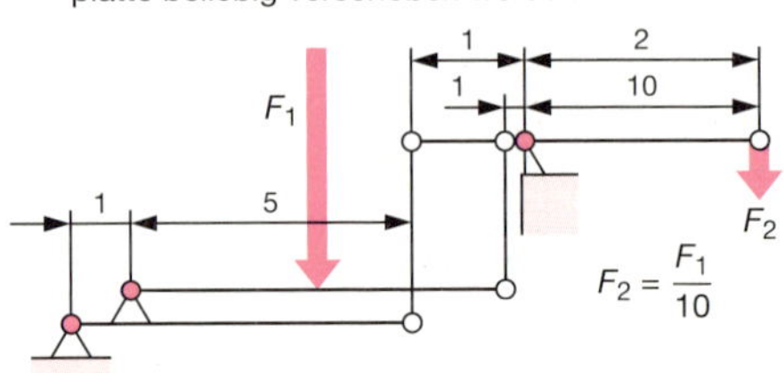

Statik – Schwerpunkte, Momente I

Querschnitte		Schwerpunktabstand y_S, z_S in cm	Trägheitsmoment I in cm⁴	Widerstandsmoment W in cm³
1 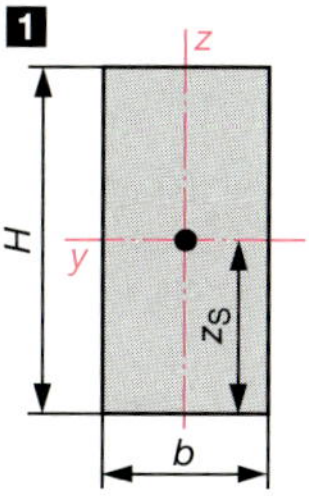	**1**	$z_S = \frac{h}{2}$	$I_y = \frac{b \cdot h^3}{12}$	$W_y = \frac{b \cdot h^2}{6}$
2 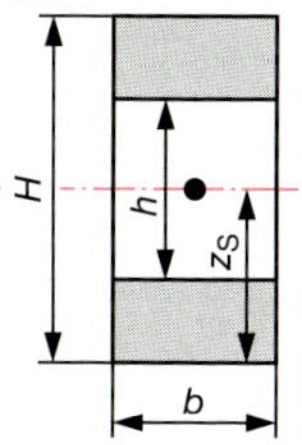	**2**	$z_S = \frac{H}{2}$	$I_y = \frac{b}{12} \cdot (H^3 - h^3)$	$W_y = \frac{b}{6\,H} \cdot (H^3 - h^3)$
3 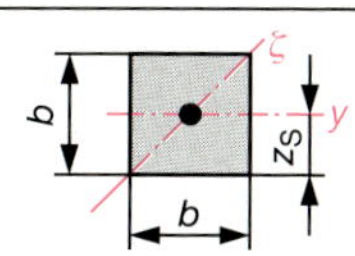	**3**	$z_S = \frac{b}{2}$ $\zeta_S = 1{,}414\ \frac{b}{2}$	$I_y = \frac{b^4}{12}$ $I_\zeta = \frac{b^4}{12}$	$W_y = \frac{b^3}{6}$ $W_\zeta = 0{,}1179\ b^3$
4 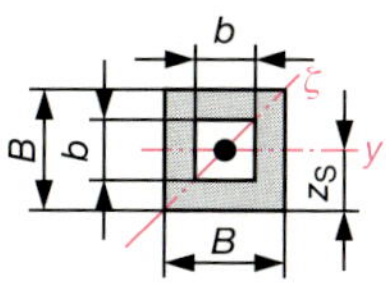	**4**	$z_S = \frac{B}{2}$ $\zeta_S = 1{,}414\ \frac{B}{2}$	$I_y = \frac{B^4 - b^4}{12}$ $I_\zeta = \frac{B^4 - b^4}{12}$	$W_y = \frac{B^4 - b^4}{6\,B}$ $W_\zeta = \frac{B^4 - b^4}{8{,}5\,B}$
5 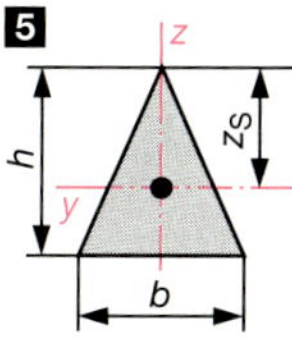	**5**	$z_S = \frac{2}{3} \cdot h$	$I_y = \frac{b \cdot h^3}{36}$	$W_y = \frac{b \cdot h^2}{24}$
6 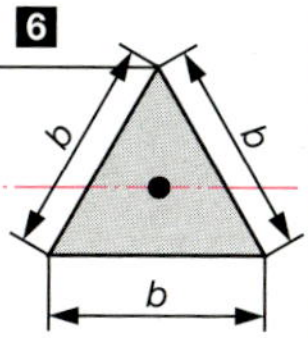	**6**	$z_S \approx 0{,}5774\ b$	$I_y \approx 0{,}0181 \cdot b^4$	$W_y \approx 0{,}0313 \cdot b^3$
7 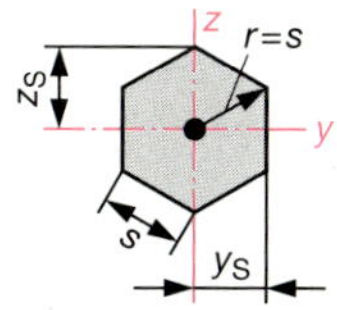	**7**	$z_S = s$ $y_S = 0{,}866\ s$	$I_y = 0{,}5413 \cdot s^4$ $I_z = 0{,}5413 \cdot s^4$	$W_y = 0{,}625 \cdot s^3$ $W_z = 0{,}5413 \cdot s^3$
8 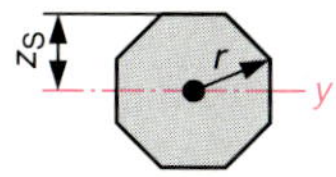	**8**	$z_S = 0{,}924\ r$	$I_y = 0{,}6381 \cdot r^4$	$W_y = 0{,}6906 \cdot r^3$
9 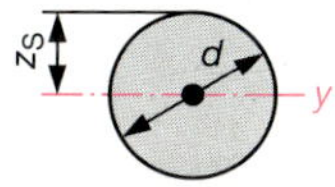	**9**	$z_S = 0{,}5\ d$	$I = \frac{\pi \cdot d^4}{64}$	$W = \frac{\pi \cdot d^3}{32}$
10 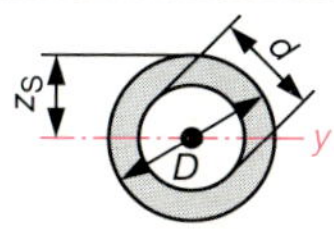	**10**	$z_S = 0{,}5\ D$	$I \approx 0{,}05 \cdot d^4$ $I \approx 0{,}05 \cdot (D^4 - d^4)$	$W \approx 0{,}1 \cdot d^3$ $W \approx 0{,}1 \cdot \frac{D^4 - d^4}{D}$

Statik – Schwerpunkte, Momente II

Querschnitte		Schwerpunktabstand y_S, z_S in cm	Trägheitsmoment I in cm⁴	Widerstandsmoment W in cm³
11 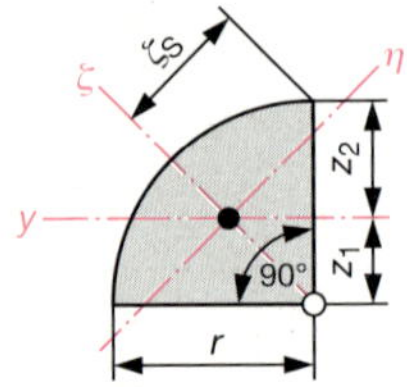	**11**	$z_1 = 0{,}4244\,r$ $z_2 = 0{,}5766\,r$ $\zeta_S = 0{,}7071\,r$	$I_y = 0{,}05488 \cdot r^4$ $I_\zeta = 0{,}03841 \cdot r^4$ $I_\eta = 0{,}07135 \cdot r^4$	$W_y = 0{,}09534 \cdot r^3$ $W_z = 0{,}06399 \cdot r^3$ $W_\eta = 0{,}1009 \cdot r^3$
12 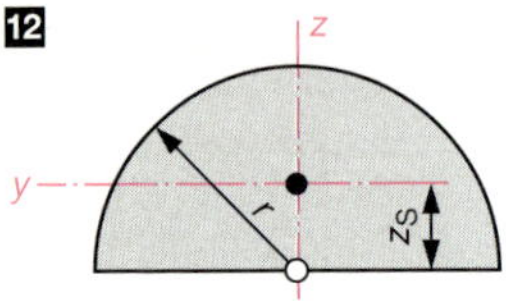	**12**	$z_S = \frac{4r}{3\pi} \cdot 0{,}424\,r$	$I_y = 0{,}1098 \cdot r^4$ $I_z = 0{,}3927 \cdot r^4$	$W_y = 0{,}1907 \cdot r^3$ $W_z = 0{,}3927 \cdot r^3$
13 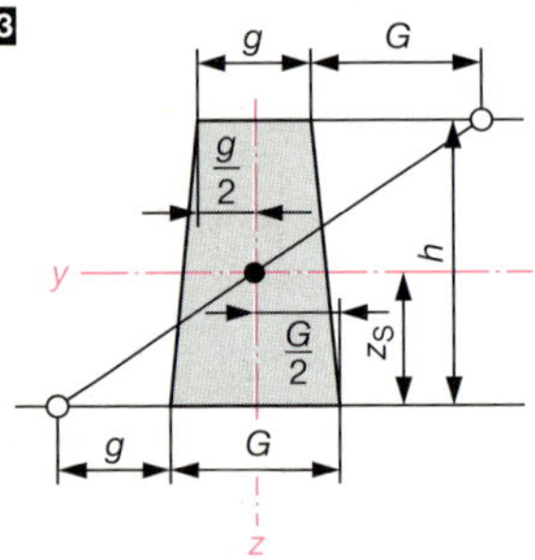	**13**	$z_S = \frac{h}{3} \cdot \frac{G + 2g}{G + g}$	$I_y =$ $0{,}0{,}278 \cdot h^3 \cdot$ $\frac{G^2 + 4Gg + g^2}{G + g}$ $I_z =$ $0{,}0208 \cdot h \cdot (G^3 +$ $G^3 g + Gg^2 + g^3)$	$W_y = I_x : (h - y_S)$ $W_z = 2 \cdot I_y : G$
		Die zeichnerische Bestimmung des Schwerpunktes gilt auch für schiefe Trapeze.		
14 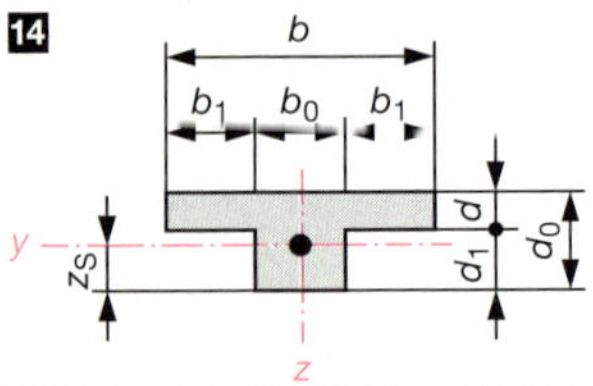	**14**	$z_S =$ $d_0 - \frac{2b_1 \cdot d^2 + b_0 \cdot d_0^2}{2\,(b_d + b_0 \cdot d_1)}$	$I_y =$ $\frac{1}{3}\,(2b_1 d^3 + b_0\ d_0^3)$ $-e_1^2 \cdot (b \cdot d + b_0 \cdot d_1)$	$W_y = I_y :$ $\frac{2b_1 \cdot d^2 + b_0 \cdot d_0^2}{2\,(b \cdot d + b_0 \cdot d_1)}$
		Die Formel ist ausreichend genau, wenn $d \ll$ als b.		
15 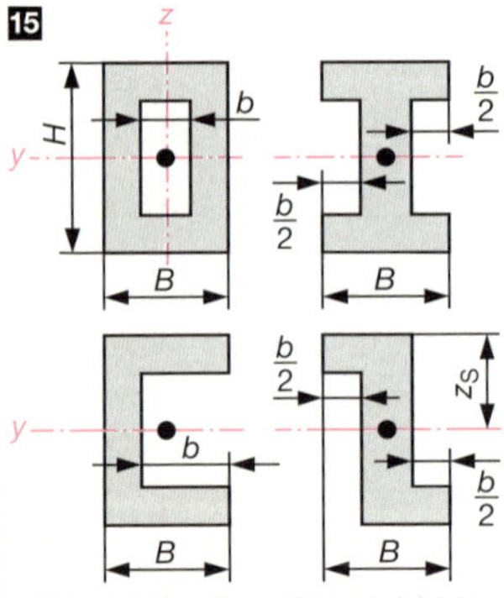	**15**	$z_S = \frac{H}{2}$	$I_y = \frac{BH^3 - bh^3}{12}$	$W_y = \frac{BH^3 - bh^3}{6\,H}$

Statik – Auflagerkräfte, Biegemomente I

für Belastungsfall	Auflagerkräfte	Biegemomente	Durchbiegung (vereinfacht für Holzbalken)
a) gerade	**Freiträger**		
1 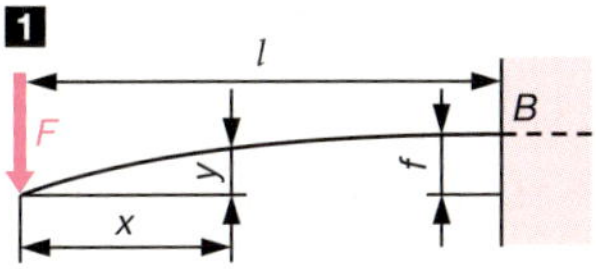	$B = F$	$M_x = -F\,x$ [1)] $\min M = -F\,l$	$f = \dfrac{F\,l^3}{3\,EJ}$ $\left(f = \dfrac{\text{vorh. } \sigma_B \cdot l^2}{h \cdot 1{,}5}\right)$
2 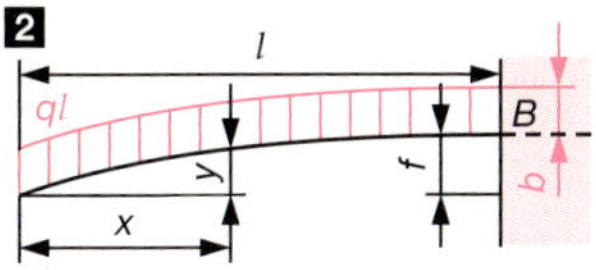	$B = q\,l$	$M_x = -\dfrac{q\,x^2}{2}$ [1)] $\min M = -\dfrac{q\,l^2}{2}$	$f = \dfrac{q\,l^4}{8\,EJ}$ $\left(f = \dfrac{\text{vorh. } \sigma_B \cdot l^2}{h \cdot 2{,}0}\right)$
3 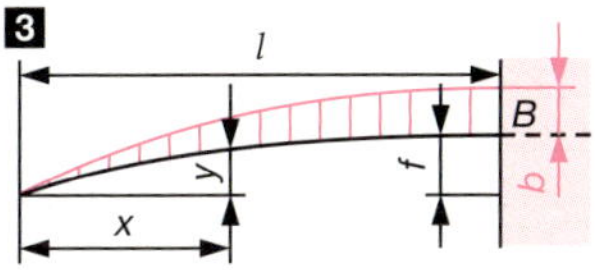	$B = \dfrac{q\,l}{2}$	$M_x = -\dfrac{q\,x^3}{6\,l}$ [1)] $\min M = -\dfrac{q\,l^2}{6}$	$f = \dfrac{q\,l^4}{30\,EJ}$
b) beiderseits frei aufliegende gerade Träger			
4 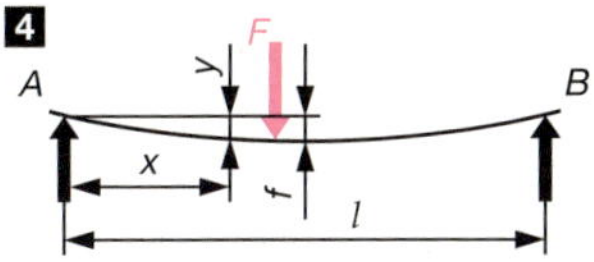	$A = B$ $= \dfrac{F}{2}$	$M_x = \dfrac{F\,x}{2}$ $\max M = \dfrac{F\,l}{4}$ in Trägermitte	$f = \dfrac{F\,l^3}{48\,EJ}$ $\left(f = \dfrac{\text{vorh. } \sigma_B \cdot l^2}{h \cdot 6{,}0}\right)$
5 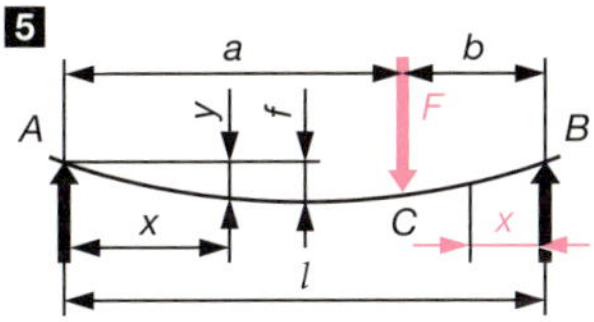	$A = \dfrac{F\,b}{l}$ $B = \dfrac{F\,a}{l}$	Für $\overline{AC}$ $M_x = \dfrac{F\,b\,x}{l}$ Für $\overline{BC}$ $M_x = \dfrac{F\,a\,x_1}{l}$ $\max M = \dfrac{F\,a\,b}{l}$ in Punkt C	$f = \dfrac{F\,a^2\,b^2}{3\,EJ\,l}$ ${}_{\max}f$ bei $x = a\sqrt{\dfrac{1}{3} + \dfrac{2\,b}{3\,a}}$ wenn $a > b$
6 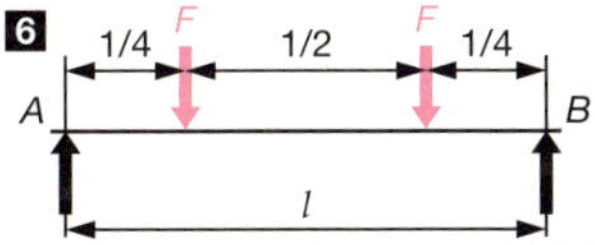	$A = B = F$	$\max M = \dfrac{F\,l}{4}$ auf der Strecke $l/2$	$f = \dfrac{F\,l^3}{34{,}9\,EJ}$
7 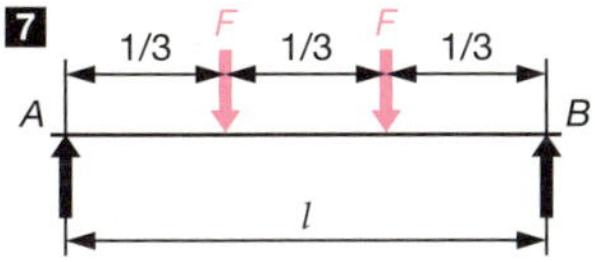	$A = B = F$	$\max M = \dfrac{F\,l}{3}$ im mittleren $l/3$	$f = \dfrac{F\,l^3}{28{,}2\,EJ}$ $\left(f = \dfrac{\text{vorh. } \sigma_B \cdot l^2}{h \cdot 4{,}7}\right)$
8 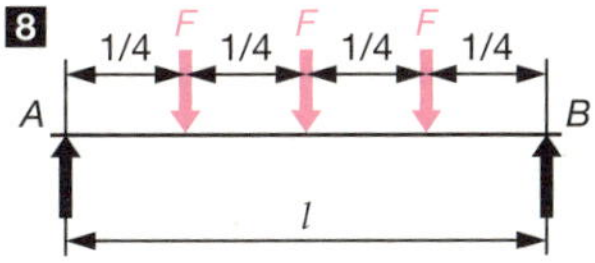	$A = B$ $= \dfrac{3\,F}{2}$	$\max M = \dfrac{F\,l}{2}$ in Trägermitte	$f = \dfrac{F\,l^3}{20{,}2\,EJ}$

1) Der gefährdete Querschnitt liegt bei B (Weiteres → 1) S. 62).

Statik – Auflagerkräfte, Biegemomente II

für Belastungsfall	Auflagerkräfte	Biegemomente	Durchbiegung (→ S. 73)
9 Bei 5 und mehr gleich großen und gleich weit entfernten Einzellasten können die Formeln für gleichmäßig verteilte Belastung ausreichend genau angewendet werden. $q = \frac{\Sigma \cdot F}{l}$			
10 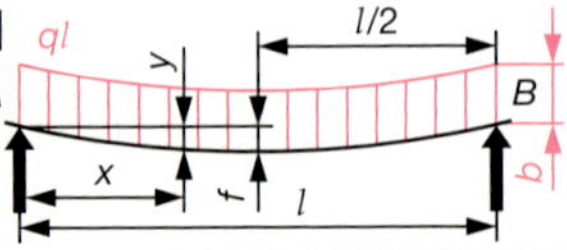	$A = B$ $= \frac{q\,l}{2}$	$M_x = \frac{q\,x}{2}\,(l - x)$ $\max M = \frac{q\,l^2}{8}$ in der Mitte	$f = \frac{q\,l^4}{76{,}8\,EJ}$ $\left(f = \frac{\text{vorh. } \sigma_B \cdot l^2}{h \cdot 4{,}8}\right)$
11 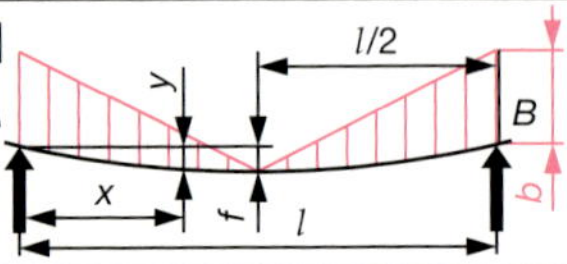	$A = B$ $= \frac{q\,l}{4}$	$M_x = \frac{q\,l\,x}{2}\left(\frac{1}{2} - \frac{x}{l} + \frac{2\,x^2}{3\,l^2}\right)$ $\max M = \frac{q\,l^2}{24}$ in der Mitte	$f = \frac{q\,l^4}{213\,EJ}$
12 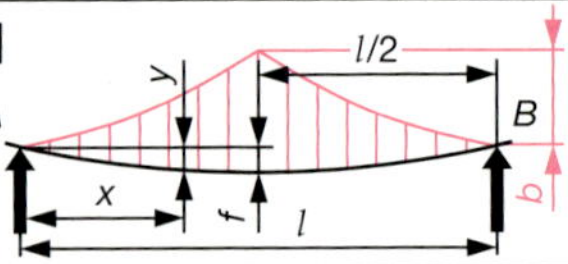	$A = B$ $= \frac{q\,l}{4}$	$M_x = \frac{q\,l\,x}{2}\left(\frac{1}{2} - \frac{2\,x^2}{3\,l^2}\right)$ $\max M = \frac{q\,l^2}{12}$ in der Mitte	$f = \frac{q\,l^4}{120\,EJ}$
13 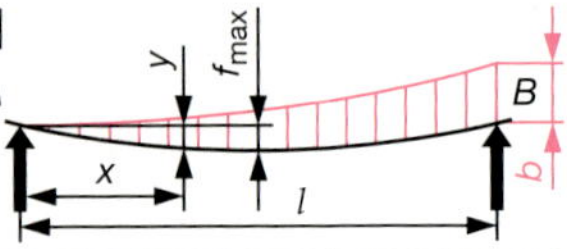	$A = \frac{q\,l}{6}$ $B = \frac{q\,l}{3}$	$M_x = \frac{q\,l\,x}{6}\left(1 - \frac{x^2}{l^2}\right)$ 2) $\max M = \frac{q\,l^2}{9\sqrt{3}} = 0{,}064\,q\,l^2$	$\max f = \frac{q\,l^4}{153{,}4\,EJ}$ bei $x = 0{,}5193\,l$
14 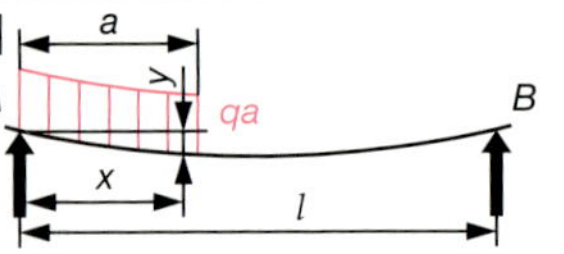	$A = qa\,\frac{2l - a}{2l}$ $B = \frac{qa^2}{2l}$	$\max M = \frac{qa^2}{2}\left(1 - \frac{a}{2l}\right)^2$ bei $x = a \cdot \left(1 - \frac{a}{2l}\right) < a$	$f = \frac{qa^2\,l^2\,(1{,}5\,l^2 - a^2)}{48\,EJ}$
15 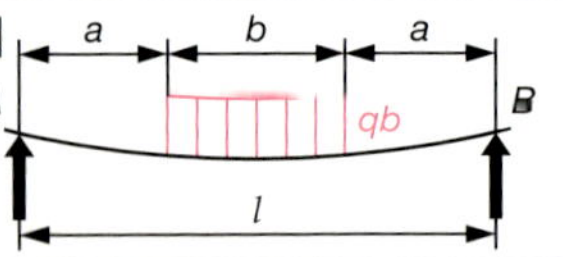	$A = B$ $= \frac{qb}{2}$	$\max M = \frac{qb}{4}\left(l - \frac{b}{2}\right)$ Gefährdeter Querschnitt in der Mitte	$f = \frac{qb}{384\,EJ} \cdot (8l^3 - 4lb^2 + b^3)$
c) frei aufliegende gerade Kragträger			
16 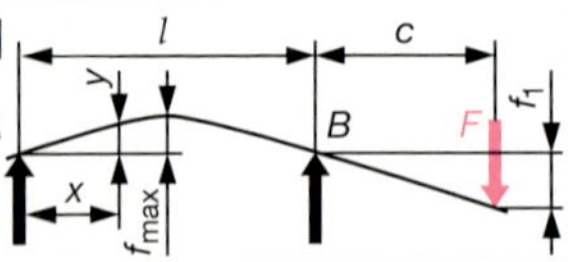	$A = -\frac{F\,c}{l}$ $B = \frac{F}{l}\,(l + c)$	$M_x = A\,x = -\frac{F\,c\,x}{l}$ $M_B = -F\,c$ gefährdeter Querschnitt in B	$f = \frac{F\,l^2}{9\,EJ} \cdot \frac{c}{\sqrt{3}}$ 2) $f_1 = \frac{F}{3\,EJ} \cdot c^2\,(l + c)$
17 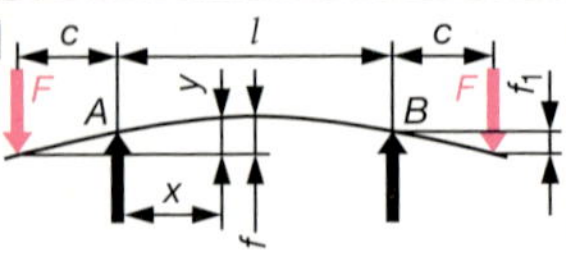	$A = B$ $= F$	3) über A und B und für $\overline{AB}$ $\max M = -F\,c$	$f = \frac{F\,l^2\,c}{8\,EJ}$ $f_1 = \frac{Fc^2}{3\,EJ} \cdot \left(c + \frac{3l}{2}\right)$

1) Der gefährdete Querschnitt liegt bei B. Als l ist das Maß von Trägerende bis Mitte der unteren Auflagerplatte einzusetzen. Ein oberes Mauergegenlager mit einer ausreichenden Auflast ist erforderlich, diese ist meist nur im unteren Geschoss mehrgeschossiger Bauten ausreichend. Genügt diese nicht, muss sie durch eine Verankerung ersetzt werden, gilt für **1**, **2**, **3**, Seite 61.

2) Bei $x = 0{,}5774$.

3) Gefährdeter Querschnitt bei A und B.

Statik – Auflagerkräfte, Biegemomente III

für Belastungsfall	Auflagerkräfte	Biegemomente	Durchbiegung
c) frei aufliegende gerade Kragträger (Fortsetzung), gefährdeter Querschnitt bei *A*, *B* und *C*			
18 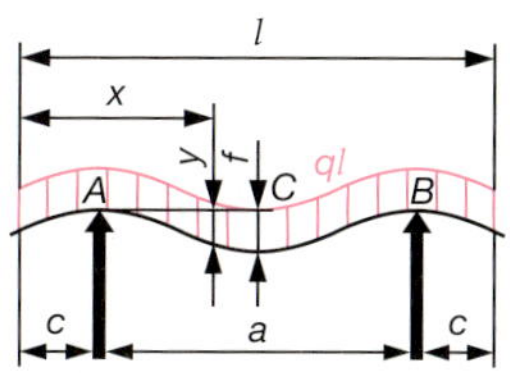	$A = B$ $= \frac{q\,l}{2}$	$M_x = \frac{q\,l\,x}{2}\left(1 - \frac{c}{x} - \frac{x}{l}\right)$ für $x < c$ ist $M_x = -\frac{q\,x^2}{2}$ $M_A = M_B = -\frac{q\,c^2}{2}$ für die Trägermitte ist $M_C = \frac{q\,l}{2}\left(\frac{l}{4} - c\right)$ für $c = 0{,}207\,l$ ist $M_A = M_B = M_C \approx \frac{q\,l^2}{2}$	$f =$ $\frac{q\,a^4}{77\,EJ}\left(1 - \frac{24\,c^2}{5\,a^2}\right)$
d) beidseitig eingespannte Träger, gefährdeter Querschnitt in **19**: *A*, *B*, *C*; in **20**: *A*, *B*			
19 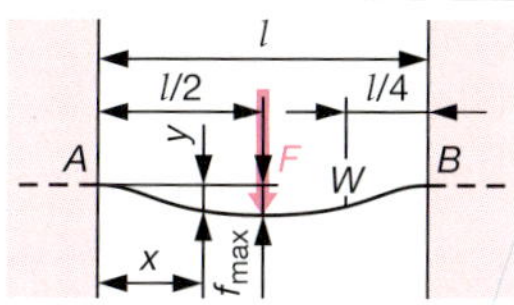	$A = B$ $= \frac{F}{2}$	$M_x = \frac{F\,l}{2}\left(\frac{x}{l} - \frac{1}{4}\right)$ $-\max M = M_A = M_B = \frac{F\,l}{8}$ $+\max M = M_C = \frac{F\,l}{8}$	$f = \frac{F\,l^3}{192\,EJ}$
20 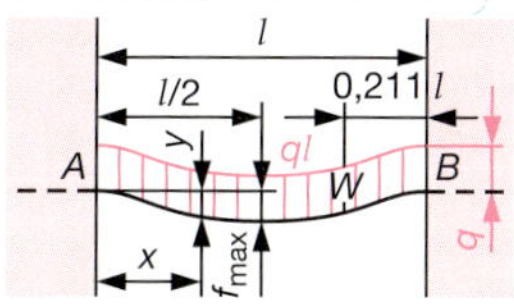	$A = B$ $= \frac{q\,l}{2}$	$M_x = \frac{q\,l^2}{2}\left(\frac{1}{6} - \frac{x}{l} + \frac{x^2}{l^2}\right)$ $-\max M = M_A = M_B = \frac{ql^2}{12}$ $+\max M = M_C = \frac{ql^2}{24}$	$f = \frac{q\,l^4}{384\,EJ}$
e) Durchlaufträger, auch für ungleiche Stützweiten, wenn min $l \geq 0{,}8$ max l ist			
21 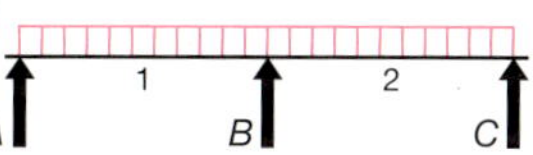	$A = 0{,}375\,ql$ $\max B = 1{,}250\,ql$ $B_{links} = B_{rechts} = 0{,}625\,ql$	$M_1 = 0{,}070\,ql^2$ $\min M_B = -0{,}125\,ql^2$	
22 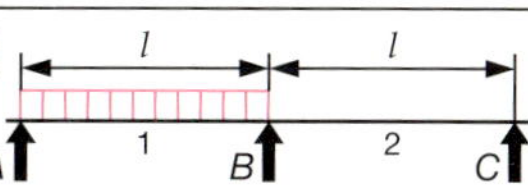	$\max A = 0{,}438\,ql$ $\min C = -0{,}063\,ql$	$\max M_1 = 0{,}096\,ql^2$ $M_B = -0{,}063\,ql^2$	
23 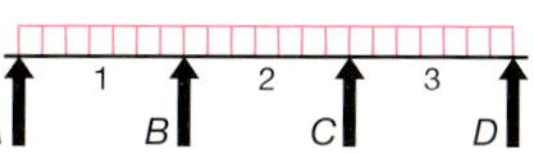	$A = 0{,}400\,ql$ $B = 1{,}100\,ql$ $B_{links} = 0{,}6\,ql$ $B_{rechts} = 0{,}5\,ql$	$M_1 = 0{,}080\,ql^2$ $M_2 = 0{,}025\,ql^2$ $M_B = -0{,}100\,ql^2$	Für diese Fälle fehlen einfache Formeln für die Durchbiegung.
24 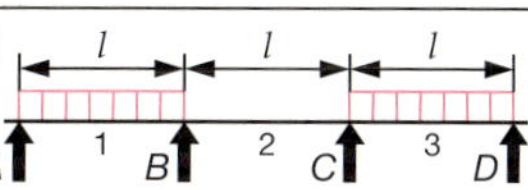	$\max A = 0{,}450\,ql$	$\max M_1 = 0{,}101\,ql^2$ $\max M_2 = -0{,}050\,ql^2$ $M_B = -0{,}050\,ql^2$	
25 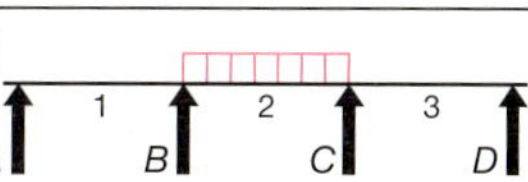	$\min A = -0{,}050\,ql$	$\max M_2 = 0{,}075\,ql^2$ $M_B = -0{,}050\,ql^2$	
26 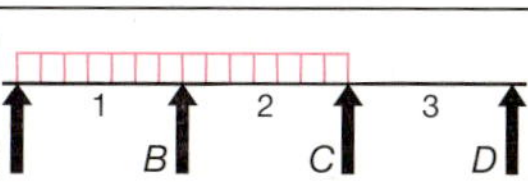	$\max B = 1{,}200\,ql$	$\min M_B = -0{,}117\,ql^2$ $M_C = -0{,}033\,ql^2$	

Statik – Randspannungen und Durchbiegung

Randspannungen in gedrückten Querschnitten bei einachsiger Ausmittigkeit

(Zugspannungen können nicht aufgenommen werden).

Spannungsverteilung	e = Exzentrizität = Ausmittigkeit der Kraft F	Größe der Rundspannungen σ_1 σ_2	
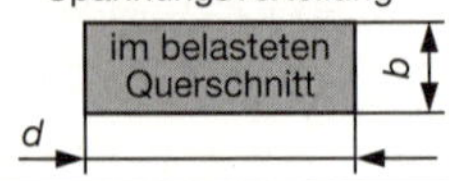			
1 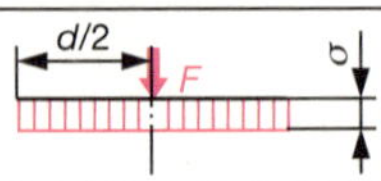	$e = 0$ (F in der Mitte)	$\sigma = \frac{F}{d \cdot b}$	
2 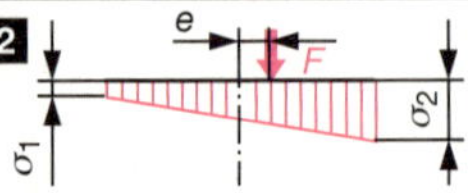	$e < \frac{d}{6}$ (F innerhalb des Kernes)	$\sigma_1 = [F : (d \cdot b)] \cdot (1 - 6\,e/d)$ $\sigma_2 = [F : (d \cdot b)] \cdot (1 + 6\,e/d)$	
3 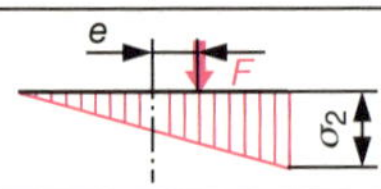	$e = \frac{d}{6}$ (F am Rand des Kernes)	$\sigma_1 = 0$	$\sigma_2 = \frac{2\,F}{d \cdot b}$
4 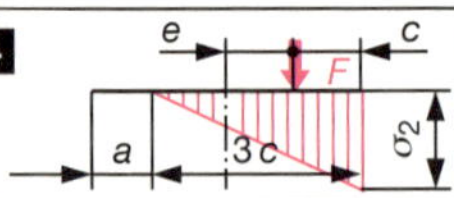	$e = \frac{d}{6} < \frac{d}{3}$ $\quad c = \frac{d}{2} - e$	klaffende Fuge	$\sigma_2 = \frac{2\,F}{3\,c \cdot b}$
5 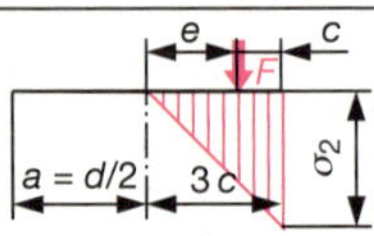	$e = \frac{d}{3} = 2\,c$ $\quad c = \frac{d}{6} = \frac{e}{2}$	$a = d - 3\,c$	$\sigma_2 = \frac{4\,F}{d \cdot b}$

Beispiele für die Kernweite *k*:

6

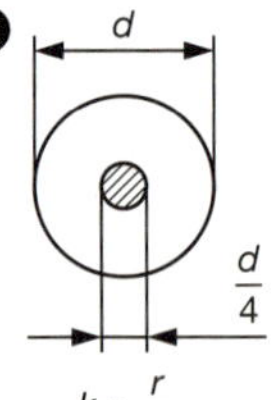

$k = \frac{r}{4}$

7

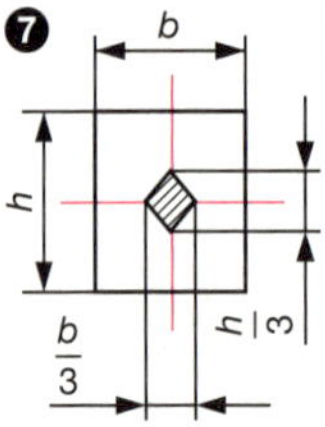

$k = \frac{b}{3}$ $\quad k_1 = \frac{h}{3}$

$k = \frac{W}{A} = \frac{\text{Widerstandsmoment}}{\text{Querschnittsfläche}}$

Liegt der Lastangriffspunkt im Kern des Querschnitts, dann entstehen nur Spannungen **eines** Vorzeichens (hier Druckspannungen).

Ergänzung zu „Durchbiegung"

(→ S. 61 bis S. 63)

	A	B
F	MN	kN
l, a, b, c, x	m	m
q	MN/m	kN/m
E	MN/m²	MN/m²
I	m⁴	cm⁴
f	m	cm
M	MNm	kNm
σ	MN/m²	MN/m²
h	m	cm

Die Gleichungen der S. 61 b. 63 erfordern, die Einheiten der **Spalte A** einzusetzen. Man rechnet dann günstig nach dem Beispiel S. 73, rechts. Wer mit den vertrauten Einheiten der **Spalte B** rechnen möchte, muss den Gleichungen der S. 61 bis 63 den Faktor 10 Millionen ($1 \cdot 10^7$) hinzufügen. Das Beispiel nach Fall 8 (S. 61) lautet dann:

$$f = \frac{10\,000\,000 \cdot F \cdot l^3}{20{,}2 \cdot E \cdot I} = \frac{10\,000\,000 \cdot 30 \cdot 64}{20{,}2 \cdot 210\,000 \cdot 5\,790} = \underline{\underline{0{,}78 \text{ cm}}} < \text{zul. } f = l/300 = 1{,}33 \text{ cm}$$

Ergänzung zu den Fällen 1, 2 u. 4 (→ S. 61) und 10, (→ S. 62)

Einheiten der Spalte B einsetzen!

	Fall ↓	Erford. Trägheitsmoment erf I	bei zul f	Vorhand. Durchbiegung vorh f $= \frac{\text{vorh } \sigma \cdot l^2}{3}$ mal
Nadelholz	4	$167 \cdot M \cdot l = 41{,}7 \cdot F \cdot l^2$	$l : 200$	$\cdot\, 0{,}167$
	4	$250 \cdot M \cdot l = 62{,}5 \cdot F \cdot l^2$	$l : 300$	$\cdot\, 0{,}167$
	10	$208 \cdot M \cdot l = 26{,}0 \cdot q \cdot l^3$	$l : 200$	$\cdot\, 0{,}208$
	10	$313 \cdot M \cdot l = 39{,}1 \cdot q \cdot l^3$	$l : 300$	$\cdot\, 0{,}208$
Baustahl	4	$8 \cdot M \cdot l = 2{,}0 \cdot F \cdot l^2$	$l : 200$	$\cdot\, 0{,}00794$
	4	$12 \cdot M \cdot l = 3{,}0 \cdot F \cdot l^2$	$l : 300$	$\cdot\, 0{,}00794$
	4	$20 \cdot M \cdot l = 5{,}0 \cdot F \cdot l^2$	$l : 500$	$\cdot\, 0{,}00794$
	10	$10 \cdot M \cdot l = 1{,}25 \cdot q \cdot l^3$	$l : 200$	$\cdot\, 0{,}00992$
	10	$15 \cdot M \cdot l = 1{,}87 \cdot q \cdot l^3$	$l : 300$	$\cdot\, 0{,}00992$
	10	$20 \cdot M \cdot l = 3{,}10 \cdot q \cdot l^3$	$l : 500$	$\cdot\, 0{,}00992$
	1	$40 \cdot M \cdot l = 40 \cdot F \cdot l^2$	$l : 250$	$\cdot\, 0{,}0313$
	2	$30 \cdot M \cdot l = 15 \cdot q \cdot l^3$	$l : 250$	$\cdot\, 0{,}0238$

Statik – Härte und Verschleißwiderstand

Härte

Härte = Widerstand einer festen Oberfläche gegen einen Körper.

1 **Ritzhärte:** Grad n. Mohs	**Ersatz-Härtemaße** nach DIN 4022
1. Talk	auf dem Finger abfärbend,
2. Gipsspat	der Fingernagel ritzt es,
3. Kalkspat	der Fingernagel ritzt es kaum,
4. Flussspat	Baustahl (Nagel) ritzt es,
5. Apatit	eine gute Feile ritzt es,
6. Feldspat	ritzt Fensterglas.
7. Quarz	
8. Topas	
9. Korund	
10. Diamant	

Kugelschlaghärte DIN 1048

Geprüft wird die Oberfläche von Normalbeton mit dem Kugelschlaghammer → ❸ . *d* muss bei „vollem Schlag" zwischen 3 und 7 mm liegen, → **2** .

Rückprallhärte DIN 1048

Geprüft wird Normalbeton mit dem Rückprallhammer. Der Rückprall muss ≥ 20 Skalenteile groß sein, → **2** .

Kugeldruckhärte → ❸

Maßgebend ist der Quotient aus Prüfkraft *F* durch Oberfläche *A* des bleibenden Eindrucks. Angewendet für Metalle als „Brinellhärte", auch für Kunststoffe. Die „Shore-Härte" von Elastomeren mit Eindruckkegel geprüft.

2 Vergleich der Ergebnisse von „Kugelschlag-" und „Rückprall"-Prüfungen mit Normalbeton-Festigkeitsklassen

für Beton	zulässige max d_m	zulässige min R_m
B 10	6,0 mm	26 Sk.
B 15	5,5 mm	30 Sk.
B 25	5,0 mm	35 Sk.
B 35	4,7 mm	40 Sk.
B 45	4,4 mm	44 Sk.
B 55	4,2 mm	48 Sk.

max d_m = maximal zulässiger Eindruck-Ø in ❸. Mittel aus 10 Schlägen.

min R_m = mindeste zulässige Rückprallweite (Skalenteile am Gerät). Mittel aus 10 Schlägen.

Nur gültig n. 28 Reifetagen

Verschleißwiderstand

= Widerstand einer festen Oberfläche gegen Lostrennen von Stoffteilen durch mechanische Kräfte.

Schleifversuch, → ❹ nach DIN 52 108 für steinige Werkstoffe, Abschliff cm^3 je 50 cm^2 oder cm^3/cm^2, vergl. S. 188.
Kugelstrahlversuch (ähnlich Sandstrahlversuch) nach DIN 53 154 für Anstriche und andere Beschichtungen.
Verschleißversuch (Dreh-, Schleif-Walk-Versuch) nach DIN 51 963 für organische Fußbodenbeläge.

❸
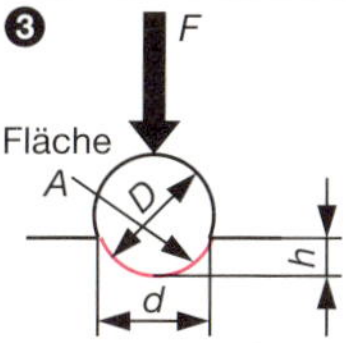

❹
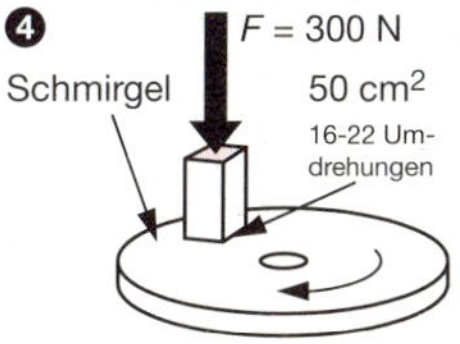

Statik – Festigkeit und Formänderung I

1. Spannung σ

Die Spannung σ ist der innere Widerstand eines durch äußere Kräfte beanspruchten festen Körpers gegen Formänderung und Zerstörung, → ❺ . Die Zusammenhangskraft (Kohäsion) zwischen den Teilchen des festen Körpers wirkt deren Trennung und Verschiebung entgegen.

$$\sigma = \frac{F}{A} \qquad \text{Spannung} = \frac{\text{Kraft}}{\text{Querschnittsfläche}} \quad \frac{\text{MN}}{\text{m}^2}$$

2. Statische Festigkeit β

Statische Festigkeit β = Höchstspannung max σ, führt bei langsam gesteigerter Belastung zum Bruch.

$$\beta = \max \sigma = \frac{\max F}{A_0}$$

$$\text{Festigkeit} = \frac{\text{Maximallast (Bruchlast)}}{\text{ursprüngliche Fläche}} \quad \frac{\text{MN}}{\text{m}^2}$$

$$\beta_B = \max \sigma_B = \frac{\max M}{W}$$

$$\text{Biegefestigkeit} = \frac{\text{max. Biegemoment}}{\text{Widerstandsmoment}} \quad \frac{\text{MN}}{\text{m}^2}$$

Druckfestigkeit	$\beta_D = \max \sigma_D$	Zerdrücken	durch
Zugfestigkeit	$\beta_Z = \max \sigma_Z$	Zerziehen	**ruhende**
Biegefestigkeit	$\beta_B = \max \sigma_B$	Zerbrechen	**Kurzzeit-**
Abscherfestigkeit	$\beta_A = \max \tau_A$	Abscheren	Kräfte.

❺
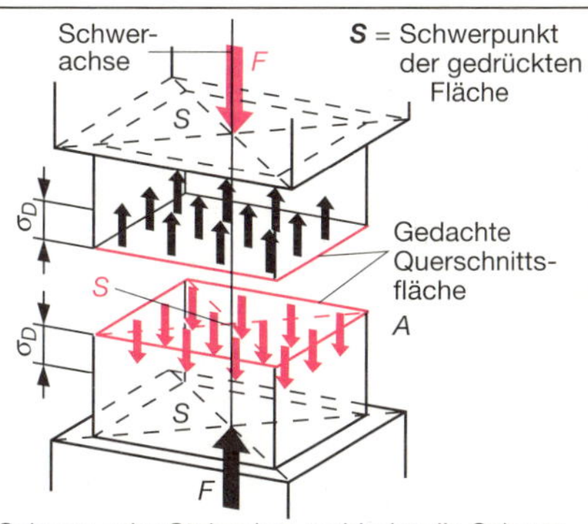

Die Schwer- oder Stabachse verbindet die Schwerpunkte aller Querschnittsflächen. Jede Querschnittsfläche liegt winkelrecht zu dieser Achse. Mittiger (zentrischer) Kraftangriff = Angriff in Richtung der Schwerachse.

Statik – Festigkeit und Formänderung II

Festigkeit ist keine physikalische Größe. Ihr Zahlenwert ist von den **Prüfbedingungen** abhängig. Allgemeine Prüfbedingungen sind: Normklima (+20 ±2) °C und (65 ±5) % r. Luftfeuchte und **Kurzzeitbelastung**, d. h. die Bruchlast wird in **Minuten**, nicht in Jahren, wie bei „Kriechversuchen" und nicht in Sekundenbruchteilen, wie bei „Kerbschlag"- und „Stoß"-Versuchen, aufgebracht.

2.1 Normenfestigkeit β eines Baustoffes

❷

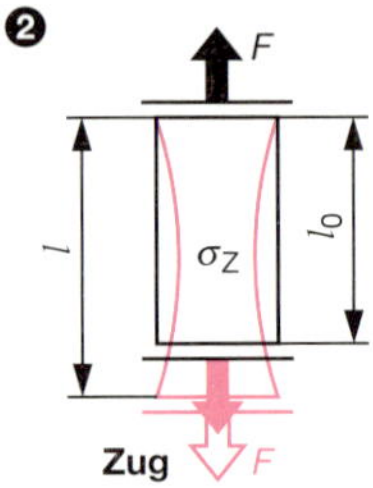

ist die statische Festigkeit, die ein genormter Baustoff **mindestens** haben muss. Sie wird in einem genormten Prüfverfahren an Prüfkörpern genormter Form, Größe und Oberflächenbeschaffenheit festgestellt.
Geprüft werden:
Mauersteine nach ❶,
Metalle nach ❷,
Mörtel- und Beton-Bindemittel nach ❶ und ❸ an Mörtelprismen 4 · 4 · 16 cm³.
Verhältnis von Druck- zu Zugfestigkeiten:
Bei Metallen: $\beta_D \approx \beta_Z$,
bei Steinen, Beton und Mörteln: $\beta_D \approx 10 \cdot \beta_Z$.

2.2 Statische Festigkeit eines Bauteils

ist die wirkliche, im Bauwerk vorhandene Festigkeit. Zur Güteprüfung der Würfel- oder Zylinderfestigkeit eines Betons, → S. 206 u. 210.
Die Druckfestigkeit von Mauerwerk kann an Wandstücken (h = 2,50 m; b = 1,50 m) oder an „Rilem-Prüfkörpern" ($l \geq 2$ Steinlängen, $h \geq 3$ Wanddicken; bzw. $h \geq$ Probelänge, $h \geq 5$ Steinhöhen) geprüft werden.

2.3 Zulässige Spannung ≙ zulässige Beanspruchung zul σ

❸

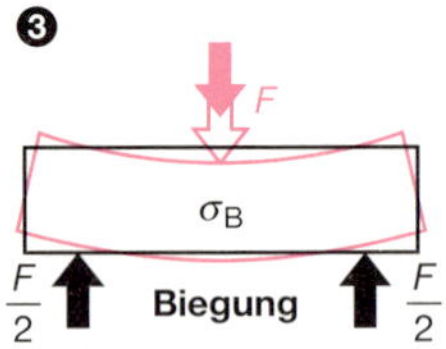

Zul σ darf nur einen Bruchteil der Bruchspannung des Bauteils erreichen, damit Festigkeitsreserve für örtliche Überbeanspruchung verbleibt. Siehe dazu die Tabellen auf den Seiten 151, 171 und 304.

Sicherheitsgrad υ = Verhältnis der vorhandenen Festigkeit β zur zulässigen Spannung:

$$\upsilon = \frac{\beta}{\text{zul } \sigma}$$

$$\text{Sicherheitsgrad} = \frac{\text{Statische Festigkeit}}{\text{zulässige Spannung}}$$

Für alle Bauwerkteile ist $\upsilon \approx 2$ bis 3.

Dehnung (Stauchung) ε (Spanndehnung genannt, um von der Temperaturdehnung zu unterscheiden) ist die auf die ursprüngliche Länge l_0 bezogene Verlängerung (Verkürzung) $l - l_0$ einer gezogenen (gedrückten) Baustoffprobe.
Ihr entspricht das **Setzen** belasteter Schichten des Baugrundes.

❶

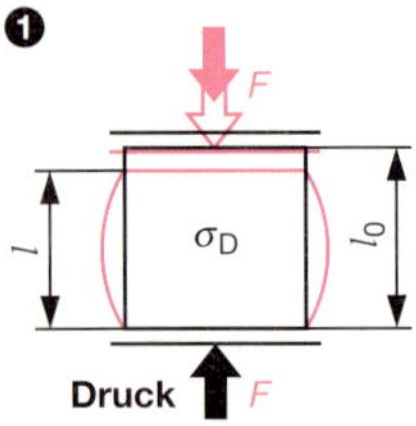

$$\varepsilon = \frac{l - l_0}{l_0} \quad \text{in } \frac{\text{m}}{\text{m}} \text{ o. } \frac{\text{mm}}{\text{m}}$$, → ❶, ❷, ❽ und ⓬.

Elastische Dehnung (Stauchung) **el** ε ist die vorübergehende Dehnung, die bei Entlastung wieder zurückfedert. In ❽ und ❾ ist es der geradlinige Teil der Spannungs-Dehnungs-Linien, → S. 68.

Bleibende Dehnung (Stauchung) **bl** ε ist der Teil der Dehnung, der bei Entlastung nicht zurückgeht, weil er durch **plastisches Fließen** und (oder) innere Zermürbung verursacht wurde, → ❽ bis ⓫.

Bruchdehung δ ist die Dehnung (Stauchung), die eine Baustoffprobe, z. B. ein Stahlstab, im Augenblick des Bruches erreicht, → ❽ bis ⓫, siehe auch die Skizze zu 9) auf Seite 69.
Im Zugversuch für Kunststoffe nach DIN 53 504 wird die Bruchdehnung **Reißdehnung** genannt.

Der **Elastizitätsmodul** (die Dehnsteife) ***E*** ist das Verhältnis der Spannung zur gleichzeitig vorhandenen elastischen Dehnung **el** ε.
Dieses Verhältnis ist nach dem Hookeschen Gesetz stetig, aber nur im geraden Teil der Spannungs-Dehnungskurven in ❽ und ❾ Seiten 68 u. 69.

$$E = \frac{\delta}{\text{el } \varepsilon} \quad \text{in } \frac{\text{MN/m}^2}{\text{m/m}} = \frac{\text{MN}}{\text{m}^2}$$

Spanndehnzahl $$\alpha = \frac{1}{E} = \frac{\text{el } \varepsilon}{\sigma} \quad \text{in } \frac{\text{m}^2}{\text{MN}}$$

Verformungsmodul *G* auch „Sekantenmodul". Näheres im Text zu ❿ und ⓫, Seite 68.

Durchbiegung *f* ist die elastische und bleibende (plastische) Formänderung, ❸, die Dehnung und zugleich Stauchung enthält.
Siehe dazu auch das Bild zu 1, Seite 73.

Kriechen heißt das allmähliche Nachgeben dauergespannter Bauteile, verursacht durch das Umlagern von Baustoff- und Wassermolekülen bzw. Kristallen von Zuständen hoher Spannung (Energie) zu solchen niedriger Spannung. Das kann auch zum Schließen von Porenräumen führen.

Stand- und Rückstellvermögen → nächste Seite.

Statik – Festigkeit und Formänderung III

3. Schubspannungen τ (vergleiche Seite 72)

Schubspannungen entstehen in allen Lastfällen ❸ bis ❺.
Bei Druck-, Zug- und Biegebeanspruchung überwiegen jedoch die „Normalspannungen".
Bei der Prüfung auf Abscherung, → ❹ treten vorwiegend Schubspannungen auf, während bei Torsions- (Verdrehungs-) Beanspruchung fast nur Schubspannungen vorliegen, → ❺.

Scherkräfte wirken gleichlaufend (parallel) zum belasteten Querschnitt.
Normalkräfte (Druck und Zug) wirken dagegen rechtwinklig (normal) zum belasteten Querschnitt.

$$\tau = \frac{F}{A} \qquad \text{Schubspannung} = \frac{\text{Scherkraft}}{\text{Scherfläche}}$$

Zulässige Schubspannungen verschiedener Baustoffe → Seiten 172, 226, 276 u. 304.

In biegebeanspruchten Bauteilen, z. B. Stürzen, treten in Auflagernähe gleichzeitig lotrechte und waagerechte Schubspannungen auf, die bei Stahlbeton durch Schrägstäbe und Bügel aufgenommen werden, → S. 226, 227.

4. Ermüdungsfestigkeit β_F [1]

Die Ermüdungsfestigkeit ist der innere Widerstand eines Bauteils gegen Dauerlast (Standfestigkeit) und gegen schwingende oder rüttelnde Beanspruchung, z. B. bei Maschinen und Brücken (Wechselfestigkeit).

β_F ist kleiner als die statische Festigkeit β und wird bei Höhe der zulässigen Beanspruchung eines Bauteils berücksichtigt.

5. Kerbschlagzähigkeit a_K

Die Kerbschlagzähigkeit ist die verbrauchte Schlagarbeit (Energie) beim Zerbrechen eines gekerbten Stabes, → ❻.
Genormt ist diese Prüfung für Metalle in DIN 50 115, für Kunststoffe in DIN 53 453.

Als **Schlagzähigkeit** am ungekerbten Stab ist eine ähnliche Prüfung für Holz, ähnlich ❻ in DIN 52 189 genormt.

Die **Schlagfestigkeit**, z. B. von Straßen- und Eisenbahnschotter, ist als Zertrümmerungsgrad nach 20 Schlägen des genormten Fallhammers in DIN 52 109 genormt. Dabei wird das zertrümmerte Gestein abgesiebt und in *m* % (*G* %) der Probe angegeben.

Ein **Stoßversuch** u. ein **Durchstoßversuch** für Kunststoffteile ist in DIN 53 443 genormt:
Ein genormter Fallbolzen stößt auf Probeplatten. Fallhöhe oder Fallmasse werden gesteigert, bis Anriss oder Beule sichtbar ist.

6. Knicksicherheit

Die Knicksicherheit ist eine Bauteileigenschaft, bei der die „Schlankheit" eine wichtige Rolle spielt → ❼.
Näheres → Seite 74.

❹

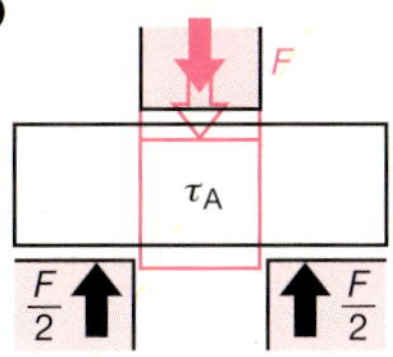

Abscherung

Schubmodul *G* ist das Verhältnis der Schubspannung zur gleichzeitig vorhandenen Schubverformung.

❺a

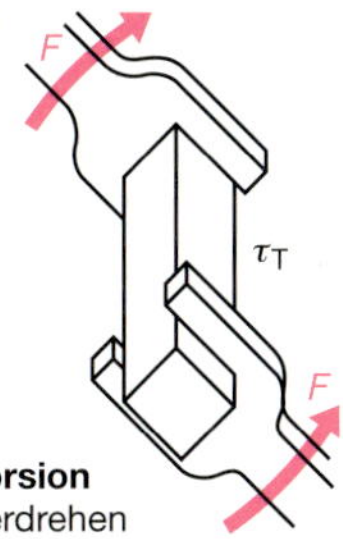

Torsion
Verdrehen

Viskosität η, auch „Zähigkeit" genannt, ist der Widerstand, den ein fließender Stoff, der gegenseitigen Verschiebung zweier benachbarter Schichten entgegensetzt.

Die Viskosität ist oft von der Temperatur abhängig und besonders für die Verarbeitbarkeit bituminöser Stoffe von grosser Bedeutung.

Je zäher etwas fließt, desto größer ist η.

❺b Strömungsprofil

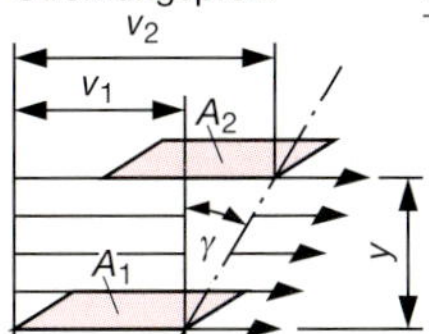

$\frac{v_2 - v_1}{y}$ = Geschwindigkeitsunterschied zwischen A_2 und A_1 im Abstand *y*.

τ = Schubspannung zwischen A_2 und A_1.

$$\eta = \frac{\tau \cdot y}{v_2 - v_1} \quad \text{in} \quad \frac{\text{N/m}^2 \cdot \text{m}}{\text{m/s}} = \frac{\text{N} \cdot \text{s}}{\text{m}^2}$$, → ⓬, S. 68.

❻

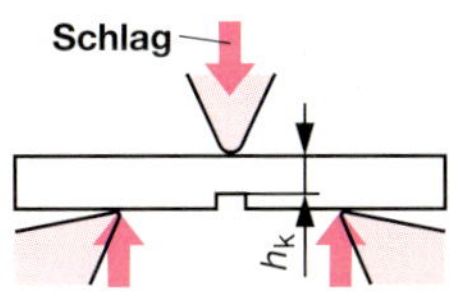

❼

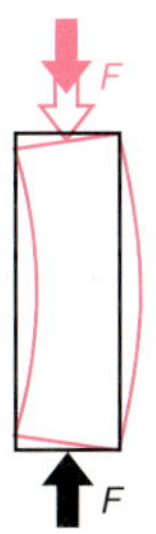

Knickung

Standvermögen von Dichtungskitten ist der Widerstand gegen Kriechen aus Eigengewicht, an einer freien senkrechten Kittfläche bei +5° C und +70° C nach DIN 52 454 geprüft.

Rückstellvermögen von Dichtungsmassen ist ein Maß für die Rest-Elastizität sogenannter „dauerelastischer" oder „elastoplastischer" Massen nach Wechsellagerung bei 23° C in Wasser und bei 70° C in Luft, sowie Dehnung und Entspannung nach DIN 52 458, → S. 254.

[1] *F* von fatigue (englisch) = Ermüdung

Statik – Festigkeit und Formänderung IV

Arten der Formänderung und Eigenschaften der Baustoffe

Sehr vereinfacht dargestellt.
Vorsätze in Formelzeichen:
el = elastisch, bl = bleibend, ges = gesamt

Elastische Baustoffe

Nahezu rein elastisch federnde, vorübergehende Verformung [1)]

E-Modul = Tangentenmodul

Tangente an *AS* in ❽, an *AB* in ❾.

Je **steifer** (formsteif, dehnsteif, biegesteif) der Stoff ist, desto **steiler** (großer ∢ α) ist die Tangente an der σ-ε-Linie und damit umso größer ist der Elastizitätsmodul *E*.

Die Aussagen gelten nur für Gebrauchsspannungen im Bauwesen: vorh. $\sigma <$ zul σ.

Zähe Baustoffe

= **große Bruchdehnung** (fießfähig, stauchbar, biegsam, verdrehbar, zähbrüchig)

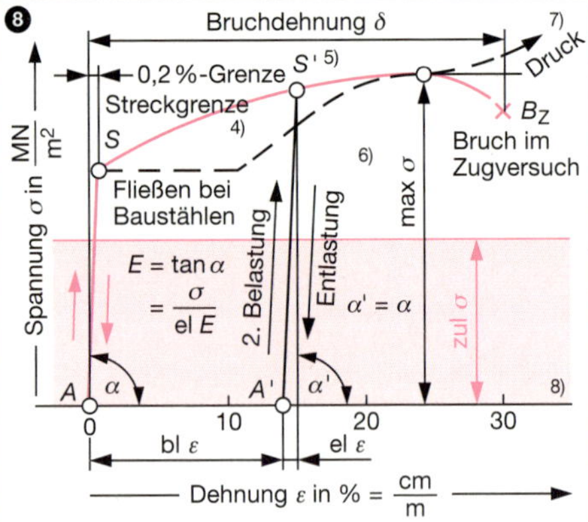

z. B. Baustähle, Aluminium, Kupfer, Messing; einige elastische Kunststoffe (Elaste), Holz: Druck ∥ z. Faser.

Viskoelastische Baustoffe

(plastisch-elastisch) [2)]

Zugleich zähflüssiges und elastisches Verhalten: Bei Entlastung geht die Verformung nicht mehr auf den Ausgangspunkt *A*, sondern auf den Punkt *A'* zurück.

E_V = Verformungsmodul (Sekante *AC*)

E = Elastizitätsmodul (Sekante *A'C*)

Beide werden Sekanten- oder Sehnenmodule genannt.

Die Aussagen gelten nur für Gebrauchsspannungen im Bauwesen: vorh $\sigma <$ zul σ.

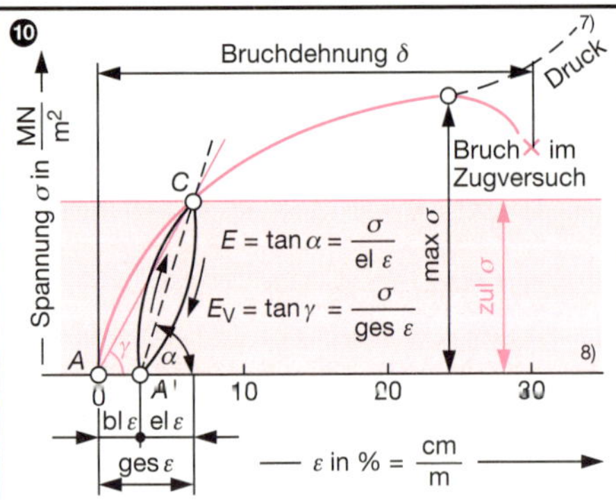

z. B. plastische Kunststoffe oberhalb des „Glaspunktes", plastoelastische Fugendichtungsmassen, bei Holz Druck ⊥ zur Faser, Kiessand als Baugrund.

1) Dabei ist von der „Stahlelastizität", bei der sich beim Dehnen und Stauchen die Abstände der Moleküle oder Kristalle ändern, die Gummielastizität (auch „Entropieelastizität" genannt) zu unterscheiden, wo beim Dehnen die vorher geknäuelten, leicht vernetzten Fadenmoleküle in eine gestrecktere, geordnetere Form (→ S. 129) gebracht werden. Sie haben jedoch das Bestreben, wieder in die ungeordnetere, wahrscheinlichere (entropie-reichere) Form zurückzukehren.
Typisch für „gummielastische" Stoffe sind der sehr niedrige E-Modul und die sehr große Bruchdehnung.

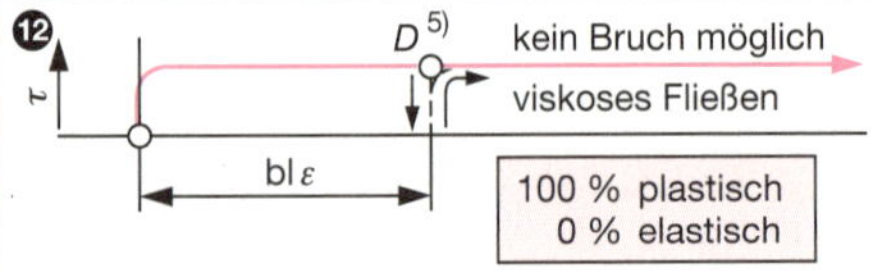

z. B. Frischkitt, Frischmörtel, Frischbeton, Leime, Anstrichstoffe; Weichblei.

2) Typisch für „plastoelastische" Stoffe sind das „Rückstellvermögen" (→ S. 254), welches bewirkt, dass die ursprüngliche Form langsam, aber meist nur teilweise, wieder erreicht wird. (Wichtig für Fugendichtung).

Statik – Festigkeit und Formänderung V

Arten der Formänderung und Eigenschaften der Baustoffe

Spröde Baustoffe

= **kleine Bruchdehnung**
(nicht bleibend verformbar, sprödbrüchig)

❾

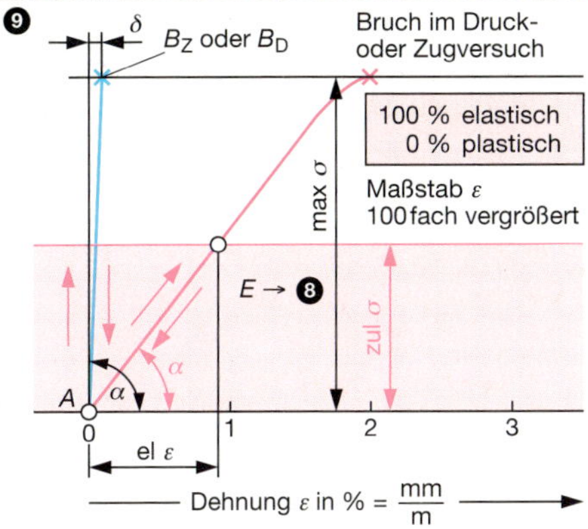

z. B. gehärtete Werkzeugstähle, Fensterglas (Silikatglas), Basalte, Holz ∥ Zug.

Hinweis:
Für die Diagramme ❽ bis ⓫ wurde ein gleich großes zul σ angenommen, um das Verhalten sehr unterschiedlicher Stoffe besser miteinander vergleichen zu können. Man lese die Tafel von ❾ und ⓬ aus.
Dem Vergleich dient folgende Abbildung:

Zusammenhang der σ-ε-Linien in ❽ bis ⓬

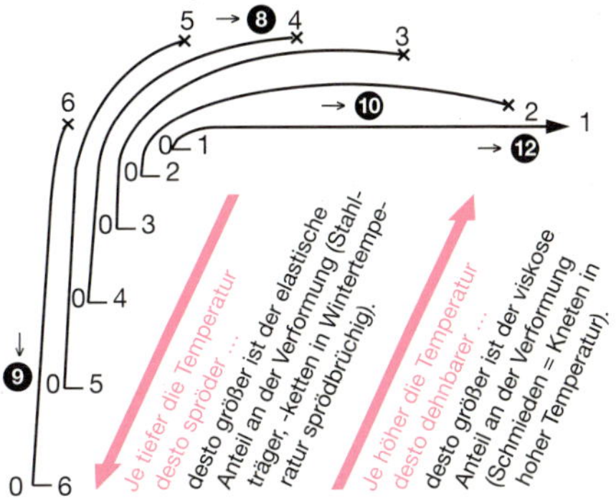

⓫

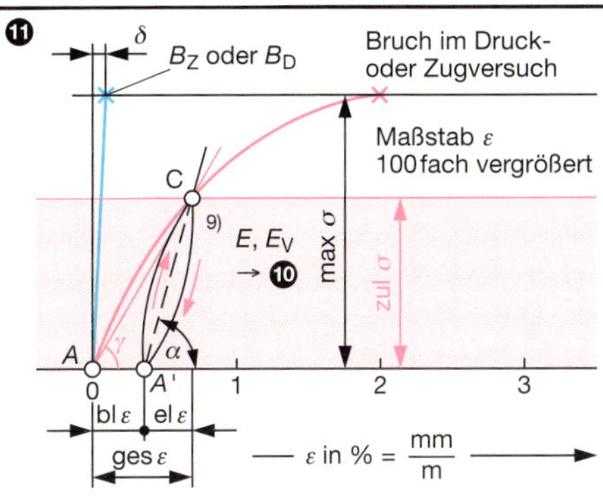

z. B. Mauerwerk, Beton, die meisten Bausteine, Grauguss.

zu ⓬:
Als Messgerät für die **Viskosität** von zähflüssigen Stoffen, z. B. Bitumen, wird oft ein Rotationsviskosimeter eingesetzt.
Für die Bestimmung der **Konsistenz** weicher Massen, z. B. Beton oder Mörtel → S. 207, für Erdboden → S. 150.

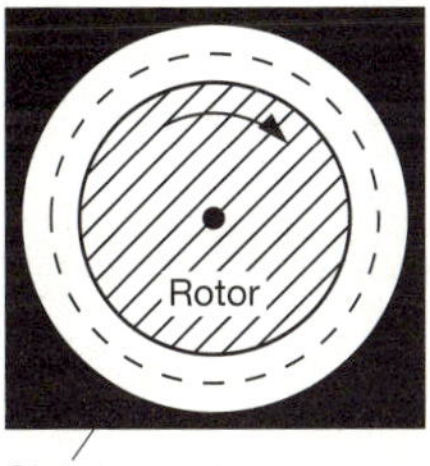

3) Einige Einflüsse auf die Form der σ-ε-Linie wurden nicht berücksichtigt. Viskos und kristallin-plastisch wurden zu einer Gruppe zusammengefasst.

4) ***S*** = **Streckgrenze** (bei Zug) = **Quetschgrenze** (bei Druck) = **Biegegrenze**, zusammengefasst auch **Fließgrenze** genannt, besonders bei Stählen, die den Beginn des Fließens deutlich zeigen.
Bei allen anderen Metallen (ausgezogene Linie in ❽) **0,2 % Grenze** (Spannung) genannt, bei welcher der Anteil der bleibenden Dehnung 0,2 % ist.

5) ***S***' in ❽ und ***D*** ⓬ können nach links oder rechts beliebig verschoben gedacht werden.

6) In ❽ zeigt die Linie $A'S'B_Z$, dass kaltgereckter Stahl spröder als unbehandelter ist. ❽ und ❿ zeigen, dass die maximale Spannung nicht gleich der Bruchspannung sein muss.

7) Bei zähen Stoffen ist im Druckversuch meist kein Bruch möglich.

8) 30 % Verformung wurde willkürlich angenommen. Für gummielastische und weichplastische Stoffe kann die Zug-Bruchverformung bis über 300 % betragen.

9) Nach DIN 1048 wird der E-Modul des Betons in einem Druckversuch bei $\sigma = 1/3\ \beta_D$ bestimmt, nachdem der Beton 10 mal be- und entlastet wurde. Dadurch verschieben sich *C* und *A*' parallel zu *CA*' nach rechts.
An der grundsätzlichen Aussage in ❿ ändert sich dadurch nichts.

Statik – Festigkeit und Formänderung VI

Verformung von Bauwerkteilen

1 Längenänderung bei **Aufbringen der Last** = $\frac{\text{vorh. Spannung} \cdot \text{Länge}}{\text{Elastizitätsmodul}}$

$$l_V = \varepsilon_V \cdot l = \frac{\text{vorh } \sigma}{E} \cdot l \qquad \text{in mm} = \frac{\text{MN/m}^2}{\text{MN/m}^2} \cdot \text{mm}$$

2 Längenänderung durch **Kriechen** = {Stauchung} · {Kriechzahl} · {Länge}

$$l_K = \varepsilon_V \cdot \varphi \cdot l = l_V \cdot \varphi \qquad \text{in mm} = \frac{\text{mm}}{\text{m}} \cdot 1 \cdot \text{m}$$

3 Längenänderung durch **Schwinden** = {Schwindmaß} · Länge

$$l_S = \varepsilon_S \cdot l \qquad \text{in mm} = \frac{\text{mm}}{\text{m}} \cdot \text{m}$$

4 Längenänderung durch **Temperaturänderung** = {Temp.-dehnzahl} · {Temp.-unterschied} · Länge

$$l_T = \alpha_T \cdot \Delta\vartheta \cdot l \qquad \text{in mm} = \frac{\text{mm}}{\text{K} \cdot \text{m}} \cdot \text{K} \cdot \text{m}^{1)}$$

5 Endkriechzahlen φ_∞

für **Mauerwerk** Steinsorte [2]	aus DIN	Rechenwerte	Wertebereich	Mittelwert
Mz, Hlz	105	1,0	0,5 … 1,8	1,2
KS, KSL	106	1,5	0,8 … 1,9	1,4
Hbl	18 151	2,0	0,8 … 2,8	1,9
V, VBl	18 152		1,8 … 3,2	2,5
(Hbn)	18 153	1,0	–	–
PB 2, PP 2,	4 165	1,5	(2,5 … 5,5)	(4,0)
PB 4/6, PP 4/6			0,3 … 2,1	1,1

für **Beton- und Stahlbeton-Bauteile** φ_{70} [3]

Belastungsalter t_0 (Tage)	Umweltbedingungen: trocken (Innenräume) 50 % rel. Feuchte			feucht (im Freien) 80 % rel. Feuchte		
	wirksame Bauteildicke h in mm					
	50	150	600	50	150	600
1	5,8	4,8	3,9	3,8	3,4	3,0
7	4,1	3,3	2,7	2,7	2,4	2,1
28	3,1	2,6	2,1	2,0	1,8	1,6
90	2,5	2,1	1,7	1,6	1,5	1,3
365	1,9	1,6	1,3	1,2	1,1	1,0

[1] Tabelle der Temperaturdehnzahlen → S. 93, vereinfachte Berechnung der Bewegungsfuge → S. 237.
[2] Die Werte streuen bis zu ± 50 %.
[3] Endkriechzahlen φ_{70} nach ENV-EC 2 und MC 90 nach 70 Jahren Belastungsdauer.
[4] Endschwindmaße ε_{CS70} nach EC 2 und MC 90 nach 70 Jahren Trocknungsdauer.

6 Endschwindmaße $\varepsilon_{S\infty}$ in mm/m

für **Mauerw.** aus Steinsorte	DIN	Rechenwerte	Wertebereich	Mittelwert
Mz, Hlz	105	0	+0,4 … −0,2	–
KS, KSL	106	– 0,2	– 0,01 … −0,29	−0,16
Hbl	18 151	– 0,4	– 0,23 … −0,57	−0,41
V, VBl	18 152	– 0,2 [3]		
Hbn	18 153	– 0,2	– 0,1 … −0,3	–
PB, PP	4 165	– 0,2	+0,2 … −0,4	–

für **Beton- und Stahlbeton-Bauteile** E_{CS70} [4]

Umweltbedingungen: trocken (Innenräume) 50 % rel. Luftfeuchte			feucht (im Freien) 80 % rel. Luftfeuchte		
wirksame Bauteildicke h in mm					
50	150	600	50	150	600
– 0,57	– 0,56	0,47	0,32	0,31	0,26

Schwind- und Quellmaße:
für **Holz** → S. 300,
für **Tischler- und Bau-Furnierplatten** → S. 322.

Beispiel:
Wieviel mm wird eine 4 m lange, 4 m hohe und 36,5 cm dicke Außenmauer im Endzustand niedriger und kürzer sein als bei ihrer Herstellung?
Mauerwerk aus KS 12-1,8, M. Gr. IIa.
Druckspannung in der obersten Lagerfuge:
vorh $\sigma_{D,0}$ = 1 MN/m² = 1000 kN/m²
Lufttemperatur beim Mauern etwa + 15° C
Lufttemperatur im Winter − 15° C

$$\sigma_D \text{ aus Eigenlast} = \frac{\varrho_R \cdot V}{A} = \frac{18\ \text{kN/m}^3 \cdot 0{,}365\ \text{m} \cdot 4\ \text{m} \cdot 4\ \text{m}}{0{,}365\ \text{m} \cdot 4\ \text{m}} = 72\ \frac{\text{kN}}{\text{m}^2}$$

$$\sigma_{D,m} = (\sigma_{D,0} + \sigma_{Du}) : 2 = (1000 + 1072) : 2 = 1036\ \text{kN/m}^2.$$

Stauchung:

$$l_V = \frac{\text{vorh } \sigma_{D,m}}{E_{MW} = 5\ \text{kN/mm}^2 = 5\ \text{Mill. kN/m}^2} \cdot l = \frac{1036\ \text{kN/m}^2}{5\,000\,000\ \text{kN/m}^2} \cdot 4000\ \text{mm} = \underline{\underline{0{,}83\ \text{mm}}}$$

Kriechen: $l_K = l_V \cdot \varphi = 0{,}83\ \text{mm} \cdot 1{,}5 = \underline{\underline{1{,}25\ \text{mm}}}$

Schwinden: $l_S = \varepsilon_S \cdot l = 0{,}2\ \text{mm/m} \cdot 4\ \text{m} = \underline{\underline{0{,}8\ \text{mm}}}$

Temperaturdehnung: $l_T = \alpha_T \cdot \Delta\vartheta \cdot l = 0{,}008\ \text{mm/K} \cdot \text{m} \cdot 30\ \text{K} \cdot 4\ \text{m} = \underline{\underline{0{,}96\ \text{mm}}}$

Gesamtverkürzung der Mauer:
waagerecht:

$$l_{ges} = l_S + l_T = 0{,}8\ \text{mm} + 0{,}96\ \text{mm} = \underline{\underline{1{,}76\ \text{mm}}}$$

senkrecht:

$$h_{ges} = l_S + l_T + l_V + l_K = 0{,}8 + 0{,}96 + 0{,}83 + 1{,}25\ \text{mm} = \underline{\underline{3{,}84\ \text{mm}}}$$

Statik – Festigkeit und Formänderung VII

7 Elastizitätsmodule *E* in kN/mm^2

für **Mauerwerk** aus Steinsorte	DIN	Festigkeitskl.	mit Normalmörtel Gruppe II	II a	III	III a
Mz, Hlz	105	12	3,5	5,0	6,0	8,0
		20	5,0	6,5	8,5	11,0
		28	6,5	8,5	10,5	13,5
		36	–	–	12,5	16,0
		48	–	–	15,0	19,0
		60	–	–	18,0	22,5
KS	106	4	1,9	2,2	2,5	2,9
		6	2,6	3,0	3,4	4,0
		8	3,2	3,7	4,2	4,9
		12	4,3	5,0	5,7	6,6
		20	6,3	7,2	8,4	9,7
		28	8,1	9,3	10,7	12,4
		36	9,7	11,2	12,9	15,0
		48	12,0	13,9	16,0	18,5
		60	14,2	16,4	18,9	21,5
KSL	106	12	3,2	3,7	4,2	4,9
		20	5,0	5,8	6,6	7,7
		28	6,1	7,0	8,0	9,3
Hbl	18 151	2	2,2	2,2	2,3	(2,2)
		4	3,5	3,6	3,8	(3,0)
		6	4,6	4,8	5,0	(3,6)
		8	5,6	5,9	6,1	(4,1)
V, Vbl	18 152	2	2,2	2,4	2,5	(2,0)
		4	3,7	3,9	4,1	(3,0)
		6	4,9	5,2	5,6	(3,7)
		8	6,0	6,4	6,8	(4,3)
Hbn	18 153	4	4,5	5,8	7,6	–
		6	5,8	7,5	9,8	–
		8	6,9	9,0	11,7	15,2
		12	8,8	11,5	15,0	19,5
PB, PP	4165	2		1,1		[1,0]
		4		1,8		[1,8]
		6		2,4		[2,5]
		8		3,0		[3,1]

( ) mit Leichtmörtel, [ ] mit Dünnbettmörtel.

für **Normalbeton** und **Stahlbeton**: Festigk.-klasse MN/m^2	Elast.-modul in kN/mm^2	Schubmodul in kN/mm^2	für **Leichtbeton**: Rohdichteklasse in kg/m^3	Elastizitätsmodul in kN/mm^2
B 5	(20)	–	1000	5
B 10	22	–	1200	8
B 15	26	–	1400	11
B 25	30	13	1600	15
B 35	34	14	1800	19
B 45	37	15	2000	23
B 55	39	16	–	–

für **Baumetalle:**	DIN	*E* in kN/mm^2
Baustähle und Stahlguss	1050	210
Betonstähle,	1045	210
Nichtrostende Stähle,	17 440	170
Gusseisen GG 15,	1050	100
Aluminium,	4113	70

für **Bauholz** n. DIN 1052 in $kN/mm^2 = 10^3\ N/mm^2$		Schubmodul	*E*-Modul ∥	*E*-Modul ⊥
Nadelhölzer (NH)		0,5	10	0,3
Brettschichtholz aus NH		0,5	11	0,3
Eiche, Buche, Teak		1,0	12,5	0,6
Bau-Furniersperrholz:				
Biegung ⊥ zur Plattenebene	3 Lag.	0,25	8,0	0,4
	≥ 5 Lag.		5,5	1,5
Biegung, Druck und Zug in Plattenebene	3 Lag.	0,5	4,5	1,0
	≥ 5 Lag.			2,5

höhere Werte erlaubt, wenn durch Prüfzeugnis der fremdüberwachenden Stelle nachgewiesen.

für **sonstige Baustoffe**	DIN	*E* in kN/mm^2
Hart-PVC-Tafeln	16 927	1,5 … 3
Glasfaserverstärkte		
Epoxidharze	19 948	10 … 30
Ployesterharze	19 948	4 … 30
Acrylharz, z. B. Plexiglas		3 … 4
Fensterglas (Silikatglas)		70 … 75
dicht. Sandstein,		
Quarzit, Granit		10 … 70
Basalt, Diabas, Syenit		60 …150

In der Fachsprache bedeutet:

Dehnung = **+ Dehnung** = **Verlängerung,**
Stauchung = **– Dehnung** = **Verkürzung.**

Hinweis:
E-Module in $MN/m^2 = N/mm^2$ sind unhandlich große Zahlen, die in den Tabellen deshalb in kN/mm^2 angegeben sind. Für das Ermitteln von Druckverkürzungen können diese Werte mit 1 Million multipliziert in kN/m^2 umgerechnet werden. Für Durchbiegungsberechnungen ist es günstiger mit 100 multipliziert, in kN/cm^2 umzurechnen, → Beispiel 1, S. 73.

Beispiel:
Wieviel dehnt sich ein 100 m langes **Stahlseil** von 25 mm Ø, das als Schrägabspannung einer Brücke, von dieser mit 500 kN aus Eigen- und Verkehrslast auf Zug beansprucht wird?
Die Eigenlast des Seiles bleibt unberücksichtigt.

$$A = d^2 \cdot \pi/4 = 25^2 \cdot 0{,}785 = 491\ mm^2,$$

$$\text{vorh}\ \sigma_Z = \frac{F}{A} = \frac{500\ kN}{491\ mm^2} = 1{,}02\ kN/mm^2 < \text{zul}\ \sigma,$$

$$l_V = \frac{\text{vorh}\ \sigma_Z}{E} \cdot l = \frac{1{,}02\ kN/mm^2}{210\ kN/mm^2} \cdot 100\ m = \underline{\underline{0{,}49\ m.}}$$

1. Zugfestigkeit und Druckfestigkeit

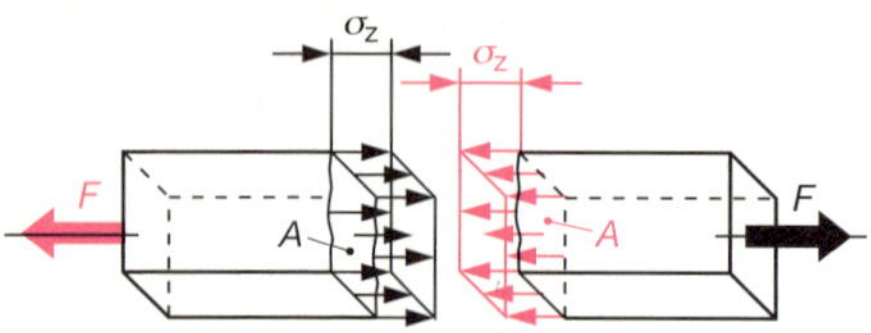

erforderliche Querschnittsfläche $= \dfrac{\text{Kraft}}{\text{zulässige Spannung}}$

$$\textbf{erf } A = \frac{F}{\text{zul } \sigma} \quad \text{in } \frac{\text{N}}{\text{mm}^2} = \frac{\text{MN}}{\text{m}^2}, \left(\frac{\text{kN}}{\text{m}^2}\right)$$

Querschnittsschwächungen durch Niet-, Bolzen- o. Zapfenlöcher, Verblattungen, Mauerschlitze u. ä. beachten. Voller Querschnitt minus Schwächung = Nutzquerschnitt A_n.

Beispiel 1:

Ein **Zugband** aus S 235 (St.37) soll eine Zugkraft von 50 kN aufnehmen. Der Randabstand neben dem Passschraubenloch Ø 13 mm soll > 20 mm sein.
Daher gewählt: Flachstahl 60 x 8 mm², zul σ_z = 160 N/mm² (→ S. 276).

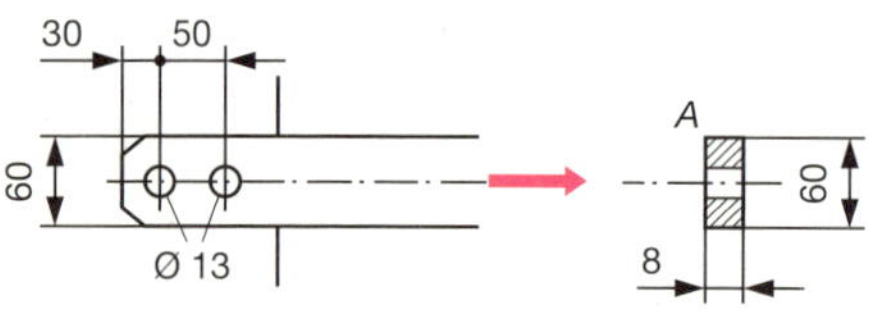

Voller Querschnitt = 60 mm · 8 mm = 480 mm²
Lochabzug = 13 mm · 8 mm = 104 mm²
$\underline{\underline{A_n = 376 \text{ mm}^2}}$

$$\text{vorh } \sigma_z = \frac{50\,000 \text{ N}}{376 \text{ mm}^2} = \underline{\underline{133 \text{ N/mm}^2}} < \text{zul } \sigma_z$$

Beispiel 2: Ein **Stahlträger IPE 240** überträgt auf einen Mauerpfeiler aus Mz 12 in MGr. II eine Last von 240 kN = 0,24 MN.

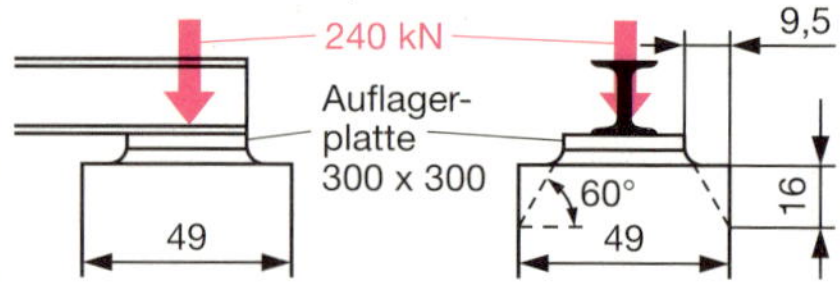

zul σ_{MW1} (Mz 12/II) = 1,2 MN/m²
zul σ_{MW2} (KMz 28/III) = 3,0 MN/m² (→ S. 171, Tab. 4a)
Für Auflagerbreite b = 120 mm
und Auflagerlänge l_a = Trägerhöhe = 240 mm

vorh A = 120 · 240 = 28 800 mm²
= 288 cm² = 0,0288 m²

$$\text{erf } A = \frac{F}{\text{zul } \sigma_{MW1}} = \frac{0{,}24 \text{ MN}}{1{,}2 \text{ MN/m}^2} = \underline{\underline{0{,}2 \text{ m}^2}} > \text{vorh } A_{MW1}$$

$$\text{erf } A = \frac{F}{\text{zul } \sigma_{MW2}} = \frac{0{,}24 \text{ MN}}{3{,}0 \text{ MN/m}^2} = \underline{\underline{0{,}08 \text{ m}^2}} > \text{vorh } A_{MW2}$$

Mit Stahlplatte 300 x 300 mm² als Auflager:
vorh A = 0,3 · 0,3 = 0,09 m² > erf A mit MW_2

vorh A mit MW_1 = 0,49 m · 0,49 m = $\underline{\underline{0{,}24 \text{ m}^2}}$ > erf A

$$\text{vorh } \sigma_{MW1} = \frac{F}{A_{MW2}} = \frac{0{,}24 \text{ MN}}{0{,}24 \text{ m}^2} = \underline{\underline{1 \text{ MN/m}^2}} < \text{zul } \sigma$$

Folgerung:
Unterhalb der Stahlplatte müssen soviel Schichten aus KMz 28 in MGr III gemauert werden, bis sich die Belastung infolge des Lastverteilungswinkels von 60° auf die gesamte Pfeilerfläche verteilen kann. Eine rechnerische oder zeichnerische Ermittlung ergibt 16 cm = 2 Schichten NF oder 3 Schichten DF.

2. Scherfestigkeit

$$\textbf{vorh } \tau = \frac{F}{\text{vorh } A} \quad \text{in } \frac{\text{MN}}{\text{m}^2}$$

$$\textbf{erf } A = \frac{F}{\text{zul } \tau} \quad \text{in } \frac{\text{MN}}{\text{MN/m}^2} = \text{m}^2$$

$$\textbf{max } F = \text{vorh } A \cdot \text{zul } \tau \quad \text{in m}^2 \cdot \frac{\text{kN}}{\text{m}^2} = \text{kN}$$

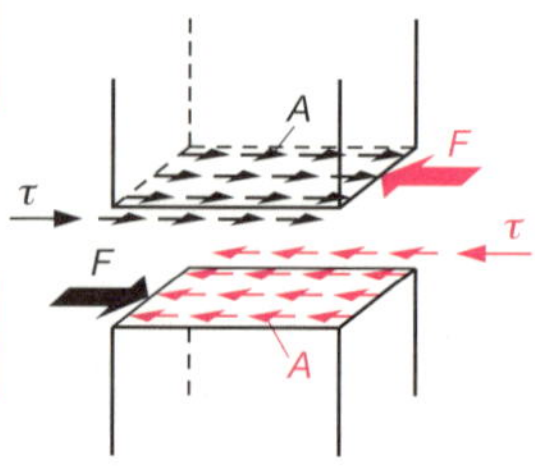

Beispiel:

Ein **Kragstein** aus Sandstein ist durch einen Wandpfosten mit 14 kN auf Abscheren belastet. Bedingt durch den Mauerverband wird ein Steinquerschnitt von 24 cm x 32 cm = 768 cm² = 0,0768 m² gewählt, zul τ = 0,2 MN/m², n. DIN 1053 T.1, 12.3.4 (→ S. 190).

$$\text{erf } A = \frac{0{,}014 \text{ MN}}{0{,}2 \text{ MN/m}^2} = \underline{\underline{0{,}07 \text{ m}^2}} = 700 \text{ cm}^2 < \text{vorh } A$$

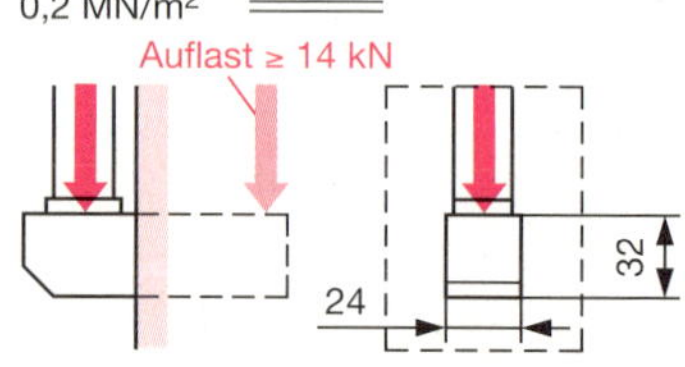

Statik – Bemessen von Bauteilen II

1. Biegefestigkeit und Durchbiegung

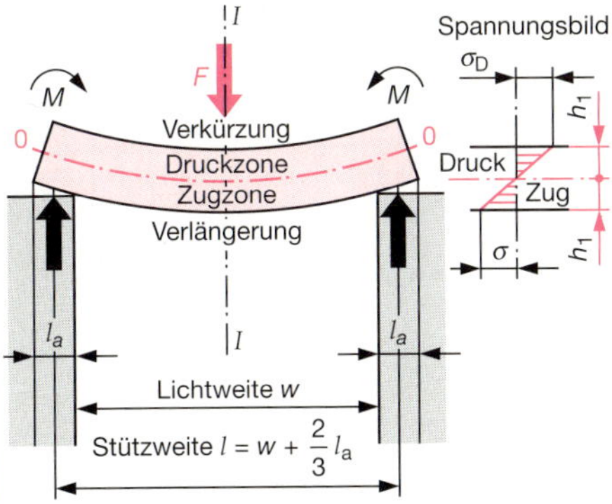

l_a = Auflagerlänge, abhängig vom Baustoff und von der Belastbarkeit (zul σ)

vereinfacht: Stützweite $l = 1{,}05 \cdot w$

I —·— I = gefährdeter Querschnitt, mit dem größten Biegemoment max M

0 —·— 0 = Spannungs-Nulllinie oder neutrale Faser

Trägheitsmoment I eines Querschnittes ist ein Maß für die **Biegesteifigkeit** eines Balkens oder Trägers. Es wird auch Flächenmoment genannt, weil es die Summe der Produkte aller Querschnitts-Flächenteilchen mal dem Quadrat ihrer Abstände von der Bezugsachse ist.
Die Maßeinheit ist $m^2 \cdot m^2 = m^4$.

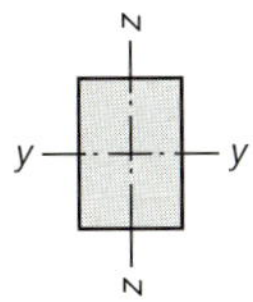

I_y bezogen auf die y–y-Achse (Querachse),
I_z bezogen auf die z–z-Achse (Hochachse),
I-Werte → S. 59 f, für Stahlprofile → S. 284, für Holz → S. 314 f.

Widerstands-moment W $= \dfrac{\text{Trägheitsmoment}}{\text{äußerster Faser-abstand v. d. Nulllinie}}$ $\quad cm^3 = \dfrac{cm^4}{cm}$

Es ist ein Maß für die **Biegefestigkeit** eines Balkens oder Trägers.

vorhandene Biege-randspannung $= \dfrac{\text{Biegemoment}}{\text{Widerstandsmoment}}$

$$\textbf{vorh } \boldsymbol{\sigma_B} = \frac{\boldsymbol{M}}{\boldsymbol{W}} \quad \text{in } \frac{kN}{cm^2} = \frac{kN \cdot cm}{cm^3}$$

erforderliches Widerstandsmoment $= \dfrac{\text{größtes Biegemoment}}{\text{zulässige Biegespannung}}$

$$\textbf{erf } \boldsymbol{W} = \frac{\textbf{max } \boldsymbol{M}}{\textbf{zul } \boldsymbol{\sigma_B}} \quad \text{in } cm^3 = \frac{kN \cdot cm}{kN/cm^2}$$

Beispiel 1: Ein **Stahlträger** als Unterzug soll nach Fall **8** (→ S. 61) bei 4 m Stützweite mit 3 x 30 kN belastet werden (ohne Eigenlast). Die zulässige Durchbiegung beträgt $l/300$. Für S 235 (St 37) beträgt zul $\sigma_B = 160\ N/mm^2$.
Welcher Träger ist zu wählen?
Wegen der I- und W-Werte empfiehlt es sich, als Längen-Maßeinheit cm zu wählen:

$l = 400\ cm$; $\sigma_B = 160\ N/mm^2 = 16\ kN/cm^2$

$$\max M = \frac{F \cdot l}{2} = \frac{30\ kN \cdot 400\ cm}{2} = \underline{\underline{6000\ kN\ cm}}$$

$$\text{erf } W_y = \frac{\max M}{\text{zul } \sigma_B} = \frac{6000\ kN\ cm}{16\ kN/cm^2} = \underline{\underline{375\ cm^3}}$$

gewählt: HE-A (IPBl) 200 mit $W_x = 389\ cm^3$ > erf. und $I_x = 3690\ cm^4$

$$\text{zul } f = l/300 = 400\ cm : 300 = 1{,}34\ cm$$

$$\text{vorh } f = \frac{F \cdot l^3}{20{,}2 \cdot E \cdot I}$$

$$= \frac{30\ kN \cdot 64\,000\,\cancel{000}\ cm^3}{20{,}2 \cdot 21\cancel{000}\ kN/cm^2 \cdot 3690\ cm^4}$$

$$= \underline{\underline{1{,}23\ cm}} < \text{zul } f = 1{,}34\ cm$$

Beispiel 2: Ein Nadelholz-**Deckenbalken** wird mit 5 kN/m, einschließlich Eigenlast, belastet.
Die lichte Raumweite $w = 4{,}01$ m,
zul $\sigma_B = 10\ N/mm^2 = 1{,}0\ kN/cm^2$ für Güteklasse II.
Stützweite $l = 1{,}05 \cdot 4{,}01 = 4{,}21\ m = 421\ cm$

$$\max M = \frac{q \cdot l^2}{8} = \frac{5\ kN/m \cdot (4{,}21\ m)^2}{8} = \underline{\underline{11{,}1\ kN\ m}} = 1110\ kN\ cm$$

$$\text{erf } W_y = \frac{\max M}{\text{zul } \sigma_B} = \frac{1110\ kN\ cm}{1{,}0\ kN/cm^2} = \underline{\underline{1110\ cm^3}}$$

gewählt: 16/22 mit $W_y = 1291\ cm^3$ > erf W_y

$$\text{vorh } \sigma_B = \frac{\max M}{\text{vorh } W_y} = \frac{1110\ kNcm}{1291\ cm^3} = \underline{\underline{0{,}86\ kN/cm^2}} > \text{zul } \sigma_B$$

Vereinfachte Durchbiegungsberechnung nach „Lohmeyer", k_f-Werte für Holz → dort T. 2, S. 90

$$\text{zul } f = l/300 = 421\ cm : 300 = 1{,}40\ cm$$

$$\text{vorh } f = \frac{\text{vorh } \sigma_B \cdot l^2}{h \cdot k_f}$$

$$= \frac{8{,}6\ N/mm^2 \cdot (4{,}21\ m)^2}{22\ cm \cdot 4{,}8} = \underline{\underline{1{,}44\ cm}} \approx \text{zul } f$$

Genau genommen müsste ein Balken mit etwa gleicher Querschnittsfläche, aber mit größerer Höhe h gewählt werden,
z. B. ein 14/24 mit $W_y = 1344\ cm^3$.

$$\text{vorh } \sigma_B = \frac{\max M}{\text{vorh } W_y} = \frac{1110\ kNcm}{1344\ cm^3} = \underline{\underline{0{,}826\ kN/cm^2}} = 8{,}26\ N/mm^2$$

$$\text{vorh } f = \frac{8{,}26\ N/mm^2 \cdot (4{,}21\ m)^2}{24\ cm \cdot 4{,}8} = \underline{\underline{1{,}27\ cm}} < \text{zul } f = 1{,}40\ m$$

Statik – Knicksicherheit I

Knicksicherheit ist eine **Bauteil-Eigenschaft**

Einflussgrößen

Trägheitsradius *i* ist ein Maß für die Steifigkeit eines Querschnittes gegen Knicken. Ein Stab knickt immer nach der Richtung des kleinsten *i* aus.

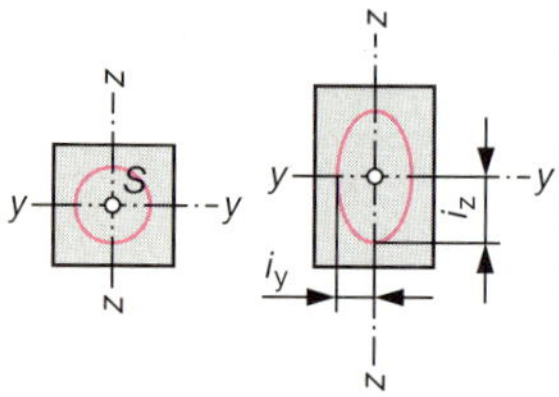

$$i = \sqrt{\frac{\text{Flächenmoment}}{\text{Querschnittsfläche}}}$$

$$\boldsymbol{i = \sqrt{\frac{I}{A}}} \quad \text{in cm} = \sqrt{\frac{cm^4}{cm^2}}$$

min *i* → S. 284 ·· 286 u. 314, 315

Knicklänge s_K ist für einfache Stützen, Steifen, Säulen, Pfosten und Druckstäbe im Fachwerk die wirkliche Länge *l* → ❷, für andere Fälle → ❶, ❸ und ❹ (Eulerfälle):

❶
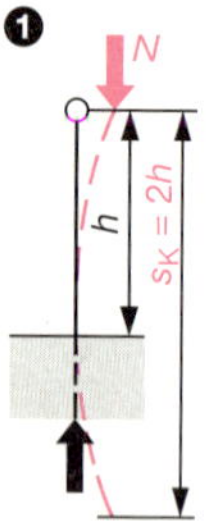

❷
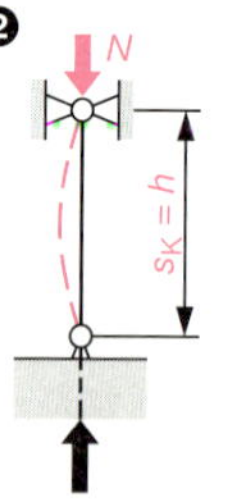

❸
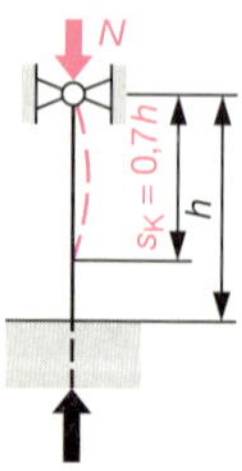

❹
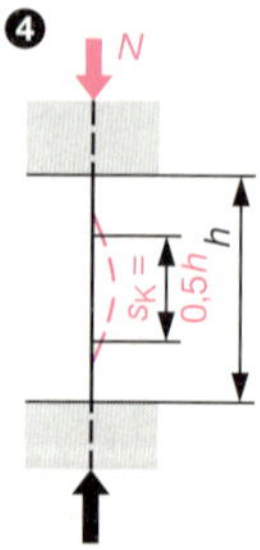

1 Schätzwerte für höchste Knicklasten max N_K in kN [1]

	Knicklänge s_K in mm	2,5	3,0	3,5	4,0	4,5	5,0	5,5
	d in cm 10	26,6	18,5	13,5	10,4	8,23	6,65	5,52
	12	49,7	38,4	28,1	21,7	17,1	13,8	11,5
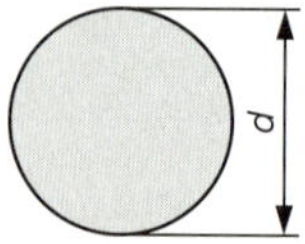	14	81,8	65,2	52,2	40,2	31,7	25,6	21,2
	16	122	101	82,7	68,3	53,8	43,7	[2] 36,0
	18	168	144	121	102	86,4	69,8	57,9
	20	225	197	170	145	124	106	88,2
	22	291	258	225	196	171	148	129
Rundholz-	26	437	399	361	330	293	270	230
stützen [1]	30	610	571	530	486	450	400	366
	b in cm 10	34,7	26,2	19,3	14,8	11,7	9,44	7,80
	12	62,8	50,0	39,8	30,6	24,1	19,6	16,2
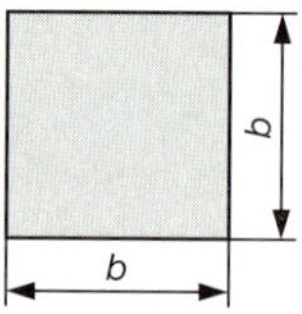	14	100	83,0	68,3	56,5	44,7	36,3	30,1
	16	145	125	106	89,2	75,3	62,2	[2] 51,2
	18	200	175	152	131	113	97,1	82,0
	20	260	233	209	184	160	139	122
	22	329	302	270	243	216	192	168
Kantholz	26	487	460	422	387	355	321	292
stützen [1]	30	670	638	607	567	524	484	448
	h in cm 100	194	152	113	86,4	68,1	55,0	46,0
	120	301	256	215	164	130	106	86,9
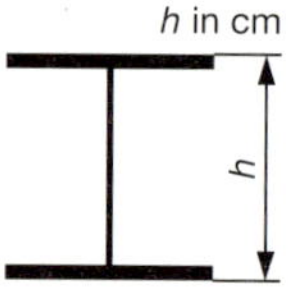	140	426	374	324	280	225	182	152
	160	576	522	465	404	355	298	244
	180	732	672	609	544	492	437	377
	200	912	848	780	715	647	582	528
Stützen aus	220	1090	1030	958	885	818	754	685
Breitflansch	240	1300	1240	1160	1090	1020	940	868
I-Stahl [3]	260	1460	1400	1340	1260	1190	1110	1030
b · t in mm	80 · 4,5	133	113	85,4	64,8	51,5	41,8	34,7
	100 · 5	214	193	171	144	114	92,3	78,0
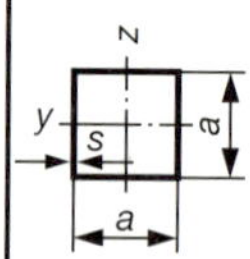	120 · 5,6	306	286	262	237	209	179	148
	140 · 7,1	467	446	418	389	359	328	285
	160 · 8	618	593	564	531	500	467	430
	180 · 10	875	840	803	776	738	699	655
Stützen	200 · 10	989	965	931	902	868	829	785
aus Stahl-	220 · 10	1110	1090	1060	1030	1000	966	925
rohren [3], [4]	260 · 11	1475	1450	1420	1390	1360	1330	1290
D · t in mm	48,3 · 32	15,4	10,7	7,84	–	–	–	–
	60,3 · 4	37,5	26,0	19,1	14,7	11,6	9,43	–
	76,1 · 4	76,4	54,3	39,8	30,5	21,4	19,5	16,1
	88,9 · 4	105	88,1	65,1	49,9	39,3	31,9	26,2
	101,6 · 5,6	179	158	132	101	79,8	64,6	53,5
	114,3 · 5,6	218	197	174	146	116	93,7	77,5
	139,7 · 5,6	290	272	250	228	205	175	145
	168,3 · 7,1	462	442	420	394	368	336	307
→ S. 288.	193,7 · 8	616	594	572	545	516	487	458

Statik – Knicksicherheit II

Schlankheitsgrad λ [5]

Der Schlankheitsgrad λ gibt die Knickempfindlichkeit eines Druckstabes in Abhängigkeit von Stablänge, Lagerungsart, Querschnittsgröße und Querschnittsform an.

$$\text{Schlankheitsgrad} = \frac{\text{Knicklänge}}{\text{Trägheitsradius}}$$

$$\boldsymbol{\lambda = \frac{s_K}{\min i}} \quad \text{in } \frac{\text{cm}}{\text{cm}} = 1$$

Knickzahl ω [6]

Die Knickzahl ω gibt das Verhältnis der normalen zulässigen Druckspannung des Werkstoffes zur zulässigen Druckspannung an.

$$\omega = \frac{\text{zul } \sigma_D}{\text{zul } \sigma'_D} \quad \text{(unbenannte Verhältniszahl)}$$

Die Werkstoffgüte wird dabei nicht berücksichtigt. Für verschiedene Werkstoffe sind daher Tabellen aufgestellt worden. Für Holz → S. 306, für Stahl → Auszug rechts.
Wird die einen Stab drückende Kraft mit ω multipliziert, dann kann man den Stab nach seiner Druckfestigkeit bemessen, als bestände keine Knickgefahr.

$$\boldsymbol{\sigma_\omega = \frac{\omega \cdot N}{A}} \leq \text{zul } \sigma_D \quad \text{in } \frac{\text{N}}{\text{mm}^2}$$

Rechnungsgang:

1. Stützenquerschnitt schätzen, → Tabelle **1** „Schätzwerte für höchste Knicklasten", S. 74.
2. Nachweisen, dass $\sigma_\omega \leq \text{zul } \sigma_D$ ist.

Beispiel 1:
Eine 3 m hohe Stütze aus Nadel-Rundholz, Güteklasse 2 soll 80 kN tragen.
Geschätzt: Ø 16 (→ Tabelle **1** Seite 74)
$A = 201 \text{ cm}^2$, $i = 4{,}00$ cm (→ Tabelle Seite 316)

$$\lambda = \frac{s_K}{i} = \frac{300 \text{ cm}}{4 \text{ cm}} = 75, \qquad \omega = 2{,}04 \text{ (→ S. 306)}$$

$$\sigma_\omega = \frac{\omega \cdot N}{A} = \frac{2{,}03 \cdot 80 \text{ kN}}{201 \text{ cm}^2} = 0{,}808 \frac{\text{kN}}{\text{cm}^2} = \underline{\underline{8{,}08 \frac{\text{N}}{\text{mm}^2}}}$$

$8{,}08 \text{ N/mm}^2 < \text{zul } \sigma_D = 8{,}5 \text{ N/mm}^2$ (→ S. 304)

2 Holzart und Güteklasse der Stütze	Tafelwert multipliziert mit
Lärche II	1,06
Eiche, Buche II	1,18
Nadelholz I	1,29
Lärche I	1,35
Eiche, Buche I	1,41
Nadelholz III	0,7
Eiche, Buche III	0,82

[1] Zur Tabelle **1** auf Seite 74: Die Werte gelten für Nadelholz, Güteklasse II.
Für andere Hölzer und Güteklassen s. Tab. **2**.
Bei feuchtem Holz nur 2/3 der Last ansetzen!

Knickzahlen ω für Druckstäbe aus S 235 (St 37) nach DIN 4114, aber verkürzt.

λ	0	2	4	6	8
20	1,04	1,04	1,05	1,06	1,07
30	1,08	1,09	1,10	1,11	1,13
40	1,14	1,15	1,16	1,18	1,19
50	1,21	1,23	1,24	1,26	1,28
60	1,30	1,32	1,34	1,36	1,39
70	1,41	1,44	1,46	1,49	1,52
80	1,55	1,58	1,61	1,64	1,68
90	1,71	1,74	1,78	1,82	1,86
100	1,90	1,94	1,98	2,02	2,07
110	2,11	2,16	2,21	2,27	2,35
120	2,43	2,51	2,60	2,68	2,77
130	2,85	2,94	3,03	3,12	3,22
140	3,31	3,41	3,50	3,60	3,70
150	3,80	3,90	4,00	4,11	4,22
160	4,32	4,43	4,54	4,65	4,77
170	4,88	5,00	5,11	5,23	5,35
180	5,47	5,59	5,72	5,84	5,97
190	6,10	6,23	6,36	6,49	6,62
200	6,75	6,89	7,03	7,17	7,31
210	7,45	7,59	7,73	7,88	8,03
220	8,17	8,32	8,47	8,63	8,78
230	8,93	9,09	9,25	9,41	9,57
240	9,73	9,89	10,05	10,22	10,39
250	10,55	Zwischenwerte einschalten!			

Beispiel 2:
Eine 3,50 m hohe Stahlstütze hat 300 kN aufzunehmen, sie ist oben und unten gegen Verschieben gehalten, aber nicht eingespannt.
Nach Eulerfall ❷: $s_K = h = 3{,}50$ m.

Geschätzt: HE-B (IPB) 140, Tabelle S. 74.

$A = 43{,}0 \text{ cm}^2$, $q = 0{,}34$ kN/m, $i_Z = \min i = 3{,}58$ cm

Gesamtlast $N = 300 \text{ kN} + 3{,}50 \text{ m} \cdot 0{,}34 \text{ kN/m} \approx 301 \text{ kN}$.

$$\lambda_Z = \max \lambda = \frac{s_{Kz}}{i_Z} = \frac{350 \text{ cm}}{3{,}58 \text{ cm}} = 102{,}3; \quad \omega_Z = 1{,}95$$

$$\text{vorh } \sigma_{Kz} = \frac{N \cdot \omega_Z}{\text{vorh } A} = \frac{301 \text{ kN} \cdot 1{,}95}{43{,}0 \text{ cm}^2} = 13{,}6 \text{ kN/cm}^2 = \underline{\underline{136 \text{ N/mm}^2}}$$

$136 \text{ N/mm}^2 < \text{zul } \sigma_D = 140 \text{ N/mm}^2$ für Lastfall H [7]

[2] Oberhalb der roten Linie $\lambda > 150$.
[3] zur Tabelle **1** auf Seite 74:
Die Werte gelten für einteilige Stützen aus S 235 (St 37) mit $\text{zul } \sigma_D = 140 \text{ N/mm}^2$ (nur für einfache Fälle). Nach DIN 18 800 (1990) gelten geänderte Bemessungsverfahren, die auf den Seiten 277 bis 278 vorgestellt werden.
[4] 48,3 x 3,2 ist das Rohr der Stahlrohrgerüste.
[5] λ, gesprochen: Lambda.
[6] ω, gesprochen: Omega.
[7] Lastfall H = nur ständig wirkende Lasten (Eigenlasten + Verkehrslasten, ohne Windlasten).

Dynamik I

1. Bewegung, Geschwindigkeit

Geschwindigkeit v ist das Verhältnis des zurückgelegten Weges s zur dafür benötigten Zeit t.

$$\text{Geschwindigkeit} = \frac{\text{Weg}}{\text{Zeit}}$$

$$\boldsymbol{v = \frac{s}{t}}$$ in $\frac{\text{m}}{\text{s}}$ oder $\frac{\text{km}}{\text{h}}$

1.1 Gleichförmige Bewegung

Gleichförmige Bewegung, wenn die Geschwindigkeit konstant ist.
Geradlinige Bewegung → ❶
Bewegung auf gekrümmten Bahnen, z. B. Kreisbewegung → ❷

❶

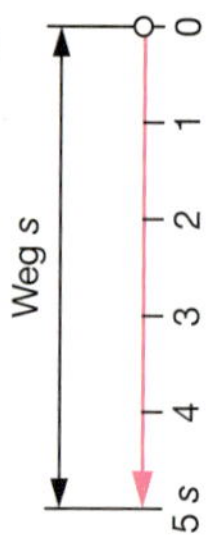

❷

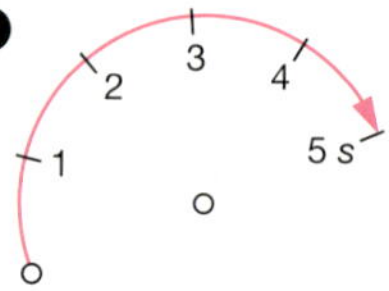

1.2 Gleichmäßig beschleunigte Bewegung

v_0 = Ruhezustand, Beginn der Bewegung
v = Endgeschwindigkeit
v_m = mittlere Geschwindigkeit
s = zurückgelegter Weg
a = Beschleunigung, Geschwindigkeitszunahme je Zeiteinheit

$$a = \frac{v}{t} \qquad v = a \cdot t \qquad v_m = \frac{v - v_0}{2} = \frac{v}{2}$$

$$s = \frac{v}{2} \cdot t = \frac{a \cdot t}{2} \cdot t = \frac{a}{2} \cdot t^2$$

$$\boldsymbol{a = \frac{2\,s}{t^2}}$$ in $\frac{\text{m}}{\text{s}^2}$ oder $\frac{\text{km}}{\text{h}^2}$ → ❸

❸

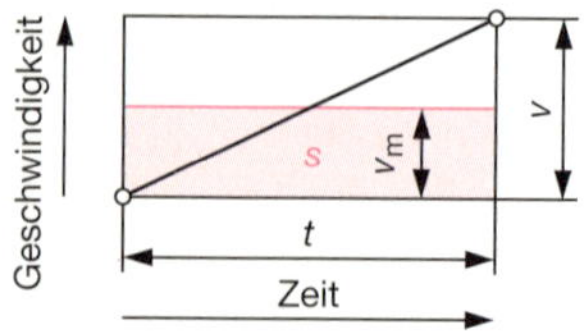

1.3 Verzögerung

Verzögerung ist negative Beschleunigung, z. B. durch Bremsen beim PKW hervorgerufen: s ist hier der Bremsweg.

1.3 Freier Fall

Der Freie Fall ist eine gleichmäßig beschleunigte Bewegung mit der Anfangsgeschwindigkeit:
$v_0 = 0$ m/s → ❹

Fallbeschleunigung g
$= \text{const } a = 9{,}81 \frac{\text{m}}{\text{s}^2}$

Meist ausreichend genau kann für g (a) 10 m/s² gesetzt werden.

Endgeschwindigkeit:

$$\boldsymbol{v = g \cdot t}$$ in $\frac{\text{m}}{\text{s}}$

Gesamtweg:

$$\boldsymbol{s = \frac{g}{2} \cdot t^2}$$ in m

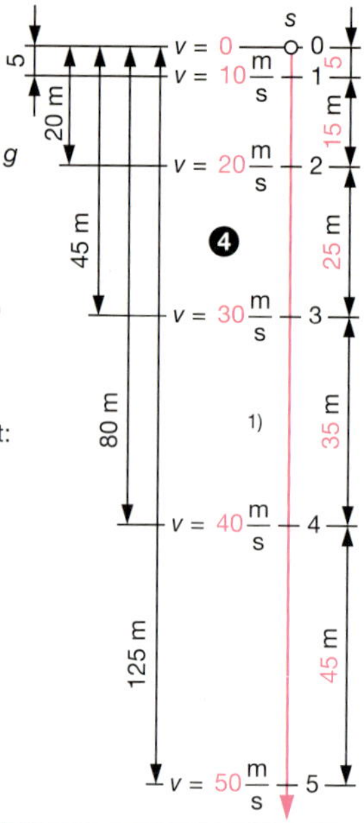

2. Masse m

Die Masse m eines Körpers zeigt sich als **Trägheit gegenüber Bewegungsänderung** (Beschleunigung, Verzögerung oder Richtungsänderung). Jeder feste, flüssige oder gasförmige Stoff hat seine Masse, unabhängig von Ort und Zustand. Einheit: **g**, **kg**, **t**.
Masse wird durch Wiegen gemessen, indem sie mit einer bekannten Masse verglichen wird.

3. Kraft F

Die Kraft F ist die **Ursache von Bewegungsänderungen** (Beschleunigung, Verzögerung oder Richtungsänderung).

Kraft = Masse · Beschleunigung

$$\boldsymbol{F = m \cdot a} \qquad \boldsymbol{1\ \text{N} = 1\ \text{kg} \cdot 1\ \text{m/s}^2}$$

1 Newton ist die Kraft, die einem Körper der Masse 1 kg eine Beschleunigung von 1 m/s² allerorten erteilt.

Gewichtskraft G ist die Ursache für den freien Fall, → ❹

Gewichtskraft = Masse · Fallbeschleunigung

$$\boldsymbol{G = m \cdot g} \qquad \boldsymbol{10\ \text{N} = 1\ \text{kg} \cdot 10\ \text{m/s}^2}$$

Die Größe der Gewichtskraft ist ortsabhängig.

Dynamik II

4. Arbeit *W*

Arbeit bedeutet die Überwindung einer Gegenkraft *F* längs eines Weges *s*.
In **5** arbeitet F_1 gegen *F*.

Arbeit = Kraft · Weg in Joule, kJ oder MJ

$$\boldsymbol{W = F \cdot s}$$ in J = Nm = N · m

$$1\ \text{J} = 1\ \text{Nm} = 1\ \frac{\text{kg} \cdot \text{m}^2}{\text{s}^2}$$

Arbeit setzt Bewegung voraus. Arbeit gegen die Schwerkraft zeigt das Beispiel des Bauaufzuges in **6**. Arbeit gegen den Eindringwiderstand des Erdbodens das Beispiel der Ramme in **7**.

5

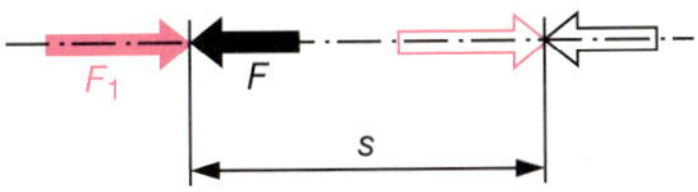

6

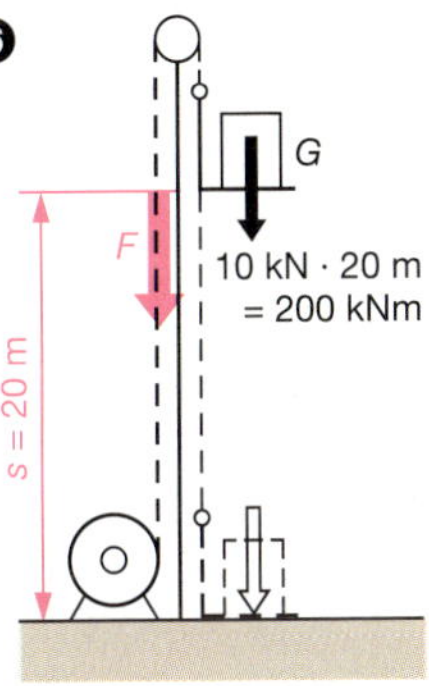

7

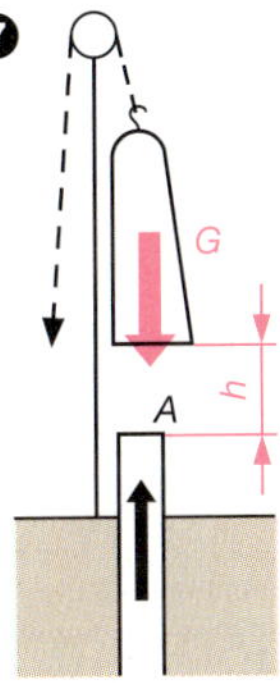

5. Energie *E*

Energie = Arbeitsfähigkeit = gespeicherte Arbeit

Es gibt zwei Arten mechanischer Energie:

Energie d. (Höhen-) Lage	Energie der Bewegung
= **potentielle** Energie	= **kinetische** Energie
= ruhende Energie	= Wucht
in **7** der gehobene, in Höhe *h* ruhende Rammbär:	in **7** der fallende, bei *A* ankommende Rammbär:

$$\boldsymbol{E = G \cdot h} \quad = \quad \boldsymbol{E = \frac{m \cdot v^2}{2}}$$

$$\text{pot}\,E = \text{kin}\,E \quad (v^2 = 2 \cdot g \cdot h)$$

$$m \cdot g \cdot h = \frac{m \cdot v^2}{2} = \frac{m \cdot \cancel{2} \cdot g \cdot h}{\cancel{2}}$$

6. Dynamische Betrachtung

Dynamische Betrachtung der Maschinen, z. B. des Hebels in **8**[1)]

8

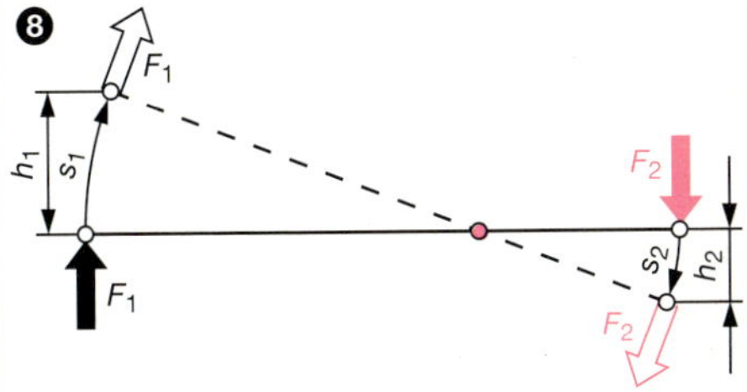

Maschinen mindern die Kraft oder den Weg[2)]

aber sparen:

$F_1 \cdot s_1 = F_2 \cdot s_2$
$W_1 = W_2$ ⟷ **keine Arbeit** (sie sind Arbeitsumwandler)

$F_1 \cdot h_1 = F_2 \cdot h_2$
$E_1 = E_2$ ⟷ **keine Energie** (sie sind Energieumwandler)

$$\frac{F_1 \cdot s_1}{t} = \frac{F_2 \cdot s_2}{t}$$
$P_1 = P_2$ ⟷ **keine Leistung**

Übersetzungsverhältnis der Maschinen:
Kräfteverhältnis = umgekehrtes Wegeverhältnis

$F_1 : F_2 = s_2 : s_1$ [2)]

7. Leistung *P*

Leistung ist das Verhältnis der Arbeit *W* zur dafür benötigten Zeit *t*.
Die Einheit der Leistung ist Watt W (auch kW).

$$\boldsymbol{P = \frac{W}{t} = \frac{F \cdot s}{t} = \frac{G \cdot h}{t}}$$

$$\mathbf{1\ W} = \frac{1\ \text{J}}{\text{s}} = 1\,\frac{\mathbf{1\ Nm}}{\mathbf{s}} = 1\,\frac{1\ \text{kg} \cdot \text{m}^2}{\text{s}^3}$$

Beispiel:
Der Motor in **6** leistet nach Abzug der Reibungsverluste noch 16 kW. In wieviel Sekunden kann er die 10 kN 20 m hoch heben?
vorh P = 16 kW = 16 kN m/s

$$\text{aus } P = \frac{G \cdot h}{t} \text{ folgt: } t = \frac{G \cdot h}{P} = \frac{10\ \text{kN} \cdot 20\ \text{m}}{16\ \text{kN m/s}} = \underline{\underline{12{,}5\ \text{s}}}$$

1) Ohne die Verluste, z. B. die Reibung, zu berücksichtigen, zur statischen Betrachtung des Hebels, → S. 57, Absatz 11.

2) Was an Kraft weniger eingesetzt wird, muss am Weg zugesetzt werden (und umgekehrt).

Einfache Maschinen I

Für alle Maschinen gilt die dynamische Betrachtung von S. 77, Nr. 6: $F_1 : F_2 = s_2 : s_1$.
Arbeit $F_1 \cdot s_1$ = Arbeit $F_2 \cdot s_2$, $F_1 = (F_2 \cdot s_2) : s_1$

1. Hebel

→ auch S. 57, Nr. 9 ·· 11.
Vom Hebel abgeleitete Maschinen → ❶ bis ❼, (oder 2. bis 8.).

2. Feste Rolle → ❶

Sie ist ein gleicharmiger Hebel.

$$F_1 = F_2$$

3. Lose Rolle → ❷

Sie ist ein einseitiger Hebel, dessen Kraftarm doppelt so lang ist wie der Lastarm.

$$F_1 = \frac{F_2}{2}$$

Meist mit einer festen Rolle zum Umlenken des Seiles verbunden, $\eta = 0{,}95$ [1)].

4. Flaschenzug → ❸

Aus losen und festen Rollen, → ❸.
Jede lose Rolle halbiert die erforderliche Zugkraft F_1:

$$F_1 = \frac{F_2}{2 \cdot \text{Zahl der losen Rollen}}$$

Andere Erklärung: In ❸ verteilt sich die Last auf 4 Seilstücke, an dem gezogenen ist deshalb nur 1/4 von F_2 erforderlich.
Flaschenzüge anderer Konstruktion (Differential-, Schneckentrieb-, Schrauben- u. a. Flaschenzüge) werden zweckmäßigerweise nur dynamisch betrachtet.

$\eta = 1 - (0{,}05 \cdot \text{Zahl der losen und festen Rollen})$ [1)]

5. Kurbel mit Seiltrommel → ❹

Es handelt sich um einen ungleicharmigen Hebel.

$$F_1 = \frac{F_2 \cdot r}{R}$$

$\eta = 0{,}93$ [1)]

6. Zahnradwinde (Vorgelege mit Kurbel) → ❺

$$F_1 = \frac{F_2 \cdot r_1 \cdot r_2}{R_1 \cdot R_2}$$

$\eta = 0{,}85$ [1)]

7. Schneckenwinde → ❻

Z = Zahl der Zähne des Zahnrades
z = für 1-gängige Schnecke = 1
z = für 2-gängige Schnecke = 2

$$F_1 = \frac{F_2 \cdot r \cdot z}{R \cdot Z}$$

$\eta \approx 0{,}5$ [1)]

❶
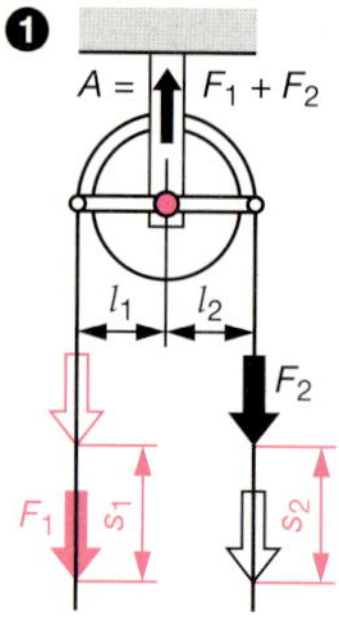

❸
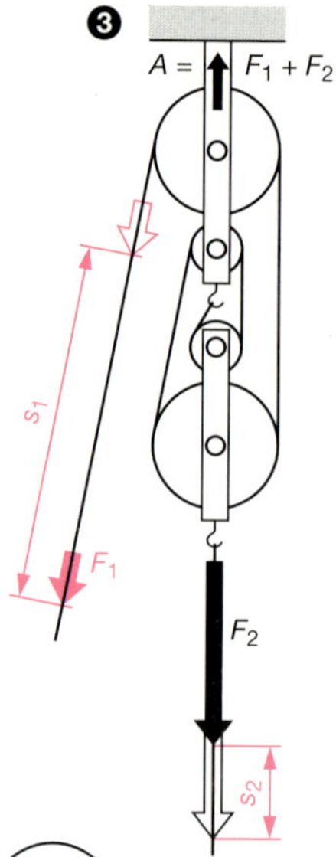

❷
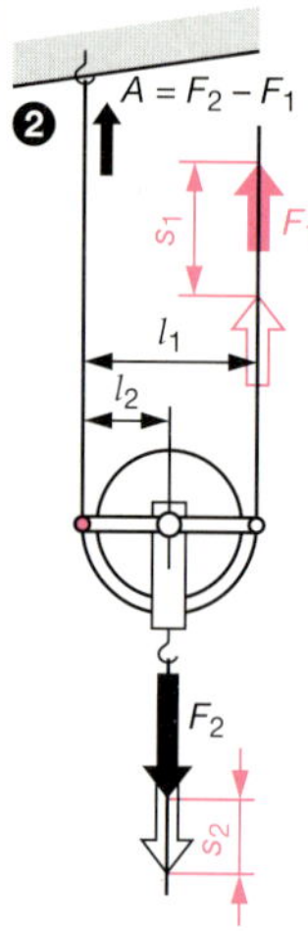

❹
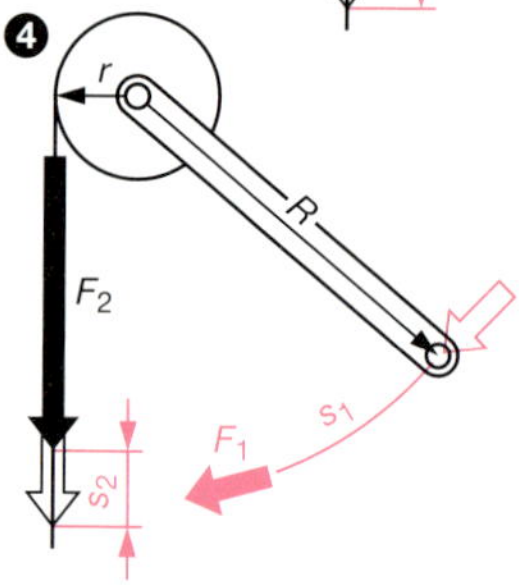

❺
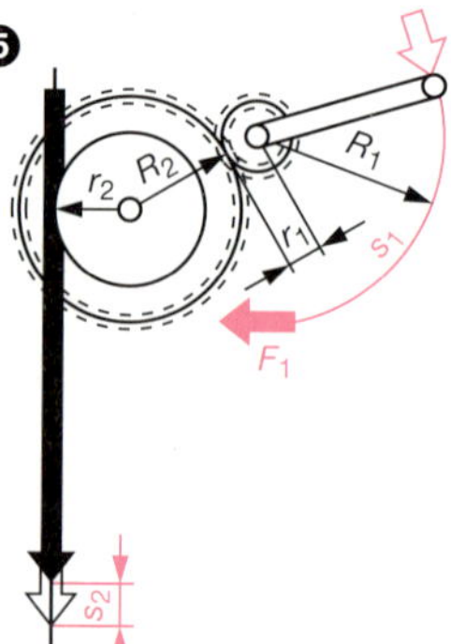

❻
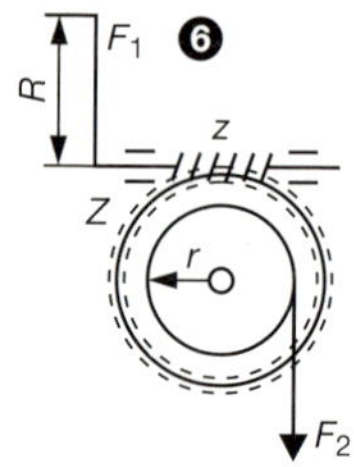

1) η (Eta) ist der Wirkungsgrad, → S. 80.
Den Formeln ist der Faktor $1/\eta$ anzufügen.
Bei der Kurbel z. B.: $F_1 = \frac{1}{\eta} \cdot \frac{F_2 \cdot r}{R}$

Einfache Maschinen II

8. Riemantrieb (auch Kettentrieb) → ❼

Übersetzungsverhältnis: $i = \frac{n_1}{n_2} = \frac{D}{d} = \frac{R}{r} = \frac{Z_1}{Z_2}$

$$F_1 = \frac{F_2}{i}$$

$d \cdot n_1 = D \cdot n_2$

n = Umdrehungen pro min.
Z = Zähnezahl bei Kettentrieben

❼

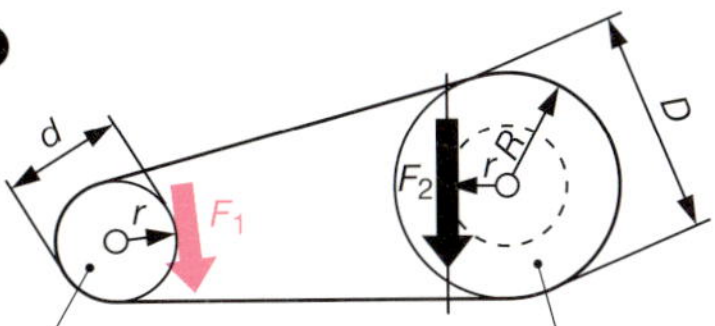

treibende Scheibe
Drehzahl n_1

getriebene Scheibe
Drehzahl n_2

9. Schiefe Ebene

Fall 1: → ❽
Die Kraft F greift parallel zur schiefen Ebene an.

$\frac{F}{G} = \frac{h}{s}$

$$F = \frac{G \cdot h}{s} = G \cdot \sin \measuredangle \alpha$$

Die Arbeit, die Last G senkrecht zu heben und die Arbeit, sie auf der schiefen Ebene um die Strecke s zu heben, sind gleich: $F \cdot s = G \cdot h$

❽

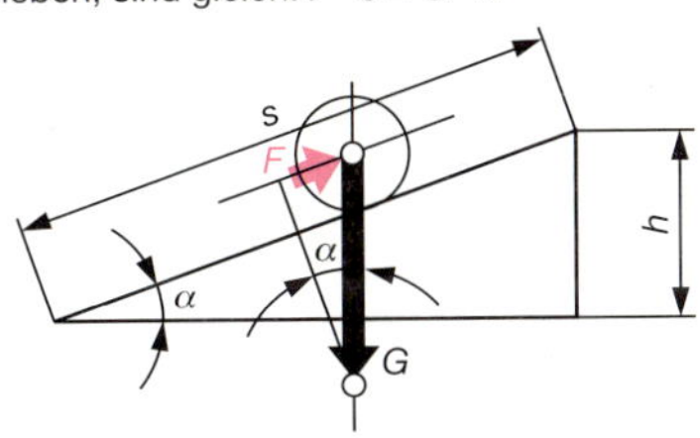

Fall 2: → ❾
Die Kraft F greift parallel zur Basis der schiefen Ebene an.

$\frac{F}{G} = \frac{h}{l}$

$$F = \frac{G \cdot h}{s} = G \cdot \tan \measuredangle \alpha$$

Ein Teil der Kraft drückt auf die schiefe Ebene und verursacht Reibungsverluste.

❾

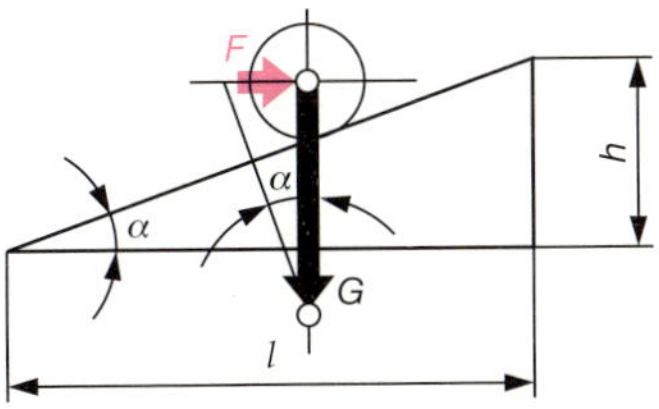

10. Keil, eine schiefe Ebene → ❿

$\frac{F}{N} = \frac{\text{Rückenbreite } r}{\text{Seitenlänge } s}$

$$F = \frac{N \cdot r}{s} = N \cdot 2 \cdot \sin \frac{\alpha}{2}$$

❿

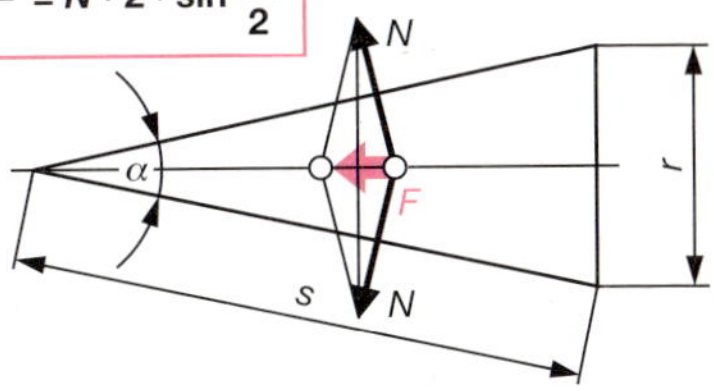

11. Schraube → ⓫

Eine um einen Kreiszylinder gewickelte schiefe Ebene.

⓫

F_1 greift am Umfang der Schraube an.
F_2 wirkt in Richtung der Zylinderachse, ähnlich wie in Nr. 9, Fall 2.

$\frac{F_1}{F_2} = \frac{h}{U}$

$$F_1 = \frac{F_2 \cdot h}{U} = \frac{F_2 \cdot h}{d \cdot \pi}$$

Bei Schrauben ist die Reibung beträchtlich, sie verursacht Verluste und bewirkt erwünschte „Selbsthemmung".

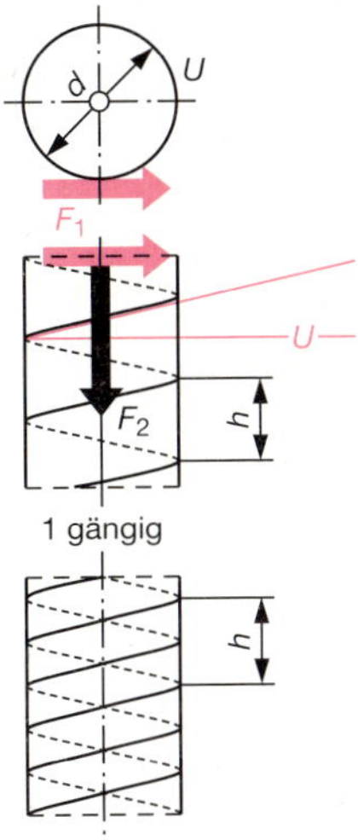

2 gängig

Beispiel:
Mit welcher Kraft (F_3) muss man einen Schraubenschlüssel, $l = R$ = 12 cm, drehen, um bei einer Ganghöhe h = 2 mm und einem mittleren Schraubendurchmesser d = 16 mm (r = 8 mm) eine Kraft in Richtung der Schraubenachse von F_2 = 1 kN zu erzielen?
Die Reibung soll bei diesem Beispiel nicht berücksichtigt werden, weshalb eine deutlich größere Kraft am Schraubenschlüssel aufgewendet werden muss, → nächste Seite.

Kraft am mittleren Schraubenumfang:

$$F_1 = \frac{F_2 \cdot h}{d \cdot \pi} = \frac{1000\text{ N} \cdot 0{,}2\text{ cm}}{1{,}6\text{ cm} \cdot 3{,}14} = 39{,}25\text{ N}$$

Hebelkraft:

$$F_3 = \frac{F_1 \cdot r}{R} = \frac{39{,}25\text{ N} \cdot 0{,}8\text{ cm}}{12\text{ cm}} = \underline{\underline{2{,}62\text{ N}}}$$

Reibung – Sicherheit gegen Gleiten, Wirkungsgrad

Die **Reibung** wirkt sich am Bau **nützlich** aus, um Verschiebungen von Bauwerken und Gerüsten durch Horizontalkräfte, wie Wind- und Erddruck, zu verhindern. Hierbei ist die **Haftreibung** entscheidend, → ❶ bis ❹.

Schädlich wirkt sie in Maschinen, wo sie ihren Wirkungsgrad vermindert und beim Verschieben von Behältern oder Geräten auf ihrer Unterlage, wo sie den Kraft- und Leistungsaufwand erhöht. Maßgebend ist in diesem Fall die **Gleitreibung** (kleiner als Haftreibung).

Die **Reibung** (der Reibungswiderstand) F_R kann als eine Kraft betrachtet werden, → ❶ u. ❷.
Sie wirkt in der Berührungsfläche zweier Körper der Verschiebekraft H entgegen, die Gleiten verursachen könnte, → ❸.

Der **Reibungswiderstand** ist abhängig von der Beschaffenheit der sich berührenden Oberflächen und verhältnisgleich der die Körper zusammenpressenden Normalkraft F_n; er ist unabhängig von der Größe der Berührungsfläche. Ausgedrückt kann er durch die Reibungszahl μ (Mü) oder auch durch den Reibungswinkel ϱ (Rho) werden, bei dem ein Körper auf einer Schräge ins Rutschen kommt, → ❷.

Die **Reibungszahl μ** ist das Verhältnis der Reibungskraft F_R zur Normalkraft F_n.

$$\textbf{Reibungszahl } \mu = \frac{F_R}{F_n} = \tan \measuredangle \varrho$$

Die Reibungszahl μ für Mauerwerk oder Beton auf Beton kann mit 0,75 angenommen werden.

$$\text{Gleitsicherheit} = \frac{\text{Reibungskraft}}{\text{Verschiebekraft}} \qquad \eta_g = \frac{F_R}{H} \geq 1{,}5$$

Diese Forderung gilt nach DIN 1054 für Lastfall 1.

Beispiel:
Mauer mit Eigenlast $G = F_n = 18{,}2$ kN und Verschiebekraft $H = 1{,}63$ kN aus Erddruck.

Reibungskraft $F_R = \mu \cdot F_n = 0{,}75 \cdot 18{,}2 = 13{,}65$ kN

Gleitsicherheit $\eta_g = \frac{F_R}{H} = \frac{13{,}65}{1{,}63} = \underline{\underline{8{,}37}} > \min \eta_g$

Für den Nachweis der Gleitsicherheit von Beton auf Erdboden können die Reibungswinkel cal φ' von Seite 48 benutzt werden:

Sohlwiderstand H_S = Vertikalkraft · tan ω'

$$\text{Gleitsicherheit} = \frac{\text{Sohlwiderstand}}{\text{Vertikalkraft}} \qquad \eta_g = \frac{H}{F_n} \geq 1{,}5$$

nur für Lastfall 1

Dazu ❸ und ❹,
auf ein Rechenbeispiel wird hier verzichtet.

❶
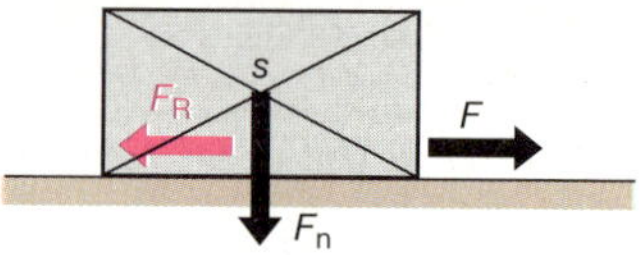

❷
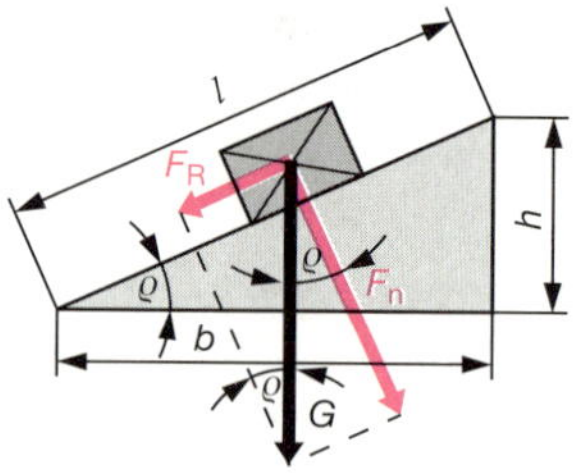

❸ Beispiel für waagerechte Gleitfuge
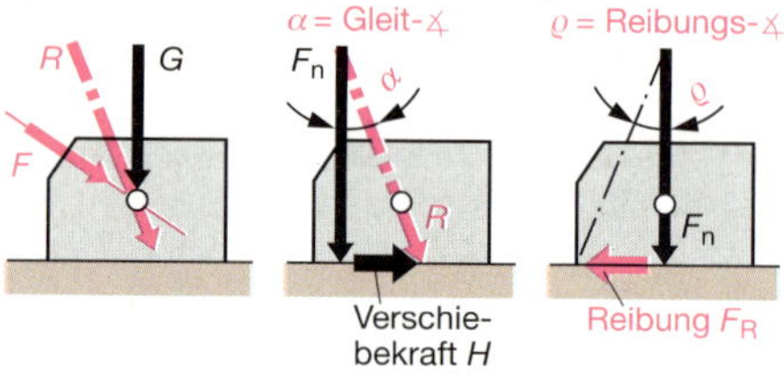

❹ Beispiel für schräge Gleitfuge
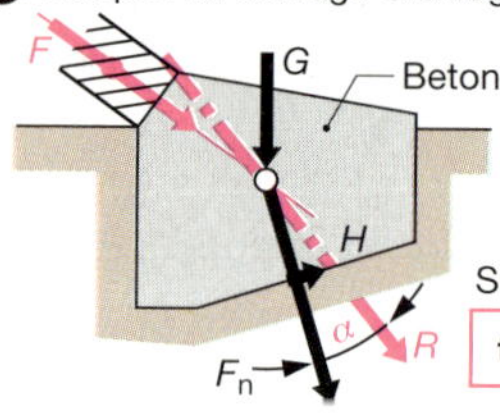

Wenn $\alpha > \varrho$ dann Gleiten.

Wenn $\alpha < \varrho$ dann kein Gleiten.

Sicherheit:

$$\tan \varrho \geqq 1{,}5 \cdot \tan \alpha$$

Für Fundamente aus Ortbeton kann angenommen werden $\measuredangle \varrho \approx \varphi'$ Seite 48, Kohäsion = 0 setzen.

Wirkungsgrad η

Der Wirkungsgrad η der Maschinen gibt das Verhältnis:

nutzbare (effektive)		zur	**aufgewendeten (indizierten)**	
Arbeit	W_e		**Arbeit**	W_i
Energie	E_e		**Energie**	E_i
Leistung	P_e		**Leistung**	P_i

$$\eta = \frac{W_e}{W_i} = \frac{E_e}{E_i} = \frac{P_e}{P_i} \qquad \eta \text{ (Eta)}$$

Der Wirkungsgrad η ist immer kleiner als 1 (bzw. kleiner als 100 %). In ihm sind alle entscheidenden Verluste erfasst, nicht nur die Reibung, sondern auch Wärme-, elektrische- und chemische Verluste.

W_i minus Verlustarbeit = W_e
E_i minus Energieverlust = E_e
P_i minus Verlustleistung = P_e

Elektrische Anlagen I

Elektrizität ist eine **Energieart**.
Mittels elektrischer Motore kann sie in mechanische Arbeit, mittels elektrischer Widerstands-Heizdrähte oder -stäbe in Wärme und mittels Glüh- oder Gasentladungslampen in Licht umgewandelt werden.
Die elektrische Energie wird meist in kWh gemessen: 1000 Wh = **1 kWh**, 1000 kWh = 1 MWh.

(Energie) Arbeit = Leistung x Zeit

$$W = P \times t$$

1 Wattstunde = 1 Watt x 1 Stunde

Leistung = Spannung x Stromstärke

$$P = U \times I$$

1 Watt = 1 Volt x 1 Ampère

Stromstärke = Spannung : Widerstand

$$I = U : R$$

1 Ampère = 1 Volt : 1 Ohm

Beispiel:
Eine 200 W-Baustellen-Leuchte soll von einem 12 V-Akku für eine Brenndauer von mindestens 15 Stunden versorgt werden.

a) Welche Stromstärke fließt durch die Leuchte?

$P = U \cdot I \qquad I = \frac{P}{U} = \frac{200\ \text{V} \cdot \text{A}}{12\ \text{V}} = \underline{\underline{16{,}67\ \text{A}}}$

b) Wie groß ist der Stromverbrauch in 15 h?

$W = P \cdot t \qquad W = 16{,}67\ \text{A} \cdot 15\ \text{h} = \underline{\underline{250\ \text{Ah}}}$

c) Wie groß muss die Akku-Kapazität mindestens sein, wenn 20 % Reserve verbleiben soll?

250 Ah · 1,20 = $\underline{\underline{300\ \text{Ah}}}$ Akku-Kapazität

d) Wieviel elektrische Energie wird täglich verbraucht?

$W = P \cdot t \qquad W = 200\ \text{W} \cdot 15\ \text{h} = 3000\ \text{Wh} = \underline{\underline{3\ \text{kWh}}}$

Hinweis:
„*W*" kann das Formelzeichen für Energie, aber auch die Maßeinheit für die elektrische Leistung in Watt sein, dann aber W nicht kursiv!

3

Kennzeichen für:	**Gleichstrom**	**Wechselstrom**	**Drehstrom**
Motor- o. Zählerschild	═ — oder „konstant"	230V ∼ 50	∼ 50 cos φ 400 V △ 230 V Y
Zahl der Leitungen	2 und **Erd- oder Nullleitung**	2 und **Erd- oder Nullleitung**	**3** und Erd- o. Mittelpunktsleit.
Strom-prüfer	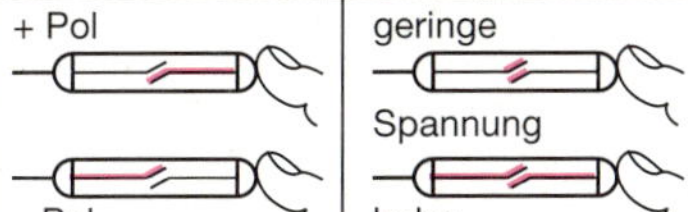		
	Glimmlampe bleibt dunkel: stromloser (geerdeter) Leiter		

1 **Gleichstromleitung** verglichen mit Wasserleitung

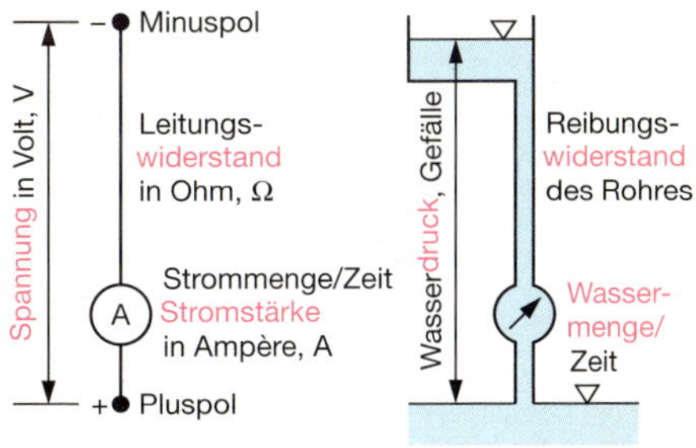

Bei **Wechselstrom** wechselt die Richtung des Stromes 50 mal in der Sekunde: 50 Hz (Hertz). Er hat den Vorteil, dass er mittels Transformatoren einfach auf höhere oder niedrigere Spannungen gebracht werden kann. Die übliche Spannung für den Verbraucher ist 230 V.
An einer Wechselstrom-Steckdose ist nur 1 Pol spannungsführend, → **2**.

Drehstrom entsteht durch die Verkettung von 3 Wechselströmen in der Weise, dass deren Maximalwerte jeweils um 1/3 Schwingung (Periode) gegeneinander verschoben sind. Je nach der Schaltung können dadurch Spannungen von 230 V oder 400 V abgegriffen werden, → **2**. An den 5-poligen Drehstromsteckdosen sind 3 Pole spannungsführend. Drehstrom gestattet die Verwendung von einfachen und robusten Motoren.

2 Die Stromversorgung auf einer Baustelle über einen Anschluss- u. Verteilerschrank (AV-Schrank)

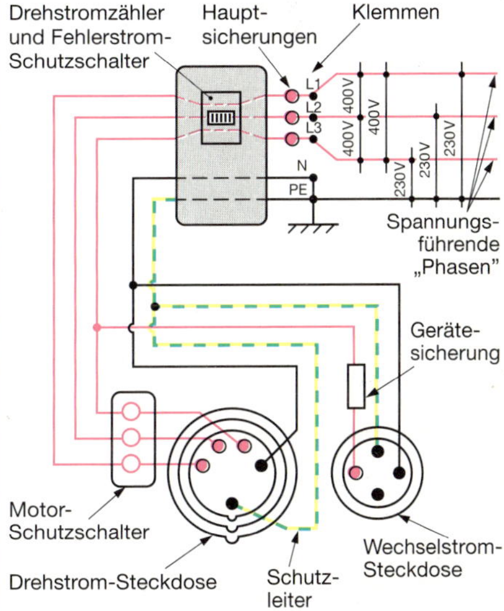

Elektrische Anlagen II

Gefahren für den Menschen

Der menschliche Körper leitet den elektrischen Strom recht gut, besonders dann, wenn die Haut feucht ist und wenn man mit durchnässten Schuhen mit Leder- oder beschädigten Gummisohlen auf feuchtem Erdboden oder Beton steht.
Lebensgefährlich können schon geringe Ströme von nur 0,05 A (Ampère) sein, die bereits bei Spannungen von nur etwa 50 Volt sich ergeben können. Besonders gefährlich ist es, wenn der Strom seinen Weg über die Nähe des Herzens nimmt. Der Wechselstrom wirkt dabei wie ein falscher „Herzschrittmacher", dem das Herz wegen der viel zu hohen Frequenz jedoch nicht zu folgen vermag.

Die **Auswirkungen** sind dann „Herzkammerflimmern" und als Folge davon mangelnde Durchblutung, besonders des Gehirns. Schon nach 5 Minuten kann das zu bleibenden Schäden, besonders bei den geistigen Fähigkeiten führen.
Spannungen von 230 oder 400 Volt können, wenn eine Hand ein spannungsführendes Metallteil berührt und der Strom über die andere Hand oder die Füße gut abfließen kann, zur Verkrampfung der Handmuskeln führen, die das Wiederloslassen unmöglich macht.
Kontakt mit Hochspannungsleitungen kann zur Bildung eines Lichtbogens und zu tödlichen Verbrennungen führen.

Erste Hilfe bei elektrischen Unfällen

- Strom sofort abschalten, zumindest den Stecker aus der Zuleitung herausziehen, besonders, wenn eine Verkrampfung der Hand vorliegt.
- Sind Atmung und Puls noch feststellbar, den Verunglückten in Seitenlage bringen. Wenn nicht, dann in Rückenlage flach betten, dann, wenn vorhanden, lösen Zahnersatz entfernen.
- Den Rettungsdienst verständigen und dabei Art und Ort des Unfalls genau angeben.
- Bei Bewusstlosigkeit so schnell wie möglich nach der „Mund-zu-Mund-Methode" etwa 15 mal pro Minute beatmen, bis die Atmung wieder einsetzt oder ein Arzt eintrifft.
- Während kurzer Beatmungspausen möglichst die „Herzdruckmassage" anwenden: Beide Hände flach übereinander auf das untere Ende des Brustbeines legen und dieses etwa im Abstand von einer Sekunde ruckartig 3 bis 4 cm tief eindrücken. Der Brustkorb kehrt dann infolge seiner eigenen Elastizität wieder in seine Ausgangslage zurück, wobei sich das Herz erneut mit Blut füllen kann.
- Atemspende und Herzdruckmassage sind in kurzen Abständen so lange, notfalls stundenlang, zu wiederholen, bis ein Arzt eintrifft.

Verhüten von Schäden und Unfällen

Baustromverteiler (AV-Schränke) sind die Voraussetzung für eine sichere Stromversorgung von Baustellen.
Die ausreichende **Erdung** des AV-Schrankes ist für das Wirksamwerden von Schutzmaßnahmen an den Geräten unbedingt erforderlich.
Die Wirkung der Erdung hängt von der Art und dem Feuchtegehalt des Erdbodens ab, → **1**.
Ideal ist es, wenn der eingeschlagene **Staberder**, meist ein verzinktes Stahlprofil oder -rohr, bis in das Grundwasser getrieben werden kann. Ist das nicht oder nur mit unvertretbar hohem Aufwand zu erreichen, muss von einem Fachmann der vorhandene Erdungswiderstand gemessen und daraus die erforderliche Länge des Erders ermittelt werden, → **1** und **2**.
Wenn nötig, müssen mehrere Staberder eingeschlagen werden, deren Abstand mindestens doppelt so groß wie die wirksame Länge der einzelnen Erder sein soll. Es können auch Banderder in einer Tiefe von 50 cm verlegt, oder vorhandene stählerne Wasserleitungsrohre als Erder benutzt werden.

1 Näherungswerte für die Ermittlung des mittleren Erdungswiderstandes in Ω (Ohm)

Art des Bodens	Länge des Staberders			
	1 m	2 m	3 m	5 m
Moorboden	21	12	9	6
Lehm, Ackerboden	70	40	30	20
feuchter Sand	140	80	60	40
feuchter Kies	350	200	150	100
trockener Sand o. Kies	700	400	300	200
steiniger Boden	2100	1200	900	600

Bedeutung von ⎯⎯ und - - - → **2**.

2 Höchster zulässiger Erdungswiderstand für FI-Schutzschaltungen (→ nächste Seite)

Schaltertyp nach Abschaltstrom in A	in **1** Bereich oberhalb von	Erdungswiderstand
FI 0,5	⎯⎯	< 130 Ω
FI 0,3	- - -	< 216 Ω
FI 0,03	alle Werte	< 2160 Ω

Als Formel:

$$\text{Max. Erdungswiderstand} = \frac{65\ \text{V}}{\text{Nenn-Fehlerstrom in A}}$$

Beispiel:
Für eine Anlage mit Fehlerstrom-Schutzschalter der Type FI 0,3 die Mindestlänge des Erders in feuchtem Kies ermitteln:

$$\text{Max. Erdungswiderstand} = \frac{65\ \text{V}}{0{,}3\ \text{A}} = \underline{\underline{217\ \Omega}},$$

nach **1** genügen 2 m Länge mit 200 Ω.

Elektrische Anlagen III

Sicherungsvorrichtungen

Sicherungsvorrichtungen sollen Zerstörungen und Brände durch übermäßig hohe Ströme bei Überlastung oder Kurzschluss verhindern.

Schmelzsicherungen

Schmelzsicherungen haben einen Schmelzleiter, der den Stromfluss bei den üblichen „flinken" Sicherungen beim 3,5 fachen Nennstrom sofort unterbricht. „Träge" Sicherungen halten dagegen kurzzeitig hohe Stromstöße aus u. werden deshalb beim Anschluss von Motoren mit hohem Anlaufstrom und für Hausanschluss- (Haupt-) Sicherungen eingesetzt. „Flicken" von Sicherungen führt zum Verlust des Versicherungsschutzes!

Sicherung und Passeinsatz		Sockel f. Nennstrom in A	Gewindegröße der Schraubkappe	
Nennstrom in A	Kennfarbe		Diazed (großer Ø)	Neozed (kleiner Ø)
6	grün	25	D II (E27)	D0 1 (E 14)
10	rot			
16	grau			
20	blau			D0 2 (E 18)
25	gelb			
35	schwarz	63	D III (E 33)	
50	weiß			
63	kupfer			
80	silber	100	D IV (R 1/4")	D0 3 (M 30x2)
100	rot			

Leistungsschutzschalter (LS-Schalter)

LS-Schalter, auch „Sicherungsautomaten" genannt, ersetzen oft Schmelzsicherungen. Bei Überlastung löst ein thermischer Auslöser verzögert aus, bei Kurzschluss unterbricht ein elektromagnetischer Auslöser bei 2,5- bis 3,5-fachem Nennstrom sofort.

Motorschutzschalter

Motorschutzschalter schalten den Strom mit thermischen Auslösern, meist Bimetallstreifen, bei zu großer Stromaufnahme verzögert ab und verhindern damit Schäden an Motoren. Aus dem kalten Zustand heraus wird nach 2 Sekunden beim 6-fachen, aus betriebswarmen Zustand heraus beim 1,2-fachen Nennstrom spätestens nach 2 Stunden abgeschaltet.

Fehlerstrom (FI)-Schutzschaltung

Beim Auftreten von Berührungsspannungen wird von FI-Schaltern schon nach 0,2 Sekunden allpolig abgeschaltet. Der Auslösestrom beträgt je nach Typ: 0,03 A; 0,3 A; 0,5 A oder 1 A.
Auf Baustellen sollte möglichst ein FI 0,03 eingesetzt werden, weil nur damit Gesundheitsschäden weitgehend verhindert werden können.
FI-Schalter sind täglich durch Drücken der Prüftaste und monatlich durch einen Elektrofachmann zu überprüfen.

Sichere Anlagen

Steckverbindungen

Für **Wechselstrom** sind **Schutzkontakt**-Steckdosen und -stecker erforderlich → Abb. ❷ S. 81. Dadurch sind alle metallischen Teile an den Geräten und Leuchten mit dem Erder verbunden.

Für **Drehstrom** erfüllen **5-polige Rundsteckdosen und -stecker** die Forderungen für Baustellenanschlüsse, → Abb. ❷, S. 81.

Gummischlauchleitungen

Gummischlauchleitungen, meist „Kabel" genannt, sind innerhalb der Baustelle möglichst hoch, an Stahlseilen zur Zugentlastung, aufzuhängen. Wo sie am Boden liegen müssen, dürfen sie keinesfalls ungeschützt überfahren werden, sondern sind in Stahlrohren oder zwischen Bohlen zu verlegen, die gegen das Auseinandergleiten durch Laschen gesichert sind. „Kabel" auf Rollen dürfen nur dann mit der angegebenen Höchststromstärke, bzw. mit der maximalen Leistung in W oder kW belastet werden, wenn sie voll ausgerollt sind. Wenn nicht, können sie unzulässig heiß werden!

Freileitungen

Freileitungen, besonders Hochspannungsleitungen, sind im Bereich der Baustelle mit stabilen Gerüsten so abzusichern, dass sie beim Arbeiten, vor allem vom Baukran beim Schwenken, nicht berührt werden können.

Handleuchten

Handleuchten müssen strahlwassergeschützt sowie mit Schutzglas und -korb versehen sein.

Hinweise

Vor **Stemm- und Bohrarbeiten** an Wänden und Decken in Bauten mit Elektroinstallationen muss der Strom abgeschaltet werden, zumindest ist mit einem Suchgerät festzustellen, ob im Arbeitsbereich Elt-Leitungen liegen. Das gilt aber auch für Gas- und Wasserleitungen.

Sind Sicherungen durchgebrannt oder haben Sicherungsautomaten ausgelöst, sollte unbedingt vor dem erneuten Einschalten erst die Ursache gesucht werden:
Liegt nicht nur eine vorübergehende **Überlastung** durch ein elektrisches Gerät vor, sondern ein **Kurzschluss**, muss d. betreffende Gerät samt Anschlussleitung repariert oder ausgetauscht werden. Liegt der Fehler innerhalb der ortsfesten Installation, muss ein Elektro-Fachmann herangezogen werden.
Jede übermäßige **Erwärmung** von Steckverbindungen deutet auf einen Fehler hin. Ursachen können eingedrungene Feuchtigkeit oder lockere Klemmverbindungen sein. Kunststoffe können dadurch verkohlen und so elektrisch leitfähig werden.

Schallschutz I

DIN 4109

Begriffe, Formelzeichen, Einheiten

Schwingung = hin- und hergehende Bewegung.

Schwingungszahl = **Frequenz** f
= Anzahl der Schwingungen je Sekunde.
Einheit: 1 Hz (Hertz) = 1 Schwingung/Sekunde

Welle = wandernde Schwingung, → ❶.
Im Innern von Stoffen (z. B. in der Luft oder in festen Körpern) bilden sich **Längswellen**.
In dünnen Platten und Stäben sowie an der Oberfläche von Wasser und festen Stoffen bilden sich **Querwellen**.
Jeder schwingende Körper stößt die angrenzende Luft an und erzeugt Luftschallwellen.
Wellenlänge λ = Abstand der Maximalwerte, → ❶.

Hörschall = Schwingungen von 16 Hz bis 16 000 Hz,
Infraschall = Schwingungen unter 16 Hz,
Ultraschall = Schwingungen über 16 000 Hz.

Erschütterung = fühlbare Schwingung v. 3 b. 70 Hz.

Ton = regelmäßige Tonschwingung, meist einer Grundfrequenz mit Obertönen.

Geräusch = unregelmäßige Schallschwingungen, Gemisch vieler Frequenzen.

Lärm = störende Töne und Geräusche.

Luftschall = von „Schallquellen", aber auch von schwingenden Bauteilen ausgehend.

Körperschall = in Bauteilen sich ausbreitender Schall, oft als **Trittschall**, → ❷.

Schallgeschwindigkeit = Wellenlänge · Frequenz
$c = \lambda \cdot f \;\; (\lambda = c/f)$

c in m/s:	in Luft bei ≈ 20 °C	334
	in Wasser n. Temperatur	1400 … 1480
	in Mauerwerk und Beton	3000 … 4000
	in Holz nach Richtung	3400 … 5000
	in Stahl	4800 … 5100
	in Glas	5000 … 5400

Schalldruck p in μPa = μN/m², ist der Wechseldruck, der mit einem Messgerät festgestellt werden kann. Der von unserem Ohr gerade noch wahrnehmbare geringste Schalldruck p_0 = 20 μPa = 20 μN/m².

Schallpegel L in dB (Dezibel), besser als „Schalldruckpegel" bezeichnet, ermöglicht es, sich in vielen Zehnerpotenzen unterscheidende Werte einfacher darzustellen. Dazu wird der dekadische Logarithmus aus dem Quotienten der Messgröße p zur Bezugsgröße p_0 (Schwellenwert) gebildet:
$L = 10 \lg p^2/p_0 = 20 \lg p/p_0$ in dB, → ❸ und ❹.
Dadurch wird erreicht, dass aus dem großen Schalldruckbereich von 1 (Hörschwelle) zu 1 Million (Schmerzschwelle) eine übersichtliche Zahlenreihe von 0 dB bis 120 dB wird.
Merkregel: Oberhalb von 40 dB wirkt eine Pegeländerung um 10 dB wie eine Verdopplung bzw. Halbierung der wahrgenommenen „Lautheit".

❶

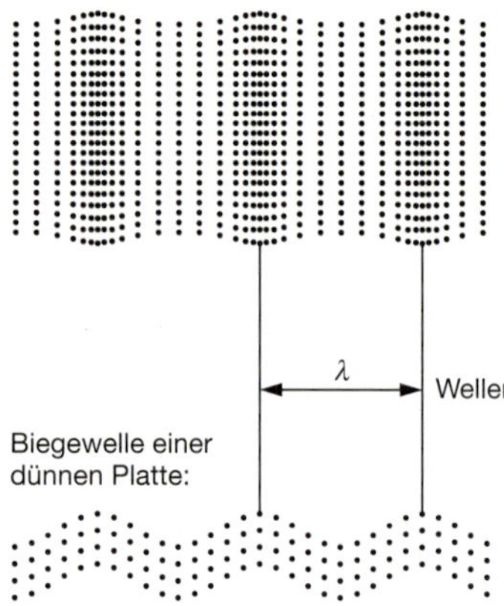

❷

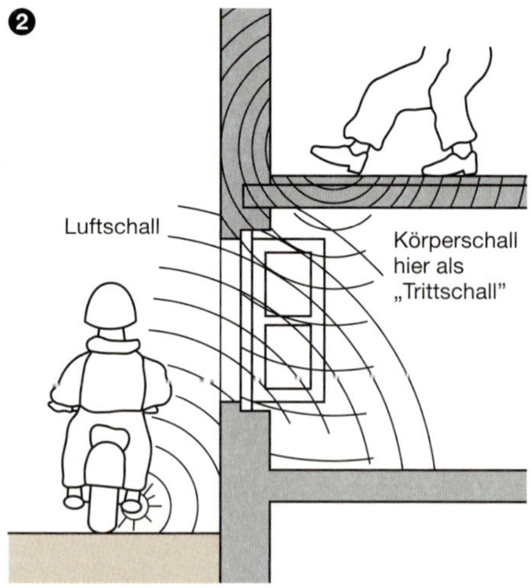

A-bewerteter Schallpegel L_p in dB_A ist ein Maß für die vom Menschen wahrgenommene Stärke eines Geräusches. Der Mensch hört tiefe Töne weniger laut als hohe Töne. Die Schall-Teildrücke in 16 Frequenzbereichen (Terzen) zwischen 100 und 3150 Hz werden deshalb vom Messinstrument jeweils so stark gemessen (bewertet), wie es der Hörempfindung entspricht. Diese Abhängigkeit zeigt sich auch in der Bezugskurve für die erforderliche Luftschall-Dämmung in Abbildung ❻.

Schallpegeldifferenz $D = L_1 - L_2$ in dB_A.
L_1 = Schallpegel im Senderaum,
L_2 = Schallpegel im Empfangsraum.

Begriffe, Formelzeichen, Einheiten (Fortsetzung)

Schalldämm-Maß *R* in dB ist eine Messgröße zur Kennzeichnung der Luftschalldämmung eines Bauteils, es ist abhängig von der Frequenz.

$$R = D + 10 \cdot \lg \cdot \left(\frac{\text{Prüffläche}}{\text{Absorptionsfläche Empfangsraum}}\right)$$

$$\boldsymbol{R = D + 10 \cdot \lg (S/A)}$$

Bau-Schalldämm-Maß *R'* in dB berücksichtigt auch die Schall-Leitung auf Nebenwegen, z. B. Decken und Wänden, wie in ❻ angedeutet.

Bewertetes Schalldämm-Maß R_W, beziehungsweise **bewertetes Bau-Schalldämm-Maß R'_W** sind in einer einzigen Zahl ausgedrückte Angaben zur Kennzeichnung der Luftschalldämmung von Bauteilen. Zu seiner Ermittlung wird die frequenzabhängige Bezugskurve in ❸ um ganze dB nach oben (günstig) bzw. nach unten (ungünstig) soweit verschoben, bis die mittlere Unterschreitung der Bezugskurve durch die Messkurve ≤ 2 dB wird.
R_W bzw. R'_W entspricht dem Wert der verschobenen Bezugskurve bei 500 Hz. In Abb. ❸: 37 dB. Die Bezugskurve zeigt in ihrer Ausgangslage bei 500 Hz 52 dB. Sie kann also bei geringen Anforderungen an den Luftschallschutz, z. B. 47 dB (→ S. 88) um 5 dB nach unten und muss bei hohen Anforderungen, z. B. 57 dB bei Wohnungs-Trennwänden, um 5 dB nach oben verschoben werden.

Die Luftschalldämmung wird verbessert bei:
einschaligen Wänden durch eine möglichst große flächenbezogene Masse (kg/m²), durch Vermeiden von Undichtigkeiten und Verringern der Schall-Längsleitung auf Nebenwegen durch möglichst schwere flankierende Wände und Decken;
Vorsatzschalten durch geringe Eigensteifigkeit und wenig steife Verbindung zur Wand.
zweischaligen Haustrennwänden durch möglichst großen Abstand der möglichst schweren Schalen und Vermeiden von „Schallbrücken" und Füllen der Fuge mit „weichem" Dämmstoff.
Ähnliches gilt auch für Decken, Türen und Fenster.

❸ Ermittlung von R_W (R'_W):

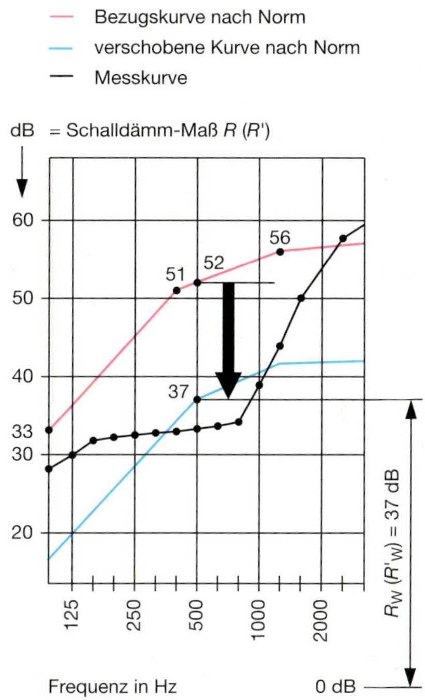

4 Schallpegel bekannter Geräusche in dB (A)

	Entfernung	
Verständliches Flüstern	1 m	15 … 30
Leises Sprechen	1 m	30 … 50
Normales Sprechen	1 m	50 … 65
Lautes Sprechen o. Musik	1 m	60 … 70
Starker Straßenverkehr		70 … 80
Lautes Rufen oder Schreien		70 … 90
Sehr starker Straßenverkehr		80 … 95
Presslufthammer	10 m	90 …100
Startendes Flugzeug	100 m	100 …120

5 Luftschall-Dämm-Maß R'_W (Abnahme des Schallpegels zwischen Raum 1 und Raum 2)

❻

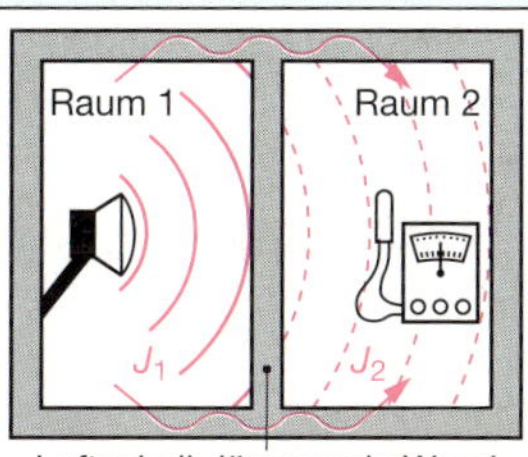

Luftschall dämmende Wand

in dB	**Empfundener Schallpegel** im Raum 2, wenn für den Raum 1 angenommen wird: etwas lautes Sprechen (60 dB)	Kindergeschrei (80 dB)
10	50 dB, wie normales Sprechen,	70 dB, wie lautes Rufen,
20	40 dB, etwas leiser als "	60 dB, wie lautes Sprechen,
30	30 dB, wie leises Sprechen,	50 dB, wie norm. Sprechen,
40	20 dB, wie Flüstern,	40 dB, etwas leiser als "
50	10 dB, gerade noch hörbar,	30 dB, wie leises Sprechen,
60	0 dB, praktisch unhörbar,	20 dB, wie Flüstern,
70	unhörbar	10 dB, gerade noch hörbar.

Schallschutz III

DIN 4109

Trittschalldämmung

Trittschallpegel L_T ist der Schallpegel je Terz Frequenzbereich in dB, der im Raum unter einer Decke entsteht, wenn diese mit einem Norm-Hammerwerk angeregt wird, → ❶.
Der Trittschallpegel ist frequenzabhängig.

Norm-Trittschallpegel L_n, wie oben, aber bei Annahme einer Bezugs-Absorptionsfläche im Empfangsraum von 10 m².

Bewerteter Norm-Trittschallpegel $L_{n,W}$, bzw. $L'_{n,W}$ bei Berücksichtigung der Schallausbreitung auf Nebenwegen sind Einzahlangaben zur Kennzeichnung des Trittschallverhaltens gebrauchsfertiger Decken- und Treppenkonstruktionen.
Zur Beurteilung wird, wie beim Luftschall, die frequenzabhängige Bezugskurve für den Norm-Trittschallpegel um ganze dB nach oben (ungünstig) bzw. nach unten (ungünstig) verschoben, bis die mittlere Überschreitung der Bezugskurve durch die Messkurve ≤ 2 dB wird.
$L_{n,W}$ bzw. $L'_{n,W}$ entspricht dann dem Wert der verschobenen Bezugskurve bei 500 Hz, → ❷.

Trittschallminderung ΔL ist die Differenz der Norm-Trittschallpegel einer Decke ohne und mit Deckenauflage (je Terzbereich), sie ist frequenzabhängig.

$$\Delta L = L_{n,0} - L_{n,I} \quad \text{in dB}$$

Äquivalent bewerteter Norm-Trittschallpegel $L_{n,W,eq}$ ist eine Einzahlangabe zur Kennzeichnung des Trittschallverhaltens einer Decke ohne Deckenauflage. Aus dieser und dem Trittschallverbesserungsmaß der Deckenauflage ΔL_W ergibt sich der **bewertete Norm-Trittschallpegel** der fertigen Trenndecke.

$$L_{n,W} = L_{n,W,eq} - \Delta L_W \quad \text{in dB}$$

Trittschall-Verbesserungsmaß einer Deckenauflage ΔL_W ist eine Einzahlangabe zur Kennzeichnung der Trittschallverbesserung einer Massivdecke durch eine Deckenauflage. Es kennzeichnet die frequenzabhängige Trittschallminderung ΔL der geprüften Deckenauflage durch eine Zahl.

Der Trittschallschutz von Holzbalkendecken, die aus Rohdecke, Fußboden und Gehbelag bestehen, wird durch $L_{n,W,eq,H}$ beschrieben.
Der Fußboden und der Gehbelag werden durch die Verbesserungsmaße $\Delta L_{W,H}$ und $\Delta L_{W,H2}$ beschrieben.
Der bewertete Norm-Trittschallpegel der gesamten Holzbalkendecke ist:

$$L_{n,W,H} = L_{n,W,eq,H} - \Delta L_{W,H} - \Delta L_{W,H2} \quad \text{in dB}$$

Siehe dazu 5 und 6 S. 87.

❶ Übertragen von Trittschall

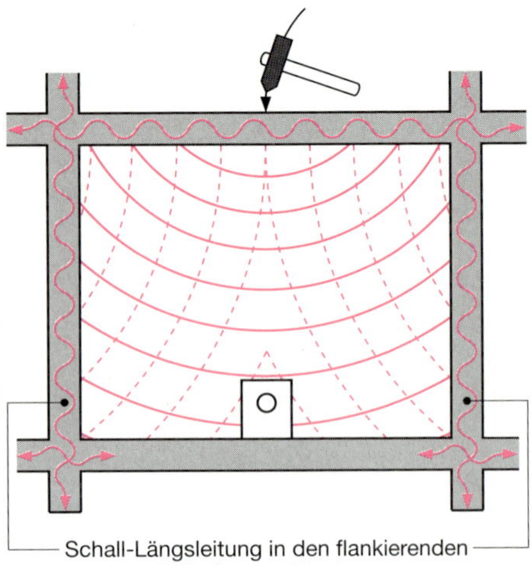

❷ Ermittlung von $L_{n,W}$ ($L'_{n,W}$):

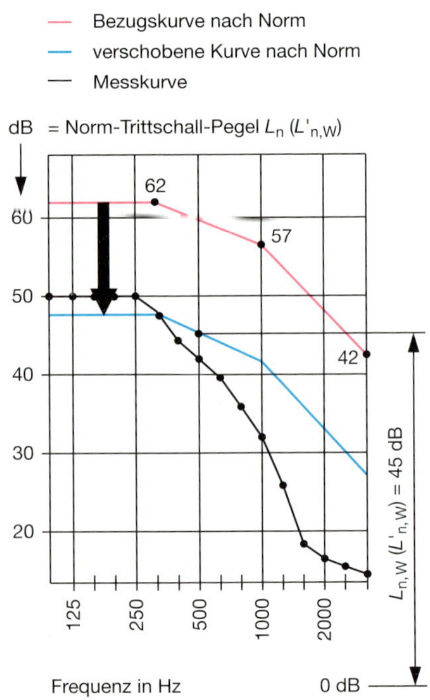

Schallschutz IV – Trittschalldämmung

DIN 4109

3 **Bewertetes Schalldämm-Maß R_W in dB** [1]: Einschalige Massivdecke, Estrich und Gehbelag unmittelbar aufgebracht	Einschalige Massivdecke mit schwimmendem Estrich [1]	Massivdecke mit Unterdecke, Gehbelag und Estrich sind unmittelbar aufgebracht	Massivdecke mit schwimmendem Estrich und Unterdecke	**Flächenbezogene Masse** der Massivdecke einschließlich Putz, Trennschicht oder Verbundestrich in kg/m² [2]		**4** **Äquivalenter bewerteter Norm-Trittschallpegel $L_{n,W,eq,R}$ in dB** [1]: ohne Unterdecke	mit Unterdecke
					135	86	75
41	49	49	52	150	160	85	74
44	51	51	54	200	190	84	74
47	53	53	56	250	225	82	73
49	55	55	58	300	270	79	73
51	56	56	59	350	320	77	72
53	57	57	60	400	380	74	71
54	58	58	61	450	450	71	69
55	59	59	62	500	530	69	67

5 **Trittschall-Verbesserungsmaß ΔL_W von schwimmenden Estrichen in dB** (Rechenwerte, nur auf Massivdecken gültig)		bei einem Höchstwert der dynamischen Steifigkeit vom Dämmstoff s' in MN/m³ [3]	mit hartem Bodenbelag A	mit hartem Bodenbelag B	mit weichfederndem Bodenbelag ($\Delta L_W \geq 20$ dB) A	mit weichfederndem Bodenbelag ($\Delta L_W \geq 20$ dB) B
1. Estriche nach DIN 18560, T.2: Auf Dämmschichten mit den angegebenen Höchstwerten der dynamischen Steifigkeit der eingesetzten Trittschall-Dämmstoffe nach DIN 18164, T.2 oder DIN 18165, T.2. [3]	Flächenbezogene Masse in kg/m²	50	20	22	20	23
		40	22	24	22	25
		30	24	26	24	27
		20	26	28	26	30
In Spalte **A**: für Gussasphalt-Estriche	≥ 45	15	27	29	29	33
In Spalte **B**: für alle Estriche	≥ 70	10	29	30	32	34
2. Schwimmende Holzfußböden: a) aus Holzspanplatten nach DIN 68771 auf Lagerhölzern mit Dämmstreifen-Unterlagen ≥ 100 mm breit; aus Dämmstoffen nach DIN 18165 mit dynamischer Steifigkeit $s \leq 20$ MN/m³.			24		–	
b) aus vollflächig verlegten Holzspanplatten, $d \geq 22$ mm mit $s \leq 10$ MN/m³			25		–	

6 **Trittschall-Verbesserungsmaß ΔL_W von weichfedernden Bodenbelägen für Massivdecken**

	in dB
Verbundbeläge (mit dem maßgeblichen Trittschall-Verbesserungsmaß gekennzeichnet)	
Linoleum-Verbundbelag nach DIN 18173	14 [4]
PVC-Verbundbeläge mit genadeltem Jutefilz als Träger, nach DIN 16952/1	13 [4]
PVC-Verbundbeläge mit Korkment als Träger, nach DIN 16952/2	16 [4]
PVC-Verbundbeläge mit einer Unterschicht aus Schaumstoff, nach DIN 16952/3	16 [4]
PVC-Verbundbeläge mit Synthesefaser-Vliesstoff als Träger, nach DIN 16952/4	13 [4]
Textile Bodenbeläge nach DIN 61151 (m. d. maßgebl. VM gekennzeichnet), Nadelvlies, d = 5 mm	20

Poolteppiche aus Polyamid, Polypropylen, Polyacrylnitril, Polyester, Wolle oder deren Mischungen, nach DIN 53855, Teil 3:	mit einer Normdicke d_{20}	4 mm	6 mm	8 mm
	ΔL_W in dB, Unterseite geschäumt	19	24	28
	ΔL_W in dB, Unterseite ungeschäumt	19	21	24

Befriedigende Trittschalldämmung wird erreicht durch **schwimmenden Estrich** ausreichender Dicke, → **5**, der auf einem möglichst weichfederndem Dämmstoff ruht, dessen dynamische Steifigkeit (frequenzabhängig) umso geringer sein muss, je leichter die Rohdecke ist. **Schallbrücken** durch Estrichmörtel, der durch Plattenfugen dringt oder die Wand berührt, müssen unbedingt vermieden werden. Sehr ungünstig wirkt Estrich, der unter leichten Trennwänden zum Nachbarraum hin durchläuft.

Beispiel: Decke mit Putz: 380 kg/m², Z-Estrich: 80 kg/m², harter Bodenbelag, keine Unterdecke, → **4** und **5**.
Gefordert: Trittschallpegel $L'_{n,W} \leq 46$ dB, → **1** S. 88.
vorh. $L_{n,W,eq,R} = 74$ dB. Trittschall-Verbesserungs-Maß erf. $\Delta L_W = L_{n,W,eq,R} - L'_{n,W} = 74 - 46 = 28$ dB.
Dynam. Steifigkeit s nach **5** für 28 dB = 20 MN/m³.

[1] Zwischenwerte sind linear zu interpolieren.
[2] Ermitteln von Deckenmassen, → S. 91, S. 43.
[3] → S.91 „Trittschall-Dämmstoffe".
[4] Mindestwerte, nur für aufgeklebte Bodenbeläge.

Schallschutz V – Luft- und Trittschalldämmung DIN 4109

1 **Mindestforderungen und Vorschläge für erhöhten Schallschutz** Auszüge aus DIN 4109 und Beiblatt 2	**Mindestforderung**		**Erhöhter Schallschutz**	
R'_W = **bewertetes (Luft-) Schalldämm-Maß von Decken und Wänden,** $L'_{n,w}$ = **bewerteter Norm-Trittschallpegel von Decken**	R'_W dB	$L'_{n,w}$ dB	R'_W dB	$L'_{n,w}$ dB
Geschosshäuser mit Wohnungen und Arbeitsräumen:				
Decken unter allg. nutzbaren Dachräumen, z. B. Trockenböden, Abstellr.	53	53	≥ 55	≤ 46
Wohnungstrenndecken (auch Treppen) u. Decken zw. fremd. Arbeitsräumen	**54**	**53** 1)	≥ **55**	≤ **46** 2)
Decken über Kellern, Hausfluren, Treppenräumen unter Aufenthaltsräumen	52	53 1)	≥ 55	≤ 46 3)
Decken über Durchfahrten, Sammelgaragen u. ä. unter Aufenthaltsräumen	55	53 1)	–	≤ 46 3)
Decken unter/über Spiel- und ähnlichen Gemeinschaftsräumen	55	46 4)	–	–
Decken unter Terrassen und Loggien über Aufenthaltsräumen	–	53 5)	–	≤ 46
Decken unter Laubengängen	–	53 3)	–	≤ 46
Decken und Treppen innerhalb zweigeschossiger Wohneinheiten	–	53 3)	–	≤ 46
Decken unter Hausfluren	–	53 3)	–	≤ 46 2)
Treppen und Treppenpodeste	–	58 6)	–	≤ 46 2)
Wohnungstrennwände und Wände zwischen fremden Arbeitsräumen	**53**	–	≥ **55**	–
Treppenhauswände und Wände neben Hausfluren	**52** 7)	–	≥ **55**	–
Wände neben Durchfahrten, Einfahrten von Sammelgaragen u. ä.	55	–	–	–
Wände von Spiel- oder ähnlichen Gemeinschaftsräumen	55	–	–	–
Einfamilien-Doppelhäuser und Einfamilien-Reihenhäuser:				
Decken	–	48 3)	–	≤ 38 2)
Treppen, Treppenpodeste und Decken unter Fluren	–	53 8)	–	≤ 46 2)
Haus- bzw. Wohnungstrennwände	**57**	–	≥ **67**	–
Schulen und vergleichbare Unterrichtsgebäude:				
Decken zwischen Unterrichtsräumen oder ähnlichen Räumen	55	53	–	–
Decken zwischen „besonders lauten" Räumen und Unterrichtsräumen	55	46	–	–
Wände zwischen Unterrichtsräumen oder ähnlichen Räumen und Fluren	47	–	–	–
Wände zwischen Unterrichtsräumen und Treppenräumen	52	–	–	–
Wände zw. Unterrichtsräumen u. „besonders lauten" Räumen (Sporthallen)	55	–	–	–
Türen zwischen Fluren und Unterrichtsräumen oder ähnlichen Räumen	32	–	–	–

1) Weichfedernde Bodenbeläge dürfen im allgemeinen nicht auf den Trittschallschutz angerechnet werden. In Wohnungen mit nicht mehr als 2 Wohnräumen dürfen sie nach DIN 4109, Beiblatt 1 berücksichtigt werden, wenn sie auf dem Produkt oder auf der Verpackung mit dem entsprechenden VM, → S. 87 **6**, bzw. nach Eignungsprüfung gekennzeichnet sind und mit der Werksbescheinigung nach DIN 50049 ausgeliefert werden.

2) Weichfedernde Bodenbeläge dürfen auf den Trittschallschutz angerechnet werden. Die Mindestanforderungen an die Decke nach DIN 4109 müssen jedoch auch ohne die Berücksichtigung von Bodenbelägen erfüllt werden.

3) Falls die Trittschallübertragung in waagerechter oder schräger Richtung erfolgt, gilt die Anforderung nur in dieser Richtung. Auch bei anderen Richtungen der Trittschall- und Körperschallübertragung, z. B. von unten und oben, sind diese bei dem angeregten Bauteil zu beachten.

4) Wegen der verstärkten Übertragung tiefer Frequenzen können hier zusätzliche Maßnahmen zur Körperschalldämmung erforderlich sein.

5) Bezüglich der Luftschalldämmung gegen Außenlärm siehe DIN 4109, Tabelle 9.

6) Keine Anforderungen in Gebäuden mit nicht mehr als zwei Wohnungen bzw. Nutzungseinheiten und in Gebäuden mit einem Aufzug.

7) Die Werte für die Luftschalldämmung solcher Wände gelten bei Vorhandensein von Türen für die Wand allein.

8) Bei einschaligen Decken gilt: Wegen der Austauschbarkeit von weichfedernden Bodenbelägen nach DIN 4109, Beiblatt 1, Tab. 18, → S.87 **6**, die sowohl dem Verschleiß als auch besonderen Wünschen der Bewohner unterliegen, dürfen diese bei dem Nachweis der Anforderungen an den Trittschallschutz nicht angerechnet werden.

Anmerkung: Aufgrund der festgelegten Anforderungen allein kann nicht erwartet werden, dass Geräusche von außen oder aus benachbarten Räumen nicht mehr wahrgenommen werden. Es ist also Rücksicht zu nehmen und unnötiger Lärm möglichst zu vermeiden!

Das Durchhören, besonders die Verständlichkeit von Sprache aus benachbarten Räumen, wird sehr vom Pegel der Grundgeräusche beeinflusst. Als Faustregel kann gelten, dass die Schalldämm-Maße der Wände etwa um 10 dB höher sein müssen, wenn der Grundgeräuschpegel z. B. in ruhiger Wohnlage um 10 dB niedriger als normal ist.

Schallschutz VI – Luftschalldämmung

Die Luftschalldämmung von Wänden und Decken wird maßgeblich von ihrer flächenbezogenen Masse bestimmt. Die Schalldämm-Maße der Tabellen **2** und **3** werden jedoch nur erzielt, wenn die mittlere flächenbezogene Masse $m'_{L,\,Mittel}$ der flankierenden Wände und Decken mindestens 300 kg/m² beträgt.

2 Bewertetes Schalldämm-Maß $R'_{W,\,R}$ von einschaligen, biegesteifen Wänden u. Decken[1)]

für flächenbezogene Masse m' in kg/m²	$R'_{W,\,R}$ in dB
85 ⎫	34
90 ⎪	35
95 ⎬ 1)	36
105 ⎪	37
115 ⎪	38
125 ⎭	39
135	40
150	41
160	42
175	43
190	44
210	45
230	46
250	47
270	48
295	49
320	50
350	51
380	52
410	53
450	54
490	55
530	56
580	57
630 ⎫	58
680 ⎪	59
740 ⎪	60
810 ⎬ 3)	61
880 ⎪	62
960 ⎪	63
1040 ⎭	64

3 Luftschalldämmung gemauerter Wände, Auszug aus Tab. 5 in DIN 4108, Bbl. 1

Bewert. Schall-Dämm-Maß $R'_{W,\,R}$ in dB	Beiderseitiges Sichtmauerwerk		Beiderseitig je 10 mm Putz P IV (Gips- oder Kalkgipsputz) 20 kg/m²		Beiderseitig je 15 mm Putz P I, P II, P III (Kalk-, Kalkzem.-, Zementputz) 50 kg/m²	
	Stein-Rohdichteklasse	Wanddicke in cm	Stein-Rohdichteklasse	Wanddicke in cm	Stein-Rohdichteklasse	Wanddicke in cm
a) Einschaliges Mauerwerk, mit Normalmörtel gemauert						
47	0,8 1,0 1,6 2,2	30 24 17,5 11,5	0,8 5) 1,0 5) 1,4 2,2	30 24 17,5 11,5	0,6 4) 0,8 5) 1,2 1,8	30 24 17,5 11,5
53	0,8 1,0 1,2 1,4 1,8	49 49 36,5 30 24	0,7 0,8 1,2 1,4 1,8	49 49 36,5 30 24	0,6 0,7 1,2 1,4 1,6	49 49 36,5 30 24
55	1,0 1,4 1,8 2,2	49 36,5 30 24	0,9 1,4 1,6 2,0	49 36,4 30 24	0,9 1,2 1,6 2,0	49 36,5 30 24
57	1,2 1,6 2,0	49 36,5 30	1,2 1,6 2,0	49 36,5 30	1,2 1,6 1,8	49 36,5 30
b) Zweischaliges Mauerwerk, mit Normalmörtel gemauert und mit durchgehender Gebäudetrennfuge, Auszug aus Tab. 6 in DIN 4109, Beiblatt 1						
57	0,6 2) 0,9 2) 1,0 2) 1,4 2)	2 x 24 2 x 17,5 2 x 15 2 x 11,5	0,6 6) 0,8 6) 1,0 6) 1,4 6)	2 x 24 2 x 17,5 2 x 15 2 x 11,5	0,7 6) 0,9 6) 1,2 6) –	2 x 17,5 2 x 15 2 x 11,5 –
62	0,6 2) 0,8 2) 0,9 1,4	2 x 24 17,5 x 24 2 x 17,5 2 x 11,5	0,6 7) 0,8 7) 1,0 7) 1,4	2 x 24 2 x 17,5 2 x 15 2 x 11,5	0,5 7) 0,8 7) 0,9 7) 1,2	2 x 24 2 x 17,5 2 x 15 2 x 11,5
67	1,0 1,2 1,4 1,8 2,2	2 x 24 17,5 x 24 2 x 17,5 11,5 x 17,5 2 x 11,5	1,0 7) 1,2 1,4 1,8 2,2	2 x 24 17,5 x 24 2 x 17,5 11,5 x 17,5 2 x 11,5	0,9 7) 1,2 1,4 1,6 2,2	2 x 24 17,5 x 24 2 x 17,5 11,5 x 17,5 2 x 11,5

1) Bei Poren- und Leichtbeton mit $\rho_R \leq 0{,}8$ kg/dm³ sowie bei zweischaligem Mauerwerk mit flächenbezogener Masse d. Einzelschale von ≤ 250 kg/m² kann $R'_{W,\,R}$ um 2 dB angehoben werden.

2) Bei Wänden aus Gips-Wandbauplatten nach DIN 4103 T.2 und zusätzlich am Rand angebrachten Bitumenfilzstreifen von 2 bis 4 mm Dicke darf $R'_{W,\,R}$ um 2 dB angehoben werden.

3) Diese Werte gelten nur für das Ermitteln des Schalldämm-Maßes zweischaliger Wände aus biegesteifen Schalen nach DIN 4109 Abschn. 23.2.

4) Bei Schalen aus Porenbetonstreifen und -platten nach DIN 4165 und 4166 sowie Leichtbetonsteinen mit Blähton als Zuschlag kann die Stein-Rohdichteklasse um 0,1 niedriger sein.

5) Bei Steinen, wie in 4) genannt, kann die Stein-Rohdichteklasse um 0,2 niedriger sein.

6) Bei Schalenabstand ≥ 50 mm und Gewicht jeder einzelnen Schale ≥ 100 kg/m² um 0,2 bis 0,6 niedriger. Näheres → DIN 4109, Bbl. 1, S. 7, 1)...5).

7) Bei Schalen aus Steinen, wie in 4) genannt, und Bedingungen wie in 6), kann die Stein-Rohdichteklasse um 0,2 niedriger sein.

Schallschutz VII – Ergänzungen zu Luft- und Trittschall

1 Mindestwerte der Schalldämmung $R'_{W,\,res}$ von Außenbauteilen in dB

Diese Mindestwerte der resultierenden Schalldämmung sind je nach dem Verhältnis der Außenfläche eines Raumes $A_{(W+F)}$ zur Grundfläche des Raumes A_G nach DIN 4109, Tab. 9 zu korrigieren. Unterschiedliche Kombinationen von R'_W-Wand zu R'_W-Fenster möglich. Beispiele für 50 % Fensterflächenanteil nach Tab. 10 in ( ) aufgeführt.

Lärmpegelbereich	Maßgebl. Außenlärmpegel	Bettenräume in Krankenanstalten/ Sanatorien	Wohnräume, Übernachtungs-, Unterrichts- u. ähnliche Räume	Büroräume
I	bis 55	35 (50/30)	30 (50/25)	–
II	56...60	35 (40/32)	30 (50/25)	30 (50/25)
III	61...65	40 (40/37)	35 (40/32)	30 (50/25)
IV	66...70	45 (50/42)	40 (40/37)	35 (40/32)
V	71...75	50 (60/45)	45 (60/40)	40 (60/35)
VI	76...80	*)	50 (60/45)	45 (50/42)
	über 80	*)	*)	50 (60/45)

*) Anforderungen nach örtlichen Gegebenheiten.

2 Zulässiger Schallpegel in schutzbedürftigen Räumen

Von Geräuschen aus haustechnischen Anlagen und Gewerbebetrieben in dB(A):

Geräuschquelle	Wohn- u. Schlafräume	Unterrichts- und Arbeitsräume 1)
Wasserinstallationen	≤ 35 2)	≤ 35 2)
Haustechnische Anlagen	≤ 30 3) 4)	≤ 35 4)
Betriebe tags 6...22 Uhr	≤ 35	≤ 35 4)
Betriebe nachts 22...6 Uhr	≤ 25	≤ 35 4)

3 Anforderungen an die Schalldämmung zwischen „besonders lauten" und schutzbedürftigen Räumen nach DIN 4109 in dB

Art der „besonders lauten" Räume mit einem Schallpegel größer als 80 dB(A), Werte in ( ) f. 75...80 dB(A)	Bewertetes Schalldämm-Maß R'_W von Wand/Decke	Trittschallschutzmaß d. Decken $L'_{n,W}$ 5)
Räume mit besonders lauten haustechn. Anlagen	62 (57)	43
wie Handwerks-, Gewerbe- und Verkaufsräume,	62 (57)	43
Küchen in Gaststätten und Krankenhäusern	55	43
Gasträume nur bis 22 Uhr in Betrieb	55	43
Gastr. (max $L_{A,F}$ ≤ 85 dB(A)) auch nach 22 Uhr i. Betrieb	62	33
Räume von Kegelbahnen	67	33
Fußböden v. Kegelbahnen	–	13
Gasträume mit elektroakustischen Anlagen (max $L_{A,F}$ ≤ 95 dB(A))	72	28

4 Zulässiger Arbeitslärm in der Nachbarschaft

Zulässiger Arbeitslärm in der Nachbarschaft von Wohngebäuden, nach VDI 2058, Bl 1 (6.73).

„Immissions-Richtwerte Außen", gemessen 50 cm vor der Mitte des geöffneten Fensters oder 3 ... 4 m vor dem Gebäude in ≥ 1,20 m Höhe. Art des Baugebietes	Zulässiger Schallpegel in dB(A) tags	nachts
Industriegeb. nur gewerbl. Anlagen	≤ 70	≤ 70
Gewerbegeb. überwiegend gew. Anl.	≤ 65	≤ 50
Mischgebiet, auch Dorfgebiet	≤ 60	≤ 45
Allg. Wohngebiet, überw. Wohnungen	≤ 55	≤ 40
Reines Wohngebiet, nur Wohnungen	≤ 50	≤ 35
Kurgebiet, Krankenh., Pflegeanstalten	≤ 45	≤ 35
Zulässige kurzzeitige Spitzenwerte	≤ +30	≤ + 20

„Immisions-Richtwerte Innen", für Wohnräume bei Geräuschübertragung innerhalb von Gebäuden.	tags	nachts
unabhängig von deren Lage	≤ 35	≤ 25
Zul. kurzzeitige Geräuschspitzen	≤ +10	≤ + 10

Zulässiger Verkehrslärm vor Wohngebäuden, gemessen 1 bis 2 m vor der Wand oder dem Fenster. (nach DIN 18005 und DIN 18210)	tags	nachts
für allgemeine u. reine Wohngebiete	≤ 55	≤ 45
Überschreitung., nur ausnahmsweise	≤ +10	≤ + 10

5 Zulässiger Lärm von Baumaschinen

„Emissions-Richtwerte": Schallpegel in dB(A), gemessen im freien Feld, 7 m von der Maschine entfernt in 1,20 m Höhe	Leerlauf	Arbeitslast
Kompressoren < 5 m³/min	≤ 70	≤ 76
Kompressoren ≥ 5 bis 10 m³/min	≤ 72	≤ 78
Kompressoren ≥ 10 m³/min	≤ 75	≤ 81
Betonmischer mit Verbrennungsmotor < 150 l	≤ 68	≤ 68
Betonmischer mit Verbrennungsmotor ≥ 150 l	≤ 80	≤ 80
Transportbetonmischer	≤ 80	≤ 80
Betonpumpen	–	≤ 81
Bagger ≤ 85 kW	≤ 78	≤ 81
Bagger > 85 kW	≤ 81	≤ 84
Planierraupen ≤ 110 kW Fahrgeräusch ≤ 90 dB	≤ 87	≤ 87
Planierraupen > 110 kW Fahrgeräusch ≤ 92 dB	≤ 90	≤ 90
Krane	–	≤ 75

1) Praxis-, Sitzungs- u. ä. Räume (nicht Großraumbüros).
2) Einzelne kurzzeitige Spitzen beim Betätigen der Armaturen sind nicht zu berücksichtigen.
3) In der Zeit von 6 bis 22 Uhr darf dieser Wert bis zu 35 dB(A) betragen.
4) Bei lüftungstechnischen Anlagen sind bei Dauergeräuschen ohne auffällige Einzeltöne 5 dB(A) mehr zulässig.
5) Jeweils in Richtung der Schallausbreitung.

Emission = Schallaussendung von Schallquellen.
Immission = Schalleinwirkung auf Menschen, Räume und Bauwerke.

Schallschutz VIII – Massivdecken-Trittschall-Dämmstoffe

Beispiele der Deckenarten (g = flächenbezogene Masse)

Ortbeton (tragendes Teil) | Fertigbauteile (tragende Teile) | nicht mittragende Zwischenbauteile

Massivdecken ohne Hohlräume

Stahlbeton-Vollplatten aus Beton nach DIN 1045 oder Leichtbeton nach DIN 4219.

❶

g = 400 kg/m², bei LB (1,8 kg/dm³), 360 kg/m²

Gasbeton-Deckenplatten nach DIN 4223

❷
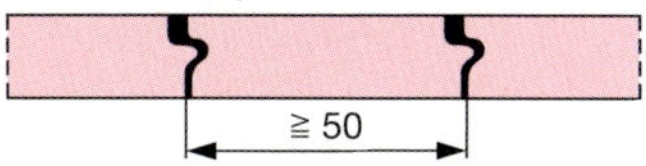

bei ϱ = 0,7 kg/dm³ = 140 kg/m²

Massivdecken mit Hohlräumen

Stahlsteindecken nach DIN 1045 mit Deckenziegeln nach DIN 4159.

❸
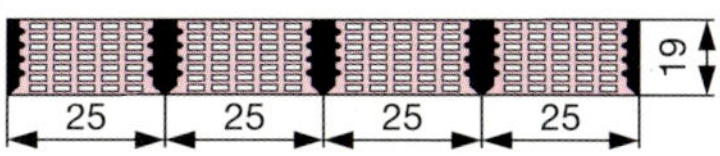

g = 265 kg/m²

Stahlbetonrippen- u. Balkendecken nach DIN 1045 mit Zwischenbauteilen nach DIN 4158 und 4160.

❹
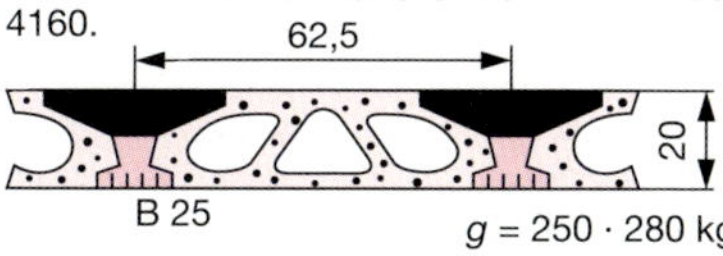

g = 250 · 280 kg/m²

Stahlbetonhohldielen u. -platten nach DIN 1045 u. **Stahlbetondielen aus Leichtbeton** n. DIN 4028

❺
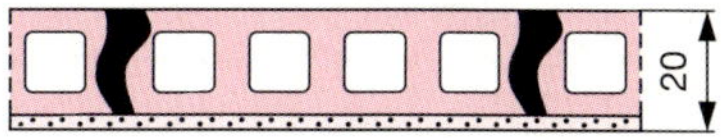

g = 250…300 kg/m²

Balkendecken ohne Zwischenbauteile n. DIN1045

❻
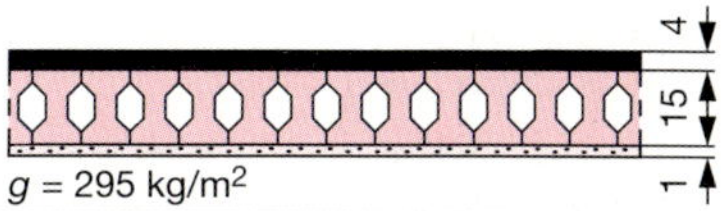

g = 295 kg/m²

Massivdecken mit biegeweicher Unterdecke

Aus Putzträgern und Putz, Gipskartonplatten 12,5 o. 15 mm oder Putz auf Holzwolleleichtbaupl. auf Traglatten, 30 bis 50 mm breit, in mindestens 400 mm Abstand mit schallabsorbierenden Einlagen: **Massivdecken** nach Beispielen ❶ bis ❻.

❼
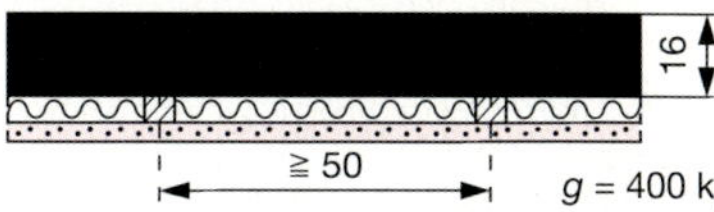

g = 400 kg/m²

Stahlbetonrippen- o. Plattenbalkendecken nach DIN 1045 ohne Zwischenbauteile.

❽
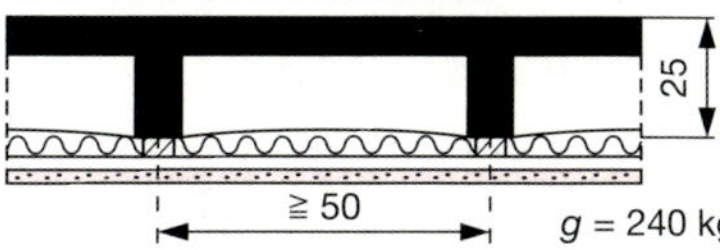

g = 240 kg/m²

Trittschall-Dämmstoffe

Es sind weichfedernde Matten (M), Filze (F) oder Platten (P), die ihre Eigenschaften auch unter Last beibehalten, aber gleichzeitig auch der Luftschall- und Wärmedämmung dienen können.

Nach der **Art** und **Lieferform**:

Faserdämmstoffe : **Min** = mineralisch, **Pfl** = pflanzl.

Schaumdämmstoffe : **EPS** = elastifizierter Polystyrol-Partikelschaum

Nach dem **Anwendungstyp**:

T = unter schwimmendem Estrich n. DIN 18 560 T.2
Tk = unter Fertigteilestrich; haben geringere Zusammendrückbarkeit (EPS unter beiden E)

Nach der **dynamischen Steifigkeit**:

10, 20, 30 bis 90 bei Faserdämmstoffen, 10, 15, 20 und 30 bei Schaumkunststoffen, (die Zahlen geben den jeweiligen Mittelwert der dynamischen Steifigkeit s' in MN/m³ an).

Nach der **Wärmeleitfähigkeitsgruppe**:

035 bis 050 bei Faserdämmstoffen, 040 und 045 bei EPS-Dämmstoffen (z. T. auch $1/\Lambda$ für die Nenndicke d_B angegeben).

Nach dem **Brandverhalten**:

mind. B2 (normal entflammbar) auch wenn beschichtet,
B1 (schwer entflammbar) nur mit Prüfzeichen.

Nach der **Nenndicke**:

Sie wird als Bruch angegeben: d_l/d_B in mm, (d_l = Dicke im Lieferzustand, d_B = Dicke bei Belastung), d_B bei Faserdämmstoffen 10 bis 30 mm, bei EPS ab 15 mm.
Für besseren Wärmeschutz sind zusätzlich druckfeste Wärmedämmplatten (WD) zu verlegen.

Kennzeichnungsbeispiele:

1. Faserdämmstoff DIN 18 165 T. 2

Min P –	T 20 –	040 –	B 1 –	20/15
Stoff u. Form	Zweck u. Steifigk.	WLG (→ S. 98)	Brand-klasse	Lieferdicke / Dicke u. Belastg.

2. Schaumdämmstoff DIN 18 164 T. 2

EPS – P – Tk 15 – 045 – B 2 – 33/30

Weiter werden angegeben: Name des Herstellers bzw. des Lieferers oder des Importeurs und das einheitliche Überwachungszeichen.

Wärmeschutz – Grundlagen I

Begriffe, Formelzeichen, Einheiten

Temperatur ϑ (auch T) in °C (Celsius) ist die Wirkung der Wärme, welche von Lebewesen gefühlt wird und die mittels Thermometern gemessen werden kann (ϑ = Theta).

0 °C = Gefrierpunkt-Temperatur von Wasser, aber auch Schmelztemperatur von Eis.

100 °C = Siedepunkt-Temperatur von Wasser, aber auch die Kondensationstemperatur von Wasserdampf bei Normaldruck.

Temperaturdifferenz $\Delta\vartheta$ (Delta-Theta) in K (Kelvin).

Wärmemenge Q in Ws = J (Joule „dschul‘) = Nm.

Baupraktisch zweckmäßiger ist:

1 kWs = 1 kJ = 1 kNm

Das ist die Wärmemenge, die von einer 1000 Watt-Kochplatte in 1 s abgegeben wird.

Massebezogene Wärmekapazität c in kWs/kg · K ist die Wärmemenge, die 1 kg eines Stoffes um 1 K erwärmt oder abkühlt.

1 Baustoff (runde Werte)	$\frac{\text{kWs}}{\text{kg} \cdot \text{K}}$
Wasser	4,2
Eis	2,1
Holz und Holzwerkstoffe	2,1
Kunststoffe und Schaumkunststoffe	1,5
Pflanzliche Fasern und Textilfasern	1,3
Luft mit normalem Feuchtegehalt	1,0
Mineralische Bau- und Dämmstoffe	1,0
Aluminium	0,8
sonstige Baumetalle, z. B. Stahl	0,4

Volumenbezogene Wärmekapazität C (S) (für die Baupraxis aussagekräftiger als c).

$C = c \cdot \varrho$ in $\frac{\text{kWs}}{\text{m}^3 \cdot \text{K}} \cdot \text{m}\ \frac{\text{kWs}}{\text{m}^2 \cdot \text{K}}$

2 Baustoff	ϱ in kg/m³	$\frac{\text{kWs}}{\text{m}^2 \cdot \text{K}}$
Wasser	1000	4200
Stahl	7850	3150
Stahlbeton	2500	2500
Vollstein-Mauerwerk	1800	1800
Nadel-Vollholz	500	1050
Leichtziegel-Mauerwerk	800	800
Porenbeton-Mauerwerk	500	500
Zellulose-Dämmstoff	60	116
Mineralwolle-Dämmstoff	30	30

Flächenbezogene Wärmekapazität C_{sp}

3 $C_{sp} = C \cdot d$ (Bauteildicke) $= \frac{\text{kWs}}{\text{m}^3 \cdot \text{K}} \cdot \text{m} =$		$\frac{\text{kWs}}{\text{m}^2 \cdot \text{K}}$
Stahlbetonplatte	(18 cm)	450
Vollstein-Mauerwerk	(24 cm)	432
Leichtziegel-Mauerwerk	(36,5 cm)	292
Porenbeton-Mauerwerk	(30 cm)	150
Holz oder Spanplatte	(≈ 20 mm)	21

4 Wärme ist eine Energieart, sie ist schnelle Hin- u. Her-Bewegung der Moleküle und Molekülteile.

	bei einer hohen Temperatur	bei einer tieferen Temperatur	am absoluten Tiefpunkt
1. in festen Stoffen	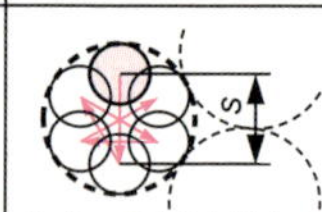	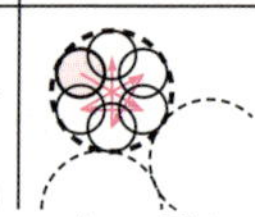	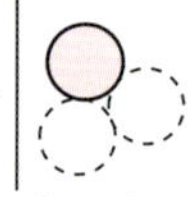
	jedes Molekül ist an seinen Platz gefesselt.		
2. in Flüssigkeiten	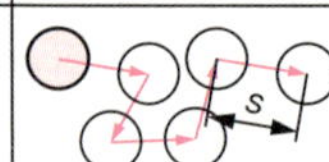 Moleküle frei beweglich	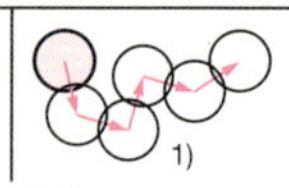	s nur wenig größer als in 1
3. in Gasen	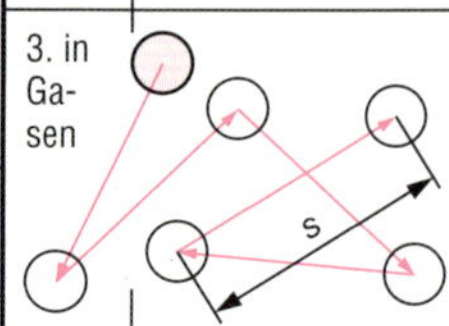 Moleküle frei beweglich	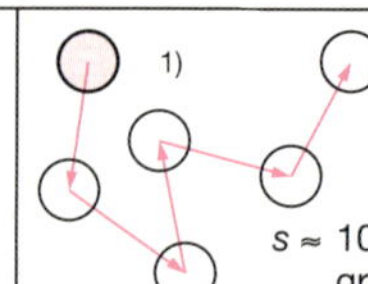	s ≈ 10 mal größer als in 1 und 2

Zustandsänderungen unter Wärmeeinfluss

Die meisten Stoffe ziehen sich beim Erstarren etwas zusammen. Wasser hat dagegen bei 4 °C seine größte Dichte und dehnt sich darunter und beim Gefrieren um 1/11, das sind ≈ 9 %, aus.

Reine Elemente und Verbindungen mit gleicher Molekülgröße zeigen einen festen Schmelzpunkt. Verbindungen, die aus einem Gemisch von unterschiedlich großen Molekülen bestehen, zeigen dagegen zwischen fest und flüssig einen Übergangsbereich (Erweichungsbereich), der vom festen Zustand durch den „Brechpunkt“, vom flüssigen Zustand durch den „Tropfpunkt“ abgetrennt wird. Beispiele: Bitumen u. Thermoplaste, → S. 129 u. 131.

5 **Die temperaturabhängigen Stoffzustände**

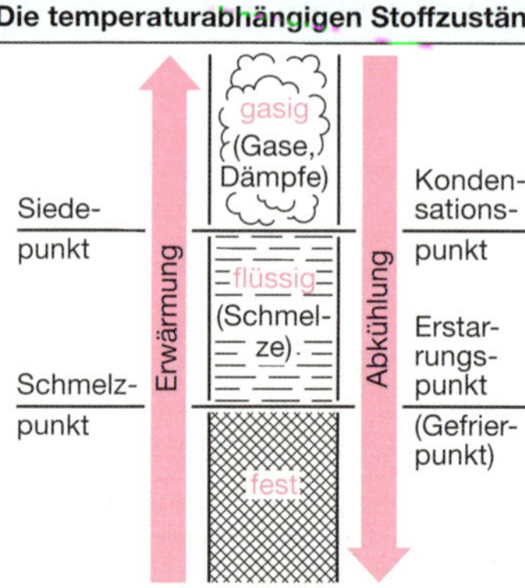

1) Nach jedem Zusammenstoß ändert sich die Richtung.

Wärmeschutz – Grundlagen II

Begriffe, Formelzeichen, Einheiten

Lineare Temperatur-Dehnzahl α_T ($\alpha_{T,L}$), sie sagt aus, um wieviel mm sich 1 m eines festen Baustoffes bei 1 K Temperaturerhöhung ausdehnt und bei -erniedrigung zusammenzieht.

$$\text{Einheiten: } \frac{mm}{m \cdot K} = ‰ = \frac{10^{-3}}{K} \left(\text{auch } \frac{m}{m} = \frac{10^{-6}}{K}\right)$$

6 Baustoff (α_T-Werte stark gerundet)	$\frac{mm}{m \cdot K}$
Mauerwerk aus Mauerziegeln, Kalkmörtel, Blähtonbeton unbewehrt, Basalt, Marmor, Kalkstein, Schamotte, Lehmmörtel	0,006
MW aus Kalksand- u, Porenbetonsteinen, Kalkzementmörtel, Beton aus Kalksteinsplitt, Leichtbeton, Fliesen, Bauglas, Granit, Sandstein, Dolomit	0,008
Kiessandbeton, normaler Stahlbeton, Zementmörtel, Faserzement-Bauteile	0,01
Baustahl, Betonstahl, Stahlguss	0,012
Nichtrostende Stähle	0,016
Kupfer	0,017
Messing, Bronze	0,018
Glasfaserverstärkte Polyesterplatten	0,012...0,04
Aluminium	0,024
Zink, Blei	0,029
Asphaltplatten u. -beläge, Phenolharze	0,03
Polyvinylchlorid, Acrylglas, Polystyrol	0,08
Melaminharz	0,05
Polyamide	0,1
Glasfaserverstärkte Epoxydharzplatten	0,12...0,18
Polyurethane	0,12
Polyäthylen	0,12...0,23

Beispiel: → S. 70

Hinweis: Die Temperaturdehnung ist bei fest miteinander verbundenen Baustoffen mit sehr unterschiedlichen Temperatur-Dehnzahlen zu beachten, besonders wenn sie starken Temperaturdifferenzen ausgesetzt sind. Beispiele sind z. B. Fassadenelemente und Außen-Fensterbänke, besonders an der Südseite, Flachdächer, sowie Stahlträger im Mauerwerk bei Brandbeanspruchung.

Schmelzwärme ist die Wärmemenge, die für das Schmelzen von 1 kg eines festen Stoffes aufgewendet werden muss. Besonders hoch ist die Schmelzwärme von Eis mit 334 kWs/kg. Beim Gefrieren wird die gleiche Wärmemenge wieder freigesetzt, allerdings bei einer Temperatur von 0 °C, und ist dadurch kaum nutzbar. Zur Energiespeicherung werden deshalb Salze eingesetzt, deren Schmelztemperatur mindestens 50 °C beträgt.

Verdampfungswärme ist die Wärmemenge, die für das Verdampfen von 1 kg eines flüssigen Stoffes aufgewendet werden muss. Besonders hoch ist wieder d. Verdampfungswärme von Wasser m. 2260 kWs/kg. Sie wird jedoch als **Kondensationswärme** wieder frei. Weil sie bei Temperaturen über 40 °C anfällt, kann diese bei „Brennwertkesseln" für Heizzwecke genutzt werden. Besonders bei Erdgasfeuerung mit hohem Wasserdampfanteil sind dadurch Energieeinsparungen von 10 bis 20 % möglich; außerdem wird die Kondensatbildung im Schornstein („Sott") stark vermindert. Näheres dazu → S. 119.

Volumenvergrößerung durch Temperaturerhöhung, genauer: „Volumenausdehnungskoeffizient $\alpha_{T,V}$" ist bei Gasen, z. B. Luft oder Abgasen, von großer Bedeutung. Alle Gase dehnen sich bei 1 K Temperaturerhöhung um den 273. Teil ihres Ausgangsvolumens aus. – 273 °C ist der absolute Nullpunkt, bei dem das Volumen von Gasen fast Null werden müsste. Wird die Temperaturdehnung behindert, kommt es zur **Druckerhöhung**, z. B. im Dampfkessel. Erfolgt die Ausdehnung bei gleichbleibendem Druck, erniedrigt sich die Dichte des Gases. Das bewirkt den **Auftrieb von Gasen** gegenüber ihrer kälteren Umgebung, wie hier dargestellt:

7

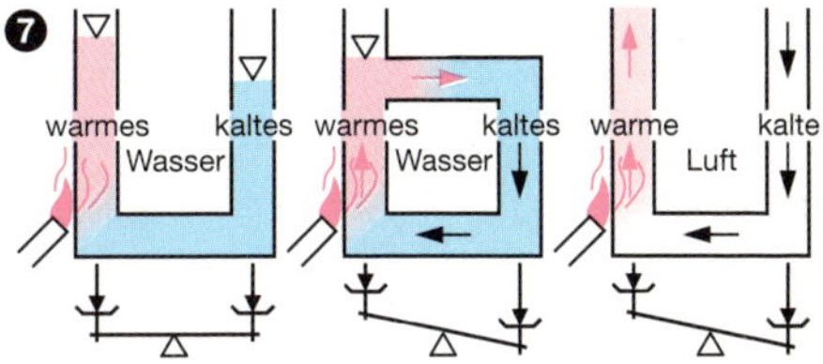

Dieser Auftrieb kann im Schornstein für den nötigen **Zug** sorgen. Wie die Abb. **8** zeigt, wird die Auftriebskraft außer von der Temperaturdifferenz auch von der „wirksamen Höhe" zwischen der Feuerungstür und der Schornsteinmündung bestimmt.

8

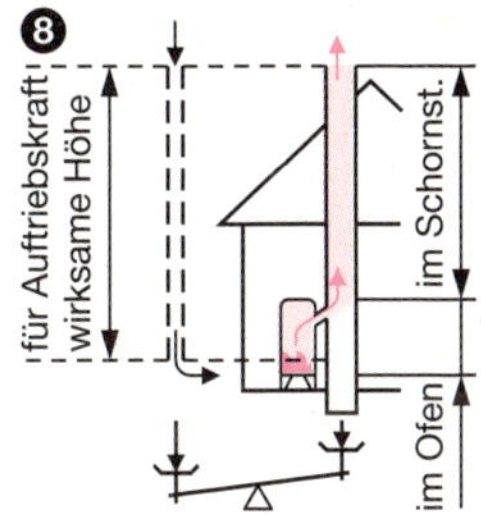

Die **Luftumwälzung** (Zirkulation) in Räumen, die von Heizkörpern oder Öfen ausgeht, beruht ebenfalls auf dem Auftrieb warmer Luft.
Wie aus **9** zu ersehen, kann das jedoch zu unangenehmen Zugerscheinungen in Fußbodennähe, besonders im Beispiel a), führen.

9

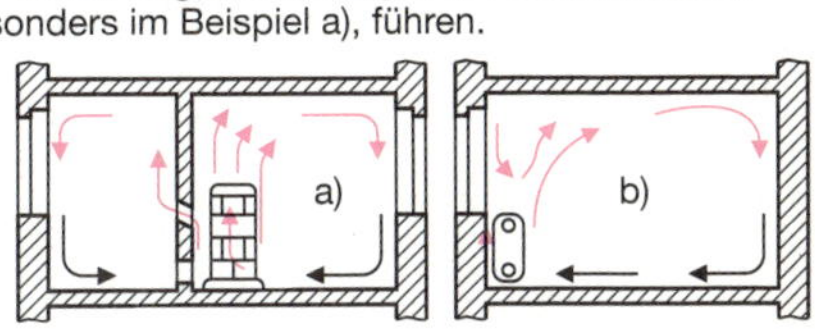

In Luftschichten kann die durch Temperaturunterschiede bewirkte **Konvektion** die erwünschte Dämmwirkung bei großer Dicke vermindern. Auch in Flüssigkeiten bewirkt die Dichteverminderung durch Temperaturanstieg Auftrieb, der früher in **Zentralheizungen** auch ohne Umwälzpumpe für die nötige „Zirkulation" sorgte, → **7**.

Wärmeschutz – Wärmetransport

1. Wärmeströmung

Strömende Flüssigkeiten und Gas können Wärmeenergie transportieren. Die Leistungsfähigkeit dieses Transportes hängt von der volumenbezogenen Wärmekapazität des Transportmittels ab und von dem pro Zeiteinheit bewegten Volumen. Dieses wiederum ist das Produkt aus dem Querschnitt und der Geschwindigkeit.

Wegen seiner hohen Wärmekapazität ist **Wasser ein sehr gutes Wärme-Transportmittel**.

Das erklärt die Verwendung in Zentralheizungen, als Kühlmittel in Verbrennungsmotoren und als Salzsole (wegen der Frostgefahr) in Solaranlagen.

Luft als Wärmeträger erfordert große Rohrquerschnitte oder hohe und deshalb manchmal unangenehme Luftgeschwindigkeiten. Von Vorteil ist das schnelle Ansprechen auf erhöhten Wärmebedarf und dass die Luft im Sommer auch zum Kühlen eingesetzt werden kann.
Eine besondere Form der Wärmeströmung ist die

Konvektion, → S.93, wobei der Auftrieb der warmen Luft die Raumluft bewegt. Die dafür erforderliche Energie wird allerdings als Abkühlung der Luft entnommen.

2. Wärmeleitung

Bei der Wärmeleitung wird die Wärmeenergie, ähnlich wie bei der Schall-Leitung, → S. 84 u. 92, von Molekül zu Molekül übertragen, ohne dass diese ihren Ort verändern. Sie „zittern" nur um einen Fixpunkt und **geben** dabei ihre **Bewegungsenergie** durch **Stöße** an ihre **Nachbarmoleküle weiter**.
Das erklärt, warum kristalline Stoffe, bei denen die Moleküle bzw. Atome in Reih und Glied angeordnet sind, die Wärme sehr viel besser leiten als die gleichen Stoffe in glasiger (amorpher), also regelloser Form. So hat z. B. **Wasser** die Wärmeleitzahl 0,5 (allerdings ohne gleichzeitige Konvektion).

Eis hat dagegen die Wärmeleitzahl 2.

Mineralisches Glas hat die Wärmeleitzahl 0,8.

Kristalline Mineralien mit etwa der gleichen Rohdichte von etwa 2500 kg/m^3 wie Glas, z. B. Quarzit, zeigen eine Wärmeleitfähigkeit von etwa 3,5.

Metalle dagegen haben Leitfähigkeiten von 40 bis 400, weil bei ihnen die leicht beweglichen Elektronen den Hauptanteil an der Wärmeleitung übernehmen. Die Metalle besitzen deshalb auch eine hohe Leitfähigkeit für den elektrischen Strom.

Stoffe mit einer gerichteten (anisotropen) **Struktur**, z. B. Holz, aber auch Schiefer, haben je nach Richtung der Wärmeströmung unterschiedliche Leitfähigkeiten: Bei Kiefernholz z. B. senkrecht zur Faserrichtung 0,13, parallel zur Faserrichtung dagegen 0,35.

Alles weitere über Wärmeleitung folgt auf S. 96 bis S. 99.

3. Wärmestrahlung

Wärmestrahlen sind elektromagnetische Wellen, die feste Körper und Flüssigkeiten erwärmen, wenn sie darauf treffen. Gase, wie Luft, werden von ihnen kaum erwärmt.
Wärmestrahlung besteht meist aus einem Bündel unterschiedlicher Wellenlängen (→ Kurven in ❶), deren Maximum umso weiter im kurzwelligen Bereich liegt, je heißer die strahlungsaussendende Oberfläche ist.

Laserstrahlen besitzen dagegen nur eine bestimmte Wellenlänge, sie sind „monochromatisch".

Sichtbare Wärmestrahlung ist Licht, wie es z. B. von der Sonne, von Leuchtröhren und von Glühlampen ausgesandt wird.

Unsichtbare Wärmestrahlung ist langwellig und wird als **Infrarot-(IR-)strahlung** bezeichnet. Es wird von Flächen ausgesandt, die weniger als 500 °C warm sind, wie Öfen und Heizkörper. Sehr langwellige Wärmestrahlung geben warme Wand-, Decken- und Fußbodenflächen, aber auch die menschliche Haut ab. In der Nähe von kalten Flächen empfinden wir diese Wärmeabstrahlung als „Kältestrahlung".

❶ Verteilung der Wellenlängen, das „Spektrum" einiger Wärmestrahlungen (stark vereinfacht).

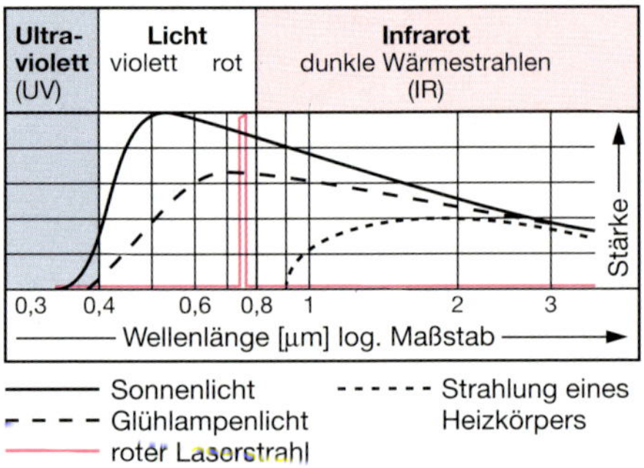

Strahlungsverhalten von Oberflächen

Als Kennwert kann der Emissionsgrad ε dienen, denn die Wärmeabstrahlung unterliegt der gleichen Gesetzmäßigkeit wie die Wärmeaufnahme (Absorption) durch Stahlung: Je größer ε (Epsilon), umso stärker wird eine Fläche aufgeheizt, umso mehr kühlt sie durch Wärmeabstrahlung aus.

2 Emissionsgrade von Oberflächen	ε in %
Aluminium, Kupfer, Edelmetalle, poliert	6…10
Alu, Blei, Zink, oxidiert; Stahl, blank	25…40
Stahl, Gusseisen, angerostet	50…75
Mauerwerk, Putz, Beton, Holz, Erdreich	60…80
tiefschwarze, raue Flächen	98…100

Die Werte gelten zwischen 0 °C und 100 °C.
Bei Sonnenlicht wirkt sich die Farbe aus, → ❶.

Wärmeschutz – Wärmestrahlung

Nutzung der Sonneneinstrahlung

Bevorzugt im Frühjahr und Herbst kann Heizenergie eingespart werden, wenn die tagsüber eingestrahlte Sonnenenergie eine zusätzliche Heizung in den Abendstunden erübrigt.
Nach der „Wärmeschutzverordnung 1995" kann die eingesparte Energie auf den Jahres-Heizwärmebedarf angerechnet werden, → S. 107.

Durchlassverhalten von Wärmeschutzverglasung

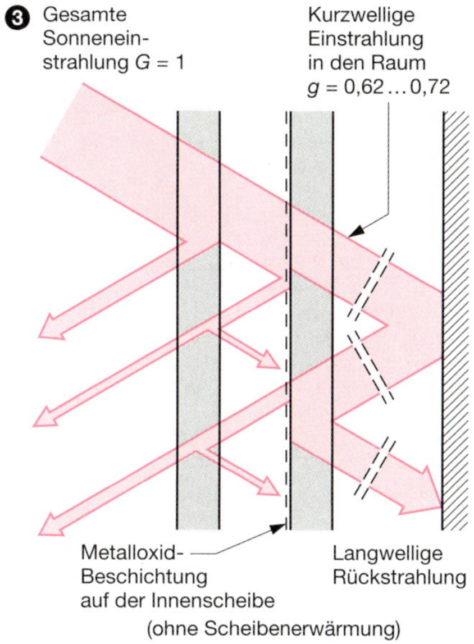

Spektrale Durchlässigkeit von Verglasungen

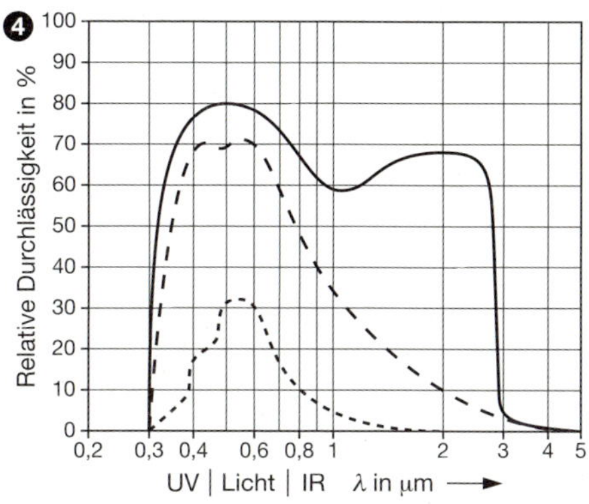

——— Konventionelle Doppelverglasung,
– – – Wärmeschutzverglasung, typisches Beispiel,
- - - - - Sonnenschutzverglasung, typisches Beispiel, dazu auch bei „Glas", → S. 249.

Schutz vor Überhitzung durch übermäßige Sonneneinstrahlung

Im Sommer führt starke Sonneneinstrahlung zu unbehaglichen Raumtemperaturen, bzw. zu hohen Kosten für die Raumklimatisierung.
Da Glas die Wärmerückstrahlung nach außen behindert, weil es das langwellige Infrarot nur wenig durchlässt, → ❹, kommt es zum „Treibhauseffekt".

Durchlassverhalten von Sonnenschutzverglasung

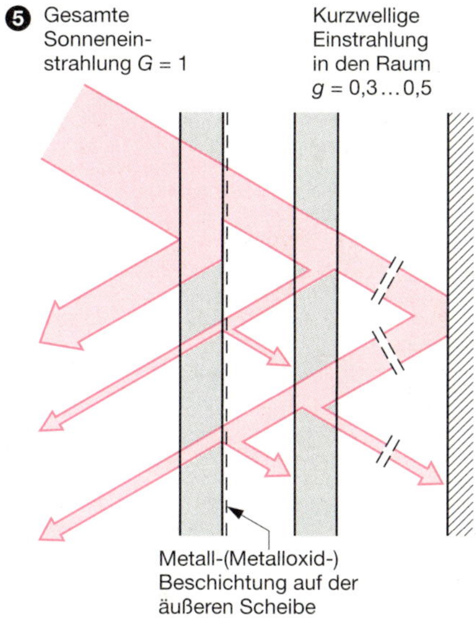

Schutz vor Überhitzung bieten auch Markisen, Jalousien, Roll- und Klappläden sowie Vordächer. Angaben zur Begrenzung des Energiedurchganges durch Fensterflächen in der WSchV 95, → S. 103.

Schäden durch hohe und stark schwankende Oberflächentemperaturen an Außenoberflächen

Diese Schäden zeigen sich oft an schwarzen Flachdachabdichtungen auf Dämmschichten, die nicht durch Platten oder Kies vor übermäßiger Aufheizung geschützt sind.
Wie bei ❷ erwähnt, nehmen schwarze Flächen nicht nur viel Energie durch Sonneneinstrahlung auf, sondern strahlen in kalten wolkenlosen Nächten soviel Energie ab, dass ihre Oberflächentemperatur bis zu 10 K unter die herrschende Außenlufttemperatur absinken kann. Die Verformungen und Spannungen in der Dachhaut sind dem großen Temperaturunterschied entsprechend hoch.

Schäden durch zu große Temperaturunterschiede können auch in der **Putzschicht von „Wärmedämm-Verbundsystemen"** auftreten, besonders an Südwest-Fassaden und bei dunklem Putz.

Wärmeschutz – Wärmeleitzahlen I

DIN 4108

Die **Wärmeleitzahl λ** sagt aus, welcher Wärmestrom (Heizleistung) in Watt pro m² durch eine 1 m dicke Schicht eines **Baustoffes** fließen muss, damit sich zw. seinen Innen- und Außenoberflächen ein Temperaturunterschied ($\Delta\vartheta$) von 1 Kelvin einstellt.

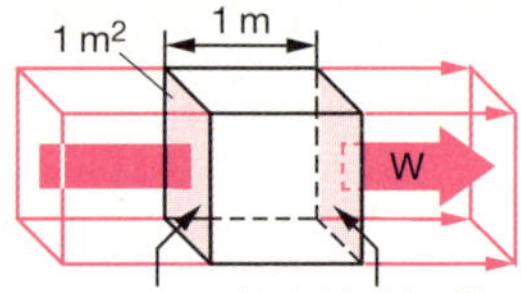

1 K Temperaturunterschied d. beiden Oberflächen

$$\lambda = \frac{\textbf{Wärmestrom} \cdot \textbf{Dicke}}{\textbf{Fläche} \cdot \textbf{Temperaturunterschied}} \text{ in } \frac{\mathrm{W \cdot m}}{\mathrm{m^2 \cdot K}} = \frac{\mathrm{W}}{\mathrm{m \cdot K}}$$

Baustoff	ϱ [1] $\frac{\mathrm{kg}}{\mathrm{m^3}}$	λ_R [2] $\frac{\mathrm{W}}{\mathrm{m \cdot K}}$	μ [3] 1
1. Putze, Estriche und andere Mörtelschichten			
1.1 Kalk-, hydr. K.- und KZ-Mörtel	(1800)	0,87	15/35
1.2.1 Leichtmörtel LM 21	(≤ 700)	0,21	15/35
1.2.2 Leichtmörtel LM 36	(≤ 1000)	0,36	15/35
1.3 Zementmörtel	(2000)	1,4	15/35
1.4 Gips-, Kalkgips-, Anhydrit- und Kalkanhydritmörtel	(1400)	0,70	10
1.5 Gipsputz ohne Zusatz	(1200)	0,35	10
1.6 Wärmedämmputzsysteme n. DIN 18 550 T. 3 Wärmeleitfähigkeitsgruppe 060		0,060	
070		0,070	
080	(≥ 200)	0,080	5/20
090		0,090	
100		0,1	
1.7 Anhydritestrich	(2100)	1,2	
1.8 Zementestrich	(2000)	1,4	15/35
1.9 Magnesiaestrich, für			
1.9.1 Unterböden und -schichten	(1400)	0,47	
1.9.2 Industrieböden und Gehschicht	(2300)	0,70	
1.10 Gussasphaltestrich, d ≥ 15 mm	(2300)	0,90	[4]

Baustoff	ϱ [1] $\frac{\mathrm{kg}}{\mathrm{m^3}}$	λ_R [2] $\frac{\mathrm{W}}{\mathrm{m \cdot K}}$	μ [3] 1
2. Großformatige Bauteile			
2.1 Normal- u. Stahlbeton mit geschl. Gefüge nach DIN 1045	(2400)	2,1	70/150
2.2 Leicht- u. Stahlleichtbeton mit geschl. Gefüge nach DIN 4219 hergestellt unter Verwendung von Zuschlägen mit porigem Gefüge nach DIN 4226 T. 2 ohne Quarzsandzusatz. [5]	800	0,39	70/150
	900	0,44	
	1000	0,49	
	1100	0,55	
	1200	0,62	
	1300	0,70	
	1400	0,79	
	1500	0,89	
	1600	1,0	
	1800	1,3	
	2000	1.6	
2.3 Dampfgehärteter Porenbeton nach DIN 4223	400	0,14	5/10
	500	0,16	
	600	0,19	
	700	0,21	
	800	0,23	
2.4 Leichtbeton mit haufwerkporigem Gefüge nach DIN 4232			
2.4.1 mit nichtporigen Zuschlägen nach DIN 4226 T. 1, z. B. Kies	1600	0,81	3/10
	1800	1,1	
	2000	1,4	5/10
2.4.2 mit porigen Zuschlägen nach DIN 4226 T. 2 ohne Quarzsandzusatz [5]	600	0,22	5/15
	700	0,26	
	800	0,28	
	1000	0,36	
	1200	0,46	
	1400	0,57	
	1600	0,75	
	1800	0,92	
	2000	1,2	
2.4.2.1 ausschließlich unter Verwendung von Naturbims	500	0,15	5/15
	600	0,18	
	700	0,20	
	800	0,24	
	900	0,27	
	1000	0,32	
	1200	0,44	
2.4.2.2 ausschließlich unter Verwendung von Blähton	500	0,18	5/15
	600	0,20	
	700	0,23	
	800	0,26	
	900	0,30	
	1000	0,35	
	1200	0,46	

[1] ϱ = Rohdichte, → S. 146, genannt ist jeweils die den Baustoff kennzeichnende Rohdichteklasse. Werte in ( ) dienen nur dazu, die flächenbezogene Masse zu ermitteln, z. B. um den sommerlichen Wärmeschutz nachzuweisen.

[2] λ_R = Rechenwert der Wärmeleitfähigkeit, bei dem der Einfluss d. praktischen Feuchte, → S. 140, berücksichtigt ist. Künstlich getrocknete Baustoffe haben z. T. erheblich kleinere λ-Werte, die jedoch für den Nachweis nicht verwendet werden dürfen. Bei Verwendung von Leichtmörtel nach DIN 1053 mit $\varrho \leq 1$ kg/dm³ dürfen die λ_R-Werte um 0,06 W/(m · K) vermindert werden. Jedoch dürfen die verringerten Werte bei Porenbeton-Blocksteinen n. Zeile 4.4 sowie bei Vollblöcken S-W aus Naturbims und aus Blähton oder aus einem Gemisch aus Blähton und Naturbims nach den Zeilen 4.5.2.3.1 und 4.5.2.4.2 die Werte der entsprechenden Zeilen 2.3 sowie 2.4.2.1 u. 2.4.2.2 nicht unterschreiten.

[3] μ = Diffusionswiderstandszahl. Werden zwei Werte genannt, ist jeweils der für die Baukonstruktion ungünstigere in die Rechnung einzusetzen. Bei Diffusionsrechnungen ist es auf der Innenseite der niedrigere, außen der höhere.

[4] praktisch dampfdicht $s_d > 1500$ m.

[5] bei Quarzsandzusatz λ_R um 20 % höher.

Wärmeschutz – Wärmeleitzahlen II

Baustoff	ϱ [1] kg/m³	λ_R [2] W/(m · K)	μ [3] 1
3. Bauplatten			
3.1 Faserzementplatten	(2000)	0,58	20/50
3.2 Porenbetonpl., unbew.			
3.2.1 mit normaler Fugendicke u. Mauermörtel nach DIN 1053 T.1 verlegt	500	0,22	5/10
	600	0,24	
	700	0,27	
	800	0,29	
3.2.2 dünnfugig verlegt	500	0,19	5/10
	600	0,22	
	700	0,24	
	800	0,27	
3.3 Wandbauplatten aus Leichtbeton nach DIN 18 162	800	0,29	5/10
	900	0,32	
	1000	0,37	
	1200	0,47	
	1400	0,58	
3.4 Wandbauplatten aus Gips n. DIN 18 163, auch m. Poren, Hohlräumen, Füllstoffen oder Zuschlägen	600	0,29	5/10
	750	0,35	
	900	0,41	
	1000	0,47	
	1200	0,58	
3.5 Gipskartonplatten	(900)	0,21	8
4. Mauerwerk einschließlich Fugen [6]			
4.1 aus Mauerziegeln nach DIN 105			
4.1.1 Hochlochklinker, Vollklinker, Keramikklinker	1800	0,81	50/100
	2000	0,96	
	2200	1,2	
4.1.2 Hochlochziegel und Vollziegel	1200	0,50	5/10
	1400	0,58	
	1600	0,68	
	1800	0,81	
	2000	0,96	
4.1.3 Leichthochlochziegel mit Lochung A und Lochung B nach DIN 105 Teil 2	700	0,36	5/10
	800	0,39	
	900	0,42	
	1000	0,45	
4.1.4 Leichthochlochziegel Lochung W nach DIN 105 Teil 2	700	0,30	5/10
	800	0,33	
	900	0,36	
	1000	0,39	
4.2 Mauerwerk aus Kalksandsteinen nach DIN 106 Teil 1 und Teil 2 und aus Kalksand-Plansteinen nach DIN 106 Teil 1 A1	1000	0,50	5/10
	1200	0,56	
	1400	0,70	
	1600	0,79	5/25
	1800	0,99	
	2000	1,1	
	2200	1,3	
4.3 Mauerwerk aus Hüttensteinen nach DIN 398	1000	0,47	70/100
	1200	0,52	
	1400	0,58	
	1600	0,64	
	1800	0,70	
	2000	0,76	

[6] Nach Zulassungen s. f. Mauerwerk aus best. Leichtziegeln, Leichtbeton u. Porenbetonst. niedrigere λ_R-Werte erlaubt.

Baustoff	ϱ [1]	λ_R [2]	μ [3]
4.4.1 Mauerwerk aus Porenbeton-Blocksteinen nach DIN 4165	400	0,20	5/10
	500	0,22	
	600	0,24	
	700	0,27	
	800	0,29	
4.4.2 Mauerwerk aus Porenbeton-Plansteinen nach DIN 4165 [6]	400	0,15	5/10
	500	0,17	
	600	0,20	
	700	0,23	
	800	0,27	
4.5 Mauerwerk aus Betonsteinen			
4.5.1 Mauerwerk aus Leichtbeton (Hbl) n. DIN 18151 mit porigen Zuschlägen nach DIN 4226 Teil 2 ohne Quarzsandzusatz [5]			
4.5.1.1 2 K Hbl ≤ 24 cm br.; 3 K Hbl ≤ 30 cm br.; 4 K Hbl ≤ 36,5 " br.; 5 K Hbl ≤ 49 cm br.; 6 K Hbl ≤ 49 cm br.	500	0,29	5/10
	600	0,32	
	700	0,35	
	800	0,39	
	900	0,44	
	1000	0,49	
	1200	0,60	
	1400	0,73	
4.5.1.2 2 K Hbl = 30 cm br.; 3 K Hbl = 36,5 cm breit	500	0,29	5/10
	600	0,34	
	700	0,39	
	800	0,46	
	900	0,55	
	1000	0,64	
	1200	0,76	
	1400	0,90	
4.5.2.1 Vollsteine (V) aus Leichtbeton nach DIN 18 152	500	0,32	5/10
	600	0,34	
	700	0,37	
	800	0,40	
	900	0,43	
	1000	0,46	
	1200	0,54	
	1400	0,63	
	1600	0,74	10/15
	1800	0,87	
	2000	0,99	
4.5.2.2 Vollblöcke (VBL) (außer Vollblöcken S-W aus Naturbims nach Zeile 4.5.2.3 und aus Blähton oder aus einem Gemisch aus Blähton und Naturbims n. Zeile 4.5.2.4)	500	0,29	5/10
	600	0,32	
	700	0,35	
	800	0,39	
	900	0,43	
	1000	0,46	
	1200	0,54	
	1400	0,63	
	1800	0,87	10/15
	2000	0,99	
4.5.2.3.1 Vollblöcke aus Naturbims Länge ≥ 49 cm	500	0,20	5/10
	600	0,22	
	700	0,25	
	800	0,28	
4.5.2.3.2 Vollblöcke aus Naturbims Länge: 24 cm ≤ l < 49 cm	500	0,22	5/10
	600	0,24	
	700	0,28	
	800	0,31	

Wärmeschutz – Wärmeleitzahlen III

Baustoff	ϱ [1)]	λ_R [2)]	μ [3)]
4.5.2.4.1 Vollblöcke S-W aus Blähton oder einem Gemisch aus Blähton u. Naturbims, Län. ≥ 49 cm	500	0,22	5/10
	600	0,24	
	700	0,27	
	800	0,31	
4.5.2.4.2 Vollblöcke S-W aus Blähton oder einem Gemisch aus Blähton u. Naturbims, Länge: 24 cm ≤ l < 49 cm	500	0,24	5/10
	600	0,26	
	700	0,30	
	800	0,34	
4.5.3 Hohlblöcke (Hbn) und T-Hochblöcke (Tbn) aus Normalbeton mit geschlossenem Gefüge:			
2 K, 24 cm, 3 K, 30 cm, 4 K, 36,5 cm	(≤1800)	0,92	20/30
2 K, = 30 cm breit, 3 K, 36,5 cm breit	(≤1800)	1,3	20/3
5. Wärmedämmstoffe			
5.1 Holzwolleleicht-bauplatten n. DIN 1101 ≥ 25 mm	(360…480)	0,09	2/5
= 15 mm	(570)	0,15	
5.2 Mehrschicht-Leichtbaupl. PS-Partikel-schaumsch. WLG 040	(≥ 15)	0,040	20/50
Mineralfaser-schicht, [7), 8)] WLG 040	(50…250)	0,040	1
WLG 045		0,045	
Holzwolleschicht. (einzeln) Dicke d: 10 mm ≤ d < 25 mm	(460…650)	0,15	2/5
Dicke ≥ 25 mm	(360…480)	0,09	
5.3 Schaumkunststoffe nach DIN 18 159 T.1 u. 2			
5.3.1 Polyurethan-Ortschaum	(≥ 37)	0,03	30/100
5.3.2 Harnstoff-Formaldeh. "	(≥ 10)	0,041	1/3
5.4 Korkdämm-platten nach DIN 18 161 T.1 WLG 045	(80…500)	0,045	5/10
WLG 050		0,050	
WLG 055		0,055	
5.5 Schaumkunststoffe nach DIN 18 164 Teil 1 [8)]			
5.5.1 Polystyrol (PS)-Hartschaum WLG 025		0,025	
WLG 030		0,030	
WLG 035		0,035	
WLG 040		0,040	
Polystyrol-Partikel-(PS)-schaum	(≥ 15)		20/50
	(≥ 20)		30/70
	(≥ 30)		40/100
" -Extruderschaum	(≥ 25)		80/250
5.5.2 Polyurethan (PUR)-Hartschaum WLG 020	(≥ 30)	0,020	30/100
WLG 025		0,025	
WLG 030		0,030	
WLG 035		0,035	
5.5.3 Phenolharz (PF)-Hartschaum WLG 030	(≥ 30)	0,030	10/50
WLG 035		0,035	
WLG 040		0,040	
WLG 045		0,045	

7) Holzwolleschichten < 10 mm dürfen zur Berechnung von Λ nicht berücksichtigt werden. Bei Diffusionsberechnungen ist ihr s_d-Wert zu berücksichtigen.
8) WLG = Wärmeleitfähigkeitsgruppe
9) λ_R gilt für Holz quer zur Faser, in Faserrichtung und bei Platten in Plattenebene 2,2 facher Wert.

Baustoff	ϱ [1)]	λ_R [2)]	μ [3)]
5.6 Mineralische u. pflanzl. Faser- [9)] dämmstoffe WLG 035	(8 … 500)	0,035	1
WLG 040		0,040	
WLG 045		0,045	
WLG 050		0,050	
5.7 Schaumglas nach DIN 18 174 WLG 045	(100…500)	0,045	[4)]
WLG 050		0,050	
WLG 055		0,055	
WLG 060		0,060	
6. Holz und Holzwerkstoffe [9)]			
6.1.1 Fichte, Kiefer, Tanne	(600)	0,13	40
6.1.2 Buche, Eiche	(800)	0,20	
6.2.1 Sperrholz, DIN 68 705	(800)	0,15	50/400
6.2.2 Spanplatten:			
Flachpressplatten nach DIN 68 761 T.1 u. 4 u. 68 763	(700)	0,13	50/100
Strangpressplatten nach DIN 68 764 (ohne Beplankg.)	(700)	0,17	20
6.2.3 Holzfaserplatten:			
Harte Platten n. DIN 6875 und DIN 68 754 Teil 1	(1000)	0,17	70
Poröse Platten n. DIN 68 750	≤ 300	0,06	5
u. Bitumen-Holzfaserplatten nach DIN 68 752	≤ 400	0,07	
7. Beläge, Abdichtstoffe und Abdichtungsbahnen			
7.1 Fußbodenbeläge:			
7.11 Linoleum n. DIN 18 171	(1000)	0,17	
7.12 Korklinoleum	(700)	0,081	
7.1.3 Linoleum-Verbundbel.	(100)	0,12	
7.1.4 Kunststoffbeläge (PVC)	(1500)	0,23	
7.2 Abdichtstoffe u. -bahnen:			
7.2.1 Asphaltmastix, d ≥ 7 mm	(2000)	0,70	[4)]
7.2.2 Bitumen	(1100)	0,17	
7.2.3 Dach- und Dachabdichtungsbahnen:			
Bitumendachbahnen, nach DIN 52 128	(1200)	0,17	1000…80 000
Nackte Bitumenbahnen nach DIN 52 129	(1200)	0,17	2000…20 000
Glasvlies-Bitumendachbahnen nach DIN 52 143			2000…60 000
7.2.4 Kunststoff-Dachbahnen:			
nach DIN 16 729 (ECB) 2,0 K			50 000…75 000
2,0			70 000…90 000
nach DIN 16 730 (PVC-P)			10 000…30 000
nach DIN 16 731 (PIB)			400 000…1,75 Mio.
7.2.5 Folien: d in mm:			
PVC-Folien, ≥ 0,1			20 000…50 000
Polyethylenfolien, ≥ 0,1			100 000
Aluminiumfolien, ≥ 0,05			[4)]
Andere Metallfolien, ≥ 0,1			[4)]
8. Sonstige gebräuchliche Stoffe			
8.1 Lose Schüttungen aus:	[11)]	[10)]	
Blähperlit	(≤ 100)	0,06	
Blähglimmer	(≤ 100)	0,07	
Korkschrot, expandiert	(≤ 200)	0,05	
Hüttenbims	(≤ 600)	0,13	%

10) Diese λ_R-Werte sind obere Grenzwerte.
11) Diese ϱ-Werte sind Schüttdichten.

Wärmeschutz – Wärmeleitzahlen IV; Wärmedurchlasswiderstand

Baustoff	ϱ [1]	λ_R [2]	μ [3]
8 Sonstige Stoffe, Fortsetzung			
Blähton und Blähschiefer	(≤400)	0,16	
Bimskies	(≤1000)	0,19	
Schaumlava	(≤1200)	0,22	
Schaumlava	(≤1500)	0,27	
PS-Schaum-Partikel	(15)	0,045	
Sand, Kies, Splitt (trocken)	(1800)	0,70	
8.2 Fliesen	(2000)	1,0	
8.3 Glas	(2500)	0,80	
8.4.1 Kristalline metamorphe Gesteine (Granit, Basalt, Marmor)	(2800)	3,5	
8.4.2 Sedimentgesteine (Sandstein, Muschelkalk, Nagelfluh)	(2600)	2,3	
8.4.3 Vulkanische porige Natursteine (Tuffstein)	(1600)	0,55	
8.5.1 Sand, Kies (naturfeucht)		1,4	
8.5.2 Bindige Böden (")		2,1	
8.6 Keramik u. Glasmosaik	(2000)	1,2	100/300
8.7 Kunstharzputz	(1100)	0,70	50/200
8.8.1 Stahl	(7850)	60	
8.8.2 Kupfer	(8900)	380	
8.8.3 Aluminium	(2700)	200	
8.9 Gummi (kompakt)	(1000)	0,20	

Runde Merkwerte der Wärmeleitzahlen

Baumetalle sind gute Wärmeleiter	40 … 400
Mineralische Baustoffe sind mittlere Wärmeleiter	0,14 … 4
Holz und Wärmedämmstoffe sind schlechte Wärmeleiter	0,02 … 0,2

Verhältnisse: 1 : 100 [ruhende Luft … Eis]; 1 : 25 [ruhende Luft … ruhendes Wasser]

ruhende Luft	0,02
ruhendes Wasser	0,5
Eis	2

Folgerung:
Trockene Baustoffe mit Luft in den Poren dämmen die Wärme besser als nasse oder gar nass-gefrorene. Wärmeschutz und Feuchteschutz der Bauwerke hängen also zusammen.

Wärmedurchlasswiderstand $1/\Lambda$

(1 geteilt durch Groß-Lambda), früher auch oft als „Wärmedämmwert" bezeichnet, ist die **Summe der Teilwiderstände** s/λ der einzelnen Baustoffschichten **eines Bauteiles**, z. B. einer Wand oder Decke.

$$\frac{1}{\Lambda} = \frac{\textbf{Schichtdicken}}{\textbf{Wärmeleitzahlen}} = \frac{s_1}{\lambda_1} + \frac{s_2}{\lambda_2} + \frac{s_3}{\lambda_3} + \frac{s_{\dots}}{\lambda_{\dots}} = \frac{\text{m}}{\text{W/(m} \cdot \text{K)}} = \frac{\mathbf{m^2 \cdot K}}{\mathbf{W}}$$

Der Wärmedurchlasswiderstand $1/\Lambda = s/\lambda$ gibt an, welcher Temperaturunterschied $\Delta\vartheta$ in K bewirkt, dass durch 1 m² des Bauteiles der Dicke s ein Wärmestrom von 1 Watt fließt.

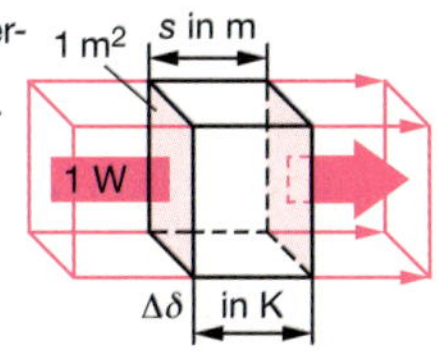

Die **Mindest-Durchlasswiderstände** n. DIN 4108, die den Tabellen **1** und **2** auf der nächsten Seite entnommen werden können, sollen **Kondenswasserniederschläge** an und in Bauteilen **verhindern**. Diese $1/\Lambda$-Werte dürfen deshalb auch dann nicht unterschritten, bzw. die ebenfalls dort angegebenen maximalen k-Werte nicht überschritten werden, wenn für den Bauteil beim Regelnachweis nach der Wärmeschutzverordnung auch ein niedrigerer $1/\Lambda$-Wert ausreichen würde. Ist bei **aneinander gereihten Gebäuden** die Nachbarbebauung zunächst nicht gesichert, müssen für **Wohnungstrennwände** die Grenzwerte nach DIN 4108 ebenfalls eingehalten werden.

Beispiel 1:

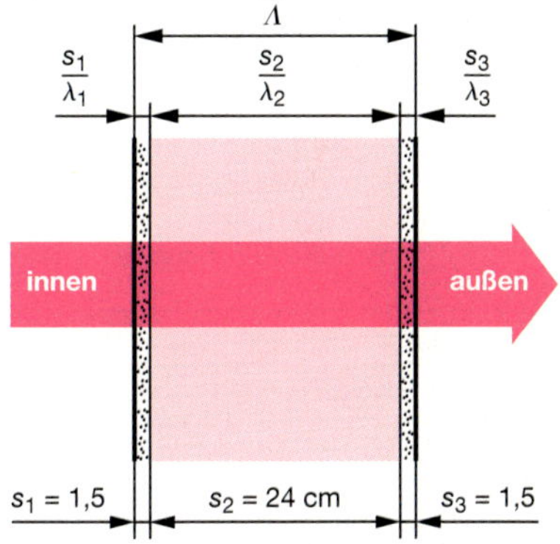

Ist der $1/\Lambda$-Wert einer Treppenhauswand ausreichend, wenn sie aus 24 cm KSL-12-1,6 mit beidseitig 1,5 cm Kalkgipsputz ausgeführt wird? (→ Tabelle **1**, nächste Seite)

Flächengewicht: $0{,}24 \cdot 1600 = 384{,}0$
$+(2 \cdot 0{,}015) - 0{,}03 \cdot 1400 = \underline{42{,}0}$
$\underline{\underline{426{,}0 \text{ kg/m}^2}}$

und damit größer als der Grenzwert 300 kg/m².

$$\frac{1}{\Lambda} = \frac{s_1}{\lambda_1} + \frac{s_2}{\lambda_2} + \frac{s_3}{\lambda_3}$$
$$= \frac{0{,}015}{0{,}70} + \frac{0{,}24}{0{,}79} + \frac{0{,}015}{0{,}70}$$
$$= 0{,}02 + 0{,}30 + 0{,}02$$
$$= \underline{\underline{0{,}34}} \frac{\text{m}^2 \cdot \text{K}}{\text{W}} > \min \frac{1}{\Lambda} = 0{,}25 \frac{\text{m}^2 \cdot \text{K}}{\text{W}}$$

falls der $1/\Lambda$-Wert nicht ausreichend ist:

{Geford. $1/\Lambda$-Wert des Bauteiles} – {Vorh. $1/\Lambda$ des Baut.} = {Nötiges $1/\Lambda$ der Verbesserung} · {λ_R des Dämmstoffes} = {Mindestdicke d. Dämmstoffes}

→ S. 105, Beispiele 7, 8 und 9.

Wärmeschutz – Wärmedurchlasswiderstand II

1 Erforderliche Mindest-Wärmedämmung

DIN 4108 T. 2

Bauteile (mit Ausnahme leichter Bauteile nach Tabelle 2)	min $1/\Lambda$ $\frac{m^2 \cdot K}{W}$	max k $\frac{W}{m^2 \cdot K}$		
1.1 Außenwände, allgem., (auch f. Wände geg. offene Hausflure, Garagen u. ä.)	0,55	1,39	1,32	
1.2 Außenwände für kleinflächige Einzelbauteile (z. B. Pfeiler) bei Gebäuden m. einer Höhe d. Erdgeschossfußbodens (1. Nutzgeschoss) ≤ 500 m über NN	0,47	1,56	1,47	
2.1 Wohnungstrennwände u. Wände zwischen und gegen fremde Arbeitsräume – Gebäude nicht zentralbeheizt	0,25	1,96		
2.2 Wohnungstrennwände u. Wände zwischen und gegen fremde Arbeitsräume – Gebäude zentralbeheizt [1]	0,07	3,03		
3 Treppenhauswände [2] (wenn Treppenhaus nicht geschlossen und eingebaut: Zeile 1)	0,25	1,96		
4.1 Wohnungstrenndecken und Decken zwischen fremden Arbeitsräumen [3] – allgemein	0,35	1,64 [9] 1,45		
4.2 Wohnungstrenndecken und Decken zwischen fremden Arbeitsräumen [3] – in zentral beheizten Bürogebäuden	0,17	2,33 [9] 1,96		
5.1 Unterer Abschluss nicht unterkellerter Aufenthaltsräume – unmittelbar an das Erdreich grenzend	0,90	0,93		
5.2 Unterer Abschluss nicht unterkellerter Aufenthaltsräume – über unbelüfteten Hohlraum " " [4]	0,90	0,81		
6 Decken unter nicht ausgebauten und nicht wärmegedämmten Dachräumen [5], [6]	0,90	0,90		im Mittel
	0,45	1,52		
7 Kellerdecken und Decken, die Aufenthaltsräume gegen unbeheizte Hausflure abschließen [5]	0,90	0,81		im Mittel
	0,45	1,27		
8.1 Decken, die Aufenthaltsräume gegen die Außenluft abgrenzen – nach unten [5], [7]	1,75	0,51	0,50	i. M.
	1,30	0,66	0,65	
Decken, die Aufenthaltsräume gegen die Außenluft abgrenzen – nach oben [5], [8]	1,10	0,79		im Mittel
	0,80	1,03		

(Rot umrandet) an jeder Seite gefordert, (rot hinterlegt) an der ungünstigsten Stelle, (Kasten) nur für Bauteile mit Hinterlüftung

2 Mindest-Wärmedämmung leichter Bauteile

(Zeilen 1.1, 1.2, 6 und 8 in Tabelle 1) m. flächenbezogener Masse der raumseitig von Dämmschichten liegenden Bauteilschichten von ≤ 300 kg/m². [10]

Vorhandene Masse in kg/m²	min $1/\Lambda$ in $\frac{m^2 \cdot K}{W}$	max k in W/(m² · K) Hinterlüftung: nein	ja
0	1,75	0,52	0,51
20	1,40	0,64	0,62
50	1,10	0,79	0,76
100	0,80	1,03	0,99
150	0,65	1,22	1,16
200	0,60	1,30	1,23
300	0,55	1,39	1,32

[1] „Zentral beheizt", wenn Wärme von einer Zentrale zugeführt wird.
[2] Auch Wände gegen abgeschlossene Hausflure, Kellerräume, Ställe, Lagerräume usw.
[3] Auch Decken unter Räumen zwischen gedämmten Dachschrägen oder Abseitenwänden in ausgebauten Dachgeschossen.
[4] Für $1/\Lambda$ nur Schichten rechnen, die oberhalb d. Feuchtesperre, unterhalb der Dachhaut und innerhalb der Bauwerkabdichtung liegen.
[5] Bei Fußboden- und Deckenheizungen müssen die Mindestanforderungen an die Abstände zu den Heizrohren eingehalten werden. Die $1/\Lambda$-Werte sollten höher als die Mindestwerte sein.
[6] Auch Decken unter belüfteten, bekriechbaren oder noch niedrigeren Räumen sowie unter belüfteten Räumen zwischen Dachschrägen u. Anseitenwänden b. ausgebauten Dachräumen, (Belüftung → S. 115).
[7] Auch Decken gegen Garagen (auch beheizbare), Durchfahrten (auch verschließbare) und belüftete Kriechkeller.
[8] Zum Beispiel Dächer und Decken unter Terrassen.
[9] Die linke Zahl für Wärmestrom nach oben, die rechte nach unten.
[10] Für die flächenbezogene Masse werden alle dem Raum zugewandten Bauteilschichten gerechnet, die vor einer Schicht mit $1/\Lambda \geq 0{,}25$ m² · K/W oder $k \leq 0{,}1$ W/(m² · K) liegen. Schichten aus Holz oder Holzwerkstoffen dürfen mit doppelter Masse angesetzt werden.

3 Rechenwerte der Wärmedurchlasswiderstände

DIN 4108 T. 4

$1/\Lambda$ von Luftschichten, die nicht belüftet werden oder im Luftschichtmauerwerk nach DIN 1053 gering belüftet sind.

Lage der Luftschicht	Dicke s in cm	$1/\Lambda$ m² k/W
lotrecht, z. B. in Wand	1 … ≤ 2	0,14
	> 2 … ≤ 50	0,17
waagerecht	1 … ≤ 50	0,17

Der **Rechenweg** von der Wärmeleitzahl λ zur Wärmedurchgangszahl k erfolgt über die Widerstandszahlen, weil nur diese sich für die hintereinander liegenden Bauteilschichten addieren lassen.

Wärmestromzahlen	**λ** Wärme-Leitzahl	**α_i** Wärme-Übergangszahl innen	**Λ** Wärme-Durchlasszahl	**α_a** Wärme-Übergangszahl außen	**k** Wärme-Durchgangsz.
Wärmewiderstände	**$1/\lambda$** Wärme-Leitwiderstand	**$1/\alpha_i$** Wärme-Übergangswiderstand innen	**$1/\Lambda$** Wärme-Durchlasswiderstand	**$1/\alpha_a$** Wärme-Übergangswiderstand außen	**$1/k$** Wärme-Durchgangsw.-stand

Wärmeschutz – Wärmedurchgangszahl (*k*-Wert)

4 Rechenwerte der Wärmeübergangswiderstände am Bauwerk DIN 4108 T.4

Lage am Bauwerk, → Bild unten innen: $1/\alpha_i$, außen: $1/\alpha_a$ **Bauteil**	$1/\alpha_i$ $\frac{m^2 \cdot K}{W}$	$1/\alpha_a$ $\frac{m^2 \cdot K}{W}$
1 Außenwände, auch Luftschicht-Mauerwerk, DIN 1053 (nicht Z. 2)	0,13	0,04
2 Außenwände mit hinterlüfteter Außenhaut, auch Abseitenwände	0,13	0,08
3 Wohnungstrenn-, Treppenhauswände, Wände zwischen fremd. Arbeitsräumen, Trennwände zu dauernd unbeheizten Räumen u. zu unbelüfteten wärmegedämmten Abseiten [1]	0,13	– [2]
4 Wände, die an Erdreich grenzen	0,13	0
5 Decke oder Dachschräge, die nach oben gegen die Außenluft abgrenzt	0,13	0,04
6 Decke unter nicht ausgebautem Dachraum, unter Spitzboden od. unter belüfteter Dachschräge	0,13	0,08
7 Wohnungstrenndecken oder Decken zwischen fremden Arbeitsräumen:		
Wärmestrom v. unten nach oben	0,13	[2]
Wärmestrom v. oben nach unten	0,17	[2]
8 Kellerdecken	0,17	[2]
9 Decken geg. Außenluft darunter	0,17	0,04
10 Fußboden, an Erdreich grenzend	0,17	0

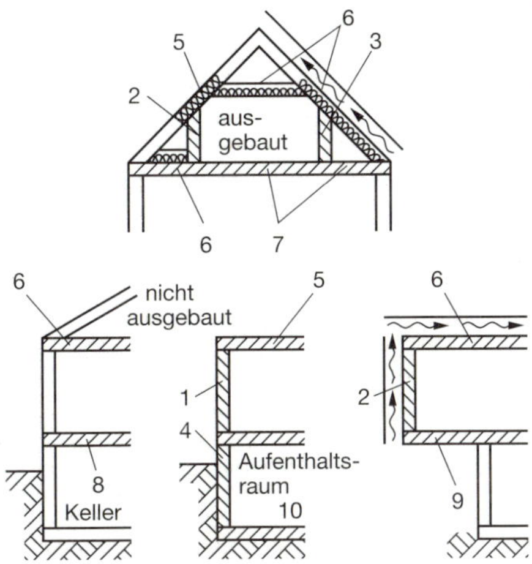

Lage der Bauteile im Bauwerk,
Zahlen = Zeilennummern in Tabelle 4

[1] Ist der Abseitenraum belüftet, gilt Zeile 1.
[2] Bei innen liegenden Bauteilen ist zu beiden Seiten mit demselben Wärmeübergangswiderstand zu rechnen.

Die Wärmedurchgangszahl, der „*k*-Wert", sagt aus, welcher Wärmestrom in Watt pro m^2 durch ein **Bauteil** fließt, wenn sich die Lufttemperaturen vor und hinter ihm um 1 K unterscheiden.
Bei der Berechnung sind außer der Summe der Wärmedurchlasswiderstände $1/\Lambda$ zusätzlich noch die **Wärmeübergangswiderstände** $1/\alpha_i$ und $1/\alpha_a$ zu berücksichtigen.
Der „*k*-Wert" ist dann der **Kehrwert** des Wärmedurchgangswiderstandes $1/k$, → dazu die Darstellung auf der linken Seite unten.

$$\frac{1}{k} = \frac{1}{\alpha_i} + \frac{1}{\Lambda} + \frac{1}{\alpha_a} \text{ in } \frac{m^2 \cdot K}{W} \qquad k = \frac{1}{1/k} \text{ in } \frac{W}{m^2 \cdot K}$$

Beispiel 2:

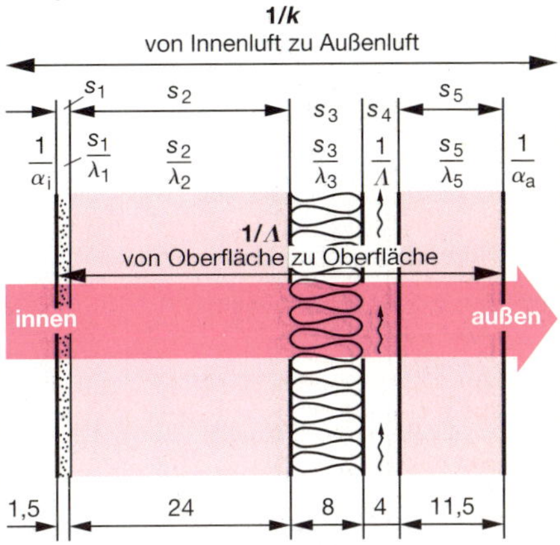

Wie groß ist der ***k*-Wert der** obigen **Außenwand** mit Kalk-Innenputz (λ_R = 0,87), Innenschale mit KSL-12-1,4 (λ_R = 0,70, Mineralwolle-Dämmplatte WLG 035, gering (n. DIN 1953) belüfteter Luftschicht und Außenschale mit VMz-12-1,8 (λ_R = 0,81)?

Innen-überg.	Innen-putz	Innen-schale	Dämm-schicht	Luft-schicht $1/\Lambda$	Außen-schale	Außen-überg.

$$\frac{1}{k} = \frac{1}{\alpha_i} + \frac{0{,}015}{0{,}87} + \frac{0{,}24}{0{,}70} + \frac{0{,}08}{0{,}035} + 0{,}17 + \frac{0{,}115}{0{,}81} + \frac{1}{\alpha_a}$$

$$\frac{1}{k} = 0{,}13 + 0{,}02 + 0{,}34 + 2{,}29 + 0{,}17 + 0{,}14 + 0{,}04$$

$$\frac{1}{k} = 3{,}13\ m^2 \cdot K/W \qquad k = \frac{1}{3{,}13} = \mathbf{0{,}32\ W/(m^2 \cdot K)}$$

Maximal zulässige *k*-Werte sind nach WSchV 95 nur noch im „Vereinfachten Nachweisverfahren" für kleine Wohngebäude und bei nachträglichen Verbesserungen vorhandener Gebäude festgelegt. Den gleichen Rechengang erfordert jedoch auch der „Regelnachweis" nach der WSchV, → S. 106.

Wärmeschutz – Wärmedurchgang durch Decken und Fenster I

1 Wärmedurchlasswiderstände von Massivdecken DIN 4108 T.4

ohne Aufbeton und Putz (bes. für Altbauten)

$\frac{1}{\Lambda} = \frac{m^2 \cdot K}{W}$ □ an der ungünstigsten Stelle □ Mittelwert

Bauteil	d mm	1/Λ □	1/Λ □
1.1 Stahlbetonrippendecke nach DIN 1045 mit Zwischenbauteilen nach DIN 4158 (vergl. S. 91 ❹).	120	0,20	0,06
	140	0,21	0,07
	160	0,22	0,08
	180	0,23	0,09
	200	0,24	0,10
	220	0,25	0,11
	250	0,26	0,12
1.2 Stahlbetonbalkendecke nach DIN 1045 mit Zwischenbauteilen nach DIN 4158 (vergl. S. 91 ❽).	120	0,16	0,06
	140	0,18	0,07
	160	0,20	0,08
	180	0,22	0,09
	200	0,24	0,10
	220	0,26	0,11
	240	0,28	0,12
2.1 wie 1.1 und 1.2 aus Deckenziegeln nach DIN 4160 ohne Querstege (vergl. S. 91 ❹).	115	0,15	0,06
	140	0,16	0,07
	165	0,18	0,08
2.2 wie 1.1 und 1.2 aus Deckenziegeln nach DIN 4160 mit Querstegen.	190	0,24	0,09
	225	0,26	0,10
	240	0,28	0,11
	265	0,30	0,12
	290	0,32	0,13
3.1 Stahlsteindecken nach DIN 1045, Ziegel teilvermörtelt, DIN 4159 (vergl. S. 91 ❸).	115	0,15	0,06
	140	0,18	0,07
	165	0,21	0,08
	190	0,24	0,09
	215	0,27	0,10
	225	0,27	0,10
	240	0,30	0,11
	265	0,33	0,12
	290	0,36	0,13
3.2 wie 3.1 Ziegel vollvermörtelt nach DIN 4159 (vergl. S. 91 ❸).	115	0,13	0,06
	140	0,16	0,07
	165	0,19	0,08
	190	0,22	0,09
	225	0,25	0,10
	240	0,28	0,11
	265	0,31	0,12
	290	0,34	0,13
4. Stahlbetonhohldielen nach DIN 1045 (vergl. S. 91 ❺).	65	0,13	0,03
	80	0,14	0,04
	100	0,15	0,05

Die 1/Λ-Werte von hohlraumfreien Stahlbeton-, Porenbeton- und Leichtbeton-Deckenplatten werden mit Hilfe der entsprechenden ϱ und λ_R-Werte der Tabelle auf S. 96 berechnet, (→ Beispiel 4). Holzbalkendecken ähnlich dem Sparrendach, (→ Beispiel 5).

2 Wärmedurchgangszahlen von Verglasungen k_V, Fenstern und Fenstertüren k_F in $\frac{W}{m^2 \cdot K}$ DIN 4108 T.4

Verglasungsart	Luftzwischenraum, mm	k_V 1)	k_F für Rahmengruppe 1	2.1	2.2	2.3	3
1 aus Normalglas							
1.1 Einfachvergl.		**5,8**	5,2	5,2	5,2	5,2	5,2
1.2 Isolierglas	≧6…≦8	**3,4**	2,9	3,2	3,3	3,6	4,1
1.3 Isolierglas	>8…≦10	**3,2**	2,8	3,0	3,2	3,4	4,0
1.4 Isolierglas	>10…≦16	**3,0**	2,6	2,9	3,1	3,3	3,8
1.5 " m. zweimal	≧6…≦8	**2,4**	2,2	2,5	2,6	2,9	3,4
1.6 " m. zweimal	>8…≦10	**2,2**	2,1	2,3	2,5	2,7	3,3
1.7 " m. zweimal	>10…≦16	**2,1**	2,0	2,3	2,4	2,7	3,2
Doppelverglasungen mit 20…100 mm Scheibenabst.:							
1.8 2 x Einfachglas		**2,8**	2,5	2,7	2,9	3,2	3,7
1.9 Einfach- u. Isolierglas		**2,0**	1,9	2,2	2,4	2,6	3,1
1.10 2 x Isolierglas		**1,4**	1,5	1,8	1,9	2,2	2,7
2 aus Sondergläsern							
2.1 beschichtet und		**3,0**	2,6	2,9	3,1	3,3	3,8
2.2 teilweise mit		**2,9**	2,5	2,8	3,0	3,2	3,8
2.3 Edelgasfüllung des		**2,8**	2,5	2,7	2,9	3,2	3,7
2.4 Scheibenzwischen-		**2,7**	2,4	2,7	2,9	3,1	3,6
2.5 raumes, → S. 103 **3**.		**2,6**	2,3	2,6	2,8	3,0	3,6
2.6 Die Wärmedurch-		**2,5**	2,3	2,5	2,7	3,0	3,7
2.7 gangszahl der Ver-		**2,4**	2,2	2,5	2,6	2,9	3,4
2.8 glasung muss in		**2,3**	2,1	2,4	2,6	2,8	3,4
2.9 einem amtlichen		**2,2**	2,1	2,3	2,5	2,7	3,3
2.10 Prüfzeugnis einer		**2,1**	2,0	2,3	2,4	2,7	3,2
2.11 anerkannten Prüf-		**2,0**	1,9	2,2	2,4	2,6	3,1
2.12 anstalt festgelegt		**1,9**	1,8	2,1	2,3	2,5	3,1
2.13 und im Bundesan-		**1,8**	1,8	2,0	2,2	2,5	3,0
2.14 zeiger veröffent-		**1,7**	1,7	2,0	2,2	2,4	2,9
2.15 licht sein.		**1,6**	1,6	1,9	2,1	2,3	2,9
2.16 Unterhalb $k_V \approx 1,7$		**1,5**	1,6	1,8	2,0	2,3	2,8
2.17 meist mit Edelgasf.,		**1,4**	1,5	1,8	1,9	2,2	2,7
2.18 unterhalb $k_V \approx 1,0$		**1,3**	1,4	1,7	1,9	2,1	2,7
2,19 mit Dreifachver-		**1,2**	1,4	1,6	1,8	2,0	2,6
2.20 glasung.		**1,1**	1,3	1,6	1,8	2,0	2,6

Rahmenmaterialgruppen 1…3	Prüfzeugn.-Nachweis:
1. Holz, Kunststoff (Metalleinlagen dienen nur der Versteifung) und Holzkombinationen	$k_R \leq 2,0$
2.1 Metall o. Beton, wärmegedämmt	$k_R \geq 2,0 \ldots \leq 2,8$
2.2 Metall o. Beton, wärmegedämmt	$k_R \geq 2,8 \ldots \leq 3,5$
2.3 Metall o. Beton, wärmegedämmt	$k_R \geq 3,5 \ldots \leq 4,5$
3. Beton, Stahl, Aluminium u. wärmegedämmte Metallprofile, ohne besonderen Nachweis.	

k_R = Wärmedurchgangszahl d. Rahmens, W/(m² · K)

Für Rahmenmaterialgruppe 2.2 und 2.3 sind „Merkmale der Profilkernzone" nachzuweisen, → DIN 4108 T.4.

1) Bei Fenstern mit einem Rahmenanteil ≤ 5 %, z. B. bei Schaufenstern, kann für die Wärmedurchgangszahl k_F die Wärmedurchgangszahl k_V der Verglasung eingesetzt werden.

Wärmeschutz – Wärmedurchgang durch Fenster II

3 Beispiele von Wärmeschutzverglasungen

teilweise auch „Energiesparverglasungen" genannt, mit einer Metalloxidbeschichtung auf der Außenseite der inneren Scheibe.

Kathodenzerstäubung

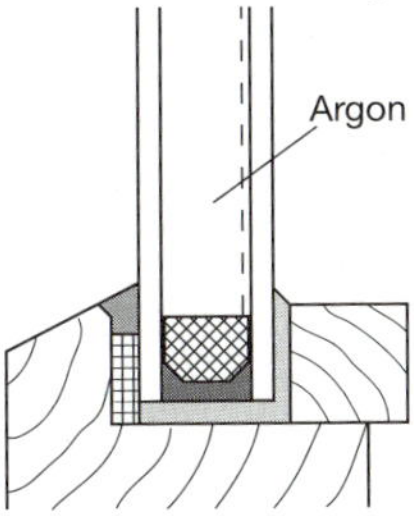

k_V = 1,3 W/(m² · K)
k_F = 1,4 W/(m² · K)
g_F = 0,62

Pyrolyse

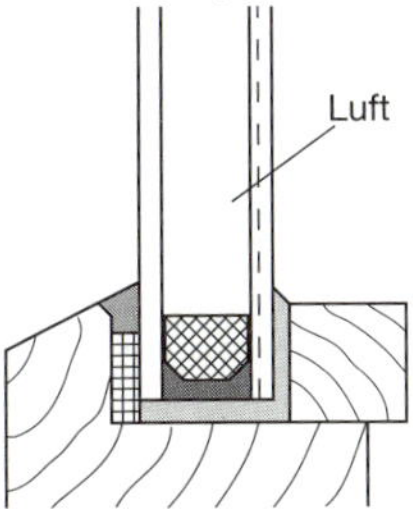

k_V = 1,9 W/(m² · K)
k_F = 1,8 W/(m² · K)
g_F = 0,72

4 Äquivalente *k*-Werte von Fenstern

für verschiedene Strahlungsgewinnkoeffizienten S_F:

$$k_{eq,\,F} = k_F - g \cdot S_F$$ 3)

k_F-Wert W/(m² · K)	g 1) (Faktor)	Himmelsrichtung/S_F-Wert: Süd/ 2,40	O + W/ 1,65	Nord/ 0,95
		$k_{eq,\,F}$ in W/(m² · K)		
1,9	0,72	0,17	0,71	1,22
1,8	0,72	0,07	0,61	1,12
1,7	0,72	– 0,03 2)	0,51	1.02
1,6	0,65	0,04	0,53	0,98
1,5	0,65	– 0,06 2)	0,43	0,88
1,4	0,62	– 0,09 2)	0,38	0,82

Der **mittlere äquivalente *k*-Wert** $k_{m,\,eq,\,F}$ entspricht einem, über alle außenliegenden Fenster, Fenstertüren und Dachfenster nach Maßgabe der Fensterflächen gemitteltem k_F-Wert, wobei solare Wärmegewinne berücksichtigt werden, → 4.

$$k_{m,\,eq,\,F} = \frac{k_{eq,\,F,\,S} \cdot A_S + k_{eq,\,F,\,O+W} \cdot A_{O+W} + k_{eq,\,F,\,N} \cdot A_N}{A_{Süd} + A_{Ost+West} + A_{Nord}}$$

Die **Orientierung der Fenster** darf nur bis 45° von der jeweiligen Himmelsrichtung abweichen. In den Grenzfällen NO, NW, SO und SW gilt jeweils der kleinere S_F-Wert. Steiler als 15° geneigte Dachfenster sind wie senkrechte Fenster, flacher als 15° geneigte sind wie Ost- oder Westfenster, überwiegend verschattete Fenster sind wie Nordfenster anzusetzen.

1) g = Gesamt-Energiedurchlassgrad des Fensters.
2) Negative Werte bedeuten, dass im Jahrmittel ein Netto-Energiegewinn möglich ist.

Beispiel 3:

Wie hoch ist der **mittlere äquivalente *k*-Wert** der Fenster eines frei stehenden Einfamilienhauses?

Fenster und Fenstertüren haben Wärmeschutzverglasung mit Beschichtung und Argonfüllung, wie in 3 links, mit k_F = 1,4 W/(m² · K) und g = 0,62.
Nach 4 ist $k_{eq,\,F}$ nach Süden: – 0,09, nach Osten und Westen: 0,38 und nach Norden: 0,82 W/(m² · K).

Die Summe der Süd-Fensterflächen: A_S = 9,5 m²,
die Summe der Ost- und West-Fensterflächen:
A_{O+W} = 10,6 m²,
die Summe der Nord-Fensterflächen: A_N = 4,2 m².
Nach der Formel in der linken Spalte, unten, ist:

$$k_{m,\,eq,\,F} = \frac{-0{,}09 \cdot 9{,}5 + 0{,}38 \cdot 10{,}6 + 0{,}82 \cdot 4{,}2}{9{,}5 + 10{,}6 + 4{,}2} = \frac{-0{,}855 + 4{,}028 + 3{,}44}{24{,}3} = \mathbf{0{,}27\ W/(m^2 \cdot K)}$$

Dieser Wert liegt weit unter dem für das „Vereinfachte Verfahren" nach der WSchV 95 zulässigen Maximalwert von 0,7 W/(m² · K).

Mit den früher üblichen „Isolierverglasungen" bei k_F-Werten ≥ 2,6 W/(m² · K) und g = 0,76 sind $k_{m,\,eq,\,F}$-Werte ≤ 0,7 W/(m² · K) auch dann nicht zu erreichen, wenn ausschließlich Südfenster vorgesehen würden.
Nach der Formel in 4 ist:

$$k_{eq,\,F} = 2{,}6 - 0{,}76 \cdot 2{,}40 = 2{,}6 - 1{,}82 = \mathbf{0{,}78\ W/(m^2 \cdot K)}$$

Verwendbar sind solche Fenster nur noch beim Nachweis des Jahres-Heizwärmebedarfs, wenn die Energieverluste durch extrem niedrige *k*-Werte bei anderen Bauteilen, z. B. der Dachdecke, bzw. der Dachfläche ausgeglichen werden.

Werden Fenster in bestehenden Bauten ausgewechselt, darf ihr k_F-Wert höchstens 1,8 W/(m² · K) betragen:

5 Zulässiger maximaler Luftdurchlass für Fenster und Fenstertüren DIN 18 055

Luftdurchlasszahl $\boldsymbol{a = \dfrac{m^3\ Luft}{h \cdot m \cdot (daPa)^{2/3}}}$

Zeile für Zahl der Vollgeschosse	für Haushöhe ≤ 8 m (Gr. A)	(Beanspruchg.) > 8 · 100 m (B + C)
1 ≤ 2 Vollgeschosse	≤ 2,0	–
2 > 2 Vollgeschosse	–	≤ 1,0

Auf Nachweis Zeile 1 wird verzichtet bei Holzfenstern mit Profilen nach DIN 68 121. Auf jeden Nachweis wird bei Fenstern mit umlaufender, alterungsbeständiger, weichfedernder, leicht auswechselbarer Dichtung bei Gebäuden bis 20 m Höhe verzichtet.

3) Nur wenn die Kombination v. k_F u. g in der Tabelle nicht aufgeführt ist, wird die Formel benötigt.

Wärmeschutz – Vereinfachtes Verfahren

nach der WSchV 95

„Vereinfachtes Nachweisverfahren"

Nach der Wärmeschutzverordnung vom 1. 1. 1995 wird es auch „Bauteilverfahren" genannt, weil für jedes Bauteil **maximale *k*-Werte** festgelegt sind. Es ähnelt, abgesehen von den Fenstern, weitgehend dem bisher üblichen Rechengang. Es darf nur für kleine Wohngebäude mit bis zu 2 Vollgeschossen und nicht mehr als drei Wohneinheiten angewendet werden.

Bei diesem Verfahren kann geringe Dämmung einzelner Bauteile, z. B. der Fenster, aber auch hoher Energieverlust durch übergroße Fensterflächen, nicht durch erhöhte Dämmung anderer Bauteile, z. B. der Dachfläche oder der Dachdecke, ausgeglichen werden. Dafür ist aber die Sicherheit, dass ausreichender Wärmeschutz aller Bauteile erreicht wird, größer.
Auch Schäden durch Wasserdampfkondensation, → S. 112, sind dadurch beim Bemessen nach dem vereinfachten Nachweisverfahren sehr unwahrscheinlich.

1 Maximale Wärmedurchgangszahlen

für Außenbauteile bei kleinen Wohngebäuden	**max *k*** in W/(m² · K)
Außenwände: [1]	$k_W \le 0{,}50$
Fenster, Fenstertüren, Dachfenster:	$k_{m,eq,F} \le 0{,}7$ [2]
Decken unter nicht ausgebauten Dachräumen und Decken, die nach oben o. unten gegen die Außenluft abgrenzen, auch Dachschrägen:	$k_D \le 0{,}22$
Kellerdecken, Wände und Decken, gegen unbeheizte Räume, sowie Decken und Wände, die an das Erdreich grenzen:	$k_G \le 0{,}35$

Der **Nachweis des *k*-Wertes der Außenwände** kann so, wie im Beispiel 2 auf Seite 101 erfolgen. In diesem Fall liegt er deutlich unter max k_W.

Beispiel 4:

Erfüllt die vorgesehene **Decke unter dem nicht ausgebauten Dachraum** die Forderungen der WSchV?

Schichtenaufbau	Wärmeüberg. innen	1 cm Gipsputz	16 cm Stahlbeton	16 cm Dämmpl. 035	19 mm Spanplatte	Wärmeüberg. außen

$$\frac{1}{k_D} = \frac{1}{\alpha_i} + \frac{0{,}01}{0{,}35} + \frac{0{,}16}{2{,}1} + \frac{0{,}16}{0{,}035} + \frac{0{,}02}{0{,}13} + \frac{1}{\alpha_a}$$

$$= 0{,}13 + 0{,}03 + 0{,}08 + 4{,}57 + 0{,}15 + 0{,}08$$

$$= 5{,}04\,\frac{m^2 \cdot K}{W};\ k_D = \frac{1}{5{,}04} = (0{,}198) = \mathbf{0{,}2\,\frac{W}{m^2 \cdot K}}$$

k_D ist niedriger als max $k_D = 0{,}22$ nach WSchV 95.

[1] Bei 36,5 cm dickem Mauerwerk aus Baustoffen mit $\lambda_R \le 0{,}21$ W/(m² · K) ist die Anforderung erfüllt.
[2] Der mittlere äquivalente *k*-Wert wird auf der vorhergehenden Seite erläutert.

Beispiel 5:

Der Nachweis für ein **Sparrendach bei ausgebautem Dachgeschoss** ist etwas umständlich. Hier müssen zunächst die *k*-Werte im Bereich des Sparrens und die im Bereich des Gefaches (mit der Dämmung) getrennt ermittelt werden. Aus beiden wird dann der Mittelwert $k_{m,D}$ errechnet.

In diesem Beispiel liegen die Sparren 8/16 im Mittenabstand von 80 cm. Die Gefache sind in voller Dicke mit Mineralwolleplatten der Wärmeleitfähigkeitsgruppe 035 ausgefüllt. Das ist vertretbar, wenn die Unterspannbahn hoch dampfdurchlässig ist ($s_d \le 0{,}3$ m) und auf der Raumseite eine dampfbremsende und winddichtende Folie ($s_d \ge 2$ m) angebracht wird. Auf der Sparrenunterseite sind durchgehend 2 cm dicke Hartschaumdämmplatten der WLG 035, und auf Konterlatten 3/5 (mit Luftschicht dazwischen) noch 1 cm dicke Gipskartonplatten angebracht.

Rechengang:

Schichtenfolge	Wärmeüberg. innen	1 cm Gipskarton	3 cm Luftschicht	2 cm Dämmplatte	16 cm Holz o. Dämm.	Wärmeüberg. außen

$$\frac{1}{k_{Sp}} = \frac{1}{\alpha_i} + \frac{0{,}01}{0{,}21} + \frac{1}{\Lambda_L} + \frac{0{,}02}{0{,}035} + \frac{0{,}16}{0{,}13} + \frac{1}{\alpha_a}$$

$$= 0{,}13 + 0{,}05 + 0{,}17 + 0{,}57 + 1{,}23 + 0{,}04$$

$$= 2{,}19\,\frac{m^2 \cdot K}{W};\ k_{Sp} = \frac{1}{2{,}19} = \mathbf{0{,}46\,\frac{W}{m^2 \cdot K}}$$

$$\frac{1}{k_{Gef}} = \frac{1}{\alpha_i} + \frac{0{,}01}{0{,}21} + \frac{1}{\Lambda_L} + \frac{0{,}02}{0{,}035} + \frac{0{,}16}{0{,}035} + \frac{1}{\alpha_a}$$

$$= 0{,}13 + 0{,}05 + 0{,}17 + 0{,}57 + 4{,}57 + 0{,}04$$

$$= 5{,}53\,\frac{m^2 \cdot K}{W};\ k_{Gef} = \frac{1}{5{,}53} = \mathbf{0{,}18\,\frac{W}{m^2 \cdot K}}$$

$$\frac{1}{k_{m,D}} = \frac{k_{Sp} \cdot b_{Sp} + k_{Gef} \cdot b_{Gef}}{b_{Sp} + b_{Gef}} + \frac{0{,}46 \cdot 8 + 0{,}10 \cdot 72}{8 + 72}$$

$$= \frac{3{,}68 + 12{,}96}{80} = \mathbf{0{,}21\,\frac{W}{m^2 \cdot K}} < \max k_D = 0{,}22$$

Gleiche Rechnung auch bei Holzbalkendecken.

Beispiel 6:

Wie hoch ist der *k*-Wert der Kellerdecke?
(Keller unbeheizt, Bodenbelag unberücksichtigt)

Schichtenfolge	Wärmeüberg. innen	5 cm Zementestrich	2+8 cm Dämmpl. 040	18 cm Stahlbeton	Wärmeüberg. außen

$$\frac{1}{k_G} = \frac{1}{\alpha_i} + \frac{0{,}05}{1{,}4} + \frac{0{,}10}{0{,}04} + \frac{0{,}18}{2{,}1} + \frac{1}{\alpha_a}$$

$$= 0{,}17 + 0{,}04 + 2{,}5 + 0{,}09 + 0{,}17$$

$$= 2{,}97\,\frac{m^2 \cdot K}{W};\ k_G = \frac{1}{2{,}97} = \mathbf{0{,}34\,\frac{W}{m^2 \cdot K}}$$

k_G ist niedriger als max $k_G = 0{,}35$ nach WSchV 95.

Wärmeschutz für bestehende Gebäude

nach der WSchV 95

Anforderungen bei erstmaligem Einbau oder Erneuerung von Außenbauteilen bestehender Gebäude

2 Maximale Wärmedurchgangszahlen

nach WSchV 95, Anlage 3, bei Verbesserungsmaßnahmen an: [1]	max k W/(m² · K)	min $1/k$ [3] m² · K/W
Außenwände, einschalig [2] und nach 1 b)	$k_W \leq 0{,}50$	$1/k_W \geq 2{,}00$
Außenwände n. 1 a) und 1 c)	$k_W \leq 0{,}40$	$1/k_W \geq 2{,}50$
Fenster u. Fenstertüren n. 2	$k_F \leq 1{,}80$	–
Decken unter nicht ausgebauten Dachräumen und Decken (Dachschrägen), die Räume nach oben o. unten gegen Außenluft abgrenzen	$k_D \leq 0{,}30$	$1/k_D \geq 3{,}33$
Kellerdecken, Wände und Decken gegen unbeheizte Räume sowie an Erdreich grenz. Wände und Decken	$k_G \leq 0{,}50$	$1/k_G \geq 2{,}00$

Die **Forderungen** gelten, wenn

1. **Außenwände** so erneuert werden, dass
   a) Bekleidungen (Platten, Verschalungen) oder Mauerwerks-Vorsatzschalen angebr. werden,
   b) auf der Außenwand-Innenseite Bekleidungen oder Verschalungen angebracht werden,
   c) Dämmschichten eingebaut werden.
2. Außenliegende **Fenster**, auch Dachfenster sowie Fenstertüren ausgewechselt werden.
3. **Decken u. Dächer** so erneuert werden, dass
   a) die **Dachhaut**, einschließlich Verschalungen unmittelbar darunter, ersetzt wird,
   b) nicht unmittelbar angemauerte, angemörtelte oder angeklebte Bekleidungen, sowie Verschalungen angebracht werden,
   c) Dämmschichten eingebaut werden.

Häufig soll eine **Zusatzdämmung** angebracht werden, z. B. als Außen- oder als Innendämmung. Dann wird zweckmäßigerweise erst der **vorhandene $1/k$-Wert** ermittelt und dieser vom **Mindest-$1/k$-Wert** nach Tabelle **2 abgezogen**.
Die erhaltene **Differenz $\Delta 1/k$** entspricht dann der erforderlichen Verbesserung von $1/k = s/\lambda_R$ durch die Zusatzdämmung, (→ Beispiel 7).

aus $\Delta \frac{1}{k} = \frac{s_{Däm}}{\lambda_{R,Däm}}$ ergibt sich $s_{Däm.} = \Delta \frac{1}{k} \cdot \lambda_{R,Däm.}$

mit Dimensionen:

$s_{Däm.}$ in m $= \Delta \frac{1}{k}$ in $\frac{m^2 \cdot K}{W} \cdot \lambda_R$ in $\frac{W}{m \cdot K}$

[1] Der k-Wert kann unter Berücksichtigung vorhandener Bauteilschichten ermittelt werden, auch bei Decken. Die Werte gelten nur für Gebäude mit normalen Innentemperaturen.

[2] Bei 36,5 cm dickem Mauerwerk aus Baustoffen mit $\lambda_R \leq 0{,}21$ W/(m · K) ist die Anforderung erfüllt.

[3] Die $1/k$-Werte dienen nur der Rechenerleichterung.

Beispiel 7:

Eine **Außenwand** mit 1,5 cm Gipskalkputz + 24 cm HLz-1,2 + 2 cm Kalkzement-Außenputz soll durch ein **Wärmedämmverbundsystem** mit $\lambda_R = 0{,}04$ W/(m · K) verbessert werden.

$$\textbf{vorh}\ \frac{1}{k_W} = \frac{1}{\alpha_i} + \frac{0{,}015}{0{,}70} + \frac{0{,}24}{0{,}50} + \frac{0{,}02}{0{,}87} + \frac{1}{\alpha_a}$$
$$= 0{,}13 + 0{,}02 + 0{,}48 + 0{,}02 + 0{,}04$$
$$= \underline{\underline{0{,}69\ m^2 \cdot K/W}} \quad (\text{vorh } k = \frac{1}{0{,}69} = 1{,}45)$$

Nach Tabelle **2**: Mindest $1/k_W = 2{,}50$ m² · K/W

$$\mathbf{\Delta 1/k} = \min 1/k_W - \text{vorh } 1/k = 2{,}50 - 0{,}69 = \underline{\underline{1{,}81\ m^2 \cdot K/W}}$$

$$\textbf{erf}\ s_{Däm} = \Delta 1/k \cdot \lambda_{R,Däm} = 1{,}81 \cdot 0{,}04 = 0{,}07\ m = \underline{\underline{7\ cm}}$$

Eine organische oder mineral. Außenbeschichtung wird sinnvollerweise nicht berücksichtigt.

Beispiel 8:

Eine **Decke unter dem unbeheizten Dachraum** mit 1,5 cm Gipsputz + 16,5 cm Stahlsteindecke + 3 cm Dämmung 035 + 5 cm Zementestrich soll durch Zusatzdämmung 035 auf der Decke verbessert werden.
vorh $1/\Lambda$ d. Stahlsteind. n. **1** S. 102 = 0,21 m² · K/W

$$\textbf{vorh}\ \frac{1}{k} = \frac{1}{\alpha_i} + \frac{0{,}015}{0{,}35} + \frac{1}{\Lambda_D} + \frac{0{,}03}{0{,}04} + \frac{0{,}05}{1{,}4} + \frac{1}{\alpha_a}$$
$$= 0{,}13 + 0{,}04 + 0{,}21 + 0{,}75 + 0{,}04 + 0{,}08$$
$$= \underline{\underline{1{,}25\ m^2 \cdot K/W}} \quad (\text{vorh } k = 1/1{,}25 = 0{,}8)$$

Nach Tabelle **2**: Mindest $1/k_D = 3{,}33$ m² · K/W

$$\mathbf{\Delta 1/k} = \min 1/k_D - \text{vorh } 1/k_D = 3{,}33 - 1{,}25 = \underline{\underline{2{,}08\ m^2 \cdot K/W}}$$

$$\textbf{erf}\ s_{Däm} = \Delta 1/k \cdot \lambda_{R,Däm} = 2{,}08 \cdot 0{,}035 = 0{,}073\ m = \text{gew. } \underline{\underline{8\ cm}}$$

Beispiel 9:

Die **Kellerdecke über unbeheiztem Kellerraum** mit 5 cm Zementestrich + 3 cm Dämmstoff 040 + 18 cm Stahlbeton-Balkendecke ($1/\Lambda$ n. **1** S. 102 = 0,22 m² · K/W) so!l durch unterhalb angebrachte Hartschaumplatten 035 verbessert werden.
Der Fußbodenbelag bleibt unberücksichtigt.

$$\textbf{vorh}\ \frac{1}{k_G} = \frac{1}{\alpha_i} + \frac{0{,}05}{1{,}4} + \frac{0{,}03}{0{,}04} + \frac{1}{\Lambda_D} + \frac{1}{\alpha_a}$$
$$= 0{,}17 + 0{,}04 + 0{,}75 + 0{,}22 + 0{,}17$$
$$= \underline{\underline{1{,}35\ m^2 \cdot K/W}} \quad (\text{vorh } k_G = \frac{1}{1{,}35} = 0{,}74)$$

Nach Tabelle **2**: Mindest $1/k_G = 2{,}0$ m² · K/W

$$\mathbf{\Delta 1/k} = \min 1/k_G - \text{vorh } 1/k_G = 2{,}0 - 1{,}35 = \underline{\underline{0{,}65\ m^2 \cdot K/W}}$$

$$\textbf{erf}\ s_{Däm} = \Delta 1/k \cdot \lambda_{R,Däm} = 0{,}65 \cdot 0{,}035 = 0{,}023\ m = \text{gew. } \underline{\underline{3\ cm}}$$

Wärmeschutz – Regelnachweis

nach der WSchV 95

Jahres-Heizwärmebedarf

Der Jahres-Heizwärmebedarf von zu errichtenden Gebäuden muss n. der WSchV 95 begrenzt werden. Für Gebäude mit normalen Innentemperaturen wird der Nachweis nach dem **Regelverfahren** hier an einem frei stehenden, eingeschossigen Einfamilienhaus mit flach geneigtem Dach erläutert. Keller und Dachraum werden nicht beheizt.

Aufbau und k-Werte der Außenwände sind dem Beispiel 2 von S. 101, der Erdgeschossdecke dem Beispiel 4 von S. 104 und der Kellerdecke dem Beispiel 6 von S. 104 entnommen. Maße und Sonnenausrichtung der Fenster zeigt die Skizze.

Die Maße sind in runden Bau-Richtmaßen eingesetzt, um die Übersichtlichkeit zu erhöhen. Die Rundungsfehler sind unerheblich.

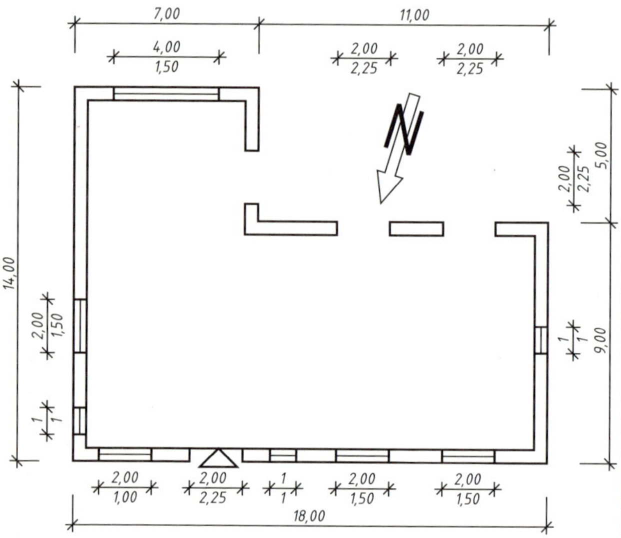

Bauteilaufbau u. k-Werte:

Fenster u. Fenstertüren (nach Werksangaben):
$k_F = 1,4$, $g = 0,62$

Hauseingang: $k_F = 1,8$, $g = 0,20$

Außenwände:

1,5 cm	Kalk-Innenputz
24,0 cm	KSL, $\varrho_R = 1,4$
8,0 cm	Mineralwolle 035
4,0 cm	Luftschicht
11,5 cm	VMz, $\varrho_R = 1,8$
49,0 cm	Wanddicke

$k_W = 0,32$ W/(m² · K)

Erdgeschossdecke:

1 cm	Gipsputz
16 cm	Stahlbetonplatte
16 cm	Dämmplatten 035
2 cm	(19 mm) Spanplatten
35 cm	Deckendicke

$k_D = 0,20$ W/(m² · K)

Kellerdecke:

5 cm	Zementstrich
10 cm	Dämmplatten 040
18 cm	Stahlbetonplatte
33 cm	Deckendicke

$k_G = 0,34$ W/(m² · K)

Erdgeschossdecke:	0,35 m
+ lichte Raumhöhe:	2,50 m
anzurechnende **Höhe:**	2,85 m

Liegt die unterste Decke über d. Geländeoberfläche, wird d. Dicke der Kellerdecke bei der Berechnung von A_W und V nach d. WSchV nicht angesetzt.

Begriffserläuterungen

A_W ist die Fläche der an die Außenluft grenzenden Wände, im Dachgeschoss auch der Fläche der Abseitenwände zum nicht wärmegedämmten Dachraum (günstiger ist es, die Dämmung der Dachfläche über die Abseite bis zur Decke herabzuführen). Gerechnet wird von der Geländeoberfläche oder, falls die unterste Decke darüber liegt, von der Oberkante dieser Decke bis zur Oberkante der wirksamen Dämmschicht.

A_F ist die Fläche der Fenster, Fenstertüren, Türen und Dachfenster, soweit sie beheizte Räume nach außen abgrenzen, sie wird aus den lichten Rohbaumaßen errechnet.

A_D ist die nach außen abgrenzende wärmegedämmte Dach- oder Dachdeckenfläche, im Beispiel die Oberfläche der Erdgeschossdecke.

A_{DL} ist die Deckenfläche, die das Gebäude nach unten gegen Außenluft abgrenzt, z. B. Durchfahrten.

A_G ist die Grundfläche des Gebäudes, sofern sie nicht an die Außenluft grenzt. Gerechnet wird die Bodenfläche auf dem Erdreich oder bei Kellern die Kellerdecke. Wird der Keller beheizt, sind in die Gebäudegrundfläche neben der Kellergrundfläche auch die erdberührten Wandflächenanteile aufzunehmen.

A_{AB} sind Wände o. Decken, die beheizte von nichtbeheizten Räumen, z. B. Anbauten abgrenzen.

A ist d. wärmeübertragende Umfassungsfläche d. Gebäudes: $A = A_W + A_F + A_D + A_G + A_{DL} + A_{AB}$.

A_N ist die Gebäude-Nutzfläche, sie ist für Gebäude mit lichter Raumhöhe ≤ 2,60 m:
A_N in m² $= 0,32 \cdot V$ (V in m³ eingesetzt)

V ist das beheizte Bauwerksvolumen in m³, es wird von den Teilflächen A_W, A_F, A_D, A_G usw. umschlossen.

V_L ist das anrechenbare Luftvolumen, ermittelt nach: V_L in m³ $= 0,80 \cdot V$.

Wärmeschutz – Nachweis des Jahres-Heizwärmebedarfs

Größe	A_i	k_F (k)	g	S_F	$g \cdot S_F$	$k_{eq,F}$ 1)	$H = A_i \cdot k_{eq,F}$	$Q_T = H \cdot 84$
Bauteil	m^2	$W/(m^2 \cdot K)$	Faktor	$W/(m^2 \cdot K)$	$W/(m^2 \cdot K)$	$W/(m^2 \cdot K)$	W/k	kWh/a
Fenster Nord	9,00	1,4	0,62	0,95	0,589	0,811	7,299	613,1
Fenster Ost + West	9,50	1,4	0,62	1,65	1,023	0,377	3,582	+ 300,1
Fenster Süd	15,00	1,4	0,62	2,40	1,488	– 0,088	– 1,32	– 110,9
Dachfenster < 15°	–	–	–	1,65	–	–	–	–
Haustür Eingang	4,50	1,8	0,20	0,95	0,19	1,61	7,245	+ 608,6
Summe Fenst. = A_F	38,00	–	–	**Faktor S**	–	–	Summe	1410,9
(Außen-)Wand = A_W	144,40	0,32	–	1,0	$k \cdot S = 0,32$		$A_i \cdot k \cdot S = 46,21$	+3881,5
Dach (Decke zum nicht ausgebauten Dachgesch.) = A_D	197,00	0,20	–	0,8	$k \cdot S = 0,16$		$A_i \cdot k \cdot S = 31,25$	+2647,7
Grundfläche, bzw. Kellerdecke = A_G	197,00	0,34	–	0,5	$k \cdot S = 0,17$		$A_i \cdot k \cdot S = 33,50$	+2814,0
Decke geg. Außenluft unten = A_{DL}	–	–	–	1,0	$k \cdot S =$ –		–	–
Wände zwischen beheizten u. unbeh. Räumen = A_{AB}	–	–	–	0,5	$k \cdot S =$ –		–	–
Hüllfläche (o. A_{AB})	576,40	**Transmissions-Wärmebedarf**					Summe Q_T	**10754,1**
Beheiztes Volumen V in m^2	561,50	**Lüftungswärmebedarf Q_L**	ohne Lüftungsanlage $= 18,280 \cdot V$ mit Lüftungsanlage (ohne WRG) $= 17,366 \cdot V$ mit Lüftungsanlage mit WRG 2) $= 14,624 \cdot V$				Q_L	10264,2
Verhältnis A/V	1,03						Summe $(Q_T + Q_L)$	21018,3
Transmissions- und Lüftungs-Wärmebedarf							**$0,9 \cdot (Q_T + Q_L)$**	18916,5
Interne Wärmegewinne		Q_I für Wohngebäude $= 8 \cdot V$, für Bürogebäude $= 10 \cdot V$					Q_I	– 4492,0
Jahres-Heizwärmebedarf		$Q_H = 0,9 \cdot (Q_T + Q_L) - Q_I =$					Q_H	**14424,5**
Gebäude-Nutzfläche		$A_N = 0,32 \cdot V = 179,68\ m^2$					Q_H	$kWh/(m^2 \cdot a)$
Bezogener Jahres-Heizwärmebedarf	vorhanden:	$Q''_H = Q_H : A_N$					**Q''_H**	**80,28**
	maximal zulässig:	$Q''_H = 43,19 + 54,12\ (A/V)$, gilt für Q''_H von $A/V = 0,20 \ldots 1,05$						98,93

1) $k_{eq,F} = k_F - g \cdot S_F$ gültig nur b. Fensteranteilen bis zu 2/3 d. Wandfläche. 2) WRG = Wärmerückgewinnung.
Das Rechenschema wurde der Schrift „Baustoff-Information Wärmeschutz" entlehnt, die gegen Erstattung der Portokosten beim Institut für Bauforschung, An der Markuskirche 1, 30163 Hannover, erhältlich ist.

Begriffserläuterungen

A/V ist das Verhältnis v. Umfassungsfläche A zum beheizten Bauwerksvolumen, es ist maßgeblich für den maximal zulässigen Wert des auf V_L bezogenen Jahres-Heizwärmebedarfs Q'_H bzw. des auf A_N bezogenen Jahres-Heizwärmebedarfs Q''_H.

Q_H ist der absolute Jahres-Heizwärmebedarf in kWh pro Jahr: $Q_H = 0,9 \cdot (Q_T + Q_L) - (Q_I + Q_S)$. Im obigen Rechenschema wurden die solaren Wärmegewinne Q_S dagegen schon bei den Fenstern durch $k_{eq,F}$ berücksichtigt.

Q_T ist d. Transmissions-Wärmebedarf in kWh/Jahr.

Q_L ist der Lüftungs-Wärmebedarf in kWh/Jahr.

Q_I sind die inneren Wärmegewinne z. B. durch Beleuchtung, Geräte, Menschen usw., in kWh/Jahr, die bei Wohngebäuden m. $Q_I \leq 8 \cdot V$, b. Büro- u. Verwaltungsgebäuden m. $Q_I \leq 10 \cdot V$ berücksichtigt werden können.

Q_S sind die solaren Wärmegewinne. Fensterflächen dürfen beim Wärmegewinn nur bis zu 2/3 der Wandflächen berücksichtigt werden.

1 Maximaler Jahres-Heizwärmebedarf, abhängig von A/V:

A/V in m^{-1}	**Q'_H** i. $kWh/(m^3 \cdot a)$ 1)	**Q''_H** i. $kWh/(m^2 \cdot a)$ 2)
≦ 0,2	17,3	54,0
0,3	19,0	59,5
0,4	20,7	64,8
0,5	22,5	70,2
0,6	24,5	75,6
0,7	25,9	81,1
0,8	27,7	86,5
0,9	29,4	91,9
1,0	31,1	97,3
≥ 1,05	32,0	100,0

Zwischenwerte n. folgenden Gleichungen ermitteln:
1) $Q'_H = 13,82 + 17,32 \cdot (A/V)$ in $kWh/(m^3 \cdot a)$
2) $Q''_H = Q'_H/0,32$ in $kWh/(m^2 \cdot a)$. Die Q''_H-Werte gelten nur für lichte Raumhöhen von höchstens 2,60 m.

Wärmeschutz – Besondere Bestimmungen

nach der WSchV 95

Bemerkungen zum Rechenbeispiel:

Die Forderung der Wärmeschutzverordnung 95 wird hier trotz der wärmetechnisch ungünstigen Grundrissform (eingeschossiger Winkelbau mit einer im Verhältnis zum Volumen sehr großen Oberfläche mit $A/V = 1{,}03$) übererfüllt: Der bezogene Jahres-Heizwärmebedarf Q''_H liegt erheblich unter dem maximal zulässigen. Es zeigt sich, dass die Bemessung nach dem „Vereinfachten Nachweisverfahren", dem die k-Werte der einzelnen Bauteile hier genügten, auf der sicheren Seite liegt.

Interessant ist es, in der letzten Spalte die Anteile d. einzelnen Verlustquellen miteinander zu vergleichen, wobei sich zeigt, dass hier bei diesem gut gedämmten Haus die Transmissions- und die Lüftungswärmeverluste ungefähr gleich hoch sind.

Aneinandergereihte Gebäude

z. B. Reihen- oder Doppelhäuser, erfordern, dass der Nachweis des Jahres-Heizwärmebedarfs für jedes Gebäude einzeln zu führen ist.

Die **Gebäude-Trennwände** werden beim Nachweis als nicht wärmedurchlässig angenommen und bei der Ermittlung der Werte A und A/V nicht berücksichtigt. Werden beheizte Teile eines Gebäudes, z. B. Anbauten, getrennt berechnet, gilt das sinngemäß auch für die Trennfläche der Gebäudeteile.

Bei Gebäuden mit zwei Trennwänden, z. B. beim **Reihen-Mittelhaus**, darf zusätzlich der Wärmedurchgangskoeffizient für die Fassadenfläche (einschließlich der Fenster und Fenstertüren) den Wert $\mathbf{k_{m,\,W+F} = 1{,}0\ W/(m^2 \cdot K)}$ nicht überschreiten.

$$k_{m,\,W+F} = \frac{k_W \cdot A_W + k_F \cdot A_F}{A_W + A_F}$$

Diese Anforderung ist auch bei **gegeneinander versetzten Gebäuden** einzuhalten, wenn die anteiligen gemeinsamen Trennwände 50 % oder mehr der Wandfläche betragen.

Nachbarbebauung

Ist die Nachbarbebauung nicht gesichert, müssen die Trennwände mindestens den Anforderungen des Wärmeschutzes nach den anerkannten Regeln der Technik genügen. Das bedeutet, dass wenigstens die Mindestwerte von $1/\Lambda$, bzw. die Maximalwerte von k nach DIN 4108, Teil 2, → **1** S. 100, eingehalten werden, damit Schäden durch Kondenswasser-Niederschlag möglichst verhindert werden. Wenn voraussichtlich mehr als ein Jahr bis zur Anschlussbebauung vergeht, sollten ein k-Wert von mindestens $0{,}50\ W/m^2 \cdot K$ angestrebt und ein Wetterschutz angebracht werden.

Anforderungen an das Gebäude

Bei **Flächenheizungen** darf der ***k*-Wert** der Bauteilschichten zwischen der Heizfläche und der Außenluft, dem Erdreich oder Gebäudeteilen mit wesentlich niedrigeren Innentemperaturen den Wert **0,35 W/(m² · K)** nicht überschreiten.

Im **Bereich von Heizkörpern** darf der k-Wert der Außenwand nicht höher als in den übrigen Bereichen der Außenwand sein.

Werden **Heizkörper vor Außenfenstern** angeordnet, sind zur Verringerung der Wärmeverluste geeignete, nicht demontierbare Abdeckungen an der Heizkörperrückseite vorzusehen, deren k-Wert nicht höher als **0,9 W/(m² · K)** und derjenige der Fenster nicht höher als **1,5 W/(m² · K)** sein darf.

Bei **Rolladenkästen** darf der raumseitige k-Wert höchstens **0,6 W/(m² · K)** sein.

Geschlossene, nicht beheizte Glasvorbauten können sich auf den erforderlichen k-Wert der im Bereich dieser Vorbauten liegenden Außenwandteile günstig auswirken:
Die zulässigen **Abminderungsfaktoren** sind

bei Einfachverglasung	0,70,
bei Doppelverglasung mit Klarglas	0,60,
mit Wärmeschutzglas ($k_V \leq 2{,}0\ W/(m^2 \cdot K)$)	0,50.

Sommerlicher Wärmeschutz ist zur Begrenzung des Energiedurchganges bei großen Fensterflächenanteilen erforderlich:

a) bei Gebäuden mit Kühlung durch Klimaanlage,
b) bei Gebäuden mit Fensterflächenanteilen je zugehöriger Fassade von 50 % oder mehr.

Hier darf das **Produkt $g_F \cdot f$** aus dem Gesamtenergie-Durchlassgrad g_F (oft nur g geschrieben) einschließlich zusätzlicher Sonnenschutzeinrichtungen und dem Fensterflächenanteil f unter Berücksichtigung ausreichender Belichtungsverhältnisse für jede Fassade den **Wert 0,25** (bei beweglichem Sonnenschutz in geschlossenem Zustand) nicht überschreiten. Ausgenommen sind nach Norden orientierte oder ganztägig verschattete Fenster.

Sonnenschutzvorrichtungen sind mindestens teilweise beweglich anzuordnen. Hierbei muss durch den beweglichen Anteil des Sonnenschutzes ein Abminderungsfaktor z von kleiner oder gleich 0,5 erreicht werden.

Für **Gebäude mit niedrigen Innentemperaturen**, z. B. Werkstätten, Lagerräume o. ä. werden in der WSchV niedrigere maximale Q'_T -Werte festgelegt, die auf das Bauwerksvolumen bezogen sind. Aus Platzmangel werden sie hier nicht aufgeführt.

Auch bei Wohn- und Verwaltungsbauten kann man sich auf das Volumen beziehen, → **2** S. 106.
Alles Weitere ist der Verordnung zu entnehmen.

Wärmeschutz – Wärmedämmstoffe

Trittschall-Dämmstoffe, → S. 91. λ_R und μ → S. 98.

Schaumkunststoffe DIN 18164, T.1

Stoffarten:
Polystyrol (PS)-Hartschaum,
a) Partikelschaum, z. B. „Styropor",
b) Extruderschaum, z. B. „Styrodur", „Styrofoam",
Polyurthan (PUR)-Hartschaum,
Phenolharz (PF)-Hartschaum.

Lieferformen:
a) Bahnen (B) oder Platten (P) aus Blöcken oder vom Band abgeschnitten (Bandware),
b) Platten, im Nennmaß gef. (Automatenplatten).
Auch ein- oder mehrseitig beschichtet (z. B. Folien), an den Oberflächen oder Kanten profiliert.

1 Anwendungstypen und Mindestrohdichten in kg/m²

Zeichen	druckbelastbar	Anwendung	PUR Hart-sch.	PS-HS Partik.	PS-HS Extru.	PF-Hart-sch.
W	nicht	in Wänden, belüfteten Dächern	30	15	25	30
WD	unter druckverteilenden Böden (nicht Trittschall)	in unbelüfteten Dächern	30	20	25	30
WS	für erhöhte Belastungen	z.B. Parkdecks	30	30	30	35

WD und WS können wie W, WS aber **nicht** wie WD verwendet werden.

Wärmeleitfähigkeitsgruppen: 025, 030, 035, 040
Brandverhalten: mind. B2, bei B1 Prüfzeugnis erf.
Nenndicken (ohne Beschichtung): 20, 30, 40, 50, 60, 80 u. 100 mm
Länge/Breite: Platten 1 m/0,5 m, Bahnen 5 m/1 m
Bezeichnungsbeispiel: (Reihenfolge wie oben)
Wärmedämmst. DIN 18164-PUR P-WD-030-B2-50

Gipskarton- u. Gipsfaser-Verbundplatten, → S. 240

Ortschäume zur Wärmedämmung nach DIN 18159:
Nicht gegen Trittschall, in Außenwänden mit Zulassg.
Polyurethan-Ortsch. $\varrho \geq 37$ kg/m³, vor UV schützen.
Harnstoff-Formaldehyd-Ortsch., $\varrho \geq 10$ kg/m³, offenporig.

Schaumglas, z. B. „Foamglas" nach DIN 18174.
WDS: mit mindestens 0,5 N/mm² druckbelastbar
WDH: mit mindestens 0,7 N/mm² druckbelastbar
Wärmeleitfähigkeitsgruppen: 045, 050, 055, 060
Brandverhalten: A1, beschichtet: mind. B2
Bezeichnung: DIN 18174-WDS-055-100(d)-A1

Perlite ist geschäumter vulkanischer Rohperlit.
Schüttdichten: 60 – 170 kg/m³, auch bituminiert
Hyperlite: hydrophobiert, für Kerndämmung

Faserdämmstoffe DIN 18165, T.1

a) mineralische **Min** (Gesteins-, Glas-, Schlackenf.),
b) pflanzliche **Pfl** (Holz-, Kokos-, Torffasern).

Form	Bindung	Beschichtung	Lieferart
Matte, **M**	mit o. ohne	versteppt, vernadelt	gerollt
Filz, **F**	gebunden	verklebt	gerollt
Platte, **P**	gebunden	verklebt	eben

Anwendungstypen (**W** und **WD**, wie Schaumstoff).
WL nicht druckbelastbar, zw. Sparren o. Balken.
WV f. Abreiß- u. Scherbeanspr., in Vorsatzschalen ohne Unterkonstruktion.
W wie WL; WD wie W, WL u. WV; WV wie W u. WL verwendb., in hinterlüfteten Fassaden:: hydrophob.
Wärmeleitfähigkeitsgruppen: 035, 040, 045, 050
Brandverhalten: mind. B2, B1 u. A mit Prüfzeugnis
Maße: wie bei Schaumdämmstoffen
Bezeichnungsbeispiel: (Dicke in mm ↓)
Faserdämmst. DIN 18165-Min P-W-0,35-A2-80

Holzfaserdämmplatten nach DIN 68755.
Kurzzeichen: **SB.W.** mit Rohdichte ≤ 450 kg/m³
Wärmeleitfähigkeitsgr.: 040, 045, 050, 055 ... 070
Brandverhalten: mind. B2, einschl. Beschichtung
Bezeichnungsbeispiel: (Dicke in mm ↓)
Holzfaserdämmplatte DIN 68755-SB.W.-050-B2-80

Mehrschicht-Leichtbauplatten nach DIN 1101
a) mit Hartschaum-Dämmschicht: **HS-ML**
b) mit Mineralfaser-Dämmschicht: **Min-ML**
Dicken: Gesamtdicke in mm/Schichtendicken Holzwolle/Dämmstoff/Holzwolle in mm
Wärmeleitfähigkeitsgr. (nur Dämmsch.): 040, 045
Brandverhalten: mind. B2, B1 mit Prüfzeichen
Beispiel: DIN 1101-Min-ML 50/3-5/35/10-040-B1
Anwendungstypen: W, WD, WV wie HS u. Faserpl.
WB biegebeanspruchbar, z. B. f. Fachwerkbekleidg.

Korkplatten nach DIN 18161 meist expandierter Korkschrot	ϱ in kg/m³ f. WD	ϱ in kg/m³ f. WS
BK = Backkork, korkharzgebund.	≥ 80	≥ 120
IK = Imprägn. Kork, bitumengeb.	≥ 120	≥ 200

Anwendungstypen: WD u. WS, Bedeutung → 1
Brandverhalten: B1 und B2
Wärmeleitfähigkeitsklassen: 045, 050, 055
Maße: 0,50 · 1 m, Dicken: 30, 40, 50, 60, 80 mm
Beispiel: DIN 18161-IK-WD-B2-045-30 (mm)

Zellulose-Dämmstoffe (z.B. „Isofloc")

Recycling-Papier mit Borax u. Borsäure versetzt.
Wärmeleitfähigkeitsklasse: 045
Brandklasse: B2
Verarbeitung: im Sprüh- oder Einblasverfahren

Feuchteschutz – Luftfeuchte, Wasserdampf

DIN 4108

1 g Wasserdampf in 1 m³ Luft bei relativ. Luftfeuchten in %: 100	75	50	Lufttemperatur °C	**2** Dampfdruck in Pa über Wasser bzw. Eis in 100 % feuchter Luft ,0	,2	,4	,6	,8
23,0	17,3	11,5	**+ 25**	3169	3208	3246	3284	3324
21,8	16,4	10,9	**24**	2985	3021	3059	3095	3132
20,6	15,5	10,3	**23**	2810	2845	2880	2915	2950
19,4	14,6	9,7	**22**	2645	2678	2711	2744	2777
18,3	13,7	9,2	**21**	2487	2518	2551	2582	2613
17,3	13,0	8,7	**+ 20**	2340	2369	2399	2428	2457
16,3	12,2	8,2	**19**	2197	2227	2254	2283	2310
15,4	11,6	7,7	**18**	2065	2091	2119	2145	2172
14,5	10,9	7,3	**17**	1937	1963	1988	2014	2039
13,7	10,3	6,8	**16**	1818	1841	1866	1889	1914
12,8	9,6	6,4	**+ 15**	1706	1729	1750	1773	1795
12,1	9,1	6,1	**14**	1599	1621	1642	1663	1684
11,4	8,6	5,7	**13**	1498	1518	1538	1559	1578
10,7	8,0	5,4	**12**	1403	1422	1441	1460	1479
10,0	7,5	5,0	**11**	1312	1330	1349	1367	1385
9,4	7,1	4,7	**+ 10**	1228	1245	1262	1279	1296
8,8	6,6	4,4	**9**	1148	1163	1179	1195	1211
8,3	6,2	4,2	**8**	1073	1088	1103	1117	1133
7,7	5,8	3,9	**7**	1002	1016	1030	1045	1059
7,3	5,5	3,7	**6**	935	949	961	975	988
6,8	5,1	3,4	**+ 5**	872	884	896	907	919
6,4	4,8	3,2	**4**	813	825	837	849	861
6,0	4,5	3,0	**3**	759	770	781	793	803
5,6	4,2	2,8	**2**	705	716	727	737	748
5,2	3,9	2,6	**1**	657	667	677	687	696
4,8	3,6	2,4	**+ 0**	611	621	630	640	648
			– 0	611	600	592	582	572
4,5	3,4	2,3	**– 1**	562	552	543	534	527
4,1	3,1	2,1	**2**	517	509	501	492	484
3,8	2,9	1,9	**3**	476	468	461	452	444
3,5	2,6	1,8	**4**	437	430	423	415	408
3,3	2,5	1,6	**5**	401	395	388	382	375
3,0	2,3	1,5	**– 6**	368	362	356	350	343
2,8	2,1	1,4	**7**	337	333	327	321	315
2,5	1,9	1,3	**8**	310	304	298	294	288
2,3	1,8	1,2	**9**	284	279	274	269	264
2,1	1,6	1,1	**10**	260	255	251	246	242
2,0	Zwischenwerte geradlinig (linear) einschalten.		**– 11**	237	233	229	226	221
1,9			**12**	217	213	209	206	202
1,8			**13**	198	195	191	188	184
1,7			**14**	181	178	175	172	168
1,6			**15**	165	162	159	157	153
1,5			**– 16**	150	148	145	142	139
1,4			**17**	137	135	132	129	127
1,3	1 Pa = 1 N/m² = 0,01 mbar		**18**	125	123	121	118	116
1,2			**19**	114	112	110	107	105
1,1			**20**	103	101	99	97	95

Begriffe und Einheiten

1. **Absolute Luftfeuchte** = g Wasserdampf, die in 1 m³ einer bestimmten Luft enthalten sind.
2. **Höchstmögliche absolute Luftfeuchte** = g Wasserdampf, die in einer mit Wasserdampf gesättigten Luft enthalten sind. Warme Luft kann mehr in sich tragen als kalte, → **1** Spalte 100 %.
3. **Relative Luftfeuchte** = Verhältnis von 1. zu 2. in % ausgedrückt.

$$\frac{\text{vorh. absolute Luftfeuchte} \cdot 100}{\text{höchstmögl. absol. Luftfeuchte}} = \left\{\begin{array}{l}\text{\% relative}\\ \text{Luftfeuchte}\end{array}\right.$$

Beispiele: In 1 m³ Luft von 20 °C sind 13,8 g Wasserdampf enthalten. Sie hat daher eine relative Luftfeuchte von 13,8 : 17,3 = 0,79 = **79 %**. Hat Luft von 25 °C 60 % relative Feuchte, dann enthält sie (bei 100 % relativ. Feuchte 23 g/m³) 23 · 0,6 = 13,8 g Wasserdampf pro m³ Luft.

4. Klima	Lufttemp.	relat. Luftf.
Behaglichkeitsklima d. Menschen	+ 21 ± 2	40 … 70
Normklima für Baustoffprüfung	+ 20 ± 2	65 ± 5
f. Berechnungen nach DIN 4108:	°C	%
Außenklima im Winter	– 10 °C	80 %
Innenklima im Winter	+ 20 °C	50 %
Außen- u. Innenklima im Sommer	+ 12 °C	70 %
Klima im Tauwasserbereich "	+ 12 °C	100 %
Dachdeckenoberfläche im "	+ 20 °C	–

5. **Wasserdampfabgabe** in g je Stunde, z. B.: 1 erwachsener Mensch ≈ 40 g/h; 1 Gasflamme ≈ 400 g/h.
6. **Taupunkt** ist die Temperatur, bei der eine sich abkühlende Luft zu tauen beginnt und ein Teil ihres Wasserdampfes sich als flüssiges **Tauwasser** (Kondenswasser) niederzuschlagen beginnt.

   Beispiel: 75 % rel. feuchte Luft von 20 °C enthält nach **1** 13 g/m³ Wasserdampf. In der Spalte für 100 % findet man 12,8 g/m³ bei + 15 °C. Der Taupunkt liegt also etwas über + 15 °C. Die Tab. **3** zeigt den genaueren Wert von 15,4 °C.
7. **Wasserdampfdruck** p in Pa (N/m²) = 0,01 mbar.

   Beispiel: Nach **2** übt der in 100 % feuchter Luft von + 20 °C enthaltene Wasserdampf einen Druck von 2340 Pa aus. Ist die Luft nur 60 % rel. feucht, dann ist ihr Dampfdruck 2340 · 0,6 ≈ 1400 Pa. Durch den Druckunterschied von 2340 – 1400 = 940 Pa **diffundiert** (breitet sich aus) der Wasserdampf aus d. 100 % feuchten in d. 60 % feuchte Luft. Das geschieht auch (gebremst) durch offenporige Bau- und Dämmstoffe hindurch: **Dampfdiffusion**.
8. **Wasserdampf-Sättigungsdruck** p_S ist der Wasserdampfdruck in 100 % relativ feuchter Luft (die zu tauen beginnt). Die Tabelle **2** nennt nur Sättigungsdrücke.

9. Diffusions-Widerstandszahl μ (mü) eines Bau- oder Dämm**stoffes** ist eine unbenannte Verhältnis-Zahl. die angibt, wievielmal größer sein Diffusionswiderstand als der von ruhender Luft ist. μ von Luft = 1. μ-Werte vieler Bau- u. Dämmstoffe → Tabellen S. 96 bis S. 99.

10. Der **s_d-Wert**, nach Norm die wasserdampfdiffusionsäquivalente Luftschichtdicke, kürzer auch „Dampfbremswert" genannt, gibt an, wieviel Meter dick eine ruhende Luftschicht wäre, die das Hindurchdiffundieren von Wasserdampf ebenso stark bremst wie das **Bauteil** von der Dicke *s* in m.

$$s_d = \mu \cdot s \qquad \text{m} = 1 \cdot \text{m}$$

11. Dampfbremsschichten sind mäßig dichte Schichten mit **s_d-Werten zwischen 1 u. 100 m**. Diese Werte erreichen PE (Polyethylen)-Folien von mindestens 0,1 mm Dicke, denn n. S. 98 7.2 haben PE-Folien einen μ-Wert von 100000.
Bei 0,1 mm = 0,0001 m Dicke:
100000 · 0,0001 m = **10 m**.
Mit Zehnenpotenzen:
$1 \cdot 10^5 \cdot 1 \cdot 10^{-4} = 1 \cdot 10^1$ m = **10 m**.

12. Dampfsperrschichten sind Schichten mit **s_d-Werten von mehr als 100 m**, was mit einer PE-Folie von mindestens 1 mm Dicke oder einer Alu-Folie von mindestens 0,1 mm Dicke erzielt werden kann.
Dampfbrems- und -sperrschichten werden auf der dem Dampf ausgesetzten Innenseite von Außenwänden, Dachdecken und Dachflächen angebracht, um d. Eindiffundieren von Wasserdampf zu erschweren u. damit auch die Bildung von Tauwasser (die Wasserdampfkondensation) im Innern d. Bauteiles möglichst zu unterbinden.

13. Als „**diffusionsoffen**" werden Schichten mit **s_d-Werten zwischen 0,02 m und 0,3 m** bezeichnet, die z. B. als wind- und wasserdichte Unterspannfolien u. Unterdachplatten verwendet werden. Bei ihrem Einsatz genügen **auch raumseitig s_d-Werte zwischen 1 m und 10 m**, die durch Folien oder Platten erzielt werden können, die in den Fugen gegen Luftdurchgang abgedichtet werden.
Die Unterseite nicht belüfteter Dächer sollte mind. 10 x dichter als seine Oberseite sein.
Eine „diffusionsoffene" Konstruktion ermöglicht das Austrocknen der Sparren, auch wenn sie feucht eingebaut wurden. Außerdem verhindert sie das Eindringen von Insekten, so dass oft auf chemischen Holzschutz verzichtet werden kann. Näheres dazu unter „Holzschutz", → S. 301.

14. Auch bei „**wasserabweisenden**" **Schichten**, z. B. Außenputzen und Außenanstrichen, auf Mauerwerk spielt der **s_d-Wert** eine Rolle; er sollte **nicht größer als 2 m** sein, damit eventuell doch eingedrungene Feuchtigkeit schnell wieder austrocknen kann.
Mehr dazu unter „Regenschutz", → S. 141, zu „belüfteten" Dächern, → S. 236.

15. Tauwasser, **auf der inneren Oberfläche** von Bauteilen, die einen geheizten Raum umgeben, wird verhindert, wenn eingehalten wird:

$$\text{erf.}\ \frac{1}{\Lambda} = \frac{1}{\alpha_i} \cdot \frac{\vartheta_{Li} - \vartheta_{La}}{\vartheta_{Li} - \vartheta_S} - \left(\frac{1}{\alpha_i} + \frac{1}{\alpha_a}\right) \text{ in } \frac{\text{m}^2 \cdot \text{K}}{\text{W}}$$

$1/\alpha_i$, $1/\alpha_a$ = Wärmeübergangswiderst.: innen, außen,
ϑ_{Li}, ϑ_{La} = Lufttemperaturen: innen, außen,
ϑ_S = Taupunkt-Temperatur der Luft, (Sättigungstemperatur).

Auf diesem Zusammenhang beruhen d. in DIN 4108 festgelegten Mindest · $1/\Lambda$-Werte.
Tauwassergefahr im Innern von Bauteilen bei normaler Raumluftfeuchte (50 %) kann mit Hilfe des grafischen Verfahrens, → S. 113 erkannt werden.

3 Taupunkt-Temperaturen von Luft

T	der Temperatur *T* bei der relativen Luftfeuchte von								
°C	50%	55%	60%	65%	70%	75%	80%	85%	90%
+30	18,4	20,0	21,4	22,7	23,9	25,1	26,2	27,2	28,2
29	17,5	19,0	20,4	21,7	23,0	24,1	25,2	26,2	27,2
28	16,6	18,1	19,5	20,8	22,0	23,1	24,2	25,2	26,2
27	15,7	17,2	18,6	19,8	21,1	22,2	23,3	24,3	25,2
+26	14,8	16,3	17,6	18,9	20,1	21,2	22,3	23,3	24,2
25	13,9	15,3	16,7	18,0	19,1	20,2	21,3	22,3	23,2
24	12,9	14,4	15,7	17,0	18,2	19,3	20,3	21,3	22,3
23	12,0	13,5	14,8	16,1	17,2	18,3	19,4	20,3	21,3
+22	11,1	12,5	13,9	15,1	16,3	17,4	18,4	19,4	20,3
21	10,2	11,6	12,9	14,2	15,3	16,4	17,4	18,4	19,3
20	9,3	10,7	12,0	13,2	14,4	15,4	16,5	17,4	18,3
19	8,3	9,8	11,1	12,3	13,4	14,5	15,5	16,4	17,3
+18	7,4	8,8	10,1	11,3	12,4	13,5	14,5	15,4	16,3
17	6,5	7,9	9,2	10,4	11,5	12,5	13,5	14,5	15,4
16	5,6	7,0	8,2	9,4	10,5	11,5	12,5	13,4	14,3
15	4,7	6,0	7,3	8,5	9,6	10,6	11,6	12,5	13,4
+14	3,7	5,1	6,4	7,5	8,6	9,6	10,6	11,5	12,4
13	2,8	4,2	5,4	6,6	7,7	8,7	9,6	10,5	11,4
12	1,9	3,2	4,5	5,6	6,7	7,7	8,7	9,6	10,4
11	1,0	2,3	3,6	4,7	5,8	6,7	7,7	8,6	9,4
+10	0,1	1,4	2,6	3,7	4,8	5,8	6,7	7,6	8,4
9	−0,8	0,5	1,7	2,8	3,8	4,8	5,7	6,6	7,5
8	−1,6	−0,4	0,7	1,8	2,9	3,9	4,8	5,6	6,4
7	−2,4	−1,2	−0,2	0,9	1,9	2,9	3,8	4,7	5,5
+ 6	−3,2	−2,1	−1,0	−0,1	0,9	1,9	2,8	3,7	4,5
5	−4,0	−2,3	−1,9	−0,9	0,1	1,0	1,8	2,7	3,5
4	−4,8	−3,7	−2,7	−1,7	−0,9	0,0	0,9	1,7	2,5
3	−5,7	−4,6	−3,5	−2,6	−1,7	−0,9	−0,1	0,7	1,5

Näherungsweise darf geradlinig dazwischengeschaltet werden.

Feuchteschutz – Nachweis von Tauwasserausfall I

DIN 4108, T. 5

Beispiel zum Rechengang:
Es ist zu untersuchen, wie sich die Temperatur im Winter und im Sommer sowie die Wasserdampfdrücke im Winter in einer mehrschichtigen SW-Außenwand eines Wohnhauses verteilen. Schichtenaufbau, → Spalte 1 und Abb. ❷.

Lösungsweg:

a) Klimadaten, → S. 110, Nr. 4.
Dampfdrücke, → S. 110, Tabelle 2,
Dampfdruck d. Innenluft: 0,5 · 2340 = 1170 Pa,
Dampfdruck d. Außenluft: 0,8 · 260 = 208 Pa.

b) Stoffwerte in Spalten 1 bis 3, μ-Werte in Spalte 4 und λ_R-Werte (→ S. 96 bis 99) in Sp. 6 eintragen.

c) s_d-Werte aus $\mu \cdot s$ berechnen u. in Sp. 5 eintrag.

d) s/λ_R-Werte aus Spalten 3 und 6 errechnen und mit $1/\alpha_i$, $1/\alpha_a$ und $1/\Lambda$ der Luftschicht (→ S. 100 und S. 101) in Spalte 7 eintragen.

e) s/λ_R-Werte der Spalte 7 als waagerechte Einteilung von Abb. ❶ antragen. Dafür ein DIN A4-Blatt Millimeterpapier verwenden und wie auf der folgenden Seite gezeigt, einteilen. Besser ist es, die Abb. ❶ bis ❹ je auf ein eigenes Blatt, möglichst größer, zu zeichnen.

f) In Abb. ❶ und ❷ die Punkte A, B und C geradlinig verbinden.

g) Die Temperaturen in Abb. ❶ an den Schichtgrenzen zwischen A und B und in die Spalte 8 eintragen.

h) Zu den Temperaturen der Spalte 8 die Wasserdampf-Sättigungsdrücke in Tab. 2 von S. 110 suchen und in Spalte 9 eintragen.

i) s_d-Werte der Spalte 5 als waagerechte Einteilung von Abb. 2 auftragen.

k) Dampfdrücke der Innen- und Außenluft (→ a)) als D und E in Abb. ❷ antragen. Die geradlinige Verbindung D – E ergibt die vorhandene Verteilung der Dampfdrücke p in den Wandschichten.

l) Die Dampfdrücke an den Schichtgrenzen ablesen und in die Spalte 10 eintragen.

m) Die Wasserdampf-Sättigungsdrücke p_s aus der Sp. 9 in Abb. ❷ antragen u. d. Linie p_s zeichnen.

Ergebnis:
Die Linien p und p_s in Abb. ❷ berühren sich nicht. Falls sie sich berühren, wie in den Abb. ❹, ❺, ❻ auf S. 114, würde es bei −10 °C Außentemperatur in der Wanne tauen. Eine kleine Menge Tauwasser können massive Wände speichern und im Sommer wieder daraus verdunsten. Die Berechnung der noch zulässigen Tauwassermenge ist hier nicht wiedergegeben, → DIN 4108, Teil 4.
Die Linie p_s in Abb. ❷ ist i. Bereich d. Dämmschicht nicht geradlinig, deshalb wurde hier ersatzweise die Dämmschicht geteilt, noch besser wäre es, sie zu vierteln. In kritischen Fällen kann so eine etwaige Berührung von p und p_s und damit Tauwasserniederschlag besser erkannt werden. Für solche Berechnungen empfiehlt es sich, ein Programm für den PC zu verwenden.

1 zu den Abb. ❶ und ❷ der Seite 113 Schichtenfolge von innen nach außen Schicht		2 Rohdichte ϱ_R $\frac{kg}{m^3}$	3 Schichtdicke s m	4 Diff.-widerstandszahl μ 1	5 diff.-äquiv. Luftsch.-d. s_d (= $\mu \cdot s$) m	6 Wärmeleitzahl λ_R $\frac{W}{m \cdot K}$	7 Wärmedurchl.-widerstand s/λ (o. $1/\Lambda$) $\frac{m^2 \cdot K}{W}$
	Wärmeübergang innen	–	–	–	–	–	0,13
1	Kalk-Innenputz	1800	0,015	15	0,23	0,87	0,02
2	Mauerwerk aus KSL	1600	0,24	15	3,60	0,79	0,30
3	Wärmedämmung (PS-Partikel-Hartschaum)	20	0,06	70	4,20	0,035	1,71 in der Mitte
4	Luftschicht belüftet nach DIN 1053	–	0,04	–	–	–	0,17
5	Verblendschale aus VMz 1,8	1800	0,115	–	–	0,81	0,14
	Wärmeübergang außen	–	–	–	–	–	0,04
	Summen:	–	0,47	–	8,03	$1/k = 2{,}51$ $k = 1/2{,}51 \approx$ **0,40**	

8 Temperatur an d. Schichtgrenzen δ °C	9 Dampfsättigungsdruck p_s Pa	10 Dampfdruck (vorhanden) p Pa
+ 20,0	2340	1170
+ 18,5	2132	1170
+ 18,2	2091	1140
+ 14,6	1663	710
(+ 4,4)	(837)	(470)
− 5,8	375	208
− 7,9	312	208
− 9,5	272	208
− 10,0	260	208
$\Delta\delta$ = 30 K		

Feuchteschutz – Nachweis von Tauwasserausfall II

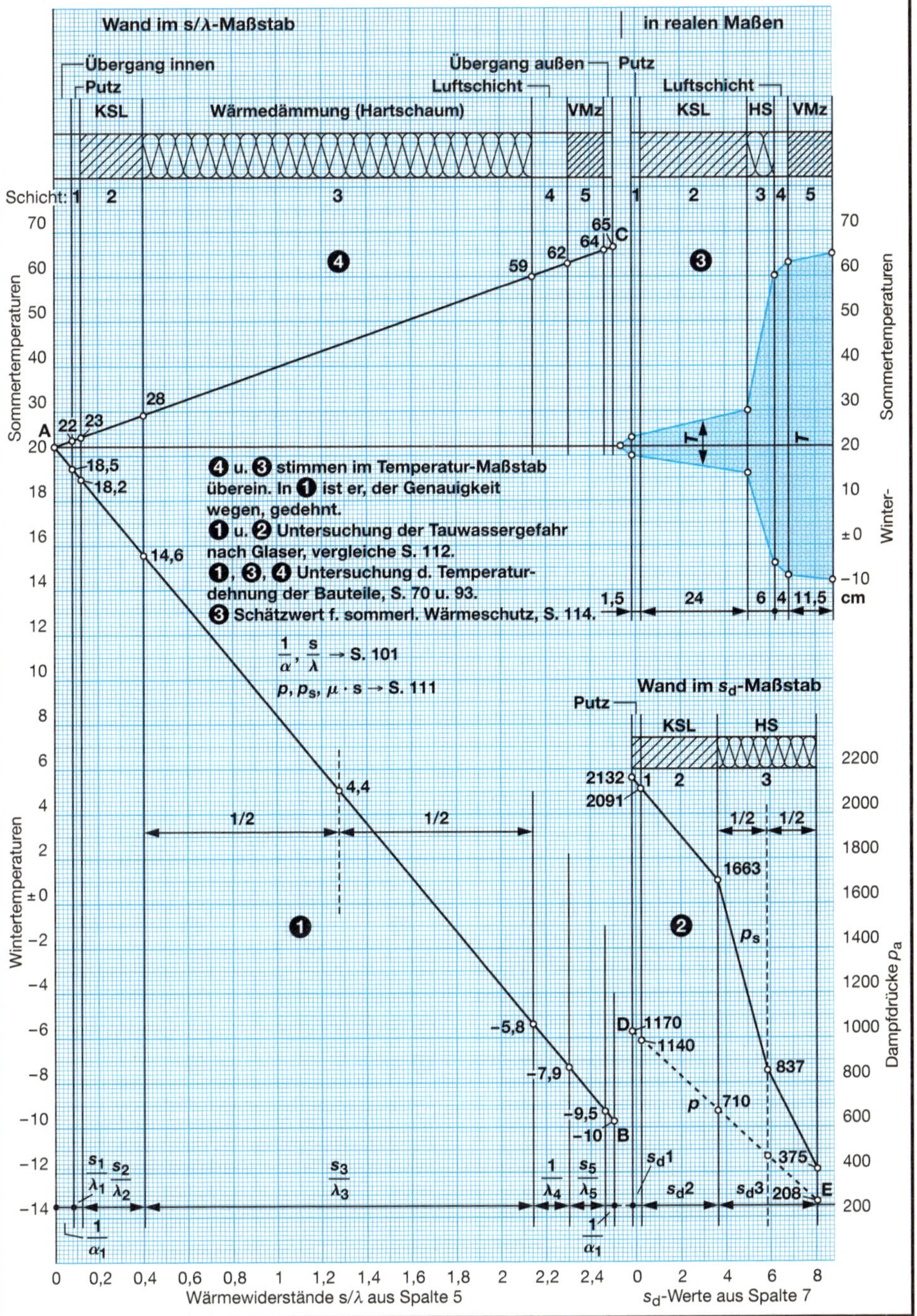

Brandschutz – Brandverhalten

DIN 4102

1 Baustoffe

sind entweder: **nicht brennbar**		oder	**brennbar**	
Klasse: A1	**A2** [1]	**B1** [1]	**B2**	**B3**
hoch	**ausreichend**	**schwer**	**normal**	**leicht**
brandwiderstandsfähig			**entflammbar**	
z. B.: **Mineralische Baustoffe** ohne organ. Anteile, wie Mauersteine, Beton, mineral. Putz, reiner Gips, Glas, Stahl, Kalziumsilikat-Brandschutzplatten.	z. B.: **Mineralische Baustoffe** mit geringem organ. Anteil, wie Gipsfaser- und Gipskartonplatten mit geschlossener Oberfläche.	z. B.: Mineralisch gebundene Holzwolle-Leichtbau- u. Holzspanplatten, Gipskartonplatten mit gelochter Oberfläche.	z. B.: Holz u. Holzwerkstoffe, dicker als 2 mm, Gipskarton-Verbundpl., Mehrschicht-Leichtbauplatten mit Schaumst., Dachbahnen.	z. B.: Papier, Pappe, lose Holzfurniere, alle Kunststoffe, die nicht in DIN 4102 unter B2 eingeordnet sind.

2 Bauteile der Feuer-Widerstandsklasse [2] [3]

F30	**F60**	**F90**	**F120**	**F180**
müssen im Brandversuch nach DIN 4102 mindestens Widerstand leisten:				
1/2 Std.	1 Std.	1 1/2 Std.	2 Std.	3 Std.

3 Gegenüberstellung von **bauaufsichtlichen Zulassungen** u. **Feuerwiderstandsklassen** nach DIN 4102

Forderungen gemäß Bauordnungen, → 4	erfüllt durch Nachweis nach DIN 4102, T.2 u. 4
feuerhemmend	Feuerwiderstandsklassen F30-B, F30-AB, F30-A [4]
feuerhemmend, trag. Teile aus nichtbrennb. Stoffen	Feuerwiderstandsklassen F30-AB, F30-A
feuerhemmend, vollständig aus nichtbrennb. Stoffen	Feuerwiderstandsklassen F30-A
feuerbeständig, trag. Teile aus nichtbrennb. Stoffen	Feuerwiderstandsklassen F90-AB
feuerbeständig, vollständig aus nichtbrennb. Stoffen	Feuerwiderstandsklassen F90-A

[1] Baustoffe der Klassen A2 und B1 bedürfen eines Prüfzeichens d. Institutes für Bautechnik in Berlin, sofern sie nicht im Anhang zur Prüfzeichenverordnung ausgenommen sind.

[2] Die Einstufung in Feuerwiderstandsklassen erfolgt aufgrund von Brandversuchen nach DIN 4102. Ermittelt wird die Zeit, die Bauteile dem Feuer standhalten, ohne ihre Funktion als trennendes und gegebenenfalls tragendes Bauteil zu verlieren. Während der Branddauer wird eine festgelegte Brandtemperatur eingehalten. Bei der Einstufung von tragenden Wänden wird zusätzlich eine Dauerlast mittig aufgebracht, die bei gemauerten Wänden der nach DIN 1053, T.1 zulässigen Höchstlast entspricht.

[3] Für nichttragende Außenwände erhalten die Feuerwiderstandsklassen den Buchstaben W, z. B. W60, für Türen und Tore: T, für Verglasungen: G, für Lüftungsleitungen: F, für Klappen: K, für Rohrleitungen: R, für Installationsschächte: I.
Für jedes dieser Gebiete gibt es besondere Prüfbestimmungen.

[4] Bei Holzbauteilen wird d. Feuerwiderstandsklasse wesentlich vom Querschnitt und der Art der Bekleidung (Beplankung) bestimmt. Maßgebend sind die Festlegungen in DIN 4102, T.4, die beim Nachweis herangezogen werden muss.

Brandwände

Bei Brandwänden wird zusätzlich zur Erhaltung der Tragwirkung und Raumtrennung unter ruhender Last die Widerstandsfähigkeit gegenüber **Stoßlasten** gefordert. Da Mauerwerk nur geringe Zugspannungen aufnehmen kann, ist die Brandwandprüfung für gemauerte Wände eine viel weitgehendere Prüfung als die der Feuerwiderstandsdauer F 90.
Weiteres → 8 S. 118.

Bemerkungen zur Tabelle 4:
Die Anforderungen des Brandschutzes an Bauteile sind nicht in Normen, sondern in d. **Bauordnungen der Bundesländer** und den zugehörigen Verordnungen, Vorschriften und Richtlinien festgelegt. Diese unterscheiden sich, besonders in den alten Bundesländern, teilweise erheblich voneinander.

Zu den Tabellen 5 bis 8:
Die DIN 4102, Teil 4 enthält Angaben über Baustoffe und Bauteile nach ihrem Brandverhalten auf der Grundlage von Prüfungen. Hier konnten aus der Fülle von Angaben lediglich die Klassifizierungen einiger Arten von gemauerten Wänden vorgestellt werden. Für schulische Aufgabenstellungen dürfte diese Auswahl genügen; weitergehende Ansprüche kann nur die DIN 4108 selbst erfüllen. (Allein Teil 4 umfasst mehr als 100 Seiten.)

Brandschutz – Anforderungen, Einstufungen I

4 Brandschutzanforderungen an Wohngebäude (gekürzt)

Gebäudeklasse [1]		2	3	4
OFF des obersten Geschosses [2]		≤ 7 m	≤ 7 m	≤ 22 m
Zahl der Wohneinheiten		≤ 2	≥ 3	–
Tragende und aussteifende Wände u. Pfeiler	Dach	0	0	0
	Sonstige	F30-B	F30-AB	F90-AB
	Keller	F30-AB	F90-AB	F90-AB
Nichttragende Außenwände		0	0	A oder F30-B
Außenwandbekleidungen		0	0	B1
Gebäudeabschlusswände		F90-AB	BW [3] F90-AB	BW
Decken	Dach	0 [4]	0 [5]	0 [6]
	Sonstige	F30-B	F30-AB [7]	F90-AB
	Keller	F30-B [8]	F90-AB [8]	F90-AB [10]
Gebäudetrennwände in 40 m Gebäudeabschnitten		[11] (F90-AB)	[12] BW F90-AB	[13] BW
Wohngs.-trennwände	Dach	F30-B [14]	F30-B [15]	F90-B [16]
	Sonstige	F30-B [17]	F60-AB [18]	F90-AB

Bemerkungen zu 4:
Beispielhaft wurde hier die Landesbauordnung für Nordrhein-Westfalen, die denen in den neuen Bundesländern gleicht, ausgewählt.

1) Für frei stehende Einfamilienhäuser (Geb.kl. 1) mit max. 2 Geschossen keine Anforderungen.
2) OFF = Oberkante-Fertig-Fußboden, hier des obersten Wohngeschosses.
3) Gilt auch in Schleswig-Holstein, in Bayern gilt BW und F90, in allen anderen Bundesländern gilt BW, (BW = Brandwand, → 8).
4) In Bayern, Rheinl.-Pfalz u. Schlesw.-Holst. F30-B.
5) In Bayern, Bremen, Hamburg, Hessen, Saarland u. Schleswig-Holstein F30-B, in Rheinland-Pfalz F30-AB.
6) In Bayern, Hamburg u. Schlewig-Holstein F30-B, im Saarland F30-AB, in Bremen, Hessen und Rheinland-Pfalz F90-AB.
7) Gilt auch in Hamburg, Rheinl.-Pfalz u. Saarland, in den anderen alten Bundesländern gilt F30-B.
8) In Hamburg F30-A, im Saarland F30-AB.
9) In Bayern F30-AB, in Hessen u. Schlesw.-Holst. F30-B, in Baden-Würtemberg F90.
10) In Hamburg F90, im Saarland F90-A.
11) In Bayern BW u. F90, in Bad.-Würt., Bremen und Rheinl.-Pfalz BW u. F90-A, in Hamburg u. Niedersachsen F30-B.
12) In Ba.-Wü., Bayern und Bremen BW und F90-A, in Berlin, Hambg., Hessen, Nieders. und Rheinl.-Pfalz nur BW.
13) In Baden-Würtemberg BW und F90-A.
14) In Bremen und Hessen F90-AB.
15) In Bayern u. Saarl. F90-AB, in Hessen F90-AB.
16) In Niedersachsen u. Rheinl.-Pfalz F30-B.
17) In Brem. u. Hess. F90-AB, in Rhl.-Pfalz F30-AB.
18) In Bayern, Bremen, Hambg., Hessen, Rhl.-Pfalz u. Saarl. F90-AB, in Bayern, Berlin, Nieders. und Schlesw.-Holst. F30-B.

Brandtechnische Einstufung von Wänden (kleine Auswahl aus der Fülle)

Die Neufassung von DIN 4102, T. 4 vom März '94 geht von einem neuen Konzept aus. Die brandtechnische Zuordnung erfolgt nach Wandbaustoff, Wanddicke, Art des Brandangriffes (von allen Seiten oder nur von einer Seite) und von der Ausnutzung der Tragfähigkeit der Wand.

Das Verhältnis aus vorhandener Beanspruchung und nach DIN 1053 zulässiger Beanspruchung (vorh σ/zul σ) ergibt den Ausnutzungsgrad α_2.

In der Norm werden folgende Ausnutzungsgrade unterschieden:

$\alpha_2 = 1{,}0$ (100 % Ausnutzung),
$\alpha_2 = 0{,}6$ (60 % Ausnutzung),
$\alpha_2 = 0{,}2$ (20 % Ausnutzung).

Nach der Beanspruchungsart:
a) einseitig, raumabschließende Wä.: tragend, nichttr.
b) mehrseitig, tragende, nicht raumabschl. Außenwä.
" , tragende, nicht raumabschl. Innenwände.

5 Nichttragende, raumabschließende Wände aus Mauerwerk

Einstufung der Wände n. DIN 4102, T. 4, Tab. 38 bei einseitiger Brandbeanspruchung (Leicht- o. Normalmörtel)

Konstruktionsmerkmale

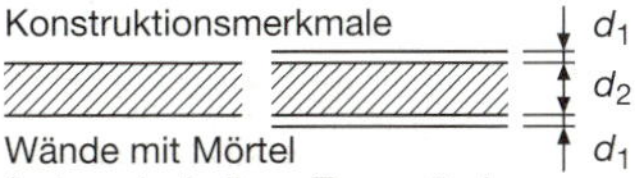

Wände mit Mörtel (bei zweischaligen Trennwänden ist Putz nur außen erforderlich)

Mindestdicke d_2 in mm für die Feuerwiderstandsklassen-Benennung, ( )-Werte gelten für Wände mit beidseitigem Putz P IV o. min. Leichtputz.

	F30-A	F60-A	F90-A
Mauerziegel nach DIN 105, Teil 1: **Voll- und Hochlochziegel** Mauerziegel nach DIN 105, Teil 2: **Leichthochlochziegel**	115 (70)	115 (70)	115 (100)
Kalksandsteine n. DIN 106, T. 1: **Voll-, Loch-, Block-, Hohlblock-** und Plansteine n. DIN 106, T. 2: **Vormauersteine und Verblender**	70 (50)	115 (70)	115 (100)

Brandschutz – Einstufungen II

DIN 4102, T. 4

6 Tragende, raumabschließende Wände

Mindestdicke d_2 in mm für die Feuerwiderstandsklassenbenennung. ( )-Werte gelten für Wände mit beidseitigem Putz aus P IV o. min. Leichtmörtel	F30-A	F60-A	F90-A
Voll- und Hochlochziegel, Lochung A und B nach DIN 105, T.1 unter Verwendung von Normalmörtel:			
Ausnutzungsfaktor $\alpha_2 = 0{,}2$	115 (115)	115 (115)	115 (115)
Ausnutzungsfaktor $\alpha_2 = 0{,}6$	115 (115)	115 (115)	140 (115)
Ausnutzungsfaktor $\alpha_2 = 1{,}0$	115 (115)	115 (115)	175 (115)
Leichthochlochziegel nach DIN 105, T. 2, $\varrho \geq 0{,}8$, unter Verwendung von Leicht- u. Normalmörtel, bei **Lochungen A und B** für alle α und F-Werte: (115).			
bei **Lochung W** (lieferbare Mindestdicke 17,5 cm)			
Ausnutzungsfaktor $\alpha_2 = 0{,}2$	(115)	(115)	(140)
Ausnutzungsfaktor $\alpha_2 = 0{,}6$	(115)	(140)	(175)
Ausnutzungsfaktor $\alpha_2 = 1{,}0$	(115)	(175)	(240)
Porenbeton-Block- und Plansteine nach DIN 4165 unter Verwendung von Normal- o. Dünnbettmörtel:			
Ausnutzungsfaktor $\alpha_2 = 0{,}2$	115 (115)	115 (115)	115 (115)
Ausnutzungsfaktor $\alpha_2 = 0{,}6$	115 (115)	115 (115)	150 (115)
Ausnutzungsfaktor $\alpha_2 = 1{,}0$	115 (115)	150 (115)	175 (150)
Hohl- und Vollblöcke aus Leichtbeton n. DIN 18151 und 18153 mit Normal- oder Leichtmörtel:			
Ausnutzungsfaktor $\alpha_2 = 0{,}2$	115 (115)	115 (115)	115 (115)
Ausnutzungsfaktor $\alpha_2 = 0{,}6$	140 (115)	140 (115)	175 (115)
Ausnutzungsfaktor $\alpha_2 = 1{,}0$	175 (140)	175 (140)	175 (140)

Kalksandsteine nach DIN 106, T. 1 und 2 unter Verwendung von Normal- oder Dünnbettmörtel bis F90-A für alle α_2-Werte: 115 und (115) mm.

Feuerwiderstandsklasse	F 120-A	F 180-A
Ausnutzungsfaktor $\alpha_2 = 0{,}2$	115 (115)	175 (140)
Ausnutzungsfaktor $\alpha = 0{,}6$	140 (115)	200 (140)
Ausnutzungsfaktor $\alpha = 1{,}0$	200 (140)	240 (175)

7 Tragende, nicht raumabschließende Wände

Mindestdicke d_2 in mm für die Feuerwiderstandsklassenbenennung. ( )-Werte gelten für Wände mit beidseitigem Putz aus P IV o. min. Leichtmörtel	F30-A	F60-A	F90-A
Voll- und Hochlochziegel, Lochung A und B nach DIN 105, T.1 unter Verwendung von Normalmörtel:			
Ausnutzungsfaktor $\alpha_2 = 0{,}2$	115 (115)	115 (115)	115 (115)
Ausnutzungsfaktor $\alpha_2 = 0{,}6$	115 (115)	115 (115)	175 (115)
Ausnutzungsfaktor $\alpha_2 = 1{,}0$	115 (115)	115 (115)	240 (115)
Leichthochlochziegel nach DIN 105, T. 2, $\varrho \geq 0{,}8$, unter Verwendung von Leicht- u. Normalmörtel, bei **Lochungen A und B** bis F90-1 f. alle α-Werte: (115).			
bei **Lochung W** (lieferbare Mindestdicke 17,5 cm)			
Ausnutzungsfaktor $\alpha_2 = 0{,}2$	(175)	(175)	(175)
Ausnutzungsfaktor $\alpha_2 = 0{,}6$	(175)	(175)	(240)
Ausnutzungsfaktor $\alpha_2 = 1{,}0$	(240)	(240)	(240)
Kalksandsteine nach DIN 106, T.1: Voll-, Loch-, Block- u. Hohlblocksteine, nach T.1: Plansteine; nach DIN 106, T. 2: Vormauersteine und Verblender, unter Verwendung von Normal- o. Dünnbettmörtel:			
Ausnutzungsfaktor $\alpha_2 = 0{,}2$	115 (115)	115 (115)	115 (115)
Ausnutzungsfaktor $\alpha_2 = 0{,}6$	115 (115)	115 (115)	140 (115)
Ausnutzungsfaktor $\alpha_2 = 1{,}0$	115 (115)	150 (115)	140 (115)

8 Mindestwanddicke von 1- und 2-schaligen Brandwänden (einseitge Brandbeanspruchung); Wände aus Mauerwerk nach DIN 1053, T. 1 und 2, unter Verwendung Normalmörtel II, II a, III und III a.

Wanddicke *d* immer ohne Putz angegeben	Rohdichteklasse	Mindestdicke *d* in mm Ausführung: 1-schalig	2-schalig
Ziegel nach DIN 105, T. 1 u. vergleichbare Voll- u. Lochst.	> 1,4	240	2 x 175
	≥ 1,0	300 (240)	2 x 200 (2 x 175)
Leicht-HLz n. DIN 105, T. 2	≥ 0,8	365 (300)	2 x 240 (2 x 175)
	(bei Leichtmörtel nur $\alpha_2 \leq 0{,}6$)		
Kalksandsteine nach DIN 106	≥ 1,4	240	2 x 175
	≥ 1,8	175 *	2 x 150 *
	≥ 0,9	300 (300)	2 x 200 (2 x 175)
	= 0,8	300	2 x 240

* bei Plansteinen mit Dünnbettmörtel

Heizung – Feuerstätte – Schornsteine I

Feuerstätten

Feuerstätten sind Einrichtungen, in denen Gas, Heizöl, Kohle oder Holz zu Heizzwecken verbrannt wird. Hier sollen nur die Brennstoff- und Abgasprobleme besprochen werden.

Der **Heizwert H_u** eines Brennstoffes ist die Wärmemenge, die bei vollständiger Verbrennung eines Kilogramms o. eines Norm-Kubikmeters (bei Gasen) des Brennstoffes frei wird, wenn der in den Abgasen enthaltene Wasserdampf (mit der in ihm enthaltenen Verdampfungswärme) als Dampf entweicht; deshalb „unterer Heizwert".

1 Brennstoff		Heizwert H_u MJ	Heizwert H_u kWh	d. Abgas enthält ≈ g/kWh Energie CO_2	H_2O	SO_2
1 Nm^3	Erdgas	32	8,8	130	300	0,01
1 kg	Heizöl EL	43	11,9	170	150	1…4
1 kg	Steinkohle	30	8,3	270	20	≈ 3
1 kg	Braunk.-Brik.	20	5,6	210	50	≈ 6
1 kg	Holz (lufttr.)	13	3,6	340	100	–

Der **Brennwert** (auch „oberer Heizwert" H_o) ist die Wärmemenge, die bei vollständiger Verbrennung eines Brennstoffes frei wird, wenn d. in den Abgasen enthaltene **Wasserdampf zu Wasser kondensiert**. **Brennwertkessel** mit einem **Kondensator** vor der Schornsteineinmündung ermöglichen es, die im Wasserdampf gespeicherte (latente) Energie zumindest teilweise zu nutzen.
Tab. **1** zeigt, dass Erdgas beim Verbrennen besonders viel Wasserdampf freisetzt, weil es fast vollständig aus Methan (CH_4) besteht und deshalb viel Wasserstoff (H) enthält.
Hier sind **Energieeinsparungen von 10 bis 20 %** gegenüber herkömmlichen Anlagen möglich. Bei Heizöl sind die möglichen Einsparungen weit geringer und bei Kohle bedeutungslos.

Die **sauren Kondensate**, die bei der Brennwerttechnik anfallen, können bei kleinen Anlagen in das Abwassernetz geleitet werden, wenn man sie vorher mit einem basischen Granulat neutralisiert.

Die **Abgasleitungen** müssen bei Brennwertanlagen **feuchteunempfindlich** sein, wogegen die Temperaturbeanspruchung so gering ist, dass dafür teilweise sogar Kunststoff verwendet werden kann.

Der **thermische Auftrieb**, → S. 93, der bei herkömmlichen Öfen meist für ausreichend „**Zug**" im Schornstein sorgt, ist wegen der niedrigen Abgastemperaturen (60 bis 80 °C) bei Brennwertanlagen bedeutungslos. Hier muss ein Gebläse für die Abfuhr unter Überdruck sorgen, weshalb **Anschlüsse und Schornstein völlig dicht** sein müssen und Energie für den Antrieb des Gebläses aufgewendet werden muss.

Schornsteine

Schornsteine sollen die Abgase von Feuerstätten sicher über Dach abführen. Sie werden meist zu Gruppen zusammengefasst, in denen sich meist auch **Abluftschächte** oder -rohre befinden.

Forderungen an Schornsteine

Je nach **Brennstoff, Feuerstätte und Betriebsart** ist d. Schornstein sehr unterschiedlich beansprucht u. muss d. entsprechenden Anforderungen genügen.
Grundsätzlich gilt:

> Je besser die Feuerstätte die Energie des Brennstoffes ausnutzt, umso höher sind die Anforderungen an den Schornstein; mit Ausnahmen bei Brennwertkesseln.

Holzfeuerung: Oft hohe Temperaturen der Abgase (Rauchgase) verlangen bei gemauerten Schornsteinen Vollziegel oder HLz-Lochung A mit MGr. II oder IIa vermauert und möglichst quadratischem Querschnitt mit wenig Fugen, bei genügend Höhe, um ausreichenden „Zug" zu gewährleisten. „Schornsteinbrand", der bei starkem Rußansatz möglich ist, stellt eine Gefahr dar.

Kohlefeuerung: Ähnlich wie bei Holzfeuerung. Bei modernen „Niedertemperatur-Heizkesseln" mit Abgastemperaturen bis hinab zu 100 °C können sich Versottungs- und Zugprobleme ergeben, weshalb mehrschalige, wärmegedämmte Schornsteinsysteme zu empfehlen sind.

Ölfeuerung: Durch den Wasser- u. auch Schwefelgehalt (SO_2) im Abgas ist besonders bei den wirtschaftlichen Niedertemperatur-Heizkesseln die **Versottungsgefahr** sehr groß („Sott" ist ein schmieriger Belag auf der Innenseite von Schornsteinrohren aus schwefelsäure- und rußhaltigem Kondenswasser, der sehr aggressiv ist). Erforderlich sind deshalb mehrschalige Schornsteinsysteme m. hoher Wärmedämmung (Dämmgruppe I) und möglichst dichten Innenrohren (Keramik oder Schamotte) oder Hinterlüftung der Rohre.

Gasfeuerung: Der sehr große Gehalt der Abgase an Wasser, → **1**, verursacht einen erheblichen Kondenswasseranfall an d. Rohrwandungen, wenn diese kälter als der Taupunkt sind. Dieser liegt bei Gasfeuerung zumeist zwischen 30 und 50 °C und wird deshalb oft, besonders beim Wiederanfahren nach Brennpausen unterschritten. Vorteilhaft ist, dass die Abgase von Gasheizungen kaum Schwefelsäure enthalten. Erforderlich sind daher mehrschalige Schornsteinsysteme, möglichst mit glasierten Innenrohren und einem Wassersammelgefäß am unteren Schornsteinende. Gas-Brennwertkessel stellen dagegen wegen der kühlen und ziemlich trockenen Abgase geringe Ansprüche an die Gasableitung, sie muss nur dicht sein.

Heizung – Schornsteine II

Besondere Bestimmungen

Der **lichte Querschnitt** muss ≥ 100 cm² sein, das Seitenverhältnis ≤ 1 : 1,5, möglichst rund oder quadratisch mit abgerundeten Ecken.
Die Querschnittsfläche soll eine Abgasgeschwindigkeit von mindestens 0,5 m/s ermöglichen.

Verbindungsstücke sollen mit Steigung in Strömungsrichtung 30° oder 40° zur Waagerechten in den Schornstein eingeführt werden.

Die **innere Oberfläche** muss so glatt sein, wie es der verwendete Baustoff gestattet. Die Fugen stören oft, deshalb möglichst hohe Rohrstücke.

Reinigungsöffnungen müssen ≥ 10 cm breit und ≥ 18 cm hoch sein. Jedes Schornsteinrohr muss an seiner Sohle, ≥ 20 cm tiefer als der unterste Feuerstättenanschluss, eine eigene Reinigungsöffnung haben. Wenn der Schornstein nicht von der Mündung her gereinigt werden kann, muss er eine Reinigungsöffnung im Dachraum o. über Dach erhalten. Schräggeführte (gezogene) Schornsteine müssen Reinigungsöffnungen in der Nähe der Knickstellen haben. Reinigungsverschlüsse sind prüfzeichenpflichtig.
Kennzeichen: „GR" = gemischt belegter Schornstein,
„G" = nur mit Gasfeuerstätten belegt.
Reinigungsöffnungen müssen ≥ 40 cm von brennbaren Baustoffen und Einbaumöbeln entfernt sein, ≥ 20 cm genügen, wenn diese geg. Wärmestrahlung geschützt sind. Ein brennbarer Fußboden ist bis ≥ 50 cm vor und ≥ 20 cm seitlich der Öffnung durch nichtbrennbare Stoffe zu schützen.

Die **Standsicherheit** muss durch ein entsprechendes Fundament und durch waagerechte Abstützungen in je etwa 5 m Höhenabstand gesichert sein.

Die **Temperaturdehnung** des Schornsteins darf durch andere Bauteile nicht behindert werden. Die Temperaturdehnung des Innenrohres mehrschaliger Schornsteine darf nicht durch Mörtelbrücken, zu steife Wärmedämmung oder durch die Abdeckplatte behindert werden. Kritisch sind die Feuerstättenanschlüsse, besonders in höheren Geschossen.

Schornsteinmündungen über Dach müssen ≥ 40 cm über dem First einer ≥ 20° geneigten Dachfläche, möglichst nahe dem First enden. Bei ≤ 20° Dachneigung muss die Mündung ≥ 1 m über der Dachfläche enden. Ebenfalls ≥ 1 m über einer nicht allseitig geschlossenen Attika, damit Luftzug verhindert, dass sich Abgase ansammeln. Der Schornstein soll nicht nahe von Fenstern u. Dachaufbauten münden. Liegt er näher als deren 1,5fachen Höhe über Dach, muss er sie um ≥ 1 m überragen.

Der Abstand zwischen der Schornsteinmündung und dem obersten Feuerstättenanschluss soll bei Rauchschornsteinen mindestens 4 m, bei Abgasschornsteinen mindestens 2 m betragen.

2 Wärmedurchlasswiderstandsgruppen

von Hausschornsteinen nach DIN 18160

Gruppe	$1/\Lambda$ in $m^2 \cdot K/W$	Bemerkungen
I	≥ 0,65	dreischalige Schornsteine mit Wärmedämmschicht
II	≥ 0,22	gemauerte Schornst. aus HLz m. $\varrho \leq 1{,}4\ kg/dm^3$, 11,5 cm Wangen
III	≥ 0,12	gemauerte Schornsteine mit 11,5 cm Wangen
III a	≥ 0,12	einschalige Schornsteine mit glatteren Innenflächen als III
IV	< 0,12	Stahlschornsteine mit verminderten Anforderungen

Bei Planung und Ausführung ist nachzuweisen, dass die gewählte Schornstein-Bauart der geforderten Schornsteingruppe entspricht.

3 Übliche lichte Querschnitte der Hausschornsteine

aus Formstücken cm x cm = cm²	aus Mauersteinen (NF) cm x cm = cm²	in **am**
12 x 12 = 144		
14 x 14 = 196	13,5 x 13,5 = 182	**1 x 1**
16 x 16 = 256	13,5 x 20 = 270	**1 x 1,5**
18 x 18 = 324		
20 x 20 = 400	20 x 20 = 400	**1,5 x 1,5**
22,5 x 22,5 = 506	20 x 26 = 520	**1,5 x 2**
25 x 25 = 625	26 x 26 = 676	**2 x 2**

4 Bauarten und Baustoffe der Schornsteine

1. **Einschalige Schornsteine**, geeignet sind Formstücke aus Leichtbeton nach DIN 18147, T. 3, Mauerziegel nach DIN 105, T. 1 u. 3, außer Lochg. B und W, Kalksand-Vollsteine nach DIN 106, T. 1, Hütten-Vollsteine n. DIN 398, Verband → S. 167, vermauert o. versetzt mit Mörtelgruppe II oder IIa.

2. **Dreischalige Schornsteine** mit Dämmschicht und beweglicher Innenschale, geeignet sind:

   Für die Innenschale: Formstücke aus Keramik o. Schamotte, Fugen mit säurefestem Kitt füllen.

   Für die Dämmschicht: Wärmedämmstoffe aus silikatischen Fasern, aus gebundenem Perlite oder Vermiculite nach DIN 18147, T. 5, die ausreichend temperaturbeständig sind.

   Für die Außenschale: Formstücke aus Leichtbeton, Mauerwerk aus Voll- o. Hochlochziegeln, Kalksandsteinen, Hüttensteinen, Porenbetonsteinen oder Leichtbeton.

   Der obere Grenzwert des s_d-Wertes der Außenschale darf nicht größer sein als der s_d-Wert der Innenschale.

Heizung – Schornsteine III

Bekleiden von Schornstein-Außenflächen
(z. B. an Schornsteinköpfen) mit Schiefer- oder Faserzementplatten oder Metallplatten ist mit an Metalldübeln befestigten Dachlatten erlaubt. Die Abstände nach **7** Zeile 1 und 3 sind dabei einzuhalten.

Abdecken von Schornsteinköpfen

a) der Wangen, durch Beton- oder Blechabdeckplatten mit Abtropfkante, die Bewegungen des Innenrohres mit Hilfe einer Edelstahlmanschette ermöglichen und zugleich das Innenrohr schützen, → **5**.
b) der Schornsteinmündung, durch Metall- oder Faserzementplatte, günstig bei Zugbehinderung durch Fallwinde oder Luftwirbel, z. B. bei hohen Nachbargebäuden.

Hinterlüftungskanäle können Feuchte aus dem Schornstein als Wasserdampf an die Außenluft abführen, → **5**, angewendet bei einigen **feuchteunempfindlichen Schornsteinsystemen**.

Wirksame Schornsteinhöhe ist der senkrechte Abstand von der Abgaseinführung in den Schornstein und der Schornsteinmündung, er soll bei Einzelschornsteinen mindestens 4 m, bei Gruppenschornsteinen mindestens 5 m betragen.

Schornstein-Unterdruck („Schornsteinzug"), gemessen in Pa oder mm WS, → S. 10 bis S. 12, entsteht durch den Auftrieb der leichten warmen Abgase und bewirkt, dass frische Luft in den Feuerraum einströmt und die Abgase durch den Schornstein ins Freie gelangen, → S. 93.

Zugstörungen beim Anheizen durch kalte Schornsteinwandungen, durch Fallwind oder Wirbel. Mangelnder Zug bei niedriger Abgastemperatur, z. B. bei Brennwert-Heizsystemen. Abhilfe durch Gebläse („Überdruck"-Heizung) mit druckdichter Abgasabführung.

Kondenswasservermeidung, durch ausreichend hohe Abgastemperaturen, wichtig bei feuchteempfindlichen Schornsteinen. Bedingung ist, dass die Taupunkttemperatur der Abgase, die von d. Brennstoffart (H_2O-Gehalt der Abgase, → **1**, S. 119, und vom Luftüberschuss, CO_2-Gehalt der Abgase) abhängt, nicht unterschritten wird. Risiken besonders bei Erdgas-, aber auch bei Ölheizungen.

Abhilfe durch feuchteunempfindliche Schornsteine und/oder **Nebenluftvorrichtungen** nach DIN 4795. Die Nebenluft erhöht den Luftüberschuss und senkt dadurch die Taupunkttemperatur der Abgase.

Außerdem ermöglichen sie während der Brenner-Stillstandszeiten die Durchströmung und damit das Austrocknen des Innenrohres. Es gibt zwangsgesteuerte und selbsttätig arbeitende Anlagen (Klappen), die teilweise auch als „Zugbegrenzer" wirken können.

5 Beispiel einer Schornsteinkopf-Ausbildung
(KLB-Isolierschornstein mit Hinterlüftung)

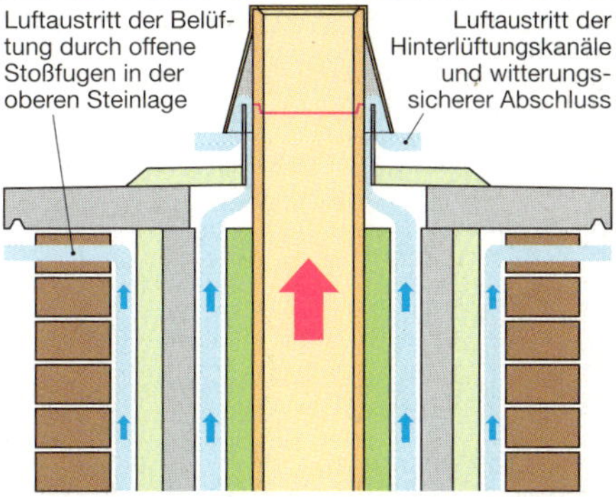

6 Querschnitte v. hinterlüfteten Schornsteinen

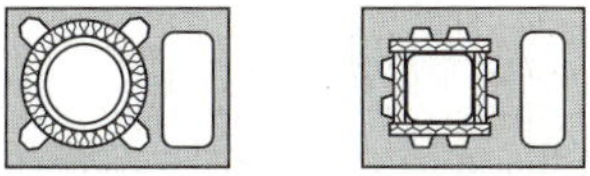

7 Abstand der Schornstein-Außenflächen
von angrenzenden Bauteilen aus brennbaren Baustoffen:

Angrenzung	Beispiele	Abstände für Schornsteingruppen I…III	IV
großflächig	Bekleidung mit brennbaren Stoffen 1)	≥ 5 cm belüftet	≥ 40 cm belüftet
streifenförmig	Deckenbalken, Pfetten, Sparren – entweder:	≥ 5 cm Beton 2)	≥ 40 cm
	oder:	≥ 2 cm belüftet	≥ 40 cm
wie vor, schmal	Fußboden, Fußleisten, Dachlatten	ohne Abstand	≥ 40 cm

1) Für Tapeten ist kein Abstand erforderlich.
2) Fugendicht, dauernd rissefrei, Brandklasse A1.

8 Feuerstättenanschluss

An jeweils einen **eigenen Schornstein** sind anzuschließen:

a) Jede Feuerstätte mit > 20 kW, bei Gasfeuerung mit Brennern ohne Gebläse von > 30 kW,
b) jede Feuerung in Gebäud. m. > 5 Vollgeschossen,
c) jeder offene Kamin und jedes Schmiedefeuer,
d) jede Feuerung mit Brenner und Gebläse,
e) jede Feuerung mit ständig offener Verbindung zum Freien, z. B. zur Verbrennungsluftzuführung,
f) jede Feuerung mit dichter Zuleitung von Außenluft in den Feuerraum und jede Sonderfeuerstätte.

An einen **gemeinsamen Schornstein** dürfen bis zu 3 Feuerstätten mit je ≤ 20 kW, bei Gasfeuerung ≤ 30 kW angeschlossen werden. Anschlüsse aber nicht auf gleicher Höhe und in ≤ 6 m Abstand.

Die wichtigsten chemischen Elemente

	Gruppen	Ordnungszahl ↓ [2]	Deutscher Name	Internationaler Name	Kurzzeichen	Atommasse relativ [4]	Wertigkeit [2]	Reindichte [1] kg/dm³ (kg/m³)	Eigenschaften, Verwendung, in welcher bekannten Verbindung enthalten
Nichtmetalle = Säurebildner		1	**Wasserstoff**	**Hydrogenium**	**H**	1	**1 +**	(0,09)	leichtestes Gas, brennbar
	Edelgase	2	Helium	Helium	He	4		(0,18)	nicht brennbare Gase,
		10	Neon	Neon	Ne	20		(0,90)	Füllung von Glühlampen,
		18	Argon	Argon	Ar	40		(1,78)	Leuchtröhren und in
		36	Krypton	Krypton	Kr	84		(3,74)	Wärmeschutzgläsern
	Chlorgruppe	9	**Fluor**	**Fluor**	**F**	19		(1,70)	in Flusssäure, Glas ätzend
		17	**Chlor**	**Chlorum**	**Cl**	35,5		(3,22)	in Salzsäure und in PVC
		35	Brom	Bromum	Br	80	**1 –**	3,1	[3]
		53	Jod	Jodum	J	127		4,9	
	O-gruppe	8	**Sauerstoff**	**Oxygenium**	**O**	16	**2 –**	(1,43)	1/5 der Luft, Atmung
		16	**Schwefel**	**Sulfur**	**S**	32	4 –	2,1	in Schwefelsäure in „Sulfaten"
		34	Selen	Selenium	Se	79	6 –	4,3	lichtempfindliche Se-Zelle
	Stickstoffgruppe	7	**Stickstoff**	**Nitrogenium**	**N**	14		(1,25)	4/5 der Luft, in Salpetersäure
		15	Phosphor	Phosphorum	P	31	**3 –**	1,8	leicht brennbar, giftig
		33	Arsen	Arsenicum	As	75	5 –	5,7	Verbindungen giftig
		51	Antimon	Stibium	Sb	122		6,7	
	C-gr.	6	**Kohlenstoff**	**Carboneum**	**C**	12	**4 –**	3,5	in Kohlen, Koks, Kohlensäure
		14	**Silizium**	**Silicium**	**Si**	28		2,3	in Kieselsäure, in Zement
Leichtmetalle	Alkali	11	**Natrium**	**Natrium**	**Na**	23	**1 +**	1,0	leicht brennbar, in Kochsalz
		19	**Kalium**	**Kalium**	**K**	39		0,9	leicht brennbar, in Kalisalzen
	Erdalkalimetalle	12	**Magnesium**	**Magnesium**	**Mg**	24		1,7	leicht brennbar, in Magnesit
		20	**Kalzium**	**Calcium**	**Ca**	40	**2 +**	1,6	leicht brennbar, in Kalk
		56	Barium	Baryum	Ba	137,5		3,5	in „Schwerspat"
		88	Radium	Radium	Ra	226		6,0	radioaktiv
	Erdmetall	5	Bor	Borum	B	11	**3 +**	2,0	in Borsäure
		13	**Aluminium**	**Aluminium**	**Al**	27		2,7	Baumetall, in Tonwaren
Metalle = Basenbildner; Schwermetalle	Kupfergruppe	29	**Kupfer**	**Cuprum**	**Cu**	63,5	1 +	8,9	Baumetall, Salze giftig
		47	Silber	Argentum	Ag	108	**2 +**	10,5	Edelmetalle
		79	Gold	Aurum	Au	197		19,3	
	Zinkgruppe	30	**Zink**	**Zincum**	**Zn**	65,5		7,1	Baumetall, verzinken
		48	Kadmium	Cadmium	Cd	112,5	**2 +**	8,6	kadmieren (Rostschutz)
		80	Quecksilber	Hydrargyrum	Hg	200,5		13,5	flüssig, Verbindungen giftig
	Sn-gruppe	22	Titan	Titanium	Ti	48		4,4	im Titanweiß
		50	**Zinn**	**Stannum**	**Sn**	119	**4 +**	7,3	Baumetall, verzinnen
		82	**Blei**	**Plumbum**	**Pb**	207		11,3	Baumetall, verbleien
	Chromgruppe	24	Chrom	Chromium	Cr	52		6,9	Legierungsmetalle
		42	Molybdän	Molybdaenum	Mo	96	6 +	10,2	für Werkzeugstähle
		74	Wolfram	Wolframium	W	184		19,3	
		92	Uran	Uranium	U	238		19,0	radioaktiv
	Eisengruppe	25	Mangan	Manganium	Mn	55		7,4	in Werkzeugstählen
		26	**Eisen**	**Ferrum**	**Fe**	56	**2 +**	7,9	in Stahl und Gusseisen
		27	Nickel	Nicolum	Ni	58,5	**3 +**	8,8	in Werkzeugstählen
		28	Kobalt	Cobaltum	Co	59		8,9	in Werkzeugstählen
	Platingruppe	76	Osmium	Osmium	Os	190		22,7	mit W im Glühlampenfaden
		77	Iridium	Iridium	Ir	192	4 +	22,7	chemisch beständig und
		78	Platin	Platina	Pt	195		21,5	hitzebeständig

1) Dichten bei 20° Temperatur. Dichten in ( ) = kg/m³ gelten für Grundstoffe, die bei 20 °C **gasig** sind. Brom und Quecksilber sind bei normaler Temperatur **flüssig**, alle anderen Grundstoffe **fest**. Über Reindichte, → S. 146.

2) Zur Ordnungszahl, zu den Farben u. zur häufigsten Ionenwertigkeit vergleiche S. 123 **2**.

3) Auch Halogene = Salzbildner genannt.

4) Relativ zur Atommasse des Kohlenstoffisotops $^{12}_{6}C = 12$.

Periodensystem der chemischen Elemente

Zu jedem Element sind angegeben: **links** die **Ordnungszahl** = Anzahl der Elektronen, die den Atomkern umgeben; **rechts** die häufigste **Ionenwertigkeit**: Atome können sich zu Molekülen verbinden, indem sie Elektronen aus benachbarten Atomen aufnehmen bzw. an sie abgeben („Valenzelektronen", welche die „Wertigkeit" bestimmen):

a) **Anzahl der Elektronen** in den äußeren Schalen, die **abgegeben** werden können:

3)	**1**	**2**		**3**	**4**	5	6	7	**0**	3)

b) **Anzahl der Leerstellen**, in die Elektronen **aufgenommen** werden können:

3)	(7)	(6)		**3**	**4**	**3**	**2**	**1**	**0**	3)

Hauptgr. / **Perioden**	**1 a** Alkalimetalle	**2 a** Erdalkalimetalle	Nebengruppen siehe unten	**3 a** Erdmetalle	**4 a** Kohlenst.-gruppe	**5 a** Stickst.-gruppe	**6 a** Sauerst.-gruppe	**7 a** Halogene 1)	**8 a** Edelgase 3)	**Zahl der Elemente in den Perioden**
Vorperiode I	1 **H** 1+ Wasserstoff	**Chemisch unentschiedene Ele-**	2)		**Nichtmetalle = Säurebildner** **$^-$Ionen = Anionen** 4)				2 **He** 0 Helium	2
Kleine Perioden II	3 **Li** 1+ Lithium	4 **Be** 2+ Beryllium	**men-te**	5 **B** 3+ Bor	6 **C** 4− Kohlenstoff	7 **N** 3− Stickstoff	8 **O** 2− Sauerstoff	9 **F** 1− Fluor	10 **Ne** 0 Neon	8
III	11 **Na** 1+ Natrium	12 **Mg** 2+ Magnesium		13 **Al** 3+ Aluminium	14 **Si** 4− Silizium	15 **P** 3− Phosphor	16 **S** 2− Schwefel	17 **Cl** 1− Chlor	18 **Ar** 0 Argon	8
Große Perioden IV	19 **K** 1+ Kalium	20 **Ca** 2+ Kalzium	21 … 30	31 **Ga** 3+ Gallium	32 **Ge** 4+ Germanium	33 **As** 3− Arsen	34 **Se** 2− Selen	35 **Br** 1− Brom	36 **Kr** 0 Krypton	18
V	37 **Rb** 1+ Rubidium	38 **Sr** 2+ Strontium	39 … 48	49 **In** 3+ Indium	50 **Sn** 4+ Zinn	51 **Sb** 3− Antimon	52 **Te** 2− Tellur	53 **J** 1− Jod	54 **X** 0 Xenon	18
Riesenperioden VI	55 **Cs** 1+ Caesium	56 **Ba** 2+ Barium	57 … 80	81 **Tl** 3+ Thallium	82 **Pb** 4+ Blei	83 **Bi** 5+ Wismut	84 **Po** 2− Polonium	85 **At** 1− Astatin	86 **Rn** 0 Radon	32
VII	87 **Fr** 1+ Frankium	88 **Ra** 2+ Radium	89 … 103	**Metalle = Basenbildner** **$^+$Ionen = Kationen** 4)			**Übergänge von ■ zu ■ Kationen und Anionen**			(17)

Nebengrupp.	**3 b**	**4 b**	**5 b**	**6 b**	**7 b**	**8 b**			**1 b**	**2 b**
zu IV	21 **Sc** 3+ Scandium	22 **Ti** 4+ Titan	23 **V** 5+ Vanadium	24 **Cr** 3+ Chrom	25 **Mn** 2+ 3+ Mangan	26 **Fe** 2+ 3+ Eisen	27 **Co** 2+ 3+ Kobalt	28 **Ni** 2+ Nickel	29 **Cu** 1+ 2+ Kupfer	30 **Zn** 2+ Zink
zu V	39 **Y** 3+ Yttrium	40 **Zr** 4+ Zirkonium	41 **Nb** 5+ Niob	42 **Mo** 6+ Molybdän	43 **Te** 2+ 3+ Technetium	44 **Ru** 4+ 8+ Ruthenium	45 **Rh** 3+ Rhodium	46 **Pd** 2+ 4+ Palladium	47 **Ag** 1+ Silber	48 **Cd** 2+ Kadmium
zu VI	57 **La** 3+ Lanthan	72 **Hf** 4+ Hafnium	73 **Ta** 5+ Tantal	74 **W** 6+ Wolfram	75 **Re** 2+ 3+ Rhenium	76 **Os** 4+ 8+ Osmium	77 **Ir** 4+ Iridium	78 **Pt** 2+ 4+ Platin	79 **Au** 1+ Gold	80 **Hg** 2+ Quecksilb.

1) Halogene = Salzbildner; halos = Salz; gennao = erzeugen (griech.)

2) In dieser Mittelgruppe: schwächste Laugen- und Säurebildner. Sowohl-als-auch-Elemente. Infolge ihrer chemischen Unentschlossenheit befähigt, eine sehr große Zahl von Verbindungen einzugehen: Der **Kohlenstoff** in der organischen Chemie (Kunststoffe), das **Silizium** in den natürlichen und künstlichen Steinen.

3) Die Zahlenreihen a) und b) ergänzen sich in jeder Gruppe zu 8, zur stabilen Anordnung der Elektronen, wie bei den Edelgasen.

Beispiel, (→ Nr. 11 und 17): Wenn ein Na-Atom 1 Elektron (1 negative Ladungseinheit) an ein Cl-Atom abgibt, dann sind ein Na^+-Ion und ein Cl^--Ion entstanden, die sich zum $Na^+ Cl^-$-Kristall zusammenfügen (→ Seite 128), und beide sind stabil (11 − 1 = **10**, 17 + 1 = **18**), Gruppe 8 a.

4) Zu den Namen: Ion = wandernd. Wenn durch Lösungen wie z. B. S. 125 **1** bis **4** elektrischer Gleichstrom geleitet wird, dann wandern alle $^+$Ionen zur Kathode (deshalb Kat-Ionen) und alle $^-$Ionen zur Anode (deshalb An-Ionen genannt).

Chemische Verbindungen

Kleinmoleküle sind die kleinstmöglichen Teilchen aller Stoffe.
Sie kommen nur im gasigen und flüssigen Zustand der Stoffe für sich vor. In festen Stoffen sind sie zu **Großmolekülen (Makromolekülen)** zusammengefügt, → S. 128, 129.

Moleküle bauen sich aus **Atomen** auf, die im Molekül fest miteinander verbunden sind. Jedes Element und jede chemische Verbindung bilden bestimmte, charakteristische Molekülarten. Siehe rechte Tafel.

Ionen sind elektrisch geladene „Teile" von Molekülen.

1. Elemente	2. Verbindungen	3. Gemische
bestehen aus **gleichen** Molekülen und diese aus **gleichen** Atomen	bestehen aus **gleichen** Molekülen und diese aus **ungleichen** Atomen	bestehen aus **ungleichen** Molekülen
z. B. Sauerstoff O_2 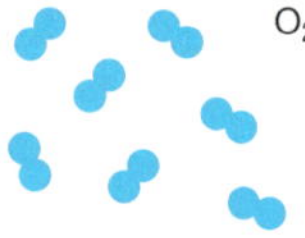	z. B. Wasser H_2O 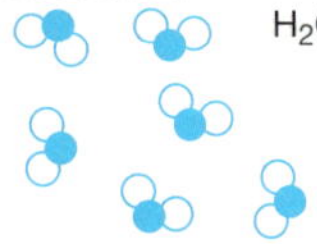	z. B. feuchte Luft aus Stickstoff, Sauerstoff und Wasserdampf $N_2 + O_2 + H_2O$ 
Wichtige Elemente, → **2** und S. 122	Wichtige Verbindungen, → unten	Arten der Gemische, → Seite 145

Baustoffe sind meist Gemische von Verbindungen.

Wichtige chemische Verbindungen: Säuren, Laugen, Wasser und Salze

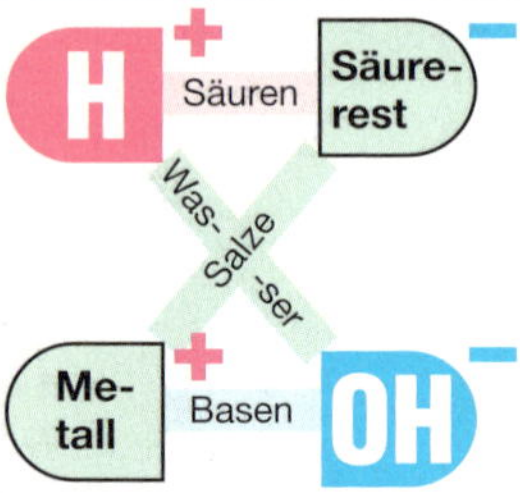

Zu **5 Säuren** und **6 Basen** (→ ● in der Tafel unten) gehören: **1 Wasser** und 5 x 6 = **30 normale Salze** (→ Tab. S. 125)

4 Arten Ionen ergeben, paarweise verbunden, **4 Arten** Verbindungen.

Säuren sind Flüssigkeiten, in denen H^+-Ionen im Überschuss vorhanden sind, → S. 125, **1**.

Laugen sind Flüssigkeiten, in denen OH^--Ionen im Überschuss vorhanden sind, → S. 125 **2**. Sie sind Lösungen von Hydroxiden (Basen) in Wasser.

Wasser ist eine Flüssigkeit, in der gleichviel H^+-Ionen und OH^--Ionen enthalten sind. Ihre Wirkungen heben sich deshalb gegenseitig auf, Wasser ist chemisch neutral, → S. 125 **3**.

Salzlösungen in Wasser sind Flüssigkeiten, in denen ein Teil der Salzmoleküle in $(Metall)^+$-Ionen und $(Säurerest)^-$-Ionen gespalten ist. Gehören die beiden Ionenarten zu etwa gleich starken Säuren und Laugen (→ Tafel unten), dann sind in der Salzlösung etwa gleiche Mengen H^+-Ionen und OH^--Ionen enthalten und die Lösung reagiert neutral, → S. 127.

	• Bauwichtige Säuren		
sehr starke	• Chlorwasserstoffsäure = Salzsäure • Salpetersäure	HCl $H(NO_3)$	H^+ .... Cl^- H^+ .... $(NO_3)^-$
starke	• Schwefelsäure	$H_2(SO_4)$	2 H^+ .... $(SO_4)^{=}$
schwache	Fluorwasserstoffsäure = Flusssäure Essigsäure = Essig	HF $CH_3 \cdot COOH$	H^+ .... F^- H^+ .... $(CH_3 \cdot COO)^-$
sehr schwache	• Kohlensäure Schwefelwasserstoffsäure • Kieselsäure	$H_2(CO_3)$ H_2S $H_2(SiO_3)$	2 H^+ .... $(CO_3)^{=}$ 2 H^+ .... $S^{=}$ 2 H^+ .... $(SiO_3)^{=}$
neutral	**Wasser**	H_2O	H^+ .... OH^-
sehr schwache	Eisenhydroxid • Aluminiumhydroxid (praktisch unlöslich)	$Fe(OH)_3$ $Al(OH)_3$	Fe^{+++} .... 3 OH^- Al^{+++} .... 3 OH^-
schwache	• Ammoniumhydroxid, Salmiaklauge • Magnesiumhydroxid, Magnesialauge	$(NH_4)OH$ $Mg(OH)_2$	$(NH_4)^+$ .... OH^- Mg^{++} .... 2 OH^-
starke	• Kalziumhydroxid, Kalklauge	$Ca(OH)_2$	Ca^{++} .... 2 OH^-
sehr starke	• Natriumhydroxid, Natronlauge • Kaliumhydroxid, Kalilauge	$Na(OH)$ $K(OH)$	Na^+ .... OH^- K^+ .... OH^-
	• Bauwichtige Hydroxide (= Basen), Laugen		Ionen

Bauwichtige chemische Verbindungen

❶ Beispiel: Salzsäure

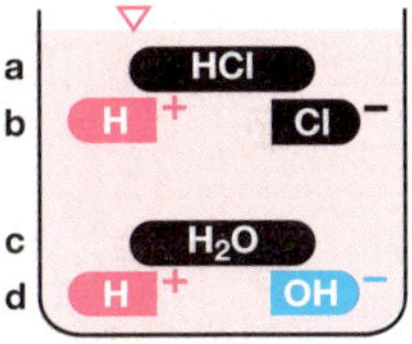

a ganze Säuremoleküle
b Ionen der Säure
c ganze Wassermoleküle
d Ionen des Wassers

❷ Beispiel: Kalklauge

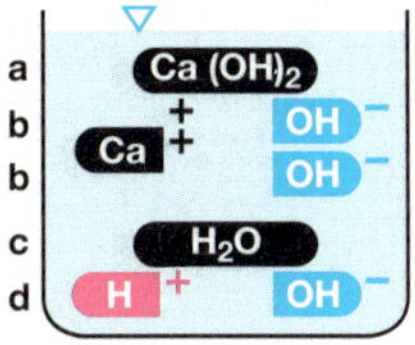

a ganze Hydroxid-Moleküle
b Ionen des Hydroxids
c ganze Wassermoleküle
d Ionen des Wassers

❸ Wasser

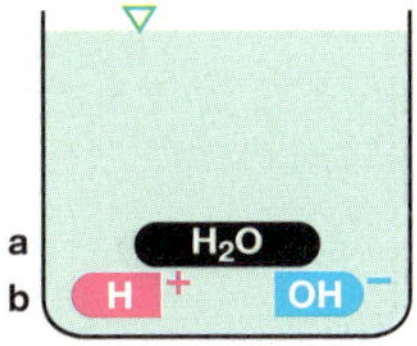

a ganze Wassermoleküle
b Ionen des Wassers

❹ Beispiel: Lösung des Kalziumchlorids

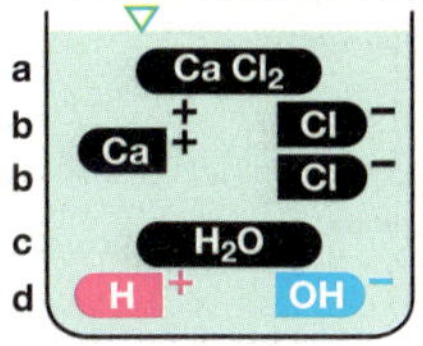

a ganze Salzmoleküle
b Ionen des Salzes
c ganze Wassermoleküle
d Ionen des Wassers

5 Salze Beispiele, die zugehörigen 5 Säuren und 6 Laugen, → Seite 124

Benennung		- chlor**id**	- nitr**at**	- sulf**at**	- karbon**at**	- silik**at**
		Cl^-	$(NO_3)^-$	$(SO_4)^{2-}$	$(CO_3)^{2-}$	$(SiO_3)^{2-}$
Kalium	K^+	**KCl** im Steinsalz, z.B. im Kainit l 340	**$K(NO_3)$** Kalisalpeter, im Schwarzpulver l 310	**$K_2(SO_4)$** im Alaun l 110	**$K_2(CO_3)$** Pottasche s 1110	**$K_2(SiO_3)$** Kaliwasserglas, in Feldspaten, in Glimmern u k
Natrium	Na^+	**$NaCl$** Kochsalz, im Steinsalz, im Meerwasser l 360	**$Na(NO_3)$** Natronsalpeter, in Düngemitteln s 880	**$Na_2(SO_4)$** Glaubersalz, in Ausblühungen, im Meerwasser l 190	**$Na_2(CO_3)$** Soda l 220	**$Na_2(SiO_3)$** Natronwasserglas, in Glas, in Feuerschutzmitteln u k
Ammonium	$(NH_4)^+$	**$(NH_4)Cl$** Salmiakstein = Lötstein l 370	**$(NH_4)\cdot(NO_3)$** Ammonsalpeter, in Düngemitteln, in Sprengstoff s 1870	**$(NH_4)_2\cdot(SO_4)$** in Düngemitteln, in Feuerschutzmitteln s 750	**$(NH_4)_2\cdot(CO_3)$** im Hirschhornsalz l 220	Bildet sich nicht
Kalzium	Ca^{2+}	**$CaCl_2$** in Frostschutzmitteln s 750	**$Ca(NO_3)_2$** Mauersalpeter s 1270	**$Ca(SO_4)$** Anhydrit, im Gips, im Gipsstein, im „harten" [1] Wasser w 2	**$Ca(CO_3)$** Kalkstein, Marmor, Kreide, im Kalkputz, im Dolomit u 0,013	**$Ca(SiO_3)$** im Zement, in Hornblende, im Augit, im Glas u k
Magnesium	Mg^{2+}	**$MgCl_2$** in Steinholz-„lauge" s 540	**$Mg(NO_3)_2$** s 710	**$Mg(SO_4)$** Bittersalz, in Ausblühungen, im Meerwasser l 360	**$Mg(CO_3)$** Magnesitstein, im Dolomit u 0,09	**$Mg(SiO_3)$** in Glimmern in Hornblende, im Augit u
Aluminium	Al^{3+}	**$AlCl_3$** l 460	**$Al(NO_3)_3$** s 730	**$Al_2(SO_4)_3$** im Alaun l 360	Bildet sich nicht	**$Al_2(SiO_3)_3$** im Kaolin, im Ton, in Feldspaten, in Ziegeln u k

Löslichkeit der Salze in Wasser: g Salz in 1 l Wasser bei 20°, → in der rechten unteren Ecke jedes Feldes. Zu 4 Gruppen:

u = praktisch unlöslich < 1 g/l,
w = wenig löslich 1 bis 10 g/l,
l = löslich 10 bis 500 g/l
s = sehr löslich > 500 g/l. (z. T. hygroskopisch)

k = die kalloidfeine Zerteilung hat bautechnische Bedeutung, z.B. in den dickflüssigen Wassergläsern, im geschmeidigen Ton-Wasser-Gemisch.

[1] Die meisten Salze bilden **Hydrate**, d.h. binden chem. verhältnismäßig fest ganze Wassermoleküle, dabei Kristalle bildend (Kristallw.). Gipsstein z. B. ist Kalziumsulfat-di-Hydrat = $Ca(SO_4)\cdot 2\,H_2O$. Auf die Hydrate ist i. d. Tafel nicht hingewiesen.

Wichtige chemische Vorgänge

a)	**Metall**	+	**Sauerstoff**	→	**Metalloxid**				Entstehen einer Base, → S. 124
	Ca	+	O	→	CaO				
b)	**Metalloxid**	+	**Wasser**	→	**Metallhydroxid = Base**				
	CaO	+	H_2O	→	$Ca(OH)_2$				
c)	**Nichtmetall**	+	**Sauerstoff**	→	**Nichtmetalloxid**				Entstehen einer Säure, → S. 124
	C	+	O_2	→	CO_2				
d)	**Nichtmetalloxid**	+	**Wasser**	→	**Säure**				
	CO_2	+	H_2O	→	$H_2(CO_3)$				
e)	**Metall**	+	**Säure**	→	**Salz**	+	**Wasserstoff** ↑		Entstehen eines Salzes, → S. 124
	Ca	+	2 HCl	→	$CaCl_2$	+	H_2 ↑		
f)	**Metalloxid**	+	**Säure**	→	**Salz**	+	**Wasser**		
	CaO	+	2 HCl	→	$CaCl_2$	+	H_2O ↑		
g)	**Metallhydroxid**	+	**Säure**	→	**Salz**	+	**Wasser**		
	$Ca(OH)_2$	+	2 HCl	→	$CaCl_2$	+	2 H_2O ↑		
h)	**Salz**	+	**Säure**	→	**Salz**	+	**Säure** ↑		Umwandlung von Salzen.
	$CaCl_2$	+	$H_2(SO_4)$	→	$Ca(SO_4)$	+	2 HCl ↑		
i)	**Salzlösung**	+	**Salzlösung**	→	**Salz** ↓	+	**Salzlösung**		
	$CaCl_2$	+	$Na_2(SO_4)$	→	$Ca(SO_4)$ ↓	+	2 NaCl		

Einfaches chemisches Rechnen am Beispiel des „Löschens" von Branntkalk

Chemische Formeln geben die Zusammensetzung einer chemischen Verbindung in Kurzform an. Jedes chemische Zeichen steht in ihr stellvertretend für ein Atom in einem Molekül, wobei die tiefstehende Zahl rechts die Zahl der jeweiligen Atome (im Kristall nur das Verhältnis) angibt. Multipliziert mit den jeweiligen Atommassen erhält man die Massenanteile im Molekül (Kristall).

Chemische Gleichungen zeigen die Formeln der Stoffe vor und nach einer Reaktion, verbunden durch einen Pfeil (→), der die Richtung angibt, in der die Reaktion abläuft.

Stofferhaltungsgesetz:
Bei keinem chemischen Vorgang geht Stoff verloren oder entsteht Stoff aus dem Nichts. Die gesamte Masse aller bei einem chemischen Vorgang miteinander reagierenden Stoffe bleibt gleich.

Gesetz der Verbindungsmassen:
Die Elemente verbinden sich nach feststehenden Massenverhältnissen miteinander, die sich aus den Atommassen und den Wertigkeiten errechnen lassen.

Wertigkeit = Valenz ist die Eigenschaft der Atome, sich nur mit einer bestimmten Anzahl von Atomen eines anderen Elementes zu verbinden, s. Spalten „Atommassen" u. „Wertigkeiten" (Ionen-Wertigkeiten) auf Seite 122. Manche Atome, z. B. Eisen, haben unterschiedliche Wertigkeiten.

Beispiel: Wieviel kg trockenes Weißkalkhydrat entstehen beim Löschen aus 100 kg reinem Weißfeinkalk?

Atommassen nach Seite 122:	Kalzium:	Ca = 40
	Sauerstoff:	O = 16
	Wasserstoff:	H = 1

$$CaO + H_2O \rightarrow Ca(OH)_2$$

$$\begin{array}{ccccc} & & & & 40\ mt \\ 40\ mt & & 2\ mt & & +\ 32\ mt \\ +\ 16\ mt & & +\ 16\ mt & & +\ 2\ mt \\ \hline 56\ mt & + & 18\ mt & \rightarrow & 74\ mt \end{array}$$

56 kg Branntkalk ergeben 74 kg Weißkalkhydrat

100 kg Branntkalk ergeben $\frac{74\ kg \cdot 100\ kg}{56\ kg} = \underline{\underline{132\ kg}}$

Es entstehen 132 kg Weißkalkhydrat.

Chemische Bindungsarten

Atombindung hält Nichtmetall-Atome in **Molekülen** zusammen, indem Elektronen gemeinsam benutzt werden können und so volle (stabile) Achterschalen (→ S. 123) bilden, z.B. H_2O, CO_2 als Kleinmoleküle. In organischen Stoffen, z. B. Zellulose, und Kunststoffen bilden sie fadenförmige (lineare), flächige oder körperliche, räumlich vernetzte Groß- (Makro-) moleküle, → S. 128.

Ionenbindung hält Metall- und Nichtmetall-Atome in regelmäßig aufgebauten **Ionenkristallen** (meist „Salzen") durch elektrische Anziehungskräfte zusammen, wobei die Metalle Elektronen abgeben und zu positiven Kationen, die Nichtmetalle durch Elektronenaufnahme zu negativen Anionen werden. Die Formel gibt hier nur das Verhältnis der Atome im Kristall wieder. Die meisten spröden Baustoffe gehören dazu.

Metallbindung hält Metallatome in **Metall-Kristallen** durch elektrische Anziehungskräfte zusammen, wobei die überschüssigen Elektronen der Metalle eine negative „Wolke" zwischen den positiven Metall-Kationen bilden. Daher die hohe Elektrizitäts- und Wärmeleitfähigkeit (→ S. 99) und die plastische Verformbarkeit.

Einfache bauchemische Untersuchungen

Bestimmen des pH-Wertes mittels Indikator: Säuren, Laugen, Salzlösungen und Wasser enthalten H^+- und OH^- Ionen. Ihr Verhältnis bestimmt, ob die Flüssigkeit sauer, neutral oder alkalisch (basisch o. laugig) ist. Ein Maßstab dafür ist der pH-Wert, der die Konzentration der H^+-Ionen in der Flüssigkeit angibt und mit Indikatoren, Papier- oder Plastikstreifen, aber auch mittels Messgeräten bestimmt werden kann, → unten.

Unfallverhütung:
Säuren mit pH < 3 und Laugen mit pH > 11 wirken sehr stark ätzend, deshalb Schutzbrille und Handschuhe tragen, Spritzer mit viel Wasser abspülen; wenn nötig Arzt aufsuchen!
Beim Verdünnen immer Säure in Wasser gießen!

Prüfen der Alkalität von Mörtel oder Beton:
Kalkmörtel, der noch nicht völlig karbonatisiert (in Kalziumcarbonat $CaCO_3$ umgewandelt) ist und deshalb noch alkalisch reagiert (pH > 9), darf nicht mit ölhaltigen Stoffen beschichtet werden.
Beton, der karbonatisiert ist (pH < 9), schützt den Stahl nicht mehr vor Korrosion (Rost), es müssen Schutzmaßnahmen eingeleitet werden.
pH-Wert mit „Phenolphtaleïn", → unten, oder mit „Epsilon-Blau"-Lösung (1 g pro l) bestimmen.

Wasseruntersuchungen nach S. 136: pH-Wert besser mit „Methylrot" (1 g/l) bestimmen, weil es im sauren Bereich (< 45) deutlicher anzeigt als Universalindikatoren. Tropfenweise zugeben bis Färbung.

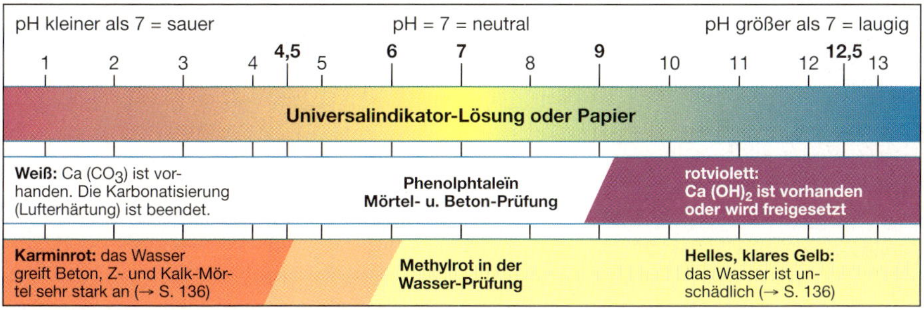

Elektrolytische Spannungsreihe der Metalle [1]

Sie ordnet die Metalle nach ihrer chemischen Reaktionsfähigkeit und gestattet, den Ablauf von chemischen Vorgängen vorauszusagen, in denen ein oder zwei Metalle mit Ionen (in Flüssigkeiten nach S. 124) zusammenkommen.

Es gelten die **Regeln**:

1. Je weiter rechts ein Metall in der Reihe steht, desto **chemisch aktiver** ist es, desto leichter oxidiert es z. B. in der Luft, desto leichter und heftiger wird es von „Chemikalien" angegriffen (z. B. von saurer Luft und saurem Wasser), desto **„unedler"** reagiert es.
2. Jedes Metall kann alle anderen Metalle (die in der Reihe links von ihm stehen) **aus deren Salzlösungen verdrängen**. Beispiel: $Zn + CuCl_2 \rightarrow ZnCl_2 + Cu$. Das edlere Metall schlägt sich metallisch nieder. Metallpaare, die so reagieren können, dürfen nicht gemeinsam verarbeitet werden. [3]

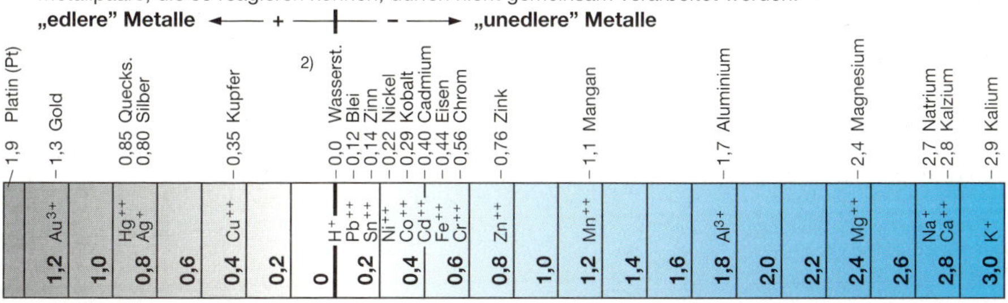

1) Nach D'Ans J. und Lax E.: Taschenbuch für Chemiker und Physiker, Springer-Verlag.

2) Das Wasserstoffion benimmt sich wie ein Metallion, → S. 123 **2**. Seine Spannung ist willkürlich gleich null gesetzt.

3) Wenn doch, dann nur mit isolierender Zwischenlage, denn es entsteht sonst eine Gleichspannung,

z. B.		
	Kupfer	+ 0,35 V
	Zink	− 0,76 V
	Spannungsunterschied:	1,11 Volt

Makromolekulare und kristalline Stoffe I

Drei Arten, wie Kleinmoleküle = Monomere (monos = einzel, meros = Teil)[1] sich zu Großmolekülen = Polymeren = Makromolekülen (poly = viel, makros = groß)[1] oder Atome zu Kristallen zusammenfügen:

❶ linear

Beispiel: Das Monomer SiO_4

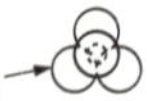

polymerisiert (gemeinsam mit H_2O) zu **Fadenmolkülen** $(H_2SiO_3)_n$ = Kieselsäure. [4]

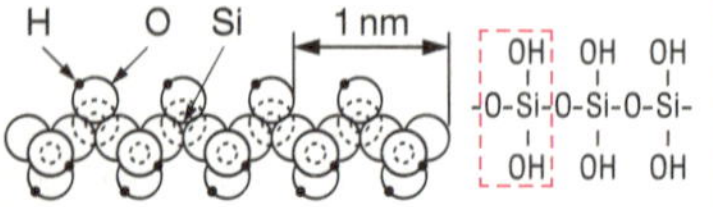

1.0 Unverkettete Monomere, daraus entstehen **Fadenmolekül-Knäuelgefüge** **1.1** bis **1.3**, der echten **Kolloide** (Kolla = Leim).[1]

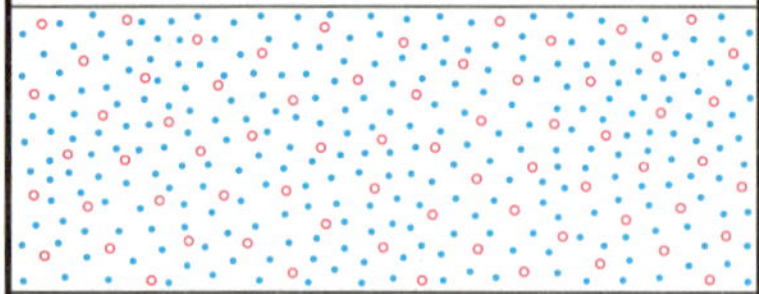

1.1 Thermoplaste (Plastomere):
Moleküle linear unverzweigt, **unvernetzt**; deshalb Stoff **schmelzbar**, → **5.1**, und in Lösungsmitteln **löslich**, → **4**. [3]

1.2 Thermoelaste, (Elastomere):
Moleküle **weitmaschig vernetzt**; deshalb Stoff **weichgummielastisch** und **quellbar**, → **5.2**.

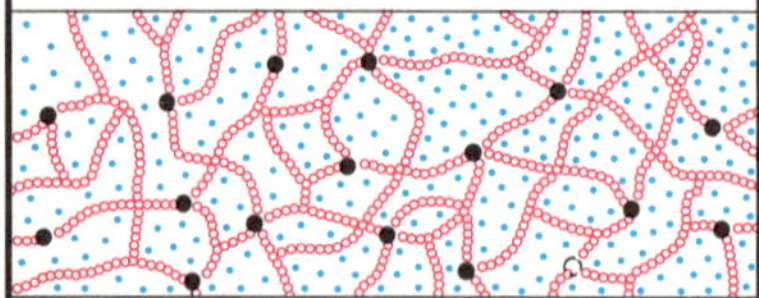

1.3 Duroplaste, (Duromere)[2]:
(durus = hart), Moleküle engmaschig **vernetzt**[6], Stoff **nicht schmelzbar**, → **5.3**.

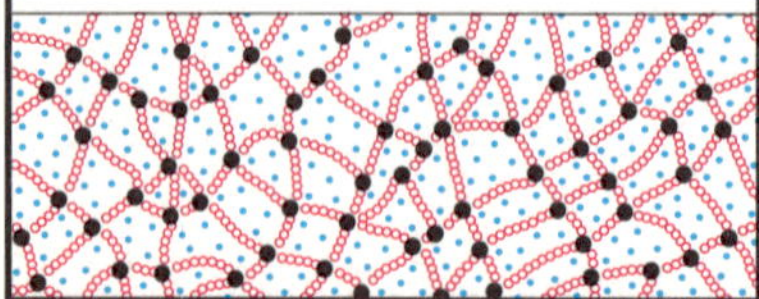

❷ flächig

Beispiel:
Das Monomer SiO_4 bildet $(SiO_2)_n$ **Kristallplättchen**.
Draufsicht auf einen Teil des Plättchens

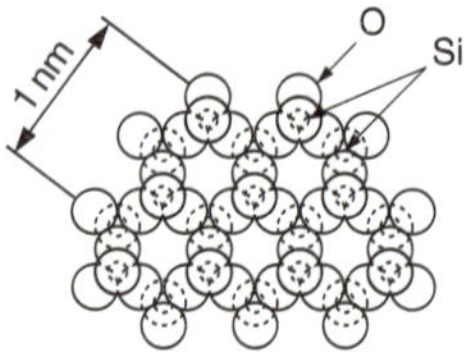

2.1 Kristallplättchen-Gefüge
z. B. in Kalkteigen u. Tonen[11], Kalzit im Marmor, im Glimmer.

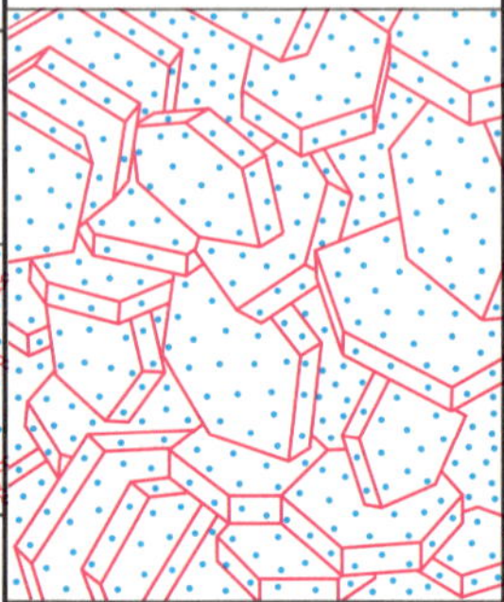

2.2 Kristallnadel-Gefüge
z. B. im erstarrenden Gipsbrei und im Festgips, ähnlich, aber feiner im Zementstein und KS-Stein.

❸ körperlich

Beispiel: [5]
Die Ionen Na^+ und Cl^- fügen sich zum **Kristallkörper** Na^+Cl^- = Kochsalz zusammen. Form der Kristalle = Würfel.
(Kochsalz statt Quarz gewählt, weil zeichnerisch leichter darstellbar).

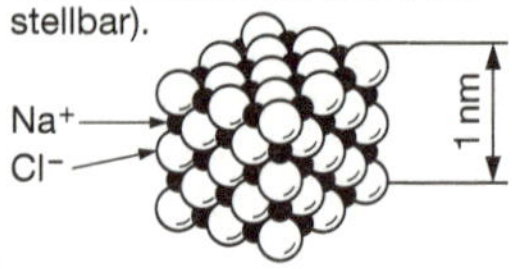

3.1 Korn-Gefüge
in Pulvern, Mehlen, Sanden u. daraus hergestellten Teigen und festen Stoffen.

3.2 Viele „kristallisierte" Stoffe sind in Lösungsmitteln **löslich**, z. B. Kochsalz, vergl. S. 125 **5** und S. 144 „echte Lösung".

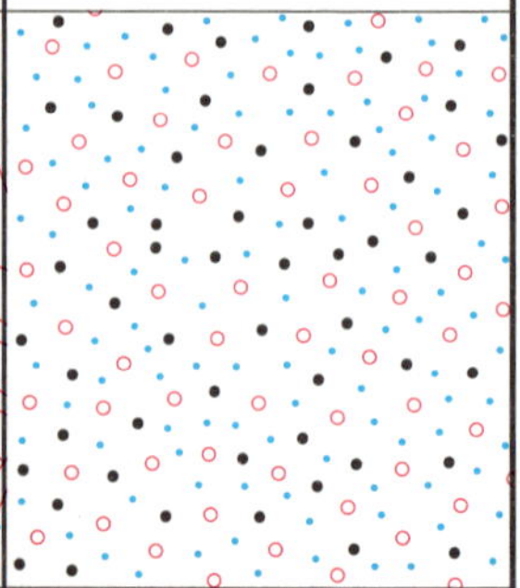

Stoffe, die als **Klebe- (Binde-) mittel** dienen können

höhere Klebe- (Binde-) festigkeit	geringere Bindefestigkeit	**3.1** Können durch Bindemittel verbunden werden

Makromolekulare und kristalline Stoffe II

4 Wirkung eines Lösemittels auf Thermoplaste

Lösungsmittel und Verdünnungsmittel sind kleinstmolekulare, flüchtige Flüssigkeiten.
Sie wirken wie ein „Schmiermittel" zwischen den Fadenmolekülen.

→ zunehmende Verdünnung →

← Verdunstung des Lösungs- (Verdünnungs-) mittels ←

Glas: ohne oder fast ohne Reste des Lösungsmittels; die Fadenmoleküle haften fest aneinander, → auch Text bei **5.3** und **1.1**

Gel: Form haltend wie Gelee u. Pudding; die haften lose aneinander.

Sol: zähflüssig (behindern sich beim Fließen) bis dünnflüssig (viel , so dass die frei schwimmen).

Beispiele: Kieselsäure im Zement-Wasser-Leim u. Zementstein [7] in Wassergläsern; Glutinleime (Haut- und Knochenleime), verdunstende Lacke (Sprit- und Nitrolacke), Teerpech- und Bitumenlösung.

5 Wirkung der Temperatur

← tiefere — Temperatur — höhere →

Wärmebewegung der Fadenmoleküle lockert ihren Zusammenhalt

Gebrauchstemperaturenbereich | **Glasübergangstemperatur $T_ü$** | **Schmelztemperatur T_m** | **Zersetzungstemperatur T_z**

5.1 Thermoplaste

Glaszustand: [10] → Text bei **5.3** **4** **1.1**

Der enge Bereich von Gummielastizität kann durch **Weichmacher** [8] und auf andere Weise erweitert werden.

Schmelze, plastisch, zäh, zunehmend flüssiger → Plaste, wiederholt schmelz- u. formbar.

Beispiele: Fenster- (Silikat-) glas, Acrylglas, Polystyrol, Polyamid, Polyethylen, Polyvinylchlorid.

5.2 Thermoelaste

Glaszustand: [9] → **5.3** **4** **1.2**

Gummielastizität [9] ähnlich der von Weichgummi

schwer schmelzbar, quellbar.

Beispiele: Mit 1 bis 10 G % Schwefel mäßig vernetzter (vulkanisierter) Naturkautschuk, weitmaschig vernetztes Polyethylen und Polyurethan.

5.3 Duroplaste

Glaszustand: fest, glashart, glaselastisch (stahlelastisch).
Die muschelige Bruchfläche der Gläser lässt das Fadenmolekül-Knäuelgefüge ahnen, → Text bei **4** **1.3**

nicht schmelzbar, weil $T_ü$, T_m, T_z dicht beieinander

Beispiele: Gehärtete Harze, z.B. Polyesterharze, Epoxidharze; härtende Lacke, Kleber und Kitte.

Der Stoff ist chemisch geändert (zersetzt).

[1] griechisch [2] lateinisch
[3] Diese für Kunststoffe typischen Stoffgefüge sind hier stark vereinfacht dargestellt; die Fadenmoleküle liegen in Wirklichkeit dicht aneinander.
[4] n = Polymerisationsgrad, in Abb. ❶ ist $n = 9$, in Wirklichkeit ist n 1000 bis 1 000 000.
[5] SiO_4 baut auch Kristalle auf, z.B. Quarz $(SiO_2)_n$.
[6] Manche Duroplaste mit Hilfe eines Härters.
[7] Zementstein ist ein Gemisch versch. Kristalle.
[8] **Weichmacher** sind nichtflüchtige, kleinmolekulare Stoffe, die wie ein „Schmiermittel" zwischen den Fadenmolekülen wirken, z.B. in PVC.
[9] In **teilkristallisierten Kunststoffen** liegen Fadenmoleküle stellenweise so dicht und regelmäßig gepackt aneinander, dass diese Stellen wie Knotenpunkte, ❻, wirken, die sich erst bei viel höheren Temperaturen lösen.

❻

[10] Nach DIN 7724, 7732, 16 921, 55 945 und 55 947.
[11] Einige dieser Teige u. Tone sind **tixotrop**: In Ruhe bilden sie ein steifes Gel, das durch Schütteln oder Rühren dünnflüssig wird, das „Kartenhausgefüge", **2.1** bricht zusammen.

Kunststoffe

DIN 7728

Kurzzeichen	Art: ~ Thermoplaste (Plastomere); + Duroplaste (Duromere); O Elaste (Elastomere)	technische Bezeichnungen	Beispiele von Firmennamen
ABS	~	**Acrylnitril-Butadien-Styrol**	Novodur, Terluran, Vestodur
A/MMA	~	**Acrylnitril-Methyl-Methacrylat**	Plexidur
ASA	~	**Acrylnitril-Styrol-Acrylester**	Luran S
CR	O	**Chloropren-Kautschuk** (rubber)	Neoprene, Baypren, Perbunan C, Pattex-Kleber
EP	+	**Epoxid (-Harze)**	Araldit, Epoxin, Epikote, Lekutherm, Uhu-Plus u. a.
IIR	O	**Butyl-Kautschuk** (rubber)	z. B. in Fugendichtungsmassen
MC	~	**Methylcellulose**	als Anstrichleim, Tapetenkleister u. Mörtelzusatz
MF	+	**Melamin-Formaldehyd (-Harz)**	Albamid, Getalit, Getadur, Horniflex, Resopal u.a.
PA	~	**Polyamid**	Perlon, Trogamid, Ultramid, Vestamid, Vestolen, Zytel
PB	~	**Polybuten**	Vestolen BT
PC	~	**Polycarbonat**	Makrolan, Makrofol
PE-HD	~	auch „LDPE", **Polyethylen**, geringer D.	Baylon, Hostalen, Lupolen, Supralen, Vestolen
PE-ND	~	auch „MDPE", " mittlerer Dichte	auch chloriert: PEC
PETP	~	**Polyethylen-Terephthalat**	Eltex, Hostadur, Vestodur, Ultradur
PF	+	**Phenol-Formaldehyd** (-Harz)	Alberit, Bakelit, Trolitan, für Leime u. Preßmassen
PIB	~O	**Polyisobutylen**	Oppanol, Rhepanol, f. Klebst., Dichtungsm., Folien
PMMA	~	**Polymethyl-Methacrylat** (Acrylglas)	Degalan, Deglas, Resarit, Plexiglas
POM	~	**Polyoxymethylen** (Polyacetal)	Delrin, Hostaform, Ultraform
PP	~	**Polypropylen**	Hostalen PP, Novolen, Vestolen P
PS	~	**Polystyrol**, ungeschäumt	Hostyren, Luran, Terluran, Trolitul, Vestyron
	~	**Polystyrol**, geschäumt	Roofmate, Styrodur, Styrofoam, Styropor
PTFE	~	**Polytetrafluorethylen**	Hostaflon, Fluon, Teflon
PUR	+O	vernetzte **Polyurethane**, auch Schäume	Baydur, Desmodur-Baymer, Desmoflex, Moltopren
PVAC	~	**Polyvinylacetat**, (meist als Dispersion)	Acronal, Morilith, Moricoll, Ponal, Vinnapas, speziell f. „Binderfarben", Leime, Spachtelm., Haftbrücken u. a.
PVP	~	**Polyvinylpropionat** (als Dispersion)	Propiofan, Compakta, Anwendung ähnlich wie PVAC
PVC-U	~	**Polyvinylchlorid** – hart	Hostalit, Solvic, Trosiplast, Vestolit, Vinoflex u.a.
PVC-P	~	**Polyvinylchlorid**, mit Weichmacher	Delifol, Leschuplast, Rhenofol, Trocal, Vinnol u. a.
PVC-C	~	**Polyvinylchlorid**, nachchloriert	Herstellernamen wie oben: spez. für Fensterprofile
SAN	~	**Styrol-Acrylnitril** (-Copolymer)	Luran, Vestoran
SBR	O	**Styrol-Butadien**-Kautschuk	Buna, Perbunan
SI	+O	**Silicone**, Siloxane, Silane	Baysilon, Palesit, Silikone, Silopren, Sista
SR	O	**Polysulfid-Kautschuk** (rubber)	Perduren, Thiokol (für Dichtungen)
UF	+	**Harnstoff-Formaldehyd** (-Harz)	Bakelit, Bexaminol, Iporka, Kaurit, Urecoll u. a.
UP	+	**Ungesättigte Polyester**	Leguval, Paletal, Polyleit, Vestopal

Kurzzeichen für faserverstärkte Kunststoffe		**Beispiele für das Verbinden der Zeichen**	
GFK	Glasfaserverstärkte Kunststoffe	**GF-UP**	Glasfaserverstärktes Polyester
MFK	Metallfaserverstärkte Kunststoffe	**GF-PA**	Glasfaserverstärktes Polyamid
SFK	Synthesefaserverstärkte Kunststoffe	**CF-EP**	Carbonfaserverstärktes Epoxid
CFK	Carbonfaserverstärkte Kunststoffe	**PA-SF-PF**	Polyamidfaserverstärktes Phenolharz

Risiken beim Einsatz von Kunststoffen (oft vermindert durch Zusätze oder Copolymere)

Art des Risikos	**Gefahr** groß ——— geringer ———▶ kaum
Entflammbarkeit und Weiterbrennen	PS, PE, PP, PMMA, PETP, PVC, PVC-C, PC, MF, PF, PTFE
Abtropfen beim Brennen	PE, PP, PS, PMMA
Giftige Gase beim Brennen	PVC, PVC-C (Bildung von Cl_2, mit H_2O → Salzsäure) PUR (Bildung von Blausäure und Ammoniak möglich)
Auswirkungen v. organ. Lösemitteln, z. B. beim Beschichten und Kleben	PS, PVC, PE, PP, PUR ——— PMMA, MF, PF, PTFE
Erweichen b. höheren Temperaturen	PVC-w., PA, PVC-h., PE, PS, PMMA, PUR, PP, PC, PVC-C, MF, PF, PTFE
Schäden durch Sonnen- (UV-) Licht	PUR (Vergilbung), PS, PVC-weich und PE (Versprödung)

Kunststoffe für das Bauwesen

Lieferformen und Anwendungsgebiete	Arten	Näheres →
Bauteile, Geräte, Halbzeuge: Fenster- und Türrahmen, Wasserrohre, Dränrohre, Dachrinnen, Fallrohre, Gefäße (Kübel, Kanister, Eimer, Wannen)	PVC-U, PVC-C, PMMA PVC, PE, PP, PB PE, PP	S. 273 S. 272, 273
Platten: eben und gewellt, für Bedachungen u. Wände, auch Lichtkuppeln, Wand- und Schalungsplatten, Arbeitsplatten Fußbodenplatten	DMMA, PC, UP oft faserverstärkt PVC, meist gefüllt	S. 324 S. 325
Schaumstoffe: als Platten oder Ortschaum (auch f. Trittschall) für Wärme- und Schalldämmung, sowie Drainage, als Montageschaum, Dachunterschäumung, Trittschalldämmung und Fugenhinterfüllung, PS-Schaum-Perlen als Zuschlag für Dämm-Mörtel	PS-Partikelschaum PS-Extruderschaum PUR-Hartschaum PE-Schaum PS-Hartschaum	S. 91 S. 109 S. 237
Folien: für Abdeckungen und Abdichtungen (Dampfbremsen, Dampfsperren, Luft- (Wind-) dichtungen) Unterspannbahnen (dicht und diffusionsoffen) Beschichtungsfolien, z. B. für Schalungsplatten Flachdach-Folien Dichtungsfolien im Erdbereich	PE, PE-C, PP oft faserverstärkt PUR, PE, PP MF, PF PVC, PVC-C, PET PIB, PVC-P, PE	S. 256 S. 260 S. 259 S. 257
Fasern: als Bewehrung in Faserzementerzeugnissen als Zusatz zu Mörtel u. Beton, z. B. Dachdeckermörtel als Vliese und Gewebe, z. B. für „Geotextilien" für Schnüre, Seile, Textilbeläge, Folienverstärkung	PAN, PVAL-PE PP, PE PP PA, PP	S. 265
Flüssigkunststoffe (für Dispersionen auch als Pulver): für Beschichtungen, Klebstoffe und Leime, als Bindemittel für Mörtel, Putze, Kitte, und Spachtelmassen, Haftbrücken, als Zusatz zu Mörtel (z. B. Dünnbettmörtel) und Beton	PVAC, PVP, PMMA Polychloropren-Latex, Vinylchlorid-Propionat, Polyacrylester, EP, UP Methacrylate u. a.	S. 250, 251 S. 244 S. 163
Fugendichtungsmassen und -bänder: meist elastoplastisch eingestellt	SI, SR, IIR, PUR, Acryl-Kautschuk PIB, CR, SBR,	 S. 237
Rissinjektionen bei der Betonsanierung	EP, PUR	

Bitumen, Teerpech, organ. Löse- und Verdünnungsmittel

Bitumen: aus Erdöl destilliertes Gemisch unterschiedlich langer Kohlenwasserstoffmoleküle, bei dem die kürzeren als „Weichmacher" dienen, hat einen relativ großen Erweichungsbereich.

Teerpech: aus Kohle gewonnen, ist ähnlich, hat aber einen engen Erweichungsbereich, und wird deshalb schnell flüssig oder spröde. Es enthält giftige benzolartige (cyclische) Verbindungen.

Löse- und Verbindungsmittel: sind meist kurzkettige, benzin- oder dieselähnliche Kohlenwasserstoffe, die als „Schmiermittel" Bitumen erweichen oder verflüssigen können. Sie sind meist leicht entzündlich und in höheren Konzentrationen oft auch giftig, → S. 255.

Bitumenhaltige Baustoffe:

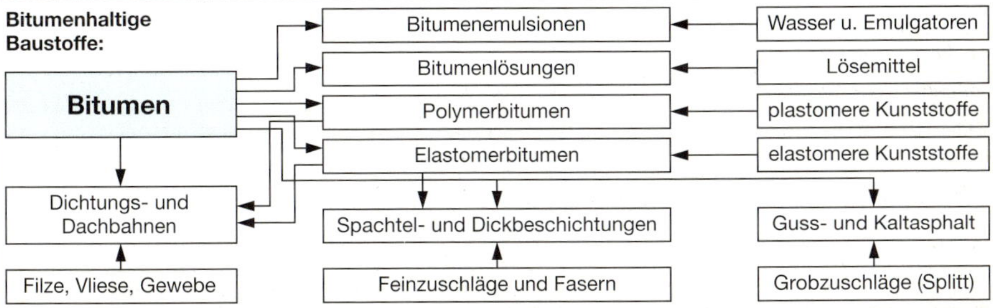

Verhalten von Gasen

Druck der atmosphärischen Luft

Infolge ihres Gewichtes drückt die Quecksilbersäule mit dem gleichen **Druck *p* in N/mm²** wie die Luft.

Beispiel:
Quecksilber, $\varrho = 13{,}59\ \text{kg/dm}^3$

$p = h \cdot g_R\ (g_R = \varrho \cdot 9{,}81\ \text{N/kg})$
$= 7{,}5\ \text{dm} \cdot 133{,}3\ \text{N/dm}^3$
$= 999{,}75\ \text{N/dm}^2 \approx 1\text{kN/dm}^2$
$= 1\ \text{bar}$ (→ **2** S. 12 und **1**)

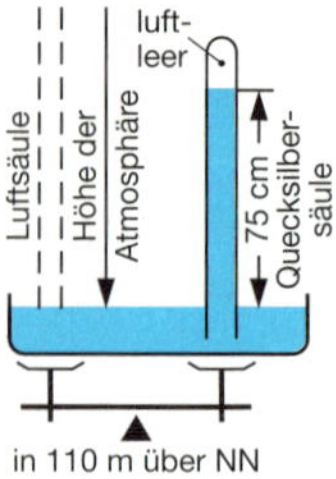

Druckmesser (Barometer)

Quecksilberbarometer (ähnlich wie im Bild oben), Dosenbarometer, Wassersäulen-Druckmesser, auch für feine Druckunterschiede, z. B. Schornsteinzug, als Schrägrohrmanometer, → s. Abb. rechts).

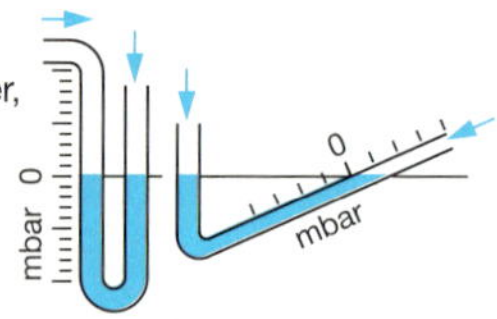

2 Zusammensetzung trockener Luft

Zusammensetzung trockener Luft in der Atmosphäre bis etwa 10 km Höhe bei 0 °C:

Gasart	V %	G %	g/m³-Luft
Sauerstoff O_2	21	23	297
Kohlendioxid CO_2	0,03	0,04	0,5
Stickstoff N_2	78	75,5	976
Edelgase A	0,97	1,4	12,5

Dichte der Luft ≈ 1,3 g/l ≈ 1,3 kg/m³ ≙ 1293 g/m³

Drücke in Flaschen und Leitungen

Drücke in Flaschen und Leitungen werden in bar angegeben, → **2** S. 12:
1 bar = 1 kN/dm² = 0,1 N/mm² (MN/m²) = 100 kN/m²
Die Maße at (Atmosphäre) und atü sind nicht mehr gültig.

1 Luftdruck in der Atmosphäre bei mittleren Wetterverhältnissen DIN 5450

Höhe über Meereshöhe NN	Bar bar	Millibar mbar = hPa	N/mm² = MN/m²	m Wassersäule m WS	Quecksilbersäule mm HgS
0 m	1,0133	1013,3	0,101	10,33	760,0
110,3 m	**1,000**	**1000**	**0,100**	10,20	**750,0**
271,2 m	0,9807	980,7	0,098	**10,00**	735,6

Gase in geschlossenen Behältern

Bei gleichbleibender Temperatur stehen **Drücke** und **Volumina** eines Gases **im umgekehrten Verhältnis** zueinander, → Abb. rechts.

$V_1 : V_2 = p_2 : p_1$
$V_1 \cdot p_1 = V_2 \cdot p_2 = V_3 \cdot p_3 \ldots$

$V \cdot p$ = konstant (unveränd.)

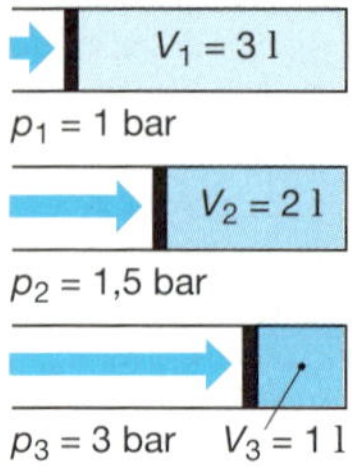

Beispiel:
Einer 20 l-Gasflasche mit 80 bar Überdruck können 80 · 20 l = 1600 l Gas von 1 bar Druck entnommen werden.

Kennzeichnung:
Gelb: Azetylen,
Blau: Sauerstoff,
Rot: andere brennbare Gase,
Grün: Stickstoff
Grau: andere nicht brennbare Gase.

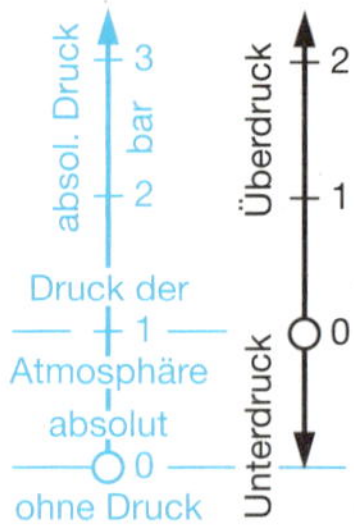

Luftdrücke, Druckdifferenzen und Unterdrücke

Luftdrücke, Druckdifferenzen und Unterdrücke, z. B. in **Schornsteinen**, werden in hPa angegeben:
1 hPa = 100 Pa (N/m²) = 1 mbar ≈ 1 cm Wassersäule

Windstärken

Die **Windstärke** wird international nach der 12teilig. **Beaufort-Skala** angegeben. Ein Vergleich mit den Werten der Tab. **1** S. 53 zeigt, dass die **Windlast**, mit der die Standfestigkeit eines Gebäudes berechnet wird, dem **Staudruck eines Orkans** entspricht.

Zum Einfluss des Winddrucks auf die **Fugendurchlässigkeit** von Fenstern, → **5** S. 103. Zum Einfluss d. Hauptwindrichtung auf das **Dachdecken**, → S. 260. Ein Vergleich des **Kapillardruckes** mit dem Windstaudruck, → S. 139.

3 Windstärke in 10 m Höhe über Gelände (am Boden meist stark gebremst)

Beaufort-Grad	Geschwindigkeit *v* m/s	km/h	**Staudruck *q*** (vergleiche S. 53 **1** und S. 12 **2**) mbar = hPa ≈ cm WS	**kN/m² = kPa**	Benennung	Kennzeichen: es bewegen sich
3	3,4...5,2	12,3..18,7	0,072...0,17	0,0072...0,017	schwache Brise	Blätter, leichte Wimpel
6	9,9..12,4	35,6..44,6	0,61.....0,96	0,061.....0,096	starker Wind	starke Äste, Heulen
9	18,3..21,5	65,9..77,4	2,1.......2,9	0,21.......0,29	Sturm	lose Dachsteine
12	> 29	> 104	> 5,3	> 0,53	Orkan	schwere Gegenstände

Luftbeschaffenheit

Schadstoffe in der Luft

Die Atmungs- und Verbrennungsvorgänge, → ❹ verbrauchen **Sauerstoff O_2**. Wenn der O_2-Gehalt der Luft in abgeschlossenen Räumen von 21 V% auf 17 V% gesunken ist, besteht Lebensgefahr. **Ozon O_3** ist schädlich, kommt aber meist nur im Außenraum in höheren Konzentrationen vor.

Kohlenstoffdioxid CO_2 bildet sich in diesen Vorgängen, → ❹. Seine Dichte ist mit 1,98 kg/m³ erheblich höher als die der Luft, es sammelt sich deshalb bevorzugt am Boden tiefer Gruben und Schächte an. Es ist geruchlos und wird nicht bemerkt, bis **Erstickung** droht.

Kohlenstoffmonoxid CO entsteht bei unvollständiger Verbrennung mit Luftmangel. Es ist geruchlos, **giftig** und brennbar (Verpuffung).

Schwefeldioxid SO_2 und **Stickstoffdioxid NO_2** sind in den meisten Abgasen enthalten. Mit Regenwasser bilden sich Säuren, die im Sonnenlicht weiteroxidieren und aggressiver werden, „Saurer Regen". Sie greifen besonders kalkhaltige Natursteine, Mörtel und Beton an, → S. 136.

Stäube, davon sind besonders Asbest-Feinstaub (Asbestose und Krebsgefahr) und Quarz-Feinstaub (Staublunge) sehr gefährlich, deshalb Atemschutz. Auch Rußpartikel in der Luft können schädlich sein, besonders durch angelagerte Giftstoffe, → Schriften der Bauberufsgenossenschaften.

Lüften von Wohnungen

Lüften von Wohnungen ist erforderlich,
um „verbrauchte" Atemluft durch frische Außenluft zu ersetzen. In DIN 4701 wird mit dem Luftwechsel $\beta = 0{,}5\ m^3/(h \cdot m^3) = 0{,}5\ /h$ gerechnet, d. h. pro Stunde soll die Hälfte der Raumluft ausgewechselt werden, wenn der Raum normal mit Menschen belegt ist,
um die Luftfeuchte zu regulieren, indem überschüssiger Wasserdampf nach außen abgeführt wird. Das ist besonders wirkungsvoll, wenn kalte Außenluft, deren absolute Feuchte selbst bei hoher relativer Luftfeuchte gering ist, einströmt. Wie aus Tab. **1** S. 110 zu ersehen ist, sinkt deren relative Feuchte beim anschließenden Erwärmen erheblich.

Beispiel 1:
Außenluft von 9 °C: 8,8 g H_2O/m^3 bei 100 % rel. F.
erwärmt auf 20 °C: 8,7 g H_2O/m^3 bei 50 % rel. F.

Umgekehrt wird Feuchte ins Haus geholt, wenn beim Lüften warme „schwüle" Luft im Sommer in einen kühlen, ungeheizten Raum gelangt:

Beispiel 2:
Außenluft von 25 °C: 18,4 g H_2O/m^3 bei 80 % rel. F.
abgekühlt auf 15 °C: 12,8 g H_2O/m^3 bei 100 % rel. F.

Es fallen pro m³: 5,6 g als Kondenswasser an kalten Stellen des Raumes aus; bei 40 m³ Raumvolumen: 5,6 · 40 = 224 g (cm³) pro Lüftung.

❹ Kreisläufe des Sauerstoffs u. des Kohlenstoffs

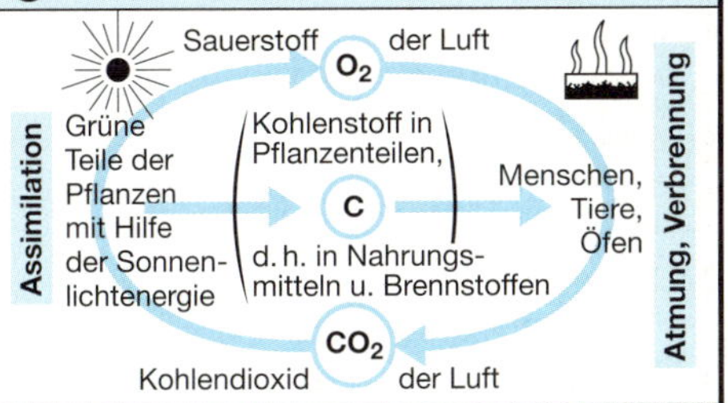

5 Höchste zul. Immissionswerte schädlicher Gase und Dämpfe	Geruchsschwelle der Stoffe	**MAK-Werte**		**nach TA Luft** Langzeit | Kurzzeit Einwirkung	
Name, Formel	cm³/m³	cm³/m³	mg/m³	**JW1** mg/m³	**JW2** mg/m³
Kohlendioxid CO_2	ohne	5000	9000	–	–
Kohlenmonox. CO	ohne	30	35	10	30
Schwefeldiox. SO_2	0,5	2	5	0,14	0,40
" wasserst. H_2S	< 0,1	10	15	0,005	0,01
Stickst.-diox. NO_2	ohne	5	9	0,08	0,20
Formaldehyd HCHO	< 1	1	1,2	0,6	–

Maße: cm³/m³ = ml/m³ = ppm = Volumen-Millionstel
mg/m³ = (cm³/m³) · Molekülmasse : 24
Molekülmasse aus Atommassen, → S. 126

Immission = **Einwirkung** von Luftverunreinigungen (Gase, Dämpfe, Stäube) auf Menschen, Tiere, Pflanzen und Sachen, z.B. Bauwerke, → **5**.

Emission = **Abgabe** von Luftverunreinigungen, z. B. SO_2 durch einen Schornstein, Formaldehyd aus einer Kleberschicht oder Spanplatten. In der TA-Luft sind die zulässigen Höchstmengen für etwa 200 Schadstoffe festgelegt.

TA-Luft = Technische Anleitung zur Reinhaltung der Luft, vom Bundesministerium des Innern.

MAK = Maximale Arbeitsplatz-Konzentrationen, v. Bundesministerium für Arbeit und Sozialordnung.

Lüftungshinweise

Im **Winterhalbjahr** führt Dauerlüftung, z. B. durch Kippfenster, zu hohen Wärmeverlusten. Günstig ist **Stoßlüftung**, besonders um stoßartig anfallende Feuchte, z. B. vom Kochen u. Duschen, abzuführen. Bei vollem Luftaustausch in einem Raum von 40 m³ gehen nur etwa 4 Wh (enthalten in etwa 1/3 cm³ Öl) an Energie verloren. Dauerlüftung ist nur beim Einsatz von Wärmetauschern sinnvoll. Die mögliche Feuchteabfuhr durch sogenannte „atmungsaktive" Wände ist völlig unbedeutend.
Im **Sommerhalbjahr** sollte, besonders bei schwülem Wetter, möglichst nur nachts gelüftet werden.

Verhalten ruhender Flüssigkeiten I

1. Flüssigkeitsoberfläche *A*

Flüssigkeitsoberflächen sind waagerecht. Ihre Teilchen sind im stabilen Gleichgewicht, weil alle Moleküle der Flüssigkeit beweglich sind.

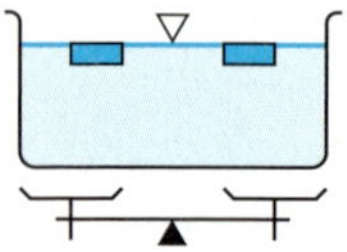

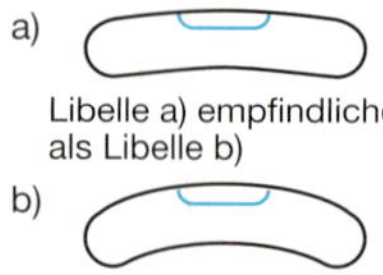

Dies gilt auch in miteinander verbundenen Gefäßen.

Beispiele:

Schlauchwaage

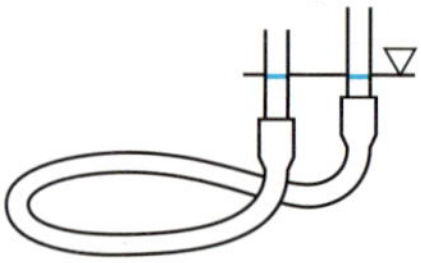

Wasserstandsrohr

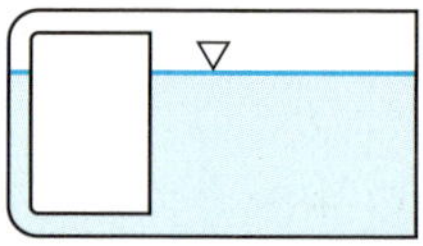

2. Druckkraft *F*

Die Druckkraft *F* von Flüssigkeiten (Boden- und Seitendruckkraft) = gedrückte Fläche x Tiefe ihres Schwerpunktes unter d. Flüssigkeitsspiegel x Dichte der Flüssigkeit x Umrechnungsfaktor N/kg (korrekt: Fallbeschleunigung *g*).

einfach:

$F = A \cdot h \cdot \varrho_{Fl} \cdot 10\ \text{N/kg}$ $\quad \text{N} = \text{m}^2 \cdot \text{m} \cdot \frac{\text{kg}}{\text{m}^3} \cdot 10 \frac{\text{N}}{\text{kg}}$

korrekt:

$F = A \cdot h \cdot \varrho_{Fl} \cdot g$ $\quad 10\ \text{N} = 1\ \text{m}^2 \cdot 1\ \text{m} \cdot 1 \frac{\text{kg}}{\text{m}^3} \cdot 10 \frac{\text{m}}{\text{s}^2}$

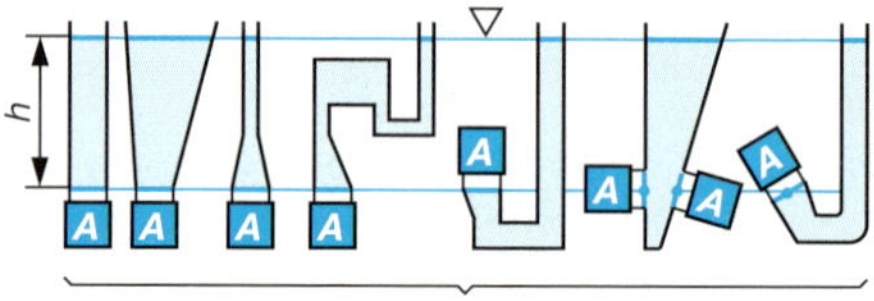

Druckkraft auf Fläche *A* gleich groß

3. Seitendruckkraft *F* je m Kanallänge (Einheiten wie bei 2.)

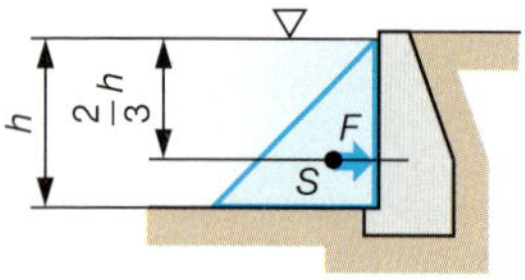

$F = \frac{h^2}{2} \cdot \varrho_{Fl} \cdot 10 \frac{\text{N}}{\text{kg}} \left(g = 10 \frac{\text{m}}{\text{s}^2}\right)$

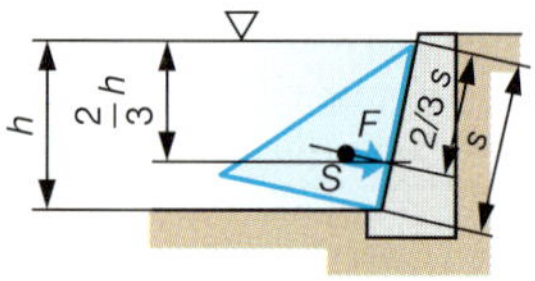

$F = \frac{s \cdot h}{2} \cdot \varrho_{Fl} \cdot 10 \frac{\text{N}}{\text{kg}} \left(g = 10 \frac{\text{m}}{\text{s}^2}\right)$

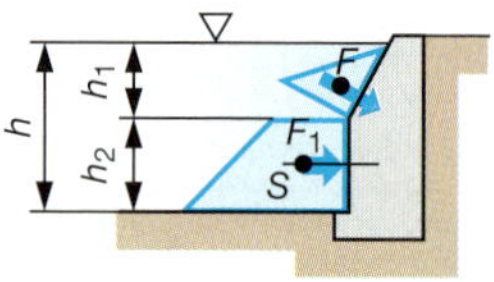

$F_1 = \frac{h + h_1}{2} \cdot h_2 \cdot \varrho_{Fl} \cdot 10 \frac{\text{N}}{\text{kg}}$

Die Wirkungslinie der Seitendruckkräfte geht durch den Schwerpunkt der Druckfigur.

4. Druck *p* (Druckspannung in Flüssigkeiten)

$$p = \frac{F}{A} = \frac{A \cdot h \cdot \varrho_{Fl} \cdot 10\ \text{N/kg}}{A} = h \cdot p_{Fl} \cdot 10\ \text{N/kg}\ (\cdot\ 10\ \text{m/s}^2)$$

$p = 0{,}01\ \text{m} \cdot 1000\ \text{kg/m}^3 \cdot 10\ \text{N/kg}$
$\quad = 100\ \text{N/m}^2 = \underline{\underline{1\ \text{mbar}}}$

1 cm Wassersäulenhöhe ≙ 1 mbar

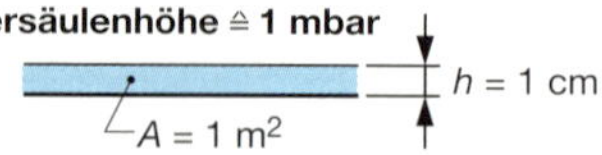

$p = 10\ \text{m} \cdot 1000\ \text{kg/m}^3 \cdot 10\ \text{N/kg}$
$\quad = 100\,000\ \text{N/m}^2 = 100\ \text{kN/m}^2$
$\quad = \underline{\underline{1\ \text{bar}}}$ (→ S. 12)

10 m Wassersäulenhöhe ≙ 1 bar

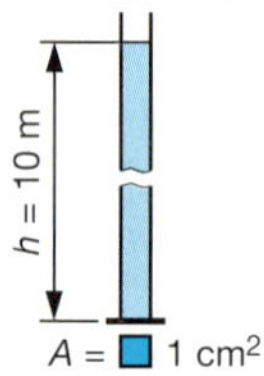

Beispiele:

a) Druck in einer Taucherglocke und in einem Taucheranzug in 20 m Tiefe: jeweils 2 bar.

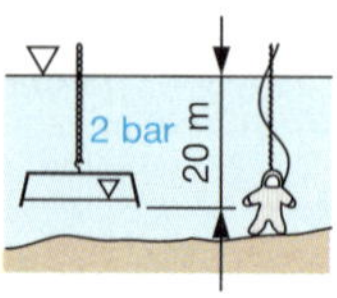

b) Druck in der Wasserleitung in einem Netz mit Hochbehälter.

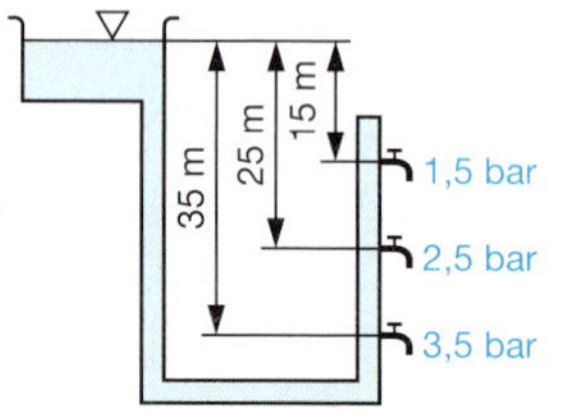

Rechenbeispiel:

Welcher Druck herrscht in 3 m Tiefe in einer Flüssigkeit der Dichte 1,5 kg/l ? $\quad \varrho_{Fl} = 1{,}5\ \text{kg/l} = 1500\ \text{kg/m}^3$

$$p = 3\ \text{m} \cdot 1500 \frac{\text{kg}}{\text{m}^3} \cdot 10 \frac{\text{N}}{\text{kg}} = 45\,000 \frac{\text{N}}{\text{m}^2} = \underline{\underline{0{,}45\ \text{bar}}}$$

Verhalten ruhender Flüssigkeiten II

5. Druckübertragung in Flüssigkeiten

In Flüssigkeiten wird der Druck allseitig und gleichmäßig übertragen. Ein Beispiel ist die **hydraulische Presse**, meist als Öldruckpresse, die als „Flüssigkeitshebel" bezeichnet werden kann.

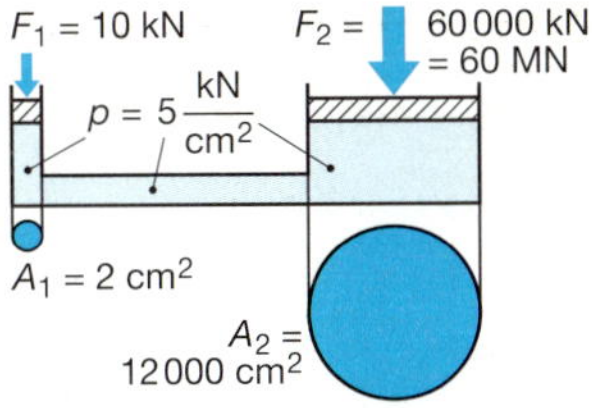

$$\frac{F_1}{F_2} = \frac{A_1}{A_2};\ F_2 = \frac{F_1 \cdot A_2}{A_1} = \frac{10\ \text{kN} \cdot 12\,000\ \text{cm}^2}{2\ \text{cm}^2} = \underline{\underline{60\,000\ \text{kN}}} = \underline{\underline{60\ \text{MN}}}$$

Beispiele: Hydraulische Presse, hydraulische Bremse, Wagenheber.

6. Auftrieb F_A

F_A ist eine senkrecht nach oben gerichtete Kraft, die der Differenz aus der Bodendruckkraft in der Tiefe h_1 und der in der Tiefe h_2 entspricht.

$$F_A = V_{\text{Körper}} \cdot \varrho_{\text{Fl}} \cdot 10\ \text{N/kg}\ (10\ \text{m/s}^2)$$

Auftrieb ≙ Gewichtskraft des vom Körper verdrängten Flüssigkeitsvolumens.

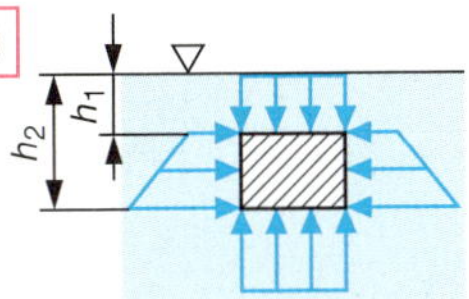

Beispiel:
Auftriebswaage zur Volumenbestimmung: Stein zuerst in Luft, dann in Wasser wiegen.

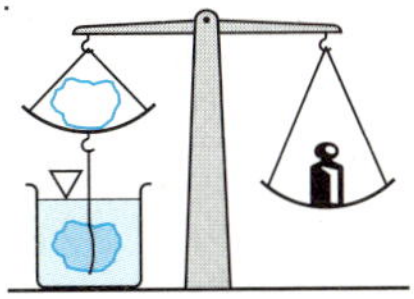

7. Schwimmen

Schwimmen erlaubt den Vergleich zweier Dichten.

Beispiel 1:
Vergleich der Dichten von Festkörper und Flüssigkeit.

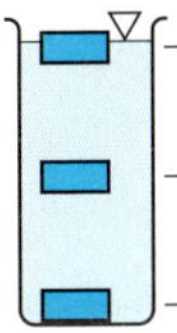

Schwimmen: $\varrho_{\text{Körper}} < \varrho_{\text{Flüssigkeit}}$

Schweben: $\varrho_{\text{Körper}} = \varrho_{\text{Flüssigkeit}}$

Gesunken: $\varrho_{\text{Körper}} > \varrho_{\text{Flüssigkeit}}$

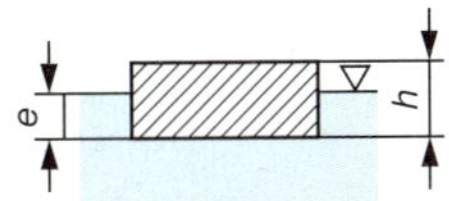

e = Eintauchtiefe

$$\frac{e}{h} = \frac{\varrho \text{ d. schwimm. Quaders}}{\varrho \text{ der Flüssigkeit}}$$

$$\varrho_{\text{Qu}} = \frac{\varrho_{\text{Fl}} \cdot e}{h};\ \varrho_{\text{Fl}} = \frac{\varrho_{\text{Qu}} \cdot e}{h}$$

Beispiel 2:
Aräometer, misst die Dichte der Flüssigkeit mit Hilfe der Eintauchtiefe, z.B. damit den Alkoholgehalt der Flüssigkeit.

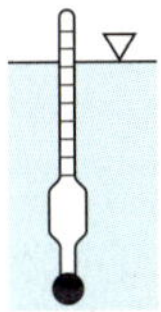

8. Gleichgewichtsarten beim Schwimmen

Form und Lage des schwimmenden Körpers bestimmen die Stabilität.

a) **stabiles** Gleichgewicht:
Beim Drehen kehrt der Körper von allein wieder in seine Ausgangsstellung zurück, wichtig für Schiffe.

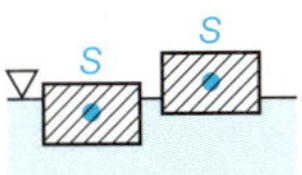

b) **labiles** Gleichgewicht:
Der Körper kehrt nicht in die Ausgangslage zurück

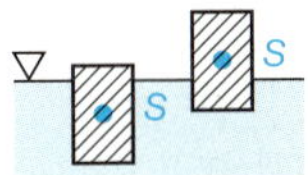

c) **indifferentes** Gleichgewicht:
Der Körper ist immer im Gleichgewicht.

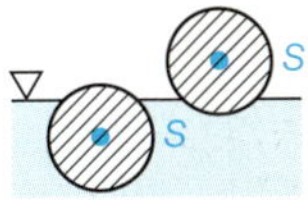

9. Stabilität

Die **Stabilität** beim Schwimmen ist umso größer, je größer das aufrichtende Drehmoment ist.

- S = Körperschwerpunkt,
- S_1 = Schwerpunkt des verdrängten Volumens,
- G = Gewichtskraft des Körpers,
- F_A = Auftriebskraft,
- $F_A \cdot l$ = aufrichtendes Drehmoment.

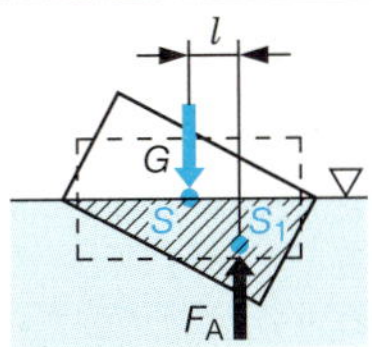

Betonangreifende Wässer

1 Lösender Angriff von Wässern

auf Kalziumhydroxid und Kalziumkarbonat in Beton, Zement- u. Kalkmörtel, kalkgebundene Natursteine.

Grenzwerte für den Gehalt an Schadstoffen	schwach	stark	sehr st.
	angreifend		
1. Freie Säuren [1], nach pH-Wert des Wassers	6,5 bis 5,5	5,5 bis 4,5	< 4,5
2. Kalklösendes Kohlenstoffdioxid (CO_2) g/l	0,015 bis 0,3	0,03 b. 0,06	> 0,06
3. Ammoniumsalze, z.B. $(NH_4)Cl$; $(NH_4)SO_4$ g/l	0,015 bis 0,03	0,03 b. 0,06	> 0,06
4. Magnesiumsalze, z.B. $MgCl_2$, $Mg(SO_4)$, g/l	0,1 bis 0,3	0,3 bis 1,5	> 1,5

5. Weiche Wässer, Härte < 3° d. H. (→ unten) können $Ca(OH)_2$ lösen, wenn Beton wasserdurchlässig.

Fließende Wässer sind gefährlicher als stehende!

2 Treibender Angriff von Sulfaten in Wässern und Böden

Grenzwerte für den Gehalt an Sulfaten	schwach	stark	sehr st.
	angreifend		
1. Sulfate in Wässern [1] $(SO_4)^{2-}$ in g/l	0,2 bis 0,6	0,6 bis 3,0	> 3,0
2. Sulfate in Böden [1] $(SO_4)^{2-}$ g/kg trock. Bo.	2,0 bis 5,0	> 5,0	–

3 Kennzeichen angreifender Wässer

Dunkle Farbe, Ausscheiden von Kristallen, fauliger Geruch, Aufsteigen von Gasblasen, saure Reaktion (niedriger pH-Wert).

Kennzeichen angreifender Böden:
Schwarze b. graue Färbung, rotbraune Rostflecken, lichtgrau b. weiß gebleichte Schichten unter dunkelbraunen Humussch. weisen auf saure Reaktion hin.

4 Kalk in Wasser, Boden und Bauwerken

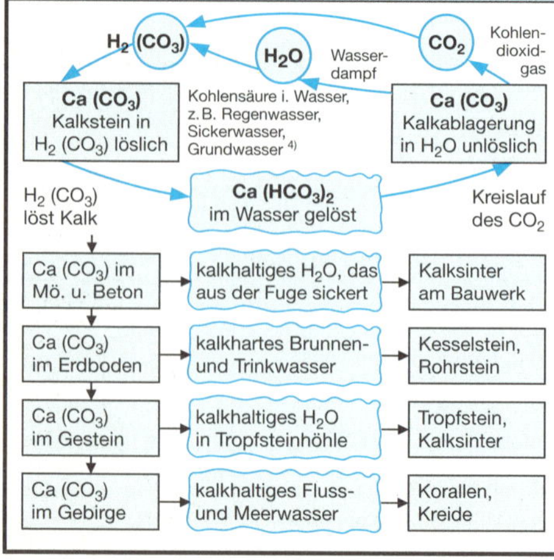

5 Wasser- oder Bodenuntersuchungen

nach **pH-Wert** (saure Reaktion); → S. 128

Sulfide: Geruch der mit Salzsäure versetzten Probe nach Schwefelwasserstoff (wie faule Eier).

Sulfate: mit Teststäbchen nachweisen [5]

Wasserhärte: mit Merck „Wasserlabor" nachweisen.

Bei Bedenken Chemiker mit Prüfung beauftragen!

6 Anmache- und Zugabewasser

Anmache- und Zugabewasser für das Mischen von Mörtel und Beton:
Es ist jedes klare, geruch- und geschmacklose, neutrale Wasser geeignet. Falls Salzausblühungen nicht entstehen können, z. B. bei Fundamentbeton, dürfen im Wasser Salze bis zu 35 g/l enthalten sein, z. B. Meerwasser.
Wasser für Spannbeton darf ≤ 0,3 g Cl^- enthalten.

Härte des Wassers

Die **Gesamthärte** des Wassers setzt sich zusammen aus:

1. Kalkhärte = Karbonathärte
   = vorübergehende Härte [2]
   = gelöstes $Ca(HCO_3)_2$
   = $CaO \cdot 2\,CO_2 \cdot H_2O$
2. Gipshärte = Sulfathärte
   = bleibende Härte [3]
   = gelöstes $Ca(SO_4) = CaO \cdot SO_3$
3. Gelöste Salze des Magnesiums und anderer Erdalkalimetalle

Härtegrad 0 bis 3 = sehr weiches Wasser
Härtegrad 4 bis 9 = weiches Wasser
Härtegrad 10 bis 20 = mittelhartes Wasser
Härtegrad > 20 = sehr hartes Wasser

1° deutscher Härte = 0,01 g CaO in 1l Wasser.

[1] Sulfat bzw. Schwefelsäure bildet mit Bestandteilen des Zementes Kalziumaluminatsulfat, auch „Zementbazillus" genannt, das bei Zutritt von Wasser treibt. Besonders gefährlich ist wechselndes Durchfeuchten und Austrocknen.

[2] „vorübergehend", weil Kalziumhydrogenkarbonat sich beim Kochen des Wassers zersetzt:
$Ca(HCO_3)^2 \rightarrow CaCO_3$ (Kesselstein) $+ CO_2\uparrow + H_2O$.

[3] „bleibend", weil Gips ($Ca\,SO_4$) auch i. kochenden Wasser gelöst bleibt. Leitungsw. muss ausreichend kalk- u. gipshart sein, damit es auch hinter Warmwasserboilern kein Blei aus eventuell vorhandenen Bleirohrwandungen löst u. Vergiftungen verursacht.

[4] Regenwasser kann bis zu 1,5 V% CO_2 enthalten.

[5] Testlösungen, -stäbchen und -papiere liefern z.B. die Firmen Merck, Darmstadt; Riedel de Haën, Seelze; und Macherey – Nagel u. Co., Düren. Ein „Wasserlabor" für alle Untersuchungen nach 1 liefert Fa. Merck.

Benetzung und Kapillarität

Kohäsion (lat. cohaero = zusammenhängen) ist die Zusammenhangskraft in Flüssigkeiten u. Feststoffen. An der Oberfläche von Flüssigkeiten bewirkt diese Kraft die „Oberflächenspannung“, die, ähnlich wie eine Gummihaut, versucht, die Oberfläche möglichst klein zu halten. Von den Flüssigkeiten hat Benzin eine geringe, Wasser eine hohe (72,6 N/m) u. Quecksilber die höchste (480 N/m) Oberflächenspannung gegen Luft, → ❶ und S. 138.

Adhäsion (lat. adhaesus = Anhalten) ist die Anhangskraft zwischen Stoffen. Bauwichtig ist die Adhäsion von Flüssigkeiten und Teigen, die nur dann zu guter **Benetzung** führt, wenn die Oberflächenspannung der Flüssigkeit niedriger als die des Feststoffes ist. Benetzung ist wiederum Voraussetzung für gutes **Haften**, z. B. des Putzes. (Wasserspritzer als Benetzungstest).

Die **Polarität**, verursacht durch kleine positive und negative Bereiche, „**Pole**“ an der Oberfläche, beeinflusst die Oberflächenspannung, → ❶.

Polar sind z. B. mineralische und metallische Stoffe, die auch vom etwas weniger polaren Wasser gut benetzt und deshalb **hydrophil** (gr. philos = Freund), also „wasserfreundlich“ genannt werden.

Unpolar sind organische, wachsartige und ölige Natur- und Kunststoffe mit geringer Oberflächenspannung. Sie werden deshalb vom polaren Wasser kaum benetzt und **hydrophob** (gr. phobos = Flucht) also „wasserabstoßend“ genannt. Unpolare Flüssigkeiten, wie Benzin, benetzen fast alle Stoffe gut.

Hydrophobieren, z. B. mit einer Silikon- oder Silan-Lösung, macht polare Stoffe wasserabstoßend.

❶ Benetzungsverhalten von Stoffen gegenüber Wasser

nach Klopfer, Neumann, Sell

Stoffart: organische Natur- und Kunststoffe — mineralische und metallische Stoffe

Polarität: unpolar — zunehmende Polarität → polar

Beispiele: Silikon, „Teflon“ — Benzin, PE, PP — PVC — EP — PUR, Alkyd — UP — Wasser (bei 20 °C) — Glas, Keramik, Metalle, Metalloxide

Oberflächenspannung σ: 0 — 20 — 40 — 60 — 72,6 — 80 — 100 — σ in mN/m

Oberflächenverhalten: **hydrophob** — **hydrophil**

Randwinkel am Wassertropfen

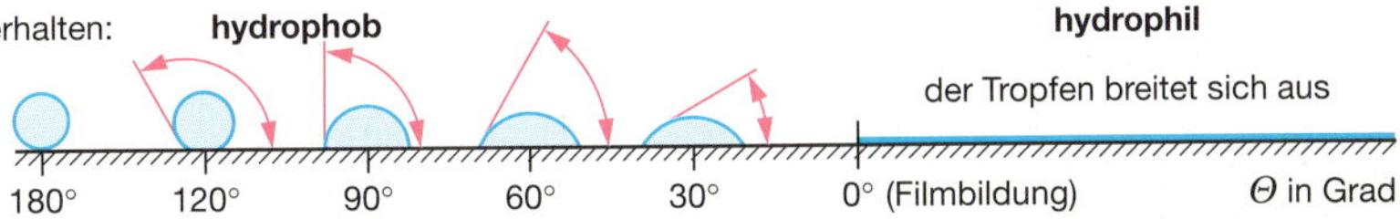

Kapillares Saugen geschieht in Kapillarporen polarer mineralischer Stoffe, die offen und möglichst durchgehend sind, → ❷ und ❸ a).

❷ Poren

Geschlossene Poren	Offene Poren	
	Sackporen	durchgehende Poren

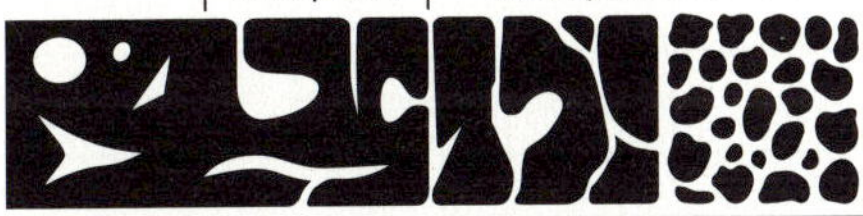

Kapillares Zurückhalten von Wasser kommt in Kapillarporen zur Wirkung, die jedoch durch „Hydrophobieren“ wasserabstoßend wurden, → ❸ b).

Kapillarporen m. Porenweiten zwischen 0,1 mm u. 0,1 µm saugen besonders gut. Gröbere saugen nur wenig hoch, → ❹, feinere saugen äußerst langsam. Porenformen: **Röhrenporen** finden sich im Holz. In Ziegelsteinen sind es **Spaltenporen**, die das Wasser beim Austrocknen hinterlässt. In KS-Steinen, im Mörtel und Beton kommen dazu Zwickelporen zwischen Körnern, sogenannten **Haufwerksporen**, → ❷ rechts.

Die Saugehöhe hängt von d. Porenweite ab, → ❹:
Bei Röhrenporen: max h in mm = 30 mm² : d in mm,
bei Spaltenporen: max h in mm = 15 mm² : d in mm.

Beispiel:
Riss von 0,3 mm, max h = 15 mm² : 0,3 mm = 50 mm.
Diese Gesetzmäßigkeit gilt auch im Fall ❸ b).

❸ Kapillarwirkungen

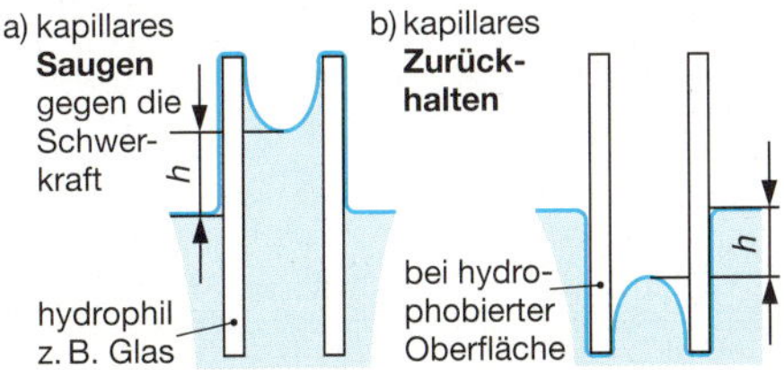

❹ Saugen im keiligen Spalt

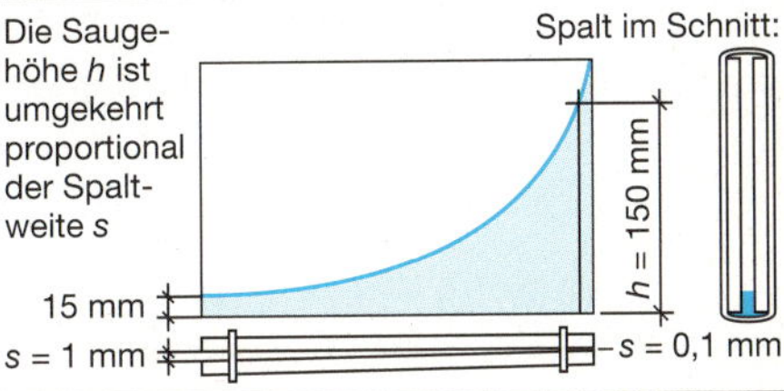

Grenzflächenaktive Stoffe (Tenside)

Grenzflächenenergie

Spezifische **Grenzflächenenergie** ist der genauere Ausdruck für die Ober-(Grenz-) flächenspannung. Erstens, weil jede Oberfläche eine „Grenzfläche" zwischen Feststoffen, Flüssigkeiten oder Gasen ist; zweitens, weil es sich hier nicht um eine Spannung im üblichen Sinne handelt, sondern um die Energie in Nm, die benötigt wird, die Grenzfläche um 1 m² zu vergrößern.

$$1\,\frac{\text{Nm}}{\text{m}^2} = 1\,\frac{\text{N}}{\text{m}}$$

das Maß der Oberflächenspannung
Formelzeichen σ

Grenzflächenaktive Stoffe

Grenzflächenaktive Stoffe, auch „Tenside" genannt, bestehen aus kurzen Fadenmolekülen, → ❶, die an einem Ende polar (hydrophil), am anderen aber unpolar (hydrophob) sind. Sie ordnen sich an Grenzflächen in Form von Membranen so an, dass ihre polaren Enden zum Wasser oder einem anderen polaren Stoff, ihre unpolaren Enden zur Luft oder zum unpolaren Stoff, z. B. Öl zeigen, → ❷. Verwendet werden sie als Waschmittel, → ❸, Fließmittel oder „Luftporenbildner" in Mörtel oder Beton, → ❹ oder als „Emulgator" für Emulsionen, → ❺.

❶ Grenzflächenaktive Stoffe (Tenside) und ihre Anwendungsgebiete:

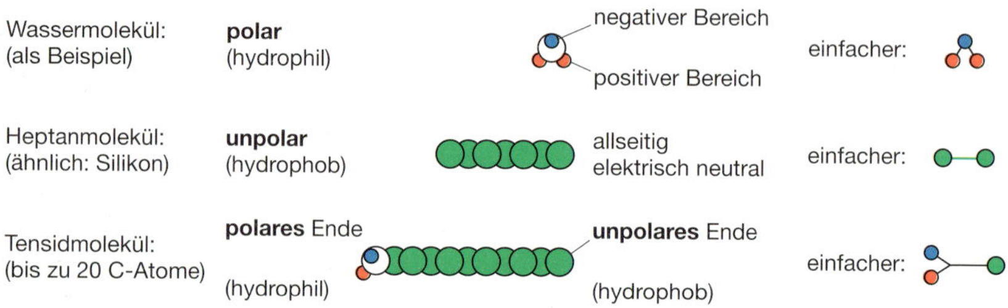

❷ als Schäummittel, als Beispiel eine Seifenblase:

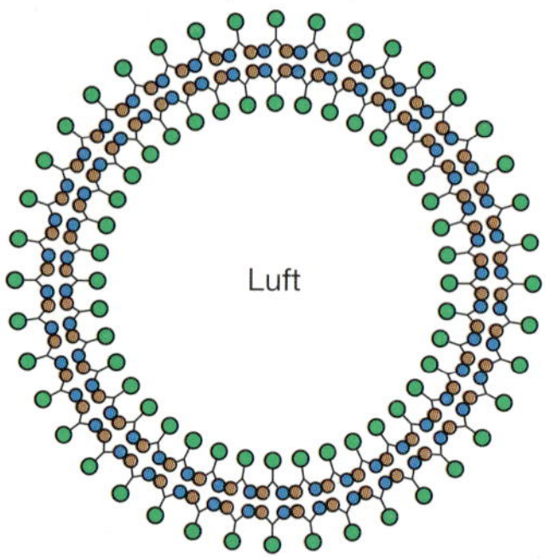

❸ als Wasch- (Netz-) mittel:

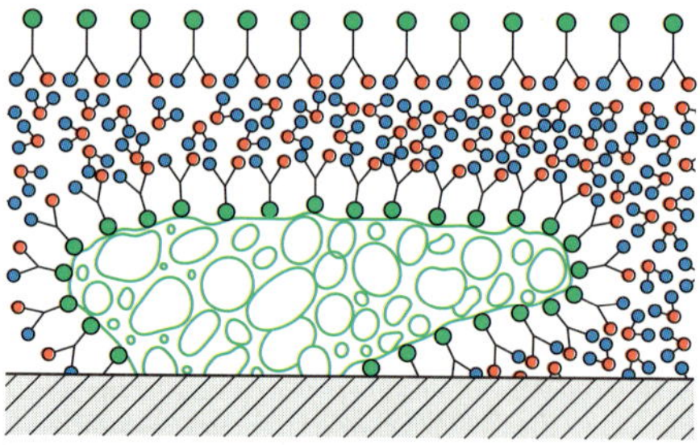

❹ als Luftporenbildner in Beton:

❺ als Emulgator (Öl in Wasser):

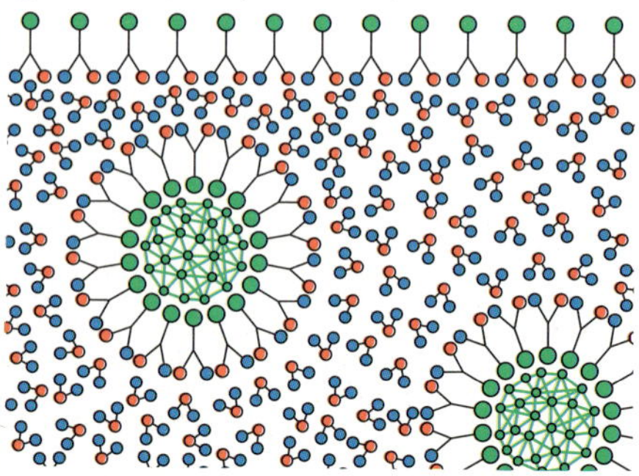

Auswirkungen der Kapillarität

Kapillare Wasseraufnahme ist die Hauptursache von Durchfeuchtungen feinporiger Baustoffe, z. B. von Außenputz, Verblendsteinen und Dachsteinen durch Regeneinwirkung oder v. nicht abgesperrtem Beton oder Mauerwerk im erdnahen Bereich. Unter Fundamentplatten kann das Hochsaugen v. Wasser durch eine **kapillarbrechende Schicht** aus Grobsand, möglichst ohne Anteil unter 1 mm, mit einer maximalen Saughöhe von wenigen cm bei mindest. 15 cm Dicke, unterbunden werden.

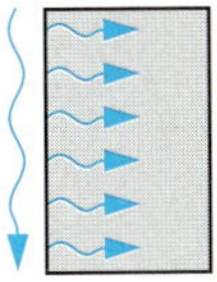

An **Fassaden** kann zusätzlich noch der **Winddruck** auf das herablaufende Regenwasser einwirken. Selbst ein Orkan m. Windstärke 12, → **3** S. 130, kann jedoch nur bei Rissen > 0,2 mm die Wasseraufnahme nennenswert erhöhen. Bei Rissen von > 1 mm kann sich der Winddruck auch bei mäßiger Stärke sehr ungünstig auswirken.

Die **Wasseraufnahmezahl** (-koeffizient) ***w*** ist die Wassermenge in kg (l), welche in der ersten Stunde von 1 m² Wasser-Berührungsfläche des porigen Baustoffes aufgenommen wird. Ist die Wasseraufnahme sehr gering, wird das Saugen über mehrere Stunden fortgeführt und die Zeit in der Wurzel der Stunden ($\sqrt{h}$) eingesetzt, denn in 4 Stunden wird die 2-fache, in 9 Stunden die 3-fache Wassermenge gegenüber der ersten Stunde gesaugt.

$$w = \frac{\text{Wassermenge}}{\text{Fläche} \cdot \sqrt{h}} = \frac{kg}{m^2 \cdot \sqrt{h}} = kg/(m^2 \cdot h^{0,5})$$

w wird im Prüfversuch durch Eintauchen des Prüfkörpers in Wasser (Abb. unten links) bestimmt. Bei feinporigen Stoffen ist jedoch die Wasseraufnahme auch bei Einwirkung von oben (Abb. unten rechts) o. von der Seite (Abb. oben) fast gleich groß. Risse oder grobe Poren (> 1 mm) erhöhen hierbei jedoch die Wasseraufnahme ganz erheblich. Für Fassadenputze sind in DIN 18 550 maximale *w*-Werte festgelegt, → S. 140.

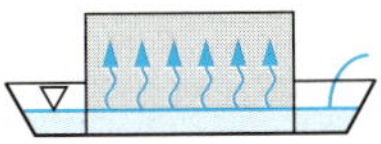

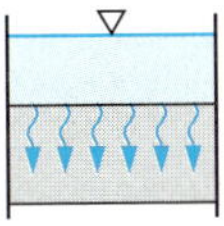

Die **Sauggeschwindigkeit *v*** gibt die Höhe (Tiefe) in m an, bis zu der die Wasserfront nach der ersten Stunde eingedrungen ist, → auch S. 144.

$$v = \frac{\text{Saugehöhe}}{1.h\ (\sqrt{h})} = \frac{m}{1.h} \text{ oder } \frac{m}{\sqrt{h}} = m \cdot h^{0,5}$$

Der *v*-Wert ist weniger genau als der *w*-Wert, für praktische Vergleiche aber oft ausreichend.

Die **Saugfähigkeit von Mauersteinen**, die für die zweckmäßigste Art des Vermauerns oder Verputzens von großer Bedeutung ist, → S. 164, kann durch die Wasseraufnahme pro dm² Saugfläche in der 1. Minute nachdem der Stein 1 cm tief in ein Wasserbett gelegt wurde, bestimmt werden.

Der **Kapillardruck *p***, der beim Saugen wirksam wird, beträgt für Wasser in mineralischen Baustoffen:

$$p = \frac{4 \cdot \sigma}{d} = \frac{4 \cdot 0{,}075\ N/m}{d \text{ in } m};$$

$$\text{für } d = 1 \text{ mm: } p = \frac{0{,}3\ N/m}{0{,}001\ m} = 300\ \frac{N}{m^2}$$

Die **Wasseraufnahme W_V**, auch „Tiefbau-Wassergehalt", ergibt sich nach langer Wasserlagerung.

Die **maximale Wasseraufnahme max *W***, bei der auch die „Sackporen" gefüllt sind, kann sich im nassen Zustand bei häufigen Temperaturschwankungen einstellen, im Versuch durch Kochen oder Vakuumeinwirkung. Hier besteht hohe Zerfriergefahr!
Zu „Sackporen", → ❷ S.137.

5 Beispiele	w $\frac{kg}{m^2 \cdot \sqrt{h}}$	v $\frac{m}{\sqrt{h}}$	W_{max} V %	W_V V %	S $\frac{W_V}{W_{max}}$
Vollziegel VMz	25,0	0,14	30	22	0,73
Hochlochz. HLz	9,0	0,05	34	25	0,74
Kalksandst. KS	7,8	0,03	25	19	0,76
Porenbetonst.	4,5	0,02	60	35	0,58

Das **Austrockenverhalten** kapillarsaugender Baustoffe wird von der Porenweite und von der Oberflächenbeschaffenheit beeinflusst: Stoffe mit vielen Kapillarporen zwischen 0,1 u. 10 µm Ø, z. B. Ziegelsteine, saugen viel und schnell, → **5**, trocknen aber auch schnell wieder aus.
Stoffe, die im wesentlichen Grobporen mit > 1 mm Ø und Mikroporen mit < 0,1 µm Ø besitzen (→ S. 144), wie z. B. Porenbeton, die schwach u. langsam saugen, trocknen auch nur langsam aus, wenn sie durch lange Wassereinwirkung durchnässt sind.

Hydrophobieren von Putz- o. Steinfassaden kann zwar die Wasseraufnahme bei Schlagregen stark vermindern; gelangt jedoch durch Risse trotzdem Wasser hinter die wasserabstoßende Oberfläche, dann wird das Austrocknen erheblich behindert. Das Wasser kann dann nicht mehr kapillar an die Oberfläche befördert werden, sondern es kann die 1 bis 10 mm dicke hydrophobierte Schicht nur in Dampfform durchwandern und das dauert sehr viel länger.

Frostgefährdet sind feinporige, saugefähige Baustoffe, wenn sie stark **wassergesättigt** und die Porenwände nicht ausreichend zugfest sind, um dem **Eisdruck** zu widerstehen. Je niedriger der **Sättigungsgrad *S*** = W_V : max *W* (→ **5** rechts) desto wahrscheinlicher ist der Stein frostbeständig.
Frostschiebend s. bindige, kapillarporige Böden, die das Grundwasser in die Frostzone emporsaugen und dort in längeren Frostperioden sogenannte **Eislinsen** bilden. Eine Kurve frostschiebenden Bodens (schluffiger Ton), → S. 142, 143.

Salzausblühungen entstehen ebenfalls vorwiegend an feinporigen kapillarsaugenden Steinen.

Zur „Gleichgewichtsfeuchte", → S. 140.

Gleichgewichtsfeuchte

Die **Gleichgewichtsfeuchte**, auch „hygroskopische Feuchte" genannt, hängt von der jeweils herrschenden relativen Luftfeuchte und vom Anteil an **Mikroporen** < 0,1 µm ab. In DIN 4108 T.4 sind folgende Werte genannt, die etwa der Gleichgewichtsfeuchte bei 85 % relativer Luftfeuchte entsprechen:

1 **Volumenbezogener Feuchtegehalt u_v**	**V %**
Ziegelsteine und andere keramische Stoffe	1,5
Kalksandstein und Beton mit dichten Zuschlägen	5
Beton mit porigen Zuschlägen	15
Leichtbeton, haufwerksporig, mit dichten Zuschlägen	5
Leichtbeton, haufwerksporig, mit porigen Zuschlägen	4
Porenbeton, dampfgehärtet (früher Gasbeton)	3,5
Gips und Anhydrit	2
Gussasphalt, Asphaltmastix, Schaumglas	0

2 **Massebezogener Feuchtegehalt u_m**	**m %**
Anorganische Stoffe, lose geschüttet, Blähperlit	5
Mineralische Faserdämmstoffe (Glas- und Steinwolle)	1,5
Holz, Holzwerkstoffe, org. Faserdämmstoffe	15
Korkdämmstoffe	10
Schaumkunststoffe aus Polystyrol, Polyurethan	5

Umrechnung: V % = m % · Rohdichte; m % = V % : Rohdichte (b. Lochsteinen u. ä. Scherbenrohdichte)

Diese Werte, auch „Praktische Feuchtegehalte" genannt, wurden bei der Festlegung der Rechenwerte der Wärmeleitfähigkeit (λ_R) nach DIN 4108 zugrunde gelegt.

Regenbeanspruchung

3 **Beanspruchungsgruppe** (→ S. 141): **Jahresniederschlag:**

Beanspruchungsgruppe	Jahresniederschlag
III	über 800 mm, im nordd. Küstengebiet (windreich) über 700 mm
II	zwischen 600 und 800 mm
I	unter 600 mm

Regenkarte zur überschlägigen Ermittlung d. durchschnittlichen Jahresniederschlagsmengen, → S. 141:

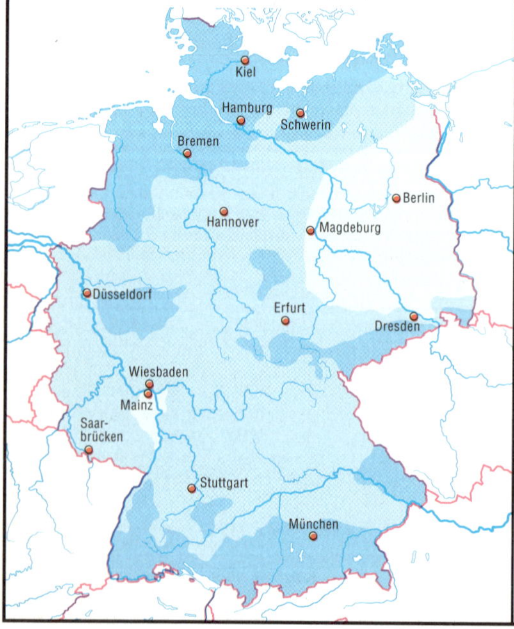

4 **Messwerte für den Regenschutz:**
w = Wasseraufnahmezahl, → S. 139,
s_d = Diffusionsbremswert, → S. 111.

Regel: Je größer w, um so mehr Wasser wird aufgenommen, je kleiner s_d, um so schneller verdunstet es wieder.

Nach DIN 18550 gilt für
wasserhemmende Schichten:
$w \leq 2$ kg/(m² · $h^{0,5}$)

wasserabweisende Schichten:
$w \cdot s_d \leq 0,2$ kg/(m · $h^{0,5}$)
$w \leq 0,5$ kg/(m² · $h^{0,5}$)
$s_d \leq 2,0$ m

Es genügt, wenn bei Prüfung nach 28 Tagen $w \leq 1$ kg/(m² · $h^{0,5}$), bei mineralischen Putzen.

5 **Zuordnung von Fugenabdichtungsarten** nach DIN 18540 T.1 **zu den Regenbeanspruchungsgruppen I bis III** n. DIN 4108

Für **offene, schwellenförmige Horizontalfugen** nach Abb. **6**:

für Schlagregenbeanspruchung	empfohlene Schwellenhöhe
I (→ S. 141)	$h \geqq$ 60 mm
II "	$h \geqq$ 80 mm
III "	$h \geqq$ 100 mm

Damit sind sie **regensicher**, auch gegen verhältnismäßig großen Winddruck.

6 Schnitt durch Horizontalfuge, h = Schwellenhöhe, → **5**.

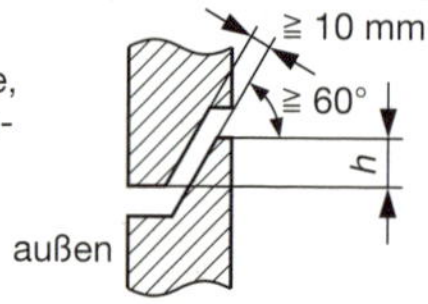

7 Regen-Beanspruchungsgruppen

I Geringe Schlagregenbeanspruchung:
Windarme Gebiete mit **< 600 mm** Jahresniederschlag; in besonders geschützten Lagen auch bei größeren Niederschlagsmengen.

II Mittlere Schlagregenbeanspruchung:
Allgemein Gebiete mit **600 bis 800 mm** Jahresniederschlag; in geschützten Lagen auch bei > 800 mm Niederschlag; Hochhäuser und Häuser in exponierter Lage von Gebieten nach I.

III Starke Schlagregenbeanspruchung:
Allgemein Gebiete mit **> 800 mm** Jahresniederschlag, windreiche Gebiete mit geringer Niederschlagsmenge, z. B. Küstengebiete, Mittel- und Hochgebirge, Alpenvorland; Hochhäuser u. Häuser in exponierter Lage auch in Gebieten nach II.

8 Außenwandbauarten mit ausreichendem Regenschutz

Gegen Regenbeanspruchung I:
- Nach DIN 18 550 verputzte Außenwände aus Mauerwerk, Wandbauplatten o.ä. **ohne Nachweis** über Regenschutz.
- Einschaliges Sichtmauerwerk nach DIN 1053, wenn mindestens 31 cm dick.

Gegen Regenbeanspruchung II:
- Nach DIN 18 550 verputzte Außenwände aus Mauerwerk, Wandbauplatten o.ä. mit einem **wasserhemmenden Außenputz** oder einem Kunstharzputz, → **4**.
- Zweischaliges Verblendmauerwerk **ohne** Luftschicht nach DIN 1053.
- Einschaliges Sichtmauerwerk nach DIN 1053, wenn mindestens 37,5 cm dick.
- Außenwände mit angemauerten oder angemörtelten Bekleidungen nach DIN 18 515.
- Außenwände in Holzbauweise mit direkt auf der Außenbeplankung aufgebrachter wasserdichter Schicht, oder mit schuppenförmiger Bekleidung.
- Wie vor, mit 11,5 cm dicker Mauerwerks-Vorsatzschale; mit Vorrichtung, die das Holz trockenhalten kann.

Gegen Regenbeanspruchung III:
- Zweischaliges Verblendmauerwerk mit Luftschicht nach DIN 1053, → S. 178.
- Außenwände mit hinterlüfteten Außenwandbekleidungen nach DIN 18 515/6 und nach Richtlinien.
- Zweischaliges Verblendmauerwerk o. Luftschicht nach DIN 1053 mit Vormauersteinen DIN 105/106 der Druckfestigkeitsklasse 20 N/mm² u. **wasserabweisendem Fugmörtel**.
- Außenwände mit gefügedichter Beton-Außenschale nach DIN 1045.
- Außenwände mit angemörtelten Bekleidungen nach DIN 18 515 mit Unterputz und **wasserabweisendem Fugmörtel**.
- Nach DIN 18 550 verputzte Außenwände aus Mauerwerk, Beton oder Wandbauplatten mit einem **wasserabweisenden Außenputz** oder einem Kunstharzputz.

→ weiter rechte Spalte

- Außenwände in Holzbauweise mit vorgesetzter Bekleidung nach DIN 18 516 und nach Richtlinien.
- Wie vor, aber mit 11,5 cm dicker Mauerwerks-Vorsatzschale mit Luftschicht nach DIN 1053.

Voraussetzungen für ausreichenden Regenschutz

Voraussetzungen für ausreichenden Regenschutz sind regendicht geschlossene Fugen, Risse und Löcher sowie regendicht, aber beweglich (meist elastoplatisch) geschlossene Dehnungsfugen. So kann Regenwasser nur noch in die kapillar aktiven Poren der Gebäude-Außenfläche eingesaugt werden, nachdem es der Wind trotz überstehender Dächer gegen sie geweht hat.
Die Innenflächen bleiben aber nur dann trocken, wenn dort in der Zeiteinheit mehr Wasser verdunsten kann als von außen nachgesaugt wird. Das gilt auch für poröse Dachdeckungen, z. B. aus Dachziegeln oder Dachsteinen. Deshalb ist auch ausreichendes Lüften eine Vorbedingung.

9 Schäden, die durch Wasser in den Bauteilen bewirkt werden können:

1. Durch physikalische Vorgänge:

1.1 Die Wärmeleitfähigkeit wird erhöht und damit der Heizwärmebedarf des Raumes. Regel: 1 V % höhere Feuchte: ≈ 10 % größeres λ.

1.2 Die Temperatur kann an den inneren Oberflächen infolge 1.1 unterschritten werden (Kondenswasser) → S. 111.

1.3 Zusätzliche Heizenergie wird zum Trocknen der Bauteile verbraucht (Verdunstungsenergie).

1.4 Wasser kann manche **BIndemittel angreifen**, z. B. Gips-Innenputz und manche Kleber.

1.5 Lösliche Salze können aus dem Spritz- oder Grundwasser aufgesaugt werden und, wenn sie „hygroskopisch" (wasseranziehend) sind, die Feuchtigkeit im Bauteil mit den Folgen nach 1.1 erhöhen. Beim Auskristallisieren an der Oberfläche können „Ausblühungen" entstehen und unterhalb der Oberfläche können manche Salze durch den „Kristallisationsdruck" Zermürbungen verursachen.

1.6 Frostschäden können entstehen, wenn die Kapillarporen weitgehend gefüllt sind, → S. 139.

2. Durch chemische oder biologische Vorgänge:

2.1 Stahl kann **rosten**, z. B. die Bewehrung.

2.2 Schwefeldioxid kann zu **Schwefelsäure** umgewandelt werden und zerstörend wirken.

2.3 Kohlensäurehaltiges Regenwasser kann Kalkstein lösen und „**Kalksinter**" bilden, → S. 136.

2.4 Schwämme, Pilze, Algen und Flechten können nur bei ausreichender Feuchtigkeit wachsen. Der Feuchtegehalt von Holzbauteilen soll deshalb keinesfalls höher als 20 % sein.

Baustoffstrukturen

Arten der gasigen und flüssigen und festen Gemische und Gemenge (Dispersionen) [1]

Das Zerteilungsmittel ist [1]	Der zerteilte Stoff ist:	a) **molekularfein** zerteilt	b) **kolloidfein** zerteilt [2]
fest [4]	fest	Mischkristalle, Doppelsalze, z. B. Dolomit [3]	dichte, durchsichtige, feste Stoffe, z.B. farbige Gläser, Kunststoffe
	flüssig	Mischkristalle, Hydrate, z. B. Gipsstein [3]	wassersatte feinporige, amorphe feste, z.B. nasser Zementstein
	gasig	feste Gaslösungen, z. B. CO im Stahl [3]	trockene feinporige, amorphe feste, z.B. trockener Zementstein
flüssig	fest	Lösungen („echte" Lösung) z. B. Gips in Wasser [3]	Suspensionen = Schlämmen, Schlamme, hochdisperse
	flüssig	Flüssiggemische, z. B. Alkohol in Wasser [3]	Hochdisperse Emulsionen [5]
	gasig	flüssige Gaslösungen, z. B. Sauerstoff in Wasser [3]	Hochdisperse Schäume
gasig	fest	(nicht möglich, molekularfein zerteilte Stoffe sind Gase)	trockene Stäube, Pulver, Mehle, **Beispiele siehe**
	flüssig		z. B. unsichtbare Wassertröpfchen in der Luft
	gasig	Gasgemische, z. B. die Luft [3]	– (nicht möglich, Gase
		0,2 nm	0,6 nm —— Korn-Ø ——► 0,6 µm

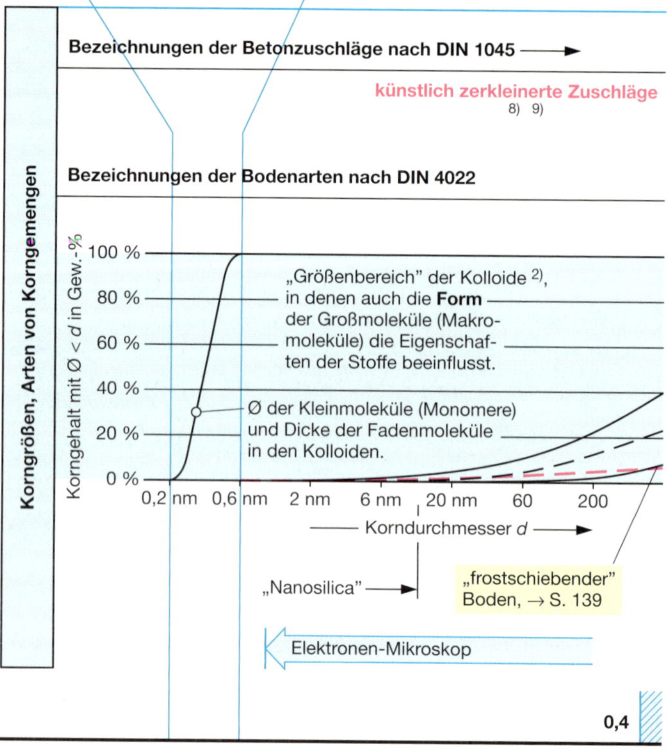

[1] Bei Gemischen ist zwischen dem zerteilten Stoff (auch innere Phase) u. dem Zerteilungsmittel (äußere Phase), auch Löse- oder Dispersionsmittel zu unterscheiden.

[2] „Kolloidfein" bedeutet, dass die Teilchen die Größe von Makromolekülen haben.

[3] Teils chem. Verbindungen.

[4] Vergleiche Übersicht S. 145.

[5] Beim „Brechen" ballen sich d. feinen Tröpfchen zusammen.

[6] Grenzen nicht einheitlich.

[7] Für Asphalt, Dichtungsstoffe und Kitte werden Körnungen < 0,25 mm „Füller" genannt.

[8] Die Angaben dieser Seite entsprechen auch den DIN 1053, 4226, 4187, 4188, 18 550, 18 555 und 66 100.

[9] Korngrößen werden an einen Schrägstrich geschrieben. Beispiel: Sand 1/4 mm ist ein Korngemenge, das auf dem 1mm-Maschendrahtsieb liegen bleibt und durch das 4 mm-Quadratlochsieb fällt. Die Stoffart ist zusätzlich zu nennen, z. B. Natursand, Quarzmehl, Basaltsplitt usw.

c) **mehlfein** zerteilt [4]	d) **sandfein** zerteilt [4]	e) **grobkörnig** [4]
dichte, undurchsichtige, fe. Sto., z. B. farbige Gläser, Kunststoffe	dichte, feste Stoffe mit körnigem Gefüge, z. B. Sandsteine	z.B. Granite
Stoffe, z. B. nasser Ziegel	wassersatte, grobporige, feste Stoffe, z. B. nasser Porenbetonst.	z.B. nasser Bimsbetonstein
Stoffe, z. B. trockener Ziegel	trockene grobporige, feste Stoffe, z. B. trock. Porenbetonst.	z.B. trockener Bimsbetonstein
Teige, Breie, z. B. Weißkalkteig	wassersatte Sande, Kiese, Splitte … **Beispiele siehe hierunter**	
Emulsionen, z. B. Bitumen-Wasser-Emulsionen [5]	(unbeständig)	
Schäume, z. B. Seifenschaum	(unbeständig)	
Schluffe; Rauche, Aerosole, **hierunter**	trockene Sande, Kiese, Splitte … **Beispiele siehe hierunter**	
Nebel, z. B. sichtbare Wassertröpfchen in der Luft, Aerosol	(unbeständig, z. B. Regentropfen in der Luft)	
sind in einzelne Kleinmoleküle zerteilt) –		
(rund 1 µm) [6] 0,06 mm	(rund 0,1 mm) [6] 2	(auch 4 mm) [6]

0,063 0,125 **0,25** 0,5 **1** 2 **4** 8 16 **32** **63** [9]

→ **(Abschlämm-bares)** | Feinst- **Sand,** | Fein- **Brechsand** | Grob- | **Kies** / **Splitt** | **Grob-kies** / **Schotter** | **Steine** / **Bruchsteine**

Ton | **Schluff**: Fein- Mittel- Grob- | **Sand**: Fein- Mittel- Grob- | **Kies**: Fein- Mittel- Grob- | **Steine**

0,002 0,006 0,002 0,06 mm 0,2 0,6 2 mm 6,3 20 63 mm

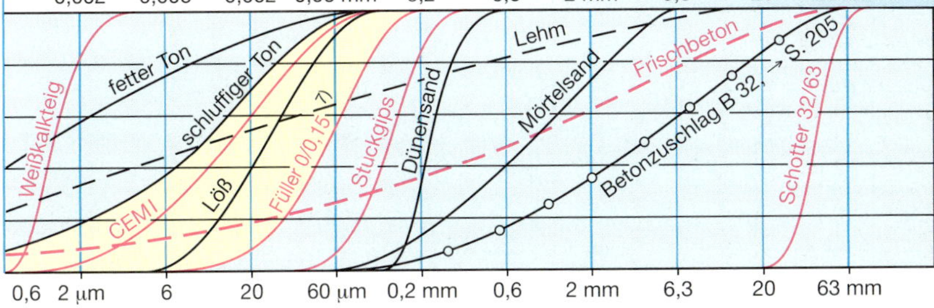

Beispiele bauwichtiger Korngemenge [1]
Zur Darstellung als „Sieblinien", vgl. S. 201, S. 205

← Korn noch erkennbar | Reiskorn | Erbse | Haselnuss | Hühnerei | Merkgrößen DIN 4022

Absetzen, Abschlämmen, Windsichten | # -Metalldrahtsiebe | □ -Stahlblechsiebe | **Trenntechnik**

Lichtmikroskop | Auge des Menschen | **Sichtbarkeitsgrenzen**

0,8 Wellenlängen des Lichts

Porenweiten und Eigenschaften poröser Baustoffe

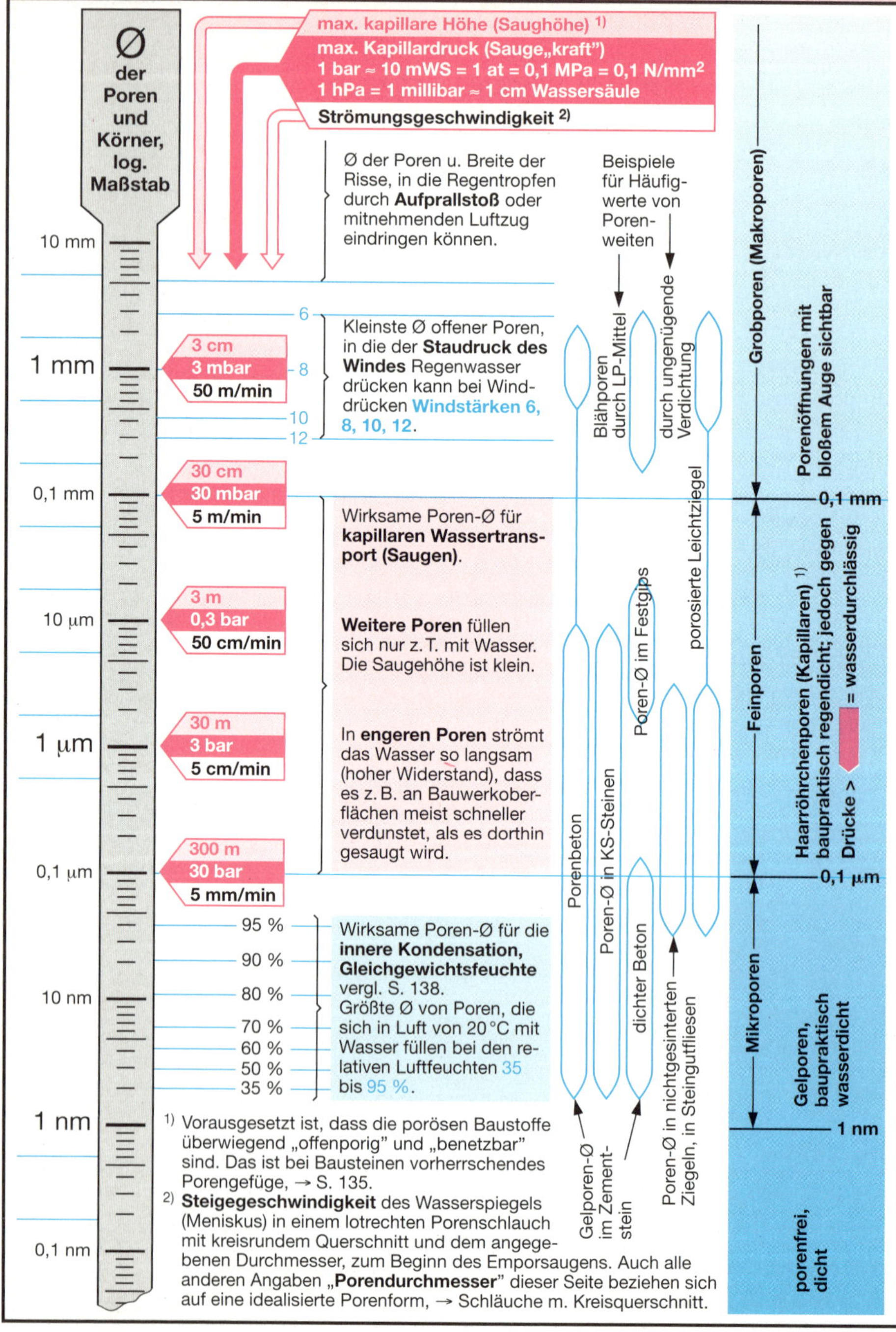

1) Vorausgesetzt ist, dass die porösen Baustoffe überwiegend „offenporig" und „benetzbar" sind. Das ist bei Bausteinen vorherrschendes Porengefüge, → S. 135.

2) **Steigegeschwindigkeit** des Wasserspiegels (Meniskus) in einem lotrechten Porenschlauch mit kreisrundem Querschnitt und dem angegebenen Durchmesser, zum Beginn des Emporsaugens. Auch alle anderen Angaben „**Porendurchmesser**" dieser Seite beziehen sich auf eine idealisierte Porenform, → Schläuche m. Kreisquerschnitt.

Gemische von Stoffen

Vergleiche Abschnitte a) bis e) → S. 142, 143

Begriffe von Baustoffen, die in **weichem oder flüssigem** Zustand verarbeitet werden, **geordnet** nach ihrem **Größtkorn** und der Art ihres **Verdünnungs- bzw. Lösemittels**. 2)

Ø der Körner, log. Maßstab	**1. Wasser** (Verdünnungsmittel)	**2. Organische V.** (Verdünnungsmittel)
e) Größtkorn > 4 mm, grobkörnig wie Beton (10 mm)	Beton (Zementbeton), Kunststoffdispersions-Beton.	Asphaltbeton, Teerbeton, Gussasphalt, Reaktionsharz-Beton.
d) Größtkorn < 4 mm, feinkörnig wie Mörtel (1 mm; bis 0,1 mm)	Zementmörtel, Kalkmörtel als Mauermörtel und Fugmörtel, wie vor + Gipsmörtel als Putzmörtel. Dünnbettm. zum Mauern, < 1 mm, Dünnbettmörtel für keramische Beläge, ≧ 0,5 mm, → S. 163, Kunststoffdispersions-Mörtel als Putzmörtel, → S. 244.	Sandasphalt, Teermörtel, Bitumen-Spachtelmasse, → S. 255 **5**, Pflastervergussmasse, → S. 255 **1**, Reaktionsharz-Mörtel als Fug- u. Spachtelmasse, → S. 254 **2**, Polymerisatlösung-Mörtel als Putzmörtel, → S. 244.
c) Größtkorn < 0,1 mm, mehlfein wie Schlämme und Kitt (10 µm; bis 1 µm)	Zement-Fug- und -Spachtelmasse, Zementfarbe, Silkatfarbe. Bitumen-Emulsion, Steinkohlenteerpech-Emulsion. Kunststoffdispersion als Dichtungsmasse, als Klebstoff, Kunststoffdispersionsfarbe, wasserverdünnbare Lackfarbe.	Asphaltmastix, Heißmasse, Gefülltes Bitumen, → S. 255 **1** " , Gefüllte Bitumenlösung Kaltm., Gefüllter Reaktionsharz-Klebstoff, Reaktionsharz-, Fug- und Spachtelmasse, Dichtungsmasse aus Kunststoff, Porenfüller, Klebkitt, → S. 255 **5**, Lackfarben, Ölfarben, → S. 251 **1**,
b) Größtkorn < 1 µm, kolloidfein wie Öl (0,1 µm; 10 nm; bis 1 nm)	Silikatlösung, ungefüllt, „Zementgel". Leimlösung, ungefüllt, Kleister, ungefüllt.	Bitumen, ungefüllt, Bitumenteer, Steinkohlenteerweichpech, ungef., Bitumenlösung, ungefüllt. Reaktionsharz-Klebstoff, ungefüllt, Polymerisatharz-Lösung als Klebstoff, ungefüllt, Lack, Transparentlack, Klarlack, Öllack, Standöl, Firnis (Leinölfirnis).
a) Größtkorn < 1 nm: Kleinmoleküle und niedermolekulare Polymere (Kleinstkorn für alle Gemische ~ 0,2 nm), dünn wie Wasser.	Wasser, Abbeizmittel, Haftgrundmittel, Voranstrichmittel, Einlassmittel, Salzlösung als Imprägniermittel.	Organ. Lösemittel, → S. 253 **1**, Weichmacher Abbeizmittel, Haftgrundmittel, Einlassmittel, Silikonöl als Imprägniermittel.

1) Beispiel für **baupraktische Folgerungen** aus der Tabelle: Als **Abdichtungsanstrich** (vergl. S. 255 **3**) werden gebraucht sowohl die **Bitumen-Emulsion** (in **c1**) als auch die **Bitumen-Lösung** (in **b2**). Die Bitumenteilchen der Emulsion sind so groß, dass sie beim Anstreichen von **trockenem oder feuchtem** Grund in die Poren kaum eindringen können. Sie bilden auf der Oberfläche einen Film, der mehr oder weniger haftet. Die Bitumenteilchen der **Lösung** sind sehr viel kleiner als die saugenden Poren (vergl. Porenweiten S. 142). Sie dringen beim Anstreichen von **trockenem** Grund in die Poren ein und verankern den Anstrich.

2) Verdünnungs- = Lösemittel, → S. 253 **1**.

Dichte von Baustoffen

Die unterschiedlichen Dichteangaben

Dichte $\varrho = \frac{m}{V} \left(\frac{\text{Masse}}{\text{Volumen}}\right)$ Die Angaben in $\frac{\text{kg}}{\text{dm}^3} = \frac{\text{kg}}{\text{l}} = \frac{\text{t}}{\text{m}^3} = \frac{\text{g}}{\text{cm}^3}$ sind gleichwertig.

Die Dichtezahl sagt, wieviel kg ein dm^3 (l) wiegt. Da reines Wasser bei + 4 °C die Dichte 1 hat, sagt die Dichtezahl auch, wieviel mal schwerer oder leichter als Wasser ein Stoff ist. Dichte wurde früher „spezifisches Gewicht", „Raumgewicht", „Raumeinheitsgewicht", „Einheitsgewicht", „Stoffgewicht", „Litergewicht" oder „Kubikmetergewicht" genannt.
Die in DIN 4109 auf S. 96 bis 99 bei den Wärmeleitzahlen aufgeführten **ϱ_R-Werte in kg/m³ (g/l) haben 1000 mal größere Zahlenwerte** als die Dichten in kg/dm³, sind jedoch für leichte Stoffe, besonders Dämmstoffe, zweckmäßiger.

1 Gase, Flüssigkeiten und dichte feste Stoffe

füllen ihren Raum porenfrei aus, daher nur ein Begriff → **Dichte**[2)] ϱ

ϱ ist die Reindichte des porenfreien Stoffes, z. B. Metalle, Glas, ungeschäumte Kunststoffe.

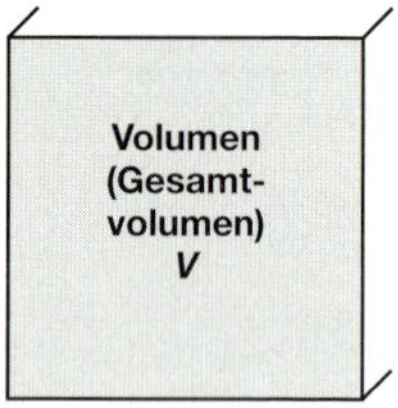

2 Porige feste Stoffe

z. B. porige Vollsteine.
Es sind zu unterscheiden → **Rohdichte** ϱ_R | **Reindichte**[2)] ϱ

ϱ_R ist die Rohdichte des porigen Stoffes, z. B. Vollziegel, Kalksandvollstein, Porenbeton, Holz, Schaumkunststoff usw.

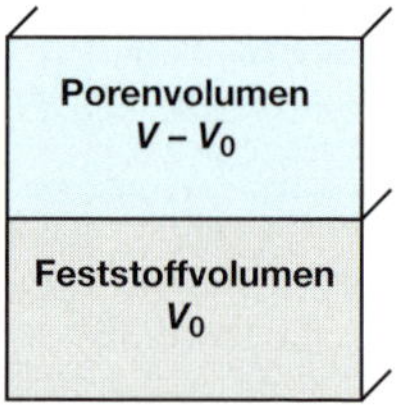

3 Porige feste Körper mit Kammern

z. B. Loch- und Hohlsteine → **Steinrohdichte**[1)] ϱ_R | **Scherbenrohdichte** ϱ_{Sch} | **Reindichte**[2)] ϱ

ϱ_{Sch} ist die Rohdichte des Scherbens, (Scherbenvolumen = Steinvolumen – Kammer- bzw. Lochvolumen).

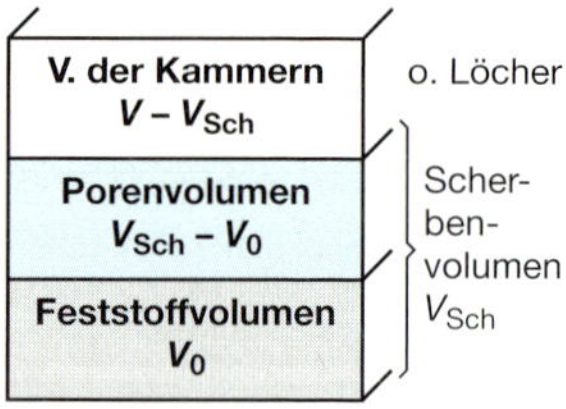

4 Korngemenge aus porigen Körnern

z. B. Bimskies → **Schüttdichte**[4)] ϱ_S | **Rohdichte d. Körner** ϱ_K | **Reindichte d. Körner**[2)] ϱ

ϱ_K ist die Rohdichte der porigen Körner, auch „Kornrohdichte", z. B. bei Blähton, Bims, Ziegelsplitt und ähnlichen Stoffen.

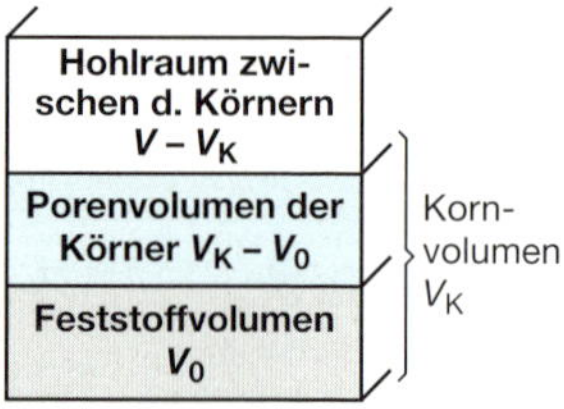

5 Korngemenge aus dichten Körnern

z. B. Basaltsplitt, Glaswolle → **Schüttdichte**[4)] ϱ_S | **Dichte d. Körner**[2)] ϱ

ϱ ist die Reindichte der Körner oder Fasern, (bei Fasern statt Schüttdichte: „Packungsdichte").

Dichte und Hohlräumigkeit von Baustoffen

Ermitteln der Dichte

$$\varrho = \frac{\text{Masse}}{\text{Feststoffvolumen}} = \frac{m}{V_0}$$

V_0 = Rauminhalt des porenfrei zusammengedrückt gedachten Stoffes.

$$\varrho_{Sch} = \frac{\text{Masse}}{\text{Scherbenvolumen}} = \frac{m}{V_{Sch}}$$

V_{Sch} = Gesamtvolumen des Steines minus Volumen der Kammern im Stein.

$$\varrho_R = \frac{\text{Masse}}{\text{Gesamtvolumen}} = \frac{m}{V}$$

$$\varrho_K = \frac{\text{Masse}}{\text{Volumen der Körner}} = \frac{m}{V_K}$$

V_K = Gesamtvolumen des Korngemenges minus Hohlraum zwischen den Körnern.

Ermitteln von Porigkeit bzw. Hohlräumigkeit

Beispiel zu 2: Porigkeit eines porigen Stoffes

$$\varepsilon = \frac{(V - V_0) \cdot 100}{V} = \frac{(\varrho - \varrho_R) \cdot 100}{\varrho} = \ldots \; V\,\%$$

Beispiel zu 3: Hohlräumigkeit eines Korngemenges

$$\varepsilon = \frac{(V - V_K) \cdot 100}{V} = \frac{(\varrho_K - \varrho_S) \cdot 100}{\varrho_K} = \ldots \; V\,\%$$

[5]

❻ Zusammenhang bei Hölzern und Holzwerkstoffen

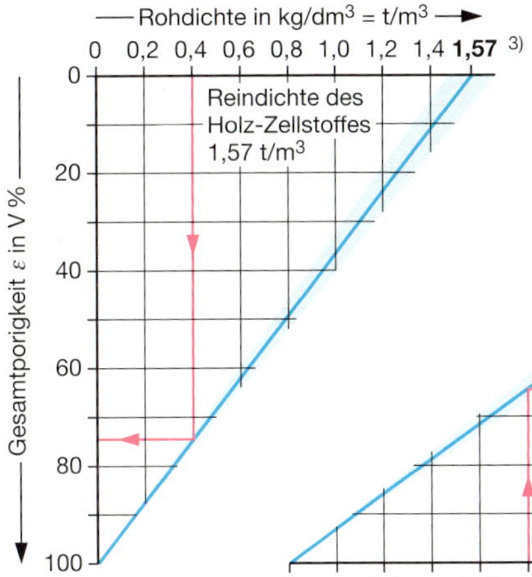

❼ Zusammenhang bei natürlichen und künstlichen Steinen

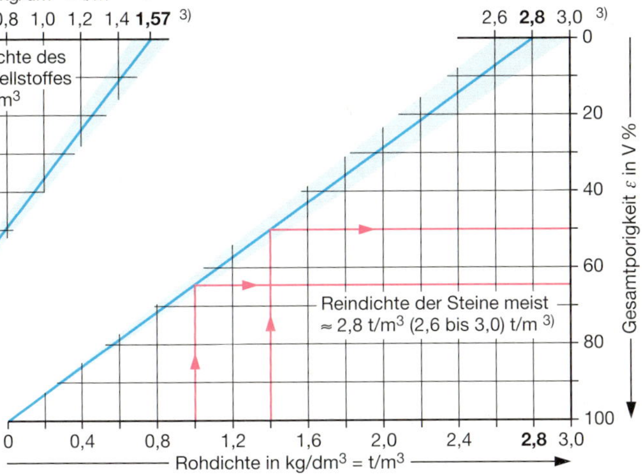

Beispiel zu ❻:
Eine poröse Holzfaserplatte HFD mit der Rohdichte 400 kg/m³ = 0,4 t/m³ enthält ≈ 75 V % Porenraum (ε = 0,75) und ≈ 25 V % feste porenfreie Holzmasse.

Beispiel zu ❼:
Ein Hohlblockstein HBL aus Leichtbeton hat die Steinrohdichte 1 kg/dm³ und die Betonrohdichte 1,4 kg/dm³. Er enthält:
≈ 50 V % Feststoff im Beton,
≈ 50 V % Poren im Beton,
≈ 65 V % Hohlraum in Kammern und im Beton,
≈ 35 V % Feststoff im ganzen Stein.

1) Steinrohdichte der Mauersteine, → S. 161.

2) „Dichte" statt „Reindichte" zu verwenden, ist nach DIN 1306 erlaubt, wenn die Verwechslung mit „Rohdichte" nicht möglich ist.

3) Zu jeder der Reindichten, die auf S. 146 genannt sind, lässt sich ein Diagramm nach dem Beispiel von ❻ oder ❼ zeichnen.

4) Zwei Schüttdichten sind zu unterscheiden: „lose eingelaufen" und „eingerüttelt".

5) ε = Porigkeit = Hohlräumigkeit nach DIN 66161.

Dichte-Tabellen I

Zum schnelleren Aufsuchen der Werte sind an dieser Stelle Dichte-Angaben zusammengestellt, die in den Bautabellen verstreut enthalten sind; sie wurden durch weitere Werte ergänzt.

Zu den Begriffen **Reindichte**, **Rohdichte**, **Scherben-** (Beton-) **Rohdichte** und **Schüttdichte** siehe Seiten 146 und 147.

Auf den Seiten 42…46 sind Rechenwerte der **Lastannahmen in kN/m³** genannt. Ihre Zahlenwerte sind **zehnmal so groß wie die** zugehörigen **Rohdichtewerte in t/m³** bzw. betragen sie **ein Hundertstel der Rohdichtewerte in kg/m³**.

Beispiel, → S. 42:
Stahlbeton: 25 kN/m³ ≙ 2,5 t/m³ ≙ 2500 kg/m³

Wenn im Folgenden drei Zahlen genannt sind, dann bedeuten sie:
Kleinstwert ·· **Häufigwert** ·· Größtwert

1 Dichte bzw. Reindichte ϱ von festen porenfreien Stoffen

in t/m³ = kg/dm³ = g/cm³:

Eis (luftfrei)	0,917
Gips (Festgips, porenfrei)	2,4
Glas (Bauglas als Silikatglas)	2,5
Glas (Borsilikatglas, Schaumglas)	2,1
Glas (Flintglas, metallhaltig)	3,1 … 3,9
Holzstoff (Zellulose, Lignin)	1,57
Portlandzement (CEM I)	3,1
Portland-Hüttenzement (CEM II/AS)	3,05
Hochofenzement (CEM III A oder B)	3,0

Minerale (auch als Mehle):

Baryt (Schwerspat)	4,5
Anhydrit	2,9 … 3,0
Brauneisenstein (Erz)	4,0
Dolomit	2,85 … 2,95
Feldspäte	2,53 … 2,77
Gipsstein (als Kristall)	2,4
Kalzit (Kristall im Kalkstein)	2,7
Kaolinit (im Ton)	2,6
Quarz	2,65
(41 Pigmente → S. 252)	

Steine, künstliche und natürliche:

Beton, Zementmörtel, Porenbeton	2,65
Kalksandsteine	2,65
Naturbims	2,4
Sinterbims, Hochofenschlacke	2,9
Ziegel, Keramik, Blähton	2,7
Basalt, Basaltlava	3,0 … 3,1
Granite, Syenite	2,65 … 2,85
Marmore, Kalksteine, Dolomit	2,7 … 2,9
Sandsteine, Grauwacke	2,65 … 2,7
Vulkanische Tuffsteine	2,65 … 2,75

Kunststoffe
ohne Füllstoffe und Weichmacher

EP	Epoxidharz	1,2
MF	Melaminharze	1,5
PA	Polyamide	1,0 … 1,2
PC	Polycarbonate	1,2
PE	Polyethylen, niedriger Dichte	0,92
	Polyethylen, hoher Dichte	0,94 … 0,97
PF	Phenolharze	1,3
PP	Polypropylen	0,90
PS	Polystyrol	1,05
PTFE	Polytetrafluorethylen (Teflon)	2,2
PUR	Polyurethane, linear	1,21
	Polyurethane, vernetzt	1,26
PVC	Polyvinylchlorid, hart	1,38 … 1,40
	Polyvinylchlorid, weichgemacht	1,2 … 1,3
PVCD	Polyvinylidenchlorid	1,65
UF	Harnstoffharze	1,5
UP	Polysterharze	1,1 … 1,4

Metalle

Aluminium, gewalzt	2,73
Aluminium, gegossen	2,65
Aluminium, legiert aus Al, Cu und Mg	2,8
Baustahl und Stahlguss	7,85
Blei (Hartblei)	11,4
Bronze, 80 % Cu + 20 % Sn	8,74
Grauguss, Temperguss, GGG-Guss	7,25
Kupfer	8,9
Magnesiumlegierung	1,85
Messing (M 60)	8,5
Quecksilber (flüssig)	13,5
Zink, gewalzt	7,18
(20 weitere Metalle → S. 122)	

2 Dichte ϱ von Flüssigkeiten

bei 20 °C in **t/m³ = kg/l = g/ml:**

Benzin (Testbenzin)	0,79
Benzol	0,88
Dieselöl (leichtes Heizöl)	0,85 … 0,90
Äthanol (96 %)	0,79
Salzsäure (38 %)	1,20
Schmieröl	0,85
Schwefelsäure (50 %)	1,40
Seewasser	1,02

3 Dichte ϱ von Gasen

in **kg/m³ = g/l:**

Ammoniak	(NH_4)	0,77
Azetylen	(Äthin)	1,17
Butan	(C_4H_{10})	2,70
Chlor	(Cl_2)	3,22
Erdgas	(meist CH_4)	0,8 … 0,85
Kohlenstoffoxid	(CO)	1,25
Kohlenstoffdioxid	(CO_2)	1,98
Luft, bei 0 °C		1,29
Methan	(CH_4)	0,72
Propan	(C_2H_6)	2,00
Sauerstoff	(O_2)	1,43
Stickstoff	(N_2)	1,25
Wasserstoff	(H_2)	0,09

Dichte-Tabellen II

4 Rohdichte ϱ_R fester Stoffe

in **t/m³ = kg/dm³ = g/cm³:**

Beton, normal	2,0 ·· **2,4** ·· 2,6
Beton, schwer (f. Strahlenschutz)	2,6 ·· 5,0
Leichtbeton, geschlossenes Gefüge	1,0 ·· 2,0
Leichtbeton, korn- u. haufwerkporig	0,6 ·· **1,0** ·· 1,4

Mauersteine:

Klinker	1,9 ·· **2,0** ·· 2,2
Vollziegel, KS-Vollsteine	1,6 ·· **1,8** ·· 2,0
Lochziegel, KS-Lochsteine	1,0 ·· **1,4** ·· 1,6
Leichtbeton-Hohlblocksteine	0,6 ·· **1,2** ·· 1,6
Leicht-Hochlochziegel	0,7 ·· **0,8** ·· 0,9
Porenbetonsteine	0,4 ·· **0,5** ·· 0,7
Schamottesteine	0,8 ·· **1,4** ·· 2,1
Steinzeug, Porzellan	2,0 ·· **2,2** ·· 2,5

(Weiteres → S. 96 ·· 99 u. 159 ·· 161)

Natursteine:

Basalt	2,9 ·· 3,0
Granite, Syenite	2,6 ·· 2,8
Marmore, Kalksteine, Dolomite	2,6 ·· 2,8
Sandsteine, Grauwacke	2,6 ·· 2,7
Basaltlava	2,2 ·· 2,4
Vulkanische Tuffsteine	1,8 ·· 2,0

(Weiteres → S. 188)

Mauerwerk:

normal	1,0 ·· **1,4** ·· 1,8
hochfest aus Klinkern	1,6 ·· **2,0** ·· 2,4
Vor- (Sicht-) Mauerwerk	1,6 ·· **1,8** ·· 2,0
Leichtmauerwerk	0,5 ·· **0,8** ·· 1,0
Granit-Mauerwerk	2,6 ·· **2,7** ·· 2,8
Sandstein- u. Kalksteinmauerwerk	2,5 ·· **2,6** ·· 2,7

(Weiteres → S. 42)

Wandbauplatten
(Rohdichteklassen):

aus Gips	0,7; 0,9; 1,2
aus Leichtbeton	0,8; 1,0; 1,2; 1,4
aus Porenbeton	0,5; 0,6; 0,7; 0,8
Leichtbeton-Hohlwandplatten	0,6; 0,7; 0,8; 0,9; 1,0
Leichtbeton-Hohlwandplatten	1,2; 1,4
Ton-Hohlplatten (Hourdis)	0,8; 1,0
Leichtziegelplatten	0,6; 0,8; 1,0
Holzwolle-Leichtbauplatten (HWL)	0,36 bis 0,57

Dach- und Deckenplatten
(Rohdichteklassen):

Bewehrter Porenbeton	0,4; 0,5; 0,6; 0,7; 0,8
Stahlbetondielen	0,8; 1,0; 1,2; 1,4; 1,6

Putze und Estriche aus:

Gips	1,2
Gips-Sand-Mörtel	1,4
Kalkmörtel	1,8
Zementmörtel	2,0
Anhydritmörtel	2,1
Leichtmörtel	0,7 ·· **1,0** ·· 1,5
Dämm-Mörtel	0,3 ·· **0,5** ·· 0,7
Kunststoff-Dispersionsmörtel	1,0 ·· 1,1
Gussasphalt	2,3

Holz- und Holzwerkstoffe
(Werte für darrtrocken bis 15 m % feucht)

Fichte, Tanne	0,43 ·· 0,49
Kiefer, Föhre	0,48 ·· 0,56
Lärche	0,55 ·· 0,63
Eiche	0,63 ·· 0,72
Buche	0,66 ·· 0,76

(weitere Holzarten → S. 300)

Holzspanplatten, leichte	0,25 ·· 0,50
Holzspanplatten, schwere	0,50 ·· 0,80
Holzfaserplatten, hart	0,80 ·· 1,0
Holzfaserplatten, mittelhart	0,35 ·· 0,80
Holzfaserplatten, porig	0,23 ·· 0,35

Wärmedämmplatten

PS- (Polystyrol-) Hartschaum	0,015 ·· 0,035
PUR- (Polyurethan-) Hartschaum	0,03 ·· 0,04
PF- (Phenolharz) Hartschaum	0,03 ·· 0,04
Faserdämmstoffe	0,01 ·· 0,05
Korkplatten	0,08 ·· 0,10
Zellulose-Dämmstoffe	0,03 ·· 0,05
Schaumglas	0,1 ·· 0,15

5 Schüttdichten ϱ_S von Korngemengen

in **t/m³ = kg/l:**

Mörtelbindemittel:

Weißkalk- u. Karbidkalkhydrat (CL)		0,3 ·· 0,6
Dolomitkalkhydrate (DL)		0,4 ·· 0,6
Hydraulischer Kalk HL2, Trasskalk		0,6 ·· 0,9
Hydraulischer Kalk HL5		0,6 ·· 1,0
Putz- und Mauerbinder		0,8 ·· 1,1
Zemente (CEM I, CEM II u. CEM III)		0,9 ·· 1,4
Trass (hydraulischer Zusatzstoff)		0,8 ·· 0,9
Stuckgips		0,7 ·· 0,9
Fertigputzgips, Haftputzgips	leicht	0,6 ·· 0,9
u. Maschinenputzgips	normal	0,9 ·· 1,1
Anhydritbinder		0,8 ·· 1,0

Zuschläge:	Körnung	feucht ... trocken
Natursand mit	0/1	1,1 ... 1,45
günstiger Sieblinie,	0/2	1,2 ... 1,5
→ S. 201	0/4	1,3 ... 1,55
Natur-Kiessand	0/8	1,4 ... 1,6
mit günstiger	0/16	1,5 ... 1,7
Sieblinie, → S. 205	0/32	1,6 ... 1,8
Natur-Kiessand	0/8	1,3 ... 1,55
mit brauchbarer	0/16	1,4 ... 1,65
Sieblinie, → S. 205	0/32	1,5 ... 1,75
Naturkies aus	2/8	1,7
Granit, Kalkstein	4/16	1,5
Basalt o. Gabbro	8/32	1,7
Naturbims		0,6
Hüttenbims,	2/8	0,83
Blähschiefer	4/16	0,75
Blähton	8/25	0,6
Naturbims (Einkorn)		0,5

Sonstige Stoffe:

Schnee, lose	0,1 ·· **0,2** ·· 0,3
Schnee, nass, fest	0,5 ·· **0,7** ·· 0,9

Bodenarten

DIN 4022 u. 18 196

Benennung

DIN 18 196 (Auszug)

Hauptgruppe	Kornanteile in m % > 2 mm	Kornanteile in m % ≤ 0,06 mm	Bindigkeit: bindig b, nicht bindig nb; Bodengruppe ↓	Benennung [2]	Zeichen [2]	Bindigkeit
Grobkörnig	> 40	≤ 5	Kies	enggestufter Kies [1]	GE	nb
				weitgest. Kies-Sandgem.	GW	nb
				intermittierend gest. "	GI	nb
	≤ 40	≤ 5	Sand	enggestufter Sand [1]	SE	nb
				weitgest. Sand-Kiesgem.	SW	nb
				intermittierend gest. "	SI	nb
Gemischtkörnig	> 40	5··15 15··40		Kies-Schluff-Gemische	GU G$\overline{\text{U}}$	nb b
	> 40	5··15 15··40		Kies-Ton-Gemische	GT G$\overline{\text{T}}$	(b) b
	≤ 40	5··15 15··40		Sand-Schluff-Gemische	SU S$\overline{\text{U}}$	nb b
	≤ 40	5··15 15··40		Sand-Ton-Gemische	ST S$\overline{\text{T}}$	(b) b)

Hauptgruppe	Kornanteil in m % ≤ 0,06 mm	Lage zur A-Linie in einem Diagramm in DIN 19 196 (hier nicht wiedergegeben) in m % ober o. unterhalb ↓	Bodengruppe	Wassergehalt an der Fließgrenze [3] in m %	Kurzzeichen	Bindigkeit
Feinkörnig	> 40	≤ 4	Schluff, leicht plast. mittelplast.	≤ 35 35··50	UL UM	b b
	> 40	≥ 7	Ton. leicht plastisch mittelplastisch ausgeprägt plast.	≤ 35 35··50 > 50	TL TM TA	b b b

[1] **Sieblinienchrakter:** → S. 142/143, S. 201 und 205
„enggestuft" **E**: steile Sieblinie, z.B. Dünensand
„weitgestuft" **W**: flache Sieblinie, gleichmäßige Kö.
„intermittierend" **I**: bei Zuschlag „Ausfallkörnung"

[2]

Ton	**T**	unter 0,002 mm
Schl**u**ff	**U**	über 0,002 bis 0,06 mm
Sand	**S**	über 0,06 bis 2,0 mm
Kies (**g**rant)	**G**	über 2,0 bis 63 mm
Steine	**X**	über 63 bis 200 mm
Blöcke	**Y**	über 200 mm

Weitere Unterteilung der Korngruppen → S. 143.

[3] Der Grad der **Plastizität** wird wie folgt nach dem Wassergehalt bei der **Fließgrenze** unterteilt:

	Kurzzeichen ↓	Massenanteil W_L
leicht plastisch	**L**	kleiner als 35 %
mittelplastisch	**M**	35 bis 50 %
ausgeprägt plastisch	**A**	über 50 %

Merkmale für die Bodenarten

1. **Siebversuch:**
Ähnlich wie auf S. 200 für Zuschläge, aber unter 0,06 mm **auswaschen**, Rest trocknen
2. **Trockenfestigkeitsversuch** (ohne Grobkorn)**:**
Haselnussgroße Kugeln formen, völlig trocknen, zerdrücken.

Festigkeit:		
	keine:	reine Sande
	gering:	Sand, schluffig
	mittel:	Schluff, tonig
	hoch:	Ton, Mergel

3. **Knetversuch:**
Bodenprobe (weich, aber nicht klebrig) zu etwa 3 mm dicken Röllchen formen, aus den Röllchen wieder Klümpchen formen und diese erneut ausrollen:

Die Röllchen zerkrümeln	geringe	Ton, stark sandig; Schluff, schwach tonig.
Der Klumpen zerkrümelt	mittlere	Schluff und Ton; Ton, schwach sandig.
Klumpen oft knetbar	hohe **Plastizität**	Ton, schwach schluffig, Ton.

4. **Schüttelversuch:**
Sehr feuchte nussgroße Probe auf der flachen Hand hin- und herschütteln bis sie glänzt; dann mit Finger darauf drücken.
Wird die Probe dabei **matt**, enthält sie **Schluff**, je schneller sie matt wird, um so mehr Schluff.
5. **Schneideversuch:**
Erdfeuchte Probe mit Messer schneiden; ist die Schnittfläche **stumpf**, dann enthält die Probe **viel Schluff**, ist sie **glänzend**, dann enthält sie **viel Ton**.
6. **Reibeversuch:**
Erdfeuchte Probe zwischen den Fingern zerreiben; **Sand** macht sich durch **Knirschen** bemerkbar, **Schluff** fühlt sich **mehlig**, **Ton** fühlt sich **seifig** an und bleibt an den Fingern kleben; angetrocknet lässt er sich nur durch Abwaschen entfernen. Schluff dagegen lässt sich auch trocken leicht entfernen.
7. **Farbe:**
Die **Farbe** des Bodens lässt auf den Gehalt an Humus schließen: Je dunkler umso höher ist der Humusanteil.
8. **Konsistenzbestimmung** im Feldversuch**:**
Breiig ist Boden, der beim Pressen zwischen den Fingern hindurchquillt.
Weich ist Boden, der sich leicht kneten lässt.
Steif ist Boden, der sich schwer kneten, aber in der Hand zu etwa 3 mm dicken Walzen ausrollen lässt, ohne zu zerbröckeln.
Halbfest ist Boden, wenn er beim Ausrollen bröckelt, aber sich dann noch zu einem Klumpen formen lässt.
Fest (hart) ist ausgetrockneter (meist heller) Boden, der sich nicht mehr kneten, sondern nur noch zerbrechen lässt.

Die Konsistenz ist wichtig für die zulässige Belastung bindiger Bodenarten, → S. 151.

Zulässige Belastung des Baugrundes

DIN 1054

Zulässige mittlere Bodenpressungen

in kN/m² unter Streifenfundamenten

Zwischenwerte geradlinig einschalten		**Fundament-breite** in m Bauwerk ↓	**Kleinste Einbindetiefe** [1] in m 0,5	1	1,5	2
1. Nichtbindiger Boden, → S. 150 [6] z. B. Sand, Kies u. Gemische mit Schluff, wenn ≤ 15 % ≤ 0,06 mm u. ≤ 3 % ≤ 0,006 mm	**a)** [2] **setzungs-empfindlich**	0,5	200	270	340	400
		1	300	370	440	500
		1,5	330	360	390	420
		2	280	310	340	360
		2,5	250	270	290	310
		3	220	240	260	280
Ausnahme: 150 kN/m² für kleine, leichte Bauwerke, ≥ 0,3 m tiefe u. breite Fund.	**b)** **setzungs-unempfindl.**	0,5	200	270	340	400
		1	300	370	440	500
		1,5	400	470	540	600
		2 [3]	500	570	640	700
2. Bindiger Boden, → S. 150 [6] a) gemischt körnig		steif [4]	150	180	220	250
		halbfest	220	280	330	370
		fest	330	380	440	500
b) Schluff, rein, steif ·· halbfest			130	180	220	250
c) Schluff, tonig, [5] Gruppen UM, TL u. TM (gilt nicht für Löß)		steif	120	140	160	180
		halbfest	170	210	250	280
		fest	280	320	360	400
d) Ton, fett, [5] Gruppe UL, (≤5m% organische Stoffe)		steif	90	110	130	150
		halbfest	140	180	210	230
		fest	200	240	270	300

3. Fels, ungestört, geologisch übersichtlich, waagerecht geschichtet, sonst ein sachverständiges Institut einschalten.	**Lagerungszustand** gleichmäßig fest	wechselschichtig o. klüftig
Zustand: nicht brüchig, nicht oder nur wenig angewittert	4000	2000
brüchig, mit deutlichen Verwitterungsspuren	1500	1000

4. Schüttungen: Wenn ausreichend verdichtet, gelten die Werte der Abschnitte 1 und 2. [6]

[1] Bei nichtunterkellerten Gebäuden Abstand zwischen Unterfläche Fundament (UFF) und Oberfläche Erdboden (OFE), bei unterkellerten Gebäuden den Abstand zwischen UFF u. OFF Kellerfußboden.

[2] Setzungsempfindlich sind z. B. Bauwerke mit Durchlaufdecken und -balken.

[3] Für 3 bis 5 m breite Fundamente die Werte dieser Zeile um 10 % je m Mehrbreite vermindern.

[4] Die Konsistenz bindiger Böden kann nach dem Feldversuch 8., Seite 150 abgeschätzt werden.

[5] Zur Unterscheidung von Ton und Schluff sind die Versuche 2, 3, 4, 5 und 6 v. S. 150 geeignet.

[6] Der Gehalt an organischen Stoffen darf bei nichtbindigen Böden nicht höher als 3 %, bei bindigen Böden nicht höher als 5 % sein. Verdacht besteht bei dunkler Farbe und Modergeruch. Genaue Werte liefert der Glühverlust.

Bedingungen für die Anwendung der Tabelle

1. Die Werte sind für den **Regelfall** gültig, in dem aus einer Bodenuntersuchung oder aus „örtlicher Erfahrung" sicher bekannt ist, dass der Baugrund bis zu einer Tiefe unter der Gründungssohle gleich 2-facher Fundamentbreite „annähernd gleichmäßig" ist.
2. Das Fundament darf **nicht** überwiegend oder regelmäßig **dynamischen Krafteinwirkungen** (Schwingungen) ausgesetzt sein.
3. Es darf **keine Kipp- oder Gleitgefahr** vorhanden sein. Kippgefahr droht bei außermittiger Belastung durch unzulässig hohe Randspannungen. Gleitgefahr, wenn die Reibungskraft weniger als das 1,5-fache der Resultierenden aller horizontalen Kräfte beträgt, → S. 80. Der Erdwiderstand vor dem Bauwerk darf mindernd berücksichtigt werden.
4. Die **Gründungssohle** muss **frostfrei** liegen, dazu genügt im allgemeinen eine Tiefe von 0,80 m. Im Bauzustand ist erforderlichenfalls die Frostsicherheit durch Abdeckung zu gewährleisten.
5. Der höchste **Grundwasserspiegel** darf bei nichtbindigen Böden nicht weniger als der Fundamentbreite, bei bindigen Böden der doppelten Fundamentbreite entspricht, unterhalb der Fundamentsohle anstehen.
6. Der Baugrund muss gegen Auswaschen durch strömendes Wasser und bei stark bindigen Böden auch gegen Aufweichen gesichert sein, z.B. durch eine wirkungsvolle Drainage. Aufgeweichter Boden muss vor dem Aufbringen des Fundamentbetons entfernt werden.

Verminderung der Tabellenwerte:
Wenn höchster Grundwasserspiegel Fundament berührt, Werte in 1b) um 40 % vermindern. Zwischenwerte sind geradlinig einzuschalten.

Erhöhung der Tabellenwerte:
Um 20 % bei Rechteckflächen mit Seitenverhältnis weniger als 2 und bei Kreisflächen.
Um 50 % bei nichtbindingen Böden, wenn durch Untersuchung bis mind. 2 m Tiefe unter Fundamentsohle die Tragfähigkeit nachgewiesen wird.

Setzungen in nebenstehendem Ausmaß können sich bei Fundamentbreiten bis 1,5 m ergeben, wenn die Bodenpressungen der Tabelle voll ausgenutzt werden.

1a)	≤ 1 cm
1b)	≤ 2 cm
2a)	~ 3 cm
2b)	~ 2 cm
2 c), d)	~ 4 cm

Die Setzungswerte können erheblich höher ausfallen, wenn sich benachbarte Fundamente gegenseitig beeinflussen. In diesem Fall ist eine fachmännische Setzungsberechtigung nötig.

Tiefgründungen als Pfahl-, Pfeiler- oder Brunnengründungen sind erforderlich, wenn z.B. auf wenig tragfähigem oder stark wasserhaltigem Boden gegründet werden soll. Kann tragfähiger Boden nicht erreicht werden, dann vermag die Mantelreibung von Pfählen erhebliche Kräfte aufzunehmen.

Erdarbeiten I

DIN 4124, 18300 und 18303

Baugrubensicherung

Bei **Aushubarbeiten** dürfen senkrechte Wände nur dann ohne besondere Sicherung bis 1,25 m Tiefe hergestellt werden, wenn d. anschließende Geländeoberfläche bei nichtbindigen Böden nicht stärker als 1 : 10, bei bindigen Böden nicht stärker als 1 : 2 geneigt ist.
In mindestens steifen bindigen Böden darf bis zu 1,75 m Tiefe ausgehoben werden, wenn der mehr als 1,25 m über der Sohle liegende Bereich unter einem Winkel von 45° abgeböscht ❶ oder gesichert wird ❷. 1)

❶ Graben mit abgeböschten Kanten

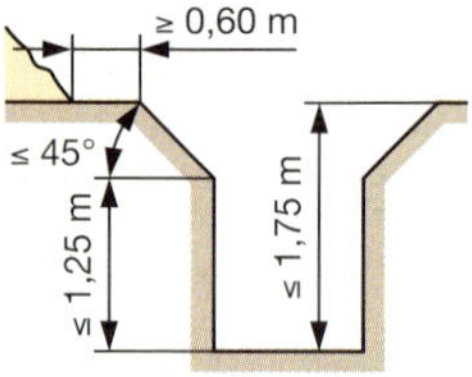

❷ Teilweise gesicherter Graben

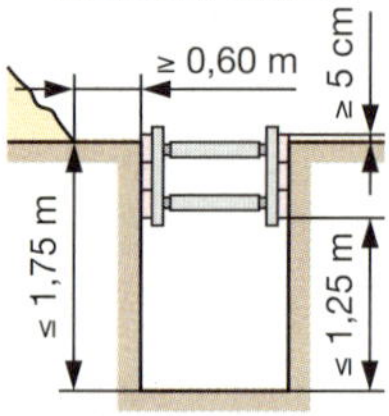

Nicht verbaute Baugruben und Gräben mit einer Tiefe von mehr als 1,25 bzw. 1,75 m müssen mit abgeböschten Wänden hergestellt werden.

Ohne rechnerischen Nachweis der Standsicherheit dürfen folgende **Böschungswinkel *β*** nicht unterschritten werden:

nichtbindige o. weiche bindige Böden: $\beta = 45°$
steife oder halbfeste bindige Böden: $\beta = 60°$
Fels: $\beta = 80°$

❸ Mindestbreiten *b* für Gräben mit betretbarem Arbeitsraum, abhängig vom äußeren Rohr-Ø in m

bei Verbau:

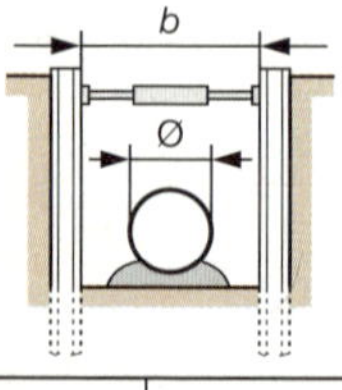

bei Böschungen:

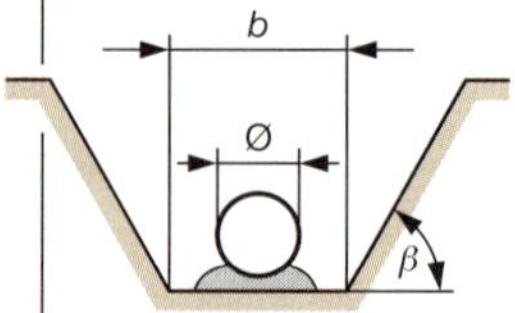

Ø	bei Verbau	bei Böschungen	
Ø < 0,4	b = Ø + 0,40 m	b = Ø + 0,40 m	
0,4 … 0,8	b = Ø + 0,70 m	Böschungswinkel β:	
0,8 … 1,4	b = Ø + 0,85 m	β ≤ 60°	β > 60°
Ø > 1,4	b = Ø + 1,00 m	b = Ø + 0,40 m	b = Ø + 0,70 m

Allgemein gilt für Grabentiefen *t* in m: $t \leq 1{,}75$ m → $b = 0{,}7$ m; $t \leq 4$ m → $b = 0{,}8$ m; $t > 4$ m → $b = 1$ m

❹ Mindestbreiten *b* für Gräben ohne betretbaren Arbeitsraum, je nach Grabentiefe *t*

t in m	bis 0,7	> 0,7 … 0,9	> 0,9 … 1,0	1,0 … 1,25
b in m	0,30	0,40	0,50	0,60

Arbeitsraum vor Kellerwänden

Die in ❺ und ❻ angegebene Mindest-Arbeitsraumbreite von 0,50 m ist unbedingt erforderlich, um Schal- und Abdichtungsarbeiten, z. B. das Auftragen von Dickbeschichtungen, ordnungsgemäß ausführen zu können. Der Arbeitsraum darf auch bei verbauten Baugruben nicht durch Gurtungen oder Querriegel eingeengt werden, wenn diese weniger als 1,75 m über der Baugrubensohle angebracht sind.

❺ Arbeitsraumbreite bei Mauerwerk

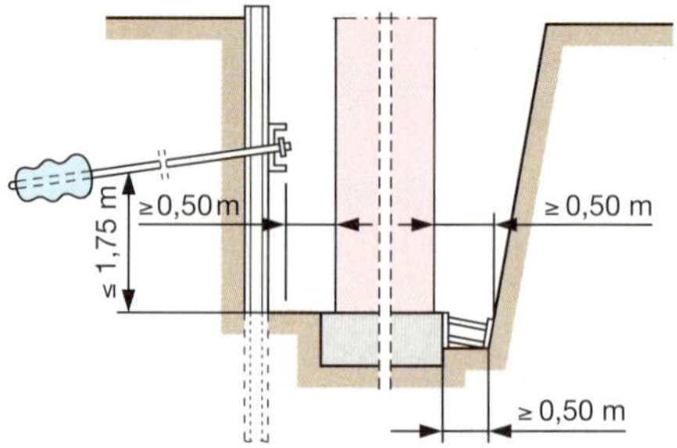

❻ Arbeitsraumbreite bei geschalten Betonwänden

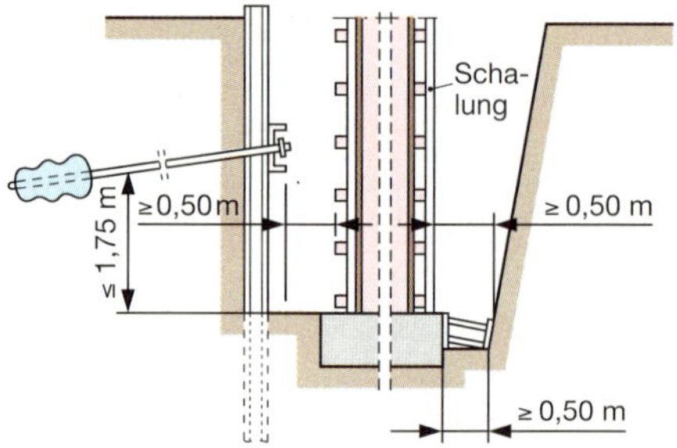

Der **Schutzstreifen** von mindestens 0,60 m Breite, wie in ❶ und ❷, der bei nicht oder nur teilweise verbauten Baugruben am oberen Rand gefordert wird, ist unbedingt von jeder Belastung freizuhalten. Für allgemein zugelassene Straßenfahrzeuge, sowie Bagger und Hebezeuge bis zu 12 t Gesamtgewicht, muss ein Schutzstreifen von mind. 1,0 m Breite, für schwerere Fahrzeuge, sowie Bagger und Hebezeuge von mehr als 12 t, von mindestens 2,00 m Breite freigehalten werden.
Vor allem sind **Vibrationen**, z. B. von Kompressoren, die auf feuchten Erdboden wie ein Betonrüttler wirken, vom Baugrubenrand fernzuhalten.
Nach **starken Regenfällen**, sowie nach Tauwetter u. nach Sprengungen, sind nicht- oder nur teilweise verbaute Böschungen zu überprüfen.

Für Gräben werden statt des traditionellen waagerechten oder senkrechten Norm-Verbaues zunehmend Verbau-Geräte verwendet, welche komplett eingesetzt werden können.

Erdarbeiten II

Aufmessen des Baugrubenaushubs

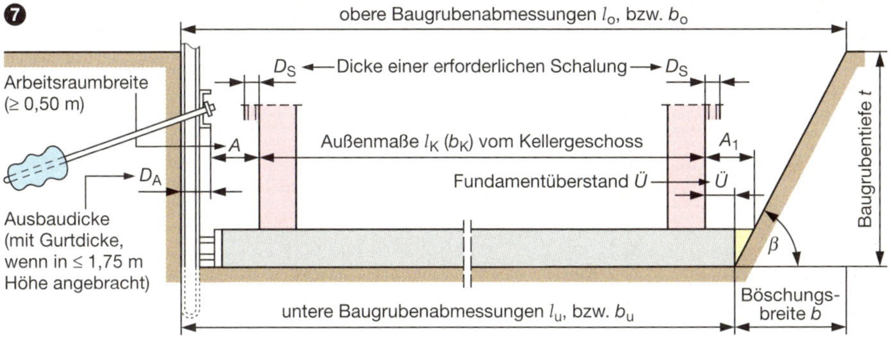

Beispiele für das Errechnen der Maße für den Erdaushub

Keller-Außenwände	mit Ausbau	mit Böschung
aus Mauerwerk	$l_o = l_u = l_K + 2 \cdot A + 2 \cdot D_A$	$l_o = l_K + 2 \cdot A\ (2 \cdot Ü) + 2 \cdot B$ $l_u = l_K + 2 \cdot A\ (2 \cdot Ü)$
aus Ortbeton in Schalung	$l_o = l_u = l_K + 2 \cdot A + 2 \cdot D_A + 2 \cdot D_S$	$l_o = l_K + 2 \cdot D_S + 2 \cdot A\ (2 \cdot Ü) + 2 \cdot B$ $l_u = l_K + 2 \cdot D_S + 2 \cdot A\ (2 \cdot Ü)$

Bei **Fundamentplatten** mit größerem Überstand kann bei Böschungswinkeln ≤ 60° eventuell auch statt *A* der Fundamentüberstand *Ü* eingesetzt werden, wenn das Maß A_1 trotzdem gesichert ist.

Die ***Baugrubentiefe t*** zählt b. Streifenfundamenten, die meist gesondert abgerechnet werden, von Oberfläche Erdboden bis Oberfläche Fundament, bei Plattenfundamenten bis Unterfläche Fundament. [3]

Für das Errechnen des ***Volumens V*** können auch Näherungsformeln, → S. 37, verwendet werden.

Bodenklassen nach DIN 18300 (Auszug)

1. Ober- (Mutter-)boden, 2. Fließende Bodenarten	Böden, lösbar mit:	Böschungs-winkel β	Böschungs-breite B	Auflockerung vorübergehend V %	Auflockerung bleibend V %
3. Leicht lösbare Bodenarten: Sande, Kiese, Kiessande mit ≤ 15 m % Schluff und Ton; ≤ 30 % Steine mit > 63 mm Ø.	Schaufel, Spaten	40° (45° n. DIN 4124)	1,2 · h (1 · h)	8…15	1…3
4. Mittelschwer lösbare Bodenarten: Sand-Kies-Gemische mit > 15 m % Schluff u. Ton; ≤ 30 % Steine mit > 63 mm Ø. Bindige Böden je nach Wassergehalt: weich bis halbfest.	Spaten und Hacke			10…20	3…5
5. Schwer lösbare Bodenarten: wie Klassen 3 u. 4, Steine: > 30 % von > 63 mm Ø u. < 0,01 m^3 Volumen (< 30 cm Ø); Ausgeprägt plastische Tone, die weich bis halbfest sind.	Picke, Brech-stange, Keile, schwere Bagger-schaufel	60°	0,58 · h (≈ 0,6)	20…30	6…10
6. Leicht lösbarer Fels und vergleichbare Bodenarten: Stark klüftiger, brüchiger, bröckeliger und schiefriger Fels; feste, stark bindige Böden (Ton), gefrorene Böden; Böden m. > 30 % Steinen v. 0,01…0,1 m^3 V (30…60 cm Ø).		80°	0,18 · h (≈ 0,2)	30…40	8…12
7. Schwer lösbarer Fels: unverwitterter fester Fels; festgelagerter Tonschiefer, Nagelfluh, Schlackenhalden.	Bohren u. Sprengen			35…50	10…15

[1] **Gräben**, > 1,25 m tief, mit Leitern versehen, > 0,80 m breit, m. Laufsteg z. Überqueren.
[2] Für die **Schalung** und für den **Ausbau** je 0,15 m ansetzen; Gurthölzer oder -träger zusätzlich berücksichtigen, wenn ≤ 1,75 m über der Sohle.
[3] Bei bindigem Boden **Schutzschicht** liegen lassen und erst unmittelbar vor dem Betonieren abheben, wenn Gefahr von Starkregen droht.

Bodenauflockerung: vorübergehend und bleibend:

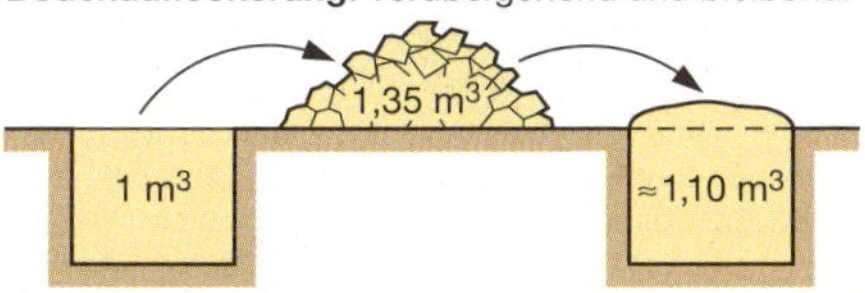

Modulordnung im Bauwesen

DIN 18 000/84

Die **Modulordnung** nach DIN 18 000 ist der internationalen Normung angeglichen und wird in Deutschland vorwiegend im **industriellen Bauen** und hier besonders beim Bauen mit vorgefertigten Elementen angewendet. Dabei sind folgende **Begriffe** zu unterscheiden:

Grundmodul (von lat. modulus = Maß) **M = 100 mm** ist die kleinste Einheit der Modulordnung.

Multimoduln sind ausgewählte Vielfache des Grundmoduls, z. B. **3 M ≙ 300 mm** = 30 cm, **6 M ≙ 600 mm** = 60 cm u. **12 M ≙ 1200 mm** = 1,20 m.

Vorzugszahlen als Vielfache von Grund- und Multimoduln, z. B. von 3 M, 6 M und 12 M werden als **Koordinationsmaße** von Bauteilen eingesetzt.

Ergänzungsmaße, die sich zu M ergänzen sollen, sind 25 mm, 50 mm und 75 mm.

Nennmaße (Sollmaße) sind aus den Koordinationsmaßen abzuleiten und in die Bauzeichnungen einzutragen.
Bei ihrer Festlegung sind die erforderlichen **Fugenmaße** und die jeweils zulässigen Maßtoleranzen (DIN 18 202) zu beachten.

Maßordnung im Bauwesen

DIN 4172/55

Diese, auf dem **Grundmodul 1 am ≙ 12,5 cm** aufbauende Maßordnung wird deshalb meist

Achtelmeter-(Oktameter-) Ordnung genannt.

Weil sie mit d. Abmessungen d. Mauersteine im Einklang steht, wird sie bevorzugt im **handwerklichen Bauen**, besond. im **Mauerwerksbau**, angewendet. Hierbei wird zwischen den Rohbaurichtmaßen der Planung und den Nennmaßen der Bauteile und Bauwerke unterschieden.

Rohbau-Richtmaße RR sind bevorzugt ganze Vielfache des Grundmoduls 12,5 cm. Bei Wänden und Anschlägen sind auch halbe **am** gebräuchlich.

Rohbau-Nennmaße (praktische „Sollmaße") errechnen sich aus den Rohbau-Richtmaßen unter Berücksichtigung der Fugendicken.
Die unterschiedlichen Nennmaße, die sich daraus für jedes Richtmaß ergeben, sind unten und auf der nächsten Seite dargestellt.

1 Errechnen der Nennmaße aus den Baurichtmaßen   Gültig für beide Maßordnungen!

der Längen-, Breiten- und Dickenmaße	der Höhenmaße	der Achsmaße

a) im Mauerwerksbau und Fertigteilbau mit 1 cm dicken Fugen:

Anbaumaß, z. B. Länge einer Anmauerung u. Tiefe einer Vorlage

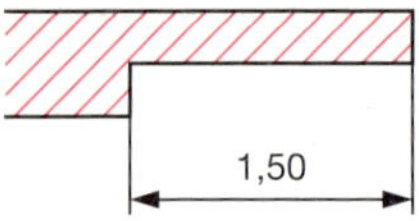

Nennmaß = RR

Aufbaumaß, z. B. Höhe einer Aufmauerung

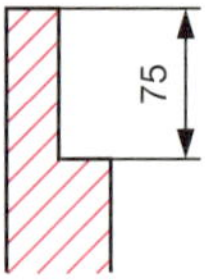

Nennmaß = RR

Achsmaß von Achse bis Achse

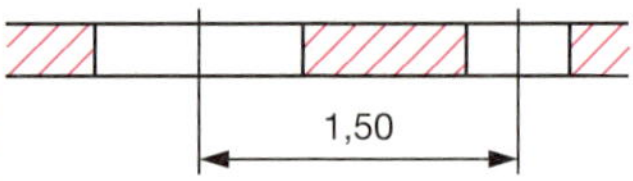

Nennmaß = RR

Außenmaß, z. B. Pfeilerbreite und Wanddicke

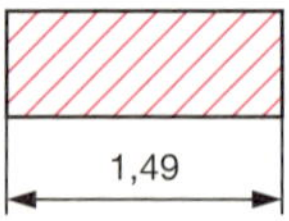

Nennmaß = RR – 1 cm

Außenmaß, z. B. Höhe zwischen Öffnungen u. Sturzhöhe

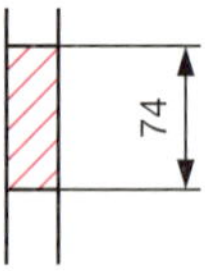

Nennmaß = RR – 1 cm

Achsmaß außen, z. B. von Achse bis Außenecke

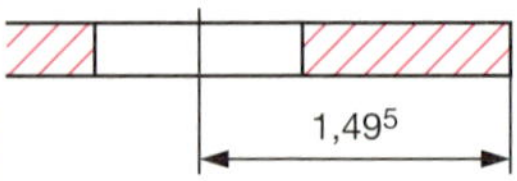

Nennmaß = RR – 0,5 cm

Innenmaß, z. B. Öffnungsbreite u. Nischenbreite

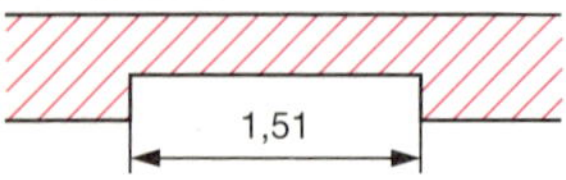

Nennmaß = RR + 1 cm

Innenmaß, z. B. Öffnungshöhe und Nischenhöhe

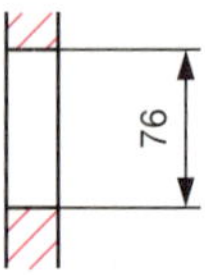

Nennmaß = RR + 1 cm

Achsmaß innen, z. B. von Achse bis Innenflucht

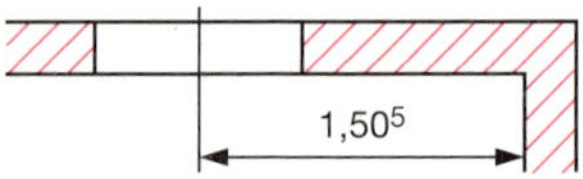

Nennmaß = RR + 0,5 cm

b) im Betonbau: Für alle im Abschnitt a) genannten 9 Fälle gilt: **Nennmaß = RR**

Rohbau-Richtmaße

DIN 4172/55

Achtelmeter am	Maße in cm genau	Maße in cm rund	Schichtenzahl für Steinhöhe in cm 5,2	11,3	24	7,1	Höhe in cm rund
1/2	6,25	6	1			1	8,5
1	12,5	**12,5**	2	**1**		2	16,5
1 1/2	18,75	19	3				
2	25	**25**	4	**2**	1	3	**25**
2 1/2	31,25	31	5			4	33,5
3	37,5	**37,5**	6	**3**		5	41,5
3 1/2	43,75	44	7				
4	50	50	8	**4**	2	6	**50**
4 1/2	56,25	56	9			7	58,5
5	62,5	**62,5**	10	**5**		8	66,5
5 1/2	68,75	69	11				
6	75	**75**	12	**6**	3	9	**75**
6 1/2	81,25	81	13			10	83,5
7	87,5	**87,5**	14	**7**		11	91,5
7 1/2	93,75	94	15				
8	100	**100**	16	**8**	4	12	**100**
8 1/2	106,25	106	17			13	108,5
9	112,5	**112,5**	18	**9**		14	116,5
9 1/2	118,75	119	19				
10	125	**125**	20	**10**	5	15	**125**
10 1/2	131,25	131	21			16	133,5
11	137,5	**137,5**	22	**11**		17	141,5
11 1/2	143,75	144	23				
12	150	**150**	24	**12**	6	18	**150**
12 1/2	156,25	156	25			19	158,5
13	162,5	**162,5**	26	**13**		20	166,5
13 1/2	168,75	169	27				
14	175	175	28	**14**	7	21	**175**
14 1/2	181,25	181	29			22	183,5
15	187,5	**187,5**	30	**15**		23	191,5
15 1/2	193,75	194	31				
16	200	**200**	32	**16**	8	24	**200**
16 1/2	206,25	206	33			25	208,5
17	212,5	**212,5**	34	**17**		26	216,5
17 1/2	218,75	219	35				
18	225	**225**	36	**18**	9	27	**225**
18 1/2	231,25	231	37			28	233,5
19	237,5	**237,5**	38	**19**		29	241,5
19 1/2	243,75	244	39				
20	250	**250**	40	**20**	10	30	**250**
20 1/2	256,25	256	41			31	258,5
21	262,5	**262,5**	42	**21**		32	266,5
21 1/2	268,75	269	43				
22	275	**275**	44	**22**	11	33	**275**
22 1/2	281,25	281	45			34	283,5
23	287,5	**287,5**	46	**23**		35	291,5
23 1/2	293,75	294	47				
24	300	**300**	48	**24**	12	36	**300**

2

RR am	RR cm
1/2	6
1	**12,5**
1 1/2	19
2	**25**
2 1/2	31
3	**37,5**
3 1/2	44
4	**50**
4 1/2	56
5	**62,5**
5 1/2	69
6	**75**
6 1/2	81
7	**87,5**
7 1/2	94
8	**100**

Zu jedem Rohbaurichtmaß gehören 5 Nennmaße, → **1**.

Beispiel: Zum Rohbaurichtmaß 4 am = 5 M = **50 cm** gehören:

50	+ 1	= **51**	Innenmaß
	+ 0,5	= **50,5**	Achsmaß innen
		= **50**	Anbaumaß, Aufbaumaß, Achsmaß
	– 0,5	= **49,5**	Achsmaß außen
	– 1	= **49**	Außenmaß

Anwendung beim Zeichnen, → S. 326 u. S. 330.

Bei **waagerechten Mauermaßen** gilt diese Regel nur für Normalmörtel-Stoßfugen von 1 cm.
Bei mörtellosen Nut-Feder-Stoßfugen und annähernd auch bei Dünnbett-Stoßfugen entsprechen die Nennmaße, wie beim Betonbau, den Rohbau-Richtmaßen.

Bei **lotrechten Maßen** von Mauerwerk mit Dünnbett-Lagerfugen entsprechen ebenfalls die Nennmaße annähernd den Rohbau-Richtmaßen.
Die Abweichung von 1 bis 3 mm braucht nicht berücksichtigt zu werden.
An Nut-Feder-Steinen müssen an Öffnungen die Federn eventuell abgeschlagen werden, um die zulässigen Abmaße nach DIN 18202 von ± 12 mm, → S. 156, nicht zu überschreiten.

3 Zusammenspiel der Schichtmaße

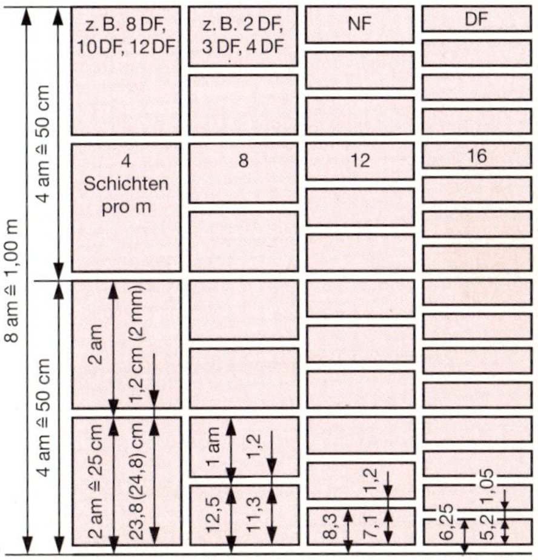

Maßtoleranzen im Hochbau I

DIN 18201, 18202 und 18203/84

Damit Ausbauteile, z. B. Fenster, Türen, Treppen usw. unabhängig von d. Rohbauarbeiten vorgefertigt werden können, ist es nötig, die in ❷ genannten **zulässigen Maßabweichungen** nicht zu überschreiten und nicht „alle Maße am Bau nehmen".
Zahlenbeispiel: Vergleiche mit ❷, Maße in cm.

Nennmaß, → S. 154 = Zeichnungsmaß (1,01 m) = Maß, das z. B. eine Öffnung aufweisen soll.	101
Zulässiges Größtmaß = Maß, bis zu dem das Nennmaß überschritten werden darf.	102
Oberes Grenzabmaß = A_O = Unterschied zwischen Nennmaß und zulässigem Größtmaß.	+ 1
Zulässiges Kleinstmaß = Maß, bis zu dem das Nennmaß unterschritten werden darf.	100
Unteres Grenzabmaß = A_U = Unterschied zwischen Nennmaß u. zulässigem Kleinstmaß.	− 1
Zulässige Maßtoleranzen = $T = A_O + A_U$, → ❷.	± 1

Ebenheitstoleranz = Bereich für die zulässige Abweichung einer Fläche von der Ebene.

Winkeltoleranz = Bereich d. zulässigen Abweichung eines Winkels vom Nennwinkel.

Stichmaß *t* (ein Hilfsmaß) = Abstand eines Punktes von einer Bezugslinie, → ❸, ❹, ❺.

Istmaß = ein am Bauteil gemessenes Maß.

Ist-Abmaß = Unterschied zwischen Ist- u. Nennmaß.

Prüfung: Messverfahren nach Wahl des Prüfers.

1 Grenzabmaße

DIN 18202

Grenzabmaße sind gültig für Bauwerkmaße bei Bauten im Hochbau aus Baustoffen jeder Art, → 6 und ❽ S. 157.

Grenzabmaße in mm bei Nennmaßen in m:

Anwendungsfälle	≤ 3	> 3 ≤ 6	> 6 ≤ 15	> 15 ≤ 30	> 30
Maße im Grundriss [1]	± 12	± 16	± 20	± 24	± 30
Maße im Aufriss [2]	± 16	± 16	± 20	± 30	± 30
Lichtm. im Grundriss [3]	± 16	± 20	± 24	± 30	–
Lichtmaße im Aufriss [4]	± 20	± 20	± 30	–	–
Öffnungen (Fenster) [5]	± 12	± 16	–	–	–
" m. Fertigleibungen	± 10	± 12	–	–	–

[1] Längen, Breiten, Achs- u. Rastermaße, zwischen Gebäudeecken und/oder Achsschnittpunkten an der Bauwerkteiloberfläche (Decke) gemessen.
[2] Geschosshöhen, Podesthöhen, Abstände von Aufstandflächen u. Konsolen an übereinander liegenden Messpunkten, z. B. Deckenkanten, gemessen.
[3] z. B. Maße zwischen Wänden und Pfeilern.
Die Maße sind in 10 cm Abstand von den Ecken und in Raummitte zu nehmen, → ❽ a) S. 157,:
in 10 cm Abstand über dem Fußboden,
in halber Raumhöhe,
in 10 cm Abstand unter der Decke.

❷

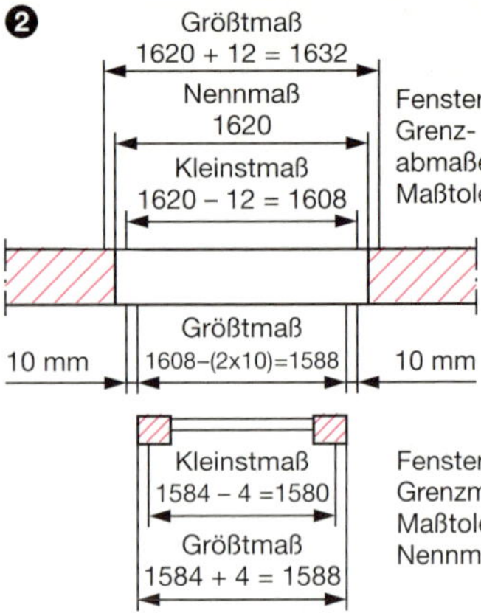

Fensteröffnung: Grenzabmaße ± 12 mm Maßtoleranz 24 mm

gewählte Fugenbreite

Fensterrahmen: Grenzmaße ± 4 mm Maßtoleranz 8 mm Nennmaß 1584 mm

❸

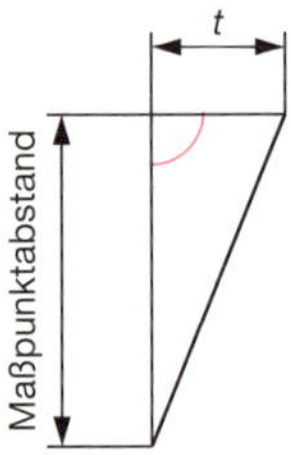

t = Stichmaß zur Ermittlung der Istabweichung von der Winkligkeit

❹

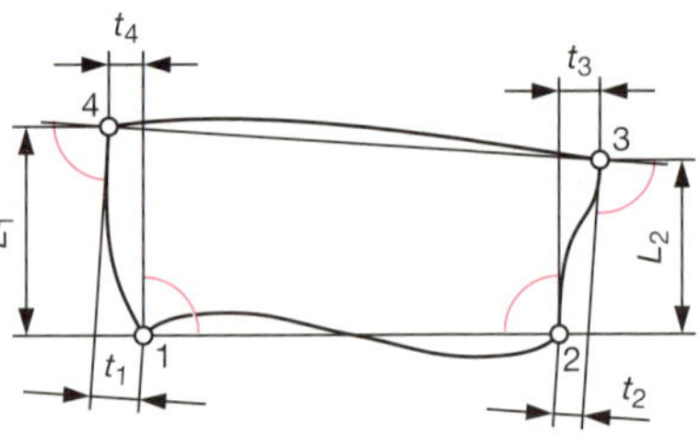

❺

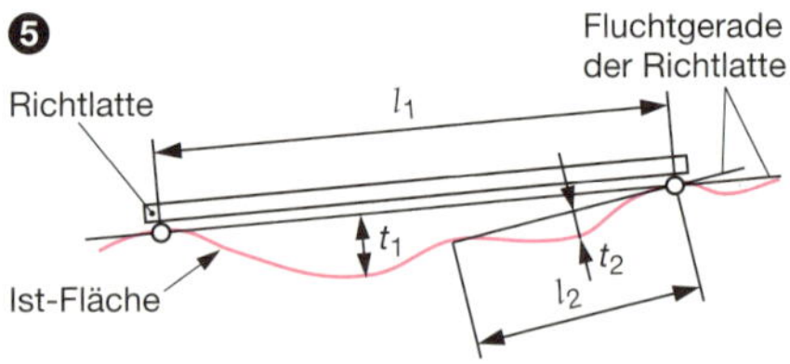

o Messpunkte auf der Fläche, t_1, t_2 = Stichmaße zur Ermittlung der Istabweichung von der Ebenheit.
l_1, l_2 = Messpunktabstände.

[4] z. B. Höhen unter Decken und Unterzügen.
Die Maße sind in 10 cm Abstand von den Ecken und in der Raummitte zu nehmen,→ ❽ b) S. 157.
[5] Auch Türen und Einbauelemente, gemessen an den Kanten in 10 cm Abstand von den Ecken und in der Mitte der Öffnungsseiten.

Maßtoleranzen im Hochbau II

DIN 18201, 18202 und 18203/84

6 Grenzabmaße

DIN 18203

für vorgefertigte Beton- u. Stahlbetonbauteile

für die Dicken von	bei Nennmaßen in m ≤ 0,15	> 0,15 ≤ 0,3	> 0,3 ≤ 0,6	> 0,6 ≤ 1,0	> 1,0 ≤ 1,5	> 1,5
Deckentafeln	± 6	± 8	± 10	–	–	–
Wand- und Fassadentafeln	± 5	± 6	± 8	–	–	–
Stützen und Bindern	± 6	± 6	± 8	± 12	± 16	± 20

7 Winkeltoleranzen

DIN 18202

für vertikale, horizontale und geneigte Flächen

Grenzstichmaße in mm bei Nennmaßen in m:

auch für Öffnungen, unabhängig vom Baustoff	≤ 1	> 1 ≤ 3	> 3 ≤ 6	> 6 ≤ 15	> 15 ≤ 30	> 30
	6	8	12	16	20	30

8 a) b)

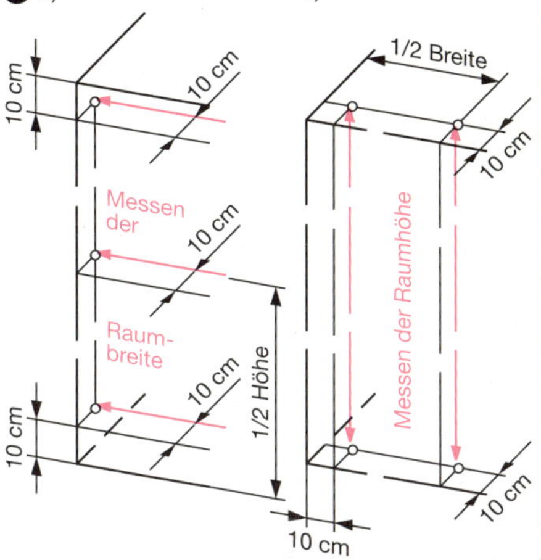

9 Ebenheitstoleranzen

DIN 18202

Grenzstichmaße in mm, im Hochbau bei jeder Lage der Fläche unabhängig vom Baustoff. Zwischenwerte linear einfügen und auf ganze mm runden.	Messpunktabstände m 0,1	1	4	10	15
1. Nichtflächenfertige Oberseite von Decken, Unterbeton und Unterböden.	10	15	20	25	30
2. Wie 1., aber bei erhöhten Anforderungen, z. B. unter schwimmenden Estrichen, Industrieböden, Fliesen, Platten, Verbundestrichen. Fertige Oberflächen für untergeordnete Zwecke, z. B. Lagerräume, Keller.	5	8	12	15	20
3. Flächenfertige Böden, z. B. Nutzestriche und Estriche zur Aufnahme von Bodenbelägen, wie Fliesenbeläge, gespachtelte und geklebte Beläge.	2	4	10	12	15
4. Wie 3., aber b. erhöhten Anforderungen, z. B. selbstverlaufende Spachtelmassen.	1	3	9	12	15
5. Nichtflächenfertige Wände und Unterseiten von Rohdecken.	5	10	15	25	30
6. Flächenfertige Wände und Decken-Unterseiten, z. B. geputzte Wände und Decken, untergehängte Decken.	3	5	10	20	25
7. Wie 6., jedoch bei erhöhten Anforderungen.	2	3	8	15	20

10 Grenzabmaße für vorgefertigte Beton-, Stahlbeton- und Spannbeton-Bauteile

DIN 18203

gültig **für die Längen- und Breitenmaße** in mm Bauteile	bei Nennmaßen in m ≤ 1,5	> 1,5 ≤ 3	> 3 ≤ 6	> 6 ≤ 10	> 10 ≤ 15	> 15 ≤ 22	> 22 ≤ 30	> 30
1. Längen stabförmiger Bauteile, z. B. Stützen, Binder…	± 6	± 8	± 10	± 12	± 14	± 16	± 18	± 20
2. Längen und Breiten von Deckenplatten u. Wandtafeln	± 8	± 8	± 10	± 12	± 16	± 20	± 20	± 20
3. Längen vorgespannter Bauteile	–	–	–	± 16	± 16	± 20	± 25	± 30
4. Längen und Breiten von Fassadentafeln	± 5	± 6	± 8	± 10	–	–	–	–

11 Grenzabmaße für Träger, Binder und Stützen aus Bauschnitt- und Baurundholz,

DIN 18203

sowie für daraus hergestellte genagelte, gedübelte, geleimte oder sonstwie verbundene Bauteile

gültig bei 1. für Breite und Höhe in mm	Bezugs-Holz-feuchte	bei Nennmaßen in m ≤ 0,2	> 0,2 ≤ 0,5	> 0,5 ≤ 1,5	> 1,5 ≤ 3,0	> 3,0 ≤ 6,0	> 6,0 ≤ 15	> 15
1. Vollholz und zusammengesetzte Querschnitte aus einteiligen Holzleimbauteilen	30 %	± 4	± 6	± 8	± 10	± 12	–	–
	15 %	± 3	± 4	± 5	± 6	± 8	–	–
2. Längen und Abstände, z. B. zwischen Bohrungen	–	± 3	± 4	± 6	± 8	± 10	± 16	± 20

Mauersteine

DIN 105, 106, 398, 4165, 18149, 18151, 18152 und 18153

Steinarten

Kurzzeichen		Druckfestigkeitsklassen (N/mm^2)
Mauerziegel, DIN 105, Teil1:		
Mz	= Vollziegel	4 6 12 20 28
HLz	= Hochlochziegel	
VMz	= Vormauer-Vollziegel	
VHLz	= Vormauer-Hochlochz.	
HLzT	= Mauertafelziegel	
KMz	= Vollklinker	28
KHLz	= Hochlochklinker	
Leichthochlochziegel, DIN 105, T.2: **HLz, VHLz, HLzT**, siehe oben.		2 4 6 12 20 28
KMz Hochfeste Ziegel und Klinker		36 48 60
KHLz	= oben! DIN 105, Teil 3	
Keramikklinker, DIN 105, Teil 4:		
KK	= Keramik-Vollklinker	60
KHK	= Keramik-Hochlochklinker	
Kalksandsteine, DIN 106, Teil 1:		
KS	= Kalksand-Vollstein	4 6 8 12 20 28 36 48 60
KS L	= KS-Lochstein	
KS L-R	= KS-Ratio-Hohlblockstein	
KS-R (P)	= KS-Ratio-Planblockstein	
KS L-R (P)	= KS-Planhohlblockstein	
KS-Vormauersteine u. Verblender, DIN 106, Teil 2:		
KS Vm	= KS-Vormauerstein	12 20 28 36 48 60
KS Vb	= KS-Verblender ($12\ N/mm^2$ nicht für Vm)	
Hüttensteine, DIN 398:		
HSV, VHSV	= Hütten-Vollstein	6 12 20 28
HSL, VHSL	= Hütten-Lochstein	
HSHbl	= Hütten-Hohlblockstein	
PB	**Porenbeton-Blocksteine**	2 4 6 8
PP	**Porenb.-Plansteine** DIN 4165	
PPW	" , **hohe Wärmedämmung**	
Vbl SW	**Vollblocksteine aus Naturbims oder Blähton mit Schlitzen**, DIN 18152	2 4 6 12
V	**Vollsteine aus Leichtbeton**	2 4 6 8 12
Vbl	**Vollblocksteine a. Leichtbet.** DIN 18152	
LLB	**Lochsteine aus Leichtbeton** DIN 18149	4 6 12
1 KHbl 2 KHbl 3 KHbl 4 KHbl	**Hohlblocksteine aus Leichtbeton**, DIN 18151; 1 K = Einkammerstein	2 4 6 8
1 KHbn 2 KHbn 3 KHbn 4 KHbn	**Hohlblocksteine aus Normalbeton mit geschlossenem Gefüge**, DIN 18153	4 6 12

Steinformate (Auswahl)

Länge x Breite x Höhe Nennmaße [1] (Sollmaße) cm	in Achtelmeter (am)	**Kurzzeichen** nach [2] Dünnformat	[1] Wanddicke	nach DIN 398
24 · 11,5 · 5,2	**2 · 1** · 1/2	DF	(Dünnformat)	
24 · 11,5 · 7,1	**2 · 1** · 2/3	NF	(Normalformat)	
24 · 11,5 · 11,3	**2 · 1** · 1	2 DF	–	–
24 · 17,5 · 11,3	**2 · 11/2** · 1	3 DF	–	–
24 · 24 · 11,3	**2 · 2** · 1	4 DF	–	–
30 · 24 · 11,3	**21/2 · 2** · 1	5 DF	–	–
36,5 · 24 · 11,3	**3 · 2** · 1	6 DF	–	–
49 · 24 · 11,3	**4 · 2** · 1	8 DF	–	–
49 · 30 · 11,3	**4 · 21/2** · 1	10 DF	–	–
24 · 24 · 23,8	**2 · 2** · 2	8 DF	240	–
24 · 30 · 23,8	**2 · 21/2** · 2	10 DF	300	30 a
24 · 36,5 · 23,8	**2 · 3** · 2	12 DF	365	–
30 · 24 · 23,8	**21/2 · 2 · 2**	10 DF	240	–
36,8 · 17,5 · 23,8	**3 · 11/2 · 2**	9 DF	175	17,5
36,5 · 24 · 23,8	**3 · 2 · 2**	12 DF	240	24 a
36,5 · 30 · 23,8	**3 · 21/2 · 2**	15 DF	300	–
49 · 11,5 · 23,8	**4 · 1 · 2**	8 DF	115	–
49 · 17,5 · 23,8	**4 · 11/2 · 2**	12 DF	175	–
49 · 24 · 23,8	**4 · 2 · 2**	16 DF	240	–

Steine nach der Dezimeter-Maßordnung

sogenannte „Euro"-Formate, z. B.: 29 x 9 x 9 cm^3, 29 x 19 x 9 cm^3, 29 x 19 x 19 cm^3.

[1] Wenn die Steinbreite gleich der Wanddicke ist (der Stein also nur in einer Lage gemauert werden kann), ist die Breite unterstrichen. Im Steinkurzzeichen wird dann die Steinbreite in mm in eine Klammer hinter die DF-Angabe gesetzt, z. B.: 10 DF (240).
Plansteine sind ≈ 10 mm höher u. ≈ 8 mm breiter als Steine für Normal- (auch Leicht-) mörtel.

[2] Die DF-Angaben können als Ergebnis einer Multiplikation von Länge x Breite x Höhe in am, also als Rauminhalt des Steines in Vielfachen eines DF-Steines, betrachtet werden.

Mauersteinarten

1. nach Rohstoff und Herstellungsart

1.1 Ziegel (DIN 105) aus Ton, Lehm oder tonigen Massen mit oder ohne Zusatz von Magerungsmitteln oder porenbildenden Stoffen, z. B. Sägemehl oder Schaumstoffperlen, geformt, getrocknet und bei Temperaturen von etwa 1000 °C **gebrannt**. Die Scherbenrohdichte ungemagerter Ziegel beträgt etwa 1,8 kg/dm³: „Steingut".
Die Rohdichte v. Vormauerziegeln ist meist höher.
Klinker, bei > 1250 °C **gesintert**, haben eine Scherbenrohdichte von ≥ 1,9 kg/dm³: „Steinzeug", die Steinrohdichte von Hochlochklinkern ist niedriger.
Keramikklinker aus ausgesuchten Rohstoffen haben Scherbenrohdichten ≥ 2 kg/dm³.

1.2 Im gespannten Wasserdampf gehärtete Steine, (gehärtet bei 160 bis 220 °C in 4 bis 8 Stunden):
Kalksandsteine (DIN 106) aus Kalk u. Quarzsand.
Hüttensteine (DIN 398) aus Kalk (und Zement) und granulierter Hochofenschlacke.
Porenbetonsteine (DIN 4165) aus Kalk (und Zement) und fein gemahlenen kieselsäurehaltigen Stoffen mit gasbildenden Stoffen (meist Aluminiumpulver).

1.3 In freier Luft gehärtete Steine:
Leichtbetonsteine aus Zement oder anderen genormten hydraulischen Bindemitteln mit Leichtzuschlägen
als **Lochsteine** (DIN 18 149)
Hohlblocksteine (DIN 18 151)
Vollsteine u. Vollblöcke (DIN 18 152)
Aus **Normalbeton**: **Hohlblocksteine** (DIN 18 153)

Maßgenauigkeit der Mauersteine (zur Seite links)
zulässige Abmaße von **Mauerziegeln** in mm:

in der Länge und Breite		in der Höhe
115 + 5 − 5, t = 6	240 + 8 − 10, t = 10	52 + 2 − 2, t = 3
145 + 3 − 6, t = 7	300 + 8 − 10, t = 12	71 + 3 − 3, t = 4
175 + 3 − 7, t = 8	365 + 8 − 10, t = 12	113 + 5 − 5, t = 4
		238 + 5 − 5, t = 6

t = zulässige Maßspanne innerhalb der Lieferungen für ein Bauwerk

Zulässige Abmaße (Abweichung in mm)	Länge	Breite	Höhe
Porenbeton-Blocksteine, Vollsteine aus Leichtbeton	±3	±3	±3
Lochsteine aus Leichtbeton, Hohlblocksteine aus Leichtbeton	±3	±3	±4
" aus dichtem Beton	±3	±4	±5
Kalksandsteine, Hüttensteine: Formate ≤ NF	±3	±3	±3
Kalksandsteine, Hüttensteine: Formate > NF	±3	±3	±4
desgl. Mittelwerte aus 6 Steinen: ≤ NF	±2	±2	±2
desgl. Mittelwerte aus 6 Steinen: > NF	±2	±2	±3
Plansteine, Planelemente (PE)	±1,5	±1,5	±1

Historische Formate (Maße in cm)	l	b	h
Reichsformat	25	12	6,5
Oldenburger Format	22	10,5	5,2
Süddeutsches Format	29	14	6,5
Klosterformat	28,5	13,5	8,5

2. nach Steingröße und Handhabung

2.1 Kleinformatige Einhandsteine:
Die Steinbreiten ≤ 11,5 cm kann die Hand des Maurers überspannen, meist keine Griffhilfe, Formate: DF, NF, 2 DF.

2.2 Mittelformatige Einhandsteine mit Griffhilfen (Griffschlitze, Grifflöcher, Grifftaschen, Griffleisten): 3 DF, 4 DF u.a.

2.3 Großformatige Zweihandsteine, meist mit 2 Griffschlitzen oder Grifftaschen, Steinhöhe meist 23,8 cm, Formate > 5 DF, sie sollten für das Versetzen von Hand nicht schwerer als 25 kg sein, besser ≤ 15 kg.

2.4 Planblöcke und -elemente, werden bei größeren Gewichten bevorzugt mit einem leichten Kran versetzt, sie haben meist besondere Löcher für die Finger des Hebezeuges.
Für die Lagerfuge wird Dünnbettmörtel aufgetragen. Die Stoßfugen, meist in „Nut-Feder"-Ausführung, bleiben mörtelfrei.

Beispiele:
Kalksandstein-Planelemente KS-PE:
99,8 cm lang, 49,8 cm hoch und 11,5; 15; 17,5; 20; 24; 30 oder 36,5 cm breit.
Porenbeton-Planelemente PPW:
bis 99,9 cm lang, 49,9 oder 62,4 cm hoch und 11,5; 15; 17,5; 20; 24; 30 oder 36,5 cm breit.
Ziegel-Planelemente:
50 cm lang, 50 cm hoch, 11,5 - 30 cm breit

2.5 Trocken zu versetzende Füllkörper mit durchgehenden Kammern, die schichtweise, nach 1 m oder stockwerkhoch mit Mörtel oder Beton verfüllt werden, Körper sind aus Ziegel, Leicht- oder Holzbeton bzw. Styropor. Sie sind nicht genormt und müssen eine **bauaufsichtliche Zulassung** des Institutes für Bautechnik in Berlin besitzen, deren Bestimmungen genau einzuhalten sind!

3. nach Festigkeitsklassen

Festigk.-klasse	Prüfergebnis in N/mm² Mittelwert	Einzelwert	Farbkennzeichnung [1]
2	≥ 2,5	≥ 2,0	grün
4	≥ 5,0	≥ 4,0	blau
6	≥ 7,5	≥ 6,0	rot
8	≥ 10,0	≥ 8,0	ohne [2]
12	≥ 15,0	≥ 12,0	ohne [3]
20	≥ 25,0	≥ 20,0	gelb
28	≥ 35,0	≥ 28,0	braun
36	≥ 45,0	≥ 36,0	violett + [4]
48	≥ 60,0	≥ 48,0	schwarz ++
60	≥ 75,0	≥ 60,0	schwarz +++

[1] auf Paket, Lieferschein o. jedem 200. Stein, bei Blöcken über 10 DF jeder 50. Block.
[2] Aufstempelung d. Klasse in schwarzer Farbe.
[3] Voll- u. Normalbetonhohl-Blöcke: schwarz.
[4] +: ein; ++: zwei; +++: drei schwarze Streifen.

Mauerstein-Lochungsarten

4. Nach den beim Formen hergestellten Hohlräumen im Stein

4.1 Bei Mauerziegeln und Klinkern

❶ Vollziegel und Vollklinker
a) ungelocht b) gelocht

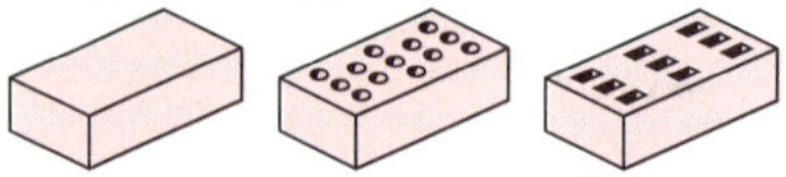

❷ Hochlochziegel (ähnlich Hochlochklinker)

Lochung A

Lochung W 10 DF (300)

Lochung B

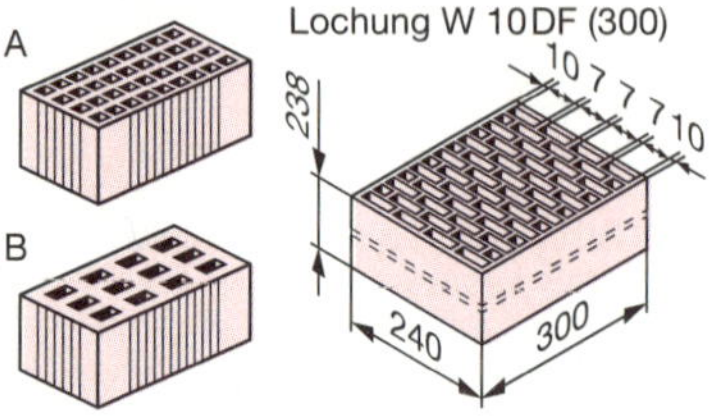

4.2 Bei Kalksandsteinen

❸ KS-Lochstein
KSL-3 DF
mit
Griffschlitz

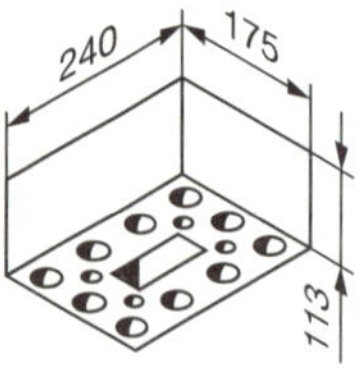

❹ KS-Ratio-Hohlblockstein
KSL-12 DF (365)

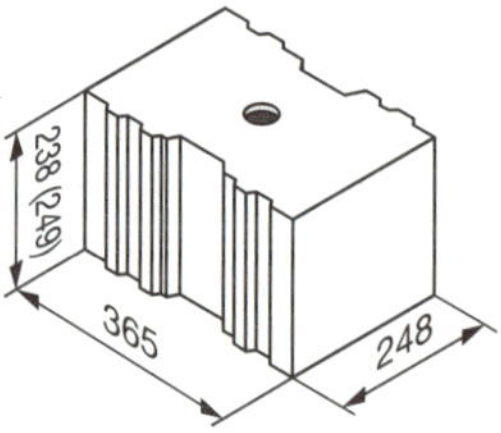

4.3 Bei Leichtbeton-Blocksteinen

❺ Geschlitzter Vollblockstein
(Schlitzbreite 1 cm)

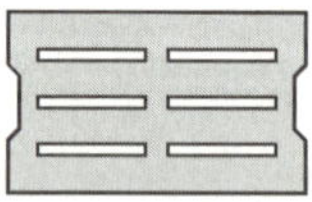

❻ Hohlblocksteine, von unten gesehen

1 K Hbl

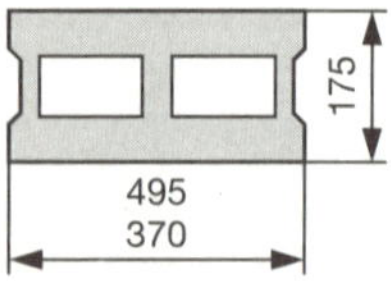

2 K Hbl

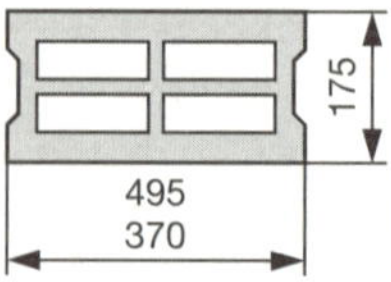

2 K Hbl

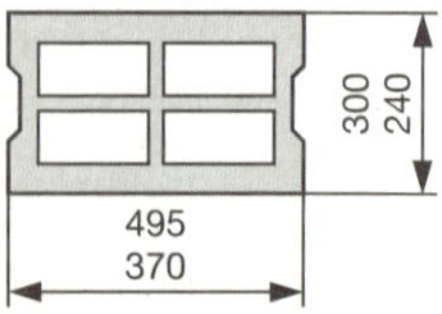

3 K Hbl

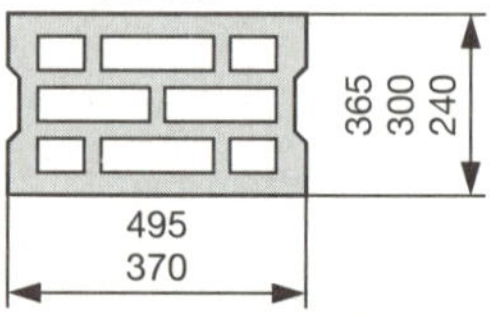

4 K Hbl

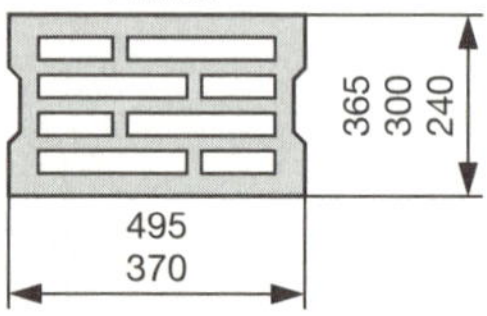

7 Löcher und Stege bei Mauerziegeln (DIN 105)

Ziegelbezeichnung	Kurzzeichen	Lochquerschnitt gesamt in % der Lagerfl.	Lochquerschnitt einzeln in cm²
Vollziegel, gelocht	Mz	≤ 15	≤ 6 [1)]
Hochlochziegel A	HLzA	≥ 15, ≤ 50 [2)]	≤ 2,5 [1)]
Hochlochziegel B	HLzB	≥ 15, ≤ 50 [2)]	≤ 6 [1)]
Leicht-Hochlochziegel W	HLzW	bei 36,5 (30) cm Wanddicke mind. 16 (mind. 12) Lochreihen. Stegdicken in Wandrichtung: 7 mm, außen: 10 mm.	

[1)] Grifflöcher ≤ 50 cm², gesamt ≤ 12,5 % der Lagerfläche.
[2)] Bei Ziegeln mit Grifflöchern ≤ 55 %, bei hochfesten Ziegeln und Klinkern ≤ 35 %.

8 Löcher und Grifföffnungen bei KS-Steinen (DIN 106)

Kalksandsteinbezeichnung	Kurzzeichen	Lochquerschnitt gesamt in % der Lagerfl.	Lochquerschnitt einzeln in cm²
KS-Vollstein	KS	≤ 15 % [1)]	≤ 20 [2)]
KS-Lochstein	KSL	> 15 % [1)]	
KS-Blockstein	KS	≤ 15 % [1)]	
KS-Hohlblockstein	KSL	> 15 % [1)]	

[1)] Löcher und Grifföffnungen.
[2)] Löcher konisch, mit Deckel ≤ 5 mm dick.

9 Kammern bei Leichtbeton-Blocksteinen (DIN 18151, 18152 und 18153)

Steinbezeichnung	Kurzzeichen	Wanddicken (St.-breiten) cm
Vollblockstein (auch mit 1 cm Schlitzen, → ❺)	Hbl	11,5 bis 30
1-Kammer-Hohlblock 2-Kammer-Hohlblock	1 K Hbl 2 K Hbl	17,5 24 und 30
3-Kammer-Hohlblock 4-Kammer-Hohlblock	3 K Hbl 4 K Hbl	24 und 30 36,5

Hohlblocksteine auch mit ausgeschäumten Kammern, z. B. „Isolierblock" oder „Dämmblock".

Mauersteinarten und Kurzzeichen

5. Nach der Stein-Rohdichte

Die **Rohdichte** ϱ_R von Mauersteinen, die Masse (das Gewicht) von 1 dm^3 Stein einschließlich aller Hohlräume (Poren, Löcher, Kammern) ist von großer Bedeutung für

a) das Steingewicht (Transport, Heben),
b) das Mauerwerksgewicht (statische Belastung),
c) die Wärmedämmung (λ-, k-Wert, Energieverbr.),
d) die Wärmespeicherung (Temperaturausgleich),
e) die Luftschalldämmung (abhängig vom Gewicht).

6. Nach der Witterungsbeständigkeit

Bei **Ziegelsteinen**:	Im Kurzzeichen:
(Hinter-) Mauerziegel	Mz, HLz
Vormauerziegel	VMz, VHLz
Klinker-Mauerziegel	KMz, KHLz

Bei **Kalksandsteinen**:	Im Kurzzeichen:
(Hintermauer-) KS-Steine	KS, KSL
Kalksand-Vormauersteine	KS Vm
Kalksand-Verblender	KS Vb

Rohdichte-Klassen:	0,4	0,5	0,6	0,7	0,8	0,9	1,0	1,2	1,4	1,6	1,8	2,0	2,2
Grenzen:	0,31... 0,40	0,41... 0,50	0,51... 0,60	0,61... 0,70	0,71... 0,80	0,81... 0,90	0,91... 1,00	1,01... 1,20	1,21... 1,40	1,41... 1,60	1,61... 1,80	1,81... 2,00	2,01... 2,20

Steinvolumen zum Errechnen der Steingewichte

Gewicht in kg
= ϱ_R in kg/dm^3 · V in dm^3

Format	V in dm^3
DF	1,44
NF	1,96
2 DF	3,12
3 DF	4,75
4 DF	6,51
5 DF	8,14
6 DF	9,90
(7 1/2 DF	12,6)
8 DF	13,7
9 DF	15,2
10 DF	17,1
12 DF	20,8
15 DF	26,1
16 DF	28,0
20 DF	35,0
24 DF	42,6

Die Formate können der Tabelle auf S. 158 entnommen werden.

Beispiele:

Ein KS 12 – **1,8** – 3 DF wiegt:
1,8 kg/dm^3 · 4,75 dm^3
= **8,55 kg**

Ein HLz 8 – **0,8** – 12 DF wiegt:
0,8 kg/dm^3 · 20,8 dm^3
= **16,64 kg**

Bedeutung der Stein-Kurzzeichen

In den Mauerstein-Normen sind Kurzzeichen angegeben, die in ihrer Reihenfolge etwa dem folgenden Schema entsprechen (Ausnahmen, → unten):

Steinname, DIN-Nr., Steinart, Festigkeitskl. – Rohdichteklasse – Format

Beispiele:

Vormauer-Vollziegel DIN 105/1 VMz 28 – 1,8 – DF
28 N/mm^2 – 1,8 kg/dm^3 – Dünnformat

Leicht-Hochlochziegel DIN 105/2 HLzW 8 – 0,8 – 12 DF (240)
Lochung W 8 N/mm^2 – 0,8 kg/dm^3 – 12 x Dünnformat für 24 cm Wanddicke

Klinker-Mauerziegel DIN 105/3 KMz 36 – 2,2 – NF
36 N/mm^2 – 2,2 kg/dm^3 – Normalformat

Kalksand-Verblender DIN 106/2 KSVb 20 – 1,8 – 2 DF
20 N/mm^2 – 1,8 kg/dm^3 – 2 x Dünnformat

Kalksand-Hohlblockst. DIN 106/1 KSL 8 – 1,4 – 10 DF (300)
8 N/mm^2 – 1,4 kg/dm^3 – 10 x Dünnformat für 30 cm Wanddicke

Kalks.-Ratio-Planstein DIN 106/1 KS-R(P) 12 – 1,8 – 9 DF (175)
„Ratio" für rationelles Versetzen 12 N/mm^2 – 1,8 kg/dm^3 – 9 x Dünnformat für 17,5 cm Wanddicke

Leichtbeton-Hohlblockst. DIN 18151 3 K Hbl 2 – 0,7 – 24 m (≙ 12 DF)
3-Kammer-Hohlblock 2 N/mm^2 – 0,7 kg/dm^3 – f. 24 cm Wanddicke 23,8 cm hoch und 36,5 cm lang

Leichtbeton-Vollblockstein DIN 18152 VBl 2 – 0,8 – 24 k (≙ 8 DF)
2 N/mm^2 – 0,8 kg/dm^3 – für 24 cm Wanddicke 23,8 cm hoch und 24 cm lang

Normalbeton-Hohlblock DIN 18153 2 K Hbn 6 – 1,6 – 30 k (≙ 10 DF)
2-Kammer-Hohlblock 6 N/mm^2 – 1,6 kg/dm^3 – für 30 cm Wanddicke 23,8 cm hoch und 24 cm lang

Porenbeton-Blockstein DIN 4165 PB 2 – 0,50 – 490x300x240 (≙ 20 DF)
2 N/mm^2 – 0,5 kg/dm^3 – 49 cm lang, 30 cm breit und 24 cm hoch

Porenbeton-Planstein DIN 4165 PPW 4 – 0,6 – 749x300x249 (≙ 30 DF)
W für hohe Wärmedämmung, 4 N/mm^2 – 0,6 kg/dm^3 – 74,9 cm lang, 30 cm breit und 24,9 cm hoch

Hütten-Vollstein DIN 398 HSV 2,0 – 12 – 3 DF
2,0 kg/dm^3 – 12 N/mm^2 – 3 x Dünnformat

Mauermörtel I

DIN 1053, T.1/96

Anforderungen

Normalmörtel dürfen ohne besonderen Nachweis nur verwendet werden, wenn sie den Angaben der Tabelle **1** (A1 in der Norm) entsprechend zusammengesetzt sind. Die Namen der Kalk-Bindemittel sind an DIN 1060-1 (95) „Baukalk" angeglichen, → auch Seite 194.

Zusammensetzung und Konsistenz des Mörtels müssen vollfugiges Vermauern ermöglichen, dies gilt besonders für Mörtel der Gruppen III und III a. **Werkmörteln** dürfen auf der Baustelle keine Zuschläge und Zusätze (Zusatzstoffe und Zusatzmittel) zugegeben werden. Bei ungünstigen Witterungsbedingungen (Nässe, niedrige Temperaturen) ist Mörtel mindestens der Gruppe II zu verwenden.
Der Mörtel muss vor Beginn des Erstarrens verarbeitet sein.

Herstellung von Baustellenmörtel

Bei der Herstellung müssen Maßnahmen für die trockene und witterungsgeschützte **Lagerung der Bindemittel**, Zusatzstoffe und Zusatzmittel, sowie eine saubere Lagerung des Zuschlags getroffen werden.

Für das **Abmessen** von Bindemittel und Zuschlag sind Waagen oder Zumessbehälter, z. B. Mischkästen mit volumetrischer Einteilung, jedoch **keine Schaufeln**, zu verwenden.

Die Stoffe müssen im Mischer so lange gemischt werden, bis ein gleichmäßiges Gemisch entstanden ist. Eine Mischanweisung ist deutlich sichtbar am Mischer anzubringen, → S. 202, 203.

Werden **Zusätze zur Verbesserung der Verarbeitbarkeit und des Wasserrückhaltevermögens** zugegeben, sind Eignungsprüfungen erforderlich, → **2** und S. 163.

2 Anforderungen an Normalmörtel „NM"

Mörtelgruppe	Druckfestigkeit [1)] Mittelwerte im Alter von 28 Tagen bei Eignungsprüfung [2)] N/mm²	Druckfestigkeit Güteprüfung N/mm²	Haftscherfestigkeit [3)] Eignungsprüfung N/mm²
I	–	–	–
II	≥ 3,5	≥ 2,5	≥ 0,10
II a	≥ 7	≥ 5	≥ 0,20
III	≥ 14	≥ 10	≥ 0,25
III a	≥ 25	≥ 20	≥ 0,30

1) Mittelwert der Druckfestigkeit von 6 Proben (aus 3 Prismen). Die Einzelwerte dürfen nicht mehr als 10 % vom arithmetischen Mittel abweichen.
2) Zusätzlich ist die Druckfestigkeit des Mörtels in der Fuge zu prüfen. Näheres in DIN 1053 T.1 bei Tabelle A2. Die Werte der Eignungsprüfung gelten auch als Richtwert bei Werkmörtel.
3) Als Referenzstein ist Kalksandstein DIN 106-KS 12 - 2,0 - NF (ohne Lochung bzw. Grifföffnung) zu verwenden. Alleinige Bezugsquelle siehe DIN 1053 T.1, S. 20 bei Tab. A2. Die maßgebende Haftscherfestigkeit = Prüfwert · Faktor 1,2.

Anwendungseinschränkungen:

Mörtelgruppe I nicht zulässig für:
- Gewölbe und Kellermauerwerk,
- > 2 Vollgeschossen u. bei Wanddicken < 24 cm (bei zweischaligen Wänden: Dicke d. Innenschale),
- das Vermauern der Außenschale.

LM und DM nicht zulässig für:
- Gewölbe und Sichtmauerwerk.

Mörtelgruppen III u. III a nicht zulässig:
- zum Vermauern der Außenschalen zweischaliger Außenwände, aber zum nachträglichen Verfugen erlaubt.

1 Mörtelzusammensetzung und Mischungsverhältnisse für Normalmörtel in Raumteilen

Zeile	Mörtelgruppe	Weißkalkhydrate CL 90 u. CL 80 Dolomitkalkhydrate DL 85 u. DL 80 Kalkteig	Kalkhydrat	Hydraulische Kalke HL 2 (HL 3,5)	Hydr. Kalk HL 5, Putz- u. Mauerbinder (MC 5)	Zement Cem I 32,5 (R)	Sand aus natürlich. Gestein [1)]
1	I	1	–	–	–	–	4
2		–	1	–	–	–	3
3		–	–	1	–	–	3
4		–	–	–	1	–	4,5
5	II	1,5	–	–	–	1	8
6		–	2	–	–	1	8
7		–	–	2	–	1	8
8		–	–	–	1	–	3
9	II a	–	1	–	–	1	6
10		–	–	–	2	1	8
11	III u. III a	–	–	–	–	1	4 [2)]

1) Die Werte des Sandanteils beziehen sich auf den lagerfeuchten Zustand.
2) Die höhere Festigkeit von IIIa ist durch die Auswahl geeigneter Sande zu erreichen.

Mörtel unterschiedlicher Arten und Gruppen dürfen auf einer Baustelle nur dann gemeinsam verwendet werden, wenn sichergestellt ist, dass keine Verwechslung möglich ist.

Mauermörtel II

DIN 1053, T.1/96

Leichtmauermörtel

Durch Verwendung von **Leichtzuschlägen**, wie z. B. Blähperlite, Blähglimmer, Schaumglas, Polystyrolperlen u. ä. kann die Rohdichte von Mörtel und damit seine Wärmeleitfähigkeit erheblich verringert werden. Bei Mauerwerk aus Leichtsteinen können dadurch bei normaler Fugendicke günstigere Rechenwerte λ_R der Wärmeleitfähigkeit des Mauerwerks nach DIN 4108, → S. 96, eingesetzt werden.
Ungünstig wirkt sich die gegenüber Normalmörtel erhöhte Querdehnung auf die Mauerwerksdruckfestigkeit aus, → S. 171.
Leichtmauermörtel wird vorwiegend als Werk-Trockenmörtel geliefert.

3 Anforderungen an Leichtmörtel „LM"

Prüfungen nach DIN 18 555 Teile 1, 3, 4 u. 5

Anforderungen in Bezug auf	Eignungsprüfung LM 21	Eignungsprüfung LM 36	Güteprüfung LM 21	Güteprüfung LM 36
Druckfestigkeit [1] i. A. v. 28 Tg. in N/mm²	≥ 7 [2]	≥ 7 [2]	≥ 5	≥ 5
Querdehnungsmodul i. A. v. 28 Tg. in N/mm²	$> 7{,}5 \cdot 10^3$	$> 15 \cdot 10^3$	[3]	[3]
Längsdehnungsmodul i. A. v. 28 Tg. in N/mm²	$> 2 \cdot 10^3$	$> 3 \cdot 10^3$	–	–
Haftscherfestigkeit [4] i. A. v. 28 Tg. in N/mm²	≥ 0,20	≥ 0,20	–	–
Trockenrohdichte [6] i. A. v. 28 Tg. in kg/dm³	≤ 0,7	≤ 1,0	[5]	[5]
Wärmeleitfähigkeit λ_{10tr} in W/(m · K) [6]	≤ 0,18	≤ 0,27	–	–

1) Siehe Fußnoten 2) bei Tabelle 2.
2) Gilt als Richtwert.
3) Trocken-Rohdichte gilt als Ersatzprüfung nach DIN 18 555 T3.
4) Siehe Fußnote 3) bei Tabelle 2.
5) Grenzabweichung höchstens 10 % vom bei der Eignungsprüfung ermittelten Wert.
6) Wird die Trockenrohdichte n. Zeile 5 eingehalten, gelten die Anforderungen an λ_{10tr} als erfüllt. Wenn bei LM 21 $\varrho_{tr} > 0{,}7$ kg/dm³, bei LM 36 $\varrho_{tr} > 1{,}0$ kg/dm³ oder bei Zusatz von Quarzsand, sind die Anforderungen nachzuweisen.

Anwendungseinschränkung für Leichtmörtel

Er ist nicht zulässig für Gewölbe und der Witterung ausgesetztes Sichtmauerwerk.

In der Regel sind die Leichtmörtel nur für die Verwendung mit genormten Steinen zugelassen. Die Verwendung mit anderen Steinen muss im Zulassungsbescheid des Mörtels und der Steine ausdrücklich bestimmt sein, was neben der Wärmeleitfähigkeit auch hinsichtlich der Tragfähigkeit der Wände entscheidend ist.

Dünnbettmörtel

Bei Verwendung von sog. „**Plansteinen**" mit Höhenabweichungen von max ± 1 mm, also beim Steinhöhen-Nennmaß von 24,8 cm mit Istmaßen von 24,7 … 24,9 cm, ergeben sich **Lagerfugendicken von 1 bis 3 mm**.
Bei sehr maßgenauen Porenbetonsteinen schwankt d. Lagerfugendicke sogar nur zwischen 0,5 u. 1,5 mm.

Der dafür geeignete **Dünnbettmörtel**, ein Zementmörtel der Gruppe III, wird meist mit Sand 0/0,25 mm hergestellt.
Entscheidend für seine Brauchbarkeit sind eine ausreichende **Verarbeitungszeit** und, besonders bei stark saugenden Steinen (KS, PP), eine genügend lange **Korrigierbarkeitszeit**, was durch entsprechende organische Zusätze erreicht wird. Er wird meist als Werk-Trockenmörtel geliefert.

Aufgebracht wird Dünnbettmörtel durch Aufkämmen, Aufrollen oder Eintauchen des Steines.

4 Anforderungen an Dünnbettmörtel „DM"

Prüfungen nach DIN 18 555 Teile 3, 5 und 8

Anforderungen in Bezug auf	Eignungsprüfung	Güteprüfung
Druckfestigkeit im Alter von 28 Tagen [1] in N/mm²	≥ 14	≥ 10
Druckfestigkeit bei Feucht-Lagerg. [2] n. 28 Tg. in N/mm²	≥ 70 % vom Istwert der Zeile 1	
Haftscherfestigkeit [3] im Alter v. 28 Tagen in N/mm²	≥ 0,5	–
Verarbeitbarkeitszeit	≥ 4 h	–
Korrigierbarkeitszeit	≥ 7 min	–

1) Siehe Fußnote 1) bei Tabelle 2.
2) Bis zum Alter von 7 Tagen im Klima 20°/95 %, danach 7 Tage Normalklima 20°/65 % u. 14 Tage unter Wasser von 20 °C.
3) Siehe Fußnote 3) bei Tabelle 2.

Eignungsprüfungen

sind für Mörtel erforderlich,
a) wenn die Brauchbarkeit des Zuschlags nachzuweisen ist,
b) wenn Zusatzstoffe oder Zusatzmittel verwendet werden, → 4 S. 209.
c) bei Baustellenmörtel, wenn nicht nach Tab. 1 zusammengesetzt oder MGr III a hergestellt,
d) bei Werkmörtel, einschließlich Leicht- und Dünnbettmörtel,
e) bei Bauwerken mit mehr als sechs gemauerten Vollgeschossen.

Die Eignungsprüfung ist zu wiederholen, wenn sich die Ausgangsstoffe oder die Zusammensetzung des Mörtels wesentlich ändern.

Weitere Angaben zu „Mörtel", → S. 198 bis 203.

Verarbeitung

DIN 1053, T.1/96

Abstimmung von Stein und Mörtel

Bei **stark saugfähigen Steinen** und/oder ungünstigen Umgebungsbedingungen (Hitze, Wind) ist ein **vorzeitiger und zu hoher Wasserentzug** aus dem Mörtel durch **Vornässen der Steine** oder andere geeignete Maßnahmen einzuschränken, wie z. B.:

a) durch Verwenden von Mörtel mit **verbessertem Wasserrückhaltevermögen**,

b) durch Nachbehandlung des Mauerwerks, z. B. Besprühen.

Ergänzungen zur Norm

Das **Vornässen der Steine** ist eine Maßnahme, mit der Schäden vermieden werden können. Es sollte jedoch so rechtzeitig (möglichst Stunden vorher) und gründlich erfolgen, damit die Steine beim Vermauern oberflächlich wieder abgetrocknet, im Kern aber noch feucht sind. Besonders wichtig ist das Vornässen bei schubbeanspruchtem Mauerwerk, z. B. von Stürzen, Bogenauflagern oder bei Beanspruchung durch Erschütterungen.

Der Mörtel muss beim Aufsetzen der Steine noch ausreichend verformungs- und klebfähig sein! Nach d. Aufsetzen des Steines darf dieser in seiner Lage nur so lange korrigiert werden, wie der Mörtel noch nicht angesteift ist, sonst werden Festigkeit und Schlagregensicherheit des Mauerwerks stark beeinträchtigt.

Stoßfugenrisse im Verblendmauerwerk können sich an d. Seite des jeweils vorher versetzten Steines ausbilden, wenn der Stoßfugenmörtel am nächsten Stein beim Heranschieben schon zu sehr angesteift ist und deshalb nicht mehr ausreichend haftet.

Prüfvorschlag (angelehnt an DIN 18555, T. 8): Auf einem sauberen Stein wird etwa 1,5 cm dick Mörtel aufgetragen und mit der Kelle eingeebnet. Nach 1 Minute wird darauf mit mäßigem Druck ein gleichartiger Stein aufgelegt und etwas hin- und herbewegt. 30 Sekunden nach dem Auflegen wird dieser wieder abgehoben. Bleibt an mindestens der halben Steinfläche Mörtel kleben, → ❶, passen Saugfähigkeit der Steine und Wasser-Rückhaltevermögen des Mörtels ausreichend gut zueinander. Soll die Lagerfuge mit einem **Mörtelschlitten** weit im voraus aufgetragen werden, ist eine Wartezeit bis zum Aufsetzen von 3 Minuten wirklichkeitsnäher.

❶ ❷ ❸

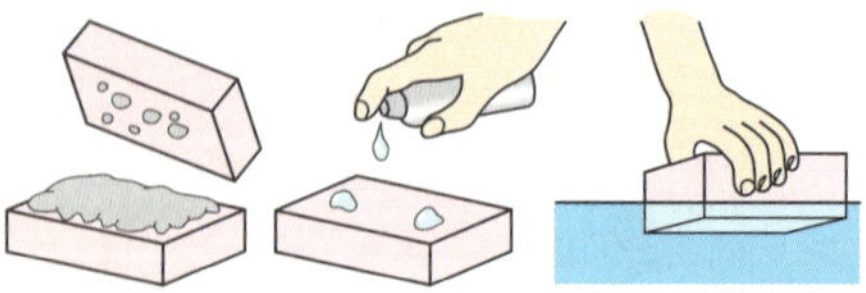

Tropfversuch

Auf die Flach-, Längs- und Kopfseiten mehrerer Steine je einige einzelne, etwa gleich große Wassertropfen geben, → ❷. Der Versuch soll im Schatten durchgeführt werden und die Steine dürfen nicht vorher durch die Sonne erwärmt sein.
Zur Beurteilung der Ergebnisse, → **4**.

Tauchversuch

Mehrere Steine trocken wiegen, dann 1 Minute lang etwa 1 cm tief in Wasser tauchen, → ❸. Anhaftendes Wasser sofort abschleudern und abtupfen. Steine nochmals wiegen.

Wasseraufnahme
= Nassgewicht – Trockengewicht

$$\text{Saugfähigkeit} = \frac{\text{g Wasseraufnahme in der 1. Minute}}{\text{dm}^2 \text{ Wasser-Berührungsfläche}}$$

Dazu mit Seite 139 vergleichen!

4 **Wenn der Stein** die Wassertropfen im Versuch ❷	g Wasser je dm² in ❸ saugt	dann Steine so behandeln:	erforderliche Eigenschaften des Mörtels (Fertigmörtels)
erst nach **mehr als einer Minute** aufsaugt	**< 5**	vor und beim Vermauern vor Regen schützen	steifer Mörtel, der für dichte Steine, z. B. Klinker, geeignet ist
in **3 bis 60 Sekunden** aufsaugt	**5** bis **15**	1)	mäßiges Wasserrückhaltevermögen (Normalmörtel)
in ≤ **2 Sekunden** aufsaugt	**> 15**	lange und kräftig vornässen	starkes Wasser-Rückhaltevermögen

1) Bei Kalksand- und Porenbetonsteinen, die mäßig aber langanhaltend saugen, ist deshalb Vornässen zu empfehlen.

Mauern bei Frostwetter

Droht Frost, sind **Schutzmaßnahmen** erforderlich, **Frostschutzmittel** im Mörtel jedoch **nicht erlaubt**. Gefrorene Steine dürfen nicht vermauert werden.
Frisches Mauerwerk ist rechtzeitig vor Frost zu schützen, z. B. durch Abdecken.
Auf **gefrorenem Mauerwerk** darf nicht weitergemauert werden.
Der **Einsatz von Salzen** zum Auftauen ist nicht zulässig, weil dadurch hohe Dauerfeuchte oder Ausblühungen verursacht werden.
Durch **Frost geschädigtes Mauerwerk** muss vor dem Weitermauern abgetragen werden.

Mauern mit Stoßfugenvermörtelung

Beim Mauern sind die Lager- und Längsfugen stets satt zu verfüllen. Dünnbettmörtel ist ebenfalls vollflächig aufzutragen (aufzukämmen). Die Stoßfugen sind in Abhängigkeit von der Steinform so zu verfüllen, bzw. der Dünnbettmörtel an den Stoßfugen so vollflächig aufzutragen, dass die Anforderungen an die Wand hinsichtlich des Schlagregen-, Wärme-, Schall- und Brandschutzes erfüllt werden können. Beispiele für Vermauerungsarten und Fugenausbildung, → ❺, ❻, ❼.

Die **Dicke der Fugen** soll so gewählt werden, dass das Maß von Stein und Fuge zusammen einem Baurichtmaß entspricht. In der Regel sollen die **Stoßfugen 10 mm** und die **Lagerfugen 12 mm** dick sein. Beim Mauern mit **Dünnbettmörtel** müssen Stoß- und Lagerfugen **1 bis 3 mm** dick sein, Auftrag mit Mörtelschlitten oder -rolle. Werden **Steine mit Mörteltaschen** vermauert, sollen die Steine entweder knirsch verlegt und die Mörteltaschen nachträglich verfüllt werden, → ❺, was bei Einsatz von Mörtelschlitten günstig ist, oder durch Auftragen von Mörtel auf die Steinflanken vermauert werden, → ❻. „Knirsch" heißt, die Steine werden ohne Mörtel so dicht versetzt, wie dies wegen der herstellungsbedingten Unebenheiten der Stoßfugenflächen möglich ist. Der **Abstand** der Steine soll im allgemeinen **höchstens 5 mm** sein. Bei Fugendicken über 5 mm müssen die Fugen beim Mauern an der Außenseite verschlossen werden, was auch bei „Nut-Feder"-Stoßfugen, → ❼, gilt.

❺
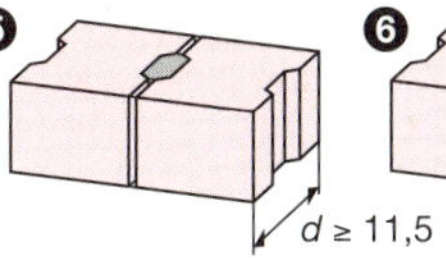

❻
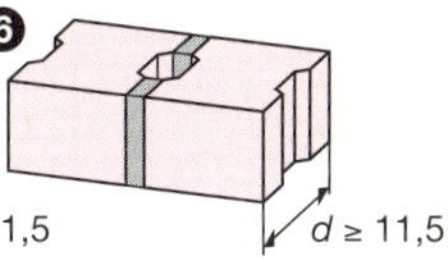

❼
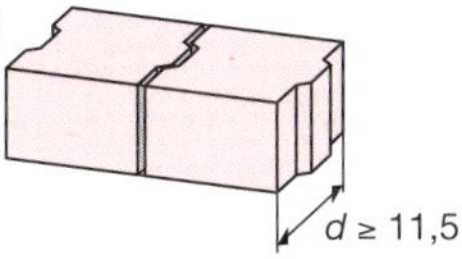

Mauern ohne Stoßfugenvermörtelung

Soll auf die Vermörtelung der Stoßfugen verzichtet werden, müssen die Steine hinsichtlich ihrer Form u. Maße hierzu geeignet sein. Die Steine sind stumpf oder mit Verzahnung durch ein Nut- u. Federsystem „knirsch" zu verlegen, bzw. ineinander verzahnt zu versetzen, → ❼. Bei Fugendicken über 5 mm müssen die Fugen an der Außenseite mit Mörtel verschlossen werden.
Die erforderlichen Maßnahmen hinsichtlich des Schlagregen-, Wärme-, Schall- und Brandschutzes sind bei dieser Vermauerungsart besonders zu berücksichtigen.

Fugen in Bögen und Gewölben dürfen am Rücken **höchstens 20 mm** und müssen an der Leibung **mindestens 5 mm** dick sein.

Verband

❽
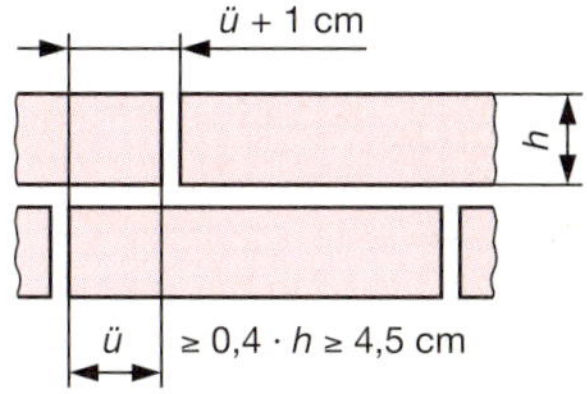

Es muss im Verband gemauert werden, d. h. die Stoß- und Längsfugen übereinander liegender Schichten müssen versetzt sein.
Das Überbindemaß *ü* muss ≥ 0,4 · *h* und ≥ 4,5 cm sein; wobei *h* das Sollmaß der Steinhöhe ist, es gilt auch für das Überbinden von Längsfugen.

Die Steine einer Schicht sollten gleiche Höhe haben, auch an Öffnungsleibungen und Anschlägen.
In Schichten mit Längsfugen (Verbandsmauerwerk) darf die Steinhöhe nicht größer als die Steinbreite sein. Das gilt sinngemäß auch f. Teilsteine in Pfeilern.

9 Steinhöhe *h* in cm	Mindestüberbindung *ü* ≥ 0,4 · *h* u. ≥ 4,5 cm in cm	Regelmaß *ü* in cm	Richtmaß *ü* + 1 cm in cm	in am
5,2				
7,1	4,5	5,2	6,25	1/2
11,3				
17,5	7,0	11,5	12,5	1
23,8	9,5			
48,8	19,5	24	25	2

Ein-Stein-Mauerwerk

❿ Ecksteine im gleichen Format wie in den Wänden

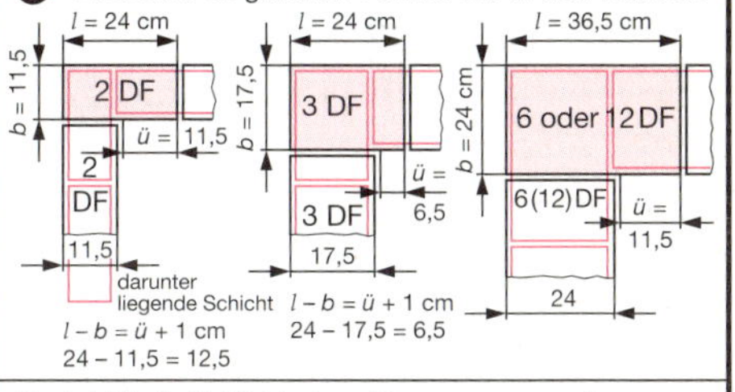

Besteht jede Schicht einer Mauer aus nur **einer Steinreihe**, bestimmt also ein Steinmaß, meist die Breite, die Dicke der Wand, spricht man von „Ein-Stein-Mauerwerk". Hier gilt:

- Bei **dünnen** und quer zur Wand auf **Biegung** (Wind, Erddruck usw.) beanspruchten Wänden ist **größtmögliche Überbindung** anzustreben.
- An **Mauerecken, -enden und -stößen** sollten **möglichst ganze Steine** liegen.
  Eine ausreichende Überbindung ist gegeben, wenn der Stein um *ü* + 1 cm länger als breit ist, → ❿. Zu „*ü* + 1", → **9**.
  Weiteres zum Verband, → nächste Seite.

Mauerverbände I

Ein-Stein-Mauerwerk (Fortsetzung von S. 165)

(Fortsetzung von S. 165)

1 Teil- oder Ergänzungssteine an der Ecke

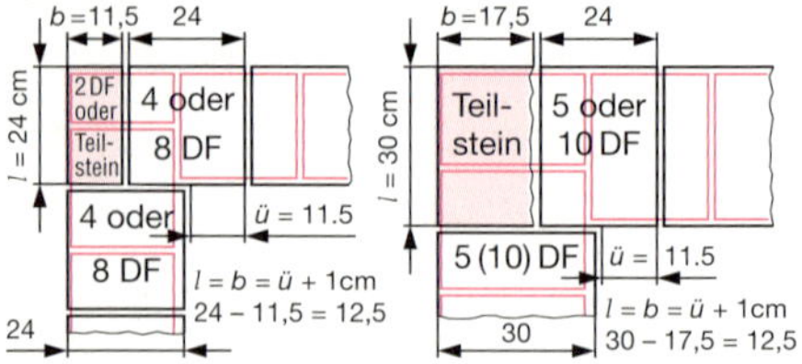

Ecken mit Teilsteinen:
Erfüllt das verwendete Steinformat die **Forderung Länge = Breite + (ü + 1 cm)** nicht, z. B. bei 4, 5, 8 oder 10 DF-Steinen, → **1**, dann müssen **Teilsteine**, falls verfügbar, auch entsprechend kleinere Formate eingesetzt werden, z. B. 2 DF, wie im linken Beispiel von **1**. Teil- oder Ergänzungssteine, besonders als Lochsteine, sollten geschnitten, nicht geschlagen werden, um Festigkeits-Schwachstellen zu vermeiden.

Bei **Blocksteinen** für 25 cm (2 am) Schichthöhe dürfen an Wandenden u. unter Stürzen zum Längen- und Höhenausgleich kleinerformatige 11,5 cm hohe Steine verwendet werden, sofern d. Aufstandsfläche der Steine mindestens 11,5 cm lang ist u. die Steine mindestens die gleiche Festigkeit wie die im übrigen Mauerwerk haben.

In **Außenwänden**, besonders an Ecken und Anschlägen, sollten die **Ergänzungssteine keinesfalls eine höhere Stein-Rohdichte** u. damit eine schlechtere Wärmedämmung als die im übrigen Wandbereich aufweisen.
Für d. **Maßausgleich** in Wandmitte gibt es bei großformatigen Ziegeln **Verschiebeziegel**.

An Mauerstößen und Mauerkreuzungen muss so eingebunden werden, dass sich in beiden Richtungen **Mindestüberbindungen** von 4,5 cm bei Schichthöhen bis 12,5 cm u. von 9,5 cm bei 25 cm Schichthöhe ergeben, → **2**.

2 Durchbinden an Kreuzungen und Stößen

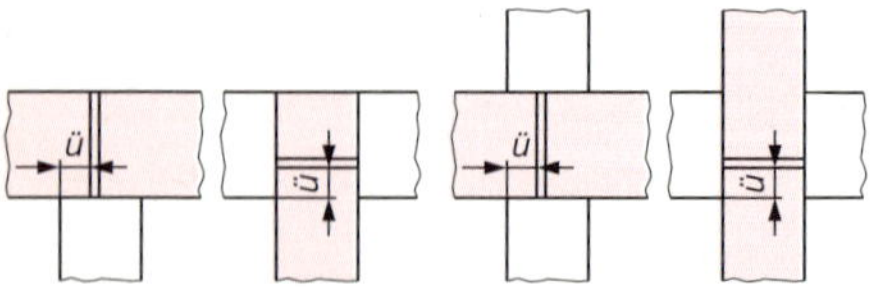

Verbandsmauerwerk

In d. Schichten liegen **zwei oder mehr Steinreihen nebeneinander**, die durch Bindersteine miteinander verbunden werden.
Zusätzlich gelten hier folgende **Regeln**:

a) Bei 12,5 cm Schichthöhe ist es günstiger, **statt zwei „Dreivierteln" einen 3 DF-Stein** und statt einem „Dreiviertel" einen halben 3 DF-Stein zu verwenden, → **Variante A** in **3**.

b) Für **Sichtmauerwerk** aus DF- oder NF-Steinen ist die **Variante B** üblich. Hier liegen an Ecken u. Mauerenden jeweils so viele „Läufer-Dreiviertel", wie die Wand Achtelmeter (am) bzw. „Köpfe" dick ist.

c) Im „**Verband mit Vierteln**" nach **Variante C** liegen hinter einem ganzen Stein an d. Ecke oder am Mauerende zwei Viertelsteine. Damit werden Steine eingespart. Die kleine **Fugendeckung**, die sich dabei ergibt, ist erlaubt und beeinträchtigt die Festigkeit nicht.

3 Variante A mit 3 DF und halben 3 DF-Steinen

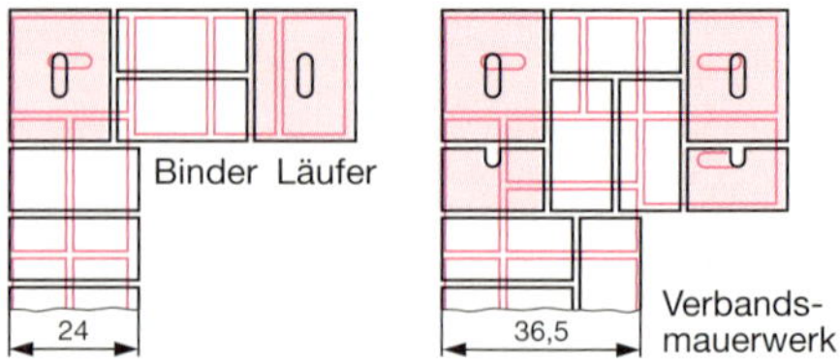

Variante B mit „Dreivierteln"

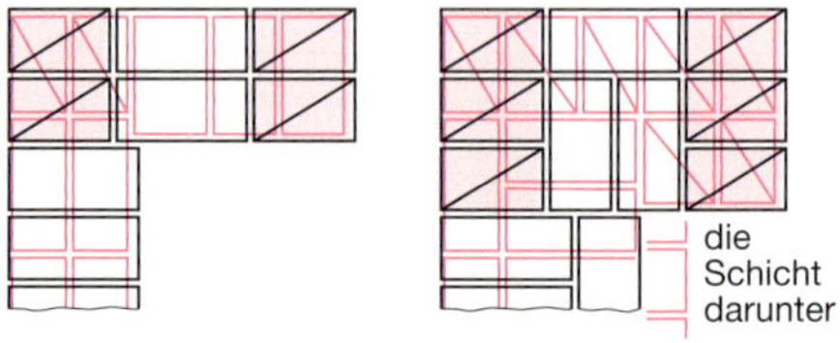

Variante C mit „Ganzen" und „Vierteln"

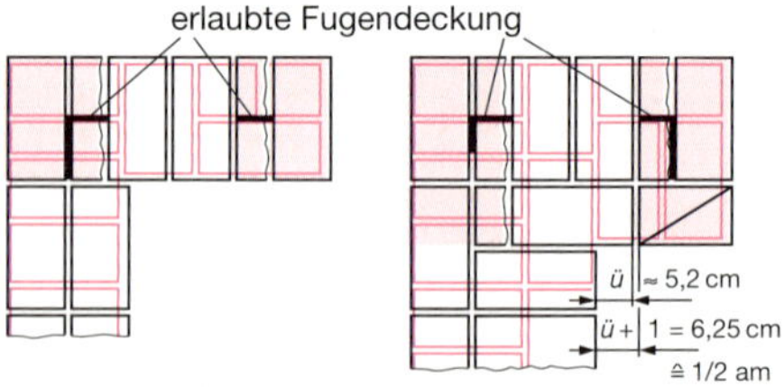

4

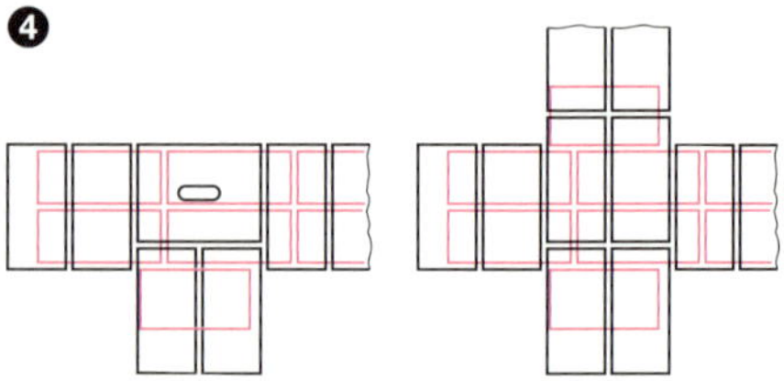

d) An **Mauerstößen** soll möglichst eine Läuferschicht in eine Binderschicht einbinden, an **Kreuzungen** jeweils die Läuferschicht durchlaufen, wie in **4** gezeigt.
Die Überbindung *ü* muss bei klein- und mittelformatigen Steinen mindestens 4,5 cm, besser jedoch 5,2 cm betragen.

Mauerverbände II

Pfeilerverbände

Pfeiler sind kurze Wände, die nur aus Mauerenden bestehen u. werden wie in ❸ gemauert. Für **Pfeiler**, die nur mäßig auf Druck, aber **stark auf Biegung beansprucht** sind, wie z. B. Türpfeiler, sind Verbände zu empfehlen, die möglichst nur ganze Steine benötigen, wie z. B. im linken Beispiel der Abb. ❺ b). Die dabei unvermeidliche **Fugendeckung** im Innern des Pfeilers ist hier vertretbar. Beim **„Schornsteinverband"** im rechten Beispiel von ❺ b) kann der verbleibende Hohlraum einen **Bewehrungskorb** aufnehmen und mit Beton verfüllt werden, der den Korrosionsschutz sicherstellt. Die Biegefestigkeit des Pfeilers kann dadurch wesentlich erhöht werden.

❺ a) Pfeiler ohne Fugendeckung

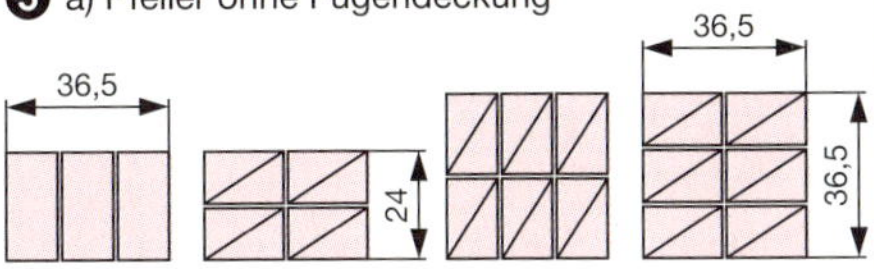

b) Pfeiler mit Fugendeckung

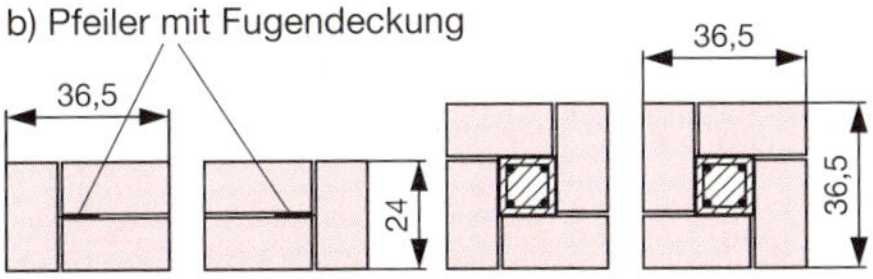

Stumpf- und spitzwinklige Ecken

Auch hier sollte ein **Überbindemaß von 5,2 cm** durch einen entsprechend zugeschnittenen oder im Handel erhältlichen Eckstein eingehalten werden. Bei diesem muss die **schräge Länge l_s um 6,25 cm kürzer als die gerade Länge l** sein, was auch für spitze Winkel gilt.

Für den, z. B. bei Erkern, häufig vorkommenden Winkel von 135° (90 + 45)° werden in ❻ die Maße für den **größtmöglichen Eckstein** genannt, der aus einem Stein mit der Grundfläche von 24 x 11,5 cm² hergestellt werden kann.

Bei 11,5 cm dicken Verblendschalen ergeben sich dabei an der inneren Ecke Lücken, die mit kleinen Steinstücken ausgefüllt werden.

Für **großformatige Steine** mit 25 cm Schichthöhe soll **$l - l_S$ = 12,5 cm** sein, damit die Regelüberbindung sichergestellt ist.

❻ Stumpfwinklige Ecken

$l - l_S$ = 16,5 – 10,25 = 6,25 cm

$ü \approx$ 5,2 cm ≙ $ü$ + 1 cm

6,25 cm ≙ 1/2 am

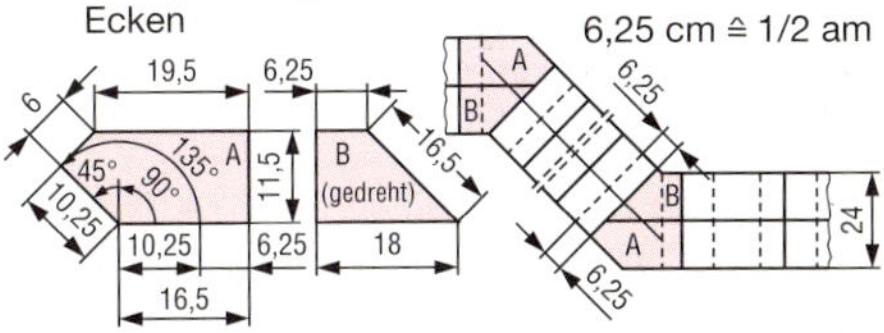

Verbände für Sichtmauerwerk

1 bis **4** **Konstruktionsverbände** (Trageverbände), hohe Mauerfestigkeit bezweckend.

5 bis **8** **Zierverbände** ermöglichen, mit d. Fugenbild zu spielen. Läuferverband als Zierverband verwendet.

8 Wilder Verband = Läuferverband mit etwa 8 Scheinbindern je m² Ansichtsfläche.

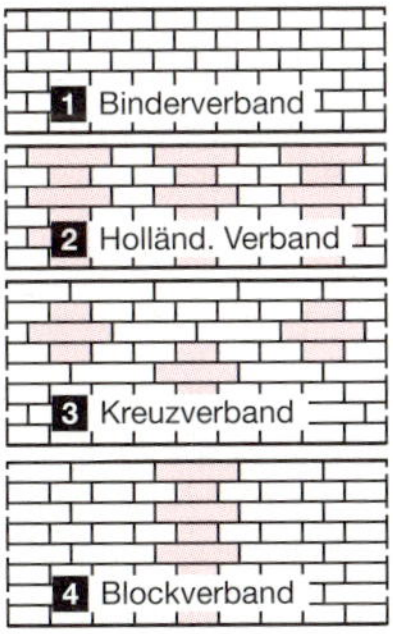

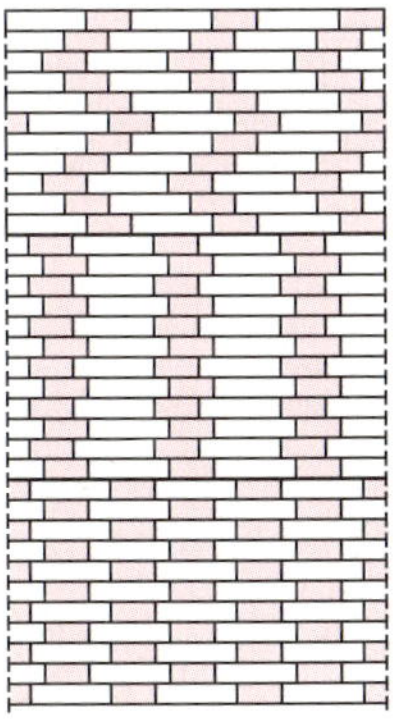

Mauerwerksansicht zeigt **Köpfe von Bindersteinen**:

1	100 %	**Trageverbände**
2	66,7 %	
3 **4**	50 %	
		Binder in %
5	33,3 %	**Zierverbände**
6	20 %	
7	0 %	

5 Gotischer Verband

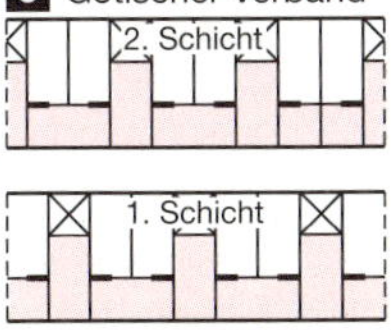

6 Märkischer Verband

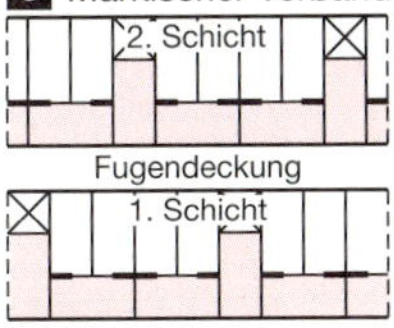

7 Läuferverband

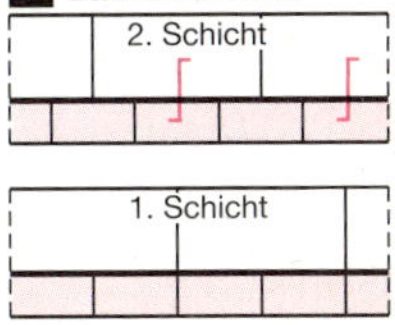

Berechnung und Ausführung

DIN 1053 Mauerwerk, Teil 1 von Nov. 1996, **Berechnung und Ausführung**, umfasst jetzt auch den bisherigen Teil 2 mit dem „Genaueren Berechnungsverfahren", das jedoch hier nicht aufgenommen werden konnte. Der übrige Inhalt wird hier, zwar gekürzt, aber mit den Kapitel- und Tabellennummern der Norm, wiedergegeben.

1. Anwendungsbereich

Diese Norm gilt für Mauerwerk aus künstlichen und natürlichen Steinen. Die Aufgaben der Wände hinsichtlich des Wärme-, Schall- und Brandschutzes sind zu beachten. Baustoffe, die nicht den hier genannten Normen entsprechen, bedürfen eines besonderen Nachweises ihrer Brauchbarkeit, z. B. durch eine allgemeine bauaufsichtliche Zulassung.

2. Begriffe

Rezeptmauerwerk „RM" ist Mauerwerk, dessen Druckfestigkeit in Abhängigkeit von Steinfestigkeitsklasse, Mörtelart und -gruppe nach den Tabellen 4 a und 4 b, S. 171 festgelegt wird.

Mauerwerk nach Eignungsprüfung „EM" wird nach den bei einer Prüfung ermittelten Grundwerten σ_0 bemessen.

Tragende Wände sind überwiegend auf Druck beanspruchte, scheibenartige Bauteile zur Aufnahme vertikaler Lasten, z. B. Deckenlasten, sowie horizontaler Lasten, z. B. Windlasten.

Aussteifende Wände sind scheibenartige Bauteile zur Aussteifung des Gebäudes oder zur Knickaussteifung tragender Wände. Sie gelten stets auch als tragend.

Nichttragende Wände sind scheibenartige Bauteile, die überwiegend nur durch ihre Eigenlast beansprucht werden und auch nicht zum Nachweis der Gebäude- oder Knickaussteifung herangezogen werden.

Ringanker sind in Wandebene liegende horizontale Bauteile zur Aufnahme von Zugkräften, die in den Wänden infolge von äußeren Lasten oder von Verformungsunterschieden entstehen können.

Ringbalken sind in Wandebene liegende horizontale Bauteile, die außer Zugkräften auch Biegemomente infolge von rechtwinklig zur Wandebene wirkenden Lasten aufnehmen können.

3. Bautechnische Unterlagen

Als solche gelten insbesonders die Bauzeichnungen, der Nachweis der Standsicherheit, eine Baubeschreibung sowie etwaige Zulassungs- und Prüfbescheide. Für die Beurteilung und Ausführung des Mauerwerks sind in den **bautechnischen Unterlagen mindestens folgende Angaben** erforderlich:

a) Wandaufbau,
b) Art, Rohdichte- und Druckfestigkeitsklasse der zu verwendenden Steine,
c) Mörtelart und Mörtelgruppe,
d) Ringanker und Ringbalken,
e) Schlitze und Aussparungen,
f) Verankerungen der Wände,
g) Bewehren des Mauerwerks und
h) verschiebliche Auflagerungen.

4. Druckfestigkeit des Mauerwerks

Sie wird bei der Berechnung nach dem vereinfachten Verfahren nach Abschnitt 6 charakterisiert durch die **Grundwerte** σ_0 der zulässigen Druckspannungen, die in Abhängigkeit von den Steinfestigkeitsklassen, der Mörtelart und den Mörtelgruppen in den Tabellen 4 a und 4 b (S. 171) festgelegt sind.
Für **Mauerwerk aus Natursteinen** ergeben sich die Grundwerte σ_0 der zulässigen Druckspannungen in Abhängigkeit von der Güteklasse des Mauerwerks, der Steinfestigkeit und der Mörtelgruppe in Tabelle 14, → S. 190.

5. Baustoffe

5.1 Mauersteine

Es dürfen nur Mauerziegel und Klinker nach DIN 105 T.1-5, Kalksandsteine nach DIN 106 T.1 u. 2, Hüttensteine nach DIN 398, Poren- (früher Gas-) betonsteine nach DIN 4165 und DIN 4166, Leichtbetonsteine nach DIN 18 151 und 18 152 und Betonsteine nach DIN 18 153 verwendet werden. Für Natursteine gilt Abschnitt 12.

5.1 Mauermörtel

Es dürfen nur Mörtel verwendet werden, die den Bedingungen der Tabelle A1, hier in Tabelle **1** auf S. 162, entsprechen.
Verarbeitung: Zusammensetzung u. Konsistenz des Mörtels müssen vollfugiges Vermauern ermöglichen. Dies gilt besonders für Mörtel der Gruppen III und IIIa. Weitere Beschränkungen siehe S. 162 bis 164.

6. Vereinfachtes Berechnungsverfahren

6.1 Nachweis der Standsicherheit

Der Nachweis der Standsicherheit darf mit dem gegenüber Abschnitt 7 (hier nicht wiedergegeben) **vereinfachten Verfahren** geführt werden, wenn die folgenden und die in Tab. 1 genannten Voraussetzungen erfüllt sind:

- Gebäudehöhe über Gelände höchstens 20 m,
- Stützweite der aufliegenden Decke l höchstens 6,00 m, sofern nicht die Biegemomente aus dem Deckendrehwinkel durch konstruktive Maßnahmen, z. B. Zentrierleisten, begrenzt werden; bei zweiachsig gespannten Decken ist für l die kürzere der beiden Stützweiten einzusetzen.
- Als Gebäudehöhe darf bei geneigten Dächern das Mittel von First- und Traufhöhe gelten.

Beim vereinfachten Verfahren brauchen bestimmte Beanspruchungen, z. B. Biegemomente aus Deckeneinspannung, ungewollte Exzentrizitäten, Wind auf Außenwände usw. nicht nachgewiesen zu werden, da sie durch konstruktive Regeln und Grenzen berücksichtigt sind.

Berechnungsgrundlagen I

DIN 1053, T.1/90

Tabelle 1: Voraussetzungen für die Anwendung des vereinfachten Verfahrens

Bauteil	d in cm	h_s in m	p in kN/m²
Innenwände	$\geq 11{,}5 < 24$	$< 2{,}75$	≤ 5
	≥ 24	–	
einschalige Außenwände	$\geq 17{,}5$[1] < 24	$\leq 2{,}75$	
	≥ 24	$\leq 12 \cdot d$	
Tragschale zweischaliger Außenwände und 2-schaliger Haustrennwände	$\geq 11{,}5$[2] $< 17{,}5$[2]	$\leq 2{,}75$	≤ 3[3]
	$\geq 17{,}5 < 24$		≤ 5
	≥ 24	$\leq 12 \cdot d$	

d = Wanddicke, h_s = lichte Wandhöhe
p = Verkehrslast der aufliegenden Decke

1) Bei eingeschossigen Garagen und vergleichbaren Bauwerken, die nicht zum dauernden Aufenthalt von Menschen vorgesehen sind, auch $d \geq 11{,}5$ cm zulässig.

2) Geschossanzahl = maximal 2 Vollgeschosse zuzüglich ausgebautes Dachgeschoss, aussteifende Querwände im Abstand $\leq 4{,}50$ m bzw. Randabstand von einer Öffnung $\leq 2{,}0$ m.

3) Einschließlich Zuschlag für nichttragende Trennwände.

Ist die Gebäudehöhe größer als 20 m oder treffen die in diesem Abschnitt enthaltenen Voraussetzungen nicht zu oder soll die Standsicherheit des Bauwerks oder einzelner Bauteile genauer nachgewiesen werden, ist der Standsicherheitsnachweis nach Abschnitt 7 zu führen.

6.2 Ermitteln der Schnittgrößen infolge von Lasten

Auflagerkräfte aus Decken sind bei durchlaufenden, einachsig gespannten Deckenplatten u. Balken bei der ersten Innenstütze unter Berücksichtigung der Durchlaufwirkung zu berechnen, bei den übrigen Innenstützen nur dann, wenn das Verhältnis der angrenzenden Stützweiten kleiner als 0,7 ist.

Ansonsten dürfen diese **Auflagerkräfte** unter der Annahme berechnet werden, dass die Tragwerke auf den Auflagern gestoßen u. frei drehbar gelagert sind.

Tragende Wände unter einachsig gespannten Decken, die parallel zur Deckenspannrichtung verlaufen, sind mit einem Deckenstreifen angemessener Breite zu belasten, so dass eine mögliche Lastabtragung in Querrichtung berücksichtigt ist. Die Ermittlung der Auflagerkräfte aus zweiachsig gespannten Decken darf nach DIN 1045 erfolgen.

Knotenmomente brauchen im Allgemeinen nach dem vereinfachten Verfahren nicht nachgewiesen zu werden.
Näheres unter DIN 1053, T.1, Absatz 6.2.2.

6.3 Windlasten

Der Einfluss der Windlast darf beim vereinfachten Verfahren in der Regel vernachlässigt werden, wenn ausreichende horizontale Halterungen vorhanden sind. Als solche gelten z. B. Decken mit Scheibenwirkung oder statisch nachgewiesene Ringbalken im Abstand der zulässigen Geschosshöhen nach Tab. 1.

6.4 Räumliche Steifigkeit

Diese ist auch in Bezug auf den Einfluss der Windlasten sicherzustellen. Auf ihren rechnerischen Nachweis darf verzichtet werden, wenn die Geschossdecken als steife Scheiben ausgebildet sind, bzw. statisch nachgewiesene Ringbalken vorliegen. Außerdem müssen in Längs- und Querrichtung des Gebäudes eine ausreichende Anzahl von genügend langen aussteifenden Wänden vorhanden sein, die ohne größere Schwächungen und ohne Versprünge bis auf die Fundamente heruntergeführt sind, → S. 170.

6.5 Zwängungen

Aus der starren Verbindung von Baustoffen unterschiedlichen Verformungsverhaltens können erhebliche Zwängungen infolge von Schwinden, Kriechen und Temperaturänderungen entstehen. Diese, wie auch Setzungen, können Spannungsumlagerungen und Schäden im Mauerwerk bewirken. Bei größeren Zwängungen kann eine konstruktive Bewehrung einer Rissbildung entgegenwirken. Berechnungen erfolgen nach Abschnitt 7.

6.7 Aussteifung und Knicklänge

6.7.1 Allgemeine Annahmen für aussteifende Wände

Je nach Anzahl der rechtwinklig zur Wandebene unverschieblich gehaltenen Ränder werden zwei-, drei- und vierseitig gehaltene sowie frei stehende Wände unterschieden.

❶

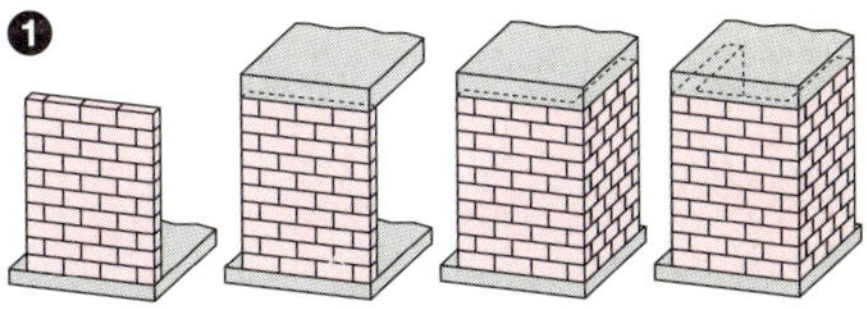

frei stehende Wand | zweiseitig | dreiseitig | vierseitig gehaltene Wand

Als **unverschiebliche Halterung** dürfen horizontal gehaltene Deckenscheiben und aussteifende Querwände oder andere ausreichend steife Bauteile angesehen werden. Unabhängig davon ist das Bauwerk als Ganzes ausreichend auszusteifen.
Bei **einseitig angeordneten Querwänden** darf unverschiebliche Halterung der auszusteifenden Wand nur angenommen werden, wenn Wand u. Querwand aus Baustoffen annähernd gleichen Verformungsverhaltens **gleichzeitig im Verband hochgeführt** werden. Weiteres, → nächste Seite.

Einseitig angeordnete Querwände gelten auch bei gleichzeitigem Hochmauern nur dann als ausgesteift, wenn ein Abreißen der Wände infolge stark unterschiedlicher Verformung nicht zu erwarten ist. Die zug- und druckfeste Verbindung kann auch durch andere Maßnahmen, z. B. einen **Stumpfstoß** m. einer ausreichenden Anzahl von Flachankern, → S. 182, sichergestellt werden.

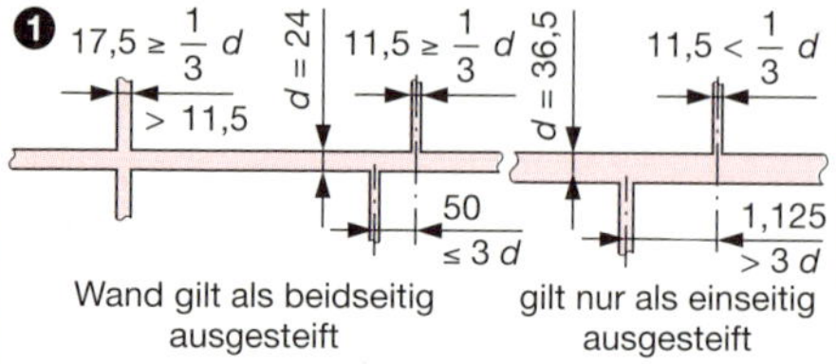

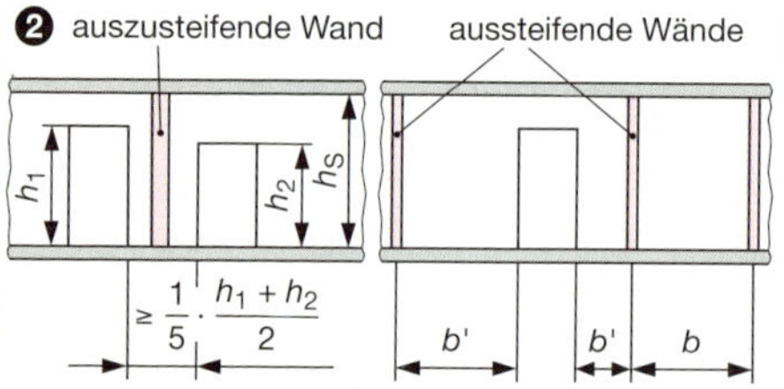

Beidseitig angeordnete Querwände, deren Mittelebenen gegeneinander um mehr als die dreifache Dicke der auszusteifenden Wand versetzt sind, werden wie einseitig angeordnete Wände behandelt, → ❶.
Die **wirksame Länge** aussteifender Wände muss mind. **1/5 der lichten Geschosshöhe** betragen. Ihre **Dicke** muss **mind. 1/3 der auszusteifenden Wand**, aber nicht geringer als 11,5 cm sein, → ❶.
Bei **Öffnungen in aussteifenden Wänden** muss die Länge des im Bereich der auszusteifenden Wand verbleibenden Wandteiles ohne Öffnungen mindest. 1/5 der mittleren Höhe der Öffnungen, auch von Fenstern, betragen, → ❷.
Bei **beidseitig** angeordneten nicht versetzten **Querwänden** darf auf das gleichzeitige Hochführen verzichtet werden, wenn jede der beiden Querwände den vorstehend genannten Bedingungen für aussteifende Wände genügt. Auf Konsequenzen aus unterschiedlichen Verformungen und aus bauphysikalischen Anforderungen ist besonders zu achten.

6.7.2 Knicklängen

Die **Knicklänge h_k von zweiseitig gehaltenen Wänden** darf im allgemeinen gleich der **lichten Geschosshöhe h_s** angenommen werden: $h_k = h_s$

Bei Platten- und anderen flächig aufgelagerten **Massivdecken** darf die Einspannung der Wand in der Decke durch **Abminderung der Knicklänge** berücksichtigt werden: **Knicklänge $h_k = \beta \cdot h_s$**

Sofern kein genauerer Nachweis für β n. Abschnitt 7 erfolgt, gilt vereinfacht:
$\beta = 0{,}75$ für Wanddicke $d \leq 17{,}5$ cm,
$\beta = 0{,}90$ für Wanddicken 17,5 cm $< d \leq 25$ cm,
$\beta = 1{,}00$ für Wanddicken > 25 cm.

Als flächig aufgelagerte Massivdecken gelten in diesem Sinn auch Stahlbetonbalken- und Rippendecken nach DIN 1045 mit Zwischenbauteilen, bei denen die Auflagerung durch Randbalken erfolgt.
Die so **vereinfacht ermittelte Abminderung** der Knicklänge ist jedoch nur zulässig, wenn keine größeren horizontalen Lasten als die planmäßigen Windlasten rechtwinklig auf die Wände wirken und folgende **Mindestauflagertiefen *a*** auf den Wänden der Dicke *d* gegeben sind:
für $d \geq 24$ cm : $a \geq 17{,}5$ cm,
für $d < 24$ cm : $a = d$.

Für **drei- und vierseitig gehaltene Wände** gilt:

Knicklänge $h_k = \beta \cdot h_s$

Bei Wänden mit lichter Geschosshöhe $h \leq 3{,}50$ m darf β in Abhängigkeit von Wanddicke *d* sowie von *b* und *b'* nach Tabelle 2 angenommen werden, falls kein genauerer Nachweis nach Abschnitt 7 erfolgt. Ein Faktor β ungünstiger als bei zweiseitiger Halterung braucht nicht angesetzt zu werden. Zu *b* und *b'*, → ❷ rechts.
Ist $b > 30 \cdot d$ bei vierseitiger bzw. $b' > 15 \cdot d$ bei dreiseitiger Halterung, so gelten d. Wände als zweiseitig gehalten.

Tabelle 2: Faktor β zur Bestimmung der Knicklänge

dreiseitig gehaltene Wand *d* in cm 24	17,5	11,5	*b'* m	β	*b* m	vierseitig gehaltene Wand *d* in cm 11,5	17,5	24	30
			0,65	**0,35**	2,00				
			0,75	**0,40**	2,25				
			0,85	**0,45**	2,50				
			0,95	**0,50**	2,80				
			1,05	**0,55**	3,10	b ≤			
			1,15	**0,60**	3,40	3,45			
			1,25	**0,65**	3,80				
		b' ≤	1,40	**0,70**	4,30				
		1,75	1,60	**0,75**	4.80		b ≤ 5,25 m		
			1,85	**0,80**	5,60				
	b' ≤ 2,60 m		2,20	**0,85**	6,60			b ≤ 7,20 m	
			2,80	**0,90**	8,40				
b' = 3,60 m									b ≤ 9,00 m

Ist die Wand in Höhe des mittleren Drittels **durch vertikale Schlitze oder Nischen geschwächt**, so ist für *d* die **Restwanddicke** einzusetzen oder ein freier Rand anzunehmen. Ist die Restwanddicke, unabhängig von der Lage, kleiner als 1/2 *d* oder 11,5 cm, so ist an ihrer Stelle eine Öffnung anzunehmen. Weiteres, → nächste Seite.

Bemessung I

DIN 1053/96

Noch zu Berechnungsgrundlagen, → Seite 170:
Bei **Öffnungen** in d. Wand, deren lichte Höhe größer als 1/4 der Geschosshöhe, oder deren lichte Breite größer als 1/4 der Wandbreite oder deren Gesamtfläche größer als 1/10 der Wandfläche ist, sind die Wandteile zwischen Wandöffnung und aussteifender Wand als dreiseitig, die Wandteile zwischen Öffnungen als zweiseitig gehalten, anzusehen.

6.9 Bemessen nach dem vereinfachten Verfahren

6.9.1 Spannungsnachweis bei zentrischer und exzentrischer Druckbeanspruchung

Für den Gebrauchszustand ist auf der Grundlage einer linearen Spannungsverteilung unter Ausschluss von Zugspannungen nachzuweisen, dass die zulässigen Druckspannungen

zul $\sigma_D = k \cdot \sigma_o$ nicht überschritten werden.

Es bedeuten:

σ_o **Grundwerte** nach den Tabellen 4 a, 4 b und 4 c.

k **Abminderungsfaktor** für
- Wände als Zwischenauflager: $k = k_1 \cdot k_2$,
- Wände als einseitiges Endauflager: $k = k_1 \cdot k_2$ oder $k = k_1 \cdot k_3$, wobei der kleinere Wert maßgebend ist.

k_1 Faktor zur Berücksichtigung unterschiedlicher Sicherheitsbeiwerte bei Wänden und „kurzen Wänden" (Pfeilern).
$k_1 = 1{,}0$ für Wände und für „kurze Wände" (< 1000 cm²), die aus einem oder mehreren ungetrennten Steinen mit < 35 % Lochanteil bestehen und nicht durch Schlitze oder Aussparungen geschwächt sind.
$k = 0{,}8$ für alle anderen „kurzen Wände".
Mauerquerschnitte < 400 cm² (< 11,5 x 36,5 oder 17,5 x 24) sind nicht als „tragend" zulässig. Schlitze und Aussparungen berücksichtigen!

k_2 Faktor zur Berücksichtigung der Traglastminderung bei **Knickgefahr** nach Abschnitt 6.9.2:

$k_2 = 1{,}0$ für $h_k/d \le 10$

$k_2 = \dfrac{25 - h_k/d}{15}$ für $10 < h_k/d \le 25$

mit Knicklänge nach Abschnitt 6.7.2.

k_3 Faktor zur Berücksichtigung der Traglastminderung durch den **Drehwinkel** von Decken:

$k_3 = 1{,}0$ für $l \le 4{,}20$ m

$k_3 = 1{,}7 - l/6$ für $4{,}20 \text{ m} < l \le 6{,}00$ m

mit l als Deckenstützweite in m nach 6.1.
Wird die Traglastminderung durch konstruktive Maßnahmen, z. B. Zentrierleisten, begrenzt, so gilt unabhängig von der Stützweite $k_3 = 1$.
Bei Decken über dem obersten Geschoss, bes. bei Dachdecken gilt $k_3 = 0{,}5$ für alle Werte von l, wenn klaffende Fugen vorausgesetzt.

Tabelle 4 a: Grundwerte σ_o der zulässigen Druckspannungen für Mauerwerk mit Normalmörtel

Steinfestigk.-klasse	Normalmörtel-Gruppe (NM) I MN/m²	II MN/m²	II a MN/m²	III MN/m²	III a MN/m²
2	0,3	0,5	0,5 [1]	–	–
4	0,4	0,7	0,8	0,9	–
6	0,5	0,9	1,0	1,2	–
8	0,6	1,0	1,2	1,4	–
12	0,8	1,2	1,6	1,8	1,9
20	1,0	1,6	1,9	2,4	3,0
28	–	1,8	2,3	3,0	3,5
36	–	–	–	3,5	4,0
48	–	–	–	4,0	4,5
60	–	–	–	4,5	5,0

1) $\sigma_o = 0{,}6$ MN/m² bei ≥ 30 cm dicken Außenwänden. Diese Erhöhung gilt jedoch nicht für den Nachweis der Auflagerpressung nach Abschnitt 6.9.3.

Tabelle 4 b: Grundwerte σ_o der zulässigen Druckspannungen für Mauerwerk mit Dünnbett- (DM) u. Leichtmörtel (LM)

Steine der Festigkeitsklasse	Dünnbettmörtel [1] MN/m²	Leichtmörtel LM 21 MN/m²	LM 36 MN/m²
2	0,6	0,5 [2]	0,5 [2), 3)]
4	1,1	0,7 [4]	0,8 [5]
6	1,5	0,7	0,9
8	2,0	0,8	1,0
12	2,2	0,9	1,1
20	3,2	0,9	1,1
28	3,7	0,9	1,1

1) Verwendung nur bei Poren- (Gas-) beton-Plansteinen n. DIN 4165 und bei Kalksandplansteinen. Die Werte gelten für Vollsteine. Für Kalksand-Lochsteine und Kalksand-Hohlblocksteine nach DIN 106 Teil 1 gelten die entsprechenden Werte der Tabelle 4 a bei Mörtelgruppe III bis Steinfestigkeitsklasse 20.
2) Für Mauerwerk mit Mauerziegeln n. DIN 105 Teil 1 bis Teil 4 gilt $\sigma_o = 0{,}4$ MN/m².
3) $\sigma_o = 0{,}6$ MN/m² bei Außenwänden mit Dicken ≥ 30 cm. Diese Erhöhung gilt jedoch nicht für den Nachweis der Auflagerpressung n. Abschnitt 6.9.3 und für den Fall nach Fußnote 2).
4) Für Kalksandsteine nach DIN 106 Teil 1 der Rohdichteklasse ≥ 0,9 und für Mauerziegel nach DIN 105 Teil 1 bis 4 gilt: $\sigma_o = 0{,}5$ MN/m².
5) Für Mauerwerk mit den in Fußnote 4) genannten Mauersteinen gilt $\sigma_o = 0{,}7$ MN/m².

Tabelle 4 c: Zulässiges σ_o bei Eignungsprüfung

Nennfestigkeit β_M (N/mm²)	1,0…9,0	11…13	16…25
σ_o in MN/m²	$0{,}35 \cdot \beta_M$	$0{,}32 \cdot \beta_M$	$0{,}30 \cdot \beta_M$

6.9.2 Nachweis der Knicksicherheit

Der Faktor k_2 nach Absatz 6.9.1 berücksichtigt im vereinfachten Verfahren die ungewollte Ausmitte u. die Verformung nach Theorie II. Ordnung. Dabei ist vorausgesetzt, dass in halber Geschosshöhe nur Biegemomente aus Knotenmomenten nach Abschnitt 6.2 und aus Windlasten auftreten. Greifen größere horizontale Lasten an oder werden vertikale Lasten mit größerer Exzentrizität eingeleitet, so ist der Knicksicherheitsnachweis nach Abschnitt 7 zu führen (hier nicht wiedergegeben).

Ein **Versatz der Wandachsen** infolge einer Änderung der Wanddicken gilt dann nicht als größere Exzentrizität, wenn d. Querschnitt der dickeren tragenden Wand den Querschnitt der dünneren tragenden Wand umschreibt.

6.9.3 Auflagerpressung

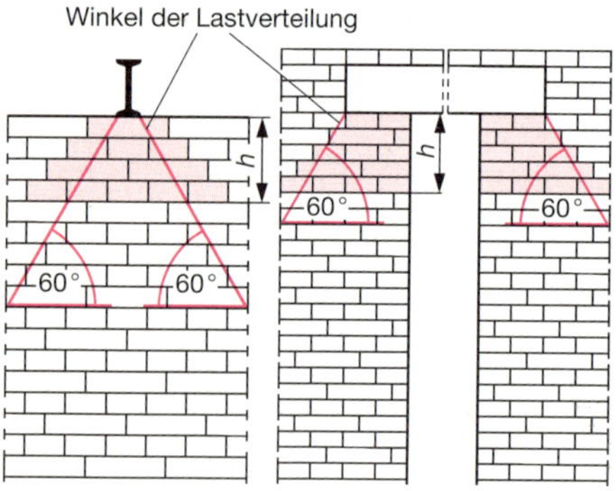

Werden Wände von Einzellasten belastet, so muss die Aufnahme der **Spaltzugkräfte** sichergestellt sein. Dies kann bei sorgfältig ausgeführtem Mauerwerksverband als gegeben angenommen werden.

Die **Druckverteilung unter Einzellasten** darf dann innerhalb des Mauerwerks unter 60° angesetzt werden. Der höher beanspruchte Wandbereich darf in höherer Mauerwerksfestigkeit ausgeführt werden. Abschnitt 6.5 (Zwängungen) ist dabei zu beachten.

Unter Einzellasten, z. B. unter Balken, Unterzügen, Stützen usw. darf eine gleichmäßig verteilte Auflagerpressung von 1,3 · σ_o mit σ_o nach Tabelle 4 a, 4 b oder 4 c angenommen werden, wenn zusätzlich nachgewiesen wird, dass die Mauerwerksspannung in halber Wandhöhe den Wert von zul $\sigma_o = k \cdot \sigma_o$ nicht überschreitet.

Teilflächenpressungen rechtwinklig zur Wandebene dürfen den Wert 1,3 · σ_o nach Tabelle 4 a, 4 b oder 4 c nicht überschreiten.
Bei Einzellasten $F \geq 3$ kN ist zusätzlich die Schubspannung in den Lagerfugen der belasteten Steine nach Abschnitt 6.9.5 nachzuweisen. Bei Loch- und Kammersteinen ist z. B. durch Unterlagsplatten sicherzustellen, dass die Druckkraft auf mindestens 2 Steine übertragen wird.

6.9.4 Zug- und Biegezugspannungen

In tragenden Wänden dürfen Zugspannungen rechtwinklig zu den Lagerfugen nicht in Rechnung gestellt werden.

Biegezugspannungen σ_z parallel zur Lagerfuge in Wandrichtung dürfen bis zu folgenden Höchstwerten in Rechnung gestellt werden:

$$\text{zul}\ \sigma_z = 0{,}4 \cdot \sigma_{oHS} + 0{,}12 \cdot \sigma_D \leq \max \sigma_z$$

zul σ_z Biegezugspannung parallel zur Lagerfuge,
σ_D zugehörige wirksame Druckspannung rechtwinklig zur Lagerfuge,
σ_{oHS} siehe Tabelle 5,
max σ_z siehe Tabelle 6.

Tabelle 5: Zulässige abgeminderte Haftscherfestigkeit σ_{oHS}

Mörtelart und Mörtelgruppe	NM I	NM II	NM IIa LM 21 LM 36	NM III DM	NM IIIa
σ_{oHS} in MN/m² [1)]	0,01	0,04	0,09	0,11	0,13

1) Für Mauerwerk mit unvermörtelten Stoßfugen sind die σ_{oHZ}-Werte zu halbieren. Als vermörtelt gilt eine Stoßfuge, bei der etwa die halbe Wanddicke oder mehr vermörtelt ist.

Tabelle 6: Maximale Werte max σ_z ‖ z. Lagerfuge der zulässigen Biegezugspannungen

Steinfestigkeitsklasse	2	4	6	8	12	20	≥ 28
σ_z in MN/m²	0,01	0,02	0,04	0,05	0,10	0,15	0,20

6.9.5 Schubnachweis

Ist ein Nachweis der räumlichen Steifigkeit nach 6.4 nicht erforderlich, darf im Regelfall auch der Schubnachweis für die aussteifenden Wände entfallen. Ist ein Schubnachweis erforderlich, darf für Rechteckquerschnitte (keine zusammengesetzte) das folgende vereinfachte Verfahren angewendet werden:

$$\tau = \frac{c \cdot Q}{A} \leq \text{zul}\ \tau$$

Für Scheibenschub →
$$\tau = \sigma_{oHS} + 0{,}2 \cdot \sigma_{Dm} \leq \max \tau$$

Q Querkraft
c für normale Wände und Scheibenschub = 1,0; f. hohe Wände (H/L ≥ 2) u. Plattenschub = 1,5,
A überdrückte Querschnittsfläche,
σ_{oHS} siehe Tabelle 5,
σ_{DM} mittlere zugehörige Druckspannung ⊥ zur Lagerfuge im ungerissenen Zustand,
max τ = 0,010 · β_{NSt} für Hohlblocksteine,
= 0,012 · β_{NSt} für Hochlochsteine und Steine mit Grifföffnungen,
= 0,014 · β_{NSt} für Vollsteine ohne Grifföffnungen oder -löcher,
β_{NSt} Nennwert der Steindruckfestigkeit.

Bemessung III

DIN 1053/96

Beispiel 1:

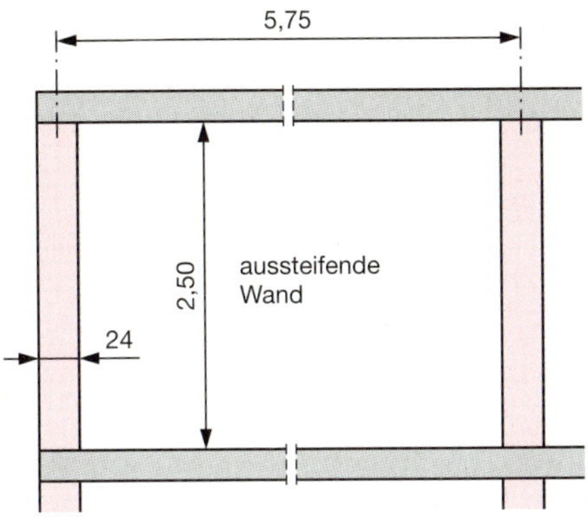

Eine 2,50 m hohe und 24 cm dicke **Außenwand** aus Kalksand-Plansteinen KS-R (P) 12-1,8 in Dünnbettmörtel ist dreiseitig gehalten (Decke unten und oben + aussteifende Wand), → ❶ S. 169. Die Breite b' bis zu einer Tür (→ ❷ S. 170) beträgt 2,80 m. Die Wand ist das Endauflager für eine Decke mit 5,75 m Stützweite. **Wie groß ist zul σ_D?**

1. Knicklänge

Nach Tabelle **3** S. 170 ist für 24 cm Wanddicke bei 3-seitiger Halterung $\beta = 0{,}90$.

Für h_s = lichte Geschosshöhe = 2,50 m ist:

$h_k = \beta \cdot h_s = 0{,}90 \cdot 2{,}50 \text{ m} = \underline{\underline{2{,}25 \text{ m}}}$ (225 cm).

2. Abminderungsfaktoren (→ S. 171)

$k_1 = \underline{1{,}0}$ (für Wände)

$$\frac{h_k}{d} = \frac{225 \text{ cm}}{24 \text{ cm}} = 9{,}375 < 10$$

$$k_2 \text{ für } \frac{h_k}{d} \leq 10 = \underline{1{,}0}$$

$$k_3 = 1{,}7 - \frac{l}{6} = 1{,}7 - \frac{5{,}75}{6} = \underline{0{,}74}$$

k_3 ist ungünstiger als k_2, daher:

$k = k_1 \cdot k_3 = 1{,}0 \cdot 0{,}74 = \underline{\underline{0{,}74}}$

3. Zulässige Druckspannung

Der Grundwert für $\sigma_D = 2{,}2 \text{ MN/m}^2$ nach Tabelle 4 b, Seite 171.

zul $\sigma_D = k \cdot \sigma_D = 0{,}74 \cdot 2{,}2 \text{ MN/m}^2 = \underline{\underline{1{,}628 \text{ MN/m}^2}}$

Bei 0,24 m Wanddicke entspricht zul $\sigma = 1{,}63 \text{ MN/m}^2$ einer zulässigen Streckenlast von $1{,}63 \cdot 0{,}24 = 0{,}39 \text{ MN/m} = \underline{\underline{390 \text{ kN/m}}}$.

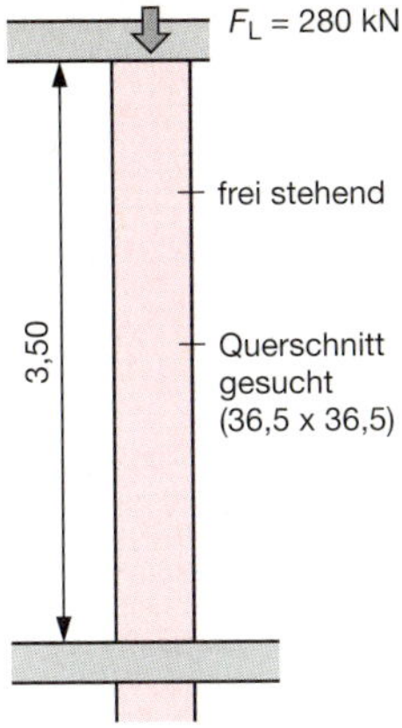

Beispiel 2:

Ein quadratischer **Pfeiler** wird aus der Stahlbetondecke mit 280 kN belastet. Der Pfeiler ist zweiseitig gehalten (von den Decken unten und oben), 3,50 m hoch u. soll aus VMz 20-1,8 in Mörtelgruppe III gemauert werden. zul σ_o nach Tab. 4 a, (S. 171) = 2,4 MN/m². **Welchen Querschnitt** in Ziegelmaßen muss der Pfeiler mindestens besitzen?

Für den gewählten Querschnitt ist der **Spannungsnachweis** zu führen.

1. Vorbemessung (ohne Sicherheitsfaktor)

mit Eigenlast für geschätzten Querschnitt 49/49:

$F_G = V \cdot g_R = 0{,}49 \text{ m} \cdot 0{,}49 \text{ m} \cdot 3{,}50 \text{ m} \cdot 18 \text{ kN/m}^3$ (→ S. 42)

$F_G = 15{,}13 \text{ kN} = \underline{0{,}015 \text{ MN}}$

$F = F_L + F_G = 0{,}28 + 0{,}015 = \underline{\underline{0{,}295 \text{ MN}}}$

$$\text{erf } A = \frac{F}{\text{zul } \sigma_o} = \frac{0{,}295 \text{ MN}}{2{,}4 \text{ MN/m}^2} = \underline{0{,}12 \text{ m}^2}$$

$\text{erf } b = \sqrt{A} = \sqrt{0{,}12} = \underline{\underline{0{,}35 \text{ m}}}$

gewählt: b = **0,365 m** (Pfeiler 36,5/36,5)

2. Knicklänge (→ S. 170)

$h_k = h_s = \underline{\underline{3{,}50 \text{ m}}}$ (zweiseitig gehalten)

3. Sicherheitsfaktoren (→ S. 171)

$k_1 = \underline{1{,}0}$ für Wände (und Pfeiler > 1000 cm²)

$$\frac{h_k}{d} = \frac{350 \text{ cm}}{36{,}5 \text{ cm}} = 9{,}59 < 10, \text{ somit } k_2 = \underline{1{,}0}$$

$k_3 = \underline{1{,}0}$ (kein Drehwinkel)

$k = k_1 \cdot k_2 = 1{,}0 \cdot 1{,}0 = \underline{\underline{1{,}0}}$

4. Druckspannungen

zulässige Druckspannung:

zul $\sigma_D = k \cdot \sigma_D = 1{,}0 \cdot 2{,}4 \text{ MN/m}^2 = \underline{\underline{2{,}4 \text{ MN/m}^2}}$

vorhandene Druckspannung:

$$\text{vorh } \sigma_D = \frac{F}{A} = \frac{0{,}295 \text{ MN}}{0{,}365 \text{ m} \cdot 0{,}365 \text{ m}} = \frac{0{,}295 \text{ MN}}{0{,}133 \text{ m}^2}$$

vorh $\sigma_D = \underline{\underline{2{,}22 \text{ MN/m}^2}} <$ zul $\sigma_D = 2{,}4 \text{ MN/m}^2$

8.1 Wandarten, Wanddicken

8.1.1 Allgemeines

Die statisch erforderliche Wanddicke ist nachzuweisen. Hierauf darf verzichtet werden, wenn die gewählte Wanddicke offensichtlich ausreicht. Die im Folgenden festgelegten Mindestwanddicken sind einzuhalten.
Innerhalb eines Geschosses soll zur Vereinfachung von Ausführung und Überwachung das **Wechseln von Steinarten und Mörtelgruppen** möglichst **eingeschränkt** werden, → auch 5.2.3.

Steine, die **unmittelbar der Witterung ausgesetzt** bleiben, müssen **frostwiderstandsfähig** sein. Sieht die Stoffnorm hinsichtlich der Frostwiderstandsfähigkeit unterschiedliche Klassen vor, so sind bei Schornsteinköpfen, Kellereingangs-, Stütz- und Gartenmauern, stark strukturiertem Mauerwerk u. ähnlichen Anwendungsbereichen Steine mit der höchsten Frostwiderstandsfähigkeit zu verwenden.

Unmittelbar der Witterung ausgesetzte, horizontale und leicht geneigte Sichtmauerwerksflächen, wie z. B. Mauerkronen, Schornsteinköpfe o. Brüstungen, sind durch geeignete Maßnahmen (z. B. Abdeckung) so auszubilden, dass Wasser nicht eindringen kann.

8.1.2 Tragende Wände

Wände, die mehr als ihre Eigenlast aus einem Geschoss zu tragen haben, und **aussteifende Wände** sind stets als tragende Wände anzusehen. Wände, die der Aufnahme von horizontalen Kräften rechtwinklig zur Wandebene dienen, dürfen auch als nichttragende Wände (→ S. 175) ausgebildet sein.

Tragende Innen- und Außenwände sowie aussteifende Wände sind mindestens 11,5 cm dick, sofern aus Gründen der Standsicherheit, der Bauphysik oder des Brandschutzes nicht größere Dicken erforderlich sind.

Die **Mindestmaße tragender Pfeiler** betragen: 11,5 cm x 36,5 cm bzw. 17,5 cm x 24 cm.

Kellerwände

❶ Lastannahmen für Kellerwände

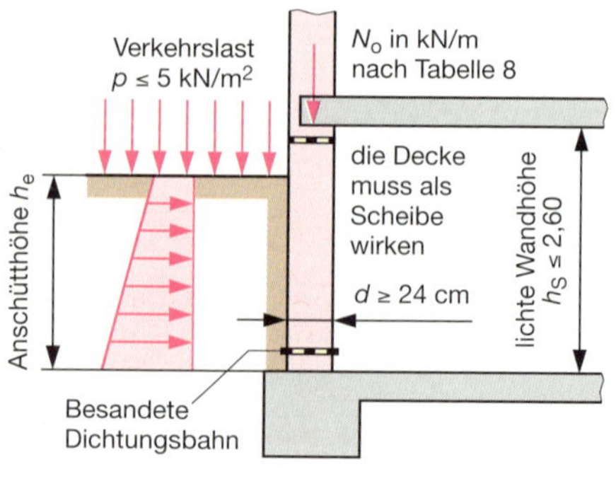

Bei **Kellerwänden** darf der Nachweis auf Erddruck entfallen, wenn die folgenden Bedingungen erfüllt sind, → ❶:

a) Lichte Höhe der Kellerwand $h_S \leq 2,60$ m. Wanddicke $d \geq 24$ cm.

b) Die Kellerdecke wirkt als Scheibe und kann die Kräfte aus dem Erddruck aufnehmen.

c) Im Einflussbereich des Erddrucks auf die Kellerwände beträgt die Verkehrslast auf der Geländeoberfläche nicht mehr als 5 kN/m², die Geländeoberfläche steigt nicht an und die Ausschütthöhe ist nicht größer als die Wandhöhe h_S.

d) Die Auflast N_o der Kellerwand unterhalb der Kellerdecke liegt innerhalb folgender Grenzen:
max $N_o \geq N_o \geq$ min N_o,
max $N_o = 0,45 \cdot d \cdot \sigma_o$,
min N_o nach Tabelle 8

Es bedeuten:
N_o = Streckenlast in kN/m,
h_S, h_e und d → ❶,
σ_o → Tabelle 4a, 4b, und 4c.

Ist die dem Erddruck ausgesetzte Kellerwand durch Querwände oder statisch nachgewiesene Bauteile im Abstand b ausgesteift, so dass eine zweiachsige Lastabtragung in der Wand stattfinden kann, gilt für N_o:
bei $b \leq h_S$: $N_o \geq 1/2$ min N_o,
bei $b \geq 2\,h_S$: $N_o \geq$ min N_o.
Zwischenwerte geradlinig einschalten!

Tabelle 8: Min N_o für Kellerwände ohne rechnerischen Nachweis

Wanddicke d in cm	Min N_o bei einer Anschütthöhe h_e 1,0 m kN/m	1,5 m kN/m	2,0 m kN/m	2,5 m kN/m
24	6	20	45	75
30	3	15	30	50
36,5	0	10	25	40
49	0	5	15	30

Zwischenwerte sind geradlinig einzuschalten.

Beispiel:
Kellerwand mit $d = 36,5$ cm, $h_S = 2,25$ m, $h_e = 2,20$ m und $N_o = 32$ kN/m, $b = 5,0$ m $> 2\,h_S$.
Entspricht die Wand den Vorschriften, wenn die Wanddruckfestigkeit unberücksichtigt bleibt?

Die Differenz zwischen 2 m und 2,50 m = 50 cm,
die Differenz zwischen 2 m und 2,20 m = 20 cm,
die Differenz in Tab. 8, ΔN_o
zwischen 25 kN/m und 40 kN/m = 15 kN/m
$\Delta h_e = 50$ cm entspricht $\Delta N_o = 15$ kN/m

$$\Delta h_e = 20 \text{ cm entspricht } \Delta N_o = \frac{15 \cdot 20}{50} = 6 \text{ kN/m}$$

25 + 6 = **min N_o = 31 kN/m** < vorh. N_o = 32 kN/m.

Genauere Berechnung → DIN 1053 T. 1, 8.1.2.3.

8.1.3 Nichttragende Wände

Sie müssen auf ihre Fläche wirkende Lasten auf tragende Bauteile, z. B. Wand- oder Deckenscheiben, abtragen.

Nichttragende Außenwände:
Bei **Ausfachungswänden** von Fachwerk-, Skelett- und Schottensystemen darf auf einen statischen Nachweis verzichtet werden, wenn
a) die Wände vierseitig gehalten werden, z. B. durch Verzahnung, Versatz oder Anker,
b) die Bedingungen nach Tabelle 9 erfüllt sind,
c) Normalmörtel mindestens der Mörtelgruppe II a, Dünnbettmörtel oder Leichtmörtel LM 36 verwendet wird.

In Tabelle 9 ist ε das Verhältnis der größeren zur kleineren Seite der Ausfachungsfläche. Bei Verwendung von Steinen der Festigkeitsklasse ≥ 20 und gleichzeitig bei einem Seitenverhältnis $\varepsilon = h/l \geq 2{,}0$ dürfen die Werte der Tabelle 9, Spalten 3, 5 u. 7 verdoppelt werden. (h = Höhe, l = Länge der Ausfachungsfläche).

Tabelle 9: Größte zulässige Ausfachungsfläche von nichttragenden Ausfachungsflächen ohne rechnerischen Nachweis

1	2	3	4	5	6	7
Wanddicke	Größte zulässige Ausfachungsfläche bei einer Höhe über Gelände von [1]					
	0 bis 8 m		8 bis 20 m		20 bis 100 m	
d cm	$\varepsilon = 1{,}0$ m²	$\varepsilon \geq 2{,}0$ m²	$\varepsilon = 1{,}0$ m²	$\varepsilon \geq 2{,}0$ m²	$\varepsilon = 1{,}0$ m²	$\varepsilon \geq 2{,}0$ m²
11,5[2]	12	8	8	5	6	4
17,5	20	14	13	9	9	6
24	36	25	23	16	16	12
≥ 30	50	33	35	23	25	17

1) Bei Seitenverhältnissen zwischen 1,0 u. 2,0 dürfen die Zwischenwerte geradlinig zwischengeschaltet (interpoliert) werden.
2) Bei Verwendung von Steinen der Festigkeitsklassen ≥ 12 dürfen die Werte dieser Zeile um 1/3 vergrößert werden.

Für **nichttragende innere Trennwände**, die nicht durch auf ihre Fläche wirkende Windlasten beansprucht werden, siehe DIN 4103 T.1, → S. 183 u. 184. Nichttragende innere Trennwände, die Windlasten erhalten können, müssen wie nichttragende Außenwände behandelt werden.

8.1.4 Anschluss der Wände an die Decken und den Dachstuhl

Umfassungswände müssen an die Decken entweder durch Zuganker oder durch Reibung angeschlossen werden.

Anschluss durch Zuganker (bei Holzbalkendecken Anker mit Splinten) sind in den belasteten Wandbereichen, nicht in Fenster-Brüstungsbereichen, anzuordnen.

Bei fehlender Auflast sind erforderlichenfalls **Ringanker** vorzusehen.
Der **Abstand der Zuganker** soll **im allgemeinen 2 m**, darf jedoch in Ausnahmefällen 4 m nicht überschreiten. Bei Wänden, die parallel zur Deckenspannrichtung verlaufen, müssen die Maueranker mindestens einen 1 m breiten Deckenstreifen und mindestens 2 Deckenrippen o. 2 Balken, bei Holzbalkendecken 3 Balken, erfassen oder in Querrippen eingreifen. Werden mit den Umfassungswänden verankerte Balken über einer Innenwand gestoßen, so sind sie hier zugfest miteinander zu verbinden.

Giebelwände sind durch Querwände oder Pfeilervorlagen ausreichend auszusteifen, falls sie nicht kraftschlüssig mit dem Dachstuhl verbunden werden.

Anschluss durch Haftung und Reibung:
Bei **Massivdecken** sind keine besonderen Zuganker erforderlich, wenn die **Auflagertiefe** der Decke **mindestens 10 cm** beträgt.

8.2 Ringanker und Ringbalken

8.2.1 Ringanker

Ringanker sind in alle Außenwände und die Querwände, die als vertikale Scheiben dem Abtragen horizontaler Lasten (z. B. Wind) dienen, unter folgenden Voraussetzungen zu legen:
a) bei Bauten, die mehr als 2 Vollgeschosse haben oder länger als 18 m sind,
b) bei Wänden mit vielen o. sehr großen Öffnungen, besonders dann, wenn die Summe der Öffnungsbreiten 60 % der Wandlänge oder bei Fensterbreiten von mehr als 2/3 der Geschosshöhe, 40 % übersteigt,
c) wenn die Baugrundverhältnisse es erfordern.

❷ Ringanker a), b) und Ringbalken c):

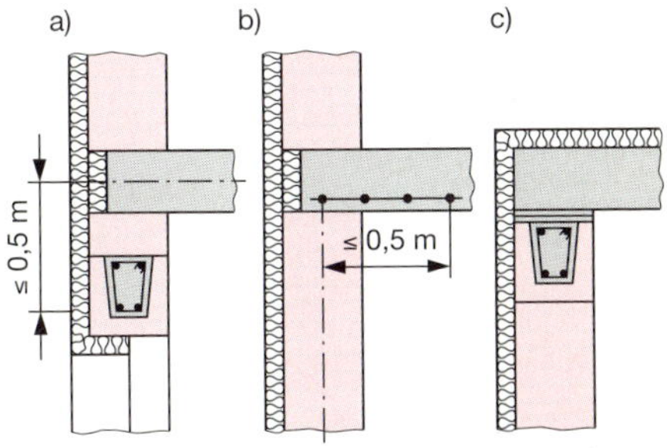

Die Ringanker sind in jeder Deckenlage oder unmittelbar darunter anzubringen. Sie dürfen aus Stahlbeton, bewehrtem Mauerwerk, Stahl oder Holz ausgebildet werden und müssen unter Gebrauchslast eine **Zugkraft von 30 kN** aufnehmen können.
In Gebäuden, in denen der Ringanker nicht durchgehend ausgebildet werden kann, ist die Ringankerwirkung auf andere Weise sicherzustellen.
Weiteres siehe nächste Seite.

Noch zu **Ringankern**, → ❷ a) u. b), S. 175:
Ringanker aus Stahlbeton sind mit mindestens 2 durchlaufenden Rundstäben (z. B. 2 Ø 10 mm) zu bewehren. Stöße sind n. DIN 1045 auszubilden und möglichst gegeneinander zu versetzen. **Ringanker aus bewehrtem Mauerwerk** sind gleichwertig zu bewehren, z. B. mit drei „murfor"-Bewehrungsstreifen, korrosionsgeschützt, mit insgesamt 6 Ø 5 mm oder mit 6 Rundstäben Ø 6 mm aus BSt 420 S, → S. 177.
Auf diese Ringanker dürfen dazu parallel liegende durchlaufende Bewehrungen mit vollem Querschnitt angerechnet werden, wenn sie in Decken oder in Fensterstürzen im Abstand von höchstens 0,50 m von der Mittelebene der Wand bzw. der Decke liegen.

Ringbalken, → ❷ c), S. 175:
Werden Decken ohne Scheibenwirkung verwendet oder werden aus Gründen der Formänderung der Dachdecke Gleitschichten unter den Deckenauflagern angeordnet, so ist die horizontale Aussteifung der Wände durch Ringbalken oder statisch gleichwertige Maßnahmen sicherzustellen. Die Ringbalken und ihre Anschlüsse an die aussteifenden Wände sind für eine horizontale Last von 1/100 der vertikalen Last der Wände und gegebenenfalls aus Wind zu bemessen.
Bei der Bemessung von Ringbalken unter Gleitschichten sind außerdem Zugkräfte zu berücksichtigen, die den verbleibenden Reibungskräften entsprechen.

8.3 Schlitze und Aussparungen

Tabelle 10: Ohne Nachweis zulässige Schlitze und Aussparungen in tragenden Wänden

1	2	3	4	5	6	7	8	9	10
Wanddicke *d*	Horizontale u. schräge Schlitze, nachträglich hergest. Schlitzlänge: unbeschränkt [1) 3)] cm Tiefe	≤ 1,25 m lang [1)] [2)] cm Tiefe	Vertikale Schlitze und Aussparungen, nachträglich hergestellt: Tiefe [4)] cm	Einzelschlitzbreite cm [5)]	Abstand der Schlitze und Aussparungen von Öffnungen	Vertikale Schlitze u. Aussparungen im gemauerten Verband: Breite [5)] cm	Restwanddicke cm	Mindestabstand von Öffnungen cm	Mindestabstand untereinander
≥ 11,5	–	–	≤ 1	≤ 10	≥ 11,5 cm	–	–	≥ 2-fache Schlitzbreite bzw. ≥ 24 cm	≥ Schlitzbreite
≥ 17,5	0	≤ 2,5	≤ 3	≤ 10		≤ 26	≥ 11,5		
≥ 24	≤ 1,5	≤ 2,5	≤ 3	≤ 15		≤ 38,5	≥ 11,5		
≥ 30	≤ 2	≤ 3	≤ 3	≤ 20		≤ 38,5	≥ 17,5		
≥ 36,5	≤ 2	≤ 3	≤ 3	≤ 20		≤ 38,5	≥ 24		

1) Horizontale und schräge Schlitze nur zulässig in einem Bereich ≤ 40 cm ober- oder unterhalb der Rohdecken, sowie jeweils an einer Wandseite. Nicht zulässig bei Langlochziegeln.

2) Mindestabstand in Längsrichtung von Öffnungen ≥ 49 cm, vom nächsten Horizontalschlitz die zweifache Schlitzlänge.

3) Die Tiefe darf um 1 cm vergrößert werden, wenn Werkzeuge verwendet werden, mit denen die Tiefe genau eingehalten werden kann. Damit dürfen auch in Wänden ≥ 24 cm gegenüberliegende je 1 cm tiefe Schlitze ausgeführt werden.

4) Schlitze, die höchstens 1 m über den Fußboden reichen, dürfen bei Wanddicken ≥ 24 cm bis 8 cm tief und 12 cm breit sein.

5) Die Gesamtbreite von Schlitzen n. Spalten 5. u. 7 darf je 2 m Wandlänge die Maße der Spalte 7 nicht überschreiten. Bei geringeren Wandlängen als 2 m sind die Werte in Spalte 7 proportional zur Wandlänge zu verringern.

Schlitze und Aussparungen, bei denen die Grenzwerte nach Tabelle 10 eingehalten werden, dürfen ohne Berücksichtigung bei der Bemessung des Mauerwerks ausgeführt werden.

Vertikale Schlitze und Aussparungen sind auch dann ohne Nachweis zulässig, wenn die Querschnittsschwächung bezogen auf 1 m Wandlänge nicht mehr als 6 % beträgt und die Wand nicht 3- oder 4-seitig gehalten, gerechnet ist. Dabei müssen eine Restwanddicke nach Tabelle 10, Spalte 8 und ein Mindestabstand nach Spalte 9 eingehalten werden. Alle übrigen Schlitze und Aussparungen sind bei der Bemessung zu berücksichtigen.

❶ **Wandbereiche**, in denen nachträglich **keine** vertikalen, **keine** horizontalen und schrägen Schlitze und Aussparungen hergestellt werden dürfen:

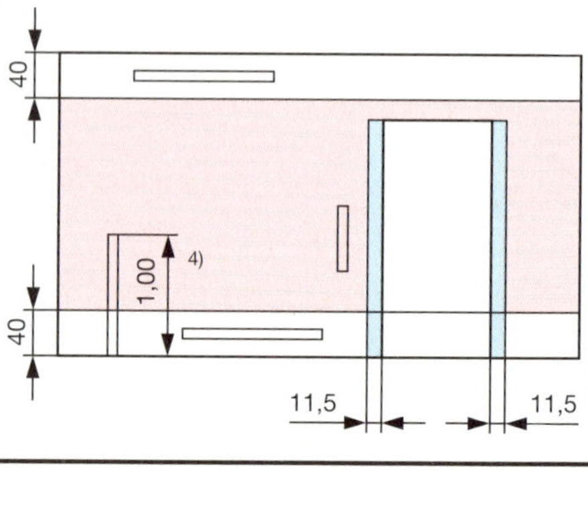

Bewehrtes Mauerwerk

DIN 1053, T.3/90

Mauersteine

Es dürfen alle genormten Steinarten verwendet werden. Für **tragendes bewehrtes Mauerwerk** darf der Lochanteil nicht größer als 35 % sein; rechteckige Löcher dürfen nicht gegeneinander versetzt sein, damit die erforderliche Druckfestigkeit auch quer zur Lochrichtung gewährleistet ist.
Für **Ringanker** und auch für **nichttragendes bewehrtes Mauerwerk** gelten diese Beschränkungen nicht.

Mörtel

Das **Einbetten des Stahls** muss satt in **Zementmörtel** der Gruppen III oder III a bzw. in **Beton** (mind. B15) erfolgen. Für die **Druckzone**, die keine Bewehrung erhält, dürfen alle Mörtelarten der Gruppe I verwendet werden.

Bewehrungsstahl

Es sind **gerippte Betonstähle** nach DIN 488 T.1 zu verwenden. Zum Einlegen in Lagerfugen normaler Dicke (10 - 20 mm) sind Rundstäbe von 5, 6 oder höchstens 8 mm Ø geeignet. Besonders günstig sind **Bewehrungsstreifen** nach Abb. ❸, weil damit die Lage der Bewehrung in der Fuge sicher eingehalten wird u. durch die eingeschweißten Verbindungsstege der Verbund mit dem Mörtel sehr gut ist.

Korrosionsschutz

Ungeschützte Bewehrung darf in **Mörtelfugen** nur eingelegt werden, wenn das Bauteil einem **dauernd trockenen Raumklima** ausgesetzt ist, z. B. in Innenwänden. Der Abstand zwischen Stahl und Wandoberfläche muss mindestens 30 mm betragen, → ❶ a).
In **Formsteinen** muss die Mörtelüberdeckung mindestens doppelt so groß wie der Stahl-Ø (≤ 14 mm) sein, → ❶ b).
In **betonverfüllten Aussparungen** müssen die in DIN 1045 geforderten Betonüberdeckungen, → 1, S. 217, durch Abstandshalter oder andere Maßnahmen sichergestellt werden.
Geschützte Bewehrungen, z. B. feuerverzinkt, kunststoffummantelt oder aus nichtrostendem Stahl, sind für Bauteile erforderlich, die **nicht** einem **dauernd trockenen Raumklima** ausgesetzt sind. Bei Verwendung feuerverzinkter Bewehrung dürfen von außen keine Sulfate und Chloride einwirken und auch deren Anteile in den Mauersteinen u. im Mörtel dürfen nur gering sein.

Ausführung

Bewehrte Mauerwerksbauteile müssen ≥ 11,5 cm dick sein. Zu unterscheiden ist zwischen

konstruktiver Bewehrung, z. B. zur Rissesicherung bei nichttragenden Trennwänden und

statischer Bewehrung, z. B. Ringankern, -balken, Stürzen und durch Erd- oder Winddruck beanspruchten Wänden.

❶ Erforderliche Mörteldeckung

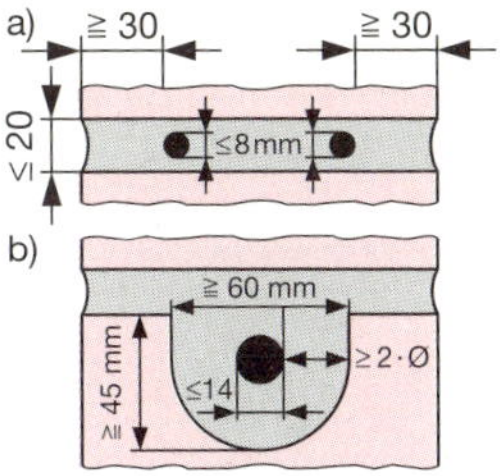

❷ Ringankerbewehrung

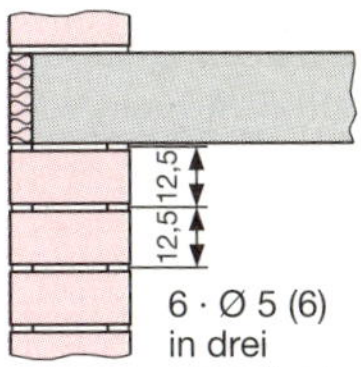

❸ Eck-Ausbildungen

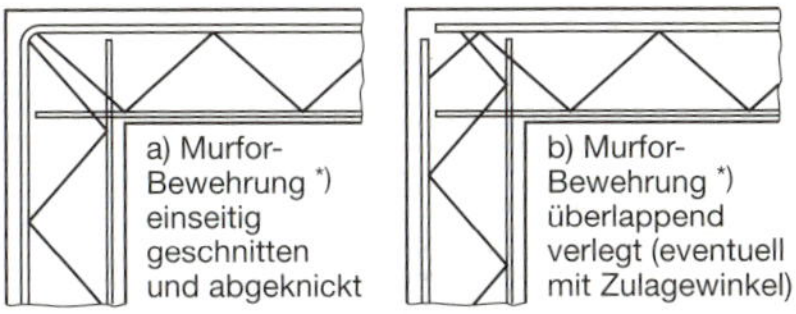

*) Murfor-Bewehrung d. Fa. BEKAERT ist in 5,10,15,18 cm Breite lieferbar

Bemessung

Hier kann nur auf DIN 1053 T.3 und den Aufsatz „Bewehren von Mauerwerk zur Rissesicherung und zur Lastabtragung" von Prof. Dr.-Ing. W. Mann und Dipl. Ing. J. Zahn, im Mauerwerkkalender 1990, aus dem hier das **Ringanker-Bemessungsbeispiel** entnommen wurde, hingewiesen werden.
Zweckmäßig werden nach ❷ in 3 Lagerfugen Bewehrungsgittter mit je 2 Ø 5 oder 6 Stabstähle BSt 500 S, Ø 6 eingelegt. Die Gitter werden an den Ecken einseitig geschnitten und abgeknickt, → ❸ a) oder überlappt, → ❸ b).

Nachweis:

3 Bewehrungsgitter „murfor" mit 3 x 2 = 6 ø5 mm, A_S = 6 x 0,2 cm² = **1,2 cm²** BSt 500 (β_S = 50 kN/cm²). Bei 1,75-facher Sicherheit gegenüber der Fließgrenze beträgt die aufnehmbare Zugkraft Z = 1,2 x 50/1,75 = **34,3 kN** > gef Z = 30 kN.

Sind zusätzlich **Biegemomente** aufzunehmen, wird der Ringanker zum **Ringbalken**, → S. 176, und er muss entsprechend für Biegung bemessen werden, was hier nicht behandelt wird, → S. 223.
Die erforderlichen **Bewehrungsstöße** sind so zu verteilen, dass jeweils nur ein Gitter mit A_S/3 gestoßen wird.
Die **Übergreifungslängen** $l_ü$ müssen n. DIN 1045, → S. 220, bei voller Stahlausnutzung in Lagerfugen mit MGr. III (MGr. III a) für **Bewehrungsgitter** mit Ø 5 mm: $l_ü$ ≥ **1,0 (0,50)** m, für **gerippte Stäbe** mit 0,6 Ø mm: $l_ü$ ≥ **1,71 (0,86)** m betragen (Klammerwerte bei MGr. III a).
Die **Verankerungslängen** l_2 für die Bewehrung biegebeanspruchter Bauteile, z. B. Stürze, betragen bei voller Stahlausnutzung und **Bewehrungsgittern** mit Ø 0,5 mm bei MGr. III (III a): **48 (24)** cm, bei **Rundstäben** mit Ø 0,6 mm bei MGr. III (III a): **58 (29)** cm hinter der Auflager-Vorderkante des Sturzes.

8.4 Außenwände (AW)

8.4.1 Allgemeines

AW sollen so beschaffen sein, dass sie Schlagregenbeanspruchungen standhalten. Dies gilt zwingend, wenn die Räume dem dauernden Aufenthalt von Menschen dienen.

8.4.2 Einschalige Außenwände (EAW)

Geputzte EAW: Bei EAW aus nicht frostwiderstandsfähigen Steinen ist ein Außenputz, der die Anforderungen nach DIN 18 550 T.1 erfüllt, anzubringen oder ein anderer Schutz gegen Witterungseinwirkungen vorzusehen. Bei Außenputz soll die Wanddicke für Räume, die dem dauernd. Aufenthalt von Menschen dienen, mindestens 24 cm sein.

Unverputzte EAW: Bleibt bei EAW das Mauerwerk an der Außenseite sichtbar, so muss jede Mauerschicht aus mindestens zwei Steinreihen gleicher Höhe bestehen, zwischen denen eine durchgehende, schichtweise versetzte, hohlraumfrei vermörtelte, **2 cm dicke Längsfuge** verläuft. Die Mindestwanddicke beträgt 31 cm. Alle Fugen müssen vollfugig und haftschlüssig vermörtelt werden.
Bei EAW gehört die **Verblendung zum tragenden Querschnitt**. Für die zulässige Beanspruchung ist die im Querschnitt verwendete niedrigste Steinfestigkeitsklasse maßgebend.
Die Fugen der Sichtflächen sollen, soweit kein Fugenglattstrich ausgeführt wird, mindestens 15 mm tief, flankensauber ausgekratzt und anschließend handwerksgerecht ausgefugt werden.

8.4.3 Zweischalige Außenwände (ZAW)

Konstruktionsarten und Ausführung:
Nach dem Wandaufbau gibt es ZAW (→ S. 179)

- mit Luftschicht,
- mit Luftschicht und Wärmedämmung,
- mit Kerndämmung,
- mit Putzschicht.

Bei **nichttragenden Außenschalen von tragenden Innen-** (Hintermauer-) **schalen** ist Folgendes zu beachten:

a) Bei der **Bemessung** ist als Wanddicke nur die **Dicke der tragenden Innenschale** anzunehmen. Zu ihrer Dicke siehe Abschnitt 8.1.2.

b) Die **Mindestdicke d. Außenschale beträgt 9 cm**. Darunter sind es Bekleidungen nach DIN 18515. Die Außenschale soll über ihre ganze Länge und **vollflächig aufgelagert** sein. Bei unterbrochener Auflagerung (z. B. auf Konsolen) müssen in d. Abfangebene alle Steine beidseitig aufgelagert sein.

c) **Außenschalen von 11,5 cm Dicke sollen in Höhenabständen von etwa 12 m abgefangen werden.**
Ist die 11,5 cm dicke Außenschale nicht höher als 2 Geschosse oder wird sie alle 2 Geschosse abgefangen, dann darf sie bis zu 1/3 ihrer Dicke über ihr Auflager vorstehen. Zur Ausführung der Fugen siehe 8.4.2.

d) **Außenschalen von weniger als 11,5 cm Dicke** dürfen **nicht höher als 20 m über Gelände** geführt werden und sind in **Höhenabständen von etwa 6 m abzufangen**. Bei Gebäuden bis zu 2 Vollgeschossen dürfen Giebeldreiecke bis 4 m Höhe ohne zusätzliches Abfangen ausgeführt werden. Diese Außenschalen dürfen höchstens 1,5 cm über ihr Auflager vorstehen. Die Fugen sollen in ihren Sichtflächen im Glattstrich ausgeführt werden.

e) Die Mauerwerksschalen sind durch **Draht-** oder zugelassene **Flachanker aus nichtrostendem Stahl** mit d. Werkstoffnummern 1.4401 o. 1.4571 n. DIN 17440 zu verbinden. Die Drahtanker müssen in Form und Maßen Abb. ❶ entsprechen. Der vertikale Abstand der Anker soll höchstens 50 cm, der horizontale Abstand höchstens 75 cm betragen, → Abb. ❷.

❶ Drahtanker für zweischaliges Außenmauerwerk

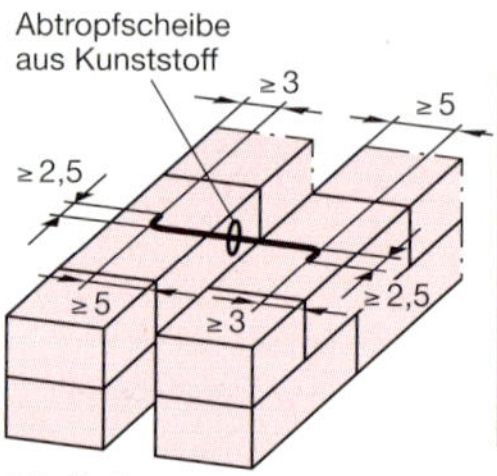

Maße in cm

❷ Verteilung der Drahtanker

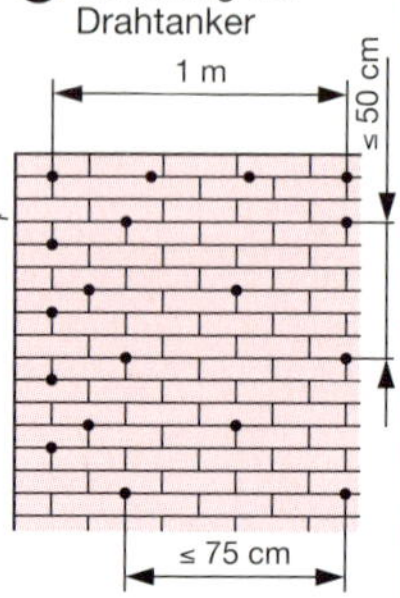

Tabelle 11: Drahtanker für ZAW

	Gegebenheiten	Anzahl	ø mm
1	mindestens, sofern nicht Zeilen 2 u. 3 maßgebend sind	≥ 5/m²	3
2	Wandbereiche höher als 12 m über Gelände oder Abstand der Mauerschalen über 7 bis 12 cm	≥ 5/m²	4
3	Abstand der Mauerschalen über 12 bis 15 cm	≥ 7 oder 5/m²	4 5

An allen freien Rändern (von Öffnungen, an Gebäudeecken, entlang von Dehnungsfugen und an den oberen Enden von Außenschalen) sind **zusätzlich** zu Tabelle 11 **drei Drahtanker je m Randlänge** anzuordnen.
Andere Verankerungsarten der Drahtanker u. andere Ankerformen, z. B. Flachstahlanker, sind zulässig, wenn durch Prüfzeugnis nachgewiesen wird, dass diese Verankerung eine Zug- und Druckkraft von ≥ 1 kN bei 1 mm Schlupf aufnehmen kann; wenn nicht, ist die Ankerzahl entsprechend zu erhöhen. Die Anker sind so auszuführen, dass sie **keine Feuchte von der Außen- zur Innenschale leiten** können, z. B. durch Aufschieben einer Kunststoffscheibe, → ❶.

Bauphysikalische Forderungen an zweischalige Außenwände

DIN 1053, T.1

a) mit Luftschicht	b) mit Luftschicht und Wärmedämmung	c) mit Kerndämmung (unbelüftet)	d) mit Putzschicht
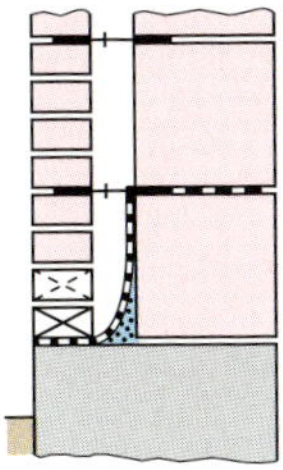	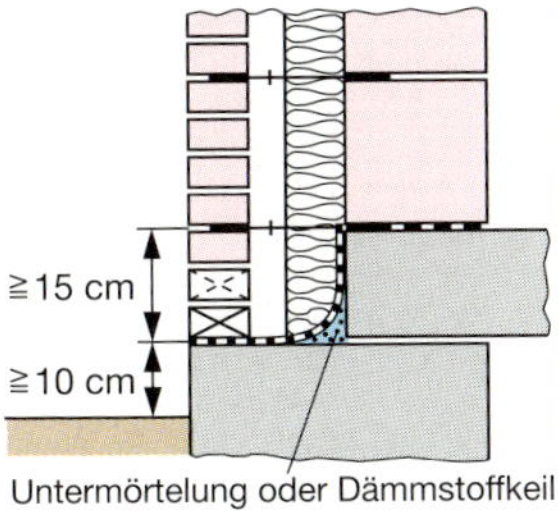	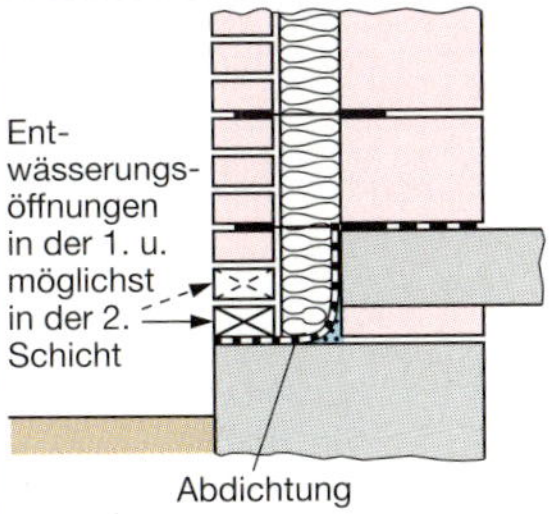	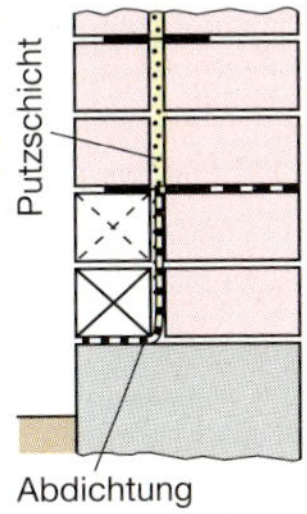

Innenschale und Geschossdecke **an den Fußpunkten vor Feuchtigkeit schützen**! Abdichtung im Bereich des Schalen-Zwischenraumes mit Gefälle nach außen, das gilt auch bei Fenster- und Türstürzen sowie im Bereich von Sohlbänken.
Die **Dichtungsbahn** für die untere Sperrschicht muss DIN 18195, T.4 entsprechen.
Bis Vorderkante Außenschale verlegen, **an der Innenschale hochziehen** und befestigen.

d) Auf der Außenseite der Innenschale zusammenhängende Putzschicht! 2), 4)

Der lichte Abstand der Mauerschalen darf 15 cm nicht überschreiten!

a), b): Die **Mindestwerte der Luftschichtdicke:** 1)

a)	b)
6 cm (4 cm, wenn Fugenmörtel innen abgestrichen)	**4 cm**, darf nicht durch Unebenheiten der Wärmedämmschicht eingeengt werden, sonst gelten die Vorschriften für Kerndämmung.

c), d): **Luftschicht ist nicht erforderlich:**
Bei Wärmedämmung mittels Platten darf jedoch beim Hochmauern noch ein „Fingerspalt" zwischen Außenschale und Dämmschicht bzw. Putz verbleiben.

a), b): Unten und oben **Lüftungsöffnungen**, z. B. offene Stoßfugen, die unteren **zugleich zur Entwässerung**.
Belüftungsquerschnitt auf 20 m² Wandfläche einschl. Fensterfläche ≥ **75 cm²**, dem entsprechen etwa so viel offene Stoßfugen:
≥ 11 Fugen bei DF
≥ 9 Fugen bei NF
≥ 6 Fugen b. 2 DF

c), d): Nur Entwässerungsöffnungen am Wandfuß (für sicheren Abfluss auf Dauer sorgen)
Entwässerungsquerschnitt auf 20 m² Wandfläche:

c)	d)
50 cm²: Zahl der offenen Stoßfugen: ≥ 7 Fugen bei DF, ≥ 6 Fugen bei NF, ≥ 4 Fugen bei 2 DF	**75 cm²** Fugenzahl wie bei Luftschicht

In der **Außenschale vertikale Dehnungsfugen** anordnen. Abstände je **nach der klimatischen Beanspruchung**, der Art der **Baustoffe** und der **Farbe**. Empfohlen werden Dehnungsfugenabstände von 8 bis 12 m bei Ziegelmauerwerk und von etwa 8 m bei Kalksandstein-Außenschalen.
Die **freie Beweglichkeit der Außenschale** ist **auch in vertikaler Richtung** sicherzustellen. Die Mauerwerksschalen sind an ihren **Berührungspunkten**, z. B. Tür- und Fensteranschlägen, durch eine wasserundurchlässige **Sperrschicht** zu trennen. **Dehnungsfugen dauerhaft dicht schließen**, → S. 237.

a): Bei jeder Luftschicht sollte das Hineinfallen von Mörtel beim Mauern möglichst verhindert werden. (Entfernen ist schwierig)

b), c): **Nur für diesen Anwendungsbereich genormte Wärmedämmstoffe verwenden**, deren Brauchbarkeit durch eine allgemeine bauaufsichtliche Zulassung nachgewiesen ist. **Platten- und mattenförmige Mineralfaserdämmstoffe sowie Platten aus Schaumkunststoffen u. Schaumglas** sind so an der Innenschale zu befestigen, dass eine gleichmäßige Schichtdicke sichergestellt ist. Schaumkunststoffe sind so dicht zu stoßen, Schaumkunststoffplatten so auszubilden und zu verlegen (Stufenfalz, Nut und Feder oder versetzte Lagen), dass Wasserdurchtritt an den Stoßstellen dauerhaft verhindert wird. Mineralfaserplatten und Dämmschüttungen sind dauerhaft wasserabstoßend auszurüsten 3).

d): Die Außenschale ist besonders vollfugig herzustellen. Wird Außenschale geputzt, kann Putz auf der Innenschale entfallen.

1) Die Luftschicht darf erst ≥ 10 cm über Erdgleiche beginnen und muss von dort bzw. von Oberkante Abfangkonstruktion bis zum Dach ohne Unterbrechung hochgeführt werden.

2) Für die Außenschale vor einer Putzschicht sind keine glasierten Steine oder Steine bzw. Beschichtungen mit ähnlich hohem Wasserdampf-Diffusionswiderstand zu verwenden.

3) Lose eingebrachte Wärmedämmstoffe, z. B. Mineralfasergranulat, Polystyrol-Schaumstoffpartikel, Blähperlit oder Zellulose-Dämmstoffe, sowie Ortschäume müssen den Hohlraum zwischen Außen- und Innenschale **auf Dauer** vollständig ausfüllen.

4) Für die Drahtanker genügt bei einer Putzschicht auf der Innenschale ein Ø von 3 mm.

Bögen, Gewölbe und Rundmauerwerk I

DIN 1053, T.1/96

Bögen und Gewölbe

Bögen und Gewölbe sind nach der **Stützlinie** für ständige Last zu formen; der **Schub** ist durch geeignete Maßnahmen aufzunehmen. Bei größerer Stützweite und stark wechselnder Last sind sie nach der Elastizitätstheorie zu berechnen.

Bei günstigem Stichverhältnis, voller Hintermauerung oder reichlicher Überschüttungshöhe und mit überwiegender ständiger Last sowie bei kleinen Stützweiten darf das Stützlinienverfahren angewendet werden. **Zum Aufreißen von Bögen** → S. 33 bis S. 36.

Erfahrungswerte für kleine Bögen im Hochbau

Mindest-Bogendicke

bei einer Spannweite	Halbkreis- oder Rundbögen	Segmentbögen bei ≈ 1/8 Stich
bis 1 m	11,5 cm	24 cm
1 bis 2 m	24 cm	36,5 cm
2 bis 3,5 m	36,5 cm	36,5 … 49 cm
3,5 bis 5 m	49 cm	49 … 61,5 cm

Wenn das Widerlager ohne beträchtliche Auflast und < 3 m hoch ist, dann soll es

mindestens breit sein	1/4 bis 1/5 der Spannweite	1/2 bis 1/3 der Spannweite

Zulässige Druckspannungen in Bögen und Gewölben, → Tabelle 3 Seite 171.
Mörtelgruppe I, LM u. DM für Gewölbe nicht zulässig.

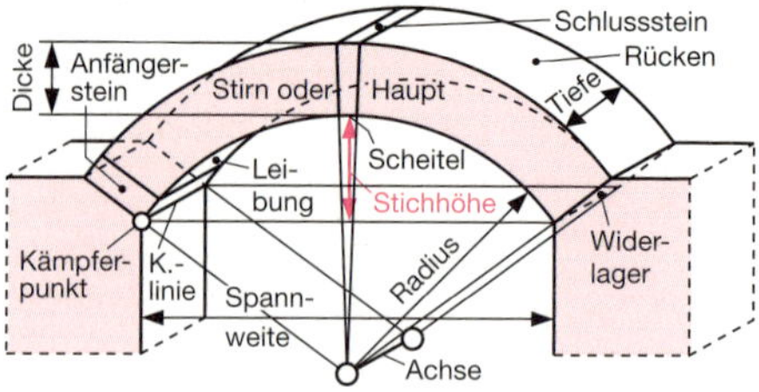

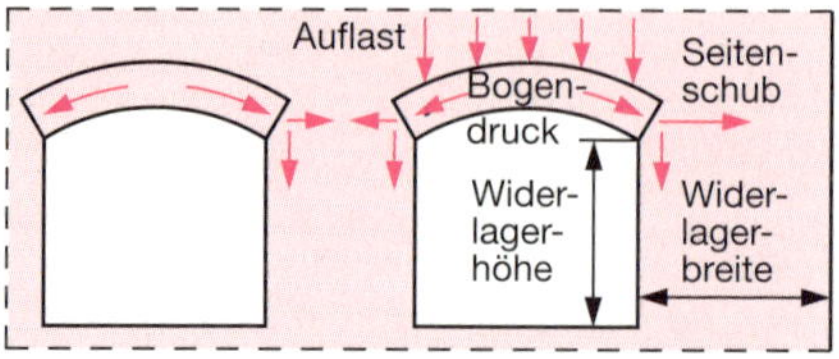

Radialziegel und -klinker für Rundmauerwerk und Schornsteine

DIN 1057

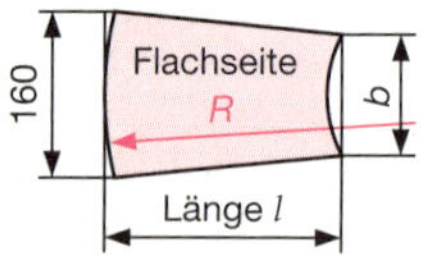

Vollziegel, Lochanteil ≤ 15 % der Lagerfläche, frostbeständig
Scherbenrohdichte { Rz ≤ 1,8; R > 1,9
Zulässige Maßabweichung: l u. b: ± 8 mm, h ± 4 mm
Kennzeichnung der Formate in der letzten Stelle im Formatkurzzeichen, z. B. 240**2**, am Stein: { **1** = 1 Kerbe; **2** = 2 Kerben; **3** = 3 Kerben

Steinart	Kurzzeichen	Druckfestigk.-klasse	Rohdichteklasse
Radialvollziegel	Rz	12 20 28 30	1,8 oder 2,0
Radialklinker	R	28 38	2,0

Maße in cm: Höhe h	Länge l	Breite b	in m Außen R	Form.-kurzzeichen	geeignet für Schornsteinradien R
7,1 und 9,0	24,0	14,0	2,0	2401	1,4 … 4,5 m
		12,0	1,0	2402	0,8 … 1,4 m
		10,0	0,7	2403	0,6 … 0,8 m
	17,5	14,5	2,0	1751	1,2 … 5,0 m
		12,5	0,85	1752	0,7 … 1,3 m
		10,5	0,55	1753	0,5 … 0,7 m
	11,5	15,0	2,0	1151	1,0 … 5,0 m
		14,0	1,0	1152	0,8 … 2,1 m
		13,0	0,65	1153	0,5 … 8,0 m

Kanalklinker

DIN 4051

Kanalkeilklinker A + B

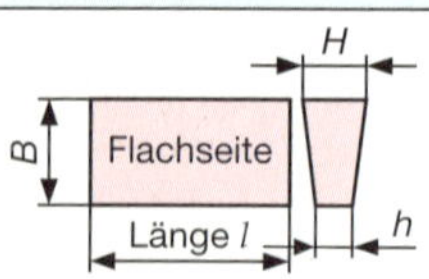

Kanalschachtklinker C

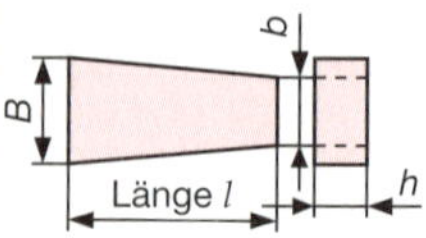

Art	Länge x Breite x H/h	Radius r in m		
A	24 x 11,5 x 6,7/5,6	0,27	0,69	∞
B	24 x 11,5 x 6,7/4,6	0,17	0,31	12,0
C	24 x 11,5/7,7 x 7,1	0,37	0,52	1,01
Fugen außen/innen bei r		2/0,5	1/1	0,5/2

Beispiel 1:
Ein Bogen soll aus NF-Steinen (24 · 11,5 · 7,1) mit r = 1,50 m, d = 36,5 cm und b = 7,1 cm, gewölbt werden. Ist dieser Bogen zulässig?

Lösung:
Nach Tab. S. 181 soll r mindestens 1,85 m sein.
Mit r = 1,50 m werden die **Außenfugen > 2 cm**.

Beispiel 2:
Die Außenfuge eines beliebigen Bogens soll 1 cm statt 2 cm dick sein.

Lösung: $\frac{1{,}5\ \text{cm}}{1\ \text{cm} - 0{,}5\ \text{cm}} = \frac{1{,}5}{0{,}5} = \underline{\underline{3}}$

d. h. der Radius r ist **3 mal so groß** wie der zugehörige Tabellenwert.

Bögen, Gewölbe und Rundmauerwerk II

Radien und Fugendicken, wenn ohne Ring- oder Keilsteine gemauert wird

$$r = \frac{d \cdot (b + \text{Fugendicke innen})}{\text{Fugendicke außen} - \text{Fugendicke innen}}$$

$$R = \frac{d \cdot (b + \text{Fugendicke außen})}{\text{Fugendicke außen} - \text{Fugendicke innen}}$$

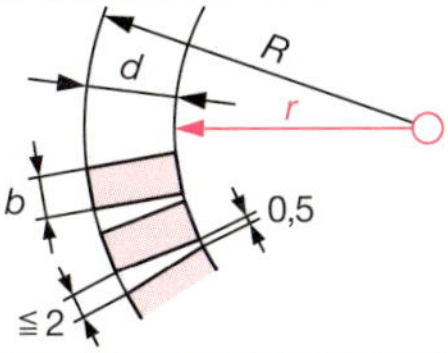

Die Werte in cm bei Fugendicken: 2 cm außen und 0,5 cm innen.

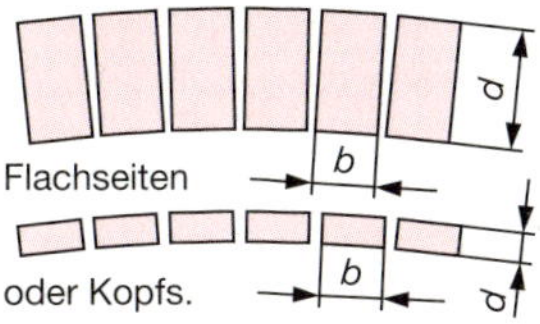

Rundmauerwerk im Binderverband oder in dünner Verblendschale aus aufrecht stehenden Mauersteinen.

Gewölbe aus Langloch- oder anderen Leichtsteinen, auf „Kuff" gemauert.

b = 11,5 cm		b = 10,5 cm		b = 12 cm	
d	$r \geq$	d	$r \geq$	d	$r \geq$
5,2	39	5,2	39	6,5	55
7,1	57	–	–	10,0	84
11,5	92	10,5	77	12,0	100
24,0	192	22,0	162	25,0	209

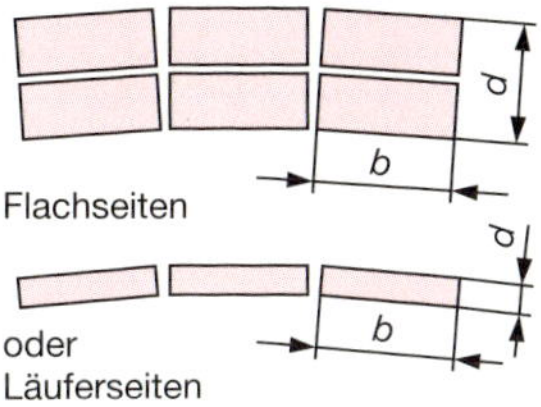

Rundmauerwerk im Läuferverband, Kreuzverband oder im Zierverband oder in dünner Verblendschale aus Ziegeln, die auf ihren Läuferseiten stehen.

Gewölbe, auf „Schwalbenschwanz" gemauert.

b = 24 cm		b = 22 cm		b = 25 cm	
d	$r \geq$	d	$r \geq$	d	$r \geq$
5,2	85	5,2	79	6,5	111
7,1	117	–	–	10,0	170
11,5	188	10,5	158	12,0	204
24,0	392	22,0	330	25,0	425
36,5	596	33,5	505	38,0	645
49,0	800	45,0	675	51,0	865

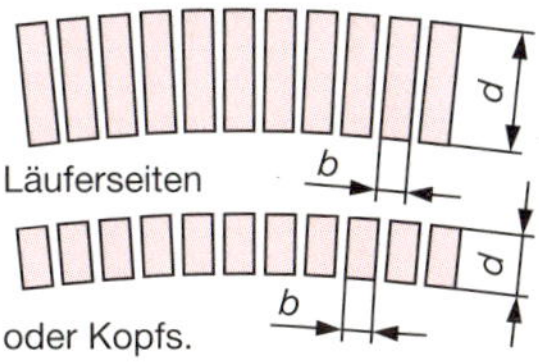

Rundmauerwerk aus Roll- oder Stehschichten

Bogen und **Gewölbe**, auf „Kuff" gemauert

b = 5,2 cm		b = 7,1 cm		b = 11,5 cm		b = 5,2 cm		b = 6,5 cm	
d	$r \geq$	d	$r \geq$	d	$r \geq$	d	$r \geq$	d	$r \geq$
11,5	44	11,5	59	11,5	93	10,5	40	12,0	56
24,0	91	24,0	122	24,0	194	22,0	84	25,0	117
36,5	139	36,5	185	36,5	295	33,5	128	38,0	178
49,0	186	49,0	249	49,0	395	45,0	171	51,0	238

Soll die Fuge außen < 2 cm dick sein, → Beispiel 2, dann ergibt sich der zugehörige Bogenradius r indem der Tabellenwert multipliziert wird mit folgendem Faktor:

$$\frac{1{,}5 \text{ cm}}{(\text{gewünschte Fugendicke in cm}) - 0{,}5 \text{ cm}}$$

Soll die Außenfuge	**dann min r der Tabelle**
1,5 cm dick sein	multipliziert mit 1,5
1,25 cm dick sein	multipliziert mit 2
1,0 cm dick sein	multipliziert mit 3

Soll der Bogenradius r größer sein als der in der Tabelle angegebene r-Wert, → Beispiel 3, dann ergibt sich die zugehörige äußere Fugendicke, indem zunächst **x** ausgerechnet wird:

$$\mathbf{x} = \frac{\text{gewünschter Bogenradius in cm}}{\text{Tabellenwert } r \text{ in cm}}$$

$$\textbf{Fugendicke außen} = \frac{\mathbf{x} \cdot 0{,}5 \text{ cm} + 1{,}5 \text{ cm}}{\mathbf{x}}$$

Beispiel 3:
Die Bauzeichnung gibt für eine 24 cm dicke Viertelkreismauer aus DF-Steinen (24 · 11,5 · 5,2) im Binderverband einen Rundungshalbmesser r = 4,00 m an. Wie ist der Bogen einzuteilen?

Lösung:
Nach der Tabelle ist $r \geq$ 192 cm, der Faktor **x** daher

$$\mathbf{x} = \frac{400}{195} = 2{,}05; \text{ gewählt: } \mathbf{2}$$

$$\textbf{Außenfuge} = \frac{\mathbf{2 \cdot 0{,}5 + 1{,}5}}{\mathbf{2}} = \frac{2{,}5}{\mathbf{2}} = \underline{\underline{\mathbf{1{,}25\ cm\ dick}}}$$

Der **Innenbogen** (r = 4,00 m) ist 4,00 · 0,785 = 3,14 m ($r \cdot \pi/4$) lang. In Kopfbreiten von je 11,5 + 0,5 cm geteilt, ergeben sich 314 : 12 ≈ **26 Steine/Schicht** mit 314 : 26 = 12,08 cm und 12,08 – 11,5 = **0,58 cm** (5,8 mm) Fugendicke innen.

Der **Außenbogen** (R = 4,24 m) ist 4,24 · 0,785 = 3,33 m lang. Es ergeben sich Kopfbreiten + Fuge von 333 : 26 (Steinzahl) = 12,8 cm u. 12,8 – 11,5 = **1,3 cm** (13 mm) Fugendicke außen.

Grundlagen zur Bogenberechnung, → S. 33 bis 36.

Gewölbewirkung über Wandöffnungen

DIN 1053, T.1/96

8.5.3 Gewölbewirkung

Voraussetzung für Anwendung dieses Abschnittes ist, dass sich neben und oberhalb des Trägers und der Lastflächen eine Gewölbewirkung ausbilden kann, dort also keine störenden Öffnungen liegen und der Gewölbeschub aufgenommen werden kann. Bei **Sturz- und Abfangträgern** unter Wänden braucht als Last nur die Eigenlast des Teils der Wände eingesetzt zu werden, der durch ein gleichseitiges Dreieck über dem Träger umschlossen wird.

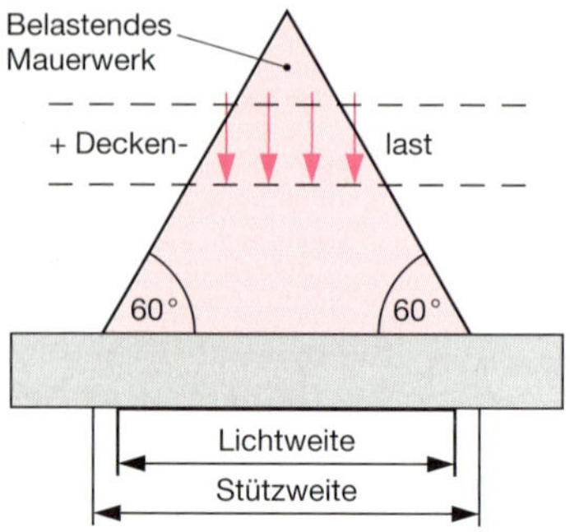

Gleichmäßig verteilte Deckenlasten oberhalb des Belastungsdreiecks bleiben bei der Bemessung der Träger unberücksichtigt.
Deckenlasten, die **innerhalb des Belastungsdreiecks** als gleichmäßig verteilte Last auf das Mauerwerk wirken, sind nur einzusetzen, soweit sie innerhalb des Dreiecks liegen.

Als gleichmäßig verteilt gelten auch Lasten aus Balkendecken mit Balkenabständen ≤ 1,25 m.

Für **Einzellasten**, z. B. von Unterzügen, die innerhalb oder in der Nähe des Lastdreiecks liegen, darf eine Lastverteilung unter 60° angenommen werden. Liegen Einzellasten außerhalb des Lastdreiecks, so brauchen sie nur berücksichtigt zu werden, wenn sie noch innerhalb der Stützweite des Trägers und unterhalb einer Horizontalen angreifen, die 25 cm über der Dreieckspitze liegt.
Solchen Einzellasten ist die Eigenlast des in der Abb. dunkler gerasterten Mauerwerksbereiches zuzuschlagen.

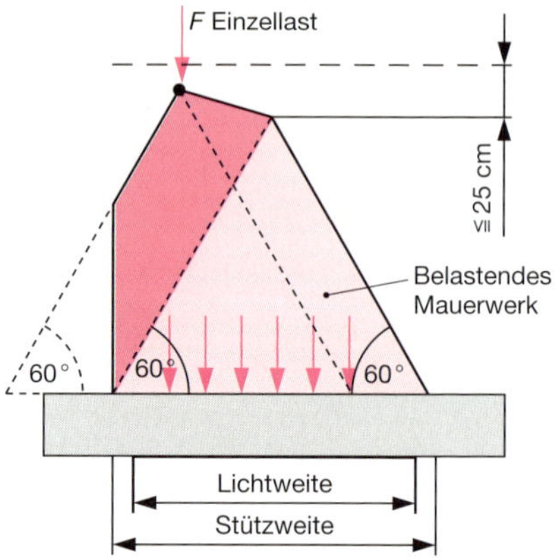

Stumpfstoß von gemauerten Wänden

Sowohl das gleichzeitige Hochmauern tragender und aussteifender Wände als auch die ersatzweise angewandte Abtreppung (liegende Verzahnung) hindern beim Aufstellen von Gerüsten und beim Einsatz von Versetzgeräten sehr.
DIN 1053, Teil 1/96 gestattet es jedoch, **Wände stumpf zu stoßen**, wenn sie als **zweiseitig gehalten** nachgewiesen sind.

Aus schalltechnischen Gründen ist der Stumpfstoß zu vermörteln. Werden die gezeigten **Flachanker** eingelegt, können die Wände auch als **drei- oder vierseitig gehalten** nachgewiesen werden.

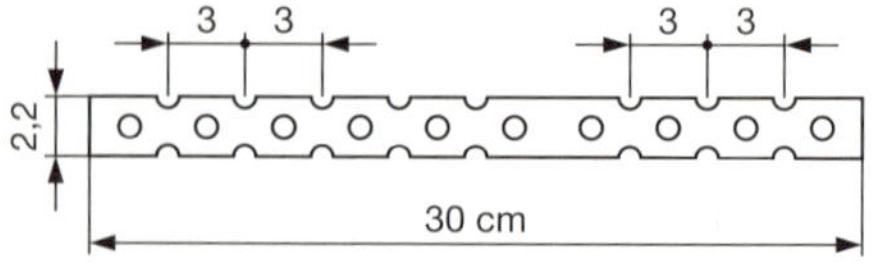

Behinderungen lassen sich vermeiden, wenn die Flachanker zunächst nach unten abgebogen und erst beim Hochmauern der Anschlusswand wieder in die Fugenrichtung gebogen werden.
Vor dem Hochmauern der Anschlusswand ist auch die mögliche Sturmbelastung zu beachten.

Anwendung bei Gebäuden:

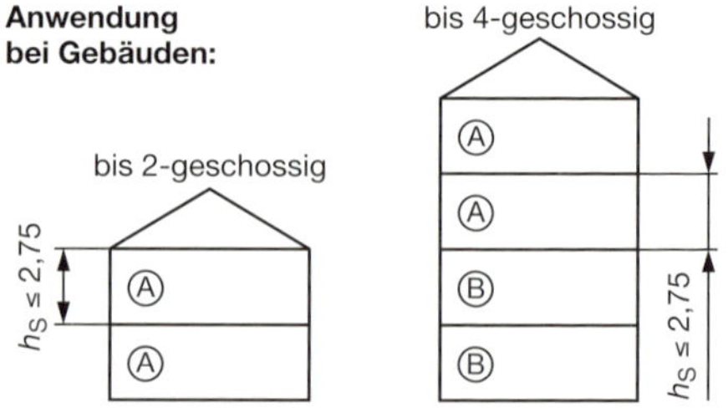

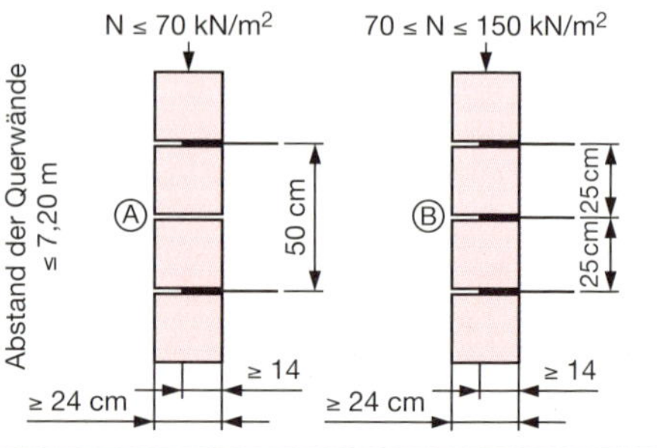

Nichttragende innere Trennwände I

DIN 4103, T.1/84

Diese **nichttragenden** und **nicht aussteifenden**, nur der Trennung von Innenräumen dienenden Wände werden erst dadurch **standfest**, dass sie mit benachbarten tragenden Bauteilen verbunden werden. **Ein- oder mehrschalig** ausgeführt können sie auch Aufgaben des **Brand-, Wärme-, Feuchte- und Schallschutzes** übernehmen.

Nach der **Beanspruchung** wird unterschieden:
Einbaubereich 1 mit **geringer** Menschenansammlung in Wohnungen, Hotel-, Büro-, Kranken- und ähnlich genutzten Räumen, einschließlich der Flure.
Einbaubereich 2 mit **großer** Menschenansammlung in größeren Versammlungs- und Schulräumen, in Hörsälen, Ausstellungs- und Verkaufsräumen.

Die **lotrechte statische Belastung** aus Eigenlast (+ Bekleidung, z. B. Putz) muss aufgenommen und auf andere tragende Bauteile abgetragen werden. Der **Spannungsnachweis** wird mit den zulässigen Spannungen geführt, die in den Normen der Wandbauteile festgelegt sind.

Leichte Konsollasten, z. B. von Bücherregalen oder leichten Wandschränken, von ≤ 0,4 kN/m Wandlänge, bei denen die vertikale Wirkungslinie nicht weiter als 0,3 m vor der Wandoberfläche liegen darf, müssen sich an jeder Stelle der Wand anbringen lassen, → K in ❶.
Horizontalkräfte, die von Konsollasten bewirkt werden, sind zu berücksichtigen.

Bauteile, die gegen Absturz sichern [1]

Trennwände, Brüstungen und Umwehrungen zwischen Verkehrsflächen, die um ≥ 1 m unterschiedlich hoch liegen, müssen gegen **Absturz** sichern. Die Gefahr entsteht, wenn die Bauteile von der höher gelegenen Verkehrsfläche aus durchbrochen werden, besonders durch **stoßartige Belastungen**:

Der **weiche Stoß** darf vereinfachend als quasistatischer Lastfall gerechnet werden mit einer einwirkenden Energie $\boldsymbol{E_{Basis}}$ **= 100 Nm**; entsprechend einer Stoßkörpermasse = **50 kg** (menschlicher Körper) bei einer Aufprallgeschwindigkeit von **2 m/s**.

Der **harte Stoß** durch eine kleine kompakte Masse, die mit hoher Geschwindigkeit durch eine Stoßenergie $\boldsymbol{E_{St}}$ **= 10 Nm** (Masse **1 kg**, Aufprallgeschwindigkeit **4,47 m/s**) meist begrenzte örtliche Zerstörungen verursacht.

Stöße dürfen die Bauteile zwar beschädigen, aber nicht zu ihrem Versagen führen:

a) die Bauteile müssen standsicher bleiben,
b) sie dürfen nicht aus den Halterungen reißen,
c) Wandteile, die Menschen ernsthaft verletzen könnten, dürfen nicht herabfallen,
d) der Stoß darf sie nicht durchstoßen.

[1] Einheitliche Technische Bauvorschrift (ETB) vom Juni 1985. Mitteilungen des Instituts f. Bautechnik, S. 49, Heft 2, 1987.

❶

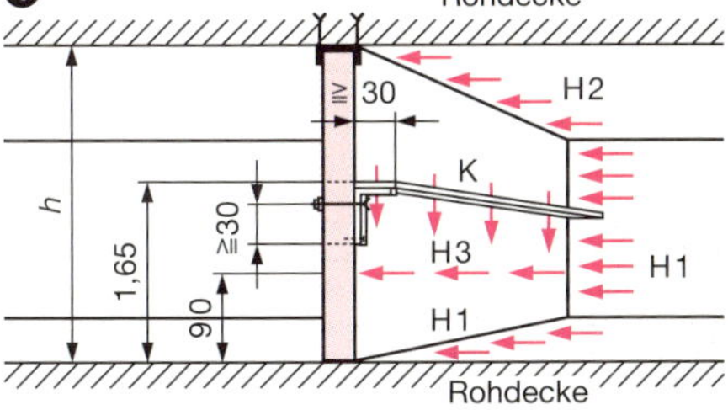

2 Stoßübertragungsfaktoren α'

abhängig von der mitschwingenden Wandmasse *m*

α'	**1,0**	**0,96**	**0,89**	**0,75**	**0,64**	**0,49**	**0,40**
m in kg	≤ 50	75	100	150	200	300	400

m aus der Gesamtmasse m_t der Wand geschätzt:

$$m = \lambda \cdot m_t$$

3 Auflagerbedingungen der Wand

Auflagerbedingungen der Wand	λ
Balken auf zwei Stützen	0,50
Kragbalken	0,24
quadrat. Platte, an 4 Eckpunkten aufgelagert	0,29
quadratische Platte, vierseitig eingespannt	0,12
Elementausschnitt, zweiseitig gelagert	0,50
Elementausschnitt, auskragend	0,24

Beschränkungen siehe DIN 4103, T.1, Tab. 2

Einwirkende Stoßenergie < Widerstandsenergie

$$\alpha' \cdot E_{Basis} < 1/2 \cdot F_V \cdot \delta_V$$

Es bedeuten:

α' = Stoßübertragungsfaktor nach 2,
F_V = Einzellast, bei der das Bauteil versagt,
δ_V = Durchbiegung kurz vor dem Versagen.
Ausführlicher in der ETB-Vorschrift [1]

Statische Belastungen

Ausreichende Biege-Grenztragfähigkeit muss gegenüber einer **0,9 m** über dem Fußpunkt der Wand angreifenden **horizontalen Streifenlast** nachgewiesen werden, → H3 in ❶.
Sie beträgt im Einbaubereich 1: p_1 = 0,5 kN/m,
Sie beträgt im Einbaubereich 2: p_2 = 1,0 kN/m.

Windlasten sind diesen Lasten zu überlagern. Für streifenförmig unterstützte Beplankung oder für ausgesteifte Deckflächen ist jedoch nur die Streifenlast einzusetzen. Für den **Gebrauchsfall** ist der Spannungsnachweis gemäß den Normen der gewählten Wandbauart mit deren zulässigen Spannungen zu führen.
Bei **Geländern** sind p_1 und p_2 in Holmhöhe anzusetzen, wenn diese von 0,90 m abweicht.
Befestigungselemente müssen eine Widerstandskraft > 2,8 kN besitzen.

Nichttragende innere Trennwände II

DIN 4103, T.2/85 u. a.

Trennwände aus Gipsbauplatten

Die **Bauplatten nach DIN 18 165** werden mit durchgehenden waagerechten Fugen im Verband mit Fugengips versetzt. Wände mit Maßen nach **4** … **6** dürfen ohne besonderen Nachweis ausgeführt werden. **Einbaubereiche** → S. 183.

4 Zulässige Wandhöhe in m für Wände, die mind. **unten und oben angeschlossen**, beliebig lang sind und große Öffnungen haben dürfen:

Einbaubereich	Plattendicke	Plattenart	Wandhöhe
1 Wohnungen, Büros u. ä.	60 mm	**PW, GW, SW**	**3,50 m**
	80 mm	**PW, GW, SW**	**4,50 m**
	100 mm	**PW, GW, SW**	**7,00 m**
2 öffentliche Gebäude	80 mm	**PW,**	**2,75 m**
	80 mm	**GW, SW**	**3,50 m**
	100 mm	**PW, GW, SW**	**5,00 m**

5 Zulässige Wandlängen in m **bei 3-seitig angeschlossenen Wänden** ohne große Öffnungen:

Einbaubereich	Wandhöhe h in mm	60 mm PW GW SW	80 mm PW	80 mm GW SW	100 mm PW GW SW
1	1,50	2,25	2,50	2,50	2,75
	2,00	2,50	3,00	3,50	3,50
	2,50	3,00	3,50	4,00	4,00
	3,00	3,25	3,75	4,25	4,50
	3,50	3,50	4,00	4,50	5,00
	4,00	–	4,25	4,75	5,25
2	1,50	1,50	2,00	2,25	2,50
	2,00	hier ist ein Nachweis erforderlich	2,25	2,50	2,75
	2,50		2,50	3,00	3,25
	3,00			3,25	3,50
	3,50			3,50	3,70
	4,00				4,00

6 Zulässige Wandlängen in m **bei 4-seitig angeschlossenen Wänden** ohne große Öffnungen:

Einbaubereich	Wandhöhe h in mm	60 mm PW GW SW	80 mm PW	80 mm GW SW	100 mm PW GW SW
1	3,00	hier sind beliebige Wandlängen erlaubt			
	3,50				
	4,00	8,00			
	4,50	–			
	5,00	–	12,50	12,50	
	5,50	–	13,75	13,75	
2	3,00	4,50	6,00	beliebige Wandlängen	
	3,50	Nachweis erforderlich	7,00		
	4,00		8,00	10,00	
	4,50				
	5,00				
	5,50				16,50

Kleine Öffnungen < 1/4 der Geschosshöhe oder der Wandlänge, Gesamtfläche < 1/10 der Wandfläche, dürfen ausgefräst oder gebohrt werden.
Näheres: Deutsch. Gipsverein 64295 Darmstadt.

Nichttragende KS-Innenwände

Die **KS-Bauplatten** für 5 und 7 cm dicke Wände mit Nut-Feder-System, → nächste Seite, werden mit Normalmörtel, mindestens MGr. III oder mit Dünnbettmörtel versetzt. Trockene Steine vornässen! Wände ≥ 11,5 cm m. Normalmörtel mindestens Gr. II a.

7 Zulässige Wandhöhe von **3-seitig gehaltenen** und von **4-seitig gehaltenen** Innenwänden **ohne Auflast**:

Einbaubereich	Wandhöhe h in mm	Wanddicke in cm: 5 3s	5 4s	7 3s	7 4s	11,5 3s	11,5 4s	17,5 3s	17,5 4s
1	2,50	1,5	3,0	2,5	5,0	5	10	8	12
	3,00	1,75	3,5	2,75	5,5	5	10	8	12
	3,50	2,0	4,0	3,0	6,0	5	10	8	12
	4,00	nicht zulässig		3,25	6,5	5	10	8	12
	4,50			3,5	7,0	5	10	8	12
	>4,5≤6							8	12
2	2,50	0,75	1,5	1,5	3,0	3,0	6,0	6	12
	3,00	1,0	2,0	1,75	3,5	3,25	6,5	6	12
	3,50	1,25	2,5	2,0	4,0	3,5	7,0	6	12
	4,00	nicht zulässig		2,25	4,5	3,75	7,5	6	12
	4,50			2,5	5,0	4,0	8,0	6	12
	>4,5≤6							6	12
mit Auflast: [1]									
1	2,50	2,75	5,5	4,0	8,0	8	12	10	12
	3,00	3,0	6,0	4,25	8,5	8	12	10	12
	3,50	3,25	6,5	4,5	9,0	8	12	10	12
	4,00	nicht zulässig		4,75	9,5	8	12	10	12
	4,50					8	12	10	12
	>4,5≤6							10	12
2	2,50	1,25	2,5	2,75	5,5	6	12	8	12
	3,00	1,5	3,0	3,0	6,0	6	12	8	12
	3,50	1,75	3,5	3,25	6,5	6	12	8	12
	4,00	nicht zulässig		3,5	7,0	6	12	8	12
	4,50			3,75	7,5	6	12	8	12
	>4,5≤6							8	12

dreiseitig, ohne Auflast, oberer Rand frei:

Einbaubereich	Wandhöhe h in mm	5	7	11,5	17,5
1	2,50	4,0	8,0	10	12
	3,00	5,0	9,0	10	12
	3,50	6,0	10,0	12	12
	4,00	nicht zulässig	10,0	12	12
	4,50		10,0	12	12
	>4,5≤6				12
2	2,50	2,5	4,0	7	10
	3,00	nicht zulässig	4,5	8	12
	3,50		5,0	9	12
	4,00		6,0	10	12
	4,50		7,0	10	12
	>4,5≤6				12

[1] mit Auflast bedeutet: Fuge unter der Decke erst **nach Verformung** unter Eigenlast schließen! Näheres siehe KS-Baukalender 1996, S. 27 oder KS-Information, 30401 Hannover, PF: 21 01 60.

Baustoffe für nichttragende Innenwände

Gips-Wandbauplatten — DIN 18 163/78

Plattenart	Kurzzeichen	Rohdichte kg/dm³ [1)]
Porengips-Wandbauplatte	**PW**	0,6 … 0,7
Gips-Wandbauplatte	**GW**	> 0,7 … 0,9
Gips-Wandbauplatte	**SW**	> 0,9 … 1,2

Platten-Dicken: 60, 80, 100 u. 120 mm
Platten-Länge: einheitlich 666 mm
Platten-Höhe: einheitlich 500 mm
3 Platten = 1 m² Wand, Nut- und Federfugen.

Rohdichte kg/dm³	**Wandgewicht** in kg pro m² [1)] bei Plattendicken in mm 60	80	100	120
0,7	42	56,1	71,4	84
0,9	54	72,0	90,0	–
1,2	72	96,0	–	–

[1)] bei 40 °C getrocknet
Bezeichnungsbeispiel: DIN 18 163-GW-80

Kalksand-Bauplatten — DIN 106

Stein-Rohdichte: ≈ 2,0 kg/dm³
Nut-Feder-system, versetzt in Dünnbett-mörtel, die erste Schicht in Normal-mörtel Gr. III

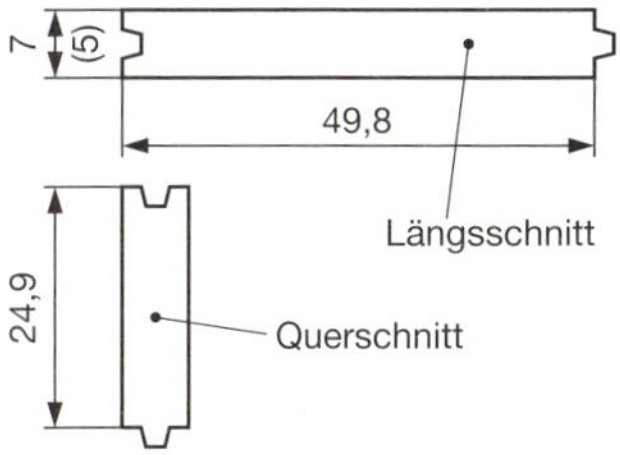

	KS-P5	**KS-P7**
Plattendicke	5 cm	7 cm
Plattengewicht	12,4 kg	17,4 kg
Wandgewicht + Spachtelputz	≤ **100** kg/m²	≤ **150** kg/m²
Leichtwand-Zuschlag zur Nutzlast der Decke	0,75 $\frac{kN}{m^2}$	1,25 $\frac{kN}{m^2}$
bewert. Schalldämm-Maß – mit Spachtelputz	37 dB	40 dB
– m. 2 x 10 mm Dünnputz	38 dB	41 dB

Acht Platten ergeben 1 m² Wand.

Leichtbeton-Hohlwandplatten

DIN 18 148, auch ohne Stoßfugennut,
Längen: 49 (49,5) cm ± 3 mm,
Höhen: 23,8 u. 17,5 cm ± 4 mm,
Druckfestigkeit ≥ 2,5 N/mm².

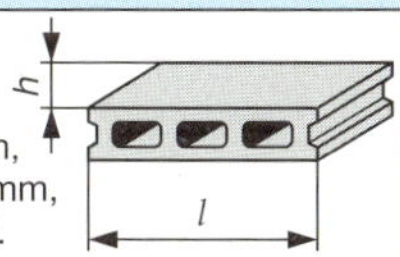

Plattendicke in cm	**Wandgewicht** in kg pro m² bei Platten-Rohdichte in kg/dm³ 0,6	0,7	0,8	0,9	1,0	1,2	1,4
10,0	60	70	80	90	100	120	140
11,5	69	81	92	104	115	138	161

Leichtbeton-Wandbauplatten (unbewehrt)

DIN 18162
Längen: 49 u. 99 cm ± 3 mm
Breiten: 24 u. 32 cm ± 4 mm
Dicken: 5, 6, 7 und 10 cm ± 3 mm

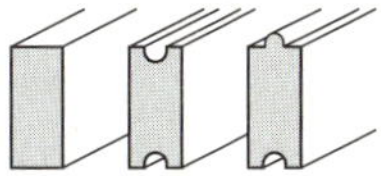

Rohdichteklasse	**Wandgewicht** in kg pro m² bei Plattendicken in cm 5	6	7	10
0,8	38,0	45,2	53,2	76,0
1,0	47,7	56,6	66,8	95,4
1,2	58,4	68,0	80,0	116,8
1,4	67,2	79,6	93,2	134,4

Porenbeton-Bauplatten u. -Planbauplatten

DIN 4166

Längen:
36,5; 49; 61,5; 74 u. 99 cm + 9 mm für Planplatten
Höhen: 24 cm, für Planplatten: 24,9; 49,9 u. 62,4 cm
Dicken: 2,5; 3; 5; 7,5; 10; 12,5; 15; 17,5 u. 20 cm
Rohdichteklassen: 0,4; 0,5; 0,6; 0,7; 0,8 u. 1,0 kg/dm³
Biegefestigkeit: ≥ 0,4 N/mm²
Ausführungen: **N** = Nut, **NF** = Nut und Feder

Bezeichnungsbeispiele:
DIN 4166 - PBpl 0,5 - 490 x 100 x 240, NF
DIN 4166 - PBpl 0,5 - 499 x 100 x 249 (Planplatte)

Rohdichteklasse	**Wandgewicht** in kg pro m² bei Plattendicken in cm 5	7,5	10	12,5	15	17,5
0,4	20	30	40	50	60	70
0,5	25	38	50	63	75	80
0,6	30	45	60	75	90	106
0,7	35	53	70	86	105	123
0,8	40	60	80	100	120	140

Leichtlangloch-Ziegelplatten LLp — DIN 105 T.5

Längen: 33; 49,5 und 99,5 cm
Höhen: 17,5; 23,8 und 32 cm
Rohdichteklassen: 0,5; 0,6; 0,7; 0,8 u. 1,0 kg/dm³
Druckfestigkeitsklassen: 2 (grün), 4 (blau) u. 12 N/mm²

Bezeichnungsbeispiel:
DIN 105 - LLp 0,6 - 495 x 320 x 60

Rohdichteklasse	**Wandgewicht** in kg pro m² bei Plattendicken in cm 4	5	**6**	7	**8**
0,6	27	34	41	48	54
0,8	35	43	52	62	70
1,0	42	53	63	74	105

Tonhohlplatten (Hourdis) — DIN 278

Längen: 50, 60, 70, 80, 90, 100, 110 cm
Breiten: 20 und 25 cm, Dicken: 6, 7, 8 und 12 cm
Verkrümmung: ≤ 1,5 % der Länge

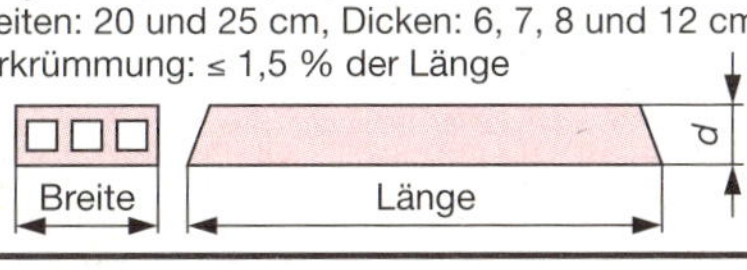

Natürliche Bausteine

*Aus glutflüssigem **Magma** entstanden:*

1. Erstarrungsgesteine[1]
(Glutgesteine, Eruptiv- oder primäre Gesteine)

→ durch vulkanischen Ausfluss und Auswurf, bei gleichzeitiger Einwirkung vulkanischer Gase die schaumglasigen

Laven:

Liparit-lava	Trachyt-lava	Andesit-lava	**Basalt-lava**

→ durch schnelle Abkühlung die glasigen

Oberflächengesteine (Erguss-, vulkan. Gesteine):

Liparit	Trachyt Phonolith	**Andesit**	**Basalt**

→ durch langsame, ungleichmäßige Abkühlung die ungleichkörnig kristallisierten, teilweise glasigen

Porphyre:

Quarz-porphyr	**Kerato-phyr**	**Porphyrit**	**Melaphyr** **Diabas**

→ durch langsame, gleichmäßige Abkühlung die gleichkörnig kristallisierten

Tiefengesteine (Plutonische Gesteine):

Granit	**Syenit**	**Diorit**	**Gabbro**

Hauptbestandteile aller Erstarrungsgesteine, die in den Spalten hierüber genannt sind:

Feldspat Quarz Glimmer	Feldspat Glimmer	Feldspat Hornblende Glimmer	Feldspat Augit Glimmer

← hellfarbig, sauer — dunkelfarbig, basisch →

Ablagerungen
(Sedimente)

→ durch vulkanischen Auswurf in die Atmosphäre u. Ablagerung (Sedimentation) aus d. **Luft** entstanden die schaumglasigen

Bimskiessande[3]

a) Durch Verwitterung zerkleinert, bilden die **körnigen** und **schlammigen Stoffe**, durch strömendes Wasser verlagert, nach dem Absetzen **Ablagerungen**:

1 **Kiessand** ....
2 **Sand** ....
3 **Lehm = 2 + 4** ....
4 **Ton** ....
5 **Mergel = 4 + 6 (+ 2)** ....
6 **Kalkschlamm** ....
7 **Dolomitschlamm** ....

b) Im Wasser **gelöste Verwitterungsstoffe** dienten in Seen und Meeren Tieren und Pflanzen zum Aufbau ihrer Skelette, Schalen u. Panzer, die später **Ablagerungen** bildeten:

Muschelschalen ....
Kreideschlamm ....
(Foraminiferenschalen)
Kieselgur
(Diatomeenschalen-Kieselalgen)

c) Im Wasser **gelöste Stoffe** verfestigten, indem sie beim Verdunsten des Wassers auskristallisierten:

---

1) Die Eigenschaften der Gesteine, deren Name hier fett gedruckt ist, → S. 188.
Gesteine der Gruppen 1 und 3 haben oft einander ähnliche Eigenschaften.
Die neben- und übereinander genannten Gesteinsarten bilden häufig Mischgesteine.

2) Auch Nass-, Schicht- oder auch Sekundärsteine genannt.

3) Die größeren Stücke der Bimskiese werden Bimsstein genannt. „Bims" bezeichnet wie „Lava" oder „Tuff" keine Gesteins-, sondern eine Gefügeart, → oben. Alle Ergussgesteine und Porphyre, aber auch aufgeschmolzene Ablagerungsgesteine können Laven bzw. Tuffe bilden.
Gering feste Trachit- und Phonolithtuffe ergeben gemahlen den „Trass".

2. Ablagerungsgesteine
(Sedimentgesteine) [1] [2]

Die Ablagerungen verfestigten sich durch **Bindemittel**, die das Wasser herbeiführte (Kieselsäuregel, Kalk, Ton, Eisenverbindungen), zu:

→ **Vulkanische Tuffsteine** [3]
(z. B. Porphyrtuff, Trachyttuff u. a., entsprechend den Oberflächengesteinen, → Erstarrungsgesteine)

→ Konglomeratgesteine
→ **Sandsteine** [4] .... → **Grauwacke**, **Quarzit** [7]

→ Schieferton .... → **Tonschiefer** (Dachschiefer)
Travertin (Kalktuff) [5]
→ **Kalkstein** [4] [6] .... → **Marmor** [8]
→ **Dolomitstein** ....
Magnesitstein

→ **Muschelkalkstein** [4] [6]
→ Kreide

Gipsstein
→ Anhydrid
Steinsalz

3. Umwandlungsgesteine [1]
(Metamorphe Gesteine)

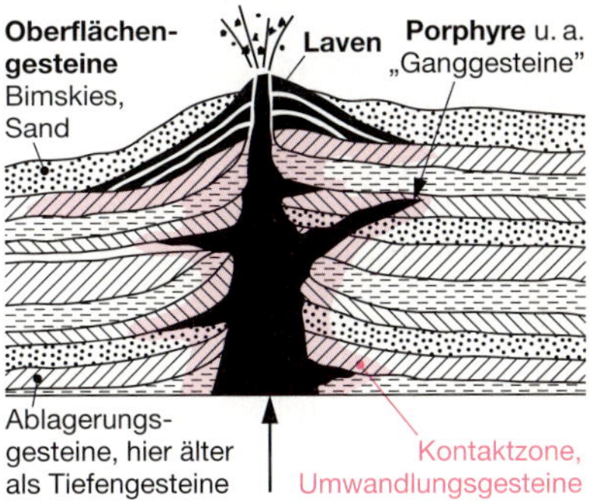

Grauwacke
Quarzit [7]

Tonschiefer (Dachschiefer)

Marmor [8]

Vulkanische Gesteine, die sich bei Vulkanausbrüchen durch Ablagerungsschichten hindurchpressten und diese überlagerten, wandelten durch Hitze- und Druckwirkung (auch seitlichen Druck, senkrecht zur Richtung der Ablagerung, Schieferung) die Ablagerungsgesteine um in die hierüber genannten Gesteine.

→ Druck infolge Umlagerung in der Erdrinde, z. B. Hochpressen der Faltengebirge, wandelte (bei gleichzeitiger Wirkung hoher Temperatur) Tiefengesteine und Porphyre um in

Kristalline Schiefer

Gneis, Granulit
Amphibolit
Serpentin

4) Die Sedimentgesteine sind oft durch Eisenverbindungen gefärbt: gelb bis braun durch Eisenhydroxid (wie Rost), rötlich durch Eisenoxid (wie Roteisenstein), bläulich, grau und schwarz durch organische Stoffe (Kohle).
5) Die offenen Grobporen sind durch eingeschlossene Pflanzenteile entstanden.
6) Kalkstein auch aus Muschel- u. Kreideablagerungen.
7) Quarzite aus Quarzsandkörnern, die durch Kieselsäuregel verbunden worden sind, Grauwacke aus gröberen Gesteinstrümmern.
8) Nur kristallisierter Kalkstein = echter Marmor. In der Praxis werden alle polierfähigen dichten Kalksteine „Marmor" genannt.

Eigenschaften natürlicher Bausteine

DIN 52 100/51

Richtzahlen für Auswahl und Bewertung von Naturstein

Die hier genannten Gesteine sind auf S. 186 und S. 187 durch Fettdruck hervorgehoben.

Gesteinsgruppen	Gesteinsarten	Rohdichte ϱ_R in $\frac{kg}{dm^3}$	Wasseraufnahme „Tiefbauwassergeh." w_V in V %	Druckfestigkeit (trocken) MN/m^2	Abnutzen beim Schleifen in $\frac{cm^3}{50\,cm^2}$	Wärmeleitzahl λ in $\frac{W}{K \cdot m}$
Erstarrungsgesteine	Granit, Syenit	2,6 … 2,8	0,4 … 1,4	160 … 240	5 … 8	
	Diorit, Gabbro	2,8 … 3,0	0,5 … 1,2	170 … 300	5 … 8	
	Diabas	2,8 … 2,9	0,3 … 1,0	180 … 250	5 … 8	
	Quarzporphyr, Keratophyr Porphyrit, Andesit	2,5 … 2,8	0,4 … 1,8	180 … 300	5 … 8	≈ 3,5
	Basalt, Melaphyr	2,9 … 3,0	0,2 … 0,8	250 … 400	5 … 8,5	
	Basaltlava	2,2 … 2,4	9,0 … 24	80 … 150	12 … 15	2,3
Schichtgesteine	**Kieselige Gesteine** (Silikate):					
	a) Quarz, Quarzit, Grauwacke	2,6 … 2,7	0,4 … 1,3	150 … 300	7 … 8	≈ 3,5
	b) quarzitische Sandsteine	2,6 … 2,7	0,4 … 1,3	120 … 200	7 … 8	
	c) sonstige Quarzsandsteine	2,0 … 2,7	0,5 … 24	30 … 180	10 … 14	2,3
	Kalksteine:					
	a) dichte, feste Kalk- und Dolomitsteine, Marmore	2,6 … 2,9	0,4 … 1,8	80 … 180	15 … 40	3,5
	b) sonstige Kalksteinarten, Muschelkalkst. u. ähnliche	1,7 … 2,6	0,5 … 25	20 … 90	–	
	c) Travertin	2,4 … 2,5	4,0 … 10	20 … 60	–	≈ 2,3
	Vulkanische Tuffsteine	1,8 … 2,0	12 … 30	20 … 30	–	
Umwandlungsgesteine	Gneise, Granulat	2,6 … 3,0	0,3 … 1,8	160 … 280	4 … 10	
	Amphibolit	2,6 … 3,1	0,3 … 1,2	170 … 280	6 … 12	≈ 3,5
	Serpentin	2,6 … 2,8	0,3 … 1,8	140 … 250	8 … 18	
	Dachschiefer	2,7 … 2,8	1,4 … 1,8	–	–	
zum Vergleich	übliche Hochlochziegel	1,2 … 1,6	10 … 30	10 … 20	–	≈ 0,6
	Hochbauklinker	1,9 … 2,1	2 … 10	35 … 70	15 … 20	1,0

Dichte Natursteine, Rohdichte > 2,5 kg/dm³, überwiegend Hartgesteine, regendicht, z.T. wasserdicht, luftdicht, kaum wassersaugend, meist frostbeständig.

Porige Natursteine, Rohdichte < 2,5 kg/dm³, die meisten davon saugfähig, z.T. nicht frostbeständig, überwiegend mittelharte Gesteine, Ritzhärte < 5, der Härte d. ungehärteten Stahles.

Grobgefüge (Textur) der Steine

massig: Schichten oder Blöcke sind viele Meter dick, z. B. Granit und andere Tiefengesteine wie Porphyr.

bankig: Das Gestein steht in meterdicken Bänken (Lagern) an, z. B. Marmor.

schichtig: Schichten in dm-Dicke, z. B. Sandsteine.

plattig: = dünnschichtig: Platten in cm-Dicke, z. B. Solnhofer Kalkstein oder Sollingsandstein.

säulig: meist 5- oder 6-eckig, z. B. bei Basalt.

schiefrig: Bei Umwandlungsgesteinen, die sich bruchfeucht mm-dick spalten lassen, z. B. Tonschiefer, bei hoher Güte: „Dachschiefer".

Minerale

Minerale sind die **Bestandteile der Gesteine** mit bestimmter chemischer Zusammensetzung und Kristallstruktur.

1. **Quarz** (Kiesel), rein ist er durchsichtig (Bergkristall), meist aber weiß bis gelblich, er ritzt Fensterglas: Härte ≈ 7, → **1** S. 65.
2. **Feldspate** sind weiß, hellgrau, gelb oder rot; Augit und Hornblende sind grüngrau bis schwarz, wird kaum von Fensterglas geritzt: Härte ≈ 6.
3. **Kalkspat** (Kalzit) u. **Dolomit** in reinem Zustand weiß, z. B. weißer Marmor, meist aber gefärbt, von Drahtnagel geritzt: Härte 3.
4. **Gipsspat**, nicht salzsäurelöslich, Farbe wie 3., von Fingernagel geritzt: Härte ≈ 2.

Salzsäureprüfung: 1 : 1 verdünnte Salzsäure auftropfen (Verätzungen vermeiden).

Reaktion:

a) Starkes, langanhaltendes Aufbrausen bei Kalkstein oder Marmor.
b) Starkes, kurzzeitiges oder schwaches Aufbrausen bei geringem Kalkgehalt, z. B. Sandstein.
c) Schwaches Aufbrausen in kalter HCl, das beim Erhitzen sehr stark wird, bei Dolomit.
d) Auch erhitzt kein Aufbrausen bei Quarz, Feldspat und Glimmer, z. B. auf Granit.

Beurteilung natürlicher Bausteine

Merkmale	für Wetterbeständigkeit	für Wetterunbeständigkeit
1. **Grobgefüge** (Textur) 2. **Feingefüge** (Struktur) 3. **Porengefüge**	massig, bankig gleichmäßig feinkristallin, glasig dicht oder dicht mit wenig Grobporen	leicht spaltbar, rissig, gestört ungleichmäßig, sehr grobkörnig feinporig oder sehr grobporig
4. **Mineralien** – im hellen Gestein – im dunklen Gestein	glänzend, spiegelnd viel Quarz, zusammenhängend viel Hornblende und Augit	trüb, stumpf, angewittert } viel Glimmer, Schwefelkies, Ton Glaukonit, Brauneisenstein
5. **Farbe** 6. **Geruch** (Anhauchen) 7. **Gefühl**	deutlich, kräftig, rein geruchlos hart, fest, rau	matt, schmutzig, ausdruckslos tonig, erdig, süßlich fettig, wachsig, weich
8. **Härte** 9. **Kornbindung** 10. **Abrieb** (Stein an Stein)	mit Messer nicht ritzbar, Ritzhärte ≥ 5 Körner mit Nadel nicht lösbar gering bis fehlend	mit Messer leicht ritzbar Körner leicht lösbar groß, sandig, kreidig, staubend
11. **Klang** (Hammerschlag) 12. **Kantenfestigkeit** 13. **Bruchfläche**	hell Ecken u. Kanten schwer abschlagbar glatt, muschelig, gleichmäßig rau	dumpf, tonlos, plärrend leicht zerschlag- und zerbrechbar hakig, stichig, ungleich ansetzend
14. **Verwitterungsfläche** 15. **Verwitterungshaut**	dem frischen Bruch gleichsehend fehlend bis papierdünn	heller, dunkler, andersfarbig, rostig stark, dicke Schalen
16. **Wasseraufnahme** 17. **Wassersaugfähigkeit** 18. **Trocknungsfähigkeit**	Wassertropfen nicht einsaugend Saughöhe nach 1 Tag: 0 bis 1 cm nach Regen schnell trocknend	Wassertropfen schnell einsaugend beträchtliche Saughöhe: ≥ 10 cm Oberfläche nach Regen lange feucht

Tabelle 12: Mindestdruckfestigkeiten

Gesteinsarten	β_{St} in MN/m²
Kalkstein, Travertin, vulkanische Tuffsteine	20
Weiche Sandsteine (mit tonigem Bindemittel) und dergleichen	30
Dichte feste Kalksteine u. Dolomite (einschl. Marmor), Basaltlava u. dgl.	50
Quarzitische Sandsteine, Grauwacken und dergleichen	80
Granit, Syenit, Diorit, Quarzporphyr, Melaphyr, Diabas und dergleichen	120

Die **Druckfestigkeit von Gestein**, das für tragende Bauteile verwendet wird, muss ≥ 20 MN/m² betragen. Für Güteklasse N4 ist jeodch Gestein mit β_{St} = 5 MN/m² zulässig, wenn die Grundwerte σ_o nach Tab. 14 für die Steinfestigkeit β_{St} = 20 N/m² nur zu einem Drittel angesetzt werden.

Nach seiner **Ausführung** (Steinform, Verband und Fugenausbildung) wird das Natursteinmauerwerk in die **Güteklassen N1 bis N4** eingestuft, siehe Tabelle 13. Die darin aufgeführten **Anhaltswerte** von Fugenhöhe/Seitenlänge, Neigung der Lagerfuge und Übertragungsfaktor (Verhältnis von Überlappungsfläche der Steine zu Wandquerschnitt im Grundriss) sind als Mittelwerte anzusetzen.

Tabelle 13: Güteklasseneinstufung

Güteklasse	Grundeinstufung → S. 190	Fugenhöhe zu Steinlänge h/l	Neigung d. Lagerfuge $\tan \alpha$	Übertragungsfaktor η
N1	Bruchsteinmauerwerk	≤ 0,25	≤ 0,30	≥ 0,5
N2	Hammerrecht.-Schichtenmw.	≤ 0,20	≤ 0,15	≥ 0,65
N3	Schichtenmauerwerk	≤ 0,13	≤ 0,10	≥ 0,75
N4	Quadermauerwerk	≤ 0,07	≤ 0,05	≥ 0,85

❶ **Darstellung der Anhaltswerte** nach Tab. 13:

a) Ansicht b) Grundriss des Wandquerschnittes

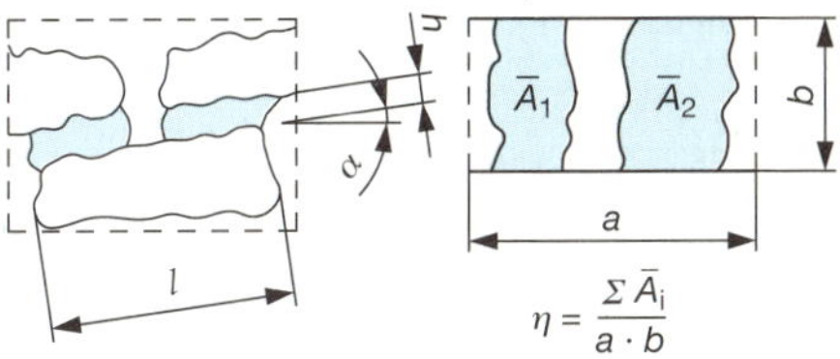

$$\eta = \frac{\Sigma \bar{A}_i}{a \cdot b}$$

Diese Grundeinstufung beruht auf den üblichen Ausführungsgüten.

Natursteinmauerwerk

DIN 1053, T.1/90

Tabelle 14: Grundwerte σ_o der zulässigen Druckspannungen für Natursteinmauerwerk in Normalmörtel:

Güteklasse	Steinfestigkeit β_{St}	Grundwerte σ_o für Mörtelgruppe I MN/m²	II MN/m²	II a MN/m²	III MN/m²
N1	≥ 20	0,2	0,5	0,8	1,2
	≥ 50	0,3	0,6	0,9	1,4
N2	≥ 20	0,4	0,9	1,4	1,8
	≥ 50	0,6	1,1	1,6	2,0
N3	≥ 20	0,5	1,5	2,0	2,5
	≥ 50	0,7	2,0	2,5	3,5
	≥ 100	1,0	2,5	3,0	4,0
N4	≥ 20	1,2	2,0	2,5	3,0
	≥ 50	2,0	3,5	4,0	5,0
	> 100	3,0	4,5	5,5	7,0

Berechnungsgrundlagen

Die **Mindestdicke** von tragendem Natursteinmauerwerk beträgt **24 cm**, der **Mindestquerschnitt 0,1 m²**.
Die Grundwerte von zul σ_o nach Tab. 14.
Schlankheiten h_K/d > 10 nur bei N3 u. N4 zulässig,
Schlankheiten h_K/d > 14 nur bei mittiger Belastung,
Schlankheiten h_K/d > 20 sind unzulässig.
Bei **Schlankh. h_K/d ≤ 10** sind als zul. Spannungen σ_o die Grundwerte d. Tab. 14 einzusetzen.
Bei **Schlankheiten h_K/d > 10** sind die Grundwerte mit dem Faktor $(25 - h_K/d)/15$ abzumindern.
Zugspannungen sind im Regelfall nur in Gkl. N4 zulässig, wobei max σ_Z = 0,20 MN/m² gilt.
Schubspannungen: Für ihren Nachweis gilt der Abschnitt 7 DIN 1053, T.1 mit max τ = 0,3 MN/m²
Bei **Fugendicken über 40 mm** sind die Grundwerte σ_o um 20 % zu vermindern.
Für die **zul. Beanspruchung von Mischmauerwerk** ist der Baustoff mit der jeweils niedrigsten zulässigen Beanspruchung maßgebend.

Verbände für Mauerwerk aus natürlichen Steinen in der Ansicht. Nach DIN 1053, Teil 1, Abschnitt 12:

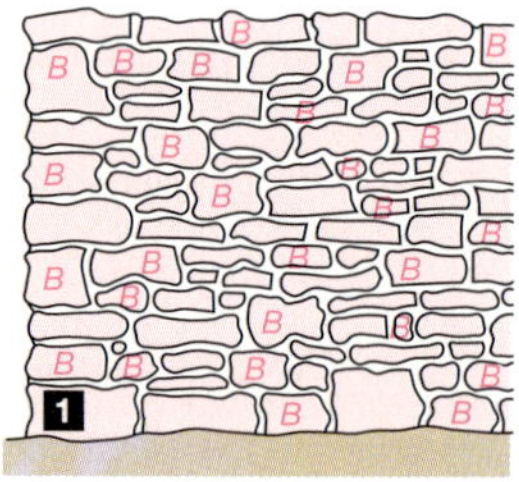

1 Bruchsteinmauerwerk
2 Hammerrechtes Schichtenmauwerk
3 Unregelmäßiges Schichtenmauerwerk
4 Regelmäßiges Schichtenmauerwerk
5 Unregelmäßiges Quadermauerwerk
(Das regelmäßige Quadermauerwerk hat gleich große Quadersteine)

B = Binder

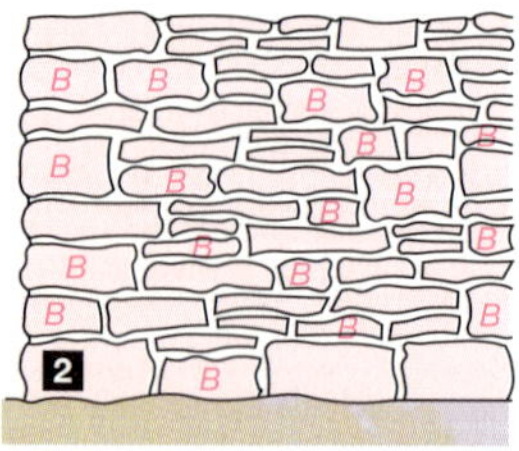

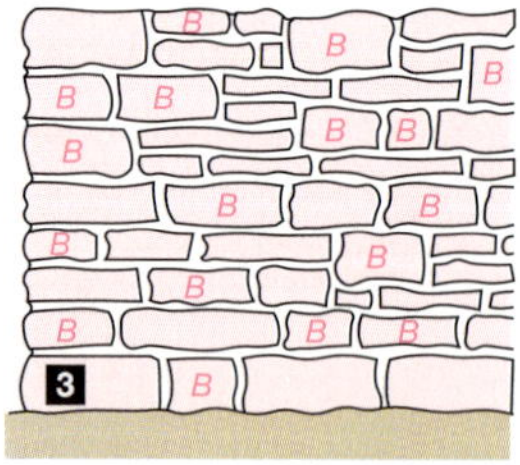

Ausführungshinweise

Natursteine mit Schichtstruktur lagerhaft, **nicht stehend** („auf Keil") **vermauern**.
Bei **1** u. **2** spätestens alle 1,50 m, **4** u. **5** jede Schicht auf gleiche Höhe bringen.
Steinlängen 1 bis 5-fache Steinhöhe.
In der Ansicht dürfen **nie mehr als 3 Fugen zusammenstoßen**. Keine Stoßfuge darf durch mehr als 2 Schichten gehen, möglichst viel Binder. Die größeren Steine sollten in die unteren Schichten und an die Ecken gelegt werden.
Bindersteine sollten **mindestens 10 cm tief** in das Hintermauerwerk **einbinden**. Fugen voll vermörteln, notfalls mit Stücken „auszwickeln".

Der **Mauermörtel** ist für die Festigkeit und Dauerhaftigkeit von großer Bedeutung.
Der Mörtel muss zu den Steinen passen:
Dichte Steine mit dichtem Mörtel, bei kalkfreien Steinen, z. B. Granit, Basalt, mit Zement- oder Trasszementmörtel vermauern.
Porige Steine, z. B. Bims- oder Muschelkalksteine, mit grobkörnigem, nicht zu fettem Kalkzementmörtel vermauern.
Verblendmauerwerk darf nur dann zum tragenden Querschnitt gerechnet werden, wenn es gleichzeitig hochgemauert und mit ≥ 30 % der Ansichtsfläche Binder besitzt, die ≥ 24 cm tief sind und ≥ 10 cm in die Hintermauerung eingreifen.

Mauerarbeiten, Aufmaß und Abrechnung

Auszug aus DIN 18 330/96

Abgerechnet wird:

a) **Getrennt nach Bauart und Geschossen**, wenn nach Flächenmaß abgerechnet wird, dann außerdem getrennt nach Wanddicken. Bruchsteinmauerwerk getrennt nach einhäuptigen und mehrhäuptigen abrechnen.
Es gelten die Rohbau- (Zeichnungs-) **maße**.

b) **Mauerwerk** wird abgerechnet:
Bis 11,5 cm Dicke nach Flächenmaß in m^2,
> 11,5 cm bis 40 cm Dicke nach m^2 oder m^3,
> 40 cm Dicke nach Raummaß in m^3.

Die **Höhe** wird gemessen von Oberfläche Rohdecke (bzw. Oberfläche Fundament) bis Unterfläche Rohdecke; an anderem Mauerwerk die wirkliche Höhe.
Wenn nach Flächenmaß abgerechnet wird, die Höhe von oben abgeschrägter Mauern bis zur oberen Kante messen.

Die **Länge** sich kreuzender oder einbindender Wände wird nur für eine Wand (die dickere) durchgemessen; gemauerte Schornsteine werden nicht mitgemessen, → Abb.; als Wangendicke der Schornsteine gilt dabei die vorgeschriebene Mindestdicke.

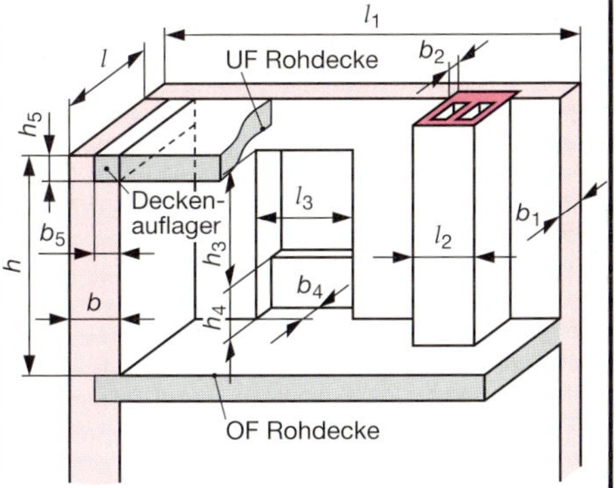

Der Rauminhalt des Geschossmauerwerks setzt sich zusammen aus:

$$V = l \cdot b \cdot h$$
$$+V_1 = l_1 \cdot b_1 \cdot h$$
$$-V_2 = l_2 \cdot b_2 \cdot h \quad \text{(wenn } V_2 > 0{,}25\ m^3 \text{ ist)}$$
$$-V_3 = l_3 \cdot b_1 \cdot h_3 \quad \text{(wenn } V_3 > 0{,}25\ m^3 \text{ ist)}$$
$$-V_4 = l_3 \cdot b_4 \cdot h_4 \quad \text{(wenn } V_4 > 0{,}25\ m^2 \text{ ist)}$$
$$-V_5 = l \cdot b_5 \cdot h_5 \quad \text{(wenn } V_5 > 0{,}25\ m^2 \text{ ist)}$$

c) **Abgezogen werden vom Mauerwerk** [1)]

wenn gerechnet wird	nach m^3	nach m^2
Öffnungen (kleinstes Lichtmaß) [2)]	> 0,25 m^3	> 1 m^2
Nischen (kleinstes Lichtmaß) [2)]	> 0,25 m^3	abziehen
Durchbindende Bauteile	> 0,25 m^3	> 0,25 m^2
Aussparungen für einbindende Bauteile [2)]	> 0,25 m^3	abziehen
Schlitze und dergleichen	> 0,1 m^3	–

Bei durchgehenden Luftschichten im MW wird nur der über 7 cm hinausgehende Teil der Luftschicht abgezogen (nach m^3)

d) **Fachwerkwände** nach m^2, Holz- oder Stahlteile abziehen, auch Schwellen, Endpfosten und Rähme übermessen. Wand- (Bund-) balken und Träger nicht zur Höhe rechnen. [3)]

e) **Ausmauerungen von Stahlbetongerippen** nach m^2 oder m^3, **Stahlbetonanteile nicht mitrechnen.** [3)]

f) **Leichte Trennwände** nach m^2, zwischen den begrenzenden Wänden und Decken gemessen. [3)]

g) **Verblendmauerwerk** nach m^2. Leibungen bis 13 cm Tiefe werden nicht berücksichtigt. Nachträgliches Ausfugen nach m^2. [3)]

h) **Gewölbe** nach m^2. Bei einer Stichhöhe < 1/6 der Spannweite wird die überwölbte Grundfläche, bei größeren Stichhöhen die abgewickelte Unterschicht abgezogen. [3)]

i) **Gemauerte Stürze und Bögen** nach Stück. Sie werden gesondert gemessen, wenn die Öffnung oder Nische dafür abgezogen wird.

k) **Gemauerte Gesimse und Sohlbänke**, einschließlich Auskragung, nach m, an der Vorderkante gemessen. Sohlbänke auch nach Stück.

l) **Tür- und Fensterpfeiler** im Wandmauerwerk werden, wenn sie schmaler als 49 cm sind und die beiderseits dieser Pfeiler liegenden Öffnungen abgezogen werden, gesondert gerechnet, andernfalls gelten sie als Wandmauerwerk.

m) **Gemauerte Schornsteine** werden in der Achse von der Oberfläche Fundament bis Oberfläche Dachhaut in m oder m^2 gerechnet.
Schornsteinköpfe getrennt nach Stück. Reinigungs- und Rohröffnungen sowie Züge werden übermessen. Verwahrungen (Auskragungen) werden nicht mitgerechnet.

n) Bei **Schornsteinen aus Formstücken** wird das Längenmaß in der Achse bis Oberfläche Dachhaut gemessen.

o) Bei **gemauerten Stufen** wird das Längenmaß in der größten Länge jeder Stufe ermittelt.

1) Bei Öffnungen und Nischen gelten die Lichtmaße, bei Bogenüberdeckung minus 1/3 d. Stichhöhe.
2) Es gilt die Größe der **einzelnen** Öffnung, Nische oder Aussparung.
3) Öffnungen > 1 m^2 abziehen.

Baustoffbedarf für Mauerwerk

Format und Maße $l \cdot b \cdot h$ in cm	Wanddicke cm	je m² [1)] Steine Stück	je m² [1)] Mörtel, l	je m³ [1)] Steine Stück	je m³ [1)] Mörtel, l
DF 24 · 11,5 · 5,2	**11,5** **24**	66 132	30 72	573 550	256 296
NF 24 · 11,5 · 7,1	**11,5** **24**	50 99	28 66	429 412	234 250
2 DF 24 · 11,5 · 11,3	**11,5** **24**	33 66	20 52	287 275	170 209
3 DF 24 · 17,5 · 11,3	**17,5** **24**	33 46	30 44	189 190	163 163
2 DF + **3 DF**	**30**	33 + 33	58	110 + 110	200
2 DF + **3 DF**	**36,5**	33 + 45	75	90 + 132	210
4 DF 24 · 24 · 11,3	24	33	40	137	166
5 DF 30 · 24 · 11,3	24 30	26 32	34 44	108 107	140 146
6 DF 36,5 · 24 · 11,3	24 36,5	22 32	32 60	88 90	125 180
4 DF (115) 24 · 11,5 · 23,8	11,5	16	15	140	95
6 DF (175) 24 · 17,5 · 23,8	17,5	16	18	92	72
8 DF (240) 24 · 24 · 23,8	24	16	31	67	92
10 DF (300) 24 · 30 · 23,8	30	16	40 25 [2)]	54	130 80 [2)]
12 DF (240) 36,5 · 24 · 23,8	24	11	30 20 [2)]	45	125 80 [2)]
12 DF (365) 24 · 36,5 · 23,8	36,5	16	50 33 [2)]	45	140 80 [2)]
15 DF (300) 36,5 · 30 · 23,8	30	11	32 21 [2)]	37	87 50 [2)]
16 DF (240) 49,5 · 24 · 23,9	24	8,5	20 16 [2)]	35	84 48 [2)]

[1)] Die Stein- und Mörtelmengen sind mit üblichen Verlustzuschlägen (Steine: 2 … 5 %, Mörtel: 3 … 7 %) errechnet. Bei Hochlochsteinen mit oben offenen großen Löchern wird mehr Mörtel benötigt.

[2)] Werte für mörtelfreie verzahnte Stoßfugen. Bei Plansteinen wird oft der für 1 Palette gelieferter Steine benötigte Dünnbettmörtel mitgeliefert.

Erläuterungen zu den Arbeitszeit-Richtwerten

Beispielhaft wurde hier mit Genehmigung der Herausgeber Blatt 6.211 der **Arbeitszeit-Richtwerte im Hochbau (ARH)** abgedruckt.
Sie werden gemeinsam vom Zentralverband des Deutschen Baugewerbes, vom Hauptverband der Deutschen Bauindustrie und der Industriegewerkschaft Bau-Steine-Erden herausgegeben.
Ausgeliefert durch Zeittechnik-Verlag GmbH, 63303 Dreieich-Sprendlingen.

Die Spalte 53 „Materialbedarf" wurde hier weggelassen, siehe dafür die Tabelle links.

Ablaufart „A" = Mauern ohne Unterbrechung durch andere Arbeiten.

Ablaufart „B" = Zeitlich unterbrochenes Mauern, verursacht z. B. durch Schalen, Bewehren, Betonieren ….

Volles Mauerwerk = Mauerwerk ohne abzugfähige Öffnungen nach VOB.

Gegliedertes Mauerwerk = alles sonstige Mauerwerk.

Die nach VOB abzugsfähigen Öffnungen sind im Schwierigkeitsgrad „Gegliedertes Mauerwerk" bereits berücksichtigt und werden nicht gesondert vergütet.
Ansonsten gelten die **Aufmaßregeln** nach VOB in DIN 18 330.

Zulagen

Mindermengen (Spalte 62): Mauerwerksmengen aller Art **einer Baustelle** < 17,5 cm Wanddicke bis 50 m², ≥ 17,5 cm Wanddicke bis 50 m³.

Umstapeln (Spalte 64): Nur transportgerechtes Umstapeln wird berücksichtigt.

Transport (Spalte 65): Nur Transporte außerhalb des Kran-Schwenkbereichs und andere manuelle horizontale Transporte uber 30 m.

Höhe über 3 bis 4 m (Spalte 66): Die Zulage bezieht sich auf die gesamte Mauerwerksmenge, die in diesem Höhenbereich hergestellt wird.

Sichtmauerwerk (Spalte 67): Im Verband in den Steinformaten NF und 2 DF hergestelltes.

Maschinenstunden sind anteilig in den Arbeitszeit-Richtwerten enthalten:
6 % bei Kranbetrieb,
4 % bei Einsatz von Aufzügen.

Auch für andere Bauarbeiten sind Arbeitszeit-Richtwerte und erläuternde Arbeitsorganisations-Handbücher erschienen.

ARH Arbeitszeit-Richtwerte Hochbau

Als Beispiel: Mauerarbeiten mit Krantransport (Ausschnitt)

Zeile	**Steinformat** u. Maße: Länge/ Breite/ Höhe in mm	Einheit und **Wanddicke** in cm	Std./m³ bei **Ablaufart „A"** volles Mauerwerk	Std./m³ bei **Ablaufart „A"** gegliedertes Mauerwerk	Std./m³ bei **Ablaufart „B"** volles Mauerwerk	Std./m³ bei **Ablaufart „B"** gegliedertes Mauerwerk	**Zulagen** in Std./m³ Mindermengen	Abladen mit Kran	Umstapeln	Transport über 30 m je 10 m	Höhe > 3 m ≤ 4 m	Std./m² Sichtmauerwerk
	51	52	55	57	59	61	62	63	64	65	66	67
01 02	**NF** 240/	1,00 m³ **24**	4,95	5,30	5,25	5,60	0,45	0,35	0,70	0,08	0,75	1,20
03 04	115/ 71	1,00 m³ **36,5**	4,70	5,00	5,00	5,30	0,45	0,35	0,70	0,08	0,60	1,20
05 06	**2 DF** 240/	1,00 m³ **24**	4,30	4,65	4,55	4,90	0,40	0,30	0,65	0,08	0,75	0,95
07 08	115/ 113	1,00 m³ **36,5**	4,10	4,40	4,30	4,60	0,40	0,30	0,65	0,08	0,60	0,95
09 10	**3 DF** 240/	1,00 m³ **17,5**	4,35	4,75	4,55	5,00	0,40	0,25	0,60	0,08	1,00	–
11 12	175/ 113	1,00 m³ **24**	4,00	4,35	4,25	4,60	0,35	0,25	0,60	0,08	0,75	–
13 14	**2 + 3 DF** 240/	1,00 m³ **30**	4,25	4,60	4,50	4,85	0,40	0,30	0,60	0,07	0,60	–
15 16	115/175/ 113	1,00 m³ **36,5**	4,05	4,35	4,25	4,55	0,40	0,30	0,60	0,07	0,50	–
17 18	**5 DF** 300/	1,00 m³ **24**	3,85	4,25	4,10	4,45	0,35	0,25	0,55	0,07	0,75	–
19 20	240/ 113	1,00 m³ **30**	3,55	3,80	3,75	4,00	0,35	0,25	0,55	0,07	0,60	–

Mauersteinpakete (eine Auswahl)

Paketmaße *l·b·h* ≈ in **cm** und in am	**Steinformat** in Modulmaßen = am	in DF	Steine/ Paket	**Ungefähre Paketgewichte in kg** bei Steinrohdichten in kg/dm³ 0,5	0,6	0,7	0,8	1,0	1,2	1,4	1,6	1,8	2,0
98 · 96 · 96	2 · 1 · 1/2	DF	576										
8 · 8 · 8	2 · 1 · 2/3	NF	416	–	–	–	–	–	–	–	1400	1600	1800
	2 · 1 · 1	2 DF	256										
(bei Kalk-	2 · 1 1/2 · 1	3 DF	160										
sand-	2 · 2 · 1	4 DF	128	–	–	–	–	900	1100	1250	–	–	–
steinen	2 · 1 1/2 · 2	6 DF	80										
als halber	2 · 2 · 2	8 DF	64										
Stapel oder	2 · 2 1/2 · 2	10 DF	48	450	550	650	750	–	–	–	–	–	–
1 Paket auf	3 · 2 · 2	12 DF	40										
Palette)	4 · 2 · 2	16 DF	32										
98 · 70 · 96	2 · 1 · 1/2	DF	432										
8 · 6 · 8	2 · 1 · 2/3	NF	312										
	2 · 1 · 1	2 DF	192	–	–	–	–	–	–	–	1050	1200	1350
(meist auf	2 · 1 1/2 · 1	3 DF	120										
Palette)	2 · 2 · 1	4 DF	96	–	–	–	–	675	825	938	–	–	–
	2 · 1 1/2 · 2	6 DF	60										
	2 · 2 · 2	8 DF	48										

Baukalke

DIN 1060, T.1/95

Schüttdichten für das Berechnen des Mörtel-Mischungsverhältnisses, → S. 203,
Verwendung für Mauermörtel, → S. 202,
Verwendung für Putzmörtel, → S. 244.

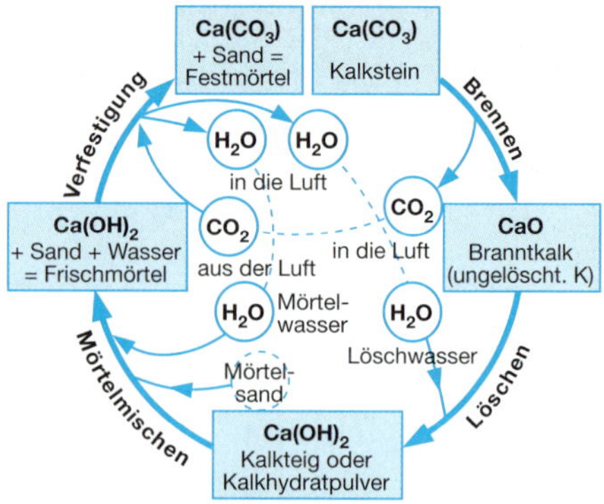

Lagerung von Kalk

Kalkhydrat und hydraul. Kalk	in trockenen Räumen (wie Zement)
Feinkalke (ungelöscht) in Säcken	Möglichst sofort löschen. Nur in Kunststoffsäcken längere Zeit lagerfähig.
Kalkteig, Vormörtel, Putzmörtel mit Luftkalk	Nasshalten: Mit PE-Folie lückenlos überdecken. damit die Aufnahme von CO_2 und damit die Karbonatisierung verhindert wird.

1 Baukalkarten

Gruppe	Benennung	Kurzzeich.	Druckfestigkeit f_C in N/mm² nach 7 Tg.	28 Tagen	Schüttdichten kg/dm³	Handelsformen: Verarbeitung nach Herstellervorschrift: vorher löschen	Löschen nicht nötig
Luftkalke nach CaO- u. MgO-anteil	Weißkalk 90 Weißkalk 80 Weißkalk 70	CL 90 CL 80 CL 70	– – –	– – [1] –	0,3…0,6[5]	Ungelöschter Weiß-Feinkalk oder Stückkalk	Weißkalkhydrat und -teig sowie Karbidkalkhydrat und -teig
	Dolomitkalk 85 Dolomitkalk 80	DL 85 DL 80	– –	– [1] –	0,4…0,6[5]	Halbgelöschtes Dolomitkalkhydr.	Vollständig gelöschte Dolomitkalkhydrate
Hydraul. Kalke nach Festigk.	Hydraul. Kalk 2 Hydraul. Kalk 3,5 Hydraul. Kalk 5	HL 2 HL 3,5 HL 5	– ≥1,5 ≥ 2	2 bis 7 3,5 bis 10 5 bis 15 [2]	0,4…0,8 0,5…0,9 0,6…1,0	– – –	Natürliche hydraul. Kalke (NHL) [3] u. puzzolanhaltige hydraul. Kalke (NHL-P) [4]

Beispiele für Normbezeichnungen

Weißkalk DIN 1060-CL 90
Natürlicher hydraulischer Kalk DIN 1060-NHL 3,5

Kennzeichnung auf dem Lieferschein, der Rechnung oder anderem Begleitdokument:

a) Baukalkart, → **1** (L von englisch „lime" = Kalk);
b) Normbezeichnung, siehe oben;
c) Kennzeichen für die Überwachung auf Verpackung oder Lieferschein: Baukalk-Gütezeichen;
d) Handelsform der Baukalkart, z. B. ungelöschter Kalk, Feinkalk, Kalkhydrat;
e) Herstellungsort;
f) gegebenenfalls Anweisungen für die Verarbeitung, z. B. Löschanweisung;
g) Bruttomasse (-gewicht), bei Lieferung in Säcken Abweichungen bis zu 2 % erlaubt;
h) Sicherheitsanweisungen nach nationalen Regelwerken.

Erläuterungen

Baukalke enthalten als Hauptbestandteile Oxide und Hydroxide des Calciums (CaO und $Ca(OH)_2$) mit geringen Anteilen auch von Magnesium, Silizium, Aluminium und Eisen.
Luftkalke erhärten langsam durch Aufnahme von CO_2 (→ Abb. oben) zu Calciumkarbonat ($CaCO_3$).
Ungelöschte Kalke reagieren b. Wasserzusatz unter Wärmeentwicklung zu Calciumhydroxid [$Ca(OH)_2$].
Zum **Löschen** auf d. Baustelle werden auf 1 kg Kalk etwa 3 *l* Wasser benötigt. Die Hälfte davon wird vorher in das Löschgefäß gegeben, der Rest unter Rühren bei beginnendem „Kochen". Verarbeitung erst nach der vorgeschriebenen **Einsumpfdauer**, z. B. 12 Stunden, erlaubt.
Hydraulische Kalke, im Anlieferungszustand verarbeitbar, mit **beschränkter Verarbeitungszeit**. Erneutes Unterrühren von Wasser bei beginnender Versteifung vermindert die Endfestigkeit. Hydraul. Kalke erhärten auch unter Wasser. Zusätzliche Luftlagerung trägt durch Karbonatisierung noch zum Erhärtungsprozess bei.

[1] Auch reine Weiß- und Dolomitkalkmörtel weisen nach ihrer Karbonatisierung eine für viele Anwendungsfälle ausreichende Druckfestigkeit auf.
[2] HL 5 mit < 0,9 kg/dm³ nur m. ≤ 20 N/mm² Festigk.
[3] Natürl. hydraul. Kalke werden aus tonhaltigem Kalkstein bei < 1250 °C gebrannt und dann gemahlen.
[4] Bei puzzolanhaltigen hydraulischen Kalken werden bis zu 20 % geeignete puzzolanische, z. B. Trass, oder auch hydraulische Stoffe nach dem Brennen zugemahlen.
[5] Diese Werte beziehen sich auf gelöschte Kalke.

Baugipse

DIN 1168/86

Verwendung für Putzmörtel, → S. 244, 245.

Die **Verfestigung von Baugipsen** erfolgt, indem sie einen Teil des Anmachwassers chemisch binden, d. h. in die nadelförmigen Kalzium-Dihydratkristalle einbinden. Diese bilden eine Gitterstruktur, siehe Abb. **2.2** S. 128, mit einem großen Anteil an Kapillarporen, die gutes kapillares Saugen und Austrocknen bewirken. Höchste Festigkeit besitzt Gips nur im trockenen Zustand.

Je mehr **Anmachewasser** zugesetzt wird, desto poröser u. leichter, aber weniger fest wird der Festgips. Gips sollte möglichst in das Wasser eingestreut werden u. nach beginnender Versteifung nicht mehr durch Wasserzusatz und Rühren wieder verarbeitbar gemacht werden. Die Folgen wären geringe Festigkeit und Risse.

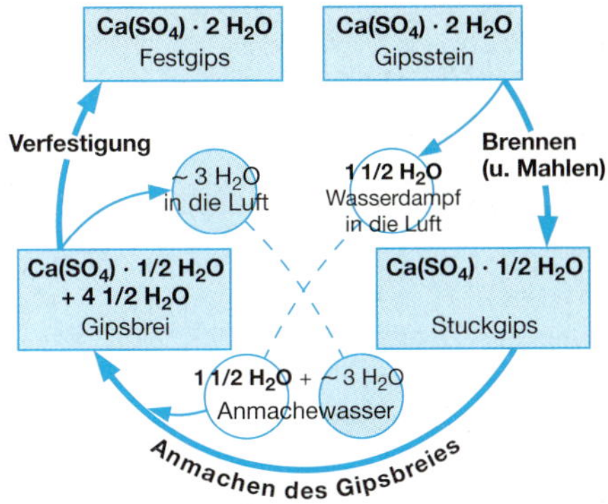

2 Baugipssorten, Verwendung und Eigenschaften

Gruppen: **1. ohne im Werk beigemischte Zusätze** **2. mit Zusätzen für besondere Eigenschaften**		Versteifungs-beginn min	Versteifungs-fortschritt	Festigkeit Biegezug N/mm²	Festigkeit Druck N/mm²	Härte N/mm²
1.	**Stuckgips**: Gips- und Gipskalkputze, Rabitzarb.	8 bis 25	schnell	≥ 2,5	–	≥ 10
	Putzgips: Gips-, Gipssand- und Gipskalkputz	≥ 3	langsam	≥ 2,5	–	≥ 10
2.	**Fertigputzgips**: versteift langsamer als 1.	≥ 25	lange verarbeitbar	≥ 1,0	≥ 2,5	–
	Haftputzgips: für einlagige Innenputze	≥ 25	normal	≥ 1,0	≥ 2,5	–
	Maschinenputzgips: für maschinelles Putzen	≥ 25	normal	≥ 1,0	≥ 2,5	–
	Ansetzgips: bessere Haftung an Gipsplatten	≥ 25	langsam	≥ 2,5	≥ 6,0	–
	Fugengips: zum Verbinden von Gipsbauplatten	≥ 25	langsam	≥ 1,5	≥ 3,0	–
	Spachtelgips: zum Verspachteln von Gipsbaupl.	≥ 15	langsam	≥ 1,0	≥ 2,5	–

Festgipsrückstände im Mischgefäß und am Werkzeug beschleunigen die Verfestigung unzulässig, deshalb müssen diese vor erneutem Einsatz gründlich gesäubert werden.

Einstreumenge = Gipsmenge, die 100 g Wasser in sich einzusaugen vermag, wenn der Gips durch die Finger so schnell eingestreut wird, dass nach 2 Minuten kein Wasserspiegel mehr sichtbar ist. Im Durchschnitt beträgt die Einstreumenge etwa 160 ± 20 g pro 100 g Wasser.

Der **Wasser-Gips-Wert *w*** = W/G ergibt sich, wenn 100 g Wasser durch x g Gips geteilt wird, z. B. 100 g : 160 g = 0,625.

Damit können die Mengen bei Maschinenmischung ermittelt werden.

Versteifungsbeginn ermitteln: Den Gips in 100 g Wasser 1 min lang einstreuen, 1/2 Minute ziehen lassen und 1 min rühren (Knollen zerdrücken), damit 3 Kuchen von etwa 10 bis 12 cm Ø und 5 mm Dicke auf Glasplatten auftragen. Im Minutenabstand Messerschnitte durch die Kuchen ziehen. Die Versteifung (Erstarrung) beginnt, wenn die Ränder des Schnittes nicht mehr zusammenlaufen.

Feuchtebeständigkeit von Festgips:

Nass werden gipsgebundene Bauteile nur, wenn sie **flüssiges Wasser** in sich einsaugen. Wasserdampf aus feuchter Luft ist unschädlich, weil Festgips nur Kapillarporen enthält, → S. 144. Gips darf jedoch nicht „längerwährender Einwirkung von Feuchtigkeit" ausgesetzt werden.

Anhydritbinder

DIN 4208

Anhydrit ist wasserfreies Kalziumsulfat $Ca(SO_4)$, dem für Anhydritbinder noch „Anreger", (meist basische Salze) beigemischt werden.
Nach der 28-Tage-Druckfestigkeit gibt es zwei **Festigkeitsstufen**: **AB 5 und AB 20**.
Anhydritbinder wird überwiegend für **Estriche** verwendet, → „Estriche", S.243.
Farbstoffe dürfen nur vom Hersteller beigemischt werden. Verschiedene Marken nicht mischen!

Kennzeichnung auf den Säcken:

AB 5 ● ● ● ● ● ● ●

● ● ● ● ● ● ●
AB 20 ● ● ● ● ● ● ●
● ● ● ● ● ● ●

Das **Erstarren** beginnt ≥ 25 Minuten und endet ≤ 12 Stunden nach dem Anmachen des Mörtels. Anhydritbinder dürfen bis zum Alter von 28 Tagen höchstens 0,2 mm pro m quellen.

Zemente I

DIN 1064, T.1/94

1 Zementarten

Hauptart	Benennung	Kurzzeichen neu	Kurzzeichen alt	Hauptbestandteile in m % 1), 3): Portland-zement-klinker K	Hütten-sand S	Natürl. Puzzolen z. B. Traß P	Flug-asche 2) V	Gebrann-ter Öl-schiefer T	Kalk-stein L
CEM I	Portlandzement	**CEM I**	PZ	95…100	–	–	–	–	–
CEM II (Portland-Kompositzemente)	Portland-Hüttenzement	**CEM II/A-S** **CEM II/B-S**	EPZ	80…94 65…79	6…20 21…35	– –	– –	– –	– –
	Portland-Puzzolanzement	**CEM II/A-P** **CEM II/B-P**	Tr.Z	80…94 65…79	–	6…20 21…35	– –	– –	– –
	Portland-Flug-aschenzement	**CEM II/A-V**	FAZ	80…94	–	–	6…20	–	–
	Portland-Ölschieferzement	**CEM II/A-T** **CEM II/B-T**	PÖZ	80…94 65…79	– –	– –	– –	6…20 21…35	– –
	Portland-Kalksteinzement	**CEM II/A-L**	PKZ	80…94	–	–	–	–	6…20
	Portl.-Flugaschen-Hüttenzement	**CEM II/B-SV**	FAHZ	65…79	10…20	–	10…20	–	–
CEM III	Hochofenzement	**CEM III/A** **CEM III/B**	HOZ	35…64 20…34	36…65 66…80				

2 Zementfestigkeitsklassen

Festig-keits-klasse	Druckfestigkeit in N/mm²: Anfangsfest. 2 Tg.	Anfangsfest. 7 Tg.	Normfestigk. 28 Tage (min.)	Normfestigk. 28 Tage (max.)	Sack-Kenn-farbe	Farbe des Auf-drucks
32,5	–	≥ 16	≥ 32,5	≤ 52,5	hell-braun	schwarz
32,5 R	≥ 10	–				rot
42,5	≥ 10	–	≥ 42,5	≤ 62,5	grün	schwarz
42,5 R	≥ 20	–				rot
52,5	≥ 20	–	≥ 52,5	–	rot	schwarz
52,5 R	≥ 30	–				weiß

3 Anforderungen an Zemente mit Sondereigenschaften

Zement	Zementart	Eigenschaft	Anforderung
NW	alle	Hydratationswärme ≤ 270 J/g	
HS	CEM I CEM I CEM III/B	C_3A-Gehalt Al_2O_3-Gehalt Hüttensandgeh.	≤ 3 m % ≤ 5 m % ≤ 66 m %
NA	alle CEM III/A 4) CEM III/B	Na_2O-Äquivalent	≤ 0,60 m % ≤ 1,10 m % ≤ 2,00 m %

Bestandteile

Portlandzementklinker (K) ist ein hydraulischer Stoff, der aus Kalkstein- und Ton-Mehl o. -Schlamm durch Brennen bis zur Sinterung (≈ 1450 °C) hergestellt wird.

Hüttensand (S) = granulierte Hochofenschlacke, ist ein latent (versteckt) hydraulischer Stoff, der durch schnelles Abkühlen einer geeigneten Schlackenschmelze hergestellt wird. Er bedarf der Anregung durch den Portlandzementklinker, um an der Erhärtung teilzunehmen.

Puzzolane (P) sind kieselsäurereiche oder auch alumo-silicatische natürliche Stoffe, z. B. Trass. Fein gemahlen, reagieren sie mit Wasser und gelöstem Calciumhydroxid ($Ca(OH)_2$) und bilden bei der Erhärtung Calciumsilicat- und Calciumaluminat-Verbindungen.

Kieselsäurereiche Flugasche (V) ist ein feinkörniger Staub (aus Rauchgasen gefilterte kugelige glasige Teilchen) mit puzzolanischen Eigenschaften.

Gebrannter Ölschiefer (T), bei 800 °C hergestellt, hat feingemahlen hydraulische und puzzolanische Eigenschaften.

Kalkstein (L von engl. **l**ime**)** meist als Füller eingesetzt, verbessert feingemahlen die Verarbeitbarkeit und das Wasserrückhaltevermögen. Als Hauptbestandteil muss er besondere Anforderungen erfüllen.

Füller (F) sind besonders ausgewählte mineralische Stoffe (auch Kalkstein), welche die physikalischen Eigenschaften d. Zementes verbessern, teils haben sie noch latent hydraulische oder puzzolanische Eigenschaften.

1) Die genannten Werte beziehen sich auf die aufgeführten Haupt- und Nebenbestandteile des Zementes ohne Calciumsulfat und Zusatzmittel.
2) Die Flugasche muss reich an Kieselsäure sein.
3) Die max. 5 % Nebenbestandteile können Füller sein, bzw. ein oder mehrere Hauptbestandteile, sowie sie nicht ohnehin Hauptbestandteile des Zementes sind.
4) Nur, wenn der Zement mindestens 50 % Hüttensand enthält.

Zemente II

DIN 1064/94

Ergänzungen

Zur Regulierungung des **Erstarrungsverhaltens** wird in geringen Mengen Calciumsulfat, meist als Gips oder Anhydrit, beim Mahlen zugegeben. Um Schäden durch Treiben zu vermeiden, darf deshalb zementhaltigen Mischungen auf der Baustelle kein Gips zugegeben werden.

Die **Verarbeitungszeit** zählt vom Beginn des Mischens bis zum **Erstarrungsbeginn**.
Die Erstarrung darf bei den Festigkeitsklassen **32,5** und **42,5** frühestens nach **60 Minuten**, bei **52,5** frühestens nach **45 Minuten** einsetzen.

Die **Erstarrung** muss bei allen Zementarten spätestens nach **12 Stunden beendet** sein.
Die anschließende **Verfestigung** erreicht nach 28 Tagen die Normwerte, steigt jedoch, besonders bei langsam erhärtenden Zementen der niedrigen Festigkeitsklassen, auf deutlich höhere Endwerte.
Die gegenüber früher niedrigeren Normfestigkeiten sind durch ein neues Prüfverfahren n. DIN EN 196-1 bedingt.
Die **Zemente 32,5** entsprechen deshalb dem früheren **Z 35**, die **ZEM 42,5** dem **Z 45** und die **ZEM 52,5** dem früheren **Z 55**.

Die **Raumbeständigkeit** ist durch ein, für alle Zementarten u. -festigkeitsklassen gleiches Dehnungsmaß von höchstens 10 mm nach DIN EN 196-3 sichergestellt.

Beispiele für Normbezeichnungen

Portlandzement DIN 1164-CEM I 42,5 R
bedeutet: Portlandzement (CEM I) der Festigkeitsklasse 42,5 mit hoher Anfangsfestigkeit
(R von engl. **rapid** = schnell, früher Z 45 F).

Hochofenzement DIN 1164-CEM III B 32,5-NW/HS
bedeutet: Hochofenzement mit 66 bis 80 % Hüttensand (CEM III/B) der Festigkeitsklasse 32,5 mit üblicher Anfangsfestigkeit, niedriger Hydrationswärme (NH) und hohem Sulfatwiderstand (HS).

Die **Lieferung** erfolgt in Säcken mit 25 kg Bruttogewicht oder in Transportbehältern.
Die Säcke bzw. Lieferscheine müssen mit folgenden Angaben versehen sein:

- Normbezeichnung,
- Lieferwerk,
- Kennzeichen für die Überwachung,
- Bruttogewicht des Sackes (25 kg ± 2 %) oder Nettogewicht des losen Zementes.

Die Lieferscheine des losen Zementes dazu:

- Tag und Stunde der Lieferung,
- amtliches Kennzeichen des Fahrzeuges,
- Auftraggeber, Auftragsnummer und Empfänger.

Die **Güteüberwachung** erfolgt nach DIN 1164-2 durch Eigen- und Firmenüberwachung der Werke.

Putz- und Mauerbinder

DIN 4211/95

Putz- und Mauerbinder ist ein werkmäßig hergestelltes, feingemahlenes **hydraulisches Bindemittel**, dessen Festigkeit im wesentlichen auf dem Vorhandensein von Portlandzementklinker beruht.
Beim **Mischen**, ausschließlich mit Sand und Wasser, ohne Zugabe weiterer Stoffe bildet er einen verarbeitbaren, zum Putzen und Mauern geeigneten Mörtel.

Erstarrungsbeginn, bestimmt nach DIN EN 196-3, darf nicht früher als nach 60 min erfolgen.
Erstarrungsende, bestimmt nach DIN EN 196-3, darf nicht später als nach 15 Std. erfolgen.
Raumbeständigkeit, bestimmt nach DIN EN 196-3, darf nicht mehr als 10 mm betragen.
Siebrückstand auf einem Sieb mit 90 µm MW. darf nicht mehr als 15 % betragen.

Arten der Binder	Portland-zement-klinker	Orga-nische Stoffe	Luft-poren-bildner	Festig-keits-klasse	Druckfestigkeit in N/mm² nach		Anforderungen an d. Frischmörtel	
					7 Tagen	28 Tagen	Luftgehalt in V %	Wasserrückhalte-vermögen in m %
MC 5	≥ 25 %		mit	5	–	≥ 5 ≤ 15	≥ 8 ≤ 20	
MC 12,5	≥ 40 %	≤ 1 %	mit	12,5	≥ 7	≥ 12,5 ≤ 32,5		≥ 80 ≤ 95
MC 12,5 X			ohne				≤ 6	

Beispiel für die Normbezeichnung

Putz- und Mauerbinder DIN 4211-MC 12,5 X
bedeutet: Putz- und Mauerbinder von der Festigkeitsklasse 12,5 ohne Luftporenbildner (MC 12,5 X) nach dieser Norm.

Lieferung in **gelben Säcken** mit **blauem Aufdruck** oder in Transportbehältern.
Die Angaben auf dem Sack, bzw. dem Lieferschein, müssen denen entsprechen, die oben für Zement angegeben sind.
Die **Güteüberwachung** erfolgt ebenfalls so wie bei Zement angegeben.

Werkmörtel I

DIN 18 557, DIN 1053, DIN 18 550 und Zulassungen

Nassmörtel	Trockenmörtel
zum Mauern und Putzen: als **Vormörtel** meist mit Zusatz von Zement auf der Baustelle oder als **Frischmörtel**, verzögert und „kellenfertig".	in Säcken oder im Silo mit Kalk, Zement oder Gips als Bindemittel: **zum Mauern** als Normal-, Vormauer-, Dünnbett-, Dämm- oder Fugenmörtel. **zum Putzen für innen** als Spritz-, Haft-, Spachtel-, Glatt- oder Sanierputz. **für außen** als Spritz-, Normal-, Leicht-Unter- oder Oberputz („Edelputz"). **für andere Zwecke** Estrich, Fliesen u. Platten-, Verguss-, Dachdeckermörtel u.a.

Werkmörtel

Werkmörtel sind in Mörtelwerken gemischte Fertigmörtel, denen auf der Baustelle nur noch Wasser zugemischt werden braucht und darf, mit Ausnahme von Werk-Vormörtel, siehe unten.

Veranlassung, zunehmend Werkmörtel zu verwenden, sind außer den hohen Lohnkosten beim Mischen von Mörtel auf der Baustelle vor allem die guten Verarbeitungs- und Festmörteleigenschaften, die hinsichtlich des jeweiligen Verwendungszwecks optimiert sind. Bei „Edelputz", dem ältesten Werk-Trockenmörtel, sind es besonders die garantierte gleichmäßige Struktur und Farbe. Besonders die mangelhafte Kornzusammensetzung der örtlich vorkommenden Natursande erschwert das Erreichen hoher Güte bei Baustellenmörtel.

Bei der **Lieferung** von Werkmörtel müssen auf dem Sack oder dem Lieferschein angegeben sein:
- Herstellerwerk, gegebenenfalls der Lieferer,
- genaue Bezeichnung des Produktes,
- bei Säcken oder anderen Gebinden das Sollfüllgewicht in kg oder das Sollvolumen in l,
- besondere Verarbeitungshinweise, z. B. die Menge der Bindemittelzugabe bei Werk-Vormörtel,
- Hinweis auf die Lagerbedingungen,
- Hinweis auf Unverträglichkeit mit anderen Baustoffen,
- Hinweis auf Fremdüberwacher.

Bei Lieferung ohne Gebinde sind zusätzlich:
- der Tag der Lieferung und
- der Empfänger anzugeben.

Lieferformen von Werkmörtel

1. Mauer-Vormörtel

Mauer-Vormörtel wird erst auf der Baustelle durch Zumischen außer Wasser auch von Zement je nach der verlangten Mörtelgruppe, meist II, gebrauchsfertig. Für die Mörtelgruppe IIa muss außer mehr Zement, auch noch etwas Sand dazu gegeben werden, weil er sonst zu „fett" würde. Das Mischungsverhältnis des Vormörtels ist meist etwa 1 : 4,5 Weißkalk zu Sand in Raumteilen, → S. 202.
Nass-Vormörtel ist durch wasserundurchlässige Unterlage, z. B. Beton oder Folie und bei längerer Lagerung auch durch Abdecken mit Folie vor dem Karbonatisieren (CO_2-Aufnahme) und dem Auswaschen bei starkem Regen zu schützen.

Putz-Vormörtel ist meist im MV 1 : 4 in Raumteilen mit Weißkalkteig gemischt. Durch Zumischen von Zement können damit die Mörtelgruppen PI b, PI c und mit zusätzlichem (meist Grob-) Sand auch der Gruppe PII b hergestellt werden, → S. 245.

Trasskalk-Verblend-Mörtel wird aus Luftkalk und Trass mit grubenfeuchtem Sand von besonders guter Kornzusammensetzung im Werk gemischt und im fast trockenen Zustand auf die Baustelle geliefert. Wird er durch Abdecken vor Regen und CO_2-Aufnahme geschützt, kann er ohne Schaden bis zu 7 Tagen gelagert werden. Durch Zumischen von Zement (Menge nach Hinweis) kann Mörtel der Gruppen II und IIa hergestellt werden, der sich durch sehr gute Verarbeitbarkeit und hohes Wasserrückhaltevermögen auszeichnet. Damit kann schlagregensicheres Verblend- u. Sichtmauerwerk hergestellt werden, das kaum zu Auswaschungen u. Aussinterungen neigt.

2. Werk-Frischmörtel

Werk-Frischmörtel wird als unmittelbar verarbeitbarer Mörtel in „kellenfertiger" Konsistenz von Transportbetonwerken in Mischerfahrzeugen auf die Baustellen geliefert. Dem Frischmörtel der Gruppen II, IIa und III wird im Werk Erstarrungsverzögerer (VZ-Mittel) zugesetzt, wodurch er je nach zugesetzter Menge bis zu 36 Stunden verarbeitbar bleibt.

Diese **Verzögerung** bleibt nur wirksam, wenn im nassen Mörtel Wasserüberschuss herrscht. Wird dem Mörtel Wasser durch saugende Steine entzogen, setzt die Erhärtung des im Mörtel enthaltenen Zementes ein. Bei Klinkern, die kaum saugen, kann die Erhärtung unzulässig verzögert werden, wenn nasskaltes Wetter herrscht.
Das vorzeitige Austrocknen und dadurch Erhärten des Werk-Frischmörtels im Kübel bei warmem windigem Wetter während längerer Arbeitspausen kann vermieden werden, wenn die Mörteloberfläche eingeebnet und geglättet wird. Eventuell kann die Mörteloberfläche auch noch leicht angenässt werden. Größerer Wasserzusatz sollte jedoch vermieden werden, weil dadurch die Festigkeit beeinträchtigt werden kann.

Werkmörtel II

DIN 18557/84

3. Werk-Trocken-Mauermörtel

Trockenmörtel wird in Säcken mit Folieneinlage, in Silos oder Containern geliefert, die den Mörtel mindestens 4 Wochen verwendungsfähig halten.

Zum **Mauern** ist **Normalmörtel** für Innen- und verputztes bzw. bekleidetes Außenmauerwerk aus allen üblichen Mauersteinarten mit Fugendicken von 10 bzw. 12 mm geeignet.
Er ist in den Mörtelgruppen I, II, IIa, III und IIIa lieferbar.

Vormauer-Werk-Trockenmörtel in den Mörtelgruppen II und IIa zum Herstellen von Sicht- oder Verblendmauerwerk aus Vormauersteinen oder Klinkern im „Fugenglattstrichverfahren", bei dem das Mauern und Verfugen mit dem gleichen Mörtel unmittelbar hintereinander erfolgen kann. Der Mörtel muss dazu ein gutes Stand- und Zusammenhaltevermögen besitzen, das heißt, er darf beim Hervorquellen aus der Fuge weder herunterlaufen noch abbröckeln. Durch geeignete Zusätze, teilweise auch Trass, werden diese Forderungen erfüllt.
Für stark saugende Steine (Wasser zieht beim Auftropfen sofort ein) ist z. B. ein Typ VK oder VM 1, für schwach saugende Steine (Wasser zieht erst in Minuten langsam ein), ein Typ VZ oder VM 2 und für nichtsaugende Steine, z.B. Keramik-Klinker oder gesinterte Spaltplatten, ein Typ VM 3 verfügbar.
Durch gute Kornzusammensetzung des Sandes und einen gewissen Luftporengehalt wird außerdem die erforderliche Frostbeständigkeit und Schlagregensicherheit erzielt.

Werk-Fugenmörtel in der Mörtelgruppe III und in vielen Farben ist zum nachträglichen Verfugen von Sicht- und Verblendmauerwerk, besonders aus Klinkern, bestimmt. Aufgrund seiner Zusammensetzung sichert er gute Flankenhaftung, Wetterbeständigkeit und Rissefreiheit, bei ausreichender Dampfdurchlässigkeit.

Werk-Dünnbettmörtel in der Mörtelgruppe III zum Vermauern von Porenbeton-Plansteinen und Kalksandstein-Planblöcken und Planelementen aus kornabgestuftem Sand 0/0,5 mm und Zement mit Zusatzmitteln, die eine gute Kontakthaftung und hohes Wasser-Rückhaltevermögen sicherstellen.

Werk-Leichtmauer- und Wärmedämm-Mörtel zum Vermauern hochwärmedämmender Mauersteine vermeidet Wärme- (Kälte-) brücken und erlaubt ein um 0,06 W/(m · K) niedrigeres λ_R im Wärmeschutznachweis einzusetzen, wenn der Mörtel DIN 1053 entspricht. Dieser Wert wird durch mineralische, teils auch organische Leichtzuschläge erzielt. Die Druckfestigkeit entspricht der Mörtelgruppe IIa, wegen niedriger Querzugfestigkeit sind die zulässigen Spannungen teils geringer → S. 171.

4. Werk-Trocken-Putzmörtel

Näheres über Putzmörtel → S. 244 und S. 245

Für **Innenputz** werden sowohl reine Kalkmörtel, Kalkzementmörtel, Kalkgipsmörtel als auch reine Gips- und Gipssandmörtel angeboten.

Kalk-Innenputz der Mörtelgruppe PIc wird vorwiegend als Maschinenputz bei Altbausanierung und bei biologisch orientierten Bauweisen eingesetzt, auch als „Feinputz" für die Oberfläche.

Kalkzement-Innenputz, der Gruppe II wird bevorzugt für feuchte- und stoßbeanspruchte Innenputze eingesetzt.

Innen-Haftputze auf Kalkzement- oder Zementbasis erzielen durch besondere Zusätze gute Haftung, auch auf kritischem Putzgrund und können als „Einschichtputze" aufgebracht werden.

Fertigputzgips, Haftputzgips und Maschinenputzgips sowie andere Putzgipse mit Zusätzen gelten nicht als Werkmörtel nach DIN 18557, ebenso Kunstharzputze.

Für **Außenputz** auf Kalk- und Zementbasis gibt es als Werk-Trockenmörtel:

Spritzputz, der Gruppe P III für glatten und dichten Putzgrund, z. B. KS-Steine und Beton.

Kalkzementputz, der Gruppen P II und P IIa meist als Unterputz für Maschinenauftrag.

Zementputz, der Gruppe III für Sockelputz oder als Unterputz für Abdichtungen, auch für besonders stoßbeanspruchten Putz, z. B. in Werkstätten.

Leicht-Unterputz, besonders für Leichtziegel- und Porenbeton-Mauerwerk wegen seinem günstigen Spannungsverhalten zur Rissvermeidung.

Wärmedämm-Unterputze, die bis zu 5 cm in einer Lage und bis zu 7 bis 10 cm Gesamtdicke aufgetragen werden können. Sie gibt es mit mineralischen Leichtzuschlägen mit $\lambda_R = 0{,}12$ und mit Schaumstoffperlen mit $\lambda_R = 0{,}07$.

Oberputze auf Kalk- und Zementbasis, meist als „Edelputze" bezeichnet, gibt es in vielen Arten, z. B. als Kratzputz, Rauputz oder Scheibenputz.

Sanierputze für innen und außen als Saniervorspritzputz und Porengrundputz vermag bei salzbelastetem Mauerwerk aufgrund seiner besonderen Porenstruktur und hydrophobierender Zusätze das Entstehen von Salzausblühungen an der Oberfläche meist für viele Jahre zu unterbinden. Sind die Poren schließlich völlig mit Salz gefüllt, muss er allerdings entfernt und die Fläche neu verputzt werden.

Mörtelsand-Prüfung

DIN 1053, 18550

Güteanforderungen

Güteanforderungen an den Sand für Mauer-, Putz- und Fugmörtel:

a) **„Gemischtkörnig"**, d. h. die Sieblinie soll im günstigen Bereich liegen, → S. 201.

b) **Gedrungene Kornform** ist günstiger als plattige und langsplittrige, möglichst Natursand.

c) **Festes Korn**, nicht schiefrig oder mergelig.

d) **Möglichst wenig „Abschlämmbares"** = Schluff oder Ton, **< 13 V % nach 1 Stunde, ≤ 9 V % nach 24 Stunden**. Besonders ungünstig f. Sichtmauerwerk und Außenputz, wenn es sich sehr langsam absetzt (Ton).

e) **Frei von organischen Stoffen**: Humus oder Kohle beeinträchtigen Festigkeit und Beständigkeit.

f) **Frei von Salzen** (Sulfate, Chloride, Nitrate), Festigkeitsverminderung und Ausblühgefahr.

g) **Frei von Ton- oder Mergelknollen**, sie können Aussprengungen verursachen. **Schwefelkieskristalle** können zu rostbraunen Triefflecken führen.

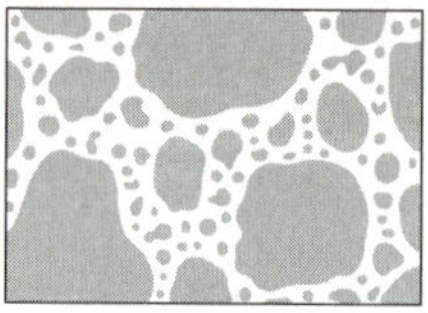

Richtige Kornzusammensetzung: Bindemittel-Wasser-Leim ist Klebemittel zwischen den Sandkornoberflächen.

Feinkorn 0,063/0,25 mm fehlt: Bindemittel-Wasser-Leim dient zum Teil als Füllmasse für den zu großen Hohlraum.

Einkornsand: Zu hohlräumig. Er benötigt viel Bindemittel zum Füllen der Hohlräume.

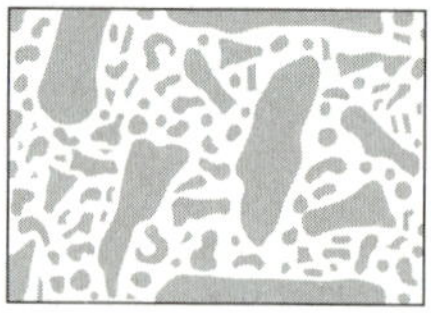

Sand m. splitteriger Kornform: Sperrig, verdichtungsunwillig. Er benötigt Bindemittelüberschuss als Schmiermittel.

❶ Siebversuch

Siebversuch mit Blechrandsiebsatz, Ø 20 cm:

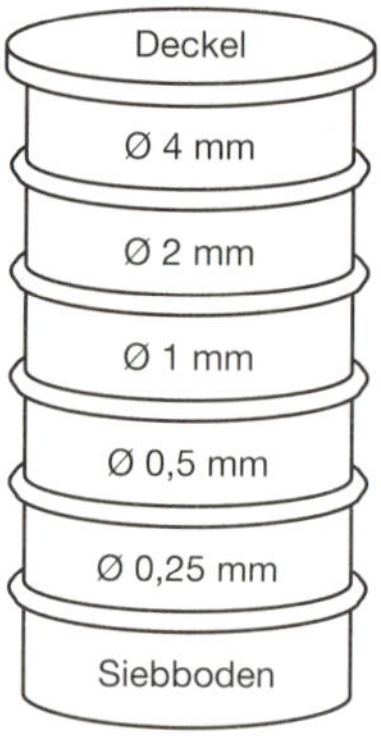

Einen Eimer mit einer Durchschnittsprobe des Sandes auf sauberer Unterlage ausbreiten und mischen. Etwa 2 kg davon auf einem Blech trocknen, aber nicht glühen. Nochmals gut mischen. 500 g davon abwiegen, in den Siebsatz füllen und etwa 5 Minuten sieben, dabei den Siebsatz waagerecht hin und her bewegen. Siebsatz auseinander nehmen und die Korngruppen auf den einzelnen Sieben wiegen. Mit dem Siebboden und dem feinsten Sieb beginnen und nach jeder Wägung die nächste Korngruppe hinzuschütten u. die Gewichte notieren. Einen zweiten Siebversuch durchführen.

Beispiel:

Korn-Ø in mm	0/0,25	0/0,5	0/1	0/2	0/4	0/8
1. Versuch	122	190	276	392	473	500
2. Versuch	128	200	274	398	477	500
Summen	250	390	550	790	950	1000
Gewichts-%	**25**	**39**	**55**	**79**	**95**	**100**

Transparentpapier auf Vordruck S. 201 und Sieblinie zeichnen.

Ergebnis: Sand ist gemischtkörnig.

❷ Absetzversuch

a) **Schnellversuch**:

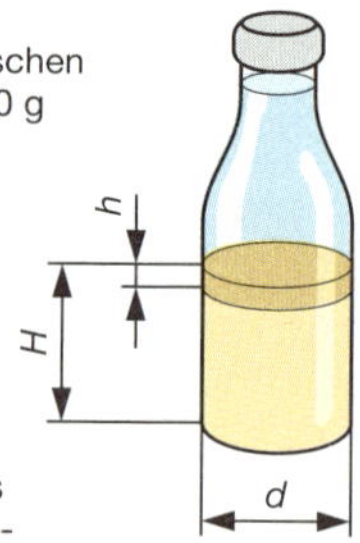

In zwei geradwandige 1 *l*-Flaschen oder Standzylinder jeweils 500 g trockenen Sand und 3/4 Liter Wasser geben. Schütteln und 1 Stunde weichen lassen. Gefäß schließen, in beide Hände nehmen und durch Umkehren und kräftiges Schütteln den Sand wiederholt durch die Wassersäule hindurchfallen lassen, so dass die feinen Bestandteile **ausgeschlämmt** werden. Gefäß **1 Stunde ruhig stehen lassen** und dann die Höhen *H* und *h* messen.

$$\frac{h \cdot 100}{H} = \textbf{V \% Abschlämmbares}$$

Falls Ergebnis weniger als die Hälfte von 13 V %, ist es positiv und die Prüfung beendet.

b) Die **Absetzgeschwindigkeit** lässt auf die Art der Feinteilchen schließen: Schluff setzt sich schon nach Minuten ab, Ton erst nach Stunden. Ton ist schädlicher als Schluff.

c) Liegt das Ergebnis nach 1 Stunde nahe 13 V %, bzw. nach 24 Std. nahe 9 V % oder soll der Sand für Außenputz, Sichtmauerwerk oder Estrich dienen, sollte **in G % umgerechnet** werden. S. 204 nennt die Feststoffmengen in 1 cm^3 Schlamm und die zulässigen Anteile in Gewichts-%.

d) Der **Auswaschversuch** nach **1** S. 204 liefert allein sichere Werte für den Gehalt an Abschlämmbarem in G %, denn die Feststoffanteile im Schlamm sind je nach Art, z. B. Schluff oder Ton, sehr unterschiedlich.

Kornzusammensetzung der Mörtelsande

Mauersand soll nach DIN 1053 „gemischtkörnig" sein. **Putzsand** soll nach DIN 18550 von der Korngruppe 0/0,25 mm 10 bis 30 G % und von seiner Größtkorngruppe mindestens 10 G % enthalten.

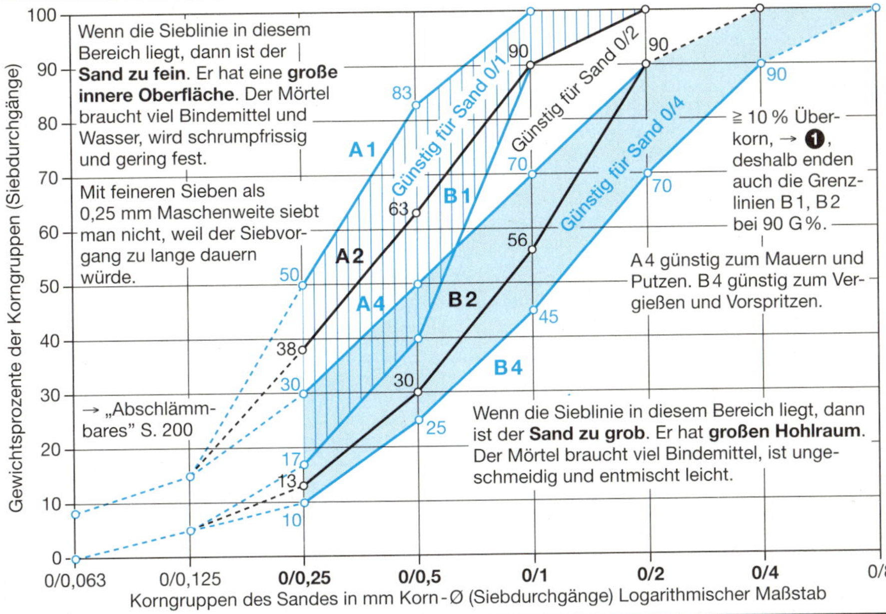

❸ Schüttdichte abhängig vom Feuchtegehalt

Mäßig feuchter Sand lagert sich beim Schütten nicht so dicht zusammen wie nasser oder trockener.

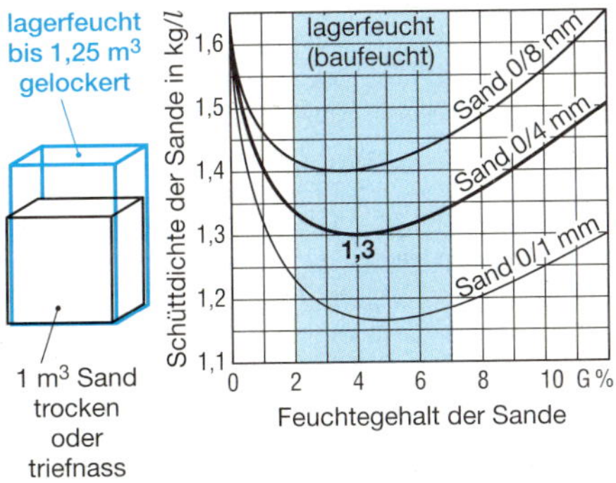

Bestimmen der Schüttdichte, auch feucht, → ❺.

Der Gehalt an **organischen Stoffen** kann durch Aufgießen von 3 %-iger **Natronlauge** (NaOH) festgestellt werden. Wird die Flüssigkeit nach 24 Std. (dazwischen öfter schütteln) rötlich oder braun, ist der Anteil unzulässig hoch.

Die Flasche nicht mit Kork-, sondern mit Gummistopfen schließen!

❹ Bestimmen der Kornrohdichte

Bestimmen der Kornrohdichte von Sand oder Kies:

Vom getrockneten Zuschlag so viel abwiegen, dass d. Messzylinder ≈ halb gefüllt ist. Das ist das **Trockengewicht G_{tr}**. Diese Probe 1/2 Stunde unter Wasser lagern, dann auf und mit einem Tuch trocknen und wiegen, das ergibt das **Nassgewicht G_n**. Die Probe in 500 cm³ Wasser schütten und **Volumen *V*** ablesen.

$\varrho_{tr} = G_{tr} : (V - 500)$

$\varrho_n = G_n : (V - 500)$

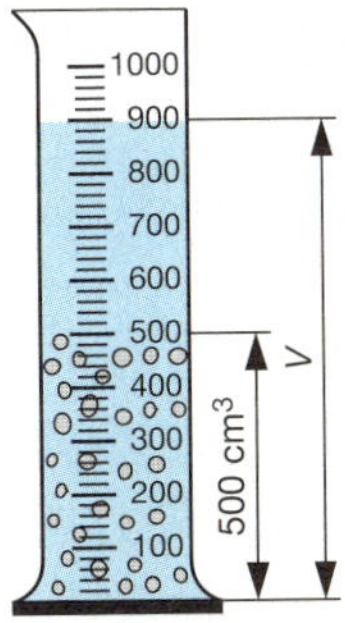

❺ Bestimmen der Schüttdichte von Sand

In den Messzylinder bis zum 1000 cm³-Strich trockenen Sand einfüllen und die Gewichtszunahme feststellen. **Bei Kies** besser diesen 10 Liter-Kasten leer und gestrichen voll wiegen.

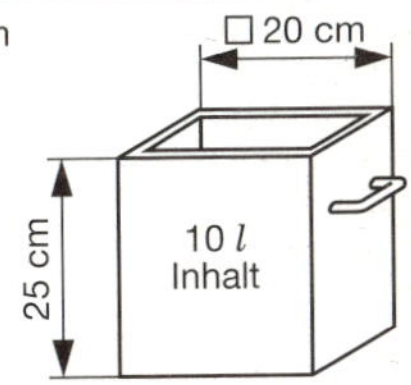

ϱ_S = Gewichtszunahme in kg: 10 *l* in kg/*l*.

Mischen von Mörtel auf der Baustelle I

Mörtelgruppen zum Mauern	Mörtelgruppen zum Putzen	Bindemittel in d. Reihenfolge wie im Mischungsverhältnis, in (...) : Mörtelbezeichnung	Mischungsverh. in Raumteilen zum Mauern	Mischungsverh. in Raumteilen zum Putzen	Zeilen-Nr.	*l*, die 1 m³ fertiger Mörtel erfordert: 1. Bi.m	2. Bi.m	Sand
I (–) 2)	**P Ia** (–) 2)	Luftkalkteig (Luftkalkmörtel)	1 : 3,5 1)	1 : 3,5 1)	**1**	345	–	1210
			1 : 4	1 : 4	**2**	305	–	1220
			1 : 4,5 1)	1 : 4,5 1)	**3**	275	–	1240
		Weißkalkhydrate CL 90, CL 80 Dolomitkalkhydrate DL 85, DL 80 (Luftkalkmörtel)	1 : 3 1)	1 : 3 1)	**4**	400	–	1200
			1 : 3,5	1 : 3,5	**5**	345	–	1210
			1 : 4	1 : 4	**6**	305	–	1220
	P Ib (–) 2)	Weißkalkhydrat CL 70 (früher „Wasserkalkmörtel")	1 : 3	1 : 3	**7**	400	–	1200
			1 : 3,5	1 : 3,5	**8**	345	–	1210
			1 : 4	1 : 4	**9**	305	–	1220
	P Ic (–) 2)	Hydraulischer Kalk HL 2 (HL 3,5) (Hydraulischer Kalkmörtel)	1 : 3	1 : 3	**10**	390	–	1170
			1 : 3,5	1 : 3,5	**11**	340	–	1190
			1 : 4	1 : 4	**12**	300	–	1200
		Weißkalkhydrat u. wenig Zement	1 : 1/4 : 4	1 : 1/4 : 4	**13**	280	70	1120
II (≥ 2,5)	**P IIa** (≥ 2,5)	Hydraulischer Kalk HL 5 3) oder Putz- und Mauerbinder (Hochhydraulischer Kalkmörtel)	1 : 3	1 : 3	**14**	390	–	1170
			1 : 3,5	1 : 3,5	**15**	340	–	1190
			1 : 4	1 : 4	**16**	300	–	1200
	P IIb (≥ 2,5)	Weißkalkhydr. CL90, CL80, CL70 und Portlandzement CEM I (Kalkzementmörtel)	2 : 1 : 8	2 : 1 : 9	**17**	260	130	1170
			–	2 : 1 : 10	**18**	240	120	1200
			–	2 : 1 : 11	**19**	226	113	1240
IIa (≥ 5)	–	Weißkalkhydrat und Zement 3)	1 : 1 : 6	–	**20**	195	195	1170
		Hydraul. Kalk HL 5 und Zement	2 : 1 : 8	–	**21**	280	140	1120
III (≥ 10)	**P IIIa** (≥ 10)	Zement und zusätzlich 4) bis zu 0,25 RT Weißkalkhydrat (Zementmörtel mit Kalkzusatz)	1 : 0,2 : 3	1 : 0,2 : 3	**22**	390	80	1170
			1:0,2:3,5	1:0,2:3,5	**23**	340	70	1190
			1 : 0,2 : 4	1 : 0,2 : 4	**24**	300	60	1200
III und IIIa (≥ 20)	**P IIIb** (≥ 2,5)	zum Mauern: CEM I 32,5 R zum Putzen: CEM I 32,5 (R) (Zementmörtel)	1 : 3	1 : 3	**25**	390	–	1170
			1 : 4	1 : 4	**26**	300	–	1200
				1 : 5	**27**	250	–	1250
–	**P IVa**	Stuck- o. Putzgips (Gipsmörtel)	–	1 : 0	**28**	1200	–	–
–	**P IVb** (≥ 2,5)	Stuck- oder Putzgips 5) mit Sand (Gipssandmörtel)	–	1 : 1	**29**	670	–	670
–			–	1 : 2	**30**	450	–	900
–			–	1 : 3	**31**	340	–	1020
–	**P IVc** (≥ 2,5)	Stuck- o. Putzgips (1. Bindemittel) u. Weißkalkhydrat (2. Bindemittel) (Gipskalkmörtel) 6)	–	1 : 0,5 : 3	**32**	310	155	930
–			–	1 : 1 : 4	**33**	230	230	920
–			–	1 : 1 : 3	**34**	280	280	840
–			–	1 : 2 : 4	**35**	200	400	800
–	**P IVd** (–) 2)	Weißkalkhydrat (1. Bindemittel) u. Putz- o. Stuckgips (2. Bindem.) (Kalkgipsmörtel) 7)	–	1 : 0,2 : 3	**36**	380	75	1140
–			–	1 : 0,2 : 4	**37**	290	60	1160
–			–	1 : 0,4 : 3	**38**	360	140	1110
–			–	1 : 0,4 : 4	**39**	270	110	1080
–	**Va**	Anhydritbinder (Anh.-mörtel) 8)	–	1 : 2,5	**40**	440	–	1100
–	**Vb** (≥ 2,5)	Anhydritbinder und Weißkalk (Anhydritbinderkalkmörtel)	–	3 : 1 : 12	**41**	280	93	1120
–			–	2 : 1 : 8	**42**	270	135	1080

1) Das jeweils fetteste MV gilt für Sande mit ungünstiger, die mageren MV f. Sande mit günstiger Kornzusammensetzung.
2) Das (–) bedeutet: keine Mindestdruckfestigkeit gefordert.
3) Mö. II kann auch aus NHL-P5, früher „Trasskalk", hergestellt werden. Auch eine Mischung Kalkhyd. + Trass + Portlandz. ergibt M.-mö. II, b. guter Kornzusammens. auch M.-mö. IIa.
4) Der Zementgehalt darf nicht gekürzt werden, wenn Luftkalke o. andere, die Verarb. verbessernde Stoffe zuges. werden.
5) Die Geschmeidigkeit kann verbessert werden, indem eine geringe Menge Weißkalk zugesetzt wird. Mit Verzögerern kann die Versteifungszeit verlängert werden.
6) Zulässig: 0,5 bis 1 RT Stuckgips oder 0,5 bis 1 RT Putzgips.
7) Zulässig: 0,1 bis 0,2 RT Stuckgips o. 0,2 b. 0,5 RT Putzgips.
8) 1 : 2,5 ist das magerste Mischungsverhältnis n. DIN 18 550.

Mischen von Mörtel auf der Baustelle II

1 Ein **150 *l*-Mischer** benötigt für ungefähr 125 *l* Frischmörtel:

Zeile, → links	Bindemittel 1. *l*	Bindemittel 2. *l*	Sand *l*
4	50	–	150
5	43	–	151
6	38	–	153
7	50	–	150
8	43	–	151
9	38	–	153
10	49	–	146
11	43	–	149
12	38	–	150
13	35	9	140
14	49	–	146
15	43	–	149
16	38	–	150
17	33	16	146
18	30	15	150
19	28	14	155
20	24	24	146
21	35	18	140
22	49	10	146
23	43	9	149
24	38	7,5	150
25	49	–	146
26	38	–	150
27	31	–	156

2 Schüttdichten, Sackgewichte und Sackinhalte

- Diese Werte nach DIN 1053 und DIN 18 550 wurden der Tabelle links zugrunde gelegt.

Bindemittel, Sand, Vormörtel	Schüttdichte lose eingelaufen kg/*l*	Schüttdichte ● kg/*l*	Sack-Gewicht kg	Sack-Inhalt *l*
Weißkalkhydrate: CL 70, CL 80, CL 90	0,3 ·· 0,6	**0,5**	33	~ 67
Dolomitkalkhydrate: DL 80, DL 85	0,4 ·· 0,6	**0,5**	33	~ 67
Hydraulischer Kalk HL 2	0,4 ·· 0,8	**0,7**	40	~ 57
Hydraulischer Kalk HL 3,5	0,5 ·· 0,9	**0,8**	40	~ 50
Hydraulischer Kalk HL 5	0,6 ·· 1,0	**1,0**	40	~ 40
Putz- und Mauerbinder MC	0,8 ·· 1,1	**1,0**	40	~ 40
Zemente CEM I, CEM II, CEM III	0,9 ·· 1,4	**1,2**	25	~ 20
Traß (hydraulischer Zusatzstoff)	0,8 ·· 0,9	**0,8**	50	~ 63
Stuckgips, Putzgips	0,7 ·· 0,9	**0,9**	40 (30)	44 (33)
Anhydritbinder	0,8 ·· 1,1	**1,0**	40	~ 40
Kalkteig, abgelagert (≈ 65 % Wasser)	–	**1,25**	–	–
Mörtelsand, baustellenfeucht	1,2 ·· 1,4	**1,3**	–	–
Luftkalk-Vormörtel, nass, unverdichtet	1,5 ·· 1,7	**1,6**	–	–
Kalk-Trass-Verblendvormörtel, erdfeucht	1,3 ·· 1,5	**1,4**	–	–

3 Zumessen nach Raumteilen

Günstig ist ein **Messkasten** aus Brettern der Grundfläche 32 · 32 cm^2 = **0,1 m^2**, der **pro cm Höhe 1 Liter** fasst.

	Vollinhalt	Arbeitsinhalt
Baueimer, Ø oben 30 cm	14 *l*	10 *l*
Karre = 1 Mörtelkübel	85 *l*	75 *l*
Mörtelmischer, klein	100 *l*	85 *l*
Mörtelmischer, mittel	150 *l*	125 *l*

Maschinenmischen nach Raumteilen

Die **Mischanweisung** mit den Bindemittel- und Sandmengen deutlich sichtbar am Mischer anbringen!
Wenn es die Mischergröße zulässt, sind die Bindemittel in ganzen Säcken, nötigenfalls auch in halben, zuzumessen.
Für den Sand möglichst einen **Messkasten**, → **3**, verwenden. Für **Zusätze**, die nur in kleinen Mengen beigegeben werden, entsprechend kleine Zumessgefäße, z. B. Dosen, verwenden, die völlig gefüllt der Menge entsprechen.

Bei hydraulischen Bindemitteln jeweils nur soviel Mörtel auf Vorrat mischen, wie in einer Stunde verarbeitet werden kann.

Handmischen von gipshaltigen Mörteln

Wird ausnahmsweise für kleine Innen-Putzarbeiten der Gips im Kübel dem vorher gemischten Kalkmörtel oder dem Luftkalk-Vormörtel zugemischt, wird der Stuck- oder Putzgips erst kurz vor dem Putzen in zusätzlich eingegebenes Wasser eingestreut, wobei auf 1 *l* Gips etwa 0,6 *l* Wasser benötigt werden. Nach dem Aufsaugen des Wassers (keine Inseln!) rasch mit dem Kalkmörtel vermischen.

Zumessen nach Gewicht

Das Gewicht einer Sandmenge wird viel weniger vom Feuchtegehalt beeinflusst als die Schüttdichte und damit das Volumen, → ❸, S. 201. Leider hat die zunehmende Verwendung von Transportbeton dazu geführt, dass auf den Baustellen kaum noch Mischer mit Waage zur Verfügung stehen.

Die **Vorteile des Zumessens nach Gewicht** können trotzdem genutzt werden, wenn volle Bindemittelsäcke, deren Gewicht bekannt ist, mit dem Gewicht des Sandes in einem Messkasten, → **3** kombiniert werden.
Das Sandgewicht lässt sich mittels der in **2** genannten Schüttdichte oder besser durch Wiegen eines vollen 10 *l* Eimers mit einer Federwaage feststellen; z. B. bei 13 kg Nettogewicht, ist die Schüttdichte 13 kg : 10 *l* = **1,3 kg/*l***

$$\text{Erf. Gt Sand} = \frac{\text{Rt Sand} \cdot \text{Schüttdichte v. Sand}}{\text{Schüttdichte v. Bindemittel}}$$

Beispiel:
Welches MV in Gt hat der Kalkhydratmörtel 1 : 3 in Rt nach Zeile 4 in der Tabelle links?

$$\text{Gt Sand} = \frac{3 \cdot 1{,}3}{0{,}5} = 7{,}8. \quad \underline{\underline{\text{MV in Gt} = 1 : 7{,}8}}$$

Betonzuschläge

DIN 1045/88 u. 4226/83

Zuschläge für Beton und Stahlbeton mit dichtem Gefüge

Das Zuschlaggemisch soll möglichst grobkörnig und hohlraumarm sein: so grob wie Mischen, Fördern und Einbringen (Schalungsquerschnitt und Bewehrungsabstand) es zulassen.
Das **Größtkorn** soll 1/3 der kleinsten Bauteilabmessung nicht überschreiten.
Im Stahlbeton soll der Durchmesser des gröbsten Kornes höchstens die Hälfte des kleinsten Bewehrungsabstandes betragen.

Siebversuche sind erforderlich: bei der ersten Lieferung eines Zuschlags und beim Wechsel der Gewinnungsstätte. Zusätzlich in angemessenen Abständen, wenn:

a) für B I der Sieblinienbereich ❸, füher „günstig" gewählt wird,
b) B I nach Eignungsprüfung zusammengesetzt wird,
c) stets für B II und für Beton mit besonderen Eigenschaften.

Die **Kornform** soll möglichst gedrungen sein. Körner mit ungünstiger Form (plattig oder langsplittrig) mit Länge : Dicke > 3 : 1 sollen im Zuschlag > 8 mm höchstens 50 % Anteil haben.

Abschlämmbare Bestandteile: Bestimmen mit einem **Absetzversuch**, → ❷, Seite 200.
In **zwei** 1000 cm³ Messzylinder je 500 cm³ der aus dem Gesamtzuschlag ausgesiebten Korngruppe 0/4 und 3/4 *l* Wasser geben, schütteln wie in ❷, S. 200. Die Dicke der Schlammschicht wird, wenn das überstehende Wasser klar ist, nach 1 Stunde, wenn es nach 1 Std. noch trüb ist, erst nach 24 Std. abgemessen.
Es darf angenommen werden, dass 1 cm³ der Schlammschicht nach **1 Stunde 0,6 g** Abschlämmbares und nach **24 Stunden 0,9 g** davon enthält.

Auswaschversuch: Auf einem 0,063 mm-Sieb werden 1000 g der Körnung bis 4 mm oder 2000 g der Körnungen bis 8 mm oder 5000 g noch gröberer Körnungen mit dem Wasserstrahl ausgewaschen. Um das Feinsieb zu schonen, muss darüber ein gröberes Sieb angeordnet werden.
Die Proben müssen vor und nach dem Versuch getrocknet werden. Aus der Gewichtsdifferenz und dem Ausgangsgewicht kann der %-Wert errechnet werden.

Beispiel:
Ausgangsgewicht: 956 g, Endgewicht: 927 g.

$$\text{Anteil} < 0{,}063 = 956 - 927 = 29\text{ g} \mathrel{\hat=} \frac{29 \cdot 100}{956} = \underline{\underline{3{,}03\text{ G\%}}}$$

1 Zulässiger Anteil an Abschlämmbarem

Korngruppen	in G%
0/1, 0/2, 0/4	4,0
0/8, 1/2, 1/4, 2/4	3,0
0/16, 0/32, 2/8, 4/8	2,0
0/63, 2/16, 4/16, 4/32	1,0
8/16, 8/32, 16/32, 32/63	0,5

Siebversuch:
Ermitteln der Kornverteilung mittels Handsiebung.
Proben an verschiedenen Stellen entnehmen, bis Durchschnittsprobe > 4 facher Gesamtmenge, → 2.

2 Siebungs-Probemengen

Größt-Ø	in kg gesamt	je Siebg.
≤ 2 mm	10	0,5
≤ 8 mm	20	2
≤ 32 mm	30	5
≤ 63 mm	40	10

Auf sauberer Unterlage ausbreiten, teilen und ausschneiden. Rest wieder mischen bis die Gesamtmenge nach 2 erreicht ist.
Bei > 100 °C trocknen (nicht glühen), abkühlen, mischen, Einzelmenge (bei 0/16 z. B. 5 kg) grammgenau abwiegen, in den Siebsatz geben und sieben.
Die groben Siebe können nach wenigen Minuten, beginnend mit Sieb 32, abgenommen werden.

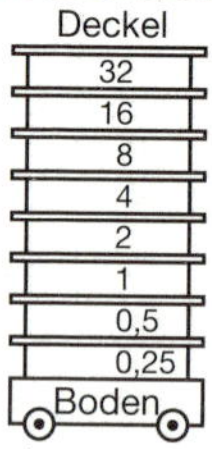

Ø30 cm - Holzrandsiebe od. Ø 40 cm - Blechrandsiebe

Jeweils über Papier prüfen, ob noch etwas durchfällt und Siebe mit Inhalt zur Seite stellen. Mit restlichem Siebsatz weitersieben. Beim Wiegen mit dem Boden (0/0,25) beginnen und dann die Rückstände auf den zunehmend gröberen Sieben dazuschütten und die Gewichtssummen feststellen und in Zeile 1 notieren. Den Versuch mit neuem Siebgut wiederholen und in Zeile 2 notieren. Die Werte aus den Zeilen 1 und 2 addieren und in Zeile 3 eintragen, daraus die G% ermitteln und in Zeile 4 eintragen.
Transparentpapier auf den passenden Sieblinienvordruck, → S. 205, legen.
Die Sieblinie zeichnen und beurteilen.

Beispiel 1: Sieblinie von Kies 0/16 ermitteln.

Z.	Ø →	0/0,25	0/0,5	0/1	0/2	0/4	0/8	0/16	0/32
1	1. V.	296	782	1310	1882	2480	3512	4760	4980
2	2. V.	312	775	1376	1888	2506	3502	4782	5000
3	Su.:	608	1557	2686	3770	4986	7014	9542	9980
4	**G%**	**6**	**16**	**27**	**38**	**50**	**70**	**95**	**100**

Urteil: Sieblinie liegt im Bereich ❸ (günstig).

Beispiel 2:
Sieblinie einer Mischung von Kies u. Sand ermitteln. Die Sieblinie von Sand (S) und Kies (K) feststellen. Probeweise 50 % Sand 0/4 und 50 % Kies 8/32 nehmen.

Sieblinie	0/0,25	0/0,5	0/1	0/2	0/4	0/8	0/16	0/32
Sand	12	24	40	60	92	100	100	100
Kies	0	0	0	0	0	8	50	100
1/2 v. S.	6	12	20	30	46	50	50	50
1/2 v. K.	0	0	0	0	0	4	25	47
Su. **G%**	**6**	**12**	**20**	**30**	**46**	**54**	**75**	**100**

Urteil: Sieblinie liegt im Bereich ❸ (günstig).

Kornzusammensetzung der Betonzuschläge

DIN 1045/88

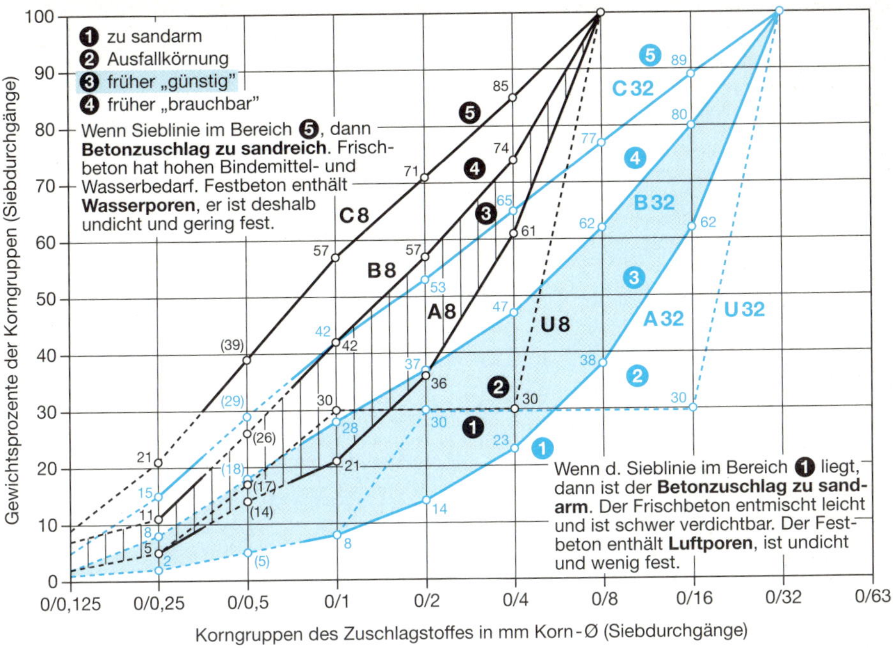

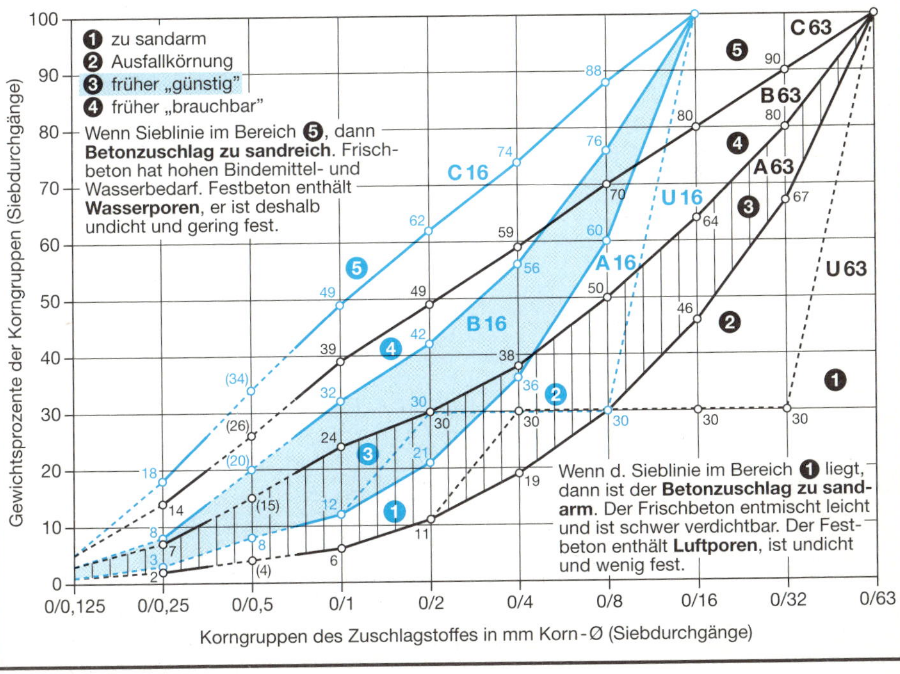

Betonarten I

DIN 1045/88

1 nach der Trockenrohdichte des Festbetons:		Zuschläge	Verwendung
Leichtbeton, LB, → S. 208 [1]	≤ 2 t/m³	mit **porigem** Korn, z. B. Blähton	meist unbewehrt, auch Stahl-Leichtbeton
Normalbeton, B, → **2** bis **9**	> 2…2,8 t/m³	mit **dichtem** Korn, z. B. Blähton	unbewehrter Beton, Stahlbeton, Spannbeton
Schwerbeton (bes. f. Strahlenschutz)	> 2,8 t/m³	mit **dichtem und schwerem** Korn	

2 nach der Druckfestigkeit, der Herstellung und Überwachung:

Betongruppe	Festigkeitsklasse [2] (Nennw.) β_{WN}	Rechenwert β_R [3] N/mm²	Vorschriften für die Zugabe d. Zuschläge nach Korngruppen (Sieblinienbereiche, ● → S. 205)	Geringster Mittelwert b. Eignungsprüfung [4] N/mm²	Geringster Einzelwert b. Güteprüfung [4] N/mm²	Serienfestigkeit = mindeste mittlere Festigkeit der 3 Würfel einer Serie / Anwendung
B I	**B 5** **B 10**	3,5 7,0	auch ungetrennte Zugabe zulässig, ❸ u. ❹	11 20	4 8	nur für unbewehrten Beton zulässig
	B 15 **B 25**	10,5 17,5	mind. in 2 Gruppen, feinste Korngr.: 0/4 mm	25 35	12 20	für unbewehrten und für bewehrten Beton. (Ortbeton in Verbindung m. Stahlbetonfertigteilen als mittragend gerechnet muss mindest. B 15 sein)
B II	**B 35** **B 45** **B 55**	23 27 30	für 0/32 mind. 3 Grupp., f. 0/16 u. 0/8 mind. 2 G., feinste Korngr.: 0/2 mm	nach Erfahrung des Herstellers	28 36 45	

3 nach der Betonzusammensetzung:

1. **Rezeptbeton**: Vorgeschriebene, verhältnismäßig hohe Mindestzementmengen, nur **stetige Sieblinien** erlaubt, dafür vereinfachte Güteüberwachung.
   - **1.1 B I** ohne besondere Eigenschaften (wenn 2.1 bis 2.6 nicht gelten) nach Mischrezepten **1**, **2** und **3**, S. 212, 213.
   - **1.2 Wasserundurchlässiger B I**, widerstandsfähig gegen schwache chemische Angriffe und (oder) erhöht frostbeständig nach Mischrezepten **4**, S. 213 (→ auch **4** unten).
2. **Beton mit Eignungsprüfung**: Größere Freiheit in der Zusammensetzung des Betons, dafür erhöhte Anforderungen an Fachkenntnis und Prüfgerät. Eigen- und Fremdüberwachung sind erforderlich.
   - **Eignungsprüfung** [4] ist erforderlich: **2.1** stets für B II,
   - **2.2** für Beton mit 1.2 übersteigenden Eigenschaften (→ **4** unten),
   - **2.3** wenn in B I von den Mischrezepten abgewichen wird,
   - **2.4** bei unstetiger Sieblinie ❷, **2.5** wenn Zusatzmittel verwendet,
   - **2.6** wenn Zusatzstoffe verwendet werden, die nicht mineralisch sind oder die auf den Zementgehalt angerechnet werden.

4 Beton mit besonderen Eigenschaften

Mit Ausnahme von **3** 1.2 ist immer B II erforderlich		Wassereindringtiefe max. mm	max. W/Z-Wert	zusätzliche Forderungen
1. Wasserundurchlässigk.	d = 10…40 cm d > 40 cm	50	0,6 0,7	Sieblinienbereich ❸
2. Hoher Frostwiderstand	ohne LP mit LP	50	0,6 0,7	Frostbeständiger Zuschlag
3. wie 2. u. hohe Tausalzbeständigkeit	mit LP	50	0,5	Wie bei 2 u. Luftgehalt n. **7**, S. 213
4. Hoh. Widerstand gegen chem. Angriffe	schwache starke sehr starke	50 30 30	0,6 0,5 0,5	Zur Verwendung von HS-Zement, → S. 196
5. Hoher Abnutzwiderstand	≥ B 35, Sand 0/4 Quarz oder gleichwertig, Zementgehalt ≤ 350 kg/m³			

[1] Nicht dazu gehört: Poren- (früher: Gas-) beton.
[2] Die Festigkeitsklasse entspricht der Mindest-Druckfestigkeit β_{W28} **jedes** Würfels in N/mm².
[3] Berücksichtigt Einfluss v. Dauerbeanspruchung.
[4] **Eignungsprüfung** bei neu zusammengesetzt. Beton, sie legt vor Beginn der Betonarbeit die Zusammensetzung des Betons fest, mit der die geforderten Eigenschaften sicher erreicht werden können.
Güteprüfung bei der laufenden Herstellung von Beton erforderlich, z. B. bei B I mindestens 3 Probekörper pro 500 m³ Beton oder pro Geschoss, bei B II ist die doppelte Anzahl erforderlich.
Umrechnung bei unterschiedl. Prüfkörpern: Wenn **15 cm-Würfel** geprüft werden, gilt β_W für 20 cm-Würfel = 0,95 · β_W f. 15 cm-Würfel. Wenn **Zylinder mit 15 cm Ø u. 30 cm Höhe** geprüft werden, gilt für die Festigkeitsklasse ≤ B 15: β_W für 20 cm-Würfel = 1,25 · β_C (Zylinderfestigkeit), für die Festigkeitskl. ≥ B 25: β_W für 20 cm-Würfel = 1,18 · β_C.

Betonarten II

DIN 1045/88

5 nach dem Ort der Betonherstellung:

Baustellen- und Transportbeton,

nach dem Ort der Betonherstellung:

Ortbeton und Betonfertigteile.

6 nach der Konsistenz (Steife) des Frischbetons:

Konsistenz-Bereich	Ausbreitmaß a cm	Verdichtungsmaß v	Abstichmaß s cm	Verhalten beim Schütten d. Betons	Verdichten des Frischbetons
KS **steif**	–	≥ 1,20	≥ 6,6	fällt noch lose	starkes Rütteln o. Stampfen
KP plastisch	**35** bis **41**	1,19 bis 1,08	< 6,6 bis 2,8	fällt noch etwas schollig	Rütteln o. Stampfen von Hand
KR Regelkonsistenz	**42** bis **48**	1,07 bis 1,02	< 2,8 bis 0,6	fällt weich fließend	leichtes Rütteln o. Stochern
KF fließfähig	**49** bis **60**	–	–	fällt deutlich fließend	Entlüften durch Stochern

Das **Verdichtungsmaß** ist besonders für KS geeignet. Bei KP u. KR mit gebrochenem Zuschlag ist es günstiger als d. Ausbreitmaß. Prüfverfahren und einzuhaltendes Konsistenzmaß sind zu vereinbaren.

6a

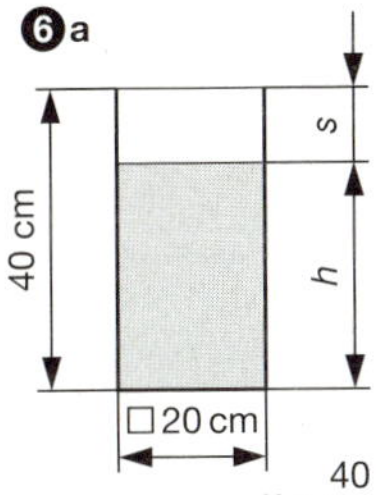

$$v = \frac{40}{h}$$

Prüfung:
Den Behälter **6a** feucht auswischen. Gut gemischten Beton von der Kelle, die mit ihrer Seitenkante auf die Behälterkanten reihum aufgesetzt wird, lose abkippen, bis der Behälter gehäuft gefüllt ist. Überstehenden Beton mit Stahllineal abstreichen.
Den Beton so gut wie möglich verdichten, z. B. mit dem Flaschenrüttler, dabei darauf achten, dass kein Beton durch Herausspritzen verloren geht.
Das Stichmaß s als Mittel aus Messungen an den 4 Behälterecken errechnen. Aus $h = 40 - s$ kann das Verdichtungsmaß $v = 40 : h$ errechnet werden.

Das **Ausbreitmaß *a*** ist für KR die übliche und für KF die einzige Prüfmöglichkeit, sie wird hier als bekannt vorausgesetzt, (→ **6**, S. 211).

KF wird mit Fließmittel FM hergestellt, das dem Beton erst unmittelbar vor dem Einbringen zugesetzt wird. Die Verflüssigungswirkung klingt jedoch schnell ab, erneuter Zusatz ist einmal erlaubt.

7 Umrechnen von der 7-Tage- auf die 28-Tage-Festigkeit:

Beiwerte für das Errechnen von β_{W28} aus β_{W7}	für die Zementfestigkeitsklassen	β_{W28} =
	ZEM (→ S. 196)	
	32,5	$1{,}3 \cdot \beta_{W7}$
	32,5 R und 42.5	$1{,}2 \cdot \beta_{W7}$
	42,5 R und 52,5	$1{,}1 \cdot \beta_{W7}$

8 Güteprüfungen für Ortbeton:

Prüfung	für	**Häufigkeit der Prüfung**	
Zementgehalt	B I	je Betonsorte b. 1. Einbringen, dann in angemess. Abständen.	
W/Z-Verhältnis	B II	Betonsorte b. 1. Einbringen, dann etwa einmal täglich.	
Konsistenzmaß	B I u. B II	{ je Betonsorte b. 1. Einbring., u. beim Herst. d. Prüfkörper,	
	B II	zusätzl. in angem. Abständen.	
Druckfestigkeit (b. Transportbeton B I n. Angabe des Lieferscheins)	B I	f. B 5 u. B 10 in tragenden Bauwerkteilen } 3	Würfel je 500 m² Beton o. je Geschoss o. je 7 aufeinander folgender Betoniertage
		f. B 15 u. B 25 } 3	
	B II	f. B 35 u. 45 : 6	

9 Transportbeton

Alle Betonarten nach **1** bis **4** können als „Transportbeton" einbaufertig auf die Baustelle geliefert werden.

Werkgemischter Transportbeton wird in einem Transportbetonwerk fertig gemischt. Betone der Konsistenzen KP, KR und KF müssen während der Fahrt ständig gerührt oder auf der Baustelle nachgemischt werden. Beton KS kann auch in Fahrzeugen ohne Mischer oder Rührwerk befördert werden.

Fahrzeuggemischter Transportbeton wird während der Fahrt oder nach dem Eintreffen auf der Baustelle im Mischfahrzeug gemischt. Das Transportbetonwerk ist dabei eigen- und fremdüberwacht tätig.

Transportbeton B II darf nur von Unternehmen verarbeitet werden, deren Führungskräfte bestimmten Anforderungen genügen und über eine ständige **Betonprüfstelle E** nach DIN 1045, Abschnitte 5.2.2.6 und 7 verfügen.

Mischfahrzeuge sollen spätestens 90 Minuten (bei heißem Wetter früher) nach Wasserzugabe vollständig entladen sein. Bei Übergabe muss die vereinbarte Konsistenz vorhanden sein.

Zum **Betonsortenverzeichnis** usw., siehe nächste Seite.

Betonsortenverzeichnis und Bestellung

Das **Betonsortenverzeichnis** des Werkes (oder ein Auszug daraus) ist dem Betonabnehmer mindestens bei der 1. Lieferung (bei B II bei jeder Lieferung) zu übergeben. Es muss enthalten:

- Festigkeitsklasse,
- Konsistenzbereich,
- Eignung für Außenbauteile, für Stahlbeton usw.,
- Art, Festigkeitsklasse u. Masse des Bindemittels,
- Wassergehalt und Wasser/Zement-Wert,
- Art, Masse und Sieblinienbereich des Zuschlags,
- ggf. Art und Masse des zugesetzten Mehlkorns,
- ggf. Art und Masse der Zusatzstoffe und -mittel,
- Festigkeitsentwicklung,
- erforderliche Nachbehandlung.

Bestellung:
Der Beton ist ähnlich wie im Betonsortenverzeichnis angegeben, zu bezeichnen, wobei geeignete Vordrucke verwendet werden sollten.

Bei der **Abnahme** sind zusätzlich festzuhalten:

- Herstellwerk,
- Empfänger, ggf. fremdüberwachende Stelle,
- Tag und Uhrzeiten des Be- und Entladens,
- Nummer d. Fahrzeugs nach Fahrzeugverzeichnis.

Falls ein nicht im Sortenverzeichnis genannter Beton gefordert ist, muss er mindestens 5 Wochen vor der Lieferung bestellt werden, damit das Transportbetonwerk die Eignung prüfen kann.

Leichtbeton und Stahl-Leichtbeton

DIN 4219/79 und DIN 4232/87

Leichtbeton mit geschlossenem Gefüge

1 Rohdichte-

Klasse	zulässige kg/dm³
1,0	0,80...1,00
1,2	1,01...1,20
1,4	1,21...1,40
1,6	1,41...1,60
1,8	1,61...1,80
2,0	1,81...2,00

Lastannahmen .... S. 42
Elastizitäts-Modul .... S. 71
Temperatur-Dehnzahl ..... S. 93
Kriechen, Schwinden...... S. 70
Bewegungsfugen............ S. 237
Wände-Aussteifung .... S. 170
Beton-Überdeckung des Stahles .... S. 217
Leicht-Zuschläge............ S. 149
Regenschutz, z.B. Putz S. 244

2 Festigkeitsklassen von Leichtbeton

Gruppe	Klasse	β_{WN} N/mm²	β_{WS} N/mm²	Leichtbetonarten und Anwendung
B I	LB 2	2	4	Haufwerkporiger LB n. DIN 4232, unbewehrt (LB 2 … LB 8)
	LB 5	5	8	
	LB 8	4) 8	11	nur bei vorwieg. ruhenden Lasten (LB 8 … LB 15)
	LB 10	4) 10	13	
	LB 15	15	18	
	LB 25	25	29	LB m. geschloss. Gefüge DIN 4219 unbewehrt und Stahl-LB
B II	LB 35	35	39	
	LB 45	45	49	
	LB 55	55	59	Spann-Leichtbet.

3 Mindest-Wanddicken für tragende Wände aus Beton nach DIN 1045 und aus Leichtbeton LB 8 und LB 10 nach DIN 4219, bewehrt und unbewehrt:

Beton mit geschlossenem Gefüge Beton-Festigkeitsklasse, Herstellung	Wand unbewehrt – wenn d. Decken über d. Wänden nicht durchl.	Wand unbewehrt – durchlaufen	Wand bewehrt – nicht durchl.	Wand bewehrt – durchlaufen
B 5, B 10, Ortbet.	20 cm	14 cm	–	–
≥ B 15, Ortbeton	14 cm	12 cm	12 cm	10 cm
≥ B 15, Fertigteil	12 cm	10 cm	10 cm	8 cm
LB 8, LB 10, Ortb.	20 cm	14 cm	14 cm	12 cm
" " , Fertigt.	18 cm	12 cm	12 cm	10 cm

Leichtbeton mit haufwerkporigem Gefüge

Rohdichteklassen: 0,5; 0,6; 0,7; 0,8...(+ 0,2)...2,0
Festigkeitsklassen: → **2**
(Seitenhinweise → links, gelten außer E-Modul)

4 Mindest-Wanddicken *d*

	cm
tragende Wände, allgemein	12
" , nur zur Knickaussteifung tragend. Wände	10
nicht tragende Wände, leichte Trennwände	8

5 Anforderungen an tragende Wände, die als 3- oder 4-seitig gehalten gelten sollen, oder der Gebäudeaussteifung dienen:

Funktion der Wände	Wanddicke *d* cm	W.-Abstand *s* [1] m	Geschossdecke [2] *l* in m
Einschalige Außenwände	20	≤ 8,0	keine
Innenschale zweischaliger Außenwände	17,5	≤ 6,0	"
	15	≤ 6,0	≤ 4,5
tragende Innenwände	20	≤ 8,0	keine
	17,5	≤ 6,0	"
	15	≤ 6,0	≤ 4,5
	12	≤ 4,5	≤ 4,5

6 Zul. Spannungen in MN/m² / **E-Modul,**

Festigkeitsklasse	in Wänden und Pfeilern mit Schlankheit h_K/d ≤ 5	10	15	20	3)	E-Modul, falls d. räuml. Steifigkeit nachgewies. werden muss.
LB 2	0,50	0,45	0,35	0,20	0,70	2000 MN/m²
LB 5	1,20	1,00	0,80	0,50	1,70	4000 MN/m²
LB 8	1,90	1,65	1,25	0,80	2,65	6000 MN/m²

1) *s* = Abstand der aussteifenden Querwände.
2) *l* = Stützweite der belastenden Deckenplatte.
3) Örtliche Pressung, z. B. unter Balkenauflagern.
4) Als Stahl-Leichtbeton nur für Wände nach DIN 1045, 25.5.1.

Betonherstellung

DIN 1045/88

1 Schütt- und Kornrohdichten von Betonzuschlägen [1]

Mittelwerte: Art des Betonzuschlags	Körnung mm Ø	Schüttdichte (lose eingelaufen) feucht kg/l	Schüttdichte (lose eingelaufen) trocken kg/l	Kornrohdichte ϱ_K kg/dm³
Natursand mit günstiger Sieblinie (Bereich ❸) [7]	0/1	1,1	1,45	2,65
	0/2	1,2	1,5	2,65
	0/4	1,3	1,55	2,65
Hochofenschlackens.	0/4	–	1,4	2,7
Hüttenbimssand	0/4	–	0,9	1,3
Naturbimssand	0/4	– [2]	0,7	1,1
Blähschiefersand	0/4	–	1,0	1,7
Blähtonsand	0/4	–	0,7	1,4
Naturkiessand mit günstiger Sieblinie (Bereich ❸) [7]	0/8	1,4	1,6	2,65
	0/16	1,5	1,7	2,65
	0/32	1,6	1,8	2,65
Naturkiessand mit brauchbarer Sieblinie (Bereich ❹) [7]	0/8	1,3	1,55	2,65
	0/16	1,4	1,65	2,65
	0/32	1,5	1,75	2,65
Naturkies	2/8	1,7	1,7	2,65
Granit, Kalkst. [3]	oder 4/16	1,5	1,5	2,65
Basalt, Gabbro [3]	oder 8/32	1,7	1,7	2,90
Naturbims	2/8 oder 4/16 oder 8/32	–	0,6	0,8
Hüttenbims		–	0,83	1,1
Blähschiefer		–	0,75	1.0
Blähton		–	0,6	0,8
Naturkies	„Einkorn" 2/4 o. 4/8 8/16 oder 16/32	1,6	1,6	2,65
Granit, Kalkst. [3]		1,3	1,3	2,65
Basalt, Gabbro [3]		1,5	1,5	2,9
Naturbims		–	0,5	0,8
Hüttenbims		– [2]	0,73	1,1
Blähschiefer		–	0,67	1,0
Blähton		–	0,5	0,8

2 Nutzinhalt von Betonmischern

Nenninhalt [4] des Mischers in m³	150 l 0,15	250 l 0,25	330 l 0,33	500 l 0,50	750 l 0,75	1000 l 1,00
Nutzinhalt in m³ fertigverdicht. Bet. KS	0,15	0,25	0,33	0,50	0,75	1,00
KP	0,17	0,29	0,38	0,57	0,86	1,15
KR	0,19	0,31	0,41	0,62	0,94	1,25

3 Wasser im Frischbeton

d Zugabewasser zum „deutlich feuchten" Betonzuschlag

c Wasser im „deutlich feuchten" Sand

b Wasser im „bautrocken." Sand, in den engsten Zwischenräumen zwisch. Körnern d. Feinsandes

a Wasser in den offenen Poren der Körner des Zuschlages

Mengen des Zugabewassers in den Betonrezepten der Seiten 212 und 213:

d → Spalten 7, 13 und 19

c + d → Spalten 5, 11 und 17

b + c + d = die wirksame Wassermenge für den **wirklichen Wasserzementwert**.

Die in den Spalten 9, 15 und 21 genannten W/Z-Werte erhöhen sich also beim Mischen mit „bautrockenem" Zuschlag. Das Zugabewasser sollte deshalb so knapp wie möglich zugemessen werden, damit beim Erhärten des „Zement-Wasser-Leimes" zu „Zementstein" möglichst wenig Wasserporen entstehen, welche die Festigkeit des Betons vermindern. Die erforderliche Verarbeitbarkeit ist besser durch BV- oder FM-Zusatzmittel zu erreichen.

4 Beton- und Mörtelzusatzmittel

Nur Mittel mit Prüfzeichen [5] verwenden

Kurzzeichen	Name und Wirkung	Wirkungsweise [6]	Farbzeichen
BV	**Betonverflüssiger** vermindern die Oberflächenspannung des Wassers und verbessern die Verarbeitbarkeit bei gleichem W/Z-Wert.	p	gelb
FM	**Fließmittel** haben hohe aber nur kurzzeitige Verflüssigungswirkung.	p	grau
LP	**Luftporenbildner** verbessern Frost- und Tausalzbeständigkeit.	p	blau
VZ	**Verzögerer** verlängern die Verarbeitungszeit.	cc	rot
BE	**Beschleuniger** (Spritzbeton)	cc	grün
DM	**Dichtungsmittel**	c	braun
EH	**Einpresshilfe** (Spannbeton)	c	weiß
ST	**Stabilisierer** (geg. „Bluten")	p	violett

[1] Die Zahlenwerte der Schütt- und Kornrohdichten streuen erheblich, beeinflusst von Porigkeit, Kornform, Wassergehalt und Reindichte. Für Unterrichtszwecke sind diese Tabellenwerte brauchbar, für die Baustelle Hersteller befragen.

[2] Mittelwerte nicht angebbar, weil d. Körner Wasser aufnehmen.

[3] Gebrochenes Korn; Splitt, Schotter usw.

[4] Nach DIN 459.

[5] Zu den im Prüfbescheid genannten Bedingungen.

[6] Wirkungsweise: cc = nur chemisch, p = physikalisch, c = physikalisch und chemisch.

[7] Sieblinienbereiche, → S.205.

Beton nach europäischer Norm I

DIN V-EN V 206 (Ausschnitte)

1 Festigkeitsklassen von Beton [1] (Die fett gesetzten Werte sind bevorzugt zu verwenden)

Festigkeitsklasse	**C 12/15**	C 16/20	**C 20/25**	C 25/30	**C 30/37**	C 35/45	**C 40/50**	C 45/55	**C 50/60**
f_{ckcyl} [2] N/mm²	12	16	20	25	30	35	40	45	50
f_{ckcube} [2] N/mm²	15	20	25	30	37	45	50	55	60

[1] Für Leichtbeton gelten die gleichen Festigkeitsklassen. Kennzeichnung: LC anstelle von C.

[2] f_{ckcyl} = Zylinderfestigkeit
f_{ckcube} = Würfelfestigkeit

2 Umweltklassen in Abhängigkeit von den Umweltbedingungen

Umweltklassen		Beispiele für Umweltbedingungen
1. Trockene Umgebung		– Innenräume von Wohn- und Bürogebäuden [1]
2. Feuchte Umgebung	a ohne Frost	– Gebäudeinnenräume mit hoher Feuchte, z. B. Wäschereien – Außenbauteile – Bauteile in nicht angreifendem Boden und/oder Wasser
	b mit Frost	– Außenbauteile, die Frost ausgesetzt sind – Bauteile in nicht angreifendem Boden u./o. Wasser, Frost ausgesetzt – Innenbauteile bei hoher Luftfeuchte, die Frost ausgesetzt sind
3. Feuchte Umgebung mit Frost- und Taumitteleinwirkung		– Außenbauteile, die Frost- und Taumitteln ausgesetzt sind
4. Meerwasser	a ohne Frost	– Bauteile im Spritzwasserbereich oder ins Meerwasser tauchende Bauteile, bei denen eine Seite der Luft ausgesetzt ist – Bauteile in salzgesättigter Luft (unmittelbarer Küstenbereich)
	b mit Frost	– Bauteile im Spritzwasserbereich oder ins Meerwasser tauchende Bauteile, bei denen eine Seite Luft und Frost ausgesetzt ist – Bauteile, die salzgesättigter Luft und Frost ausgesetzt sind
Folgende Klassen können einzeln oder in Kombination mit den obengenannten Klassen vorliegen:		
5. Chemisch angreifende Umgebung	a	Schwach chemisch angreifende Umgebung (gasförmig, flüssig, fest), aggressive industrielle Atmosphäre
	b	Mäßig chemisch angreifende Umgebung (gasförmig, flüssig, fest)
	c	Stark chemisch angreifende Umgebung (gasförmig, flüssig, fest)

[1] Diese Umweltklasse gilt nur dann, wenn das Bauwerk oder einige seiner Bauteile während der Ausführung längere Zeit keinen schlechteren Bedingungen ausgesetzt werden.

[2] Chemisch angreifende Umgebungen werden in ISO 9690 klassifiziert. Zuordnung, → Tab. 3.

3 Zuordnung der Umweltklassen nach ENV 206 und DIN 4030 [1]

Angriffsgrad				
nach ENV 206		nach DIN 4030 Teil 1		
Umweltklassen		Wässer	Böden	Gase
chemisch angreifende Umgebung	5 a	schwach	schwach	schwach
	5 b	stark	stark	[2]
	5 c	sehr stark	[2]	[2]

[1] DAfb-Stb-Anwendungsrichtlinie zu ENV 206.

[2] Keine Regelung in DIN 4030 Teil 1.

Beton nach europäischer Norm II

DIN V-EN V 206/90

4 Betonzusammensetzung und -eigenschaften in Abhängigkeit von den Umwelteinwirkungen

Anforderung	Umweltklasse nach Tabelle 2: 1	2 a	2 b	3	4 a	4 b	5 a	5 b	5 c [1]
Max. Wasserzementwert									
– unbewehrter Beton	–	0,70	0,55	0,50	0,55	0,50	0,55	0,50	0,45
– Stahlbeton	0,65	0,60							
– Spannbeton	0,60	0,60							
Mindest-Zementgehalt [2] in kg/m³ für									
– unbewehrten Beton	150	200	200	300	300	300	200	300	300
– Stahlbeton	260	280	280				280		
– Spannbeton	300	300	300				300		
Mindest-Luftgehalt von Frischbeton in % f. d. Nennwert d. Zuschlag-Größtkorns [3], [4]									
– 32 mm	–	–	4	4	–	4	–	–	–
– 16 mm	–	–	5	5	–	5	–	–	–
– 8 mm	–	–	6	6	–	6	–	–	–
Frostbeständige Zuschläge	–	–	ja	ja	–	ja	–	–	–
Wasserundurchlässiger Beton	–	–	ja	ja	ja	ja	ja	ja	ja
Für unbewehrten Beton und Stahlbeton **erforderliche Zementarten** nach EN 197							Zement mit hohem Sulfatwiderstand, wenn der Sulfatgehalt [5] > 500 mg/kg im Wasser oder > 3000 mg/kg im Boden.		

[1] Zusätzl. Schutz durch Beschichtung, wenn erford.
[2] Nur für Zemente, die EN 197 bzw. den nationalen Normen und Bestimmungen entsprechen.
[3] Mit einem Abst.-Faktor ≤ 0,20 mm im Festbeton.
[4] Sofern ein hoher Sättigungsgrad über längere Zeit hinweg vorliegt, für Umweltklasse 3 immer.
[5] Für HS-Zemente gilt DIN 1164 Teil 1, Abschn. 4.6.

5 Anforderungen an die Mindestbetondeckung für Normalbeton nach Eurocode 2

	Mindestbetondeckungen in mm [1] für die Umweltklassen: 1 trocken	2 a feucht ohne Frost	2 b feucht mit Frost	3 feucht mit Frost und Tausalz	4 a Meerwasser ohne Frost	4 b Meerwasser mit Frost	5 a chemischer Angriff schwach	5 b chemischer Angriff mäßig	5 c chemischer Angriff stark [2]
Stahlbeton	15	20	25	40	40	40	25	30	40
Spannbeton	25	30	35	50	50	50	35	40	50

[1] Für **plattenförmige Tragelemente minus 5 mm** bei Klassen 2 bis 5, ferner minus 5 mm bei Betonfestigkeitsklassen ≥ C 40/50, für Stahlbeton in den Klassen 2 a bis 5 b und für Spannbeton in den Klassen 1 bis 5 b. Die Mindestbetondeckung sollte jedoch nie geringer als diejenige f. Umweltklasse 1 sein. Falls stahlangreifende Stoffe, z. B. Chloride, einwirken, ist Mindestbetondeckung n. Klasse 5 c einzuhalten, wenn nicht besondere Maßnahmen, z. B. Schutzschichten, zum Korrosionsschutz getroffen werden. EC 2 empfiehlt Vorhaltemaße Δc von 0…10 mm bei Ortbeton und von 0…5 mm bei Fertigteilen.
[2] Für die Umweltklasse 5 c sollten Schutzschichten vorgesehen werden.

6 Konsistenzprüfungen, wenn nicht nach DIN 1048 T.1 geprüft wird. (Werte nicht immer vergleichbar)

Slump-Klasse	nach ISO 4109 Slump in mm	**Ausbreit-Klasse**	n. ISO 9812 Durchm. in mm	**Verdichtungs-Klasse**	ISO 4111 Verdichtungsmaß	**Vebe-Klasse**	nach ISO 4110 Vebe in Sekund.
S 1	10 bis 40	F 1	≥ 340	C 0	≥ 1,46	V 0	> 31
S 2	50 bis 90	F 2	350 bis 410	C 1	1,45 bis 1,26	V 1	30 bis 21
S 3	100 bis 150	F 3	420 bis 480	C 2	1,25 bis 1,11	V 2	20 bis 11
S 4	≥ 160	F 4	490 bis 600	C 3	1,10 bis 1,04	V 3	10 bis 5
						V 4	≤ 4

Beton-Rezepte

Beton- und Zement-festig-keits-klassen	Zuschlag: Korn-Ø mm	③ früher: „günstig" ④ früher: „brauchbar"	**1** Stampfbeton, KS: steif — Zement Z ≥ kg/m³	Zuschläge feucht W l/m³	Zuschläge feucht G kg/m³	Zuschläge trocken W l/m³	Zuschläge trocken G kg/m³	Mischungsverhältnis (trockener Zuschlag) z : w : g kg : kg : kg w ≙ W/Z-Wert	**2** Rüttelbeton, KP: plastisch — Zement Z ≥ kg/m³	Zuschläge feucht W l/m³	Zuschläge feucht G kg/m³	Zuschläge trocken W l/m³	Zuschläge trocken G kg/m³	Mischungsverhältnis (trockener Zuschlag) z : w : g kg : kg : kg w ≙ W/Z-Wert
Sp. 1	2	3	4	5	6	7	8	9	10	11	12	13	14	15
B 5 mit **CEM 32,5** o. **32,5 R**	0/16	③	**155**	**77**	**2075**	157	1995	1 : **1,0** : 12,9	**175**	**98**	**2005**	175	1930	1 : **1,0** : 11,0
		④	**175**	**80**	**2025**	175	1930	1 : **1,0** : 11,0	**198**	**102**	**1953**	195	1860	1 : **1,0** : 9,4
	0/32	③	**140**	**75**	**2110**	145	2050	1 : **1,0** : 14,6	**160**	**100**	**1995**	160	1995	1 : **1,0** : 12,5
		④	**160**	**80**	**2075**	160	1995	1 : **1,0** : 12,5	**180**	**103**	**2005**	180	1927	1 : **1,0** : 10,7
B 10 mit **CEM 32,5** oder **32,5 R**	0/16	③	**210**	**80**	**2025**	157	1948	1 : **0,74** : 9,3	**230**	**100**	**1960**	175	1885	1 : **0,76** : 8,2
		④	**230**	**80**	**1970**	175	1885	1 : **0,76** : 8,2	**253**	**105**	**1900**	195	1810	1 : **0,77** : 7,2
	0/32	③	**190**	**85**	**2070**	145	2010	1 : **0,76** : 10,6	**210**	**100**	**2010**	160	1953	1 : **0,76** : 9,3
		④	**210**	**82**	**2030**	160	1953	1 : **0,76** : 9,3	**230**	**105**	**1960**	180	1885	1 : **0,78** : 8,2
	0/64	③	**170**	**95**	**2107**	130	2067	1 : **0,79** : 12,2	**190**	**110**	**2050**	145	2010	1 : **0,78** : 8,2
		④	**190**	**90**	**2070**	150	2010	1 : **0,78** : 10,6	**207**	**105**	**2015**	165	1955	1 : **0,79** : 9,4
B 15 mit **CEM 32,5** oder **32,5 R**	0/8	③	**288**	**95**	**1880**	175	1800	1 : **0,60** : 6,3	**325**	**117**	**1803**	195	1725	1 : **0,61** : 5,3
		④	**325**	**105**	**1805**	200	1712	1 : **0,61** : 5,3	**360**	**130**	**1745**	220	1655	1 : **0,61** : 4,6
	0/16	③	**265**	**80**	**2070**	157	1903	1 : **0,59** : 7,2	**297**	**102**	**1898**	175	1825	1 : **0,58** : 6,1
		④	**297**	**85**	**1915**	175	1825	1 : **0,58** : 6,1	**330**	**108**	**1833**	195	1745	1 : **0,59** : 5,3
	0/32	③	**240**	**85**	**2030**	145	1970	1 : **0,60** : 8,2	**270**	**103**	**1960**	160	1903	1 : **0,59** : 7,1
		④	**270**	**85**	**1978**	160	1903	1 : **0,59** : 7,1	**300**	**107**	**1896**	180	1823	1 : **0,60** : 6,1
B 15 mit **CEM 42,5** oder **42,5 R**	0/8	③	**265**	**93**	**1907**	175	1825	1 : **0,66** : 6,9	**297**	**117**	**1823**	195	1745	1 : **0,65** : 5,9
		④	**297**	**105**	**1828**	200	1733	1 : **0,67** : 5,8	**330**	**130**	**1745**	220	1655	1 : **0,66** : 5,0
	0/16	③	**240**	**80**	**2000**	157	1925	1 : **0,65** : 8,0	**270**	**100**	**1925**	175	1850	1 : **0,64** : 6,9
		④	**270**	**82**	**1943**	175	1850	1 : **0,64** : 6,9	**300**	**105**	**1868**	195	1778	1 : **0,65** : 5,9
	0/32	③	**215**	**85**	**2048**	145	1988	1 : **0,67** : 9,2	**243**	**102**	**1985**	160	1927	1 : **0,65** : 7,9
		④	**243**	**83**	**2005**	160	1927	1 : **0,65** : 7,9	**270**	**105**	**1925**	180	1850	1 : **0,66** : 6,9
B 25 mit **CEM 32,5** oder **32,5 R**	0/8	③	**336**	**95**	**1848**	175	1786	1 : **0,52** : 5,3	**372**	**120**	**1760**	195	1683	1 : **0,52** : 4,5
		④	**372**	**108**	**1762**	200	1670	1 : **0,53** : 4,5	**408**	**133**	**1672**	220	1585	1 : **0,53** : 3,5
	0/16	③	**308**	**82**	**1940**	157	1865	1 : **0,50** : 6,1	**340**	**103**	**1862**	175	1790	1 : **0,51** : 5,3
		④	**340**	**85**	**1880**	175	1790	1 : **0,51** : 5,3	**375**	**110**	**1792**	195	1707	1 : **0,52** : 4,6
	0/32	③	**280**	**87**	**1993**	145	1935	1 : **0,51** : 6,9	**310**	**105**	**1925**	160	1868	1 : **0,51** : 6,0
		④	**310**	**85**	**1943**	160	1868	1 : **0,51** : 6,0	**340**	**108**	**1862**	180	1790	1 : **0,52** : 5,3
B 25 mit **CEM 42,5** oder **42,5 R**	0/8	③	**308**	**95**	**1870**	175	1790	1 : **0,56** : 5,8	**340**	**118**	**1787**	195	1710	1 : **0,57** : 5,0
		④	**340**	**107**	**1788**	200	1695	1 : **0,58** : 5,0	**375**	**130**	**1705**	220	1615	1 : **0,58** : 4,3
	0/16	③	**280**	**82**	**1965**	157	1890	1 : **0,56** : 6,8	**310**	**102**	**1888**	175	1815	1 : **0,56** : 6,2
		④	**310**	**85**	**1995**	175	1815	1 : **0,56** : 6,2	**340**	**107**	**1822**	195	1725	1 : **0,57** : 5,1
	0/32	③	**252**	**85**	**2015**	145	1955	1 : **0,57** : 7,6	**280**	**103**	**1952**	160	1895	1 : **0,57** : 6,8
		④	**280**	**85**	**1970**	160	1895	1 : **0,57** : 6,8	**305**	**107**	**1890**	180	1818	1 : **0,59** : 6,0

Legende: (hellblau) nur für unbewehrten Beton — (weiß) auch für Stahlbeton — (dunkelblau) Mindest-Zementgehalte für

3 Beton, KR : weich und **Fließbeton, KF** (m. FM-Zusatz)

Zement	Zuschläge feucht		Zuschläge trocken		Mischungsverhältnis (trockener Zuschlag)
Z ≥ kg/m³	**W** *l*/m³	**G** kg/m³	**W** *l*/m³	**G** kg/m³	**z** : **w** : **g** kg : kg : kg **w** ≙ W/Z-Wert
Sp. 16	17	18	19	20	21
253 **285**	**120** **128**	**1890** **1817**	193 215	1818 1730	1 : **0,76** : 7,2 1 : **0,75** : 6,1
230 **260**	**118** **128**	**1955** **1877**	175 200	1897 1805	1 : **0,76** : 8,2 1 : **0,76** : 6,9
207 **235**	**120** **123**	**2007** **1950**	160 180	1967 1892	1 : **0,77** : 9,5 1 : **0,76** : 8,1
360 **395**	**140** **155**	**1715** **1645**	215 240	1640 1560	1 : **0,59** : 4,6 1 : **0,60** : 3,9
330 **363**	**123** **132**	**1822** **1743**	193 215	1752 1660	1 : **0,58** : 5,3 1 : **0,59** : 4,8
300 **330**	**120** **130**	**1890** **1820**	175 300	1835 1745	1 : **0,58** : 6,2 1 : **0,60** : 5,3
330 **363**	**140** **155**	**1742** **1656**	215 240	1667 1570	1 : **0,65** : 5,1 1 : **0,66** : 4,3
300 **330**	**123** **130**	**1845** **1778**	193 215	1775 1693	1 : **0,64** : 5,9 1 : **0,65** : 5,1
270 **297**	**120** **130**	**1920** **1845**	175 200	1863 1773	1 : **0,64** : 6,9 1 : **0,67** : 6,0
408 **455**	**143** **158**	**1670** **1575**	215 240	1598 1492	1 : **0,52** : 3,9 1 : **0,52** : 3,3
375 **418**	**125** **135**	**1780** **1697**	193 215	1712 1617	1 : **0,51** : 4,6 1 : **0,51** : 3,9
340 **380**	**120** **132**	**1855** **1768**	175 200	1802 1700	1 : **0,51** : 5,3 1 : **0,52** : 4,5
375 **418**	**142** **155**	**1700** **1610**	215 240	1627 1525	1 : **0,57** : 4,3 1 : **0,57** : 3,7
340 **380**	**123** **133**	**1810** **1730**	193 215	1740 1648	1 : **0,56** : 5,1 1 : **0,56** : 4,3
305 **342**	**120** **130**	**1985** **1802**	175 200	1830 1733	1 : **0,57** : 6,0 1 : **0,58** : 5,1

Rezeptbeton n. DIN 1045, → **5**

4 Wasserundurchlässiger Beton BI

Zuschläge Korn-Ø mm	Beton-Konsistenz ↓	↓	Zement **Z** ≥ kg/m³	Zuschläge feucht **W** *l*/m³	**G** kg/m³	Zuschläge trocken **W** *l*/m³	**G** kg/m³	Mischungsverhältnis (trockener Zuschlag) **z** : **w** : **g** kg : kg : kg **w** ≙ W/Z-Wert
22	23	24	25	26	27	28	29	30
0/16	③	KP KR	**400** **400**	**115** **130**	**1835** **1795**	185 200	1765 1725	1 : **0,46** : 4,4 1 : **0,50** : 4,3
0/32	③	KP KR	**350** **350**	**110** **125**	**1915** **1875**	165 180	1660 1820	1 : **0,47** : 5,3 1 : **0,51** : 5,2

5 Mindest-Zementgehalte für Beton BI
bei 32 mm Größtkorn und CEM 32,5 für Bereiche ③ u. (④)

Festigkeitsklasse und Verwendungsbereich des Betons	kg Zement je m³ fertig verdichteten Betons für Konsistenz KS	KP	KR
B 5 } nur unbewehrt	140 (160)	160 (180)	–
B 10 } nur unbewehrt	190 (210)	210 (230)	–
B 15	240 (270)	270 (300)	300 (330)
B 25 allgemein	280 (310)	310 (340)	340 (380)
B 25 f. Außenbauteile	300 (320)	320 (350)	350 (380)

Abweichungen im Mind.-Zementgehalt bei anderem Korn-Ø:	**Abweichungen** bei anderer Zementfestigkeit:	**Max. W/Z-Werte:**
0/63 mm .... – 10 % 0/16 mm .... + 10 % 0/8 mm .... + 20 %	CEM 42,5 .. – 10 % (Z 25) .... + 15 %	Außenbaut.: 0,60 Stahlbeton: B 25 .... 0,65 ≥ B 35 0,75

6 Höchstzulässiger Gehalt in kg/m³ an

Zementgehalt in kg/m³	**Mehlkorn** < 0,125	**Mehlkorn und Feinstsand** < 0,25 mm
≤ 300	350	450
350	400	500

Größtkorn-Ø: von 16 bis 32 mm,
wenn " -Ø 8 mm: + 50 kg/m³.
Geradlinig interpolieren!
(Der Zement zählt zum Mehlkorn).
Gefordert für **Außenbauteile** und Beton mit besond. Eigenschaften.

7 Mittlerer Luftgehalt im Frischbeton

Größtkorn-Ø	in V %
8	≥ 5,5
16	≥ 4,5
32	≥ 4,0
63	≥ 3,5

Für Beton mit hohem Frostwiderstand ist zusätzlich wasserundurchlässiger Beton mit frostbeständigen Zuschlägen erforderlich.

Kurzzeichen: **Z** = Zement, **W** = Wasser, **G** = Zuschlag

Zuschlagfeuchten, die in den Spalten 6, 12, 18 und 27 der Betonrezepte zugrunde gelegt wurden:

0/8: bei ③ 4,5 %, bei ④ 5,5 % | **0/32**: bei ③ 3 %, bei ④ 4 %
0/16: bei ③ 4 %, bei ④ 5 % | **0/63**: bei ③ 2 %, bei ④ 3 %

Mischen und Einbringen von Beton

DIN 1045/88

1 Verdichten von Beton mit Innenrüttlern
nach DIN 4235/78

Gültig für **Normalbeton**,
für Leicht- und für Schwerbeton beide Maße Δ) bis zur Hälfte kleiner wählen.
Die Rüttelzeit sollte im Versuch erprobt werden.

Gruppe	Fliehkraft	Ø der Flasche	Δ) Ø des Wirkbereichs	Δ) Abstand des Eintauchst.
1	< 2,5 kN	< 40 mm	30 cm	25 cm
2	2,5…6 kN	40…60 mm	50 cm	40 cm
3	> 6 kN	> 60 mm	80 cm	70 cm

2 Nachbehandeln von Beton-Außenbauteilen

Außentemperatur in °C / Maßnahmen	> 25	25 bis 10	10 bis 5	5 bis 3	< 3
Abdecken mit Folien	X	X	X	X	X
Besprühen m. Dichtfilm	X	X	X		
Benetzen, dauernd feucht halten	X	X			
Holzschalung nässen	X	X			
Stahlschalung vor Sonne schützen	X	X			
Wärmedämmung aufl.				X *)	X *)
Umschließen d. Bauteils mit beheiztem Zelt					X *)

*) Nachbehandlung um die Zahl der Frosttage verlängern. Ausschalungsfristen, → 4 S. 216.

3 Dauer der Nachbehandlung
in Abhängigkeit vom Wetter in Tagen:

Sonneneinstrahlung ↓	Windanfall	relative Luftfeuchte	Außentemperatur, → 2 25 bis 10 °C			10 bis 5 °C		
			Festigkeitssteigerung d. Betons. ♦): **s** = schnell, **m** = mittel, **l** = langsam					
			s	**m**	**l**	**s**	**m**	**l**
mäßig	schwach	≥ 80 %	≥ 1	≥ 2	≥ 3	≥ 2	≥ 3	≥ 4
mäßig	mittel	≥ 50 %	≥ 2	≥ 3	≥ 4	≥ 3	≥ 5	≥ 6
stark	stark	< 50 %	≥ 2	≥ 4	≥ 5	≥ 4	≥ 8	≥ 10

♦) Beispiele für Steigerung der Betonfestigkeit:

schnell: CEM 42,5 R und 52,5 u. W/Z < 0,50

mittel: CEM 32,5 R, 42,5 u. 52,5 u. W/Z = 0,50…0,60
CEM 32,5 u. W/Z < 0,50

langsam: ZEM 32,5 u. W/Z = 0,50…0,60
ZEM III 32,5-NW HS u. W/Z < 0,50

Ausschalfristen in Abhängigkeit von Bauteilart, Zement und Temperatur, → 4 S. 216.

4 Die Stoffraumrechnung

Mit ihr kann der Raum, den Zement, Zuschlag, Wasser und Luft je in 1 m³ verdichtetem Frischbeton einnehmen, ermittelt werden.

Beispiel: Ein B 25 soll als B I gemischt werden aus CEM 32,5 R u. Zuschlag nach Beispiel 4 von S. 204, Größtkorn 32 mm in Konsistenz KP.

Zu berechnen ist die Mischertafel für einen 750 *l* Mischer, → 2 S. 209, 50 G % Sand u. 50 G % Kies werden getrennt in den Mischer gegeben. Die Sieblinie liegt im Bereich ❸, früher „günstig".

Zeichen:

Z = Zementmenge in kg
G = Zuschlagmeng. in kg
W = Wassermenge (gesamt) in *l*
P = Luftporenraum in *l*
ϱ_Z = Zement-Reindichte kg/*l*
ϱ_{RG} = Zuschlag-Kornrohdichte [1] kg/*l*

Mengen pro m³:

Zementmenge, gewählt: 310 kg/m³, → 2 S. 212
Wassermenge, geschätzt: 165 *l*/m³ für W/Z = 0,53
Porenraum, angenommen: 15 *l*/m³ (gut verdichtet)

Grundformel:

$$1000\,l\text{ Frischbeton} = \frac{G}{\varrho_{RG}} + \frac{Z}{\varrho_Z} + W + P$$

$$1000\,l\text{ Frischbeton} = \frac{G}{2{,}6\text{ kg}/l} + \frac{310\text{ kg}}{3{,}1\text{ kg}/l} + W + P$$

$$1000\,l\text{ Frischbeton} = \frac{G}{2{,}6\text{ kg}/l} + 100\,l + 165\,l + 15\,l$$

$$G = (1000\,l - 280\,l) \cdot 2{,}60\text{ kg}/l$$

$$G = \underline{\underline{1872\text{ kg}}}$$

$$G = 936\text{ kg Sand} + 936\text{ kg Kies}$$

Nach 2 S. 209 sind 2 Mischungen/m³ erforderlich.

Mischertafel für trockenen Zuschlag:
155 kg Z + 83 *l* W + 468 kg Sand + 468 kg Kies

Mischertafel für feuchten Zuschlag:
(Wenn Sand-Eigenfeuchte 5 G %.
5 % von 468 kg = 23 kg) W = 83 – 23 = 60 *l*
155 kg Z + 60 *l* W + 491 kg Sand + 468 kg Kies

1 m³ Frischbeton wiegt:
310 kg + 165 kg + 1872 kg = 2347 kg

Ein 20 cm Würfel (8 *l*) muss 2,35 · 8 ≈ 19 kg wiegen,
ein 15 cm Würfel (3,38 *l*) ≈ 2,35 · 3,38 ≈ 8 kg wiegen.

Die Würfelgewichte können zur Kontrolle der Betongüte dienen.

Leichtzuschläge sollten nach Rt zugemessen werden, weil sie unterschiedlich Wasser saugen.
Beispiel: Statt der 468 kg Naturkies 8/32 (s. oben) mit der Schüttdichte 1,7 kg/*l* (→ 1 S. 209) soll Blähtonkies 8/25 (Schüttdichte trocken 0,6 kg/*l*) zugemischt werden.
468 kg Naturkies ≙ 468 : 1,7 = 275 *l* Blähtonkies.

[1] Zem.-Reindichte, → S. 148. Kornrohd., → 1 S. 209.

Frischbetondruck

DIN 18218/80

Der Frischbetondruck auf lotrechte Schalungen abhängig von Konsistenz u. Betoniergeschwindigkeit

Grafische Darstellung:

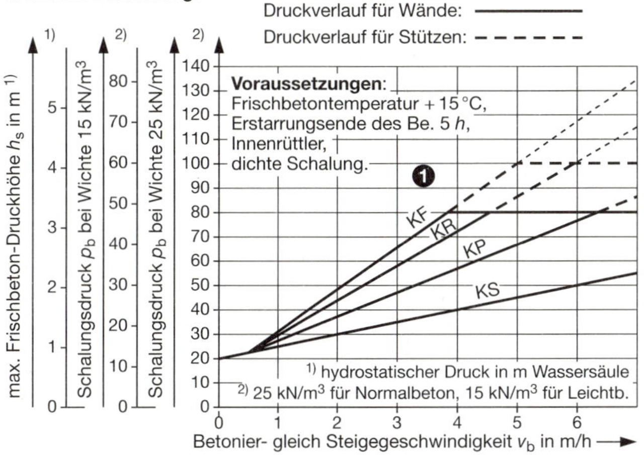

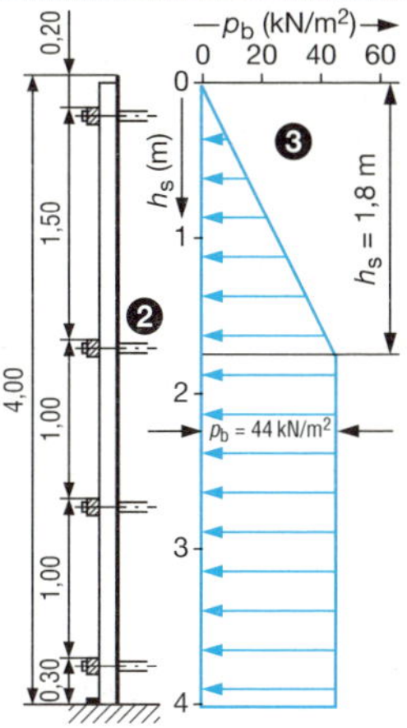

Beispiel: Eine 4 m hohe Wand soll mit Normalbeton KR (Frischbeton-Wichte 25 kN/m³) in 2 Stunden betoniert werden.
Betonier-Geschwindigkeit = 4 m : 2 h = 2 m/h.
Bei 2 m/h ablesen: Frischbetondruck p_b = 44 kN/m²,
max. Druckhöhe h_s = 1,8 m.
Die Druckverteilung nach ❸ ergibt sich, wenn die Wandschalung voll mit Beton gefüllt ist.

Wenn mit VZ das Erstarren verzögert wird, dann die in ❶ abgelesenen Werte multiplizieren mit folgenden Faktoren:

Verzögerung	bei Konsistenz KS	KP	KR, KS
um 5 h	1,15	1,25	1,40
um 15 h	1,45	1,80	2,15

Bemessen unbewehrter Betonbauteile

DIN 1045/88

Der **Druckfestigkeits-Rechenwert β_R** (→ **2** S. 206) berücksichtigt die geringere Betonfestigkeit unter Dauerbelastung. Es darf höchstens die Festigkeit von B 35 ausgenutzt werden.
Als **Sicherheitsbeiwert γ** gilt **2,1**.

Der Einfluss der **Schlankheit** und einer ungewollten **Ausmitte** e_u des Lastangriffs wird durch d. **Schlankheitsbeiwert $\varkappa$** für Stützen und Wände mit rechtwinkligem Grundriss erfasst.
Für ≤ B 10 ist nur Schlankheit $\lambda \leq 20$ zulässig.

ungewollte Ausmitte $e_u = \frac{s_K}{300}$ in cm

Schlankheitsgrad $\lambda = \frac{s_K}{\min i} = \frac{s_K \cdot \sqrt{12}}{\min d} = \frac{s_K}{0{,}29 \cdot \min d}$

zulässige Last $\text{zul } N = \frac{A \cdot \beta_R \cdot \varkappa}{\gamma}$

Dazu → S. 74 u. Mindest-Wanddicken **3**, **4** S. 208.

Schlankheitsbeiwerte $\varkappa$

$\frac{e_u}{\min d}$	für Schlankheitsgrad λ 20	25	30	35	40	45	50	55	60
0,30	0,77	0,71	0,65	0,60	0,54	0,48	0,43	0,37	0,31
0,25	0,78	0,73	0,68	0,62	0,57	0,52	0,46	0,41	0,36
0,20	0,80	0,75	0,70	0,65	0,60	0,55	0,50	0,45	0,40
0,15	0,81	0,76	0,72	0,67	0,63	0,58	0,53	0,49	0,44
0,10	0,83	0,78	0,74	0,70	0,66	0,61	0,57	0,53	0,49
0,05	0,84	0,80	0,76	0,72	0,69	0,65	0,61	0,57	0,53
0	0,86	0,82	0,79	0,75	0,71	0,68	0,64	0,61	0,57

Beispiel: Stütze aus unbewehrtem B 15, zul N?
$h = s_K = 2{,}50$ m, $d = 30$ cm, $b = 40$ cm.

$$\lambda = \frac{250 \text{ cm}}{0{,}29 \cdot 30 \text{ cm}} = 28{,}7 \approx 30 < 40$$

$$\beta_R = 10{,}5 \frac{\text{N}}{\text{mm}^2} = 1{,}05 \frac{\text{kN}}{\text{cm}^2}$$

$$e_u = \frac{250 \text{ cm}}{300} = 0{,}83 \text{ cm} \qquad \frac{e_u}{d} = \frac{0{,}83 \text{ cm}}{30 \text{ cm}} = 0{,}03$$

$$\text{zul } N = \frac{30 \text{ cm} \cdot 40 \text{ cm} \cdot 1{,}05 \text{ kN} \cdot 0{,}77}{2{,}1 \cdot \text{cm}^2} = 462{,}0 \text{ kN}$$

$$-\text{Eigenlast} = 0{,}3 \text{ m} \cdot 0{,}4 \text{ m} \cdot 2{,}5 \text{ m} \cdot 23 \text{ kN/m}^3 = -\ 6{,}9 \text{ kN}$$

Nutzlast = 455,1 kN

Stahlbeton

DIN 1045/88

Stahlbeton = bewehrter Beton

Stahlbetonbalken und -platten z. B. sind **Verbundbauteile, in denen die Druckspannungen vom druckfesten Beton** (auch Mauerwerk), die **Zug- u. Schubspannungen vom zugfesten Bewehrungsstahl** aufgenommen werden.

1 In der **Bauzeichnung** und **Baubeschreibung** sind anzugeben:

1. Festigkeit und besondere Eigenschaften des verwendeten Betons, → S. 206, 208 und 210.

In **Bewehrungszeichnungen** außerdem:

2. Stahlsorten (→ S. 222), Anzahl, Ø, Form u. Lage d. Bewehrungsstäbe, ihr Abstand, Rüttellücken, Verankerungs- und Übergreifungslängen.
3. Baustellenschweißungen: Anordnung, Schweißzusatzwerkstoffe, Nahtausführung und -abmessung.
4. Das **Nennmaß der Betondeckung** für die Stahleinlagen und für die Bügel, → 1 S. 217.
5. Mindestdurchmesser der Biegerollen, → S. 218.

Für den **Einbau von Fertigteilen** sind anzugeben:

6. Auf der Baustelle zusätzlich zu legende Bewehrung in besonderer Darstellung.
7. Erforderliche Druckfestigkeit des Betons zur Zeit des Transports und des Einbaues.
8. Gewicht jedes Fertigteiles.
9. Maßtoleranzen des Fertigteiles und der Unterkonstruktion, Mindest-Länge der Auflagerung.
10. Aufhängung bzw. Auflagerung für Transport und Einbau. Falls erforderlich, noch:
11. Verlegepläne mit Positionsliste.
12. Abstützung der Fertigteile beim Einbau.

2 **Anzeigen** an die bauüberwachende Behörde, möglichst 48 Stunden vor Beginn der Arbeit:

1. Für Baustellenbeton das Vorliegen einer schriftlichen Anweisung auf der Baustelle für die Herstellung des Betons, → S. 207, 214.
2. Beginn des Betonierens, auf Verlangen jedes Geschosses, Wiederbeginn n. längerer Unterbrech.
3. Wenn Beton B II verwendet wird (→ S. 207), die fremdüberwachende Stelle.
4. Beginn des Einbaues von Fertigteilen und der Herstellung von Verbindungen, die für die Gesamttragwirkung wichtig sind.
5. Beginn wesentlicher Schweißarbeiten.

2 **Bautagebuch**: Vordrucke verwenden; ≥ 5 Jahre aufbewahren.

Einzutragen sind alle Angaben über:

1. Zeitabschnitte zu 2 2 bis 5 und zu 4,
2. Lieferungen, Lieferanten, Lieferschein-Nr.,
3. Temperaturen zu 4,
4. Zusammensetzung und Verwendung des Betons,
5. Probekörper und Prüfungen, → S. 206, 207, 210.

Erforderliche Temperatur des frischen Betons:
Bei Lufttemperaturen zwischen + 5 und – 3 °C muss d. Betontemperatur beim Einbringen ≥ 5°C betragen, bei < 240 kg/m^2 Zementgehalt ≥ 10 °C.
Bei Lufttemperaturen unter – 3 °C muss die Betontemperatur beim Einbringen ≥ 3 Tage lang ≥ 10 °C betragen oder er ist ausreichend zu schützen.

4 **Ausschalfristen** (Anhaltswerte):

für Zement-festigkeits-klasse	1 seitliche Schalung der Balken u. Schalung der Wände, Säulen oder Pfeiler	2 Schalung der Deckenplatten	3 Stützg. d. Balken u. weitgesp. Deckenplatten
CEM 32,5	3 Tage	8 Tage	20 Tage
CEM 32,5 R u. 42,5	2 Tage	5 Tage	10 Tage
CEM 42,5 R u. 52,5	1 Tag	3 Tage	6 Tage

Die Werte der Spalten 2 und 3 gelten auch für Montagestützen unter Fertigteilen, deren Tragfähigkeit vom Ortbeton abhängig ist.

Alle Tabellenwerte sind nur gültig, wenn die **Betontemperatur stets mindestens + 5 °C** war und der Beton ausreichend erhärtet ist. Vorsicht ist bei Bauteilen angebracht, die nach dem Ausschalen die volle rechnungmäßige Last tragen müssen.

Fristen verlängern, unter Umständen verdoppeln, wenn die Betontemperatur überwiegend unter + 5 °C lag. Frostzeiten sind hinzuzuzählen, wenn der Beton nicht ausreichend wärmegeschützt ist.

Hilfsstützen so lange wie möglich stehen lassen: unter Balken u. Platten mit 3 bis 8 m Stützweite eine, mittig, in den Geschossen übereinander.

5 **Schutzmaßnahmen bei Frostgefahr**

Sie sind abhängig von den Witterungsbedingungen, den Ausgangsstoffen, der Beton-Zusammensetzung sowie von der Art und den Maßen der Bauteile und der Schalung:

An **gefrorene Bauteile** darf nicht anbetoniert werden. Durch Frost geschädigter Beton ist vor dem Weiterbetonieren zu entfernen. Gefrorener Zuschlag darf nicht verwendet werden.

Wenn nötig, sind **bei Frostgefahr Wasser und/oder Betonzuschlag vorzuwärmen**, wobei die Frischbetontemperatur im allgemeinen ≤ 30 °C sein sollte. Mehr als 70 °C heißes Wasser ist zuerst mit dem Betonzuschlag zu mischen, bevor Zement zugegeben wird. Bei feingliedrigen Bauteilen sollte der Zementgehalt erhöht und/oder Zement einer höheren Festigkeitsklasse verwendet werden.

Die **Wärmeverluste** des eingebrachten Betons sind möglichst gering zu halten, z. B. durch wärmedämmendes Abdecken der luftberührten frischen Betonflächen, Verwenden wärmedämmender Schalungen, späteres Ausschalen, Umschließen d. Arbeitsplatzes oder durch Wärmezufuhr. Dabei darf dem Beton das zum Erhärten notwendige Wasser nicht entzogen werden.

Betondeckung der Bewehrung

DIN 1045/88

1. Allgemeine Bestimmungen

Die Bewehrungsstäbe müssen zur Sicherung des Verbundes, des Korrosionsschutzes und zum Schutz gegen Brandeinwirkung ausreichend dick und dicht mit Beton ummantelt sein.

Die **Betondeckung** jedes Bewehrungsstabes, auch der Bügel, darf nach allen Seiten die **Mindestmaße min *c*** nach **1** nicht unterschreiten.
Zur Sicherung dieser Mindestmaße sind dem Entwurf und der Ausführung die **Nennmaße nom *c*** zugrunde zu legen.

1 **Erforderliche Betondeckungen nach gegebenen Umweltbedingungen**	Stabdurchmesser d_s in mm	Mindestmaße für ≥ B 25 min *c* in cm	**Nennmaße** für ≥ B 25 **nom *c*** in cm
1. **Bauteile in geschlossenen Räumen**, z. B. in Wohnungen (einschließlich Küche, Bad und Waschküche), Büroräumen, Schulen, Krankenhäusern, Verkaufsstätten – soweit nicht i. Folgenden etwas anderes gesagt ist. **Bauteile, die ständig trocken sind.**	bis 12 14, 16 20 25 28	1,0 1,5 2,0 2,5 3,0	**2,0** **2,5** **3,0** **3,5** **4,0**
2. **Bauteile, ständig oder häufig der Außenluft ausgesetzt,** z. B. offene Hallen und Garagen, auch unter wasserdichter Dachhaut. **Bauteile ständig unter Wasser oder im Boden.**	bis 20 25 28	2,0 2,5 3,0	**3,0** **3,5** **4,0**
3. **Bauteile im Freien** oder in geschlossenen Räumen mit oft auftretender, sehr hoher Luftfeuchte bei üblicher Raumtemperatur, z. B. in gewerblichen Küchen, Bädern u. in Ställen. **Bauteile, d. wechselnder Durchfeuchtung ausgesetzt sind**, z. B. häufiger Tauwasserbildung oder in der „Wasserwechselzone". **Bauteile, „schwachem" chemischen Angriff** nach DIN 4030 **ausgesetzt.**	bis 25 28	2,5 3,0	**3,5** **4,0**
4. **Bauteile, d. besonders korrosionsfördernden Einflüssen** auf Stahl oder Beton ausgesetzt sind, z. B. durch häufige Einwirkung angreifender Gase oder Tausalze (Sprühnebel- oder Spritzwasser) **oder „starkem" chemischen Angriff ausgesetzt.**	bis 28	4,0	**5,0**

Die **Nennmaße entsprechen den Verlegemaßen** der Bewehrung, die min ***c*** + 1 cm Vorhaltemaß entsprechen. Werden bes. Maßnahmen zum Einhalten der Betondeckung getroffen, z. B. eine bestimmte Anzahl und Anordnung der Abstandshalter und deren Kontrolle, darf das Vorhaltemaß 0,5 cm betragen.

Bei **Beton ≥ B 35** dürfen Mindest- u. Nennmaße um 0,5 cm verringert werden, die Mindestmaße dürfen jedoch nicht kleiner als der Stab-Ø und nicht kleiner als 1,0 cm sein.

Das **Nennmaß der Betondeckung** ist auf den Bewehrungszeichnungen anzugeben und dem Standsicherheitsnachweis zugrunde zu legen.

An **Flächen von Stahlbeton-Fertigteilen** an die Ortbeton ≥ B 25 anbetoniert wird, darf im Fertigteil u. im Ortbeton das Mindestmaß der Betondeckung der Bewehrung auf die Hälfte der Werte nach **1**, höchstens jedoch auf 1,0 cm, bei Fertigteilen m. statisch mitwirkender Ortbetonschicht auf 0,5 cm verringert werden.

Bei Beton B 15, der unter Umweltbedingungen 1 nach **1** zulässig ist, sind bei Stabdurchmessern $d_s \leq 12$ mm: min *c* = 1,5 cm und nom *c* = 2,5 cm anzusetzen. Für größere Durchmesser gelten die entsprechenden Werte nach Tab. **1**, Zeile 1.

Schichten aus natürlichen o. künstlichen Steinen, Holz o. Beton m. haufwerkporigem Gefüge dürfen nicht auf die Betondeckung angerechnet werden!

2. Vergrößerung der Betondeckung

Die in **1** u. i. d. vorhergehenden Bemerkungen genannten Mindest- und Nennmaße der Betondeckung sind bei Beton mit einem **Größtkorn von mehr als 32 mm um 0,5 cm zu vergrößern**.
Sie s. ebenfalls um 0,5 cm zu vergrößern, wenn die Gefahr besteht, dass der noch n. hinreichend erhärtete Beton durch mech. Einwirkungen beschädigt wird.
Eine Vergrößerung kann auch aus anderen Gründen, z. B. aus **Forderungen des Brandschutzes** nach DIN 4102, notwendig sein.
Bei bes. dicken Bauteilen, bei **Betonflächen aus Waschbeton** oder bei Flächen, die z. B. **gesandstrahlt, steinmetzmäßig bearbeitet** o. **durch Verschleiß stark abgenutzt** werden, ist die Betondeckung darüber hinaus angemessen zu vergrößern. Dabei ist d. Tiefenwirkung d. Bearbeitung u. die durch sie verursachte Gefügestörung zu berücksichtigen.

Schutzschichten oder dauerhafte Bekleidungen mit dichten Schichten können die Forderungen nach den Umweltbedingungen 3 und 4 auf die nach Bedingung 2 herabsetzen.

Bewehrungsrichtlinien I

DIN 1045/88

1. Lichter Abstand

Lichter Abstand gleichlaufender Bewehrungsstäbe: $\geq d_s \geq 2$ cm.

2. Biegungen

2.1 Zulässige Biegerollendurchmesser

1 Mindest-Biegerollendurchmesser d_{br} in Haken, Winkelhaken, Schlaufen u. Bügeln:

wenn $d_s < 20$ mm	$4\,d_s$
wenn d_s 20 bis 28 mm	$7\,d_s$
in Aufbiegungen und Rahmenecken [1]	
wenn seitliche Betondeckung > 5 cm und $> 3\,d_s$	$15\,d_s$ [2]
wenn seitliche Betondeckung ≤ 5 cm und $\leq 3\,d_s$	$20\,d_s$

[1] Werte mal 1,5 für die inneren Stäbe, wenn mehrere Bewehrungslagen an einer Stelle abgebogen werden.

[2] $d_{br} = 10\,d_s$ bei vorwiegend ruhender Belastung, wenn Betondeckung ⊥ zur Krümmungsebene und Achsabstand ≥ 10 cm und $\geq 7\,d_s$.

2.2 Biegen geschweißter Bewehrungen

Die Werte in **1** gelten nur, wenn der Abstand zwischen Krümmungsbeginn und Schweißstelle mindestens $4\,d_s$ beträgt.
Dieser Abstand darf unterschritten, bzw. kann im Schweißbereich gebogen werden, wenn bei vorwiegend ruhender Belastung der Biegerollen-Durchmesser mindestens $20\,d_s$ beträgt.

2.3 Hin- und Zurückbiegen

Beim **Kaltbiegen** ist Folgendes zu beachten:

a) Der Stab-Ø d_s darf höchstens 14 mm sein. Ein Mehrfachbiegen, bei dem das Hin- u. Zurückbiegen an derselben Stelle wiederholt wird, ist nicht zulässig.

b) Bei vorwiegend ruhender Belastung muss der Biegerollen-Ø beim Hinbiegen mindestens das 1,5-fache der Tabellenwerte betragen und die Bewehrung darf höchstens zu 80 % ausgenutzt werden.

3. Zulässige Grundwerte der Verbundspannungen

2 Zul τ_1 in N/mm² für die

im Verbundbereich	Beton-Festigkeitsklassen B 15	B 25	B 35	B 45	B 55
I	1,4	1,8	2,2	2,6	3,0
II	0,7	0,9	1,1	1,3	1,5

Verbundbereich I gilt für

- alle Stäbe, die zwischen 45° und 90° gegen die Waagerechte geneigt sind,
- ≤ 45 geneigte Stäbe, die ≤ 25 cm über der Unterseite des Frischbetons oder ≥ 30 cm unter der Oberseite des Bauteils liegen.

Verbundbereich II gilt für

- Stäbe, die nicht dem Verbundbereich I zuzuordnen sind.

4. Verankerungen

3 Art und Ausbildung der Verankerung	**Beiwerte α_1** Zugstäbe	Druckstäbe
a) Gerade Stabenden 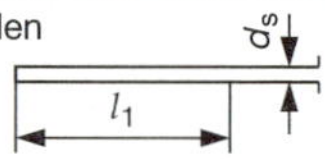	1,0	1,0
b) Haken $ü \geq 5\,d_s$, $\alpha \geq 150°$ 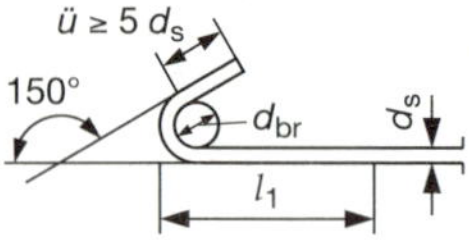 c) Winkelhaken $ü \geq 5\,d_s$, $150° > \alpha \geq 90°$ 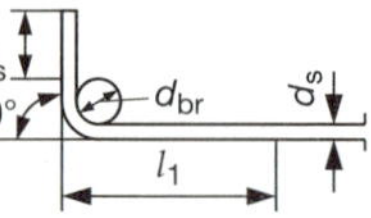 d) Schlaufen 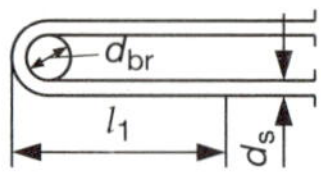	0,7	1,0
e) Gerade Stabenden mit mind. einem angeschweißten Stab innerhalb l_1 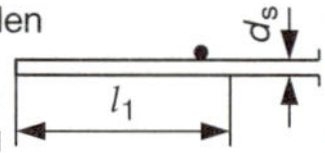	0,7	0,7
b) Haken $ü \geq 5\,d_s$, $\alpha \geq 150°$ 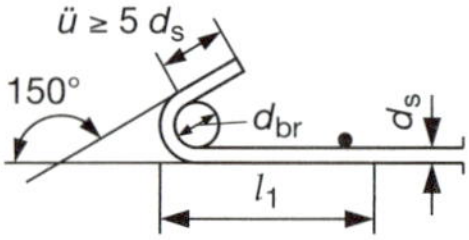 c) Winkelhaken $ü \geq 5\,d_s$, $150° > \alpha \geq 90°$ 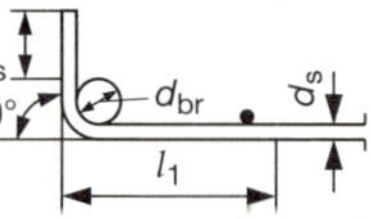 d) Schlaufen (Draufsicht) 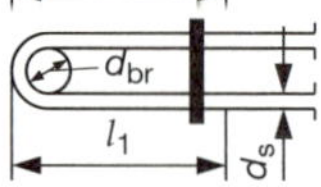 f), g) u. h) mit jeweils mindestens einem angeschweißten Stab innerhalb l_1 vor dem Krümmungsbeginn.	0,5	1,0
i) Betonstahlmatten, bei Einzelstäb. ≤ 16 mm bzw. Doppelstäben ≤ 12 mm mit Stababständ. $s_{qn} < 10$ cm bzw. $\geq 5\,d_s$ und ≥ 5 cm. 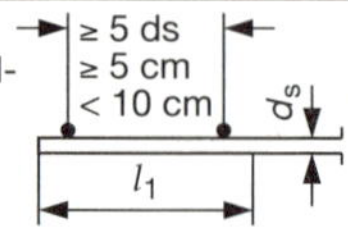	0,5	0,5

4.1 Grundmaß l_0 der Verankerungslänge

l_0 ist die **Verankerungslänge für voll ausgenutzte Bewehrungsstäbe** mit geraden Stabenden.

l_0 für Betonstabstahl und Betonstahlmatten:

$$l_0 = \frac{F_s}{\gamma \cdot u \cdot \text{zul}\,\tau_1} = \frac{d_s}{4 \cdot \text{zul}\,\tau_1} \cdot \frac{\beta_s}{\gamma} = \alpha_0 \cdot d_s$$

Bewehrungsrichtlinien II

DIN 1045/88

F_s = Zug- oder Druckkraft im Bewehrungsstab unter $\sigma_s = \beta_s$,
β_s = Streckgrenze des Betonstahles nach **3** S. 222,
γ = rechnerischer Sicherheitsbeiwert, $\gamma = 1{,}75$,
d_s = Nenndurchmesser des Bewehrungsstahles. Für Doppelstäbe von Betonstahlmatten ist der Durchmesser d_{sV} des querschnittsgleichen Einzelstabes einzusetzen ($d_{sV} = d_s \cdot \sqrt{2}$),
u = Umfang des Bewehrungsstabes,
zul τ_1 = Grundwert der Verbundspannung → **2**, S. 218, wobei zul τ_1 über die Länge l_0 als konstant angenommen wird.

$$\alpha_0 = \frac{\beta_s}{7 \cdot \text{zul}\ \tau_1}$$

Beiwert, abhängig von Betonstahlsorte, Betonfestigkeitsklasse und Lage der Bewehrung.

4.2 Verankerungslänge l_1 für Betonstahl und Betonstahlmatten

$$l_1 = \alpha_1 \cdot \alpha_A \cdot l_0$$

$$l_1 \geq 10\ d_s$$

bei geraden Stabenden mit oder ohne angeschweißtem Querstab

$$l_1 \geq \frac{d_{br}}{2} + d_s$$

bei Haken, Winkelhaken oder Schlaufen mit oder ohne aufgeschweißtem Querstab.

Hierin sind: α_1 = Beiwert zur Berücksichtigung d. Art der Verankerung nach **3** S. 218.

$$\alpha_A = \frac{\text{erf}\ A_s}{\text{vorh}\ A_s}$$

Beiwert,

erf A_s = rechnerisch erf. Bewehrungsquerschnitt,
vorh A_s = vorhandener Bewehrungsquerschnitt,
d_{br} = vorhandener Biegerollendurchmesser.

4.3 Querbewehrung im Verankerungsbereich

a) Im Verankerungsbereich müssen die infolge Sprengwirkung auftretenden örtlichen Querzugspannungen im Beton durch Querbewehrung aufgenommen werden.
b) Bei Platten genügt die vorgeschriebene Querbewehrung, bei Balken die erforderlichen Bügel.

4.4 Ankerkörper, → DIN 1045, Abschnitt 18.5.3.

5. Stöße

5.1 Ausführungen

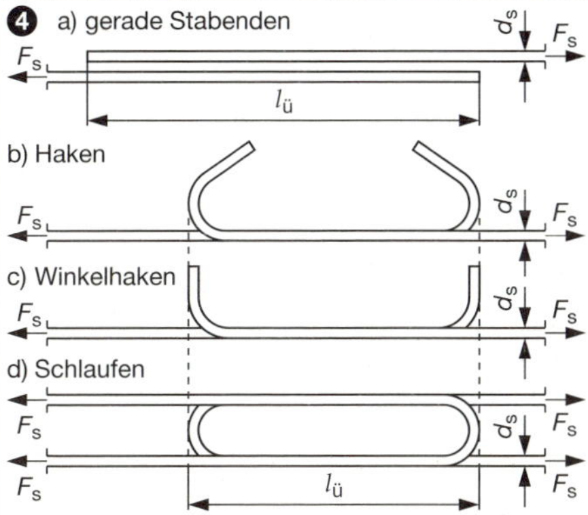

Weitere Ausführungen von Stößen:
e) Verschrauben, f) Verschweißen,
g) Muffenverbindungen, z. B. Pressmuffen,
h) Kontakt der Stabstirnflächen (nur Druckstöße).

5.2 Zulässiger Anteil der gestoßenen Stäbe

Bei a) bis d) dürfen 100 % des Querschnitts einer Lage gestoßen werden. Bei mehreren Lagen dürfen ohne Längsversatz (→ **5**) jedoch höchstens 50 % des gesamten Querschnitts an einer Stelle gestoßen werden, bei Betonstahlmatten → **2** und **4** S. 220. Die Querbewehrung darf zu 100 % gestoßen werden. Verschraubungen u. Verschweißungen erlauben das Stoßen der gesamten Bewehrung in einem Schnitt.

5.3 Übergreifungsstöße mit geraden Stabenden, Haken, Winkelhaken oder Schlaufen

Längsversatz und Querabstand:
Übergreifungsstöße gelten als längsversetzt, wenn der Längsabstand der Stoßmitten mindestens der 1,3-fachen Übergreifungslänge entspricht. Der lichte Querabstand muß Abb. **5** entsprechen.

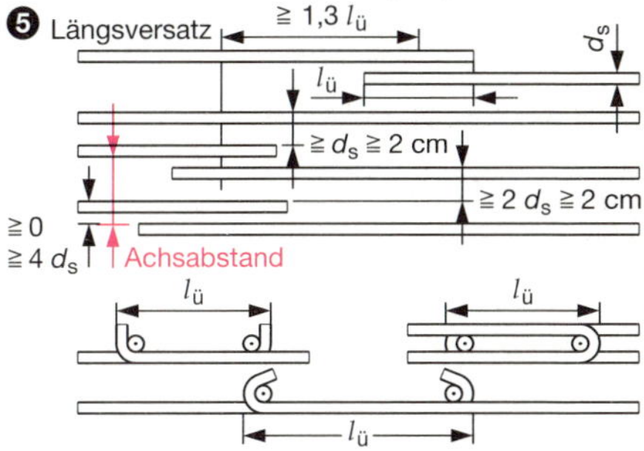

$$l_ü = \alpha_ü \cdot l_1 \quad \begin{cases} \geq 20\ \text{cm in allen Fällen} \\ \geq 15\ d_s \ \text{bei geraden Stabenden} \\ \geq 1{,}5\ d_{br}\ \text{b. Haken, Winkelh. u. Schlaufen} \end{cases}$$

Hierin sind:
$\alpha_ü$ = Beiwert nach **6**, mindestens jedoch 1,0,
l_1 = Verankerungslänge nach 4.2, aber ≥ 0,7,
d_{br} = vorhandener Biegerollendurchmesser.

6 **Beiwerte $\alpha_ü$:** [1)]

1	2	3	4	5	6
Verbundbereich	d_s mm	Anteil der ohne Längsversatz gestoßenen Tragstäbe am Querschnitt einer Bew.-lage ≤ 20 %	> 20 % ≤ 50 %	≤ 20 %	Querbewehrung
I	< 16 ≥ 16	1,2 1,4	1,4 1,8	1,6 2,2	1,0 [2)]
II	75 % der Werte v. Verbundbereich I				1,0

1) Die Beiwerte der Spalten 3 bis 5 dürfen mit 0,7 multipliziert werden, wenn der gegenseitige Achsabstand nicht längsversetzter Stöße (→ **5**) ≥ 10 d_s und bei stabförmigen Bauteilen der Randabstand (→ **5**) ≥ 5 d_s betragen.
2) Querbewehrung bei Lagermatten → S. 221.

5. Stöße (Fortsetzung)

Bei **Druckstößen** muss die Übergreifungslänge $l_ü$ mindestens l_0 nach 4.1 (→ S. 218) betragen. Abminderungen für Haken, Winkelhaken u. Schlaufen sind nicht zulässig.

Querbewehrung im Übergreifungsbereich:
Sie ist hier zur Aufnahme der **Sprengkräfte** erforderlich. Wenn Stab-Ø ≥ 16 mm und > 20 % des Querschnitts einer Bewehrungslage in **einem Schnitt** gestoßen werden, dann ist die Querbewehrung für die Kraft **eines** gestoßenen Stabes zu bemessen u. außen anzuordnen.
Werden in einem Schnitt > 50 % des Querschnitts gestoßen u. beträgt der Achsabstand benachbarter < 10 d_s, muss diese Querbewehrung die Stöße im Bereich der Stoßenden (≈ $l_ü$/3) bügelartig umfassen. Die Bügelschenkel sind mit l_1 oder nach den Regeln für Bügel (→ S. 227) im Bauteilinnern zu verankern. Das bügelartige Umfassen ist nicht erforderlich, wenn der Abstand der Stoßmitten benachbarter Stöße mit geraden Stabenden in Längsrichtung etwa 0,5 $l_ü$ beträgt.
Liegen die Stäbe übereinander, sind die Stöße im Bereich der Stoßenden (≈ $l_ü$/3) bügelartig zu umfassen. Die Bügelschenkel sind für die Kraft aller gestoßenen Stäbe zu bemessen.

❶ Anordnung von Bügeln im Stoßbereich

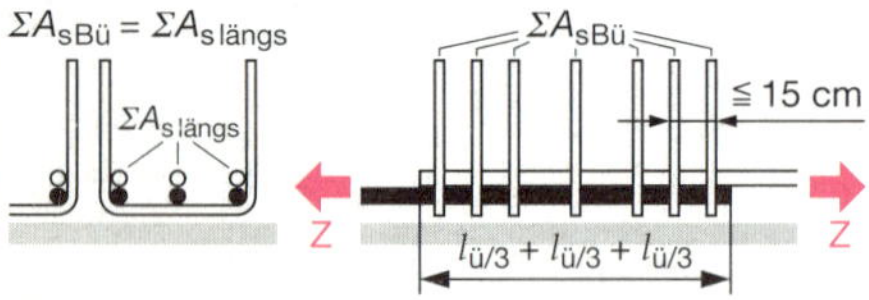

5.4 Übergreifungsstöße von Betonstahlmatten

❷ Stoßausführungen

a) Beim **Ein-Ebenen-Stoß** ist $l_ü$ wie bei Stabstößen nach der Gleichung bei ❺ S. 219, jedoch ohne Berücksichtigung der angeschweißten Querstäbe zu berechnen.
Bei Doppelstabmatten ist der Beiwert $\alpha_ü$ für den, dem Doppelstab querschnittsgleichen Einzelstab-Ø $d_{sV} = d_s \cdot \sqrt{2}$ zu ermitteln.

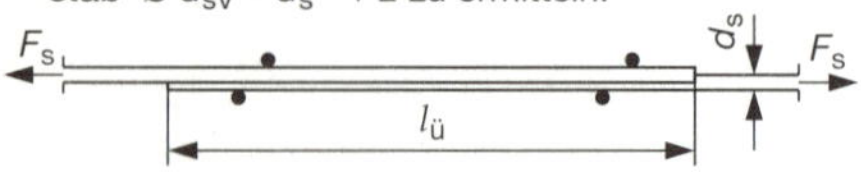

b) Beim **Zwei-Ebenen-Stoß** ohne bügelartige Umfassung der Tragbewehrung sind die Stöße möglichst in Bereichen anzuordnen, in denen die Bewehrung nicht mehr als 80 % ausgenutzt wird. Betonstahlmatten mit einem Bewehrungsquerschnitt a_s ≤ 12 cm²/m dürfen stets in einem Querschnitt gestoßen werden.

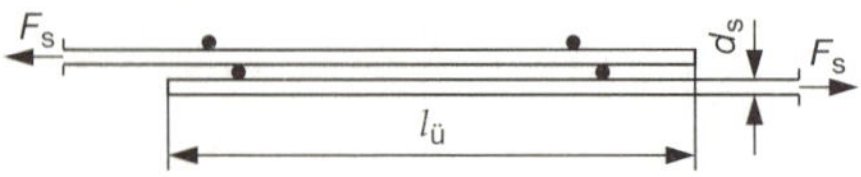

Bei **mehrlagiger Bewehrung** sind die Stöße der einzelnen Lagen stets mindestens um die 1,3-fache Übergreifungslänge in Längsrichtung gegeneinander zu versetzen.
Eine zusätzliche **Querbewehrung** ist im Stoßbereich nicht erforderlich.
Die **Übergreifungslänge $l_ü$** von zugbeansprucht. Betonstahlmatten im **Zwei-Ebenen-Stoß**, → Abb. ❷ b, ist nach der Gleichung bei ❺ S. 219 zu ermitteln, wobei α_1 stets mit 1,0 einzusetzen u. der Beiwert $\alpha_ü$ durch $\alpha_{üm}$ wie folgt, zu ermitteln ist:

Im Verbundbereich I: $\alpha_{üm\,I} = 0{,}5 + \frac{a_s}{7}$ $\geq 1{,}1$, $\leq 2{,}2$

Im Verbundbereich II: $\alpha_{üm\,II} = 0{,}75 \cdot \alpha_{üm\,I} \geq 1{,}0$

Für Lagermatten kann $l_ü$ Tab. ❸ entnommen werden.

❸ Übergreifungsstoß-Längen $l_ü$ in cm für Lagermatten bei B 25 und erf A_s = vorh A_s in Zwei-Ebenen-Zugstößen ohne bügelartige Umfassung

Stab-Ø d_s in mm	Verbundbereich I Stababstand in mm			Verbundbereich II Stababstand in mm		
	150	100 d	150 d *)	150	100 d *)	150 d
5,0	22	31	31	40	57	57
5,5	24	37	34	44	62	62
6,0	27	44	37	48	68	68
6,5	29	53	42	52	80	73
7,0	31	63	49	56	95	79
7,5	33	75	57	60	112	85
8,0	35	87	66	64	131	98
8,5	38	102	76	68	152	114

*) d = Doppelstäbe erforderlich.
[farbig hinterlegt] A_s > 6 cm²/m, nur bei vorwiegend ruhender Belastung zulässig.

Übergreifungsstöße in der Querbewehrung dürfen ohne bügelartige Umfassung als Ein-Ebenen- oder Zwei-Ebenen-Stöße ausgeführt werden. Die Übergreifungslänge $l_ü$ richtet sich nach Tab. ❺, wobei innerhalb von $l_ü$ mindestens zwei sich gegenseitig abstützende Stäbe der Längsbewehrung mit einem Abstand von ≥ 5 d_s bzw. ≥ 5 cm vorhanden sein müssen, (→ ❹).

❹

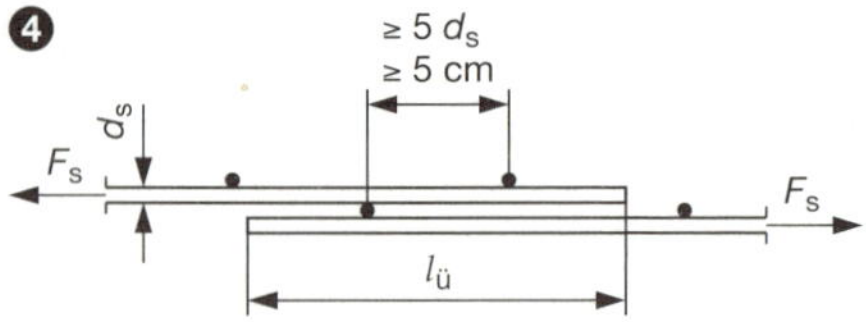

❺ Übergreifungsstöße der Querbewehrung

Stab-Ø der Querbewehrung d_s in mm	erf. Übergreifungslänge $l_ü$ in cm
≤ 6,5	≥ 15
> 6,5 ≤ 8,5	≥ 25
> 8,5 ≤ 12	≥ 35

Betonstahlmatten BSt 500 M – Lagermatten [1]

Matten-Kurzzeichen:
Q = 4 Stäbe
R = 2 Stäbe } Randeinsparung beidseitig [2]
K = 4 Stäbe
In K ist die Querbewehrung 1/5 der Längsbewehrung
N = nicht statische Bewehrung
d = Doppelstabmatten

Benennung einer Lagermatte: Betonstahlmatte BSt 500 M und Bezeichnung, z. B. Q 221.

Matten-Draufsicht, schematisch, Beispiel: Doppelstab-Listenmatte

Anfang (Einzug)

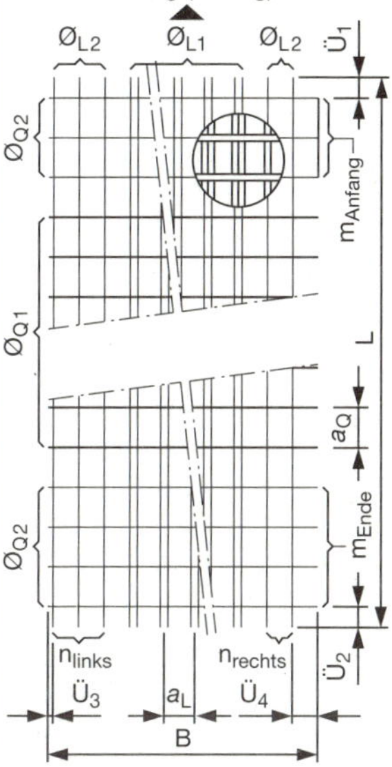

Für die **Benennung einer Listenmatte** (s. Abb.) bei der d. Mattenlänge von 3,00 bis 12,0 m und die Mattenbreite von 1,85 bis 3,00 m, sowie Stababstände und -durchmesser in engen Stufungen wählbar sind, werden über einem Bruchstrich die Abstände und Ø der Längsstäbe oben und die Abstände u. Ø der Querstäbe unterhalb angeschrieben, dazu Zahl n, m und Überstände Ü: [4]

$a_L \cdot Ø_{Li}/Ø_{L2} - n_{links}/n_{rechts}$	L	$Ü_1$	$Ü_2$
$a_Q \cdot Ø_{Q1}/Ø_{Q2} - m_{Anf.}/m_{Ende}$	B	$Ü_3$	$Ü_4$

Beispiel:

150 · 6,0 d/6,0 – 3/2	4,50	150	100
250 · 7,0/5,0 – 3/4	2,30	25	175

Länge / Breite	Randeinsparung in Längsrichtung	Mattenbezeichnung	Stababstände mm (obere Zeile: Längsstäbe, untere Zeile: Querstäbe)	Stab-Ø Innenbereich / Aussenbereich mm	Zahl d. Längsrandstäbe li. / re.	Querschnitt längs / quer cm²/m	Gewichte je Matte kg [3]	Gewichte je m² kg
5,00 / 2,15	ohne	Q 131	150 150	5,0 5,0		1,31 1,31	22,5	2,09
		Q 188	150 150	6,0 6,0		1,88 1,88	32,4	3,01
	mit	Q 221	150 150	6,5/5,0 6,5	4/4	2,21 2,21	33,7	3,14
		Q 295	150 150	7,5/5,5 7,5	4/4	2,95 2,95	44,2	4,12
6,00 / 2,15		Q 377	150 150	6,0 d/6,0 8,5	4/4	3,77 3,78	66,7	6,21
		Q 513	150 150	7,0 d/7,0 8,0	4/4	5,13 5,03	90,0	6,97
		Q 670	150 100	8,0 d/8,0 9,0	4/4	6,70 6,36	115,4	8,94
5,00 / 2,15	ohne	R 188	150 250	6,0 4,0		1,88 0,78	23,3	2,17
		R 221	150 250	6,5 5,5		2,21 0,78	26,1	2,45
	mit	R 295	150 250	7,5/5,5 5,0	2/2	2,95 0,78	29,4	2,73
6,00 / 2,15		R 377	150 250	6,0 d/6,0 4,5	2/2	3,77 0,78	42,6	3,30
		R 378	150 250	8,5/6,0 5,0	2/2	3,78 0,78	42,6	3,30
		R 443	150 250	6,5 d/6,5 5,5	2/2	4,43 0,95	50,2	3,89
		R 513	150 250	7,0 d/7,0 6,0	2/2	5,13 1,13	58,6	4,54
		R 589	150 250	7,5 d/7,5 6,5	2/2	5,89 1,33	67,5	5,24
		K 664	100 250	6,5 d/6,5 6,5	4/4	6,64 1,33	69,6	5,39
		K 770	100 250	7,0 d/7,0 7,0	4/4	7,70 1,54	80,8	6,27
		K 884	100 250	7,5 d/7,5 7,5	4/4	8,84 1,77	92,9	7,20
5,00 / 2,15	ohne	N 94	75 75	3,0 3,0	Glatte Drähte, nur für nichtstatische Zwecke	0,94 0,94	15,9	1,48
		N 141	50 50	3,0 3,0		1,41 1,41	23,7	2,20

[1] Aktualisiert nach Merkblatt vom Institut für Stahlbetonbewehrung e. V., Landsberger Str. 408, 81241 München, 1996.
[2] Einfachstäbe in Doppelstabmatten, dünnere Einfachstäbe in anderen Matten.
[3] Gewichte sind mit Überständen berechnet.
[4] $Ü_1$ = Längsstab-Überstand am Mattenanfang (mm),
$Ü_2$ = Längsstab-Überstand am Mattenende (mm),
$Ü_3$ = Querstab-Überstand am linken Mattenrand,
$Ü_4$ = Querstab-Überstand am rechten Mattenrand.

Betonstahl

DIN 488, T.1/84

1 **Erzeugnisform**		Betonstabstahl		BSt Matten
Beton-stahl-sorte	Kurzname **Kurzzeichen** [1] Werkstoffnummer	BSt 420 S **III S** 1.0428	BSt 500 S **IV S** 1.0438	BSt 500 M **IV M** 1.0466
1. Nenndurchmesser d_s	mm	6 bis 28	6 bis 28	4 bis 12
2. Streckgrenze β_S bzw. 0,2 % Dehngrenze $\beta_{0,2}$	N/mm²	420	500	500
3. Zugfestigkeit β_Z	N/mm²	500	550	550
4. Bruchdehnung	%	10	10	8
5. Unterschreiten von A_S [2]	%	≤ 4	≤ 4	≤ 4
6. Schweißeignung für Verfahren [3]		E, MAG, GP, RA, RP		E, MAG, RP

[1] Für Zeichnungen und statische Berechnungen.
[2] A_S = Nennquerschnitt in cm², siehe Tab. **2**, Spalte „1 Stück".
[3] Kennbuchstaben bedeuten:
E = Metall-Lichtbogenhandschw.,
MAG = Metall-Aktiv-Gasschweißen,
GP = Gaspressschweißen,
RA = Abbrenn-Stumpfschweißen,
RP = Widerstands-Punktschweißen.
[4] Genormt sind nur noch: **gerippte Stäbe** und **geschweißte Matten aus gerippten Stäben**. Glatte (G) und profilierte (P) Stäbe nur für nicht statische Matten. **Als glatter Rundstahl** darf nur **St 37-2** n. DIN 17100 für Sonderzwecke verwendet werden.

2 **Betonstabstahl**			gesamter Nennquerschnitt A_S in cm²											
d_s mm	Gewicht kg/m	Umfang cm	bei Stückzahl 1	2	3	4	5	6	7	8	9	10	11	12
6	0,222	1,89	**0,283**	0,566	0,85	1,13	1,41	1,70	1,98	2,26	2,54	2,83	3,11	3,40
8	0,395	2,51	**0,503**	1,01	1,51	2,01	2,51	3,02	3,52	4,02	4,52	5,03	5,53	6,04
10	0,617	3,14	**0,785**	1,57	2,36	3,14	3,93	4,71	5,50	6,28	7,07	7,85	8,64	9,42
12	0,888	3,77	**1,13**	2,26	3,39	4,52	5,65	6,79	7,92	9,05	10,2	11,3	12,4	13,6
14	1,21	4,40	**1,54**	3,08	4,62	6,16	7,70	9,24	10,8	12,3	13,9	15,4	16,9	18,5
16	1,58	5,03	**2,01**	4,02	6,03	8,04	10,1	12,1	14,1	16,1	18,1	20,1	22,1	24,1
20	2,47	6,28	**3,14**	6,28	9,42	12,6	15,7	18,8	22,0	25,1	28,3	31,4	34,5	37,7
25	4,83	7,85	**4,91**	9,82	14,7	19,6	24,6	29,5	34,4	39,3	44,2	49,1	54,0	58,9
28	4,83	8,80	**6,16**	12,3	18,5	24,6	30,8	36,9	43,1	49,3	55,4	61,6	67,8	73,9

Bemessen von Stahlbetonbalken und -platten auf Biegung

DIN 1045/88

Balken und Platten

Balken und Platten als „einfache Bauteile im üblichen Hochbau" werden hier in Rechteck-Querschnitten, mit Hauptbewehrung in einer Richtung (einachsige Bewehrung), ohne Druckbewehrung, mit Biegebeanspruchung ohne äußere Längskräfte beispielhaft den Bemessungsbeispielen zugrunde gelegt.

3 Äußere Schnittgrößen, innere Spannungen und Dehnungszustand

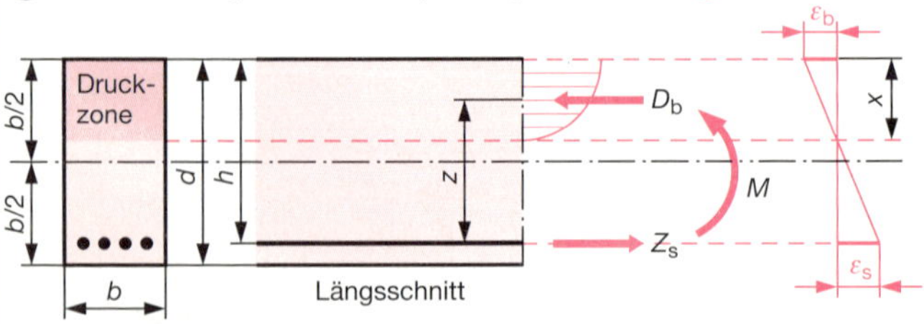

D_b = resultierende Druckkraft der Beton-Druckzone
Z_s = Zugkraft in der Zugbewehrung
M = Biegemoment = $D_b \cdot z = Z_s \cdot z$
$z = k_z \cdot h$
$x = k_x \cdot h$

Bruchgefahr besteht, wenn entweder

a) der **Stahl** der Zugbewehrung **gedehnt** wird um $\varepsilon_s > 5$ mm/m, wobei er der Spannung β_s unterliegt, → Zeilen im Bereich **a** in **4** S. 223,
b) der **Beton** der Druckzone **gestaucht** wird um $\varepsilon_b > 3{,}5$ mm/m, wobei er der Spannung β_R unterliegt, → Zeilen im Bereich **b** in **4** S. 223
c) oder **beides zugleich** eintritt, → Zeile **c** in **4**.

Die Bauteile sind so zu bemessen, dass sie das **Biegemoment *M*** aus den Gebrauchslasten, multipliziert mit d. **Sicherheitsbeiwert γ = 1,75**, gerade noch aufnehmen können (Bruchzustand).
Der Rechenwert der Betondruckfestigkeit $\boldsymbol{\beta_R}$ und die Streckgrenze des Betonstahls $\boldsymbol{\beta_s}$ sowie der Sicherheitsbeiwert γ sind in den Hilfswerten $\boldsymbol{k_h}$ und $\boldsymbol{k_s}$ in **4** enthalten und gehen in die Rechnung ein.

Bemessen von Stahlbetonbauteilen

DIN 1045/88

4 Bemessungstabelle für Biegung ohne äußere Längskraft und ohne Druckbewehrung:

a) Betonstahl BSt 420 S (III S)

k_h für Beton: B 15	**B 25**	B 35	B 45	↓ k_s	für x k_x	für z k_z	Betonstauchung ε_b ‰	Stahldehnung ε_s ‰
9,09	**7,04**	6,14	5,67	**4,3**	0,09	0,97	0,50	5,00
5,49	**4,26**	3,71	3,43	**4,4**	0,15	0,95	0,90	5,00
4,12	**3,19**	2,78	2,57	**4,5**	0,21	0,93	1,32	5,00
3,41	**2,64**	2,30	2,13	**4,6**	0,26	0,91	1,73	5,00
3,03	**2,34**	2,04	1,89	**4,7**	0,30	0,89	2,14	5,00
2,78	**2.15**	1,88	1,73	**4,8**	0,34	0,87	2,54	5,00
2,61	**2,02**	1,77	1,63	**4,9**	0,37	0,85	2,95	5,00
2,49	**1,93**	1,68	1,55	**5,0**	0,40	0,83	3,38	5,00
2,39	**1,85**	1,62	1,49	**5,1**	0,44	0,82	3,50	4,45
2,32	**1,80**	1,57	1,45	**5,2**	0,48	0,80	3,50	3,93
2,26	**1,75**	1,53	1,41	**5,3**	0,51	0,79	3,50	3,31
2,22	**1,72**	1,50	1,38	**5,4**	0,54	0,78	3,50	3,00

b) Betonstahl BSt 500 (IV S, IV M)

k_h für Beton: B 15	**B 25**	B 35	B 45	↓ k_s	für x k_x	für z k_z	Betonstauchung ε_b ‰	Stahldehnung ε_s ‰
10,2	**7,90**	6,90	6,40	**3,6**	0,08	0,97	0,44	5,00
5,40	**4,20**	3,60	3,40	**3,7**	0,16	0,95	0,92	5,00
3,90	**3,00**	2,60	2,40	**3,8**	0,22	0,92	1,41	5,00
3,20	**2,50**	2,20	2,00	**3,9**	0,28	0,90	1,91	5,00
2,86	**2,22**	1,94	1,79	**4,0**	0,32	0,87	2,39	5,00
2,64	**2,05**	1,78	1,65	**4,1**	0,36	0,85	2,87	5,00
2,49	**1,93**	1,68	1,55	**4,2**	0,40	0,83	3,38	5,00
2,37	**1,84**	1,61	1,48	**4,3**	0,45	0,81	3,50	4,32
2,29	**1,78**	1,55	1,43	**4,4**	0,49	0,80	3,50	3,62
2,22	**1,72**	1,50	1,38	**4,5**	0,54	0,78	3,50	3,00

Ausnutzung (die Wirtschaftlichkeit ist nach den Gegebenheiten jeweils zu prüfen):

a	Stahl voll ausgenutzt, Beton geringer beansprucht,
b	Stahlfestigkeit und Betonfestigkeit voll ausgenutzt,
c	Stahl- und Betondehnungen voll ausgenutzt.
d	Ab hier ist Druckbewehrung erforderlich!

Maßeinheiten (bei Platten):

h in cm
b in m
M in kNm (M/m in kNm/m)
A_s in cm² (a_s in cm²/m)

5 Bemessungsrechnung

	für Balken:	für Platten:
a) Freie Bemessung:		
Gegeben:	Beton-Festigkeitsklasse b und M	Betonstahlsorte $b = 1$ m, M/m
Gesucht:	h und A_s	h und A_s/m (a_s)
Lösung:	$\text{erf } h = k_h \cdot \sqrt{\dfrac{M}{b}}$	$\text{erf } h = k_h \cdot \sqrt{\dfrac{M}{1\text{ m}}}$
	$\text{erf } A_s = k_s \cdot \dfrac{M}{h}$	$\text{erf } A_s/\text{m} = k_s \cdot \dfrac{M/\text{m}}{h}$
b) Gebundene Bemessung:		
Gegeben:	Beton-Festigkeitsklasse b, h und M	Betonstahlsorte $b = 1$ m, h u. M/m
Gesucht:	A_s	A_s/m (a_s)
Lösung:	k_h vorausbestimmen mit Hilfe von: $k_h = \dfrac{h}{\sqrt{\dfrac{M}{b}}}$	$k_h = \dfrac{h}{\sqrt{\dfrac{M}{1\text{ m}}}}$
	In 4 a) oder 4 b) zum nächstkleinerem k_h das zugehörige k_s ablesen und einsetzen in: $\text{erf } A_s = k_s \cdot \sqrt{\dfrac{M}{h}}$	$\text{erf } A_s/\text{m} = k_s \cdot \sqrt{\dfrac{M}{h}}$

Beispiel 1 (freie Bemessung):
Sturzbalken, $b = 0{,}24$ m, aus Beton B 25 bewehrt mit BSt 420 S (III S), bei max $M = 26{,}5$ kNm.

Gesucht: h und A_s

Lösung: (4 a) im Bereich c $k_h = 1{,}93$, $k_s = 5{,}0$

$$\text{erf } h = k_h \cdot \sqrt{\frac{M}{b}} = 1{,}93 \cdot \sqrt{\frac{26{,}5}{0{,}24}} = \underline{20{,}3\text{ cm}}$$

$$\text{erf } A_s = k_s \cdot \frac{M}{h} = 5{,}0 \cdot \frac{26{,}5}{20{,}3} = \underline{6{,}53\text{ cm}^2}$$

nach 2: 6 Ø 12 = 6,79 cm², gewählt: 6 Ø 12

Erf. Sturzdicke $d_B = h + 1/2\, d_s + d_{Bü} + ü$ (innen)

$\text{erf } d_B = 20{,}3 + 0{,}6 + 0{,}8 + 2{,}0 = 23{,}7$ cm

gewählt: 24 cm

Beispiel 2 (gebundene Bemessung):
Stahlbetonplatte, B 25 mit BSt 500 M (IV M), geschätztes h bei 16 cm Dicke: 16 – 2,5 = 13,5 cm, max $M = 12{,}5$ kNm/m.

Gesucht: A_s/m aus k_h und k_s, → Tab. 4 b).

Lösung: $k_h = \dfrac{h}{\sqrt{M/1\text{ m}}} = \dfrac{13{,}5}{\sqrt{12{,}5}} = 3{,}82$ gewählt: 3,0

k_s zu $k_h = 3{,}0$ für BSt 500 M und B 25 = 3,8

$$\text{erf } A_s/\text{m} = k_s \cdot \sqrt{\frac{M}{h}} = 3{,}8 \cdot \sqrt{\frac{12{,}5}{13{,}5}} = \underline{3{,}66\text{ cm}^2/\text{m}}$$

gewählt: Betonstahlmatte R 377 mit 3,77 cm²/m

Ermitteln der Schnittgrößen I (Grundlagen) DIN 1045/88

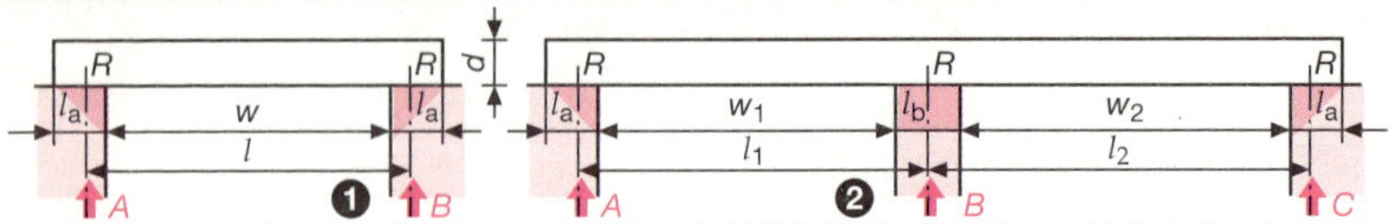

A, B, C = Auflagerkräfte

Für Balken und Platten:

Auflager als „frei drehbar" betrachtet.

1. Stützweite l:

in ❶ $l = w + 2/3\ l_a$ oder $l = 1{,}05\ w$

in ❷ $l_1 = w_1 + 1/3\ l_a + 1/2\ l_b$ oder $l_1 = 1{,}025\ w + 1/2\ l_b$
der jeweils kleinere Wert ist zu wählen.

2. Auflagerlänge l_a (in ❶ und ❷):

l_a ist aus der Tragfähigkeit des Auflagers nachzuweisen, → S. 72, dabei dreieckige Auflagerpressung annehmen. Prüfen, ob l_a für Verankerungslänge L_2 ausreicht, → S. 219. Für Balken: $l_a \geq 10$ cm.

3. Beschränkung der Durchbiegung:

Werden die min *h*-Werte in ❸ eingehalten, kann der genaue Durchbiegungsnachweis meist entfallen:

❸ für Stützart

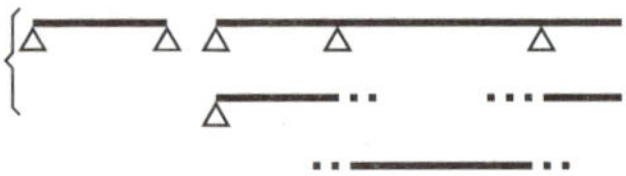

l, *h* in m

min $h = l : 35$ $\quad l : 44$ $\quad l : 58$ $\quad l : 15$

Wenn Trennwände zu tragen sind:

min $h = l^2 : 150$ $\quad l^2 : 234$ $\quad l^2 : 417$ $\quad l^2 : 26$

4. Biegemomente und Auflagerkräfte:

Berechnung, → S. 61 bis S. 63.
Die **Stützmomente** durchlaufender Balken und Platten dürfen **abgemindert** werden.
M_I und M_{II} in ❹ nur im Hochbau bei biegesteifer Verbindung mit der Unterstützung gültig. [1]

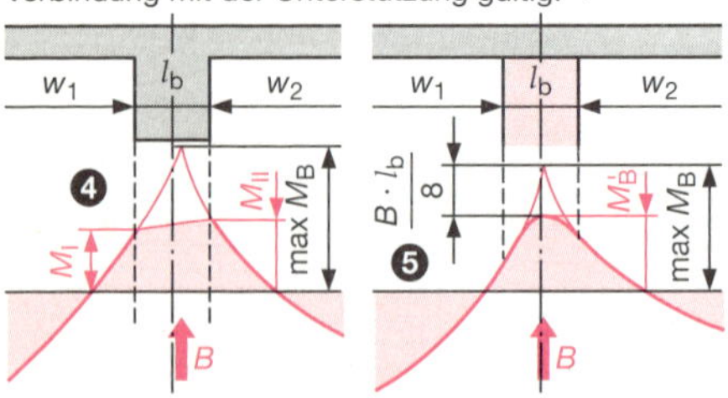

$M_I = q \cdot w^2/12$	an der Innenstütze des Endfeldes,
$M_{II} = q \cdot w^2/14$	an den übrigen Innenstützen.

$$M_B' = \max M_B - \frac{B \cdot l_b}{8}$$

→ ❺ ist gültig, wenn nicht biegesteif verbunden, z. B. auf Mauerwerk.

Zusätzlich darf in ❺ das Stützmoment um d. Betrag $\leq 0{,}15$ · Stützmoment **vermindert** werden, wenn die beiden max *M* der benachbarten Felder um den halben Betrag **erhöht** werden. (Weiter nächste Spalte).

Wenn $h < 10$ cm, dann sind (nur für die Bemessung des Betonteils) die Biegemomente, Auflagerkräfte u. Querkräfte im Verhältnis $15 : (h + 5)$ zu **vergrößern**.

5. Bewehrung:

Die **Hauptbewehrung** in den Feldern und über den Stützen ist nach S. 223 zu berechnen.
Die im Endauflager A, → ❷, zu verankernde **Zugkraft *Z*** ergibt sich aus der Auflagerkraft A, desgleichen die mind. erforderliche **untere** Bewehrung β_s, → S. 222, $\gamma = 1{,}75$.

$$Z_A = k_c \cdot A, \rightarrow \text{2}, \text{ erf } A_s = \frac{Z_A \cdot \gamma}{\beta_s}$$

6 Beiwerte k_c für die Zugkraft Z_C	k_c [1]
Im Schubbereich 1: [2]	
Platten ohne Schubbewehrung	1,0
Platten und Balken mit Schubbewehrung	0,75
In den Schubbereichen 2 und 3: [2]	
Balken mit lotrechten Bügeln	0,75
Balken mit aufgebogenen Stäben und Bügeln	0,5
wie in den beiden Zeilen zuvor, jedoch	1,0
bei verminderter Schubdeckung	0,75

Für Platten:

6. Auflagerlänge l_0 bei Auflagerung:

auf Mauerwerk, auf B 5 oder B 10	≥ 7 cm
auf B 15 bis B 55, auf Stahl	≥ 5 cm
auf Trägern aus Stahlbeton oder Stahl, wenn seitl. Ausweichen konstruktiv verhindert und *l* der Platte ≤ 2,50 m	≥ 3 cm

7. Plattendicke:

allgemein ≥ 7 cm
befahrbar mit PkW ≥ 10 cm, mit LkW ≥ 12 cm
wenn nur ausnahmsweise begangen, z. B. für Ausbesserung oder Reinigung, z. B. Dachpl. ≥ 5 cm

8. Hauptbewehrung:

Achsabstand der Stäbe ≤ 15 cm + (1/10 *d*) cm.
Ratsame Mindestdurchmesser: BSt 420 : Ø 6,
BSt 500 : Ø 4,5

9. Querbewehrung:

mindestens je m: BSt 420 : 3 Ø 6, BSt 500 : 4 Ø 4,
Querbewehrung nach innen, Hauptbew. nach außen!

10. Abreißbewehrung (obere Querbewehrung):

Über Unterstützung (Wand, Balken), die parallel zur Hauptbewehrung verläuft, sollte sein mindest. je m:
BSt 420 : 7 Ø 6, BSt 500 : 5 Ø 6.

[1] k_c = Versatzmaß *v*/h. Die Ermittlung von *v* erfolgt aus d. Momentenlinie (hier nicht wiedergegeben). Es legt fest, wo die Verankerung beginnen darf.
[2] Schubbereiche, → 6 S. 226.

Ermitteln der Schnittgrößen II

DIN 1045/88

Zweifeld-Deckenplatte (als Beispiel):

$w_1 = 4{,}51$ m, $w_2 = 4{,}01$ m, $l_a = 25$ cm, $l_b = 30$ cm,→ ❷
d geschätzt zu 15 cm, B 25 und BSt 500 M (IV M).
Berechnet wird ein 1 m breiter Plattenstreifen.

Lasten: Deckenplatte = 15 · 0,25 kN/m 3,75 kN/m²
Estrich auf Dämm-Matte + Putz 1,25 kN/m²
Ständige Last g 5,00 kN/m²
+ Verkehrslast p 1,50 kN/m²
Gesamtlast q 6,50 kN/m²

Stützweiten:
$l_1 = 4{,}51\text{ m} + 0{,}25/3\text{ m} + 0{,}30/2\text{ m} \approx 4{,}75\text{ m}$
$l_2 = 4{,}01\text{ m} + 0{,}25/3\text{ m} + 0{,}30/2\text{ m} \approx 4{,}25\text{ m}$
$l_1 + l_2 \approx 9{,}00\text{ m}$

Feldmomente: (→ **21** S. 63)
$M_1 = (0{,}07 \cdot g + 0{,}096 \cdot p) \cdot l_1^2$
$= (0{,}07 \cdot 5{,}0 + 0{,}096 \cdot 1{,}5) \cdot 4{,}75^2 \ldots 11{,}15\text{ kNm}$
$M_2 = 0{,}494 \cdot 4{,}25^2 \ldots 8{,}92\text{ kNm}$

Stützkraft: (→ **21** S. 63)
$B = 1{,}25 \cdot q \cdot l_1$
$B = 1{,}25 \cdot 6{,}50 \cdot 4{,}50 \ldots\ldots\ldots 36{,}60\text{ kN}$

Stützmomente: (→ **21** S. 63)
$\max M_B = 0{,}125 \cdot (g + p) \cdot [(l_1 + l_2)/2]^2$
$\max M_B = 0{,}125 \cdot 6{,}50 \cdot 4{,}50^2 \ldots\ldots\ldots 16{,}45\text{ kNm}$
$M'_B = \max M_B - B \cdot l_b/8$ (→ ❺ S. 224)
$M'_B = 16{,}45 - 36{,}6 \cdot 0{,}30/8 = 15{,}08\text{ kNm}$
Abminderung (→ 4., S. 224) ≈ 10 %: −1,58 kNm
= 13,50 kNm

Erhöhte Feldmomente:
$M'_1 = 11{,}15 + 1{,}58/2 \ldots\ldots\ldots 11{,}94\text{ kNm}$
$M'_2 = 8{,}92 + 1{,}58/2 \ldots\ldots\ldots 9{,}71\text{ kNm}$

Statische Höhe:
(Betondeckung $ü = 1{,}5$ cm, → **1** S. 217)
vorh $h = d - ü - d_s/2$
vorh $h = 15\text{ cm} - 1{,}5\text{ cm} - 0{,}5\text{ cm} = 13\text{ cm}$

Biegebemessung für:	Feld 1	über B	Feld 2
Momente M in kNm	11,94	13,50	9,71
$k_h = h : \sqrt{M/1\text{ m}}$ (für B 25)	3,76	3,54	4,17
k_s (zugehöriges)	3,8	3,8	3,8
A_s (a_s) $= k_s \cdot M/h$ in cm²/m	**3,49**	**3,95**	**2,84**
BSt-Matte nach S. 221	R 377	R 443	R 317
k_z (zugehöriges)		0,92	

$z = k_z \cdot h = 0{,}92 \cdot 13 = 11{,}96\text{ cm} = 0{,}12\text{ m}$

Querkraft:
$\max Q = B_{\text{links}} = 1{,}25 \cdot q \cdot l_1/2$
$\max Q = B_{\text{links}} = 1{,}25 \cdot 6{,}5 \cdot 4{,}75/2 = 19{,}3\text{ kN}$

Schubspannung:

$$\tau_0 = \frac{\max Q}{b \cdot z} = \frac{19{,}3\text{ kN}}{1\text{ m} \cdot 0{,}12\text{ m}} = 161\frac{\text{kN}}{\text{m}^2} = 0{,}16\frac{\text{MN}}{\text{m}^2}$$

0,16 MN/m² (N/mm²) < zul $\tau_{011} = 0{,}35$ N/mm²
(→ **5** S. 226), daher Schubnachweis entbehrlich.

1) nach Institut für Stahlbetonbewehrung, München.

Bewehrung bei A:
$A = 0{,}375 \cdot q \cdot l_1$
$A = 0{,}375 \cdot 6{,}50\text{ kN/m} \cdot 4{,}75\text{ m} = 11{,}6\text{ kN}$ (→ **21** S. 63)

Zu verankernde Zugkraft unten (→ 5. u. **6** S. 224)

$$Z_A = k_c \cdot A = 1{,}0 \cdot 11{,}6\text{ kN} = 11{,}6\text{ kN}$$

$$\text{erf } A_s = \frac{Z_A \cdot \gamma}{\beta_s} = \frac{11600\text{ N} \cdot 1{,}75}{500\text{ N/mm}^2} = 40{,}6\text{ mm}^2 = 0{,}41\text{ cm}^2$$

vorh A_s bei einer Matte R 377 = 3,77 cm²

Es genügt ein Querstab im Verankerungsbereich l_1 nach **3** e) S. 218, weil erf A_s/vorh A_s < 0,33 ist.

Randbewehrung bei A und C oben:
empfohlen:
1/3 von erf A_s = 3,49 cm²/m : 3 = 1,16 cm²/m
gewählt:
R 131 mit 1,31 cm²/m oder Reste von Matten.

Bewehrung bei B:
Unten: R 377 aus Feld 1 und R 317 aus Feld 2, 25 cm überdecken lassen.
Oben: R 443 mit Mattenlänge l_M:

$$l_M = 0{,}35 \cdot \frac{4{,}75 + 4{,}25}{2} + 2\,(0{,}125 + 0{,}30) = 2{,}43\text{ m}$$

7 Grundmaß der Verankerungslänge l_0 *

* in cm für BSt-Matten u. B 25, im Verbundbereich I 1)

	Q-Matten:						R u. K-Matten		
Richtung	131	188	221	257	377	513	131	188	221
längs	20	24	26	28	34	39	20	24	26
quer	20	24	26	28	34	32	16	16	16

	R und K-Matten								
Richtung	257	317	377	443	513	589	664	770	884
längs	28	31	34	37	39	42	37	39	42
quer	18	18	20	22	24	26	26	28	30

8 Verbundfaktor k: 1)

Betonfest.-klasse	B 15	**B 25**	B 35	B 45	B 55
Verbundbereich I	1,29	**1,00**	0,82	0,69	0,60
Verbundbereich II	2,57	**2,00**	1,64	1,38	1,20

9 Verankerungslängen (mind. 1 Querstab darin) 1)

Feld: Endauflager: Zwischenauflager:

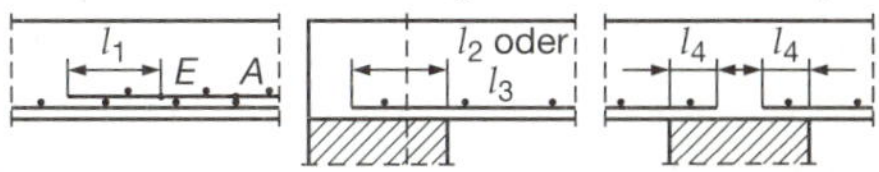

Feld	$l_1 = 0{,}70\,\frac{\text{erf } A_s}{\text{vorh } A_s} \cdot l_0^* \cdot k \geq 10\,d_s$	zusätzl. prüfen ob $0{,}7 \cdot h \cdot l_0^*$ von A vorhand.
direkt End-auf-lager	$l_2 = 0{,}47\,\frac{\text{erf } A_s}{\text{vorh } A_s} \cdot l_0^* \cdot k \geq 6\,d_s$	ist $\frac{\text{erf } A_s}{\text{vorh } A_s} \leq \frac{1}{3}$, dann genügt ein Querstab hint. d. rechn. Auflager
indirekt	$l_3 = 0{,}70\,\frac{\text{erf } A_s}{\text{vorh } A_s} \cdot l_0^* \cdot k \geq 10\,d_s$	

Grundlagen zur Schubbemessung I

DIN 1045/88

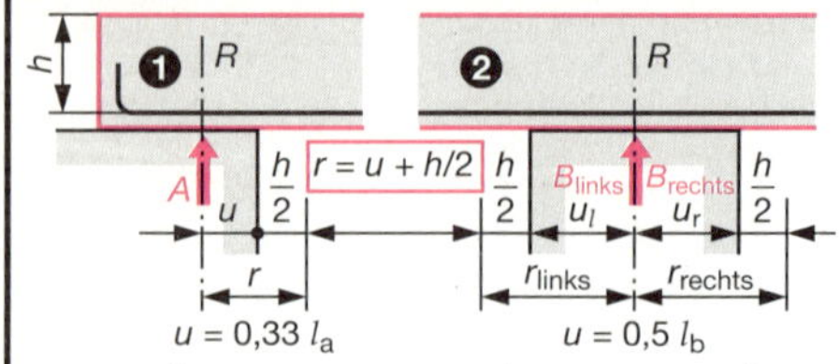

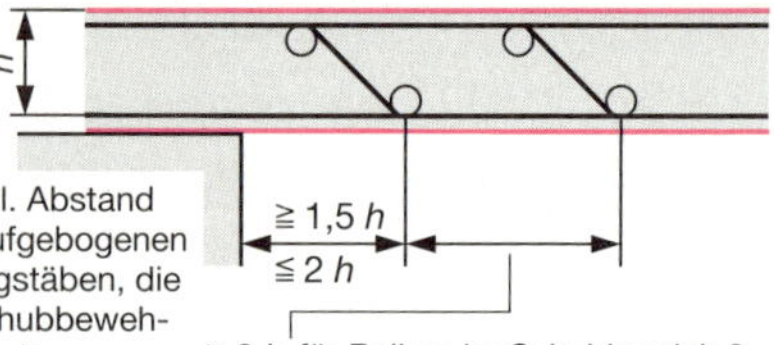

❸ Zul. Abstand von aufgebogenen Schrägstäben, die als Schubbewehrung gelten.

≧ 2 *h* für Balken im Schubbereich 2, für Platten mit Umschließungsbügeln und Schrägstäben.
≦ *h* für Balken im Schubbereich 3, für Platten mit Schrägstäben allein.

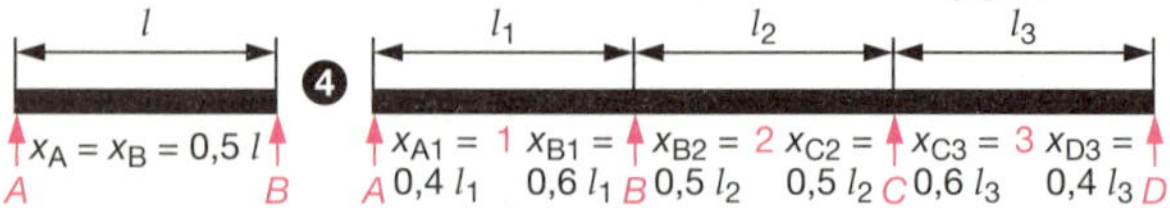

5 Obere Grenzen der Schubbereiche:

Bauteil	Schubbereich	Schubspannungen max τ_0 in N/mm² für die Betonfestigkeitsklassen:	B 15	**B 25**	B 35	B 45	B 55	Erläuterungen zu Schubdeckung und Schubbewehrung
Balken	1	τ_{012}	0,50	**0,75**	1,00	1,10	1,24	bei Stürzen mit $l \leq 2$ m Nachweis nicht erf.,
	2	τ_{02}	1,20	**1,80**	2,40	2,70	3,00	verminderte Schubdeckung zulässig, → S. 227,
	3 [1)]	τ_{03}	2,00	**3,00**	4,00	4,50	5,00	volle Schubdeckung mit d. Grundwerten τ_0 erf.
Platten	1 a [2)]	τ_{011}	0,25	**0,35**	0,40	0,50	0,55	auf Schubbewehrung darf verzichtet
	1 b		0,35	**0,50**	0,60	0,70	0,80	werden, wenn max $\tau_0 < k_1 \cdot \tau_{011}$ bzw.
	2	τ_{012}	1,20	**1,80**	2,40	2,70	3,00	max $\tau_0 < k_2 \cdot \tau_{011}$ ist. Zu k_1 u. k_2, → S.227.

Rechnungsgang (Vergleiche Beispiel S. 227):

1. Aus der Biegebemessung, → S. 223, **entnehmen**: Die Feld- und die Stützenbewehrungen erf A_s.
2. Größte Querkräfte max $Q \approx$ Auflagerkräfte bei Voll-Last [3)] **berechnen**, → ❶, ❷, ❹.
3. Max Q **abmindern** auf $Q_0 = B_{links} - q \cdot r_{links}$.
4. **Berechnen** der max. Schubspannung τ_0 und einordnen in die Schubbereiche der Tabelle **5**.
$$\max \tau_0 = \frac{Q_0}{b \cdot h \cdot k_z}$$
5. **Nachweis der Schubsicherung**: In den Schubbereichen 2 und 3 kann als Schubbewehrung in cm²/m der Querschnitt der Feldbewehrung gewählt und auf Schrägstäbe und/oder Bügel verteilt werden. An Innenstützen u. Stützen mit Kragarm ist dafür die Summe aus Feld- und Stützenbewehrung anzusetzen. Die genaue **Lage der Schrägstäbe** kann bei diesem Verfahren nur geschätzt werden, wobei die Werte nach ❸ aus DIN 1045 einzuhalten sind.

[1)] Gilt nur bei d bzw. $d_0 \geq 30$ cm.
[2)] Die Werte der Zeile 1 a gelten bei gestaffelten und mit mind. 1/2 A_s in das Auflager geführten Feldbewehrung.
[3)] $q = g + p$ in allen Feldern.

Für die **Bügel** ist eine Mindest-Bewehrung einzuhalten, die mit $\tau_{bü} = 0{,}25 \cdot \tau_0$ ermittelt werden kann. Die erforderliche Bügelbewehrung für BSt 500 S ist:

$$\text{erf } a_{sbü} \text{ in cm}^2/\text{m} \geq \frac{10^4 \cdot 0{,}25 \cdot \tau_0 \text{ in MN/m}^2 \cdot b \text{ in m}}{286 \text{ MN/m}^2 \cdot \text{cm}^2}$$

gekürzt zu: $$\textbf{erf } a_{sbü} \textbf{ in cm}^2/\textbf{m} \geq 8{,}74 \cdot \tau_0 \cdot b$$

Bei einer Schubdeckung allein durch Bügel wird der erforderliche Stahlquerschnitt je m wie folgt

errechnet: $$a_{sbü} \text{ in cm}^2/\text{m} = \frac{b \cdot 0{,}4 \cdot \tau_0}{\sigma_s} \cdot 100$$

Es bedeuten:

$a_{sbü}$ = Gesamtquerschnitt der zweischnittig gerechneten Bügel auf 1 m Balkenlänge, dabei zählt also jeder Bügel mit dem doppelten Querschnitt, → **6**.
b = Balkenbreite in cm.
σ_s = Zulässige Stahlspannung in MN/m².
= Streckgrenze β_s : 1,75 (Sicherheitsfaktor) bei BSt 420 S = 240 N/mm² (MN/m²), bei BSt 500 S (M) = 286 N/mm² (MN/m2).

6 Gesamtquerschnitt der zweischnittigen Bügel $A_{sbü}$ in cm²:

Ø in mm	Bügelanzahl 2	3	4	5	6	7	8	9	10	11	12	13	14	15
5	0,79	1,18	1,58	1,96	2,35	2,75	3,15	3,55	3,95	4,3	4,7	5,1	5,5	5,9
6	1,14	1,7	2,25	2,85	3,4	3,95	4,5	5,1	5,7	6,2	6,8	7,4	7,9	8,5
8	2,00	3,0	4,0	5,0	6,0	7,0	8,0	9,0	10,0	11,0	12,0	13,0	14,0	15,0
10	3,15	4,7	6,3	7,9	6,4	11,0	12,6	14,6	15,8	17,2	18,8	20,5	22,0	23,5
12	4,50	6,8	9,0	11,4	13,6	15,8	18,0	20,5	22,5	25,0	27,0	29,5	31,5	34,0

Schubbemessung II

DIN 1045/88

Bemessungswerte

Schubbereich 1:

für Balken: $\max \tau_0 \leq \tau_{012}$,
für Platten: $\max \tau_0 \leq k_1 \cdot \tau_{011}$ bzw. $k_2 \cdot \tau_{011}$.

$$\boldsymbol{k_1 = \frac{0{,}2}{d} + 0{,}33 \geq 0{,}5 \leq 1}$$

Bei Platten darf in Bereichen, wo die Höchstwerte von M und Q nicht zusammenfallen, anstelle von k_1

$$\boldsymbol{k_2 = \frac{0{,}12}{d} + 0{,}6 \geq 0{,}7 \leq 1}$$

gesetzt werden.

Schubbereich 2:

für Balken: $\tau_{012} < \max \tau_0 \leq \tau_{02}$,
für Platten: $k_1 \cdot \tau_{011}$ bzw. $k_2 \cdot \tau_{011} < \max \tau_0 \leq \tau_{02}$.

$$\boldsymbol{\tau_0 = \frac{(\text{vorh } \tau_0)^2}{\tau_{02}} \geq 0{,}4\, \tau_0}$$

Schubbereich 3: $\tau_{02} < \max \tau_0 \leq \tau_{03}$.

Bei voller Schubdeckung werden im ganzen Bereich die Grundwerte τ_0 zugrunde gelegt.

7 Größte zulässige Bügelabstände

Betonstahl	Schubbereich 1	Schubbereich 2
BSt 420 S	$0{,}8 \cdot d$ bzw. 30 cm	$0{,}6 \cdot d$ bzw. ≤ 25 cm
BSt 500 S (M)	$0{,}8 \cdot d$ bzw. 25 cm	$0{,}6 \cdot d$ bzw. ≤ 20 cm

8 Beispiele für das Schließen von Bügeln

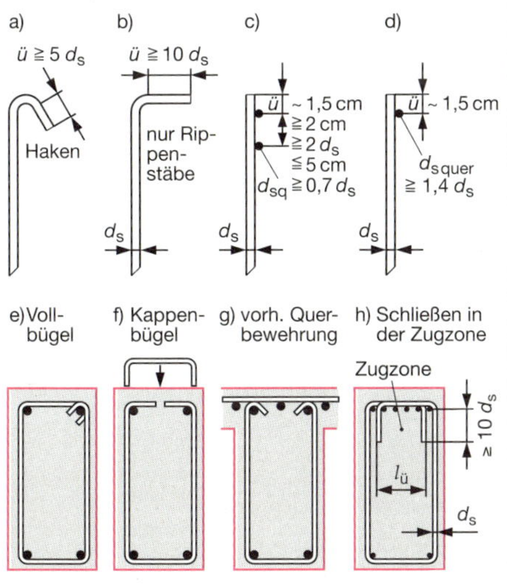

Beispiel für Schubbemessung:

Für einen Stahlbetonbalken aus B 25 mit BSt 500 S, $l_W = 3{,}01$ m, $d = 50$ cm, $b = 24$ cm und $q = 62$ kN/m, sind max M, erf A_s, gew A_s und max Q zu ermitteln und die erforderliche Schubsicherung anzugeben.

$l = 1{,}05 \cdot 3{,}01 = 3{,}16$ m
$h = 50 - 3 - 0{,}7 - 0{,}8 = 45{,}5$ m

$$\mathbf{max}\ \boldsymbol{M} = \frac{q \cdot l^2}{8} = \frac{62 \text{ kN} \cdot 3{,}16^2}{8} = \underline{\underline{77{,}4 \text{ kN/m}}}$$

$$\boldsymbol{k_h} = \frac{h}{\sqrt{M/b}} = \frac{45{,}5}{\sqrt{77{,}4/0{,}24}} = \underline{\underline{2{,}53}}$$

gewählt: $k_h = 2{,}5$ mit $k_s = 3{,}9$ und $k_z = 0{,}9$

$$\boldsymbol{A_s} = \frac{k_s \cdot M}{h} = \frac{3{,}9 \cdot 77{,}4}{45{,}5} = \underline{\underline{6{,}63 \text{ cm}^2}}$$

gewählt:
$\underline{\underline{5\ \text{Ø}\ 14 \text{ mit } A_s = 7{,}70 \text{ cm}^2}} > \text{erf } A_s = 6{,}63 \text{ cm}^2$

$$\mathbf{max}\ \boldsymbol{Q} = A = \frac{q \cdot l}{2} = \frac{62 \text{ kN/m} \cdot 3{,}16 \text{ m}}{2} = 98 \text{ kN}$$

$$\boldsymbol{z} = k_z \cdot h = 0{,}9 \cdot 45{,}5 = 41 \text{ cm} = \underline{\underline{0{,}41 \text{ m}}}$$

$$\mathbf{max}\ \boldsymbol{\tau_0} = \frac{\max Q}{b \cdot z} = \frac{98}{0{,}24 \cdot 0{,}41} = 996 \text{ kN/m}^2 = \underline{\underline{0{,}996 \text{ MN/m}^2}}$$

zul $\tau_0 = 0{,}75$ MN/m², → **5**, daher muss die Schubsicherung nachgewiesen werden.

Ges.Schub-Ø A_{st} = erf $A_s = 6{,}63$ cm², davon werden **3 Ø 14 mit $A_s = 4{,}62$ cm² aufgebogen.**

Der Rest von $A_s = 6{,}63 - 4{,}62 = 2{,}01$ cm² muss von Bügeln aufgenommen werden.

6 Bügel m. Ø 6 mm/m haben nach **6** $a_{sbü} = \underline{\underline{3{,}4 \text{ cm}^2}}$.

Gesamt-Ø:
$4{,}62 \text{ cm}^2 + 3{,}4 \text{ cm}^2 = 8{,}02 \text{ cm}^2 > A_s = \underline{\underline{6{,}63 \text{ cm}^2}}$

Für **Schubbereich 2** muss bemessen werden, weil $\max \tau_0 = 0{,}996$ MN/m² $> \tau_{012} = 0{,}75$ MN/m² und $< \tau_{02} = 1{,}8$ MW/m² ist, → **5**.

Max. Bügelabstand nach **7** für BSt 500 S im Schubbereich 2 ≤ 0,6 · Bauteildicke d bzw. ≤ 20 cm.
vorh. Bügelabstand = 100 cm · 6 = $\underline{\underline{16{,}7 \text{ cm}}}$ < 20 cm.

Wird die **Schubdeckung allein durch Bügel** gewünscht, dann ist nach der Formel von S. 226:

$$\boldsymbol{a_{sbü}} = \frac{b \cdot 0{,}4 \cdot \tau_0}{\sigma_s}$$

$$= \frac{24 \cdot 0{,}4 \cdot 0{,}996}{286} \cdot 100 = \underline{\underline{3{,}34 \text{ cm}^2/\text{m}}}$$

Die vorhandenen 6 Bügel mit $a_{sbü} = 3{,}4$ cm²/m würden allein gef $a_{sbü} = 3{,}34$ cm²/m übertreffen.

Bemerkung:
Die Bemessung wurde hier teilweise gegenüber DIN 1045 stark vereinfacht. Für höhere Ansprüche sind d. **Bemessungstabellen für Beton-Stabstahl u. -Matten** vom Institut f. Stahlbetonbewehrung e.V., Landsberger Str. 408, 81241 München, zu empfehlen.

Beschränkung der Rissbreite

DIN 1045/88

Bauteile aus Stahlbeton sind um so dauerhafter, je weniger stark der chemische Angriff auf sie ist und je enger die im Beton entstehenden Risse sind. Bei gleichem A_s ergeben sich bei wenigen dicken Bewehrungsstäben breitere Risse als bei vielen dünnen Stäben.

Werden die in **1** genannten größten Stabdicken u. die in **2** aufgeführten Höchstabstände der Bewehrungsstäbe nicht überschritten, gilt die „Beschränkung der Rissbreite" als nachgewiesen. Außerdem sollte die Mindestbewehrung nach **3** für mögliche Zwangbeanspruchung eingehalten werden.

Die erforderliche Bewehrung ist in Abhängigkeit von der Stahlspannung σ_s im Zustand II aus dem häufig einwirkenden Lastanteil **entweder** nach Stabdurchmesser **1** **oder** Stababstand **2** aufzuteilen und anzuordnen. Fehlen nähere Angaben, kann $\boldsymbol{\sigma_s = 0{,}7 \cdot \text{zul}\ \sigma_s}$ angesetzt werden.

1 Grenzdurchmesser d_s in mm (nach Tab. 14 in DIN 1045)

Betonstahlspannung σ_s in N/mm²		160	200	240	280	350	400	450	500
Max. Ø in mm bei **Umweltbedingungen** n. **1** S. 217:	Zeile 1	36	36	28	25	16	10	8	6
(Auch im Verhältnis $\frac{d}{10(d-h)} > 1$ erhöhen)	Zeile 2…4	28	20	16	12	8	5	3	–

2 Höchstwerte der Stababstände *s* in cm (nach Tab. 15 in DIN 1045)

Betonstahlspannung σ_s in N/mm²		160	200	240	280	350
Max. Stababstände in cm bei **Umweltbedingungen** n. **1** S. 217:	Zeile 1	25	25	25	20	15
(Bei mittigem Zug gelten die halben Werte, linear interpolieren, Platten bei $d \geq 25$ cm : $s \leq 25$ cm; bei $d \leq 15$ cm : $s \leq 15$ cm)	Zeile 2…4	25	20	15	10	7

3 Mindestwerte für Zwangsbeanspruchung (nach Institut f. Stb.-verwendung)

$$\mu_z = \frac{A_s}{A_{bZ}} = k_0 \cdot \frac{\beta_{bZ}}{\sigma_s}$$

A_{bZ} = Zugzone im Zustand I,
k_0 = 0,4 bei Biegezwang, 1,0 bei zentrischem Zwang,
μ_z = auf die Zugzone bezogener Bewehrungsgehalt,
σ_s = Betonstahlspannung im Zustand II.

Abhängig von d_s nach Tab. **1** sind:
$\sigma_s = 0{,}8\ \beta_s \leq 400$ N/mm² (Last und Zwang),
$\sigma_s \leq \beta_s \leq 500$ N/mm² (reiner Zwang),
$\beta_{bZ} = 0{,}25\ \beta_{WN}^{2/3}$ mit $\beta_{WN} \geq 35$ mm²,
β_{WN} = Beton-Nennfestigkeit nach **2** S. 206, Festigkeitsklasse des Betons.

Für Innenbauteile und für Bauteile, in denen Zwangsbeanspruchungen nicht auftreten können und wenn breite Risse unbedenklich sind, ist eine Mindestbewehrung nicht vorgeschrieben.

Stahlbeton – Plattenbalken

DAf Stb, Hefte 220 u. 240

4

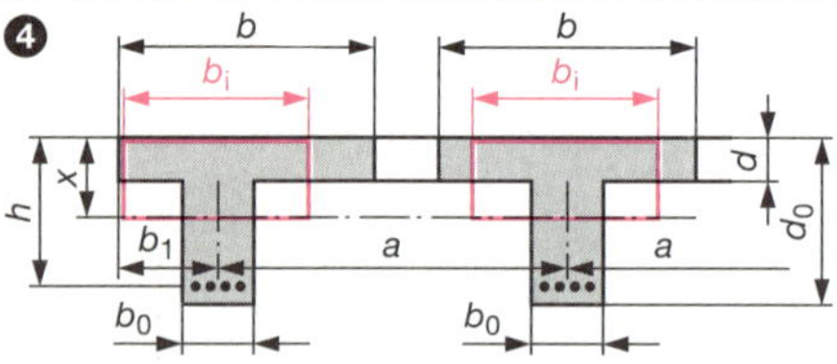

5

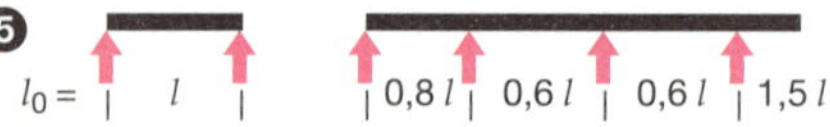

6 Beiwerte k_i

$\frac{d}{h}$	Verhältnis b/b_0 1,5	2	2,5	3	3,5	4	5
0,05	0,71	0,56	0,47	0,42	0,37	0,34	0,30
0,1	0,75	0,62	0,55	0,50	0,46	0,44	0,40
0,2	0,83	0,75	0,70	0,66	0,64	0,62	0,60
0,3	0,91	0,87	0,84	0,82	0,81	0,80	0,79
0,4	0,97	0,96	0,95	0,95	0,95	0,94	0,94
0,5	1,00	1,00	1,00	1,00	1,00	1,00	1,00

1. **Platte und Balken** kraftschlüssig verbunden!
2. **Bemessen der Platte**, → S. 222, $d \geq 7$ cm.
3. **Bemessen der Balkenbewehrung im Feld**: Festlegen der mitwirkenden Plattenbreite, → **4**, dafür l_0 nach **5** bestimmen:

$$b_0 = 1/3\ l_0$$

aber $b \leq a$ für Mittelbalken, → **5**, $b \leq 1/2\ a + b_1$ für Randbalken.

Wenn $b : b_0 \leq 5$: gedrungener Querschnitt, dann Rechteckbalken $b_i \cdot x$ berechnen.

$$b_i = k_i \cdot b$$

k_i aus **6**, beim Bemessen n. S. 223 b_i für b setzen!

Wenn $b_i : b_0 > 5$, schlanker Querschnitt,

$$A_s = \frac{10 \cdot 1{,}75}{\beta_s} \cdot \frac{M}{b - 1/2\,d}$$

$$\sigma_b = \frac{M}{1000\,(h - 1/2\,d) \cdot b \cdot d} < \frac{\beta_R}{1{,}75}$$

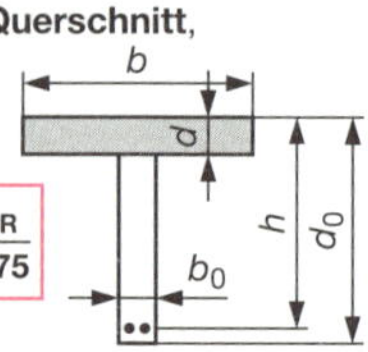

1,75 = Sicherheitsbeiwert;
β_s, β_R, σ_b in N/mm²; M in kNm; b, d, h in m; A_s in cm²;
β_R → S. 206, β_s → S. 222.

Stützen (Druckglieder)

DIN 1045/88

Stützen mit Rechteckquerschnitt

Bügelbewehrt und mit symmetrischer Längsbewehrung:
Seitenverhältnis: $b \leq 5\,d$ (Wände: $b > 5\,d$)

1 Mindestdicke bügelbewehrter Stützen:

Dicken d in cm / Querschnittsform	Herstellung stehend, Ortbeton	Herstellung liegend und Fertigteil
Vollquerschnitte	≥ 20	≥ 14
I, T u. L-Querschnitte	≥ 14	≥ 7
Hohl-Ø (Wanddicke)	≥ 10	≥ 5

Längsbewehrung A_s muss auf der Zugseite bzw. am weniger gedrückten Rand mind. 0,4 %, im Gesamtquerschnitt ≥ 0,8 % aber ≤ 9 % des statisch erforderlichen Betonquerschnitts sein.

2 Nenndurchmesser der Längsbewehrung:

Dicke d der Stütze	Mind. Stahl-Ø in mm
< 10 cm	8
≥ 10 cm < 20 cm	10
≥ 20 cm	12

Abstand der Längsstäbe ≤ 30 cm, wenn $b \leq 40$ cm genügt je 1 Bewehrungsstab in den Ecken.

Bügelbewehrung

Die Bügel sind wie in der Abb. a) zu schließen und die Haken über die Stützenlänge möglichst zu versetzen.
Liegen mehr als drei Längsstäbe i. einer Ecke, sind die Bügel ähnlich wie in 8 h) S. 227 zu schließen.
Mind.-Stabdurchmesser f. Bügel, Bügelwendel und Betonstahlmatten 5 mm, bei Längsstäben mit $d_{si} > 20$ mm mind. 8 mm.
Der **Bügelabstand $s_{bü}$** bzw. die Ganghöhe s_W der Bügelwendel, dürfen höchstens gleich der kleinsten Stützendicke d oder dem 12-fachen Ø d. Längsbewehrung sein.

a)

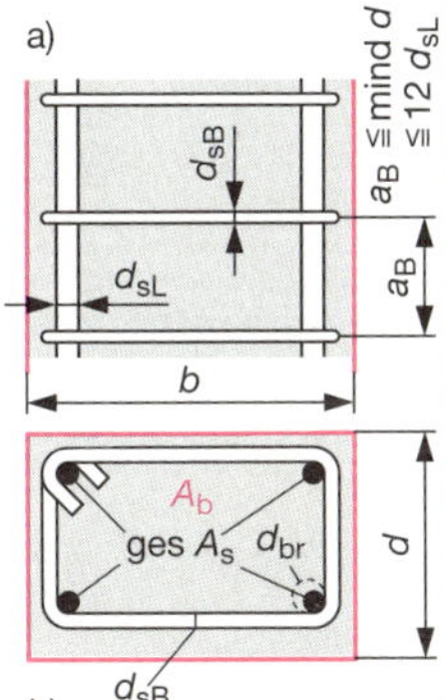

b)

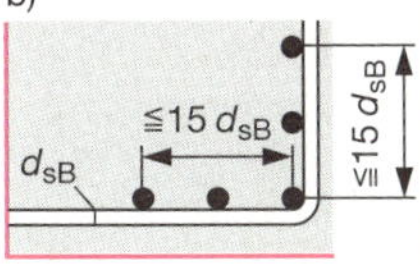

Mit Bügeln können in jeder **Querschnittsecke** bis zu 5 Längsstäbe gesichert werden, wobei der Abstand des äußersten Stabes vom Eckstab ≤ 15 · d_{SB} sein darf, → Abb. b).
Längsstäbe in größerem Abstand sind durch Zwischenbügel zu sichern, die im doppelten Abstand der Hauptbügel liegen dürfen.

Bewehrung im Verankerungsbereich:

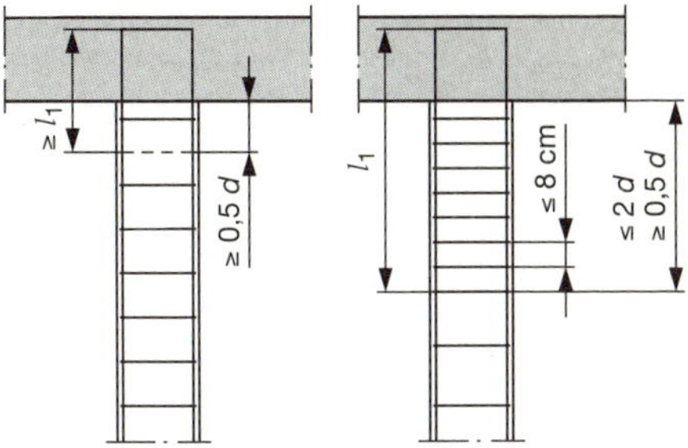

a) Ohne besondere Verbundmaßnahmen b) Mit Verstärkung der Bügelbewehrung
l_1 = Mindestwert der Verankerungslänge

Unbewehrte Betonfundamente

Die **Lastausbreitung** im Fundament darf mit der Neigung $d/b_ü$ (n-Werte in DIN 1045) angenommen werden ($b_ü$ = Fundamentüberstand).
Die **anrechenbare Fundamentbreite b** kann aus der Wandbreite b_w und dem Fundamentüberstand $b_ü$ errechnet werden:

$$b \leq b_w + 2 \cdot b_ü$$

Die $d/b_ü$-Werte (n) sind von der Betonfestigkeitsklasse und von der Bodenpressung abhängig.

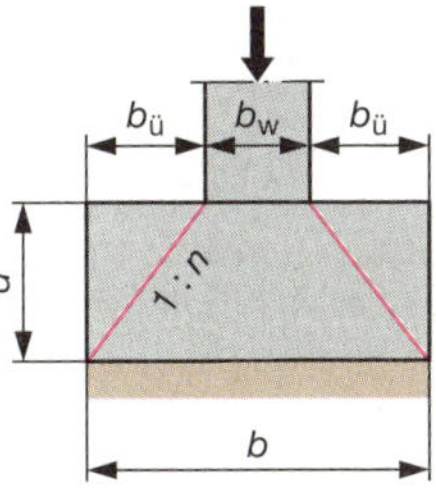

Mindest $d/b_ü$-Werte für unbewehrte Fundamente:

Beton-Festigkeitsklasse	Bodenpressung σ_0 in kN/m² ≤ 100	≤ 200	≤ 300	≤ 400	≤ 500
B 5	1,6	2,0	2,0	unzulässig	
B 10	1,1	1,6	2,0	2,0	2,0
B 15	1,0	1,3	1,6	1,8	2,0
B 25	1,0	1,0	1,2	1,4	1,6
B 35	1,0	1,0	1,6	1,2	1,3

Erforderliche Fundamentdicke erf d:

$$\text{erf } d = \frac{b - b_w}{2} \cdot d/b_ü \quad \text{in m}$$

Vorhandene Bodenpressung σ_0 unter Fundamenten:

$$\text{vorh } \sigma_0 = \frac{g_F + g_w + q_D}{b \cdot l} \quad \text{in kN/m}^2$$

g_F = Fundamentlast, g_w = Wandlast in kN/m
q_D = Deckenlast in kN/m, b in m, l = 1,00 m

Stahlbeton-Rippendecken

DIN 1045, 4158, 4159 u. 4160

Begriffe und Forderungen

1. **Stahlbeton-Rippendecken sind Plattenbalkendecken mit engem Balken- (Rippen-) abstand** von ≤ 70 cm, → ❶ und ❷.
   Die Druckplatte mit b = Achsabstand u. $d \geq b/10$ und ≥ 5 cm erfordert keinen statischen Nachweis. Die höchstzulässige Verkehrslast ≤ 5 kN/m², deshalb sind die Decken nicht mit LKW befahrbar.

2. In die **Längsrippen**, $b_0 \geq 5$ cm, ist die erforderl. Längsbewehrung möglichst gleichmäßig zu verteilen. Liegen 2 Stäbe in jeder Rippe, darf jeder 2. aufgebogen werden. Auflagerlänge ≥ 10 cm. Über Innenstützen durchlaufender Rippendecken darf nur die durchgeführte Feldbewehrung als Druckbewehrung mit $\mu_d \leq 1$ % von A_b in Rechnung gestellt werden.

3. Ein **Vollbetonstreifen**, Breite = Auflagertiefe und Höhe = Rippenhöhe, ist am Auflager anzuordnen, wenn dort Wände (außer leichten Trennwänden) draufstehen. Dieser kann zugleich als Ringanker ausgebildet werden.

4. **Bügel** nach **7** und ❽ S. 227 sind in den Längsrippen anzuordnen. Auf sie darf verzichtet werden, wenn die Verkehrslast ≤ 2,75 kN/m², der Längsbewehrungs-Ø ≤ 16 mm ist, die Feldbewehrung von Auflager zu Auflager durchgeführt wird u. die Schubbeanspruchung $\tau_0 \leq \tau_{011}$ n. **5** Zeile 1b ist. Im Bereich der Innenstützen durchlaufender Decken und bei Decken, die feuerbeständig sein müssen, sind stets Bügel anzuordnen.

5. **Querrippen** sind nicht erforderlich, wenn $p \leq 2{,}75$ kN/m² **und** die Lichtweite zwischen den Vollbetonstreifen (wenn keine vorhanden, dann l) ≤ 6 m ist. In allen anderen Fällen ist mindestens eine Querrippe nach **5** nötig.

5 Größter Querrippenabstand s_q:

Verkehrslast	$s_i \leq l/8$	$s_i > l/8$
$p \leq 2{,}75$ kN/m²	–	12 d_0
$p > 2{,}75$ kN/m²	10 d_0	8 d_0

s_i = Achsabstand der Längsrippen,
l = Stützweite der Längsrippen,
d_0 = Dicke der Rippendecke.

Die Querrippen müssen gleich hoch und auch verbügelt sein wie die Längsrippen.
Untere und obere Bewehrung:
wenn $p \leq 3{,}5$ kN/m², dann je $A_s/2$ d. Längsrippen,
wenn $p > 3{,}5$ kN/m², dann je A_s der Längsrippen.

6. **Querbewehrung der Platte**:
   Bei Beton-Stabstahl III S und IV S sind 3 Stäbe mit d_s = 6 mm und bei Betonstahlmatten 3 Stäbe mit d_s = 4,5 mm oder eine größere Anzahl von dünneren Stäben mit gleichem Gesamtquerschnitt je m anzuordnen.

Ausführungen

❶ Mit geschalten Rippen (meist m. Schalkörpern)

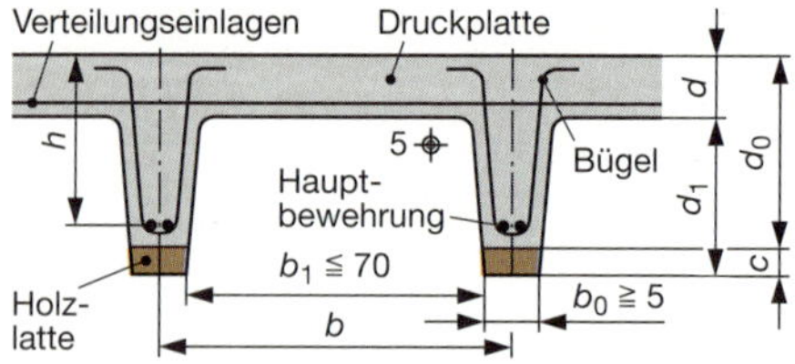

❷ Mit statisch nichtmitwirkenden Zwischenbauteilen (Beton oder Ziegel)

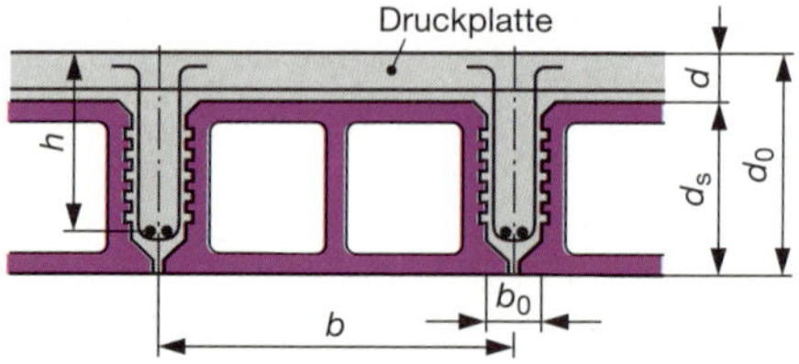

❸ Mit statisch mitwirkenden Zwischenbauteilen, hier mit vorgefertigten Rippen

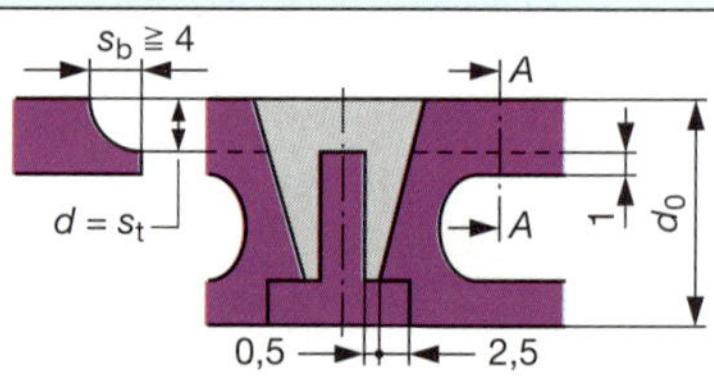

❹ Stahlsteindecke aus stat. mitwirk. Deckenziegeln nach DIN 4159

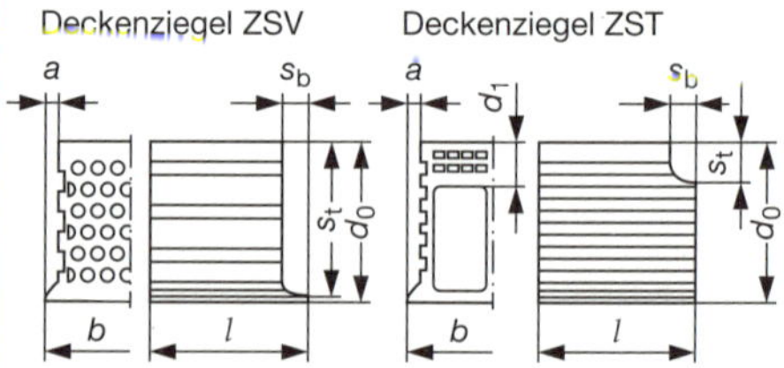

Bezeichnungen der Ziegelarten:
ZRT, ZRV, ZST, ZSV, ZWT, ZWV,
dabei bedeuten:

Z = Ziegel, **S** = für Stahlsteindecken, **W** = für Wände, **R** = für Rippendecken (mit Aufbeton), **T** = für teilvermörtelte, **V** = für vollvermörtelte Stoßfugen (im Bereich negativer Momente mit Druckzone unten).

Decken nur einachsig gespannt, keine Aufbiegungen und keine Schubbewehrung; meist in 1 m breiten Deckenstreifen vorgefertigt. Erforderliche Dicken und Lasten nach Herstellerangaben.

Dach- und Deckenplatten aus bewehrtem Beton

Als Fertigbauteile werd. sie in überwachten Werken hergestellt u. sind für vorwiegend ruhende Belastung bestimmt. Über Feuchträumen muss der Eintritt von Wasserdampf in die Platten durch eine Sperrschicht verhindert werden. Feuchte muss aus den Platten entweichen können.

Durch **Beschriftung** sind anzugeben:
Herstellerwerk, Festigkeitsklassen, zulässige Belastung, Verwendungszweck, Herstellerdatum, Unterseite (F, wenn feuerbeständig).
Wesentlich beschädigte Platten nicht ausbessern und nicht verlegen, Platten nicht kürzen.

Mindesttiefe der Auflager, → S. 224.
Im Endzustand müssen die Plattenköpfe in Mörtel III oder in Beton liegen. Längsfugen mit Mörtel III füllen. Während der Bauzeit lastverteilende Laufbohlen benutzen.

1. Stahlbeton-Hohldielen nach DIN 1045

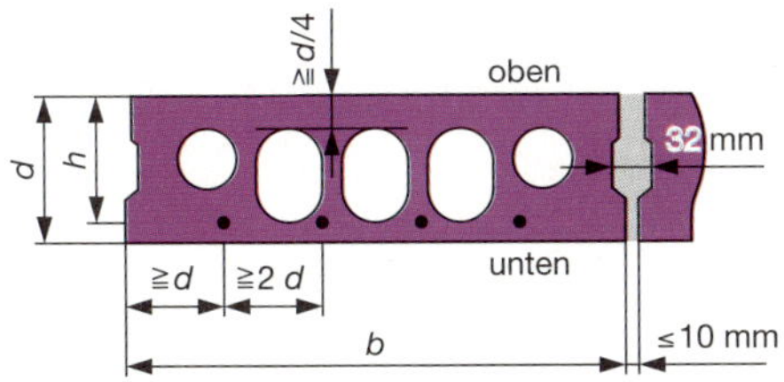

Plattendicken ≥ 5 cm nach Belastung u. Stützweite.
Breiten: 33 und 50 cm. **Längen** ≥ 1,00 m.
Belastbarkeit nach Angaben der Hersteller.
Bei $p \geq 2{,}75$ kN/m² stets Ringanker anordnen.
Falls $p > 3{,}5$ bis 5 kN/m² dann ≥ 4 cm Aufbeton aus ≥ B 15 mit Querbewehrung.

2. Stahlbetondielen aus Leichtbeton mit haufwerkporigem Gefüge nach DIN 4028

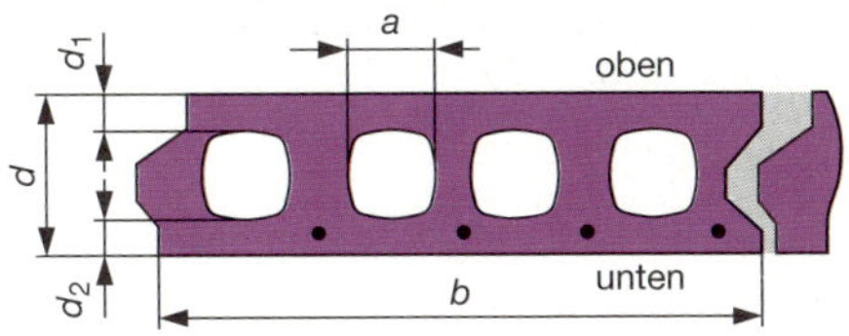

VD = Volldielen, **HD** = Hohldielen, z. B. aus Bims.
Dicken ≥ 6 cm,
Breiten: 30 und 50 cm, Passstücke 20 cm.
Rohdichteklassen: 0,8...(+ 0,2)...2 kg/m³.
Festigkeitsklassen: LB 5, LB 8, und LB 10.
Zulässige Verkehrslasten wie bei Nr. 1.

3. Dach- und Deckenplatten aus bewehrtem Porenbeton nach DIN 4223

Dachplatten aus PB 3,3 und PB 4,4.
Deckenplatten aus PB 4,4, **Breite**: 62,5 (60) cm.
Längen: bis 6 m, je nach Dicke. **Dicken** → s. unten.
Eigenlasten in kN/m² bei Plattendicken in cm:

ϱ_R	10	11,5	15	17,5	20	22,5	25	30
0,5	0,63	0,78	0,93	1,09	1,24	1,40	1,55	1,86
0,7	0,84	1,05	1,26	1,47	1,68	1,89	2,10	2.52

Verkehrslasten wie bei 1.
Maximale Stützweiten in Abhängigkeit von Plattendicke und Verkehrs- (Nutz-) last sind den Tabellen oder Diagrammen der Hersteller zu entnehmen.
Beispiele: Eine 5 m lange Dachplatte muss mindest. 17,5 cm, eine 6 m lange mindestens 20 cm dick sein.
Bei Platten $d \leq 17{,}5$ ist die zul. Schlankheit $l/d \leq 30$.

4. Fertigplatten mit statisch mitwirkender Ortbetonschicht — DIN 1045, 19.7.6

Diese Platten, auch „Gitterträgerplatten" genannt, mindestens 4 cm dick mit einer rauen Oberfläche, enthalten die notwendige Feldbewehrung in Form einer Betonstahlmatte u. fachwerkartige Gitterträger zur Sicherung der Steifigkeit bei Transport, Montage und Betonieren.
Bis zum ausreichenden Erhärten des aufgebrachten Ortbetons in mindestens 5 cm Dicke müssen die Gitterträgerplatten mit Querträgern und Rüststützen **unterstützt werden**, deren Abstand im wesentlichen von der Ortbetondicke abhängt. Vom Endauflager darf die erste Unterstützung höchstens 30 cm entfernt sein.
Die **Plattenbreite** darf bei Straßentransport höchstens 2,50 m betragen. Bei Herstellung in einer „Feldfabrik" in Baustellennähe können die Platten raumgroß u. ohne störende Stoßfugen hergestellt werden.
Zum **Erzielen einer Durchlaufwirkung** über unterstützenden Wänden oder Unterzügen wird in d. Ortbeton d. erforderliche obenliegende Stützbewehrung eingebettet.
Die Gitterträgerplatten können auch für Wände verwendet werden.

Beispiele für die Anordnung der Querbewehrung:

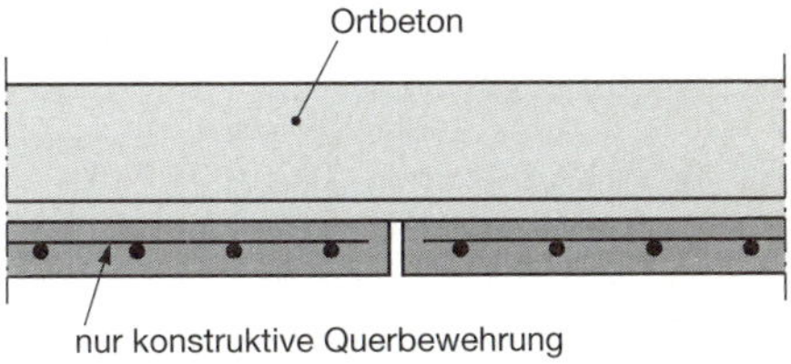

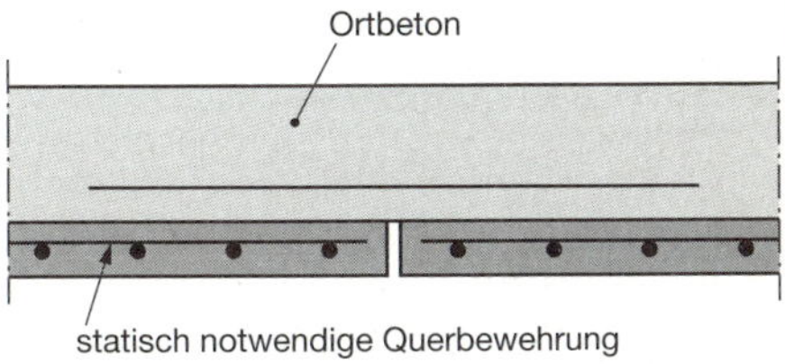

Die **Plattenlänge** entspricht der Spannweite l, sodass die Platten am Auflager ausreichend aufliegen.

Sturzbalken – Fertigbauteile – Flachstürze

Flachstürze bilden bei Öffnungsüberdeckungen nur die **Zugzone** und erreichen erst durch die **Übermauerung** in ausreichender Höhe und Güte die volle Tragfähigkeit. Sie müssen daher bei Stützweiten ≥ 1,25 m **Montagestützen** in diesem Abstand bis zur vollständigen Erhärtung, mindestens aber 7 Tage lang erhalten.
Deckenlasten sind gesondert abzufangen.
Flachstürze sind **zulassungspflichtig** nach den „Richtlinien f. Bemessung u. Ausführung" v. 10/1973.

Die **Druckzone** ist zu mauern aus Mz, HLz, KS, KSL Fest.kl. ≥ 12 N/mm^2 in Mö.gr. II o. IIa o. m. ≥ B 15 betonieren. HLz mit diagonalen Stegen müssen ≥ 20 N/mm^2 druckfest und ohne Griffschlitze sein. Flachstürze am Auflager mind. 11,5 cm in Mörtelbett verlegen. Oberseite reinigen und annässen. Die Druckzone ist vollfugig, besonders in den Stoßfugen, zu mauern. Keine Einzellast unmittelbar auf den Flachsturz legen. Belastungs- und Anwendungshinweise der Hersteller unbedingt beachten!

Stürze mit vorgespanntem Zuggurt, 7,1 cm hoch

Sturzbreite *b* cm	Übermauerung *ü* cm	als Beispiel: „Ziegel-Flachsturz -DIA" Schätzwerte der zulässigen Streckenlasten zul *q* in kN/m für lichte Weiten w in m bis 0,885	1,01	1,26	1,51	1,76	2,01	2,26	2,51	2,76
11,5	12,5	6,6	6,1	4,5	3,5	2,8	2,4	2,0	1,8	1,7
17,5		–	9,2	6,7	5,3	4,4	3,7	3,1	2,8	2,5
11,5	19	12,5	10,3	7,1	5,5	4,5	3,7	3,1	2,7	2,4
17,5		–	15,5	10,9	8,3	6,7	5,7	4,8	4,2	3,7
11,5	25	19,8	16,4	10,9	7,9	6,3	5,2	4,4	3,8	3,4
17,5		–	25,0	16,3	12,1	9,5	7,9	6,7	5,8	5,0
11,5	31	26,0	24,4	15,7	11,0	8,5	7,0	6,0	5,0	4,4
17,5		–	37,5	23,0	16,9	13,0	10,6	8,8	7,6	6,7
11,5	37,5	26,0	32,5	28,6	22,5	11,4	9,1	7,6	6,4	5,5
17,5		–	57,5	34,0	23,0	17,4	13,7	11,4	9,7	8,4
11,5	44	26,0	36,5	31,0	20,7	15,0	11,6	9,6	8,0	6,8
17,5		–	70,0	47,0	31,5	22,5	17,7	14,4	12,1	10,4

„DIA"-Ziegel-Flachsturz vorgespannt

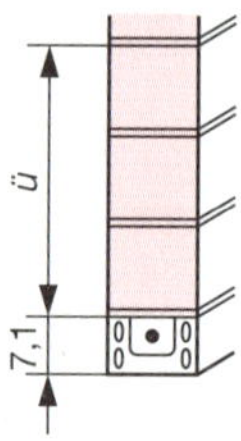

„KASA"-Kalksand-Flachsturz schlaff bewehrt

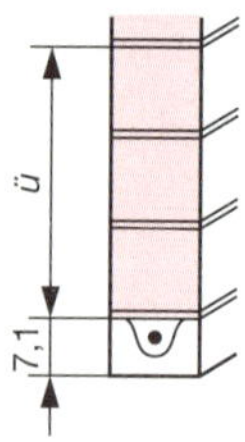

Zul. Streckenlasten etwas geringer als beim „DIA"-Sturz

Stürze mit schlaffbewehrtem Zuggurt, 11,5 cm hoch

z. B. KS-Flachsturz „Maxi" als **HM** = Hintermauersturz
oder **SM** = Sichtmauersturz

Sturzbreite *b* cm	Sturzhöhe *d* cm	Schätzwerte d. zulässigen Streckenlasten zul *q* in kN/m für lichte Weiten w in m bis 1,01	1,26	1,51	1,76	2,01	2,26	2,51	2,76
11,5	24	7,5	5,5	4,2	3,5	2,9	2,5	2,2	2,0
11,5	30	12,0	8,5	6,3	5,1	4,2	3,6	3,2	2,8
17,5		18,5	13,0	9,8	8,0	6,6	5,5	4,9	4,5
11,5	36,5	16,1	12,4	9,0	7,1	5,8	4,9	4,3	3,7
17,5		28,8	19,0	13,9	10,9	9,0	7,6	6,6	5,8
11,5	43	16,1	13,1	11,0	9,5	7,7	6,5	5,5	4,6
17,5		32,4	26,0	19,0	14,7	12,0	10,0	8,5	7,4
17,5	49	32,4	26,0	22,0	19,0	15,4	12,6	10,6	9,2

KS-„Maxi"-HM Flachsturz für 2 DF-Format

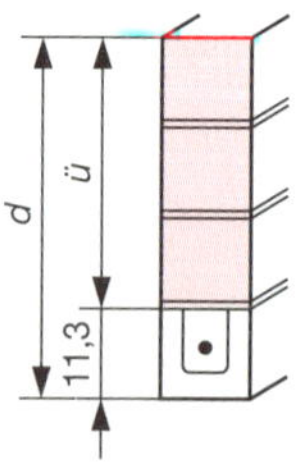

KS-„Maxi" VM Flachsturz für KS-DF Sichtmauerwerk

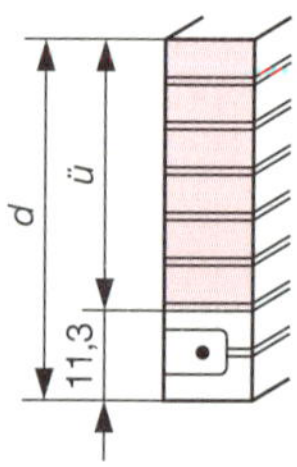

Schlaffbewehrte Beton-Flachstürze

Breite: 11,5 cm, Höhe: 6,1 cm, Länge: 11,3 m – für lichte Weite ≤ 88,5 cm. Gewicht d. Flachst. ≈ 18,5 kg

Übermauerung *ü*	12,5	19	25	31 cm
Streckenlast zul *q* ≈	6,6	12,1	19,8	26 kN/m

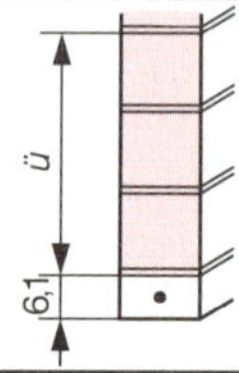

In die Übermauerung einbindende Massiv-Betondecken erhöhen die Tragfähigkeit noch.

Balken- und Rippendecken müssen im Sturzbereich einen bewehrten Massivstreifen aus Beton haben; das gilt für alle Flachstürze.

Volltragende vorgefertigte Stürze

Tragende Porenbeton-Stürze (Auswahl)

Maximale lichte Öffnungsbreite (mm) $l-2\cdot a$	Abmessungen des Sturzes: Länge mm	Höhe mm	Dicke mm	Zulässige Belastung (Streckenlast) kN/m	Wärmedurchlasswiderstand $1/\Lambda$ $m^2\cdot K/W$	Eigengewicht eines Sturzes kg
900	1300	250	175	18	0,65	47,8
1100	1500	250	175	18		55,1
1350	1750	250	175	13		64,3
1500	2000	250	175	14		73,5
900	1300	250	240	18	0,89	50,4
1100	1500	250	240	18		75,6
1350	1750	250	240	14		88,2
1500	2000	250	240	15		100,8
1750	2250	250	240	13		113,5

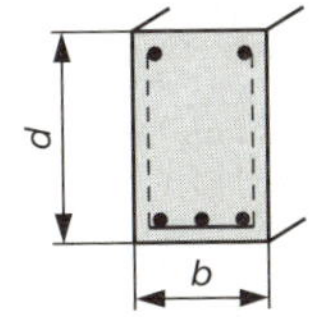

Die Stürze sind mit korrosionsgeschützten punktgeschweißten Betonstahlmatten bewehrt.
An ihnen dürfen keine Stemm- o. Fräsarbeiten vorgenommen werden.

Vorgefertigte Stahlbetonstürze aus B 25, Höhe *d* = 24 cm

Breite *b* in m und Gewicht	Bewehrg. BSt 420 S (III S)	Schätzwerte der zulässigen Streckenlasten zul *q* in kN/m für lichte Weiten *w* in m bis 1,01	1,26	1,51	1,76	2,01	2,26	2,51	2,76
11,5 mit 69 kg/m	2 Ø 10	39,7	26,6	19,0	14,3	11,1	8,9	7,3	6,0
	2 Ø 12	57,1	38,2	27,4	20,5	16,0	12,8	10,5	8,7
	2 Ø 14	77,9	52,2	37,3	28,0	21,8	17,5	14,3	11,9
	2 Ø 16	80,2	53,7	38,4	28,9	22,5	18,0	14,7	12,3
17,5 mit 105 kg/m	3 Ø 10	59,6	39,9	28,6	21,5	16,7	13,4	10,9	9,1
	3 Ø 12	85,7	57,4	41,1	30,9	24,0	19,9	15,7	13,1
	3 Ø 14	117,0	78,2	56,0	42,0	32,7	26,2	21,4	17,9
	3 Ø 16	122,0	81,7	58,5	43,9	34,2	27,4	22,4	18,7

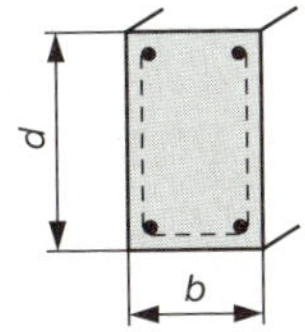

Die Schubsicherung durch Bügel ist nach den Angaben auf den Seiten 226 und 227 vorzunehmen.

U-Schalen für Stürze, Ringanker und Ringbalken

Ziegel-U-Schalen

Verfüllt mit B 25 wird eine Festigkeit von 15 N/mm² im Mittel erreicht.
In Anlehnung an DIN 105 entspricht dies d. Druckfestigkeitsklasse 12.

Ziegel-U-Schale	ca. Außenmaße in cm: Breite	Länge	Höhen	ca. Innenmaße in cm: lichte Breite oben	lichte Breite unten	lichte Höhe
17,5 cm	17,5	25	23,8	13,5	11,5	20
24,0 cm	24,0	25	23,8	17,5	15,5	20
30,0 cm	30,0	25	23,8	23,0	21,5	20
36,5 cm	36,5	25	23,8	28,5	26,5	20

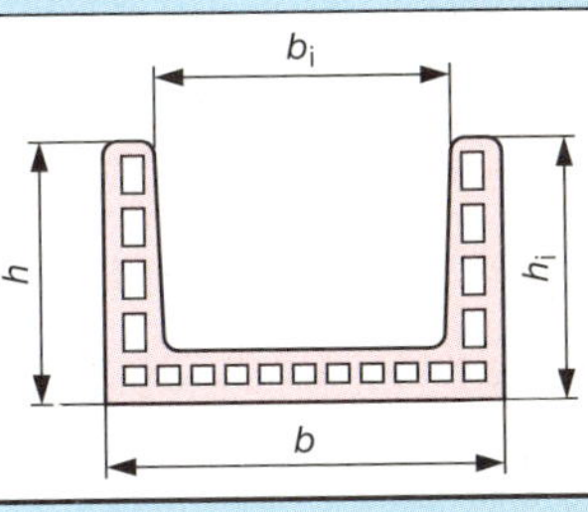

Kalksand-U-Schalen (ähnlich auch Porenbeton-U-Schalen)

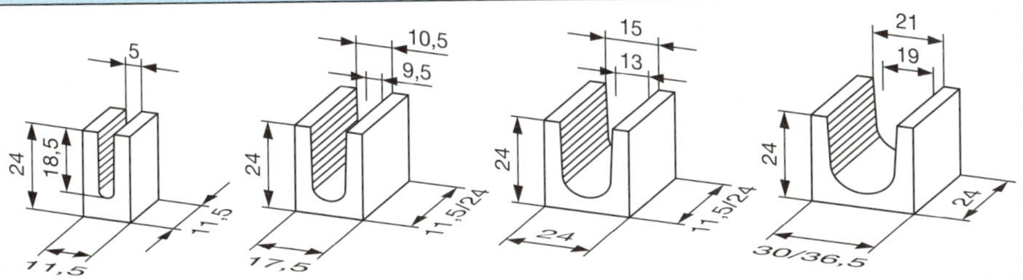

Montagebau mit Beton-Fertigteilen

Skelettbauweise:
Stützen und Riegel sind die tragende Konstruktion, die durch Platten oder Mauerwerk ausgefacht wird.

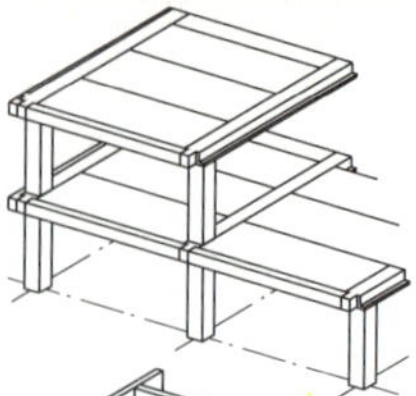

Großtafelbauweise:
Wand- und Deckentafeln sind tragende und zugleich raumabschließende Bauwerkteile.

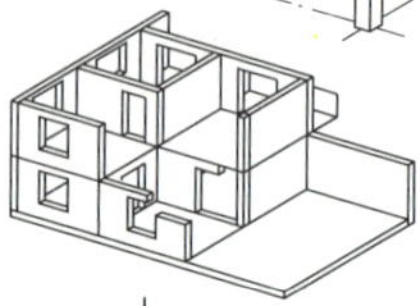

Raumzellenbauweise:
Die tragenden, in sich abgeschlossenen Raumzellen ergeben zusammenwirkend das Bauwerk.

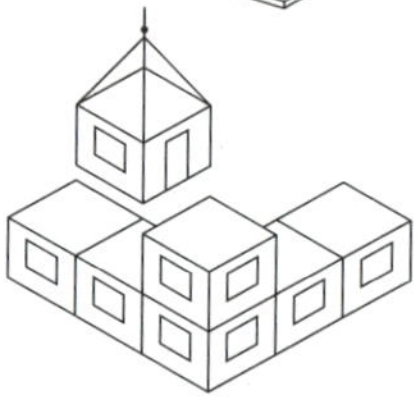

Stützen (Maße in mm):

b \ d	300	400	500	600	800
300	+	+	+	+	–
400	–	+	+	+	+
500	–	–	+	+	+
600	–	–	–	+	+

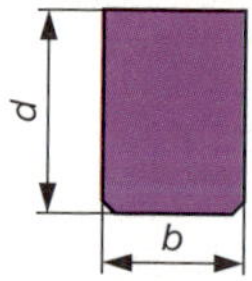

Unterzüge und Riegel (Maße in mm):

b \ d	400	500	600	700	800
200	+	–	–	–	–
300	+	+	+	–	–
400	+	+	+	+	+
500	–	+	+	+	+
600	–	–	+	+	+

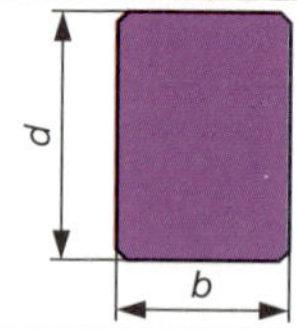

L- und ⊥-Unterzüge (Maße in mm):

b_0 \ d_0	500	600	700	800	900	1000
300	+	+	–	–	–	–
400	+	+	+	+	+	+
500	+	+	+	+	+	+
600	+	+	+	+	+	+

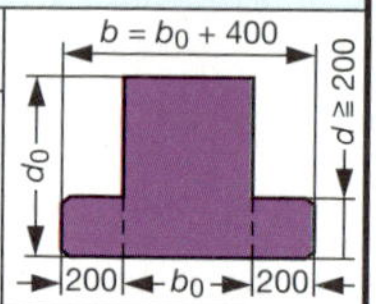

Typenprogramm Skelettbau:

V-Pfetten (Maße in mm):

d	b_0	b	Feuerwiderst.-Klasse: bei > 400 °C	350…400 °C
350	80	150	F 30-A	–
	120	190	F 60-A	F 30-A
	160	230	F 90-A	F 60-A
500	80	180	F 30-A	–
	120	220	F 60-A	F 30-A
	160	260	F 90-A	F 60-A

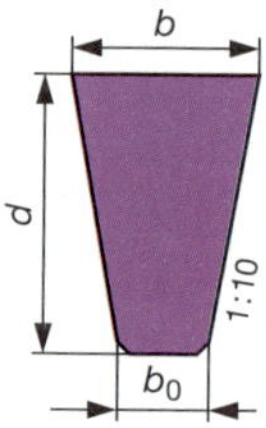

TT-Deckenplatten (Maße in mm):

b = 2400
b_m = 220 o. 260
Steg-Neigg. 1:20
$d \geq 60$ für F 30
$d \geq 100$ für F 90
$d \geq 50$ für F 90
nur bei mitwirkender Ortbetonschicht

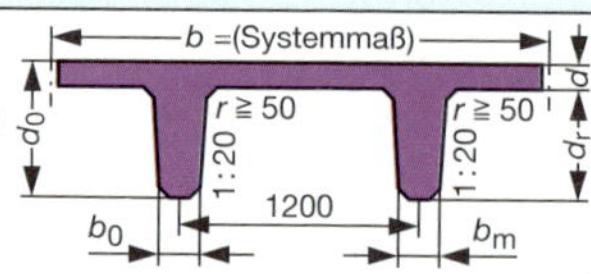

d_r		300	400	500	600	700
b_0	bei T_{krit} > 400 °C	190	180	170	160	150
b_0	" " 300…400 °C	230	220	210	200	190

T-Binder (Maße in mm):

b	370	400	440
b_0	120	150	190
d	150	150	150
d_m	200	200	200
d_0	600…(+ 200)…1800		

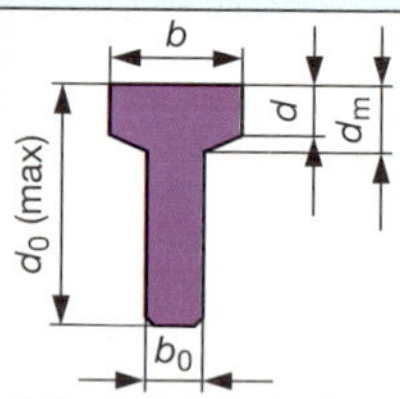

Voll-Deckenplatten (Maße in mm):

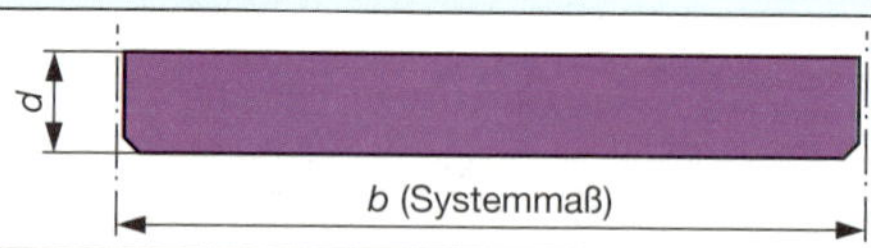

b \ d	100	120	140	160	180	200	220	240
2400	+	+	+	+	+	+	+	+

I-Binder (Maße in mm):

b	300	400	500
b_u	300	300	400
$d_{0(P)}$	900	1200	1500
$d_{0(S)}$	1200	1500	1800
b_0	120	120	120
d	150	150	150
d_u	120	120	120

P = Parallel-,
S = Satteldachbinder

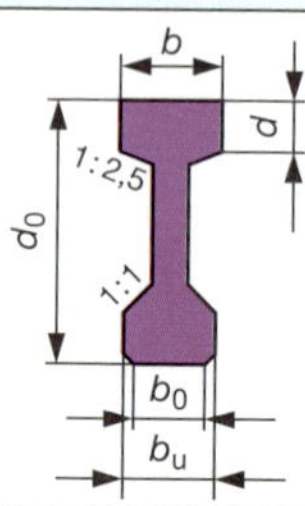

Wandtafeln (Maße in mm):

Breiten b: ≤ 3600

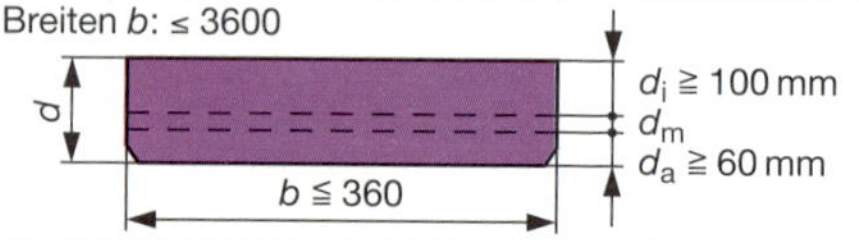

Dicken d	Normalbeton: 100…200 in 200 mm Staffelung			
	Leichtbeton	200	240	300
	Mehrschichtplatten	200	220	240

Schäden an Stahlbetonbauteilen

Schadensverhütung

Stahl ist im Beton vor Korrosion (Rost) geschützt, solange der pH Wert (→ S. 127) > 12 bleibt. Chloride, z.B. aus Tausalz, können jedoch auch dann zur Korrosion führen. Bei pH Werten < 9 besteht immer dann Korrosionsgefahr, wenn gleichzeitig ausreichend Feuchtigkeit vorhanden ist. Der pH Wert kann mittels eines Indikators festgestellt werden, → S. 127.

Das Absinken des pH Wertes wird durch die **Karbonatisierung des Betons** infolge CO_2-Aufnahme bewirkt. Das geschieht umso schneller, je weniger dicht der Beton ist und das ist vor allem bei hohen W/Z-Werten des Frischbetons, schlechter Verdichtung und ungenügender Nachbehandlung der Fall.

Die **Karbonatisierungstiefe** unter der Betonoberfläche beträgt bei üblichem Beton unter normalen Umgebungsbedingungen in Außenbauteilen nach 10 Jahren etwa 15 mm und erreicht nach ungefähr 40 Jahren einen Endwert von etwa 20 mm.

Bei einer **Betondeckung** von mehr als 20 mm sind unter diesen Bedingungen kaum Schäden zu befürchten, jedoch sehr wahrscheinlich bei geringerer Betondeckung und Porigkeit.

Näheres in „Instandsetzen von Stahlbetonoberflächen", in einer Schriftenreihe der Bauberatung Zement.

Instandsetzen von Stahlbetonbauteilen

1. **Losen Beton restlos entfernen,** festen, aber karbonatisierten Beton jedoch nur bei sehr hohen Ansprüchen an die Langzeitwirkung.
2. **Stahl gründlich entrosten,** meist durch Sandstrahlen, möglichst in voller Länge der rostbefallenen statischen Bewehrungsstäbe.
3. **Korrosionsschutzanstriche aufbringen.** Meist sind es lösemittelfreie Epoxidharze mit aktiven Pigmenten, z.B. Zementklinkermehl oder Bleimennige. Die erste Schicht sollte sofort nach dem Entrosten aufgetragen werden. In die zweite Schicht wird, solange sie noch klebrig ist, Quarzsand eingestreut, wenn mit zementgebundenem Mörtel saniert wird. Bei Spritzbetonauftrag ist kein Korrosionsschutzanstrich nötig.
4. **Eine Haftbrücke aufbürsten,** deren Bindemittel zum nachfolgenden Mörtelauftrag passt.
5. **Den „Saniermörtel"** möglichst „frisch in frisch" auf die Haftbrücke **auftragen**. In den meisten Fällen erfüllt ein kunststoffmodifizierter Zementmörtel die Forderungen. Epoxid-Mörtel sind bei geringer Betondeckung und/oder starkem chemischem Angriff, nicht jedoch bei stark wechselnden Temperaturen zu empfehlen.
6. **Mit Feinspachtel und Anstrich,** möglichst CO_2-dicht und dampfdurchlässig, können wieder einheitliche Oberflächen hergestellt werden.

Beton- und Stahlbetonarbeiten – Aufmaß und Abrechnung

Auszug aus DIN 18 331/92:

Abrechnungseinheiten, aus den Konstruktionsmaßen getrennt nach Art und Maßen ermittelt:

Nach **Raummaß (m³)**:
- Massige Bauteile (Fundamente, Stützmauern u.ä.)

abgezogen werden:
- Öffnungen, Nischen u.ä. > 0,5 m^2 Einzelgröße,
- Schlitze, Kanäle u.ä. ≥ 0,1 m^3 je m Länge,
- Durchdringungen u. Einbindungen v. Bauteilen, wie Einzelbalken, Stützen u.ä. > 0,5 m^3 Einzelgröße, wenn sie durch vorgegebene Betonierfugen baulich abgegrenzt sind. Auch aus Einzelteilen zusammengesetzte Bauteile, z. B. Fenster- oder Türrahmungen u. Stürze gelten als nur ein Bauteil.

Nach Flächenmaß (m²):
- Beton-Sauberkeitsschichten und Unterbeton,
- Decken, Wände, Fundament- und Bodenplatten,
- flächige Fertigteile,
- Treppenläufe, mit u. ohne Stufen, Podestplatten,
- Aussparungen, z.B. Öffn., Nischen, Schlitze u.ä.,
- Dämm-, Trenn- u. Schutzschichten sowie ähnl.,
- besondere Ausführung v. Betonfl. z.B. Bearbeitung,
- Schalungen in d. Abwicklung der geschalten Flächen, (Nischen, Schlitze, Fugen u.ä. werden dabei übermessen),
- Schalungen f. Aussparungen (Öffnungen, Schlitze u.ä.) in d. Abwicklung der geschalten Fläche.

abgezogen werden:
- Öffnungen, Durchdringungen u.ä. > 2,5 m^2 Einzelgr.

Nach Längenmaß (m):
- Stützen, Vorlagen, Stürze, Unterzüge u.ä.,
- Fertigteile und Stufen,
- Herstellen u. Schließen v. Schlitzen u. Kanälen,
- Herstellen v. Fugen, einschl. Liefern u. Einbau v. Fugenbändern, -blechen u.a. Fugenfüllungen,
- Betonpfähle, Umwehrungen,
- Schalungen f. Plattenränder, Schlitze, Kanäle u.ä.

Nach der Anzahl (Stück):
- Stützen, Vorlagen, Balken, Stürze, Unterzüge,
- Fertigteile (auch m. Konsolen, Winkelungen u.ä.),
- Treppenstufen,
- Herstellen u. Schließen v. Aussparungen, z.B. Öffnungen, Nischen, Hohlräumen, Schlitzen u.ä.,
- Herstellen v. Vouten, Auflagerschrägen u. Konsolen,
- Einbauen bzw. Liefern u. Einsetzen v. Einbauteilen, Bewehrungsanschl., Dübelleisten, Ankerschienen, Verbindungselementen, Iso-Körben u. ähnlichem,
- Betonpfähle, Herrichten von Pfahlköpfen und Fußverbreiterungen,
- Abdeckungen und Umwehrungen,
- Schalung f. Aussparungen, Profilierungen u.ä.
- vorkonfektionierte Formteile, z.B. Fugenbänder,
- Fertigteile m. besonders bearbeiteter Oberfläche.

Nach Gewicht (kg oder t):
- Liefern, Schneiden, Biegen u. Verlegen v. Bewehrungen, Unterstützungen, Montageeisen u.ä. (Bindedraht u. Verschnitt nicht berücksichtigt),
- Einbauteile, Verbindungselemente und ähnliches.

Mehrschichtige Wand- und Dachausführungen

Einschichtige Wände übernehmen die **Funktionen: Wärmedämmung, Wärmespeicherung, Regenschutz und Kondenswasserschutz** gleichzeitig, z. B. Leichtmauerwerk, Leicht- und Porenbeton, Holz. Bei Dächern u. zunehmend auch b. Wänden, erfordern jedoch die **steigenden Anforderungen an den Wärmeschutz** mehrschichtige Ausführungen, b. denen jede Bauteilschicht spezielle Aufgaben übernimmt. Die **Probleme**, die sich aus der **Wasserdampfkondensation** in den Baustoffen und besonders an den Schichtgrenzen leider oft ergeben können, sind durch **Hinterlüftung der Fassade** bzw. durch **Unterlüftung der Dachhaut**, bei unbelüfteten Konstruktionen durch **dampfbremsende oder -sperrende Schichten** auf der Raumseite lösbar. Die Fassadenbekleidung kann mit einem Regenmantel, die Dachhaut mit einem Regenschirm verglichen werden.

Hinterwand bzw. Rohdecke

Wärmedämmung u. -speicherung

a) **getrennt in zwei Schichten**	b) **vereinigt in einer Schicht:**
Wand o. Decke aus wärmespeicherndem Mauerwerk o. Beton, ϱ = 1400…2400 t/m³. **Wärmedämmschicht**	**Wand o. Decke** aus Leichtziegeln, Leicht- o. Porenbeton, Holz, ϱ = 400…1200 t/m³. **Zusatzdämmschicht**

1. Belüftete Ausführungen

1.1 Hinterlüftete **Vormauerschalen** wie auf S. 179 dargestellt oder hinterlüftete großformatige Platten aus Betonwerkstein, Naturstein oder aus Stahlbeton als Sichtbeton oder mit Riemchen bzw. Fliesen.

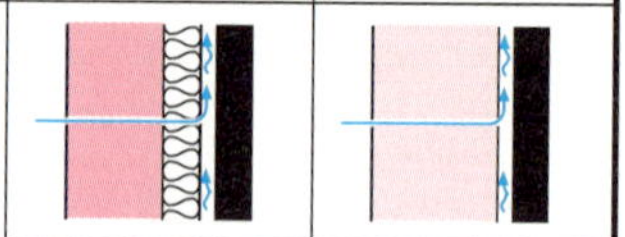

1.2 Hinterlüfteter Vorhang aus dünnen **großformatigen Platten**, z. B. aus Faserzement, Metall (Aluminium oder beschichtetes Stahlblech), Glas oder Kunststoff.

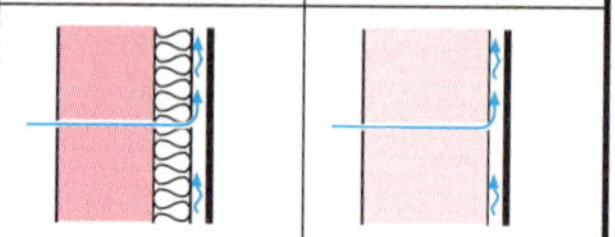

1.3 Hinterlüftete Bekleidung mit **kleinformatigen Platten**, z. B. aus Dachziegeln, Beton-Dachsteinen, Natur- oder Kunstschiefer, Holzschindeln oder Kunststoff.

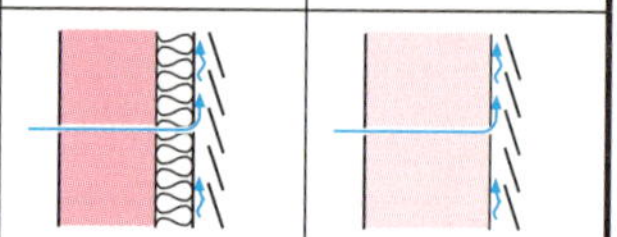

1.4 Unterlüftete Dachhaut aus dünnen **großformatigen Platten**, z.B. aus Faserzement, Metall (Trapez- oder Wellblech), faserverstärktem Kunststoff, Kunststoff- oder Bitumendachbahnen.

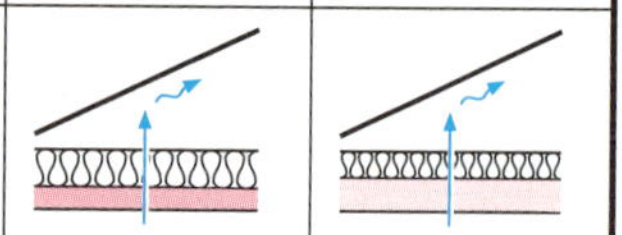

1.5 Unterlüftete Dachhaut aus **kleinformatigen Platten** wie Dachziegeln, Beton-Dachsteinen, Natur- oder Kunstschiefer, Schindeln, Glasdachsteinen oder Faserzement-Dachplatten.

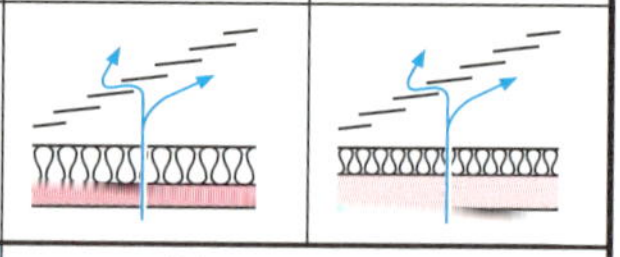

2. Unbelüftete Ausführungen

→ Weg des Wasserdampfes

2.1 **Möglichst dampfdurchlässige Bekleidung** mit Putz (mineralisch oder organisch), Wärmedämmputz oder als sog. „Thermohaut". Bekleidung mit Vormauersteinen oder Natursteinplatten problematisch, wenn zu dampfdicht.

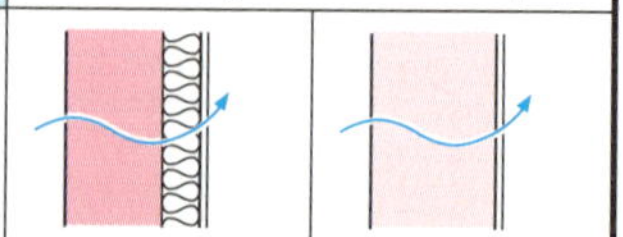

2.2 **Flachdach-Normalausführung:**
1: Rohdecke, 4: Dampfdruck-Ausgleichsschicht,
2: Dampfsperre, 5: Dachdichtung (Bitumen- o. Kunststoff),
3: Wärmedämmung, 6: Kies- oder Plattenabdeckung zum Schutz der Abdichtung.

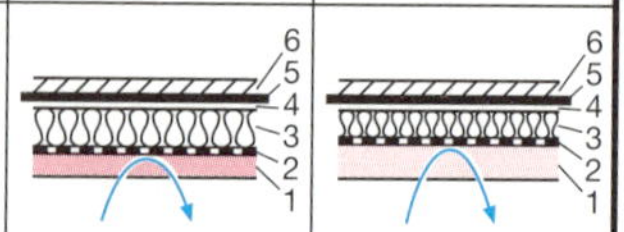

2.3 **Flachdach mit obenliegender Dämmung** („Umkehrdach"): Im Gegensatz zu 2.2 liegt der überwiegende Teil der Wärmeschicht oberhalb der Abdichtung. Diese Dämmung aus extrudiertem Polystyrol mit Stufenfalz. Abdeckung möglichst mit Betonplatten (Schutz vor Windsog u. UV). Abdichtung mit Gefälle, um Stauwasser zu vermeiden.

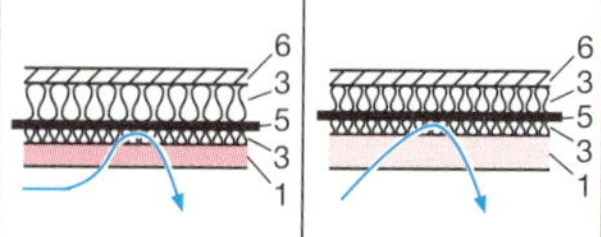

Bewegungsfugen

1 Bewegungsarten der Bauwerkteile und ihre Ursachen

Wenn die Fläche der Tabelle als Vorderansicht eines Pfeilers angesehen wird, dann ergeben die roten → Pfeile die Richtung an, in der sich die Oberkante des Pfeilers bewegt.

Bewegungen	Art	Ursache	Richtung	Beschreibung
Unvermeidbare Bewegungen, die Bewegungsfugen erfordern – irreversibel (nicht oder kaum wiederholbar)	**1. Kurzzeit**-Bewegungen in der Bauzeit	**lastabhängige Verformungen**	↓	**1.1 Stauchen** [1] d. Bauteile beim Aufbringen der Last auf Wände oder Pfeiler, auch auf Deckenplatten (auch Biegestauchen).
			↓	**1.2 Setzen** nichtbindiger Böden, beim Aufbringen von Lasten durch dichtere Lagerung.
	2. Langzeit-Bewegungen, die in einem Ruhezustand enden		↓	**2.1 Kriechen** v. Baustoffen unter Dauerlast, z. B. Beton in Stützen oder in Spannbetonbauteilen.
			↓	**2.2 Setzen** bindiger Böden unter Dauerlast (Auspressen von Wasser).
		lastunabhängige Volumenänderungen	↓	**2.3 Schwinden** feinstporiger neubaufeuchter Bauteile durch Trocknen bis zur Gleichgewichtsfeuchte.
			↑	**2.4 Feuchtedehnung** mancher Ziegelsteine.
			↓	**2.5 Temperatur-Zusammenziehung** von Beton, der b. Erhärten heiß wurde
reversibel (wiederholbar)	**3. Wiederholte** Hin- und Her-Bewegungen		↕	**3.1 Temperaturdehnung u. Zusammenziehung** durch Temperaturwechsel
			↕	**3.2 Quellen u. Schwinden** beim Wechsel der Feuchte feinstporiger Stoffe, z. B. Holz, Zementmörtel.
		lastabhäng.	↕	**3.3 Elastische Dehnstauchung** bei mäßiger, besonders bei schwingender Beanspruchung.
4. Vermeidbare Bewegungen, die durch fehlerhafte Arbeitsweise verursacht werden		**lastunabhängige**	↓	**4.1 Schrumpfreißen** zu weicher Mörtel u. Betone während des Erhärtens.
			↑	**4.2 Treiben** durch chem. Vorgänge o. durch Kristallisieren, z. B. b. Zement-Gipsmischung (Sulfattreiben).
			↑	**4.3 Frostdehnung** von wassersatten Böden und Baustoffen „Eislinsen" -bildung bei sog. „frostschiebenden" Böden.

2 Ausführung von Dehnungsfugen

a) mit elastoplastischer Dichtung, DIN 18 540

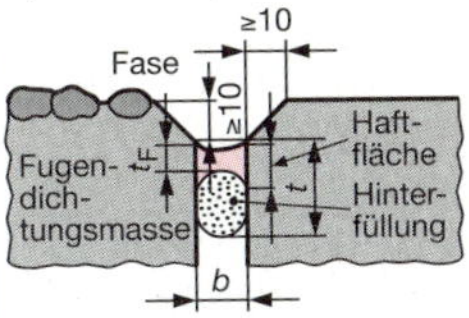

b) mit Fugenband

3 Abmessungen v. Fugendichtungen nach 2 a)

Für den **Fugenabstand** in m		**≤ 3,5**	**≤ 5**	**≤ 6,5**	**≤ 8**
Soll-Fugenbreite b (10°C)	mm	15	20	25	30
Soll-Fugentiefe t	mm	30	40	50	60
Dicke der Dichtung t_F	mm	10	12	15	15
zul. Abweichungen von t_F	mm	± 2	± 2	± 3	± 3

4 Größter Abstand a der Bewegungsfugen bei gegebener Fugenbreite b

$$= \frac{0{,}25 \cdot b}{\alpha\vartheta \cdot \Delta\vartheta} \qquad \mathrm{m} = \frac{\mathrm{mm}}{\frac{\mathrm{mm}}{\mathrm{m \cdot K}} \cdot \mathrm{K}}$$

5 Mindest-Fugenbreite b bei gegebenem Fugenabstand a

$$= \frac{a \cdot \alpha\vartheta \cdot \Delta\vartheta}{0{,}25} \qquad \mathrm{mm} = \mathrm{m} \cdot \frac{\mathrm{mm}}{\mathrm{m \cdot K}} \cdot \mathrm{K}$$

6 Maximal. Bewegungsausschlag s in der Bewegungsfuge, mm

$$= \alpha\vartheta \cdot \Delta\vartheta \cdot a \qquad \mathrm{mm} = \frac{\mathrm{mm}}{\mathrm{m \cdot K}} \cdot \mathrm{K} \cdot \mathrm{m}$$

a = Abstand zwischen den Bewegungsfugen in m,
b = Breite der Dehnungsfugen in mm,
$\alpha\vartheta$ = Temperaturdehnzahl in mm/m · K, → S. 93,
$\Delta\vartheta$ = Temperaturunterschied, max $\Delta\vartheta$ = 100 K.

Beispiel:
Eine 12 m lange Mauer, beiderseits anstoßend, wird bei 20 °C Lufttemperatur mit Faserzementplatten abgedeckt, max $\Delta\vartheta$ nach **7** = 100 K.
Fugenbreite b zunächst mit 15 mm eingesetzt.

$$\max a = \frac{0{,}25 \cdot 15\,\mathrm{mm \cdot m \cdot K}}{0{,}01\,\mathrm{mm} \cdot 100\,\mathrm{K}} = \underline{3{,}75\,\mathrm{m}}, \quad \text{gewählt: } \underline{2\,\mathrm{m}}, \rightarrow \mathbf{4}$$

min b = 2 · 0,01 · 100 : 0,25 = <u>8 mm</u> < 15 mm, → **5**

min s = 0,01 · 100 · 2,00 = <u>2 mm</u>, → **6**

$\Delta\vartheta$ von 40 K (Abkühlung auf −20 °C) erweitert die Fugen um s = 0,01 · 40 · 2 = <u>0,8 mm</u> → **6**

Der Kitt dehnt sich dabei um 100 · 0,8/15 = <u>5,3 %</u> aus.

7 Temperaturschwankungen von Bauteilen, die dem Wetter ausgesetzt sind, nach DIN 1045:

Aus Beton oder Stahlbeton	im allgemeinen	± 15K,
	bei ≥ 70 cm Dicke	± 10K,

In Fassadenbekleidungen nach DIN 18 515 ± 50K.
In mehrschichtigen Außenbauteilen auftretende Temperaturschwankungen können nach dem grafischen Verfahren, → S. 112…114 errechnet werden.
Für dünne Fassadenbekleidungen ist max $\Delta\vartheta$ = 100 K (−20 °C … +80 °C) einzusetzen.

[1] Enthält elastische und bleibende Anteile.

Plattenbeläge I

Fußbodenplatten

Fußbodenplatten aus Naturstein, meist aus Kalkstein (Solnhofer) oder Sandstein (Solling, Main): 25 · 25, (15, 20, 30, 40, 50) · 30, (20, 25) · 40 (in cm) und unregelmäßig. Dicke 1 bis 4 cm.

Bodenklinkerplatten, DIN 18 158 Oberfläche glatt, genarbt, gekörnt, gerieft, gerippt, gewürfelt, gekuppt.	29 · 29 24 (11,5) · 19,4 19,4 (9,4) · 19,4
Dazu Rinnsteine u. a. Formstücke.	1 bis 4 cm dick

Keramische Spaltplatten, DIN 18 166: 1··2 cm dick, 24 · 24, 19,4 · 19,4 (9,4), 11,5 · 5,2, → nächste Seite

Keramische Fliesen und Platten für Bodenbeläge und Wandbekleidungen DIN EN 87

Einteilung in **Gruppen** (auch f. S. 239 gültig)	**I** $E \leq 3$ %	**IIa** $E > 3$ % ≤ 6 %	**IIb** $E > 6$ % ≤ 10 %	**III** $E > 10$ %
Formgebung A: stranggepresst	**A I** EN 121	**A IIa** EN 186	**A IIb** EN 187	**A III** EN 188
Formgebung B: trockengepresst	**B I** EN 176	**B IIa** EN 177	**B IIb** EN 178	**B III** EN 159
Formgebung C: gegossen	**C I** –	**C IIa** –	**C IIb** –	**C III** –

E = Europa-Kurzzeichen f. **Wasseraufnahme in m%**

Gruppe B I mit geringer Wasseraufnahme

Modulare Vorzugsmaße in cm. Werkmaße um 3··5 mm

M 10 x 10	kleiner. Dicke meist ≈ 10 mm.
M 15 x 15	Oberfläche: eben, profiliert, glasiert,
M 20 x 10	unglasiert, glänzend, halbmatt u. matt.
M 20 x 15	**Frostbeständig**, Wasseraufn. $E \leq 3$ m%.
M 20 x 20	Temperaturwechselbeständig.
M 20 x 30	Ritzhärte: glasiert ≥ 5, unglasiert ≥ 6.
und nicht modulare	→ S. 65 **1**. Biegefestigkeit ≥ 27 N/mm². Chem. Beständigkeit nach Vereinbarung.

Fußbodenplatten aus Beton

Bezeichnung		Maße in cm *a*	*b*	*d*
	20	20	28,1	2
	25	25	35,2	2,5
A, B, C, D	30	30	42,2	3
	35	35	49,3	3,5
	40	40	56,4	4
	50	50	70,5	5
	60	60	84,6	6
Toleranz		± 0,1 cm		± 0,2

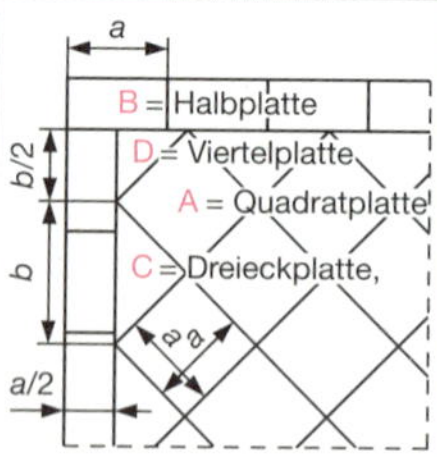

Beton-Fußbodenplatten auch mit 0,7 bis 1,5 cm dickem **Hartbeton-Belag** aus Siliziumkarbid, Korund oder Hartmetallen und mit 1,0 bis 1,5 cm dickem **Terrazzo-Belag** aus farbigem Natursteinsplitt, geschliffen. Meist 30 x 30 cm², d = 2,5··3 cm.

Asphaltplatten als Stampfasphaltplatten auch mit Terrazzodeckschicht f. innen, meist 24 · 24 · 2··3 cm³. Auch dauermaß- u. säurebeständige Asphaltplatten.

Gehwegplatten, Pflastersteine

Pflasterklinker, DIN 18 503: meist DF o. d = 4 cm. Maßabweichung ± 3 %, Scherbenrohd. ≥ 2 kg/dm³. Wasseraufn. ≤ 6 m %, Druckfestigkeit ≥ 80 N/mm². Schleifverschleiß ≤ 20 cm³/50 cm²; frost- u. säurebest.

Gehwegplatten aus Beton (A in Abb.) DIN 485

Nenngröße cm Ebenheit 1)	Raster mm 2) + 1··3	Dicke mm ± 3
30 x 30 x 4	300	40
35 x 35 x 5	350	50
40 x 40 x 5	400	50
50 x 50 x 5	500	60

1) ≤ 0,4 % der Diagonale.
2) Verlegerastermaß = a
Fugenbreite s ≥ 3 mm
Plattenmaß = a minus s

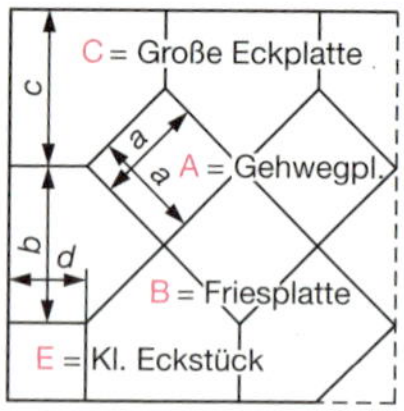

nur A ist genormt

Pflastersteine aus Beton DIN 18 501

Zahlreiche Arten von **Verbundpflastersteinen**, auch mit Fase, Quadrat-, Rechteck-, Sechseckpflaster. **Vorzugshöhen**, je nach Bettung, Unterbau, Steinform und Belastung: 60, 80, 100, 120 und 140 mm. **Zul. Maßabweichungen**: f.Länge u. Breite ± 3 mm, für Höhe ± 5 mm. **Druckfestigkeit** ≥ 60 N/mm², frost- u. tausalzbeständig, Benennung nach d. Höhe.

Pflastersteine aus Naturstein DIN 18 502

Größe	Br. cm	Länge in cm ( ) f. Binder	Höhe cm	Güteklasse	Gestein
Großpflastersteine	16 16	16 ·· 22 (22 ·· 29)	16 14 3)	I ± 1 cm	Granit
	14 14	14 ·· 20 (20 ·· 23)	15 13 3)	II ± 1,5 cm	Basaltlava und 3)
	12	12··18 (18··21)	13		
Kleinpflastersteine	10 · 10 · 10 cm³ 9 · 9 · 9 cm³ 8 · 8 · 8 cm³			I : ± 1 cm II: +2 −1 cm	Gabbro, Granit, Basalt, Diorit, Grauwacke
Mosaikpflastersteine	6 · 6 · 6 cm³ 5 · 5 · 5 cm³ 4 · 4 · 4 cm³			I : ± 1 cm	

Bordsteine aus Beton DIN 483

H = Hochbordstein
T = Tiefbordstein
R = Rundbordstein
F = Flachbordstein
l = 100 cm ± 0,5 cm
dazu: Kurvensteine mit r des Bogens: 0,5, 1; 2; 3; 5; 8 u. 12 m.
Beispiel:
Bordstein DIN 483-H 18x30

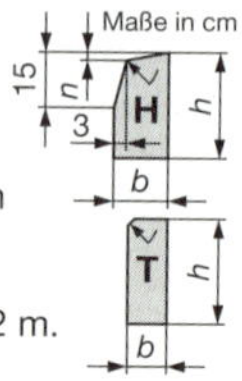

Form	*b*	*h*
H	18	30
	18	25
	15	30
	15	25
T	10	30
	10	25
	8	25
	8	20
R	18	22
	15	22
F	20	20

3) die kleinere Höhe als Gleiszonenpflasterstein

Plattenbeläge II

Riemchen

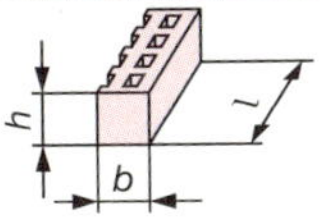

l x *b* x *h* in cm
24 (11,5) x 5,2 x 4 bis 7
24 (11,5) x 7,1 x 4 bis 7
24 (11,5) x 4,7 x 4 bis 7
22 (10,5) x 5,2 x 4 bis 7
Fugendicke: 1 bis 1,2 cm
Natursteinriemchen (z. B. Zykloma)

hart, frostbeständig.
Keramische: glasiert und unglasiert.
Kalksandstein-, Betonwerkstein-, Naturwerkstein-Riemchen: meist bruchraue Sichtfläche

Keramische Spaltplatten und Formteile DIN 18 166

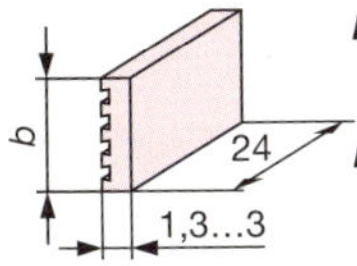

E 3 ≤ 3 m% Wasseraufnahme, Scherben hellfarbig, Biegefestigkeit ≥ 25 N/mm²
E 6 ≤ 6 m% Wasseraufnahme, Scherben dunkelfarbig, Biegefestigkeit ≥ 20 N/mm².

GL = glasiert, UGL = unglasiert.
Lichtecht, temperaturwechselbeständig, chemisch beständig, frostbeständig, verschleißfest.
b = 5,2; 11,5 u. 24 cm, auch 19,4 (9,4) x 19,4 cm

Keramische Fliesen und Platten für Bodenbeläge und Wandbekleidungen DIN EN 87

Die Gruppen s. S. 238 (Keramische Fliesen)
Gruppe B III mit hoher Wasseraufnahme, DIN EN 159.

Größen ↓	nach modularen Vorzugsmaßen in cm,		
M 30 x 30	Werkmaße um Fugenbreite 1,5 bis 5 mm		
M 30 x 15	kleiner, Dicke ~ 10 mm.		
M 25 x 25	Zul. Abweichungen d. Werkmaße v. Mittel:		
M 20 x 20	bei ≤ 12 cm Länge o. Breite um ± 0,75 %,		
M 20 x 15	bei > 12 cm Länge o. Breite um ± 0,5 %,		
M 20 x 10	in der Dicke	bei < 250 cm² Fläche	um ± 0,5 mm,
M 15 x 15		bei > 250 ·· 500 cm²	um ± 0,6 mm,
M 15 x 75		bei > 500 ·· 1000 cm²	um ± 0,7 mm,
M 10 x 10		bei > 1000 cm² Fl.	um ± 0,8 mm

Nicht frostbeständig, wenn Wasseraufn. ~10 %, wenn > 20 m%, dann muss es d. Hersteller angeben. Fliesen sind temperaturwechselbständig. Wenn Glasur zu Rissen neigt, soll der Hersteller darauf hinweisen, Ritzhärte ≥ 3 für Wände; ≥ 5 für Böden.
Biegefestigkeit:
im MIttel 15 N/mm² bei Fliesendicken < 7,5 mm,
im Mittel 12 N/mm² bei Fliesendicken > 7,5 mm.

Frostbeständig sind Fliesen der Gruppe B1 mit niedriger Wasseraufnahme (*E* ≤ 3 m%): geeignet für Außenwandbekleidungen.

Wandplatten aus Betonwerkstein n. DIN 18 500: ☐ 15 u. 20 (1,5 cm dick), ☐ 25, 30, 35 (2 cm dick), bis 1 x 2 m (≥ 5 cm dick).
Oberfläche: gewaschen, sandgestrahlt, scharriert, gestockt, gekrönelt, gespitzt o. geschliffen. Auch Abdeckplatten, Fensterbänke, Gewände usw. Zul. Maßabweichung: ± 2 mm i. d. Länge, ± 1 mm i. d. Breite.

Mosaik: übliche Maße in cm: 5 x 5; 5 x 2,4; 2,4 x 2,4; 4,2 x 4,2; 4,2 x 2; 2 x 2 als Mittel-, Streifen-, Klein- oder Kombimosaik, *d* = 5 mm.

Außenwandbekleidungen mit angemörtelten Fliesen und Platten DIN 18 515, T. 1 u. T. 2

Größtmaße der Fliesen o. Platten: 0,12 m² Fläche, 40 cm Seitenlänge, 15 mm Dicke (geriffelt: 20 mm).

Zementmörtel im Mischungsverhältnis		Sand
Spritzbew.	1 : 2 ·· 1 : 3	0/4 (8)
Unterputz	1 : 3 ·· 1 : 4	0/4
Dickbett	1 : 4 ·· 1 : 5	0/4
Fugenmö.	1 : 2 ·· 1 : 3	0/2

Mörtel mögl. mit Trasszement.
Sand mit dichtem Gefüge (gute Sieblinie).
Zum Ansetzen u. Verfugen in einem Arbeitsgang, zumindest z. Verfugen Werk-Trockenmörtel verwenden. Bei Schlagregengefahr wasserabw. Mörtel verwend.
Unmittelbares Ansetzen möglich auf Beton ≥ B15 und auf Mauerwerk aus Steinen der Festigkeitsklassen ≥ 12 mit Mörtel der Gruppen II oder II a.
Ansetzfläche muss frei von Staub, Trennmitteln, Ausblühungen und Verunreinigungen sein, sonst ist bewehrter und verankerter **Unterputz** nötig.
Zum Ausgleich größerer Maßungenauigkeiten ist ein ≥ 10 mm dicker **Ausgleichsputz** nötig.
Muss dieser dicker als 25 mm sein, ist er zu bewehren und zu verankern.
Ein **Spritzbewurf** ist vor dem Ansetzen im Dickbettverfahren bzw. vor dem Aufbringen des Unterputzes erforderlich. Dieser muss vor dem Weiterarbeiten aushärten und seine Spannungen abbauen können.
Beim **Ansetzen im geschlossenen Dickbett** (im Mittel 15 mm dick) ist jede angesetzte Fliesen- oder Plattenreihe von oben mit Mörtel zu verfüllen und schräg abzugleichen.
Beim **Ansetzen im Dünnbett** mit mind. 3 mm Dicke auf einem Unterputz ist das „Floating-Buttering" Verfahren, → S. 254 anzuwenden.
Auf **Wärmedämmschichten** ist ein m. Baustahlgitter bewehrter Unterputz zum Abtragen der Beanspruchungen erforderlich. Die Bewehrung muss aus nichtrostendem Stahl K 700, 50 mm x 50 mm mit mind. 3 mm Stab-Ø bestehen u. über tragfähige Anker aus nichtrostendem Stahl mit dem belastbaren Teil der Außenwand kraftschlüssig verbunden werden.
Der Unterputz aus P III ist in 2 Lagen aufzubringen, wobei die 1. Lage bis zur Bewehrung reicht und die 2. Lage nach 4 bis maximal 24 Stunden aufgetragen wird. Die Bewehrung soll dadurch mittig im 25 bis 35 mm dicken Unterputz zu liegen kommen.

Anmauerung auf Aufstandsflächen ist nach DIN 18 515, T. 2 zulässig bei Wohngebäuden bis zu 2 Vollgeschossen und einem 4 m hohen Giebel, bei anderen Gebäuden bis zu 8 m Höhe.
Die Dicke der Anmauerung muss mindestens 5,5 cm und darf höchstens 9 cm betragen.

Hinterlüftete Außenwandbekleidungen müssen den Bestimmungen der DIN 18 516 genügen.
Die Luftschicht muss mindestens 2 cm dick sein.
Lüftungsöffnungen unten u. oben: > 50 cm² pro m.

Großformatige Wand- und Deckenbekleidungen I

Gipskartonplatten DIN 18 180/89

Gipskarton-Bauplatten GKB:
Für Wand- und Deckenbekleidungen auf Unterkonstruktionen, zum Ansetzen als Wand-Trockenputz und zur Bekleidung von Montagewänden.
Imprägniert (verzögerte Wasseraufnahme): **GKB I**.

Gipskarton-Feuerschutzplatten GKF:
für Bauteile mit Brandschutzanforderungen.
Imprägniert: GKF I.

Bandgefertigte Gipskartonplatten

Dicken-Nennmaß s (mm)	Regelbreite +0, −5	Regellänge l +0, −5 mm	Gewicht in kg/m² GKB GKBI	GKF GKFI
9,5 ± 0,5	1250	2000 bis 4000 in Stufen von 250	≤ 9,5	8 bis 10
12,5 ± 0,5	1250		≤12,5	10 bis 13
15 ± 0,5	1250		≤ 15	13 bis 16
≥ 18 ± 0,9 (20)	600 (1200)		≤ 1,0 · s	0,8 · s bis 1,0 · s

Gipskarton-Putzträgerplatten GKP: Dicke: 9,5; Breite 400; Länge 1500 o. 2000; Gewicht: ≤ 9,5.
Längskantenausführungen:
Abgeflacht: **AK**, volle Kante: **VK**, runde Kante: **VR**.
Halbrund: **HRK**; halbrund und abgeflacht: **HRAK**.
Bruchfestigkeit: ⊥ zur Kartonfaser etwa dreimal höher als ∥ zur Kartonfaser.
Beispiel: **Pl, DIN 18 180-GKB 12,5-2000 AK-A2**
bedeutet: Gipskarton-Bauplatte, 12,5 cm dick, 2 m lang, abgeflachte Kante, Brandschutzklasse A2.

Gipskarton-Verbundplatte nach DIN 18 184:
Verbundpl. 18 184-VBPSP-W-0,25-12,5-50-B1
bedeutet: 12,5 mm dicke Gipskartonplatte m. 50 mm dicker **Polystyrol**-Wärmedämmplatte der Wärmeleitgruppe 025 und Brandschutzklasse B1.
Kennzeichnung durch **blaue Schrift**.
Verbundpl. DIN 18 184-VBPURP-W-020-9,5-30-B2
bedeutet: 9,5 mm dicke Gipskartonplatte mit 30 mm dicker **Polyurethan**-Wärmedämmplatte der Wärmeleitgruppe 020 und Brandschutzklasse B2.
Kennzeichnung durch **schwarze Schrift**.

Maße: 1250 mm breit und 2500 mm lang
Kombinationen: 9,5 cm GK mit 20 bis 30 mm Dämmst.; 12,5 cm GK mit 20 bis 60 mm Dämmst.
Auch mit **Dampfsperre** zwischen GK u. Dämmstoff.

Gipsfaserplatten, z. B. „Fermacell"

Vorwiegend 10 mm dick, 1000 mm breit und 1500 mm lang, aber auch raumhohe Platten lieferbar.

Gipsfaser-Verbundplatten, auch mit Dampfsperre

Gesamtdicke, mm	Gipsfaserplatte, mm	Hartschaumplatte, mm	Wärmewiderst. 1/Λ in m² · K/W
25	10	15	0,403
30	10	20	0,528
40	10	30	0,778
50	10	40	1,028
60	10	50	1,278

Gipskartonplatten an Deckenunterkonstruktionen

Zulässige Stützweiten DIN 18 181

bei Beplankungsdicken von mindestens 12,5 mm Unterkonstruktion	Gesamtlast in kN/m² ≤ 0,15	> 0,15 ≤ 0,30	> 0,30 ≤ 0,50
Stahlbl.-profile, 18 182, T. 1:	1)	1)	1)
Grundprofil CD 60 x 27 x 06	900	750	600
Tragprofil CD 60 x 27 x 06	1000	1000	750
Holzlatten (Breite x Höhe)			
Grundlatte direkt befestigt 48 x 24	750	650	600
Grundlatte direkt befestigt 50 x 30	850	750	600
Grundlatte direkt befestigt 60 x 40	1000	850	700
Grundlatte abgehängt 30 x 50 2)	1000	850	700
Grundlatte abgehängt 40 x 60	1200	1000	850
Traglatte 48 x 24	700	600	500
Traglatte 50 x 30	850	750	600

Grundlatten und Traglatten (-profile) an jedem Kreuzungspunkt mit je einer Schraube verbinden.

1) Stützweite bei Grundprofilen = Abstand der Abhängungen, bei Tragprofilen = Abstand d. Grundprofile (Latten), b. Brandschutzanforderungen kleinere Stützweiten nach DIN 4102, T.4 wählen.
2) Nur mit Traglatten v. 50 mm Breite u. 30 mm Höhe.

Spannweiten der Gipskartonplatten (maximal)

Plattenart	Plattendicke	Querbefestigung	Längsbefestigung
Montagewände u. Vorsatzschalen			
Gipskartonplatten mit geschlossener Sichtfläche	12,5	625	625
	15	750	625
	18	900	625
	25	1250	625
Deckenbekleidung u. Unterdecken			
Gipskartonplatten mit geschlossener Sichtfläche	12,5	500	420
	15	550	420
	18	625	420
Gipskarton-Lochplatten	9,5	320	
	12,5	320	
GK-Putzträgerplatten	9,5	500	-

Bei Brandschutzanforderungen gilt DIN 4102, T. 4.

Abstände der Befestigungsmittel (Maximalwerte)

Plattenart	Schnellbauschrauben	Klammern (unter 45°)	Nägel 3)
Montagewände u. Vorsatzschalen:			
GK-Pl. m. geschl. Sichtfl.	250	80	120 4)
Gipskarton-Lochplatten	170	80	120
Deckenbekleidungen u. Unterdecken:			
bei allen Gipskartonpl.	170	80	120

3) Auch, wenn Nägel m. d. Hand eingeschlagen werd.
4) Ohne Brandschutzanforderungen 170 mm erlaubt.

Eindringtiefen s bei Holz-Unterkonstruktionen:
f. Schnellbauschr. > 5 d_N | f. Nägel glatt ≥ 12 d_N
für Klammern > 15 d_N | f. Nägel gerillt ≥ 8 d_N
d_N = Nenn-Ø d. Schr. = Draht-Ø d. Kl. = Nagelschaft-Ø.

Großformatige Wand- und Deckenbekleidungen II

Befestigen von Gipsfaserplatten an Unterkonstruktionen

Art und Größe der Befestigungsmittel	Befestigungsmittel-Abstand in cm am Plattenrand bei Wänden	Befestigungsmittel-Abstand in cm am Plattenrand bei Decken	Befestigungsmittel-Abstand in cm im übrigen Bereich bei Wänden	Befestigungsmittel-Abstand in cm im übrigen Bereich bei Decken	Bedarf in Stück/m² bei Wänden	Bedarf in Stück/m² bei Decken
Rostgeschützte Hohlkopfnägel, 2,2 x 32 mm	20	15	25	20	14	26
Rostgeschützte Klammernägel, mindestens 1,2 x 25 mm, 10 mm Rückenbreite	15	10	20	15	20	36
Rostgeschützte Kreuzschlitzschrauben, 4,0 x 25 mm	25	20	25	20	14	22

Holz-Unterkonstruktionen für Gipsfaserplatten an Decken

Teil der Unterkonstruktion	Breite b in mm	Höhe h in mm	zulässige Stützweite in mm
Traglatten	48	24	650
Traglatten	50	30	800
Grundlatten, direkt befestigt	60	40	1100
Grundlatten, abgehängt	40	60	1400

Wandbauplatten aus Gips

Plattenart	Zeichen	ϱ_R in kg/dm³
Porengips-Wandblauplatte	PW	0,6 … 0,7
Gips-Wandbauplatte	GW	> 0,7 … 0,9
Gips-Wandbauplatte	SW	> 0,9 … 1,2

P-Art	Plattenmaße in mm l	h	d	Wandgewichte in kg/m² bei Plattenrohdichten in kg/dm³ 0,7	0,9	1,2
PW	666	500	60	42	54	72
GW	666	500	80	56	72	96
SW	666	500	100	70	90	–

Bekleiden von Holzkonstruktionen mit Holzwolle-Leichtbauplatten HWL oder Mehrschicht-Leichtbauplatten ML

DIN 1101, 1102, → S. 109

Mindestdicke der Platten für nichtausgemauertes Holzfachwerk oder Holzgerippe:

An Außenwänden außen 35 mm (nässegeschützt),
An Außenwänden innen 25 mm,
an Innenwänden 25 mm.

Max. Mittenabstände d. Unterstützungshölzer

Plattendicke in mm	Nägel Ø · l [2] (mm · 10 mm) DIN 1114 (1151)	Holz-breite mm	Holz-dicke mm	cm [1]
25	31 · 50 (25 · 55)	≥ 50	≥ 30	≤ 50
35	31 · 60 (31 · 65)	≥ 50	≥ 30	≤ 67
50	34 · 90 (34 · 90)	≥ 60	≥ 40	≤ 100
75	– (42 · 110)	≥ 60	≥ 40	≤ 100

[1] gilt nur für Wände. Für Dachschrägen und Decken Abstände immer ≤ 50 cm.

[2] Nägel ( ) nur mit Unterlegscheibe Ø ≥ 20 mm. Auf jedem Holz 3 Nägel für 50 cm breite und 4 Nägel für 62,5 cm breite Platten. An Decken Nägel schräg einschlagen.

Aufmaß für Fliesen- u. Estricharbeiten

DIN 18 352, 18 353

Fliesen u. Estricharbeiten werden nach den **Rohbaumaßen** berechnet.
Fußleisten und Gesimse nach ihrer Rohbaulänge unter Angabe der Breiten und Gliederungen.
Mosaiken u. Zierfriese nach Länge und Stück werden den Flächen zugeschlagen.
Öffnungen, Pfeiler und dergleichen ≤ 0,1 m² Einzelfläche werden nicht abgezogen.

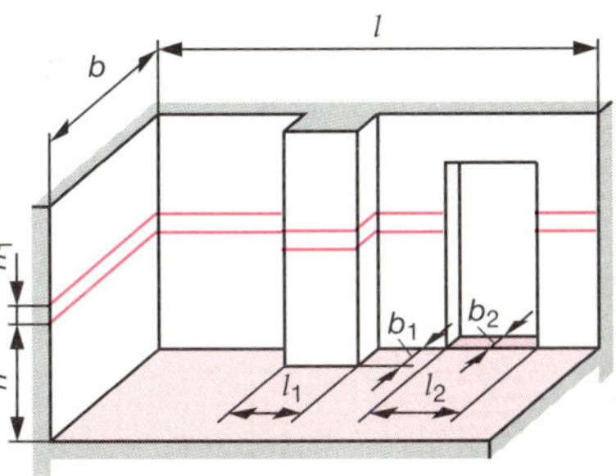

Abrechnung

nach Flächenmaß: Bodenbelag $A = (l \cdot b) - (l_1 \cdot b_1) + (l_2 \cdot b_2)$

Wandbelag $A = (b + l + 2 \cdot b_1 + 2 \cdot b_2 - l_2) \cdot h$

nach Längenmaß: Gesims $L = b + l + 2 \cdot b_1 + 2 \cdot b_2 - l_2$

Plattenbedarf

(übliche Richtwerte)	Stück/m²
10 cm	100
15 cm	44
20 cm	25
25 cm	16
30 cm	11
24,5/12	32
30/15	22
30/20	16,5
17/17	35
10/12	110
15/17	50
Mörtel	l/m²
Verlegen,	20
Fugen 3 mm	0,5

Fliesen-Tabelle

Zur Erleichterung des Umrechnens von Längenmaßen (m) in Stück Fliesen und umgekehrt.

| ⬡10 ² | ⬡10 ² mm |

Längenmaße in m. Fugendicken 2 mm, 3 mm und 4 mm sind neben den Fliesen angegeben und in die Längenmaße eingerechnet. Für dickere Fugen Zuschläge! 1)

Größe der Fliese (in cm) und Lage zur Messrichtung ←→

Stck.	10 ²	15 ²	15 ³	15 ⁴	20 ²	25 ²	30 ²	⬡10 ²	⬡15 ²	◇10 ²	◇15 ²	◇15 ⁴	Stck.
1	0,102	0,152	0,153	0,154	0,202	0,252	0,302	0,118	0,176	0,145	0,216	0,218	**1**
2	0,204	0,304	0,306	0,308	0,404	0,504	0,604	0,236	0,352	0,290	0,432	0,436	**2**
3	0,306	0,456	0,459	0,462	0,606	0,756	0,906	0,354	0,528	0,435	0,648	0,653	**3**
4	0,408	0,608	0,612	0,616	0,808	1,008	1,208	0,472	0,704	0,580	0,864	0,871	**4**
5	0,510	0,760	0,765	0,770	1,010	1,260	1,510	0,590	0,880	0,725	1,080	1,090	**5**
6	0,612	0,912	0,918	0,924	1,212	1,512	1,812	0,708	1,056	0,870	1,296	1,308	**6**
7	0,714	1,064	1,071	1,078	1,414	1,764	2,114	0,826	1,232	1,015	1,512	1,527	**7**
8	0,816	1,216	1,224	1,232	1,616	2,016	2,416	0,944	1,408	1,160	1,728	1,745	**8**
9	0,918	1,368	1,377	1,386	1,818	2,268	2,718	1,062	1,584	1,305	1,944	1,962	**9**
10	1,020	1,520	1,530	1,540	2,020	2,520	3,020	1,180	1,760	1,450	2,160	2,180	**10**
11	1,122	1,672	1,683	1,694	2,222	2,772	3,322	1,298	1,936	1,595	2,376	2,399	**11**
12	1,224	1,824	1,863	1,848	2,424	3,024	3,624	1,416	2,112	1,740	2,592	2,616	**12**
13	1,326	1,976	1,989	2,002	2,626	3,276	3,926	1,534	2,288	1,885	2,808	2,834	**13**
14	1,428	2,128	2,142	2,156	2,828	3,528	4,228	1,652	2,464	2,030	3,024	3,052	**14**
15	1,530	2,280	2,295	2,310	3,030	3,780	4,530	1,770	2,640	2,175	3,240	3,270	**15**
16	1,632	2,432	2,448	2,464	3,232	4,032	4,832	1,888	2,816	2,320	3,456	3,488	**16**
17	1,734	2,584	2,601	2,618	3,434	4,284	5,134	2,006	2,992	2,465	3,672	3,706	**17**
18	1,836	2,736	2,754	2,772	3,636	4,536	5,436	2,124	3,168	2,610	3,888	3,924	**18**
19	1,938	2,888	2,907	2,926	3,838	4,788	5,738	2,242	3,344	2,755	4,104	4,142	**19**
20	2,040	3,040	3,060	3,080	4,040	5,040	6,040	2,360	3,520	2,900	4,320	4,360	**20**
21	2,142	3,192	3,213	3,234	4,242	5,292	6,342	2,478	3,696	3,045	4,536	4,578	**21**
22	2,244	3,344	3,366	3,388	4,444	5,544	6,644	2,596	3,872	3,190	4,752	4,796	**22**
23	2,346	3,496	3,519	3,542	4,646	5,796	6,946	2,714	4,048	3,335	4,968	5,014	**23**
24	2,448	3,648	3,672	3,696	4,848	6,048	7,248	2,832	4,224	3,480	5,184	5,232	**24**
25	2,550	3,800	3,825	3,850	5,050	6,300	7,550	2,950	4,400	3,625	5,400	5,450	**25**
26	2,652	3,952	3,978	4,004	5,252	6,552	7,852	3,068	4,576	3,770	5,616	5,668	**26**
27	2,754	4,104	4,131	4,158	5,454	6,804	8,154	3,186	4,752	3,915	5,832	5,886	**27**
28	2,856	4,256	4,284	4,312	5,056	7,056	8,456	3,304	4,928	4,060	6,048	6,104	**28**
29	2,958	4,408	4,437	4,466	5,858	7,308	8,758	3,422	5,104	4,205	6,264	6,322	**29**
30	3,060	4,560	4,590	4,620	6,060	7,560	9,060	3,540	5,280	4,350	6,480	6,540	**30**

1) Jede 2. Zahl der Spalte [10] gilt für 20 cm breite oder lange Fliesen mit 4 mm Fugen;
jede 2. Zahl der Spalte [15] gilt für 30 cm breite oder lange Fliesen mit 4 mm Fugen;
jede Zahl der Spalte [10] gilt für zwei 5 cm-Fliesen mit 1 mm Fugen usw.
Rechteckfliesen sind ihren Maßen und der Messrichtung entsprechend in 2 Spalten abzulesen, z. B. Rechteckplatte 30 · 15 in Spalten [30] und [15].
Maße der Wand- und Bodenfliesen, → S. 238 und 239.

Regeln: Von der Mitte aus einteilen! Den Ausgleich größer als eine halbe Plattenbreite wählen!

Beispiel: Wand von 3,01 m Rohbaulänge für 15 · 15 cm² Fliesen + 2 mm Fugen einteilen:

Sichtbreite = Rohbaumaß – 2 · Belagdicke
= 301 cm – 2 · (0,55 + 1,5 cm)
= 296,9 cm (bei Dickbettverlegung)

Einteilungsbreite = Sichtbreite – Fugendicke
= 296,9 cm – 0,2 cm
= 296,7 cm
– 18 Fliesen (→ Tabelle) = 273,6 cm
Rest = 23,1 cm

Ausgleichsbreite = 23 cm : 2 = 11,5 cm

Ausgleich auf jeder Seite = **11,3 cm** + 0,2 cm

(bei 19 Fliesen wäre der Ausgleich zu schmal)

Estriche

DIN 18 560/92

Estrich ist ein Bodenbelag, der unmittelbar als Boden nutzbar ist oder mit einem Belag versehen wird. Er kann einschichtig oder mehrschichtig, z. B. mit einer Nutz- o. Verschleißschicht hergestellt werden.

Kurzzeichen der Estricharten

ZE = Zementestrich **AE** = Anhydritestrich
GE = Gussasphaltestrich **ME** = Magnesiaestrich

V = Verbundestrich;
T = Estrich auf Trennschicht (≥ 0,1 mm PE-Folie, ≥ 0,1 mm kunststoffbeschichtetes Papier, bitumengetränktes Papier mit ≥ 100 g/m² oder Glasvlies mit ≥ 50 g/m² Gewicht;
S = Schwimmender Estrich (E auf Dämmschicht) bevorzugt zur Trittschalldämmung;
H = Heizestrich, Bauarten je nach Höhe der Heizelemente über der Dämmschicht:

- **A_1** = höchstens 5 mm über der Dämmschicht,
- **A_2** = 5 bis 15 mm über der Dämmschicht,
- **A_3** = mehr als 15 mm über der Dämmschicht,
- **B** = in der Dämmschicht liegend,
- **C** = in einem Ausgleichsestrich liegend, auf dem der Estrich über einer zweilagigen Trennschicht aufgebracht wird. (→ DIN 18 560. T.2)

Nenndicken unbeheizbarer Estriche auf Dämmschichten

für Verkehrslasten bis 1,5 kN/m²

Estrichart	Estrich-Nenndicke in mm 1) bei einer Dämmschichtdicke bis 30 mm	über 30 mm
AE-, ME-, ZE 20	≥ 35 2)	≥ 40 2)
GE 10	≥ 20	≥ 20

1) die Zusammendrückbarkeit der Dämmstoffe unter Belastung darf nicht mehr als 10 mm, bei GE nicht mehr als 5 mm betragen, ist sie > 5 mm, die Estrich-Nenndicke um 5 mm erhöhen.
2) Unter Stein- oder Keramikbelägen muss die Estrich-Nenndicke mindestens 45 mm betragen.

Estrichdicke Nenndicke mm 1)	Estrichdicke Einzelwerte mm	Oberschichtdicke Nenndicke mm 1)	Oberschichtdicke Einzelwerte mm
10	2)	**4**	≥ 3
15	2)	**5**	≥ 3
20	≥ 15	**6**	≥ 4
25	≥ 20	**8**	≥ 5
30	≥ 25	**10**	≥ 6
35	≥ 30	**15**	≥ 10
40	≥ 35	**20**	≥ 15
45	≥ 40		
50	≥ 45		
60	≥ 50		
70	≥ 60		
80	≥ 70		

1) Der Mittelwert aus mindestens 10 Proben muss mindestens gleich der Nenndicke sein.
2) Werte im Einzelfall vereinbaren.

Mindest-Druckfestigkeiten in N/mm²

Festigkeitsklassen = Nennfestigkeitsklassen = Mindestwerte der Güteprüfung			Richtwerte d. Eignungsprüfung
ME 5	–	–	12
ME 7	–	–	15
ME 10	–	–	20
–	AE 12	ZE 12	18
ME 20	AE 20	ZE 20	30
ME 30	AE 30	ZE 30	40
ME 40	AE 40	ZE 40	50
–	–	ZE 50	60
–	–	ZE 55 M	80
ME 60	–	–	70
–	–	ZE 65 A	80
–	–	ZE 65 KS	80

Gussasphalt-Estriche: Eindringtiefe b. 100 mm² Prüffl.

Härtekl.	bei (22 ± 1) °C	bei (40 ± 1) °C	bei (40 ± 1) °C
GE 10 GE 15	≤ 1,0 ≤ 1,5	≤ 4,0 (≤ 2,0) 1)	bei 500 mm² Prüffläche
GE 40 GE 100	1) ( ) bei Heizestrich		> 1,5 ·· 4,0 > 4,0 ·· 10,0

Bezeichnungsbeispiele: **Estrich DIN 18 560-ZE 30-V25** = Zem.-Estr., Fest.kl. 30 als 25 cm Verbundestrich
Estrich DIN 18 560-AE 20-S70 H45 = Anhydritestrich d. Festigkeitsklasse 20 mit 70 mm Nenndicke, als Heizestrich mit 45 mm Überdeckung der Heizelemente.
Estrich DIN 18 560-GE 15-T25 = Gussasphaltestrich d. Festigk.-kl. 15, auf Trennschicht, 25 mm dick.

Trockenestrich

a) aus Gipskartonplatten

Sie sind 2 m · 0,6 m groß u. 25 mm dick, und bestehen aus 3 wasserfest verklebten GK-Platten mit Nut- u. Feder-Verfalzung, die das Verlegen im Verband ermöglicht.
Ober- und Unterseiten sind mit einer wasserfesten Kaschierung gegen Feuchtigkeit geschützt. Es gibt auch Elemente mit aufgeklebtem Polystyrolschaum und Elemente für Fußbodenheizungen.

b) aus Gipsfaserplatten (z. B. „Fermacell)

1,50 m · 0,50 m groß, bestehend aus zwei 10 mm (12,5 mm) dicken Gipsfaserplatten, d. gegeneinander um 50 mm versetzt, miteinander verklebt sind. Die Oberflächen sind spezialimprägniert, sodass darauf Textilbeläge, keram. Fliesen u. auch Parkett geklebt werden können. Bei dünnen Gehbelägen, z. B. PVC-Bahnen, ist Spachtelung nötig. Zur Verbesserung d. Wärmedämmung s.d. Platten unterseitig m. 20 o.30 mm Schaumstoff und zur Erhöhung der Schalldämmung auch m. 12/10 mm hochverdichteter Mineralwolle o. mit 5 mm PE-Schaumfolie versehen. Die Dämmwerte v. Estrich n. DIN 18 560 werden nicht erreicht.

Putz

DIN 18 550, 18 557 u. 18 558/85

Putz wird demnächst europäisch genormt.
Das Erscheinen dieser Normen konnte leider nicht abgewartet werden.

Allgemeine Anforderungen

Die Putzlagen müssen am Putzgrund u. aneinander fest haften. Der **Unterputz** muss mind. so fest wie der **Oberputz** u. auf d. Putzgrund abgestimmt sein. Der Oberputz darf nur so fest wie nötig sein und muss dauernd rissefrei bleiben.

Anforderungen an Außenputze

Witterungsbeständigkeit (Regen, Frost) und **Temperaturwechselbeständigkeit** (Gefahr besonders bei dunklem Putz auf Dämmplatten).
Die **Wasserdampfdurchlässigkeit** (s_d-Wert) und die **Wasseraufnahmezahl** (w-Wert) müssen der Regen-Beanspruchungsgruppe entsprechen, → S. 140 und S. 141.
Mit Zementmörtel darf nur warzenförmig vorgespritzt werden.
Mineralischer **Außenputz mit erhöhter Festigkeit**, z. B. für Beschichtung, muss ≥ 2,5 N/mm² fest sein, was der Mörtelgruppe P II entspricht.
Kellerwand-Außenputz für Sperranstriche muss ≥ 10 N/mm² fest sein (Mörtelgruppe P III).
Außen-Sockelputz muss ebenfalls 10 N/mm² fest, wenig wassersaugend und widerstandsfähig gegen Frost im durchnässten Zustand sein.

Anforderungen an Innenputze

Wand- und Deckenputze, die dichte Anstriche oder schwere Tapeten tragen sollen, müssen ≥ 2,5 N/mm² fest sein (Mörtelgruppe P II).
Innen-Wandputze mit erhöhter Abriebfestigkeit, z. B. in Treppenhäusern mehrgeschossiger Wohnhäuser und in Fluren öffentlicher Gebäude, müssen ≥ 2,5 N/mm² fest (P II) und besonders abriebfest sein. Bei organisch gebundenen Putzen entfällt der Nachweis dafür.
Innen-Wand- und Deckenputze für Feuchträume dürfen keine Gips- und Anhydrit-Binder enthalten.

Anforderungen an Sonderputze

Wasserundurchlässiger Putz erfordert Mörtel P III mit besonders guter Kornzusammensetzung und absolute Rissefreiheit.

Unterputz mit erhöhter Wärmedämmung muss als Leichtputz der DIN 18 550, T. 4 und als Wärmedämmputz der DIN 18 550, T. 3 entsprechen.

Putz als Brandschutzbekleidung muss hohen Temperaturen und plötzlichen Temperaturwechseln standhalten. Geeignet sind Kalkzement- und Gipsputze, möglichst auf Putzträgern.
Wirksamer sind jedoch spezielle Brandschutzputze m. Perlite o. Vermiculite als Zuschlag auf nichtbrennbaren Putzträgern, wie Drahtgewebe o. Streckmetall. Maximal anrechenbare Putzdicken sind bei Normalputzen 25 mm, bei Perlite- oder Vermiculiteputzen 30 mm.

1 Mineralische Putzmörtelgruppen

Die Bezeichnungen für die Kalkarten sind der neuen DIN 1060, T. 1/95 und für Putz- u. Mauerbinder der neuen DIN 4211/95 entnommen.

Gruppe	MV in Raumteilen	Bindemittel (bei Kalkteig [1])	Kurzzeichen
P Ia	1:3 bis 1:4 (Hydrat:Sand)	Weiß- (Luft-) Kalk auch Dolomitkalk	CL 90 DL 85 (80)
P Ib	1:3 bis 1:4 (Hydrat:Sand)	früher mit „Wasserkalk"	CL 80 CL 70
P Ic	1:3 bis 1:4 oder 1:1/4:4 (K : Z : S)	Hydraulischer Kalk Weißkalk mit wenig Zement	HL 2 CL 90 + CEM I
P IIa	1:3 bis 1:4	Hydraulischer Kalk oder Putz- und Mauerbinder	HL 5 MC 5
P IIb	2 : 1 : 9 (bis 11) (K : Z : S)	Weißkalk und Zement	CL 90 + CEM I
P IIIa	1 : 0,2 : 3 (... 4) (Z : K : S)	Zement und Weißkalk	CEM I + CL 90
P IIIb	1:3 bis 1:4	Zement oder „Trasszement"	ZEM I CEM II/ A-P (B-P)
P IVa	–	Stuck- o. Putzgips „Gipsmö."	
P IVb	1:1 bis 1:3	Stuck- oder Putzgips „Gipssandmörtel"	
P IVc	1:0,5-2:3-4 K : G : S	Stuck- oder Putzgips + Weißkalk „Gipskalkmörtel"	
P IVd	1:0,1:3 bis 1:0,5:4	Weißkalk + Stuckgips „Kalkgipsmörtel"	
P Va	1 : ≤2,5	Anhydritbinder „Anhydr.-mö."	
P Vb	1 (1,5) : 3 : 12 K : A : S	Anhydrit + Kalk „Anhydritkalkmörtel"	

[1] bei Kalkteig um etwa 20 % geringere Mengen.

2 Leichtputze — DIN 18 550, T. 4/93

Leichtputze aus mineral. gebundenen Leichtzuschlägen gibt es in den **Putzmörtelgruppen P Ic und P II** nur als Werk-Trockenmörtel.
Mit organischem Zuschlag nur für Unterputz.

3 Wärmedämmputzsysteme — DIN 18 550, T.3

Es gibt sie in d. Wärmeleitfähigkeitsgruppen 060, 070, 080, 090 u. 100 als Werkmörtel f. Unter- u. Oberputz.

4 Kunstharzputze — DIN 18 558/85

Kunstharzputze aus org. geb. Zuschlägen gibt es als:
P Org 1 für Außen- u. Innenputz,
P Org 2 nur für Innenputz.
Beide erfordern vorherigen **Grundanstrich**.

Putzsysteme

DIN 18 550/85

Ein **Putzsystem** ist eine Zusammenstellung von

Putzgrund + **Unterputz** + **Oberputz**

die in ihren Eigenschaften zueinander passen und erfahrungsgemäß die Anforderungen gemeinsam dauerhaft erfüllen können.

In den Tabellen **5** bis **8** sind **bewährte Putzsysteme** angegeben. Werden sie angewendet und wird der Putz handwerksgerecht hergestellt, dann können die in Spalte 1 auf der vorhergehenden Seite genannten Anforderungen ohne weiteren Nachweis als erfüllt angesehen werden.

Ist in der Spalte „Unterputz" ein Leerzeichen, dann bedeutet dies, dass die Anforderungen von einem **einlagigen Putz** erfüllt werden können.

Sind mehrere Mörtelgruppen genannt, können sie wahlweise verwendet werden.

Wenn Mörtel verwendet werden, die in ihrer **Zusammensetzung** von den Angaben in der rechten Spalte der vorhergehenden Seite **abweichen** oder werden **andere Putzsysteme** eingesetzt als in den Tabellen **5** bis **8** genannt, dann ist ihre Eignung durch Prüfung nachzuweisen.

Dicke mineralischer Putze

Dicke	mittlere	mindest
Außenputz	20 mm	15 mm
Innenputz	15 mm	10 mm
Innenputz aus Werkmörtel	10 mm	5 mm

1) nur bei Normalbeton-Putzgrund.
2) Zusatzmittel erforderlich. Deren Wirkung ist durch eine Eignungsprüfung nachzuweisen, außer, wenn der Hersteller die Eignung des Zusatzmittels oder des Werkmörtels nachweist.
3) Nur mit Eignungsnachweis zul.
4) Kurzzeichen, → linke Seite.
5) Nur an Flächen, die gegen Feuchtigkeit beschichtet werden.
6) Häusliche Küchen und Bäder zählen nicht dazu.

5 für Außenwandputze 4)

Anforderungen	Z.	Mörtelgruppe, -art Unterputz	Oberputz
ohne besondere Anforderungen	1	–	P I
	2	P I	P I
	3	–	P II
	4	P II	P I
	5	P II	P II
	6	P II	P Org 1
	7	–	P Org 1 1)
	8	–	P III
wasserhemmend	9	P I	P I
	10	–	P Ic
	11	–	P II
	12	P II	P I
	13	P II	P II
	14	P II	P Org 1
	15	–	P Org 1 1)
	16	–	P III 1)
wasserabweisend	17	P Ic	P I
	18	P II	P I 2)
	19	–	P Ic 3)
	20	–	P II 3)
	21	P II	P II 2)
	22	P II	P Org 1
	23	–	P Org 1 1)
	24	–	P III 1)
erhöhte Festigkeit	25	–	P II
	26	P II	P II
	27	P II	P Org 1 1)
	28	–	P Org 1 1)
	29	–	P III
Keller-Außensockelputz	30	Außenw.	P III
	31	–	P III
	32	P III	P III
	33	P III	P Org 1 1)
	34	–	P Org 1 1)

7 Außendeckenputze

Z.	Putzträgereinbettung	Unterputz	Oberputz
1	–	P II	P I
2	P II	P II	P I
3	–	P II	P II
4	P II	P II	P II
5	–	P II	P IV 5)
6	P II	P II	P IV 5)
7	–	P II	P Org 1
8	P II	P II	P Org 1
9	–	–	P III
10	–	P III	P III
11	P III	P III	P II
12	P III	P II	P II
13	–	P III	P Org 1
14	P III	P III	P Org 1
15	P III	P II	P Org 1
16	–	–	P IV 5)
17	P IV 5)	–	P IV 5)
18	–	P IV 5)	P IV 5)
19	P IV 5)	P IV 5)	P IV 5)
20	–	–	P Org 1 1)

6 für Innenwandputze 4)

Anforderungen	Z.	Mörtelgruppe, -art Unterp.	Oberputz
geringe Beanspruchung	1	–	P Ia, b
	2	PIa, b	P Ia, b
	3	PII	P Ia, b; P IVd
	4	P IV	P Ia, b; P IVd
übliche Beanspruchung	5	–	P Ic
	6	P Ic	P Ic
	7	–	P II
	8	P II	P Ic, P II
		"	P IVa, b, c
		"	P V, P Org 1,2
	9	–	P III
	10	P III	P Ic, P II
		"	P III, P Org 1,2
	11	–	P IVa, b, c
	12	P IVa,b,c	P IVa, b, c
		"	P Org 1 o. 2
	13	–	P V
	14	P V	P V, P Org 1,2
	15	–	P Org 1 o. 2 1)
Feuchträume 6)	16	–	P I
	17	P I	P I
	18	–	P II
	19	P II	P I, II, P Org 1
	20	–	P III
	21	P III	P II, III, P Org 1
	22	–	P Org 1 1)

8 Innendeckenputze

Anforderungen	Z.	Mörtelgruppe, -art Unterp.	Oberputz
geringe Beanspruchung	1	–	P Ia, b
	2	P Ia, b	P Ia, b
	3	P II	P Ia, b; P IVd
	4	P IV	P Ia, b; P IVd
übliche Beanspruchung	5	–	P Ic
	6	P Ic	P Ic
	7	–	P II
	8	P II	P Ic, P II
		"	P IVa, b, c
		"	P Org 1 o. 2
	9	–	P IVa, b, c
	10	P IVa,b,c	P IVa, b, c
		"	P Org 1 o. 2
	11	–	P IV
	12	P V	P V, P Org 1,2
	13	–	P Org 1 o. 2 1)
Feuchträume 6)	16	–	P I
	17	P I	P I
	18	–	P II
	19	P II	P I, II, P Org 1
	20	–	P III
	21	P III	P II, III, P Org 1
	22	–	P Org 1 1)

Putzarbeiten

DIN 18 550/85

Putzmörtel (Baustellen- u. Werkmörtel)

Die Entwicklung geht zum **Werkmörtel**, der vorwiegend als Trockenmörtel (im Silo oder Sack) geliefert wird, Näheres → S. 198. Die Gründe liegen in höheren Qualitätsanforderungen, steigenden Lohnkosten und in den Ansprüchen des maschinellen Putzauftrages.
Der auf der **Baustelle gemischte Putzmörtel** soll hier trotzdem noch angemessen behandelt werden.
Die **Kornzusammensetzung des Sandes** für Putzmörtel hat großen Einfluss auf seine Güte und die Verarbeitungseigenschaften, → S. 201.

1 Empfohlene Korngruppen — DIN 18 550, T. 2

Putzanwendung	Mörtel für	Korngruppe
Außenputz	Spritzbewurf Unterputz Oberputz	0/4 [1], (0/8) [1] 0/2, 0/4 [2] je nach Putzweise
Innenputz	Spritzbewurf Unterputz Oberputz	0/4 [1] 0/2, 0/4 [2] 0/1, 0/2 [3]

[1] Der Anteil an Grobkorn soll möglichst groß sein.
[2] Der Anteil an Körnung 0/0,25 mm soll zwischen 10 und 30 m% liegen.
[3] Bei Oberflächen gestaltenden Putzen ist das Grobkorn nach der Putzweise zu wählen.

Abschlämmbare Bestandteile, z. B. Ton und Lehm, sind besonders für Außenputz schädlich.
Ihr Anteil sollte bei der Prüfung im Absetzversuch nach DIN 4226, T. 3 ≤ 5 % sein, → 2 S. 200.

2 Putzmörtelbedarf für 1 m² in Liter

1. Zahl für Unterputz, 2. Zahl für Oberputz	Mörtel
Wandputz, innen: Rapp-Putz, 1 cm	13
Glatter Putz, 1,5 cm, auf Massivwand	18
Glatter Putz, 2 cm, dichter Zementputz	15 + 8
Wandputz, außen: 1 cm, für Sperranstrich	17
Glatter Putz, 2 cm, auf Massivwand	16 + 8
Rauputz, 2 cm, auf Massivwand	16 + 16
Spritzputz, 2 cm, auf Massivwand	18 + 6
Wärmedämm-Unterputz, je cm Dicke	12
Deckenputz: 1 cm, auf Massivdecken	5 + 15
2 cm Putz auf Rippenstreckmetall oder Ziegeldrahtgewebe	18 + 8
1,5 cm, auf Holzwolle-Leichtbauplatten	8 + 15

Werk-Trockenmörtel (nach Werksangaben)

Bindemittel	kg je Sack	*l* Mörtel je Sack	m² Putz je Sack	Dicke cm	Liter je m²
Gips	40	50 … 55	4,2 … 4,6	1	12
G + Kalk	40	36 … 42	3,0 … 3,5	1	12
K + Zem.	40	30 … 34	1,8 … 2,0	1,5	17
Zement	40	25 … 28	≈ 1,2	2	23

Putztechnik

Mischen und Lagern der Putzmörtel, → S. 202, 203.

Berücksichtigen des Wetters bei Außenputz: Nicht putzen, wenn Nachtfrost oder Schlagregen zu erwarten sind. An der Putzfläche muss eine Temperatur von ≥ 5 °C während des Erhärtens gehalten werden. Zu schnelles Trocknen durch Sonnenbestrahlung oder starken Wind vermeiden.

Der **Putzgrund** ist auf Putzfähigkeit zu prüfen: Ob sauber (Staub, Entschalungsmittel), zu stark oder zu schwach saugend, zu nass oder zu trocken, frei von Frost und von Salzausblühungen.

Spritzbewurf: Offenen (warzenförmigen) Spritzbewurf besonders auf zu glatten u. zu dichten Putzgrund (z. B. Beton, KS-Steine) aus P III aufbringen. Geschlossenen Spritzbewurf auf zu stark oder ungleich saugenden Putzgrund (Beton oder MW. mit Dämmplatten-Teilflächen) oder auf Putzgrund, der vor zu großer Wasseraufnahme bewahrt werden soll (z. B. Holzwolle-Leichtbauplatten) aufbringen. Bei geschlossenem Spritzbewurf möglichst grobe Körnung (bis 8 mm) verwenden.

Haft-Grundierungen sind besonders bei Gipsputzen auf Stahlbetondecken nützlich.

Putzträger, z. B. Streckmetall o. Ziegeldrahtgewebe, besonders über Holz- o. Stahl in Mauerflächen.
Putzbewehrung, z. B. Glasfasergewebe, ist bei Putz über Wärmedämmplatten nötig; dabei die Hinweise der Hersteller beachten, z. B. erst 2/3 der Putzdicke aufbringen, dann das Gewebe und den restlichen Putz.

Rippen-Streckmetall

lackiert, verzinkt oder blank aus nichtrostendem Stahl, Tafelgröße = 0,6 m · 2,5 m = 1,5 m².

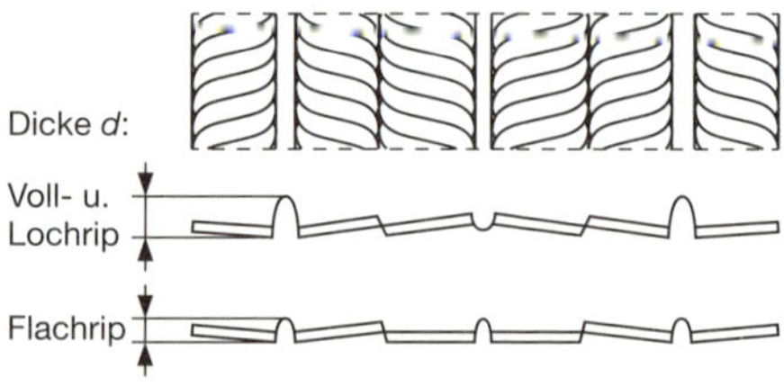

Sorte	Dicke *d* mm	Blechdicke	kg je m²		m
Vollrip Lochrip	10 10 10 10	0,2 0,3 0,4 0,5	0,9 1,25 1,65 2,10	Höchstentfernung der Rippenbefestigung als Deckenputzträger	0,60 0,75 0,90 1,00
Flachrip	4	0,2	0,83		0,35

Die Sortenbezeichnungen Vollrip, Lochrip und Flachrip sind geschützte Warenzeichen der Rippenstreckmetall GmbH.

Aufmaß und Abrechnung

für Putzarbeiten DIN 18 350/96

1. **Maße** aus der Bauzeichung entnehmen, sonst aufmessen. Flächen oder Bauwerkteile nach deren Konstruktionsmaßen (Rohbaumaßen) errechnen. Der Ermittlung liegen zugrunde: **Putz, Stuck, Dämmung, Bekleidung**. Auf Flächen **ohne begrenzende Bauteile** die zu bekleidenden Flächen. Auf Flächen **mit begrenzenden Bauteilen** die zu behandelnden Flächen bis zu den sie begrenzenden ungeputzten, ungedämmten bzw. nicht bekleidenden Bauteilen. Bei Fassaden die zu behandelnden Flächen.
2. **Als Längenmaß** wird die größte gegebenenfalls abgewickelte Bauteillänge gemessen. Fugen werden übermessen.
3. **Wandhöhen** überwölbter Räume werden bis zum Gewölbeanschnitt, die Höhe der Stirnwände bis 2/3 des Gewölbestichs gerechnet.
4. **Fußleisten** und Konstruktionen, ≤ 10 cm hoch, werden übermessen.
5. **Gewölbte Deckenflächen** mit Stichhöhe < 1/6 der Spannweite werden in der Fläche des überdeckten Raumes, mit größerer Stichhöhe nach der abgewickelten Untersicht gerechnet.
6. **Öffnungen, Aussparungen u. Nischen** in Decken, Wänden, Dächern, Schalungen, Wand- u. Deckenbekleidungen, Vorsatzschalen, Dämmungen, Sperren und leichten Außenwandbekleidungen werden bis zu 2,5 m^2 übermessen.
7. **In Böden** und den dazugehörigen Dämmungen, Schüttungen, Sperren u. ä. werden Öffnungen und Aussparungen, z. B. für Pfeilervorlagen, Kamine u. Rohrdurchführungen, bis 0,5 m^2 Einzelfläche übermessen.
8. **Unterbrechungen** bis zu 1,0 m Einzellänge werden b. Abrechnung n. Längenmaß übermessen.
9. **Leibungen,** ganz oder teilweise geputzt, gedämmt oder bekleidet, von Öffnungen, Aussparungen und Nischen > 2,5 m^2 Einzelgröße gesondert rechnen.
10. **Rückflächen** v. Nischen, unabhängig von ihrer Einzelgröße, nach ihrem Maß gesondert rechnen.
11. **Zusammenhängende Öffnungen** und Nischen werden getrennt abgerechnet.
12. **Aussparungen für Einzelleuchten**, Lichtbänder, Lichtkuppeln, Lüftungsgitter, Luftauslässe, Revisionsöffnungen, Stützen, Pfeilervorlagen, Schalter, Steckdosen, Rohrdurchführungen, Kabel u. ä. werden, getr. n. ihrer Größe, gesondert abgerechn.
13. **Gesimse** (gezogene u. geputzte), Umrahmungen und Faschen werden gesondert gerechnet.
14. **Anschlüsse** an andere Bauteile (Einputz-, Eckputz- und Putztrennschienen, Leisten) Bewegungstrenn-, Bewegungs- und Anschlussfugen werden gesondert berechnet. Putzanschlüsse und -abschlüsse nur, soweit diese besondere Arbeit erfordern.
15. **Fachwerkteile**, wie Rahmen, Riegel, Ständer, sowie Sparren, Lattungen u. Unterkonstruktionen bei gedämmten, bekleideten, beschichteten und geputzten Flächen werden übermessen.

für Anstricharbeiten DIN 18 363/96

1. **Maße** sind der Bauzeichnung zu entnehmen, wenn nicht vorhanden, ist die Leistung aufzumessen. Zugrunde zu legen sind für Bau- bzw. Gebäudeteile deren Konstruktionsmaße, d. h. die Maße bis zu den begrenzenden, ungeputzten bzw. unbekleideten Bauteilen, wenn in der Leistungsbeschreibung nichts anderes vorgeschrieben ist, z. B. die Ermittlung nach Fertigmaßen. Es werden abgerechnet:
2. **Decken, Wände, Fußböden** und dergleichen nach m^2. Gewölbte Treppenuntersichten, Treppenwangen, Unterzüge und Vorlagen in der Abwicklung nach m^2. Bei Fachwerkwänden wird das Fachwerk nicht abgezogen.
3. Die **Höhe** ganz gestrichener Wände wird von Oberfläche Rohdecke bis Unterfläche Decke ermittelt.
4. **Öffnungen**, die **gestrichene Leibungen** haben, und bis 4 m^2 groß sind, werden nicht abgezogen, die Leibungen nicht berücksichtigt. Über 4 m^2 große Öffnungen sind mit ihrem Konstruktionsmaß abzuziehen und die gestrichenen Leibungen zu berücksichtigen.
5. **Öffnungen**, die **ungestrichene Leibungen** haben und über 1 m^2 groß sind, sind mit ihrem Konstruktionsmaß abzuziehen. **Aussparungen** im Anstrich, > 1 m^2 groß, werden mit der tatsächlichen Fläche abgezogen.
6. **Nischen**, auch zurückliegende Brüstungen unter Fenstern, werden wie Öffnungen gerechnet, gestrichene Rückfläche hinzugerechnet.
7. **Gesimse**, zusammen mit Wand u. Decke gestrichen, werden unter Angabe von Höhe und Ausladung nach m (gerechnet an der Vorderkante) als Zulage abgerechnet. Verdeckte Wand- und Deckenflächen werden nicht abgezogen.
8. **Türen, Fenster, Roll-Läden u. Fensterläden** nach Stück mit Angabe v. Bauart, Tiefe der Futter und Breite der Bekleidung oder nach m^2 ohne Abzug der Scheiben. Bei Stückabrechnung bleiben Abweichungen bis 5 cm in der Höhe oder Breite unberücksichtigt.
9. **Trennwände** mit Glasfüllung ohne Abzug der Füllung je Anstrichseite, Untersichten von Dächern und Dachüberständen (Sparren bleiben unberücksichtigt) werden nach m^2 abgerechnet.
10. **Fuß- u. Deckleisten, Deckenbalken, Geländer** u. ä. mit Angabe von Höhe, Breite oder Abwicklung nach m.
11. **Vollwandige Stahlbauteile**, nichtvollwandige m. Profilen > 30 cm Abwicklung, Heizkörper, Scheren- u. Rollgitter sowie Schachtroste (einseitig), **Wellbleche** (nach Angabe von Wellenhöhe und -abstand) werden nach m^2 gerechnet.
12. **Rohrleitungen, Handläufe** u. Stahlprofile bis 30 cm Abwicklung, **Dachrinnen, Fallrohre** u.ä. werden mit Angabe von Höhe, Breite, Zuschnitt und dergleichen, nach m gerechnet.
13. **Spülkästen**, Wäschepfähle, Teppichklopfgerüste und dergleichen werden nach Stück gerechnet.

Bauglas I

Bauglas (Silikatglas) wird aus Quarzsand und Zusätzen (z. B. Soda, Kalkstein und Dolomit) erschmolzen. Glas ist ein Vielfachgemisch von Silikaten (z. B. Na-Ca-Mg-Silikaten) mit einem **großen Erweichungsbereich**, aber keinem festen Schmelzpunkt. Bei der Abkühlung aus dem dünnflüssigen Zustand ist es bis auf etwa 500 °C plastisch verformbar. Der Erweichungsbereich hängt von der chemischen Zusammensetzung ab. Reines **Quarzglas** bleibt z. B. bis etwa 1000 °C gebrauchsfähig. Im festen Zustand ist Glas ein **amorpher Stoff**, der als unterkühlte Flüssigkeit bezeichnet werden kann.
Glas mit einem Anteil an kleinen Kristallen heißt **Glaskeramik**. Wegen seiner hohen Erweichungstemperatur wird es für Kochplatten benutzt.
Auch **Glasuren** und **Emaille** sind Gläser.

Die **Druckfestigkeit** von Glas: 300 ... 900 N/mm^2, die **Zug- u. Biegefestigkeit** nur 30 ... 90 N/mm^2. Die **Härte** von Fensterglas beträgt etwa 6, → S. 65, die **Temperatur-Dehnzahl** etwa 0,01 mm/(m · K), die **Wärmeleitzahl** von 0,8 W/(m · K) ist trotz der hohen **Dichte** von 2,5 kg/dm^3 gegenüber kristallinen Stoffen ähnlicher Zusammensetzung u. Dichte, z. B. Granit, mit λ_R = 3,5 W/(m · K), sehr niedrig.

Fensterglas F

Klares Alkali-Kalk-Glas, das überwiegend nach dem „Floatglas"-Verfahren hergestellt wird, bei dem das flüssige Glas auf geschmolzenem Zinn bis auf etwa 600 °C abkühlt. Es hat deshalb eine hohe Oberflächengüte, etwa wie **geschliffenes Spiegelglas**.

Gartenblankglas/Gartenklarglas

Gartenblankglas n. DIN 11 525 ist ein den Anforderungen d. Gartenbaues entsprechendes Fensterglas. Gartenklarglas nach DIN 11 526 ist ein **Gussglas** mit lichtstreuender Unterseite.

Einscheiben-Sicherheitsglas ESG

Im heißen Zustand oberflächlich schnell abgekühlt und dadurch „vorgespannt". Es ist deshalb besonders bruchsicher gegen Stoß, Schlag und Biegung. Bei Bruch zerfällt es in Glaskrümel. Es wird für Glastüren, Brüstungs- und Fassadenplatten sowie für Fenster in Sporthallen verwendet.

Verbund-Sicherheitsglas VSG

Aus 2 oder mehreren Glasschichten, die mit hochelastischen Kunststoff-Folien zusammengeklebt sind, die splitterbindend wirken. Es ist daher durchschuss- und durchbruchhemmend und wird auch mit Drahteinlagen und als Mehrscheiben-„Isolierglas" hergestellt. Bei „Alarmglas" nach DIN 52 290 ermöglichen eingelegte Drähte beim Bruch d. Auslösen von Alarm.

Gussgläser

Meist mit strukturierten Oberflächen, z.B. als „**Ornamentglas O**", das schmückend wirkend, lichtstreuend u. durchsichthemmend eingesetzt werden kann, auch als **Drahtglas D**, o. **Drahtornamentglas DO**, → **3**.

1 Fensterglas F [1] DIN 1249, T. 1

Nenndicke mm	max. Abweichg. Breite ≤ 2000	max. Abweichg. Länge > 2000
3 ± 0,2	± 2	± 3
4 ± 0,3	± 2	± 3
5 ± 0,3	± 2	± 3
6 ± 0,3	± 2	± 3
8 ± 0,4	± 3	± 4
10 ± 0,5	± 3	± 4
12 ± 0,6	± 3	± 4
15 ± 1,0	± 5	± 6
19 ± 1,0	± 5	± 6

max. Breite = 3180 mm
max. Länge = 3620 mm

2 Spiegelglas S DIN 1249, T. 3

Nenndicke mm	max. Abweichg. Breite ≤ 2000	max. Abweichg. Länge > 2000
3 ± 0,2	± 2	± 3
4 ± 0,2	± 2	± 3
5 ± 0,2	± 2	± 3
6 ± 0,2	± 2	± 3
8 ± 0,2	± 3	± 4
10 ± 0,3	± 3	± 4
12 ± 0,3	± 3	± 4
15 ± 0,5	± 5	± 6
19 ± 1,0	± 5	± 6

max. Breite = 3180 mm
max. Länge = 3620 mm

Beispiel: Dicke – Breite · Länge
Fensterglas DIN 1249-F5 – 3180 · 3620 [3]

3 Gussglas DIN 1249, T. 4 [1), 2), 3)]

Glasart	Zeichen	Nenndicke mm	maximale Breite	maximale Länge
Drahtglas	**D**	**7** ± 0,7 **9** ± 1,0	2 520 2 520	4 500 4 500
Drahtornamentglas	**DO**	**7** ± 0,7 **9** ± 1,0	2 520 2 520	4 500 4 500
Ornamentglas	**O**	**4** ± 0,5 **6** ± 0,5 **8** ± 0,8	1 500 2 520 2 520	2 100 4 500 4 500

Maximale Abweichung in Breite u. Länge: ± 3 mm

4 Ermitteln der max zul Scheibenfläche

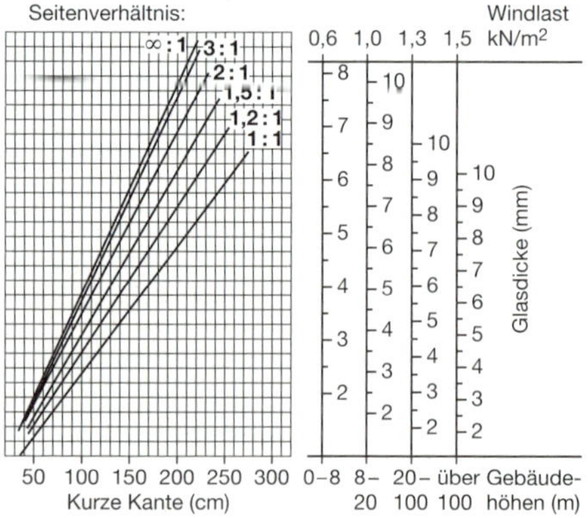

Die größte zulässige Scheibenfläche hängt von der Glasdicke und von der Belastung durch Wind, d. h. von der Höhe der Fensterscheibe über dem Gelände ab. Bei Häusern am Hang muss die Hanghöhe berücksichtigt werden.
(Grafik nach Angaben der Fensterglasindustrie)

Bauglas II

Wärmeschutzverglasungen, → S. 102 und S. 103

Einfachverglasungen erfüllen nicht mehr, und auch Doppelverglasungen aus normalem Fensterglas (Isolierfenster) nur unter günstigen Bedingungen die Anforderungen an den Wärmeschutz für Wohn- und Bürogebäude.
Wesentlich günstigere k-Werte werden nur durch Mehrscheiben-Verglasungen erzielt, bei denen die innere Scheibe auf d. Innenseite m. einem Metalloxid beschichtet ist u. teilw. auch der Scheiben-Zwischenraum mit einem Edelgas, meist Argon, gefüllt wird.

Sonnenschutzverglasungen

Sie sollen vor allem in klimatisierten Räumen die Energiekosten im Sommer senken, ohne zu sehr abzudunkeln. Näheres, → S. 94 und S. 95. Nach dem Wirkungsprinzip:

a) **Reflektierende** mit Metall- oder Metalloxidbeschichtung auf der Innenseite der Außenscheibe, die vor allem den Infrarot-Anteil des Sonnenlichtes zurückwirft. Der Gesamtenergiedurchlassgrad *g* sinkt dadurch bis auf 30 %. In der Außenansicht sind sie blau oder silbrig spiegelnd, in der Durchsicht schwach bräunlich. Die Kennzahlen 60/40 bedeuten, dass 60 % d. sichtbaren Lichtes, aber nur 40 % der gesamten Strahlungsenergie (Licht + Infrarot) hindurchgelassen werden.

b) **Absorbierende**, bei denen die Außenscheibe schwach gefärbt ist (grünlich, gelblich o. grau) und so einen Teil der Sonnenstrahlung schluckt. Die Ausdehnung der dadurch stärker erwärmten Außenscheibe ist dabei zu beachten. Meist ist zusätzlich die Innenscheibe noch beschichtet und damit reflektierend.

c) **Undurchsichtige**, bei denen der Scheibenzwischenraum mit einem Glasseidengespinst oder einem Kunststoff-Wabenkörper gefüllt ist. Die Lichtdurchlässigkeit wird dadurch bis auf 50 % vermindert, was aber b. Oberlichten u. Wirtschaftsgebäuden oder Sporthallen vertretbar ist.

Schallschutzverglasungen

Sie besitzen meist zwei unterschiedlich dicke Scheiben, z. B. außen bis 14 mm und innen bis 4 mm Dicke, um Resonanzen zu verhindern. Der Luftzwischenraum beträgt 12 bis 24 mm, zur Verbesserung kann er mit einem schweren Gas, z. B. Schwefelhexalfluorid, gefüllt werden, was jedoch den k-Wert um 0,3 bis 0,4 W/($m^2 \cdot K$) erhöht. Mit steigender Schalldämmung erhöhen sich auch die Anforderungen an die Fugendichtheit der Fensterrahmen.

Brandschutzgläser der F-Klassen

Sie bestehen aus mehreren Silikatglasscheiben, zwischen denen durchsichtige Brandschutzschichten liegen, die bei Temperaturen > 120 °C aufschäumen, dabei undurchsichtig werden und keine Wärmestrahlung mehr hindurchlassen u. wärmedämmend wirken.
Gläser der G-Klassen, Drahtglas, Sondergläser u. Glaskeramik haben keine Brandschutzschichten und sind daher weniger widerstandsfähig.

5 Glasbausteine — DIN 18 175

aus Pressglas mit luftdicht geschlossenen Hohlräumen, für lichtdurchlässige Wände.

l x *h* x *d* in mm	Gewicht kg/Stück
115 x 115 x 80	1,0
190 x 190 x 80	2,2
240 x 115 x 80	1,8
240 x 240 x 80	3,5
300 x 90 x 100	2,4
300 x 196 x 100	4,5
300 x 300 x 100	6,7

Ansicht:
Schnitt:

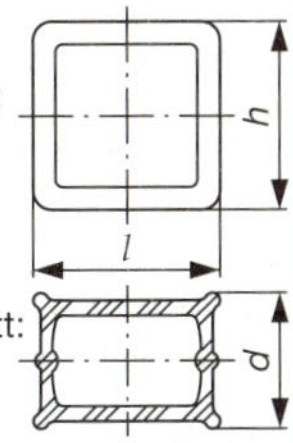

6 Betongläser — DIN 4243

für Glas-Stahlbeton als Vollglas, einseitig offen, geschlossener Hohlraum.

Form	*b* x *h* mm	Gewicht kg/Stück
A	160 x 30 ± 1	≥ 1,6
A	200 x 22 ± 1	≥ 1,8
B	220 x 100 ± 1	≥ 4,4
C	117 x 60 ± 1	≥ 1,2
D	117 x 60 ± 1	≥ 0,9

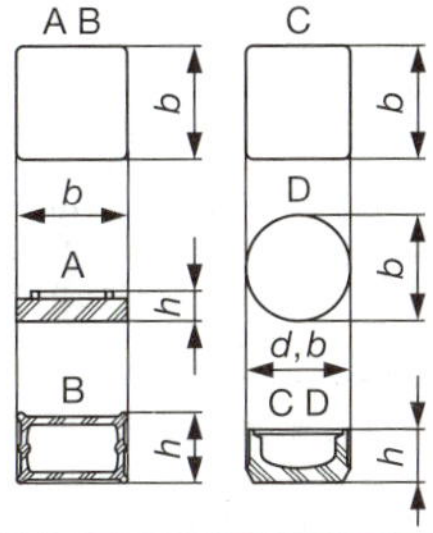

Glas-Dachsteine gibt es zu den meisten der auf S. 263 aufgeführten Dachsteinarten.

1) Man unterscheide die Eigenschaften:

blank	**klar** = transparent = durchsichtig	**farblos**
matt	**trüb** = opak = undurchsichtig	**farbig**

die miteinander kombiniert werden können:

1. **Opakglas** = blank + trüb + farblos oder farbig,
2. **Milchglas** = milchweißes Opakglas,
3. **Opalglas** = blank + schwach trüb + farblos,
4. **Kobaltglas** = blank + klar + intensiv blau,
5. **Kupferrubinglas** = blank + klar + rot,
6. **Überfangglas** = Klarglas + dünnem Überzug aus farbigem und/oder trübem Glas,
7. **Mattglas** = matt und klar + farblos.

Diese Unterscheidungen gelten auch für Glasuren.

2) Sondergläser zu 3 sind: Kathedralglas, Linienglas, Wellenglas, Prismenglas und Profilglas.

3) Bei der Angabe der Scheibengröße wird stets die Breite zuerst, dann die Höhe geschrieben, wobei vorausgesetzt wird, dass die Scheibenbreite später im Bauwerk waagerecht verläuft. Diese Schreibweise sichert, dass Strukturen im Glas (Linien und Wellen, wie sie bei gezogenem Glas nicht zu vermeiden sind) im Fenster so liegen, dass sie wenig stören.
Bei „Floatglas" spielt dieser Gesichtspunkt allerdings keine Rolle mehr.

Beschichtungen

Beschichtungsstoffe

wie **Anstrichstoffe**, **Spachtelmassen** und **Kitte** sind eine Art **Feinstmörtel** aus

Pigment o. anderem **Füllstoff**	+	**Bindemittel**	+	**Lösemittel** u. **Verdünnungsmittel**	+	**Zusatzmittel**

Eine Ausnahme sind Zweikomponenten-Kunststoffbeschichtungen, die meist kein Lösemittel benötigen, → rechte Spalte unter 4.

Eine Übersicht über die **Kornzusammensetzung** der Beschichtungsstoffe zeigen Seiten 142 u. 143. Kitte und Spachtelmassen enthalten mehr Füllstoff als Anstrichstoffe.

Die Auswirkungen von zu fettem oder zu magerem **Mischungsverhältnis**, sowie von unterschiedlichem Saugen des Untergrundes sind ähnlich wie bei Mörteln.

Arten der Anstrichstoffe

veranschaulicht am Querschnitt durch eine Anstrichschicht:

a) Frisch aufgebrachter Anstrich, aus dem durch Trocknen (Verfestigen) der Festanstrich entsteht.

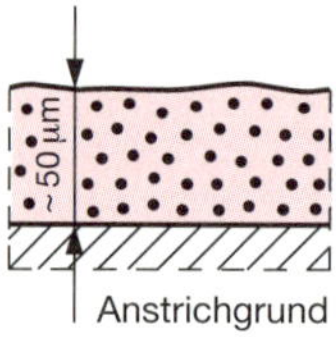

b) Bei Mineralfarben und Dispersionsfarben entsteht durch **Verdunsten von Wassser und oft auch chemische Vorgänge** meist ein matter (weil unebener) poriger, saugefähiger luft- und dampfdurchlässiger Festanstrich.

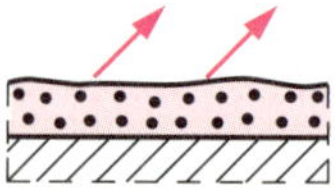

c) Bei organisch gelösten Lackfarben entsteht durch **Verdunstung von Lösemitteln** meist ein glänzender, glatter, dichter und nicht saugender, deckender o. lasierender Festanstrich.

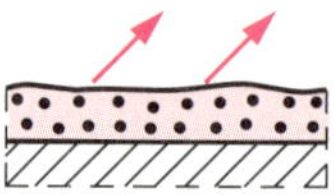

d) Bei überwiegend chemisch härtenden Anstrichen entsteht durch **Vernetzung von Monomeren oder Fadenmolekülen,** → S. 128, ein meist glänzender, glatter, dichter, nicht saugender, deckender o. lasierender Festanstrich, der meist die gleiche oder eine nur wenig geringere Dicke wie der Frischanstrich aufweist.

z. B. bei Leinöl und Firnis durch Aufnahme von O_2:

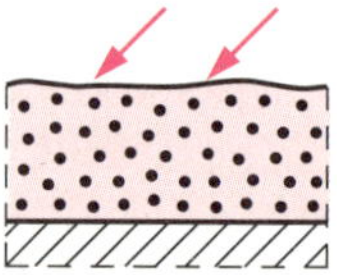

Bindemittel

1. Mineralische Bindemittel

Kalk, Zement, Kaliwasserglas, (Wasserglas für Silikatanstriche).
Oft mit organischen Zusätzen (Dispersionen) zur Verbesserung von Verarbeitbarkeit, Haftung und Elastizität, z. B. in **Dispersions-Silikatfarben**.

2. Kunststoffdispersionen

Dies sind mit Hilfe von „Emulgatoren" in Wasser feinverteilte Polymerisate, → S. 138, z. B. Polyacrylate, Polyvinylacetate, Polyvinylpropionate, Styrol-Butadien-, Styrol-Acrylat-Copolymerisate u. a.
Nach Verdunsten des Wassers lagern sich die Harzteilchen eng aneinander zu einem nicht mehr wasserlöslichen glasartigen Film. Besonders fein zerteilte Acrylate bilden sehr gleichmäßige und glatte Filme und werden deshalb **Dispersionslacke o. Wasserlacke** genannt.

3. Organisch gelöste Bindemittel

Öle, Harze, Kunststoffe und bituminöse Stoffe, die in organischen Lösemitteln, z. B. Ethanol, gelöst sind, bilden nach dessen Verdunsten einen glatten und dichten Film.
Organische Lösemittel, deren Dämpfe schwerer als Luft sind, konzentrieren sich in tiefgelegenen Räumen und Baugruben.
Die meisten sind **gesundheitsschädlich**, einige sehr giftig, → **1** S. 253. Viele sind auch **feuergefährlich** oder sogar explosiv.

4. Chemisch härtende „Reaktionsharze"

sind meist 2-Komponenten-Bindemittel, z. B. ungesättigte Polyesterharze, Epoxidharze, Polyurethanharze, Polyaminharze u. a.
Nachdem die beiden flüssigen Komponenten gründlich gemischt sind, härten sie, indem die Moleküle des „Härters" die Fadenmoleküle des „Binders" miteinander vernetzen o. indem aus d. Kleinmolekülen (Monomeren) der beiden Komponenten Fadenmoleküle entstehen. Je nach Art der Monomere bilden sich Thermoplaste (Thermomere), Elaste (Elastomere) oder Duroplaste (Duromere), → S. 128.
Die Härter, aber auch manche Komponenten, z. B. Styrol, sind gesundheitsschädlich, daher sind beim Mischen der Komponenten wegen der Verätzungsgefahr Schutzbrille u. Gummihandschuhe zu tragen.

Zu beachten sind:

a) Reifezeit (Quellzeit), vom Anrühren bis zum Erreichen der Verarbeitungsfähigkeit.

b) Verarbeitungszeit (Topfzeit), bis zu der der Stoff verarbeitbar bleibt.

c) Nachrichtezeit (Korrigierzeit), bis zu der noch ohne Schaden korrigiert werden kann.

d) Trocknungs- und Erhärtungszeit, bis zu den Zuständen „staubtrocken", „überstreichbar" und „benutzbar".

Anstrichstoffe und Spachtelmassen

Benutzte Abkürzungen		Verwendungsarten
AS = Anstrichstoff BS = Beschichtungsstoff BM = Bindemittel LM = Löse- o. Dispergiermittel	Sp = Spachtelmasse La = Lack ohne Pigment: „Klarlack" Lf = Lack mit Farb-Pigmenten Ko = Kombination HV = Härtevorgang	I = Innenanstrich im Hochbau A = Außenanstrich im Hochbau R = Rostschutz-Anstrich S = Sperranstrich

Name	Bindemittel [1]	Arbeitseigenschaften, Bemerkungen	Verwendg.	Gruppen	
1. Kalkfarben	Weißkalkteig, -hydrat HV → S. 194	stark alkalisch, Ko mit 2 oder 5, vornässen [2] Pigmentzusatz nur ≤ 10 % vom BM	I, A	mineralisch	LM: Wasser; m. Wasser verdünnbare AS
2. Zementfarben	Weißer Portlandzement HV → S. 194	stark alkalisch [3], Ko mit 1 möglich, vornässen, Pigmentzusatz ≤ 5 % vom BM, feucht halten	I, A	mineralisch	LM: Wasser; m. Wasser verdünnbare AS
3. Silikatfarben	Kaliwasserglas, mit 5: Dispersions-Silikatfarb.	stark alkalisch 4), ätzt Glas- und Keramik, 24 h Trockenzeit zwischen 2 Anstrichen	I, A	mineralisch	LM: Wasser; m. Wasser verdünnbare AS
4. Silikonharzfarben, mikroporös		gut wasserdampf-, kaum wasserdurchlässig	I, A	organisch	LM: Wasser; m. Wasser verdünnbare AS
5. Kunststoff-Dispersionsfarben (KD), auch La, Lf, Sp, Putze, Lasuren		wetterbeständig, gut deckend, für Fassaden, wasch- u. scheuerbeständig, oft als AS gebr.	I, A R	organisch	LM: Wasser; m. Wasser verdünnbare AS
6. Bitumen-Emulsions-AS, auch La, Lf, Sp, Lm [6]	Bitumen → S. 191	Voranstrich, Deckaufstrich "Kaltanstrich" f. Bauwerksabdichtungen nach DIN 18 195	I, A R, S	organisch	LM: Wasser; m. Wasser verdünnbare AS
7. Alkydharz-La, Lf, Sp, Lasuren	Lm: [6]	neutr. Anstrichgrund, nicht für Feuchträume	I, A, R	oxidierend verfestigende La u. Lf	
8. Ölfarben, Öllacke Öllackfarben	Leinölfirnis LM: Testbenzin	ölhaltige AS verseifen auf alkalischem Grund, wetterbeständig	I, A, R [5]	oxidierend verfestigende La u. Lf	
9. PVC-Lacke und -Lackfarben	Polyvinyl- chlorid, LM: [6]	chemisch beständig; unempfindlich gegen Alkohole, Fette, Öle, rasch trocknend	I, A	durch Verdunstung trocknende Lacke und Lackfarben	
10. Acrylharz-Lacke und -Lackfarben	Polyvinyl- [6] methacrylat	auch auf alkalischen Untergünden haftend, ausreichende Trockenzeit erforderlich	I, A	durch Verdunstung trocknende Lacke und Lackfarben	
11. Chlorkautschuk- Lackfarben	Kautschuk- verb. LM: [6]	beständig gegen Säuren und Laugen, empfindlich gegen tierische Fette u. Öle	A, R [5]	durch Verdunstung trocknende Lacke und Lackfarben	
12. Nitrocellulose-(NC) „Nitro" -La, Lf	Nitrocellulose LM: „Nitroverd."	sehr rasch trocknende Anstriche [7] Ko mit 7	I	durch Verdunstung trocknende Lacke und Lackfarben	
13. Bitumenlösungen -Lacke u. Lackfarben	Bitumen, → S. 131, 255	Voranstrich, Deckaufstrich „Kaltanstrich" für Bauwerksabdichtungen nach DIN 18 195	A, R [5]	durch Verdunstung trocknende Lacke und Lackfarben	
14. Epoxidharz-(EP) Lacke, Lackfarben 8)	Epoxidharz	Korrosionsschutzmittel für Stahl im Stahlbau [5]	A, R [5]	meist Zweikomponenten Lacke und Lf	
15. Polyurethan-(PUR) La, Lf, Sp, Spa, früher „DD"-Lacke	Polyurethan [8] LM: [6]	sehr harte und abriebfeste Oberflächen, widerstandsfähig geg. Wasser u. Chemikalien	I, A	meist Zweikomponenten Lacke und Lf	
16. Polyesterharz-(UP) Lacke, Lackfarben [8]	ungesättigtes Polyesterharz	sehr widerstandsfähig und beständig, Holz darf nur maximal 12 % feucht sein.	I	meist Zweikomponenten Lacke und Lf	

1) Das Bindemittel als wichtigster Bestandteil bildet mit dem Lösemittel eine Dispersion, eine Lösung oder ein Gemisch von beiden.
2) Kalkechte Pigmente sind erforderlich, → S. 252.
3) Zementechte Pigmente sind erforderlich, → S. 252, nicht auf Gipsputz verwenden.
4) Wasserglasfeste Pigmente, die das Wasserglas nicht andicken, sind erforderlich.
5) Rostschutz durch Pigmente: Anstatt von sehr giftiger Bleimennige oder Zinkchromat sind Zinkstaub, Zinkphosphat, Eisenglimmer oder Aluminiumpulver zu verwenden.
6) Spezialverdünnungsmittel der Hersteller.
7) Als Außenanstrich nur tauglich, wenn es vom Hersteller zugesichert wird.
8) Herstellerangaben genau beachten.

Pigmente

Pigmente sind unlösliche **Farbmittel** für Beton [1], Mörtel, Kitte, Spachtel- und Anstrichstoffe

Farbe	Zusammensetzung: Bezeichnung (Erklärungen oder anderer Name)	Chemische Formel	Reindichte ϱ kg/l	Litergew. lose kg/l	Schutz-maßnahmen	Lichtechtheit	Kalkechtheit [2]	Wasserglas-echtheit [3]	sehr gut +, nicht geeignet –, f. Mischung mit: Kalk [2]	Zement [1]	Wasser-glas [4]
(Weiß)	Kalkspat (ungebrannter Kalk)	$CaCO_3$	2,7	0,8		●	●	●	meist Füllstoff (Extender); auch als gefärbtes „Substrat"		
	Leichtspat (ungebrannter Gips)	$Ca\,(SO_4) \cdot 2\,H_2O$	2,4	0,7		●	●	○			
	Schwerspat (Malerweiß)	$Ba\,(SO_4)$	4,0	1,5		●	●	●			
	Silikate, z. B. Kaolin	$Al_2O_3 \cdot 2\,SiO_2 \cdot H_2O$	2,5	0,9		●	●	●			
Weiß	Kreide, Schlämmkreide	$Ca\,(CO_3)$	2,6	0,6		●	●	●			
	Zinkoxid	ZnO	5,5	0,5	(A)	●+	●	●		–	
	Titandioxid (verschnitten: „Titanweiß")	TiO_2	4,5	0,5		◐–	●	●	+	+	+
Gelb	Ocker, Siena (eisenreicher Ton)	mit $Fe\,(OH)_3$	2,5	0,6		●+	●	●	+	+	+
	Eisenoxidgelb (künstlicher Ocker)	$Fe\,(OH)_3$	2,5	0,3		●+	●	●	+	+	+
	Zinkgelb (Zitronengelb)	$Zn\,(CrO_4)$	3,5	0,5	(B)	◐	○	○	–	–	–
Rot	Roter Ocker, gebrannte Siena	mit Fe_2O_3	2,7	0,8		●+	●	●	+	+	+
	Eisenoxidrot (Marsrot)	Fe_2O_3	2,5	0,8		●+	●	●	+	+	+
Braun	Umbra und Eisenoxidbraun	$MnO_2 + Fe_2O_3$	2,7	0,5		●+	●	●	+	+	+
	Kasselerbraun (Braunkohle)		1,3	0,4		○	●	○	–	–	–
Grün	Chromoxidgrün	Cr_2O_3	4,6	0,9	(B)	●+	●	●	+	+	+
	Chromoxidhydratgrün (Permanentgrün)		2,8	0,3	(B)	●+	●	●	+	+	+
	Zinkgrün	$Zn\,(CrO_4) + Fe_7\,(CN)_{18}$	3,3	0,5	(B)	◐	○	○	–	–	–
	Ultramaringrün	Na-Al-Silikat	2,2	0,6		●+	●	●	+	+	+
Blau	Ultramarinblau	Na-Al-Silikat	2,2	0,6		●+	●	●	+	(+)	+
	Berlinerblau	$Fe_7\,(CN)_{18}$	1,8	0,3		●	○	○	–	–	–
	Manganblau	$Ba\,(MnO_4) \cdot Ba\,(SO_4)$	4,1	1,5		●	●	●	+	+	+
Vi.	Ultramarinviolett	Na-Al-Silikat	2,2	0,6		●+	○	●	+	+	+
Grau	Schiefergrau (gemahlener Dachschiefer)		2,7	0,5		●	●	●	+		+
	Eisenglimmer (Schuppenpanzerfarbe)	mit Fe_2O_3	5,6	2,0		●	●	●			
	Graphit	C	2,4	0,5		●	●	●			
Schwarz	Eisenoxidschwarz	$FeO + Fe_2O_3$	4,3	0,9		●+	●	●	+	+	+
	Manganschwarz	MnO_2	3,8	0,8		●+	●	●	+	+	+
	Schieferschwarz	mit C	2,5	0,6		●	●	●	+		
	Ruß, Flammruß, Gasruß	C	1,7	0,1		●	●	●	–		–
Bronze	„Silberbronze" (Aluminiumpulver)	Al	2,6	0,5		●	○	○	–	–	–
	„Goldbronze" (Messingpulver)	Cu-Zn	8,0	1,3		◐	○	○	–	–	–
	Kupferbronze	Cu	8,6	1,6		◐	○	○	–	–	–

● -echtheit: gut

◐ -echtheit: ausreichend

○ -echtheit: nicht ausreichend

●+ für Fassaden gut geeignet

◐– für Fassaden ausreichend geeignet

Schutzmaßnahmen beim Verarbeiten:

(A) Atemschutz und nicht rauchen,

(B) Atemschutz, Augenschutz, Schutzhandschuhe, nicht rauchen.

Giftige bleihaltige Pigmente nicht aufgeführt.

[1] **Zementecht**, d. h. für Beton u. zementhaltigen Mörtel geeignet, ist ein Pigment, das sowohl kalkecht ist und außerdem nicht mit Gips o. anderen Sulfaten gemischt (verschnitten) wurde, es könnte sonst zum „Zementtreiben" kommen.

[2] **Kalkecht** sind Pigmente, die durch die basische (laugige) Reaktion des Kalkes nicht entfärbt oder verfärbt werden.

[3] **Wasserglasecht**, d. h. für Silikatfarben geeignet, sind Pigmente, die das Bindemittel Wasserglas nicht eindicken, sie dürfen auch keinen Gips als „Verschnitt" enthalten.

Löse- und Verdünnungsmittel

Lösemittel sind Flüssigkeiten, die Bindemittel ohne chemische Veränderung lösen können.

Verdünnungsmittel können nur bereits gelöste flüssige Anstrichstoffe auf die gewünschte Verarbeitungskonsistenz verdünnen. Bei Kunststoff-Dispersionsfarben kann Wasser als Verdünnungsmittel, bei „Wasserlacken" auch als Lösemittel eingesetzt werden. Löse- und Verdünnungsmittel verdunsten bei der Trocknung, bzw. Erhärtung aus dem Anstrich.

1 Organische Lösemittel

Name	Formel	Dichte kg/dm³	Flammpunkt °C	Siedetemperatur °C	Verdunstungszahl	Gefahrenklasse, → 2	Schädlichkeit, → 3	Hinweise
Diethylether, (Äther)	$(C_2H_5)_2O$	0,72	−40	34 ·· 35	1	●		(nur zum Vergleich)
Testbenzine (Terpentiners.)	$C_5H_{12} \cdots C_9H_{20}$	0,79	+30 ·· 40	130 ·· 220	~ 50	◐	○	wegen Allergie-
Terpentinöl (Gemisch)		0,85	+30 ·· 32	150 ·· 170	40 ·· 90	◐	○ (gelb)	gefahr nicht zum
Dipenten	$C_{10}H_{16}$	0,85	~ +40	167 ·· 195	~ 90	◐	○	Händereinigen!
Toluol	$C_6H_5 \cdot CH_3$	0,87	+7	138 ·· 144	~ 6	●	○ (gelb)	giftig auch in gerin-
Xylol	$C_6H_4 \cdot (CH_3)_2$	0,87	+23	137 ·· 143	13,5	◐	○ (gelb)	ger Konzentration
Alkohole: Ethanol (Sprit)	$C_2H_5 \cdot OH$	0,79	+9	78	8,0	●	○	nur in sehr hohen
Alkohole: Propanol	$C_3H_7 \cdot OH$	0,80	+23	96 ·· 98	16,0	◐	○	Konzentrationen
Alkohole: Iso-Propanol	$C_3H_7 \cdot OH$	0,78	+15	81 ·· 83	11,0	●	○	schädlich,
Alkohole: Butanol	$C_4H_9 \cdot OH$	0,81	+34	116 ·· 119	33,0	◐	○ (gelb)	Augenreizungen
Alkohole: Iso-Butanol	$C_4H_9 \cdot OH$	0,81	+20	98 ·· 100	15,0	●	○	
Dichlorethen	$Cl \cdot CH_2 \cdot Cl$	1,37	un-	40 ·· 42	1,8		○ (gelb)	giftig, schon in ge-
Trichlorethen	$C_2H \cdot Cl_3$	1,46	brenn-	87	3,8		○ (gelb)	ringen Konzentra-
Tetrachlorkohlenstoff	$C\,Cl_4$	1,60	bar	76 ·· 77	4,0		○ (gelb)	tionen schädlich
Methylacetat	$CH_3 \cdot COO \cdot CH_3$	0,93	+5	55 ·· 57	2,1	●	○	Schleimhaut-
Ethylacetat	$CH_3 \cdot COO \cdot C_2H_5$	0,90	+5	76 ·· 78	2,9	●	○	reizungen
Butylacetat	$CH_3 \cdot COO \cdot C_4H_9$	0,88	+25	123 ·· 127	11,0	◐	○	möglich
Methylglycol	$CH_3 \cdot O \cdot C_2H_4 \cdot OH$	0,96	+38	122 ·· 127	34,0	◐	○ (gelb)	nicht einatmen,
Ethylglycol	$C_2H_5 \cdot O \cdot C_2H_4 \cdot OH$	0,93	+42	132 ·· 137	43,0	◐	○	evtl. Reizungen
Aceton (Ketone)	$CH_3 \cdot CO \cdot CH_3$	0,79	−19	56	2,1	●	○	Dämpfe nicht
Cyclohexanon	$CO \cdot (CH_2)_5$	0,95	+43	153 ·· 157	40,0	◐	○ (gelb)	einatmen

2 Gefahrenklassen der Lösemittel

Klasse	Flammpunkt	Bezeichnung	Zeichen
A1	< 21 °C	leicht entzündlich	●
A2	21 ·· 55 °C	entzündlich	◐
A3	> 55 °C	schwer entzündlich	○

Universalverdünnungen sind Gemische aus sehr unterschiedlichen Löse- und Verdünnungsmitteln mit breitem Einsatzbereich.

3 Schädlichkeit der Lösemittel

Maximale **A**rbeitsplatz-**K**onzentration = **MAK-Werte** in ppm	Zeichen
bis 200: sehr schädlich	○ (gelb)
über 200: minder schädlich	○

Die besonders giftigen Löesemittel Benzol und Methanol wurden hier nicht aufgeführt, sie sollten nicht mehr verwendet werden.

Arbeitshinweise

1. Prüfen und Vorbereiten des Grundes:
Die Saugfähigkeit muss festgestellt werden und Maßnahmen zu ihrer Verringerung getroffen werden, z. B. durch Auftragen von „Einlassgrund".
Soll der Einfluss schädlicher Stoffe im Untergrund ausgeschlossen werden, ist ein „Absperrmittel" aufzubringen.
Soll die Haftung verbessert werden, ist ein „Haftgrundmittel", z. B. ein „Wash-Primer", zu verwenden.

2. Aufbringen des Beschichtungsstoffes:
Nach dem bei unebenem Grund erforderl. „Spachteln" und Schleifen, erfolgt d. pigmentreiche **Grundanstrich** durch Streichen, Spritzen, Tauchen oder Fluten. Wenn nötig wird noch fein geschliffen.
Der **Deckanstrich** erfolgt mit einem bindemittelreichen Anstrichstoff und wird meist durch Streichen oder Spritzen aufgebracht.
Mit Zweikomponentenlacken sind große Schichtdicken in einem Arbeitsgang erzielbar.

Mörtelartige Massen

1. Klebemörtel (gefüllte Klebstoffe)

Klebemörtel werden verwendet für Wand- und Bodenbeläge aus Natur- und Kunststein, Keramik, Mosaik, Glas und Kunststoff.

a) Dünnbettmörtel für keramische Bekleidungen nach DIN 18 156/7, als Werk-Trockenmörtel mit Zement als Bindemittel, Sand 0/0,5 mm und organischen Zusätzen, die Verarbeitbarkeit und Haftung verbessern. Keine weiteren Zusätze erlaubt. Korrigierzeit > 10 min.
Arten des **Aufbringens**:
Im **Floating**-Verfahren den Mörtel mit der Glättkelle auf den Grund dünn aufziehen, dann 2. Schicht mittels Kammspachtel (Zähne und Zwischenräume quadratisch, 3,4, 6 u. 8 mm tief, je nach Plattengröße). Platten einschieben, bevor der Mörtel eine Haut bildet, einrichten und anklopfen.
Im **Buttering**-Verfahren, besonders dann, wenn Fliesen oder Platten ungleich dick sind, Mörtel auf die Rückseite auftragen.
Im **kombinierten** (Floating + Buttering) Verfahren wird die beste Füllung des Mörtelbettes erzielt. Es ist daher für Fassaden und Schwimmbecken zu empfehlen und hilft, Ausblühungen und Aussinterungen zu verhindern, z. B. auf Terrassen.

b) Dünnbettmörtel für das Mauerwerk n. DIN 1053, → S. 163, mit Sand 0/1. Wasserrückhaltevermögen so eingestellt, dass der Mörtel i. d. 1 … 2 mm dicken Fugen nicht „verbrennt". Verarbeitungszeit ≥ 4 Stunden, Korrigierzeit ≥ 7 Minuten.

c) Kunststoff-Dispersionskleber werden meist gebrauchsfertig geliefert. Magerung mit Mehlsand ist möglich. Zusatz von Zement verbessert die Temperatur-Standfestigkeit.
Fette Mischungen haften auch auf Holzspanplatten. Dispersionskleber sind nur für Innenräume zu empfehlen.

d) Reaktionsharzkleber mit chemisch härtenden Reaktionsharzen als Bindemittel, meist Epoxid oder Polyurethan. Magerung mit Mehlsand im MV 1 : 3 bis 1 : 5 nach Gebrauchsanweisung ist möglich. Bei vollflächiger, hohlraumfreier Klebeschicht ist Wasserdichtheit zu erzielen. Der feste Kleber ist wasserfest und sehr druckfest.
Manche Reaktionskleber werden später spröde.

Reaktionsharze können **feuergefährliche** Bestandteile enthalten.

Der **Härtungsvorgang** ist sehr von der Temperatur abhängig. Bei Arbeitstemperaturen unterhalb 15 °C kann der Härtungsprozess zum Stillstand kommen.
Bei hohen Außentemperaturen muss das Reaktionsharz aus Harz + Härter + Beschleuniger so angesetzt werden, dass eine ausreichend lange Verarbeitungszeit (Topfzeit) zur Verfügung steht.

2. Spachtel- und Fugenmassen

mit Größtkern ≤ 0,5 · Fugenbreite

a) Auf **Zementbasis** als Werkmörtel, z. B. als „Fugenweiß", „Fugengrau", Fugenbreit" u. ä. und als Spachtelmassen, ähnlich 1 a).

b) Reaktionsharz-Fugenmassen, ähnlich 1 d), in trockene fettfreie Fugen, glätten und reinigen mit Schwamm und Wasser während der Topfzeit. Fugen sind sehr dicht und chemikalienbeständig.

c) Reaktionsharz-Spachtelmassen, ähnlich 1 d), z. B. für das Ausbessern von Zementestrich.
Der Harz- und Härtegehalt (6 bis 16 G %) und der eventuelle Sandzusatz hängen von der Schichtdicke ab und sind nach Gebrauchsvorschrift zu bemessen.

3. Dichtungsmassen

Eingesetzt nach DIN 18 540 für das Abdichten von Außenwandfugen („Bewegungsfugen") zwischen Beton- und Mauerwerksbauteilen oder -abschnitten und auch innen.
Entscheidend für ihre Eignung sind ihre Dehnfähigkeit und das Rückstellvermögen, die beide vom Grundstoff abhängen.

Die praktische Dehnfähigkeit

Einsatz und Stoff	in % der Fugenbreite
Außen:	
Polysulfidkautschuk (Polysulfid)	≥ 25
Silikonkautschuk	≥ 25
Polyurethan-Dichtungsmasse	≥ 25
Innen, aber nicht für Nassräume:	
Butylkautschuk	≥ 5 %
Acrylatmassen als Lösung	≥ 5 %
Acrylatmassen als Dispersion	≥ 10 %

Forderungen an das Rückstellvermögen DIN 52 458

Verhalten	in % der Fugenbreite
elastisch	≥ 70
plasto-elastisch	≥ 40 < 70
elasto-plastisch	≥ 20 < 40
plastisch	< 20

Siehe zu diesen Begriffen auch S. 68 u. S 69. Für „Bewegungsfugen", die starke und häufige Breitenänderungen ertragen müssen, sind rein elastisches oder plastisches Verhalten nicht geeignet. Rein elastische Massen reißen leicht ab, rein plastische verformen sich stark.
Plasto-elastische (auch „viscoelastische" genannt) erfüllen die Forderungen, wenn die Haftung an den Fugenflanken gut ist und die am Fugengrund durch eine geschlossenzellige Polyethylenschnur verhindert wird. Haftung an Mauerwerk durch „Primer" verbessern. Angaben zu den Fugenabmessungen, → S.237.

Bituminöse Massen

Grundsätzliches zu Bitumen, → S. 131

Heiß zu verarbeitende Massen

1 z. Kleben u. als Deckaufstrich DIN 18 195-2

Verarbeitungs-temperatur (°C)	> 150 ≤ 160	> 180 ≤ 190	> 190 ≤ 200	> 200 ≤ 210
Bitumensorte	B 25	85/25	100/25	105/15

Bei der Aufbereitung nicht über 230 °C erhitzen, sonst zersetzt er sich und wird unbrauchbar!

2 Asphaltmastix (Spachtelmassen) DIN 18 195-2

Mastix	Massenanteile Bindem.	Füller	Sand	Erweichungspunkt 1) Bindem.	Festkörp.
13/16	13…16	≥ 25	≤ 75	45…80	85…120
18/22	18…22	≥ 25	≤ 75	45…80	≤ 90

Kalt zu verarbeitende Massen

3 als Bitumen-Voranstrich DIN 18 195-2

Masse als Bitumen-	Auslaufzeit sec	Flammpunkt °C	staubtrocken nach Std.	Festkörperanteil m%	Erweichungspunkt °C 1)
Lösung	≥ 15	> 21	≤ 3	30‥50	54‥72
Emulsion	≥ 15	–	≤ 5	≥ 30	≥ 45

4 als Bitumen-Deckaufstrichmittel DIN 18 195

Masse als Bitumen-	Staubtrock.-zeit h	Massenanteile Bindemittel %	Füllstoffe %	Erweichgs.-punkt der Festkörper °C 1)
Lösung ungefüllt	≤ 3	≥ 55	–	54‥72
Lösung gefüllt	≤ 3	30‥50	25‥40	≥ 60
Emulsion	≤ 5	≥ 30	≤ 20	≥ 60

5 als Spachtelmasse (Kitte) DIN 18 195 u. 18 337

Masse als Bitumen-	Flammpunkt °C	Massenanteile Bindemittel %	Füllstoffe %	Erweichgs.-punkt der Festkörper °C 1)
Lösung	> 21	25‥70	< 65	≥ 90
Emulsion	–	> 35	< 40	≥ 90

Teerpech als Bindemittel für Aufstrichmittel und Spachtelmassen wurde hier nicht berücksichtigt, weil es sich als sehr gesundheitsschädlich erwiesen hat und außerdem gegenüber Bitumen eine kürzere Plastizitätsspanne aufweist sowie an der Oberfläche schneller versprödet (altert).

Als vorteilhaft kann eventuell gewertet werden, dass es das Wachstum von Pflanzen unterdrückt, (kaum Wurzelschäden bei begrünten Flachdächern).

Polymerbitumen

Mischungen von Bitumen mit polymeren Kunststoffen, z. B. Thermoplasten, wie PE, PP oder PVC, vergrößern die „Plastizitätsspanne" und erhöhen die Beständigkeit gegenüber chemischen Angriffen.

Bei **Elastomerbitumen** ermöglicht der Zusatz von elastomeren Kunststoffen, z. B. Polyurethan, dass bei Beschichtungen nachträglich auftretende Risse im Untergrund überbrückt werden können. Der Einsatz erfolgt deshalb vorwiegend bei Dickbeschichtungen im Kellerbereich, sowie bei Dach- und Dichtungsbahnen.

Bei **Dickbeschichtungen** werden die Anforderungen nach DIN 18 195 mit unterschiedlichen Dicken erfüllt. Weil noch nicht genormt, wird hier beispielhaft ein Produkt der Fa. Deitermann vorgestellt:
Nach einem **Voranstrich** (auch auf unverputztem aber vollfugigem Mauerwerk) mit Eurolan 3K oder Eurolan-TG 2, erfüllt eine **Beschichtung** mit ®Superflex-10 bei Beanspruchung durch

a) Bodenfeuchte bei ≥ **4 mm Dicke** (Verbr. 4 l/m^2),
b) nichtdrück. Wasser bei ≥ **5 mm Dicke** (5 l/m^2),
c) drückendem Wasser bei ≥ **6 mm Dicke** (6 l/m^2)

die Anforderungen.

Auf Mauerwerk mit **unvermörtelten Stoßfugen** bis 5 mm Breite und bei Gefahr von **nachträglich auftretenden Rissen** erfüllt eine **8 mm dicke** Beschichtung in 2 Lagen mit eingebettetem Glasfasergewebe aus ®Superflex 2000 F die Anforderungen.
Ein Vorzug dieser 2-Komponenten- (Zement + Polymerbitumen) -Dickbeschichtungen ist die einfache und sichere Abdichtung im Bereich von Ecken und Hohlkehlen.

5 Straßenbaubitumen DIN 1995

Kurzbezeichnung (mittlere Eindringtiefe)	B 25	B 45	B 65	B 80	B 200
Eindringtiefe 2) (DIN 52 010) in 1/10 mm	20‥30	35‥50	50‥70	70‥100	160‥210
Erweichungspunkt 1) (Ring-Kugel) in °C	67‥59	59‥54	54‥49	49‥44	44‥37
Brechpunkt 3) in °C	– 2	– 6	– 8	– 10	– 15

1) Bei diesem Versuch nach DIN 52 011 wird eine Stahlkugel auf eine Bitumenprobe gelegt, die in einem Ring eingeschlossen ist und bei diesen Temperaturen eine bestimmte Verformung erfährt.
2) Eine mit 100 g belastete Nadel sinkt bei 25 °C in 5 Sekunden so viele 1/10-mm in Bitumenprobe ein.
3) „Brechpunkt nach Fraas" ist die Temperatur, bei der eine auf Stahlblech aufgeschmolzene Bitumenprobe bestimmter Dicke bricht, wenn sie bei 40 mm Stützweite gebogen wird, sie lässt auf das Verhalten bei tiefen Temperaturen schließen.

Bitumen-Polymerbitumen- und Kunststoffbahnen

In der Tabelle bedeuten unter „verwendbar für…“
BwA = Bauwerkabdichtung,
DaDi = Dachabdichtung,
Da = als Dachbahn.

unter „Verbindung“: **Kl** = Kleben, meist m. Heißkleber, auch „Adhäsivklebung“.
Schw = Schweißen durch Erhitzen der beiden zu verklebenden Flächen mit Heißluft, anschließend zusammenpressen,
Qu = Quellschweißen durch Anlösen der beiden zu verbindenden Flächen mit einem Lösemittel und anschließendes Zusammenpressen.

1 Bitumen- und Polymerbitumen-Dach- und Abdichtungsbahnen (Auswahl)

Handelsname	Kurzzeichen [4]	DIN	Trägereinlage Art	Trägereinlage ≥ g/m²	verwendbar für (eingeschr.)	Dicke mm	Zugbruchkraft [1] in N/5 cm längs	Zugbruchkraft [1] in N/5 cm quer	Dehnung ≥ %	Verbindung
Bitumen-Dachbahnen	R 500	52 128	Rohfilzpappe	500	BwA	–	300	200	2	Kl
	V 13	52 143	Glasvlies	60	BwA	–	400	300	2	Kl
Bitumen-Dach-Abdichtungsbahnen	G 200 DD	52 130	Glasgewebe	200	DaDi, BwA	–	1000	1000	2	Kl
	J 300 DD	52 130	Jutegewebe	300	(DaDi), BwA	–	600	500	3	Kl
	PV 200 DD	52 130	UP-faservlies	200	DaDi, BwA	–	800	800	40	Kl
Bitumen-Schweißbahnen	V 60 S4	52 131	Glasvlies	60	(DaDi), BwA	4	400	300	2	Schw
	G 200 S4 (5)	52 131	Glasgewebe	200	DaDi, BwA	4 (5)	1000	1000	2	Schw
	J 300 S4 (5)	52 131	Jutegewebe	300	(DaDi), BwA	4 (5)	600	500	3	Schw
	PV 200 S5	52 131	UP-faservlies	200	DaDi, BwA	5	800	800	40	Schw
Polymerbitumen-Dachabdichtungsbahnen	PYE-G 200 DD	52 132	Glasgewebe	200	DaDi	–	1000	1000	2	Kl
	PYE-J 300 DD	52 132	Jutegewebe	300	DaDi	–	600	500	3	Kl
	PYE-PV 200 DD	52 132	UP-faservlies	200	DaDi	–	800	800	40	Kl
Polymerbitumen-Schweißbahnen	PYE-G 200 S5	52 133	Glasgewebe	200	DaDi, BwA	5	1000	1000	2	Schw
	PYE-J 300 S4	52 133	Jutegewebe	300	DaDi, BwA	5	600	500	3	Schw
	PYE-PV 200 S5	52 133	UP-faservlies	200	DaDi, BwA	5	800	800	40	Schw
Dichtungsbahnen für Bauwerksabdichtungen	J 300 D	18 190	Jutegewebe	300	(DaDi), BwA	3	600	500	5	Kl
	G 220 D	18 190	Glasgewebe	220	DaDi, BwA	3	800	700	2	Kl
	Cu 0,1 glatt D	18 190	Kupferband, 0,1 mm	[2]	DaDi, BwA	3	500	500	5	Kl
	Al 0,2 glatt D	18 190	Alu-Band, 0,2 mm	[2]	DaDi, BwA	3	500	500	5	Kl
	PETP 0,03 D	18 190	PE-Terephtalat	[3]	DaDi, BwA	2,5	250	250	15	Kl
Copolymer-Bahn	ECB-T1-2,5-K	16 729	Ethylencop.-bit.	[3]	DaDi, BwA	2 ·· 3	3 N/mm²		400	Kl

2 Kunststoff-Abdichtungsbahnen (Auswahl) [5]

Handelsname		Kurzzeichen	DIN	Stoffart	Dicke in mm	Bitumenverträglichkeit [5]	Zugfestigkeit N/mm²	Dehnung ≥ %	Verbindung
Dachabdichtung	PVC weich	PVC-P-NB	16 730	Polyvinylchlorid, weichmacherhaltig	1,2; 1,5; 2	–	≥ 15	200	Q
	PIB	PIB-K	16 731	Polyisobutylen, einseitig kaschiert	2,5	+	≥ 8	50	Q, Kl
	PVC-P	PVC-P-NB-PW	16 734	Polyvinylchlorid, faserverstärkt	1,2; 1,5; 2	–	≥ 16	10	Q
	PVC weich	PVC-P-NB-GV	16 735	Polyvinylchlorid, glasvliesverstärkt	1,2; 1,5; 2; 2,4	–	≥ 8	150	Q
Dach- u. Bauwerkabd.	PE-C-K	PE-C-K-PV	16 736	Polyethylen, chloriert, eins. kaschiert	1,2; 1,5; 2	+	≥ 12	200	Q, Kl
	PE-C-E	PE-C-E-PW	16 737	” , chloriert, m. Gewebeeinlage	1,2; 1,5; 2	+	≥ 16	10	Q, Kl
Bauwerkabdichtung	PIB	PIB	16 935	Polyisobutylen	1,5; 2	+	≥ 4,5	400	Q, Kl
	PVC-P	PVC-P-BV	16 937	Polyvinylchlorid, weichmacherhaltig	1,2; 1,5; 2	+	≥ 15	200	Q, Kl
	PVC-P	PVC-P-NB	16 938	Polyvinylchlorid, weichmacherhaltig	1,2; 1,5; 2	–	≥ 15	200	Q

[1] Der Zugbruch-Widerstand wird an einem 5 cm-Streifen bei 23 °C geprüft.

[2] Beide Metallfolien können glatt, geprägt, geriffelt oder kalottengeriffelt sein.

[3] **T1** = eine Bahn ohne Einlage, aus 50 ·· 60 M % Ethylencopolymerisat (ECB) u. 40 ·· 50M% Bitumen.
T2 = wie vor, aber mit weiteren Zusätzen.

[4] Bedeutung der Kurzzeichen:

D = Dichtungsbahn	DD = Dachdichtungsb.
PYE = Polymerbitumenb. elastomer-modifiziert	PYP = Polymerbitumenb. plastomer-modifiziert
N = Dicht.-Trägerb.	S = Schweißbahn
K = kaschiert,	PPV = Polypropylenvlies
V = verstärkt	GW = Glasgewebe
J = Jutegewebe	PW = Polyestergewebe
GV = Glasvlies	BV = bitumenverträglich
PV = Polyestervlies	NB = nicht bitumenvertr.

[5] Nicht bitumenbeständige Bahnen dürfen nicht schwarz, bitumenbeständige sollen schwarz eingefärbt sein, Ausnahmen s. beige, weiß, oliv. Beim Quellschweißen dürfen nur v. Bahnenherst. gelieferte o. empfohlene Lösungsmittel verwendet werd.

Bauwerkabdichtungen DIN 18 195

Beanspruchungsarten und Maßnahmen

Nach DIN 18 195 werden unterschieden:

1. Bodenfeuchtigkeit DIN 18 195, T.4

Haftwasser, aufsteigendes Kapillarwasser, → ❸, nicht stauendes Sickerwasser bei Sandboden oder Sickerplatten und Dränage, wie in ❸, bei schluffigem Boden, außerdem durch ein Filtervlies vor Zuschlämmen gesichert. Vorflut sicherstellen!

Maßnahmen:
Waagerechte Abdichtung aus Bitumenbahn mit ≥ 20 cm Überlappung im unteren Wandteil. Kapillarbrechende grobkörnige Schüttung, ≥ 15 cm dick, unter der Kellersohle. Waagerechte Abdichtung unter der Decke und ≥ 30 cm über Gelände. Senkrechte Abdichtung mit mind. 3-lagigem Bitumenanstrich auf der Kellerwand-Außenseite.

2. Nichtdrückendes Wasser DIN 18 195, T.5

Grundwasserspiegel dauernd unter der Fundamentsohle, → ❸. Sickerwasser, das sich vorübergehend auf dichteren Erdschichten stauen kann.

Maßnahmen:
Wie oben, aber für die senkrechte Abdichtung möglichst mit 2 Lagen verklebter Bitumen-Dichtungsbahnen o. einer Polymerbitumen-Dickbeschichtung, ≥ 5 mm dick, → S. 255. Bei höheren Ansprüchen an die Trockenheit der Kellerräume sollte eine vollflächige Abdichtung unter d. Kellerfußboden, → ❸, erfolgen.

3. Drückendes Wasser DIN 18 195, T.6

Grundwasserspiegel dauernd oder zeitweise höher als die Fundamentsohle.

Maßnahmen:
Der hydrostatische Druck muss von Abdichtung, Sohlplatte und Kellerwänden sicher aufgenommen werden können.

Varianten:

a) Keller aus **wasserundurchlässigem (WU)-Stahlbeton** („weiße Wanne") bei nicht zu hohen Ansprüchen an die Luftfeuchte der Kellerräume oder Klimatisierung derselben.

b) Mit **druckhaltender Außenabdichtung**, durchgehend unter der Bodenplatte und vor den Kellerwänden. Meist wird diese auf eine vorher erstellte „Vormauer" in 3 ... 5 Lagen, je nach der Eintauchtiefe unter dem Grundwasserspiegel, aufgebracht. Dichtend wirken dabei vor allem d. Klebemassenschichten, die Bahnen sind dabei eine Art Bewehrung. Guss- u. Einwalzverfahren sind sicherer als das Bürstenstreichverfahren.
Eine andere Lösung stellt die Polymerbitumen-**Dickbeschichtung** dar, z. B. ® Superflex 2000 v. Deitermann, die mit hochreißfester Einlage einem Wasserdruck bis 7 bar (70 m WS) standhält, wenn sie in 2 Lagen insgesamt ≥ 8 mm dick lückenlos aufgebracht wird, entsprechende Auslegung des Stahlbetons vorausgesetzt. Auch vorkonfektionierte **Kunststoffbahnen**, meist aus Polyisobutylen (PIB) können eingesetzt werden.
Bei nichtbindigen Böden muss die Abdichtung ≥ 30 cm über den höchsten Grundwasserstand gehen, bei bindigen Böden ≥ 30 cm über OF-Gelände, → ❸.

❸ Abdichtungen im Kellerbereich

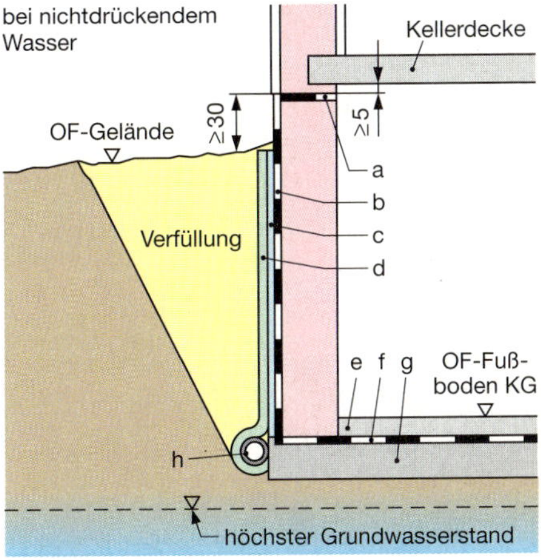

a: Waagerechte Abdichtung (Bitumenbahn),
b: Senkrechte Abdichtung (Bahnen oder Dickbeschichtung), s. S. 255
c: Sickerplatten (Styropor, Well- oder Profilplatten),
d: Filtervlies, bis über das Dränrohr führen,
e: Estrich,
f: waagerechte Abdichtung (2 Lagen Bitumenbahn, mit versetzten Stößen verklebt oder Polymerbitumen-Dickbeschichtung, ≥ 5 mm dick),
g: Stahlbeton-Bodenplatte,
h: Dränrohr-Ringleitung um das Fundament, Abfluss in den Vorfluter muss gesichert sein.

4 Verbinden von Kunststoff-Dichtungsbahnen:

Eignung der Verfahren	PIB	PVC weich	ECB
Quellschweißen (m. Lösemittel)	+	+	–
Warmgasschweißen	–	+	+
Heizelementschweißen	–	+	+
Verkleben mit Bitumen	+	–	+

5 Schweißbreite	Werkstoff	Einfache Naht	Doppelnaht, je Einzelnaht
Quellschweißen	PIB PVC-weich	30 mm 30 mm	– –
Warmgasschweißen	PVC-weich ECB	20 mm 30 mm	15 mm 20 mm
Heizelementschweißen	PVC-weich ECB	20 mm 30 mm	15 mm 15 mm

Dachabdichtungen I

nach den „Flachdach-Richtlinien"/92

Dachabdichtungen müssen im Gegensatz zu **Dachdeckungen** eine über die gesamte Dachfläche, einschließlich Anschlüssen und Durchdringungen, reichende **wasserundurchlässsige Schicht** bilden.

Ausführungen

Belüftet oder **nicht belüftet**, → S. 236.
„**Normaldach**" oder **Umkehrdach**, → S. 236.

Ungenutzte oder **genutzte** Dachfläche, z. B. als Dachgarten oder Parkfläche.

Abdichtung mit Bitumen- bzw. **Polymerbitumen**-, mit **Kunststoff**- bzw. **Kautschukbahnen** oder mit **Flüssig-Kunststoffen.**

Abdichtung mit Bitumenbahnen

Sie sind **mehrlagig** auszuführen. Als obere Lage sind Polymerbitumenbahnen, z. B. mit einer Schiefersplitt-Bestreuung zu verwenden.

Die **Dachneigung sollte ≥ 2 %** (besser ≥ 3 %) sein, weil sonst mit schädlicher Pfützenbildung u. Algen- und Pflanzenwachstum durch kaum vermeidbare Unebenheiten (z. B. an Überlappungen) gerechnet werden muss.

Abdichtungen mit < 2 % Gefälle sind Sonderkonstruktionen, die besondere Maßnahmen erfordern, → S. 259.

Die einzelnen **Lagen** sind parallel zueinander u. mit Versatz zu verlegen. Die Lagen müssen **vollflächig miteinander verklebt** werden, dabei ist auf Verträglichkeit untereinander zu achten. Die **Überdeckung soll ≥ 8 cm** betragen.

Bitumenbahnen mit Glasvlieseinlage sind wegen geringer Zugfestigkeit nur als zusätzliche Lagen zu verwenden.

Bitumen-Dachbahnen mit Rohfilz-Einlagen sind für Dachabdichtungen nicht geeignet.

Bitumenbahnen mit Metallband-Einlagen sind nur für die Abdichtung von befahrbaren oder begrünten Dachflächen zulässig.

Die **Verklebung** kann bei Bitumenbahnen erfolgen durch:

- **Gieß- oder Bürstenstreichverfahren** mit flüssigem Heißbitumen, das so reichlich vor der Bahn aufgetragen wird, dass ein Wulst entsteht.
- **Schweißverfahren**, wobei die zu verklebenden Bahnen oberflächlich angeschmolzen und unter leichtem Druck eingerollt werden. Die offene Flamme kann dabei leicht zu **Schwelbränden** am Dach führen!
- **Kaltklebeverfahren**, wobei d. Bitumenbahn werkseitig auf der Unterseite mit einer abgedeckten Kaltklebemasse versehen ist, die beim Freilegen und Andrücken wirksam wird. Die Verarbeitungsvorschriften des Herstellers sind dabei sorgfältig zu beachten, was auch für plastische „Kaltkleber" gilt, die aufgetragen werden.

❶ Nichtbelüftetes Flachdach (Schnitt)

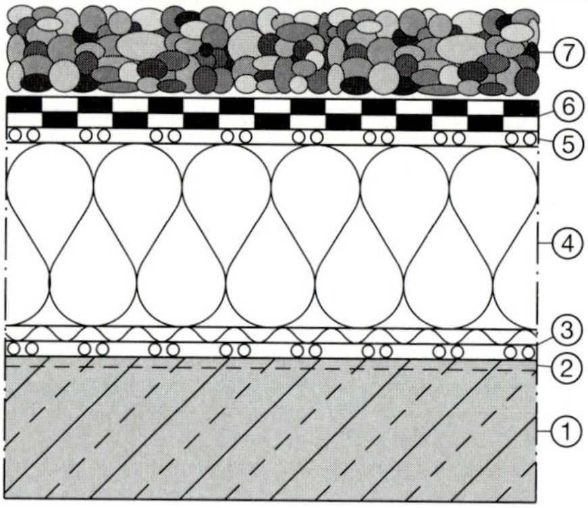

① Unterkonstruktion
② Voranstrich, (wenn nötig)
③ Ausgleichs- und Dampfsperrschicht
④ Wärmedämmschicht
⑤ Dampfdruckausgleich
⑥ Dachabdichtung
⑦ Oberflächenschutz

❷ Normaldeckung, zweilagig

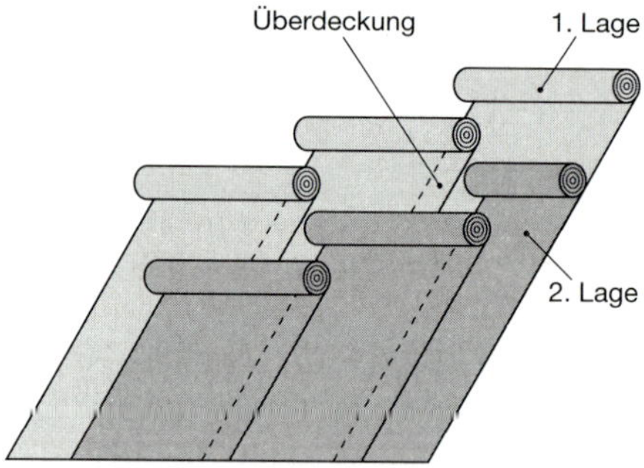

❸ Normaldeckung, dreilagig

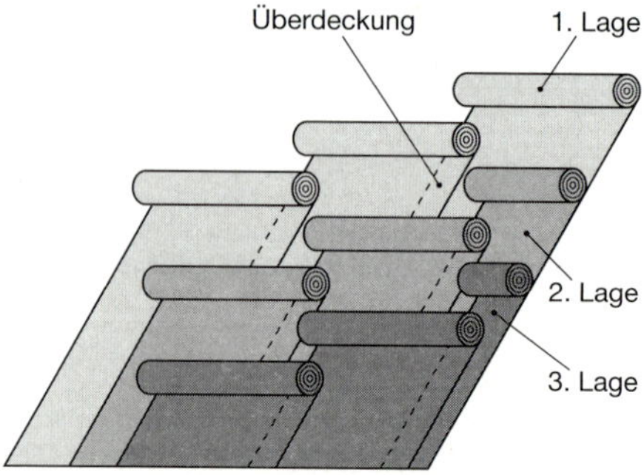

Aus „abc der Bitumenbahnen", → S. 259.

Dachabdichtungen II

nach den „Flachdach-Richtlinien"/92

Abdichtung mit Kunststoffbahnen

(Hochpolymere Dachbahnen)

Diese werden in der Regel **einlagig** ausgeführt und sind besonders für große Flachdächer geeignet. Verwendet werden thermoplastisches Weich-PVC o. gummiartige Elastomere, z. B. Polyisobutylen (PIB), die sehr elastisch, reiß- u. abriebfest, aber auch UV-beständig sind. Kunststoffbahnen sind verrottungsfest und benötigen keinen Pflegeanstrich, weshalb sie auch **für Dachneigungen < 2 % geeignet** sind.

Kunststoffbahnen werden von Ölen, Fetten und organischen Lösemitteln angegriffen. **PVC-Bahnen sind nicht bitumenverträglich**!

Sie dürfen deshalb nicht zusammen mit Bitumenbahnen verlegt u. nicht mit Bitumen verklebt werden. Bei allen Kunststoffbahnen sind die Verlegeanleitungen der Hersteller sorgfältig zu beachten.

Verlegen und Verbinden

Kunststoffbahnen sind mind. 4 cm weit zu überdecken, wobei Kreuzstöße durch Versatz (≥ 30 cm) vermieden werden müssen.

Die **Nahtverbindung** kann erfolgen durch:

- **Quellschweißen** (mit Lösemittel),
- **Warmgasschweißen**, → S. 257,
- **Dichtungsbänder**, die im Nahtbereich aufgebracht und mit einem Schutzstreifen abgedeckt sind. Nach dem Ausrichten und Reinigen der Bahnen wird dieser abgezogen u. die 5 cm breite Naht unter Druck zusammengefügt,
- **Kontaktklebstoffe**, die nach dem Auftragen je nach Temperatur u. Luftbewegung entsprechend lange abtrocknen müssen und dann unter Druck zusammengefügt werden. Die Überdeckung soll auch hier etwa 5 cm betragen.

Abheben durch Windkräfte

Das Abheben durch Windkräfte kann verhindert werden durch

- **Auflast**: Mindestens 5 cm Kies 16/32; in verwehungsgefährdeten Rand- und Eckbereichen sichern oder durch Betonplatten 40/40/4 oder ähnliches ersetzen.

1 Mindestauflast in kg pro m²:

Höhe der Traufe über Gelände	Innen-bereich	Rand-bereich	Eck-bereich
bis 8 m	45	130	225
über 8 bis 20 m	75	210	360

Über 20 m Höhe Einzelnachweis erforderlich.

Als Rand- u. Eckbereich gilt 1/8 der Gebäudebreite, wenn Länge ≤ 1,5 · Breite.

- **Verkleben**: 10 % der Fläche im Innenbereich, 20 % im Rand- und 40 % im Eckbereich (Heißkleben),
- **Mechanische Befestigung** (meist durch Nägel).

Maßnahmen bei Gefälle über 5 % (3°) sind notwendig, um zu verhindern, dass die Schichten des Dachaufbaues bei Erwärmung durch Sonneneinstrahlung in Gefällerichtung abgleiten.
Die Sicherung kann durch Nagelung, Metallbänder o. Verwendung besonders standfester Klebmassen erfolgen. Günstig ist auch das Verlegen der Bahnen in Gefällerichtung.

4 Mechanische Befestigung von Dachbahnen

Mechanische Befestigung **auf stark geneigten Flächen** durch Nagelung auf Holzschalung oder Spezialverbinder auf Metallflächen.

Nageln der 1. Lage

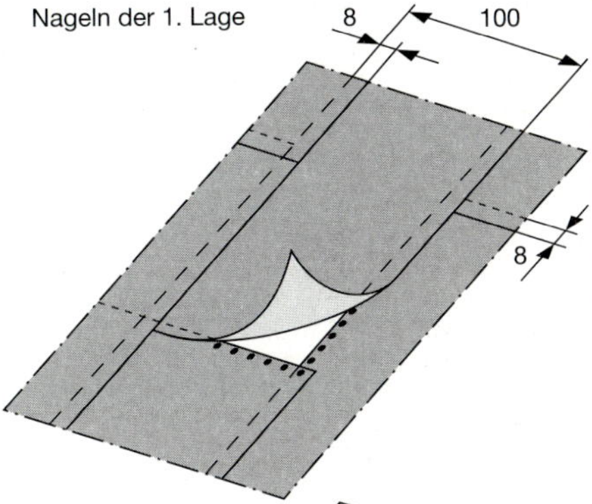

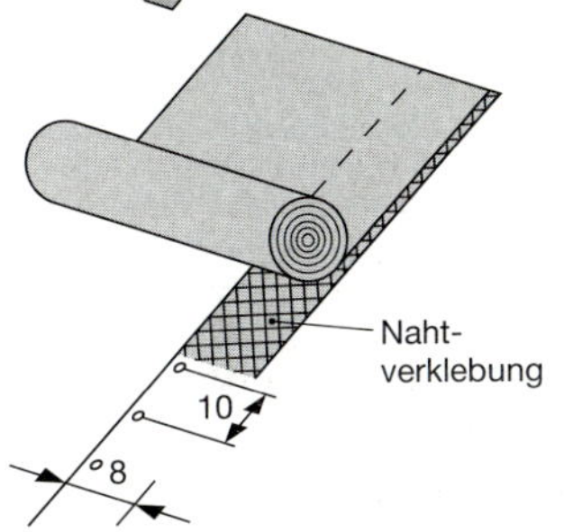

Aus „abc der Bitumenbahnen" (Technische Regeln) vom Industrieverband Bitumen-Dach- u. Dichtungsbahnen e. V., Karlstraße 21, 60329 Frankfurt/Main.

Beispiele für die Wahl von Bitumenbahnen:

A. Dachneigung ≥ 2 % auf Holzschalung:

1. Lage: G 200 DD, grob besandet mit der Besandung nach unten, Überdeckung ≥ 8 cm, anschließend verklebt.
2. Lage: PYE-PV 200 S5 (Schweißbahn) mit Schiefersplitt, vollflächig aufgeschweißt.

B. Dachneigung < 2 %: entweder

2 Lagen Polymerbitumen-Bahnen oder
1 Lage Polymerbitumen-Bahnen und
2 Lagen Bitumenbahnen.

Dachdeckungen mit Steinen I

Forderungen an die Dachdeckung

- **regensicher**, Regenwasser rasch ableiten,
- **beweglich**, Winddruck, Temperaturwechsel,
- **wetterbeständig**, besonders gegen Frostwechsel,
- **sturmfest**, abhängig von der Lage,
- **begehungsfest**, bei Reparaturen,
- **dampfdurchlässig**, wenn der Wasserdampf aus dem beheizten Innenraum nicht durch eine ausreichend dampfdichte Unterkonstruktion zurückgehalten wird, → S. 115 und S. 236.

Dichtheit gegenüber Flugschnee, Staub und Hindurchtreiben von Regenwasser bei Sturm, ist bei d. meisten Dachdeckungen nur mit einem **Unterdach** oder **Unterspannbahnen** sicherzustellen.

Deckregeln

Hinweis: Das Wort „Stein" kann ersetzt werden durch Faserzement-Dachplatte, Dachziegel, Betondachstein, Schiefer, Schindel, u. a.

Für jede Dachdeckung wird eine untere Dachneigungsgrenze, die „**Regeldachneigung**" festgelegt, bei der sich die Eindeckung als ausreichend regensicher erwiesen hat, → **1** S. 262:

- Regeldachneigung gilt auch bei **Aufschieblingen**,
- bei **Ziegelkehlen** muss die Regeldachneigung um mindestens 5° (≈ 9 %) erhöht werden,
- wenn die Regeldachneigung **gering** (< 6°) **unterschritten** wird, ist eine regendichte, aber diffusionsoffene Unterspannbahn vorzusehen,
- bei **größerer Unterschreitung** (≥ 6°) **muss** ein Unterdach angeordnet und die Zustimmung des Ziegelwerkes eingeholt werden.
- Zwischen Eindeckung und Unterspannbahn bzw. Unterdach muss durch **Konterlatten** eine **Belüftungsebene** (≥ 2 cm) geschaffen werden. Näheres dazu, → S. 115 und S. 236.

Die **Mindest-Höhenüberdeckungen HÜ** für Dachsteine **ohne Kopfverfalzung**, z. B. Biberschwänze, Hohlpfannen, Falzziegel u. Betondachsteine, zeigt in **Abhängigkeit von d. Dachneigung** Tab. **1** S. 262.

Für Eindeckungen mit Schiefer und Faserzementplatten sind sie in Tab. **1** S. 264 aufgeführt.

Bei der Schieferdeckung und der Eindeckung von Firsten mit Steinen ist die **Wetterrichtung** zu beachten („gegen das Wetter" decken).

1 Lattenquerschnitte und Lattnägel

Sparrenabstand	Lattenquerschnitt	Lattnägel
≤ 75 cm	≥ 24/48 mm	31/65
> 75 bis 90 cm	≥ 30/50 mm	34/80
> 90 bis 110 cm	≥ 40/60 mm	42/100

Deckhöhe *h* eines Steines ≙ sichtbare Gebindehöhe ≙ Lattweite ≙ Schnurschlagweite.

***h* = Steinlänge – Höhenüberdeckung**

bei Biberschwanz-Doppeldeckung geteilt durch 2.

Dacheinteilung in der Höhe

2 Maximale Lattweite und Trauflattmaß

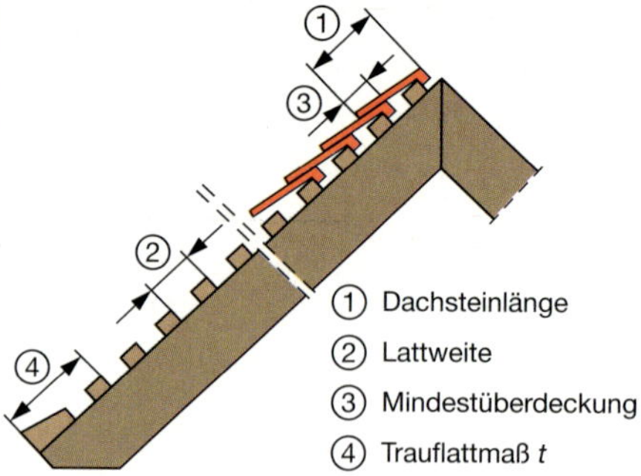

Ausbildungen der Traufe

a) mit Traufblech:
Unterkante der 1. Steinreihe sollte mit der Vorderkante Traufbohle (Sparren) abschließen, wenn nicht, ist etwas Blech zu sehen.

b) ohne Traufblech:
1. Steinreihe reicht ca. 1/3 des Rinnendurchmessers (Nennmaß) über die Traufe hinaus.

Trauflattmaß = Steinlänge – Einhang – Nase

3 Firstlattmaß und einzuteilende Sparrenlänge

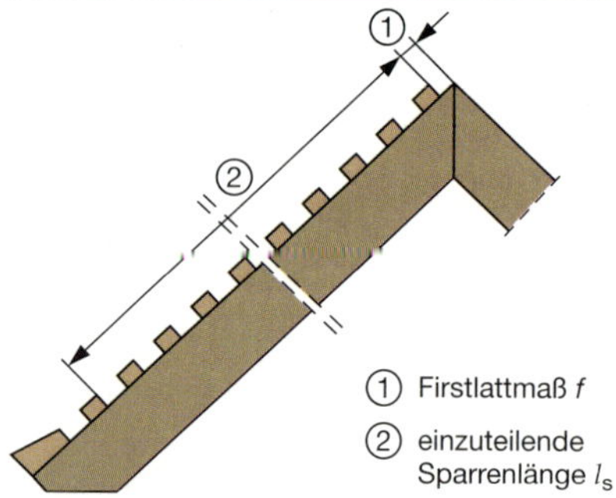

Als **Firstlattmaß gilt**:
bei Trockenfirstsystemen etwa 4 cm,
bei Firstdeckung in Mörtel etwa 2 cm,
Herstellerangaben sind zu verwenden.

Für die **einzuteilende Sparrenlänge l_s**:

l_s = Sparrenlänge – Trauflattmaß – Firstlattm.

Für das **tatsächliche Lattmaß** gilt:
l_s : max Lattweite = ungefähre Lattreihen,
gewählte Lattreihen = ungef. Lattreihen aufrunden,
tatsächliches Lattmaß = l_s : gewählte Lattreihen.

Dachdeckungen mit Steinen II

Dacheinteilung in der Breite

Deckbreite eines Steines *b*:

ohne Seitenüberdeckung, z. B. Biberschwänze:

b = Steinbreite – Fugenbreite

mit Seitenüberdeckung, z. B. Hohlpfannen:

b = Steinbreite – Seitenüberdeckung

Einzuteilende Dachbreite b_D:

b_D = Gebäudelänge + gew. Ortüberstand – Ortgangsteinbreite

Ziegelreihen:

$b_D : b$

Tatsächlicher Ortüberstand $ü$:

$ü = (b$ + Ortgangstein – Gebäudelänge) : 2

Deckfläche *A* eines Steines (sichtbare Fläche):

$A = h \cdot b$

h = Deckhöhe

b = Deckbreite

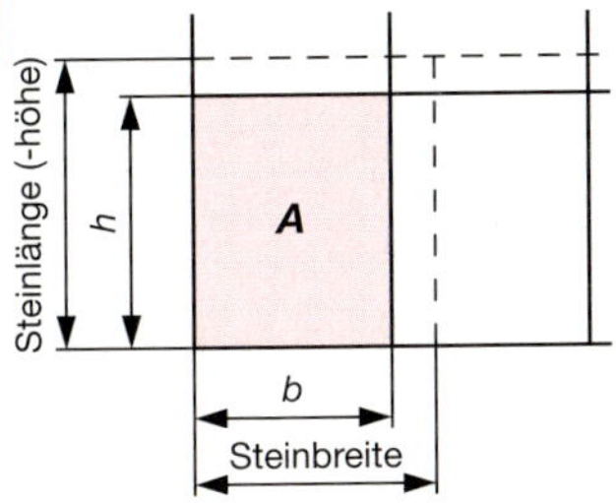

Steinbedarf je m² Dachfläche:

$$\text{Steinbedarf je m}^2 = \frac{10\,000 \text{ cm}^2}{\text{Deckfläche eines Steines in cm}^2}$$

Beispiel:

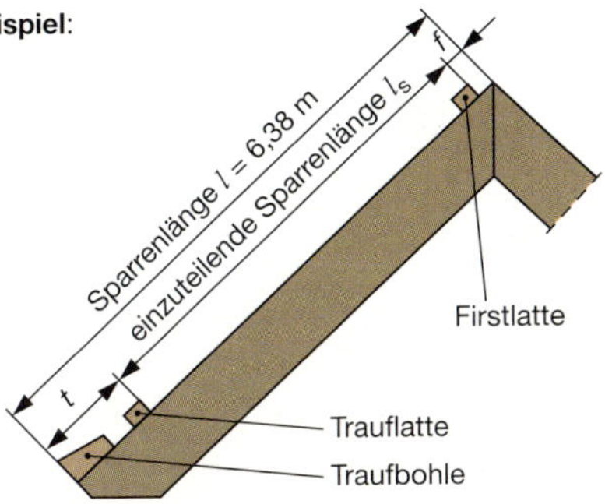

Das dargestellte Dach soll mit **Hohlpfannen in Aufschnittdeckung** eingedeckt werden:

Dachneigung $\alpha = 40°$, Nasenlänge = 4 cm,
Firstlattung m. f = 2,5 cm, Gebäudelänge = 11,99 m.
Einhang in Rinne = 6 cm,

Ermittlungsgang

1. Trauflattmaß t:

t = Pfannenlänge – Nase – Einhang in der Rinne
t = 40,0 cm – 4 cm – 6 cm
t = <u>30,0 cm</u>

2. max Lattweite, → Tab. **1** S. 262 = 30 cm

Fachregeln des Deutschen Dachdeckerhandwerks beachten.

3. Einzuteilende Sparrenlänge l_s:

l_s = Sparrenlänge – f – t
l_s = 6,38 m – 0,025 m – 0,30 m
l_s = 6,055 m

4. Tatsächliches Lattmaß:

4.1 $\frac{l_s}{\text{max Lattweite}}$ = ungefähre Lattreihen

$\frac{6{,}055 \text{ m}}{0{,}30 \text{ m}}$ = 20,18, gewählt 21 Lattreihen

4.2 **Tatsächl. Lattmaß** = $\frac{\text{einzuteil. Sparrenlänge}}{\text{gewählte Lattreihen}}$

$\frac{6{,}055 \text{ m}}{21}$ = 0,288 m = 28,8 cm

5. Lattenbedarf (für eine Dachseite):

21 + 1 Trauflatte = 22 Latten (+ 1 Traufbohle)

6. Pfannenbedarf:

Deckhöhe h = tatsächl. Lattmaß = 28,8 cm
Deckbreite b (nach **1** S. 262) = 20,0 cm

Deckfläche *A* $= h \cdot b$
A = 28,8 · 20 = 576 cm²

Pfannenbedarf je m² Dachfläche:

$\frac{10\,000 \text{ cm}^2}{576 \text{ cm}^2}$ = 17,36 Pfannen/m²

Tabellenwert (**1** S. 262) für max Lattweite = 16,7/m².

Einzuteilende Dachbr. b_D (mit 2 ü = 2 · 0,15 m):

b_D = Gebäudelg. + Ortüberst. – Doppelkremper
b_D = 11,99 m + 0,30 m – 0,31 m
b_D = 12,99 m

Pfannenreihen: $\frac{b_D}{b}$ = 12,29 : 0,20 m = 61,45
gewählt: 62 Reihen

Bedarf an Hohlpfannen nach Reihen:

Lattreihen · Pfannenreihen = 21 · 62 = 1302 Stück

Bedarf nach Fläche:

$l \cdot b_D$ = 6,38 · 12,29 = 78,4 m²

Bedarf an Hohlpfannen:

78,4 · 17,36 = 1361 Stück

dazu 21 + 1 = 22 Ortgangsteine (Doppelkremper)

Dachdeckungen mit Steinen III

1 Werte für Dachziegel und Betondachsteine

Deckungsart	bei Dachneigung ∢	Höhenüberdeckg. mind. cm	Lattweite h höchst. cm	Bedarf je m² Dach: Dachsteine Stück [1]	Dachlatten m	Lattnägel Stück [1]
a) Deckung mit Biberschwanzziegeln 18 x 38 Deckbreite: 18 cm (ohne Mörtel gedeckt), → ❶ Es gibt auch ein kleineres Format 15,5 x 36,5. Hier nur als **Biberschwanz-Doppeldeckung** → ❷ (Das dritte Deckgebinde überdeckt noch das erste Gebinde)	≥ 30° > 35° > 40° > 45° ≥ 60°	≥ 9 ≥ 8 ≥ 7 ≥ 6 ≥ 5	14 14,5 15 15,5 16	39,7 38,3 37,0 35,8 34,7	7,14 7,00 6,67 6,45 6,25	10,7 10,5 10,0 9,68 9,38
b) Hohlpfannen-Deckung [3] → ❹ Seitenüberdeckung = 3,5 cm Deckbreite b = 20,0 cm	≥ 35° ≥ 41° ≥ 46°	≥ 10 ≥ 9 ≥ 8	30 31 32	16,7 16,1 15,6	3,33 3,23 3,13	5,00 4,85 4,70
c) Falzziegel-Deckung [4] → ❺ Steingröße ≈ 25 cm x 40 cm Deckfläche $b \cdot h$ ≈ 20 cm x 33,3 cm	≥ 30° [6]	≥ 6,7 (einige Falzziegel haben soviel Spiel im Kopffalz, dass abweich. Lattweiten möglich)	33,3	15	3,00	4,50
d) Betondachstein-Deckung [5] → ❻ Seitenüberdeckung = 3 cm Deckbr. b = 30 cm, Steingröße = 33 cm x 42 cm	< 22° [7] ≥ 22··30° > 30°	≥ 10 ≥ 8,5 ≥ 7,5	32 33,5 34,5	10,4 9,95 9,66	3,13 2,99 2,90	4,70 4,49 4,39
e) Deckung der Firste und Grate mittels nicht genormter Firstziegel				3 Stück je m Länge		
f) Deckung der Kehlen: Eingebunden (mit Biberschwänzen, Formkehlziegeln, Schwenkkehlziegeln) oder untergelegt (mit Biberschwänzen, Rinnenkehlziegeln oder mit Metall).				Zuschlag für 1 m Kehle: 1/3 d. Dachst. f. 1 m² Fläche + 10 l Mörtel für 1 m².		

[1] Alle Tabellen **ohne Verlustzuschläge**. Für Transport- u. Hiebverluste der Steine: 2 bis 5 %, für Schnittverluste der Dachlatten: 8 bis 10 %, für Streuverlust der Nägel: 10 % zuschlagen.

[2] **Biberschwanz-Kronendeckung** wird nur noch selten ausgeführt, → ❸. Der Baustoffbedarf kann aus Tabellenteil a) entnommen werden: doppelte Lattweite, gleicher Steinbedarf, halber Bedarf an Latten und Nägeln.

[3] Aufschnittdeckung. Die Vorschnittdeckung wird nur noch selten ausgeführt.

[4] Falzziegel mit Kopf- u. Seitenfalz. Unterschiedliche Gestalt der Stein-Sichtfläche: Muldenfalzziegel, Falzpfanne, Flachdachziegel, Flachkremper u. a.

[5] Unterschiedliche Gestalt der Sichtfläche: Frankfurter Pfanne, Römerpfanne, Heidelberger Pfanne, Doppel-S-Pfanne, plattenförmige Betondachsteine. In der Tabelle sind mehrfache Fußverrippung und hochliegender Seitenfalz vorausgesetzt.

[6] Für den Flachdachziegel nach ❺ gilt eine Mindest-Dachneigung von 22°.

[7] Bei Dachneigungen von 17° bis 22° nur mit Unterspannbahn oder Schalung mit Vordeckung, bei ≤ 16° nur mit mind. 2-lagigem Unterdach und Zustimmung des Herstellerwerkes.

Dachsteine aus Glas, auch aus Acrylglas, gibt es zu fast allen Arten und Formaten von Dachsteinen und Dachziegeln.

Beispiele:
Pressglasfalzsteine und -hohlpfannen, Acrylglaspfannen und -flachdachpfannen.

2 Steigungsverhältnisse

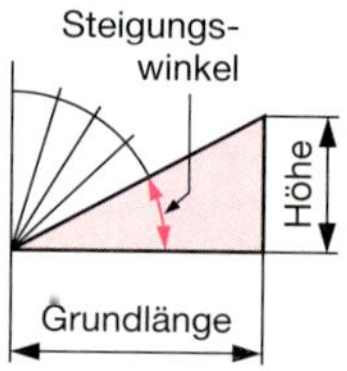

Das **Verhältnis Höhe : Länge** gibt an, wieviel m die Grundlänge bei 1 m Steigungshöhe ist.

Genauere Zahlenwerte können der cot-Tabelle auf S. 25 entnommen werden.

Die **Steigungs-%** geben an, wieviel cm die Steigungshöhe bei 1 m (100 cm) Grundlänge ist.

Genauere Zahlenwerte liefert die tan-Tabelle auf Seite 25.

Höhe : Länge	%	**Winkel ∢**
1 : 0	∞	90°
1 : 0,27	373	75°
1 : 0,58	173	60°
1 : 0,81	125	51°
1 : 1	**100**	**45°**
1 : 1,2	84	40°
1 : 1,00	75	36° 50'
1 : 1,43	70	35°
1 : 1,67	60	31°
1 : 2	50	26° 50'
1 : 2,5	40	22°
1 : 2,75	36	20°
1 : 3	33,3	18° 20'
1 : 3,7	27	15°
1 : 4	25	14°
1 : 6	16,7	9° 30'
1 : 7,12	14	8°
1 : 8	12,5	7° 10'
1 : 10	10	5° 40'
	8,8	5°
1 : 12,5	8	4° 30'
	5,2	3°
1 : 20	5	2° 50'
1 : 25	4	2° 20'
1 : 33,3	3	1° 40'
1 : 40	2,5	1° 25'
1 : 66,7	1,5	0° 50'
1 : 100	1	0° 35'
1 : 250	0,4	0° 15'
1 : 500	0,2	0° 7'

Dachdeckungen mit Steinen IV

❶ Biberschwanzziegel
nach DIN 456, → **1** a)

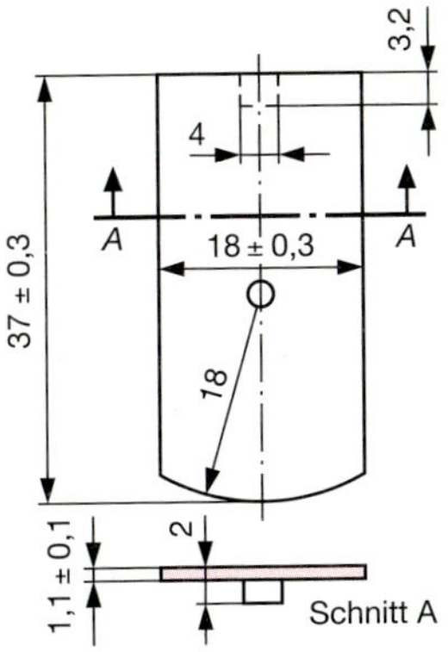

❸ Biberschwanz-Kronen-deckung 2)

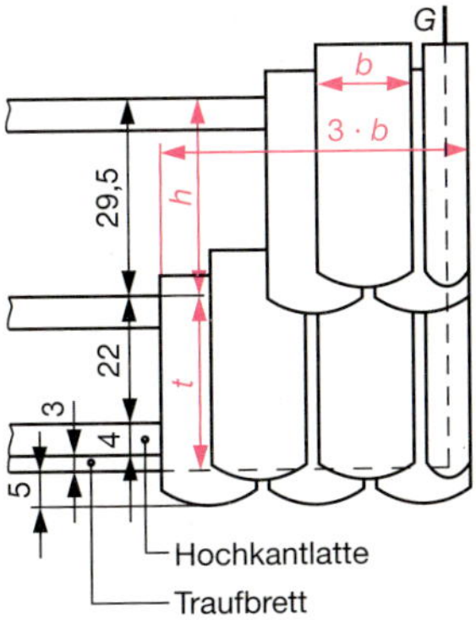

❺ Flachdachpfannen-Ziegel
nach DIN 456, → **1** b)

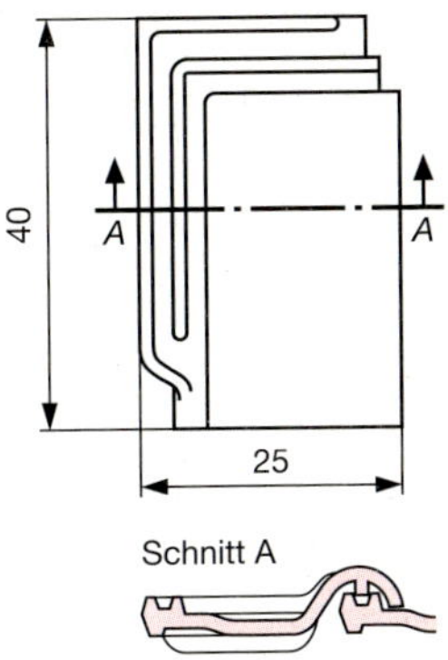

❷ Biberschwanz-Doppel-deckung, → **1** a)

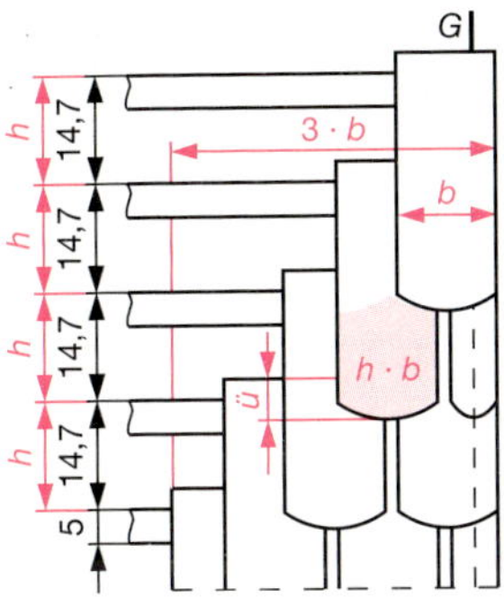

❹ Hohlpfannenziegel
nach DIN 456, → **1** b)

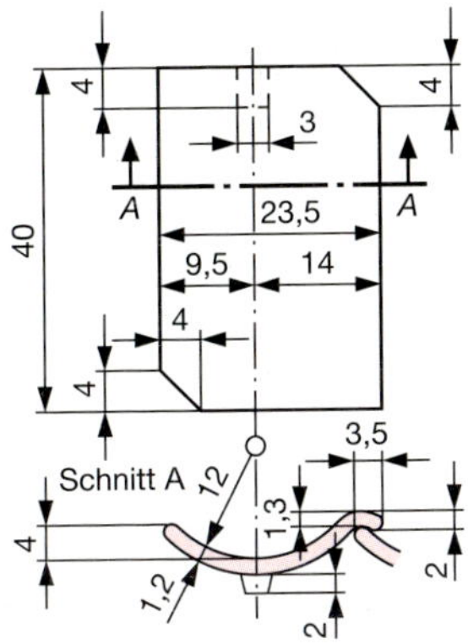

❻ Betondachstein
nach DIN 1115, → **1** c), mit Kopfrippen an der Unterseite

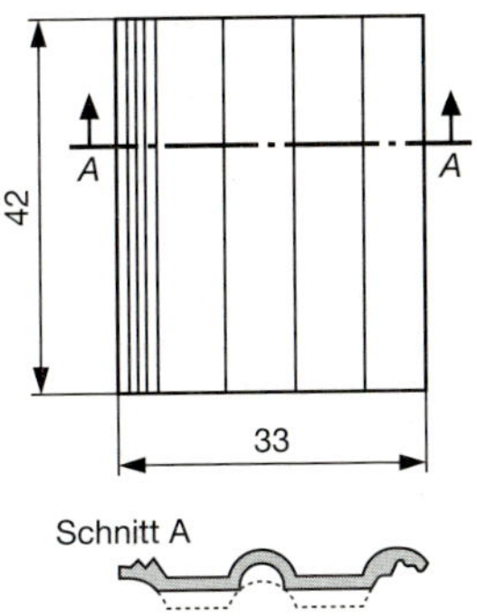

Dachdeckungen und Dachabdichtungen: Aufmaß und Abrechnung

DIN 18 338

a) Dachflächen, die von Bauteilen (Attiken, Wänden) **begrenzt** sind, werden bis an die begrenzenden, ungeputzten bzw. unbekleideten Bauteile gemessen.

b) Flächen **ohne begrenzende** Bauteile: Es werden die Maße der Dachdeckung o. -dichtung gemessen. Bohlen, Sparren u.ä. werden übermessen. Es wird bis Mitte First, Grat o. Kehle gemessen, an der Fassade die Maße der Bekleidung

c) **Nach Fläche** (m^2) werden abgerechnet: Dachdeckungen und Dachabdichtungen mit allen Schichten, getrennt nach Bauart und Abmessungen.

d) **Nach Länge** (m) werden abgerechnet: Deckungen v. Firsten, Graten und Kehlen, Ortgängen, in der Mittellinie gemessen, von Brandwänden, Anschlüsse, Profile, Dachkanten, Abdichtung über Bauwerksfugen, verstärkte Abdichtung bei Anschlüssen an Metalleinfassungen und Leibungen von Fenstern: je getrennt nach Bauart und Maßen.

e) **Nach Stück** werden abgerechnet: Gaubenpfosten und Gauben, Lichtkuppeln, Dachfenster, Lichtplatten u. ä., Dachhaken, Laufbohlenstützen, Lüfter, Lüfter- und Eckziegel: getrennt nach Bauart u. Maßen.

f) **Es werden abgezogen:**

Bei Abrechnung nach Flächenmaß (m^2):

Aussparungen und Öffnungen über 2,5 m^2 Einzelgröße für Schornsteine, Fenster, Oberlichter, Gauben u. dergleichen.

Bei Abrechnung nach Längenmaß (m):

Unterbrechungen über 1 m Einzellänge

Dachdeckungen mit Schiefern

1 Schuppen-Einfachdeckung (Schiefer) mit stumpfem Stoß

1 Bezeichnung altdeutscher Schuppen	2 Schablonen	3 Schiefer Höhe x Breite cm x cm	4 Schiefer 1000 Stk. wiegen kg	5 geeignet für [2] **Dachneigung**	6 Mindestüberdeckung cm [1]	7 Deckhöhe $h \leq$ cm	8 Deckbreite $b \leq$ cm	9 **für 1 m² Dach:** Schiefer Stück	10 **für 1 m² Dach:** Nägel Stück
1/2	1 2 3 4	42 x 32 40 x 32 40 x 30 38 x 30	1950 1780 1730 1600	≥ **25°** (22° bis 30°)	12,2 11,6 11,6 11,0	29,8 28,4 28,4 27,0	19,8 20,4 18,4 19,0	16,9 17,3 19,1 19,5	34 35 38 39
1/4	5 6 8	36 x 28 34 x 28 32 x 25	1400 1370 1170	≥ **30°** (25° bis 35°)	10,4 9,8 9,3	25,6 24,2 22,7	17,6 18,2 15,7	22,2 22,7 28,2	45 46 57
1/8	9 11 12	30 x 25 30 x 23 28 x 23	1080 950 920	≥ **35°** (30° bis 40°)	8,7 8,7 8,1	21,3 21,3 19,9	16,3 14,3 14,9	28,7 32,8 33,8	58 66 68
1/12	13 14 15	28 x 21 26 x 21 24 x 21	850 830 740	≥ **40°** (35° bis 50°)	8,1 7,5 7,0	19,9 18,5 17,0	12,9 13,5 14,0	38,8 40,0 42,0	78 80 84
1/16	16 18 19	24 x 19 24 x 17 22 x 17	630 560 510	≥ **45°** (40° bis 60°)	7,0 7,0 6,4	17,0 17,0 15,6	12,0 10,0 10,6	49,0 58,0 60,7	98 118 122
1/32	20 21 22	20 x 15 18 x 15 16 x 13	430 370 270	≥ **50°** (50° bis 90°)	5,8 5,2 5,0	14,2 12,8 11,0	9,2 9,8 8,0	76,5 79,5 114,0	153 160 228

1a **Einfachdeckung:** *ü* = Überdeckung

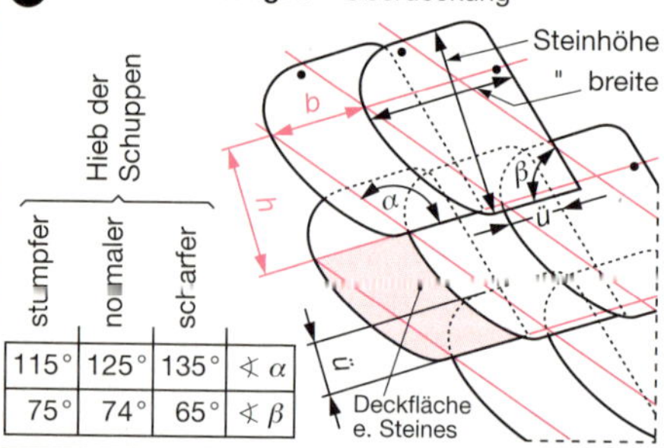

Doppeldeckung:
Das 3. Gebinde überdeckt das erste um ≥ 2 cm. Für Seitenüberdeckung und *b* gelten Spalten 6 u. 8. Die Werte in den Spalten 9 und 10 werden mit 1,5 multipliziert.

Wandbekleidung:
Höhenüberdeckung ≥ 4 cm. Seitenüberdeckung und Deckbreite *b* wie Spalten 6 und 8, Werte in Spalten 9 und 10 mit 0,85 multiplizieren.

Altdeutsche Schieferdeckung:
Auf demselben Dach wird mit unterschiedlich großen Decksteinen gedeckt. An der Traufe wird mit den größten Steinen begonnen, nach dem First zu werden die Steine immer kleiner.

2 Rechteckschablonen-Doppeldeckung (Schiefer)

Höhe x Breite cm	entspr. in engl. Zoll ca.	Schiefer **Stück** [3] pro m²	1000 St. wiegen kg	1 Holzkiste Stück
60 x 30	24 x 12	**12,6**	2410	560
50 x 25	20 x 10	**18,6**	1720	650
40 x 25	16 x 10	**24,2**	1380	1050
35 x 25	14 x 10	**28,6**	1210	1150
40 x 20	16 x 8	**30,3**	1100	1250
35 x 20	14 x 8	**35,7**	970	1450
30 x 20	12 x 8	**43,5**	750	1700
25 x 20	10 x 8	**55,6**	600	2100
25 x 16	10 x 6	**69,4**	550	2900

Höhenüberdeckung in mm bei Dachneigung in Grad

Höhe der Schiefer in cm	≥ 20 ≤ 25	≥ 26 ≤ 30	≥ 31 ≤ 35	≥ 36 ≤ 40	≥ 41 ≤ 45	≥ 46 ≤ 50	≥ 51 ≤ 90
bis **41**	–	–	75	65	60	55	50
41 bis **55**	98	91	84	77	70	63	56
über **55**	112	104	96	88	80	72	64

[1] Höhenüberdeckung = Seitenüberdeckung = 29 % der Schieferhöhe. Die Schuppen haben hier **stumpfen** Hieb.
[2] Werden flachere Dächer als nach Sp. 5 gedeckt, dann Überdeckung 34 % der Schieferhöhe und **scharfer** Hieb!
[3] Werte gelten bei 7 cm überdoppelter Überdeckg.

Dachdeckungen mit Faserzementplatten (kleinformatig)

1 Doppeldeckung mit Rechteckschablonen

Dachneigung in Grad	cm Überdeckg. 30 x 60 / 40 x 40	cm Überdeckg. 40 x 20 / 30 x 30	cm Deckhöhe *h* 30 x 60	cm Deckhöhe *h* 40 x 40	cm Deckhöhe *h* 20 x 40	cm Deckhöhe *h* 30 x 30	Stück Platten/m² 30 x 60	Stück Platten/m² 40 x 40	Stück Platten/m² 20 x 40	Stück Platten/m² 30 x 30
25 ≤ 30	12	z. zul.	24	14	–	–	13,9	17,9	–	–
> 30 ≤ 40	10	10	25	15	15	10	13,3	16,7	33,4	33,3
> 40 ≤ 50	8	8	26	16	16	11	12,8	15,6	31,3	30,3
> 50	7	6	26,5	16,5	17	12	12,6	15,2	29,4	27,8
f. Wand	6	5	27	17	17,5	12,5	12,4	14,7	28,6	26,7

Die Deckung nach Abb. 1a gilt auch für die Doppeldeckung mit Schiefer nach 2, Seite 264.

Faserzementplatten mit 2 Nägeln und 1 Plattenhaken befestigt.

1a
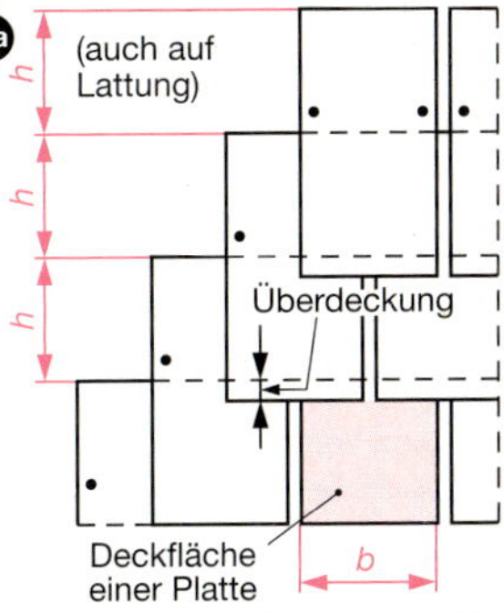

2 Waagerechte (Einfach-) Deckung mit Rechteckschablonen

Anwendung	Format cm	Überdeckg. Höhe cm	Überdeckg. Seite cm	Plattenbedarf St./m²	Schieferstifte St./m²	Pl.-haken St./m²	Latten m/m²	Schnürabstd. cm
Dach	**60 x 30**	10	12	10,42	20,84	10,42	5,00	20,0
Dach	**60 x 30**	9	11	9,72	19,44	9,72	4,76	21,0
Dach	**60 x 30**	8	9	8,91	17,82	8,91	4,55	22,0
Wand	**60 x 30**	4	5	6,99	13,98	6,99	3,85	26,0
Wand	**30 x 20**	4	5	25,00	50,00	–	6,25	16,0
Wand	**40 x 20**	4	4	17,36	34,72	17,36	6,25	16,0
Wand	**30 x 15**	3	4	32,05	64,10	–	8,3	12,0

2a
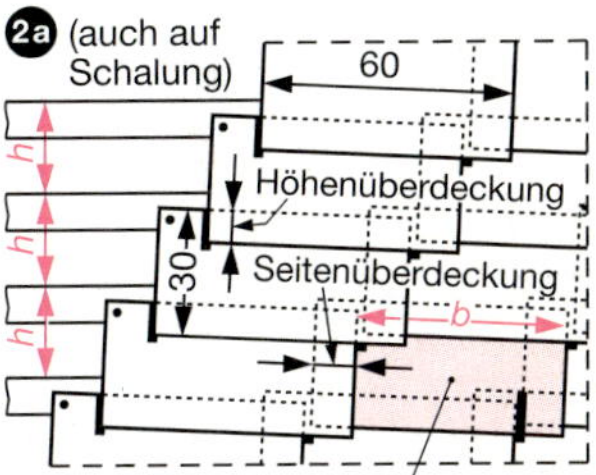

3 Deutsche Deckung mit Bogenschnittschablonen

Dachneigung in Grad	**40 x 40** (Seiten-*ü* = ***ü***) ***ü*** cm	*h* cm	Platt. St./m²	Nägel St./m²	**30 x 30** (Seiten-*ü* = 9 cm) ***ü*** cm	*h* cm	Platt. St./m²	Nägel St./m²
25 ≤ 30	12	28	12,8	25,5	11	19	27,7	55,4
> 30 ≤ 35	11	29	11,9	23,8	10	20	25,0	50,0
> 35 ≤ 45	10	30	11,2	22,3	9	21	22,7	45,4
> 45 ≤ 55	9	31	10,5	20,9	8	22	20,7	41,4
> 55	6	34	9,2	18,4	7	23	18,9	37,8
f. Wand	6	34	9,2	18,4	5	25	16,0	32,0

Seiten-*ü* an der Wand immer 9 cm, nur bei 20 x 20 = 4 cm.

Jede Platte mit 2 Nägeln und 1 Plattenhaken befestigt.

3a
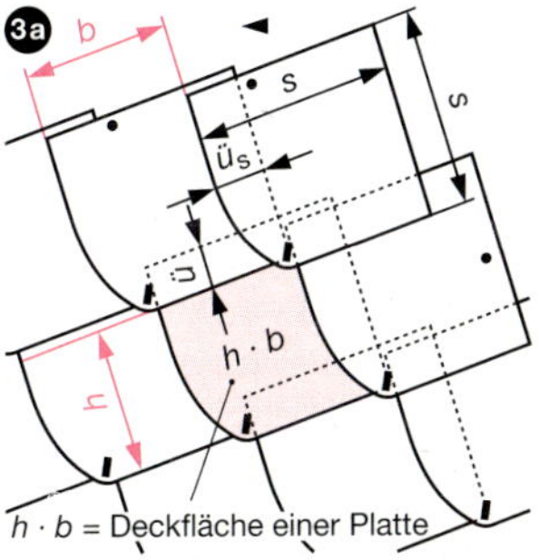

4 Deckung mit Bitumenschindeln

Die Regeldachneigung beträgt 15° bis 85° und ist von der Sparrenlänge abhängig:

Sparrenlänge	Regeldachneigung
≤ 10 m	≥ 15° (27 %)
> 10 m	≥ 20° (36 %)

Plattenmaß: 1 m x 33,3 cm

Die 3. Lage muss die Schindeln der 1. Lage um *ü* überdecken (Doppeldeckung):

Dachneigung	Mindestüberd. *ü*
≥ 15° ≤ 25°	≥ 10 cm
> 25° ≤ 35°	≥ 8 cm
> 35° ≤ 45°	≥ 6 cm
> 45°	≥ 5 cm

4a
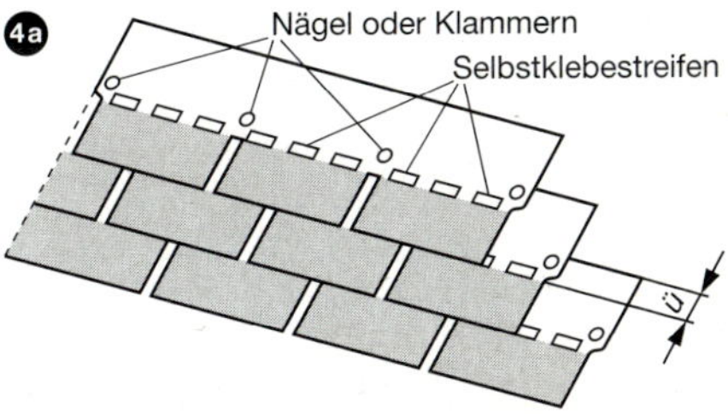

Dachdeckungen mit Faserzement-Wellplatten

1 Regeldachneigung in Abhängigkeit von der Entfernung Traufe – First

Wellplatten Typ	Traufe – First m	Regeldachneigung in ° (%) mit Kitteinlage	ohne Kitteinlage
Standard-Wellplatte	< 10	≥ 7° (~ 12,3)	≥ 10° (~ 17,6)
	≥ 10 < 20	≥ 8° (~ 14,1)	≥ 10° (~ 17,6)
	≥ 20 < 30	≥ 10° (~ 17,6)	≥ 12° (~ 21,3)
	≥ 30	≥ 12° (~ 21,3)	≥ 14° (~ 24,9)
Kurzwellplatte (625 mm)	< 10	≥ 10° (~ 17,6)	≥ 25° (~ 46,6)
	≥ 10 < 20	≥ 12° (~ 21,3)	
	≥ 20 < 30	≥ 14° (~ 24,9)	
	≥ 30	≥ 15° (~ 26,8)	

2 Auflagerabstände für Standardplatten in mm

Dachneigung	Profil	Wellplattenlänge	Auflagerabstände **höchstzulässig**	üblich
≤ 20° (~ 36,4 %)	177/51 und 130/30	2500	**≤ 1150**	1150
		2000		900
		1600		700
		1250		1050
> 20° (~ 36,4 %)	177/51	2500	**≤ 1450**	1150
		2000		900
		1600		1400
		1250		1050
	130/30	2500	**≤ 1175**	1150
		2000		900
		1600		700
		1250		1050

Bei **Kurzwellplatten** ergibt sich aufgrund der Überdeckung von 125 mm ein gleich bleibender Auflagerabstand von 500 mm.
Wellplatten sind nicht begehbar! Nötig sind deshalb Bohlen, Laufroste, Fangnetze, → UVV.

3 Überdeckung von Wellplatten

Wellplatte	Profil	Überdeckung Höhe mm	Seite mm	Deckbreite mm
Standardplatten	177/51	200	47	873
	130/30	200	90	910
Kurzwellplatten	177/51	125	47	873 (5 Wellenb.) 1050 (6 Wellenb.)

Weiteres: „Fachregeln des Dachdeckerhandwerks" vom Zentralverband d. Deutschen Dachdeckerhandwerks, durch Verlag Rudolf Müller, Köln, zu beziehen.

4 Wellplatte Profil 5 (177/51), Querschnitt: (Standard-Wellplatte)

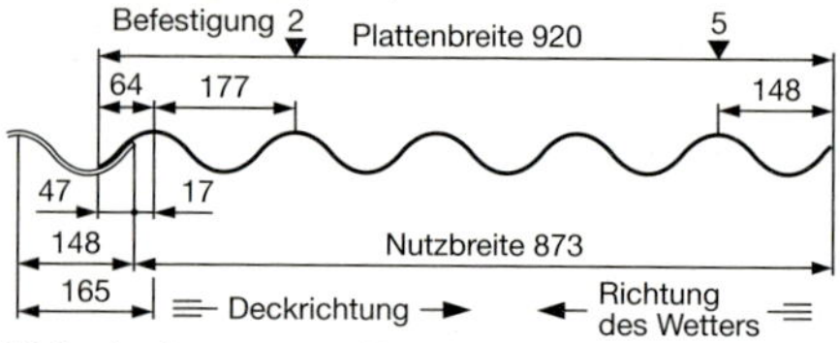

Wellenbreite	177	mm
Wellenhöhe	51	mm
Plattendicke	6,5	mm
Biegespannung (zul.)	6,5	N/cm²
Widerstandsmoment	85	cm³/m
Gewicht	13,9	kg/m²

5 Wellplatte für flache Dächer Profil 5 (177/51):

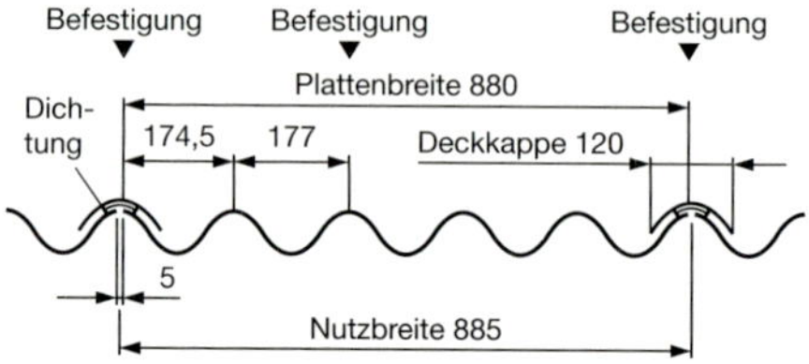

6 Wellplatte Profil 8 (130/30), Querschnitt:

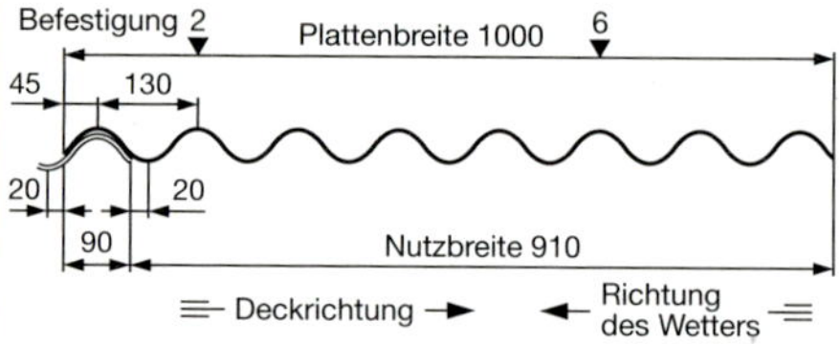

Wellenbreite	130	mm
Wellenhöhe	30	mm
Plattendicke	6,0	mm
Biegespannung (zul.)	6,5	N/cm²
Widerstandsmoment	42	cm³/m
Gewicht	12,6	kg/m²

7 Zahl u. Anordnung d. Befestigung b. Pl. 177/51

Gebäudehöhe	Dachneigg.	Dachbereich Mitte	Rand	Ecke
≤ 8 m	≤ 20°	**A**	**B**	**B**
	> 20° ≤ 35°	**C**	**B**	**B**
	> 35°	**C**	**C**	**C**
> 8 m ≤ 20 m	≤ 20°	**A**	**B**	**D**
	> 20° ≤ 25°	**C**	**B**	**D**
	> 25° ≤ 35°	**C**	**B**	**B**
	> 35°	**C**	**C**	**C**

A und **C** → + + / + +

B → ≤ 1,6 m wie **A** → + + / + + / + +

D → ≤ 1,6 m Länge → + + + / + + + / + + +

1,25 m Länge → + + + / + + +

Dachdeckung und Außenwandbekleidung mit Metall

Metallische Deckstoffe

Verwendet werden **Bleche und Bänder** aus Kupfer, legiertem Zink (z. B. „Titanzink"), Aluminium, feuerverzinktem Stahl, Edelstahl und Blei, für Fassaden auch aus kunststoffbeschichtetem Stahl. Zum Vermeiden von Korrosion, → S. 277.
Bisher wurden Metalldeckungen meist auf **zweischalige, belüftete Unterkonstruktionen** aufgebracht. Zunehmend werden jedoch auch **unbelüftete, wärmegedämmte Unterkonstruktionen** mit Metall gedeckt oder bekleidet.

Gefalzte Metalldeckungen gelten als **regensicher** und **regendicht**, sie sind jedoch im Regelfall **nicht wasserdicht**.
Voraussetzung dafür ist, dass **Mindest-Dachneigungen** eingehalten werden:
DIN 18 339 fordert ≥ 3° (5,2 %), die Fachregeln des Klempnerhandwerks empfehlen eine **Mindestneigung von 7° (13 %)** um das Bilden von Pfützen zu vermeiden.
Bei Neigungen unter 3° sind Sondermaßnahmen erforderlich, z. B. Dichtbänder.

Deckungen nach dem Stehfalzverfahren

Die Bahnen der Deckbleche, „**Scharen**" genannt, dürfen wegen der großen Temperaturdehnungen bei Kupfer, Zink und Aluminium ≤ 10 m, bei Stahl und Edelstahl ≤ 14 m und bei Blei ≤ 1,50 m lang sein.
Die **Scharenbreiten** betragen, fertig gefalzt, 520, 590, 620, 720 und 920 mm.
Die **Befestigung** erfolgt durch „**Haften**", → ❸.
Festhafte werden bei geringen Neigungen etwa in Scharenmitte, bei großen Neigungen im oberen Bereich angeordnet. In den übrigen Bereichen sind wegen der Temperaturunterschiede bis 100 K (– 20 °C … + 80 °C) **Schiebehafte** erforderlich, die, abhängig von Traufhöhe, Dachbereich, Dicke und Breite der Scharen in **Abständen von 21 bis 50 cm** auf die Schalung genagelt oder geschraubt werden.

Doppelstehfalz → ❶

Der Doppelstehfalz, die Regelausführung für Bedachungen, wird durch doppeltes Umlegen der Aufkantungen mittels Hand- oder Maschinenfalzung hergestellt.

Winkelstehfalz → ❷

Der Winkelstehfalz wird vorzugsweise für Außenwandbekleidungen eingesetzt.
Für Bedachungen ist eine Mindestneigung von 25°, in schneereichen Gegenden von 35° erforderlich.

Deckung nach dem Leistensystem

Diese Art der Deckung (hier: „belgisches" System, → ❹, muss hinsichtlich Dachneigung, Scharenlänge und Haftenabstand die gleichen Bedingungen wie beim Stehfalzverfahren erfüllen.

❶ Doppel-Stehfalz:

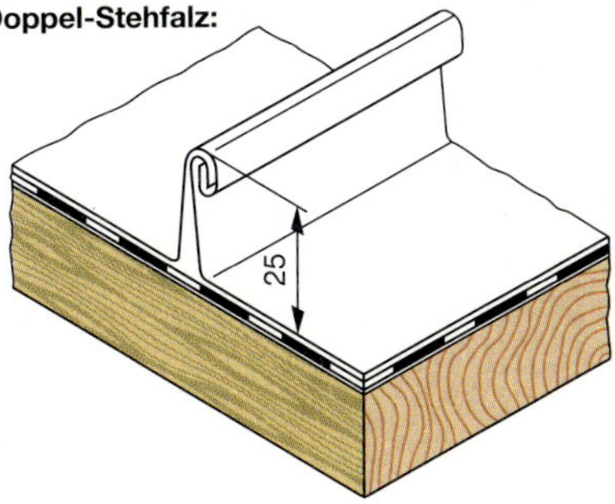

❷ Winkel-Stehfalz:

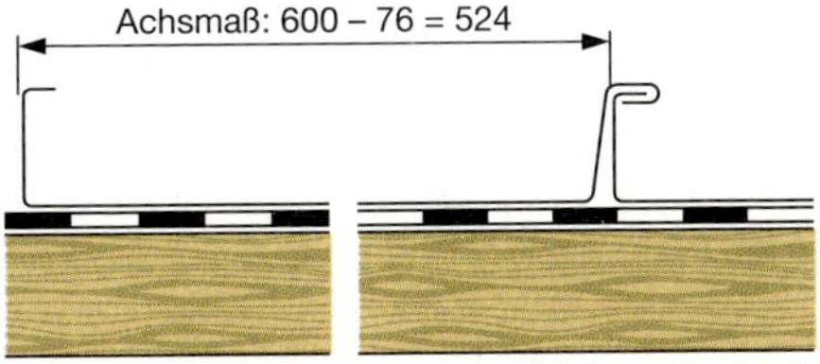

❸ Einfache Formen von „Haften":

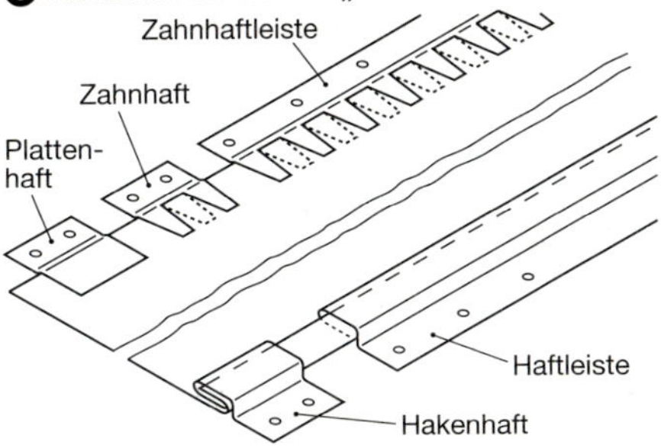

❹ Belgisches Leistensystem:

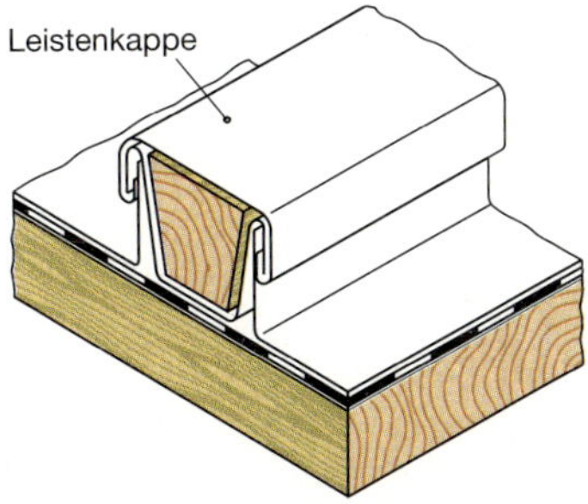

Für die weitergehende Information wird auf die Schrift „Klempnertechnik" von Ohl u. Rösch im Verlag Dr. Max Gehlen, Homburg vor der Höhe, verwiesen, der die Bilder entnommen wurden.

Dachrinnen, Regenfallrohre

1 Dachrinnen und Fallrohre aus Metall [1] DIN 18 460

Anzuschließ. Dachgrundfläche A in m^2	Regenwasserabfluss [2] V_r in l/s	Regenfall-Leitung Nenngröße Ø in mm	Regenfall-Leitung Querschnitt A_R in cm^2	Zugeordnete Dachrinne halbrund Nenngröße (mm)	Zugeordnete Dachrinne halbrund Rinnenquerschnitt in cm^2	Zugeordnete Dachrinne kastenförmig Nenngröße (mm)	Zugeordnete Dachrinne kastenförmig Rinnenquerschnitt in cm^2
40	1,2	60	28	200	25	200	28
60	1,8	70	38	–	–	–	–
87	2,6	80	50	250	43	250	42
87	2,6	80	50	280	63	250	42
157	4,7	100	79	333	92	333	90
253	7,6	120	113	400	145	400	135
283	8,5	125	122	–	–	–	–
460	13,8	150	177	500	245	500	220

1 Abflussbeiwerte Ψ für den Regenwasserabfluss DIN 18 460

gültig für Dachrinnen aus Metall

Art der angeschlossenen Dachfläche	Abflussbeiwert Ψ
Dächer ≥ 3° Neigung	1,0
Dächer < 3° Neigung	0,8
Kiesschüttdächer	0,5
Dachgärten	0,3

Bei Steildächern mit > 45° und Metallbedachungen mit > 30° ist mit einem um 50 % höheren Regenwasserabfluss zu rechnen.

[1] Die Tabellenwerte gelten für eine maximale Regenspende r = 300 l pro Sekunde und Hektar (l/(s · ha)). Ist die örtliche Regenspende größer, z. B. in Bonn mit r = 532 l/(s · ha), so muss mit dem entsprechenden Wert gerechnet werden.
Für die Tabellenwerte wird außerdem Ψ = 1,0 vorausgesetzt.

[2] Die Werte gelten nur für trichterförmige Einläufe. Sind sie zylindrisch, ist die anzuschließende Dachgrundfläche um etwa 30 % zu reduzieren, bzw. der Regenwasserabfluss V_r für die Bemessung des Fallrohres um 30 % zu erhöhen.

Bemessung bei abweichender Regenspende

$$\text{Regenwasserabfluss} = \frac{\text{Dachgrundfläche} \cdot \text{Regenspende} \cdot \text{Abflussbeiwert}}{10\,000}$$

$$\mathbf{V_r = \frac{A \cdot r \cdot \Psi}{10\,000}} \qquad V_r \text{ in } \frac{l}{s} = \frac{m^2 \cdot l/(s \cdot ha) \cdot \Psi}{10\,000\ m^2/ha}$$

3

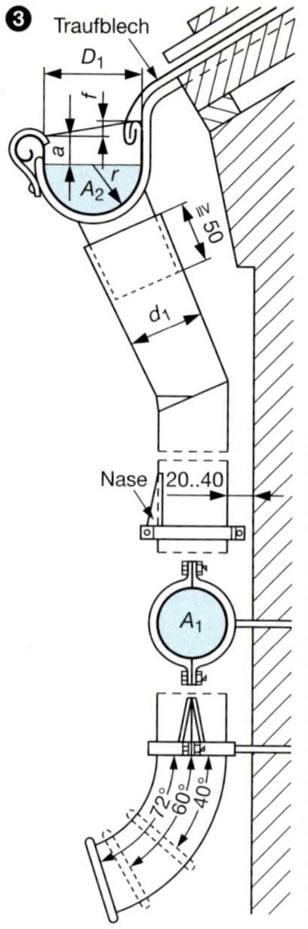

3 Rinnenquerschnitt

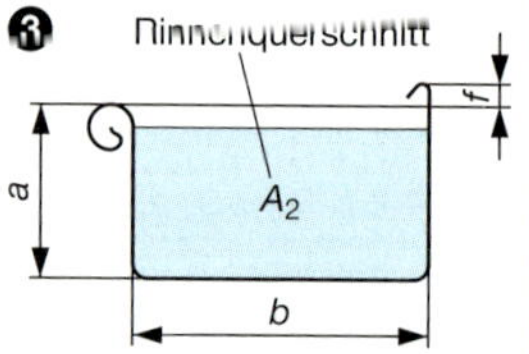

f ≥ 8 mm

Beispiel:
Pultdach mit 15° Neigung.
Länge: 10 m
Breite (Grundmaß): 6,50 m
Örtliche Regenspende r = 350 l/(s · ha)
Ein Fallrohr mit zylindrischem Einlauf.

A = 10 m · 6,50 m = 65 m^2

Ψ (für 15° > 3°) = 1,0

$$V_r = \frac{A \cdot r \cdot \Psi}{10\,000} = \frac{65\ m^2 \cdot 350\ l/(s \cdot ha) \cdot 1{,}0}{10\,000\ m^2/ha}$$

V_r = $\underline{\underline{2{,}275\ l/s}}$ < 2,6 l/s

Nach Tabelle 1 wird gewählt:
Eine halbrunde oder eine kastenförmige Dachrinne der **Nenngröße 250**.

Wird ein zylindrischer Einlauf angenommen, muss mit einem um 30 % größeren Wasserabfluss für das Fallrohr gerechnet werden:

1,3 · 2,275 = $\underline{\underline{2{,}96\ l/s}}$ < 4,7 l/s

Nach Tabelle 1 muss daher ein Fallrohr der **Nenngröße 100** gewählt werden.

Regen- und Schmutzwasserableitungen I

DIN 1986

Regenwasserabfluss von Dachflächen, → S. 268

V_r = Regenwasserabfluss
A = beregnete Fäche
r = Regenspende
Ψ = Abflussbeiwert

DN = Nennweite
LW = Lichtweite
ND = Nenndruck
J = Gefälle

Schmutzwasserabfluss

$$\text{Schmutzwasserabfluss} = 0{,}5\ l/s \cdot \sqrt{\text{Summe der Zuflüsse}}$$

im Wohnungsbau: $V_S = 0{,}5\ l/s \cdot \sqrt{\Sigma AW_S}$

V_S = Schmutzwasserabfluss
Σ = Summenzeichen
AW_s = Anschlusswert einer Abwasserquelle

1 Anschlusswerte AW_S und Nennweiten DN für Schmutzwasser-Einzelanschlussleitungen

Schmutzwasserquelle	AW_S	DN mm
Handwasch- oder Sitzwaschbecken	0,5	40 2)
Küchenabläufe einschl. Geschirrspüler bis 12 Maßgedecke, Haushalts-Waschmaschine bis 6 kg Trockenwäsche mit eigenem Geruchsverschluss	1,0	50 2)
Waschmasch. f. 6-12 kg Trockenwäsche	1,5	70 2)
Bodenabläufe: DN 50	1,0	50 2)
DN 70	1,5	70 2)
DN 100	2,0	100
Klosett (waagrecht ≤ 1 m vom Fallrohr)	2,5	100
Brausewanne, Fußwaschbecken	1,0	50 2)
Badewanne mit direktem Anschluss	1,0	50 2)

2 Niederschlagflächen u. Regenwasserleitungen

Zul A in m² b. max Reg.-sp. in l/(s · ha) 300	400	Abfluß V_r l/s	J = 1:50 LW mm	zul V_r l/s	J = 1:66,7 LW mm	zul V_r l/s	J = 1:100 LW mm	zul V_r l/s
150	113	4,5	100	6,4	100	5,5	100	4,5
183	138	5,5	100	6,4	100	5,5	118	7,0
213	160	6,4	100	6,4	118	8,6	118	7,0
233	175	7,0	118	9,9	118	8,6	118	7,0
270	203	8,1	118	9,9	118	8,6	125	8,1
287	215	8,6	118	9,9	118	8,6	150	13,3
330	248	9,9	118	9,9	125	10,0	150	13,3
333	250	10,0	125	11,6	125	10,0	150	13,3
387	290	11,6	125	11,6	150	16,3	150	13,3
443	333	13,3	150	18,8	150	16,3	150	13,3
543	408	16,3	150	18,8	150	16,3	200	28,5
627	470	18,8	150	18,8	200	34,9	200	28,5

3 Liegende Leitungen (Grund- u. Sammelleitungen) für Schmutzwasser

DIN 1986

Nenn-Ø DN	LW mm	J = 1:50 zul. AW_S	z. V_S l/s	J = 1:66,7 zul. AW_S	z. V_S l/s	J = 1:100 zul. AW_S	z. V_S l/s
100	100	64	4,0	46	3,4	31	2,8
125	118	154	6,2	112	5,3	74	4,3
125	125	207	7,2	154	6,2	104	5,1
150	150	548	11,7	408	10,1	269	8,2
200	200	2520	25,1	1884	21,7	1253	17,7

4 Mindestgefälle u. Füllungsgrad in liegenden Leitungen

2) DN mm	im Gebäude Schm.-wasser	Regen-wasser	außerhalb Schm.-wasser	Regen-wasser
≤100	1:50	1:100	1:DN	1:DN
125	1:66,7	1:100	1:DN	1:DN
150	1:66,7	1:100	1:DN	1:DN
>200	1:DN/2	1:DN/2	1:DN	1:DN
h/d	0,5	0,7	0,5 3)	0,7 3)

6 Bemessen d. Schmutzwass.-Fallleitung m. Hauptlüftung

DN mm	LW mm	zul. Anschlüsse ΣAW_S	WC	zul. V_S l/s
100	100	64	13	4,0
125	118	112	22	5,3
125	125	154	31	6,2
150	150	408	82	10,1

7 Füllungsgrad (zu 4)

$$\frac{h}{d} = 0{,}5$$

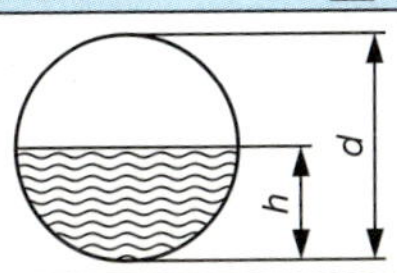

5 Verwendbarkeit von Rohren und Formstücken für Entwässerungsleitungen

+ verwendbar
– nicht verwendbar

Rohrart bzw. Formstück	Verbindung 4)	Fall-Leitung	Sammelleitung	Grundleitung im Bauwerk	Grundleitung im Erdreich	Lüftungsleitung	Regenwass.- im Bauwerk	Regenwass.- im Freien
Steinzeug, Steckmuffe	–	–	+	+	+	–	+	–
" , m. glatten Enden	–	+	+	+	+	–	+	–
Betonrohr mit Falz	–	–	–	–	+	–	–	–
" mit Muffe	–	–	+	+	+	–	–	–
Stahlbetonrohr	–	–	+	+	+	–	–	–
Gusseisen ohne Muffe	+	+	+	+	+	+	+	+
Stahlrohr	+	+	+	+	+ 5)	+	+	+
PVC-hart, normal (N)	+ 7)	–	–	–	–	+	+	+ 8)
PVC-hart, verstärkt (V)	–	+	+ 6)	+ 6)	–	+	+	+ 8)
PE, hart - Rohr	+	+	+	+	–	+	+	+
PE, hochdicht, R, (HDPE)	–	–	–	+	+	–	–	–
PVC-C-Rohr (chloriert)	+	+	+	+	–	+	+	+ 8)
PP-Rohr	+	+	+	+	–	+	+	–
Faserzementrohr	+	+	+	+	+	+	+	+
ABS/ASA-Rohr	+	+	+	+	–	+	+	–

1) Faktor 0,5 gültig für Wohn- u. Bürogebäude, Gaststätten u. Hotels; für die einzelne Wohnung gilt: 0,7 l/s · ΣAW_S, für das einzelne Hotelzimmer gilt: 0,9 l/s statt 0,7 l/s.
2) Beschränkungen der Rohrlänge.
3) Für DN 150 u. DN > 200 auch: 0,7 statt 0,5, 1,0 statt 0,7.
4) Und Anschlussleitung.
5) Korrosionsschutz außen erforderl.
6) Nur f. Fall- u. Sammelleitungen.
7) Nur beschränkt anwendbar.
8) Nicht als Standrohr verwendbar.

Regen- und Schmutzwasserableitungen II

Steinzeugrohre „Stz" (Auswahl) — DIN 1230

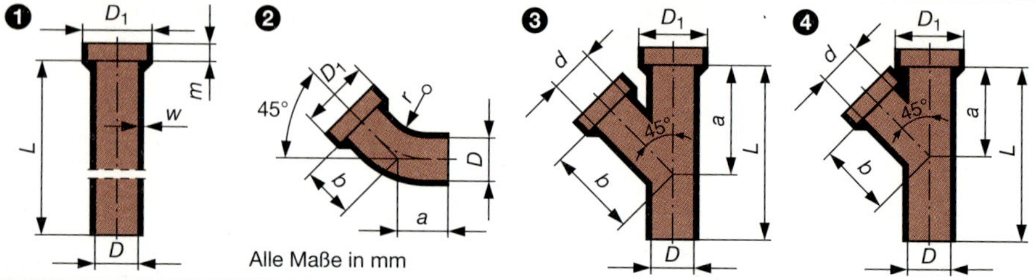

Alle Maße in mm

1 Steinzeugrohre „R", normal „N" → ❶

DN	D	w	D_1	m	L	Baulänge	Last kN/m	kg/m
100	100	15	200	70	1000	1250	28	15
125	126	16	230	70	1000	1500	28	19
150	151	17	260	75	1250	1500	28	24
200	202	20	300	85	1500	2000	32	34

2 Bogen „B" → ❷

DN	15°			30°			45°			kg/St.
	r	a	b	r	a	b	r	a	b	
100	500	135	125	300	145	135	205	150	140	6
125	500	135	125	320	150	140	215	160	150	7
150	600	150	140	320	155	145	215	160	150	10
200	600	160	150	375	170	160	265	180	170	14

3 Abzweig „A" 45° (D/d) → ❸

DN/DN	a	b	L	kg/St.
100/100	275	240	≥ 400	12
125/100	290	260	≥ 400	15
125/125	285	280	≥ 400	15
150/100	310	280	≥ 400	18
150/125	300	300	≥ 400	18
150/150	355	315	≥ 400	18
200/100	340	315	500	25
200/125	365	335	500	25
200/150	390	355	500	25

4 Kompakt-A 45°-200/150

a = 360, *b* = 315, *L* u. Gewicht wie bei **3**.

DN = **Nennwerte**, *D* = Innen-Ø, D_1 = max Muffen-Außen-Ø, *W* = Wanddicke, *m* = Muffentiefen in **1** gelten auch f. **2**, **3** u. **4**, *L* = Regelbaulänge (± 2 %), Passstücke mit *L* = 500 u. 750 lieferbar. Baulänge = Gesamtlänge, Last = Normtragfähigkeit der Rohre.

Steckmuffe in 2 Ausführungen: 1. mit eingelegtem u. vergossenem Lippenring aus Elastomer, 2. mit losem Elastomer-Rollring

Bezeichnung e. Steinzeugrohres (R) m. 400 mm Nennweite verstärkt, 2000 mm Baulänge m. Steckmuffe: **Rohr DIN 1230-R400 V x 2000 K.**

Betonrohre (Auswahl) — DIN 1230

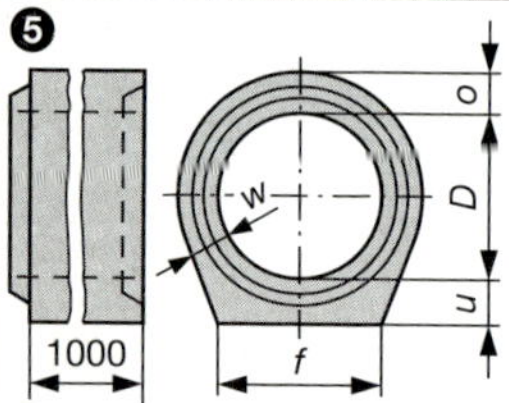

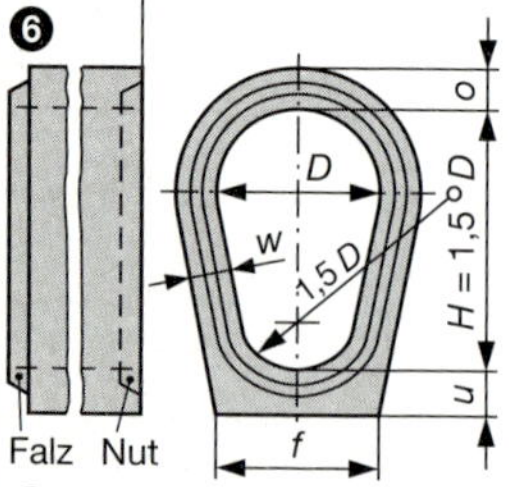

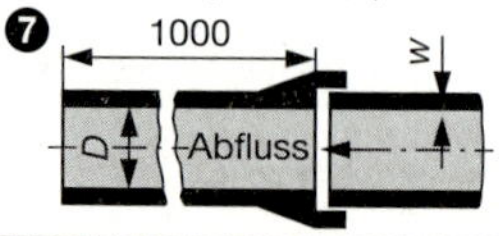

5 Runde Rohre → ❺

D mm	f mm	w ≥ mm	u ≥ mm	G kg/m
100	80	22	–	21
150	120	24	–	35
200	160	26	–	55
250	200	30	–	85
300	240	40	50	115
400	320	45	65	185
500	400	50	85	270

6 Eiförmige Rohre → ❻

D · H mm · mm	f mm	w ≥ mm	G ≈ kg/m
500 · 750	320	64	400
600 · 900	375	74	600
700 · 1050	430	84	800
800 · 1200	490	94	1050
900 · 1350	540	102	1200
1000 · 1500	600	110	1400
1200 · 1800	720	122	–

+100 bis 1000, 1200, 1400

übliche Baulängen: 1000, 1500, 2000

KF = kreisförmig, mit Fuß → ❺
K = kreisförmig, ohne Fuß → ❼
EF = eiförmig, mit Fuß → ❻
KFW, KW = wandverstärkt → *w*
Zusatz: **M** = mit Muffe → ❼
F = mit Falz → ❺ u. ❻

7 Muffenrohre

i. d. gleichen Nennwerten ***D*** wie runde Rohre bis ***D*** = 2000
Bogen zu ❼ m. ∢ 45° u. 30° f. ***D*** = 100··200.

1-m-Rohrstücke mit **Scheitelöffnungen** (rechtwinklig zur Hauptrohrachse) u. **Seitenzuläufe** unter 45° zur Achse gelten für 100 bis 200 mm Zulauf-Ø und **Übergangsstücke** zu allen Ø in ❺, ❻ u. ❼.

Bezeichnung eines Betonrohres mit Eiquerschnitt mit Fuß (EF), mit Muffe (M), Nennweite 800/1200 und Baulänge l_1 = 2000 mm:
Betonrohr DIN 4032 - EF - M800/1200 x 2000

Regen- und Schmutzwasserableitungen III

Gusseiserne Abflussrohre ohne Muffe (SML) [1] — DIN 19 522, T.1

❶ alle Maße in mm

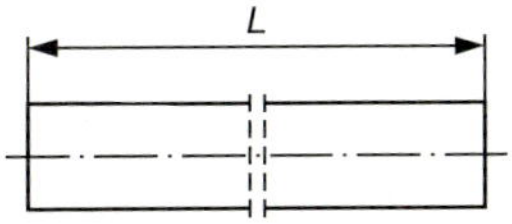

❷

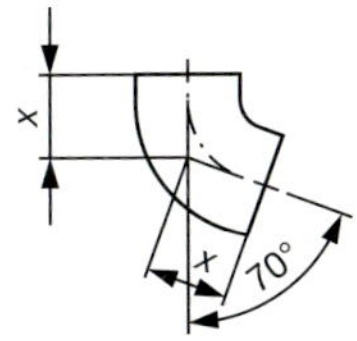

❸

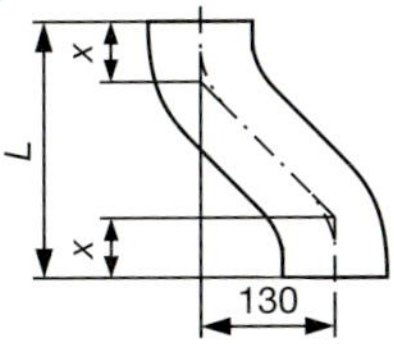

1 Rohre [2]			**2** Bogen [3]										**3** Sprungrohre [4]					
DN		Gew.	15°		30°		45°		70°		88,5°		Vorsatz = **65** mm			Vorsatz = **130** mm		
d_i	d_a	kg	x	kg	x	kg	x	kg	x	kg	x	kg	L	x	kg	L	x	kg
50	58	13,0	40	0,4	45	0,5	50	0,5	65	0,7	75	0,7	165	50	0,9	230	50	1,4
70	78	17,1	45	0,6	50	0,7	60	0,9	75	1,1	90	1,2	185	60	1,6	250	60	2,1
100	110	25,2	50	1,0	60	1,3	70	1,6	90	1,9	110	2,1	205	70	2,5	270	70	3,4
125	125	35,4	60	1,7	70	2,0	80	2,3	105	2,9	125	3,2	225	80	3,6	290	80	4,8
150	150	42,2	65	2,5	80	3,0	90	3,5	120	4,3	145	4,9	245	90	5,1	310	90	6,8
200	200	69,3	80	4,6	95	5,4	110	6,2	145	7,7	180	8,8	285	110	8,9	350	110	11,4

❹

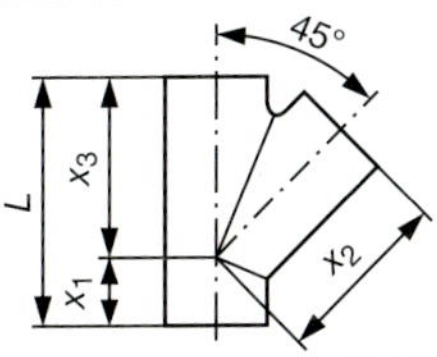

❺

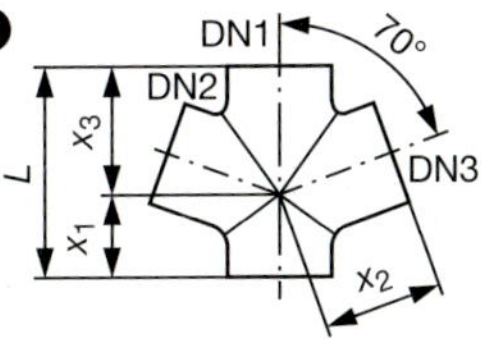

❻

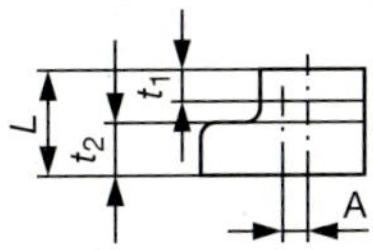

4 Abzweige [5]										**5** Doppelabzweige			
DN 1	DN 2	45°				70°				70°			
		L	x_1	x_2	kg	L	x_1	x_2	kg	L	x_1	x_2	kg
70	**50**	170	40	130	1,6	145	55	90	1,3	145	55	90	1,5
70	**70**	200	55	145	2,1	170	70	100	1,7	170	70	100	2,0
100	**70**	215	45	170	3,0	180	70	120	2,4	180	70	120	2,9
100	**100**	260	70	190	3,8	215	85	130	2,9	215	85	130	3,6
125	**50**	190	20	170	3,2	165	55	120	2,7	165	55	120	3,0
125	**70**	225	40	185	4,0	190	70	130	3,2	190	70	130	3,6
125	**100**	270	60	210	5,0	225	85	145	4,0	225	95	145	4,6
125	**125**	305	75	230	6,1	255	100	155	4,7				
150	**70**	235	30	205	5,3	–	–	–	–				
150	**100**	280	55	225	6,5	235	85	155	5,2				
150	**125**	315	70	245	7,7	265	100	170	6,1				
150	**150**	355	90	265	9,2	295	115	180	7,1				
200	**70**	250	15	240	8,0	–	–	–	–				
200	**100**	300	40	260	9,8	255	85	185	8,6				
200	**125**	335	55	280	11,9	285	100	195	9,7				
200	**150**	375	75	300	13,3	310	115	205	10,4				
200	**200**	455	115	340	17,2	365	140	225	12,8				

6 Übergangsrohre			
DN 1	DN 2	L	kg
70	**50**	75	0,5
100	**50**	80	0,9
100	**70**	85	0,9
125	**50**	85	1,4
125	**70**	90	1,5
125	**100**	95	1,5
150	**70**	100	2,1

NW mm	s mm	zu **7** kg/m	Muffe kg/Stck.	s mm	zu **8** kg/m	Muffe kg/Stck.
80	6,0	12,2	3,4	8,1	16,1	3,0
100	6,1	15,1	4,3	8,4	20,4	3,3
125	6,2	18,9	5,7	8,8	26,4	4,0
150	6,5	23,5	7,1	9,1	32,4	5,0
200	7,0	33,3	10,3	9,8	46,1	6,9
250	7,5	44,3	14,2	10,5	61,3	9,8
300	8,0	56,3	18,6	11,2	78,1	13,0
350	8,5	69,6	23,7	11,9	96,5	14,7

Dränrohre — DIN 1180

Aus Ton gebrannt, feinporig, frostbeständig

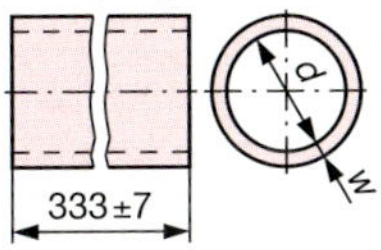

d = DN in mm	w in mm
50	6 … 13
65	7 … 14
80	8 … 16
100	9 … 18
125	10 … 21
150	12 … 23
200	14 … 24

Aus Kunststoff, z. B. PVC, nach DIN 1181: perforiert, z. T. mit Vlies umwickelt, um das Zuschlämmen zu verhindern, DN 65, 80, 100 …

[1] Eine Auswahl, im Handel bis DN 300,
[2] kg je 3 m Lieferlänge, zul. Abweichung -12%,
[3] kg pro Stück,
[4] auch mit 200 mm Sprung,
[5] auch Abzweige mit 88,5°.

Faserzement-Rohre und -Formstücke für Abwasserleitungen

DIN 19 840/89

Maße und Gewichte der FZ-Rohre

Nennmaße DN	Mindestweite min DS	d_1 mm	Kl. A d_2 mm	Kl. A s mm	Kl. B d_2 mm	Kl. B s mm	Gewicht in kg bei l_1 in min ≈ 2000	2500	4000	5
50	48	50	64	7	–	–	5	–	–	–
70	68	70	84	7	–	–	7	–	–	–
100	97,5	100	116	8	118	9	11	–	22	–
125	122	125	141	8	143	9	13	–	26	–
150	146	150	168	9	170	10	18	–	36	–
200	195	200	220	10	222	11	26	–	52	–
250	244	250	–	–	274	12	–	54	–	108
300	293	300	–	–	328	14	–	75	–	150

FZ-Rohr mit glatten Enden:

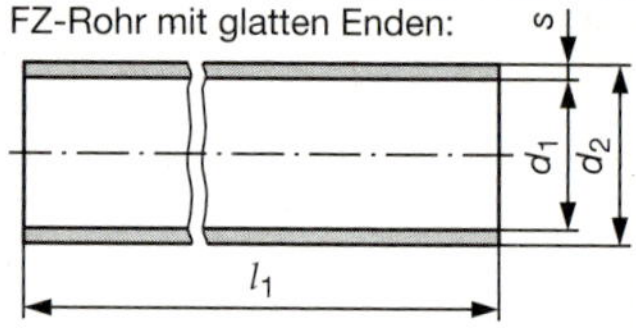

FZ-Bogen mit Verbindung:

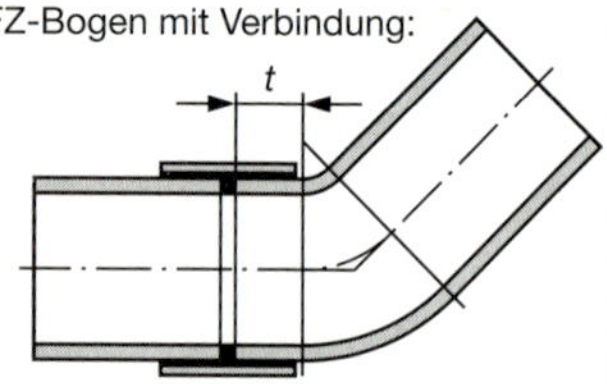

Klasse A : Alle Einsatzbereiche n. DIN 1986, T.4, außer Grundleitungen.
Klasse B: Grund- und Sammelleitungen.

Bezeichnungsbeispiel eines FZ-Rohres mit glatten Enden für Abwasserleitungen, Klasse A, DN 150 und Baulänge l_1 = 2000 mm:

FZ-Rohr DIN 19 840 KL A - 150 - 200

Bogen in 15°, 30°, 45° und 87°, **Abzweige** in 45°, 87° und 90°, **Rohrverbindungen** und **Abdichtungen** mit übergeschobenen Verbindungsstücken, →

Bezeichnungsbeispiel eines FZ-Bogens, Kl. B, NW 100, α = 30°:

FZ-Bogen, DIN 1948 KL B - 100 - 30

Abzweig Kl. A, Hauptrohr DN 1 = 125, Abzweig DN = 100, α = 45°:

FZ-Abzweig, DIN 19 840 KL A - 125 x 100 - 45

FZ-Abzweig:

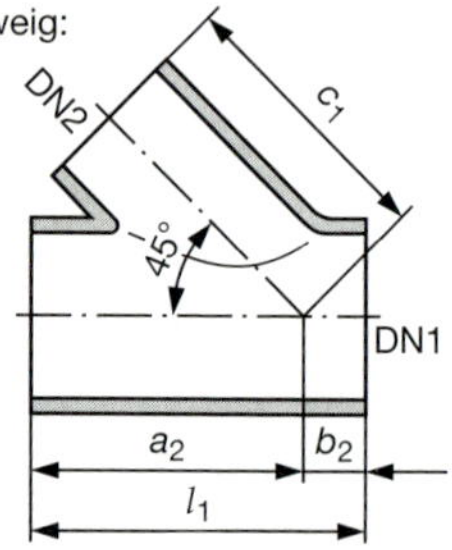

Rohre und Formstücke aus Polypropylen (PP) mit Steckmuffe für heißwasserbeständige Abwasserleitungen (HT) innerhalb von Gebäuden

DIN V 19 560/92

Nennmaße DN	Sollweite DS	Außendurchmesser d_1	Wanddicke s_1	Muffen- Wanddicke s_2	s_0	Muffen- Innen-Ø d_2	Muffen- Sicken-Innen-Ø d_3	Muffen- Sickenlänge f	Muffen- Tiefe t
40	36,4	40	1,8	1,6	1,0	40,3	49,6	7,8	55
50	46,4	50	1,8	1,6	1,0	50,3	59,6	7,8	56
70	71,2	75	1,9	1,7	1,1	75,4	84,5	7,8	61
100	104,6	110	2,7	2,4	1,6	110,4	120,6	9,1	76
125	118,8	125	3,1	2,8	2,0	125,4	137,5	10,4	82
150	152,2	160	3,9	3,5	2,6	160,5	174,3	11,7	100

PP-Rohr m. einseitiger Steckmuffe:

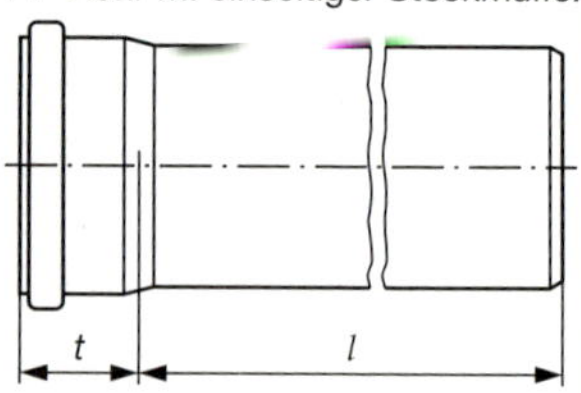

Baulängen l von Rohren mit einseitiger Steckmuffe:
150, 250, 500, 750, 1000, 1250, 1500, 1750, 2000 mm.

Bezeichnungsbeispiel eines heißwasserbeständigen Abflussrohres aus PP mit einseitiger Steckmuffe (HTM) von Nennweite DN 100 und Baulänge 1000 mm:

Rohr DIN 19 560 - HTM 100 x 1000

Zuschnittlängen l von Rohren mit beidseitiger Steckmuffe, 2000 mm und 3000 mm (maximale Baulänge: 2000 mm).

Bezeichnungsbeispiel eines heißwasserbeständigen Abflussrohres aus PP mit beidseitiger Steckmuffe (HTDM) DN 70 und l = 2000 mm:

Rohr DIN 19 560 - HTDM 70 x 2000

PP-Bogen mit Steckmuffe (HTB):

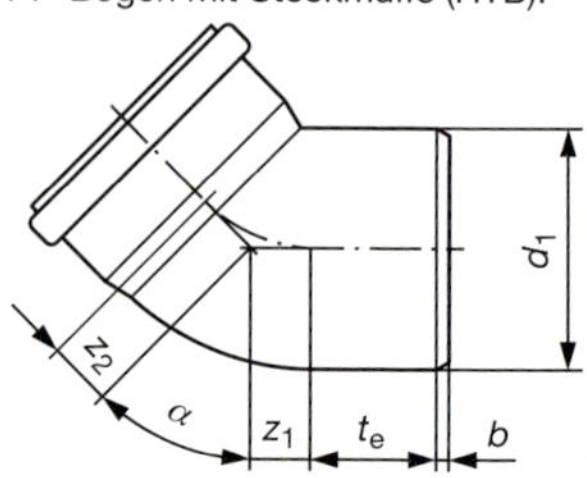

Lieferbar sind noch Rohre mit zwei glatten Enden u. Anschlussstücke mit Steckmuffe und Spitzende.

Abwasserleitungen II

Rohre aus chloriertem Polyvinylchlorid (PVC-C)

DIN 8079/91

Wanddicken *s* d. lieferbaren Rohr-Außendurchmesser *d*, abhängig v. Nenndruck DN

d mm	PN4 *s*	PN6 *s*	PN10 *s*	PN16 *s*	PN20 *s*	PN25 *s*	*d* mm	PN4 *s*	PN6 *s*	PN10 *s*	PN16 *s*	PN20 *s*	PN25 *s*
5	–	–	–	–	–	1,0	**125**	2,5	3,7	6,0	9,3	11,4	13,9
6	–	–	–	–	–	1,0	**140**	2,8	4,1	6,7	10,4	12,8	15,6
8	–	–	–	–	–	1,0	**160**	3,2	4,7	7,7	11,9	14,6	17,8
10	–	–	–	–	1,0	1,2	**180**	3,6	5,3	8,6	13,4	16,4	20,0
12	–	–	–	1,0	1,1	1,4	**200**	4,0	5,9	9,6	14,9	18,2	22,3
16	–	–	–	1,2	1,5	1,8	**225**	4,5	6,6	10,8	16,7	20,5	25,0
20	–	–	–	1,5	1,9	2,3	**250**	4,9	7,3	11,9	18,6	22,8	27,8
25	–	–	1,5	1,9	2,3	2,8	**280**	5,5	8,2	13,4	20,8	25,5	–
32	–	–	1,6	2,4	3,0	3,6	**315**	6,2	9,2	15,0	23,4	28,7	–
40	–	1,8	1,9	3,0	3,7	4,5	**355**	7,0	10,4	16,9	26,3	–	–
50	–	1,8	2,4	3,7	4,6	5,6	**400**	7,9	11,7	19,1	29,7	–	–
63	–	1,9	3,0	4,7	5,8	7,0	**450**	8,9	13,2	21,5	–	–	–
75	1,8	2,2	3,6	5,6	6,9	8,4	**500**	9,8	14,6	23,9	–	–	–
90	1,8	2,7	4,3	6,7	8,2	10,0	**560**	11,0	16,4	26,7	–	–	–
110	2,2	3,2	5,3	8,2	10,0	12,3	**630**	12,4	18,4	30,0	–	–	–

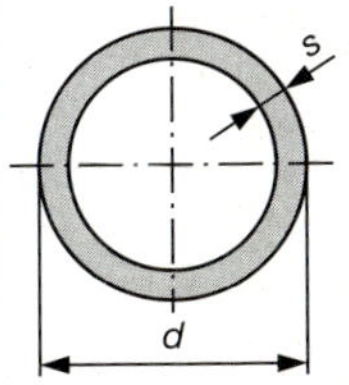

Lieferbar in geraden Festlängen bis 12 m, nach Vereinbarung auch in Längen über 12 m.

Die Kennzeichnung der PVC-C-Rohre erfolgt in Abständen von 1 m, zusätzlich noch mit Herstellerzeichen, Herstellerdatum und Maschinennummer.

Bezeichnungsbeispiel eines PVC-C-Rohres mit *d* = 32 mm und *s* = 3,6 mm:

Rohr DIN 8079 - 32 x 3,6 - PVC-C

Rohre und Formstücke aus weichmacherfreiem Polyvinylchlorid (PVC-U) [1) mit Steckmuffe für Abwasserkanäle und -leitungen

DIN 19 534/92

Nennweite DN	Sollweite DS	Außen-Ø d_1	Wanddicke s_1	Maße der Steckmuffe: Innen-Ø d_2	Hals e	Sicke u	Wanddicken s_2	s_3	Muffentiefe t	Sicken-innen-Ø d_3
100	104,0	110	3,0	110,4	6	32	2,7	2,3	76	120,6
125	119,0	125	3,0	125,4	7	35	2,7	2,3	82	137,5
150	152,8	160	3,6	160,5	9	42	3,2	2,7	100	174,3
200	191,0	200	4,5	200,6	12	50	4,1	3,4	120	216,2
250	237,8	250	6,1	250,6	18	55	5,5	4,6	140	272,9
300	299,6	315	7,7	315,7	20	62	6,9	5,8	160	338,9
400	380,4	400	9,8	400,8	24	70	8,8	7,4	190	427,1
500	475,6	500	12,2	501,0	28	80	11,0	9,2	220	533,2
600	599,2	630	15,4	631,2	34	93	13,9	11,6	260	669,6

Rohrquerschnitt:

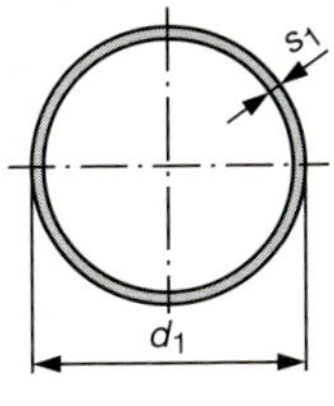

Bogen:

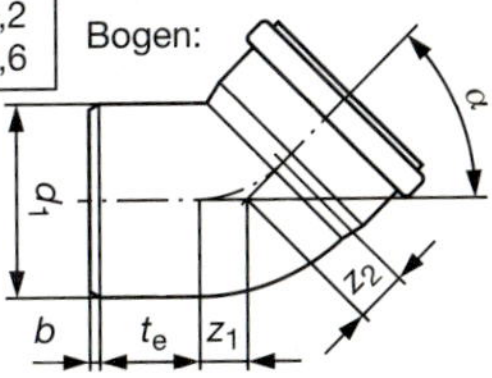

Die Rohre werden in Baulängen bis zu 5 m hergestellt. Als Baulänge gilt die Gesamtlänge abzüglich der Muffentiefe.

Bezeichnungsbeispiel:

Rohr DIN 19534 - DN 250

Formstücke (Auswahl)	**Kurzzeichen:**
Bogen 15, 30, 45, 67, 87°	KGB
Einfachabzweig	KGEA
Sattelstück 45°, 87°	KGAB
Überschiebemuffe	KGU
Doppelmuffe	KGMM
Übergangsrohr	KGR
Anklebemuffe	KGAM
Muffenstopfen	KGM
Reinigungsrohr	KGRE
Schachtfutter	KGF

Dichtringe: Rohr mit Steckmuffe:

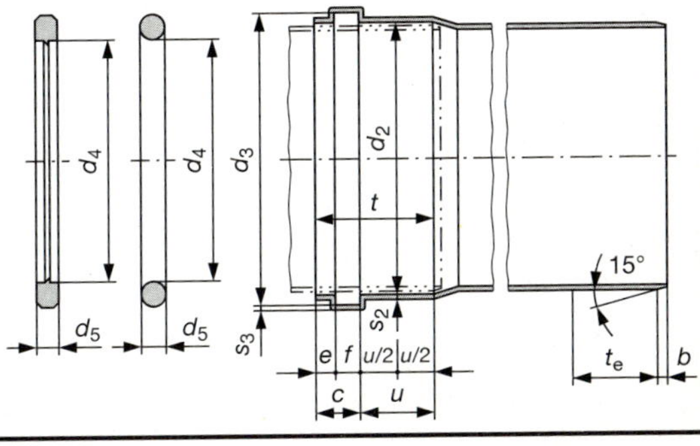

1) früher: Polyvinylchlorid-hart (PVC hart)

Stahl und Gusseisen

Werkstoff	Art	Erläuterungen, Beispiele	Kenngrößen f. d. Eigenschaften
Stahl	**Betonstähle**	für Stahl- und Spannbeton	Streckgrenze R_e in N/mm²
Eisenwerkstoff mit einem Kohlenstoffgehalt < 2 %	**Stähle für den Stahlbau**	für Profile, Bleche und Drähte	Streckgrenze R_e in N/mm²
	Nichtrostende Stähle	wetterfester Stahl für Verkleidungen und Verankerungen	Mindest-Zugfestigkeit R_m in N/mm²
schweißbar, schmiedbar	**Wergzeugstähle**	für Werkzeuge, härtbar, meist hochfest	Mindest-Zugfestigkeit R_m in N/mm² und Härte HRC
	Stahlguss	für Maschinenbauteile, z. B. Gehäuse	Mindest-Zugfestigkeit R_m in N/mm²
Gusseisen	**Gusseisen mit Lamellengraphit**	hohe Druckfestigkeit und Härte, gutes Verschleißverhalten	Mindest-Zugfestigkeit R_m in N/mm² Härte HB
	Gusseisen mit Kugelgraphit	fester und zäher als Gusseisen mit Lamellengraphit, stahlähnlich	Mindest-Zugfestigkeit R_m in N/mm² Härte HB
	Temperguss	stahlähnlich, Kohlenstoff liegt als Eisen-Kohlenstoff-Verbindung vor	Mindest-Zugfestigkeit R_m in N/mm² Härte HB

Bezeichnungssystem für Stähle – Kurznamen

DIN EN 10 027/93, DIN V 17 006/93

Betonstähle

B	500	H

- H: Dehnbarkeit
  - N normale Dehnung
  - H hohe Dehnung
  - G andere Güte
- 500: Streckgrenze in N/mm²
- B: Stahlgruppe Betonstahl

Stähle für den Stahlbau

S	275	JR	G1

- G1: Güte
- JR: Kerbschlagarbeit
- 275: Streckgrenze in N/mm²
- S: Stahlgruppe Stähle für den Stahlbau

Güte: G1 unberuhigt vergossen
G2 beruhigt vergossen
G3 voll beruhigt vergossen

Kerbschlagarbeit			Prüftemperatur
27 J	40 J	60 J	°C
JR	KR	LR	+20
J0	K0	L0	0
J2	K2	L2	−20
J3	K3	L3	−30

Unlegierte Baustähle – warmgewalzt

DIN EN 10 025/94

Kurzname	Werkstoffnummer	bisheriger Kurzname	Desoxydationsart	Hauptgüteklasse	Zugfestigkeit R_m in N/mm²	Streckgrenze R_{eH} in N/mm² für Erzeugnisdicken in mm ≤ 16	> 16 ≤ 40	> 40 ≤ 63	> 63 ≤ 80	> 80 ≤ 100	Bruchdehnung A_5 in %	Bemerkungen und Verwendung
S 185	1.0035	St 33	freige.[1]	BS [2]	290…510[3]	185	175	–	–	–	18 [4]	
S 235 JR	1.0037	St 37-2	freigest.	BS	340…470	235	225	–	–	–	26	Verbesserung der Schweißeignung ↓ Qualitätsstähle sind besser verformbar als Grundstähle
S 235 JR G1	1.0036	USt 37-2	FU	BS		235	225	–	–	–		
S 235 JR G2	1.0038	RSt 37-2	FN	BS		235	225	215	215	215		
S 235 J0	1.0114	St 37-3U	FN	QS		235	225	215	215	215		
S 235 J2 G3	1.0116	St 37-3N	FF	QS		235	225	215	215	215		
S 275 JR	1.0044	St 44-2	FN	BS	410…560	275	265	255	245	235	22	
S 275 J0	1.0143	St 44-3U	FN	QS								
S 275 J2 G3	1.0144	St 44-3N	FN	QS								
S 355 JR	1.0045	–	FN	BS	490…630	355	345	335	325	315	22	
S 355 J0	1.0553	St 52-3U	FN	QS								
S 355 J2 G3	1.0570	St 52-3N	FF	QS								

Fußnoten siehe Seite 275

Stahl, Gusseisen und Nichteisenmetalle

Kurzname	Werkstoffnummer	Zugfestigkeit R_m in N/mm²	Dehngrenze R_p in N/mm²	Bruchdehnung R_s in %	Bezeichnung nach DIN 10 027/85
Nichtrostende Stähle					DIN 17 440/84
X5 Cr Ni 18-10 X5 Cr Ni Mo 17-12-2 X6 Cr Ni Ti 18-10 X6 Cr Ni Mo Ti 17-12-2	1.4301 1.4401 1.4541 1.4571	500 … 700 510 … 710 500 … 730 500 … 730	195 205 205 215	45 40 40 35	X 5 Cr Ni 18-10 18-10: 18 % Cr, 10 % Ni 5: 0,05 % C X: hochlegiert
Stahlguss					DIN 1681/85
GS - 38 GS - 45 GS - 52 GS - 60	1.0420 1.0446 1.0552 1.0558	380 450 520 600	200 230 260 300	25 22 18 15	GS- 38 38: Mindest-Zugfestigkeit 380 N/mm² GS-: Stahlguss
Gusseisen mit Lamellengraphit („Grauguss")					DIN 1691/85
GG - 15 GG - 20 GG - 25 GG - 30	0.6015 0.6020 0.6025 0.6030	150 … 250 200 … 300 250 … 350 300 … 400	Brinellhärte HB 30 für Wanddicken 10 … 20 mm [5]	225 250 265 265	GG- 15 15: Mindest-Zugfestigkeit 150 N/mm² GG-: Gusseisen m. Lamellengr.
Nichteisenmetalle					
Kurzname	Werkstoffnummer	Zugfestigkeit R_m in N/mm²	Dehngrenze R_p in N/mm²	Bruchdehnung A_5 in %	Bezeichnung nach DIN 1700
Aluminium und Aluminiumlegierungen (Angaben für halbharten Zustand)					DIN 1712, T.3/76, DIN 1725, T.1/83
Al 99,5	3.0255	110	90	6	Al-Gehalt 99,5 %
Al Mg 1 Al Mg 3	3.3315 3.3535	145 240	120 190	5 5	Al Mg 1 Mg 1: 1 % Mg Al: Grundmetall Al
Kupfer- und Kupferlegierungen					DIN 1708/73, DIN 17 660/83, DIN 17 664/83
SF-Cu	2.0090	–	–	–	Sauerstofffreies Kupfer
Cu Zn 15 F 26 Cu Zn 40 Al 2 F 54 Cu Ni 10 Fe 1 Mn F 28	2.0240.10 2.0550.27 2.0872.10	260 540 280 … 360	160 240 100	43 18 30	Cu Zn 15 F26 F26: R_m = 260 N/mm² Zn 15: 15% Zn Cu: Grundmetall Cu
Zink					DIN 1706/74
Zn 99,99 Zn 98,5	2.2040 2.2085	– –	– –	– –	Zn-Gehalt 99,99 % Zn-Gehalt 98,5 %
Blei (Hüttenblei)					DIN 1719/86
Pb 99,94 Pb 99,9	2.3030 2.3040	– –	– –	– –	Pb-Gehalt 99,94 % Pb-Gehalt 99,9 %

1) freigest. = freigestellt nach Wahl des Herstellers,
FU = unberuhigter Stahl,
FN = beruhigter Stahl,
FF = vollberuhigter Stahl.

2) BS = Grundstahl, QS = Qualitätsstahl
3) für Erzeugnisdicken 9 mm ≤ t ≤ 100 mm
4) f. Längsproben, Erzeugnisdicken 3 mm ≤ t ≤ 40 mm
5) anstatt Bruchdehnung hier Brinellhärte

Bemessen von Stahlbauteilen I

DIN 18 800/81

Bemessen nach dem zul σ-Verfahren

Für einfache Stahlbauteile, wie z. B. Träger innerhalb von Mauerwerks- und Betonbauten oder einfache Abfangkonstruktionen, ist das Bemessen nach zul σ noch möglich.

1 Zulässige Spannungen für Stahlbauteile [1)] zul σ in N/mm² nach DIN 18 800/81

Art der Spannung \ Stahlart, Lastfall [2)]	S 235 JR (St 37-2) H	S 235 JR (St 37-2) HZ	S 355 JR (St 52-3) H	S 355 JR (St 52-3) HZ
Druck- u. Biegedruck, zul σ_D f. Stabilitätsnachweis [3)]	**140**	160	**210**	240
Zug- und Biegezug, zul σ Druck und Biegedruck	**160**	180	**240**	270
Schub zul τ	**92**	104	**139**	156

2 Schrauben auf Lochleibungsdruck zul σ_l in N/mm²

Verbindungsart [4)]	Vorspannung	Schraubenfestigkeit	S 235 JR H	S 235 JR HZ	S 355 JR H	S 355 JR HZ
SL SLP	ohne	4.6, 5.6, 10.9 [5)]	280 320	320 360	420 480	470 540
SL SLP	nicht planmäßig (teilw.)	10.9 [5)]	380 420	430 470	570 630	645 710

3 Schrauben auf Abscheren, zul τ_a in N/mm²

Verbindung \ Schraubenfestigk.	4.6 [5)] H	4.6 [5)] HZ	5.6 [5)] H	5.6 [5)] HZ	10.9 [5)] H	10.9 [5)] HZ
SL (rohe Schrauben)	**112**	126	**168**	192	**240**	270
SLP (Passschrauben)	**140**	160	**210**	240	**280**	320

[1)] Gültig für alle tragenden Bauteile aus Stahl, die mindestens 3 mm dick sind, auch für solche, die nur vorübergehenden Zwecken dienen, wie Bau- und Lehrgerüste, Schalungsstützen u. s. w.

[2)] Lastfall **H** = Summe der Hauptlasten
= ständige Last + Verkehrslast
(+ Schnee-, aber ohne Windlast)
+ freie Massenkräfte v. Maschinen.

Lastfall **HZ** = Summe der Haupt- u. Zusatzlasten
= Hauptlast + Windlast + Bremskräfte
+ waagerechte Seitenkräfte
+ Wärmewirkungen.

Für Bemessung und Spannungsnachweis ist der Lastfall maßgebend, der den größten Querschnitt ergibt.

[3)] Für den Spannungsnachweis gegen Knicken, Kippen und Beulen nach DIN 4114.

[4)] Das Lochspiel bei rohen Schrauben (SL-Verbindung) beträgt 0,3 bis 0,2 mm, üblicherweise 1 mm. Bei Lochleibungs-Passverbindungen (SLP) ist das Lochspiel ≤ 0,3 mm.

[5)] Zu Schraubenfestigkeitsklassen → **1** S. 280 „Charakteristische Werte"

Bemessungsbeispiel nach zul σ

Zwei **Flachstähle** 60 x 10 aus S 235 JR (St 37-2) sind durch eine doppelte Lasche (2 x 60 x 5) und je 2 **rohe Schrauben** M 16, Festigkeitsklasse 4.6, miteinander verbunden (SL, ohne Vorspannung), Lastfall H. Welche maximale Zugkraft kann übertragen werden?

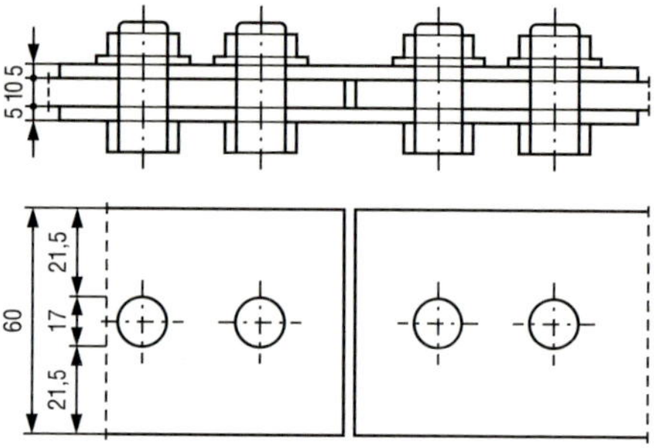

Maximale Kräfte, begrenzt durch die **Zugspannung** i. d. Flachstählen, zul σ_z = 160 N/mm².

Restquerschnitt $A_n = (60 - 17) \cdot 10$
$= 2 \cdot (60 - 17) \cdot 5$
$= \underline{430\ \text{mm}^2}$

max $F_z = A_n \cdot \text{zul}\ \sigma_z = 430\ \text{mm}^2 \cdot 160\ \text{N/mm}^2$
$= 68\,800\ \text{N} = \underline{\underline{68{,}8\ \text{kN}}}$

Lochleibungsspannung, zul σ_l = 280 N/mm²

Druckfläche $A_l = 2 \cdot d \cdot t = 2 \cdot 16 \cdot 10$
$= \underline{320\ \text{mm}^2}$

max $F_l = A_l \cdot \text{zul}\ \sigma_l = 320\ \text{mm}^2 \cdot 280\ \text{N/mm}^2$
$= 89\,600\ \text{N} = \underline{\underline{89{,}6\ \text{kN}}}$

Scherspannung in zwei Schrauben jeder Seite mit je zwei Scherflächen, τ_a = 112 N/mm²

Scherfläche $A_s = 2 \cdot 2 \cdot d^2 \cdot \pi/4 = 2 \cdot 2 \cdot 16^2 \cdot 0{,}785$
$= \underline{804\ \text{mm}^2}$

max $F_s = A_s \cdot \text{zul}\ \tau_a = 804\ \text{mm}^2 \cdot 112\ \text{N/mm}^2$
$= 90\,030\ \text{N} = \underline{\underline{90\ \text{kN}}}$

Folgerung:
Die durch die Laschenverbindung übertragbare Zugkraft wird durch den Restquerschnitt der Flachstähle nach dem Lochabzug begrenzt. Eine Steigerung wäre nur durch breitere Flachstähle, auch als Laschen, erzielbar.

Zu den erforderlichen **Lochabständen** → **5** S. 281

Weitere Bemessungsbeispiele nach zul σ:

für ein Zugband → S. 72, Beispiel 1,
für einen Stahlträger → S. 73, Beispiel 1,
für eine Stahlstütze → S. 75, Beispiel 2.

Bemessen von Stahlbauteilen II

Bemessen von Bauteilen und Schrauben — DIN 18 800, T.1/11.90

Beanspruchung: Die Beanspruchungen der Bauteile werden unter Gebrauchslasten nach DIN 1055 ermittelt, die mit Teilsicherheitsbeiwerten γ_F = 1,35 bzw. 1,5 multipliziert werden.

Lasten (z. B.):

g = ständige Last	V_K = vertikale Kranlasten
p = alle Verkehrslasten	H_B = Bremskräfte
s = Schnee	H_S = Seitenkräfte aus Kranen
w = Wind	m = Maschinenkräfte aus Maschinen

1. Grundkombination: 1,35 x ständige Last + 1,35 x **alle** ungünstig wirkenden veränderlichen Lasten
$= 1{,}35 \times g + 1{,}35 \times (p + s + w + V_K + H_B + H_S + m)$

2. Grundkombination: 1,35 x ständige Last + 1,5 x **eine** (d. ungünstigste) d. ungünstig wirkenden Lasten
$= 1{,}35 \times g + 1{,}5 \times [p$ oder V_K oder m oder $(s + w/2)$ oder $(w + s/2]$.
(H_B oder H_S sind selten maßgebend).

Mit den Bemessungslasten werden die Bemessungskräfte, -momente und Spannungen berechnet (Index $_{s,\,d}$ jedoch nur bei Verwechslungsgefahr). Der größere Wert ist für den Nachweis geltend.

1. Nachweis nach der Methode „Elastisch – Elastisch"

Forderung: $\boldsymbol{\sigma / \sigma_{R,d} \le 1}$ **oder** $\boldsymbol{\sigma \le \sigma_{R,d}}$ gilt sinngemäß auch für τ und σ_l.

$\sigma_{R,d} = f_{y,K}/\gamma_M$
$\tau_{R,K} = f_{y,K}/(\gamma_M \cdot \sqrt{3})$
mit γ_M = 1,1 (allgemein)

Vorausetzungen: Maßgebende Querschnittswerte siehe jeweilige Tabelle.
- Gültig für alle tragenden Bauteile aus Stahl, die im Hochbau mindestens 1,5 mm dick sind. Für Brücken, Krane, Gerüste und Fliegende Bauten sind die Fachnormen zu beachten.
- Träger müssen gegen seitliches Ausweichen gehalten werden.

1 Grenzspannungen für Bauteile

Stahlart →		S 235 (St 37)	S 355 (St 52)
1. Normalspannungen (Zug und Druck)	$\sigma_{R,d}$	218	227
2. Schubspannungen	$\tau_{R,d}$	126	189
3. Lochleibungsdruck für Stahlteile mit $t \ge 3$ mm: für maximale Schraubenabstände:	max $\sigma_{l,R,d}$	655	982
für minimale Schraubenabstände:	max $\sigma_{l,R,d}$	147	221

2 Grenzspannungen für Schrauben

Festigkeitsklassen, → 1 S. 280 →		4.6	5.6	8.8	10.9
1. Abscheren	$\tau_{a,R,d}$	218	273	436	500
2. Zug in Richtung der Schraubenachsen	$\sigma_{N,R,d}$	198	248	582	727

2. Nachweis nach der Methode „Elastisch – Plastisch"

Walzprofile IPE, HE-A, HE-B und HE-M können auch direkt über die Schnittgrößen nachgewiesen werden, wenn gegeben sind:
- Biegemoment M
- Normalkraft N
- Querkraft V_z
- Moment M_y (um die „starke" Achse)
- Voraussetzungen wie bei „Elastisch – Elastisch". Näheres siehe DIN 18 800, T.1/11.90.

$N_{pl,d} = N_{pl}/1{,}1 = A \cdot f_{y,k}/1{,}1$ ($N_{pl} = N_{plastisch}$)
$V_{pl,d} = V_{pl}/1{,}1 = A_{steg} \cdot f_{y,k}/1{,}1 \cdot \sqrt{3}$
$M_{pl,d} = M_{pl}/1{,}1 = 1{,}14 \cdot w_y \cdot f_{y,k}/1{,}1$

Nachweis:

Momente um y-Achse	Gültigkeitsbereich	$\frac{V}{V_{pl,d}} \le 0{,}33$
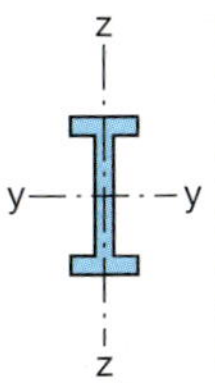	$\frac{N}{N_{pl,d}} \le 0{,}1$	$\frac{M}{M_{pl,d}} \le 1$
	$0{,}1 < \frac{N}{N_{pl,d}} \le 1$	$0{,}9\,\frac{M}{M_{pl,d}} + \frac{N}{N_{pl,d}} \le 1$

Bemessen von Stahlbauteilen III

1 Grenzschnittgrößen $M_{y,pl,d}$, $N_{pl,d}$ und $V_{z,pl,d}$ für S 235 (St 37-2)

Profile mm	IPE $M_{pl,d}$ kNm	IPE $N_{pl,d}$ kN	IPE $V_{pl,d}$ kN
80	5,06	166	35,8
100	8,60	225	48,7
120	13,3	288	63,0
140	19,2	358	78,8
160	27,0	438	96,4
180	36,3	523	115
200	48,2	622	135
220	62,3	728	156
240	80,0	854	180
270	105	1003	216
300	137	1174	259
330	175	1366	301
360	223	1578	350
400	285	1843	419
450	371	2156	515
500	479	2521	622
550	608	2933	745
600	766	3404	878

für S 355 (St 52) gelten 1,5fache Werte.

Profile mm	HE-A $M_{pl,d}$ kNm	HE-A $N_{pl,d}$ kN	HE-A $V_{pl,d}$ kN	HE-B $M_{pl,d}$ kNm	HE-B $N_{pl,d}$ kN	HE-B $V_{pl,d}$ kN
100	18,1	464	55,5	22,7	568	68,0
120	26,1	553	66,7	36,1	742	89,3
140	37,8	685	86,3	53,5	937	113
160	53,4	846	108	77,3	1184	148
180	70,9	987	122	105	1424	178
200	93,6	1175	147	140	1704	210
220	124	1404	175	180	1986	245
240	163	1676	206	230	2313	281
260	201	1895	225	280	2585	305
280	243	2122	259	335	2866	346
300	302	2455	295	407	3253	389
320	355	2714	334	469	3520	434
340	404	2912	375	525	3729	482
360	455	3115	419	585	3941	532
400	559	3468	514	705	4315	639
450	702	3885	607	869	4755	748
500	862	4310	706	1050	5206	862
550	1008	4620	813	1220	5543	985
600	1167	4941	925	1402	5890	1113
650	1339	5272	1045	1597	6247	1247
700	1535	5683	1211	1817	6685	1431

Beispiel: Ein Stahlträger HE-A 120 wird wie dargestellt beansprucht:

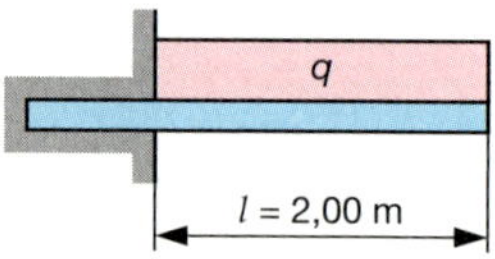

$p = 8{,}00$ kN/m
$g = 0{,}20$ kN/m
$q = 8{,}20$ kN/m
$q \cdot 1{,}35 = 11{,}07$ kN/m
$V_z = q \cdot l = 16{,}34$ kN
$V_{pl,d} = 66{,}7 \text{ kN} > V_z$

$$\max M = \frac{q \cdot l^2}{2} = \frac{11{,}07 \text{ kN/m} \cdot 4 \text{ m}^2}{2} = \underline{\underline{22{,}14 \text{ kN/m}}}$$

$M_{pl,d}$ für HE-A 120 (→ 1) = 26,1 kN/m

$$\frac{M}{M_{pl,d}} = \frac{22{,}14 \text{ kNm}}{26{,}1 \text{ kNm}} = \underline{\underline{0{,}85 < 1}}$$

„Elastisch – Elastisch"-Bemessung (mit $\sigma_{R,d} = 218$ N/mm², → 1, S.277) ergibt:

$$\text{vorh } \sigma_B = \frac{\text{Biegemoment}}{\text{Widerstandsmoment}} = \frac{M}{W} = \frac{22{,}14 \text{ kNm}}{106 \text{ cm}^3} = \frac{2214 \text{ kNcm}}{106 \text{ cm}^3} = 20{,}9 \frac{\text{kN}}{\text{cm}^2}$$

$$20{,}9 \text{ kN/cm}^2 = \underline{\underline{209 \text{ N/mm}^2 < \sigma_{R,d} = 218 \text{ N/mm}^2}}$$

Die Bemessung mit zul $\sigma = 160$ N/mm² erfordert auch einen HE-A 120 mit $W = 106$ cm³, um mit vorh $\sigma = 154$ N/mm² zul σ zu unterschreiten.

Korrosionsverhütung

Hinweise zum konstruktiven Rostschutz:

„Wassersäcke" dadurch vermeiden, dass überall für schnellen Regenwasserabfluss gesorgt wird.
Dauerfeuchte durch wassersaugende Baustoffe und durch Schmutz in Stahlnähe vermeiden.
Rostschutzbeschichtungen regelmäßig überprüfen.

Chemische Korrosion durch:
- aggressive Bindemittel, → nebenstehende Tabelle,
- Säuren (saures Regenwasser),
- Salze (Tausalz, Dünger),
- Kontakt m. edleren Metallen verhindern. Letzteres durch isolierende Zwischenlagen → „Spannungsreihe", → S. 127.

Korrosionsgefahr
○ bedeutungslos
● hoch*
* besonders wenn feucht

Metall	Bindemittel Zem.	Bindemittel Kalk	Bindemittel Gips
Kupfer	○	○	○
Stahl u. Gusseisen	○	○	●
Blei u. Alumin.	●	●	●
Zink	●	●	●

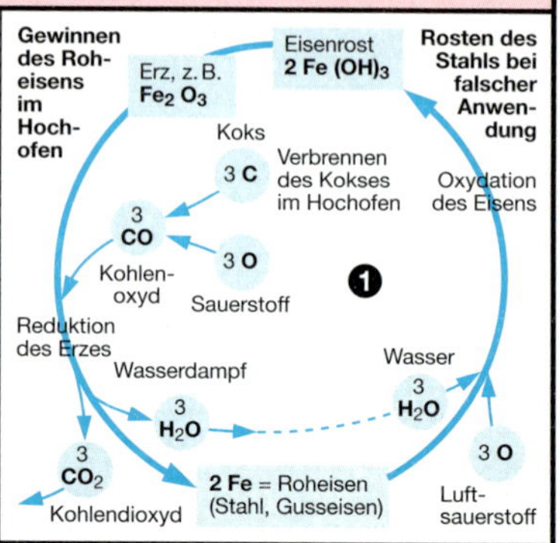

Knicksicherheit von Stahlbauteilen

Druckstäbe (Stützen) bei mittiger Belastung

DIN 18800, T.2/90

Anmerkung: Für nichtrostende Stähle gelten besondere Knickzahlen ω nach der Allgemeinen Zulassung vom 31. 05. 1974.

Knicklänge s_K: Meist kann vorausgesetzt werden, dass die beiden Enden des Stabes gegen Ausweichen gesichert sind, → S. 74 u. 75; dann $s_K = s$ annehmen, was allgemein für Stahlfachwerk gilt.

Für Geschossstützen, die in mehreren übereinander stehen, ist s_K = Geschosshöhe.

Eingemauerte eingeschossige Stützen in 11,5 cm dicken Stahlfachwerkwänden müssen auch auf Knickung in der Wandebene berechnet werden: s_K = Entfernung der Riegel, die in der Wandebene gegen Verschieben sichern.
Für Stahlstützen in Wänden < 11,5 cm ist s_K in der Wandebene mindestens = Tür- oder Fensterhöhe.
Für Stahlstützen in mehrgeschossigen Stahlskelettbauten darf die Querstützung durch die Ausmauerung bei s_K nicht berücksichtigt werden.

Rechengang (→ S. 74 u. 75, mit Erklärung von λ):
Schlankheitsgrad $\lambda_K = s_K/\min i$
Bezugsschlankheitsgrad λ_a = 92,9 f. S 235 (St 37)
75,9 f. S 355 (St 52)
bezogener Schlankheitsgr. $\bar{\lambda}_K = \lambda_K/\lambda_a$

Für die nach **2** zuzuordnende Knickspannungslinie ist der Abminderungsfaktor $\varkappa$ (Kappa) in Abhängigkeit von $\bar{\lambda}_K$ zu bestimmen.
Nachweis: $N/(\varkappa \cdot N_{pl,d}) \leq 1$
mit N unter γ_F-facher Last; $N_{pl,d} = N_{pl}/1{,}1$.

1 Zuordnung der Querschnitte zu den Knickspannungslinien

Querschnitte			Ausweichen rechtwinklig zur Achse	Knickspannungslinie
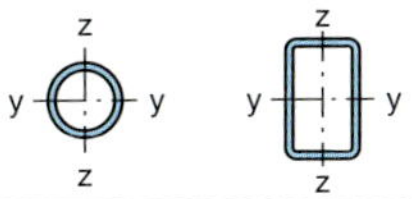	**Hohlprofile**:	warm gefertigt	y–y z–z	a
		kalt gefertigt	y–y z–z	b
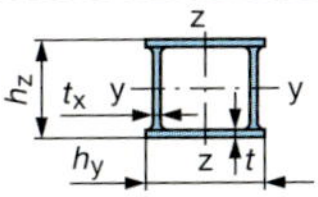	**geschweißte Kastenquerschnitte**:		y–y z–z	b
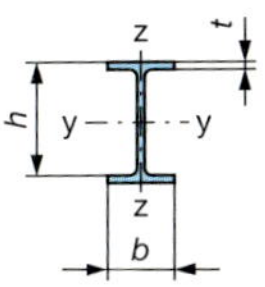	**gewalzte I-Profile**:	alle IPE, ≥ HEA 400, ≥ HEB 400: h/b > 12; $t \leq 40$	y–y z–z	a b
		≤ HEA 360: $h/b > 1{,}2$; $40 < t \leq 80$ ≤ HEB 360: $h/b \leq 1{,}2$; $t \leq 80$ mm	y–y z–z	b c
		$t > 80$ mm	y–y z–z	d
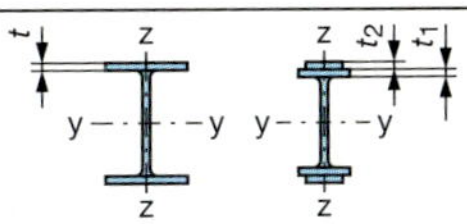	**I-Querschnitte geschweißt**:	$t_i \leq 40$ mm	y–y z–z	b c
		$t_i > 40$ mm	y–y z–z	c d
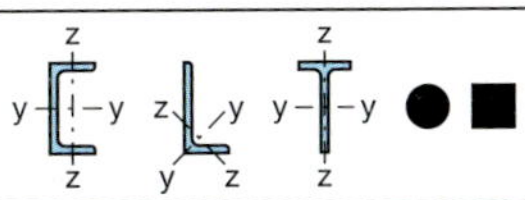	**⊔-, L-, T- und Vollquerschnitte** und mehrteilige Stäbe nach Abschnitt 4.4:		y–y z–z	c

2 Abminderungsfaktoren $\varkappa$

$\bar{\lambda}$	a	b	c	d	$\bar{\lambda}$	a	b	c	d	$\bar{\lambda}$	a	b	c	d
	für Knickspannungslinien					für Knickspannungslinien					für Knickspannungslinien			
0,2	1,000	1,000	1,000	1,000	1,1	0,596	0,535	0,484	0,414	2,1	0,204	0,192	0,180	0,163
0,3	0,978	0,964	0,949	0,924	1,2	0,530	0,478	0,434	0,376	2,2	0,187	0,177	0,166	0,159
0,4	0,953	0,926	0,897	0,850	1,3	0,470	0,427	0,389	0,339	2,3	0,172	0,163	0,154	0,140
0,5	0,924	0,884	0,843	0,779	1,4	0,418	0,382	0,349	0,306	2,4	0,159	0,151	0,142	0,130
0,6	0,890	0,837	0,785	0,710	1,5	0,372	0,342	0,315	0,277	2,5	0,147	0,140	0,133	0,121
0,7	0,848	0,784	0,725	0,643	1,6	0,333	0,308	0,284	0,251	2,6	0,136	0,130	0,123	0,113
0,8	0,796	0,725	0,662	0,580	1,7	0,299	0,278	0,258	0,229	2,7	0,127	0,120	0,115	0,106
0,9	0,734	0,661	0,600	0,529	1,8	0,270	0,252	0,235	0,209	2,8	0,118	0,113	0,110	0,100
1,0	0,666	0,598	0,540	0,467	1,9	0,245	0,229	0,214	0,192	2,9	0,111	0,106	0,101	0,094
					2,0	0,223	0,210	0,196	0,177	3,0	0,104	0,099	0,095	0,089

Nachweis für Schraubenverbindungen I

Beanspruchungsarten

Lochleibung

Grenz-Lochleibungsspannung:

$\sigma_{1,R,d} = \alpha_1 \cdot f_{y,K}/\gamma_M$

α_1 = Beiwert, abhängig vom Schraubenabstand

Grenz-Lochleibungskraft:

$V_{1,R,d} = t \cdot d_{Sch} \cdot \sigma_{1,R,d}$

t = Blechdicke ≥ 3 mm

d_{Sch} = Schaftdurchmesser

Nachweis 2schnittig: $V_1/V_{1,R,d} \le 1$ oder $V_1 \le V_{1,R,d}$

Nachweis 1schnittig: $V_1/V_{1,R,d} \le 0{,}833$

Abscheren

Grenz-Scherspannung:

$\tau_{a,R,d} = \alpha_a \cdot f_{u,b,k}/\gamma_M$

α_a = 0,55 für Festigkeitsklasse 10.9

α_a = 0,6 für Festigkeitsklassen 4.6, 5.6 und 8.8

Grenz-Abscherkraft:

$V_{a,R,d} = A \cdot \tau_{a,R,d}$

$A = A_{Sch}$, wenn Schaft in Scherfuge = Normalfall

$A = A_{Sp}$, wenn Gewinde in Scherfg. = Ausnahme

Nachweis: $V_a/V_{a,R,d} \le 1$ oder $V_a \le V_{a,R,d}$

Zug

Grenz-Zugspannung:

$\sigma_{1,R,d} = f_{y,b,K}/(1{,}1 \cdot \gamma_M)$ bei Festigkeitskl. 4.6 u. 5.6

$\sigma_{2,R,d} = f_{u,b,K}/(1{,}25 \cdot \gamma_M)$ b. Festigkeitskl. 8.8 u. 10.9

Grenz-Zugkraft:

$N_{R,d} = A_{Sch} \cdot \sigma_{1,r,d}$ bei 4.6 u. 5.6 A_{Sch} → S. 282

$N_{R,d} = A_{Sch} \cdot \sigma_{2,r,d}$ bei 8.8 u. 10.9

Nachweis: $N/N_{R,d} \le 1$ oder $N \le N_{R,d}$

Zug und Abscheren gleichzeitig

Nachweis: $(N/N_{R,d})^2 + (V_a/V_{a,R,d})^2 \le 1$

nicht nötig, wenn $N/N_{R,d}$ oder $V_{a,R,d} \le 0{,}25$

Für Schrauben kann der Nachweis wie bei Bauteilen mit Spannungen oder (hier sinnvoller) mit Kräften geführt werden.

Anmerkungen:

- Diese Bemessung gilt für alle Ausführungsformen von Schraubenverbindungen.
- Auf Zug beanspruchte hochfeste Schrauben (8.8 u. 10.9) immer vorspannen!
- Rohe Schrauben nicht im gleichen Anschluss mit Passschrauben verwenden!
- Senkschrauben: Grenz-Lochleibungskraft, → DIN 18800, T.1 (806).

1 „Charakteristische Werte" für Schraubenwerkstoffe

Festigkeitsklasse	Streckgrenze $f_{y,b,k}$ N/mm²	Zugfestigkeit $f_{u,b,k}$ N/mm²
4.6	240	400
5.6	300	500
8.8	640	800
10.9	900	1000

2 Maßgebender Querschnitt

Spannungsgröße	Passschrauben	Rohe und Ankerschrauben, Normalfall
τ_a	A_L ≙ Loch	A_{Sch} ≙ Schaft
σ_L	A_L	A_{Sch}
σ_N	für 4.6 und 5.6: Schaft A_{Sch} für 8.8 und 10.9: Spannungsquerschnitt A_{Sp}	

A_{Sp}, A_L, A_{Sch} → S. 282

3 Querschnitte und Lochabzug beim Spannungsnachweis n. DIN 18800, T 1/90

Spannungsgröße	Spannungsart	Maßgebender Querschnittswert
Längskraft	Druck	Vollquerschnitt A des Stabes
	Zug	A minus Querschnitt aller Löcher
Querkraft	Schub	Vollquerschnitt A des Steges
Biegemoment	Druck	$W_D = \frac{\text{Trägheitsmoment } I \text{ für den Vollquerschnitt}}{\text{Randfaserabstand von der Schwerachse}}$
	Zug	$W_Z = \frac{I \text{ voll minus } I \text{ der Summe aller Löcher}}{\text{Randfaserabstand von der Schwerachse}}$

Alle Löcher, die in die ungünstigste Risslinie fallen, müssen abgezogen werden.
Für Biegezug gilt I der Lochquerschnitte im Zuggurt, bezogen auf die Schwerachse des ungeschwächten Querschnittes.

Nachweis für Schraubenverbindungen II

4 Berechnen von Schraubenverbindungen und Nietverbindungen nach DIN 18800, T.1

a) einschnittig
$t_1 = \min t$,
$t_1 < t_2$.
Niet mit Halbrundköpfen.

$e_1 \geq 2\ d_L$
$e_2 \geq 1{,}5\ d_L$

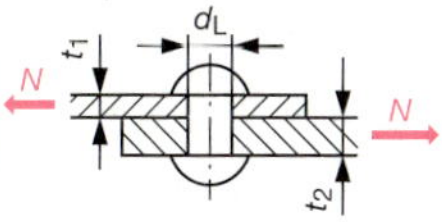

b) zweischnittig
$t_2 = \min t$, wenn
$t_2 < 2 \cdot t_1$.
Beispiel: Passschraube.
(Rohe Schraube, → S. 283)

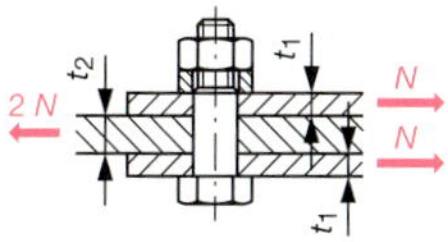

c) Abstände,
→ **5**.
d_1 = Loch-Ø, → S. 283,
t_1 = Dicke des dünnsten Außenteiles, → S. 285.

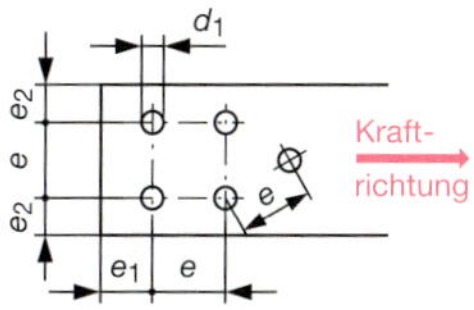

5 Abstände von Schrauben und Nieten

für Lochleibung $\sigma_{l,R,d}$		max	min
Randabstände, → **4** c)			
kleinste	in Kraftrichtung e_1	$3{,}0\ d_L$	$1{,}2\ d_L$
kleinste	quer zur Kraftrichtung e_2	$1{,}5\ d_L$	$1{,}2\ d_L$
größte	in beiden Richtungen e_1 und e_2	{ $3\ d_L$ oder $6\ t$	
Lochabstände, → **4** c)			
kleinste	in Kraftrichtung e_1	$3{,}5\ d_L$	$2{,}2\ d_L$
kleinste	quer zur Kraftrichtung e_2	$3{,}0\ d_L$	$2{,}4\ d_L$
größte	Kraftschrauben u. -niete, Heftschrauben u. -niete in Druckstäben e [1]	{ $6\ d_L$ oder $12\ t$	
größte	Heftschrauben u. -niete in Zugstäben e	{ $10\ d_L$ oder $20\ t$	

[1] Bei Stab- und Formstählen darf am versteiften Rand $8 \cdot t$ statt $6 \cdot t$ genommen werden.

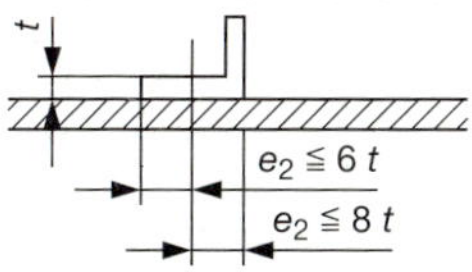

6 Grenztragfähigkeit von Schrauben und Ankern

Festigkeitsklasse	maßgebender Querschnitt [2]	Grenzkraft in kN f. eine Schraube mit Lochspiel $0{,}3 < d \leq 2{,}0$ mm. Für Passschrauben mit $\Delta d < 0{,}3$ mm, → $\alpha_{Paß}$ unten.					
	A, d	M12	M16	M20	M22	M24	M27
	[4]	Abscheren, 1schnittig, falls Schaft in Scherfuge					
4.6	A_{Sch} [3]	24,6	43,8	68,5	82,8	98,5	125
5.6	A_{Sch} [3]	30,8	54,9	85,7	104	123	156
8.8	A_{Sch} [3]	49,3	87,6	137	166	197	250
10.9	A_{Sch} [3]	56,5	101	157	190	226	287
	[4]	Abscheren, 1schnittig, falls Gewinde in Scherfuge					
4.6	A_{Sp}	18,4	34,2	53,4	66,1	77,0	100
5.6	A_{Sp}	23,0	42,9	66,9	82,7	96,4	125
8.8	A_{Sp}	36,8	68,5	107	132	154	200
10.9	A_{Sp}	42,2	78,5	123	152	177	230
$\sigma_{L,R,d}$ ST	[4]	Lochleibung für 10 mm Blechdicke					
max 37	d_{Sch} [3]	78,6	105	131	144	157	177
max 52	d_{Sch} [3]	118	157	196	216	236	265
min 37	d_{Sch} [3]	17,6	23,4	29,4	32,3	35,3	39,7
min 52	d_{Sch} [3]	26,5	35,2	44,2	48,6	53,0	59,7
	[4]	Zug in Richtung der Schraubenachse					
4.6	A_{Sch}	22,4	39,8	62,2	75,2	89,5	113
5.6	A_{Sch}	28,0	49,8	77,9	94,2	112,0	142
8.8	A_{Sp}	49,1	91,4	143	176	205	267
10.9	A_{Sp}	61,3	114	178	220	257	334
	$\alpha_{Paß}$	1,177	1,129	1,102	1,092	1,082	1,075

[2] Siehe Tabelle auf S. 282.
[3] Für Passschrauben können diese Grenzkräfte mit $\alpha_{Paß}$ (letzte Zeile) multipliziert werden, da hierfür $A_{Sch} = A_L$.
[4] A_{Sp} = Spannungs-Querschnitt. A_{Sch}, A_L, A_{Sp} → S. 282.

7 Ausführungsformen von Schraubenverbindungen

Nenn-Lochspiel $\Delta d - d_L - d_{Sch}$ mm	nicht planmäßig vorgespannt	planmäßig vorgespannt ohne gleitfester Reibfläche	planmäßig vorgespannt mit gleitfester Reibfläche
$0{,}3 < \Delta d \leq 2{,}0$	**SL**	**SLV**	**GV**
$\Delta d \leq 0{,}3$	**SLP**	**SLVP**	**GVP**

Erklärung der Kurzzeichen zu 7:

SL Scher-Lochleibungsverbindungen,
SLP Scher-Lochleibungs-Passverbindungen,
SLV planmäßig vorgespannte Scher-Lochleibungsverbindungen,
SLVP planmäßig vorgespannte Scher-Lochleibungs-Passverbindungen,
GV gleitfeste planmäßig vorgespannte Verbindungen,
GVP vorgespannte Passverbindungen, gleitfest.

Sechskantschrauben

Sechskantschrauben n. DIN 601 für den **Holzbau**, Sechskantschrauben n. DIN 7990 für den **Stahlbau** [1) 2)], mit metrischem Gewinde.

Stets mit der zugehörigen rohen Scheibe **1** bis **4**, → S. 283, verwenden.

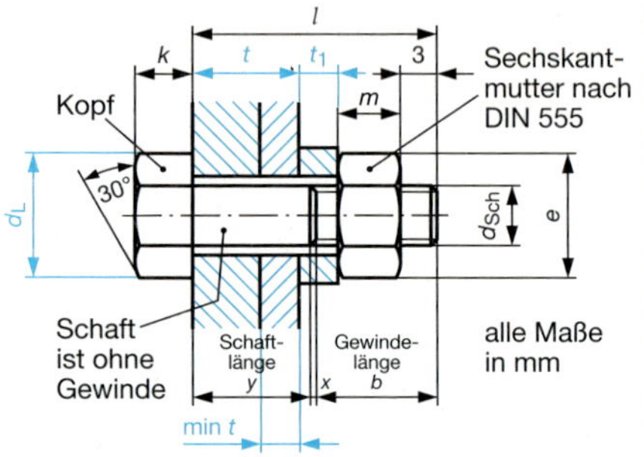

Berechnen der Schraubenlänge *l* (alle Maße in mm):

erf $l = t + t_1 + m + 3$ mm

Aufrunden auf eine durch 5 teilbare Länge, → handelsübliche Länge *l*.

Benennung nach *d* { im Holzbau / im Stahlbau [1) 2)]	**M 10** / –	**M 12** / **M 12**	**M 16** / **M 16**	**M 20** / **M 20**	– / **M 22**	**M 24** / **M 24**	(M 27) / **M 27**	**M 30** / **M 30**	**M 36** / **M 36**
Schaft-Ø = Gewinde-Ø [1)] d_{Sch}	10	12	16	20	22	24	27	30	36
Loch-Ø, i. Allgemeinen [1)] d_L	**11**	**13**	**17**	**21**	**23**	**25**	**28**	**31**	**37**
Kopfhöhe *k*	7	8	10	13	14	15	17	19	23
Mutterhöhe *m*	8	10	13	16	18	19	22	24	29
Mutter-Eckmaß min *e*	18,72	20,88	26,17	32,95	35,03	39,55	45,20	50,85	60,79
Schlüsselweite [2)] *s*	17	19	24	30	32	36	36	46	55
Gewindeauslauf *x*	2,5	2,5	3	4	4	4,5	4,5	5	6
kleinste Blechdicke min *t*	3..5	4..6	6..8	8..10	10..12	12..14	14..18	18..22	22..28
Gewindelänge in DIN 601 [2)] *b*	26..32	30..36	38..57	46..65	–	54..73	60..79	66..85	78..97
" in DIN 7990 u. 7968 [2)] *b*	–	19,5	23	26	28	29,5	32,5	35	
handelsübl. Schraubenlänge [7)] *l*	30..75	30..120	35..150	40..175	40..200	45..200	60..200	80..200	100..200
[10)] Gewicht in kg/1000 Stück { für kleinstes *l*	40,4	57,5	117	222	281	369	585	899	1560
[10)] Gewicht in kg/1000 Stück { je 5 mm Mehr-*l*	3,1	4,6	8	12	15	18	22	27	40
Lochquerschnitt [8)] A_L in mm^2	95	133	227	346	415	491	616	755	1075
Schaftquerschn. [9)] A_{Sch} in mm^2	78,5	113	201	314	380	452	573	707	1020
Spannungsquerschnitt [11)] A_{Sp} in mm^2	–	84,3	157	245	303	353	459	561	817
Sinnbilder für Schrauben mit normalem Durchgangsloch [3)]	11	13	17	21	23	25	28	31	37

[1)] **Passschrauben** nach DIN 7968 für den Stahlbau haben einen Schaft-Ø d_L, füllen Bohrloch aus. Gewinde-Ø und übrige Abmessungen wie oben.

[2)] **Hochfeste Schrauben**, DIN 6914, und **Hochfeste Passschrauben** für HV (= hochfest vorgespannte) Verbindungen im Stahlbau haben die nächstgrößere Schlüsselweite, *b* ist ~ 5 mm länger als in der Tafel. Nur mit HV-Muttern (DIN 6915) und gehärteten Scheiben (DIN 6916…8) verwenden! **Feuerverzinkte HV-Schrauben-Garnituren** (Schraube + Mutter + Scheibe) zweckmäßigerweise vom selben Hersteller beziehen. Gewinde mit Molybdändisulfid schmieren.

[3)] **Zusatzzeichen für Schrauben**		**Beispiel M 24**
Schraubenkopf oben versenkt	⌒	
Schraubenkopf unten versenkt	⌣	
auf der Baustelle einzuziehende Schrauben		
auf der Baustelle zu bohrende Schraubenlöcher		
Gewindelöcher: Doppelkreis mit Maßangabe		M 24

Rohe Scheiben für Schraubenverbindungen

Runde Scheiben für
❶ Stahl n. DIN 7989 ❷ Holz n. DIN 440

Vierkantscheiben für
❸ Holz n. DIN 436 ❹ Stahlträger DIN 435 für I, DIN 434 für [

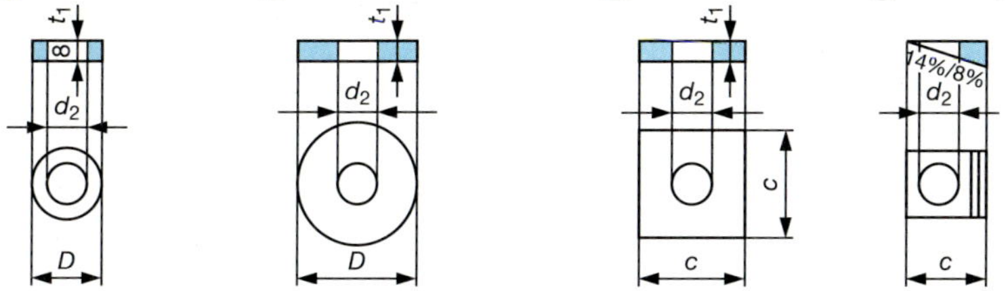

Benennen der Schraube nach *d* x *l*, der Mutter (Mu) und der rohen Scheibe.
Beispiel: Sechskantschraube, M 10 x 50, Mu 7990, Scheibe A 11,5 DIN 7989.

Zugehörige Schrauben	**M 10** –	**M 12** **M 12**	**M 16** **M 16**	**M 20** **M 20**	– **M 22**	**M 24** **M 24**	(M 27) **M 27**	**M 30** **M 30**	**M 36** **M 36**
Schaft-Ø = Gewinde-Ø [1)] d_{Sch}	10	12	16	20	22	24	27	30	36
Loch-Ø, i. Allgemeinen [1)] d_L	**11**	**13**	**17**	**21**	**23**	**25**	**28**	**31**	**37**
Rohe Scheiben Loch-Ø d_2 für **1** bis **4**	**11**	**14**	**18**	**22**	**24**	**26**	**30**	**33**	**39**
1 Scheiben-Ø *D*	21	24	30	37	39	44	50	56	66
Gewicht in kg/1000 Stück	15,7	18,8	28,3	43,6	46,2	61,5	79	101	140
2 Scheibendicke [4)] t_1	3	4	5	5	6	6	6	6	8
Scheibendurchmesser *D*	34	45	58	68	80	92	98	105	125
Gewicht in kg/1000 Stück	18,9	45,1	93,8	128	213	286	322	368	416
3 Vierkantscheiben-Seite *c*	30	40	50	60	70	80	90	95	110
Gewicht in kg/1000 Stück	18,8	45,1	88,2	126	195	275	348	385	685
4 Vierkantscheiben-Seite *c*	22	30	36	44	50	56	56	62	75
für I, Gewicht in kg/1000 St.	9,4	20,1	35,6	67	90	143	133	172	287
für [, Gewicht in kg/1000 St.	8,8	18,3	31,4	57	82,5	128	119	152	243
passende Blechdicke min *t*	3..5	4..7	6..8	8..10	10..12	12..14	14..18	18..22	22..28
Sinnbilder für Niete mit Halbrundköpfen beiderseits	11	13	17	21	23	25	28	31	37

3) Beizahl ändern, wenn anderer Loch-Ø. In Maßstäben ≦ 1 : 5 Sinnbild ≈ Loch-Ø zeichnen. Wenn alle Schrauben (Niete) einer Zeichnung gleichen Ø haben, genügen Achskreuze.

4) Scheibendicke t_1 für **1** 8 mm, für **2** u. **3** siehe in der Tabelle bei **2** (oben).

5) **Längenstufung** in Stahlbau 30..(+ 5)..200, im Holzbau 30..(+ 5)..80..(+ 10)..200.

6) Einschließlich Muttern ohne Scheiben. Die Gewichte gelten für DIN 7990. Die Schrauben für den Holzbau sind 2 bis 4 % leichter. Passschrauben 2 bis 3 % schwerer.

7) Passende **Klemmlänge** = *l* – *b* – *x* ± 2 mm.
Beispiel (für M 20):
100 mm – 26 mm – 4 mm = 70 mm.
Die Klemmlänge beträgt 68 bis 72 mm.

8) Maßgebend für d. Berechnen v. **Passschrauben und Nieten auf Abscheren und Lochleibung**. **Schaft**-Ø = **Loch**-Ø.

9) Maßgebend für das **Berechnen von rohen Schrauben auf Abscheren**. **Schaft-Ø = Nenn-Ø**.

10) Maßgebend für das **Berechnen von Ankern oder Schrauben auf Zug in Längsrichtung** ist der **Gewindekern**-Ø.

11) Im **Stahlbau** wird für die **Zugbeanspruchung** bei Schrauben der Festigkeitsklassen 8.8 und 10.9 mit dem Spannungs-Querschnitt A_{Sp} gerechnet.

$$A_{Sp} = \frac{\pi}{4} \cdot \left(\frac{\text{Flanken-Ø} + \text{Kern-Ø}}{2}\right)^2$$

Profile aus Stahl I

DIN 1025/94

Hier werden nur die meistverwendeten Profile in den gebräuchlichsten Abmessungen vorgestellt.

I-Stahl

Bezeichnung	Abmessungen der Profile in mm *h*	*b*	*s*	mittlere Dicke *t*	Querschnitt *A* cm²	Gewicht *G* kg/m	Biegeachse y…y I_y cm⁴	W_y cm³	i_y cm	Biegeachse z…z I_z cm⁴	W_z cm³	i_z cm
IPE												
80	80	46	3,8	5,2	7,64	**6**	80,1	**20,0**	3,24	8,49	3,69	**1,05**
100	100	55	4,1	5,7	10,3	**8,1**	171	**34,2**	4,07	15,9	5,79	**1,24**
120	120	64	4,4	6,3	13,2	**10,4**	318	**53,0**	4,90	27,7	8,66	**1,45**
140	140	73	4,7	6,9	16,4	**12,9**	541	**77,1**	5,74	44,9	12,3	**1,65**
160	160	82	5,0	7,4	20,1	**15,8**	869	**109**	6,58	68,3	16,7	**1,84**
180	180	91	5,3	8,0	23,9	**18,8**	1320	**146**	7,42	101	22,2	**2,05**
200	200	100	5,6	8,5	28,5	**22,4**	1940	**194**	8,26	142	28,5	**2,24**
240	240	120	6,2	9,8	39,1	**30,7**	3890	**324**	9,97	284	47,3	**2,69**
270	270	135	6,6	10,2	45,9	**36,1**	5790	**429**	11,2	420	62,2	**3,02**
300	300	150	7,1	10,7	53,8	**42,2**	8360	**557**	12,5	604	80,5	**3,35**
330	330	160	7,5	11,5	62,6	**49,1**	11770	**713**	13,7	788	98,6	**3,55**
360	360	170	8,0	12,7	72,7	**57,1**	16270	**904**	15,0	1040	123	**3,79**
400	400	180	8,6	13,5	84,5	**66,3**	23130	**1160**	16,5	1320	146	**3,95**
HE-A (IPBl)												
100	96	100	5	8	21,2	**16,7**	349	**72,8**	4,06	134	26,8	**2,51**
120	114	120	5	8	25,3	**19,9**	606	**106**	4,89	291	38,5	**3,02**
140	133	140	5,5	8,5	31,4	**24,7**	1030	**155**	5,73	389	55,6	**3,52**
160	152	160	6	9	38,8	**30,4**	1670	**220**	6,57	616	76,9	**3,98**
180	171	180	6	9,5	45,3	**35,5**	2510	**294**	7,45	925	103	**4,52**
200	190	200	6,5	10	53,8	**42,3**	3690	**389**	8,28	1340	134	**4,98**
240	230	240	7,5	12	76,8	**60,3**	7760	**675**	10,1	2770	231	**6,00**
260	250	260	7,5	12,5	86,8	**68,2**	10450	**836**	11,0	3670	282	**6,50**
300	290	300	8,5	14	112	**88,3**	18260	**1260**	12,7	6310	421	**7,49**
340	330	300	9,5	16,5	133	**105**	27690	**1680**	14,4	7440	496	**7,46**
360	350	300	10	17,5	143	**112**	33090	**1890**	15,2	7890	526	**7.43**
400	390	300	11	19	159	**125**	45070	**2310**	16,8	8560	571	**7,34**
HE-B (IPB)												
100	100	100	6	10	26	**20,4**	450	**89,9**	4,16	167	33,5	**2,53**
120	120	120	6,5	11	34	**26,7**	864	**144**	5,04	318	52,9	**3,06**
140	140	140	7	12	43	**33,7**	1510	**216**	5,93	550	78,5	**3,58**
160	160	160	8	13	54,3	**42,6**	2490	**311**	6,78	889	111	**4,05**
180	180	180	8,5	14	65,3	**51,2**	3830	**426**	7,66	1360	151	**4,57**
200	200	200	9	15	78,1	**61,3**	5700	**570**	8,54	2000	200	**5,07**
240	240	240	10	17	106	**83,2**	11260	**938**	10,3	3920	327	**6,08**
260	260	260	10	17,5	118	**93**	14920	**1150**	11,2	5130	395	**6,58**
300	300	300	11	19	149	**117**	25170	**1680**	13,0	8560	571	**7,58**
340	340	300	12	21,5	171	**134**	36600	**2160**	14,6	9690	646	**7,53**
360	360	300	12,5	22,5	181	**142**	43190	**2400**	15,5	10140	676	**7,49**
400	400	300	13,5	24	198	**156**	57680	**2880**	17,1	10820	721	**7,40**

I-Europa-Profile (IPE)
DIN 1025, Bl. 5 1)…4)

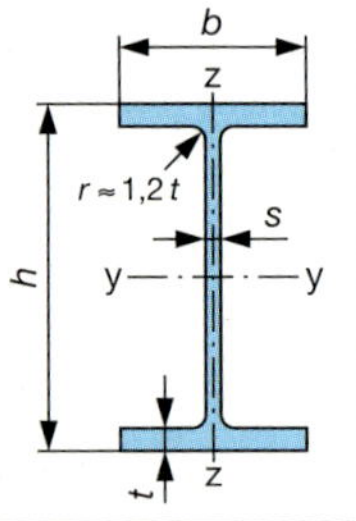

I-Profile, parallelflanschig, breit, leicht (HE-A)
DIN 1025, Bl. 3 1)…5)

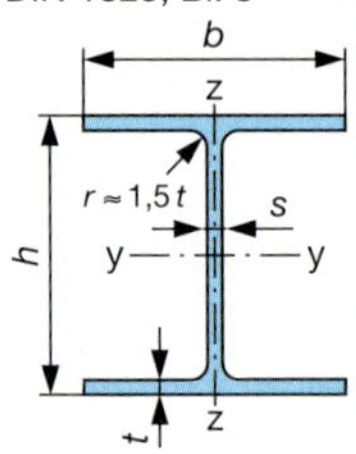

I-Profile, parallelflanschig, breit (HE-B)
DIN 1025, Bl. 2 1)…5)

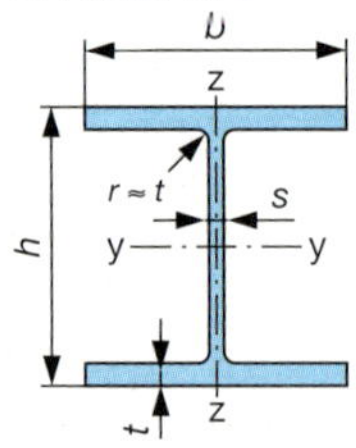

1) Gewicht berechnet mit der Dichte = 7,85 kg/dm³.
2) Stahlsorte nach Seite 274 angeben.
3) Regellängen für I, ⊔ 8 bis 16 m, ab I 300 und ⊔ 300 8 bis 18 m, für L, T 6 bis 12 m.

4) **Die Bezeichnung der Achsen wurde nach DIN 1080 umbenannt:**

Längsachsen eines Stabes			**x**
Bisherige x-Achse		**jetzt**	**y**
"	**y**	"	**z**
"	**ξ (Ksi)**	"	**η (Eta)**
"	**η (Eta)**	"	**ζ (Zeta)**

5)

nach Euronorm	bisherige Bezeichnung
HE-A	IPBl
HE-B	IPB

Benennungs-Beispiele:
HE-A 160 DIN 1025 – S 235 JR
HE-B 100 DIN 1025 – S 355 JR

W = Widerstandsmoment, vergl. S. 60
I = Trägheitsmoment, vergl. S. 60
i = Trägheitshalbmesser, vergl. S. 74

Profile aus Stahl II

DIN 1025/94

T-Stahl

hochstegig, nach DIN 1024 1)...3)

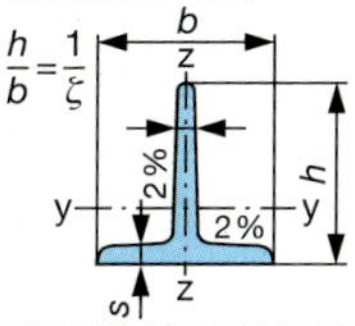

Bezeichnung	h (mm)	b (mm)	s (mm)	Querschnitt A cm²	Gewicht G kg/m	Biegeachse y...y: I_y cm⁴	W_y cm³	i_y cm	Biegeachse z...z: J_z cm⁴	W_z cm³	i_z cm
T 30	30	30	4	2,26	**1,77**	1,72	**0,80**	0,87	0,87	0,58	**0,62**
T 40	40	40	5	3,77	**2,96**	5,28	**1,84**	1,18	2,58	1,29	**0,83**
T 50	50	50	6	5,66	**4,44**	12,1	**3,36**	1,46	6,06	2,42	**1,03**
T 60	60	60	7	7,94	**6,23**	23,8	**5,48**	1,73	12,2	4,07	**1,24**
T 70	70	70	8	10,6	**8,32**	44,5	**8,79**	2,05	22,1	6,32	**1,44**
T 80	80	80	9	13,6	**10,7**	73,7	**12,8**	2,33	37	9,25	**1,65**
T 100	100	100	11	20,9	**16,4**	179	**24,6**	2,92	88,3	17,7	**2,05**

L-Stahl

gleichschenkliger Winkelstahl nach DIN 1028 Auswahl 1)...4)

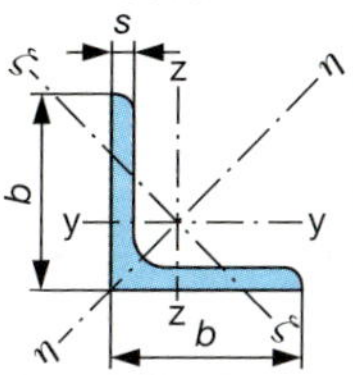

Bezeichnung b · s	Querschnitt A cm²	Gewicht G kg/m	y...y = z...z: I_y cm⁴	W_y cm³	i_y cm	η...η: I_η cm⁴	r_η cm	ζ...ζ: I_ζ cm⁴	W_ζ cm³	i_ζ cm
40 · 4	3,08	**2,42**	4,48	**1,55**	1,21	7,09	1,52	1,86	1,18	**0,78**
45 · 5	4,3	**3,38**	7,83	**2,43**	1,35	12,4	1,70	3,25	1,80	**0,87**
50 · 5	4,8	**3,77**	11	**3,05**	1,51	17,4	1,90	4,59	2,32	**0,98**
60 · 6	6,91	**5,42**	22,8	**5,29**	1,82	36,1	2,29	9,43	3,95	**1,17**
70 · 7	9,4	**7,38**	42,4	**8,43**	2,12	67,1	2,67	17,6	6,31	**1,37**
80 · 8	12,3	**9,66**	72,3	**12,6**	2,42	115	3,06	29,6	9,25	**1,55**
90 · 9	15,5	**12,2**	116	**18**	2,74	184	3,45	47,8	13,3	**1,67**
100 · 10	19,2	**15,1**	177	**24,7**	3,04	280	3,04	73,3	18,4	**1,95**
110 · 10	21,2	**16,6**	239	**30,3**	3,36	379	4,23	98,6	22,7	**2,16**
120 · 12	27,5	**21,6**	368	**42,7**	3,65	584	4,60	152	31,6	**2,35**

L-Stahl

ungleichschenkliger Winkelstahl nach DIN 1029 Auswahl 1)...4)

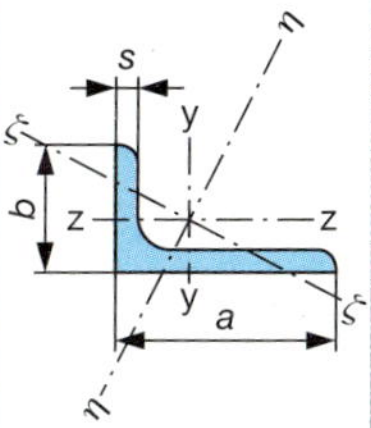

Bezeichnung a · b · s	Querschnitt A cm²	Gewicht G kg/m	Biegeachse y..y: I_y cm⁴	W_y cm³	i_y cm	Biegeachse z..z: I_z cm⁴	W_z cm³	i_z cm	η...η: I_η cm⁴	I_η cm	ζ...ζ: I_ζ cm⁴	i_ζ cm
40 · 20 · 4	2,25	**1,77**	3,59	**1,42**	1,26	0,60	0,39	0,52	3,79	1,30	0,39	**0,42**
45 · 30 · 4	2,87	**2,25**	5,78	**1,91**	1,42	2,05	0,91	0,85	6,65	1,52	1,18	**0,64**
50 · 30 · 5	3,78	**2,96**	9,41	**2,88**	1,58	2,54	1,12	0,82	10,4	1,66	1,56	**0,64**
50 · 40 · 5	4,27	**3,35**	10,4	**3,02**	1,56	5,89	2,01	1,18	13,3	1,76	3,02	**0,84**
60 · 30 · 5	4,29	**3,37**	15,6	**4,04**	1,90	2,60	1,12	0,78	16,5	1,96	1,69	**0,63**
60 · 40 · 5	4,79	**3,76**	17,2	**4,25**	1,89	6,11	2,02	1,13	19,8	2,03	3,50	**0,86**
60 · 40 · 6	5,68	**4,46**	20,1	**5,03**	1,88	7,12	2,38	1,12	23,1	2,02	4,12	**0,85**
65 · 50 · 5	5,54	**4,35**	23,1	**5,11**	2,04	11,9	3,18	1,47	28,8	2,28	6,21	**1,06**
70 · 50 · 6	6,88	**5,40**	33,5	**7,04**	2,21	11,3	3,81	1,44	39,9	2,41	7,94	**1,07**
75 · 50 · 7	8,30	**6,51**	46,4	**9,24**	2,36	16,5	4,39	1,41	53,3	2,53	9,56	**1,07**
80 · 40 · 6	6,89	**5,41**	44,9	**8,73**	2,55	7,59	2,44	1,05	47,6	2,63	4,90	**0,84**
80 · 40 · 8	9,01	**7,07**	57,6	**11,4**	2,53	9,68	3,18	1,04	60,9	2,60	6,41	**0,84**
80 · 60 · 7	9,38	**7,36**	59,0	**10,7**	2,51	28,4	6,34	1,74	72,0	2,77	15,4	**1,28**
100 · 50 · 8	11,5	**8,99**	116	**18,0**	3,18	19,5	5,04	1,31	123	3,28	12,6	**1,05**
100 · 65 · 9	14,2	**11,1**	141	**21,0**	3,15	46,7	9,52	1,82	160	3,36	27,2	**1,39**
100 · 75 · 9	15,1	**11,8**	148	**21,5**	3,13	71,0	12,7	2,17	181	3,47	37,8	**1,59**
100 · 80 · 10	19,1	**15**	276	**34,1**	3,80	98,1	16,2	2,27	318	4,07	56,1	**1,71**

Warmgewalzte I-Träger, Schmale I-Träger

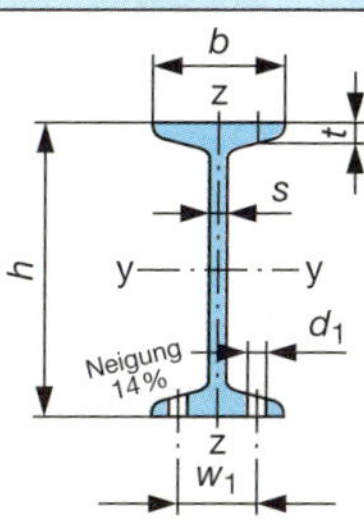

I	h mm	b mm	s mm	t mm	I_y cm⁴	W_y cm³	I_z cm⁴	W_z cm³	m' kg/m	$d_{1\,max}$ mm
80	80	42	3,9	5,9	77,8	19,5	6,29	3	5,94	6,4
100	100	50	4,5	6,8	171	34,2	12,2	4,88	8,34	6,4
120	120	58	5,1	7,7	328	54,7	21,5	7,41	11,1	8,4
140	140	66	5,7	8,6	573	81,9	35,2	10,7	14,3	11
160	160	74	6,3	9,5	935	117	54,7	14,8	17,9	11
180	180	82	6,9	10,4	1450	161	81,3	19,8	21,9	13 2)
200	200	90	7,5	11,3	2140	214	117	26,0	26,2	13

Profile aus Stahl III

DIN 1025/94

⊏-Stahl

(⊔-Stahl)
nach DIN 1026
Auswahl

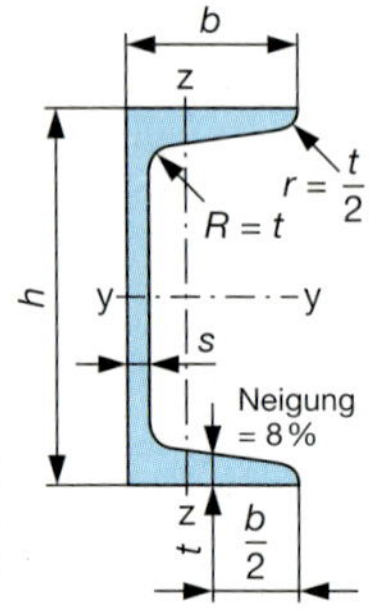

Bezeichnung *h*	Abmessungen der Profile in mm *h*	*b*	*s*	*t*	Querschnitt *A* cm²	Gewicht *G* kg/m	Biegeachse y…y I_y cm⁴	W_y cm³	i_y cm	Biegeachse z…z I_z cm⁴	W_z cm³	i_z cm
40	40	35	5	7	6,21	**4,87**	14,1	**7,05**	1,50	6,68	3,03	**1,04**
50	50	38	5	7	7,12	**5,59**	26,4	**10,6**	1,92	9,12	3,75	**1,13**
60	60	30	6	6	6,46	**5,07**	31,6	**10,5**	2,21	4,51	2,16	**0,84**
65	65	42	5,5	7,5	9,03	**7,09**	57,5	**17,7**	2,52	14,1	5,07	**1,25**
80	80	45	6	8	11	**8,64**	106	**26,5**	3,10	19,4	6,36	**1,33**
100	100	50	6	8,5	13,5	**10,6**	206	**41,2**	3,91	29,3	8,49	**1,47**
120	120	55	7	9	17	**13,4**	364	**60,7**	4,62	43,2	11,1	**1,59**
140	140	60	7	10	20,4	**16**	605	**86,4**	5,45	62,7	14,8	**1,75**
160	160	65	7,5	10,5	24	**18,8**	925	**116**	6,21	85,3	18,3	**1,89**
180	180	70	8	11	28	**22**	1350	**150**	6,95	114	22,4	**2,02**
200	200	75	8,5	11,5	32,2	**25,3**	1910	**191**	7,70	148	27,0	**2,14**
220	220	80	9	12,5	37,4	**29,4**	2690	**245**	8,48	197	33,6	**2,30**
240	240	85	9,5	13	42,3	**33,2**	3600	**300**	9,22	248	39,6	**2,42**
260	260	90	10	14	48,3	**37,9**	4820	**371**	9,99	317	47,7	**2,56**
300	300	100	10	16	58,8	**46,2**	8030	**535**	11,4	495	67,8	**2,90**

Anreißmaße (Wurzelmaße) nach DIN 997, für Form- und Stabstahl

alle Maße in mm

Gilt auch für ungleichschenkligen ⊔-Stahl

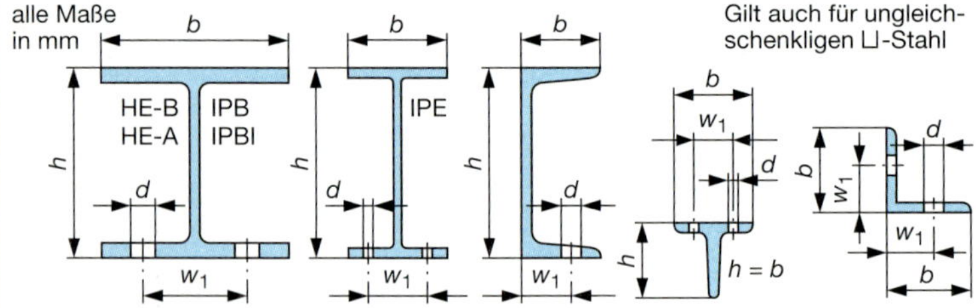

Vierkant- und Rundstahl

DIN 1014 u. 1013
Auswahl

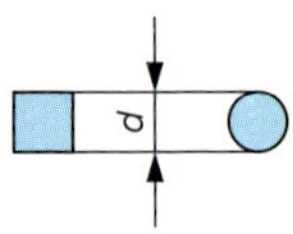

HEA + HEB $d \leq$	w_1 [1]	*h* mm	IPE $d \leq$	w_1 [1]	*h* mm		⊔ $d \leq$	w_1 [1]	T $d \leq$	w_1 [1]	*b* mm	L + L $d \leq$	w_1 [1]	kg/10 m	*d* mm	kg/10 m
–	–	**80**	6,4	26	**80**		13	25	3,2	–	**20**	4,3	12	–	**5**	1,54
13	56	**100**	8,4	30	**100**		13	50	3,2	15	**25**	6,4	15	2,83	**6**	2,22
17	66	**120**	8,4	36	**120**		17 [2]	30	4,3	17	**30**	8,4	17	5,02	**8**	3,95
21	76	**140**	11	40	**140**		17	35	4,3	19	**35**	11	18	7,85	**10**	6,17
23	86	**160**	13	44	**160**		21 [2]	35	6,4	21	**40**	11	22	11,3	**12**	8,88
25	100	**180**	13	50	**180**		21	40	6,4	24	**45**	13	25	17,7	**15**	13,9
25	110	**200**	13	56	**200**		23 [2]	40	6,4	30	**50**	13	30	20,1	**16**	15,8
25	120	**240**	17	68	**240**		23	45	8,4	34	**60**	17	35	31,4	**20**	24,7
25	120	**260**	21 [2]	72	**270**	**260**	25	50	11	38	**70**	21	40	38,0	**22**	29,8
28	120	**300**	23	80	**300**	**280**	25	50	11	45	**80**	23	45	45,2	**24**	35,8
28	120	**340**	25 [2]	86	**330**	**300**	28	55	13	50	**90**	25	50	49,1	**25**	38,5
28	120	**360**	25	90	**360**	**320**	28	58	13	60	**100**	25	45	70,7	**30**	55,5
28	120	**400**	28 [2]	96	**400**	**350**	28	58	–	–	**110**	25	45	96,2	**35**	75,5
28	120	**450**	28	106	**450**	**380**	28	60	17	70	**120**	25	50	126	**40**	98,6
28	120	**500**	28	110	**500**	**400**	28	60	21	80	**140**	28	55	159	**45**	125
														196	**50**	154

[1] Die gleichen Abstände *w* dürfen für Schrauben und Niete mit kleinerem Durchmesser als dem in der Tabelle genannten max *d* gewählt werden.

[2] Für hochfeste Schraubenverbindungen ist nur der kleinere, in der Zeile darüber stehende Durchmesser zulässig.

Band- und Flachstahl

Bandstahl nach DIN 1016

$t \leqq 5$ mm

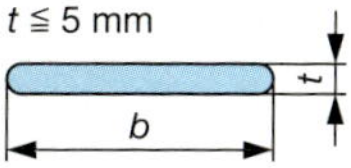

Geliefert in Ringen, Bünden oder in walzgeraden Streifen.

Flachstahl nach DIN 1017

$t \geqq 5$ mm

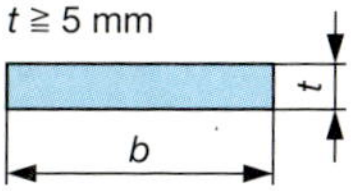

Lieferlängen 3 bis 15 m.

Breite *b*	**Bandstahl** $t \leqq 5$ mm							$t \geqq 5$ mm **Flachstahl**					
	Dicke *t* in mm												
	1	1,5	2	2,5	3	3,5	4	5	6	8	10	13	15
mm	Gewichte in kg für **10 m** Länge:												
12	0,942	1,14	1,88	2,36	2,83	–	–	–	5,65	–	–	–	–
16	1,26	1,88	2,51	3,14	3,77	4,40	5,02	6,28	7,54	10,0	12,6	–	–
20	1,57	2,36	3,14	3,93	4,71	5,50	6,28	7,85	9,42	12,6	15,6	20,4	23,6
25	1,96	2,94	3,93	4,91	5,89	6,87	7,85	9,81	11,8	15,7	19,6	25,5	29,4
30	2,36	3,53	4,71	5,89	7,07	8,24	9,42	11,8	14,1	18,8	23,6	30,6	35,3
35	2,75	4,12	5,50	6,87	8,24	9,62	11,0	13,7	16,5	22,0	27,5	35,7	41,2
40	3,14	4,71	6,28	7,85	9,42	11,0	12,6	15,7	18,8	25,1	31,4	40,8	47,1
50	–	5,89	7,85	9,81	11,8	13,7	15,7	19,6	23,6	31,4	39,3	51,0	58,9
60	–	7,07	9,42	11,8	14,1	16,5	18,8	23,6	28,3	37,7	47,1	61,2	70,7
70	–	–	11,0	13,7	16,5	19,2	22,0	27,5	33,0	44,0	55,0	71,4	82,4
80	–	–	12,6	15,7	18,8	22,0	25,1	31,4	37,7	50,2	62,8	81,6	94,2
100	–	–	–	–	23,6	27,5	31,4	39,3	47,1	62,8	78,5	102	118

Draht und Bleche

Stahldraht

n. DIN 177 Auswahl

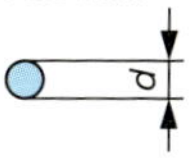

Ø mm	kg/1000 m
0,25	0,385
0,32	0,631
0,4	0,989
0,5	1,54
0,63	2,45
0,8	3,95
1	6,16
1,12	7,69
1,25	9,66
1,4	12,1
1,6	15,8
1,8	19,9
2	24,6
2,5	38,5
3,15	61,2
4	98,9

Stahlblech

nach DIN 1016, Feinblech < 3 mm, Warm-Breitbandblech 3…10 mm. Handelsüblich ist „Warmband" m. Naturwalzkanten (NK) bis 2000 mm breit.

d mm	Gewicht kg/m²
0,88	6,91
1,00	7,85
1,13	8,87
1,25	9,81
1,50	11,8
2,00	15,7
2,50	19,6
3,00	23,6
4,00	31,4
5,00	39,3
6,00	47,1
8,00	62,8
10,00	78,5

Lieferformen: Schwarzblech, verzinktes, verbleites oder verzinntes Stahlblech (Weißblech). **Blech DIN 1016-S 235 JR-2 x 1000 x 2000** = 2 mm dick, 1 m breit, 2 m lang aus S 235 JR (St 37.2).

Kupferblech

n. DIN 1751 und 1791, für Dachdeckungen, Rinnen usw. ● Sperrfolie

d mm	Gew. kg/m²
0,1 ●	0,89
0,5	4,45
0,6	5,34
0,7	6,23
0,8	7,12
0,9	8,00
1,0	8,90

Außerdem d. *d* 0,1…0,4 und 1,1…5. **Tafeln** 0,6 · 2 m². **Bänder** in Rollen 100… 600 mm breit.

Zinkblech

nach DIN 17770, für Dachdeckungen, Rinnen, Abfallrohre und Abdeckungen.

früher *d* Nr.	früher *d* mm	jetzt *d* mm	jetzt Gew. kg/m²
10	0,5	0,5	3,59
		0,55	3,95
11	0,58	0,6	4,32
12	0,66	**0,65**	4,68
		0,7	5,04
13	0,74	**0,75**	5,40
14	0,82	**0,8**	5,76

Außerdem die Dicken 0,2; 0,3; 0,4; 0,9; 1; 1,2 und 1,5. **Tafeln** in m: 1 · 2; 0,8 · 2; 0,65 · 2; 1 · 2,25 und 1 · 2,5. **Bänder** 100… 800 mm breit, gerollt; Rollengewicht 250 kg.

Hartbleiblech

Hartbleiblech und Hartbleifolie
● Sperrfolie
■ Unterlegscheib.
▲ „Dachdeckungsblech"

	d mm	Gew. kg/m²
● Folien	**0,2**	0,28
	0,25	2,85
	0,3	3,42
	0,4	4,56
▲ Bleche	**0,5**	5,7
	0,75	8,6
■	**1,0**	11,4

Außerdem 12 Foliendicken bis 0,018 mm; Bl. 0,5…(+0,1)…1 …(+0,25)…3,5 mm **Bahnen** 500 und 1000 mm breit bis 20 m lang, gerollt. Rollengewicht meist 100 kg.

Alublech

n. DIN 1783 und 1784
● Sperrfolie
▮ Dachdeck.-blech

d mm	Gew. kg/m²
0,2 ●	0,54
0,3	0,81
0,4	1,08
0,5	1,35
0,6 ▮	1,62
0,8 ▮	2,16
1,0	2,70

Außerd. Bl. 1,2; 1,5; 1,8; 2 bis 30 mm. **Folien** 0,009 …0,1 mm aus Rein-Alu. Kennfarbe: blau. **Tafeln** in m: 1(0,5; 0,6) · 2 u. 1,25 · 2,50. **Bänder** bis 1,50 m breit.

3) **Dichten** ϱ in kg/dm³

Kupfer	8,9	Aluminium	2,7
Zink	7,18	Stahlblech	7,85
Hartblei	11,4		

1 m² eines 1 mm dicken Bleches besitzt das Volumen von 1 dm³ und wiegt soviel kg, wie die Dichtezahl angibt.

Stahlrohre I

Glatte runde Stahlrohre

DIN 2448/2.81

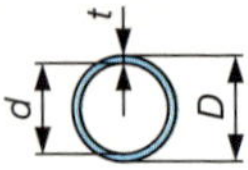

Bezeichnungsbeispiel: **Rohr DIN 2448 - S 235 = JR - 88,9 x 5**
Außendurchmesser: D = 88,9 mm,
Wanddicke t · 5 mm, aus Stahl S 235 JR (St 37-2)

D mm	***t*** mm	***d*** mm	***A*** cm²	***G*** kg/m	***I*** cm⁴	***W*** cm³	***i*** cm	***D*** mm	***t*** mm	***d*** mm	***A*** cm²	***G*** kg/m	***I*** cm⁴	***W*** cm³	***i*** cm
25	3,2	18,4	2,19	1,72	1,33	1,06	0,78	101,6	6,3	89	18,9	14,9	215	42,3	3,38
30	2,6	24,8	2,24	1,77	2,12	1,41	0,97	108	3,6	100,8	11,8	9,33	161	29,8	3,69
30	4	22	3,27	2,59	2,83	1,88	0,93	108	6,3	95,4	20,1	15,8	261	48,4	3,6
35	2,6	29,8	2,65	2,08	3,5	2	1,15	121	4	113	14,7	11,5	252	41,6	4,14
38	4	30	4,27	3,38	6,26	3,29	1,21	127	8	111	29,3	23,4	532	83,7	4,22
51	4	43	5,91	4,66	16,4	6,44	1,67	133	8	117	31,4	24,6	616	92,6	4,43
54	2,6	48,8	4,2	3,3	13,9	5,15	1,82	139,7	8	123,7	33,1	25,9	720	103	4,66
57	5	47	8,17	6,41	27,9	9,78	1,85	152,4	5	142,4	23,2	18,2	630	82,6	5,21
60,3	2,9	54,5	5,23	4,14	21,6	7,16	2,03	152,4	8	136,4	36,3	28,4	949	125	5,11
63,5	2,9	57,7	5,52	4,36	25,4	8	2,14	171	10	151	50,6	39,7	1645	192	5,7
63,5	5	53,5	9,19	7,21	39,6	12,5	2,08	193,7	8,8	176,1	51,1	40	2189	226	6,54
70	2,9	64,2	6,11	4,83	34,5	9,85	2,37	219,1	5,9	207,3	39,5	31	2247	205	7,54
70	5	60	10,2	8,01	54,2	15,5	2,3	219,1	10	199,1	65,7	51,6	3598	328	7,4
82,5	5	72,5	12,2	9,56	91,8	22,8	2,75	244,5	6,3	231,9	47,1	37	3346	274	8,43
88,9	3,2	82,5	8,62	6,81	79,2	17,8	3,03	244,5	8	228,5	59,4	46,7	4160	340	8,37
88,9	5,6	77,2	14,7	11,5	128	28,7	2,95	267	6,3	254,4	51,6	40,5	4386	329	9,22

Quadratische Stahlrohre

DIN 59410/5.74

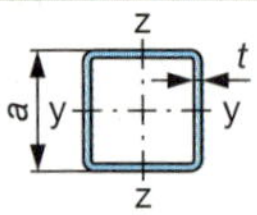

(Warmgeformte quadratische Stahl-Hohlprofile für den Stahlbau)
Bezeichnungsbeispiel: **Hohlprofil DIN 59410 S 235 JR - 100 x 100 x 5**
Seitenlänge a = 100 mm, Wanddicke t = 5 mm
aus Stahl S 235 JR (St 37-2)

Nennmaß	Wanddicke	Schnittfläche	Längengewicht	Mantelfläche	Biegung um die y- oder z-Achse			Torsion (Verdrehung)	
a mm	***t*** mm	***A*** cm²	***G*** kg/m	***M*** m²/m	***I*** cm⁴	***W*** cm³	***i*** cm	I_T cm⁴	W_T cm
40	2,9 5	4,23 6,78	3,32 5,33	0,155 0,151	9,7 13,8	4,83 6,91	1,51 1,43	15 21,9	15 21,9
60	2,9 5	6,55 10,8	5,14 8,47	0,235 0,231	35,5 54,1	11,8 18	2,33 2,24	54,5 84,5	54,5 84,5
80	4,5 5,6	13,4 16,4	10,5 12,9	0,312 0,31	127 151	31,7 37,6	3,08 3,03	196 234	196 234
100	5 8	18,8 28,9	14,7 22,4	0,391 0,386	281 406	56,3 81,1	3,87 3,75	433 633	433 633
120	6,3	28	22	0,465	598	99,7	4,62	942	942
140	6,3 10	33,1 50,5	26 39,6	0,545 0,536	977 1400	140 200	5,44 5,27	1530 2250	1530 2250
160	6,3 10	37,7 57,4	29,6 45,1	0,618 0,606	1460 2100	183 263	6,23 6,05	2330 3470	2330 3470
180	6,3 10	42,8 65,4	33,6 51,4	0,698 0,686	2120 3090	236 343	7,05 6,87	3360 5040	3360 5040
200	6,3 10	47,8 73,4	37,5 57,6	0,778 0,766	2960 4340	296 434	7,86 7,69	4660 7020	4660 7020
220	6,3 10	52,8 81,4	41,5 63,9	0,858 0,846	3980 5890	362 535	8,68 8,5	6250 9470	6250 9470
260	7,1 11	70,5 106	55,4 83,6	1,01 1	7450 10830	573 833	10,3 10,1	11660 17350	11660 17350

Stahlrohre II

Rechteckige Stahlrohre

DIN 59410/5.74

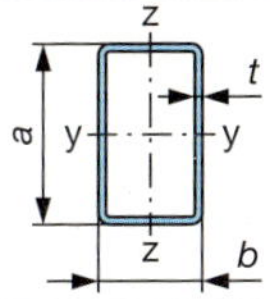

(Warmgeformte rechteckige Stahl-Hohlprofile für den Stahlbau)

Bezeichnungsbeispiel: **Hohlprofil DIN 59410 S 235 JR - 90 x 50 x 4**
Seitenlänge a = 90 mm, b = 50 mm,
Wanddicke t = 4 mm, aus S 235 JR (St 37-2)

Nennmaße	Wanddicke	Schnittfläche	Gewicht	Mantelfläche	Biegebeanspruchung um die y-Achse			Biegebeanspruchung um die z-Achse			Torsion (Verdrehung)	
a x ***b*** mm	t mm	A cm²	G kg/m	M m²/m	I_y cm⁴	W_y cm³	i_y cm	I_z cm⁴	W_z cm³	i_z cm	I_T cm⁴	W_T cm
60 x 40	2,9	5,39	4,23	0,195	26	8,67	2,2	13,4	6,83	1,59	28,0	12,3
	5	8,79	6,9	0,191	39	13	2,11	20	10	1,51	41,9	19,2
70 x 40	2,9	5,97	4,69	0,215	38,1	10,9	2,53	15,7	7,83	1,62	34,9	14,4
	5	9,79	7,68	0,211	57,9	16,5	2,43	23,1	11,5	1,54	52,6	22,7
80 x 40	4,5	9,82	7,71	0,232	75,6	18,9	2,77	24,4	12,2	1,58	59,1	24,1
	5,6	11,9	9,35	0,23	88,5	22,1	2,72	28	14	1,53	68,6	28,6
90 x 50	4,5	11,6	9,12	0,272	119	26,4	3,2	46,2	18,5	1,99	105	35
	5,6	14,2	11,1	0,27	140	31,2	3,15	53,9	21,5	1,95	124	41,9
100 x 50	4,5	12,5	9,83	0,292	155	31	3,52	50,9	20,4	2,02	122	39
	5,6	15,3	12	0,29	184	36,8	3,47	59,4	23,8	1,97	144	46,9
100 x 60	5	14,8	11,6	0,311	191	38,2	3,6	84,5	28,2	2,39	184	52,2
	8	22,5	17,7	0,306	270	54	3,46	116	38,7	2,27	259	76,3
120 x 60	5	16,6	13	0,348	296	49,3	4,22	98,2	32,7	2,43	239	63,1
	6,3	20,5	16,1	0,345	345	59	4,16	116	38,6	2,38	286	76,6
	10	30,5	23,9	0,336	479	79,9	3,97	151	50,3	2,23	387	109
140 x 80	5	20,6	16,2	0,428	529	75,6	5,07	220	55	3,27	496	101
	6,3	25,5	20	0,425	639	91,3	5,01	263	65,8	3,21	601	124
	10	38,5	30,2	0,416	895	128	4,82	360	89,9	3,06	848	181
160 x 80	5	22,4	17,6	0,463	722	90,2	5,68	244	61	3,3	599	116
	6,3	27,6	21,7	0,458	868	109	5,61	291	72,8	3,25	727	142
	10	41,4	32,5	0,446	1200	150	5,39	393	98,4	3,08	1030	206
160 x 90	5	23,4	18,3	0,483	782	97,7	5,78	320	71	3,7	738	131
	6,3	28,9	22,7	0,478	943	118	5,71	383	85,1	3,64	899	161
	10	43,4	34,1	0,466	1310	164	5,5	524	116	3,47	1280	236
180 x 100	6,3	32,7	25,6	0,538	1360	151	6,46	544	109	4,08	1280	204
	8	40,6	31,9	0,533	1640	183	6,36	651	130	4,01	1550	251
	10	49,9	38,8	0,526	1930	214	6,25	758	152	3,32	1850	302
200 x 100	6,3	35,2	27,6	0,578	1770	177	7,1	600	120	4,13	1470	227
	8	43,8	34,4	0,573	2150	215	7	719	144	4,05	1800	281
	10	53,4	41,9	0,566	2530	253	6,88	839	168	3,96	2140	338
200 x 120	6,3	37,7	29,6	0,618	2010	201	7,3	910	152	4,91	2030	277
	8	47	36,9	0,613	2440	244	7,21	1100	183	4,84	2490	342
	10	57,4	45,1	0,606	2890	289	7,1	1290	216	4,75	2990	414
220 x 120	6,3	40,2	31,6	0,658	2540	231	7,95	992	165	4,97	2320	305
	8	50,2	39,4	0,653	3100	281	7,85	1200	200	4,89	2850	378
	10	61,4	48,2	0,646	3680	335	7,74	1410	236	4,80	3420	458
260 x 180	6,3	52,8	41,5	0,858	5070	390	9,8	2880	320	7,39	5820	554
	8	66,2	52	0,853	6240	480	9,71	3540	393	7,31	7220	692
	10	81,4	63,9	0,846	7510	578	9,6	4240	472	7,22	8790	846

Schrauben I

Gewinde-Schneidschrauben, → ❼

Abmaß → unten mm	Ø · *l* mm · mm	1000 Stück wiegen Arten, → Blechschrauben S	Z	Sk	L
– 0,3	**M3** · 8	0,655	0,69 ⊗	0,47 ⊗	0,53 ⊗
	· 10	0,745	0,78 ⊗	0,56 ⊗	0,62 ⊗
	· 12	0,835	0,87 ⊗	0,64 ⊗	0,70 ⊗
	· 16	1,00	1,04 ⊗	0,82 ⊗	0,88 ⊗
	· 20	1,18	1,22 ⊗	1,00 ⊗	1,06 ⊗
	· 25	1,40	1,44 ⊗	1,22 ⊗	1,28 ⊗
– 0,4	**M4** · 10	1,64	1,47 ⊗	1,06 ⊗	1,21 ⊗
	· 12	1,80	1,63 ⊗	1,22 ⊗	1,37 ⊗
	· 16	2,10	1,95 ⊗	1,53 ⊗	1,68 ⊗
	· 20	2,41	2,25 ⊗	1,84 ⊗	1,99 ⊗
	bis · 70	6,28	–	–	–
je 5 mm länger:		+ 0,39	+ 0,39	+ 0,39	+ 0,39
– 0,4	**M5** · 12	2,87	2,80 ⊗	1,95 ⊗	2,23 ⊗
	· 16	3,37	3,30 ⊗	2,44 ⊗	2,72 ⊗
	· 20	3,87	3,78 ⊗	2,94 ⊗	3,22 ⊗
	bis · 80	11,3	–	–	–
je 5 mm länger:		+ 0,62	+ 0,62	+ 0,62	+ 0,62
– 0,5	**M6** · 16	5,11	4,98 ⊗	3,60 ⊗	4,07 ⊗
	· 20	5,80	5,69 ⊗	4,31 ⊗	4,78 ⊗
	bis · 90	17,9	–	–	–
je 5 mm länger:		+ 0,86	+ 0,86	+ 0,86	+ 0,86

	Kopf wie in	Gewinde wie in	DIN-Nr. für Schlitz	DIN-Nr. für Kreuzschlitz
S = Sechskantschrauben	❼	❼	7513	–
Z = Zylinderschrauben	❻	❼	7513	7516
Sk = Senkkopfschrauben	❶	❼	7513	7516
L = Linsensenkkopfschrauben	❷	❼	7513	7516

❼ Gewinde-Schneidschraube, DIN 7513, Form A

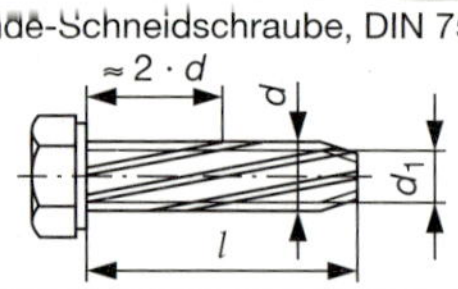

Kernloch-Ø für ❺, ❻ u. ❼:

Kernloch-Ø = Schrauben-Ø minus Abmaß

Die in Spalte 1 genannten Abmaße gelten für gebohrte Löcher in dickeren Stahlblechen.
Für dünnere Bleche, weichere Stoffe und gedornte Löcher größere Abmaße, eventuell Probebohrung.

Blechdicken für ❺, ❻:

Ø mm	Stahlblech für ❺	Stahlblech für ❻	Alu-Blech für ❺	Alu-Blech für ❻
3,5	0,4 … 3,0	0,4 … 0,8	0,7 … 6,0	0,7 … 1,2
4,2	0,5 … 4,0	0,4 … 1,5	0,7 … 8,0	0,5 … 1,5
4,8	0,5 … 5,0	0,4 … 1,5	1,0 … 10	0,5 … 1,5
6,3	0,5 … 5,0	0,4 … 1,5	1,2 … 10	–

Steinschrauben — DIN 529

❽ zeigt die gebräuchlichste Form C (mm)

d	M 10	M 12	M 16	M 20	M 24	M 30	M 36
max *a*	32	40	55	65	80	100	120
max *b*	25	30	40	50	60	75	90
min *l*	100	125	160	200	250	320	400
max *l*	250	320	500	800	1250	2000	2500

❽ Steinschraube

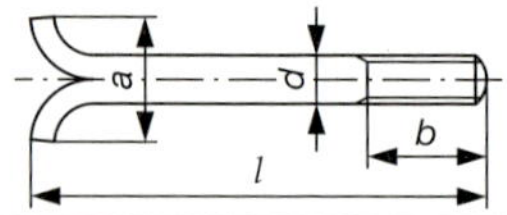

Holzschrauben

nach Zulassung des Instituts für Bautechnik, Berlin, vom 19. 8. 1992.

Würth ECOFAST und WÜPOFAST
zugelassen für Holzverbindungen bei vorwiegend ruhender Belastung.
Durchmesser *d* : 4; 4,5; 5 und 6 mm.
Längen: 25 … 120 mm.

Beanspruchung rechtwinklig zur Schaftrichtung, vorwiegend ruhend, Lastfall H (nur einschnittig)

zul $N = 17 \cdot d^2$ (in N)

Beim Aufschrauben von **Stahlteilen** darf zul *N* um 25 % erhöht werden. Beim Anschluss von **Platten aus Holzwerkstoffen** müssen folgende **Mindestdicken** eingehalten werden:

Bau-Furnier-Sperrholz nach DIN 68 705, T.3 1)	6 mm
Flachpressplatten f. d. Bauwesen n. DIN 68 763 1)	8 mm
Harte und mittelharte Holzfaserpl. DIN 68 754 1)	6 mm
Zementgeb. Holzspanplatten nach Zulassung	8 mm

Beanspruchung auf Herausziehen im Lastfall H:
zul $N_z = 3{,}0 \cdot s \cdot d_s$ (in N), jedoch höchstens $60 \cdot d_s^2$
Als **Einschraubtiefe *s*** darf nicht mehr als die Gewindelänge in Rechnung gestellt werden.
Kern-Ø d_s bei Ø 4: 2,8; Ø 4,5: 3,15; Ø 5: 3,55; Ø 6: 4,28 mm.
Beim Aufschrauben v. **Stahlteilen**: N_z 50% höher.
Beim Anschluss von **Platten aus Holzwerkstoffen** mit < 12 mm Dicke darf N_z höchstens 200 N sein.
Einschraubtiefe *s* muss ≥ 8 · *d* sein (*d* = Gewinde-Ø).
Vorbohren mit Ø = 0,7 · *d* ist nur bei zementgebundenen Holzspanplatten erforderlich.

1) Die Werte gelten auch für Platten mit bauaufsichtlicher Zulassung.
2) „Dach- und Fassadenschrauben" sind weniger hart als gehärtete Blechschrauben. Sie müssen der „Schmierung" wegen verkadmiert sein. Unterlegscheiben mit Neoprendichtung verwenden!
3) Senk-Blechschrauben mit Kreuzschlitz eignen sich auch für das Befestigen von Gipskarton- und Faserzementplatten.
4) Form C ist spitz, Form F endet stumpf.

Schrauben II

Holzschrauben

DIN 7996 und 7997

Bezeichnung Ø · *l* mm · mm	❶ 1000 Stück wiegen [5] kg	❷ kg	❸ kg
4 · 12	1,18⊗	1,27⊗	1,63⊗
· 16	1,49⊗	1,58⊗	1,93⊗
· 20	1,79⊗	1,89⊗	2,24⊗
· 25	2,17⊗	2,27⊗	2,62⊗
· 30	2,25⊗	2,66⊗	3,01⊗
· 35	2,94⊗	3,05⊗	3,39⊗
· 40	3,32⊗	3,45⊗	3,77⊗
· 50	4,05⊗	4,17⊗	4,50⊗
· 60	1,85⊕	1,89⊗	2,51⊗
4,5 · 16	1,85⊗	1,89⊗	2,51⊗
· 20	2,22⊗	2,27⊗	2,88⊗
· 25	2,71⊗	2,76⊗	3,37⊗
· 30	3,19⊗	3,26⊗	3,85⊗
· 35	3,68⊗	3,75⊗	4,34⊗
· 40	4,17⊗	4,22⊗	5,05⊗
· 50	5,14⊗	5,22⊗	5,80⊗
· 60	6,11⊗	6,20⊗	6,77⊗
5 · 16	2,31⊗	2,29⊗	3,31⊗
· 20	2,78⊗	2,77⊗	3,78⊗
· 25	3,37⊗	3,37⊗	3,37⊗
· 30	4,00⊗	4,00⊗	4,00⊗
· 35	4,55⊗	4,56⊗	4,60⊗
· 40	5,14⊗	5,16⊗	5,24⊗
· 50	6,32⊗	6,53⊗	6,75⊗
· 60	7,54⊗	7,57⊗	7,84⊗
· 70	8,72⊗	8,77⊗	8,96⊗
· 80	9,9 ⊗	10,0 ⊗	10,3 ⊗
6 · 20	4,12⊗	–	5,83
· 25	4,96⊗	–	6,66
· 30	5,80⊗	–	7,50
· 35	6,63⊗	6,76	8,33
· 40	7,47⊗	7,60⊗	9,17⊗
· 50	9,12⊗	9,29⊗	10,8 ⊗
· 60	10,8 ⊗	11,0 ⊗	12,5 ⊗
· 70	12,5 ⊗	12,7 ⊗	14,2 ⊗
· 80	14,3 ⊗	14,5 ⊗	16,0 ⊗
· 100	17,7	18,0	19,4
· 120	21,1	–	–
8 · 40	13,4	–	–
· 50	16,5	–	–
· 60	19,6	–	–
· 70	22,7	–	–
· 80	25,7	–	–
· 100	31,9		

Bezeichnung Ø · *l* mm · mm	❹ 1000 Stück wiegen kg
6 · 30	6,6
· 35	7,2
· 40	8,2
· 45	8,9
· 50	9,6
· 55	10,5
· 60	11,2
8 · 40	15,6
· 45	16,9
· 50	18,2
· 55	19,6
· 60	20,9
· 70	23,6
· 80	26,5
· 90	29,4
· 100	32,2
10 · 40	27,9
· 45	29,9
· 50	32,0
· 55	34,2
· 60	36,4
· 70	40,5
· 80	45,1
· 90	49,8
· 100	53,9
12 · 40	39,2
· 45	42,0
· 50	45,2
· 55	48,4
· 60	51,6
· 70	57,5
· 80	64,3
· 90	70,9
· 100	76,9
· 110	83,4
· 120	89,5
16 · 70	107
· 80	118
· 90	130
· 100	141
· 120	163
· 140	187
· 150	198
· 160	209

⊗ Diese Schrauben werden auch mit Kreuzschlitz hergestellt: DIN 7997, 7995 und 7996.

5) Die Gewichte gelten für Schrauben aus Stahl. Messing wiegt etwa das 1,08-fache, Aluminium das 0,357-fache von Stahl.

❶ Senk-Holzschrauben mit Längsschlitz DIN 97

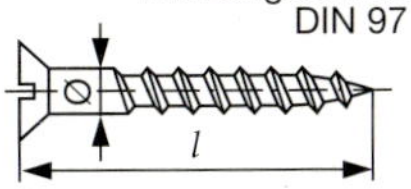

❸ Halbrund-Holzschrb. mit Längsschlitz

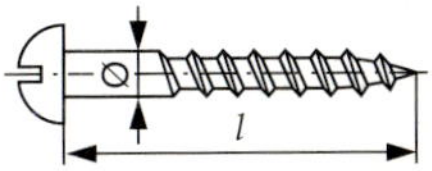

❷ Linsensenk-Holzschrb. mit Längsschlitz DIN 95

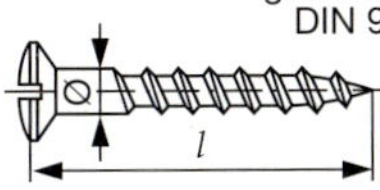

❹ Sechskant-Holzschrb. DIN 571

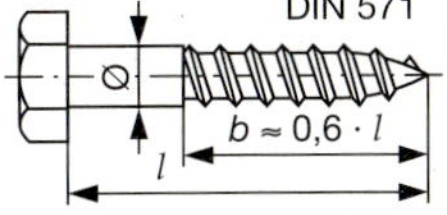

Blechschrauben (Auswahl) [2), 3), 4)]

	Kopf wie in	Gewinde wie in	DIN-Nr. für Schlitz	DIN-Nr. für Kreuzschlitz
S = Sechskantschrauben	❺	❺	7976	–
Z = Zylinderschrauben	❻	❻	7971	7981
Sk = Senkkopfschrauben	❶	❻	7972	7982
L = Linsensenkkopfschr.	❷	❻	7973	7983

Abmaß (Kernloch-Ø, → S. 290) mm	Bezeichnung Ø · *l* mm · mm	Art der Schrauben **S** 1000 Stück wiegen kg	**Z** kg	**Sk** kg	**L** kg
– 0,3	**3,5** · 16	1,08	1,17⊗	0,87⊗	1,05⊗
	· 19	1,23	1,32⊗	1,02⊗	1,20⊗
	· 22	1,38	1,47⊗	1,17⊗	1,35⊗
	· 25	1,54	1,62⊗	1,82⊗	1,50⊗
– 0,4	**4,2** · 16	1,76	1,71⊗	1,23⊗	1,53⊗
	· 19	1,97	1,92⊗	1,44⊗	1,74⊗
	· 22	2,19	2,13⊗	1,65⊗	1,95⊗
	· 25	2,40	2,34⊗	1,86⊗	2,16⊗
	· 32	2,91	2,83⊗	2,35⊗	2,65⊗
– 0,4	**4,8** · 22	2,90	3,10⊗	2,35⊗	2,78⊗
	· 25	3,19	3,40⊗	2,65⊗	3,08⊗
	· 32	3,88	4,10⊗	3,35⊗	3,78⊗
	· 38	4,46	4,70⊗	3,95⊗	–
	· 45	5,16	–	–	–
	· 50	5,66	–	–	–
– 0,5	**6,3** · 25	6,35	6,48⊗	4,69⊗	5,62⊗
	· 32	7,57	7,74⊗	5,95⊗	6,88⊗
	· 38	8,63	8,82⊗	7,03⊗	7,96⊗
	· 45	9,89	–	–	–
	· 50	10,80	–	–	–

Blechschrauben

❺ gebohrt [4)]

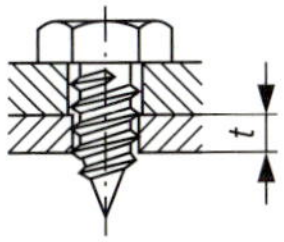

❻ Loch gedornt [4)]

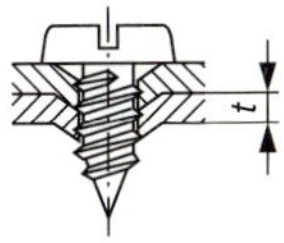

Nägel und Stifte

In allen Größenbezeichnungen ist der Durchmesser in Zehntel-mm, die Länge in ganzen mm angegeben. Die Gewichte je 1000 Stück gelten nur ungefähr, Abweichungen sind infolge der Toleranzen für Drahtdicke, Nagellänge und Kopfdicke möglich. Die Gewichte sind hier reichlich angegeben.

❶ Drahtstifte mit Flachkopf

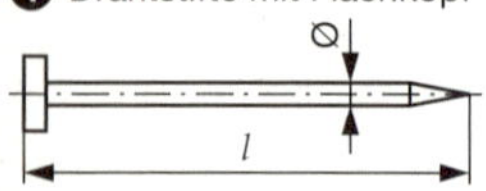

❷ Drahtstifte mit Senkkopf

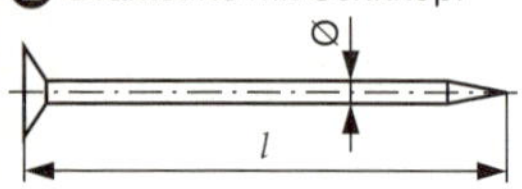

❸ Drahtstifte mit Stauchkopf

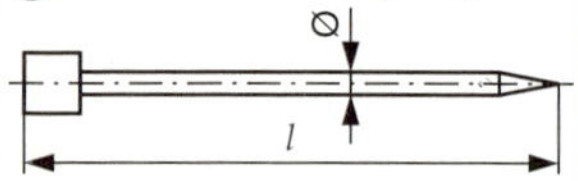

❹ Stahlstifte

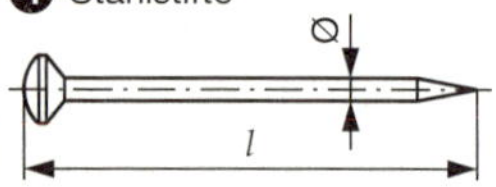

❺ Stahlstifte

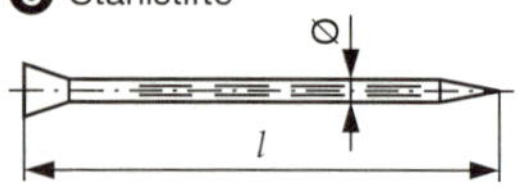

❻ Schraubnägel

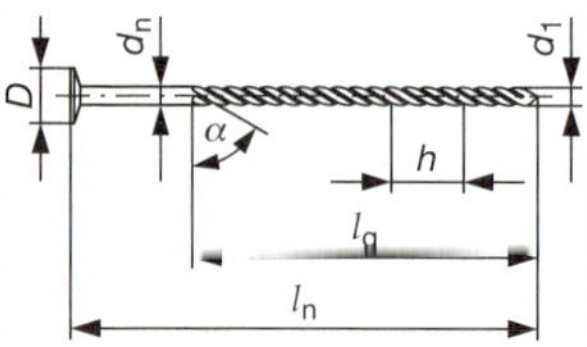

❼ Rillennägel

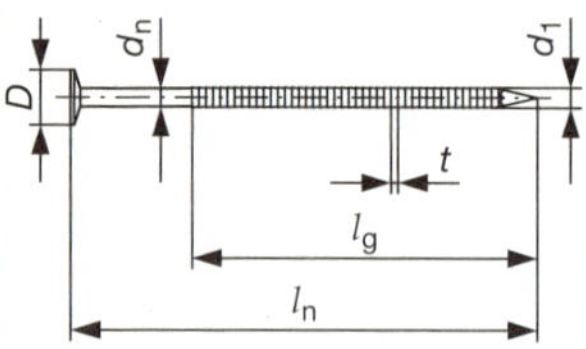

Drahtstifte, → ❶, ❷ und ❸

Oberflächen, → 1)
bk, me, gz, gk, fz, nr.

Kopfausführungen:
Bis 10 x 30 Flachkopf (DIN 1151), ab 18 x 35 Senkkopf (DIN 1151),

□ auch m. Stauchkopf (DIN 1152),
○ für Holznagelbau, → S. 310,
△ auch als Maschinenstifte (DIN 1143) ähnlich ❷ für Nagelgeräte.

Lieferbare Stiftarten	Ø x l $\frac{mm}{10} \cdot mm$	1000 Stück wiegen ≈ kg	Paketgewicht kg
	14 · 25	0,31	1
□	16 · 30	0,49	
□ △	18 · 35	0,73	2,5
□ △	20 · 40	1,0	
□○	22 · 45	1,4	
□○△	22 · 50	1,5	
□○△	25 · 55	2,2	
□○△	25 · 60	2,4	
○△	28 · 65	3,2	
○	31 · 65	4,0	
○△	31 · 70	4,3	
□○△	31 · 80	4,9	5
	34 · 80	5,9	
□○△	34 · 90	6,6	
□○	38 · 100	9	
	42 · 100	11	
	42 · 110	12	
○	42 · 120	13	
○	46 · 130	17	
○	55 · 140	26	
○	55 · 160	30	
○	60 · 180	41	
○	70 · 210	64	
○	76 · 230	83	10
○	76 · 260	94	
○	88 · 260	110	

Stahlstifte, gehärtet
nicht genormt

mit **Linsenkopf** ❹, bk und me 1)		mit **Tiefsenkkopf** ❺, me 1)	
Ø x l $\frac{mm}{10} \cdot mm$	1000 Stück wiegen ≈ kg	Ø x l $\frac{mm}{10} \cdot mm$	1000 Stück wiegen ≈ kg
20 · 30	0,8	27 · 25	1,1
20 · 40	1,0	27 · 30	1,4
25 · 40	1,6	27 · 35	1,6
25 · 50	2,0	27 · 40	1,9
30 · 50	2,6	35 · 45	2,8
30 · 60	3,2	35 · 55	3,7
35 · 60	4,6	35 · 65	4,5
35 · 70	5,4	45 · 70	8,2
35 · 80	6,1	45 · 80	8,9
40 · 80	7,9	45 · 90	9,9
40 · 100	10,1	60 · 100	18
		60 · 120	22
1 Paket zu 10 Tüten mit je 100 Stück		1 Paket zu zu 250 Stück	

Schraubnägel, → ❻ 2)

ähnlich: **Rillennägel**, → ❼
bk, me, gz, gk, fz, nr, auch Stahl gehärtet.

Ø x l $\frac{mm}{10} \cdot mm$	1000 Stück wiegen kg	Stück pro Paket
20 · 25	0,6	1000
22 · 30	0,8	
25 · 30	0,95	
25 · 40	1,1	
30 · 30	1,2	
30 · 40	1,5	
36 · 30	1,5	
36 · 40	1,9	
36 · 50	2,4	
40 · 40	2,7	500
40 · 50	3,3	
40 · 60	3,8	
45 · 60	5,2	
45 · 80	7,0	
50 · 60	6,9	
50 · 80	9	
50 · 100	11	
63 · 100	17	250
63 · 120	19,5	
63 · 140	24	

1) **Oberflächen der Stifte:**

bk	= blanker Stahl	kein Rostschutz
me	= metallisiert, lackiert	leichter Rostschutz
gz	= galvanisch verzinkt	mäßiger Rostschutz
gk	= galvanisch kadmiert	für Innenausbau ausreichend
fz	= feuerverzinkt	guter Rostschutz
nr	= nichtrostender Stahl, für d. Befestigen von Dach- u. Fassadenplatten bevorzugen. **Korrosionsschutz beachten**, → S. 277.	

2) Der gewindelose Schaftteil ist ungefähr 20 % dünner als der Ø.

Nägel, Schlaufen und Haken

Leichtbauplattennägel DIN 1144

fz [1)]

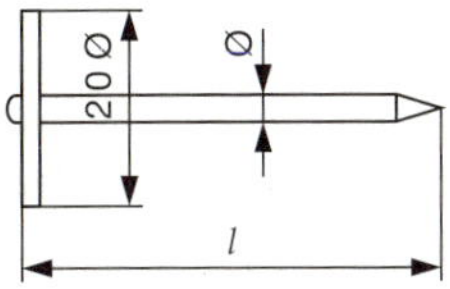

Ø x l $\frac{mm}{10}$ · mm	1000 Stück wiegen ≈ kg	Paket-gewicht kg
31 · 40	6,0	2,5
31 · 50	6,5	
31 · 60	7,0	
34 · 70	8,0	
34 · 80	8,5	
34 · 90	10,0	
38 · 100	• 11,5	5
42 · 110	• 14,3	
42 · 120	• 15,8	

• nicht genormt.
Im Handel auch Scheibenkopfnägel mit Schaft wie bei Stahlnägeln. Als **nr** auch als Fassadenplattennägel.

Rabitzhaken

nicht genormt, blank

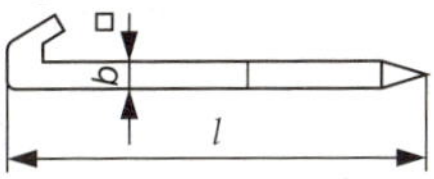

31 · 50	4,2	5
34 · 60	9,8	
40 · 80	16,5	
45 · 100	22,8	

Breitkopfnägel DIN 1160

bevorzugt in der Form B,
* auch in der Form A,
Oberfläche: **bk**, **me**, **gz**, **fz** [1)]

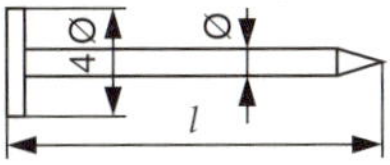

Kopf der Form A = 3 Ø

Ø x l $\frac{mm}{10}$ · mm	1000 St. wiegen blank ≈ kg	verzinkt ≈ kg	Paket-gew. kg
20 · 20	0,65	0,82	2,5
25 · 25	*1,3	1,6	
28 · 25	1,65	2,1	
28 · 30	1,9	2,35	5
28 · 35	*2,1	2,65	
28 · 40	2,4	2,95	

Gebräuchliche Verwendung:
20 · 20 als Rohrstifte,
25 · 25 und 28 · 25 als Pappnägel,
ab 28 · 30 als Schiefernägel.

Hakennägel DIN 1158

blank

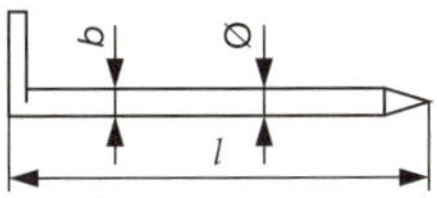

$\frac{mm}{10}$ · mm	1000 Stück	Paket
20 · 30	0,95	2,5
22 · 35	1,3	
25 · 50	3,0	
31 · 65	4,5	5
34 · 80	8,0	

Schlaufen DIN 1159

feuerverzinkt

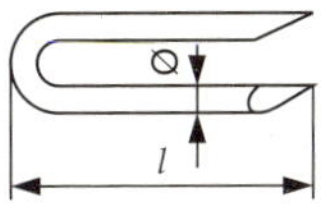

Ø x l $\frac{mm}{10}$ · mm	1000 Stück wiegen ≈ kg	Paket-gewicht kg
16 · 16	0,56	1
20 · 20	1,0	2,5
25 · 25	1,2	
31 · 31	3,8	5
34 · 34	4,2	
38 · 38	6,5	
42 · 42	8,3	
46 · 46	10,5	

Putzhaken

nicht genormt, blank und **gz** [1)]

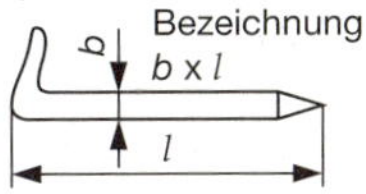

30/70 · 60	11,5	5
30/70 · 70	17,5	
60 · 80	24,3	
65 · 80	34,1	

Es wurde jeweils nur eine Auswahl handelsüblicher Größen aufgenommen. Nichtgenormte Stifte sind auch in anderen Maßen im Handel.

Befestigungsdübel

Dübelarten für Befestigungen an Mauerwerk oder Beton

Kunststoff-Spreizdübel:
Durch Eindrehen der Schrauben werden die Zungen im Spreizbereich der Dübelhülse gleichmäßig gegen die Bohrlochwandung gepresst.

Metall-Spreizdübel:
Sie können hohe Kräfte übertragen, führen jedoch zu hohen Spreizkräften. Verfügbar als kraft- oder wegkontrolliert.

Eingemörtelte Dübel:
Sie gibt es als Verbundanker (Gewindestange mit Harzmörtel verklebt) oder als Injektionsanker (Mörtel wird in einen „Strumpf" gespritzt u. füllt Hohlräume).

Hinterschnittdübel:
Sie werden durch Formschluss in konischen Bohrlöchern verankert.

Dübel für Fassadenbekleidungen

An **Mauerwerk** darf wegen der hohen Spreizkräfte nicht mit Metall-Spreizdübeln verankert werden. Sie müssen eine Kraft von mindestens 1 kN bei 1 mm Schlupf aufnehmen können.
Bei Hochlochziegeln müssen dazu vom Spreizbereich mindestens 3 Stege erfasst werden, was auch für Injektionsanker gilt.

Bei **Spreizdübeln** dürfen Dübelhülsen u. Schrauben nur als **zugelassene Einheiten** verwendet werden, damit die erforderliche Einschraubtiefe sicher erreicht wird.

An **Porenbeton** sollte möglichst nur mittels **Hinterschnittdübeln** mit Mörtelfüllung verankert werden.

An **Beton** dürfen auch Metalldübel mit hohen Spreizkräften eingesetzt werden.

Arbeits- und Schutzgerüste I

DIN 4420/90 und UVV Bauarbeiten

Arbeitsgerüste

Arbeitsgerüste, die Arbeiter, Werkzeug und Baustoffe tragen, → **2**.

Schutzgerüste

Schutzgerüste als **Fanggerüste** zum Auffangen abstürzender Personen, als **Schutzdächer** zum Schutz von Menschen vor herabfallenden Baustoffen, Werkzeugen, Geräten und Schmutz. Die Schutzgerüste müssen wie Gerüste der Gruppe I in **2** belastbar sein, sofern die Arbeitsweise keine höheren Werte erfordert. Ständer oder andere Stützglieder, die Schutzdächer tragen, dürfen mit halber Ersatzlast nach **2** berechnet werden.

Statische Berechnung

Statische Berechnung ist für Gerüste **„nach Regelausführung"**, → im Folgenden, und **„nach bauaufsichtlicher Zulassung"** nicht erforderlich.
Für alle übrigen Gerüste ist die Standsicherheit nachzuweisen. Dabei gelten die technischen Baubestimmungen für die verwendeten Baustoffe und die Angaben in DIN 4420.
Alles Folgende gilt für die Regelausführung:

Gerüstgruppen

Gerüstgruppen werden nach dem **„Nutzgewicht"** und der **„Flächenpressung"** unterschieden, → **2**.

$$\textbf{Flächenbezogenes Nutzgewicht in kg/m}^2 = \frac{\textbf{Gerüstfeldlast in kg}}{\textbf{Gerüstfeldfläche in m}^2}$$

$$\textbf{Flächenpressung in } \frac{\textbf{kg}}{\textbf{m}^2} = \frac{\textbf{Nutzgewicht in kg}}{\textbf{Grundfläche der Last in m}^2}$$

Beispiel: Maurerarbeit für eine Wand aus KSL 12-1,4-2 DF, ohne Kranbetrieb (mit Kran, Lasten mit Faktor 1,2 multiplizieren).

Gerüstfeldlänge 1,50 m · Belagbreite 0,90 m = 1,35 m² Gerüstfeld- (Belag-)fläche.

Zul. Belastung = 1,35 m² · 450 kg/m² (Gr. 5 in **2**)
= 607,5 kg pro Gerüstfeld.

Vorhandene Belastung:

Gewicht für 1 Person	= 100 kg
Steinpaket (62 KSL) 2,4 · 1,15 · 1,13 · 1,4 · 62	= 271 kg
Mörtelkübel (90 l Normalmörtel) 90 · 1,8	= 162 kg
Werkzeug	= 10 kg
Belastung pro Gerüstfeld	543 kg

Vorhand. Belastung 543 kg < zul. Belast. 607,5 kg.

Kontrolle der **Flächenpressung**, → **2**:
Steinpaket, 0,90 m · 0,50 m = 0,45 m² Grundfläche
Flächenpressung: 271 kg : 0,45 m² = 602 kg/m²

Vorh. Pressung 602 kg/m² < zul. Press. 750 kg/m².

1 Beispiele für Gerüstbauteile u. Benennungen eines Fassadengerüstes als Standgerüst

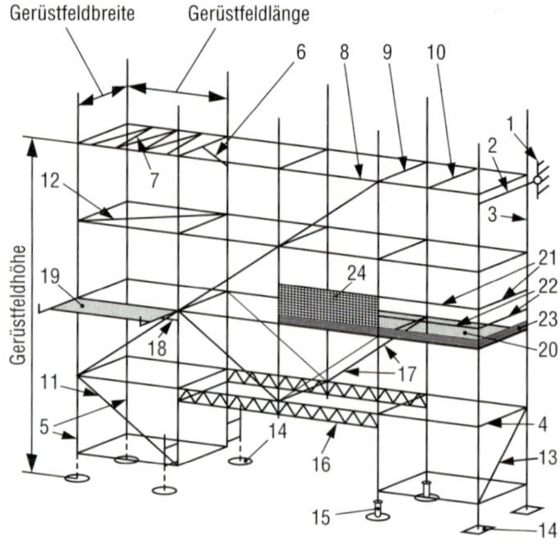

1 Anker	9 Querriegel	17 Abhängung
2 Gerüsthalter	10 Zwischenquerring	18 Konsole
3 Ständer	11 Längsverstrebung	19 Konsolbelagfläche
4 Knoten	12 Horizontalverstreb.	20 Belagflächen
5 Vertikalrahmen	13 Querverstrebung	21 Geländerh. } Seitenschutz
6 Eckstrebe	14 Fußplatte	22 Zwischenh. } Seitenschutz
7 Horizontalrahm.	15 Fußspindel	23 Bordbrett } Seitenschutz
8 Längsriegel	16 Überbrückungsträg.	24 Geflecht

2 Gerüstgruppen bei Arbeitsgerüsten

Gerüstgruppe	Mindestbreite d. Belags in m 2)	flächenbezogen. Nutzgew. in kg/m²	Flächenpressung 3) in kg/m²	Vorwiegende Nutzung des Gerüstes
1	0,50 1)	–	–	Inspektion
2	0,60 1)	150	–	Reparaturen
3	0,60 1)	200	–	Putz o. Montage
4	0,90	300	500	Maurerarb. Arb. m. hoher Materiallag.
5	0,90	450	750	Maurerarb. Arb. m. hoher Materiallag.
6	0,90	600	1000	Maurerarb. Arb. m. hoher Materiallag.

1) Die Bordbrettdicke darf mitgerechnet werden.
2) Freie Durchgangsbreite bei Materiallagerung auf der Belagfläche mindestens 0,20 m.
3) Flächenpressung ist hier Nutzgewicht geteilt durch dessen tatsächliche Grundrissfläche.

Gerüstbeläge

Gerüstbeläge auf Arbeits- u. Schutzgerüsten, → **3**, auf Fanggerüsten, → **6**, die Notwendigkeit des Seitenschutzes, → **5**, die Abmessungen in **4**. Geländer und Zwischenholm sind dagegen zu sichern, dass sie sich lösen, das Bordbrett, dass es kippt. Auffangnetze mit ≤ 10 cm Maschenweite ersetzen den Zwischenholm. Ist d. Abstand zwischen Gerüstbelag und Bauwerk > 0,3 m, ist auch an dieser Seite des Gerüstes Seitenschutz erforderlich.

Arbeits- und Schutzgerüste II

DIN 4420/90 und UVV Bauarbeiten

3 Zulässige Stützweite für Gerüstbretter oder Gerüstbohlen in Arbeitsgerüsten in m

Gerüstgruppe	Brett oder Bohlenbreite in cm	Brett oder Bohlendicke in cm 3,0	3,5	4,0	4,5	5,0
1, 2, 3	20	1,25	1,50	1,75	2,25	2,50
	24 und 28	1,25	1,75	2,25	2,50	2,75
4	20	1,25	1,50	1,75	2,25	2,50
	24 und 28	1,25	1,75	2,00	2,25	2,50
5	20, 24 u. 28	1,25	1,25	1,50	1,75	2,00
6	20, 24 u. 28	1,00	1,25	1,25	1,50	1,75

4 Seitenschutz

wenn Ständerabstand m	Geländer und Zwischenholm mind. aus Brettern o. Bohlen cm/cm	Rundholzstangen Ø ≥ 8 cm o. Stahlrohr A; Bordbrett ≥ 3/15
2,0	3/15	
2,5	4/15, 3/20	
3,0	4/20	
4,0	5/20	

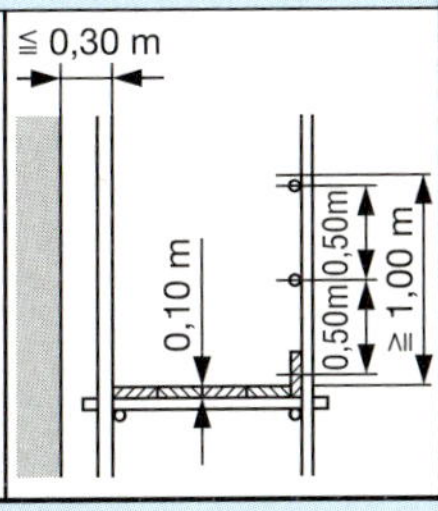

5 Erforderlicher Seitenschutz

(Geländerholm, Zwischenholm und Bordbrett bei Ausführung von Bauarbeiten) 1)	bei Absturzhöhen in m 0	1	2	3	5
Arbeitsplätze an und über Wasser 2) sowie Verkehrswege über Wasser 2)	X				
frei liegende Treppenläufe u. -absätze		X			
frei liegende Wandöffnungen		X			
Steuerstände auf Maschinen		X			
Arbeitsplätze u. Verkehrswege allgem.			X		
Arbeitspl. u. Verkehrswg. auf Dächern				X	
" beim Mauern über die Hand					X
" beim Arbeiten an Fenstern					X

1) Ausnahmen, → Unfallverhütungsvorschrift „Bauarbeiten" § 12

2) und Flächen, in denen man versinken kann.

Fanggerüste, zusätzliche Anforderungen

Fanggerüste müssen mindestens eine Belegbreite b von 0,90 m haben, der Abstand b_1 zwischen Seitenschutz u. Absturzkante muss mind. 0,90 m betragen.

Für die Fälle ❶ bis ❹ gilt:

Wenn die Absturzhöhe höchstens:	2,00 m	3,00 m
dann ist das Maß b_1 mindestens:	0,90 m	1,30 m

Ist das Fanggerüst zugleich Schutzdach, → ❺...❼, dann muss der Belag bis zum Bauwerk reichen. Bei Absturzgefahr zwischen Fanggerüst u. Bauwerk ist der Belag des Gerüstes nach innen hin zu verbreiten, → ❷ und ❸.

Dachfanggerüste, → ❸, müssen eine Belegbreite $b \geq 0{,}6$ m haben.

Der Abstand b_1 zwischen der Traufkante und der Schutzwand muss ≥ 0,70 m sein. Der Belag darf nicht tiefer als 1,50 m unter der Traufkante liegen. Ist die Breite $b_1 \geq 0{,}70$ m, dann muss die Schutzwand die Traufhöhe um 80 cm überragen. Wird die Breite b_1 auf $b_1 + a$ verbreitert, darf h_3 auf $h_3 - a$ erniedrigt werden.
h_1 muss ≥ 1,0 m hoch bleiben. Die Schutzwand muss dicht, verbrettert oder mit Netz geschlossen sein. Abstände, bzw. Maschenweite ≤ 10 cm.

Schutzdächer, → ❺ bis ❼, müssen dichte Bordwände haben, die Standgerüste auch an den Stirnseiten um ≥ 60 cm überragen müssen.

Forderungen an Fanggerüste und Schutzdächer

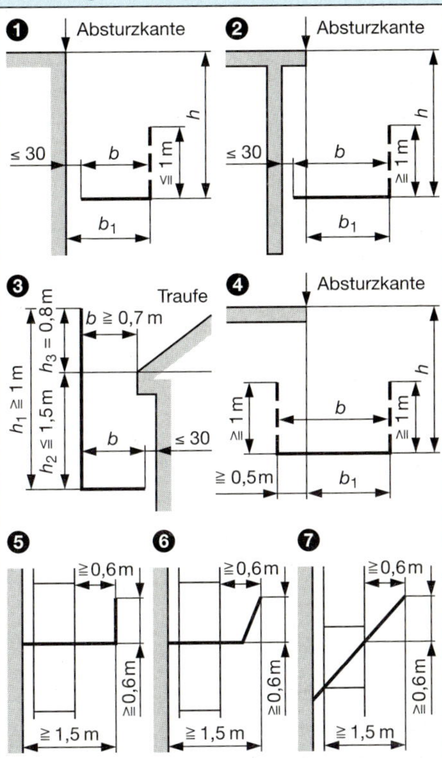

6 Gerüstbohlen aus Holz für Fanggerüste

Absturzhöhe max h in m	Zulässige Stützweite in m für Bohlenquerschnitte in cm · cm bei Einfachbelegung 24 · 4,5	28 · 4,5	Doppelbelegung 24 · 4,5	28 · 4,5
1,00	1,40	1,50	2,50	2,70
1,50	1,20	1,40	2,20	2,50
2,00	1,20	1,30	2,00	2,20
2,50	1,10	1,20	1,90	2,00
3,00	1,00	1,10	1,80	2,00

Fassadengerüste

Regelausführungen

a) Stahlrohr-Kupplungsgerüste

Stahlrohr-Kupplungsgerüste in Gerüstgruppen 1 bis 6, → **2** S. 294.

Für voll ausgelegte Arbeits- und Schutzgerüste, bei denen je Gerüstfeld eine Gerüstlage voll belastet ist, die eine Gerüstbreite von ≤ 1,00 m u. einen Vertikalabstand der Längs- und Querriegel ≤ 2,00 m haben, gelten die Abstände nach ❶.

Werden die Gerüste mit **Planen** oder **Folien** bekleidet, so erfordert die Windlast, dass z. B. die Verankerungsabstände enger gelegt werden, was statisch nachzuweisen ist, → **5** S. 297.

Ständer sind unverschieblich, senkrecht auf Fußplatten zu stellen.

Rohrstöße sind versetzt anzuordnen, nahe den Knotenpunkten und durch Stoßbolzen zu sichern. Zugkräfte erfordern zusätzliche Stoßkupplungen.

Längsriegel sollen mindestens über zwei Felder durchlaufen.

Querriegel sind an jeder Kreuzungsstelle an die Ständer, Zwischen-Querriegel an die Längsriegel mit Kupplungen in Feldmitte oder an den Drittelpunkten anzuschließen.

Verstrebungen sind möglichst mit Normalkupplungen anzuschließen, sie dürfen höchstens 5 Gerüstfeldern zugeordnet werden. Stöße müssen druck- u. zugfest sein.

Jeder Ständer ist zu verankern, → ❶:
Der senkrechte Abstand soll ≤ 8,00 m, ≤ 4,00 m oder 2,00 m, an Randständern ≤ 4,00 m oder 2,00 m sein. Verankerungen sind versetzt anzuordnen.

b) Auslegergerüste

Auslegergerüste in den Gerüstgruppen 1 und 2, → **2** S. 294.

Als Fanggerüst: Bohlenbelag nach **3** S. 295.
Seitenschutz nach **4** S. 295.

Einfaches Auslegergerüst, d. h. ohne äußere Abstützung, → ❸.

c) Fahrbare Standgerüste

Für sie gilt sinngemäß der Text bei a) Stahlrohr-Kupplungsgerüste. Standsicher sind sie, wenn das **Verhältnis Höhe zu kleinster Breite im Freien ≤ 3 : 1, in Räumen ≤ 1 : 4** ist.

Die Rollen sind gegen Herausfallen zu sichern und sicher festzustellen, solange das Gerüst benutzt wird.

1 Ständerabstände für Stahlrohr-Kupplungsgerüste

Gerüstgruppe	1 oder 2	3 oder 4	5	6 [1]
Ständerabstand l in m	2,50	2,00	1,50	1,20

[1] Für die Gerüstgruppe 6 sind zusätzlich Zwischen-Querriegel erforderlich.

❶ Verankerungsraster für nicht bekleidete Stahlrohr-Kupplungsgerüste

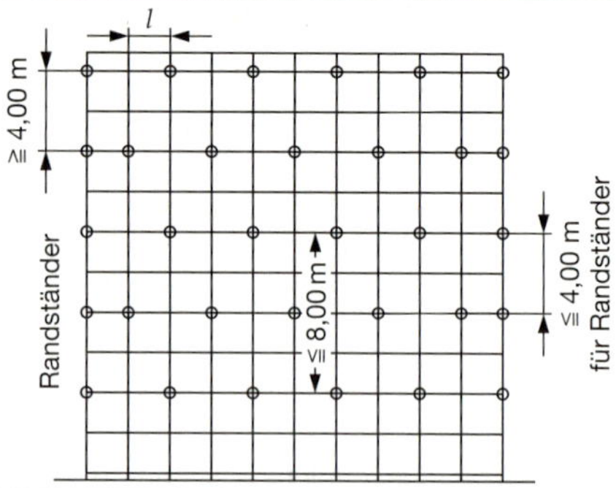

❷ Verankerung bekleideter Stahlrohrgerüste

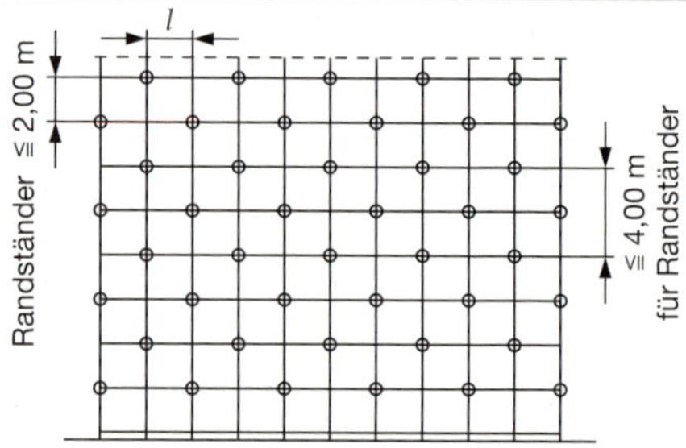

❸ Befestigung eines Auslegergerüstes

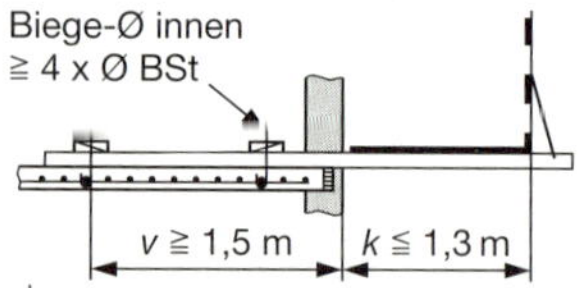

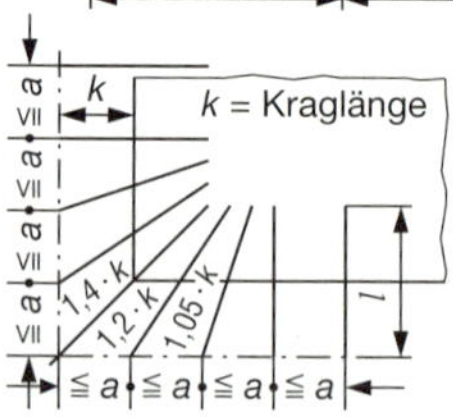

Bügel, Ø ≥ 10 mm
BSt 420 S, BSt 500 S
oder S 235 (St 37-2)
Abstand a: ≤ 1,50 m
Ausleger:
I 80, IPE 80,
I 100, IPE 100
aus S 235-IR (St 37-2)
oder S 235-IO (St 37-3)

❹ Auflagerung von Gerüstbohlen

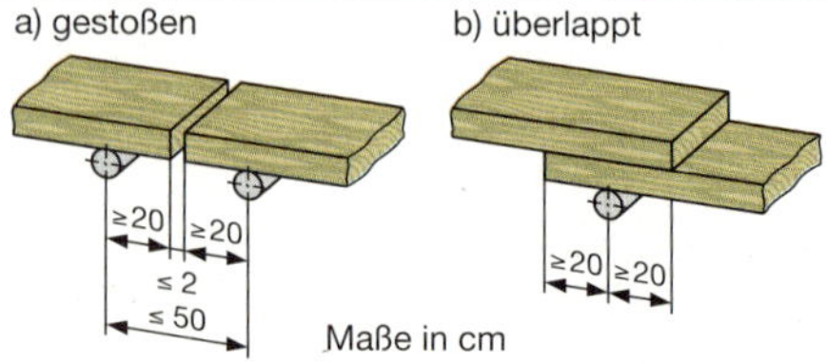

Traggerüste

DIN 4421

Traggerüste sind Baukonstruktionen, die an der Verwendungsstelle aus Einzelteilen zusammengesetzt und wieder auseinander genommen werden, z. B. **Lehrgerüste**:

- im Stahlbeton-, Mauerwerks- und Stahlbau,
- zur vorübergehenden Aussteifung von Bauanlagen,
- zur vorläufigen Lagerung von Baustoffen und Geräten.

1. Die **Brauchbarkeit ist nachzuweisen** für in Serie hergestellte Traggerüstbauteile und -systeme durch:
   - allgemeinen bauaufsichtlichen Zulassungsbescheid,
   - Typenprüfung eines Prüfamtes für Baustatik,
   - Bescheinigung für Prüfung d. Arbeitssicherheit,
   - statische Berechnung.

Der **Prüfzeichenverordnung** unterliegen:

- Baustützen aus Stahl mit Ausziehvorrichtung, wenn sie nicht DIN 4424 entsprechen,
- in der Länge verstellbare Schalungsträger,
- Kupplungen für Stahlrohre mit Schraub- oder Keilverschluss.

2. **Traggerüstgruppen:**

I Die fachliche Erfahrung reicht meist aus, die Standsicherheit zu beurteilen. Eine Zeichnung wird nicht gefordert.

II Alle für die Standsicherheit wesentlichen Glieder und Anschlüsse sind statisch nachzuweisen. Zeichnungen sind erforderlich.

III Hohe Anforderungen an die statische Berechnung und genaue zeichnerische Darstellung erforderlich.

6 Sicherheitsfaktor γ_T für Traggerüste

Traggerüstgruppe	I	II	III
Faktor γ_T	1,25	1,15	1,00

5 Ankerkräfte in Stahlrohr-Kupplungsgerüsten

für eine teiloffene Fassade mit 60% Öffnungen[1)]

Gerüst: →	nicht bekleidet		bekleidet			
Ankerraster: →	8 m versetzt		4 m versetzt		2 m versetzt	
Gerüsthöhe: ↓	$F\perp$ kN	$F\parallel$ kN	$F\perp$ kN	$F\parallel$ kN	$F\perp$ kN	$F\parallel$ kN
$h \leq 10$ m	2,7	0,9	7,5	0,7	3,7	0,3
$h \leq 20$ m	3,1	1,0	8,0	0,9	3,9	0,5
$h \leq 30$ m	3,9	1,2	8,3	1,2	4,1	0,6

Bemerkungen zur Traggerüstgruppe I:
Ohne statischen Nachweis sind zu erstellen:
Waagerechte Schalungen, wenn Einbauhöhe ≤ 5,0 m, Stützweite ≤ 6,0 m, gleichmäßig verteilte Last ≤ 8 kN/m², Gleichstreckenlasten von Balken, Unterzügen u. ä. ≤ 15 kN/m sind.
Senkrechte Schalungen mit Höhen ≤ 5,0 m, senkrechten Ankerabständen ≤ 3,0 m, Schalungen für Stützen, Säulen und Pfeilern mit Querschnitten ≤ 1,5 m².

3 Standsicherheit der Gerüste in den Gruppen **I** und **II** erfordert, dass ein größerer Sicherheitsabstand zwischen den rechnerischen Einwirkungen P und den Widerständen zul R als bei anderen Baukonstruktionen eingehalten wird, → **6**:

$$\gamma_T \cdot (P_{s,i} + P_{b,i}) \leq \text{zul } R$$

Ständige Einwirkungen: $P_{s,i}$ = Eigenlast (Schalungsdruck) des Frischbetons (→ S. 215) + Last der Schalungs- und Rüstelemente.

Einwirkungen mit begrenzter Dauer:
$P_{b,i}$ = Ersatzlasten aus Arbeitsbetrieb:
Auf einer Fläche von 3 m · 3 m 20% der aufzubringenden Frischbetonlast, jedoch ≥ 1,5 kN/m² bis ≤ 5 kN/m²; auf der restlichen Betonierfläche 0,75 kN/m².

Die **Berechnung und Ausführung** der Traggerüste erfolgt auf Grundlage der DIN 4421, Ausgabe August 1982, in Verbindung mit der Anpassungsrichtlinie und der Herstellungsrichtlinie Stahlbau, veröffentlicht im Sonderheft Nr. 11/1, Ausgabe Mai 1996, ISSN 0172-3006.

Beispiel für den Nachweis der Standsicherheit eines Traggerüstes der Gruppe I:
Für welchen Widerstand zul R muss die Schalung für eine 18 cm dicke, 4,00 · 5,00 m² große Stahlbetondecke bemessen werden?

1. **Ständige Einwirkungen $P_{s,i}$:**

18 cm Frischbeton B 25
(0,18 m · 25 kN/m³) = 4,5 kN/m²
+ Schalung u. Rüstung
(überschläglich) = 0,5 kN/m²
Summe = 5,0 kN/m²

$P_{s,i}$ = 5 kN/m² · 4,00 m · 5,00 m = 100 kN

2. **Einwirkungen von begrenzter Dauer $P_{b,i}$:**

auf 3 · 3 = 9 m² : 20 % v. 5,0 kN/m² = 1,0 kN/m²
zu rechnen ist mit
1,5 kN/m² · 9 m² = 13,5 kN
auf der Restfläche mit
0,75 kN/m² · 11 m² = 8,25 kN

$P_{b,i}$ = 21,75 kN

$$\text{zul } R = \gamma_T (P_{s,i} + P_{b,i})$$
$$= 1{,}25\ (100\ \text{kN} + 21{,}75\ \text{kN}),\ \rightarrow \mathbf{6}$$
$$= 152{,}2\ \text{kN}$$

Diese Last ist je nach Schalungssystem auf entsprechend viele Stützen zu verteilen (→ S. 298). Die biegebeanspruchten Schalungsträger sind, wenn nötig, gesondert zu berechnen.

1) Ankerkräfte gelten bei einem Ständerabstand von 2,00 m. Für andere Abstände sind die Werte linear umzurechnen.
Als aerodynamischer Kraftbeiwert der Plane gilt: $c_{f\perp} = 1{,}3$ und $c_{f\parallel} = 0{,}1$.

Baustützen aus Stahl und einzuhaltene Fristen

Freie Baustützen

Freie Baustützen dürfen nur verwendet werden, wenn sie DIN 4421 entsprechen oder aufgrund einer Allgemeinen Bauaufsichtlichen Zulassung hergestellt sind.
Die **nutzbaren Widerstände** (zulässigen Lasten) für Baustützen aus Stahl mit Ausziehvorrichtung, bestehend aus Rundrohren u. einer Verstelleinrichtung, betragen:

Für **N-Stützen** (normale Ausführung)

$$\text{zul } F_N = 40 \frac{\max l}{l^2} \text{ in kN, aber } F_N \leq 30 \text{ kN}$$

aber für **G-Stützen** (schwere Ausführung)

$$\text{zul } F_G = 60 \frac{\max l}{l^2} \text{ in kN, aber } F_G \leq 35 \text{ kN}$$

Hierin bedeutet:
l = vorhandene Auszugslänge in m,
$\max l$ = maximale Auszugslänge in m, entsprechend der Baustützengröße (nach DIN 4424).

Freie, d. h. nicht systemgebundene Baustützen, dürfen nicht in der Traggerüstgruppe III verwendet werden.
Baustützen der Größen 1, 2, 3 u. 4 dürfen nur mit dem Außenrohr nach unten aufgestellt werden.

Zulässige Stützenbelastungen in kN:

Ohne Prüfzeichen bis Baujahr 1967	… $20/s$
mit Prüfzeichen-Nr. oder DIN 4424	$(30/s) \cdot (\max l/s)$
mit Prüfzeichen-Nr. o. DIN 4424 G	$(45/s) \cdot (\max l/s)$

s = eingestellte Stützenlänge in m,
$\max l$ = größtmögliche Stützenlänge in m.

Fristen für die Prüfung der Funktionsfähigkeit [1]

• schriftliches Prüfzeugnis erforderlich	Frist
VBG 4: Elektrische Anlagen, ortsfeste elektr. Betriebsmittel, sicherer Zustand	• 4 *a*
wie vor, nichtortsfeste Betriebsmittel wie Anschlussleitungen mit Stecker, Verlängerungen	• 6 *m*
Fehlerstrom-Schutzeinrichtungen bei nichtstationären Anlagen (Baustellen), Wirksamkeit	• 1 *m*
wie vor, Fehlerstrom u. Fehlerspannungs-Schutzschalter, Betätigen d. Prüftaste	täglich
wie vor, bei stationären Anlagen	• 6 *m*
VBG 9: Kraftbetriebene **Krane**, Tragfähigkeit > 1000 kg; alle Teile vor Inbetriebnahme und nach wesentlichen Änderungen	• vor Wiederinbetriebnahme
wie vor, die an ihrem Standort auf- und abgebaut werden	• 4 *a*
alle Krane, Funktionsprüfung d. Bremsen und Not-Endhalteeinrichtungen	täglich
VBG 35: **Bauaufzüge**, Funktionsprüfung d. Bremsen u. Not-Endhalteeinrichtung.	täglich
Bauaufzüge (ausgenommen handbetrieb. u. Seilrollen- u. Rahmenstützenaufzüge m. Ausleger) Prüfung vor Inbetriebnahme, nach wesentlichen Änderungen, vor Wiederinbetriebnahme	nach Bedarf
Seilrollen- u. Rahmenstützenaufzüge mit Ausleger bis zu 200 kg Tragfähigkeit, Prüfung vor Inbetriebnahme. Nach wesentlichen Änderungen:	vor der Inbetriebn.

[1] Prüfung durch Fachkraft des Fachgebietes. „Frist" = größter Zeitraum zwischen d. Prüfungen: *a* = in Jahren, *m* = in Monaten.

Errichten und Benutzen von Gerüsten

DIN 4420

Verantwortlich für den Auf- u. Abbau ist der Gerüstunternehmer. Für Betriebssicherheit u. Benutzbarkeit der Unternehmer, der sich des Gerüstes bedient. Die Sicherheit ist vor Beginn d. Arbeit, nach längerer Unterbrechung und besonders nach Sturm und Frost zu prüfen, desgl. Absperr- und Warnzeichen. Feuermelder, Hydranten u. a. öffentliche Anlagen dürfen von Gerüsten nicht verdeckt werden.
Elektrische Leitungen u. Geräte müssen stromlos oder dauerhaft abgedeckt oder abgeschrankt sein, wenn in ihrer Nähe auf-, um- oder abgerüstet wird. E-Werk benachrichtigen. In ❶ genannte Mindestabstände von Freileitung. müssen eingehalten werden!
Benutzt werden dürfen nur vollständig fertige Gerüste. Gerüstlagen dürfen nur über dafür vorgesehene Leitern, Treppen oder Laufbrücken betreten oder verlassen werden. Auf Arbeitsgerüsten dürfen Baustoffe nur im Rahmen ihrer Tragfähigkeit, auf **Schutzgerüsten keine** Baustoffe abgesetzt und gelagert werden.
Fahrbare Standgerüste dürfen nur auf ebener und fester Unterlage benutzt werden. Sie müssen gegen Wegrollen und gegen Umkippen bei starkem Wind (Windstärke > 6) gesichert werden.

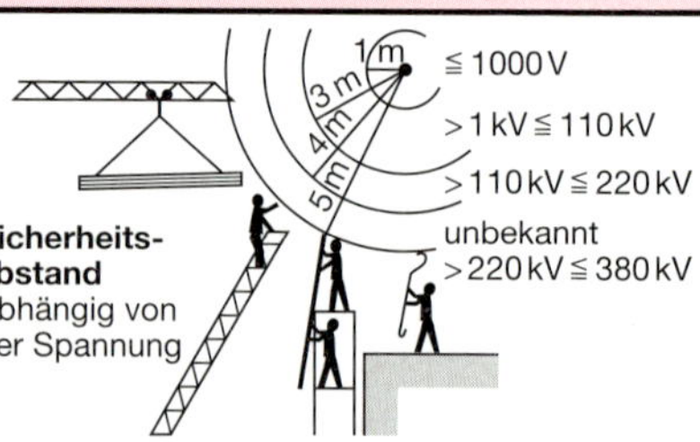

❶ **Sicherheitsabstand** Abhängig von der Spannung

❶ **Laufbrücken und -Stege**, Mindestbreite 0,50 m

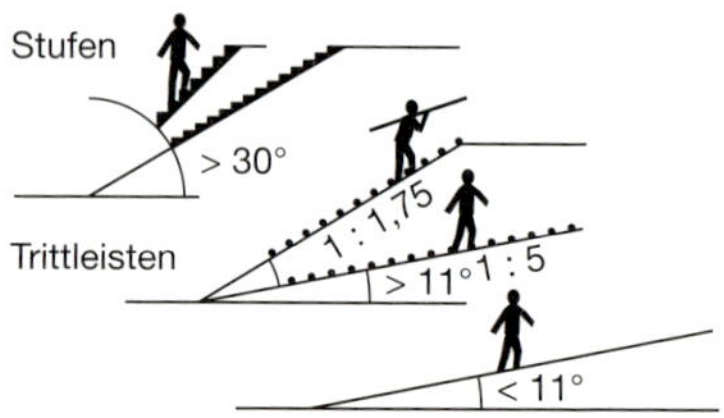

Anschlagseile im Hebezeugbetrieb

DIN 3088/89

Max L für Anschlagseilart N

Neigungs-∡ β: → ❺ / Seil-nenn-Ø d in mm	zweisträngige Anschlagseile 0° bis 45° direkt (kg)	0° bis 45° geschnürt (kg)	über 45° bis 60° u. einsträngig (β = 0°) direkt (kg)	über 45° bis 60° u. einsträngig (β = 0°) geschnürt (kg)
8	800	600	560	450
10	1200	950	850	670
12	1750	1400	1250	1000
14	2400	1900	1700	1400
16	3150	2500	2240	1800
18	4000	3150	2800	2240
20	5000	4000	3550	2800
22	6000	4750	4250	3350
24	7000	5600	5000	4000
26	8500	6700	6000	4750
28	9500	7500	6700	5300
32	12500	10000	9000	7000
36	16000	12500	11200	9000
40	19000	15000	14000	11200
44	24000	19000	17000	13200

Max L für Anschlagseilart F

Neigungs-∡ β: → ❺ / Seil-nenn-Ø d in mm	zweisträngige Anschlagseile 0° bis 45° direkt (kg)	0° bis 45° geschnürt (kg)	über 45° bis 60° u. einsträngig (β = 0°) direkt (kg)	über 45° bis 60° u. einsträngig (β = 0°) geschnürt (kg)
8	1120	900	800	630
10	1800	1400	1250	1000
12	2500	2000	1800	1500
14	3550	2800	2500	2000
16	4500	3750	3350	2650
18	5500	4500	4000	3200
20	7100	5500	5000	4000
22	8500	7000	6300	5000
24	10000	8000	7500	6000
26	12500	9500	8500	6700
28	14000	11200	10000	8000
32	18000	14000	13200	10500
36	23600	18000	16000	13000
40	28000	22400	20000	16000
44	35000	28000	25000	20000

Hier sind nur die meistbenützten Seilarten und Anschlagsweisen aufgeführt

Ausführungsarten der Seil-Endverbindungen

❶ Form S, gespleißt ❷ Form PF, gepresst

❸ Form SK, gespleißt ❹ Form PKF, gepresst

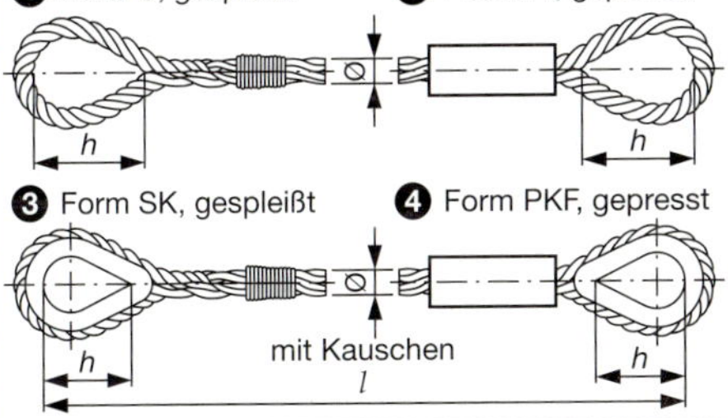

Angaben auf Anschlagseilen an einer dauerhaft am Aufhängeglied befestigten Plakette:

- Anschlagseilart (N oder F),
- Tragfähigkeit für Neigungswinkel nach ❺,
- Strangzahl,
- Seil-Nenndurchmesser *d*,
- das bei der DGWK hinterlegte Herkunftszeichen,
- Verbandszeichen DIN.

❺

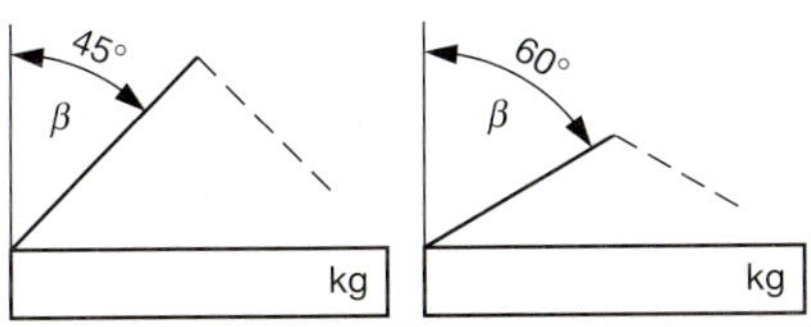

Gründe um Anschlagseile abzulegen

Ein Anschlagseil darf nicht mehr verwendet werden, wenn an einer Stelle festgestellt wird:

Seilart	Anzahl sichtbarer Drahtbrüche auf einer Länge von: 3 *d*	6 *d*	30 *d*
Litzenseil	4	6	16
Kabelschlagseil	10	15	40

Außerdem darf ein Anschlagseil beim Auftreten folgender Schäden nicht mehr verwendet werden:

a) Bruch einer Litze,
b) Lockerung der äußeren Lage in der freien Länge,
c) Quetschungen in der freien Länge,
d) Quetschungen im Auflagebereich der Öse mit mehr als 4 Drahtbrüchen bei Litzenseilen bzw. 10 bei Kabelschlagseilen,
e) Knicke und Kinken (Kanken),
f) Korrosionsnarben,
g) Beschädigungen oder starker Verschleiß der Seilverbindung oder Seil-Endverbindung.

Beschreibung der Schäden, → DIN 15020, T.2.

Festlegungen zum Schutz vor Schäden bei Anschlagseilen, → UVV „Lastaufnahmeeinrichtungen im Hebezeugbetrieb" (VBG 9 a).

Die wichtigsten Holzarten

Nadelhölzer

Fichte — Tanne

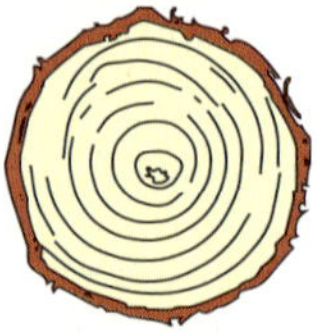

Splint und Kern gelblichweiß

Kiefer — Lärche

Splint hellgelb, Kern rotbraun und scharf abgesetzt

Laubhölzer

Buche

Splint u. Kern: frisch gelb, später rötlich

Eiche

Splint hell u. schmal, Kern braun

Wichtige Eigenschaften einiger Holzarten

Spalten 1 bis 4 u. 6 nach DIN 4076, Spalten 5 u. 7 nach Kollmann [1].
Die hier genannten Holzarten sind eine enge Auswahl aus den in DIN 4076 beschriebenen 188 handelsüblichen Holzarten.
Kurzzeichen der Gruppen: **NH = Nadelhölzer**, **LH = Laubhölzer**

Typische Anwendung

Konstruktionsholz { Außen … a; Innen … b }
Ausstattungsholz … c
Rahmenholz … d
Deckfurniere … e
Parkett, Dielung … f
Blindholz … g

1	2	3	4	5		6	7									
Kurzzeichen		Holznamen [2] (alphabetisch)	Wuchsgebiete	Farbe Splint	Farbe Kern	Rohdichte, darrtrock. $\frac{kg}{dm^3}$	Schwindmaß in % [4] längs l	radial r	tangential t	a	b	c	d	e	f	g
NH	DG	Douglasie (Oregon Pine)	Nordamerika	gelbweiß	gelbbraun	**0,50**	0,3	4,2	7,4	+	+	+			+	
	FI	Fichte (pinus)	Europa	gelbweiß	glänzend	**0,43**	0,3	3,6	7,8		+				+	+
	HEM	Hemlock	Nordamerika [5]	hellgelb	braun	0,43	0,2	3,0	6,8		+					+
	KI	Kiefer (Föhre)	Europa, Nordasien	hellgelb	rotbraun	0,48	0,4	4,0	7,7	+	+	+	+		+	
	LA	Lärche	Mitteleuropa	gelbweiß	rotbraun	0,55	0,3	3,3	7,8	+	+	+	+		+	
	PIP	Pitchpine	Nord- u. Zentralamerika	gelbweiß	braun	0,63	0,2	5,1	7,5	+	+	+	+		+	
	RCW	Redcedar-Western	Nordamerika	weiß	rotbraun	0,43	0,2	2,4	5,0	+	+	+	+		+	
	TA	Tanne (Weißt.)	Süd- u. Mitteleuropa	gelblich b. rötl. weiß		0,43	0,1	3,8	7,6		+				+	+
LH	ABA	Abachi	Westafrika	blaßgelb	kaum dkler	0,36	0,3	3,5	6,0		+	+	+			
	AFZ	Afzelia	Tropisches Afrika	grau	braun	0,70	0,3	4,0	7,0	+	+	+	+		+	
	BAL	Balsa	Tropisches Amerika 6)	weiß bräunl. Anflug		0,13	0,6	3,0	3,5	Modelbau, Korkersatz						
	BI	Birke	Europa, Nordasien	weiß bis bräunlich		0,60	0,6	5,3	7,8			+		+		
	BU	Buche (Rotbuche)	Europa	gelb	rotbraun	0,66	0,3	5,8	11,8		+		+	+	+	
	EI	Eiche	Europa	gelblich	hellbraun	0,63	0,4	4,0	7,8	+	+	+	+	+	+	
	ES	Esche	Europa, Westasien	gelblich	hellbraun	0,65	0,2	5,0	8,0			+		+		
	LMB	Limba	Westafrika	gelblich (grünlich)		0,52	0,3	3,5	6,3		+	+		+		
	MAU	Mahagoni, Sipo- [7]	Westafrika	rötlich	rotbraun	0,58	0,3	4,0	6,0	+	+	+	+	+	+	
	MAC	Makore	Sierra Leone, Ghana	graurosa	hellrot →	0,62	0,3	4,5	7,0	+	+	+	+	+	+	
	MER	Meranti	Südostasien	gelb	gelb →	0,48				Drechslerwaren						
	NBA	Nussbaum	Nordam., Indien, Europa	graurot	graubraun	0,58	0,5	5,4	7,5			+	+	+	+	
	OKU	Okoume	Gabun, Kongo	grau	graurosa	0,40	0,2	4,1	6,6		+	+		+		+
	PRO	Palisander	Südost-Brasilien	weiß	gelb ·· braun	0,83	0,2	4,0	6,5			+	+	+		
	POH	Pockholz	Süd- u. Mittelamerika	gelb	grün → oliv	1,23	0,1	5,6	9,3	Werkzeug (hart, dicht)						
	RAM	Ramin	Südostasien	gelblichweiß		0,58					+	+	+	+		
	RU	Rüster (Ulme)	Europa	grau	grau-rotbr.	0,61	0,3	4,6	8,3		+	+	+	+		
	SEN	Sen	Ostasien	weiß	graugelb	0,50					+	+	+	+		
	TEK	Teak	Südostasien [6]	grau	braun →	0,65	0,6	3,0	5,8	+	+	+	+	+	+	
	WEN	Wenge	Kamerun, Kongo	grauweiß → braun		0,76				+	+	+	+	+	+	

[1] F. Kollmann „Technologie des Holzes", Berlin.
[2] Etliche Hölzer unter mehreren Namen gehandelt.
[3] → bedeutet: nachdunkeln zu …
[4] Schwindmaß vom grünen zum darrtrockenen Holz, bezogen auf die Grünabmessungen. Die Werte streuen erheblich je nach Standort und Alter.
[5] Kultiviert auch in Europa.
[6] Kultiviert in allen tropischen Gebieten.
[7] DIN 4076 nennt 6 Mahagoni-Arten, von denen hier nur Sipo als Beispiel genannt wird. Ähnliches gilt auch für einige andere Hölzer.

Holzschutz

DIN 68 800, T. 2/90, T. 3/90, T. 4/92

Bauliche Maßnahmen

Sperrungen gegen Bodenfeuchte, Schutz vor Spritzwasser, ausreichende Dachüberstände sowie Abdeckung von vorstehenden Bauteilen mit wirksamen Abtropfkanten, **Schutz vor Tauwasserniederschlag** und die Wahl **geeigneter Hölzer** [1] mit geringem Splintholzanteil oder **Holz ausreichend hoher Resistenzklasse**. In diesen Fällen können oft **chemische Schutzmaßnahmen entfallen** (Gefährdungsklasse 0, → **1**).

Pilz-Neubefall muss nur befürchtet werden, wenn die Holzfeuchte langfristig mehr als 20 % beträgt.

Insektenbefall kann durch luftdichte, aber diffusionsoffene ($s_d \leq 0{,}2$ m) Dachkonstruktionen oder durch das Absperren von Belüftungsräumen mit Hilfe von Insektengittern vermieden werden. In Wohn- und vergleichbaren Räumen genügt es auch, wenn das Holz zum Raum hin so offen bleibt, dass es jederzeit leicht auf Insektenbefall kontrolliert werden kann.

Vorbedingungen

Folgende Forderungen sind zu erfüllen:

Bearbeitung: Rinde und Bast vollständig entfernen, Holz erst nach der letzten Bearbeitung, wenn nötig, mit Schutzmittel behandeln. [2]

Ölige Mittel sind im allgemeinen nur bis zu 20 % Holzfeuchte anwendbar, spezielle Schutzmittel auch bis 30 %.

Wassergelöste Mittel sind im allgemeinen bis 30 %, bei speziellen Schutzmitteln auch bei höheren Holzfeuchten anwendbar.

Achtung: Fast alle Holzschutzmittel enthalten **Gifte**, die Verarbeiter und spätere Hausbewohner gefährden können. Beim Streichen, Fluten und Spritzen sind die Arbeits- und Sicherheitsvorschriften sorgfältig einzuhalten [3].

Einbau: Bauholz möglichst trocken einbauen und dann sofort vor Regen schützen. Wenn es über 20 % feucht ist, muss es baldmöglichst austrocknen können. Ein luft- und insektendichter, aber diffusionsoffener Dachaufbau ermöglicht das spätere Austrocknen.

1 Gefährdungsklassen

DIN 68 800 T. 3, Tab. 1

Kl.	Beanspruchung	**Anwendungsbereiche**, hier gekürzt n. DIN 68 800, T. 3, Tab. 2 und dem zugehörigen Text wiedergegeben [4].	**Gefährdung** durch: Insekten	Pilze	Auswaschen	Moderfäule
0	innen verbautes Holz, ständig trocken, wie in Wohnräumen	innen bei ≤ 70 % rel. Luftf., insektendicht abgeschl. oder kontrollierbar	nein	nein	nein	nein
1	wie oben, aber sichergestellt, dass Holzfeuchte ≤ 20 %	innen bei ≤ 70 % rel. Luftfeuchte o. gleichartig beanspruchte Bauteile	ja	nein	nein	nein
2	weder Erdkontakt noch direkt der Witterung oder der Auswaschung ausgesetzt, vorübergehende Befeuchtung aber mögl..	innen b. > 70% r. Luftf. u. Gleichartiges, innen in Nassbereichen, Holz wasserabweisend abgedeckt, Außenbauteile ohne unmittelbare Wetterbeanspruchg.	ja	ja	nein	nein
3	der Witterung o. Kondensation ausges., aber kein Erdkontakt	außen mit Wetterbeanspruchung, ohne Erd- u. Wasserkontakt, in Nassräumen	ja	ja	ja	nein
4	i. dauerndem Erdkontakt oder ständiger Befeuchtg ausgesetzt	bei ständigem Erd- und/oder Süßwasserkontakt [5] auch b. Ummantelung	ja	ja	ja	ja

2 Anforderungen an Holzschutzmittel

abhängig von der Gefährdungsklasse

Erforderliche Prüfprädikate

iv	**i**nsekten-**v**orbeugend
P	**p**ilzwidrig
W	**w**itterungsbeständig
E	moderfäulig (**E**rde)

0	unnötig
1	iv
2	iv, P
3	iv, P, W
4	iv, P, W, E

3 Kennzeichnung behandelten Holzes

sichtbar bleibend u. dauerhaft anzubringen:

- Name und Anschrift des ausführenden Betriebes,
- Name u. Prüfzeichen d. angew. Holzschutzmittels,
- Prüfprädikate und Wirkstoffe,
- erzielte Einbringmenge (ohne Schutzmittelverluste),
- Jahr und Monat der Behandlung.

[1] Bei Kiefer, Lärche u. Douglasie m. < 10 % Splintholz.

[2] Nachträglich bearbeitete Stellen von geschützten Hölzern müssen nachbehandelt werden.

[3] Spritzen nur in stationären Anlagen! Näheres im „Merkblatt f. d. Umgang mit Holzschutzmitteln" vom Industrieverband Bauchemie u. Holzschutzmittel e. V., Karlstr. 21, 60329 Frankfurt/Main.

[4] Näheres im „Beuth-Kommentar" zu DIN 68 800.

[5] Für Holz in Seewasser besondere Bedingungen.

Wichtig: Hier nur die f. d. Bauhandwerker wichtigsten Angaben aus DIN 68 800, teils stark gekürzt wiedergegeben. In Zweifel- u. Streitfällen ist immer die jeweils neueste Ausgabe von DIN 68 800 und des „Beuth-Kommentares" dazu heranzuziehen.

Nadelschnittholz-Sortierung

DIN 4074/89 u. DIN 4070

1 Schnittholzeinteilung DIN 4074

Bezeichnung	Dicke *d* o. Höhe *h*	Breite *b*
Latte	$d \leq 40$ mm	$b < 80$ mm
Brett [1] (Dicke ≥ 6 mm)	$d \leq 40$ mm	$b \geq 80$ mm
Bohle [1]	$d > 40$ mm	$b > 3\,d$
Kantholz, Kreuzholz, Balken	$b < h \leq 3\,b$	$b > 40$ mm

Bau-Nadel-Schnittholz DIN 4070

Dachlatten: $A \leq 32$ cm², $b : h$ höchstens 1 : 2,
Baubohlen: $b : h$ = 1 : 3 und größer,
Kanthölzer: b und $h \geq 6$ cm; $b : h$ kleiner als 1 : 3,
Balken: größte Querschnittsseite ≥ 20 cm,

Bretter, ungehobelt (n. DIN 4071) d = 16 bis 38 mm,
Bohlen, ungehobelt (n. DIN 4071) d = 44 bis 75 mm.

2 Sortierkriterien für Bohlen, Bretter und Latten bei der visuellen Sortierung

Sortiermerkmale (▭ nicht für Kanthölzer)	**Sortierklassen** **S 7**	**S 10**	**S 13**
1. Baumkante	alle 4 Seiten müssen durchlaufend v. Schneidwerkzeug gestreift sein	bis 1/3. Mindestens 1/3 jeder Querschnittsseite muss in jedem Querschnitt frei von Baumkante sein	bis 1/8. Mindestens 2/3 jeder Querschnittsseite muss in jedem Querschnitt frei von Baumkante sein
2. Äste (A), bei □ bei ▭ → 2, 3, 4, 5 -Ansammlg.	bis 3/5 einzeln bis 1/2 bis 2/3	bis 2/5, nicht > 70 mm einzeln bis 1/3 [1] bis 1/2	bis 1/5, nicht > 50 mm einzeln bis 1/5 [1] bis 1/3
3. Jahrringbreite allgem. → 6 " bei Douglasie	– –	bis 6 mm bis 8 mm	bis 6 mm bis 8 mm
4. Faserneigung, → 8	bis 200 mm/m	bis 120 mm/m	bis 70 mm/m
5. Risse: radiale, 7, 8 Schwind- (Trocken-) risse Blitz-, Frostring, Schäle	 zulässig nicht zulässig	 zulässig nicht zulässig	 zulässig nicht zulässig
6. Verfärbungen: – Bläue – nagelfeste braune und rote Streifen – Rotfäule, Weißfäule	zulässig bis zu 3/5 des Querschnitts oder der Oberfläche zulässig nicht zulässig	zulässig bis zu 2/5 des Querschnitts oder der Oberfläche zulässig nicht zulässig	zulässig bis zu 1/5 des Querschnitts oder der Oberfläche zulässig nicht zulässig
7. Druckholz	bis zu 3/5 des Querschnitts oder der Oberfläche zulässig	bis zu 2/5 des Querschnitts oder der Oberfläche zulässig	bis zu 1/5 des Querschnitts oder der Oberfläche zulässig
8. Insektenfraß	Fraßgänge von Frischholzinsekten bis 2 mm Ø zulässig		
9. Mistelbefall	nicht zulässig	nicht zulässig	nicht zulässig
10. Krümmung, Längskümmung u. Verdrehung – Querkrümmung, bei ▭	→ 9, 10, 11 bis 15 mm/2 m bis 1/20	 bis 8 mm/2 m bis 1/30	 bis 5 mm/2 m bis 1/50
11. Markröhre, bei ▭	zulässig	zulässig	nicht zulässig

[1] Vorwiegend hochkant beanspruchte Bretter und Bohlen sind wie Kanthölzer zu sortieren.
Ähnliche Kriterien sind in DIN 4074 auch für die maschinelle Sortierung angegeben.

Der **Sollquerschnitt** bezieht sich auf eine mittlere Holzfeuchte von 30 %. Als mittleres Schwind-/Quellmaß für die Querschnittsmaße Breite und Dicke bzw. Höhe ist ein Rechenwert von 0,24 % je 1 % Holzfeuchteänderung anzunehmen. Abweichungen bei 30 % HF zulässig bis 3 % bei 10 % der Menge.

Kennzeichnung von Schnitthölzern der Sortierklasse S 13 ist dauerhaft, eindeutig und deutlich vorzunehmen. Anzugeben sind: Sortierklasse, Name des sortierenden Betriebes und des Sortierers.

Bezeichnung eines Kantholzes der Sortierklasse S 10 aus Fichte (Fi): **Kantholz DIN 4074 - S10 - Fi.**

Holzfeuchte: Mittelwert d. Feuchte eines Holzes in % bezogen auf die Darrmasse nach DIN 52 183.

a) frisch, bei mittl. Holzfeuchten von > 30 % und von > 35 % bei Querschnitten von > 200 cm².
b) halbtrocken, bei mittl. Holzfeuchten von > 20 % und ≤ 30 % (≤ 35 % bei Querschnitten > 200 cm²).
c) trocken, bei mittleren Holzfeuchten ≤ 20 %, (meist durch technische Trocknung erreicht).

Nadelschnittholz-Sortierung (Erläuterungen)

DIN 4074/89

❶ Messen und Berechnen der Baumkante

Die Breite k der Baumkante wird schräg gemessen und als Bruchteil K der größeren Querschnittsseite angegeben:

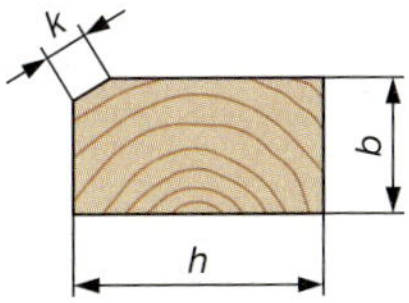

$$K = \frac{k}{h}$$

❷ Messen und Berechnen der Ästigkeit in Kanthölzern

Maßgebend ist der kleinste sichtbare Durchmesser d der Äste. Bei angeschnittenen Ästen gilt die Bogenhöhe d_1, wenn diese kleiner als d. Durchmesser ist. Äste werd. kantenparallel und dort gemessen, wo der Astquerschnitt zutage tritt. Der auf einer inneren (rechten) Seite sichtbare Teil eines Kantenastes, a_2 in ❸, bleibt unberücksichtigt, wenn das auf d. Schmalseite vorhand. Astmaß (a_3 in ❸), auf die Schmalseite bezogen, die in der Tabelle angegebenen Werte nicht überschreitet:

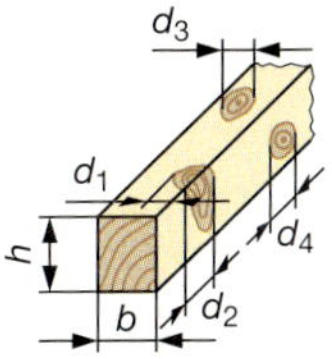

$$A = \frac{d_1}{b} \text{ oder } A = \frac{d_2}{h} \text{ oder } A = \frac{d_3}{b} \text{ oder } A = \frac{d_4}{h} \text{ oder}$$

❸ Berechnen der Ästigkeit A beim Einzelast

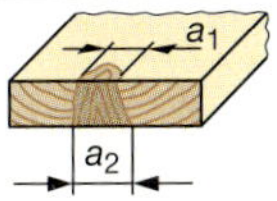

$$A = \frac{a_1 + a_2}{2\,b}$$

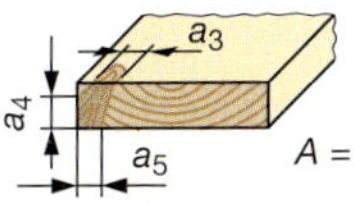

$$A = \frac{a_3 + a_4 + a_5}{2\,b}$$

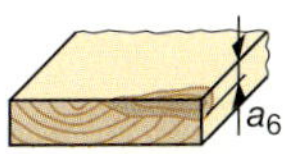

$$A = \frac{a_6}{2\,b}$$

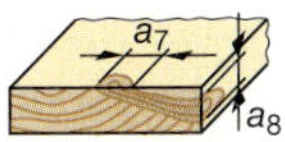

$$A = \frac{a_7 + a_8}{2\,b}$$

❹ Messen der Äste in Bohlen, Brettern und Latten

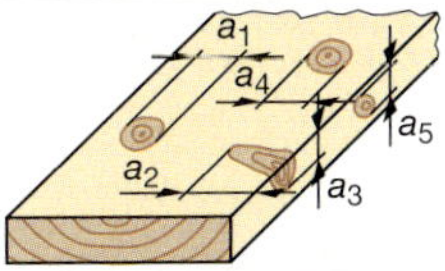

❺ Berechnen der Ästigkeit A bei Ästeansammlung

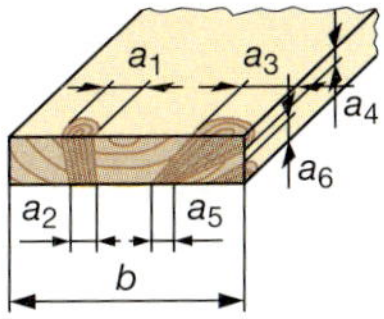

$$A = \frac{a_1 + a_2 + a_3 + a_4 + a_5 + a_6}{2\,b}$$

❻ Maßgebender Bereich für d. Bestimmen d. Jahrringbreite

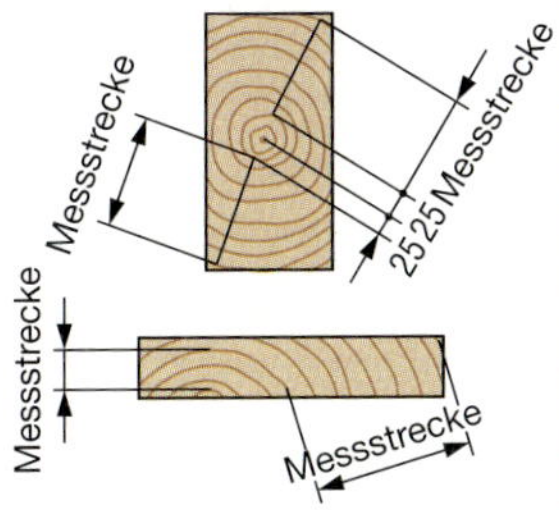

❼ Risse

a) Frostriss:

b) Blitzriss:

❽ Bestimmen der Faserneigung nach Schwindrissen

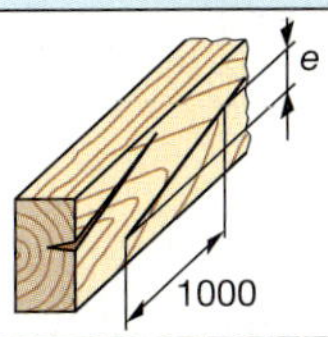

❾ Verdrehung von Schnittholz

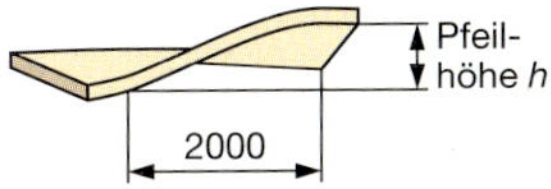

❿ Querkrümmung von Schnittholz (Schüsselung)

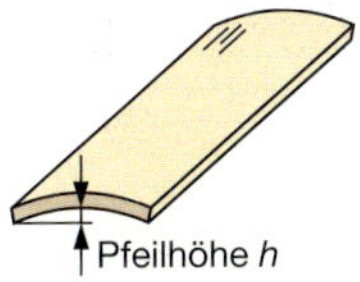

⓫ Längskrümmung von Schnittholz

a) in Richtung der Dicke:

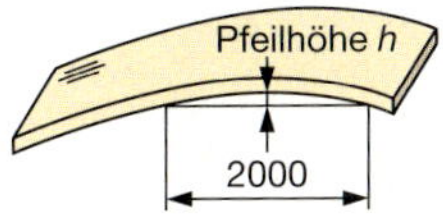

b) in Richtung der Breite:

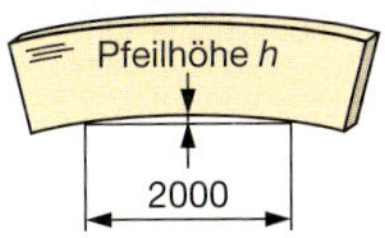

⓬ Holzfeuchte-Normalwerte (Gleichgewichtsfeuchte)

	G %
a) In allseitig geschlossenen Bauwerken:	
– mit Heizung	9 ± 3
– ohne Heizung	12 ± 3
b) in überdeckten offenen Bauwerken	15 ± 3
c) in der Witterung ausgesetzten Bauwerken	18 ± 6

⓭ Schwind- und Quellmaße (Rechenwerte)

bei Änderung der Holzfeuchte um 1 % unterhalb d. Fasersättigung

bei a) und b): Mittel aus tangentialen u. radialen Werten	in %
a) Alle Nadelhölzer, Brettschichtholz, Eiche	0,24
b) Buche, Keruing, Angelique, Greenheart	0,30
c) Bau-Furniersperrholz } Werte in Plattenebene	0,020
d) Flachpress-Spanplatten } Werte in Plattenebene	0,035

Festigkeitswerte für den Holzbau I

DIN 1052/88

1 Zulässige Spannungen für Voll- u. Brettschichtholz in MN/m² (N/mm²) im Lastfall H (→ rechte Seite)

Art der Beanspruchung		Alle Nadelhölzer als Vollholz NH Sortier- (Güte-) klasse S 7 (III)	S 10 (II)	S 13 (I)[2]	Brettschichtholz BSH[1] der Klasse S 10 (II)	S 13 (I)[2]	Eiche, Buche als Vollholz
1 **Biegung**[3) 4)]	zul $\sigma_{B\parallel}$	7	10	13	11	14	11
2 **Zug** in der Faserrichtung[5)]	zul $\sigma_{Z\parallel}$	0	8,5	10,5	8,5	10,5	10
3 **Zug** quer zur Faserrichtung[5)]	zul $\sigma_{Z\perp}$	0	0,05	0,05	0,2	0,2	0,05
4 **Druck** in der Faserrichtung	zul $\sigma_{D\parallel}$	6	8,5	11	8,5	11	10
5a **Druck** quer zur Faserrichtung	zul $\sigma_{D\perp}$	2	2	2	2,5	2,5	3
5b **Druck** " , wenn gößere Eindrücke erlaubt[6)]		(2,5)	(2,5)	(2,5)	(3,0)	(3,0)	(4)
6 **Abscheren**	zul τ_a	0,9	0,9	0,9	0,9	0,9	1
7 **Schub** aus Querkraft[7)]	zul τ_Q	0,9	0,9	0,9	1,2	1,2	1
8 **Torsion** (für Kastenquerschnitte Werte wie 7)	zul τ_T	0	1	1	1,6	1,6	1,6

2 Bei Kraftangriff schräg zur Faserrichtung

Zulässige Druckspannungen zul $\sigma_D \measuredangle$ in N/mm² für Holz der Sortierklasse S10 (Güteklasse II)

$\measuredangle\ \alpha$	Nadelhölzer	Eiche u. Buche
0	8,5 (–)	10,0 (–)
10	7,4 (–)	8,8 (–)
20	6,3 (–)	7,6 (–)
30	5,2 (5,5)	6,5 (7,5)
40	4,3 (4,6)	5,5 (6,1)
50	3,5 (3,9)	4,6 (5,4)
60	2,9 (3,3)	3,9 (4,8)
70	2,4 (2,9)	3,4 (4,4)
80	2,1 (2,6)	3,1 (4,1)
90	2,0 (2,5)	3,0 (4,0)

Werte in Klammern (...) nur für Bauteile, bei denen geringe Eindrückungen unbedenklich sind.

Nicht zulässig bei Anschlüssen mit unterschiedlichen Verbindungsmitteln.

$t \leq h/4$ für $\alpha \leq 50°$
$t \geq h/6$ für $\alpha \geq 60°$

Für Winkel zwischen 50° und 60° Werte geradlinig zwischenschalten!

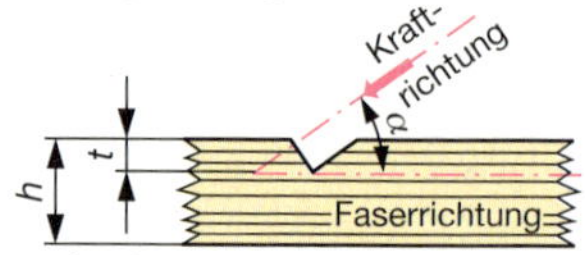

Die Tabelle wurde nach folgender Formel berechnet:

$$\text{zul}\ \sigma_D \measuredangle = \text{zul}\ \sigma_{D\parallel} - (\text{zul}\ \sigma_{D\parallel} - \text{zul}\ \sigma_{D\perp}) \cdot \sin\alpha$$

3 Zulässige Spannungen in MN/m²

Art der Beanspruchung (Kraftrichtung zu Faserrichtung: → / Lagenzahl)		für **Bau-Furnier-Sperrholz** (DIN 68 705) parallel 0	≥ 5	rechtwinkl. 3	≥ 5	**Flachpress-Spanplatten** (DIN 68 763), *d* in mm: ≤ 13	> 13 ≤ 20	> 20 ≤ 25	> 25 ≤ 32	> 32 ≤ 40	> 40 ≤ 50
1 Biegung ⊥ zur Plattenebene	zul σ_{Bxy}	13		5		4,5	4,0	3,5	3,0	2,5	2,0
2 Biegung in Plattenebene	zul σ_{Bxy}	9		6		3,4	3,0	2,5	2,0	1,6	1,4
3 Zug in Plattenebene	zul σ_{Zx}	8		4		2,5	2,25	2,0	1,75	1,5	1,25
4 Druck in Plattenebene	zul σ_{Dx}	8		4		3,0	2,75	2,5	2,25	2,0	1,75
5 Druck rechtwinkl. zur Pl.-ebene	zul σ_{Dz}	3 (4,5)		3 (4,5)		2,5	2,5	2,5	2,0	1,5	1,5
6 Abscheren in Pl.-ebene u. Leimfugen	zul τ_{zx}	0,9 (1,2)		0,9 (1,2)		0,4	0,4	0,4	0,3	0,3	0,3
7 Abscheren ⊥ zur Plattenebene	zul τ_{yz}	1,8 (3)	3 (4)	1,8 (3)	3 (4)	1,8	1,8	1,8	1,2	1,2	1,2
8 Lochleibungsdruck	zul σ_l	8		4		6,0	6,0	6,0	6,0	6,0	6,0

4 Schräger Druck und Zug für Furnier-Sperrholz in Plattenebene

α = Winkel zwischen Kraft- u. Faserrichtung der Deckfurniere. Zwischen α = 0° und 30° und zwischen 60° und 90° dürfen die Werte geradlinig zwischengeschaltet (interpoliert) werden.

	N/mm²
$\measuredangle\ \alpha$ 0° bis 30°	8 bis 2
$\measuredangle\ \alpha$ 30° bis 60°	2
$\measuredangle\ \alpha$ 60° bis 90°	2 bis 4

1) Aus Nadelholz von zugelassenen Betrieben.

2) Zul σ der Klasse S 13 nicht für Sparren, Platten u. Deckenbalken aus Kantholz oder Bohlen, bei anderen Bauteilen nur, wenn Holzauswahl, Kennzeichnung, Berechnung und Ausführung strengsten Anforderungen genügen.

3) In **Durchlaufträgern** (ohne Gelenke) über Innenstützen um 10 % mehr. Dies gilt nicht für Sparren in verschieblichen Kehlbalkenbindern.

4) In **Rundhölzern** im Bereich, in welchem die Randzone nicht geschwächt ist, um 20 % mehr.

5) Für **genagelte Zugstöße** u. -anschlüsse um 20 % weniger. Jedoch nicht für einseitig beanspruchte Holzlaschen, die mit der 1,5 fachen anteiligen Zugkraft zu bemessen sind.

6) **Schwellen** müssen über der Druckfläche in Faserrichtung beidseitig ≥ 100 mm bei h > 60 mm und ≥ 75 mm bei $h \leq$ 60 mm überstehen.

Festigkeitswerte für den Holzbau II

DIN 1052/88

5 Zulässige Zug- und Biegespannungen für Stahlteile im Holzbau

Wenn die Stahlgüte eindeutig nachgewiesen, Werte nach 1 S. 276 einsetzen,
wenn die Stahlgüte nicht eindeutig nachgewiesen werden kann, in Lastfall H u. HZ . . . .110 MN/m² (N/mm²)
wenn kein Nachweis, im Kernquerschnitt v. Rundstählen, z. B. Stangen, Bolzen . . . . . . .100 MN/m² (N/mm²)

6 Zulässige Durchbiegungen biegebeanspruchter Träger

Ausführungen — **Belastung** mit: / **Überhöhung** nach [8]:	Verkehrslast ja	Verkehrslast nein	Gesamtlast ja	Gesamtlast nein
BSH-Träger, zusammengesetzte Träger, Vollwandträger	$l/300$	–	$l/200$	$l/300$
Fachwerkträger [9] bei Näherungsberechnung	$l/600$	–	$l/400$	$l/600$
Fachwerkträger [9] bei genauerer Berechnung	$l/300$	–	$l/300$	$l/300$

Rechnerische Durchbiegung von Schalungen

Dach- und unmittelbar belastete Deckenschalungen sowie obere Dach- und Deckenbeplankungen unter Gesamtlast dürfen sich höchstens $l/200$, jedoch nicht mehr als 10 mm, unter Eigenlast und Einzellast von 1 kN (Mannlast) höchstens $l/100$, jedoch nicht mehr als 20 mm durchbiegen.
Zusätzliche Schubverformung vernachlässigen.

Lastfälle

Die zulässigen Spannungen gelten für:
Lastfall H = Summe der Hauptlasten
(Ständige L. + Verkehrsl. + Schneel. + freie Last)
Lastfall Hz = H + Zusatzlasten
(Wind, Brems- u. waagerechte Seitenkräfte sowie Temperaturwirkungen). Für den Lastfall Hz dürfen die zulässigen Spannungen um 25 % erhöht werden.

Ermäßigung der zulässigen Spannungen

Um 1/3 ist **für dauernd im Wasser** stehende Bauteile und Gerüste, auch wenn sie geschützt sind, gefordert. Ebenso bei Gerüsten aus Holz, das bei Belastung noch nicht halbtrocken ist.
Um 1/6 für Bauteile (nicht f. Gerüste), die der **Witterung allseitig ausgesetzt** sind oder bei denen mit einer Gleichgewichtsfeuchte > 18 % zu rechnen ist. Diese Abminderungen gelten nicht für „Fliegende Bauten", die einen Schutzanstrich besitzen, der mindestens alle 2 Jahre erneuert wird.

Mindest-Querschnitte und Dicken

Tragende einteilige Vollholz-Bauteile müssen ≥ **14 cm²**, bei Lattungen ≥ **11 cm²** Querschnittfläche, bei ≥ 24 mm Dicke besitzen, soweit nicht wegen der Verbindungsmittel größere Mindestmaße erforderlich sind.

[7] Bei durchlaufenden oder auskragenden **Biegebalken** darf in Bereichen ≥ 1,5 m vom Stirnende entfernt, zul τ_Q auf 1,2 N/mm² erhöht werden.
[8] **Träger** sind mind. **l/300**, bei halbtrockenem oder frischem Holz ≥ **l/200**, bei Kragträgern ≥ **l/150** zu **überhöhen**. Rahmen sinngemäß auch.
[9] Einschließlich einsinnig verbretterter Vollwandträger.

Querschnittsschwächungen

In **Zugstäben und Zugzonen** sind alle Bohrungen und Einschnitte abzuziehen, in Faserrrichtung hintereinander liegende nur einmal, desgleichen in Faserrichtung versetzt liegende, wenn ihr Abstand > 150 mm.
Querschnittsschwächungen bei Keilzinken-, Dübel- und vorgebohrten Nagelverbindungen, → DIN 1052.
In **Druckstäben und Druckzonen** nicht abziehen, wenn die Schwächung satt und druckfest gefüllt ist.

Zugstäbe

Zugstäbe sind möglichst mittig zu belasten. Bei Anschlüssen und beim Stoß von Zugstäben sind die Stoßdeckungsteile symmetrisch zur Stabachse anzuordnen. Einseitig beanspruchte Holzlaschen für 1,5-fache anteilige Zugkraft bemessen.

Stützweiten bei Biegebeanspruchung

bei Lagerung auf Mauerwerk, Beton oder Balken als **Einfeldträger**: $l \geq w + w/20$
oder $l \geq 1{,}05 \cdot w$ (w = Lichtweite)
als **Durchlaufträger**: **Abstand der Auflagermitten.**
Ausnahme:
Durchlaufende Bretter und Balken sind als frei drehbare Träger auf 2 Stützen zu berechnen.

Bei Pfetten und Balken mit Kopfbändern, die vorwiegend gleichmäßig belastet sind (auch mit Sparrenlasten), deren Abstände l nicht um mehr als 1/5 voneinander abweichen, dürfen als frei drehbare Balken auf 2 Stützen für die **größte** hier vorliegende **Feldweite l_1, l_2** oder **l_3** berechnet werden. Nachzuweisen ist, dass d. Kopfband und seine Anschlüsse für die auf sie entfallende Last ausreichen. Wenn Sattelhölzer ohne Kopfband, dann mit l rechnen.

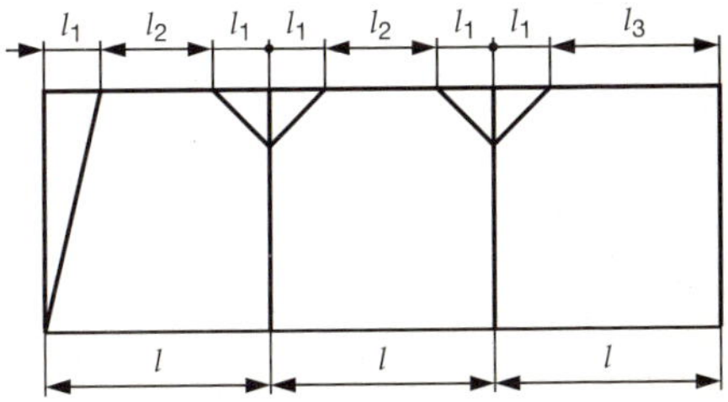

Knicksicherheit von Druckstäben

DIN 1052/88

Berechnen der Knicksicherheit → S. 74 u. 75, dort auch Erklärung der Zeichen λ und ω, sowie s_K, N, σ_ω, A und i und Beispiel 1, → S. 75. Werte für i von Holzquerschnitten → S. 314 u. 315.

Für die **Berechnung** stets das **kleinste *i*,** den **ungeschwächten Querschnitt** und die **größte Druckkraft *N*** wählen!
Druckstäbe möglichst mittig belasten.

Wenn die Enden von Druckstäben, Stützen oder Steifen gegen seitliches Ausweichen gesichert sind, ist **freie Knicklänge s_K = wirkliche Länge**.
Im **Fachwerk ist s_K = Länge der Netzlinie**.

In **Kehlbalkenbindern** darf das Knicken der Sparren **in** der System- (Binder-) ebene näherungsweise, bei **verschieblichen Kehlbalken $s_K = 0{,}8 \cdot s$** (s = gesamte Sparrenlänge) angenommen werden, wenn die Länge s_u des unteren Sparrenabschnittes $\leq 0{,}7 \cdot s$, aber $> 0{,}3 \cdot s$ ist.
Bei **unverschieblichen Kehlbalken** darf die Knicklänge **$s_K = s_u$ oder s_o** angenommen werden.

Ein größerer Schlankheitsgrad als $\lambda = 150$ ist für einteilige Druckstäbe unzulässig!

$$\frac{N/A}{\text{zul } \sigma_K} \leq 1, \text{ wenn zul } \sigma_K = \frac{\text{zul } \sigma_{D\parallel}}{\omega}$$

Werte für zul $\sigma_{D\parallel}$ → **1**, S. 304

N = größte im Stab auftretende Druckkraft,
A = ungeschwächter Stabquerschnitt.

Bei **Versätzen** ist die Einschnitt-Tiefe t
(→ **2**, S. 304 $\leq h/4$ für $\sphericalangle\ \alpha < 50°$,
und $t \leq h/6$ für $\sphericalangle\ \alpha > 60°$.
Werte für $\sphericalangle\ \alpha$ zwischen 50° und 60° können geradlinig zwischengeschaltet werden.
Bei 2 seitigem Versatz, z. B. 2 Kopfbändern an einem Stiel, ist t je $\leq h/6$.

Als **Knicklänge der Gurtstäbe** von Fachwerken ist für das Knicken **aus der Fachwerkebene** in der Regel bei Gurtstäben der Abstand der Queraussteifungen und bei Füllstäben stets die Länge der Netzlinie einzusetzen.

Knickzahlen ω in Abhängigkeit von der Schlankheit λ

λ	Nadelvollholz S13 (I) ·· S7 (III)	Brettschichtholz aus Nadelholz, Güteklasse		Vollholz aus Laubhölzern, Holzartengruppe			Bau-Furniersperrholz, Druckkraft parallel zur Faserrichtung der Deckfurniere		Flachpress-Spanplatten nach DIN 68763 Plattendicke	
		S 13 (I)	S 10 (II)	A	B	C	3 Lagen	≥ 5 Lagen	≤ 25 mm	> 25 mm
0	1,00	1,00	1,00	1,00	1,00	1,00	1,00	1,00	1,00	1,00
10	1,04	1,00	1,00	1,04	1,03	1,03	1,02	1,01	1,03	1,02
20	1,08	1,00	1,00	1,08	1,08	1,07	1,05	1,04	1,07	1,07
30	1,15	1,00	1,00	1,15	1,15	1,15	1,11	1,12	1,15	1,16
40	1,26	1,03	1,03	1,25	1,25	1,27	1,22	1,29	1,28	1,34
50	1,42	1,13	1,11	1,40	1,45	1,50	1,38	1,54	1,49	1,61
60	1,62	1,20	1,23	1,59	1,69	1,79	1,61	1,91	1,78	1,99
70	1,88	1,51	1,45	1,83	2,00	2,17	1,92	2,53	2,15	2,48
80	2,20	1,92	1,75	2,13	2,39	2,67	2,30	3,30	2,60	3,24
90	2,58	2,43	2,22	2,48	2,87	2,38	2,87	4,18	3,22	4,10
100	3,00	3,00	2,74	2,88	3,55	4,17	3,55	5,16	3,98	5,07
110	3,63	3,63	3,32	3,43	4,29	5,05	4,29	6,24	4,82	6,13
120	4,32	4,32	3,95	4,09	5,11	6,01	5,11	7,43	5,73	7,30
130	5,07	5,07	4,63	4,79	5,99	7,05	5,99	8,72	6,73	8,56
140	5,88	5,88	5,37	5,56	6,95	8,18	6,95	10,11	7,80	9,93
150	6,75	6,75	6,17	6,38	7,98	9,39	7,89	11,61	8,96	11,40
160	7,68	7,68	7,02	7,26	9,08	10,68	9,08	13,20	10,19	12,97
170	8,67	8,67	7,92	8,20	10,25	12,06	10,25	14,91	11,50	14,63
175	9,19	9,19	8,39	8,69	10,86	12,78	10,86	15,80	12,19	15,52
180	9,72	9,72	8,88	9,19	11,49	13,52	11,49	16,71	12,90	16,41
190	10,83	10,83	9,89	10,24	12,80	15,06	12,80	18,62	14,37	18,29
200	12,00	12,00	10,96	11,35	14,18	16,69	14,18	20,63	15,92	20,26
210	13,23	13,23	12,08	12,51	15,64	18,40	15,64	22,75	17,55	22,34
220	14,52	14,52	13,26	13,73	17,16	20,19	17,16	24,97	19,27	24,52
230	15,87	15,87	14,50	15,01	18,76	22,07	18,76	27,29	21,06	26,80
240	17,28	17,28	15,78	16,34	20,43	24,03	20,43	29,71	22,93	29,18
250	18,75	18,75	17,13	17,73	22,16	26,08	22,16	32,24	24,88	31,66

Stabdübel und Bolzenverbindungen

DIN 1052/88

Zulässige Spannungen in MN/m² (N/mm²)

Holzart (BSH = Brettschichtholz) Spannungen in MN/m²:	Stabdübel u. Passbolzen zul σ_l	Stabdübel u. Passbolzen Festwert	Bolzen zul σ_l	Bolzen Festwert
Verbindung einschnittig → ❶				
Nadelholz u. BSH	4,0	23,0	4,0	17,0
Eiche und Buche	5,0	27,0	5,0	20,0
Verbindung zweischnittig → ❷ Mittelholz				
Nadelholz u. BSH	8,5	51,0	8,5	38,0
Eiche und Buche	10,0	60,0	10,0	45,0
Verbindung zweischnittig → ❷ Seitenholz				
Nadelholz u. BSH	5,5	33,0	5,5	26,0
Eiche und Buche	6,5	39,0	6,5	30,0

Rechtwinklig zur Scherfläche duchgehende, überwiegend auf Biegung beanspruchte, zylindrische Verbindungsmittel sind:
Stabdübel und Passbolzen (mit Kopf und Mutter) mindestens aus Stahl S 235 JR (früher St 37-2) in Bohrungen im Holz **mit dem Nenndurchmesser** des Stabdübels und so lang, wie die Gesamtdicke der damit verbundenen Hölzer, sind bei allen Bauteilen und Bauten anwendbar.
Bolzen, z. B. Schraubenbolzen, Rohrbolzen u. ä., sind mit Kopf und Mutter versehen und werden nach Vorbohren der Löcher **mit geringem Spiel** (≤ 1 mm), in der Regel mit beidseitigen Scheiben eingebaut und anschließend fest angezogen.
Sie dürfen **nur für untergeordnete Bauten** (Fliegende Bauten und Gerüste) verwendet werden. Für Dauerbauten, bei denen es auf Steifigkeit und Formbeständigkeit ankommt, nur, wenn d. Schlupf durch besondere Maßnahmen, z. B. Verwendung vorgetrockneter Hölzer, verhindert wird. Zugehörige Schraubenbolzen, (M 12 bis M 30), Muttern und Scheiben, → S. 282/283.

Tragende Verbindungen müssen aus mindestens 2 Bolzen oder 4 Stabdübeln bestehen, die symmetrisch zu den Holzachsen anzuordnen sind.
Mindestabstände für Stabdübel → ❸
Mindestabstände für Bolzen → ❹

❶

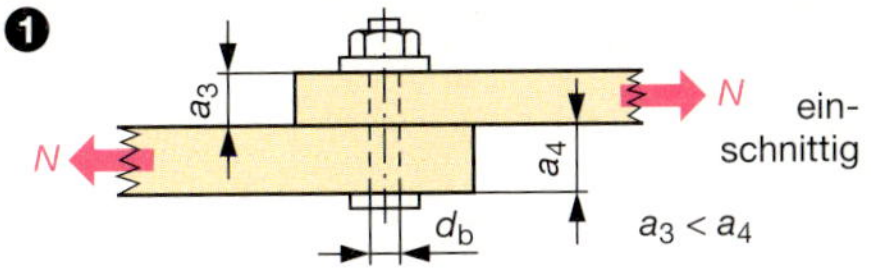

❷

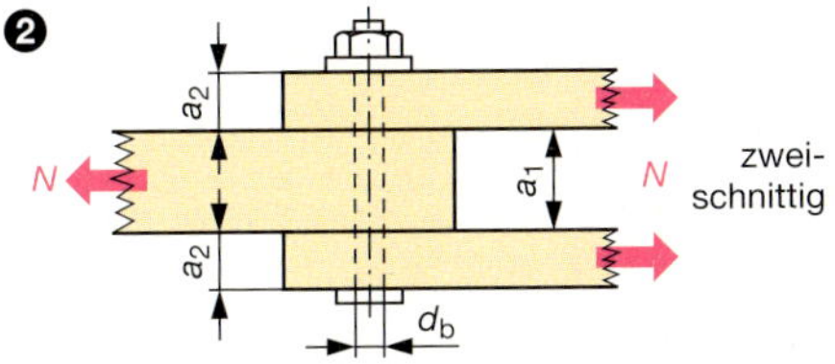

❸

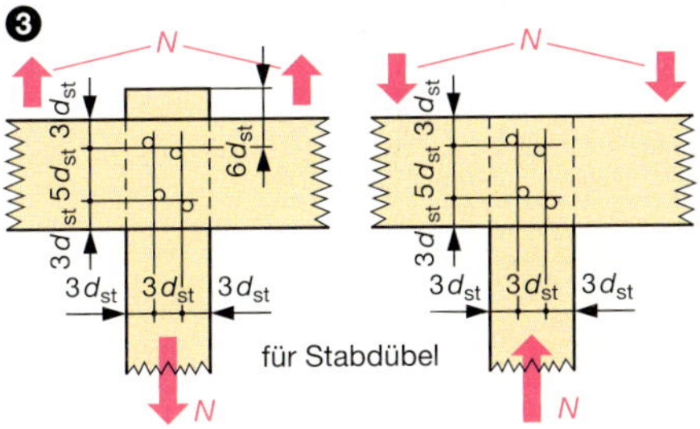

❹

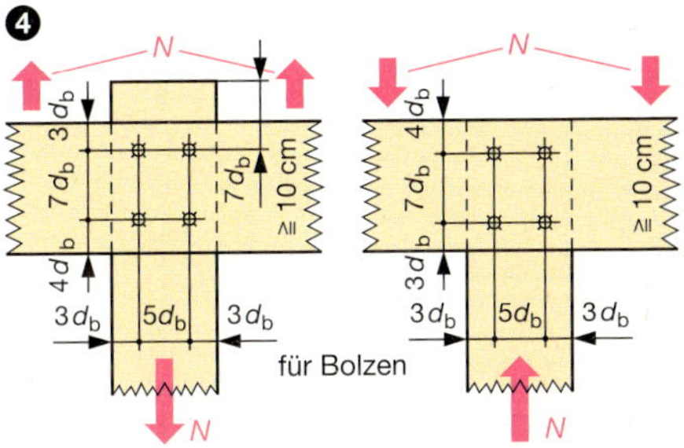

Bemessen v. Stabdübel- u. Bolzenverbindungen

$$\text{zul } N_{st,b} = \text{zul } \sigma_l \cdot a \cdot d_{st,b} \quad \text{in N}$$

jedoch höchstens:

$$\text{zul } N_{st,b} = B \cdot d^2_{st,b} \quad \text{in N}$$

zul $N_{st,b}$ = zul. Belastung der Verbindung für Kraftangriff in Faserrichtung, unabhängig von der Güteklasse des Holzes.
zul σ_l = zul. mittlere Lochleibungsspannung des Holzes in MN/m², → Tabelle oben.
a = Holzdicke in mm.
$d_{st,b}$ = Durchmesser des Stabdübels, Passbolzens, bzw. Bolzens in mm.
B = Festwert nach Tabelle oben in MN/m².

Zul. Gesamtbelastung mehrschnittiger Verbindungen = Summe der zul $N_{st,b}$ aller in einer Richtung beanspruchten Hölzer.

Für **Kraftangriff rechtwinklig und schräg** zur Faserrichtung des Holzes sind die zulässigen Belastungen mit dem Faktor

$$\eta_{st} = \eta_b = 1 - \alpha/360$$

abzumindern.

$\alpha \le 90°$ ist der Winkel zw. Kraft- und Faserrichtung.

Bei **Bolzenverbindungen von Voll- o. Brettschichtholz mit Stahlteilen** dürfen d. Werte um 25 % überschritten werden. Den Lochleibungsdruck f. Gelenkbolzen in d. Stahlteilen dabei nicht überschreiten!
Bei **Bolzenverbindungen von Bau-Furnierplatten** oder **Flachpressplatten** untereinander oder mit Holz auf die zulässigen Lochleibungsdrücke achten!

Dübel besonderer Bauart I

DIN 1052/88

A: Ringkeildübel (zweiseitig) **B**: Rundholzdübel (Eiche) **C**: Einpressdübel (rund, zweiseitig) (quadratisch, zweiseitig) **D**: Einpressdübel (zweiseitig)

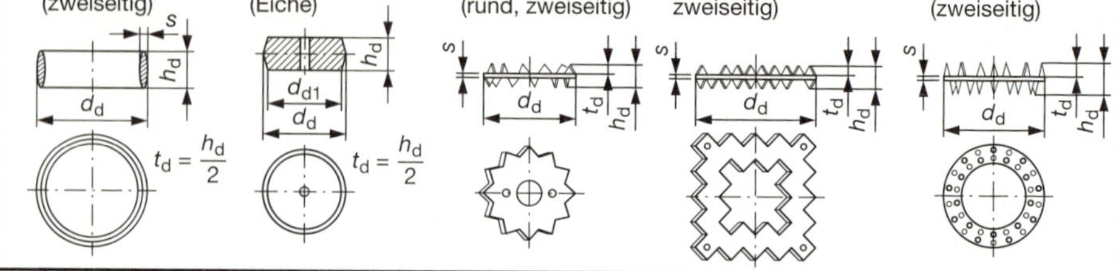

Dübeltyp	1	2	3	4	5	6	7	8	9	10	11	12	13	14	15
	Maße der **Einlassdübel** (in den Bildern nur für Zweiseitdübel)							Dübelfehlfläche	Schraubenbolzen + Sechskantmuttern u. Scheiben	Mindestmaße der Hölzer b. einer Dübelreihe und Neigung d. Kraft zur Faserrichtung [2]		Mind.-Dübelabstd. u. Vorholzlänge	Zulässige Belastung eines Dübels bei Neigung der Kraft- zur Faserrichtung		
	Aussendurchmesser	Höhe	Dicke	zusätzliche Maße nur für einseitige Einlassdübel						0° ·· 30°	>30°··90°		0° bis 30°	> 30° bis 60°	> 60° bis 90°
	d_d	h_d	s	d_i	d_u	h_1	s_1	ΔA	d_b [1]	b/a	b/a	$e_{d\parallel}$			
	mm	mm	mm	mm	mm	mm	mm	cm²	mm	mm	mm	mm	kN	kN	kN
A	65	30	5	13	22,5	8	3	7,8	**M 12**	100/40	110/40	140	11,5	10,0	9,0
A	80	30	6	13	22,5	8	4	10,1	**M 12**	110/50	130/50	180	14,0	12,5	11,0
A	95	30	6	13	33,5	8	4	12,3	**M 12**	120/60	150/60	220	17,0	14,5	12,5
A	126	30	6	–	–	–	–	17,0	**M 12**	160/60	200/60	250	20,0	17,0	14,0
A	128	45	8	13	45,0	10	4	25,9	**M 12**	160/60	200/60	300	28,0	23,5	19,0
A	160 [3]	45	10	17	50,0	12	5	32,2	**M 16**	200/100	240/100	340	34,0	27,5	21,5
A	190 [4]	45	10	17	60,0	12	6	39,9	**M 16**	230/100	280/100	430	48,0	38,5	29,0
B	66 [5]	32	–	–	–	–	–	8,2	**M 12**	100/40 [6]	100/40 [6]	130	11,0	9,0	9,0
B	100 [5]	40	–	–	–	–	–	16,8	**M 12**	130/60	160/60	200	18,0	15,5	13,5
	Ø oder □	f. **Zweiseit-Einpressdübel**		Maße für **einseitige runde Einpressdübel**											
	d_d	h_d	s	h_d	s	d_i	d_m								
C ○	48	12,5	1,00	6,6	1,00	12,2	–	0,9	**M 12**	100/40 [7]	100/40	120	5,0	4,5	4,5
C ○	62	16	1,20	8,7	1,20	12,2	–	2,0	**M 12**	100/40 [6]	110/40	120	7,0	6,5	6,0
C ○	75	19,5	1,25	10,3	1,25	16,2	–	2,6	**M 16**	100/50	120/50	140	9,5	8,5	8,0
C ○	95	24	1,35	10,3	1,35	16,2	49	4,7	**M 16**	120/50	140/50	140	12,0	11,0	10,5
C ○	117	29,5	1,50	16,0	1,50	20,2	58	6,9	**M 20**	150/80	180/80	170	16,0	15,0	14,0
C ○	140 [3]	31	1,65	–	–	–	–	8,7	**M 24**	170/80	200/100	200	22,0	20,0	18,5
C ○	165 [3]	32	1,80	–	–	–	–	11,0	**M 24**	190/80	230/100	230	30,0	27,0	24,0
C □	100	16	1,35	–	–	–	–	2,7	**M 20**	130/60	160/60	170	17,0	15,5	14,5
C □	130 [4]	20	1,50	–	–	–	–	4,5	**M 24**	160/60	190/80	200	23,0	21,0	19,0
		Zähnezahl	für **Zweiseit-Einpressdübel**			für **Einseit-Einpressdübel**									
	d_d		h_d	s	ΔA	h_d	d_i	ΔA							
D	50	8	27	3	2,8	15	12,2	3,4	**M 12**	100/40 [7]	100/40 [6]	120	8,0	7,5	7,0
D	65	12 [8]	27	3	3,6	15	16,2	4,5	**M 16**	100/40 [6]	110/40 [6]	140	11,5	11,0	10,0
D	85	22 [9]	27	3	4,6	15	20,2	5,5	**M 20**	110/50	130/50	170	17,0	16,0	14,5
D	95	24	27	3	5,6	15	24,2	6,9	**M 24**	120/60	140/60	200	21,0	19,5	17,5
D	115	30 [10]	27	3	7,0	15	24,2	8,6	**M 24**	140/60	170/60	230	27,0	24,5	21,5

[1] Scheiben → S. 283. [2] Für Ein- u. Zweiseitdübel, b. Zweiseitdü. jedoch Mindestholzdicke a = 60 mm.
[3] Mit Klemmbolzen am Laschenende.
[4] Mit zwei Klemmbolzen am Laschenende.
[5] Ø $d_{dI} \approx$ 90 % von d_d. [6] auch 90/60. [7] auch 80/60.
[8] oder 14 Zähne in 2 Kreisen.
[9] die 22 Zähne auch in 2 Kreisen.
[10] oder 32 Zähne auch in 2 Kreisen.

Dübel besonderer Bauart II

DIN 1052/88

Mindestabstände von Dübeln besonderer Bauart

Für Verbindungen mit mehreren Dübelreihen in der Anordnung:	$e_{d\perp}$ benachbarter Dübelreihen	$e_{d\parallel}$ Dübel parallel der Faserrichtung	Außenreihe von der Holzkante
Nicht versetzt, → ❶	$d_d + t_d$	$e_{d\parallel}$	$b/2$
Versetzt, → ❷ (Zwischenwerte geradlinig zwischenschalten)	$d_d + t_d$ d_d $0{,}5(d_d + t_d)$	$e_{d\parallel}$ $1{,}1 \cdot e_{d\parallel}$ $1{,}8 \cdot e_{d\parallel}$	} $b/2$

d_d: Außendurchmesser des Dübels.
t_d: Einschnitt-Tiefe (Einlass- bzw. Einpresstiefe des Dübels).
$e_{d\parallel}$: Mindestwert für Dübelabstand und -vorholzlänge.
b: Mindestbreite des Holzes bei einer Dübelreihe.

❶

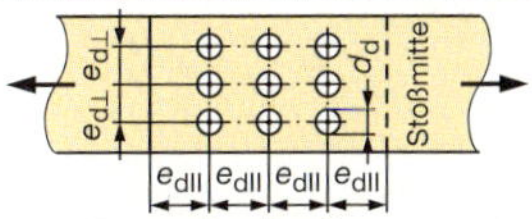

❷

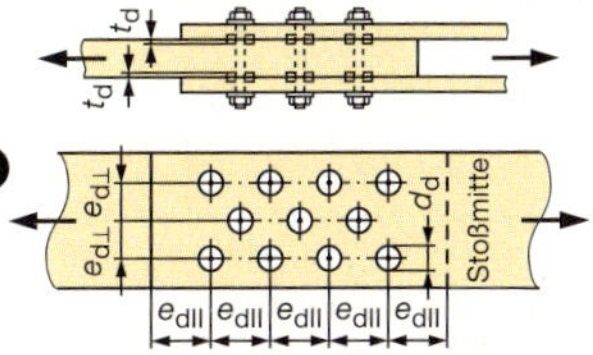

Bretter und Bohlen

Ungehobelte aus Nadelholz nach DIN 4071

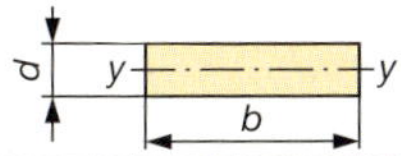

Gehobelte aus Nadelholz nach DIN 4073

Dicken [1] ***d*** mm	1 m² enthält m³	1 m³ enthält m²	Gewicht kg/m²	W_y [2] cm³
Bretter				
16 ±1	0,016	62,5	9,6	4,3
18 ±1	0,018	55,6	10,8	5,4
22 ±1	0,022	45,5	13,2	8,1
24 ±1	0,024	41,7	14,4	9,6
28 ±1	0,028	35,8	16,8	13,1
30 ±1	0,03	33,3	18,0	15,0
35 ±1	0,035	28,6	21,0	20,3
38 ±1	0,038	26,3	22,8	24,1
Bohlen				
40 ±1,5	0,04	25,0	24,0	26,7
44 ±1,5	0,044	22,7	26,4	32,3
45 ±1,5	0,045	22,2	27,0	33,8
48 ±1,5	0,048	20,8	28,8	38,5
50 ±1,5	0,05	20,0	30,0	41,7
52 ±2	0,052	19,2	31,2	45,1
55 ±2	0,055	18,2	33,0	50,4
60 ±2	0,06	16,7	36,0	60,0
63 ±2	0,063	15,9	37,8	66,3
65 ±2	0,065	15,4	39,0	70,4
70 ±2	0,07	14,3	42,0	81,7
75 ±2	0,075	13,4	45,0	93,8

Längen in mm von 1500 bis 6000
Stufung: +250 und +300 + 50, – 25
" für Stamm- u. Blockware: 100
" für Dimensionsware: 10

[1] Nur **gekennzeichnete** Dicken sind in DIN 4071 u. ISO 31 enthalten.
[2] Für Breite 100 mm.
[3] „Europäische" (außer „Nordische")

Dicken *d* in mm Europäische [3] Hölzer	Nordische Hölzer	**Breiten *b*** Kantenflächen ungehobelt mm	mm
Bretter			
–	**9,5** ±0,5	75 ±2	180 ±3
–	**11** ±0,5	80 ±2	200 ±3
13,5 ±0,5	**12,5** ±0,5	100 ±3	220 ±3
–	**14** ±0,5	115 ±3	225 ±3
15,5 ±0,5	–	120 ±3	240 ±3
–	**16** ±0,5	125 ±3	250 ±3
19,5 ±0,5	**19,5** ±0,5	140 ±3	260 ±3
–	**22,5** ±1	150 ±3	275 ±3
25,5 ±1	**25,5** ±1	160 ±3	280 ±3
35,5 ±1	–	175 ±3	300 ±3
Bohlen			
–	**40** ±1	Breiten wie f. ungehobelte, Längen wie f. ungehobelte	
41,5 ±1	–		
–	**45** ±1		
45,5 ±1	–		

Alle Maße gelten bei 14‥20 G% (vorzüglich bei 16‥18 G%) Holzfeuchte.
Diese **Messbezugsfeuchte** muss nicht gleich der Lieferfeuchte sein.
Die **rechte Seite** eines Brettes ist dem Kern zugewendet.

Gespundete Bretter
aus Nadelholz nach DIN 4072

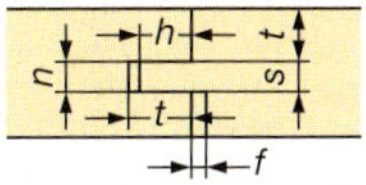

Dicken *d* in mm	*s* mm	*n* mm	*t* mm
Eurpäische (außer nord.) **Hö.**			
15,5 ±0,5	4	4,5	7
19,5 ±0,5	6	6,5	8
25,5 ±1	6	6,5	11
35,5 ±1	8	8	13
Nordische Hölzer			
19,5 ±0,5	6	6,5	8
22,5 ±1	6	6,5	10
25,5 ±1	6	6,5	11

h = 6 mm, t = 7 mm

Breiten (einschl. Feder):

Europäische	Nordische
95 ±1,5	96 ±1,5
115 ±1,5	111 ±1,5
135 ±2	121 ±2
155 ±2	

Längen (zul. Abw. +50, –25):

Europäische	Nordische
von 1500 ±250 und 4500 +500 bis 6000	von 1800 ±300 bis 6000

Messen von Holz

DIN 68 250

Dicke ≥ 150 mm vom Hirnholzende, b. parallel besäumtem Holz auch die **Breite**. Diese bei nichtparallel besäumtem Holz in der Mitte der Länge, wo keine Baumkante ist. Am unbesäumten Holz, < 40 mm dick, an der schmalen Seite, wenn ≥ 40 mm dick, als Mittel aus den Breiten beider Seiten oder „blockliegend". Breitenmaß auf volle cm nach unten runden!
Länge ist kürzestes Maß zwischen den Hirnholzenden (diese senkrecht zur Längsachse). Bis zu 1 % Abweichung nicht beachten.

Nagelverbindungen I

DIN 1052/88

1 Mindest-Nagelabstände

a) parallel z. Kraftrichtung ● Richtung zur Faser		nicht vorgebohrt	vorgebohrt
untereinander	∥	10 d (12 d) ¹⁾	5 d
	⊥	5 d	5 d
vom beanspruchten Rand entfernt	∥	15 d	10 d
	⊥	7 d (10 d) ¹⁾	5 d
vom unbeanspruchten Rand entfernt	∥	7 d (10 d) ¹⁾	5 d
	⊥	5 d	3 d
b) rechtwinklig zur Kraftrichtung ■ untereinander und vom Rand		5 d	3 d

zu 1:

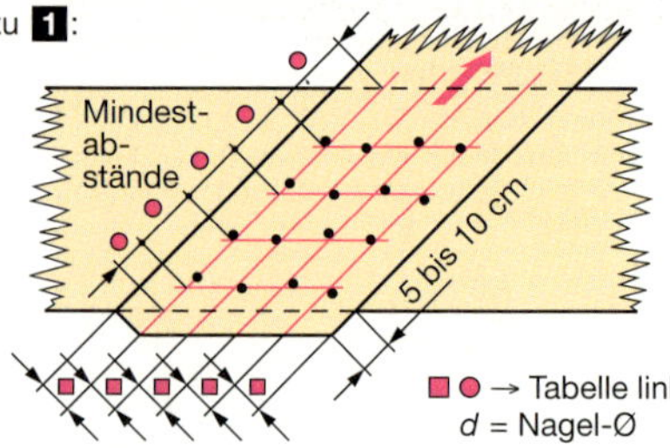

■ ● → Tabelle links
d = Nagel-Ø

2 Zul. Nagelbelastung für eine Scherfläche

Nagelgröße $d_n \cdot l$	Mindest-Holzdicke a Nagellöcher vorgebohrt		Mindest-einschl.-tiefe s		zul. Belastung N_1 bei Nadelholz vorgebohrt		Eiche Buche
$\frac{mm}{10} \cdot mm$	nein mm	ja mm	ein- mm	mehrschnittig mm	nein kN	ja kN	immer kN
22 · 45	24	24	27	18	0,2	0,25	0,30
22 · 50	20 [2]	20 [2]	27	18	0,2	0,25	0,30
25 · 55	24	24	30	20	0,25	0,31	0,375
25 · 60	20 [2]	20 [2]	30	20	0,25	0,31	0,375
28 · 65	24	24	34	23	0,3	0,375	0,45
28 · 65	20 [2]	20 [2]	34	23	0,3	0,375	0,45
31 · 65	24	24	38	25	0,375	0,46	0,56
31 · 70	20 [2]	20 [2]	38	25	0,375	0,46	0,56
31 · 80			38	25	0,375	0,46	0,56
34 · 90	24	24	41	27	0,43	0,54	0,65
38 · 100	22 [2]	22 [2]	46	30	0,525	0,65	0,78
42 · 110	27	27	51	34	0,625	0,775	0,93
46 · 130	30	28	56	37	0,725	0,959	1,09
55 · 140	40	33	66	44	0,975	1,22	1,46
55 · 160	40	33	66	44	0,975	1,22	1,46
60 · 180	50	36	72	48	1,12	1,40	1,68
70 · 210	60	42	84	56	1,45	1,80	2,17
75 · 230	70	45	90	60	1,60	2,00	2,40
80 · 260	75	48	96	64	1,78	2,20	2,67
90 · 310	90	54	108	72	2,13	2,66	3,20

Formeln: $a \geq 24$ mm u. $\geq d_n\,(3 + 0{,}8 \cdot d_n)$ in mm
einschnittig: $s \geq 12\,d_n$ in mm
mehrschnittig: $s \geq 8\,d_n$ in mm

zul. Belastung ⊥ $N_1 = \dfrac{500 \cdot d_n^2}{10 + d_n}$ in N

a) einschnittig b) zweischnittig c) dreischnittig

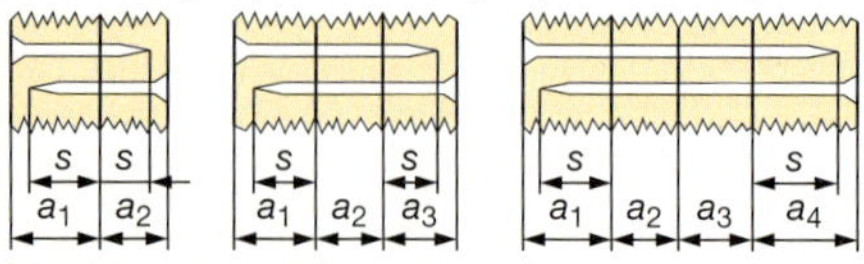

Die Tabellen gelten für **runde Drahtstifte** der Form B nach DIN 1151, **runde Maschinenstifte** nach DIN 1143 und **Sondernägel** der **Tragfähigkeitsklasse I**, wenn in jeder für die Kraftübertragung herangezogenen Fuge mindestens 4 Nagelscherflächen vorhanden sind, ohne Rücksicht auf den Faserverlauf des Holzes.

Nägel im Hirnholz sind nichttragend.

Für **Sondernägel** mit Zulassung der **Tragfähigkeitsklassen II und III** (Schraub- u. Rillennägel) genügt bei einschnittiger Verbindung eine Einschlagtiefe von 8 d_n.

Gegen **Herausziehen** können Sondernägel der Klasse I 1,8 fach, der Klasse II 2,5 fach und der Klasse III 3,2 fach höher belastet werden als runde Drahtstifte.

Bei **> 10 Nägeln hintereinander** in Stößen und Anschlüssen sind **Abminderungen** erforderlich.

Die wirksame Anzahl: **ef n = 10 + 2/3 (n – 10)**, wobei die Anzahl der hintereinander liegenden Nägel n höchstens 30 sein darf.

Querschnittsschwächung durch Nägel immer zu berücksichtigen, wenn vorgebohrt wird, bei $d_n > 4{,}2$ mm auch dann, wenn nicht vorgebohrt.
Bei vorgebohrten Nagellöchern mit einem Bohrloch-Ø ≈ 0,9 d_n, bei einer Bohrlochtiefe ≥ s und $d_n \geq 4{,}2$ mm, sind bei **geringeren Holzdicken** $\boldsymbol{a}$, als in Tab. 2 angegeben, die zul. Belastungen im Verhältnis $a/(6\,d_n)$ zu mindern.

$$\left.\begin{array}{l}\text{zul. Belastung}\\ \text{der Verbindung}\end{array}\right\} = \left\{\begin{array}{l}\text{Anzahl der}\\ \text{Scherflächen}\end{array}\right\} \cdot N_1$$

3 Beispiele für Sondernägel:

a) Schraubnagel

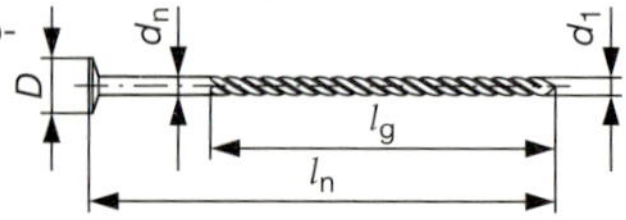

b) Rillennagel

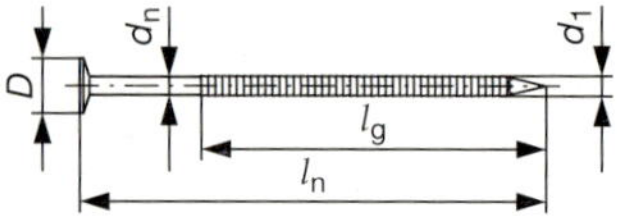

¹⁾ Für Nageldurchmesser > 4,2 mm Werte in ( ).
²⁾ Diese Werte gelten für die Mindest-Holzdicke bei Schalungen.

Nagelverbindungen II

DIN 1052/88

3 Stahlblech-Holz-Verbindungen

z. B. mit **Nagelplatten**:

Loch-Ø im Blech = Nagel-Ø; Blechdicke ≥ 2 mm, wenn größer, dann Korrosionsschutz erforderlich. Die Werte in **2** gelten auch, wenn im Holz nicht vorgebohrt ist.

a) einschnittig b) zweischnittig c) vierschnittig

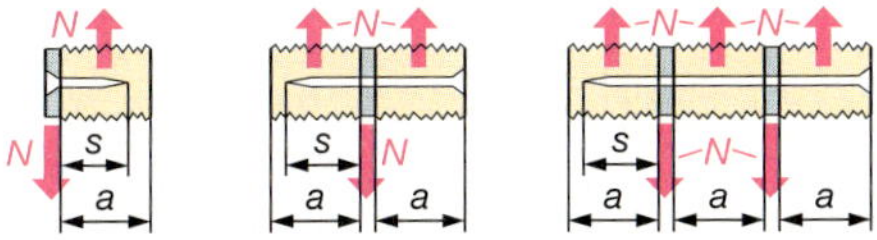

4 Furnierplatten-Vollholzverbindungen

Plattendicke $a_s \geq 2\ d_n$, für $d_n \leq 4{,}2$ mm
$a_s \geq 4\ d_n$, für $d_n > 4{,}2$ mm

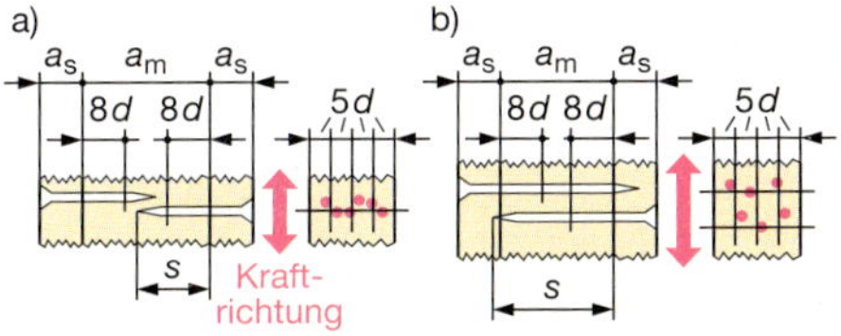

Beispiel: 2 Bohlen 6/20, ohne Vorbohrung mit 2 aufgenagelten Furnierplattenlaschen verbunden:
a_s = 35 mm > 3 d_n, d_n = 3,4 mm für Nägel 34 x 90.
Jede Seite 50 Nägel in 5 Reihen (10 hintereinander)
Zul N_1 nach **2** S. 310 (einschnittig) = 0,43 kN
zul F = 2 · 50 · 0,34 kN = 43 kN.
Abstände nach **1** vorausgesetzt.

5 Zugbeanspruchte Verbindungen

a) zul. Zugbelastung von Schalungsnägeln [1]

Nagel-Ø · l mm/10 · mm	für Brettdicke in mm	zul. Last je Nagel in kN
31 · 70	20 und 22	0,19
34 · 90	22 und 24	0,29

b) zul. Belastung von Sparren- u. Pfettennägeln

kN je cm der tragenden Haftlänge [2]

Nageldurchmesser in mm/10	kN/cm
46	0,06
55	0,07
60	0,08
70	0,09
75	0,10
80	0,11

[1] Für jedes Schalbrett müssen 2 Nägel je Sparren, Binder o. Stiel eingeschlagen werden, aber nicht im Hirnholz.

[2] Haftlänge = Einschlagtiefe s im unteren Holz

Beispiele für das Sichern von Pfetten u. Sparren gegen die Sogkraft des Windes:

a) b)

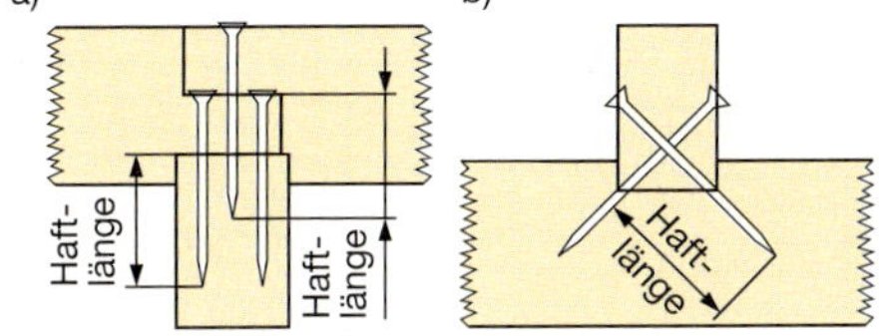

Für den Anschluss von Brettern und Bohlen am Rundholz gelten nur 2/3 der Werte.
Nagelverbindungen von Rundholz an Rundholz gelten als nichttragend.

Holzschrauben-Verbindungen

DIN 1052

6 Für tragende Scherverbindungen

mindestens 4 Schrauben d_s < 10 mm > 4 mm oder mindestens 2 Schrauben $d_s \geq 10$ mm.
Schrauben in Hirnholz tragen nicht!
Mindestabstände der Schrauben wie bei Nägeln in vorgebohrten Löchern, → **2**.
Verbindungen in der Regel einschnittig.
Zulässige Belastung zul N einer Schraube:

f. Vollholz- u. Furnierplatten: zul $N = 4 \cdot a_1 \cdot d \leq 17 \cdot d^2$ in N
für Metallplatten: zul $N = 1{,}25 \cdot 17 \cdot d^2$ in N

Bedingung: Einschraubtiefe $s \geq 8\ d$, nicht $< 4\ d$.
Für $s = 4\ d\ ..\ 8\ d$: N im Verhältnis $s : 8\ d$ vermindern.

Zul N für Schrauben d < 10 mm von der Faserrichtung des Holzes unabhängig. Für $d \geq 10$ mm gelten die Werte parallel zur Faser. Wenn die Kraft rechtwinklig zur Faser angreift, ist N 2/3 des Wertes.
Für ∢ 0° .. 90° Werte geradlinig zwischenschalten.

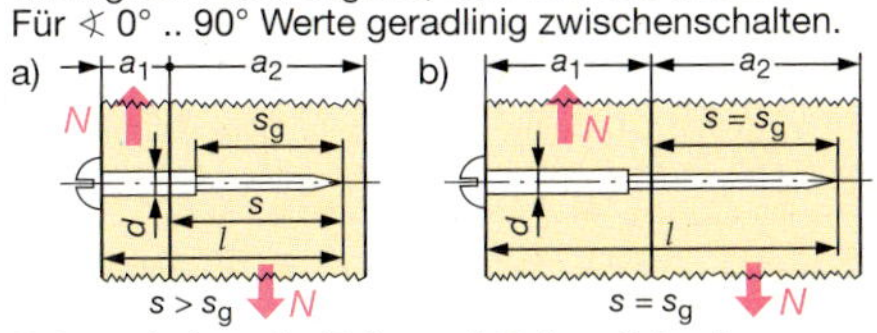

Holz vorbohren im Teil s_g mit Bohrer 0,7 · d, darüber mit Bohrer = d.

7 Zugbeanspruchte Holzschrauben

zul $N_Z = 3 \cdot s_g \cdot d$ in N — unabhängig v. d. Feuchte.

Einschraubtiefen $s_d < 4\ d$ und $> 12\ d$ im Holz a_2 dürfen nicht in Rechnung gestellt werden.

Beispiel: Wieviel kN Zugkraft kann eine Holzschraube 12 x 100 (→ S. 291) bei einer Einschraubtiefe s_g von 60 mm aufnehmen?

s_g = 0,6 · 100 mm = 60 mm > 4 d, < 12 d
zul Last N_Z = 3 · 60 mm · 12 mm
= 2160 N = 2,16 kN

Zimmermannsmäßige Holzverbindungen

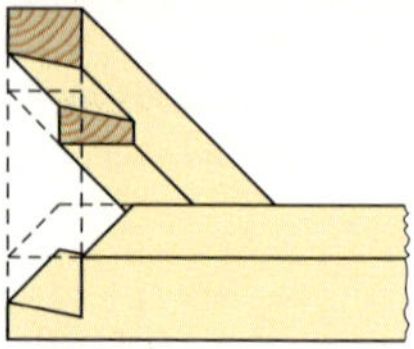

Ecküberblattung mit schrägem Schnitt

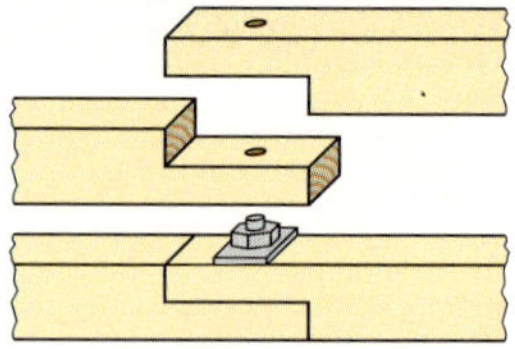

Gerades Blatt oder langer Blattstoß

verschraubt

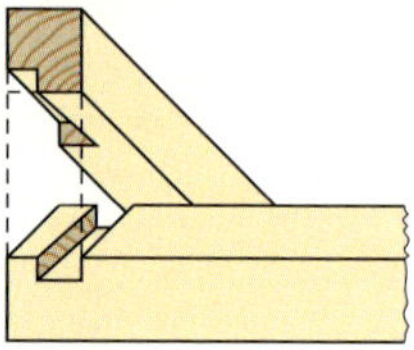

Schräger Eckkamm

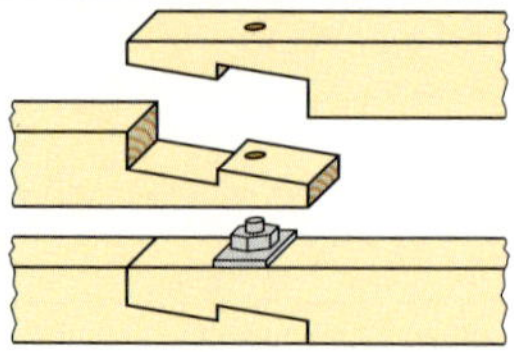

Schräges Hakenblatt (auch mit Dübel statt Haken)

verschraubt

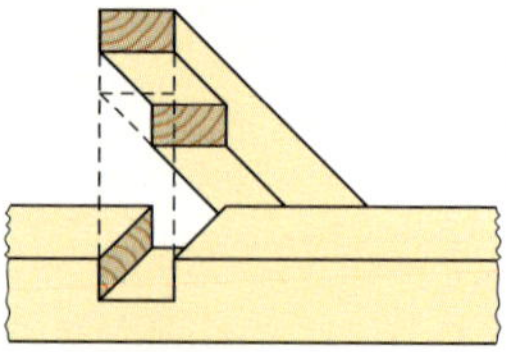

Einfache Überblattung

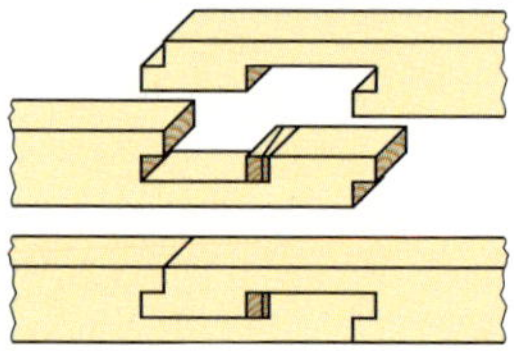

Gerades Hakenblatt (auch Bogenschloss genannt) mit Hartholzkeilen verspannt

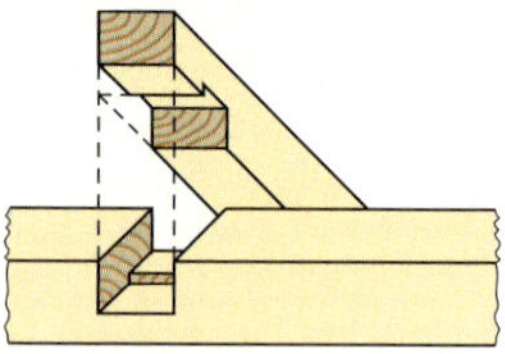

Hakenüberblattung

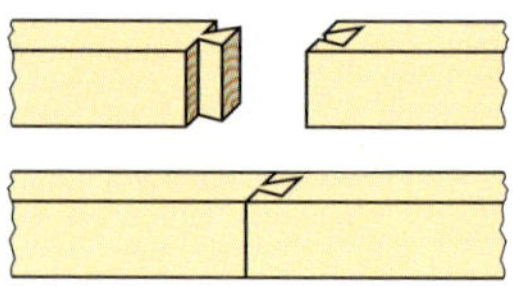

Zapfenstoß mit Schwalbenschwanz

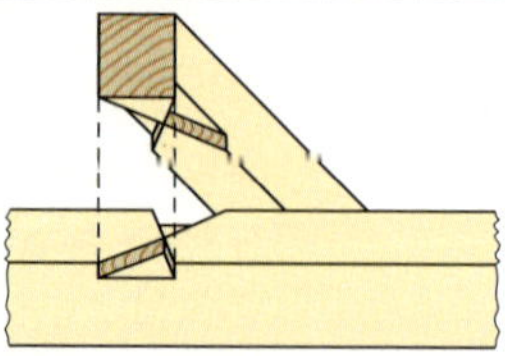

Stufenkamm mit Kreuzschnitt

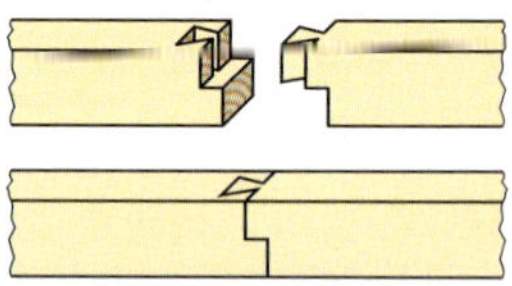

Blattstoß mit Schwalbenschwanz (auch mit geradem Zapfen üblich)

Beispiel für eine rationelle handwerkliche Holzverbindung: GH-Sparrenpfettenanker RL

Arbeitszeiteinsparung, Querschnittsschwächungen entfallen, Aufnahme von Windsoglasten möglich.

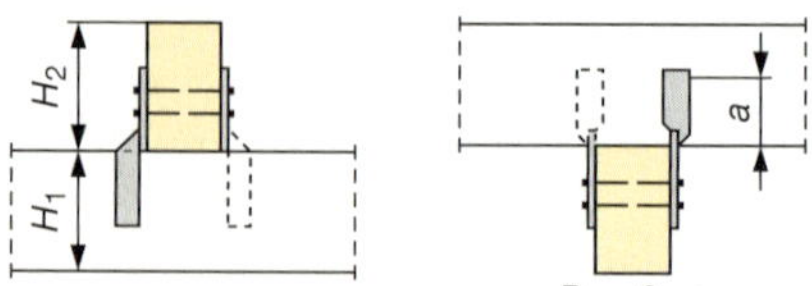

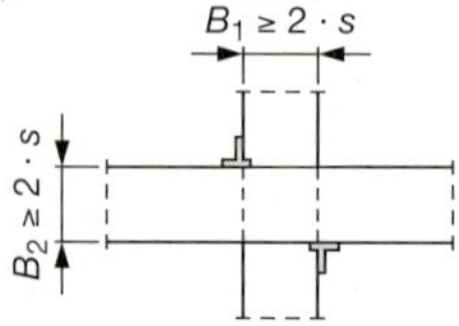

s = Nageleinschlagtiefe

Für Nadelholz (NH) und Brettschichtholz (BSH)

Ankertyp = Höhe mm	Trägerhöhen H_1, H_2 mm	Nägel je Anker (St.)	Zul. Zugkraft F_Z in kN f. ein diagon. Ankerpaar Lastfall H NH	Lastfall H BSH	Lastfall HZ NH	Lastfall HZ BSH
Holzbreite $B_{1,2} \geq 76$ mm; Rillennägel Ø 4,0 x 40 mm						
170 RL	95 - 375	4 + 5	3,6	4,0	4,4	4,7
210 RL	115 - 475	4 + 5	3,7	4,0	4,7	5,0
210 RL	115 - 475	6 + 7	4,8	6,1	5,9	7,0
Holzbreite $B_{1,2} \geq 96$ mm; Rillennägel Ø 4,0 x 50 mm						
170 RL	95 - 375	4 + 5	4,0	4,0	4,7	4,7
210 RL	115 - 475	4 + 5	4,0	4,0	5,0	5,0
210 RL	115 - 475	6 + 7	6,0	6,1	7,0	7,0

Zimmermannsmäßige Dachkonstruktionen

Sparrendach mit waagerechter Aussteifung eines jeden Sparrenpaares (-gebindes)

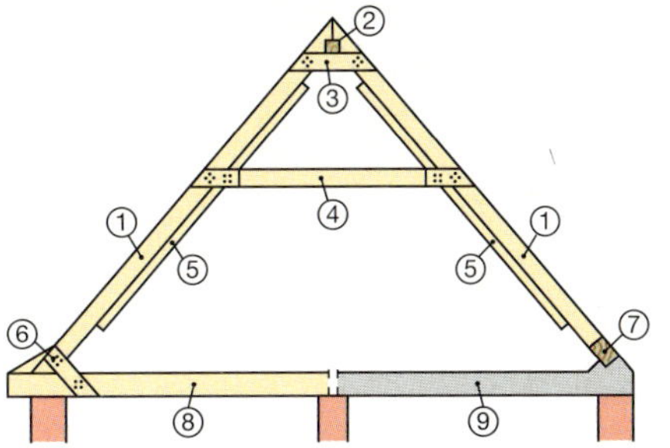

① Sparren
② Firstpfette, auch als Bohle üblich
③ Brettlaschen
④ Kehlbalken, mit Brettlaschen angeschlossen, auch mit Überblattung üblich
⑤ Windrispen, zur Aussteifung in Längsrichtung
⑥ Brettlaschen zur Lagesicherung, dafür auch Zapfen, Schraubbolzen o. Nägel
⑦ Fußschwelle auf Stahlbetonwiderlager verankert
⑧ Holzbalkendecke
⑨ Stahlbetondecke

Pfettendach mit doppeltem Sprengwerk

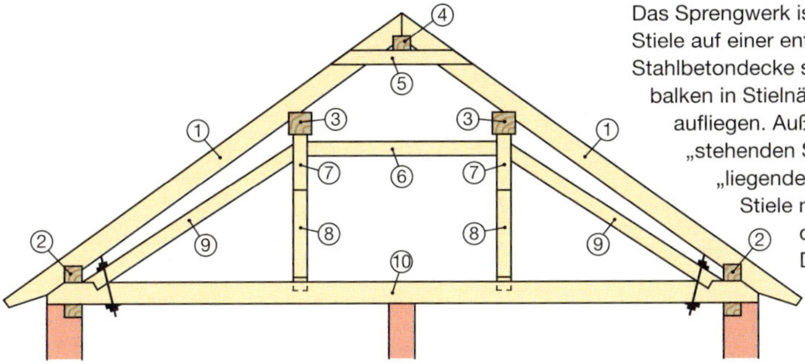

Das Sprengwerk ist überflüssig, wenn die Stiele auf einer entsprechend bemessenen Stahlbetondecke stehen oder die Holzbalken in Stielnähe auf Längswänden aufliegen. Außer dem hier gezeigten „stehenden Stuhl" gibt es noch den „liegenden Stuhl", bei dem die Stiele mit Kopfbändern anstatt der Sprengstreben die Dachlast zur Außenwand hin übertragen.

① Sparren
② Fußpfette, auch „Schwelle" genannt
③ Mittelpfette, „auch Stuhlrahmen" genannt
④ Firstpfette, auch „Firstrahmen" genannt
⑤ Brettzange, genagelt
⑥ Spannriegel
⑦ Kopfbänder
⑧ Stiele, auch „Stuhlsäulen" genannt, unten mit „Schwebezapfen" angeschlossen
⑨ Sprengstrebe, in den Balken „eingeschuht" und mit Schraubenbolzen gesichert
⑩ Deckenbalken

Traditioneller Fachwerkbau, stockwerkweise abgebunden

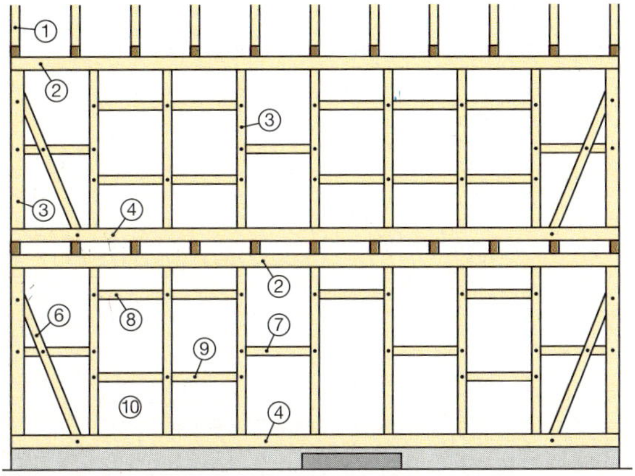

① Dachgespärre
② Rähm
③ Ständer, auch „Stiel" oder „Pfosten", als „Eck-" oder „Bundständer"
④ Schwelle
⑤ Deckenbalken
⑥ Strebe, zur Aussteifung, wenn in Knotennähe aus breiter Bohle; dann „Kopf-" bzw. „Fußband"
⑦ Riegel
⑧ Sturzriegel
⑨ Brustriegel
⑩ Gefach, deshalb „Fachwerk"

Ständerbau, wenn die Ständer mehrere Geschosse durchlaufen und die Deckenbalken in sie „eingeschossen", das heißt „eingezapft" sind.

Bauschnittholz I

DIN 4070

Querschnitt [1] b/h [2] cm/cm	A cm²	1 m³ Holz enthält lfd. m	1 m Kantholz enthält m³	Gewicht [3] G kg/m	Für Biegeachse y - y: J_y cm⁴	W_y cm³	i_y cm	Für Biegeachse z - z: J_z cm⁴	W_z cm³	i_z cm
■ 2,4/4,8	11,5	869,5	0,00115	0,69	22,1	9,2	1,39	5,5	4,57	0,69
■ 3/5	15	666,0	0,0015	0,90	31,3	12,5	1,45	11,3	7,5	0,87
■ 4/6	24	416,6	0,0024	1,44	72,0	24,0	1,73	32,0	16,0	1,16
5/8	40	250,0	0,0040	2,40	213,0	53,3	2,31	83,3	33,3	1,44
■ 6/6	36	277,8	0,0036	2,16	108	36	1,73	108	36	1,73
6/7	42	238,0	0,0042	2,52	171	49	2,02	126	42	1,73
■ 6/8	48	208,3	0,0048	2,88	256	64	2,31	144	48	1,73
6/9	54	185,2	0,0054	3,23	364	81	2,60	162	54	1,73
6/10	60	166,7	0,0060	3,59	500	100	2,89	180	60	1,73
■ 6/12	72	138,9	0,0072	4,32	864	144	3,46	216	72	1,73
6/14	84	119,0	0,0084	5,04	1 372	196	4,04	252	84	1,73
6/16	96	104,2	0,0096	5,75	2 044	256	4,62	288	96	1,73
6/18	108	92,6	0,0108	6,47	2 916	324	5,20	324	108	1,73
6/20	120	83,3	0,0120	7,20	4 000	400	5,78	360	120	1,73
6/22	132	75,7	0,0132	7,92	5 324	484	6,36	396	132	1,73
6/24	144	69,4	0,0144	8,64	6 910	576	6,94	432	144	1,73
6/26	156	64,1	0,0156	9,36	8 790	676	7,51	468	156	1,73
■ 8/8	64	156,2	0,0064	3,84	341	85	2,31	341	85	2,31
■ 8/10	80	125,0	0,0080	4,80	667	133	2,89	427	107	2,31
■ 8/12	96	104,2	0,0096	5,75	1 172	192	3,46	512	128	2,31
8/14	112	89,3	0,0112	6,72	1 829	261	4,04	597	149	2,31
■ 8/16	128	78,2	0,0128	7,68	2 731	341	4,62	683	171	2,31
8/18	144	69,4	0,0144	8,64	3 888	432	5,20	768	192	2,31
8/20	160	62,5	0,0160	9,60	5 333	533	5,77	853	213	2,31
8/22	176	56,8	0,0176	10,57	7 099	645	6,35	939	235	2,31
8/24	192	52,0	0,0192	11,54	9 216	768	6,94	1 024	256	2,31
8/26	208	48,0	0,0208	12,50	11 715	901	7,51	1 109	277	2,31
■ 10/10	100	100,0	0,0100	6,00	833	167	2,89	833	167	2,89
■ 10/12	120	83,3	0,0120	7,20	1 440	240	3,46	1 000	200	2,89
10/14	140	71,4	0,0140	8,40	2 287	327	4,04	1 167	[illegible]	[illegible]
10/16	160	62,5	0,0160	9,60	3 413	427	4,62	1 333	267	2,89
10/18	180	55,5	0,0180	10,80	4 860	540	5,20	1 500	300	2,89
■ 10/20	200	50,0	0,0200	12,00	6 667	667	5,78	1 667	333	2,89
■ 10/22	220	45,4	0,0220	13,20	8 873	807	6,35	1 833	367	2,89
10/24	240	41,6	0,0240	14,42	11 520	960	6,93	2 000	400	2,89
10/26	260	38,4	0,0260	15,62	14 647	1 127	7,51	2 167	433	2,89
■ 12/12	144	69,4	0,0144	8,64	1 728	288	3,46	1 728	288	3,46
■ 12/14	168	59,5	0,0168	10,07	5 744	392	4,04	2 016	336	3,46
■ 12/16	192	52,0	0,0192	11,51	4 096	512	4,62	2 304	384	3,46
12/18	216	46,3	0,0216	12,96	5 832	648	5,20	2 592	432	3,46
■ 12/20	240	41,6	0,0240	14,42	8 000	800	5,78	2 880	480	3,46
12/22	264	37,9	0,0264	15,86	10 648	968	6,35	3 168	528	3,46
■ 12/24	288	34,7	0,0288	17,30	13 824	1 152	6,93	3 456	576	3,46
12/26	312	32,0	0,0312	18,75	17 576	1 352	7,51	3 744	624	3,46
■ 14/14	196	51,0	0,0196	11,77	3 201	457	4,04	3 201	457	4,04
■ 14/16	224	44,6	0,0224	13,45	4 779	597	4,62	3 659	523	4,04
14/18	252	39,6	0,0252	15,15	6 801	756	5,20	4 116	588	4,04
14/20	280	35,7	0,0280	16,81	9 333	933	5,78	4 573	652	4,04
14/22	308	32,5	0,0308	18,49	12 422	1 129	6,35	5 031	719	4,04
14/24	336	29,7	0,0336	20,17	16 128	1 344	6,33	5 488	784	4,04
14/26	364	27,4	0,0364	21,85	20 505	1 577	7,51	5 945	849	4,04
14/28	392	25,5	0,0392	23,53	25 611	1 829	8,08	6 403	915	4,04

Bauschnittholz II

DIN 1052

Querschnitt [1] b/h [2] cm/cm	A cm²	1 m³ Holz enthält lfd. m	1 m Kantholz enthält m³	Gewicht [3] G kg/m	Für Biegeachse y - y: J_y cm⁴	W_y cm³	i_y cm	Für Biegeachse z - z: J_z cm⁴	W_z cm³	i_z cm
■ 16/16	256	39,0	0,0256	15,38	5 461	683	4,62	5 461	683	4,62
■ 16/18	288	34,7	0,0288	17,28	7 776	864	5,20	6 144	768	4,62
■ 16/20	320	31,2	0,0320	19,23	10 677	1 067	5,78	6 827	853	4,62
16/22	352	28,4	0,0352	21,15	14 197	1 291	6,35	7 509	939	4,62
16/24	384	26,0	0,0384	23,07	18 432	1 536	6,93	8 192	1 024	4,62
16/26	416	24,0	0,0416	24,99	23 435	1 803	7,51	8 875	1 109	4,62
16/28	448	22,3	0,0448	26,91	29 296	2 091	8,08	9 557	1 185	4,62
16/30	480	20,8	0,0480	28,84	36 000	2 400	8,66	10 240	1 280	4,62
18/18	324	30,8	0,0324	19,48	8 748	972	5,20	8 748	972	5,20
18/20	360	27,8	0,0360	21,58	12 000	1 200	5,78	9 720	1 080	5,20
■ 18/22	396	25,2	0,0396	23,73	15 972	1 452	6,35	10 692	1 188	5,20
18/24	432	23,1	0,0432	25,88	20 736	1 728	6,93	11 664	1 296	5,20
18/26	468	21,4	0,0468	28,03	26 364	2 028	7,51	12 636	1 404	5,20
18/28	504	19,8	0,0504	30,30	32 928	2 352	8,08	13 608	1 512	5,20
18/30	540	18,5	0,0540	32,43	40 500	2 700	8,66	14 580	1 620	5,20
■ 20/20	400	25,0	0,0400	24,00	13 333	1 333	5,77	13 333	1 333	5,77
20/22	440	22,7	0,0440	26,43	17 747	1 613	6,35	14 667	1 467	5,77
■ 20/24	480	20,8	0,0480	28,86	23 040	1 920	6,93	16 000	1 600	5,77
20/26	520	19,2	0,0520	31,29	29 293	2 253	7,51	17 333	1 733	5,77
20/28	560	17,8	0,0560	33,72	36 587	2 613	8,08	18 667	1 867	5,77
20/30	600	16,6	0,0600	36,14	45 000	3 000	8,66	20 000	2 000	5,77
22/22	484	20,6	0,0484	29,12	19 520	1 775	6,35	19 520	1 775	6,35
22/24	528	18,9	0,0528	31,77	25 340	2 110	6,93	21 296	1 936	6,35
22/26	572	17,5	0,0572	34,43	32 223	2 480	7,51	23 071	2 097	6,35
22/28	616	16,2	0,0616	37,08	40 245	2 875	8,08	24 845	2 295	6,35
22/30	660	15,1	0,0660	39,74	49 500	3 300	8,66	26 620	2 420	6,35
24/24	576	17,3	0,0576	34,68	27 648	2 304	6,93	27 648	2 304	6,93
24/26	624	16,0	0,0624	37,51	35 152	2 704	7,51	28 258	2 496	6,93
24/28	672	14,8	0,0672	40,34	43 904	3 136	8,08	32 256	2 688	6,93
24/30	720	13,9	0,0720	43,17	54 000	3 600	8,66	34 560	2 880	6,93
26/26	676	14,8	0,0676	40,54	38 081	2 929	7,51	38 081	2 929	7,51
26/28	728	13,7	0,0728	43,70	47 563	3 397	8,08	41 011	3 155	7,51
26/30	780	12,8	0,0780	46,87	58 500	3 900	8,66	43 940	3 380	7,51
28/28	784	12,7	0,0784	47,24	51 221	3 659	8,08	51 221	3 659	8,08
28/30	840	11,9	0,0840	50,42	63 000	4 200	8,66	54 880	3 920	8,08
30/30	900	11,1	0,0900	54,05	67 500	4 500	8,66	67 500	4 500	8,66

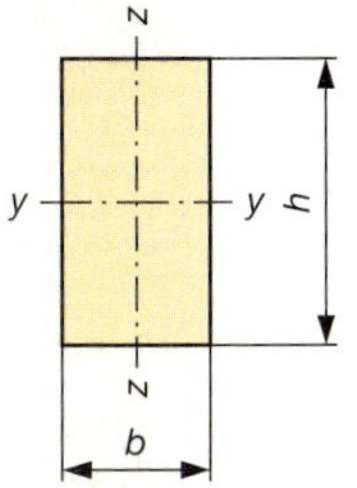

■ **Vorratskantholz**, ist bevorzugt zu verwenden, weil preiswerter.

$$W_y = \frac{b \cdot h^2}{6}$$

$$W_z = \frac{h \cdot b^2}{6}$$

$$J_y = W_y \cdot \frac{h}{2} = \frac{b \cdot h^3}{12}$$

$$J_z = W_z \cdot \frac{b}{2} = \frac{h \cdot b^3}{12}$$

$$i_y = \sqrt{\frac{J_y}{A}} = 0{,}289 \cdot h$$

$$i_z = \sqrt{\frac{J_z}{A}} = 0{,}289 \cdot b$$

Beispiel:
Sparsamsten Querschnitt A für einen Deckenbalken mit erf. $W_y = 1125$ cm³ suchen.

Lösung:
Man suche in der Tabelle die Balkenquerschnitte mit einem W_y eben größer als 1125 cm³.

Es reichen aus:
- 10/26 mit $W_y = 1127$ cm³ und $A = 260$ cm²,
- 12/24 mit $W_y = 1152$ cm³ und $A = 288$ cm²,
- 14/22 mit $W_y = 1129$ cm³ und $A = 308$ cm².

Gewählt: 12/24, weil Vorratskantholz.

[1] von Nadelhölzern.
[2] Maße im jeweiligen Trockenzustand, nähere Angaben, → S. 302.
[3] Gewichte für Rohdichte $\varrho_R = 600$ kg/m³.

Baurundholz

DIN 4074/89

1

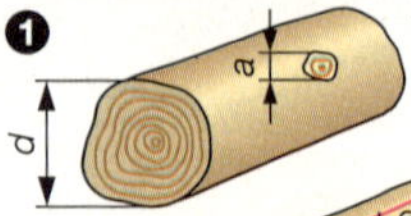

Verhältniszahl $\frac{a}{d}$

2

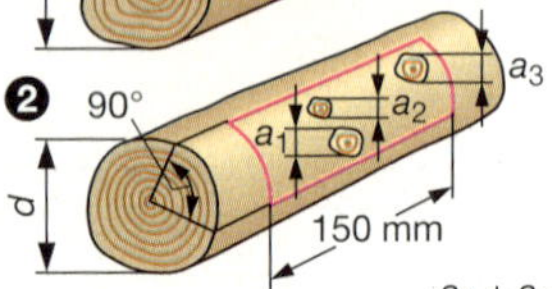

Verhältniszahl $\frac{a_1 + a_2 + a_3}{d}$

3

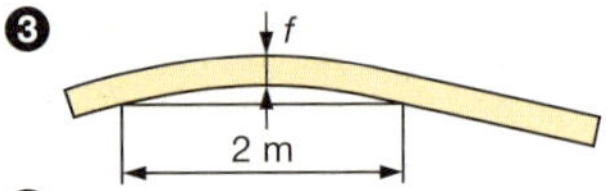

4

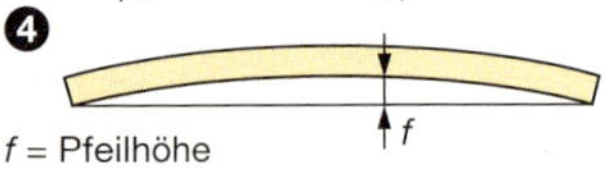

f = Pfeilhöhe

5

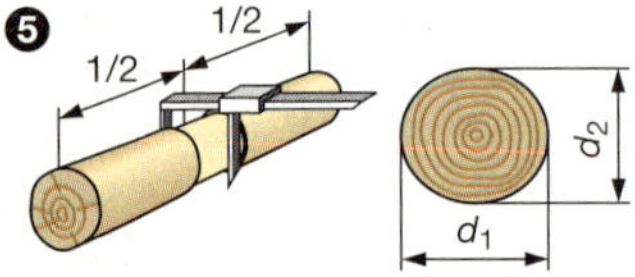

Mittlerer Ø ohne Rinde $d_m = \frac{d_1 + d_2}{2}$

Überschießende Bruchteile eines cm bleiben beim Kluppen und im Ergebnis unberücksichtigt.

$I = \frac{\pi \cdot d^4}{64}$ $W = \frac{\pi \cdot d^3}{32}$

$I = 0{,}0491 \cdot d^4$ $W = 0{,}0982 \cdot d^3$

$i = \sqrt{\frac{I}{A}} = \frac{U}{4}$

Knicklasten für Rundholzstützen, → S. 74.

Gütebedingungen für Nadelrundholz

dessen Querschnitt nach der **Tragfähigkeit** bemessen wird.

Im eingebauten Zustand muss das Rundholz ohne Rinde und Bast sein. **Allgemeine Beschaffenheit**, **Feuchtegehalt**, **Mindestdichte** und **Jahresringbreite** wie für Schnittholz auf S. 302, 303.

	Güteklasse I mit hoher Tragfähigkeit 1)	**Güteklasse II** mit gewöhnlicher Tragfähigkeit	**Güteklasse III** mit geringer Tragfähigkeit
Einzeläste, → 1, zulässige Astdurchmesser a:	bis 1/6 · d	bis 1/4 · d	bis 2/5 · d
Summe der Ast-Ø, → 2, auf 15 cm · 1/4 vom Rundholzumfang:	bis 1/3 · d	bis 1/2 · d	bis 3/5 · d
Krümmung a) auf **2 m Messlänge**, → 3 (Stelle größter Krümmung):	≤ 10 mm	≤ 15 mm	≤ 20 mm
b) auf die **Gesamtlänge** bezogen, → 4:			
Biegestäbe:	≤ l : 200	≤ l : 100	–
Druckstäbe:	≤ l : 300	≤ l : 200	–

Rundhölzer

d_m = mittlerer Duchmesser ohne Rinde

Gewicht G 2) kg/m³	Rauminhalt V m³/m	Umfang 3) U m	Ø d_m cm	Querschnitt A cm²	Trägheitsmoment J cm⁴	Widerst.-moment W cm³	Trägh.-radius i cm
2,31	0,00385	0,220	7	38,5	118	33,7	1,75
3,02	0,00503	0,251	8	50,3	201	50,3	2,00
3,82	0,00636	0,283	9	63,6	322	71,6	2,25
4,72	0,00785	0,314	10	78,5	491	98,2	2,50
5,70	0,0095	0,346	11	95	719	131	2,75
6,78	0,0113	0,377	12	113	1 020	170	3,00
7,95	0,0133	0,408	13	133	1 400	216	3,25
9,24	0,0154	0,440	14	154	1 890	269	3,50
10,60	0,0177	0,471	15	177	2 490	331	3,75
12,1	0,0201	0,503	16	201	3 220	402	4,00
13,6	0,0227	0,534	17	227	4 100	482	4,25
15,3	0,0254	0,565	18	254	5 150	573	4,50
17,0	0,0284	0,579	19	284	6 400	673	4,75
18,9	0,0314	0,628	20	314	7 850	785	5,00
20,0	0,0346	0,660	21	346	9 550	909	5,25
22,8	0,0380	0,691	22	380	11 500	1 050	5,50
24,9	0,0415	0,723	23	415	13 740	1 190	5,75
27,1	0,0452	0,754	24	452	16 290	1 360	6,00
29,4	0,0491	0,785	25	491	19 180	1 530	6,25
31,9	0,0531	0,817	26	531	22 430	1 730	6,50
34,4	0,0573	0,848	27	573	26 090	1 930	6,75
37,0	0,0616	0,880	28	616	30 170	2 160	7,00
39,6	0,0661	0,910	29	661	34 720	2 390	7,25
42,4	0,0707	0,942	30	707	39 760	2 650	7,50
48,3	0,0804	1,005	32	804	51 470	3 220	8,00
54,5	0,0908	1,068	34	908	65 600	3 860	8,50
61,6	0,1018	1,131	36	1 018	82 450	4 580	9,00
68,1	0,1134	1,194	38	1 134	102 400	5 390	9,50
75,4	0,1257	1,257	40	1 257	125 700	6 280	10,00

1) Knickstäbe der Güteklasse I brauchen die Gütebedingungen nur zu erfüllen:
für λ ≤ 100 auf d. mittleren 3/4,
für λ > 100 auf d. mittleren Hälfte der Knicklänge.

2) Die Zahlen der Spalte U geben zugleich die Oberfläche des Holzes in m² je m Länge an.

3) Die Gewichte der Spalte G gelten für Holz mit der Rohdichte ϱ_R = 600 kg/m³.

Für Hölzer mit Dichte:	Spalte G multiplizieren
500 kg/m³	mit 0,83
550 kg/m³	mit 0,90
650 kg/m³	mit 1,10
800 kg/m³	mit 1,33

Paneele, Parkett, Holzpflaster

Paneele und Kassetten

Paneele und Kassetten dienen zur Bekleidung von Wänden und Decken.
Paneele sind oberflächenveredelte, meist rechteckige Fertigteile m. Mittellagen aus Holzwerkstoffen (z. B. Spanplatten, Sperrholz, Faserplatten oder Holzwerkstoff-Formplatten) und Decklagen, meist auf beiden Seiten. Sie sind gewöhnlich viel länger als breit.
Kassetten sind kurze Paneele. Verhältnis Länge zu Breite max. 4 : 1, oft quadratisch, auch m. Zierleisten.

Paneele mit Furnierdecklagen auf Spanplatten [2] DIN 6874, T. 2

Maße → rechts in **1**, **2**, **3**.

Bezeichnungsbeispiel:
Paneel DIN 6874 - EI - 4 - 3500 x 200 x 13
EI = Eiche (Kurzzeichen → S. 300)
4 = alle Kanten genutet
(2 = nur Längskanten genutet)
Maße: Länge x Breite x Dicke in mm.

[1] „Deckmaß" = Sichtbreite bzw. -länge einschließlich der Breite der Einsteckfeder, die nach der Verlegung sichtbar bleibt, üblich sind 10 mm.

1 Handelsübliche Paneelmaße in mm

Maßbereich		Vorzugsmaße	zul. Abw.
Länge [1]	min. 400	2600, 3500, 4100	± 2
Breite [1]	80 ·· 625	100, 125, 200	± 1
Dicke	10 ·· 30	13	± 0,5
Rechtwinkligkeit für 100 mm Schenkel			± 2

2 Handelsübliche Kassetten-Vorzugsmaße in mm

	zul. Abweichg. □	zul. Abweichg. ▭
Länge [1] 500, 625, 900, 1200	± 1	± 2
Breite [1] 300, 500, 625	± 1	± 1
Rechtwinkligkeit f. 100 mm Schenkel	± 2	

3 Kantenprofilmaße i. mm

Kantenprofilmaße i. mm	Maßbereich	zul. Abw.
Wangendicke (Auflageseite)	3 bis 7	± 0,5
Nut-Tiefe	5 bis 12	± 1

[2] Die Mittellage muss aus Spanplatten der Formaldehyd-Emissionsklasse E1 bestehen.
E1 nach der „Richtlinie über die Klassifizierung von Spanplatten bezüglich der Formaldehydabgabe", herausgegeben vom Ausschuss für Einheitliche Technische Baubestimmungen (ETB-Ausschuss). Zu beziehen durch Beuth-Verlag GmbH Berlin.

Parkett DIN 280/90

Parkett ist Holzfußboden aus sorgfältig getrocknetem, gesundem Holz.
Zu unterscheiden ist zwischen:

Stabparkett aus ringsum genuteten Parkettstäben, die mit Hirnholz- (Querholz-) Federn verbunden werden.

Parkettriemen besitzen an einer Längkantenfläche eine angehobelte Feder, an der anderen Seitenfläche eine Nut, an den Hirnholzflächen Nut und Feder oder beidseitig eine Nut.

Abmessungen für beide Arten:
Dicke: 22 ± 2 mm, Breiten: 45 bis 80 mm,
Längen von Kurzstäben: 250 bis 560 mm,
Längen von Langstäben: 600 bis 1000 mm.

Tafelparkett sind Verlegeeinheiten aus massiven oder furnierten Einheiten, ringsum genutet oder mit Nut und Feder.

Holzarten: Eiche (EI), Buche (BU) und viele andere
Gütesorten: Exquisit (E), Standard (S), Rustikal (R)

Bezeichnungsbeispiel:
Parkettstab 80 x 1000, DIN 280 - EI - S

Mosaikparkettlamellen, haben glatte Kanten.

Fertigparkettelemente, fertig versiegelt, mit Nut und Feder oder ringsum genutet:

Form	Dicke	Breite	Länge
lang	(7) 8 ... 26	100 ... 240	> 1200
kurz	(7) 8 ... 26	200 ... 400	> 400
quadratisch	(7) 8 ... 26	200 ... 650	200 ... 650

Holzpflaster DIN 68 701/93

a) **Holzpflaster GE** nach DIN 68 701, vorwiegend für gewerbliche Zwecke bei hoher Beanspruchung durch Druck oder Schub.

b) **Holzpflaster RE** nach DIN 68 702,
als **RE-V** für repräsentative Fußböden in öffentlichen Gebäuden und im Wohnbereich.
als **RE-W** für Werkräume ohne Fahrzeug- oder Staplerverkehr ohne große Klimaschwankungen.

Maße der Klötze:
für **GE** in mm:
Höhe: 50, 60, 80 u. 100 ± 1
Breite: 80 ± 1,5
Länge: 80 ·· 160.

für **RE** in mm:
Höhe, bei **RE-V**: 22 ·· 80,
bei **RE-W**: 30 ·· 80 ± 1
Breite: 40 ·· 80 ± 1,
Länge, bei **RE-V**: 40 ·· 120,
bei **RE-W**: 40 ·· 140.

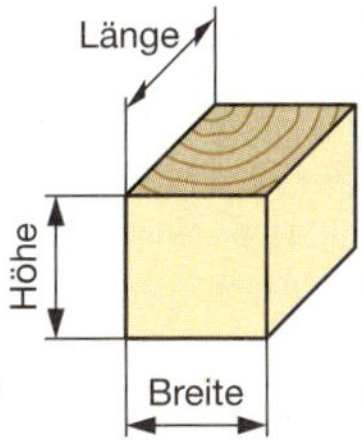

Gütebedingungen:

GE: Klötze imprägniert (Holzschutz → S. 301) ≤ 16 % feucht, pressverlegt oder mit Fugenleisten u. Vergussmasse, auch in Quarzsand.

RE-V: 8 ·· 12 % feucht (b. Anlieferung), pressverlegt, Oberfläche geschliffen und versiegelt entsprechend dem Verwendungszweck.

RE-W: 8 ·· 13 % feucht, versiegelt oder mit öligen oder paraffinhaltigen Mitteln behandelt.

Türen im Wohnungsbau
DIN 18 101

Innentüren als Sperrtüren
DIN 68 706

Innentüren nach DIN 18 101 sind einflügelig mit Türblättern in gefälzter Ausführung mit Nenndicken von 39 bis 42 mm und schlagen in Holz- oder Stahlzargen.
Die untere Bezugskante entspricht der Oberfläche des fertigen Fußbodens (OFF), die obere ist der obere Zargenfalz. Der Luftspalt in den Falzen, seitlich und oben soll 2,5 bis 6,5 mm, zwischen Türblatt und Fußboden etwa 7 mm weit sein.

Als Beispiel: **Sperrtür mit Falz:**

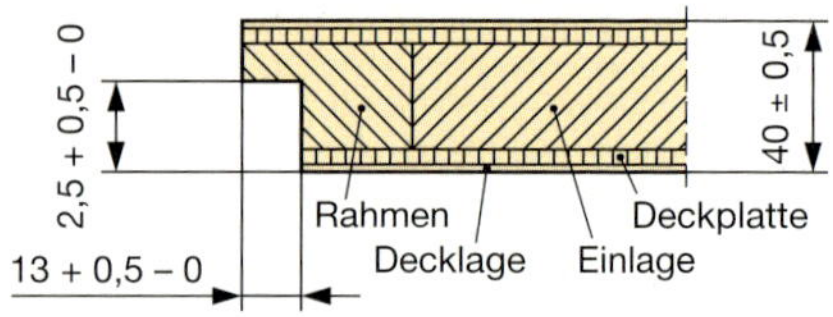

Maße an Innentüren
DIN 18 101

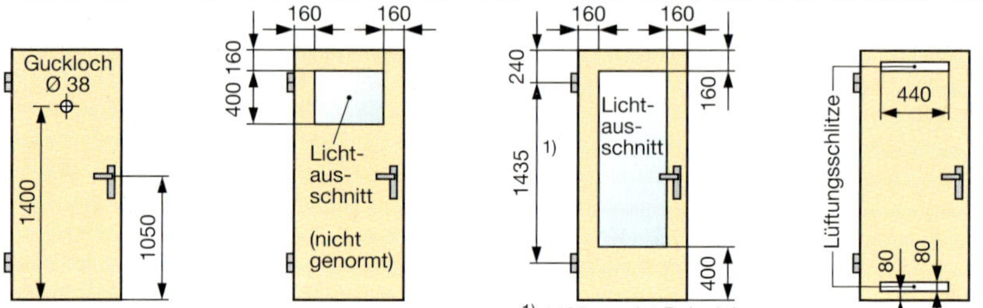

1) 1435 mm ist Beispiel

Wandöffnung = Baurichtmaß → S. 332		(alle Maße in mm)		Türblatt				Türzarge	
				Außenmaß		Falzmaß		Falzmaß	
Nr.	am	Breite	Höhe	Breite	Höhe	Breite	Höhe	Breite	Höhe
1	**7 x 15**	875	1 875	860 ± 1	1860+2−0	834 ± 1	1847+2−0	841 ± 1	1858+0−2
2	**5 x 16**	625	2 000	610 ± 1	1985+2−0	584 ± 1	1972+2−0	591 ± 1	1983+0−2
3	**6 x 16**	750	2 000	735 ± 1	1985+2−0	709 ± 1	1972+2−0	716 ± 1	1983+0−2
4	**7 x 16**	875	2 000	860 ± 1	1985+2−0	834 ± 1	1972+2−0	841 ± 1	1983+0−2
5	**8 x 16**	1 000	2 000	985 ± 1	1985+2−0	959 ± 1	1972+2−0	966 ± 1	1983+0−2
6	**6 x 17**	750	2 125	735 ± 1	2110+2−0	709 ± 1	2097+2−0	716 ± 1	2108+0−2
7	**7 x 17**	875	2 125	860 ± 1	2100+2−0	834 ± 1	2097+2−0	841 ± 1	2108+0−2
8	**8 x 17**	1 000	2 125	985 ± 1	2110+2−0	959 ± 1	2097+2−0	966 ± 1	2108+0−2
9	**9 x 17**	1 125	2 125	1110 ± 1	2110+2−0	1084 ± 1	2097+2−0	1091 ± 1	2108+0−2

Wohnungsabschlusstüren
DIN 18 105

Türelemente aus zusammenpassenden Teilen: Zarge, Türflügel, Türbänder, Türschloss, Beschläge, Schließmittel, Dichtungsprofile austauschbar.

Schallschutz: Bewertetes Schall-Dämm-Maß $R'_N \geq 27$ dB, für höhere Ansprüche 32 oder 37 dB.

Brandschutz: Mindestens „feuerhemmend" T 30 (→ S. 117 u. S. 118); bauaufsichtliche Zulassung erforderlich.

Bezeichnungsbeispiel:
Tür DIN 18 105 - 27 - T30
mit $R'_W = 27$ dB und Brandschutzklasse T30

Kennzeichnung:
Dauerhaft anzubringen ist ein Schild (oder Druck) mit: Bezeichnung der Tür, Hersteller, Herstelljahr, Dichtungstyp und -lieferant (damit die Dichtung rechtzeitig erneuert werden kann).

Wohnungstüren sollen selbsttätig schließend und ausreichend einbruchhhemmend sein.
Für Rollstuhlfahrer ≥ 850 mm lichte Breite.

Einbruchhemmende Türen
DIN 18 103

Zusätzlich zu den Angaben und Anforderungen für Wohnungsabschlusstüren gilt:
Zuhaltungsschlösser (Chubb-Schlösser) nach DIN 18 251, Kl. 3 oder DIN 18 250, T.1 mit mindestens fünf abtast- und aufsperrsicheren Zuhaltungen oder Zylinderschlösser nach DIN 18 251 oder 18 252. Zylinderschlösser müssen bündig eingebaut und aufbohrgeschützt sein.
Wenn Türen die in der Norm vorgeschriebene Prüfung mit ruhender und mit Stoßbelastung bestehen, dürfen sie mit „**Tür DIN 18 103-EH**" gekennzeichnet werden.

Feuerschutzabschluss-Stahltüren
DIN 18 082

Zusätzlich zu den Angaben und Anforderungen für Wohnungsabschlusstüren gilt:

Bauart		*b* x *h* in mm
A		750 ·· 1000 x 1750 ·· 2000
B		750 ·· 1250 x 1750 ·· 2250

Je Zargen-Längsseite 3 Maueranker 35 x 2 140 m lang + > 10 mm am freien Ende abgekantet.

Holzfenster

DIN 68 121/93

Fensterarten

Einfachfenster mit Einfach- oder Mehrfachverglasung.
Verbundfenster mit Doppelflügeln zu einem Rahmen.
Doppelfenster mit 2 Flügeln an je einem eigenen Rahmen und deshalb sehr guter Schalldämmung.
Kastenfenster, ein Doppelfenster als fertige Einbaueinheit.

Nach dem Werkstoff

Holzfenster.
Kunststofffenster, mit und ohne Versteifungsprofil.
Holz-Alu-Verbundfenster (Holz innen, Alu außen).
Stahl- und Alu-Fenster.
Betonfenster, oft faserverstärkt (für Keller und Stall).

Verglasungen, → S. 102.
Max. Fugendurchlass, → S. 103.
Norm-Maße, → S. 332.
Anschlag- und Öffnungsarten: → S. 332, günstig ist ein Innenanschlag, weil das Holz weniger der Witterung ausgesetzt ist. Der Rahmen ist sicherer abzudichten.

Befestigung, → ❸

a) **Maueranker**, besonders für große Fenster zu starr.
b) **Laschenanker** ermöglichen Bewegungen i. d. Fensterebene.
c) **Montagezargen**, speziell die „U-Zargen", ermöglichen auch einen Bewegungsausgleich.
d) **Durchsteckdübel**, speziell bei Kunststoff- und Metallfenstern üblich, ermöglichen ebenfalls meist das Gleiten in Dübelrichtung.

Dämmung und Dichtung

Der Raum zwischen Blendrahmen und Mauerwerk oder Beton ist vollständig mit Mineralfaser oder Ortschaum zu füllen. Nach außen und innen ist er gegen Feuchtigkeits- u. Luftdurchlass mit einem vorkomprimierten Dichtungsband oder mit einer geschlossenzelligen PE-Rundschnur und elastoplastischer Fugendichtungsmasse zu schließen, → ❶, ❷ und Seite 237.

❶ **Lotrechter Schnitt durch ein Fenster**:

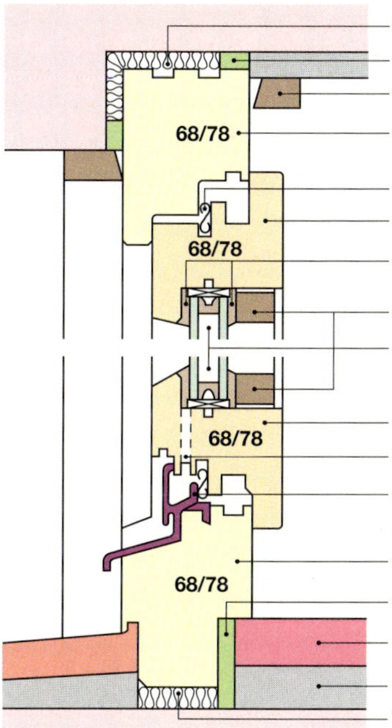

❷ **Waagerechter Schnitt**:

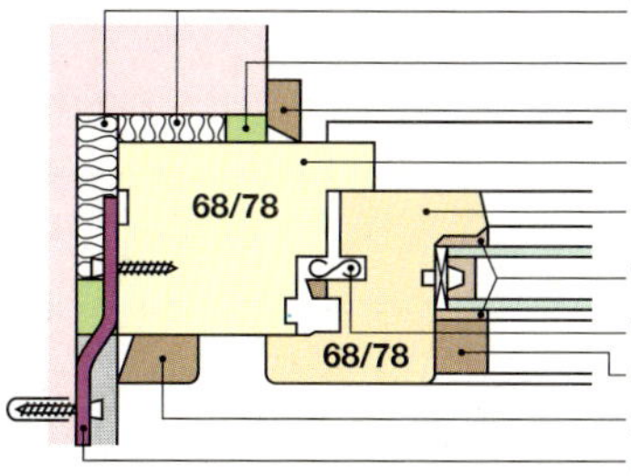

❸ **Fensterbefestigungen**:

a)

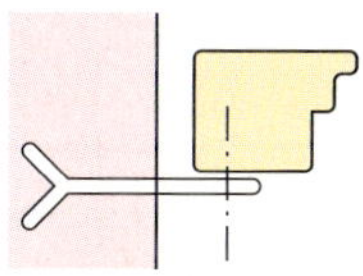

b)

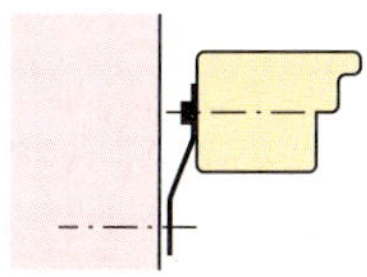

c)

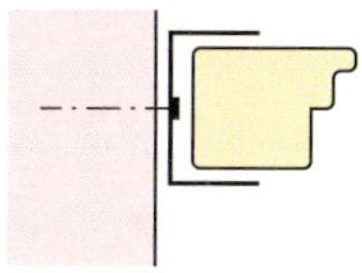

d)

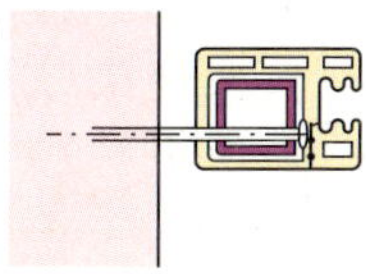

Holzprofile

Gespundete Fasebretter

DIN 68 122

b = Profilbreite = „Profilmaß"
s_1 = Brettdicke, gehobelt, ± 0,5 mm.

Nadelholz	s_1	s_2	s_3	l_1	l_2	l_3	f
europäische	**15,5** **19,5**	4 6	4,5 6,5	5,5 6	5 5,5	2 4	0,5 0,5
nordische [1]	**12,5**	4	4,5	4	3,5	2	0,3

Profilmaß *b*	europäische	nordische
	95, 115 ± 1,5	96, 111 ± 1,5

❶ 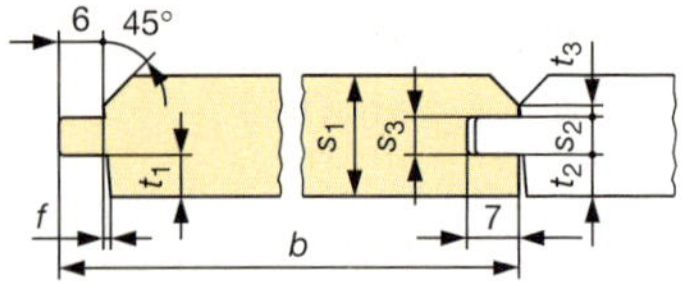

Längen: in mm		
	europäisch	1500 … (+ 250) … 4500 + 50 – 25 4500 … (+ 500) … 6000 + 50 – 25
	nordisch	1800 … (+ 300) … 6000 + 50 – 25

Profilbretter mit Schattennut

DIN 68 126

Nadel- und Laubholz, gehobelt [1), 2)]
$t_2 = t_1 - 0{,}5$ mm, $s_3 = s_2 + 0{,}5$ mm

europäische			nordische [1]			überseeische		
s_1	s_2	t_1	s_1	s_2	t_1	s_1	s_2	t_1
12,5 **15,5** **19,5** ± 0,5	4 4 6	4 5,5 5,5	**12,5** **14** **19,5** ± 0,5	4 4 6	4 4,5 5,5	**9,5** **11** **12,5** ± 0,5	3 3 4	3,5 3,5 4

europäische		nordische		überseeische	
b_1	b_2	b_1	b_2	b_1	b_2
96 ± 1,5 **115** ± 1,5	8 8	**71** ± 1 **96** ± 1,5 **146** ± 2	8 8 10	**69** ± 1 **94** ± 1,5	6 6

❷ 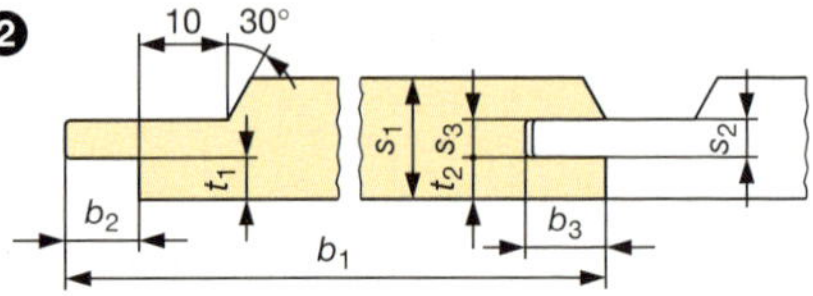

Längen in mm:

europäische	nordische	überseeische
1500 … (+ 250) 4500 … (+ 500) … 6000 + 50 – 25	von 1800 … (+ 300) bis 6000 + 50 – 25	1830, 2130, 2440, 2740, 3050, 3350, 3660, 3960, 4270, 4570, 4880, 5180, 5490, 5790, 6100.

Stülpschalungsbretter

DIN 68 123

Nadelholz, gehobelt, **Längenmaße** wie bei ❶;

europäische		nordische	
b_1	b_2	b_1	b_2
115 ± 1,5	8	**111** ± 1,5	8
135 ± 2	10	**121** ± 2	8
155 ± 2	10	**146** ± 2	10

$b_3 = b_2 + 0{,}5$ mm

Befestigung zweckmäßig mit besonderen Klammern.

❸ 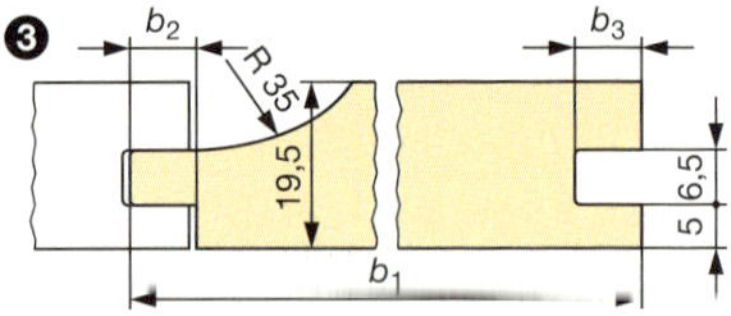

Fußleisten

DIN 68 125

europäisches Nadel- und Laubholz, gehobelt.

$s \cdot b$ = 15 · 73; 19,5 · 42; 21 · 42 ± 0,5 /± 0,1
l = 1500 … (+ 500) … 3000 … (+ 250) … 4500 … (+ 500) … 6500

❹ 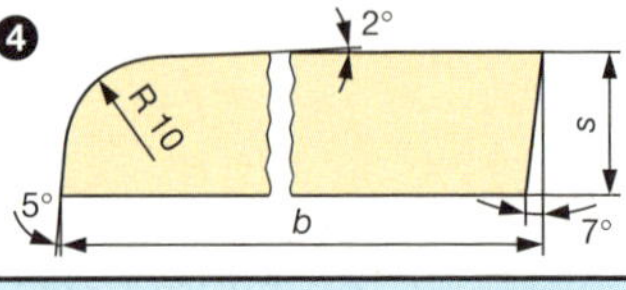

Balkonbretter

DIN 68 128

	europäische	nordische [1]	überseeische
s	26 ± 1	27 ± 1	26 ± 1
b	150, 190 ± 2	143, 193 ± 2	140, 190 ± 2

Längenmaße wie bei ❷ [1), 2)]

❺ 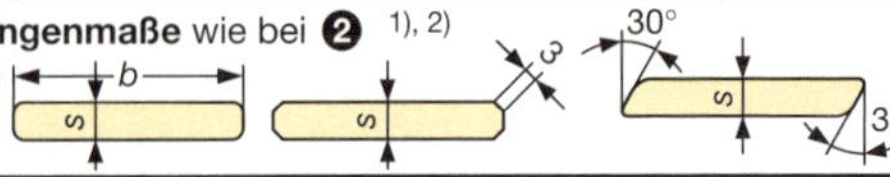

Holzprofile, Grundformen (Profile in den Abb. um 90° gedreht)

DIN 68 120

❻ 

1) „europäisch" umfasst nicht finnisches, schwedisches und norwegisches Holz sowie russische „Seeware".
2) Begriffe → Text bei ❷.

Furniere

DIN 4079 u. 68 330

Furnier = dünnes Blatt aus Holz, das durch Schälen, Messern oder Sägen vom Stamm abgetrennt wurde.
Langfurniere werden parallel zur Stammachse abgelöst.
Maserfurniere werden aus unregelmäßig gewachsenem Holz oder aus Wurzelknollen hergestellt.
Nach der Verwendung:
Deckfurnier (Außenfurnier), das als Sichtfläche geeignet ist.
Unterfurnier zur Verbesserung der Oberfläche.
Sperrfurnier zur Verbesserung der Formstabilität.

Nenndicken in mm einiger Langfurniere:

1,00 **Tanne, Fichte,** | 0,75 Wenge,
0,90 **Kiefer, Lärche,** | 0,70 Abachi,
0,85 Douglasie, | 0,65 Eiche, Linde
0,60 Esche, **Limba, Okuome,** Rüster, Sen,
0,55 **Birke, Buche, Mahagoni** u. a.

Fettgedruckt sind die Holzarten, die nach DIN 68 705 ihrer Wetterbeständigkeit wegen als Deckfurniere für Bau- und Furnierplatten geeignet sind.

Sperrholz

DIN 4076, 4078, 68 705, 68 708 u. 68 709

Sperrholz sind Platten, die aus mindestens 3 miteinander verleimten Holzlagen bestehen. Die Faserrichtungen aneinander liegender Lagen kreuzen sich üblicherweise im rechten Winkel.
Aufbau symmetrisch, um Verziehen zu vermeiden.
Bezeichnung: Dicke x Länge x Breite,
(Länge in Faserrichtung der Deckfurniere)

Oberflächenzustände: ungeschliffen, geschliffen, mit Ziehklingen bearbeitet, furniert mit … , beschichtet, z. B. mit Kunstharzfilm.
Verleimungsarten:
BFU 20 = nicht wetterbeständig verleimt,
BFU 100 = wetterbeständig verleimt,
BFU 100 G = wetterbeständig und mit Holzschutz.

Bau-Furniersperrholz „BFU"

DIN 68 705 u. 68 792

Aus Nadelholz oder aus Buche, alle Lagen Furniere.

Dicken in mm: 4, 5, 6, 8, 10, 12, 15, 18, 20, 22, 25, 30, 35, 40, 50, zul. Abmaße: +2 – 0,5 mm.
Längen in mm: 1220, 1250, 1500, 1530, 1830, 2050, 2200, 2440, 2500, 3050 ± 5 mm.
Breiten in mm: wie bei Längen, zusätzlich 1700, aber nicht 2200, ± 3 %.

Bau-Stabsperrholz „BST" (Tischlerplatten) — Mittellage: Stäbe ≤ 30 mm breit
Bau-Stäbchensperrholz „BST AE" — Mittellage: Stäbchen oder hochgestellte Furniere

Verleimungsarten: BST (BST AE) 20, BST (BST AE) 100, BST (BST AE) 100 G

Dicken: 13, 16, 19, 22, 25, 28, 30, 38 mm, ungeschliffen + 12 % – 0 %, geschliffen + 0,2 mm – 0,5 mm.

Längen und **Breiten** werden auf den jeweiligen Verwendungszweck abgestimmt geliefert.

Zulässige Abweichungen von Länge und Breite: bei **BST** und **BST AE**: ± 3 mm, Rechtwinkligkeit auf 1 m Schenkellänge: 1 mm, Geradheit (1 m): 1,5 mm.

Gütebedingungen und Eigenschaften von Bau-Sperrholzplatten

DIN 68 705

Verleimungsarten 20, 100, 100 G		BFU	BST BST AE
Rohdichte (b. 12 % Feuchte)	kg/m^3	500‥800	450‥750
Biegefestigkeit, längs	N/mm^2	≥ 40	≥ 20
Biegefestigkeit, quer	N/mm^2	≥ 15	≥ 20
Biege-E-Modul, längs	kN/mm^2	7‥12	3‥8
Biege-E-Modul, quer, 3 Lagen		0,7‥1,2	3‥8
Biege-E-Modul, 5 Lagen		3‥7	–
Quellung, je 1 G % Feuchteänderung	mm/m	0,1‥0,2	0,1‥0,2

BFU-Dicke mm	≤ 8	> 8 ≤ 15	> 15 ≤ 22	> 22 ≤ 29
Zahl der Lagen	≤ 3	≥ 5	≥ 7	≥ 9

Bezeichnungsbeispiel:
Sperrholz DIN 68 705 - BST 20 - 18
= Bau-Stabsperrholz, Verleimung 20, 18 mm dick.

Großflächen-Schalungsplatten für den Betonbau

aus **Furnier-Sperrholz**	**SFU**	n. DIN 68 792
aus **Stab-Sperrholz**	**SST**	n. DIN 68 791
aus **Stäbchen-Sperrholz**	**SSTAE**	n. DIN 68 791

Speziell für den Betonbau hergestellt, oberflächenvergütet, beidseitig verwendbar.
Plattenlänge (längs der Faserrichtung der Deckfurniere) ist stets zuerst zu nennen, die Platten können deshalb breiter als lang sein.

SFU ≥ 3 Furnierlagen, ≥ 4 mm dick, ≥ 3 m^2 groß,
SST u. **SSTAE** = 19 ‥ 30 mm dick, 7 bis 10 m^2 groß.

Faserrichtung des Deckfurniers zur Längsachse		Plattendicke mm	Biegefestigk. N/mm^2	Biege-E-Modul N/mm^2
SFU	parallel	6 … 12	$\beta_B \parallel 45$	E ∥ 5000
	quer	6 … 12	$\beta_B \perp 30$	E ⊥ 2500
SST u. **SSTAE**	parallel	–	$\beta_B \parallel 30$	E ∥ 4000
	quer	–	$\beta_B \perp 35$	E ⊥ 5000

Spanplatten I

Spanplatten nach dem Bindemittel:
Kunstharzgebundene: Normalfall,
Zementgebundene, auch magnesitgebundene,
Gipsgebundene, nur für den Innenausbau.

Spanplatten nach der Herstellung:
Flachpressplatten, DIN 68 761 u. 68 763
Kennzeichen: V (heute Normalfall)
Strangpressplatten: DIN 68 764
Kennzeichen: R (für Sonderfälle)
außerdem nach besonderen Zulassungen:
Langspanholzplatten und -bauteile.

Nach der Verklebung (Widerstandsfähigkeit):
V 20 beständig in Räumen mit niedriger Luftfeuchtigkeit,
V 100 beständig auch bei hoher Luftfeuchtigkeit,
V 100 G beständig bei hoher Luftfeuchtigkeit, mit einem Holzschutzmittel gegen holzzerstörende Pilze geschützt.

Hinsichtlich **Formaldehydabgabe** müssen die Platten der **Emissionsklasse E1** genügen.

Oberflächen: ungeschliffen und geschliffen.

Flachpressplatten für das Bauwesen — DIN 68 763

Eigenschaften (Mittelwerte einzelner Platten)	Biegefestigkeit β_B in N/mm²		Querzugfestigkeit β_Z in N/mm²		Dickenquellung q_{24} in %	
Plattentyp	V 20	V 100, V 100G	V 20	V 100, V 100G	V 20	V 100, V 100G
Nenndickenbereich in mm: 6 bis 13	18	19	0,40	0,15	16	12
über 13 bis 20	16	18	0,35			
über 20 bis 25	14	15	0,30			
über 25 bis 32	12	12	0,24	0,10		
über 32 bis 40	10	10	0,20			
über 40 bis 50	8	8	0,20	0,07		

Grenzabmaße in mm:

Dicke (geschliffen):	innerhalb einer Platte	± 0,2
	von Platte zu Platte	± 0,3
Dicke (ungeschliff.):	innerhalb einer Platte	+ 1,7
	von Platte zu Platte	– 0,3
Länge u. Breite:	bei üblichen Pl.-größen	± 0,5
bei Zuschnitten:	– bis 2 m Kantenlänge	± 2,5
	– über 2 m Kantenlänge und Trennschnitten	± 5
Rechtwinkligkeit:	bezogen auf 1000 mm Schenkellänge	2

Bezeichnung einer Flachpressplatte vom Typ V 20, Emissionsklasse E1, Nenndicke 19 mm, Länge 5000 mm, Breite 2000 mm aus Holzspänen:

Flachpressplatte DIN 68 763 - V20 - E1 - 19 x 5000 x 2000 - H.

Feuchtegehalt, bezogen auf die Darrmasse ab Werk (für Fußböden Ausnahmen): 5 bis 12 %.

Brandverhalten: ohne Nachweis bei einer Rohdichte ≥ 400 kg: B2 (normal entflammbar).
B1 nur bei Nachweis und Prüfzeichen.

Mineralisch gebundene Spanplatten

Mit Zement oder Magnesit gebunden, im Flachpressverfahren, bauaufsichtlich zugelassen.

Beständig gegen Wasser, Witterung, Fäulnis, Pilz- und Insektenbefall.
Schwer entflammbar: Baustoffklasse B1.

Die **Plattenrohdichte** beträgt etwa 1200 kg/m³.

Abmessungen in mm:
Längen: 2800 und 3200, Breite: 1250.
Dicken: 8, 10, 12, 16, 18, 20, 24, 28.

Dickenquellung n. 28 Tagen Wasserlagerung ≤ 2%,

Längsdehnung ≈ 0,03% je 1% Feuchteaufnahme.

Stoffkennwerte:

Wärmeausdehnung	$\alpha_T = 10 \cdot 10^{-6}\ K^{-1}$
Wärmeleitzahl	λ = 0,255 W/(m · K)
Biegezugfestigkeit	$\beta_B \geq 9$ N/mm²
Zugfestigkeit	$\beta_Z \geq 5$ N/mm² (Tafelebene)
Wasserdampfwiderstand	$\mu \approx 22{,}6$

Flach- und Strangpressplatten für Sonderzwecke im Bauwesen — DIN 68 762

LF: leichte Flachpressplatte mit u. ohne Beschichtung
LR: Strangpress-Röhrenplatte mit geschlossener Oberfläche.

Anwendung: mit geschlossener Oberfläche für Trennwände, mit durchbrochener Oberfläche für Schallschutzzwecke (auch LRM u. LMD).

Typ	Rohdichte ϱ kg/m³	für Dicke in mm	Zugfestigkeit ∥ N/mm²	Biegefestigkeit ⊥ N/mm²	Schallschluckgrad α bei 50 mm, Wandabstd. im HZ-Ber.
LF	250 ·· 500	≤ 20	–	5	≥ 0,2 bei 125 ·· 250
		>20 ≤32	–	3,5	≥ 0,5 bei 250 ·· 4000
LR	300 bis 600	≤ 30	0,4	–	–
		>30 ≤45	0,3	–	–
		>45 ≤70	0,2	–	–

Spanplatten II

Kunststoffbeschichtete dekorative Flachpressplatten KF — DIN 68 765

Zeichen für den **Abriebwiderstand**	Zeichen für die **Beschichtungsdicke**
N ≥ 50, **M** ≥ 150, **H** ≥ 350, **S** ≥ 650: Zahl der Umdrehungen im Reibversuch → S. 65 ❹	**1**: ≤ 0,16 mm
Z zigarettenglutbeständ.	**2**: > 0,16 ≤ 0,35 mm
	3: > 0,35 mm

Dicken, Längen u. Breiten wie bei Flachpressplatten f. d. Bauwesen, → S. 322.

Beispiel:
KF-Platte, DIN 68 765 - 3000 x 2000 x 16 - M2
$l \times b$ = 3 m x 2 m; d = 16 mm, Abriebfestigkeit: 150 U, Schichtdicke: > 0,16 ≤ 0,35 mm.

Biegefestigkeit in N/mm², bei einer Dicke:

d. Platte in mm	Beschichtung ≤ 0,16 mm	Beschichtung > 0,16 mm
≤ 13	17	18
> 13 ≤ 20	16	17
> 20 ≤ 25	15	16
> 25 ≤ 32	13	14
> 32 ≤ 40	11	12
> 40 ≤ 50	9	10

Strangpressplatten — DIN 68 764, T. 1

Strangpressplatten für das Bauwesen als Voll- und Röhrenplatten:
Beplankung mit Buchefurnieren oder harten Holzfaserplatten. Als tragende Richtung einer mit Furnier beplankten Platte gilt die Faserrichtung des Furniers, die bei Röhrenplatten der Richtung der Röhren entspricht.

Kennzeichen: SV = Strangpress-Vollplatte
SR = Strangpress-Röhrenplatte.

SV1 u. **SR1:** beständig in trockener Innenluft.
SV2 u. **SR2:** beständig in feuchter Innenluft, Sie haben an allen Rändern einen mindestens 15 mm breiten Vollholzeinleimer oder einen anderen gleichwertigen Feuchtigkeitsschutz.

Strangpressplatten, die der DIN 68 764, T. 2 entsprechen, sind f. die **Tafelbauart** geeignet und werden als **TSV1** und **TSV2** gekennzeichnet.

Holzfaserplatten

Kurzzeichen:

HFE	= extraharte Holzfaserplatten	DIN 68 750
HFH	= harte Holzfaserplatten	DIN 68 750
KH	= kunststoffbeschichtete HFH	DIN 68 751
HFM	= mittelharte Holzfaserplatten	DIN 68 754
HFD	= poröse Holzfaserplatten	DIN 68 750
BPH	= bitumengebundene HFD	DIN 68 752
MDF	= mitteldichte Faserplatte nach Zulassung	

Kunststoffbeschichtete dekorative Holzfaserplatten — DIN 68 751/76

Sie sind beidseitig mit härtenden Kunststoffharzen beschichtet.
Der Plattenkern ist eine HFH-Platte.
Zul. Dicken-Abmaße: bis 4 mm ± 8 %, > 4 mm ± 7 %.
Einsatz vorwiegend für Verkleidungen und Möbel.

Bitumen-Holzfaserplatten BPH — DIN 68 752/74

Es sind poröse Holzfaserplatten HFD, die mit Bitumen getränkt wurden.

Zulässige **Dicken-Abmaße**:
bis 8 mm dick ± 6 %; > 8 mm dick ± 5 %

Dickenquellung:
Nach 2 Stunden Wasserlagerung ≤ 7 %

Rohdichte:
230 bis 400 kg/m³

Typ	Bitumengehalt	Wasseraufnahme G% in 2 h	Biegefestigkeit in N/mm²	für Dicke in mm
BPH 1	„normal" 10 … 15 %	≤ 25 G%	≥ 2	≤ 10
BPH 2	„extra" > 15 %	≤ 20 G%	≥ 1,8 ≥ 1,5	10 ·· 15 > 15

Holzfaserplatten f. d. Bauwesen — DIN 68 750, T. 4

Art der Holzfaserplatten	Rohdichte kg/m³	Biegefestigk. N/mm²	für Dicke in mm	Wasseraufn. n. 2 h	Wasseraufn. n. 24 h	Dickenquellung ≤ %
HFH 20 hart	> 800	≥ 40 ≥ 35	= 4 > 4	– –	30 30	20 18
HFM 20 mittelhart	800 ·· 350	≥ 12	5 ·· 16	–	–	15
HFD poröse Dämmpl.	350 ·· 230	≥ 2 ≥ 1,8 ≥ 1,5	≤ 10 10 ·· 15 > 15	30 30 30	– – –	8 8 8

Feuchtegehalte ab Werk: 5 ± 3 G%.
Zulässige Dicken-Abmaße:
für HFH bis 6 mm dick: ± 0,4 mm; > 6 mm: ± 0,6 mm,
für HFD bis 8 mm dick: ± 8 %; > 8 mm: ± 5 %,
für HFM 5 bis 16 mm dick: ± 0,7 mm.

Holzfaserplatten nach Zulassungen

Dachschalungsplatten „PAVATEX-ISOLAIR":
$\lambda = 0{,}055$; $\mu = 7$; B 2; d = 20 und 22 mm,
Format: 79 cm x 240 cm

Unterdachplatten „ISOROOF" bituminiert:
$\lambda = 0{,}06$; $\mu = 7{,}2$; $s_d = 0{,}17$ m; B 2; d = 24 mm;
Format: 103 cm x 248 cm.
Mit abgeklebten Fugen (Nut-Feder) wasserdicht ab 10°.

Holzfaser-Hartplatten „PAVAROOF-W":
$\lambda = 0{,}10$; $\mu = 64$; $s_d = 0{,}38$ m; B 2; d = 6 mm;
Formate: 103 cm x 262 (300) cm.

Holzfaserdämmplatten „PAVATHERM-PLUS":
λ = 0,05 u. 0,07; μ = 9 u. 10; d = 40, 60 u. 80 mm

Kunststoffplatten

Dekorative Hochdruck-Schicht-Pressstoffplatten HPL — DIN 16 926

Sie bestehen aus mit Reaktionsharzen imprägnierten Faserstoffbahnen, meist Papier, die zwischen ebenen oder strukturierten Pressplatten bei hoher Temperatur und einem Druck von ≥ 7 N/mm² homogen verpresst und unter dem gleichen Druck rückgekühlt werden.

HPL müssen mindestens eine dekorative Oberfläche aufweisen. Sie bestehen aus Deckschichten auf Aminoharzbasis, meist Melaminharzen, und Kernschichten auf Phenoplastharzbasis.

Plattentypen

N für allgemeine (normale) Anwendung,
P bei angegebener Temperatur nachformbar,
F erhöhter Widerstand gegen Flammeneinwirkung,
C Kompakt-Schichtpressstoff,
CF Eigenschaften von C und F.

Charakteristische Eigenschaften

Harte, weitestgehend verschleiß- u. kratzfeste Oberfläche, hohe Stoßfestigkeit, Unempfindlichkeit gegen kochendes Wasser und die üblichen Haushaltschemikalien sowie gegen trockene und feuchte Hitze.

Dicken: 0,5; 1,2; 2,5; 3; 4; > 5 mm

Länge x Breite: meist 2500 (2440) x 1200 (1220) mm

Anwendungsklassen

In der dreistelligen Kennzahl bedeutet die **1. Ziffer** das Verhalten bei **Abriebbeanspruchung**

1 ≥ 50
2 ≥ 150
3 ≥ 350
4 > 650
} Zahl der Umdrehungen einer Reibplatte, bei der ≤ 50 des Dessins angegriffen werden, aber der Plattenkern unsichtbar bleibt, → S. 65.

Die **2. Ziffer** das Verhalten bei **Stoßbeansruchung**

1 ≥ 15 N
2 ≥ 20 N
3 ≥ 20 N
4 ≥ 30 N
} Größe der Federkraft im Stoßversuch

Die **3. Ziffer** für d. Verhalten b. **Kratzbeanspruchung**

1 ≥ 1,5 N
2 ≥ 1,75 N
3 ≥ 2,0 N
4 ≥ 3,0 N
} Größe der angreifenden Kraft im Kratzversuch. Bei hellem und rauem Dekor bis > 5 N.

Anwendungsklassen und ↓	**typische Anwendungsgebiete** von HPL
434	Zahltheken und Fußböden,
333	Küchenarbeitsplatten, Gaststättentische,
223	Küchenfronten, Regalböden,
111	Möbelkorpus.

HPL, < 2 mm dick, mit einseitiger dekorativer Deckschicht, sind in der Regel zum Aufkleben auf eine Grundplatte bestimmt.

HPL, ≥ 2 mm dick, werden als Kompakt-Schichtpressstoffe bezeichnet.

HPL, ≥ 5 mm dick, mit doppelseitiger dekorativer Deckschicht sind sebsttragend.

Bezeichnungsbeispiel:

HPL DIN 16 926 - N - 1,2 - 333

- Benennung (HPL)
- DIN-Nummer (DIN 16 926)
- Plattentyp (N)
- Nenndicke (1,2)
- Abriebwiderstand (3)
- Stoßfestigkeit (3)
- Kratzfestigkeit (3)

Kunststoff-Tafeln

Konstruktionstafeln, lichtundurchlässig (opak). Grau, schwarz, weiß oder einfarbig.

Dicken	Grundstoffe (Bedeutung → S. 130)	
bis 30 mm	aus **PVC hart**	DIN 16 927
bis 20 mm	aus **PVC weich**	DIN 16 959
bis 20 mm	aus **PE**	DIN 16 925
bis 25 mm	aus **PMMA gegossen**	DIN 16 957
bis 6 mm	aus **PMMA extrudiert**	DIN 16 958

Plattengröße unterschiedlich, bis 3 m x 2 m.

Bezeichnung nach Dicke x Breite x Länge in mm z. B. **Tafel 5 x 1000 x 2000 DIN 16 925**.

Erzeugnisse aus glasfaserverstärkten Reaktionsharzen GF-UP und GF-EP — DIN 16 948

Dichte 1,6 kg/dm³ bei 50 G % Glasfasergehalt,
Dichte 1,8 kg/dm³ bei 65 G % Glasfasergehalt.

Unterscheidung von Sorten und deren Eigenschaften durch **6-stellige Kennzahl**:

z. B. **GF - EP 30 18 40** [1)]

In der Kennzahl bedeuten:

die **ersten beiden** Ziffern	22	30	35	55	70
Zugfestigkeit in N/mm²	220	300	350	550	700

die **mittleren beiden** Ziffern	10	18	28	30
E-Modul in N/mm²	10 000	18 000	28 000	30 000

die **letzten beiden** Ziffern	26	28	40	45	65	80
Biegefestigk. in N/mm²	260	280	400	450	650	800

1) GF = glasfaserverstärkt,
UP = (ungesättigtes) Polyesterharz,
EP = Epoxidharz.

Lichtplatten, Folien, Fußbodenbeläge

Lichtplatten und -kuppeln

1. aus PMMA (Acrylglas, „Plexiglas") [1]

Nach DIN 16 957/85, Dichte 1,2 kg/dm³

a) Platten gegossen:
Dicken: 1,5; 2; 2,5; 3; 4; 5; 6; 8; 10; 12; 18; 20; 25 mm.
Plattengröße: meist 2000 x 1200 mm.

b) Platten extrudiert:
Dicken: 1,5; 2; 2,5; 3; 4; 5; 6 mm.
Plattengröße: 2000 x 1200 und andere.

c) Sinusprofil-Platten:
Dicke: 3 mm; Profile und Größen passen zu Faserzement-Wellplatten, → S. 266.

Alle vorgenannten Platten sind hoch lichtdurchlässig, durchsichtig o. durchscheinend (wenn strukturiert), farblos oder farbig, licht- und wetterbeständig, normal entflammbar (B2) und schwer entflammbar (B1), thermoplastisch verformbar und klebbar. [2]

2. aus PMMA vernetzt und gegossen [2]

Mit gelblicher Eigenfarbe, schwerer verformbar, schlagzäher und fester, chemisch beständiger, schwieriger klebbar als unvernetztes PMMA.

3. aus PC (Polycarbonat)

Schlagzäher und fester, geringer lichtdurchlässig und lichtbeständig, leichter verkratzbar als Acrylglas. Plattendicke: 1,5 bis 20 mm, sonst wie Acrylglas. [2]

4. aus GF-UP (glasfaserverstärktes Polyester)

Nur durchscheinend, farblos oder farbig.
Ebene Platten: 1 und 1,3 mm dick; 1,3 u. 1,7 kg/dm³.
Wellplatten, längsgewellt: 1,6 und 2,1 kg/dm³.
Wellbahnen, quergewellt: 10 bis 50 m lang, 0,75 m bis 3,75 m breit.

5. aus PVC (Polyvinychlorid) — DIN 16 959

Durchsichtig und durchscheinend.

Gitterfolien (Draht-Roll-Glas)

meist aus PVC oder PE:

Transparent, meist farblos, mit eingeschlossenem Gewebe aus verzinktem Stahldraht oder Fäden, meist aus Polyamid („Perlon")
Foliendicken: 0,1; 0,5; 0,2 und 0,25 mm.

Verwendung:
Für Wetterschutz, z. B. an Gerüsten, und zum vorübergehenden Schließen von Öffnungen an Rohbauten.

[1] Kurzzeichen für Kunststoffe, → S. 130 und 131
[2] Aus PMMA (Polyacryl) und PC (Polycarbonat) auch **Stegdoppel- und Stegdreifachplatten**. Dicke meist 16 mm, Breite 1200 mm, viele Längen, biegesteifer und wärmedämmender als Einfachplatten.

Fußbodenplatten

1. Vinyl-Faser-Platten — DIN 16 950 /

Quadratisch mit 250 ± 0,25 mm und 300 ± 0,3 mm.
Mindest-Nenndicke: 1,6 ± 0,1 mm.

2. Elastomer-Bodenbeläge ohne Träger

Nach DIN 16 851 auf der Grundlage von Synthese- und/oder Natur-Kautschuk.

a) Homogene Beläge:
eine oder mehrere Schichten gleicher Zusammensetzung. Nutzschicht = Gesamtdicke ≥ 2 mm.

b) Heterogene Beläge:
Nutzsch. ≥ 1 mm. Unterschicht nicht geschäumt. Verfügbar als Platten oder Bahnen.

3. PVC-Fußbodenbeläge o. Träger — DIN 16 951/77

a) Homogene PVC-Beläge:
mit einer oder mehreren Schichten gleicher Zusammensetzung, durchgefärbt, meist B1 (schwer entflammbar).

b) Heterogene PVC-Beläge:
mit Nutzschicht ≥ 0,3 mm, darunter dichte PVC-Schicht anderer Zusammensetzung.
Platten und Bahnen.
Dicke: ≥ 1,5 ± 0,2 mm.
Längen u. Breiten: bis 600 ± 0,15 %; > 600 ± 1 mm.

4. PVC-Fußbodenbeläge m. Träger — DIN 16 952/79

Als **Träger** dienen:
a) genadelter Jutefilz,
b) Korkment (harzgebundenes grobes Korkmehl),
c) PVC-Schaumstoff,
d) Synthesefaser-Vliesstoff.

Dicke der PVC-Schicht:
in a), c) und d) ≥ 0,8 mm; in b) ≥ 1 mm.
Verbesserung der Trittschalldämmung: → S. 87
bei a) u. b) + 16 dB; bei c) u. d) + 13 dB.

Linoleum — DIN 18 171/78

Es besteht aus polymerisiertem Leinöl und/oder anderen trocknenden Ölen + natürlichen und/oder künstlichen Harzen + Korkmehl u./o. Holzmehl + Pigmenten und/oder Füllstoffen auf Jute- oder anderem Unterlagsgewebe. Es ist einschichtig durchgefärbt.
Dicken: 2; 2,5; 3,2 und 4 mm ± 0,15 mm.
Bahnen sind 2 m breit und 20 (15) m lang.

Linoleum-Verbundbelag — DIN 18 173/78

Er enthält eine Korkment-Zwischenschicht aus grobkörnigem Korkmehl, das ölig gebunden ist.
Die Belagoberfläche ist dicht.
Die ≥ 1,5 mm dicke Nutzschicht ist durchgefärbt.
Die Gesamtdicke ist ≥ 4 ± 0,2 mm.
Die Trittschalldämmung ist ≥ + 14 dB.

Textile Bodenbeläge, z. B. Teppiche, werden hier nicht behandelt.

Bauzeichnen – Grundlagen I

DIN 1356/95

Zeichnungsarten und Maßstäbe

Vorentwurfszeichnungen: 1 : 500 bzw. 1 : 200,
Entwurfszeichnungen: 1 : 100, gegebenenf. 1 : 200,
Bauvorlagenzeichnungen: nach Landesverordnung,
Werkzeichnungen: 1 : 50, gegebenenfalls 1 : 20,
Detail- (Teil-) zeichnungen: 1 : 20, 1 : 10, 1 : 5 u. 1 : 1,

Baubestandszeichnungen: 1 : 100 bzw. 1 : 50,
Schalpläne: 1 : 50, wenn nötig: 1 : 20, 1 : 10, 1 : 5,
Bewehrungszeichnungen: 1 : 50, 1 : 25, 1 : 20,
Fertigteilzeichnungen: 1 : 25, 1 : 20.

Linienarten und Linienbreiten

DIN 1356, T.1/02.95

Linienarten	Linie	Anwendungsbereich — Liniengruppe zu Maßstäben	Linienbreiten für I [1] ≤ 1 : 100	II ≤ 1 : 100	III [1] ≥ 1 : 50	IV [2] ≥ 1 : 50
Voll-Linie	———	Begrenzung der Schnittflächen	0,5	**0,5**	**1,0**	1,0
Voll-Linie	———	Sichtbare Kanten und Umrisse von Bauteilen. Begrenzung von Schnittflächen schmaler und kleiner Bauteile	0,25	**0,35**	**0,5**	0,7
Voll-Linie	———	Maßlinien, Maßhilfslinien, Hinweislinien, Lauflinien, Begrenzung von Ausschnittdarstellungen, vereinfachte Darstellungen	0,18	**0,25**	**0,35**	0,5
Strichlinie	– – – –	Verdeckte Kanten u. verdeckte Umrisse v. Bauteilen	0,25	**0,35**	**0,5**	0,7
Strichpunktlinie	–·–·–	Kennzeichnung der Lage von Schnittebenen	0,5	**0,5**	**1,0**	1,0
Strichpunktlinie	–·–·–	Achsen	0,18	**0,25**	**0,35**	0,5
Punktlinie	··········	Bauteile vor bzw. über der Schnittlinie	0,25	**0,35**	**0,5**	0,7
Maßzahlen		Schriftgröße in mm	2,5	**3,5**	**5,0**	7,5

[1] Liniengruppe I nur dann anwenden, wenn Zeichnung mit Liniengruppe III angefertigt, im Verhältnis 2 : 1 verkleinert wurde u. die Verkleinerung weiterbearbeitet werden soll. Schriftgröße in d. Originalzeichnungen wegen Mikroverfilmung 5 mm.

[2] Liniengruppe IV für Ausführungszeichnungen anwenden, wenn Verkleinerung, z. B. von 1 : 50 in 1 : 100, vorgesehen ist u. Mikroverfilmung möglich sein soll. Die Verkleinerung kann dann mit der Liniengruppe II weiterbearbeitet werden.

Bemaßung

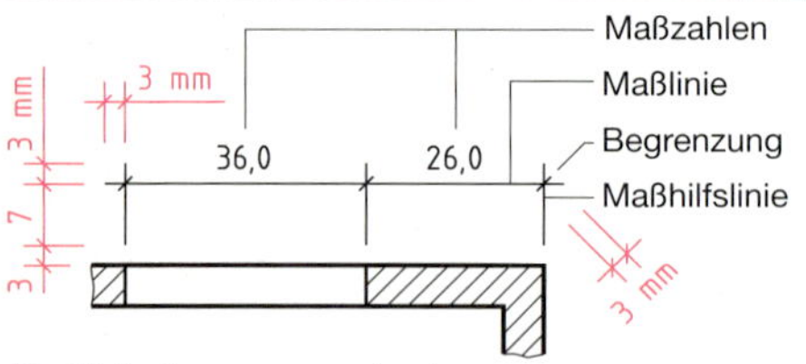

Maßlinienbegrenzung durch Schrägstriche oder Punkte, im Metallbau Pfeile.

Maßzahlen über der zugehörigen durchgezogenen **Maßlinie** so anordnen, dass sie in der Gebrauchslage d. Zeichnung von unten bzw. von rechts lesbar sind.

Maßhilfslinien 3 mm vor den zugehörigen Körperkanten ansetzen.

Maßanordnung im allgemeinen unter bzw. rechts der Darstellung. Bei mehreren parallelen Maßketten sind diese entsprechend der Lage der zu bemaßenden Bauteile von innen nach außen, in ≥ 7 mm Abstand, anzuordnen. Die Flächen in der Raummitte sollen möglichst frei bleiben.

Bei Fenstern und Türen ist die Breite über die Maßlinie, die Höhe direkt unter die Maßlinie zu schreiben.

Rechteckquerschnitte dürfen zur Vereinfachung auch durch Angabe ihrer Seitenlängen in Bruchform bemaßt werden, z. B. 12/16 (Breite/Höhe).

Runde Querschnitte erhalten vor der Maßzahl das Durchmesserzeichen Ø, z. B. Ø 12.

Radien sind vor der Maßzahl mit dem Großbuchstaben R zu kennzeichnen, s. Abb. rechts:

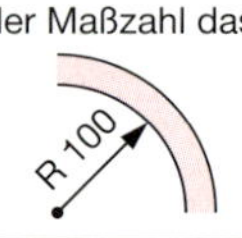

Beispiele für Maßeinheiten

Bemaßung in	unter 1 m		über 1 m
cm	24	88,5 [1]	388,5 [1]
m und cm	24	88^5	$3{,}88^5$ [1]
mm	240	885	3885

[1] Anstelle des Kommas ist auch ein Punkt erlaubt. Die Wahl der Maßeinheit richtet sich nach d. Bauart und Art des Bauteiles. Die Maßeinheit ist mit dem Maßstab im Schriftfeld anzugeben.

Papierformate

DIN 476 und 823

Formatklasse	Breite · Länge cm
2 A 0	118,9 · 168,2
A 0	84,1 · 118,9
A 1	59,4 · 84,1
A 2	42,0 · 59,4
A 3	29,7 · 42,0
A 4	21,0 · 29,7
A 5	14,8 · 21,0
A 6	10,5 · 14,8
A 7	7,4 · 10,5

A 0 = 1 m^2 Fläche
A 2 = übliches Zeichenblatt
A 4 = Briefbogen
A 6 = Postkarte

Größere Formate werden durch Verdoppeln, kleinere durch Halbieren gewonnen.

Breite : Länge = $1 : \sqrt{2}$
= 1 : 1,41

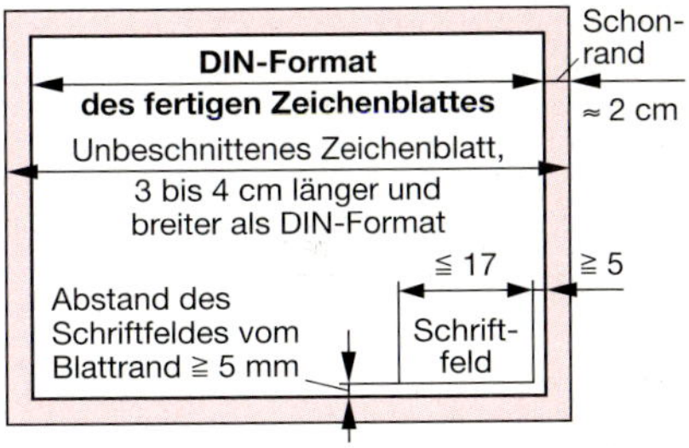

Falten der Zeichenblätter auf DIN A4 für Ordner

DIN 824

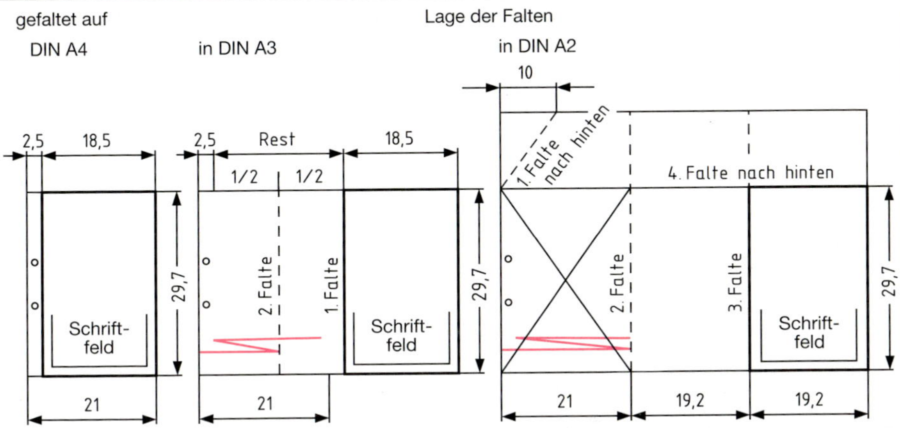

Beschriftung

DIN 6776, T.1/04.76

Schriftform B: Linienbreite $\frac{1}{10} \cdot h$

kursiv: unter 75°

vertikal: unter 90°

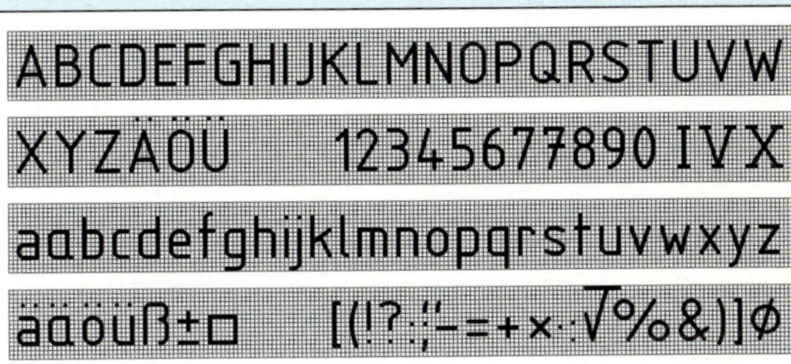

Nennhöhe der Schrift in mm	***h***	**2,5**	**3,5**	**5**	**7**	**10**	**14**	**20**
Höhe der Kleinbuchstaben	≈ 7/10 · *h*	1,8	2,5	3,5	5	7	10	14
Linienbreite für Tuscheschrift	≈ 1/10 · *h*	**0,25**	**0,35**	**0,5**	**0,7**	1	1,4	2
Abstand zwischen den Buchstaben	≈ 2/10 · *h*	0,5	0,7	1	1,4	2	2,8	4
Abstand zwischen den Wörtern	≈ 5/10 · *h*	1,25	1,75	2,5	3,5	5	7	10
Kleinster Zeilenabstand	≈ 14/10 · *h*	3,5	4,9	7	9,8	14	19,6	28

Darstellung eines Körpers

Perspektivdarstellungen

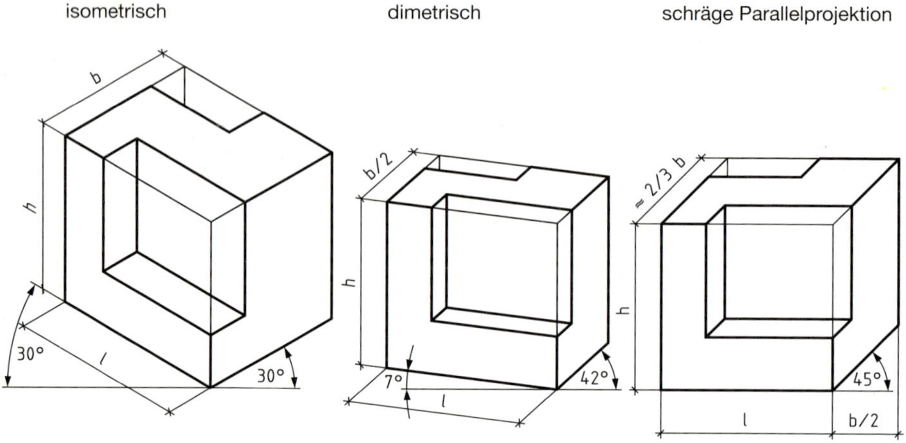

Darstellung in rechtwinkliger Parallelprojektion

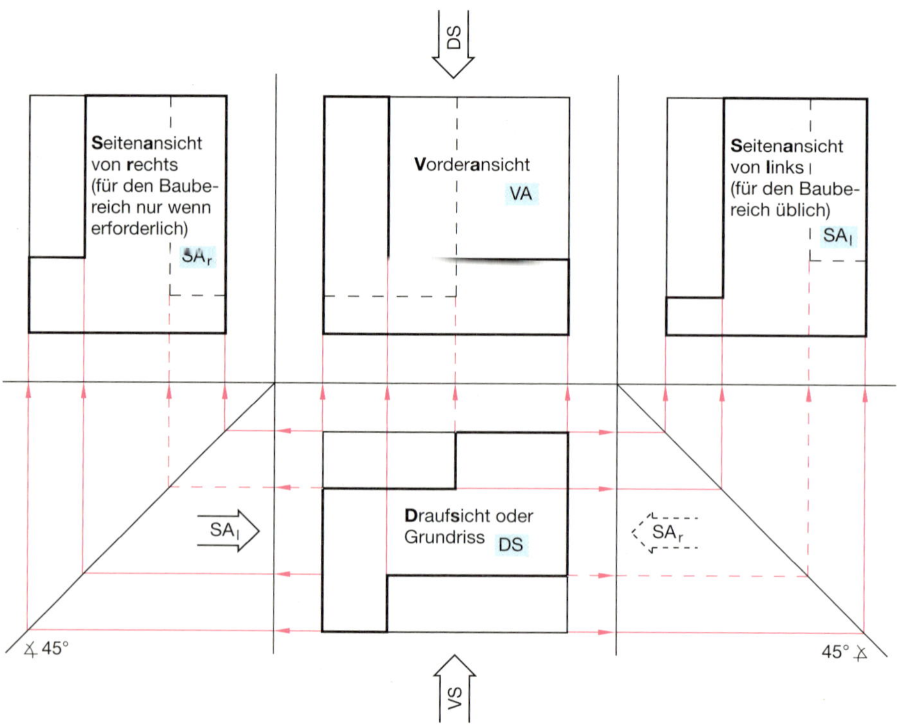

Schnitte

Veranschaulichung der Schnitte

Schnittrichtung (Schnittebene): **waagerecht**

Schnittrichtung (Schnittebene): **senkrecht**

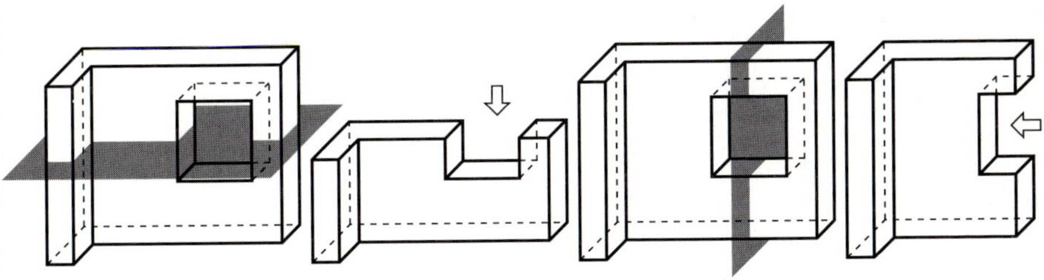

Schnitte in rechtwinkliger Parallelprojektion

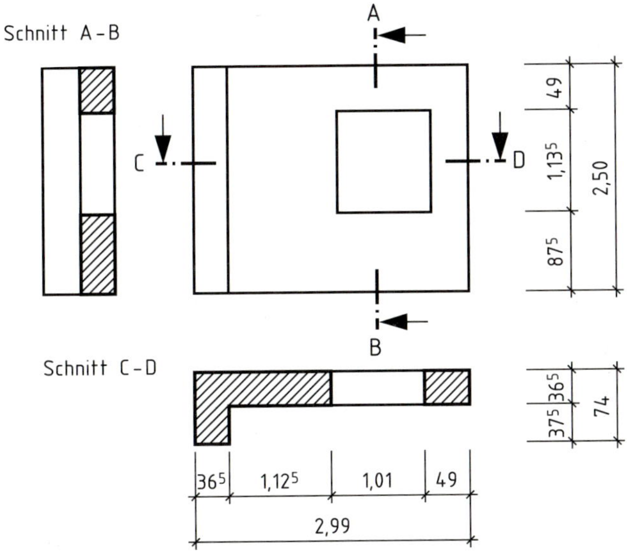

Angabe der Schnittführung

DIN 1956, T.1/02.95

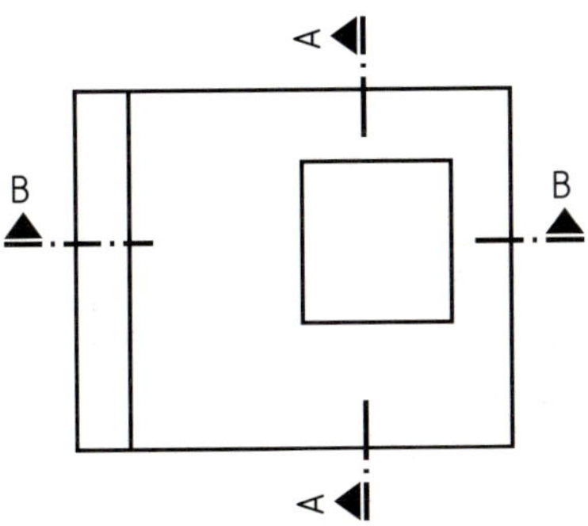

In der Neuausgabe sind für die Schnittführung stumpfe Pfeile in Blickrichtung mit gleichen Buchstaben davor angegeben.

Die bisherige Form der Angabe, wie sie oben benutzt wird, ist aber noch allgemein üblich.

Beispiel für Darstellung und Bemaßung

Wochenendhäuschen in Ansichten, Grundriss und Schnitt

Ansicht von Süden

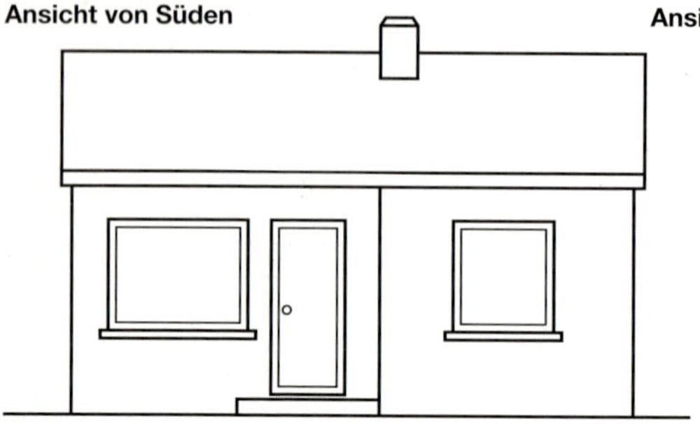

Ansicht von Osten

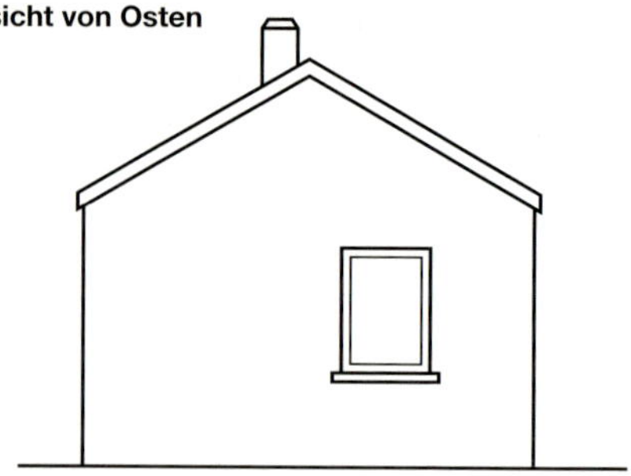

Grundriss

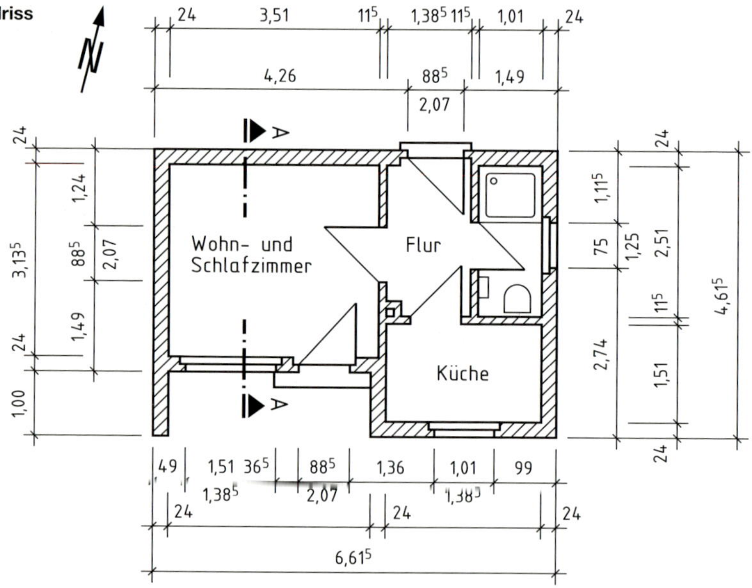

Schnitt A

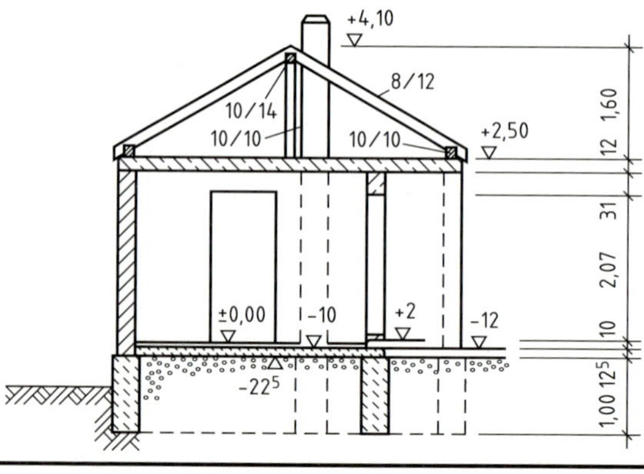

Sinnbilder in Bauzeichnungen

Kennzeichnung von Schnittflächen

DIN 1356

Baustoff, Bauteile	Darstellung schwarz/weiß	Darstellung in Farbe	Baustoff, Bauteile	Darstellung schwarz/weiß	Darstellung in Farbe
Mauerwerk aus künstlichen Steinen	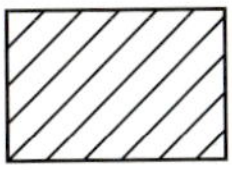	braunrot	Holz in Schnittflächen (quer zur Faser)	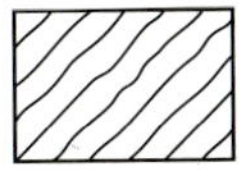	braun
Unbewehrter Beton	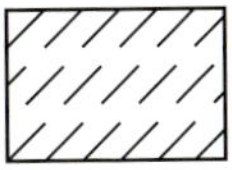	olivgrün	Holz in Schnittflächen (längs zur Faser)	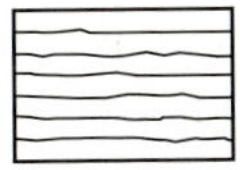	
Bewehrter Beton (Stahlbeton)	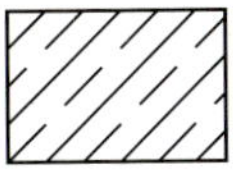	blaugrün	Beton-Fertigteile	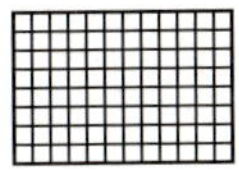	violett
Gewachsener Boden (DIN 201)	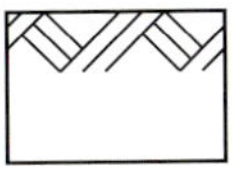		Dämmschicht gegen Schall, Wärme oder Kälte	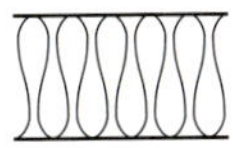	blaugrau
Aufgefüllter Boden	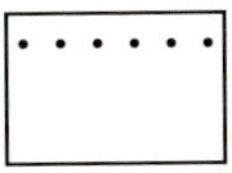		Abdichtung (Sperrschicht) gegen Feuchtigkeit	 (→ ❶ S. 258)	
Putz, Mörtel (in Teilzeichnung)	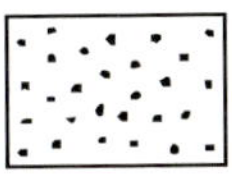	weiß	Baustahl		
Kiesschicht	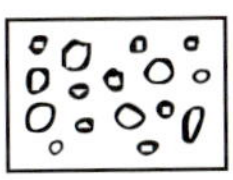		Spannrichtungen von Decken	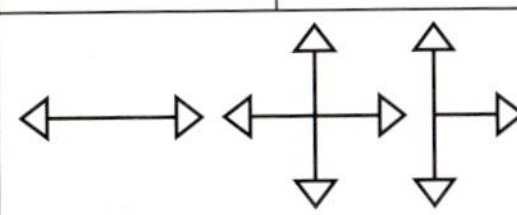	

Anmerkung: Die dargestellten Zeichen gelten in Grundrissen und Schnitten ohne besondere Hinweise. (DIN 1356, Abschnitt 8)
Im Kapitel 10 sind die Schnittflächen nach DIN 1356 farblich angelegt.

Sinnbilder aus dem Straßen- und Tiefbau

Bituminöse Deckschicht		Tragschicht aus Schotter	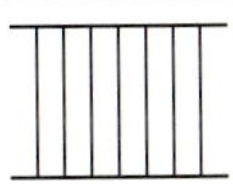	frostsicheres Material (Kiessand)	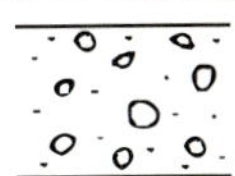
Binderschicht	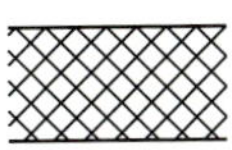	Boden-verfestigung (durch Zement oder bituminös)	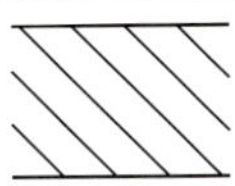	Fließrichtung Gefälle	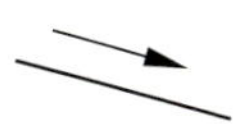
Bituminöse Tragschicht	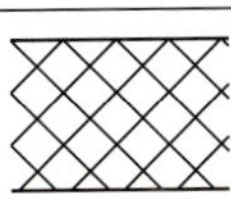	frostsicheres Material (Sand)	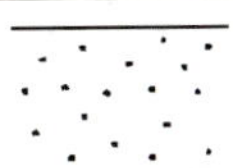	Böschung Oberkante	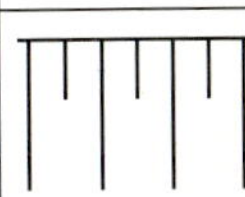

Öffnungen in der Achtelmeter-Maßordnung

1 Fensteröffnungen, Rohbau-Richtmaße (RR) nach DIN 18 050 [1)]

RR am	cm	3	4	5	6	7	8	9	10	12	13	14	16	17
		Breitenmaße												
	cm, m	37,5	50	62,5	75	87,5	1,00	1,125	1,25	1,50	1,625	1,75	2,00	2,125
am	cm, m	einflügelig					zweiflügelig			dreiflügelig			vierflügelig	
Höhenmaße 3	37,5	3 · 3	4 · 3 ✕	5 · 3 ✕	6 · 3	7 · 3								
4	50	3 · 4	4 · 4	5 · 4 ✕	6 · 4 ✕	7 · 4 ✕	8 · 4 ✕							
5	62,5		4 · 5	5 · 5		7 · 5	8 · 5 ⊔							
6	75		4 · 6	5 · 6	6 · 6	7 · 6	8 · 6 △ ⊔							
7	87,5		4 · 7 ●	5 · 7	6 · 7	7 · 7	8 · 7 △ ⊔	9 · 7 ⊔	10 · 7 ⊔	12 · 7	13 · 7			
8	1,00		4 · 8 ●	5 · 8 ●		7 · 8	8 · 8 △	9 · 8	10 · 8 ⊔	12 · 8 ⊔	13 · 8	14 · 8	16 · 8	
9	1,125		4 · 9 ●	5 · 9 ●		7 · 9	8 · 9 △	9 · 9	10 · 9	12 · 9	13 · 9	14 · 9	16 · 9	17 · 9
10	1,25		4 · 10 ●	5 · 10 ●		7 · 10	8 · 10	■ 9 · 10	10 · 10	12 · 10	13 · 10	14 · 10	16 · 10	17 · 10
11	,375			5 · 11 ●			8 · 11	■ 9 · 11	10 · 11		13 · 11	14 · 11		17 · 11
12	1,50	[1)] Nicht mehr in DIN enthalten, DIN 18 050 und DIN E 18 100, T.1 sind zurückgezogen.						■ 9 · 12	10 · 12			14 · 12		

- ■ Vorzugsgrößen für Fenster allgemein
- ✕ vorzugsweise für Kellerfenster
- ● vorzugsweise für Fensterbänder
- △ vorzugsweise für Waschküchenfenster
- ⊔ Vorzugsgrößen für den Stallbau [1)]

Beispiel: Fensteröffnung 9 x 10
Rohbau-Richtmaße .... 1,125 m · 1,25 m
Nennmaße im Mauerwerksbau 1,135 m · 1,26 m

2 Anschlagarten

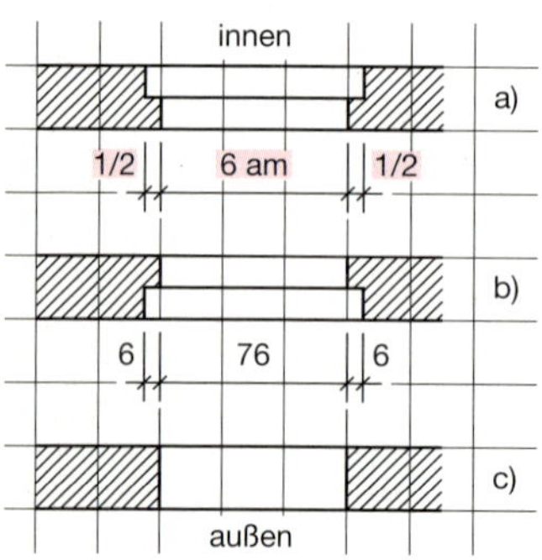

Für Fenster, dargestellt am Kellerfenster 6 x 4 am Mauerwerksbau, Wanddicke 24 cm, Maßstab 1 : 50, links: Grundriss, rechts: Aufriss.
a) Innenanschlag,
b) Außenanschlag,
c) ohne Anschlag.

Bei Außentüren meist Anschläge von 1 am = 12,5 cm.

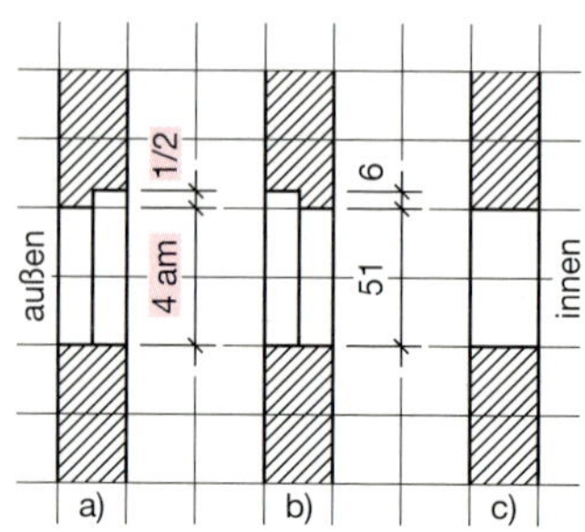

Öffnungen und ihre Darstellung

3 Tür- und Fenstertür-Öffnungen, Rohbau-Richtmaße (RR) nach DIN 18 100 [1)]

Breitenmaße – Achtelmeterordnung

Höhenmaße		RR 2)	5 am 62,5	6 am 75	7 am 87,5	8 am 1,00	9 am 1,125	14 am 1,75	16 am 2,00
15 am	1,875 m				1				
16 am	2,00 m		2	3	4 F	5 F ●		□ (zweiflügelig)	□ (zweiflügelig)
17 am	2,125 m			6	7	8 ●	9		

Breitenmaße – Zehntelmeterordnung

Höhenmaße		RR 2)	7 M 70	8 M 80	9 M 90	10 M 1,00	13 M 1,30	20 M 2,00
20 M	2,00 m		□		□	□ ●		□
21 M	2,10 m			□	□	□ ●	□	□
23 M	2,30 m					□ ●	□	□
25 M	2,50 m					□ ●	□	□

□ Vorzugsgrößen: In der Regel zweiflügelig.

F Für feuerhemmende Türen nach DIN 18 082.

● Mindestbreite 1,00 m für Türen, die ausreichend breit für Rollstühle sind. Lichte Durchgangsbreite ≧ 85 cm.

Zahlen 1 bis 9 kennzeichnen Türgrößen, für die in DIN 18 101 Zargen und Türblätter (→ S. 318) und in DIN 18 111 Stahlzargen genormt sind.

Bezeichnung-Beispiel: **DIN 18 100 – 875 x 2000**
Nennmaß im Mauerwerksbau 885 x 2005 (→ S. 154) [2)]

1) DIN 18 100 ist zurückgezogen.

2) Die Nennmaße der Öffnungshöhen beziehen sich auf OFF (Oberfläche fertiger Fußboden) und sind RR + 5 mm groß. Im Rohbau ist es deshalb unumgänglich, an den Wänden einen „Meterriss" (OFF + 1000 mm Höhe) anzubringen.

4 Darstellung von Fenstern und Türen

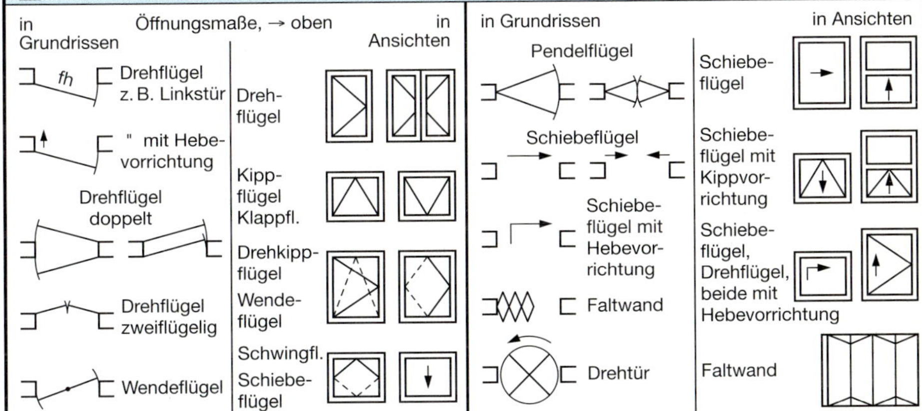

Rechts – Links – Bezeichnungen

für Drehflügeltüren, -fenster, -läden	für Schiebetüren und Schiebefenster
Betrachte die Flügel von der Seite, nach der sie aufschlagen. Sind die Bänder links, sind es Linksflügel, die Bänder Linksbänder und der Verschluss (Schloss) ein Linksverschluss.	Betrachte die Tür vom Raum aus, z. B. vor dem Schrank stehend. Schlägt die Tür beim Schließen links an, dann ist sie eine Linkstür. Eine Schiebetür zwischen gleichberechtigten Räumen muss erläutert werden, z. B. „links von … aus".

Treppen im Wohnungsbau I

Stufenarten und -maße

❶ Geschlossene Treppe aus Plattenstufen

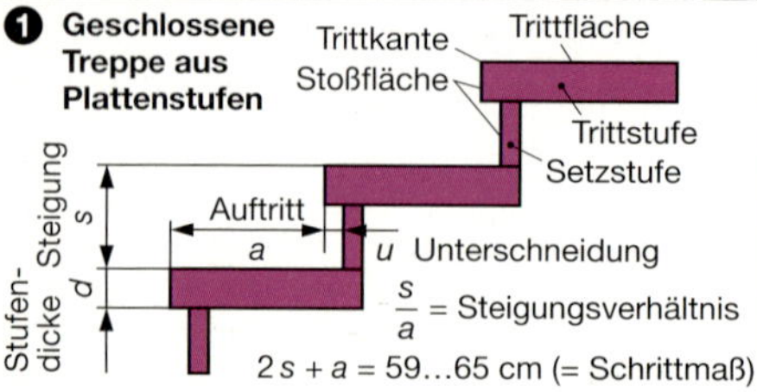

❷ Offene Treppe aus Plattenstufen

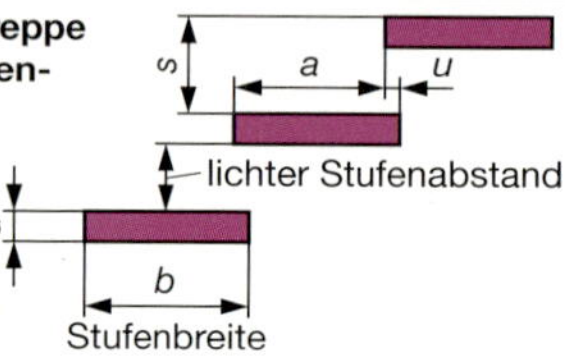

❸ Länge x Breite einer linken Wendelstufe

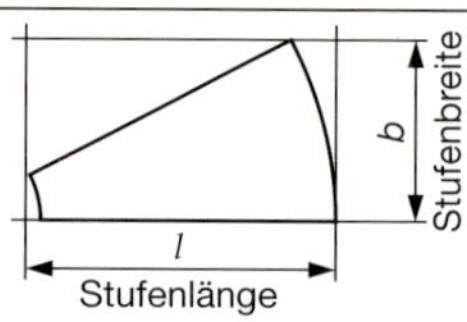

❹ Blockstufen

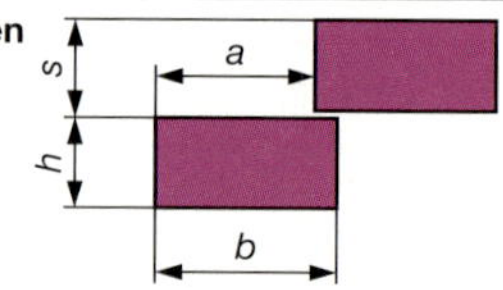

❺ Dreieckstufen, Keilstufen ähnlich: Fertig-Treppenläufe

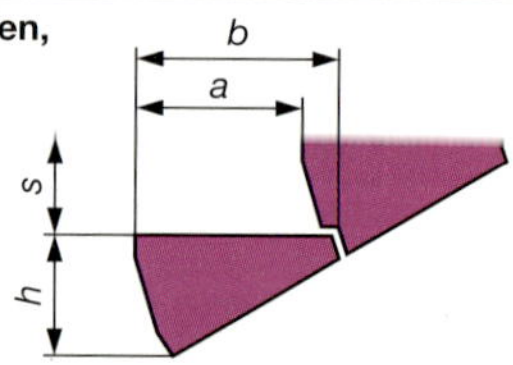

❻ Winkelstufen

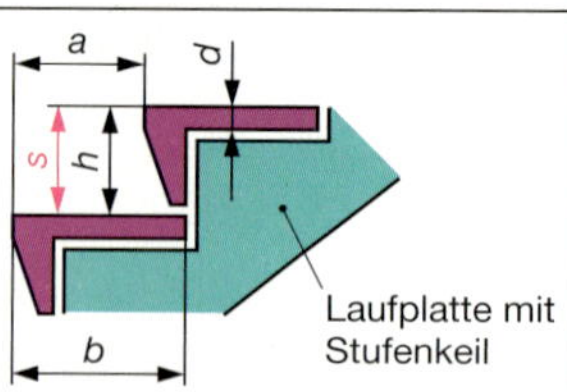

❼ L-Stufen

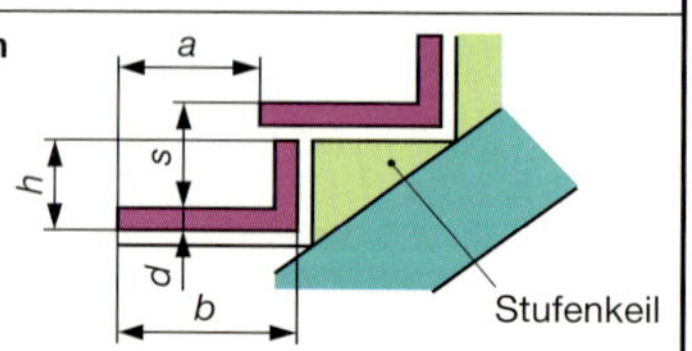

Steigungsverhältnisse

❽ Treppenneigungen und Steigungsverhältnisse

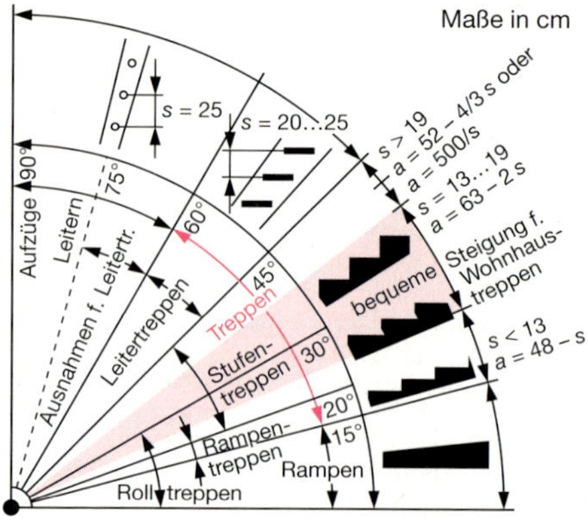

Das **Steigungsverhältnis** einer Treppe wird durch das Verhätnis der Maße für **Steigung *s*** u. **Auftritt *a***, gemessen in cm, bestimmt. Das **Verhältnis *s/a*** soll sich in der Lauflinie der Treppe nicht ändern.

Wie aus den Abb. ❶ bis ❼ hervorgeht, ist die **Auftrittsbreite *a* die nutzbare Stufenbreite** und meist kleiner als die wirkliche Stufenbreite *b*. Der **Unterschied** wird als **Untertritt** oder Unterschneidung bezeichnet.

Treppen ohne Setzstufen, → ❷ sowie Treppen mit Auftritten ≤ 26 cm, gemessen in der Lauflinie, sind um mindestens 3 cm zu unterschneiden.

Errechnen des Steigungsverhältnisses:
Nach der **Schrittmaßregel gilt:**

$2\,s + a = 59$ bis 65 cm meist 63 cm.

59 bis 65 cm ist die menschliche Schrittlänge.
Bei Geschosstreppen ergibt die Geschosshöhe, geteilt durch die bei Podesttreppen meist gerade Stufenanzahl, die Steigung. Alle Treppen, die hintereinander begangen werden, sollten das gleiche Steigungsverhältnis besitzen.

❾ Toleranzen

Toleranzen der Lage der Stufen-Vorderkanten.

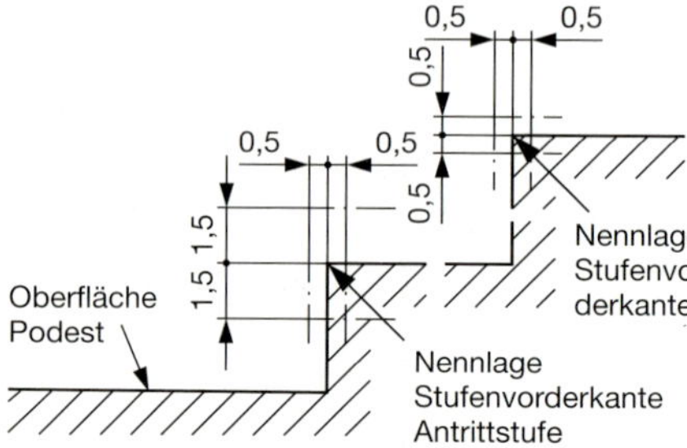

Treppen im Wohnungsbau II

DIN 18 064 und DIN 18 065

Begriffe

Gehbereich, → ❶ S. 336, seine Begrenzungslinien haben keine Knickpunkte, Krümmungsradien sind ≥ 30 cm.

Lauflinie: Sie liegt im Gehbereich, im geraden Treppenlauf in d. Mitte, im gewendelten ohne Knickpunkt mit ≥ 30 cm Krümmungsradius. An der Lauflinie wird der **Auftritt** gemessen. Im Bereich der Krümmung ist er gleich der Sehne zwischen d. Schnittpunkten der Lauflinie mit den Stufenvorderkanten.

Zwischenpodest ist nach 18 Stufen erforderlich, Tiefe mindestens gleich nutzbare Treppenlaufbreite.

Wendelstufen in Wohngebäuden mit ≤ 2 Wohnungen müssen am schmalen Ende 15 cm vom Ende der nutzbaren Laufbreite, ≥ **10 cm Mindestauftritt** haben. Das gilt nicht für Spindeltreppen.
Für das **Verziehen** von Wendeltreppen wird in DIN 18 065 auf die „handwerklichen Verziehverfahren" hingewiesen.

Geländer müss. ≥ 0,90 m, bei Absturzhöhen ≥ 12 m 1,10 m hoch sein, gemessen über Stufenvorderkante oder Podestoberfläche, gilt nicht für Treppenaugen mit Ø ≤ 20 cm. Muss mit Anwesenheit von Kindern gerechnet werden, dann Abstand zwischen Geländerteilen ≤ 12 cm und keinen „Leitereffekt" für Überklettern entstehen lassen.

Handläufe, ≥ 75 cm, ≤ 1,10 m hoch, gemessen über Stufenoberkante bis Oberkante Handlauf, lichter Abstand zu benachbarten Bauteilen, z. B. der Wand, ≥ 4 cm.

Links-, **Rechtstreppen**: Liegt beim Hinaufsteigen die freie Geländerseite (die Frei- oder Lichtwange) rechts, bzw. dreht man sich dabei auf einer gewendelten Treppe nach rechts, dann ist es eine Rechtstreppe. Liegt ein Geländer b. Aufwärtsgehen rechts, ist es ein Rechtsgeländer.

Benennungen (Auswahl)

o——▷ Lauflinie, Pfeil zeigt aufwärts.

Rampe, mit Angabe der Steigung in %.

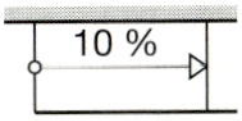

Einläufige gerade Treppe, hier mit Zwischenpodest.

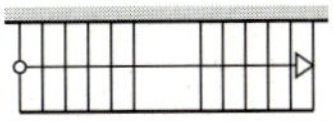

Zweiläufige Winkeltreppe mit Viertelpodest als Rechtstreppe.

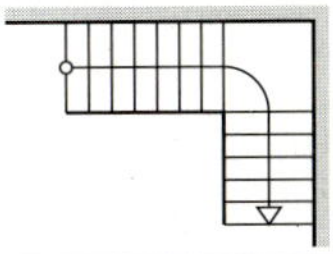

Zweiläufige U-Treppe mit Halbpodest, → ❺ S. 336.

Dreiläufige, zweimal abgewinkelte Treppe mit Zwischenpodesten als Linkstreppe.

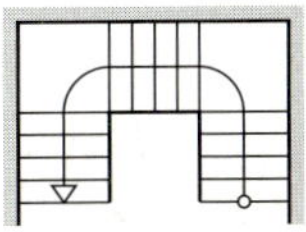

Einläufige Bogentreppe mit rechteckiger Treppenumfassung als Rechtstreppe.

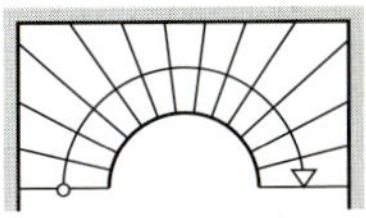

Einläufige Wendeltreppe mit Treppenauge als Rechtstreppe. **Spindeltreppe**, wenn das Auge zur Spindel verengt mit Ø ≈ 15 bis 25 cm.

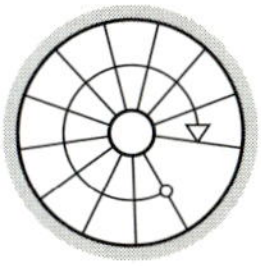

Einläufige, im An- u. Austritt **viertelgewendelte Treppe**, als Rechtstreppe.

❶ Treppenmaße

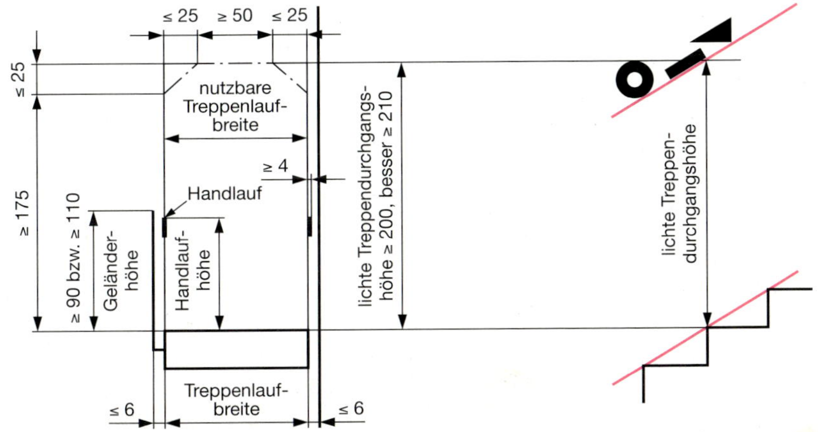

Treppen im Wohnungsbau III

DIN 1356

1 Gehbereich von Treppen

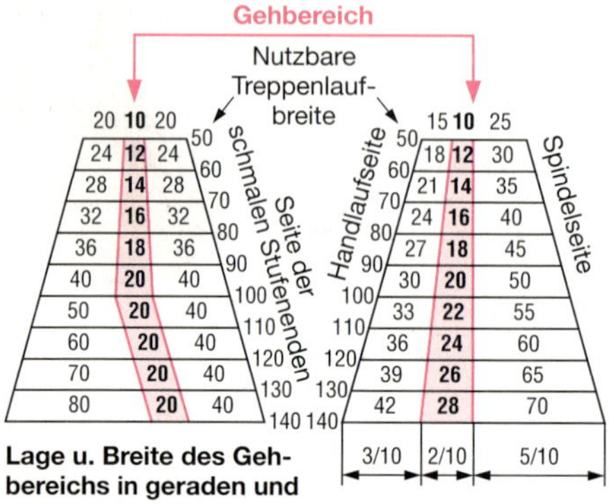

Lage u. Breite des Gehbereichs in geraden und gewendelten Treppen

in Spindeltreppen

Maße in cm

2 **Wohnhaustreppen**, Beispiele für günstige Stufenhöhen und Auftrittsbreiten

Geschosshöhe in m	Steigung Anzahl	Steigung *s* cm	Auftrittsbreite in cm		Lauflänge [2] in m	*s* + *a* [3] in cm	2*s* + *a* in cm
2,25 [1]	12	18,8	–	26	2,86	44,8	63,6
	13	17,3	–	26	3,12	43,3	60,6
2,50	14	17,9	–	26	3,38	43,9	61,8
	14	17,9	29	–	3,77	46,9	64,8
2,75	15	18,3	–	26	3,64	44,3	62,6
	16	17,2	–	26	3,90	43,2	60,4
	16	17,2	29	–	4,35	46,2	63,4
3,00	17	17,6	29	–	4,54	46,6	64,2
	18	16,7	29	–	4,93	45,7	62,4

[1] nur für Kellertreppen, [2] in d. Lauflinie gemessen,
[3] „Sicherheitsformel": *s* + *a* ≈ 46 cm.

4 Einläufige gerade Treppe aus Stahlbeton-Fertigstufen oder Fertiglauf

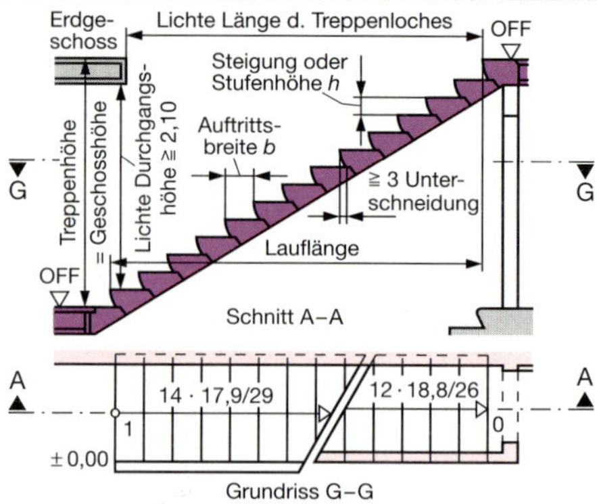

5 Zweiläufige gerade Treppe mit Halbpodest aus Stein oder Beton

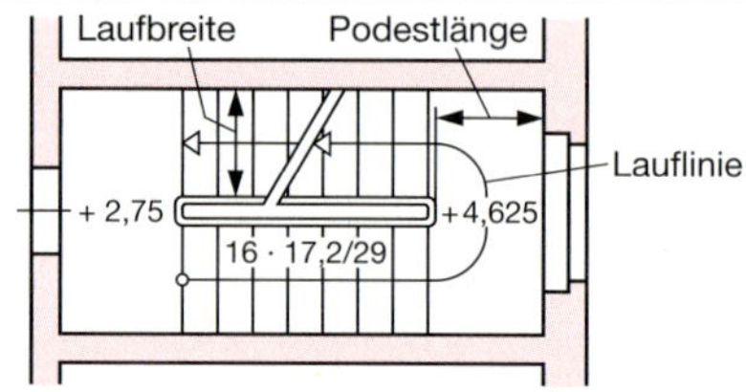

6 Zweiläufige halbgewendelte Treppe aus Holz im Obergeschoss

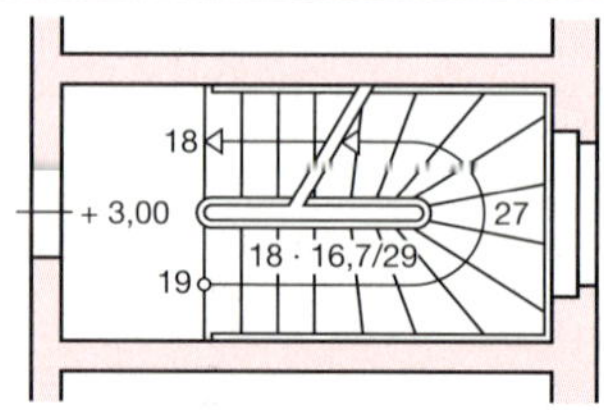

3 Hauptmaße für Gebäudetreppen

DIN 18 065

Gebäudeart	Treppenart		Nutzbare Treppen-Laufbreite in cm ↓	Steigung *s* in cm [2]	Auftritt *a* in cm [3]
Wohngebäude mit nicht mehr als zwei Wohnungen [1]	Baurechtlich notwendige Tr.	Treppen, d. zu Aufenthaltsräumen führen	≥ 80	17 ± 3	28 + 9 – 5
		Keller- u. Bodentr., d. nicht zu " führen	≥ 80	≤ 21	≥ 21
	Baurechtlich nicht notwendige (zusätzliche) Treppen [4]		≥ 50	≤ 21	≥ 21
Baurechtlich nicht notwendige (zusätzl.) Treppen innerhalb von Wohnungen			≥ 50	keine Festlegung	
Sonstige Gebäude	Baurechtlich notwendige Treppen		≥ 100	17 + 2 – 3	28 + 9 – 2
	Baurechtlich nicht notwendige (zusätzliche) Treppen [4]		≥ 50	≤ 21	≥ 21

[1] auch für Maisonetten-Wohnungen,
[2] aber nicht weniger als 14 cm,
[3] aber nicht mehr als 37 cm,
[4] die gegebenenfalls auch der Hauptnutzung dienen.

Darstellung von Einrichtungen in Bauzeichnungen

DIN 1356, T.1

Hausanschlussraum

DIN 18 012

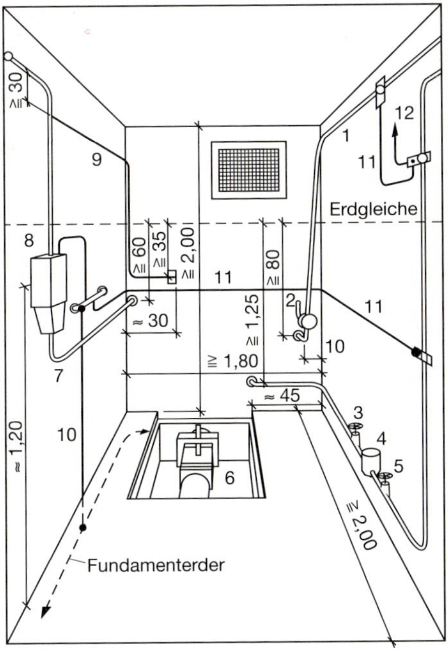

1 Gasleitung
2 Gas-Hauptabsperreinrichtung
3 Wasser-Hauptabsperrventil
4 Hauswasserzähler
5 Privat-Wasserabsperrventil
6 Abwasserleitung mit Reinigungsschacht
7 Starkstromkabel
8 Starkstrom-Hausanschlusskasten
9 Fernsprechkabel
10 Anschluss von 8 an Fundamenterder
11 Potentialausgleichsleitung mit Anschluss an Gas- und Wasserleitung sowie an
12 Sammelheizung

Anforderungen an den Hausanschlussraum

Einrichtungen für Strom u. Fernmeldeeinrichtungen nicht an der gleichen Seitenwand des Raumes wie Wasser, Gas und Fernwärme.

Tür ≥ 0,65 m breit und ≥ 1,95 m hoch, abschließbar, Entwässerungsmöglichkeit (Bodenablauf).

Lüftung direkt ins Freie.

Beim **Starkstromanschluss**: Potentialausgleichsschiene mit Anschlussfahne für Fundamenterder anordnen.

Durchgangshöhe unter Leitungen ≥ 1,80 m.

Schutz- und Arbeitsabstand zwischen Leitungen und Einrichtungen der Versorgungsträger ≥ 0,30 m.

Beleuchtung mit Schalter an der Tür.

Schutzkontaktsteckdose vorsehen.

Raumgröße besonders ermitteln, wenn zusätzliche Betriebseinrichtungen unterzubringen sind.

Mantelrohre für Art der Leitung	Tiefe unter Geländeoberfläche in m
Wasser	1,2 bis 1,5
Starkstrom	0,6 bis 0,8
Fernmeldeeinrichtungen	0,35 bis 0,6
Gas	0,5 bis 1,0
Fernwärme	0,6 bis 1,0

1 Mindest-Schlitzquerschnitte, → ❷

Breite x Tiefe in mm
d = Mindest-Rohwanddicke, $t = d + 20$ mm

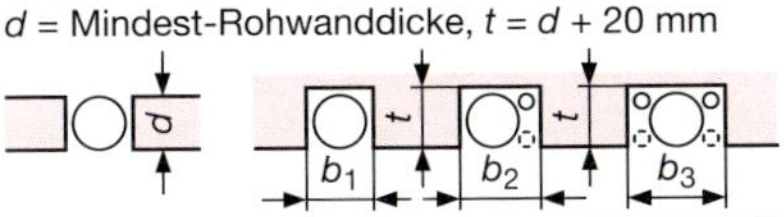

NW	Muffenlose Rohre				Rohre mit Muffen und dergleichen			
mm	d	b_1	b_2	b_3	d	b_1	b_2	b_3
50	65	90	150	210	92	115	175	235
70	85	110	170	230	116	140	200	260
100	115	140	200	260	150	170	230	290
125	140	165	225	285	177	200	260	320
150	170	190	250	310	206	225	285	345
200	220	240	300	360	266	275	335	395

Durchbrüche, Nischen und Schlitze

In Grundrissen wird stets die Decke über dem gezeichneten Geschoss dargestellt. Ihre Begrenzungen und Höhenunterschiede werden als unsichtbare Kanten gezeichnet, → Beispiel ❷, Ausschnitt aus einem Erdgeschossgrundriss mit Erdgeschossdecke.

In ❸ sollen Durchbruch und Schlitze im fertigen Bau offen bleiben. Wenn sie im Endzustand geschlossen sind, werden die Linien dick gezeichnet.

❷

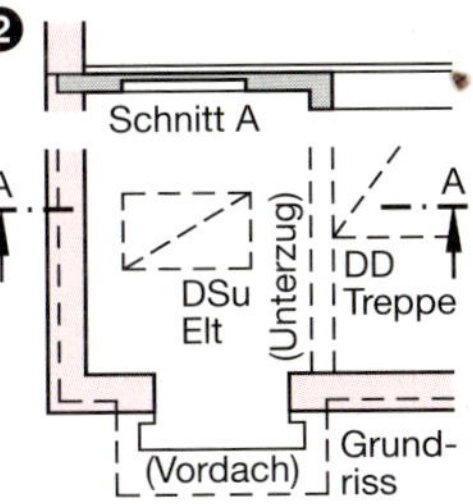

WD Wand-Durchbruch
DD Decken-Durchbruch
WS Wand-Schlitz
DSu Decken-Schlitz auf Unterseite
DSo Decken-Schlitz auf Oberseite

❸

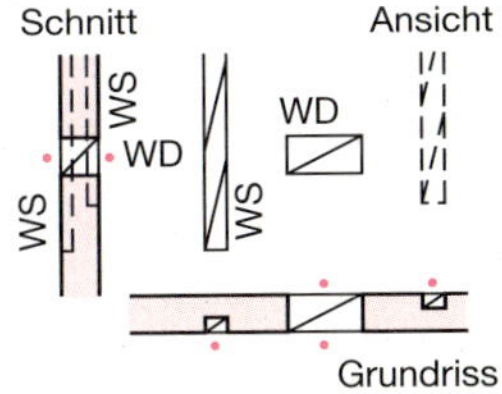

Zusätze für Zweck:
Elt Elektrizität
Lft Lüftung
Hzg Heizung
San Sanitäre Einrichtung

Schlitz sichtbar:

Schlitz unsichtbar:

Darstellung in Ausführungszeichnungen DIN 1356

Türen, Fenster, Nischen

❶ Türen mit und ohne Schwelle, Fenster

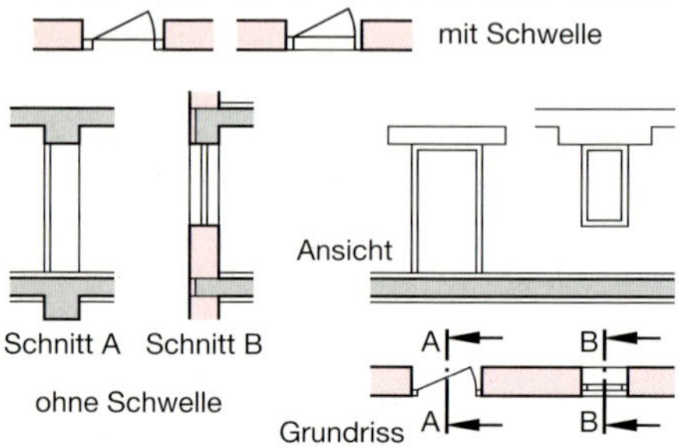

❷ Wandöffnungen, bis an die Decke reichend und mit Unterzug

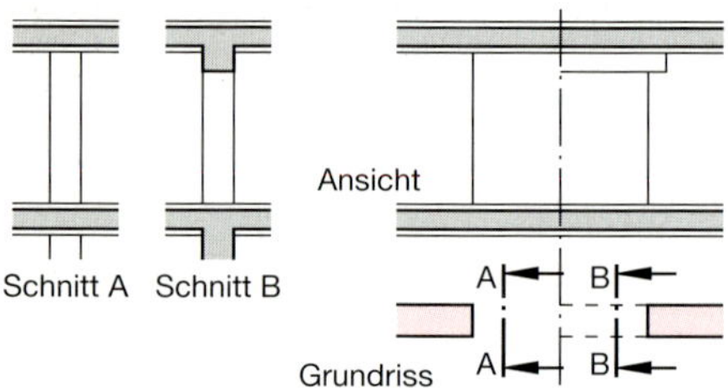

❸ Wandnischen, bis zum Fußboden reichend und mit Unterzug

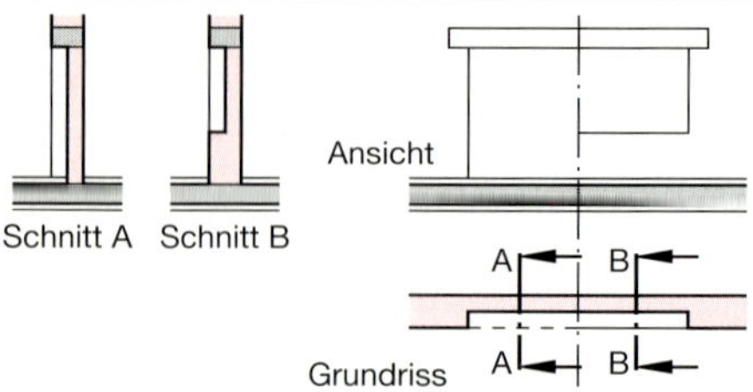

❹ Aufzüge

Aufzüge:
LA Lastenaufzug
PA Personenaufzug
SA Speiseaufzug
Schächte, z. B. für Müll

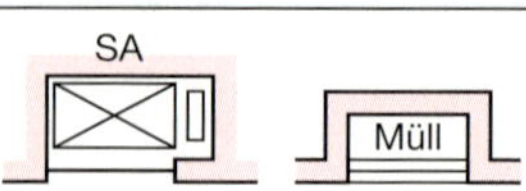

5 Türmatten DIN 61190

Türmatten vor Eingängen im 24 mm hohen Metallrahmen (auch ohne Rahmen). Rahmen-Außenmaße: Breite x Länge in mm, siehe rechts! Matten je 10 mm weniger.	*b* x *l* 400 x 600 400 x 800 500 x 800 500 x 1000 600 x 900 600 x 1200

Zählernischen

❻ für Elektrizität DIN 18 013

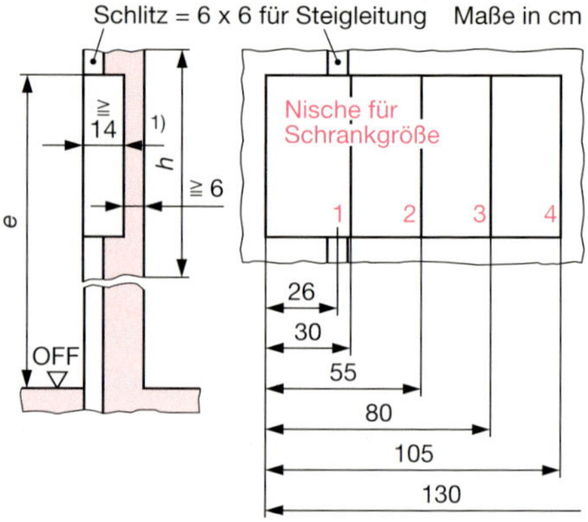

Nischen für Eltzähler allein, *e* = 1,75 m
h = 95, 110, 125 oder 140 cm

7 Nischen für Gaszähler NB3 und NB6, auch für Elt- und Gaszähler gemeinsam

Zähler	Anzahl der Zähler	Zähleranordnung übereinander *b* ≥ cm	übereinander *h* ≥ cm	nebeneinander *b* ≥ cm	nebeneinander *h* ≥ cm
für Gas allein	1	60	65	60	65
	2	65	130	95	65
	3	70	195	130	65
für Elt und Gas	1 + 1	130	60	90	65

Beispiel eines Gaszählerschlitzes:

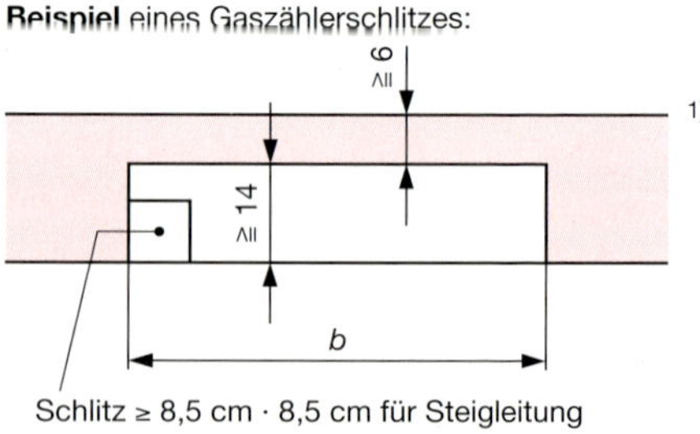

1) Rückwände der Nischen in Treppenhauswänden u. Wohnungstrennwänden müssen feuerbeständig und ausreichend schall- u. wärmedämmend sein.

Wasserzählerschacht ist außerhalb d. Gebäudes erforderlich, wenn Hausanschlussraum nicht möglich ist. Nicht in Verkehrsflächen; mit verschließbarer Abdeckung. Wasserzähler ≥ 20 cm über Boden. Abwasserleitungen nicht hindurchführen, Elt u. Gas nur in Schutzrohren.

Darstellung von Lüftungs-, Abgas- und Rauchleitungen

❶ Lüftungsanlagen DIN 1946

Axialventilator;
Radialventilator

Luftfilter;
Luftvorerhitzer (V);
Luftnacherhitzer (N);
Luftkühler (K);
Düsenkammer (Wasser);
Jalousieklappe

Kanal mit Drosselklappe und Schalldämpfer, Querschnitt in mm

Zuluft- und Abluftdurchlass, Grundriss und Ansicht

Temperatur- u. Feuchteregler im Kanal, im Raum

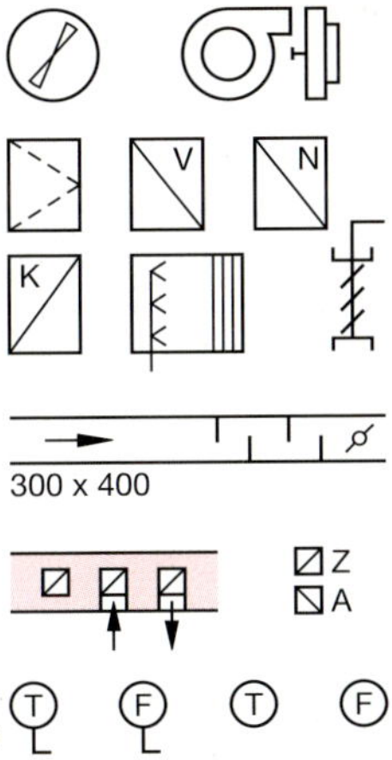

❷ Schornsteine (Rohre) für Abgas und Rauch

Darstellung für **Abgas** **Rauch**

Querschnitt, z. B. 13,5 x 13,5

mit Reinigungsöffnung

mit Anschluss an Feuerstätte

mit Formstück

für Heizraumentlüftung

für Rundquerschnitte

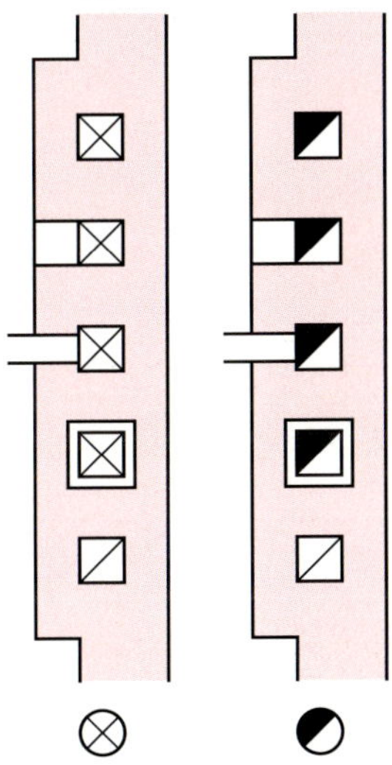

Übliche Hausschornstein-Querschnitte

aus Formstücken cm x cm = cm²	aus Mauersteinen cm x cm = cm²	am x am
12 x 12 = 144		
14 x 14 = 196	13,5 x 13,5 = 182	1 x 1
16 x 16 = 256	13,5 x 20 = 270	1 x $1^1/_2$
18 x 18 = 324		
20 x 20 = 400	20 x 20 = 400	$1^1/_2$ x $1^1/_2$
22,5 x 22,5 = 506	20 x 26 = 520	$1^1/_2$ x 2
25 x 25 = 625	26 x 26 = 676	2 x 2

❸ Lüftung von Bädern u. Toilettenräumen ohne Außenfenster u. ohne Ventilatoren DIN 18 017

In der Ausgabe 1987 ist nur noch eine Anlage mit **Zuluftkanal** enthalten, welches das Beispiel unten, mit drei Zuluft- und drei Abluftschächten zeigt. Die Querschnitte der ○, □ oder ▭-Rohre müssen mindestens 140 cm² betragen. Das Seitenverhältnis von Rechteckquerschnitten darf höchstens 1 : 1,5 betragen.

Für die **Mündung der Schächte über Dach** gilt: Mündung über Dach ≥ 40 cm über First der > 20° geneigten Dachfläche, möglichst nahe First. Bei ≤ 20° geneigter Dachfläche: ≥ 1 m über der Dachfläche und ≥ 1 m über einer nicht allseitig geschlossenen Attika (damit der Luftzug verhindert, dass sich Abgase sammeln), nicht nahe von Fenstern, nicht nahe Dachaufbauten (wenn näher als deren 1,5-fache Höhe über Dach, dann diese um ≥ 1 m überragend).

Querschnitte der Zuluft- und der Abluftöffnung je 150 cm². Zuluft mit Drosselklappe und Verschluss.

Zuluftkanal mit 1 oder 2 Öffnungen ins Freie, Gitter-Maschenweite ≥ 1 cm x 1 cm.

Lichter Kanalquerschnitt bei einem Rechteck-

Seitenverhältnis	Querschnitt	
bis 1 : 2,5	80 %	der Summe aller Zuluftschächte
> 1 : 2,5 bis 1 : 5	90 %	
> 1 : 2,5 bis 1 : 10	100 %	

Jedem zu lüftenden Raum je eigene Zuluft- und Abluftschächte. Benachbarte Bad- und Toilettenräume d. gleichen Wohnung können an einen gemeinsamen Schacht angeschlossen werden.

Für **Lüftungen mit Ventilator** genügen übliche □ o. ○-Rohre, wie für Schornsteine, → ❷.

Beispiel:

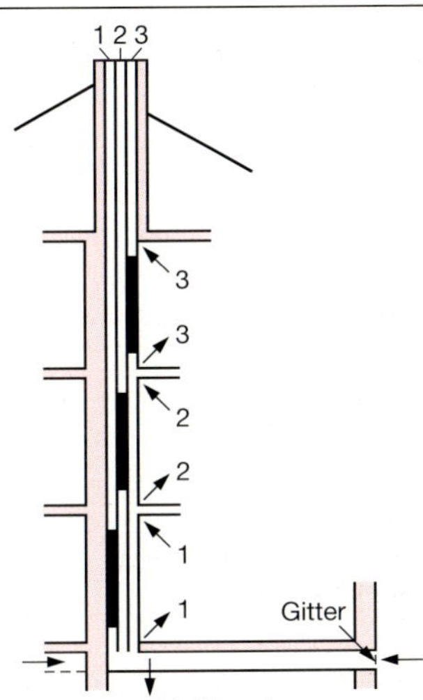

Darstellung von Rohrleitungen I

Rohrleitungen werden, der Pausfähigkeit der Zeichnungen wegen, meist schwarz gekennzeichnet. Wenn farbig, dann ●.

Allgemeine Sinnbilder[1] in allen Rohrleitungsplänen gebräuchlich:

Rohr allgemein

Schlauch

Rohr mit Mantelrohr

Rippenrohr

Rohr gedämmt

Werkstoffwechsel

Flanschverbindung

Schraubverbindung Gewindemuffe

Klammerverbindung

Kupplung

Einsteckmuffe

Schweiß- und Lötverbindung

Eingeschweißte Armatur (hier Absperr.)

Rohrgleitlager
- mit Führung
- auf Rollen
- auf Kugeln
- stehend
- hängend
- federnd hängend
- federnd gestützt
- Ausgleichsunterstützung

Festpunkt

Durchgang durch Wand: mit Spiel; abgedichtet; Schutzrohr

Kreuzung zweier Leitungen: ohne Verbindung; mit Verbind.; Abzweigung

DN 100/80

[1] Die in mehreren (aber nicht allen) Planarten angewendeten Sinnbilder wurden auf dieser und der folgenden Seite nur einmal dargestellt.

1 Allgemeine Kennzeichnung nach DIN 2403 ●

Wasser	grün
Dampf (Druckangabe)	rot
Luft	blau
Gase, z. B. Erdgas	gelb
Säuren	orange
Laugen	violett
sonstige Flüssigkeiten	braun
Sauerstoff	blau

2 Heizungs-Rohrleitungen nach DIN 2404 ●

Niederdruckdampf		orange
Kondenswasser		hellgrün
Warmwasserheizung	Vorlauf	rot
	Rücklauf	blau
Warmwasserversorgung	Vorlauf	karminrot
	Rücklauf	violett
Kaltwasserleitung		hellblau
Luftleitung		braun

3 Lüftungskanäle nach DIN 1946 (Lüftungsanlagen) ●

Außenluft	grün	Abluft	gelb
Zuluft	violett	Umluft	orange

Formstücke für Druckrohrleitungen aus Kunststoffen DIN 16 450

Benennung	Sinnbilder und Kurzzeichen für Rohre m. Steckmuffe	Rohre mit Klebmuffe
Überschiebemuffe	U-KS	
Doppelmuffe	MM-KS	MM-KK
– mit Flanschstutzen	MMA-KS	
– mit Muffenstützen	MMB-KS	MMB-KK
– mit Innengewindestutzen	MMI-KS	MMI-KK
– mit Übergangsstück	MMR-KS	MMR-KK
Flanschmuffenstück	E-KS	E-KK
Einflanschstück	F-KS	F-KK
Anpressflansch	AF-KS	
90° 45° 30° / 22,5° 11,25° Muffenbogen	MK-KS	MK-KK
90° 45° 30° / 22,5° 11,25° Doppelmuffenbogen	MMK-KS	MMK-KK

KS = Kunststoff-Steckmuffe, KK = Kunststoff-Klebmuffe

Reduzierung

Absperrorgan allgem.

Absperrschieber

Quetscharmatur, Schlauchklemme

Verschlussboden geschweißt, gesteckt, geschraubt

gesperrter Durchfluss

Berstscheibe gewölbt

Absperrventil mt Sicherheitsfunktion

Absperrventil

Absperrkegelhahn

Eckventil

Absperrkugelhahn

Hahn allgemein

Eckhahn

Dreiweghahn

Vierweghahn allgem.

Rückschlagventil

Absperrklappe

Brandschutzklappe

Rückschlagklappe

Be- u. Entlüftungsarmat.

Stellantrieb mit E-, Hydromotor, Pneumomotor

M

– Kolben, Magnet, Durchflussstoff, Membran

– Handantrieb, Feder, Gewicht, Schwimmer

Darstellung von Rohrleitungen II

Allgemeine Sinnbilder (Fortsetzung)

- Kompensator allgem.
- – Lyrakompensator
- – Wellrohrkompens.
- – Schiebemuffe
- Kondensatableiter
- Schauglas
- Schalldämpfer; Schmutzfänger
- Fließrichtung; Gefälle (1 : 20)
- Spritzdüse; Sprinklerdüse
- Trichter; Drosselscheibe
- Grenze zwisch. a/b (OKR + 1200)

Niveau für OKR = Oberkante Rohr
MR = Mitte… UKR = Unterkante Rohr

Trinkwasserleitungen

DIN 1988

- Wasserzähler (W)
- Rohrleitung, NRW und Werkstoff (150 Grauguss)
- verdeckt liegende Leitung
- einfache Anbohrschelle
- Ventilanbohrschelle mit Schlüsselstange
- Durchgangs-Absperrventil ●
- Durchgs.-Absperrvent. mit Entleerungsventil ●
- Absperrschieber ●
- Sicherheits-Durchgs.-vent. gewichtsbelastet ●
- Sicherheits-Durchgs.-ventil federbelastet ●
- Überlauf, thermisch gesteuert
- Durchgangshahn ●
- Wechselventil
- Sieb, Sandfang, Fließrichtung
- Rückflussverhinderer, Fließrichtung ●
- " kombiniert m. Absp.-ventil und Entleerung ●
- Rohrbruchsicherung
- Druckminderer mit Druckangabe in m WS ● (60, 30)
- Druckmesser, Manometer ● (D)
- Manometer-Anschlussstutzen
- Auslaufventil fest u. Schwenkarm
- Auslaufventil mit Schlauchverschraubg.
- " mit angebautem Rohrbelüfter
- Mischbatterie
- Brause, fest und Schlauchbrause
- Auslauf-Schwimmer-ventil
- steigende Leitung; durchgehend steigende Leitung
- fallende Leitung
- Rohrbelüfter; Rohrentlüfter
- Rohrbe- und entlüfter
- Abortdruckspüler
- Wasserstrahlpumpe
- Pumpe
- Erdung
- Hydrant, Über- u. Unterflur
- Offener Behälter
- Druckkessel

● auch für Heizungs-Leitungspläne

Abwasser-Leitungen

DIN 1986 und DIN 18 460

- Schmutzwasser-Leitung NW, Werkstoff (100 Steinzeug)
- Regenwasser-Ltg.; Dachrinne [1)]
- Mischwasser-Leitung
- Rohrendverschluss; Geruchsverschluss
- Reinigungsrohr mit runder o. eckiger Öffnung [1)]
- Fallleitung [1)]
- Lüftungsleitung, beginnend und aufwärtsführend [1)]
- Ablauf ohne Geruchsverschluss [1)]
- Ablauf mit Geruchsverschluss [1) 3)]
- Ablauf mit Rückstauverschluss [1) 3)]
- Rückstauverschl., Abwasser fäkalienfrei || [1)]
- Abwasser fäkalienhaltig X [1)]
- Schlammfang (S) [1)] [2)]
- Fettabscheider (F) [1)]
- Benzinabscheider (B) [1)]
- Heizölabscheider (H) [1)]
- Schacht mit offenem Durchfluss [1)]
- Schacht mit geschlossenem Durchfluss [1)]
- Kellerentwässerungspumpe [1)]
- Fäkalienhebeanlage [1)]
- Reinigungsverschluss [1)]

1) Links: Grundriss, rechts: Aufriss
2) **ST** statt **S** bedeutet: Stärkeabscheider
3) Zusatz **HP** bedeutet: mit Heizölsperre

Darstellung von elektrischen Anlagen

Hausanschlusskasten; Zählertafel mit Angabe d. Sicherung — 10 A, Wh

Starkstromleitung

vorsorglich verlegte Leitung

Schutzleitung, z. B. Nullung

Signalleitung, z. B. Klingel

Fernsprechleitung

Rundfunkleitung

bewegbare Leitung

Erdkabel

Freileitung

Leitung auf Isolatoren

Leitung auf Putz

Leitung im Putz

Leitung unter Putz

isolierte Leitung im Installationsrohr

" f. trockene Räume — (t)

" für feuchte Räume — (f)

Kabel für Außen- oder Erdverlegung — (k)

Leitung mit Angabe der Leiterzahl, z. B. 3

von oben kommende oder nach oben führende Leitung

von unten kommende oder nach unten führende Leitung

nach unten u. oben durchführende Ltg.

Die Pfeile geben die Speisungsrichtung an: nach (von) oben (unten).

sich kreuzende Ltg. ohne Verbindung, feste und lösbare Verbindung

Abzweigdose oder Verteilerkasten

Trenndose; Endverzweiger — H

Erdung; Masse (Körper)

Überspannungsableiter; Element (Akku, Batterie) Polarität u. Spannung — 6 V, –, +

Gleichrichter, z. B. Wechselstrom-Netzanschluss

Transformator, z. B. Klingel-Transform. 230/5 V — 230/5 V

Sicherung mit Nennstrom; Sicherung, dreipolig — 10 A

Ausschalter, 1-, 2-, 3-polig [1]

Gruppenschalter; Serienschalter — 1-polig[1]

Wechselschalter; Kreuzschalter — 1-polig[1]

Wechselschalter als Zugschalter; Tastschalter, " als Leuchtschalter — Z

Schaltuhr, z. B. für Stromtarif; Zeitrelais, z. B. Treppenbeleuchtung — t

Stromstoßschalter; Messgerät, z. B. Strommesser — A

Schutzkontakt-Steckdose einfach, zweifach [2]

desgl. einf., Drehstrom — 3/Mp

Fernmeld.-Steckdose; Antennen-Steckdose

St.-dose abschaltbar[2] " verriegelt

Schutzkont.-Stecker; Überstrom-Schutzschalter

Sterndreiecks-Schalter; Anlasser, Stellwiderstd.

Leuchte; Mehrfachleuchte mit Anzahl der Lampen — 5 x 60 W

Leuchte mit Schalter; Scheinwerfer

Notleuchte; Leuchte mit Notleuchte

Leuchte für Entladungslampe

desgl. Mehrfachleuchte, mit Anzahl der Lampen — × 3

Vorschaltgerät

Feuermelder; Signallampe — F

Türöffner; Lautsprecher, z. B. Torsprechstelle

Ruftaster mit Namensschild, Anzahl — 4

Antenne; Telefon

Summer; Sirene

Motor, allgemein; Elt. Gerät, allgemein — M, E

Verstärker

Rundfunkempfangsgerät

Fernsehempfangsgerät

Antenne; Blinkrelais

Telefon, allgemein; Tel., halb amtsber.

Tel., amtsberechtigt; Tel., fernberechtigt

Beispiel:

Starkstromleitung für Drehstrom 400/230 V mit 4 Kupferleitern je 6 mm² in Installationsrohr unter Putz verlegt. — 400/230 V, Cu 6²

[1] Schalter 1,05 m über OFF.

[2] Steckdosen 0,35 m über OFF.

Darstellung von Heizungs- und Sanitäranlagen

Heizungs-Leitungen (→ auch Sinnbilder ●, S. 341) DIN 2429

Vorlauf-Leitung

Rücklauf-Leitung

Luftleitung

Heizkörperventil

Regelventil

Eck-Sicherheitsventil

Belüftungsventil

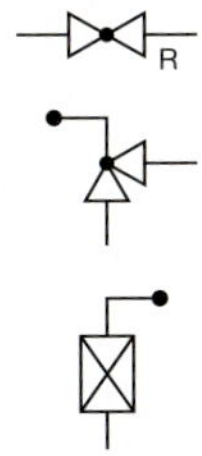

Zugbegrenzer; Be- u. Entlüftungsstelle

Feuerungsregler

Temperaturmesser, Thermometer; Feuchtigkeitsmesser, Hygrometer

Radiator

Plattenheizkörper

Konvektor

Elt-Raumheizung, allgemein

Speicher-Heizgerät mit Lüfter

Infrarot-Strahler

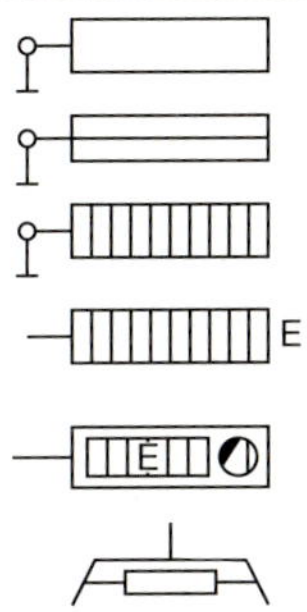

Aussenwand-Gasheizofen mit unmittelbarer Abführung der Abgase ins Freie [1]

Heizkessel einer Zentralheizung, hier: Ölheizung [1]

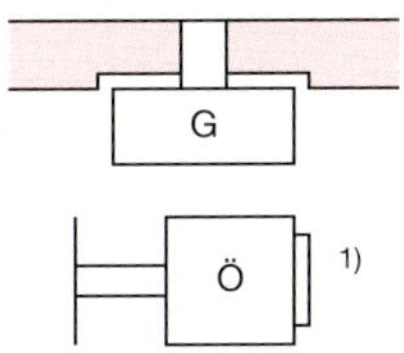

Fußbodenheizung oder Deckenheizung, hier: elektrisch [1]

Bewegbarer eiserner oder keramischer Ofen, Stellfläche: $a \cdot b$, Betriebsfläche: $a \cdot (c - b)$, → Heizöffnung, hier für feste Brennstoffe

Ortsfester Kachelofen (Kachelgrundofen), 4 Kacheln breit, 2 Kacheln tief, 7 Kacheln hoch, sonst wie vor, → S. 119

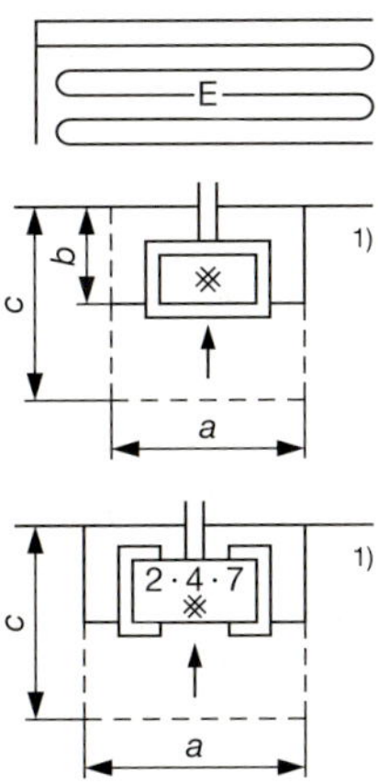

Abmessungen der Warmwasserbereiter

Energie	Geräteart	Inhalt oder Leistung	*b* cm	*l* cm	*h* cm
Elektro	Boiler [2]	5 *l*	25	25	40
	Speicher [3] nach DIN 44902	15 *l*	35	35	75
		30 *l*	40	40	110
		80 *l*	50	50	120
	Badeboiler [2]	80 *l*	40	40	110
	Durchlauferhitzer	8…11 *l*/min	25	25	65
Gas	Durchlauferhitzer nach DIN 3368/9	5 *l*/min	35	30	65
		13…16 *l*/min	50	30	140

Links-Rechts-Bezeichnungen bei Sanitärobjekten [4]

Linksklosett, weil Ablaufstutzen nach links führt

Linkswanne, weil Ablauf links

Linksbecken, weil Ablauf links von Ablagefläche

Linkswanne mit Linksbohrung f. Armatur

Linksbecken, weil Bohrung für Armatur links

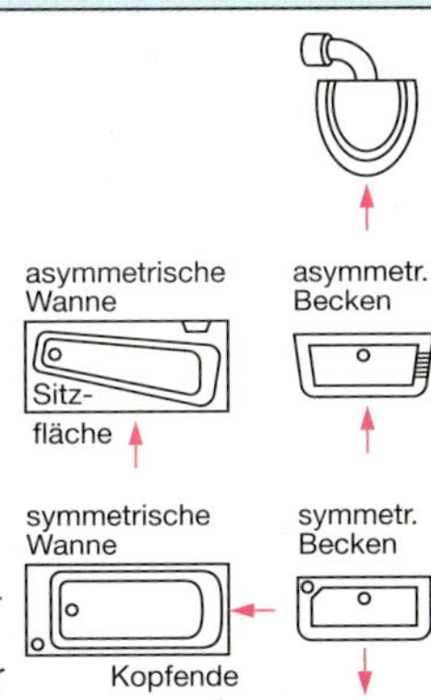

Die Energie- bzw. Brennstoffart wird in den Normen unterschiedlich gekennzeichnet:

meist:	K	Ö	G	D	E
auch:					
für:	feste Brennstoffe	Öl	Gas	Dampf	Elektrizität

[1] siehe Darstellung rechts,

[2] Boiler sind nicht wärmegedämmt,

[3] Speicher sind wärmegedämmt,

[4] zu den Links-Rechts-Bezeichnungen, siehe auch S. 333 unten.

Darstellung von Bad-, WC- und Kücheneinrichtungen DIN 18 022

Mindestmaße nach DIN 18 022 u. 1989, die bei Planungen nicht unterschritten werden dürfen:
Stellflächen geben den Platzbedarf der Einrichtungen im Grundriss nach Breite (*b*) und Tiefe (*t*) an.
Abstände sind die Maße zwischen zwei Stellflächen, sowie zwischen Stellflächen und fertiger Wandoberfläche.
Bewegungsflächen sind zur Nutzung erforderliche und durch die notwendigen Abstände sichergestellte Flächen.

Als **Abstände für Bad und WC** sind erforderlich:
zwischen Stellflächen oder Wänden und
- gegenüberliegenden Stellflächen ≥ 75 cm
- bei gegenüberliegenden Stellflächen von Waschmaschinen u. Wäschetrocknern ≥ 90 cm

zwischen Stellflächen f. bewegliche Einrichtungen
- und anliegenden Wänden ≥ 3 cm

zwischen Stellflächen und Türleibungen ≥ 10 cm
Abstände bei Badewannen auf ≥ 90 cm Breite einhalten.

Bad- und WC-Einrichtungen

Bezeichnung	Darstellung	Stellfläche *b*	Stellfläche *t*
Einzelwaschtisch		≥ 60	≥ 55
Doppelwaschtisch	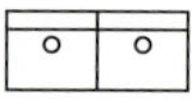	≥ 120	≥ 55
Einbauwaschtisch mit 1 Becken und Unterschrank	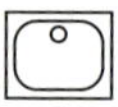	≥ 70	≥ 60
Einbauwaschtisch mit 2 Becken und Unterschrank	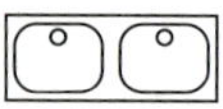	≥ 140	≥ 60
Handwaschbecken		≥ 45	≥ 35
Sitzwaschbecken (Bidet) bodenstehend oder wandhängend		40	60
Duschwanne	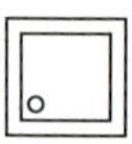	≥ 80	≥ 80
Badewanne		≥ 170	≥ 75
Klosettbecken mit Spülkasten o. Druckspüler vor der Wand		40	75
Klosettbecken mit Spülkasten o. Druckspüler in der Wand		40	60
Urinalbecken		40	40
Waschmaschine		60	60
Wäschetrockner		60	60
Hochschrank (Unterschrank, Oberschrank)		≥ 30	≥ 40

Kücheneinrichtungen

Bezeichnung	Darstellung	Stellfläche *b*	Stellfläche *t*
Unterschrank		30 -150	60
Hochschrank		60	60
Oberschrank		30 -150	≤ 40
Kühlgerät o. Kühl-Gefrier-Kombination	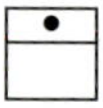	60	60
Gefrierschrank	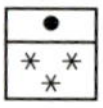	60	60
Gefriertruhe	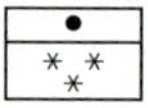	≥ 90	nach Fabrikat
Kleine Arbeitsfläche zw. Herd u. Spüle		≥ 60	60
Große Arbeitsfläche		≥ 120	60
Fläche z. Aufstellen v. Küchenmaschinen		≥ 60	60
Abstellfläche neben Herd, Einbaukochstelle oder Spüle		≥ 30	60
Abstell- o. Abtropffläche neben d. Spüle		≥ 60	60
Herd mit Backofen darüber Dunstabzug (Gas)		60	60
Einbaukochstelle mit Unterschrank (elektrisch)		60 -90	60
Einbaubackofen mit Schrank		60	60
Mikrowellenherd mit Schrank		60	60
Einbeckenspüle mit Abtropffläche	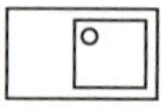	≥ 90	60
Doppelbeckenspüle mit Abtropffläche	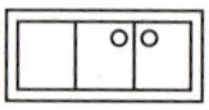	≥ 120	60
Geschirrspülmaschine		60	60
Spülzentrum (Einbeckenspüle mit Abtropffläche, Unterschrank und Geschirrspülmaschine)		≥ 90	60

Sinnbilder f. Tisch, Stuhl usw. → S. 346

Darstellung von Kücheneinrichtungen

DIN 18022

Abstände in Küchen

Erforderlich sind zwischen Stellflächen und
- gegenüberliegenden Stellflächen ≥ 120 cm,
- gegenüberliegenden Wänden ≥ 120 cm,
- anliegenden Wänden ≥ 3 cm,
- Türleibungen ≥ 10 cm.

Die Anordnung v. Schaltern, Steckdosen, Leuchten und Lüftungseinrichtungen sowie von Warmwasserbereitern, Heizkörpern und Rohrleitungen ist bei der Planung der Stellflächen und Beständen zu berücksichtigen.
Für Vorwand-Installationen ist der zusätzliche Platzbedarf zu beachten.

Die **Höhe** von Arbeits- und Abstellflächen, Herden u. Spülen kann maximal 92 cm betragen, **allgemein üblich sind 82 oder 87 cm**. Fensterbrüstungen sind in ihrer Höhe entsprechend festzulegen.

Regelmaße

Die **Koordinierungsmaße** für Möbel und Gerät in Haushaltsküchen nach DIN 68901 sind in der Zeichnung ❸ rot eingetragen, sie legen die Maße für Höhen, Breiten, Tiefen und Abstände so fest, dass Möbel, Geräte, Spülen u. Dekorplatten als Elemente einer Kücheneinrichtung zueinander passen.

Beispiele für die Anordnung von Stellflächen:

❶ Zweizeilige Küche

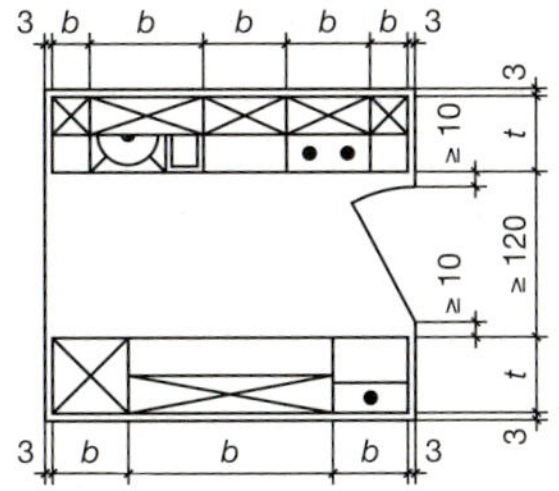

❷ Kleinküche

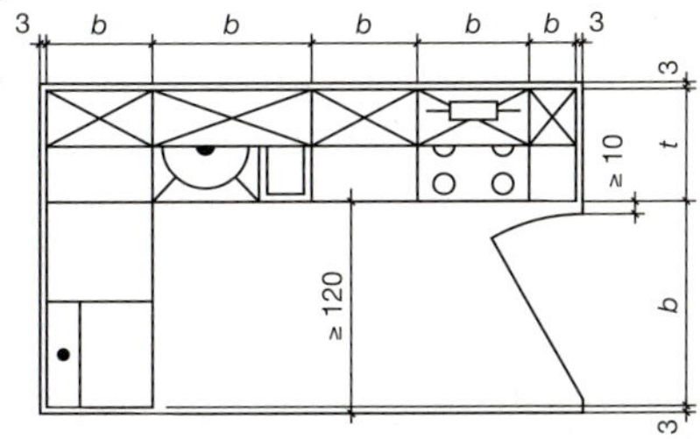

❸ Bsp. einer Kücheneinrichtung als Kombination von Küchenmöbeln u. Küchengeräten

DIN 68901

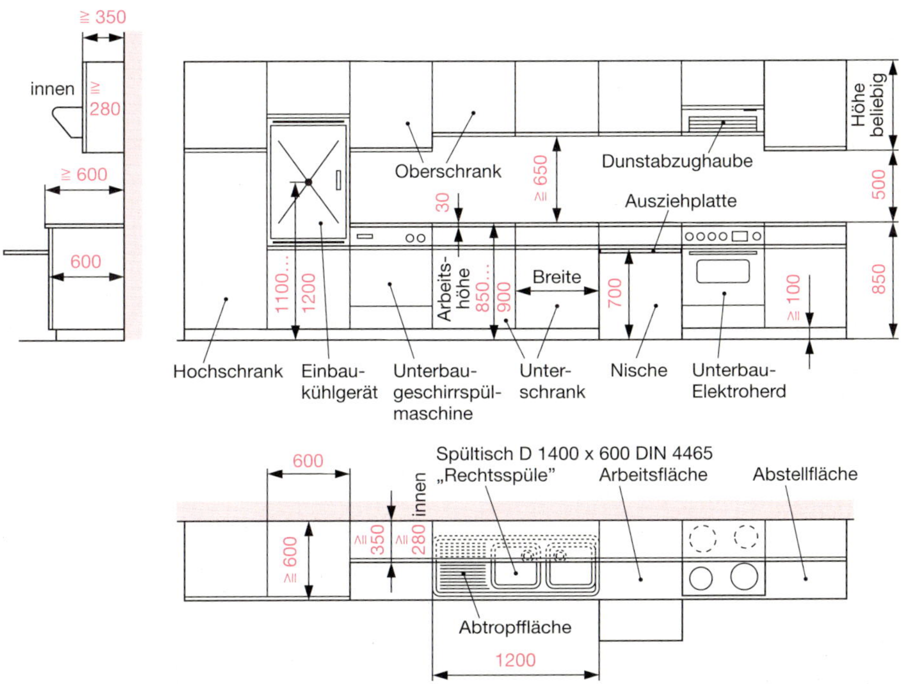

Darstellung von Wohnraumeinrichtungen

DIN 1356 und DIN 18 011

Wohnräume

Tisch	1,20 · 80
Ausziehtisch	2,40 · 80
Tisch, rund	Ø 1,10
Ausziehtisch, oval	2,10 · 1,10
Schreibtisch	1,60 · 80
Nebentisch	60 · 80
Stuhl	50 · 45
Sessel	80 · 65
Sitzbank, je Sitz	60 · 60
Sofa	2,00 · 80
Liege, Couch	2,00 · 1,00
Wohnzimmer-Mehrzweckschrank	2,00 · 45
Anbauschrank	1,00 · 45
Bücherregal	(n · 60) · 20
" schrank	(n · 60) · 25
Klavier	1,50 · 65
Hocker	Ø 35

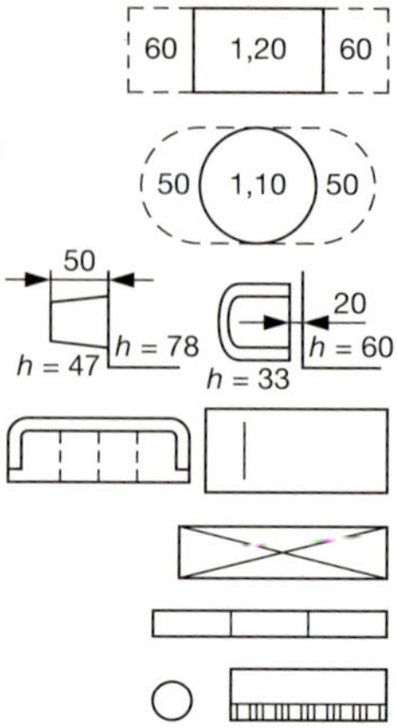

Schlafräume und Kinderzimmer

(Liege u. Stuhl, → oben)

Kleiderschrank	2,20 · 65
Kleiderschrank besser	2,50 · 65
Kleiderschrank Kind	1,10 · 65
Bett	2,05 · 1,00
Kinderbett	1,40 · 70
oder	1,10 · 55
Nachtschrank	55 · 40
Arbeitstisch oder Kindertisch	1,00 · 60
Kommode	1,10 · 55
Waschtisch	1,10 · 60
" , einfach	80 · 60

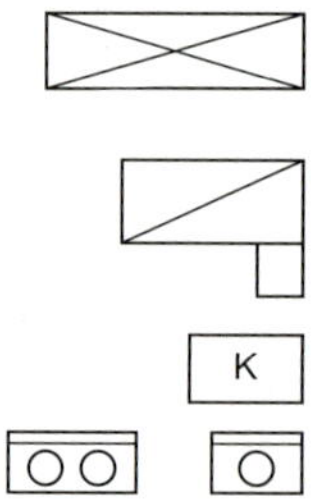

Zu **Möbelstell-** und **Mindestbewegungsflächen**, → S. 344.

Gangbreiten

zw. Stellfläche u. Stellfläche bzw. Wand ≥ 70 cm,
am Essplatz, hinter Stühlen, zur Wand ≥ 30 cm,
im Eingangsflur ≥ 130 cm, im Nebenflur ≥ 90 cm.
Spielfläche im Kinderzimmer mind. 1,20 · 1,80 m.

Mindestabstände

zw. Möbelstellfläche und Rohbauwand ≥ 5 cm,
zw. Möbelstellfläche u. Fensterleibung für Möbel, die höher als die Brüstung sind ≥ 15 cm,
die höher als d. Brüstung in Küchen sind ≥ 10 cm,
zw. Möbelstellfläche und Türbekleidung ≥ 10 cm,
desgl. an der Elt-Schalter-Seite ≥ 20 cm.

Mindestflächen

Wohnzimmer ohne Essplatz ≥ 18 m²,
Wohnzimmer mit Essplatz
in Wohnungen für 4 Personen ≥ 20 m²,
in Wohnungen für 5 Personen ≥ 22 m²,
in Wohnungen für 6 Personen ≥ 24 m²,
Abstellraum in Geschosswohnung (≥ 75 cm breit) ≥ 1 m²,
für Reinigungsgeräte: Nische (≥ 30 cm tief) ≥ 0,25 m², o. Schrank 50 cm · 60 cm
Erwünscht sind 2 % der Wohnfläche und zusätzlich Hängeböden.

Im **Flur** ist eine ≥ 1 m breite Kleiderablage.

Loggien und Balkone, die als Sitzplatz genutzt werden sollen: ≥ 3 m² Grundfläche u. ≥ 1,5 m Tiefe.

Hat die **Wohnung kein Kinderzimmer**, so ist im Elternschlafzimmer d. Stellfläche eines Kinderbettes von 1,10 m · 0,55 m anzuordnen.

Einrichtungsbeispiel

In mehrfarbigen Darstellungen Möbelsinnbilder hellbraun zeichnen oder anlegen

Beispiel für das Ermitteln der Grundrissflächen von Räumen aus den Mindeststellflächen der Einrichtungsgegenstände und den gewählten Bewegungsflächen und Abständen.

Beispiel für Achsbemaßung an der Fensterseite, für Pfeiler- und Öffnungsmaße an der Türseite. (dm-Modul)

A ≙ 7 cm hoher Schlitz zwischen Unterkante Fensterbank und Oberfläche Tischplatte als Luftauslass.

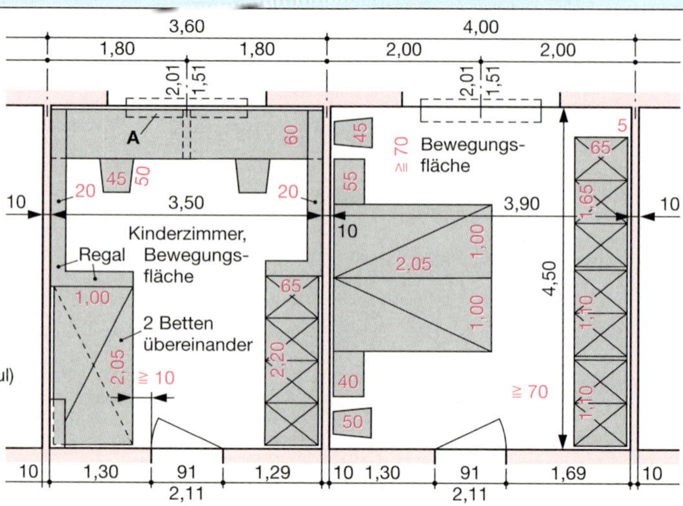

Sinnbilder in Lageplänen

DIN 18702/86 und 88

Straßen- u. Platzgrenzen, Grundstücksgrenzen, **Baufluchtlinien**, (Linien, bis zu denen Gebäude herangerückt werden dürfen)

Baulinien, (Linien, an die Gebäude auf der Straßenseite gestellt werden **müssen**)

neue Gebäude (→ Hauseingang)

vorhandene Gebäude

geplante Gebäude

Grasflächen (Rasen), Weg

Beetgrenze, Strauch, Baum

Zaun, Hecke

Graben, Damm, Böschung

Frisch- und Abwasserleitungen, → S. 341
Maste und elektrische Freileitungen, → S. 342

Gartenland — Nadelbäume

Grünland, Acker — Laubbäume, Baumschule

Wiese (nass) — Teich — Wasserfläche

Grenzmauer — Stützmauer

Grenzstein — 14,5 — Kilometerstein

Grenzbaum — Laterne

PKW-Garage, übliche lichte Abmessungen für einen Wagen:
Breite = 2,80 bis 3,00 m,
Länge = 5,50 bis 6,00 m,
Höhe = 2,40 bis 2,60 m.

Höhenangabe über Normalnull ... 55,25 m ü. NN

Zusätzliche Sinnbilder für Baustellen-Einrichtungspläne

Länge und Breite jeder Einrichtung in den Plan eintragen (sonst Gefahr, dass zu eng geplant wird), sowie deren Lage zum Bauwerk, damit eingemessen werden kann.

Bauzaun, Ein- u. Ausfahrt —x—x—x—x ↑ x—x—x—x—

Umfang um **Baugrube**, einschließlich der Schutzabstände, → S. 153.

Baustraße, einspurig, befestigt, möglichst ohne Gegenverkehr als Umfahrt oder Durchfahrt. Falls erforderlich Stichstraße mit **Wendekreis** (D ≧ 15 m wenn ohne Anhäng., D ≧ 25 m wenn mit Anhänger) oder **Wendeplatz** 18 x 18 m Ausweichstelle, *l* = Zuglänge

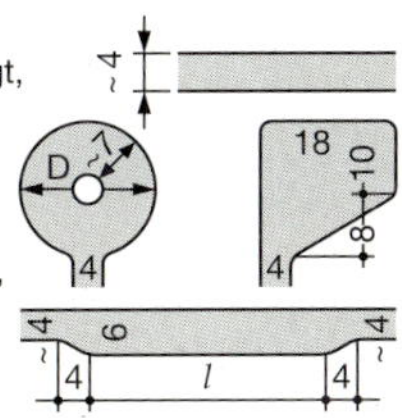

Kran, Schwenkkreise und Tragfähigkeit; Drehkreis des Ballastkastens: Ø ≈ 6 m + Sicherheitsabstand 0,5 m. Kurvenradius d. Kranbahn ≧ 3,50 m.

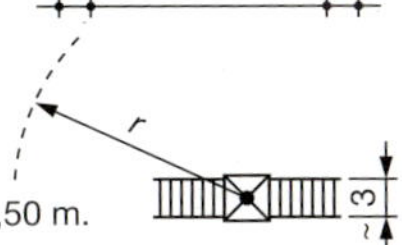

Boxen f. Betonzuschläge, Messvorrichtung u. Mischer.

Z = Zementsilo, Box oder Hubsilo für Kalk-Vormörtel.

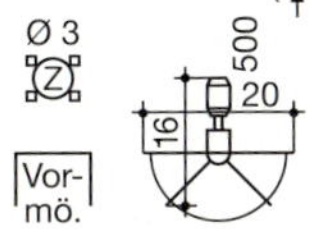

Stapelplätze für: Betonstahlmatten, gebogenen Betonstahl, Baufertigteile, Mauersteine (Steinart), Schal- und Rüstzeug [2]

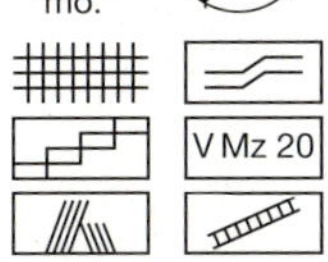

Aushub, Mutterboden getrennt und gepflegt.

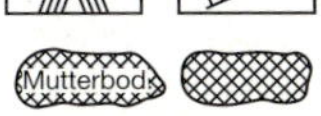

Baubuden (Container ≈ 2,4 x 6 m²)
B = Bauführer, Baubüro
P = Polier, Fernsprecher →
U = Unterkünfte (a. z. Wohnen) [1]
S = Raum für Erste Hilfe
W = Waschanlage [1], A = Abort
M = Magazin f. Werkzeug u. Gerät
Z, K = Zement-, Kalkschuppen [2]

B — Z, K

Stahlrohr- o. Stangen**gerüst**, rechts: Leitergerüst. 1,5

Bauaufzug, **Laufstege**, Laufbrücken, Bautreppen *b* ≧ 0,80 m, zum Beförd. v. Lasten ≧ 1,25 m.

Wasserleitg. m. Zapfst., → S. 341.

Fernsprechleitung., → S. 342.

Starkstromleitg. m. verschließbarem Anschluss-Verteilerschrank u. **FI**-Schutzschaltg., Anschlusswert in A. 62 A

Transformator für Schutzspannung < 42 V Baustellenleuchte, → S. 342. 42 V

[1] Vorschriften, → Ausführungsverordnung zum Gesetz über die Unterkunft bei Bauten vom 21. 2. 1959, Arbeitsschutz-VO für Winterbaustellen vom 1. 8. 1968, Arbeitsstätten-VO f. Winterbaustellen vom 20. 3. 1975, Richtlinien für die Unterkünfte ausländischer Arbeitnehmer in der BR-Deutschland vom 29. 3. 1971 (Bau-Berufsgenossenschaft).

[2] Werkplätze, z. B. für das Herstellen der Schalung oder die Bewehrung und eine Werkstatt für das Instandsetzen von Baugerät werden nur auf sehr großen Baustellen eingerichtet.

Bewehrungszeichnungen im Stahlbetonbau

DIN 1356, T.10/91

Darstellung von Bewehrungselementen

Ansicht eines Bewehrungsstabes ohne Endverankerung:

Stab ist auf anderer Zeichnung dargestellt und positioniert:

Schnitt durch Stab und Stabbündel wie vor:

Stab oder Stabbündel ist bereits auf einer anderen Zeichnung dargestellt:

Ansicht eines Stabes
mit Haken,
mit Winkelhaken,
mit Ankerkörper, rechts d. Rückansicht des Ankerkörpers:

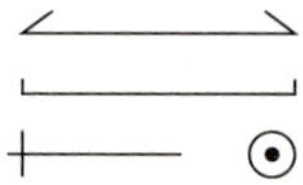

Stab aus der Zeichnungsebene, rechtwinklig **abgebogen**, rechtwinklig **aufgebogen**:

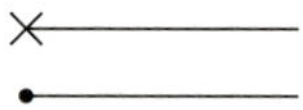

Kraftschlüssiger Stoß, z. B. Muffe oder Schweißung, eines Bewehrungsstabes:

Stab ohne Endverankerungen, Andeutung der Stabenden, falls erforderlich mit Angabe der Positionsnummer:

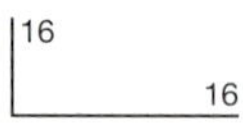

Stäbe mit Abbiegungen werden im allgemeinen durch geknickte Linienzüge dargestellt, manchmal auch maßstäblich:

Wird bei Platten und Wänden darauf verzichtet, **oben**- und **untenliegende**, **vorn**- und **hintenliegende Bewehrung** getrennt darzustellen, dann sind d. Positionsangaben durch **o**, **u**, **v** oder **h** zu ergänzen. Geurteilt wird vom Betrachter aus:

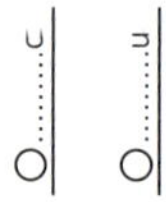

Aufgebogene Stäbe in der Draufsicht. Die Knickpunkte sind durch dünne Querstriche zu markieren. Als **ausgezogene Linien** werden stets die **unten**- oder **hinten liegenden** Stabteile dargestellt. Falls erforderlich, wird d. Biegeform neben d. Position schematisch angegeben:

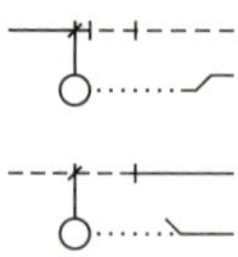

Bei einzelnen **gleichen Bewehrungsstäben**, z. B. paarweise als Randbewehrung an einer Aussparung, braucht die Kennzeichnung nur 1 x angegeben zu werden, wobei die Positionsnummer mit den zugehörigen Stäben durch Hinweislinien zu verbinden ist:

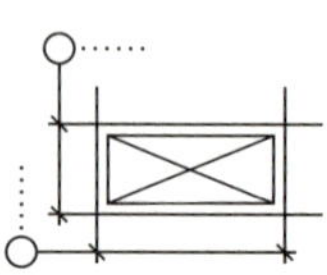

Bügelanordnungen, die nicht eindeutig der Bewehrungsdarstellung entnommen werden können, sind zusätzlich hinter den Kennzeichnungen schematisch darzustellen:

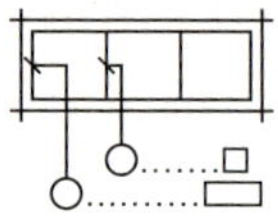

Leiterartige Schubzulagen sind nur im Querschnitt darzustellen. Die Art der Verankerung ist anzugeben. In der Ansicht genügt die Angabe des Verlegebereichs:

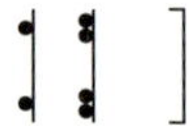

Übergreifungsstoß v. Bewehrungsstäben **ohne Markierung** der Stabenden durch Schrägstrich und Positionsnummer:

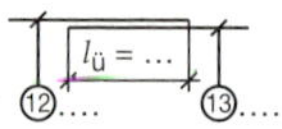

Übergreifungsstoß mit Markierung der Stabenden durch Schrägstrich und Positionsnummer:

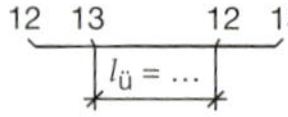

Geschweißte Betonstahlmatten

Draufsicht, links in der herkömmlichen, rechts in vereinfachter, achsenbezogener Darstellung.

Lagen gleicher Listenmatten,
links herkömmlich,
rechts vereinfachende Zusammenfassung gleicher Matten.
Unten achsenbezogene Darstellung, $l_ü$ ist einmal zu bemaßen.

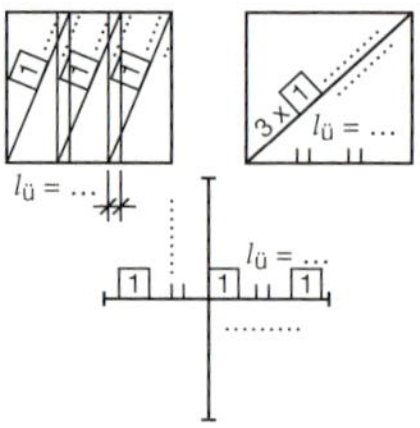

Schnitt durch Matten,
oben: Regeldarstellung,
unten: vereinfachte Darstellung, nur wenn die Lage der Querbewehrung nicht zweifelhaft ist.

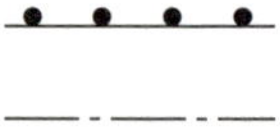

Spannglieder mit Verankerung (Ansicht)

oben: mit Spannanker,
unten: mit Festanker.

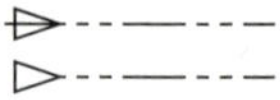

Koppelungsstelle eines Spanngliedes,
oben: beweglich,
unten: fest.

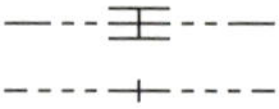

Schnitte durch Spannglieder,
links: bei nachträgl. Verbund,
mittig: bei sofortigem Verbund,
rechts: vereinfacht (wenn Verwechslung ausgeschlossen).

Schnitte durch Verankerung,
links: Spannanker,
rechts: Festanker.

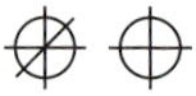

Biegeformen und Biegelisten

DIN 1356, T.10/91

Grund- und Sonderformen

In Spalte „Typ":

A: Stäbe mit nur rechtwinklig zueinander verlaufenden Stabteilen,
B: Bügel,
C: Stäbe mit schräg zueinander verlaufenden Stabteilen (Schrägstäbe),
D: Bewehrung zur Sicherung der Lage und S-Haken,
E: Stäbe mit kreisförmigen Stabteilen,
X: nichttypisierte Sonderformen, (Näheres, → DIN 1356, T.10, Abschnitt 5.2.1).

In Spalte „H" (Verankerungen):

0: ohne Haken oder Winkelhaken,
2: Winkelhaken an beiden Stabenden,
L: Winkelhaken nur am linken Stabende,
R: Winkelhaken nur am rechten Stabende.

In Spalte „D" (Biegerollendurchmesser) ist das Verhältnis des Biegerollendurchmessers zum Stabdurchmesser (d_{br}/d_s) anzugeben.

In Spalte „Form", die Teilgrößen *a* bis *e* und *z*.

Geometrische Beschreibung der Biegeform für die Datenerfassung (Beispiele)

Typ	H	D	Form
A1			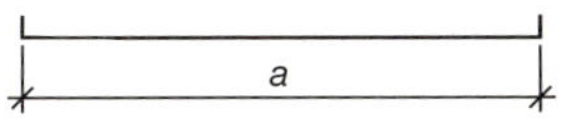
			a

Typ	H	D	Form
A2			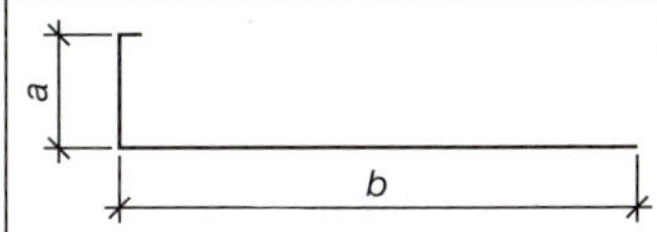
			a, b

Typ	H	D	Form
C2			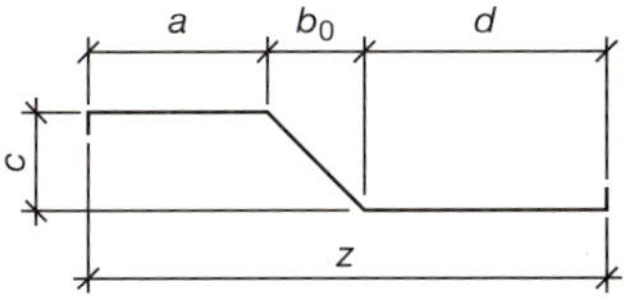
			a, b_0, c, d, z

Typ	H	D	Form
B 2			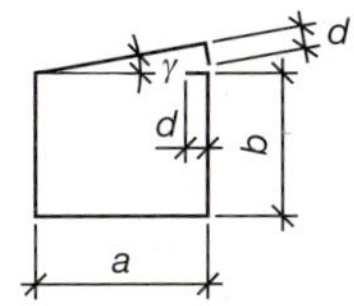 c: Winkel *γ*
			a, b, c, d

Formenliste

Pos.-Nr.	Anzahl	d_s mm	Betonstahlsorte, Kurzzeichen	Typ	H	D	Teilgrößen in cm (Grad) a	b	c	d	e	z
1	2	16	IV S	A1	0		1200					
4	2	25	IV S	C2	0	20	320	39	42	624		
6	3	25	IV S	A2	0		750					
8	99	10	IV S	B2			25	54	0	13		

Biegeliste (Beispiel)

Pos.-Nr.	Anzahl	d_s mm	Betonstahlsorte, Kurzzeichen	Einzellänge m	d_{br} Haken, Bügel usw. cm	d_{br} sonstig. Biegestellen cm	Bemaßte Biegeform (unmaßstäbliche Skizze) Maße in cm	Gesamtlänge m	Gewicht je Position kg
1	2	16	IV S	12,00				24,00	37,9
4	2	25	IV S	10,00		50	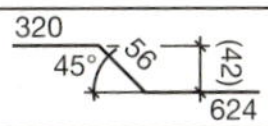	20,00	77,0
6	3	25	IV S	7,75			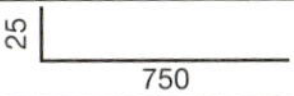	23,25	89,5
8	99	10	IV S	1,84	4,0		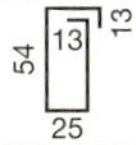	182,16	112,4

Tischlerzeichnungen

DIN 919/… und 4076/…

Anordnung von Ansichten und Schnitten

(vergl. auch S. 329)

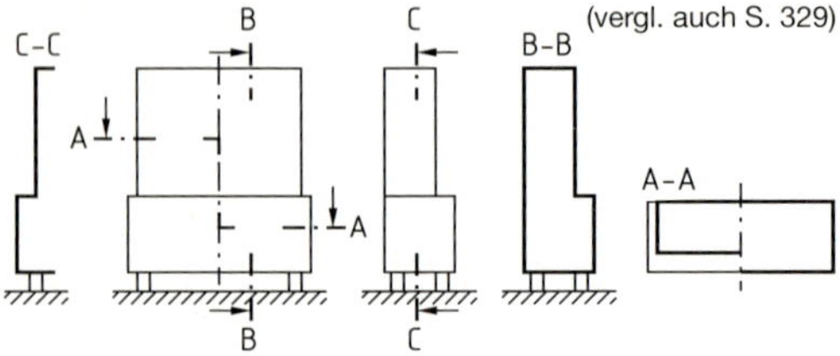

Benennung der Schnitte:
A-A: Horizontalschnitt (früher Querschnitt)
B-B: Vertikalschnitt (früher Höhenschnitt)
C-C: Frontalschnitt (früher Längsschnitt)

Oberflächengüte und -zeichen

(sind nicht mehr genormt, aber noch gebräuchlich)

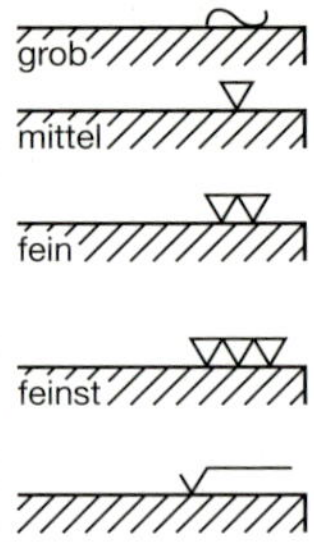

- grob: Besäumen von Brettern mit grober Kreissäge
- mittel: Gehrungsschnitt mit Hobelzahnsägeblatt
- fein: Fräsen o. Hobeln von Vollholz bis zum Vorschub von 4 m/min, wenn die Drehzahl n = 5000 U/min
- feinst: Schleifen mit Körnung 100 oder feiner, putzen, mit Ziehklinge bearbeiten
- nach Angabe, z. B.: 180 DD offenporig

Sinnbilder in Schnittzeichnungen

Vollholz

Hirnholz
Schraffur etwa unter 45° (schmale Freihandlinien)

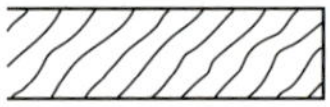

Längsholz
Schraffur parallel zur Längsrichtung

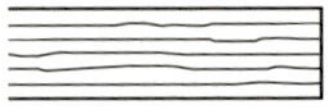

Trägerplatten

allgemein
weite Schraffur quer zur Längsrichtung

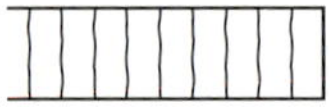

besondere Trägerplatt.
Kurzzeichen innen und Nenndicke in mm

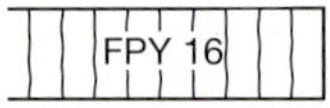

Tischlerplatte (Stab- oder Stäbchensperrholz)

Kernstruktur Hirnholz

Kernstruktur Längsholz

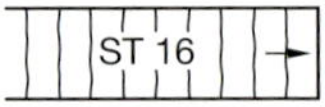

Belegstoffe

Beschichtungen o. **Furniere**

Deckfurnier Hirnholz

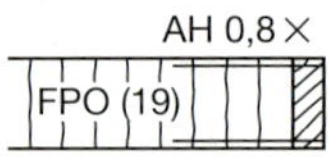

kurze, schmale Volllinie in ~ 1 mm Abstand

Deckfurnier Längsholz

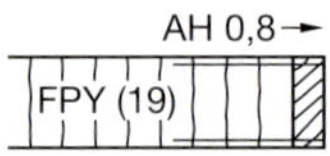

Dicke Belagsplatten

Bezeichnung außen (und extra breite Umrisslinien)

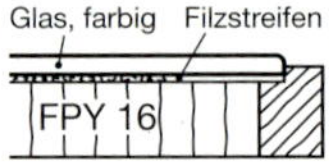

mit Bezeichnung innen (evtl. Punktierung)

Wenn Schnittflächen zusammenstoßen, wird die kleinere Schnittfläche enger schraffiert als die große. In fest miteinander verbundenen Teilen verläuft die Schraffur in gleicher Richtung.

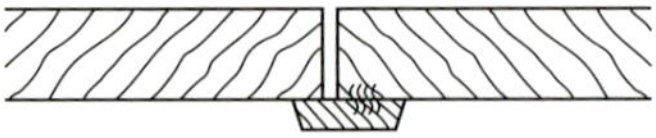

Beschläge

geschnitten:
Schnittfläche eng, schwarz schraffieren, Drehpunkt kennzeichnen. Art des Beschlages durch Beschriftung angeben.

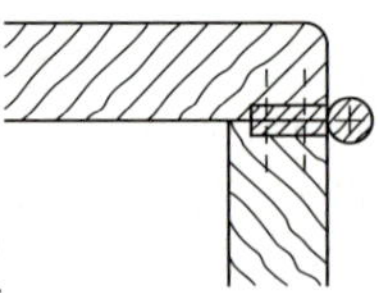

nicht geschnitten:
nicht schraffieren, aber Drehpunkt kennzeichnen. Art des Beschlages durch Beschriftung angeben.

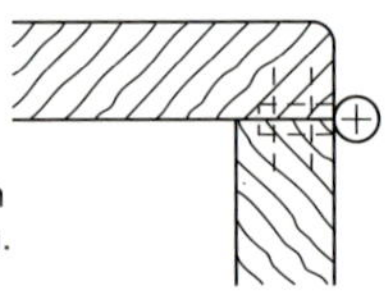

Schrauben und Nägel

werden gezeichnet: selten mit Schrauben- oder Nagelkopf, Schaftstück und Maßbezeichnung, meist vereinfacht, durch Angabe ihrer Mittelachse, der Maßbezeichnung und der Norm.

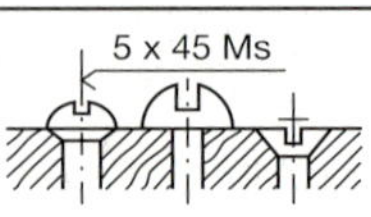

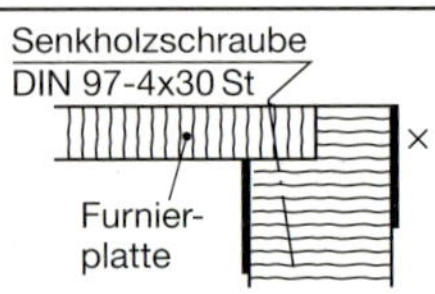

Sinnbild in Ansichtszeichnungen

Soweit erforderlich, wird der Faserverlauf in der Holzoberfläche durch drei schmale Volllinien dargestellt.

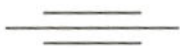

Darstellungen im Straßenbau

Einteilung der Straßen nach RAS-L-1 (Richtlinien zur Anlage von Straßen-Linienführung)

Straßenfunktion Kategoriegruppe	Straßenfunktion Straßenkategorie	Verkehrs-art	Quer-schnitt	Knoten	Entwurfsgeschwindigkeit in km/h
A anbaufreie Straßen außerhalb bebauter Gebiete mit maßgebender Verbindungs-funktion	**A I** großräumige Verbindung	Kfz Kfz	zweibahnig einbahnig	planfrei plangleich	120, 100 100, 90, 80
	A II regionale Verbindung	Kfz (Kfz) Allg.	zweibahnig einbahnig	planfrei plangleich	100, 90, (80) 90, 80, (70)
	A III Zwischenge-meindl. Verb.	Kfz Allgemein	zweibahnig einbahnig	plangleich plangleich	90, 80, 70 80, 70, 60
	A IV Flächener-schließende Verb.	Allgemein	einbahnig	plangleich	70, 60, (50)
	A V untergeordnete V.	Allgemein	einbahnig	plangleich	(50), keine
B anbaufreie Str. im Vorfeld und innerhalb be-bauter Gebiete mit maßgeb. Verb.-funktion	**B II** Schnellverkehr	Kfz	zweibahnig	planfrei	80, 70, (60)
	B III Hauptverkehrs-straße	Allgemein Allgemein	zweibahnig einbahnig	plangleich plangleich	70, 60, (50) 70, 60, (50)
	B IV Hauptsammelstr.	Allgemein	einbahnig	plangleich	60, 50
C angebaut innerh. bebau-ter Gebiete mit maßgeb. Verb.-funktion	**C III** Hauptverkehrs-straße	Allgemein Allgemein	zweibahnig einbahnig	plangleich plangleich	(70), (60), 50, (40) (60), (50), (40)
	C IV Hauptsammelstr.	Allgemein	einbahnig	plangleich	50, (40)
D angebaut innerh. bebau-ter Gebiete m. maßgeb. Er-schließungsfu.	**D IV** Sammelstraße	Allgemein	einbahnig	plangleich	keine
	D V Anliegerstraße	Allgemein	einbahnig	plangleich	keine
E angebaut. innerh. bebau-ter Gebiete mit maßgeb. Aufenthaltsfu.	**E V** Anliegerstraße	Allgemein	einbahnig	plangleich	keine
	E VI befahrbarer Wohnweg	Allgemein	einbahnig	plangleich	keine

Bestandteile des Straßenquerschnittes

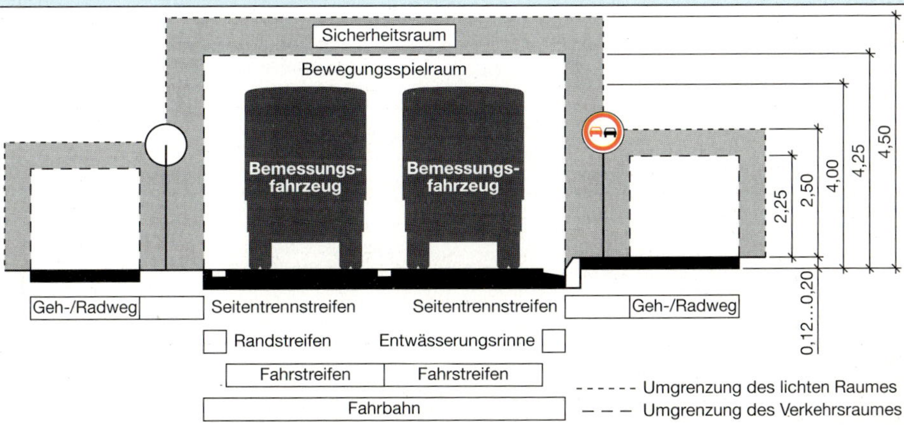

Straßenbauplanung

Regelquerschnitte anbaufreier Straßen nach RAS-Q (Auswahl)

a 6 ms (RQ 37,5)

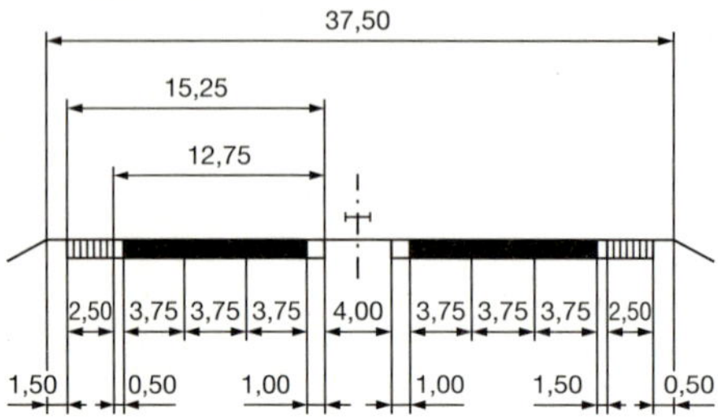

b 4 m (RQ 16)

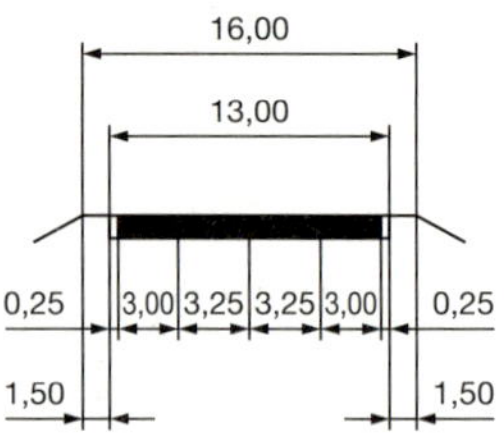

d 4 ms (RQ 26)

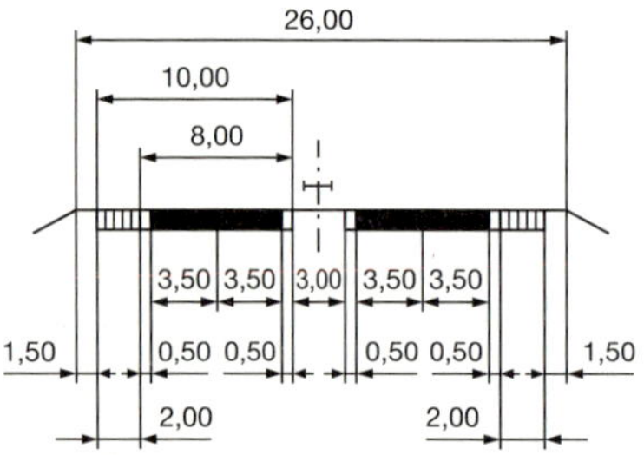

e 2 (RQ 9)

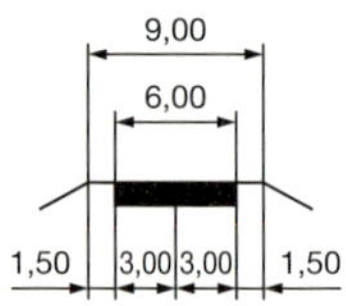

Regelquerschnitte angebauter Straßen nach RAS-Q (Auswahl)

c 4 m pr

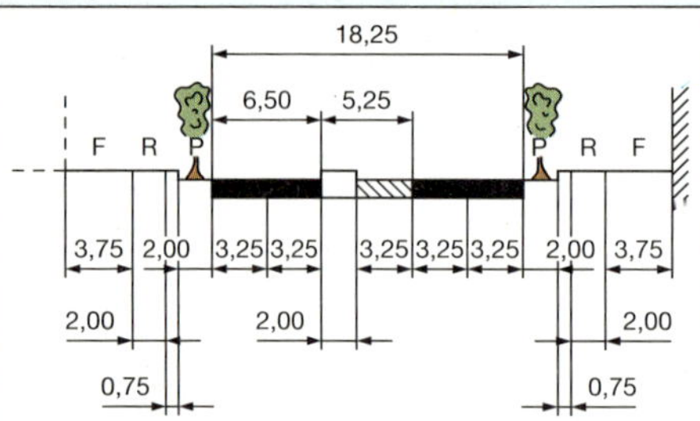

c 2 pr

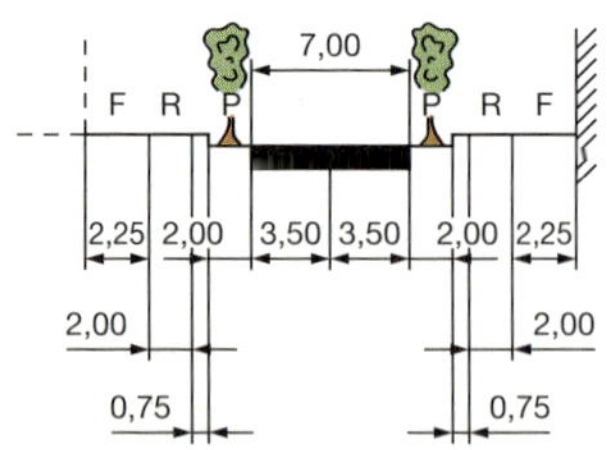

c 4 pr

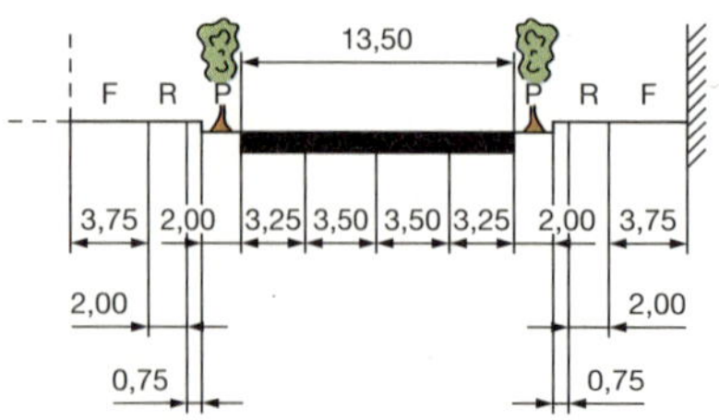

Bezeichnungserklärungen

zu d 4 ms (RQ 26):
- a Querschnittsgruppe,
- 4 Anzahl der Fahrstreifen für beide Richtungen,
- m bauliche Mitteltrennung,
- s befestigter Seitenstreifen,
- RQ Regelquerschnitt,
- 26 Kronenbreite 26,00 m.

zu c 2 pr:
- c Querschnittsgruppe,
- 2 Fahrstreifen für beide Richtungen,
- p Parkbucht,
- r Radweg,
- f Fußweg.

Linienführung von Straßen

Übergangsbögen (Klotoiden)

Klotoiden sind Kurven stetig zunehmender Krümmung (Spiralen), sie sind bei Straßen der Kategorien A, B II und B III erforderlich, bei den Kategorien B IV, C III und C IV erwünscht.

Die **Konstruktion der Klotoiden** erfolgt mit Hilfe von Klotoidentafeln und -linealen.

Einfacher Übergangsbogen

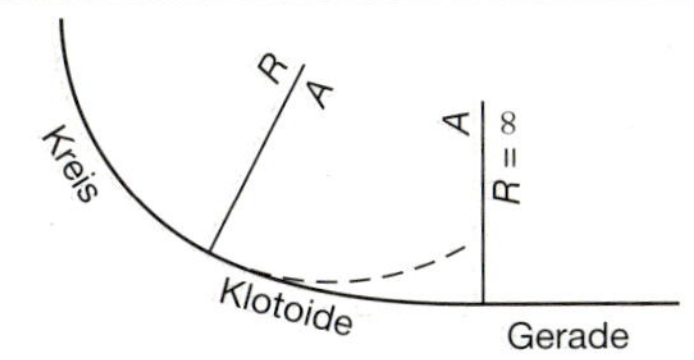

Begriffe und Symbole

- ***R*** Radius des Kreisbogens, welcher im Punkt *P* an die Klotoide anschließt,
- ***L*** Länge des Übergangsbogens vom Anfangspunkt 0 bis zum jeweilig. Berührungspunkt *P*,
- **ΔR** Abrückung des Kreisbogens von der Grundtangente,
- **T_b** Berührungspunkt d. Tangente an d. Kreisbogen im Abstand ΔR von der Grundtangente,
- **x_M** waagerechter Abstand des Tangentenberührungspunktes vom Klotoidenanfang,
- ***x*** waagerechter Abstand des Punktes *P* vom Klotoidenanfang,
- ***y*** senkrechter Abstand des Punktes *P* von der Grundtangente,
- **T_L** lange Tangente,
- **T_K** kleine Tangente.

Wendelinie

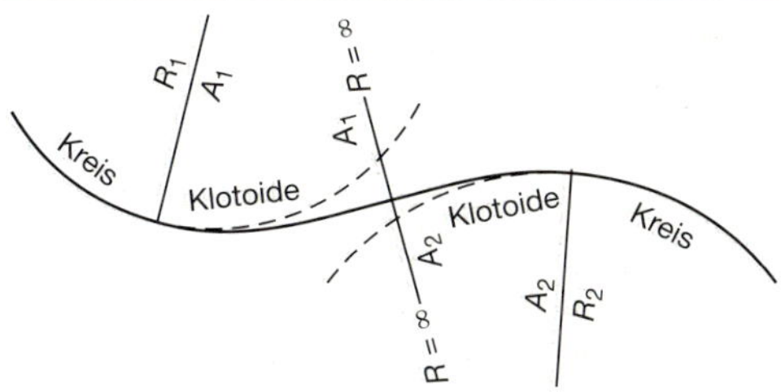

Eilinie

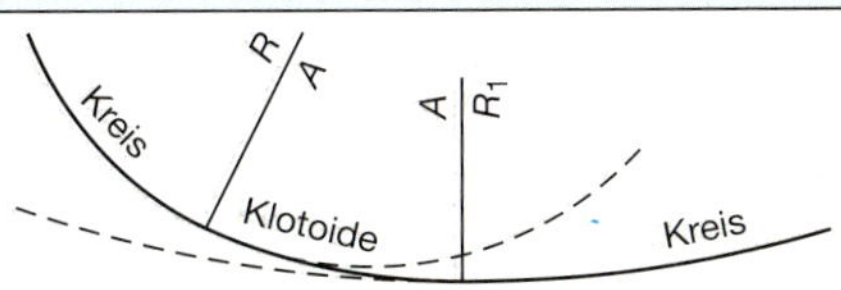

Konstruktionselemente der Klotoide

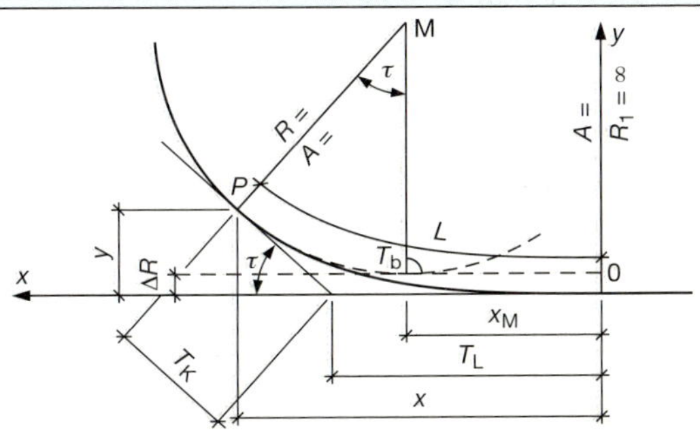

Bildungsgesetz einer Klotoide

$$A^2 = R \cdot L$$

oder

$$R = \frac{A^2}{L}$$

A = Klotoidenparameter (Vergrößerungsfaktor) in m, abhängig von der Entwurfsgeschwindigkeit.

Beispiel für eine Klotoide mit dem Vergrößerungsfaktor (Parameter) 80 m (A 80) für eine Entwurfsgeschwindigkeit v_e von ≈ 65 km/h.

R in m	*L* in m	*A* in m	A^2 in m²
200	32	80	6400
100	64	80	6400
50	128	80	6400

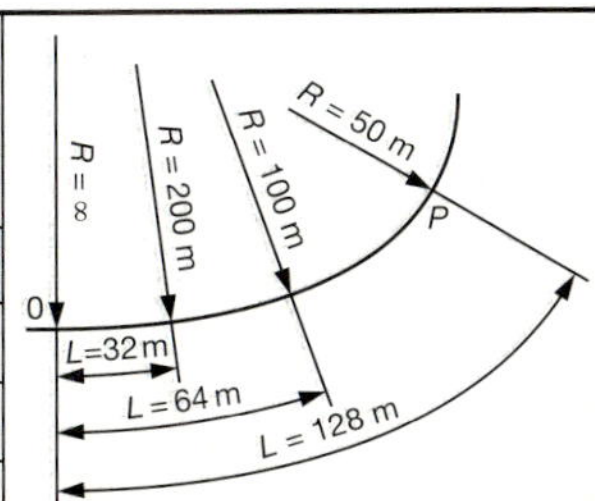

Entwurfselemente im Straßenquerschnitt

Querneigung der Fahrbahn

in der Geraden:
Notwendig zur Fahrbahnentwässerung,
Mindest- und Regelquerneigung $q = 2{,}5$ %.
Bei Straßen der Kategoriegruppe C kann z. B. bei Pflasterdecken die Mindestquerneigung auf 3 % bis 3,5 % erhöht werden.

im Kreisbogen:
Die Kurven sind aus fahrdynamischen Gründen mit einer Querneigung zur Kurven-Innenseite anzulegen.

Abhängigkeit der Höchstquerneigung von der Straßenkategoriegruppe:
- A: max $q = 7$ % (8 %)
- B: max $q = 6$ % (7 %)
- C: max $q = 5$ %

(Ausnahmen in Klammern)

Anrampung und Verwindung

Auf einer **Übergangsstrecke** wird eine Änderung der Fahrbahn-Querneigung vollzogen.
Die **Fahrbahnränder** werden innerhalb dieser Strecke angerampt und die **Fahrbahnflächen** verwunden.

Anrampung:
Anrampung ist die höhenmäßige Veränderung der Fahrbahnränder.

Verwindung:
Verwindung ist der gesamte Vorgang der Querneigungsänderung.

Querneigungsformen nach RAS-L

Fahrbahn	Querneigung	Fahrbahn	Querneigung
	 1)	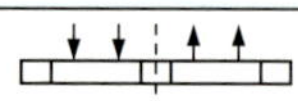	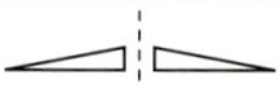
	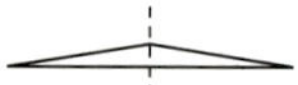	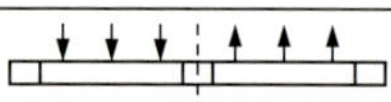	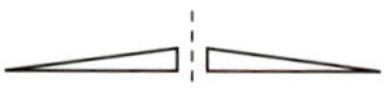

1) Nur in Ausnahmefällen bei Straßen der Kategoriegruppen A und B erlaubt.

Krümmungsband

$K = \dfrac{1}{R}$

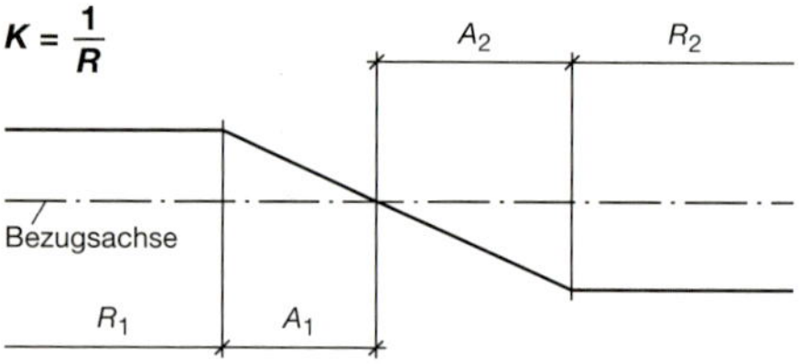

Querneigungsband

Änderung an einer Wendelinie

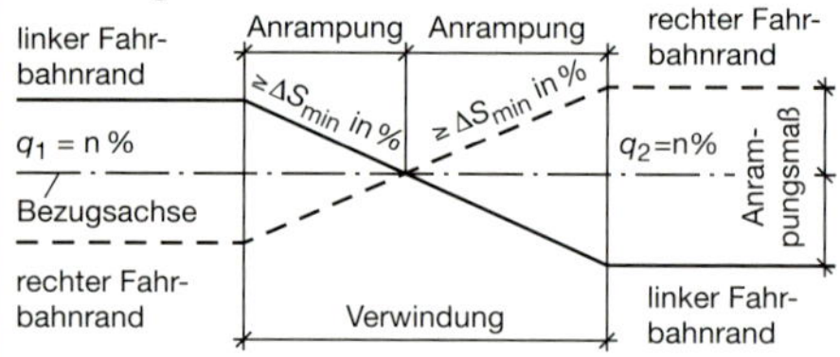

Verwindung der Fahrbahn

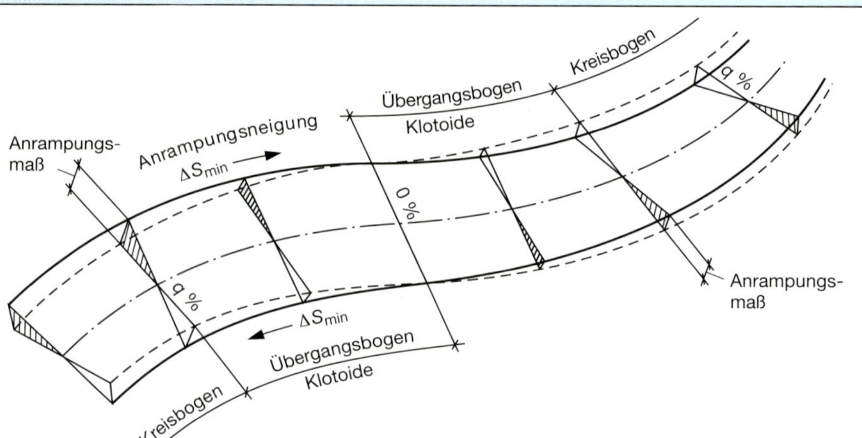

Straßenentwurf

Lageplan

M 1:500 m, cm

Darstellung des Höhenverlaufs der Gradiente im Höhenschnitt, Angabe von Steigung und Gefälle.

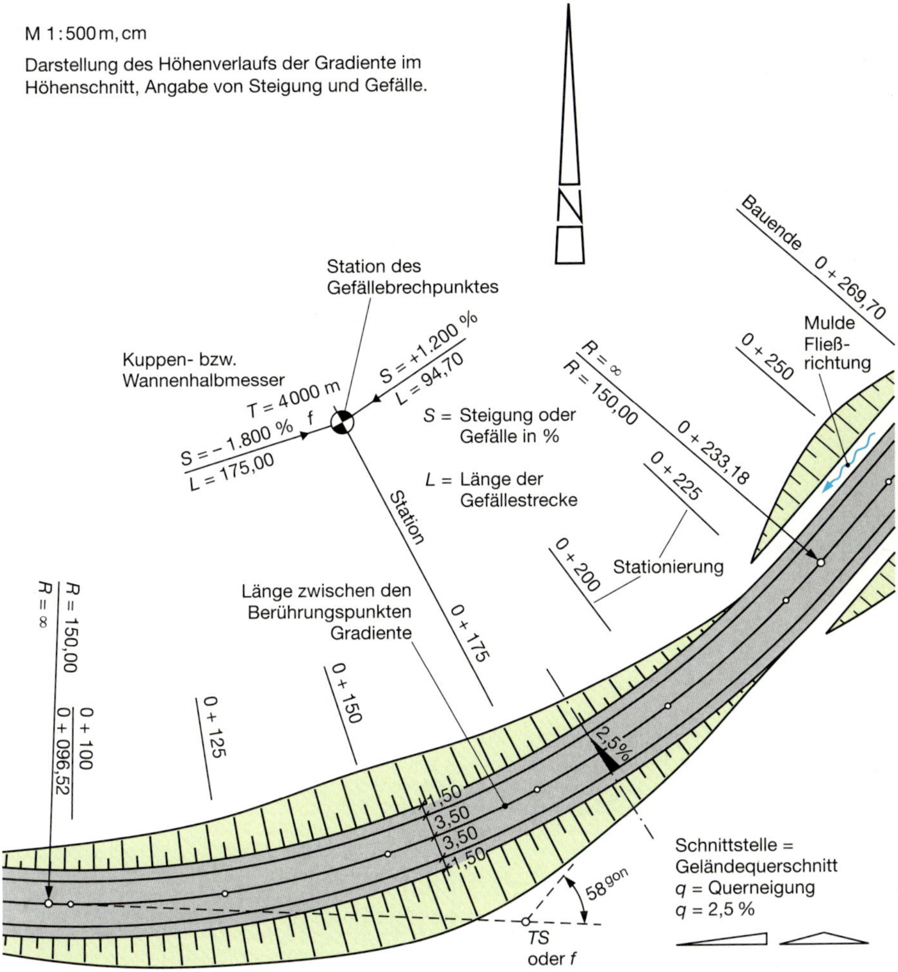

T = Tangente

f = Scheitelabstand

Grundlage sind die RAS → Richtlinien für die Anlage von Straßen

RAS Teil L → Linienführung

RAS Teil Q → Querschnitte

RAS Teil K → Knotenpunkte

RAS Teil LG → Landschaftsgestaltung

Straßenoberbau

Beispiele für den Fahrbahnaufbau nach RStO 86/90

(Dickenangaben in cm, Angaben des Verformungsmoduls $E_{V,2}$ in MN/m²)

1. Asphaltdecke mit bituminöser Tragschicht auf Schottertragschicht und Frostschutzschicht:

Bauklasse: SV | I | II | III

- Deckschicht
- Binderschicht
- bitum. geb. Tragschicht
- Schottertragschicht
- $E_{V,2} \geq 150$ (120) MN/m²
- Frostschutzschicht

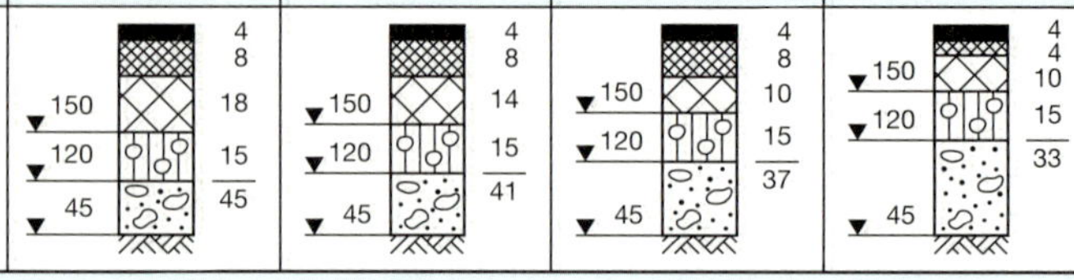

2. Betondecke und Bodenverfestigung mit hydraulischem Bindemittel auf Frostschutzschicht:

Bauklasse: SV | I | II | III

- Betondecke
- Bodenverfestigung mit hydraul. Bindemittel
- Frostschutzschicht mit enggestuftem Material nach DIN 18196

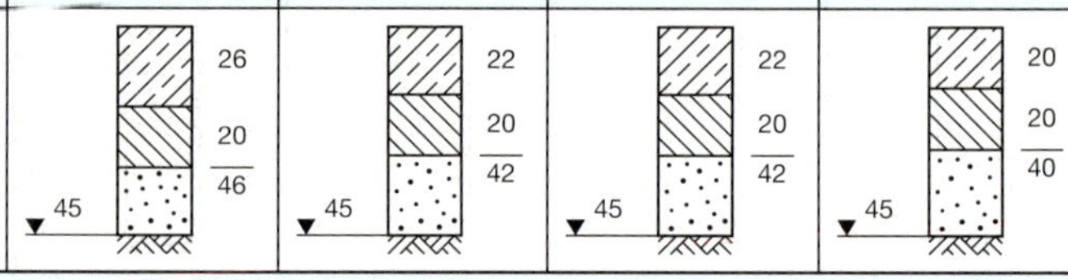

3. Pflasterdecken und Kiestragschicht auf Frostschutzschicht:

Bauklasse: III | IV | V | VI

- Pflasterdecke
- Kiestragschicht
- Frostschutzschicht

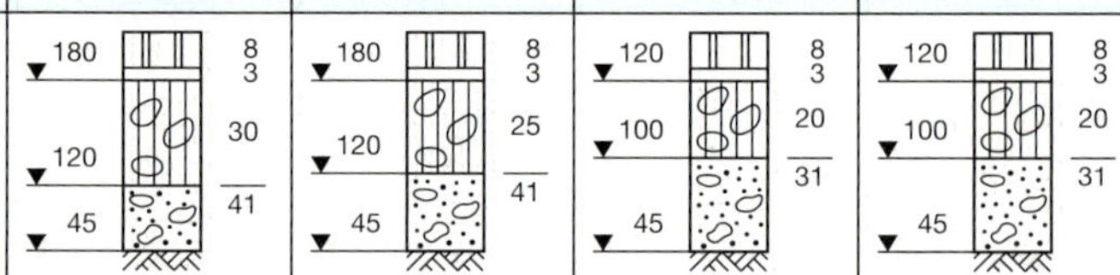

Der **Oberbau** besteht aus Decke mit Tragschichten

Asphaltdecken aus Walz- oder Gussasphalt sind entweder einschichtig oder zweischichtig mit einer **Binderschicht** als Übergang von der grobkörnigen Tragschicht zur feinkörnigeren Deckschicht, die auch „Verschleißschicht" genannt wird.
Zu „**Straßenbaubitumen**", → **6** S. 255,
zu „**Mineralstoffe**" (Zuschläge) allgemein, → S. 143,
zu „**Kiessand**", → S. 204.
Gebrochene Mineralstoffe für Asphalt u. bitumengebundene Tragschichten sind:
Schotter: 32/56 und 45/56 mm,
Splitt: 0/5, 5/11, 11/16, 16/22, (11/22) u. 22/32 mm,
Brechsand: 0/2 mm; Füller: 0/0,09 mm.
Die **Kornzusammensetzung** richtet sich danach, ob die Schicht hohlräumig, hohlraumarm oder praktisch dicht (z.B. Gussasphalt) werden soll.
Näheres, → ZTVT-StB 86/90 u. ZTV Asphalt-StB 94.
Betondecken werden ein- oder zweischichtig aus steifem Beton (KS) mit W/Z-Werten ≤ 0,45 und LP-Mittel-Zusatz mit Fertigern aufgebracht und durch Fugen (Temperaturdehnung) aufgeteilt.
Pflasterdecken, meist für Erschließungsstraßen, Zufahrten, Rad- u. Gehwege, werden bevorzugt mit Beton-Verbundsteinen oder Klinkern, seltener mit Natursteinen, z. B. im „Bogenmuster" hergestellt.

Tragschichten sind das „Fundament" der Decken

Bituminös gebundene „Asphalt-Tragschichten" sind ähnlich den Asphaltdecken zusammengesetzt, aber meist nicht so dicht.
Hydraulisch (meist mit Zement) gebundene Tragschichten bestehen meist aus B 15 nach DIN 1045 und werden wie Betondecken mit Fugen hergestellt. Sie werden bevorzugt dort verwendet, wo die Verkehrslasten auf einen nachgiebigen Untergrund übertragen werden sollen.
Bodenverfestigung als Tragschicht, mit Zement, auch mit Kalk oder Bitumen, ist bei Sand- oder Kiesböden, die sich gut zerkleinern lassen (wenig Steine und Ton, kein Torf) sinnvoll.
Ungebundene Kies- oder Schotter-Tragschichten können auch als Frostschutzschichten dienen, wenn die Mindestdicke eingehalten wird.

Frostschutzschichten sollen verhindern, dass Bodenwasser kapillar aus d. Untergrund in d. Oberbau hochgesaugt wird (kapillarbrechende Schicht, → S. 139) und soll bewirken, dass eindringendes Oberflächenwasser auf dem Planum abfließt (Quergefälle ≥ 2,5 %). Der Anteil an Bestandteilen ≤ 0,063 mm (Schluff und Ton) in der Frostschutzschicht darf höchstens 8 % betragen.

Fahrbahnrandausbildung

Böschungen

Böschungen sind erforderlich, wenn eine Randeinfassung durch Bordsteine nicht vorgesehen ist. Dafür müssen d. einzelnen Schichten entsprechend verbreitert werden.
Bei **Bauweisen mit Betondecken** muss die Verbreiterung d. Tragschichten beiderseits der Betondecke mindestens 35 cm, je nach Einbaumethode aber auch mehr, betragen.

Beispiel:

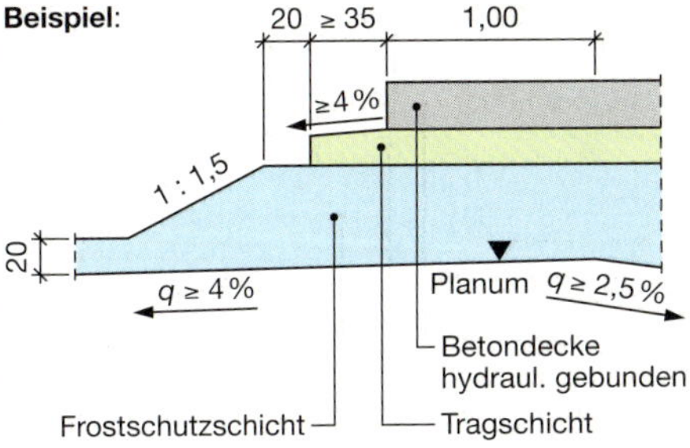

Beispiel für Bauweisen mit Asphaltdecken:

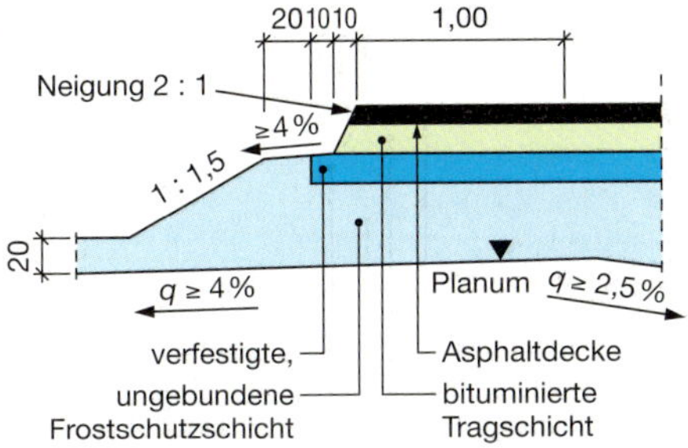

Betonstein-Pflastermulde

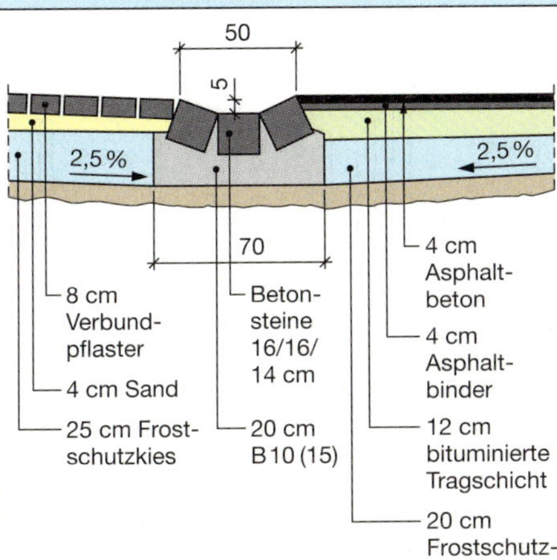

Bordsteine aus Beton — DIN 483

Form	Zeich.	Breite b (± 3 mm)	Höhe h (± 5 mm)	Länge l (± 5 mm)
Hoch-bord-stein	H	180 180 150 150	300 250 300 250	1000
Tief-bord-stein	T	100 100 80 80	300 250 250 200	1000
Rund-bordst.	R	180 150	220 220	1000
Flach-bordst.	F	200	200	1000

Form H (Hochbordstein)

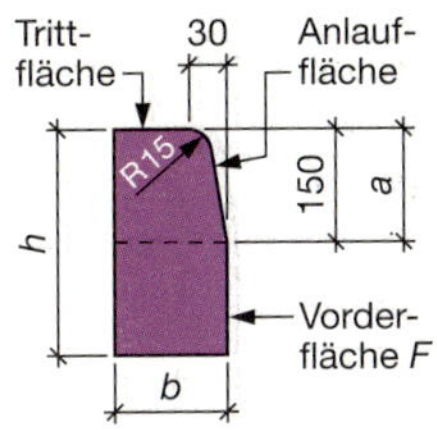

Form T (Tiefbordstein)

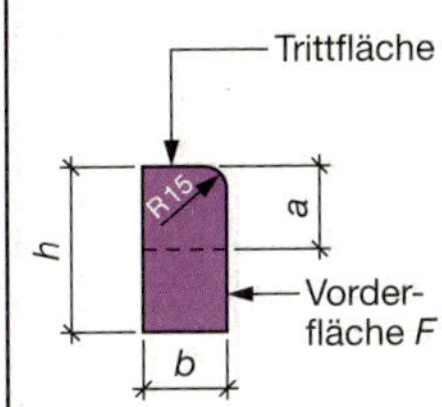

Form R (Rundbordstein)

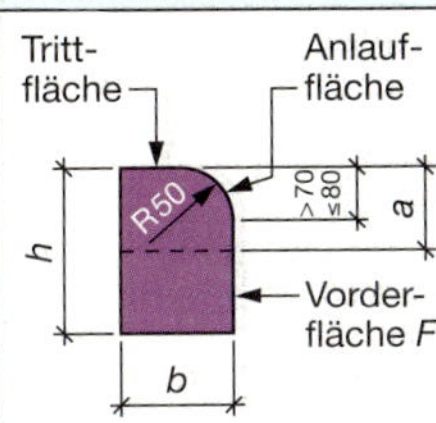

Form F (Flachbordstein)

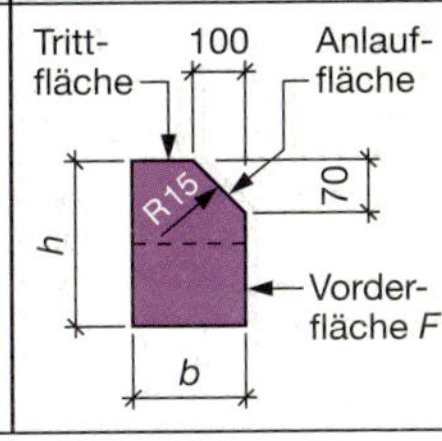

Beispiel: Bordstein DIN 483 – H 18 x 25
Hochbordstein mit b = 180 mm, h = 250 mm

Kurvensteine haben gleiche Querschnittsform und -maße wie gerade Bordsteine. Die Bogenlänge beträgt, an der Fahrbahnseite gemessen, 780 ± 5 mm.

Kurvenstein für Außenbogen KA 8

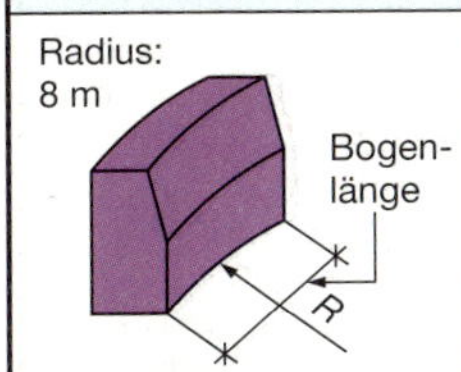

Kurvenstein für Innenbogen KI 2

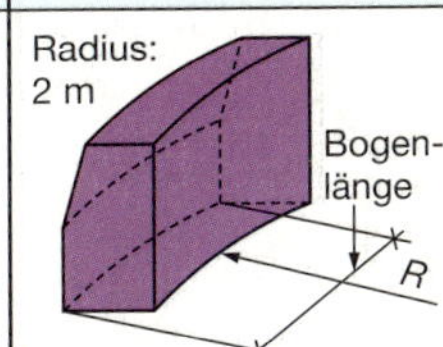

Weiteres über Bordsteine, → S. 238.

Planzeichen für Straßenentwässerung

Rohrleitungen

- (14) DN — geplanter Schmutzwasser (SW)-Kanal mit Schacht Nr.
- (16) — geplanter Regenwasser (RW)-Kanal mit Schacht Nr.
- vorhandener SW-Kanal
- vorhandener RW-Kanal
- vorhandener Mischwasserkanal
- gepl., vorh. Sickerrohrleitung

Kreuzungen zweier Leitungen

- Kreuzung **ohne** Verbindung (die höher liegende Leitung wird durchgezeichnet)
- Kreuzung mit Verbindung
- oder Abzweig
- Überflurhydrant
- Unterflurhydrant

Regenwassereinzugsgebiete

8 | 0,25 / 1,00 — RW-Einzugsgebiet: laufende Nr. | Abflussbeiwert / Größe in ha

Schächte, Abläufe

geplant	vorhanden	
●	○	Prüfschacht
◙	⊡	Ablaufschacht
■	□	Straßenablauf (Pultaufsatz)
■	□	Straßenablauf (Kombiaufsatz)
■	□	Seitenablauf

(2) — Schmutz- und/oder Regenwasserschacht Nr. 2

D ∓ 6,54 — Schachtdeckelhöhe

S + 3,63 — Sohlhöhe

R + 4,46 — Sohlhöhe R-Leitung

DO Deckeloberkante

DN Nenndurchmesser (diameter nominal)

RS Rohrsohle

▼ Höhenfestpunkt in m über NN

● S 8 Sondierbohrung Nr. 8

● B II Bohrung

Ausschnitt aus einem Lageplan für den Bau von Regen- und Schmutzwasserleitungen

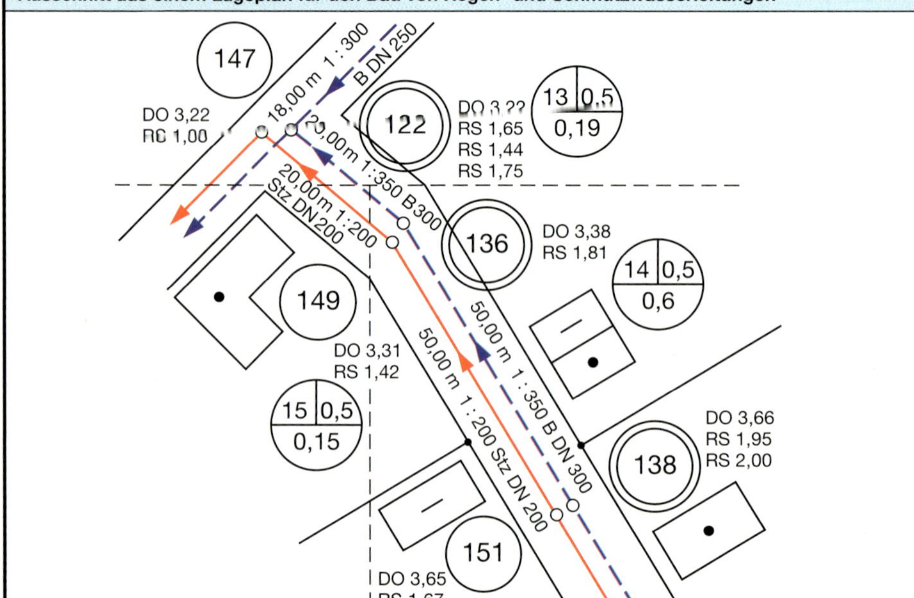

Straßenentwässerung

Prüfschacht
(Sichtkontrollschacht)

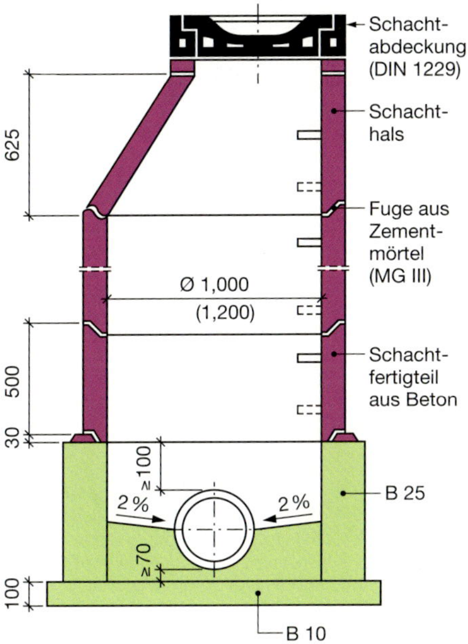

Straßenablauf
für Trockenschlamm mit quadratischem Aufsatz

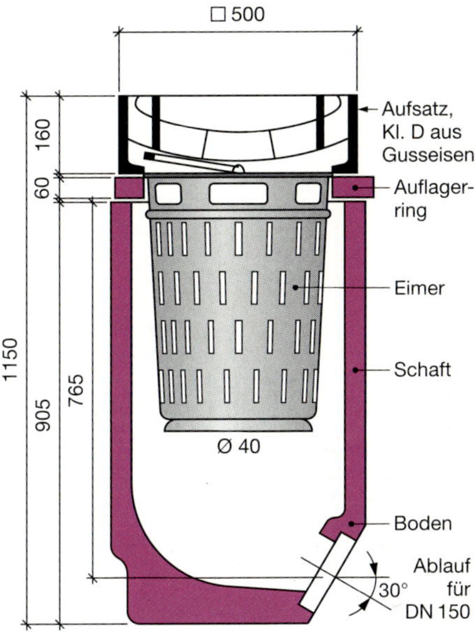

Kläranlage

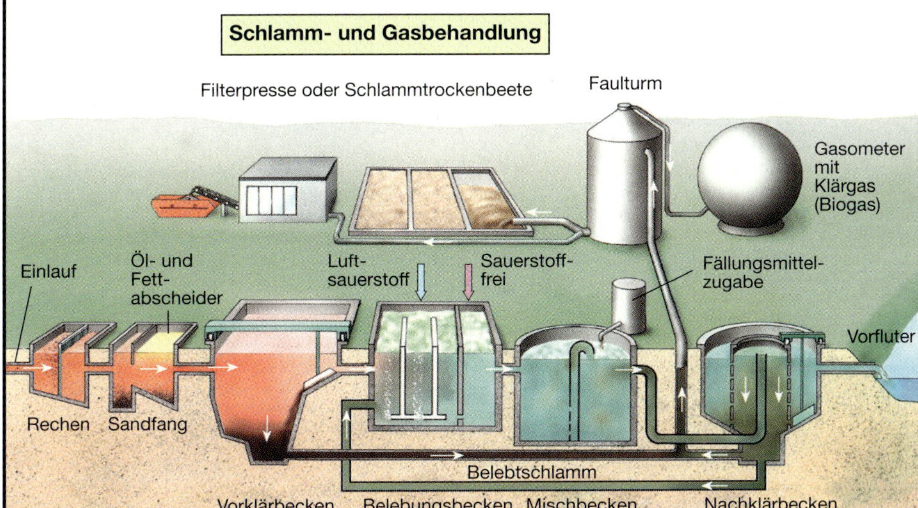

mechanische Klärstufe	biologische und chemische Klärstufe

Normenverzeichnis

Das Verzeichnis ist nach den Hauptabschnitten des Buches gegliedert.

Der Inhalt der Normen ist auf den angegebenen Seiten, aber teilweise auch in anderen Teilen des Buches berücksichtigt.

Wird keine Seite genannt, gilt die Norm allgemein oder Inhalt konnte in diesem Tabellenbuch nicht behandelt werden.

DIN Deutsche Norm
DIN E Deutsche Norm (Entwurf)
EN Europäische Norm
ENV Europäische Vornorm
ISO Internationale Norm
T x Teil x der Norm

(markiert:) Bauaufsichtlich eingeführte Normen: ETB = **E**inheitliche **T**echnische **B**aubestimmungen bzw. aufgenommen in „Baustoffnormen-Liste“ und in „Prüfzeichenverordnung“.

Abkürzungen vor der Normbezeichnung:
B. = Begriff, Begriffe von ...
F. = Formelzeichen zu ...
P. = Prüfvorschriften für ...
R. = Richtlinien, Ausführungs- und Berechnungsvorschriften für ...

DIN, Teil/Ausgabejahr: Inhalt	Seite

2.5 Elektrizität

3. Bauphysik

3.1 Schallschutz

3.2 Wärmeschutz

3.3 Wärmedämmstoffe

3.4 Wasserdampf, Klima- und Wettereinflüsse

3.4 Brand – Heizung

4. Stoffe und Strukturen

4.1 Bauchemie, Luft, Wasser

DIN, Teil/Ausgabejahr: Inhalt — Seite

4.2 Kunststoffe

Kunststoffe werden in fast allen Bauarbeitsgebieten eingesetzt, weshalb die zugehörigen Normen dort aufgeführt werden.
Hier werden nur die Kunststoffnormen genannt, die für alle Anwendungsgebiete gelten:

7724/72: B. Gruppierung hochpolymerer Werkstoffe
7726/82: B. Schaumstoffe, Einteilung
7728/88: B. Kurzzeichen für Kunststoffe 131
16 948/75: Glasfaserverstärkte Reaktionsharzkunststoffe 324

4.3 Dichte, Gemische

1306/84: B. Dichte 146
1310/84: B. Gasgemische, Lösungen, Mischkristalle 142
4185/81: B. Siebboden 201, 205
18 123/83: P. Korngrößenverteilung im Baugrund 142, 143
18 124/89: P. Korndichte, Bodenproben 146
18 125/86: P. Dichte des Bodens 146
51 057/69: P. Dichte körniger Stoffe 146-149
51 065/85: P. Rohdichte keramischer Werkstücke 146-149
52 102/88: P. Dichte von Naturstein 148-149
52 182/76: P. Rohdichte von Holz 149
52 275/77: P. Maße und Rohdichte von Mineralfaser-Dämmplatten 109
66 100/78: B. R. Korngrößen, Korngruppen 142, 143
66 141/74: B. Darstellen von Korngrößenverteilungen 142, 143
66 161/85: F. Disperse Systeme

4.4 Erdboden, Baugrund

1054/76: Zulässige Baugrundbelastung 151
1180/71: Dränrohre aus Ton 271
1187/82: Dränrohre aus PVC-hart 271
1986/88: Entwässerungsanlagen für Gebäude und Grundstücke 257
4022/87: B. Baugrund-Schichten 150
4030/91: Betonangreifende Böden 136
4095/90: Dränung des Baugrundes 257
4123/72: Gebäudesicherung neben Ausschachtungen, Gründungen und Unterfangungen
4124/81: Baugruben und Gräben, Böschungen, Arbeitsraumbreiten, Verbau 152
18 122/87: P. Fließ- und Ausrollgrenze 150
18 123/83: P. Korngrößenverteilung im Boden 142, 143
18 124/89: P. Rohdichte von Bodenproben 146
18 125/86: P. Dichte des Bodens 146
18 196/88: Bodenklassifikation 150
18 300/92: VOB-Erdarbeiten 153
18 303/92: VOB-Verbauarbeiten 153
18 915/90: Schutz des Lebens im Boden
18 918/90: Sicherungsbauweisen
18 920/90: Schutz von Bäumen im Landschaftsbau

DIN, Teil/Ausgabejahr: Inhalt — Seite

5. Mauerwerksbau

5.1 Maßordnung

4172/55: Maßordnung im Hochbau 154
18 000/84: Modulordnung im Bauwesen 154
18 201/84: Maßtoleranzen im Bauwesen 156, 157
18 202/86: Maßtoleranzen im Hochbau .. 156, 157

5.2 Mauersteine, Mauerwerk

105: Mauerziegel 158-161
105, T.1/89: Vollziegel und Hochlochziegel
105, T.2/89: Leichthochlochziegel
105, T.3/84: Hochfeste Ziegel und Klinker
105, T.4/84: Keramikklinker
105, T.5/84: Leichtlanglochziegel und -platten
106: Kalksandsteine 158-161
106, T.1/80: Voll-, Loch-, Block- und Hohlblocksteine
106, T.2/80: Vormauersteine und Verblender
398/76: Hüttensteine 158-161
1053: Mauerwerk 162-182
1053, T.1/96: Berechnung u. Ausführung 162-182
1053, T.2/96: Festigkeitsklassen aufgrund von Eignungsprüfungen
1053, T.3/90: Bewehrtes Mauerwerk 177
1053, T.4/78: Bauten aus Ziegelfertigbauteilen
1056/84: Freistehende Schornsteine, gemauert
1057/85: Mauersteine f. freistehende Schornsteine
4051/76: Kanalklinker
4164/51: Gas-(Poren-) und Schaumbeton
4165/86: Gas-(Poren-) betonblocksteine 158-161
4166/86: " (Poren)-beton-Planbaupl. 158-161
18 149/75: Lochsteine aus Leichtbeton .. 158-161
18 150/79: Baustoffe f. Hausschornsteine 158-161
18 151/87: Hohlblockst. aus Leichtbeton 158-161
18 152/87: Vollsteine aus Leichtbeton ... 158-161
18 153/89: Hohlblocksteine aus Beton ... 158-161
18 554/85: P. Tragfähigkeit von Mauerwerk
52 100/51: P. Prüfung von Naturstein ... 188, 189

5.3 Bauplatten und leichte Trennwände

278/78: Tonhohlplatten und Hohlziegel 185
4103: Nichttragende innere Trennwände 183-185
4103, T.1/84: Anforderungen, Nachweise
4103, T.2/85: Trennwände aus Gips-Wandbauplatten 184
4166/86: Gas-(Poren-) Wandbauplatten, unbewehrt 185
18 148/75: Hohlwandplatten aus Leichtbeton 185
18 162/76: Wandbauplatten aus Leichtbeton 185
18 163/78: Wandbauplatten aus Gips 185
18 166/86: Keramische Trennwandsteine

5.4 Bewehrte Wand- und Deckenbauteile

4158/78: Zwischenbauteile für Decken
4159/78: Ziegel für Decken- und Wandtafeln, statisch mitwirkend 230
4160/78: Ziegel für Decken, statisch nicht mitwirkend 230

DIN, Teil/Ausgabejahr: Inhalt — Seite

7.5 Pigmente und Füllstoffe

7.6 Spachtelmassen, Dünnbettmörtel, Kitte, Dicht- und Klebstoffe

7.7 Dachdeckungen und Abdichtungen mit Bahnen und Folien

7.8 Dach- und Wanddeckungen aus Steinen, Platten und Tafeln

7.9 Leitungsrohre u. ä.

DIN, Teil/Ausgabejahr: Inhalt — Seite

DIN, Teil/Ausgabejahr: Inhalt — Seite

8.5 Baugerüste und Arbeitsgerät

9. Holzbau, Innenausbau

9.1 Massivholz, Holzbau, Holzschutz

9.2 Holzwerkstoffe und Holzprofile

9.3 Holzfertigteile

Sachwortverzeichnis

H

I, J

K

T

U (Ü)

Farbkreis und Grauleiter

Farbe ist eine Lichterscheinung.

Ohne Licht sind alle farbigen Stoffe schwarz. Ein mit weißem Licht beleuchteter Ziegel erscheint unserem Auge rot, weil seine Oberfläche nur die im weißen Licht enthaltenen roten Lichtstrahlen zurückwirft. Alle anderen Lichtstrahlen schluckt der Ziegel, wobei ihre Strahlungsenergie in Wärmeenergie umgewandelt wird.

Durch ein Glasprisma kann weißes Sonnenlicht in die **Spektralfarben** zerlegt werden.
Farbkreis und Grauleiter können auf besonders anschauliche Weise Ordnung in die Vielfalt der Farbtöne bringen.
Von den **3 Grundfarben** im Innenkreis ausgehend, zeigt der Außenring 24 der möglichen Farbtöne.

24teiliger Farbkreis

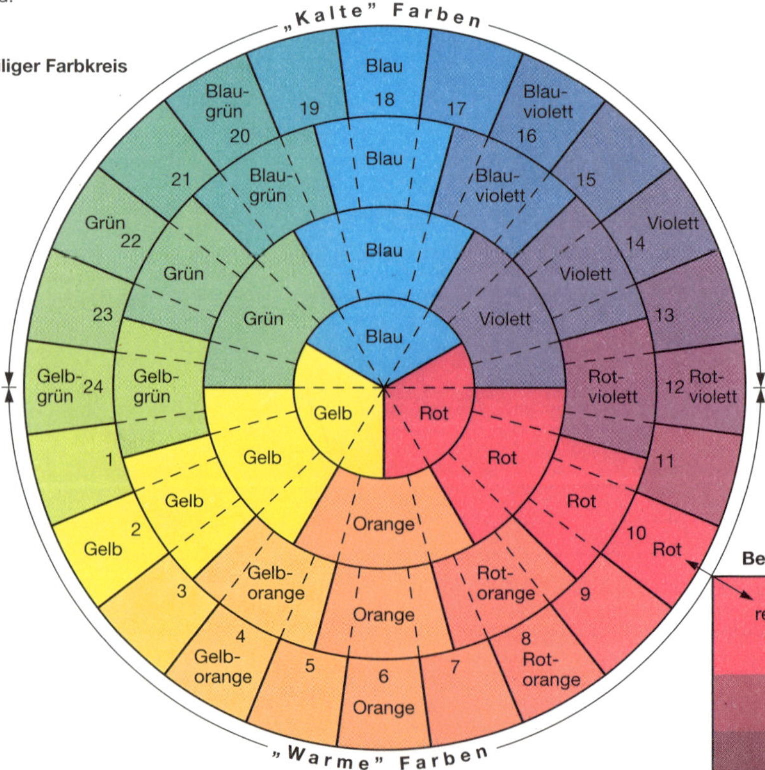

Beispiel:

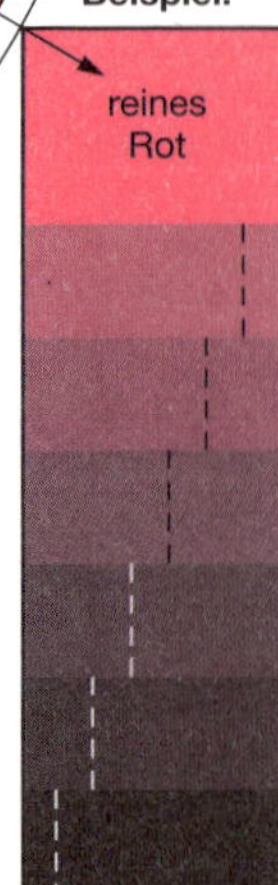

Zusammenstellen von Farbpaaren:
Kontrastfarben stehen im Farbkreis einander gegenüber (Signalfarben). Sie ergeben im allgemeinen *harmonische* Zusammenstellungen, besonders wenn ihre Leuchtkraft gemindert wird, z. B. Rot und Grün. Im Farbkreis benachbarte Farben *disharmonieren*, z. B. Blau und Grün. Mit den *neutralen* Farben (Weiß, Grau, Schwarz) lassen sich alle Buntfarben zusammenstellen.

Mischen von Farbstoffen:
Jede der 24 reinen Buntfarben kann mit den unbunten Farben Weiß, Grau, Schwarz gemischt u. damit **aufgehellt**, **gedunkelt** oder **getrübt** werden (→ Beispiel: Rot mit Schwarz; zu ergänzen sind Rot mit Weiß und Rot mit jedem Grau).
Die Buntfarben verhalten sich dabei sehr verschieden (Grauwert).

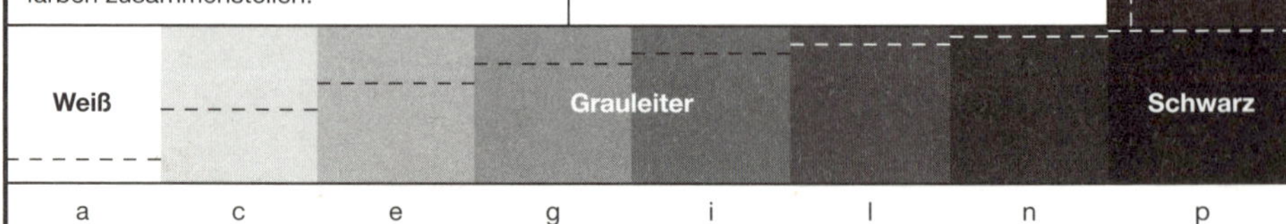